La matematica I

La matematica

A cura di Claudio Bartocci e Piergiorgio Odifreddi

Piano dell'opera

La matematica

A cura di Claudio Bartocci e Piergiorgio Odifreddi

Volume primo

I luoghi e i tempi

Giulio Einaudi editore

Redazione: Valentina Barbero

Realizzazione tecnica: Studio Lexis, Torino

Traduzioni: Riccardo Bellè, Maria Lorenza Chiesara, Alessia Dimitri, Simonetta Frediani, Veronica Gavagna, Luigi Giacone, Michele Luzzatto, Pier Daniele Napolitani, Adria Tissoni

www.einaudi.it

ISBN 978-88-06-16424-9

Indice

JUNE BARROW-GREEN e JEREMY GRAY
La geometria a Cambridge, 1863-1940

SERGEJ S. DEMIDOV

GIORGIO BOLONDI
La Francia del Novecento: il fenomeno Bourbaki

Premessa

Secondo una venerabile tradizione che ha le sue radici nel pensiero greco, si rivitalizza con Leibniz e trova espressione moderna nella concezione di Bourbaki, ciò che contraddistingue la matematica, rispetto alle altre attività di pensiero, è il suo carattere profondamente unitario. In questo tempio di duro diaspro, eretto pietra dopo pietra sulle fondamenta degli *Elementi* di Euclide, con millenaria tenacia, non hanno posto l'incertezza, l'imprecisione o l'ambiguità. Suoi pilastri sono il principio di non contraddizione e il metodo assiomatico: a partire da poche proposizioni elementari, accettate come vere (gli assiomi), inanellando le dimostrazioni per costruire una fitta rete di lemmi, corollari e teoremi si perviene a nuove proposizioni, che sono necessariamente vere. Le grandi innovazioni – dal calcolo infinitesimale alla teoria degli insiemi, dalla topologia alla geometria algebrica, dalla logica formale alla teoria delle categorie – non cancellano le conoscenze già acquisite, semplicemente le arricchiscono. Il grandioso edificio della matematica – in questo piú simile al palazzo di Cnosso che al Partenone – si accresce per successive aggiunte architettoniche: le ali piú vecchie, anche se abbandonate alla polvere dell'erudizione, non vengono mai demolite.

I quattro volumi intitolati *La matematica* – nel variegato mosaico di saggi che li compongono, ciascuno dei quali autonomo per impostazione e per obiettivi – intendono suggerire una concezione diversa, meno semplicistica, di questa disciplina: una concezione policentrica e, per cosí dire, polifonica. Da una parte, infatti, il sapere matematico, piuttosto che essere il risultato di un processo evolutivo lineare avviatosi nella Grecia classica, sembra piú appropriatamente descritto come il fragile esito di stratificazioni concettuali complesse, di tradizioni di pensiero radicate nel tessuto storico e sociale, di contaminazioni che scaturiscono da scambi e incroci culturali, come il frutto incerto delle trasformazioni di idee pensate piú volte nella storia dell'umanità, in luoghi e tempi diversi, che nascono e tramontano nell'alterna vicenda di memoria e oblio. Dall'altra, anche all'interno di una singola «tradizione» o di una singola «scuola» si possono in genere distinguere voci molteplici, non di rado dissonanti, che dànno corpo a un'elaborata polifonia. La matematica – ciò vorrebbero mostrare questi volumi – non è unitaria, e nemmeno universale, se non nello stesso senso (e in maniera altrettanto misteriosa) in cui lo è il linguaggio: non sono infatti universali né i suoi metodi, né le finalità che gli scienziati si prefiggono o le motivazioni che li guidano, né i contesti culturali nei quali essi si trovano ad agire.

«Le opere teatrali – scriveva Beaumarchais – sono come i bambini per le donne: concepiti nella voluttà, portati avanti nella gestazione con fatica e partoriti nel dolore». Lo stesso potremmo dire, come curatori, di quest'opera – non teatrale, è pur vero, ma strutturata quasi come una rappresentazione –, originata dall'intento di comunicare al pubblico piú vasto, dagli specialisti ai curiosi, l'immensa varietà della disciplina che sta alla base delle scienze e della tecnologia, e dunque del sapere del mondo contemporaneo, cercando di evidenziarne non soltanto gli aspetti tecnici (puri e applicati), ma anche quelli culturali. Nel momento (troppo breve) del voluttuoso concepimento abbiamo optato per una struttura in quattro volumi, ciascuno dei quali equamente suddiviso in venticinque saggi, secondo uno schema aritmetico ispirato idealmente alle opere di due matematici di elezione, poi divenuti letterati di professione. Da un lato, quel Raymond Queneau che nel 1960 fondò insieme a François Le Lionnais l'OuLiPo (*Ouvroir de Littérature Potentielle*, «Opificio di letteratura potenziale»), una singolare congrega di matematici-letterati e letterati-matematici dediti alla produzione di opere letterarie dalla struttura matematica, il miglior esempio delle quali sono forse i *Centomila miliardi di poemi* dello stesso Queneau. E, dall'altro lato, quell'Aleksandr Solženicyn che dichiarò, nella sua *Autobiografia* per la Fondazione Nobel, che la matematica gli aveva salvato la vita due volte, e che organizzò in «nodi» il suo sterminato testamento letterario, *Krasnoe koleso*, «La ruota rossa», che narra gli eventi della storia russa negli anni cruciali della Rivoluzione del 1917.

La struttura in «nodi» è rimasta immutata nel corso delle successive rielaborazioni del progetto originario, e ci ha permesso di intrecciare i grandi momenti della storia della matematica pura e applicata in quello che nel gergo tecnico si chiamerebbe un «grafo dalle connessioni multiple». È stata invece leggermente fluidificata la rigida struttura dei «venticinque per quattro» capitoli, in omaggio al principio di «rottura della simmetria» della fisica quantistica: una simmetria perfetta è infatti tipica del vuoto e dell'instabilità, e solo la sua rottura permette a un sistema di raggiungere l'equilibrio e mantenere la stabilità. L'equilibrio, nel caso in questione, è stato raggiunto anche grazie al contributo degli autorevoli membri del Comitato scientifico – Sir Michael Atiyah, Alain Connes, Freeman Dyson, Yuri Manin, David Mumford, Hilary Putnam e Steve Smale –, che abbiamo avuto la fortuna e l'onore di coinvolgere in questa nostra avventura. Forgiato al fuoco delle loro critiche e dei loro suggerimenti, il progetto de *La matematica* ha cosí assunto la sua forma definitiva: né testo di divulgazione, né enciclopedia, ma qualcosa sia dell'uno che dell'altra.

I quattro volumi che compongono quest'opera possono essere, almeno nelle nostre intenzioni, letti e consultati autonomamente, pur componendo nel loro complesso un disegno coerente. Nel primo volume si studieranno i tempi e i luoghi della diffusione del sapere matematico, mettendo l'accento sui centri di irradiazione che hanno rappresentato, nel corso dei secoli e in varie parti del mondo, i crocevia fondamentali dei tortuosi percorsi di creazione, trasmissione, ricezione e rielaborazione: la storia della matematica che emerge dai vari saggi è una rete complessa e policentrica, nella quale si evidenzia l'enorme lascito delle culture extraeuropee. Con il secondo volume, in una prospettiva per cosí dire ortogonale alla precedente, cercheremo di tracciare una mappa fissando come punti di riferimento i grandi problemi, le congetture, le vaste opere di risistemazione teorica che, nelle diverse epoche, hanno rappresentato la forza motrice dell'evoluzione della matematica. Il terzo e il quarto volume sono infine dedicati all'intreccio profondo, di confronto e di cooperazione, di scontro-incontro, di reciproca necessità tra la matematica e le altre discipline elaborate dall'ingegno umano. Non vi è nulla che separi nettamente la ricerca matematica dalla cosiddetta «cultura», né in campo umanistico (argomento del terzo volume) né in quello scientifico (argomento del quarto). Le arti figurative, la letteratura, la musica, cosí come la fisica, l'economia, la *computer science* o la biologia sono legate a doppio filo con la matematica, che ne rappresenta a un tempo l'ispirazione e il termine di paragone; simmetricamente, la matematica trova a sua volta nelle altre discipline ispirazione concettuale e metodologica, in un gioco di specchi che – speriamo – risulterà chiaro al lettore di quest'opera.

La matematica – è questa la nostra ambizione – vuole essere un'opera non di formule ma di idee.

C. BARTOCCI e P. ODIFREDDI

I luoghi e i tempi

MICHAEL F. ATIYAH

Introduzione
Genio individuale o ambiente culturale?

Uno degli infiniti dibattiti della storia riguarda il ruolo dell'individuo in contrapposizione a quello dell'ambiente. In termini politico-militari, Alessandro Magno, Giulio Cesare o Napoleone sono davvero stati quei grandi personaggi che ci tramanda la storia? O erano solo uomini che hanno incarnato forze impersonali ancora piú grandi? È stato Isaac Newton, in totale solitudine, a dare l'avvio alla scienza moderna, o era all'opera qualcosa di inevitabile con radici piú profonde? Come possiamo spiegare o comprendere la notevole fioritura artistica che si manifestò durante il Rinascimento nelle città italiane? Che cosa ha prodotto il fermento intellettuale nell'Inghilterra del XVII secolo, che culminò con la fondazione della Royal Society, nel mezzo di una violenta guerra civile?

Possiamo porci le stesse domande nel piú ristretto ambito della storia della matematica, che è poi l'argomento di questo volume. La trama è comunque vasta e per affrontarla intendo partire da una prospettiva basata sulla mia esperienza personale. Le testimonianze dirette sono in ultima istanza la fonte primaria della storia, la materia prima su cui si basano le analisi successive degli studiosi.

Nel corso di oltre cinquant'anni di vita matematica mi sono trovato in molti importanti centri di studio, università o istituti di ricerca, in diverse nazioni del mondo. Ho anche visitato molti altri paesi per periodi piú brevi e sono cosí entrato in contatto con un ampio spettro di culture, ciascuna caratterizzata dalla sua particolare eredità storica.

Ho trascorso i miei primi anni da studente e da ricercatore al Trinity College di Cambridge, luogo che può vantare un lungo elenco di famosi studenti, a partire dalla figura dominante di Isaac Newton (la cui statua domina, letteralmente, la cappella del College). Newton non era immerso nel vuoto – la scienza del suo tempo si stava sviluppando sulle orme di Galileo, e Isaac Barrow era stato il suo mentore – ma è chiaro che si levò rapidamente al di sopra dei suoi contemporanei. Tuttavia, le sue idee piú originali Newton le sviluppò mentre viveva isolato nella sua casa di campagna, a Woolsthorpe, in fuga dalla peste che stava infestando Cambridge.

Il brillante spunto di Newton è stato ripetuto, in molti sensi, un paio di secoli piú tardi da Einstein, che piú o meno alla stessa età diede il suo contributo mentre lavorava come impiegato in un ufficio brevetti di Berna. In casi come questi il genio innato, se cresce in un buon ambiente scientifico, non ha bisogno di stimoli ulteriori. Pace, quiete e solitudine sembrano essere i soli requisiti ideali.

Un esempio totalmente differente è quello di Jean Leray, che sviluppò il suo lavoro, originalissimo ed estremamente influente, sulla teoria dei fasci e sulle sequenze spettrali mentre era in un campo di prigionia tedesco. Sicuramente c'erano altri colleghi scienziati incarcerati assieme a lui, ma è difficile considerare un ambiente simile come un luogo di lavoro ideale.

Ricordo anche che Solomon Lefschetz mi raccontò di come diede il meglio di sé durante i dodici anni trascorsi nel Kansas, dove nessuno poteva disturbare i suoi pensieri. Tuttavia, non darei molto peso a questa storia, dal momento che Lefschetz amava le battute provocatorie e che il Kansas, sebbene fosse effettivamente distante dai maggiori centri universitari, non era propriamente un campo di concentramento.

Un caso piú bizzarro di genio solitario è stato quello di Rāmānujan, che pare essere vissuto in un mondo di numeri tutto suo. L'arrivo a Cambridge e la collaborazione con G. H. Hardy giunsero tardi nella sua breve vita e non furono certo la fonte della sua ispirazione.

Anche il mio maestro, William Hodge, l'ideatore della feconda teoria delle forme armoniche, pur non essendo un genio come Rāmānujan, aveva qualcosa di Lefschetz. Dopo aver studiato la geometria algebrica classica italiana a Cambridge intraprese l'insegnamento a Bristol, dove lavorò per lo piú in isolamento. Di fatto fu molto influenzato da Lefschetz, ma tenendosi lontano da lui, fino a che passò un anno a Princeton sotto la sua guida diretta. Una maggiore vicinanza in uno stadio precedente avrebbe potuto essere disastrosa. Lefschetz era dotato di una forte personalità e inizialmente aveva rifiutato le idee di Hodge. Se fosse stato il suo maestro fin dal principio, Hodge ne sarebbe uscito completamente distrutto. Per fortuna egli lo incontrò solo in un secondo tempo, quando era già solidamente convinto dei propri risultati.

Ma l'isolamento non è certo la norma per la ricerca matematica e scientifica. Anche nei tempi piú antichi le idee si diffondevano nel mondo civilizzato grazie alle lettere, alle riviste, ai libri e ai viaggi occasionali degli scienziati. Senza tutto questo, lo sforzo collettivo che chiamiamo scienza non sarebbe stato possibile. Come disse Newton, ci si poggia sulle spalle dei giganti.

Per centinaia di anni le università hanno rappresentato i punti focali dell'attività intellettuale, anche nella matematica. In momenti differenti, alcune università, o alcune città, hanno dato origine a intere scuole matematiche. Questi grandi centri hanno inevitabilmente uno stile proprio, un carattere specifico, che riflette la cultura del loro tempo, alla quale a loro volta hanno dato un contributo particolare. Spesso, da luoghi di questo tipo emergono grandi figure, che a loro volta stimolano la produzione di ulteriori attività, anche se non è sempre cosí. L'influenza di Newton sulla matematica inglese fu ad esempio, in un certo senso, negativa. Le controversie nazionaliste, alimentate dalla disputa insorta tra lui e Leibniz, hanno fatto sí che i discendenti di Newton voltassero le spalle agli sviluppi che si andavano accumulando nel continente. D'altra parte l'uso della matematica inaugurato da Newton per la fisica stabilí una grande tradizione, che fece emergere figure come quella di James Clerk Maxwell, centocinquant'anni dopo.

Senza dubbio Gottinga diede l'avvio a una tradizione matematica, che va da Gauss a Hilbert, in competizione, talvolta vincente, con quella parigina. Anche ai nostri tempi l'attività matematica si è concentrata ed è stata nutrita in particolari istituti, il piú antico e famoso dei quali è l'Institute for Advanced Study di Princeton, preso in seguito a modello da molti altri istituti in numerose nazioni (benché ciascuno abbia poi acquisito il suo carattere peculiare e uno specifico modo di operare).

In tempi piú antichi, quando i viaggi erano meno frequenti e le comunicazioni erano lente, le tradizioni matematiche associate ai maggiori centri di ricerca avevano una certa tendenza naturale a protrarsi a lungo nel tempo. Anche se le riviste scientifiche permettevano alle idee di circolare, le diverse nazioni avevano stili in qualche modo distinti. L'Inghilterra del XIX secolo, ad esempio, non aveva quella marcata tradizione di analisi matematica che caratterizzava invece la Germania o la Francia; in alternativa, produceva studi pionieristici in logica simbolica e in computazione, come testimoniano i nomi di Boole e Babbage, oltre a quelli di algebra, praticati da Cayley e Sylvester. La geometria italiana, sia algebrica che differenziale, è stata anch'essa meritatamente famosa.

In tempi recenti, la facilità di viaggiare e infine le comunicazioni elettroniche hanno modificato queste peculiarità tradizionali, ma non le hanno eliminate del tutto.

Uno dei modi attraverso i quali le tradizioni matematiche si sono evolute è rappresentato dagli istituti, che attirano giovani studenti di diversi paesi, spesso per periodi di tempo prolungati.

Io stesso ho passato molti anni all'istituto di Princeton. Il primo periodo risale al 1955-56, appena terminato il dottorato di ricerca, e ha certamente rappresentato un momento molto importante del mio apprendistato matematico. È forse necessario che mi ci soffermi brevemente. L'Institute for Advanced Study aveva molti professori di prestigio, anche se i piú famosi – Einstein e Weyl – erano morti poco prima del mio arrivo, e von Neumann sarebbe morto di lí a poco, mentre Gödel era un genio eccentrico e solitario. In pratica io non ho avuto interazioni particolari con i docenti, essendo di fatto coinvolto in maniera preponderante nelle attività degli altri giovani ospiti dell'istituto. I miei colleghi provenivano da luoghi diversi ed erano pieni di idee originali, che rendevano l'atmosfera estremamente vivace. Lí ho imparato molto e, cosa forse piú importante, ho stabilito solide amicizie, alcune delle quali sono poi divenute collaborazioni stabili nel corso della mia vita, come nel caso di Fritz Hirzebruch, Raoul Bott e Is Singer. Non credo che la mia esperienza sia stata diversa da quella di molti altri giovani. Parecchi matematici hanno parlato del periodo all'istituto di Princeton come del piú importante della loro vita.

Negli anni successivi sono stato a Princeton molte altre volte e ho avuto l'opportunità di portare avanti le collaborazioni iniziate. Alla fine sono diventato a mia volta professore in quel luogo (1969-72) e ho provato a dare un indirizzo originale alla generazione successiva, ma, a giudicare dalla mia stessa precedente esperienza, temo di aver di fatto ricoperto un ruolo sostanzialmente simbolico e decorativo.

Altri istituti, organizzati piú o meno sul modello di Princeton, sono nati in un'altra epoca, decisamente piú fluida. L'Institut des Hautes Études Scientifiques (IHES), fuori Parigi, è forse il piú simile all'Institute of Advanced Study di Princeton, una sua controparte europea che ha giocato un ruolo fondamentale su questa sponda dell'Atlantico. Per molti versi, tuttavia, è differente, forse soprattutto nel modo tramite il quale certi professori – come Grothendieck – hanno attirato un ampio gruppo di giovani ricercatori.

Altro centro di primaria importanza era rappresentato da Mosca, nell'epoca in cui la città si trovava al di là della cortina di ferro. Benché le mie visite in quel luogo siano state brevi e relativamente rare, mi è stato subito chiaro che la matematica russa aveva un suo carattere peculiare. Il livello era straordinariamente alto, c'era molto talento, ma soprattutto Mosca sembrava possedere un'unità che mancava altrove. Almeno questa era l'impressione dall'esterno, anche se non dubito che una visione dall'interno potrebbe rivelare una prospettiva differente.

La forza e la vitalità della matematica russa riflettono la storia e la politica di quel luogo, che ha ereditato una grande tradizione dal passato; l'isolamento dovuto all'era comunista sembra aver inoltre esercitato un positivo effetto catalizzatore. Probabilmente la matematica offriva agli intellettuali buone opportunità per una carriera tranquilla. La matematica è distante dalla politica, non è coinvolta nell'ideologia marxista ed è immune dalle interferenze governative.

Nell'atmosfera piú liberale che si respira a Mosca nel XXI secolo sarà forse difficile per la matematica russa attirare personalità di rilievo come un tempo, ma certo questo non è un buon motivo per rimpiangere il passato!

In molte nazioni (sicuramente nel Regno Unito) gli istituti di ricerca sono stati spesso considerati delle minacce per le università. La loro capacità di attirare scienziati di prestigio, allontanandoli cosí dai loro doveri di insegnamento universitario, ha causato secondo alcuni una divisione tra le carriere, sminuendo il ruolo delle università. Per molti anni tra l'istituto e l'università di Princeton non è corso buon sangue, l'animosità era elevata e accompagnata da rivalità personali.

In seguito all'ampia espansione dell'educazione superiore in tutto il mondo, è oggi possibile guardare al problema con maggior equidistanza: gli istituti di ricerca sono un bene o un male? Danneggiano davvero le università?

Domande di questo tipo riguardano tutto il mondo intellettuale, non solo la matematica, e il giudizio non è necessariamente unanime. Per quanto mi riguarda, discuto della questione solo dal punto di vista della matematica. Ma anche restringendo il campo, la verità è che non c'è una risposta universalmente valida; dipende tutto dalla storia e dalla cultura di ogni singolo luogo. Se le università non sono all'altezza, a causa di un livello non molto elevato degli studi o per la scarsità di fondi, allora i piccoli istituti di ricerca possono giocare un ruolo fondamentale. Inoltre, gli istituti possono offrire quella flessibilità e quella vocazione interdisciplinare che è piú difficile trovare in ambito universitario.

Se pensiamo all'insegnamento e alla ricerca come a due attività radicalmente differenti, allora avrebbe senso separarle. Ma se invece guardiamo all'attività matematica come a uno spettro continuo, che va dall'insegnamento alla ricerca, passando per l'educazione delle nuove leve e l'allestimento di seminari specifici, allora la separazione delle due carriere è un male. E questo è particolarmente vero in matematica, dove la vera creatività si manifesta in età precoce; l'esposizione di giovani studenti alle idee piú avanzate risulta essere una componente essenziale per stimolare il progresso della disciplina.

Anche nel caso in cui gli istituti di ricerca siano organizzazioni completamente separate dalle università, è del tutto improbabile che riescano a mostrare tutta la loro vitalità se non possono garantirsi il continuo afflusso di giovani talenti, ed è questa la ragione per cui gli istituti di maggior successo sono proprio quelli che restano in stretto contatto con le università. Le cose potrebbero essere diverse, almeno in parte, per le scienze sperimentali, che hanno ingenti necessità di risorse, ma stanno sicuramente cosí per la matematica, che dipende cosí tanto dal libero flusso di idee.

Dopo questa lunga digressione sugli istituti torno però al mio tema centrale: da dove viene la creatività matematica e cosa possiamo fare per nutrirla al meglio? Non posso che discuterne di nuovo da un punto di vista personale.

La facoltà di creare nuova e buona matematica dipende da molte cose: capacità analitica, fantasia, dedizione. Le persone in possesso della giusta combinazione di doti sono piuttosto rare, ma presumibilmente sono in numero costante in ogni epoca e in ogni luogo. Come i semi, anche queste persone hanno bisogno di un ambiente giusto, che permetta loro di crescere e fiorire. Non c'è motivo di dubitare che ci fossero dei Newton anche nell'età della pietra, ma in definitiva, a parte inventare la ruota, non restava loro molto da fare. Anche se c'è un fatto interessante e poco noto da ricordare:

in Scozia, prima del 2000 a.C., era già stato scoperto l'icosaedro, di cui si conserva un'immagine scolpita nella pietra.

Persino Newton, con tutto il suo gigantesco lavoro di fisica e di matematica, ha potuto fare ben poca strada in chimica, e non per mancanza di volontà: scrisse moltissimo e fece molti esperimenti alchemici, ma in questo campo visse un secolo prima del dovuto, anche se parve percepire la propria inadeguatezza suggerendo che dovevano esserci delle forze diverse dalla gravità che operavano su scala microscopica, delle quali nulla si sapeva.

La domanda dunque è: qual è l'ambiente giusto (a parte vivere nel secolo giusto)? Non c'è dubbio che il punto di partenza sia avere accesso a una buona formazione, che porti allo stato piú avanzato possibile delle conoscenze. Non c'è alcun vantaggio a vivere nel XXI secolo se si risiede in un posto remoto dell'Africa, dove la scolarizzazione è minima e non si può essere parte integrante della società intellettuale globale.

Ma c'è bisogno di ben altro, oltre a questi requisiti elementari, a meno di non far parte della rarissima specie dei Rāmānujan. Ciò di cui hanno maggior bisogno i giovani matematici è un apprendistato, l'opportunità di studiare e imparare da chi ha piú anni e maggiore esperienza. È cosí che i grandi artisti del Rinascimento hanno sviluppato le loro doti, lavorando nelle botteghe dei maestri. In matematica, come nell'arte, non c'è alternativa allo scambio intellettuale, tramite il quale si tramandano nel tempo le tecniche, la conoscenza di base e lo spirito di ricerca. Lo studente inizia imitando il maestro e poi si affranca, creando il proprio stile, aggiungendo una prospettiva personale alla dottrina collettiva che ha ereditato.

La «bottega» del matematico può essere l'ufficio del docente, ma può anche essere l'aula del seminario o il tavolo del caffè sul quale vengono gettate le idee. A differenza della pittura, la matematica non è inscindibilmente legata a una tela: esiste nella mente e può essere appresa e studiata in luoghi diversi. Il punto essenziale è quello di tramandare l'esperienza, il gusto e la prospettiva, dal maestro al discepolo. Il «maestro» non deve per forza essere una persona anziana; talvolta è un collega o persino uno studente. Come l'arte, anche la matematica è un'impresa umana; nonostante abbia connessioni evidenti con le altre scienze e col mondo reale, resta una costruzione intellettuale, custodita nella mente collettiva dell'umanità. Non siamo ancora stati sostituiti dal computer.

Il modello del «garzone di bottega», nato nella società medievale, dev'essere però reinterpretato in chiave moderna. I viaggi aerei ci hanno consentito di costituire relazioni di lavoro stabili con colleghi di altri paesi. Anch'io mi sono giovato di questa apertura. Grazie al telefono, e ora a internet, il mondo intero è diventato la nostra bottega. Tutto ciò sta già trasformando il lavoro quotidiano dell'ultima generazione e avrà un impatto profondo a lungo andare. Questo volume analizza soprattutto il passato, pertanto la rivoluzione delle comunicazioni non forma parte integrante della trattazione.

Ma se guardiamo al futuro, tutto ciò modificherà sensibilmente l'impresa matematica, il nostro modo di pensare, di insegnare e di addestrare i nostri successori.

Già nel corso del XX secolo la facilità degli spostamenti ha aiutato la matematica a unificare i propri sforzi. Le tradizioni nazionali, che un tempo confinavano ogni generazione di studenti entro un limitato orizzonte culturale, si stanno modificando. La velocità di trasmissione di nuove aree del pensiero e di nuovi stili di ricerca è cresciuta rapidamente. Il ruolo dei maggiori centri di studio sta diminuendo e l'economia globale sta producendo una liberalizzazione del mercato anche dal punto di vista intellettuale. Possiamo dunque guardare a un futuro nel quale i talenti matematici potranno raggiungere la loro piena fioritura in ogni angolo della Terra. Il successo dipenderà ancora dalla capacità umana di tramandare esperienze, dalle relazioni tra i maestri e gli apprendisti, ma non sarà piú limitata da un'effettiva vicinanza fisica. È una prospettiva di là da venire, forse, ma certo allettante.

JENS HØYRUP

Le origini

1. *Prima della storia, prima della matematica.*

Le origini delle prime tecniche matematiche si perdono nella preistoria. Anche in tempi recenti, in culture senza scrittura si potevano costruire case con angoli praticamente retti, e indicare quantità o con parole che indicano numeri, o con elementi materiali come pietre, dita, ecc. Talvolta, in tali culture si sono usate procedure o tecniche di grande raffinatezza matematica che suggeriscono la teoria dei gruppi astratti di simmetria: per esempio, le regole che determinano quali matrimoni siano permessi in una tribú divisa in dodici gruppi e a quale gruppo appartenga un figlio o una figlia. Probabilmente, simili raffinatezze esistevano già nelle società preistoriche.

Sarebbe del tutto legittimo parlare di tali tecniche come di *matematica*: in un lavoro pionieristico, Dirk Struik parlava infatti di «Stone Age mathematics». Negli ultimi decenni si parla spesso di «etnomatematica» per sottolineare che queste tecniche, nelle culture di cui fanno parte, non sono viste come componenti di un insieme corrispondente alla nostra «matematica»[1].

2. *Uruk: una cultura statale di impronta matematica.*

Adottando questo punto di vista, la matematica «vera» ha inizio quando si sviluppa una coordinazione basata su una comprensione, almeno intuitiva, dei rapporti formali fra tecniche di carattere matematico finora isolate le une dalle altre. Cosí definita, la matematica è coetanea – e non per caso – della prima scrittura e della prima organizzazione della società come Stato. Questi tre elementi sembrano emergere nella seconda metà del IV millennio a.C., nel Sud dell'odierno Iraq.

All'epoca, i cambiamenti climatici consentirono in quella zona l'introduzione dell'irrigazione artificiale. Già da tempo la struttura sociale, prima basata sulla ridistribuzione dei viveri prodotti nel singolo villaggio, si era trasformata (almeno nell'Elam o Susiana, l'odierno Khuzistan in Iran) in un sistema centralizzato in cui una parte del prodotto dei singoli villaggi veniva consegnato ai templi di Susa, la città centrale. Con il forte aumento della

[1] Per l'etnomatematica di veda Ascher [1991].

produzione agricola del Sud mesopotamico, un sistema analogo ma ancora piú elaborato si costruí intorno alla città di Uruk.

Già la ridistribuzione all'interno dei villaggi si basava sulla contabilità. Dall'8000 a.C. in poi, in diversi luoghi dell'Anatolia, della Siria, dell'Iraq e dell'Iran si usavano gettoni di terracotta a forma di sfere, cilindri, coni o altro, di diverse dimensioni. Il contesto archeologico suggerisce che i gettoni simboleggiassero determinate quantità di grano, olio e capi di bestiame, e che servissero in una contabilità interna al villaggio. Inoltre, lo stesso contesto indica che il responsabile della ridistribuzione e della contabilità godeva di alto prestigio sociale. Nella centralizzazione della Susiana si aggiunse un nuovo livello: i gettoni servivano per controllare le spedizioni verso la metropoli, e per essere verificabili venivano sigillati all'interno di *bullae* di argilla, che spesso portavano sulla superficie impronte simili ai gettoni che contenevano; questo permetteva di conoscere il contenuto senza distruggere la *bulla*.

Ben presto gli amministratori di Uruk scoprirono che essendoci le impronte si poteva fare a meno dei gettoni, e cominciarono a fare le impronte su una tavoletta piatta. In una seconda fase crearono un repertorio di un migliaio di logogrammi, indice di una contabilità molto piú raffinata di quella di Susa, adeguata a una burocrazia statale con almeno tre livelli di controllo e al tempo stesso una netta divisione del lavoro (un simile Stato non avrebbe potuto crearsi senza il nuovo sistema di contabilità, ed è proprio grazie ad esso che ne siamo venuti a conoscenza)[2].

La nuova scrittura aveva dunque due componenti: un repertorio di logogrammi (disegni tracciati su tavolette di argilla con uno stilo appuntito)[3] e un repertorio di segni metrologici e numerici prodotti con pressione verticale o obliqua di uno stilo cilindrico (piú sottile a una delle due estremità). Questi ultimi sembravano dunque raffigurare le sfere e i coni grandi e piccoli dell'antico sistema dei gettoni, e sembrano infatti esserne una continuazione. Se la scrittura completa (logogrammi e segni metrologici) deve essere vista come espansione del sistema dei gettoni o invece come una nuova invenzione nella quale venne innestato questo sistema è una discussione accesa ma abbastanza scolastica, che non ci riguarda. Ci interessa invece la relazione fra il vecchio sistema e le nuove notazioni numeriche e metrologiche. I gettoni erano simboli concreti – non ha senso un simbolo per un numero senza un'indicazione della cosa di cui si parla. È quasi sicuro che i vecchi coni e sfere rappresentassero il grano contenuto in specifici contenitori reali, standardizzati ma con un rapporto fra di loro soltanto approssimativo. Nel

[2] Non esistono tracce di uno sviluppo graduale; la scrittura sembra veramente essere stata una creazione quasi istantanea. Per il sistema dei gettoni cfr. Schmandt-Besserat [1992].

[3] Nel III millennio, i disegni venivano stilizzati, tramite pressioni oblique di uno stilo prismatico; cosí la scrittura divenne «cuneiforme». Fino alla fine del III millennio si insegnava ancora qual era il disegno sottostante, come dimostrano le varianti dei segni; nel II millennio sembra che il disegno fosse dimenticato.

sistema scritto, i rapporti fra le unità di grano erano invece fissi (la notazione è dovuta a Jöran Friberg):

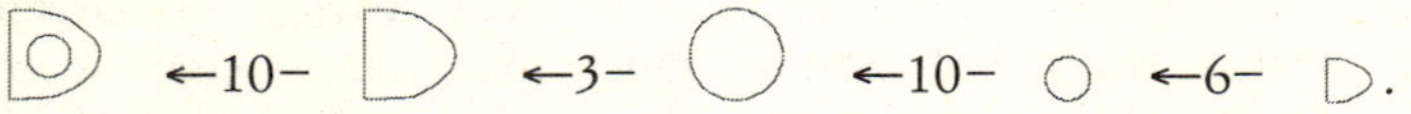

Una piccola sfera vale dunque 6 piccoli coni, ecc.

Nella scrittura era anche possibile separare quantità e qualità, cioè combinare un simbolo meramente numerico con un logogramma – per esempio, il simbolo per 2 con il logogramma «pecora». I simboli fondamentali per i numeri (gli altri numeri venivano composti in modo additivo) costituiscono questa serie:

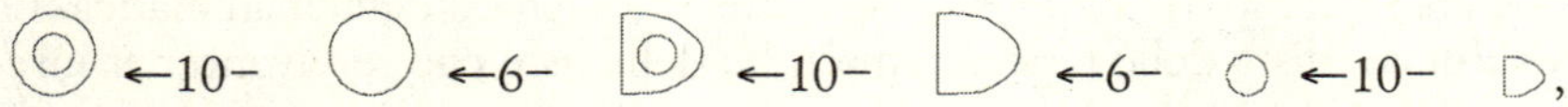

dove il piccolo cono sta per 1, la piccola sfera di conseguenza per 10, e il grande cono per 60. Il simbolo che sta per 600 è interessante, potrebbe essere costruito come 10 volte 60. Poiché le figure coincidono con quelle del sistema di grano ma i rapporti (e persino l'ordine) sono differenti e piú regolari, questa serie sembra essere una costruzione basata, da una parte, su un sistema preesistente di numeri orali e, dall'altra, su riflessioni matematiche, essendo 60 una «grande unità» (con soltanto due estremità dello stilo non era possibile scrivere 3600 con un cono ancora piú grande). Forse la numerazione scritta andava già oltre il sistema orale. In ogni caso era già sessagesimale, sebbene non di posizione.

Esisteva un'altra sequenza di numeri scritti, con segni che rappresentano 1, 10, 60, 120 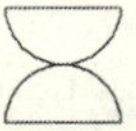, 1200 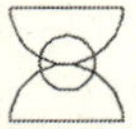 e 7200 , usata per scopi specifici – creata probabilmente per facilitare certe procedure burocratiche; una sequenza per le aree, anch'essa il risultato di una normalizzazione matematica che ridefiniva misure «naturali» (d'irrigazione, di semenza) in modo da farle dipendere dal sistema metrico per le lunghezze; e una per un calendario amministrativo, dove ogni mese contava 30 giorni e ogni anno 12 mesi (il calendario sacrale invece aveva mesi di 29 o 30 giorni, e anni talvolta di 13 mesi). Sequenze secondarie, per esempio per il malto, usavano i simboli del sistema del grano (con gli stessi valori) ma ornati con piccole strisce.

Un ultimo indizio che ci fa pensare che la creazione dei sistemi metrici numerici fosse basata su un pensiero matematico conscio è il modo di scrivere le frazioni: in tutti i sistemi la prima sottounità si produceva girando il piccolo cono di 90° in senso orario.

Come si è detto, la formazione di un vero Stato fu condizionata in modo decisivo dall'esistenza del nuovo sistema di contabilità. Questo condizionamento si estende ai particolari. Un aspetto essenziale dello Stato mesopotamico, non soltanto a Uruk ma fino al collasso del 1600 a.C., è che il potere statale si legittimava come espressione di giustizia sociale – probabilmente perché lo Stato era l'erede del vecchio sistema ridistributivo. Grazie ai gettoni, la giustizia ridistributiva fu una giustizia calcolata – e cosí lo era anche la «giustizia» nello Stato di Uruk. I terreni venivano assegnati ai dignitari del tempio secondo rapporti numerici precisi – ciò che fu possibile solo grazie al nuovo sistema di calcolo delle aree; il cibo e il foraggio si distribuivano ai lavoratori e al bestiame in razioni fisse, almeno per il bestiame in accordo con il calendario amministrativo – non è chiaro se già a Uruk (come piú tardi) i lavoratori dovessero realizzare il lavoro di 30 giorni anche nei mesi che ne avevano solo 29.

Persino il modo di «pensare lo Stato» era segnato dalla matematica. La cosiddetta «lista delle professioni» (una delle liste che servivano per insegnare la scrittura) elenca i vari campi di attività, e per ognuno di essi i livelli di capo, di sorvegliante e di lavoratore comune – lo stesso «prodotto cartesiano» che troviamo nelle tavolette di ragioneria.

Non sappiamo nulla sull'organizzazione dell'insegnamento della scrittura e della matematica, ma abbastanza sul suo contenuto. Circa il 15 per cento delle tavolette contengono liste «lessicali» di logogrammi organizzati in categorie astratte: professioni (già menzionate), luoghi geografici, contenitori, uccelli, ecc. Il resto sono testi amministrativi e di ragioneria. Non esiste un solo testo religioso o letterario, ma fra i testi amministrativi e di ragioneria un sottogruppo deve rappresentare la didattica matematica: essi non contengono il sigillo del funzionario responsabile e contengono numeri troppo grandi o cifre troppo tonde per essere veri. Non c'è traccia di pensiero matematico oltre a questo, né di giochi con numeri né di speculazioni in qualche modo teoriche. La matematica era una componente della cultura statale, e nient'altro.

Non sembra essere soltanto a livello intellettuale che scrittura e matematica fossero pienamente integrate nell'amministrazione; sembra anche che la capacità di scrivere e calcolare fosse strettamente riservata alla casta degli amministratori: non esisteva una professione di scriba al di fuori di essa.

3. *Il millennio sumerico.*

Nella prima parte del III millennio si sviluppò nel Sud mesopotamico un sistema policentrico di città-stato guidate da re con funzioni militari. Dopo due o tre secoli senza testimonianze epigrafiche ritorna la scrittura, ora però con rudimentali elementi grammaticali che ci permettono di identificare la lingua scritta come sumerico, sebbene i termini usati dimostrino che si parlava già anche l'accadico, una lingua semitica di cui il babilonese e l'assiro sono dei dialetti. Dopo il 2400 a.C. vi fu una fase di centralizzazione, e verso il 2350 a.C. Sargon, un capo accadico, assoggettò tutto il Centro e il Sud mesopotamico; dapprima il dominio dei suoi successori Sargonidi si estese ancora di piú nella Susiana, nell'area siriana (dove fu distrutta Ebla, potente città-stato che aveva adottato la cultura degli scribi sumeri) e fino all'Anatolia, ma verso il 2200 a.C. il loro regno crollò. Un secolo dopo si ebbe una nuova centralizzazione sotto la «terza dinastia di Ur» (dal 2112 al 2004 a.C. secondo la «cronologia media»), che riuniva il Sud e il Centro sotto un'amministrazione diretta (su cui ritorneremo), sottomettendo il Nord e la Susiana a un dominio meno diretto (e meno duraturo).

Tutti questi sviluppi politici influenzarono la matematica. Si possono distinguere due tendenze generali: in primo luogo, l'uso esteso del principio sessagesimale, cioè la creazione nei sistemi numerali e metrologici di unità piú grandi e sottounità piú piccole, moltiplicando e dividendo per 60; in secondo luogo, l'adattamento delle metrologie alle procedure amministrative. Queste tendenze, ovviamente, non fanno che sviluppare la direzione già intrapresa nel IV millennio.

Eppure non tutto fu mera continuazione. Nella città di Shuruppak (ca. 2600 a.C.) e in siti contemporanei sono stati trovati contratti scritti e documenti amministrativi che mostrano una struttura sociale complessa, dove gli scribi avevano un ruolo fondamentale e costituivano una vera professione. Sono stati trovati anche un gran numero di testi scolastici. Certuni discendono dalle liste lessicali del IV millennio. Altri appartengono a nuovi tipi; ci sono testi letterari (un inno, proverbi) e anche problemi matematici non direttamente legati alla pratica, anche se sono formulati come se lo fossero – possiamo parlare di problemi «*supra*-utilitari» (cioè legati a un fine o a un utile immediato). Per esempio: un silo di grano viene distribuito a un certo numero di lavoratori in razioni di 7 sila (litri) per ognuno, il «silo» contenendo 40 × 60 gur (tonnellate) da 8 × 60 litri. La risposta (164 571 lavoratori col resto di 3 sila) viene data correttamente in una tavoletta, e in un'altra con un errore che svela il metodo (dapprima si divide 2400 per 7, poi si moltiplica il risultato per 480, e si converte il resto di 6 gur in litri, ecc.).

Questo problema appartiene a ciò che sembra essere stato un genere prediletto: la divisione di una quantità grande e tonda (sia numero, sia unità di misura) per un divisore irregolare (rispetto ai fattori dei sistemi numerale e metrico). Altri problemi suggeriscono l'inizio dell'interesse per configurazioni geometriche come quattro cerchi iscritti in un quadrato.

L'uso della scrittura per scopi letterari e del calcolo in problemi *supra*-utilitari può vedersi come un modo di testare le potenzialità degli strumenti professionali. Chi era in grado di scrivere, leggere e calcolare fuori dal campo amministrativo, cioè eseguire procedure comprese soltanto dagli altri scribi, era un vero scriba. È una dinamica che si ripete spesso nella storia; non è diversa la ragione per cui furono spesso gli ingegneri e gli architetti, nel

XIX secolo, ad abbonarsi al «Journal des mathématiques élémentaires» e a mettere alla prova il proprio virtuosismo professionale sui vari problemi di costruzione geometrica proposti ai lettori.

Nei secoli che seguirono, il potere politico scoprí l'utilità della letteratura per scopi di propaganda; Sargon in particolare faceva riscrivere gli inni religiosi in modo adeguato per il suo regno. La matematica *supra*-utilitaria invece non aveva tali impieghi politici. Nell'epoca dei Sargonidi vediamo dunque uno sforzo per omogeneizzare le metrologie nel contesto di una ragioneria allargata alla misura del nuovo Stato – per esempio, sostituire le varie gur locali con un «gur reale» di 300 sila, un valore che facilitava certi calcoli amministrativi. D'altra parte, la scuola degli scribi continuava a insegnare la matematica *supra*-utilitaria – per esempio (fatto importante nel seguito) trovare una dimensione di un campo rettangolare se l'area e l'altra dimensione sono date. Dato il sistema di calcolo per le aree, non si tratta di una mera divisione numerica; e ovviamente non è un problema in cui un agrimensore si imbatte nella pratica professionale. Una tavoletta ci presenta un esempio piú sofisticato di sapere geometrico senza utilità pratica: il fatto che un trapezio viene diviso a metà da una linea parallela alle basi il cui quadrato è la media aritmetica fra i quadrati di esse.

L'evidenza linguistica suggerisce, ma non dimostra, che questi indovinelli geometrici sono stati ripresi a scuola (dove tutto era basato sul sumerico) da un ambiente accadico di agrimensori «laici» (ovvero non scribi). Piú certo è invece il fatto che nei secoli successivi questo tipo di sapere veniva trasmesso all'interno di tale ambiente. Poiché l'agrimensura dipendeva da metrologie create nell'ambiente degli amministratori del IV millennio, è ovvio che l'ispirazione ultima dell'ambiente laico è stata l'ambiente «dotto»; sul momento della separazione fra i due non sappiamo niente di sicuro. Contratti di Shuruppak su vendite di terreni parlano, oltre che dello scriba, anche di un agrimensore. Quest'ultimo potrebbe essere uno scriba specializzato, cosí come un membro di un gruppo laico; nel secondo caso la professione laica degli agrimensori sembrerebbe coetanea alla professione autonoma degli scribi.

La matematica usata ai tempi dei Sargonidi non sparí con il crollo del loro impero, anche se abbiamo poche testimonianze dirette di ciò che si faceva nelle città tornate indipendenti. Il periodo di Ur III, invece, rappresenta un cambiamento fondamentale.

Il momento cruciale non fu la fondazione della dinastia nel 2112 a.C., ma una riforma militare nel 2074 a.C. e una riforma amministrativa l'anno successivo (certamente per molti versi già preparata). Secondo regole che, forse, inizialmente rappresentavano uno stato di emergenza ma che poi sarebbero diventate permanenti, la stragrande maggioranza dei lavoratori del nucleo dell'impero vennero integrati in truppe di lavoro, comandate da scribi che erano responsabili del lavoro del gruppo calcolato secondo norme fisse (tanta terra scavata e tanta terra portata per una certa distanza in un giorno, ecc.) e convertito in unità astratte (talvolta $\frac{1}{60}$ di un giorno lavorativo, talvolta unità di peso di argento o di grano). Per ogni mese (anche se lungo soltanto 29 giorni) il capo doveva far prestare agli operai il lavoro di 30 giorni. I lavoratori dati in prestito a colleghi, quelli malati, fuggiti e morti venivano messi nel credito, quelli presi in prestito nel debito. Il deficit dello scriba si accumulava di anno in anno (i saldi attivi erano rarissimi). Alla sua morte la famiglia ne era responsabile; se non erano in grado di saldare il debito, i familiari venivano integrati nelle truppe di lavoro[4]. Le tavolette di ragioneria dell'epoca si contano in decine di migliaia.

Tenere i conti di un'economia centralizzata è una sfida. Le addizioni e le sottrazioni si potevano fare senza difficoltà con i mezzi tradizionali. Si usava una specie di abaco, probabilmente con rappresentazioni differenti per le unità e le decine. Pare che tale abaco avesse cinque «colonne sessagesimali», e che metaforicamente venisse chiamato «la mano». Difficili erano invece le moltiplicazioni e le divisioni, che tuttavia erano numerose; il fatto che le metrologie non fossero completamente sessagesimali complicava il compito (per esempio, l'unità fondamentale di lunghezza, un nindan – una «pertica» lunga 6 metri – consisteva di 12 kush/«cubiti», e ognuno di essi di 30 «dita»).

Per semplificare le cose fu necessario apportare parecchie innovazioni. Dapprima si creò, per i calcoli intermedi, una numerazione di posizione «a virgola mobile» e base 60 – cioè, il numero che viene traslitterato 12.40 poteva significare $12 \times 60 + 40 = 760$ (in questo caso usiamo la trascrizione 12,40), ma anche $12 + \frac{40}{60} = 12 + \frac{2}{3}$ (trascritto 12;40) o ogni altro numero del tipo $60^n \times \left(12 + \frac{2}{3}\right)$, con n positivo o negativo. Inoltre vennero prodotte tabelle dei reciproci (cosí, la divisione per n era ridotta a una moltiplicazione per $\frac{1}{n}$) e dei prodotti dei numeri importanti, particolarmente quelli che si trovano nella tabella dei reciproci, con i numeri 1, 2, 3, ..., 19, 20, 30, 40, 50, e tabelle metrologiche che esprimevano le varie unità metrologiche in termini sessagesimali di un'unità di base (per esempio, un kush come 5 – cioè $\frac{5}{60}$ – nindan, e un dito come 10 – cioè, $\frac{10}{3600}$ – nindan). Infine, si crearono tabelle di costanti tecniche, per esempio, quanta terra un lavoratore dovesse scavare in un giorno.

[4] L'assiriologo Robert Englund, che ha decifrato il sistema negli anni Ottanta del Novecento, ne parlava come di una «Kapo economy».

Il passo decisivo non fu l'*invenzione* del sistema di posizione; probabilmente non c'era neanche bisogno di un'invenzione, poiché il principio era inerente all'abaco. Eppure, senza tabelle a portata di ogni scriba (meglio se imparate a memoria) il sistema di posizione non sarebbe servito a niente; la sua attuazione presupponeva una decisione a livello statale e una riforma nel sillabo della scuola.

La riforma comportava anche un'eliminazione. I soli documenti matematici di tipo scolastico che sono stati trovati sono, come piú di mille anni prima a Uruk, documenti modello. Anche essi sono pochi, e l'assenza di problemi *supra*-utilitari di per sé non dimostra molto; potrebbe essere dovuto al fatto che gli archeologi non abbiano mai trovato una scuola del periodo. È piú significativo il fatto che tutto il vocabolario necessario per formulare tali problemi sia stato ricostruito nel periodo successivo, come se esso risultasse assente dal sumerico. Pare che persino quel minimo di libertà intellettuale che comporta la soluzione di problemi matematici non potesse essere permesso agli scribi-sorveglianti.

Allo stesso tempo – può sembrare un paradosso – la figura dello scriba veniva celebrata. Il re Shulgi, responsabile della riforma del 2074/73 a.C., fa raccontare nei suoi inni panegirici che egli dominava l'intera arte dello scriba. Comunque, per quanto riguarda la matematica dice soltanto di avere imparato a addizionare, sottrarre, contare e tenere la contabilità; dato che per il resto si vanta di tutte le prodezze possibili (e impossibili), sembra veramente che la matematica dello scriba non dovesse andare oltre questo livello.

Il re si vantava anche di essere la giustizia in persona; a parte luoghi comuni vecchi di secoli, la sua giustizia è quella della riforma metrologica e della ragioneria; come già nel dominio di Uruk nel IV millennio, lo Stato di Shulgi si legittimava come manifestazione della giustizia, e la giustizia consisteva nel fatto che lo sfruttamento – estremo, come dimostra la registrazione scrupolosa delle razioni di cibo elargite ai lavoratori e della mortalità fra di loro – non era arbitrario ma matematicamente controllato («con precisione chirurgica», si direbbe oggi).

4. *L'acme paleobabilonese.*

L'impero di Ur III non durò. Già nel 2025 a.C. le regioni periferiche si ribellarono, e un ventennio dopo anche il centro dell'impero si dissolse in piccoli stati. Gradualmente, alcuni di essi assorbirono gli altri, e nel XVIII secolo a.C. Hammurabi di Babilonia riuscí a sottomettere tutto il Sud e il Centro; da quel momento si può parlare di questa regione come della «Babilonia». Il periodo dal 2000 fino al 1600 a.C. si dice «paleobabilonese», e produsse una matematica avanzata.

Neanche il taylorismo di Ur III ebbe vita lunga. Il periodo paleobabilonese è caratterizzato dall'individualismo, sia a livello economico (anche se è troppo presto per parlare di una vera economia di mercato) che a livello culturale. La terra, invece che essere lavorata da truppe di lavoro, spesso veniva data in appalto a locatari con contratto. Nascono le corrispondenze private (commerciali e personali; famose sono le lettere dello stesso Hammurabi), scritte spesso da scribi indipendenti, e la ragioneria privata gestita da scribi con impiego privato; il sigillo diventa un segno identificativo personale e non di uffizio. Emerge, possiamo dire, un'*ideologia dell'identità personale*.

Importante per il nostro argomento è la manifestazione particolare di questa ideologia tra gli scribi, manifestazione che conosciamo assai bene grazie ai testi usati nella scuola per far capire agli studenti ciò che è un *vero* scriba. La lingua sumerica era morta, ed era possibile scrivere in babilonese in modo fonetico con un sillabario di circa 70 segni; inoltre un vero scriba usava anche diversi logogrammi – gli stessi della scrittura sumerica, benché ora pronunciati in babilonese. Ma questo non bastava per dimostrare che lo scriba fosse una persona fuori dal comune. Doveva anche essere in grado di leggere, scrivere e *parlare* il sumerico – bravura che soltanto gli altri scribi potevano apprezzare[5]. Doveva destreggiarsi su testi bilingue, conoscere tutti i significati dei caratteri cuneiformi, il loro significato fonetico (o significati fonetici, perché spesso ce n'era piú di uno), i significati logografici normali, e vari significati occulti (tanto in sumerico quanto in babilonese); e doveva comprendere la musica e la matematica. Il tutto era noto (è vero!) come «umanesimo» (*nam-lú-ulú*, sumerico per «il fatto di essere un uomo»; poiché *lú* corrisponde al latino *vir* potremmo anche tradurre «virtuosismo», se non avessimo dimenticato l'etimologia di questa parola).

Purtroppo i testi che servivano per inculcare l'ideologia professionale degli scribi non specificano *quale* fosse la matematica che serviva a scopi «umanistici». Descriviamo dunque dapprima la matematica che si insegnava nella scuola; dopo sarà piú facile fare delle supposizioni.

Lasciamo da parte i testi economici (per esempio, di ragioneria) dove compaiono numeri; essi danno informazioni sui sistemi di calcolo, ma a parte questo confermano soltanto che le tecniche sviluppate nel III millennio, in particolare durante il periodo di Ur III, funzionavano ancora. Per conoscere il pensiero e il sapere matematici dobbiamo considerare i testi matematici in senso stretto.

[5] Vera e propria bravura. Il sumerico e il babilonese sono differenti quanto il basco e lo spagnolo; oltre al lessico gli scribi dovevano dunque padroneggiare gli elementi di una grammatica totalmente differente dalla loro. Senza le liste di vocaboli preparate dai maestri babilonesi e le loro spiegazioni sarebbe stato impossibile in età moderna decifrare i testi sumerici.

Ne esistono tre tipi principali (che non esauriscono completamente il materiale): tabelle, «calcoli nudi» e problemi. Oltre alle tabelle dei reciproci e dei prodotti e alle tabelle metrologiche e di costanti tecniche, erano tabulati i quadrati, i cubi e i numeri del tipo $n^2 \times (n + 1)$. I «calcoli nudi» di solito danno prodotti, quadrati o reciproci di numeri (oltre a quelli contenuti nella tabella standard). Spesso si trovano sul retro di tavolette che portano proverbi o altri frammenti di letteratura sumerica; gli studenti che imparavano il calcolo elementare si trovavano dunque a un livello già avanzato nell'apprendimento della scrittura e della lingua.

Il livello avanzato della matematica emerge nel corpus dei testi di problemi. Questo corpus può essere suddiviso in piú modi. Certi testi contengono uno o due problemi, altri un numero piú grande. Degli ultimi, certuni sono «tematici», altri invece sono «antologie» e contengono un miscuglio di problemi diversi; intanto, è notevole che non esistano testi che combinano problemi matematici con altri argomenti, neanche con materie numerologiche. La *matematica* come disciplina coerente e delimitata è dunque un concetto non soltanto nostro, ma anche degli scribi paleobabilonesi.

Sia le antologie sia i testi che contengono pochi problemi di solito non indicano soltanto l'enunciato dei problemi ma spiegano anche il procedimento da seguire. Lo fanno anche alcuni testi tematici, altri invece sono «cataloghi» che indicano soltanto enunciati di problemi (forse insieme alla soluzione, ciò che permetteva il controllo). Si può pensare che i cataloghi permettessero al maestro di dare problemi analoghi ma differenti ai suoi studenti.

I problemi possono essere categorizzati secondo la materia o secondo il metodo che viene applicato. Comunque, problemi che trattano, per esempio, il volume di uno scavo prismatico possono essere risolti tramite la formula del volume; altri richiedono applicazione di metodi «algebrici», altri ancora di metodi che siamo tentati di caratterizzare come «teoria dei numeri». Perciò è meglio discutere dapprima i metodi di base, che sono anche quelli che di solito hanno un'applicazione reale, per concentrarci successivamente sulle materie *supra*-utilitarie (che presuppongono appunto i metodi di base).

Per tutta la pratica, la proporzionalità (ma non una teoria delle proporzioni come quella greca!) e la proporzionalità inversa sono fondamentali. Esse risultano necessarie per l'uso delle tabelle di costanti tecniche: se un solo uomo può portare 540 mattoni di un certo tipo per 30 nindan in una giornata (una costante tecnica), quante giornate-uomo sono necessarie per trasportare *N* mattoni per *M* nindan? Nei calcoli geometrici veniva anche usato il fatto che tutte le lunghezze in una configurazione di forma ben definita sono proporzionali, e che le aree sono proporzionali al quadrato di una dimensione lineare; in entrambi i casi, i fattori di proporzionalità erano elencati nelle tabelle di costanti tecniche. Di solito i parametri di base erano estensioni esterne; per esempio, il perimetro e non il diametro di un cerchio.

L'area di un cerchio veniva dunque calcolata come $\frac{1}{12}$ del quadrato (geometrico!) costruito sul perimetro, quella di un semicerchio invece come $\frac{1}{4}$ del prodotto del diametro (esterno in questo caso) e del semiperimetro. La ragione è ovvia: per gli oggetti materiali, le dimensioni esterne sono quelle piú facilmente misurabili.

Non c'era un concetto di angolo come quantità misurabile; si distingueva fra angoli praticamente retti (angoli rilevanti per il calcolo delle aree) e angoli obliqui (e perciò irrilevanti). Le superfici reali venivano suddivise in quadrilateri e triangoli praticamente rettangoli; per i quadrilateri i cui lati opposti non erano esattamente uguali si usava allora la «formula degli agrimensori»: la lunghezza media moltiplicata per la larghezza media. Per i triangoli, si moltiplicava *la* lunghezza – cioè, quella rilevante, quella praticamente perpendicolare alla larghezza – per la metà di essa[6]. Tutto questo risaliva almeno a Ur III, molto probabilmente al IV millennio.

I volumi prismatici si calcolavano come facciamo noi, con una particolarità. L'unità standard per la distanza orizzontale era il nindan (una «pertica» di circa 6 m), quella per la distanza verticale era il kush ($\frac{1}{12}$ nindan, circa 50 cm). La misura di base per le aree era dunque il sar, un nindan^2 – ma la stessa unità serviva per misurare i volumi, poiché si intendeva come provvista di un'altezza «virtuale» di un kush. Per calcolare un volume prismatico con base *B* sar e altezza *a* kush si «sollevava» *B* dall'altezza virtuale 1 all'altezza reale *a*. Essendo questa un'operazione di proporzionalità, il verbo «sollevare» veniva usato poi in modo generale per tutte le moltiplicazioni basate sulla proporzionalità – e dunque per tutte quelle basate su costanti tecniche.

Il volume di un tronco di cono veniva trovato come il prodotto dell'altezza per la sezione trasversale tagliate a metà altezza. In un testo si propone di trovare il volume di un tronco di piramide nello stesso modo. In un altro si trova il risultato corretto; è impossibile sapere se anche il ragionamento sottostante sia valido.

[6] È una leggenda che i Babilonesi avessero trovato l'area di un triangolo generico a partire da due lati qualsiasi; questo è chiaramente provato dalle piante di terreni che ci sono pervenute. Ma era abituale interpretare una descrizione matematica come un riferimento alla situazione piú semplice a cui poteva corrispondere. La parola che noi traduciamo «triangolo» (letteralmente sarebbe «chiodo») è dunque un triangolo in cui l'area si trova in modo abbastanza preciso come il prodotto della lunghezza (distinta dalla «lunghezza lunga», l'ipotenusa) con la semilarghezza. In modo simile, «lunghezza-larghezza» era l'espressione per un rettangolo. Non deve stupirsi il lettore che sa che un «rettangolo» che non viene specificato deve essere un quadrilatero, non un triangolo rettangolo – la lingua matematica è sempre economica, e l'economia presuppone le abitudini dell'ambiente matematico locale.

Al limite tra «utilitario» e «*supra*-utilitario» si può menzionare che era conosciuto il teorema di Pitagora, ovviamente non come teorema – non esistono teoremi nella matematica babilonese – ma come regola (viene citato come tale in un testo).

Il livello *supra*-utilitario ha due componenti principali (anche se non esaustive). Una è la cosiddetta «algebra». I problemi «algebrici» parlano dei lati e delle aree di rettangoli e quadrati. Quando furono scoperti intorno al 1930 si credeva che questa lingua geometrica fosse superficiale, che i lati fossero da intendere come numeri algebrici incogniti, e le aree come prodotti. Un'analisi precisa del vocabolario dimostra tuttavia che questa interpretazione non regge: non riesce a spiegare perché i testi distinguano due operazioni additive differenti (cioè, operazioni che nell'interpretazione numerica vengono tradotte come addizione), due operazioni sottrattive differenti, due «metà» differenti, e quattro «moltiplicazioni»; certe frasi ricorrenti, inoltre, non sembrano avere senso e non appaiono nelle traduzioni, e certe procedure si spiegano male. Invece, se accettiamo le parole geometriche dei testi, tutto si chiarisce.

Il nucleo della disciplina è costituito da due problemi sui rettangoli e due sui quadrati. Quelli sui rettangoli sono stati raggruppati con altri due già nati in epoca sargonica. Se $\sqsubset\!\sqsupset(u,v)$ sta per l'area di un rettangolo con lati u e v, il gruppo è questo:

$$(1)\ \sqsubset\!\sqsupset(u,v) = \alpha,\ u = \beta \qquad (3)\ \sqsubset\!\sqsupset(u,v) = \alpha,\ u + v = \beta$$
$$(2)\ \sqsubset\!\sqsupset(u,v) = \alpha,\ v = \beta \qquad (4)\ \sqsubset\!\sqsupset(u,v) = \alpha,\ u - v = \beta.$$

Con i metodi sviluppati durante Ur III, (1) e (2) richiedono soltanto l'uso delle tabelle metrologiche, dei reciproci e dei prodotti. (3) e (4), invece, sono di secondo grado. Lo sono anche i due problemi fondamentali sui quadrati:

$$(5)\ \square(r) + \alpha r = \beta \qquad (6)\ \square(r) - \alpha r = \beta.$$

Guardiamo da vicino un esempio del tipo (5), il primo problema della tavoletta BM 13901. In traduzione (anche dei numeri sessagesimali) si esprime cosí:

1. Ho messo insieme la superficie e il mio confronto: è $\frac{3}{4}$. 1 lo sporgente
2. tu poni, mezza-parte di 1 tu rompi, fai che $\frac{1}{2}$ e $\frac{1}{2}$ tengono,
3. $\frac{1}{4}$ a $\frac{3}{4}$ tu aggiungi: vicino a 1, 1 è equilaterale. $\frac{1}{2}$ che hai fatto tenere
4. dal corpo di 1 tu strappi: $\frac{1}{2}$ è il confronto.

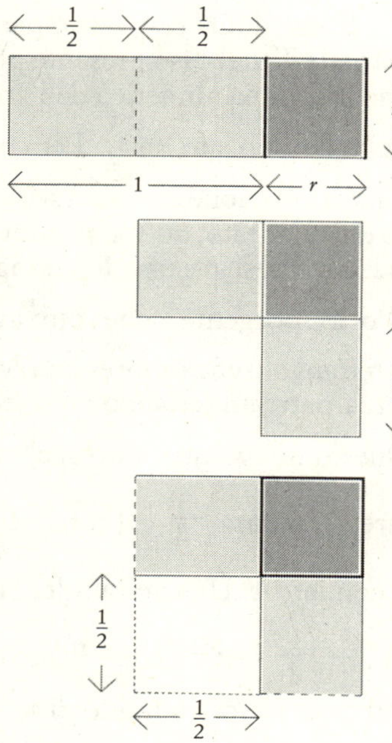

Dapprima occorre qualche spiegazione terminologica. Un *confronto*, cioè «una situazione caratterizzata dal confronto fra uguali», denomina la configurazione quadratica; numericamente coincide con il lato del quadrato. In accordo con la definizione euclidea della nozione di «figura» (il contenuto), il nostro quadrato *è* la sua area (per esempio, 4 m^2) e *possiede* un lato (2 m); il «confronto», invece, è il suo lato e possiede un'area (vediamo ancora il ruolo fondamentale dell'elemento esterno). *Mettere insieme* è un'operazione additiva simmetrica che permette di addizionare misure numeriche anche se le entità misurate non appartengono alla stessa categoria (per esempio, aree e lunghezze, o giorni, mattoni e lavoratori). *Aggiungere*, invece, è un'operazione additiva asimmetrica che si usa solo per operazioni che hanno un senso concreto. Lo «sporgente» è una linea di lunghezza 1; applicata perpendicolarmente a una linea di lunghezza r produce un rettangolo con area $r \times 1 = r$. La *mezza-parte* è una metà «naturale», una metà che non potrebbe essere che la metà[7]; *rompere* è l'operazione che produce una tale mezza-parte. *Fare che* le linee *a* e *b tengono* si riferisce alla costruzione del rettangolo contenuto all'interno dei lati *a* e *b*. Che *vicino a A, b sia equilaterale* vuol dire che *b* è il lato dell'area *A* formata come quadrato. *Strappare* è un'operazione sottrattiva

[7] Il raggio di un cerchio è la mezza-parte del diametro; l'area di un triangolo rettangolo è il prodotto della lunghezza per la mezza-parte della larghezza.

concreta, inversa a quella di «aggiungere»; «strappare *p* da *T*» presuppone che *p* sia una parte di un totale *T* (nel caso presente persino del *corpo* di *T*).

Sappiamo dunque che la somma numerica dell'area di un quadrato (grigio scuro nel diagramma) e del suo lato *r* è $\frac{3}{4}$. Per convertire questo in una situazione che abbia un'interpretazione concreta si pone (diagramma in alto) uno «sporgente» dal lato del quadrato; questo produce un rettangolo (grigio chiaro) con area uguale al lato. Presi insieme, il rettangolo e il quadrato originale formano l'area $\frac{3}{4}$. Poi lo sporgente viene rotto in due, e una mezza-parte (insieme alla parte del rettangolo che rappresenta) viene mossa in modo da contenere con l'altra mezza-parte un rettangolo (ovviamente quadrato), con area $\frac{1}{2} \times \frac{1}{2} = \frac{1}{4}$. Questo nuovo quadrato si aggiunge alla figura grigia (scuro+chiaro), la cui area è ancora $\frac{3}{4}$. Il totale è un quadrato con area $\frac{3}{4} + \frac{1}{4} = 1$, e dunque con lato 1. Una volta tolta la mezza-parte aggiunta sotto il quadrato rimane $1 - \frac{1}{2} = \frac{1}{2}$, che è il lato del quadrato originale.

I passi corrispondono bene al nostro modo di risolvere l'equazione analoga:

$$
\begin{aligned}
x^2 + 1 \cdot x = \frac{3}{4} \quad & \Leftrightarrow x^2 + 1 \cdot x + (\tfrac{1}{2})^2 = \frac{3}{4} + (\tfrac{1}{2})^2 \\
& \Leftrightarrow x^2 + 1 \cdot x + (\tfrac{1}{2})^2 = \frac{3}{4} + \frac{1}{4} = 1 \\
& \Leftrightarrow (x + \tfrac{1}{2})^2 = 1 \\
& \Leftrightarrow x + \frac{1}{2} = \sqrt{1} = 1 \\
& \Leftrightarrow x = 1 - \frac{1}{2} = \frac{1}{2}\,.
\end{aligned}
$$

Però, l'analogia va oltre l'omomorfismo tra i vari passi. Come il nostro, anche il procedimento babilonese è «analitico», cioè, la grandezza incognita è trattata come se fosse una grandezza normale, e attraverso i passi resi possibili in questo modo si separa gradualmente dalla relazione complessa nella quale è inizialmente intrecciata. Inoltre, come noi, anche il calcolatore babilonese procede in modo «ingenuo», cioè non discute perché le trasformazioni sono valide né a quali condizioni lo siano. Ovviamente è possibile per noi trasformare il procedimento in un argomento critico, che discuta validità e condizioni (esattamente la definizione che dà Kant della «critica»), precisando per esempio che il penultimo passo è valido soltanto se restiamo nel dominio dei numeri non negativi; ma di solito non lo facciamo, anche per noi è piú economico non fare critica esplicita nelle situazioni che conosciamo bene e prendere per ovvio ciò che sembra tale.

La procedura usata per i problemi di tipo (5) vale anche per quelli di tipo (4) e (6): il trucco dello sporgente – usato anche nel tipo (6) – permette di trovare esattamente il rettangolo con nota differenza fra i lati, cioè, si riduce al tipo (4). Il tipo (3) richiede un procedimento differente, ma dello stesso genere – corrisponde a quello degli *Elementi* II, 5, mentre il tipo (4) corrisponde al caso di *Elementi* II, 6. Problemi non normalizzati venivano normalizzati tramite un «cambiamento di variabile» – $\alpha \square (r) + \beta r = \gamma$ diventando $\square (\alpha r) + \beta(\alpha r) = \alpha\gamma$.

Questi metodi, insieme alle tecniche per trasformare relazioni lineari, costituivano «gli elementi» dell'«algebra» paleobabilonese. Permettevano di risolvere problemi su 2, 3 o piú quadrati con relazioni lineari note fra i lati e le aree; permettevano anche di risolvere i problemi «duali» dove erano noti i lati e incogniti i parametri delle relazioni; permettevano di risolvere problemi biquadratici – in un testo persino un problema bibiquadratico. Inoltre servivano per risolvere problemi non geometrici – una lunghezza può rappresentare un prezzo, un numero di lavoratori o un numero della tabella dei reciproci, e in un problema biquadratico un'area. La geometria delle linee e delle aree misurabili funzionava dunque come rappresentazione neutra, funzionalmente astratta; sotto tutti gli aspetti, a parte che la rappresentazione neutra era geometrica e non numerica, l'«algebra» paleobabilonese era dunque un'algebra nello stesso senso dell'algebra delle equazioni delle matematiche applicate.

Il punto di partenza dell'algebra sembra essere stato un prestito dall'ambiente laico degli agrimensori. L'altro aspetto principale del livello *supra*-utilitario esplorava le proprietà del sistema sessagesimale; il suo punto di partenza era dunque la tradizione di calcolo degli scribi.

Un gioco abbastanza semplice è la costruzione di prodotti in sequenza: moltiplicando per esempio dapprima 9 per 9, dopo il risultato per 9, ecc., fino a 9^{10} (ma senza indicare il numero del prodotto, cioè l'esponente). Semplice (e appena *supra*-utilitaria) è anche una delle tecniche per trovare i reciproci di numeri «regolari» rispetto al sistema sessagesimale (numeri del tipo $2^p 3^q 5^r$, p, q e r interi) ma che non appaiono nella tabella standard: se $\bar{n}$ è il reciproco di n e $\bar{a}$ quello di a (nella pratica, con $a = 2, 3$ o 5), allora $\bar{a} \times \bar{n}$ è il reciproco di $a \times n$.

Raffinata è invece un'altra tecnica, che si può usare per trovare per esempio (esempio semplice!) il reciproco di 1.51.6.40 (ricordiamoci che la trascrizione con i punti è a virgola mobile). Dalla tabella standard si sa che 6.40 è il reciproco di 9; moltiplichiamo dunque per 9 per eliminare le ultime due posizioni; troviamo 16.40. Dato che 6.40 è $\frac{1}{9}$, moltiplichiamo nuovamente per 9, ottenendo 2.30. In conclusione, 1.51.6.40 risulta uguale a 2.30 / (9 × 9), e poiché il reciproco di 2.30 è 24, quello di 1.51.6.40 è 24 × 9 × 9 = 32.24.

Era anche possibile combinare la «teoria dei numeri» con l'algebra. Infatti, certi problemi sugli scavi prismatici si riducono mediante metodi appartenenti all'algebra a problemi sui numeri. Diamo alcuni esempi: trovare un numero p tale che $p \times p \times (p + 1) = 4{,}12$; trovare p tale che $p \times p \times (p + 7) = 8$; trovare tre numeri p, q e r tali che $p \times q \times r = 0;36$, $p + q = 1$, $r = p + 0;6$. Il primo caso si risolve, dice il testo, per mezzo della tabella «equilaterale, uno aggiunto», cioè la tabulazione di $n^2 \times (n + 1)$; negli altri casi la soluzione deve essere indovinata o facilitata da una fattorizzazione. Un'altra combinazione di «algebra» e teoria dei numeri si trova nella famosa tavoletta Plimpton 322; essa utilizza coppie di numeri vicendevolmente reciproci per costruire triplette pitagoriche, *forse* con lo scopo di costruire problemi algebrici risolvibili.

Né a livello utilitario, né a quello *supra*-utilitario esiste un solo teorema esplicito. Un paio di testi contengono regole formulate in modo astratto. Tutti sono vicini all'ambiente laico; sembra che la scuola abbia rinunciato all'uso di tali regole come pedagogicamente inefficienti. Invece, si usavano come metodo didattico generale esempi paradigmatici accompagnati da spiegazioni. Di solito tali spiegazioni erano orali e non hanno lasciato molte tracce; ma l'esistenza di un paio di testi espliciti ci permette di riconoscere vestigia della didattica orale anche in altri testi.

Tutti i testi matematici sono testi scolastici; anche le tabelle venivano copiate a scuola per facilitarne la memorizzazione. È ovvio che il livello di base dovrebbe preparare il lavoro futuro degli studenti: ma né l'algebra di secondo grado, né il calcolo dei reciproci oltre a quelli semplici potrebbero mai servire a questo scopo. Come la scrittura sumerica, si trattava di cose che soltanto gli altri scribi potevano apprezzare; dobbiamo concludere che esse esprimono il virtuosismo degli scribi, la loro «umanità» specifica. Questo spiega anche che non c'era nessuna motivazione per sviluppare una matematica di teoremi: un re come Shulgi poté vantarsi di prodezze fisiche (fu anche un capo militare), ma lo scriba doveva soltanto vantarsi di prodezze che avevano a che fare con i suoi obblighi professionali: *scrivere*, non solo l'accadico parlato dal padrone ma anche cose difficilissime, e fare *calcoli*, non soltanto quelli richiesti dallo stesso padrone ma anche quelli che il padrone non capiva. Produrre teoremi non avrebbe espresso il virtuosismo dello scriba.

Per noi, un matematico non è colui che sa usare (o che insegna come usare) la matematica, sia pure matematica avanzata; è piuttosto colui che sviluppa sapere matematico. In questo senso, sembra che i maestri che insegnavano la matematica nella scuola paleobabilonese non fossero «matematici» ma piuttosto insegnanti di calcolo, compreso il calcolo troppo raffinato per servire alla pratica. Questa conclusione potrebbe però essere precipitosa, e per due ragioni.

Innanzitutto, c'è la *costruzione* dei problemi. Certamente molti problemi sono costruibili a partire da una soluzione conosciuta. Se prendiamo un quadrato con lato $\frac{1}{2}$ è ovvio che la somma dell'area e del lato è $\frac{3}{4}$, e che il problema è risolvibile tramite la tecnica descritta sopra. Se prendiamo un rettangolo con lunghezza 0;40 e larghezza 0;30 è pure ovvio che la sua area sarà 0;20, e che il rettangolo contenuto dalla diagonale e dal cubo sulla lunghezza è 0;14,48,53,20. Ma non è ovvio che queste due informazioni producano un problema risolvibile (vale a dire, bibiquadratico). Soltanto una ricerca sistematica guidata attraverso piú passi intermedi – e dunque un lavoro di matematico – può dare l'idea; ma questo lavoro di matematico dev'essere stato un lavoro privato, non reclamizzato nei testi.

Un'analisi precisa della terminologia svela inoltre che varie scuole, ognuna a suo modo, si sforzarono di creare un modo canonico per esporre la matematica e per stabilire per certi versi (in maniera «critica») la sua coerenza. Lo scopo probabilmente era didattico (e forse motivato dal volersi distinguere da altre scuole); ma anche se il fine non era la purezza e la coerenza della matematica, questi sforzi possono caratterizzarsi come sforzi matematici (a un altro livello è ciò che ha voluto fare il gruppo Bourbaki, prendendo come si dice il *Modern Algebra* di Van der Waerden come modello prima per la topologia e poi per tutta la matematica). Anche se (come oggi) la maggior parte degli insegnanti di matematica non erano matematici, i matematici paleobabilonesi ci sono stati.

5. *Invisibilità e nuova visibilità.*

L'impero di Hammurabi non si stabilizzò mai; dopo circa mezzo secolo le forze centrifughe non si lasciavano piú dominare, e nel 1600 a.C. un'incursione degli Ittiti distrusse la città di Babilonia. In seguito, quando un popolo tribale (i Cassiti) assoggettò l'area, cominciò il cosiddetto «medioevo babilonese». L'urbanizzazione si ridusse fortemente, e la scuola degli scribi sparí; il mestiere di scriba si trasmetteva all'interno delle «famiglie» – talvolta forse soltanto famiglie per adozione.

Senza l'istituzione scolastica, la matematica scomparve dall'orizzonte archeologico. Il millennio che segue il collasso paleobabilonese ci ha lasciato in tutto due testi matematici: una tabella di costanti tecniche e un testo con un problema sulla divisione di un trapezio, di chiara tradizione paleobabilonese ma risolto con un inganno. Nel periodo tardivo riappare la matematica degli scribi. Ciò dimostra che la matematica utilitaria è sopravvissuta; un'analisi terminologica rivela che ne sono responsabili, almeno in parte, ambienti senza conoscenza del sumerico – dunque distinti dall'ambiente dotto degli scribi.

Risale forse al periodo del dominio persiano (539-330 a.C.) un testo che comincia con i numeri sacri degli dèi e prosegue con una tabella metrologica:

la distinzione paleobabilonese fra numerologia e matematica dunque non esisteva piú. Un altro testo trovato nello stesso luogo contiene problemi geometrici di secondo grado, risolti come quelli paleobabilonesi; ma non si tratta piú di un'algebra, cioè di una rappresentazione geometrica neutra. Questi, infatti, sono veri problemi geometrici, e presuppongono anche un nuovo sistema metrico che dimostri che lo siano[8]. Sono i problemi (1)-(4) elencati sopra, e in piú un altro degli enigmi matematici della tradizione laica (trovare i lati di due quadrati concentrici, quando l'area del nastro intermedio e la sua larghezza sono dati). Un terzo testo tratta di problemi di calcolo delle aree.

Queste tavolette appartenevano a scribi che si identificavano come «esorcisti», dunque possessori di sapere occulto. Non è strano che essi non distinguessero fra numerologia sacra e matematica; è piú notevole che si interessassero all'agrimensura, sia reale sia immaginaria, poiché questo quasi certamente non era il loro compito. Probabilmente si è trattato di un tentativo di restaurare la tradizione. Infatti si copiavano ancora i testi che inculcavano l'ideologia professionale della scuola paleobabilonese. Anche se la tradizione stessa era andata persa, non era persa ogni conoscenza del suo contenuto; per completarla, si sfruttò il sapere degli agrimensori laici – come era stato sfruttato quando la nuova scuola paleobabilonese aveva bisogno di un livello di virtuosismo.

Altri (pochi) testi matematici risalgono all'epoca seleucidica (III e II secolo a.C.). Anch'essi provengono da un ambiente di scribi specializzati nella divinazione e nell'esorcismo. Comunque, nel frattempo si era sviluppata come aiuto alla divinazione astrologica un'astronomia matematica basata su modelli numerici; perciò, una parte dell'ambiente dotto aveva un bisogno reale di sapere matematico – non di «algebra» né di altri tipi di geometria, ma di elaborazione delle tecniche legate al sistema sessagesimale. Per i calcoli astronomici non bastava piú la vecchia lista di 32 coppie di reciproci; la precisione con cui si conosceva il movimento dei pianeti richiedeva un rete molto piú fine. Infatti, una tabella seleucidica elenca coppie di reciproci dove un membro può avere fino a 6 «cifre» sessagesimali e l'altro ancora di piú. Ma fra i tre testi seleucidici che riportano problemi matematici, uno contiene problemi geometrici utilitari simili a quelli dell'epoca persiana; uno è tematico e tratta di problemi «algebrici» sui rettangoli, ancora risolti con la geometria «ingenua» ma con procedure che differiscono da quelle tradizionali[9]; infine, molti

[8] Il sistema metrico inglese ci permette un'analogia: trovare un rettangolo con area 10 acri, la cui lunghezza eccede la larghezza di 279 iarde (1 acro equivale a 4840 iarde^2).

[9] Per esempio, i passi usati per risolvere un problema del tipo (4), cioè

$$\square(u, v) = 2{,}0, \quad u - v = 7\ ,$$

corrispondono a questi calcoli simbolici:

$$(u + v)^2 = 4u \times v + (u - v)^2 = 8{,}49,$$

$$\text{dunque } u + v = \sqrt{8{,}49} = 23, v = \frac{1}{2} \times (23 - 7) = 8, u = (u - v) + v = 7 + 8 = 15.$$

sono di un tipo nuovo che coinvolge la diagonale (per esempio, i dati sono l'area e la somma dei lati e della diagonale). L'ultimo testo è un'antologia che contiene quest'ultimo problema, ma anche problemi del tipo $n + \bar{n} = \alpha$, dove n e $\bar{n}$ sono numeri reciproci; matematicamente sono del tipo (3) e vengono risolti con il metodo tradizionale. Rappresentano dunque un'ovvia eredità paleobabilonese che deve essere stata trasmessa all'interno di un ambiente che usava la numerazione posizionale. Del tutto nuove sono due somme «da uno fino a dieci», $\sum_{i=1}^{10} i^2 = (1 \cdot \frac{1}{3} + 10 \cdot \frac{2}{3}) \cdot 55$, dove 55 rappresenta $\sum_{i=1}^{10} i$, e $\sum_{i=1}^{10} 2^{i-1} = 2^9 + (2^9 - 1)$. Sia le somme «da uno fino a dieci» che i nuovi problemi sui rettangoli si ritrovano alla stessa epoca nella matematica demotica egizia, e successivamente in scritti neopitagorici o di geometria pratica greco-latina. Visto che la matematica particolare degli scribi dotti non ha lasciato tracce in questi ultimi ambienti, deve trattarsi di innovazioni realizzate negli ambienti dei matematici pratici (agrimensori e altri), una volta ancora adottate dagli scribi[10].

6. *L'Egitto: un parallelo imperfetto.*

La civiltà egizia fu quasi coetanea di quella mesopotamica. Già nel tardo IV millennio, poco prima dell'unificazione del paese sotto un solo faraone, emerse la scrittura; si può ipotizzare che l'idea di esprimere la lingua in modo grafico si sia ispirata alla scrittura mesopotamica (avvenne infatti in un'epoca in cui altri prestiti culturali dimostrano l'esistenza di legami), ma i principî delle due scritture differiscono tanto da dimostrare che si tratta di una costruzione indipendente. Lo stesso vale per la matematica.

Due elementi della matematica egizia che conosciamo da epoche posteriori sono già visibili in un'iscrizione e in una raffigurazione risalenti all'epoca dell'unificazione: la numerazione e il «sistema canonico».

La numerazione era a base dieci, con simboli distinti per 1, 10, ..., 1 000 000; appaiono in un'iscrizione che registra il numero di prigionieri e di capre conquistati in una guerra (probabilmente quella di unificazione; la

[10] Cfr. Nissen [1988] per la storia mesopotamica del IV e III millennio; Liverani [1988] va fino alla conquista persiana. Damerow e Englund [1987] presentano le metrologie di Uruk, Nissen, Damerow e Englund [1993] le tecniche di ragioneria fino a Ur III. Per la matematica del III millennio, si veda Friberg [1986], Høyrup [1982], Foster e Robson [2004]. Le collezioni principali di testi paleobabilonesi e seleucidici sono in Neugebauer [1935], Neugebauer e Sachs [1945], Bruins e Rutten [1961]; per i testi tardivi ma preseleucidici, si veda Friberg, Hunger e al-Rawi [1990] e Friberg [1997]. Robson [1999] affronta la matematica pratica e il calcolo numerico di Ur III e dell'epoca paleobabilonese, Høyrup [2002] l'algebra paleobabilonese e successiva, e inoltre la tradizione laica e la sua eredità. Per quanto riguarda l'abaco, cfr. Proust [2000].

legittimità dello Stato egizio non era fondata sulla «giustizia calcolata» ma sulla conquista e, in seguito, sulla garanzia di ordine cosmico). Il «sistema canonico» fissa in modo dettagliato le proporzioni numeriche fra le parti del corpo umano e prescrive come disegnare la figura umana all'interno di una griglia di quadrati; è a questo sistema che dobbiamo l'aspetto inconfondibile dell'arte egizia. Intorno al 3000 a.C., sotto la prima dinastia, cominciò anche la misura del livello dell'acqua del Nilo – probabilmente con l'intenzione di fissare il livello possibile delle tasse – e un rituale chiamato «tendere la corda» al momento di fondare un tempio, una testimonianza sicura che l'architettura monumentale era basata su costruzioni geometriche; sotto la seconda dinastia, all'inizio del III millennio, ebbe inizio un calcolo biennale «delle ricchezze del paese».

A parte questo, sappiamo poco di preciso sulla matematica del III millennio, l'età dell'Antico Regno (ca. 2650 - ca. 2150 a.C.). È l'epoca delle grandi piramidi e di altre opere grandiose realizzate con straordinaria precisione geometrica; ma la pietra non ci racconta niente di preciso né sulle tecniche *matematiche* coinvolte, né sul sapere sottostante. Ciò che è chiaro è che il sistema particolare delle frazioni[11] non esisteva ancora; invece si usavano (oltre alle «frazioni naturali» $\frac{1}{2}, \frac{1}{3}, \frac{2}{3}, \frac{1}{4}, \frac{3}{4}$) suddivisioni metrologiche. È anche noto che l'amministrazione faceva già uso di una scrittura corsiva, lo ieratico, che diventava la scrittura della matematica (certi simboli metrologici possiedono soltanto una forma ieratica, o la loro forma geroglifica è tardiva).

Soltanto nel Medio Regno (ca. 2050 - ca. 1650 a.C.) emerse ciò che siamo abituati a considerare come «matematica egizia»; questa creazione coincide con la nascita della scuola degli scribi (quelli del III millennio venivano addestrati attraverso l'apprendistato). Due grandi papiri ci presentano la matematica egizia, i papiri matematici «Rhind» e «di Mosca». Quello di Mosca sembra essere una copia di un compito di esame (piú volte contiene l'osservazione «hai trovato bene»); l'altro è una copia di ciò che potrebbe essere il manuale di un docente. È dunque grazie all'esistenza della scuola che oggi siamo in possesso di fonti per la matematica del II millennio; ma probabilmente il contesto scolastico ne determinò anche un aspetto essenziale, cioè il sistema particolare delle frazioni.

Nei testi del III millennio, come detto, si trovano oltre alle «frazioni naturali» soltanto suddivisioni metrologiche. Per la pratica, è un sistema eccellente; in ambito scolastico, invece, ha lo svantaggio di non permettere di decidere in modo univoco che «hai trovato bene». Per trovare e indicare un risultato esatto c'è bisogno di un sistema di frazioni. La scuola egizia generalizzò e promosse a sistema una notazione la prima traccia della quale risa-

[11] Fondamentale nel II millennio (v. sotto).

le all'ultima parte dell'Antico Regno, un numero con soprascritto «ro» (in ieratico, come qui di seguito, un punto), «parte» (ma nella lingua aritmetica «aliquota», parte del tipo $\frac{1}{n}$), combinandola con la regola che un numero frazionario non può contenere la stessa aliquota due volte. $\frac{2}{5}$ non era dunque $\dot{5}\,\dot{5} = (\frac{1}{5} + \frac{1}{5})$ ma $\dot{3}\,1\dot{5} = (\frac{1}{3} + \frac{1}{15})$ di 5. Solo $\frac{2}{3}$ (vecchia frazione naturale) aveva un suo simbolo particolare (trascritto nel seguito 3"). Non meno dell'«algebra» degli scribi babilonesi, l'uso completo di questo sistema permetteva agli scribi egizi di esibire il loro virtuosismo; per vederlo, dobbiamo considerare anche altre tecniche aritmetiche. L'addizione e la sottrazione si facevano direttamente senza difficoltà. Per moltiplicare si raddoppiava e decuplicava; per esempio, 53 × 75 si poteva calcolare in questo modo:

/1	75
/2	150
/10	750
20	1500
/40	3000
Totale	3975.

L'idea è di svuotare uno dei fattori e addizionare i prodotti corrispondenti. 3 si decompone in 1 piú 2. A 1 corrisponde il prodotto 75, a 2 il prodotto 150. Resta 50, di cui un primo componente è 10; 10 volte 75 è ovviamente (ovvio anche per gli Egizi, che avevano un sistema decimale anche se non di posizione) 750. Il resto (40) si ottiene raddoppiando due volte, ciò che vale anche per il prodotto corrispondente. Alla fine si addizionano i prodotti marcati con /.

Nella divisione, il dividendo viene svuotato nello stesso modo; per esempio (3975 diviso per 75):

/1	75
/10	750
20	1500
/40	3000
/2	150
Totale	3975.

Sembra semplice, ma solo fino all'introduzione delle frazioni. Il prodotto 8 3" $\dot{6}$ 1$\dot{8}$ × 8 3" $\dot{6}$ 1$\dot{8}$ (8 3" $\dot{6}$ 1$\dot{8}$ = $\frac{80}{9}$) è calcolato cosí:

1	8 3" $\dot{6}$ 1$\dot{8}$
2	17 3" $\dot{9}$
4	35 $\dot{2}$ 1$\dot{8}$
/8	71 $\dot{9}$
/3"	5 3" $\dot{6}$ 1$\dot{8}$ 2$\dot{7}$

$\dot{3}$	2 3" $\dot{6}$ $1\dot{2}$ $3\dot{6}$ $5\dot{4}$
/$\dot{6}$	1 $\dot{3}$ $1\dot{2}$ $2\dot{4}$ $7\dot{2}$ $10\dot{8}$
/$1\dot{8}$	$\dot{3}$ $\dot{9}$ $2\dot{7}$ $10\dot{8}$ $32\dot{4}$
Totale	79 $10\dot{8}$ $32\dot{4}$.

Raddoppiare $1\dot{8}$ è facile, dà $\dot{9}$; similmente per $\dot{6}$ e $\dot{3}$. Ma come raddoppiare $\dot{9}$? Per questo, i calcolatori egizi avevano una tabulazione di tutte le divisioni $2/n$ dove n è dispari, $2 < n < 102$. Comunque uno dei principî per la costruzione di questa tabella sta nel calcolo di $2/9 = (1 + \frac{1}{2} + \frac{1}{2}) / 9 = \dot{6} + 1\dot{8}$ – cioè, 2 si spartisce in due aliquote di 9. Alla fine tutte le frazioni devono essere sommate; per questo si trova un numero di cui tutte le aliquote possono essere trovate senza troppa difficoltà: in questo caso 108 (dunque, non esattamente un denominatore comune). La somma di tutte le frazioni di 108 sarà $217 + \dot{3} = 2 \times 108 + 1 + \dot{3}$, e dunque $2 + 10\dot{8} + 32\dot{4}$.

Ancora piú difficile è la divisione per numeri che contengono frazioni; un bell'esempio (dal «Rhind» n. 37) è 1 diviso per $3\ \dot{2}\ 1\dot{8}$, col risultato di $1\ \dot{4}\ 3\dot{2}$; il calcolo coinvolge frazioni fino a $57\dot{6}$ e richiede non poca fantasia creativa.

L'idea di esprimere una grandezza in relazione a un'altra ricorre in un metodo che si usava molto, la «falsa posizione semplice»[12]. Prendiamo come esempio il «Rhind» n. 24: una grandezza, se si aggiunge il suo $\dot{7}$, diventa 19. Diciamo che la grandezza sia 7, allora con il suo $\dot{7}$ diventa 8; ma dovrebbe essere 19, dunque $19/8 = 2\ \dot{2}\ \dot{8}$ volte piú grande. È dunque $2\ \dot{2}\ \dot{8}$ moltiplicato per 7, cioè 1 + 2 + 4.

I due papiri contengono molti problemi di aritmetica applicata, e dall'organizzazione del «Rhind» è ovvio che era pensata come tale, poiché prima viene rappresentata l'aritmetica dei numeri astratti, poi la geometria e altre applicazioni concrete. I problemi applicati riguardano la spartizione di pani in date proporzioni, lo scambio di pani o birra in accordo col contenuto di orzo, la crescita di un gregge di buoi, ecc. – tutti problemi che corrispondevano ai compiti degli scribi come appare dai documenti economici; molti hanno a che fare con problemi metrologici. Dai documenti economici si vede che gli scribi importarono nella vita pratica il nuovo sistema delle frazioni, nonostante questo non fosse molto adatto ai calcoli reali e desse l'illusione di una precisione molto piú grande di quella veramente raggiunta (il $18\dot{0}$ di una brocca di birra!)

I problemi geometrici riguardano l'inclinazione di piramidi, le aree di rettangoli, triangoli rettangoli e cerchi e di una superficie curva che potrebbe essere cilindrica o semisferica, e i volumi di prismi rettangolari e di un tronco di piramide (corretto). Per necessità, le formule per le aree di triangoli e

[12] Questo metodo venne utilizzato anche dagli scribi babilonesi e in tutta l'aritmetica pratica fino al Rinascimento.

rettangoli e per i volumi prismatici coincidevano nel principio con quelle dei Babilonesi, ma abitudini metrologiche facevano sí che esse fossero distinte nei particolari. L'area del cerchio è definita in un modo del tutto differente da quello babilonese, cioè come l'area di un quadrato il cui lato è $\frac{8}{9}$ del diametro del cerchio (dunque, alla lettera come «quadratura del cerchio»).

Da un punto di vista generale, la matematica della scuola degli scribi egizi somiglia molto a quella della scuola paleobabilonese. C'era un nucleo di calcolo con numeri astratti, essenziale poiché il compito dello scriba che praticava la matematica era sempre quello di trovare il numero giusto; inoltre, c'era un livello utilitaristico in accordo con i compiti professionali degli scribi; infine, c'era un livello determinato dalla dinamica dell'istituzione scolastica – in Babilonia un vero e proprio livello di sapere non utilitaristico, in Egitto un calcolo piú raffinato del necessario.

Dal Nuovo Regno (ca. 1550 - ca. 1070 a.C.) e dalla prima metà del I millennio non abbiamo grandi documenti matematici, ma documenti economici suggeriscono che le tecniche matematiche restarono le stesse. Dall'epoca demotica (la seconda metà del I millennio), piú precisamente dalle epoche tolemaica e romana, ci sono nuovi papiri matematici. Fondamentalmente, non ci sono grandi cambiamenti, ma il tutto dà l'impressione di regole canoniche meno rigide o meno rispettate (un po' come l'impressione che dà l'arte visuale della tradizione egizia della stessa epoca). Ci sono anche nuovi tipi di problemi (ne abbiamo parlato) e nuove formule, spesso meno precise di quelle dell'epoca faraonica e talvolta apparentemente influenzate dalla matematica mesopotamica – per esempio, l'area del cerchio si trova come tre quarti dell'area del quadrato circoscritto, il volume di un tronco di cono viene calcolato come nei testi paleobabilonesi. Non può stupirci, se per secoli non soltanto le armate ma anche gli amministratori assiri e persiani (con i loro scribi) davano gli ordini[13].

7. *Eredità.*

Le matematiche babilonesi ed egizie sono morte, come lo sono le culture di cui facevano parte. Sono sparite senza lasciare tracce vive?

Di certo no. Prima di tutto, conosciamo la divisione sessagesimale del tempo e del grado. Potrebbe essere un rudimento; ma anche l'uso di frazioni decimali, cioè il sistema completo di posizione fu ispirato nel Medioevo dalla divisione del grado (ecc.) in minuti, secondi, terzi, quarti, ecc. È anche

[13] I testi matematici egizi sono tradotti in Clagett [1999], che contiene anche riproduzioni delle edizioni e trascrizioni originali insieme a una presentazione globale. Iversen [1975] tratta il «sistema canonico».

possibile che il sistema decimale di posizione degli Indiani sia di ispirazione mesopotamica (fu inventato quando essi conoscevano già l'astronomia babilonese), ma non è molto probabile.

Sono stati i Greci ellenistici ad adottare le frazioni sessagesimali per uso astronomico; già molto prima i Greci adottarono l'uso egizio delle parti aliquote, ma senza rispettare troppo il canone che regolava questo sistema ai tempi dei faraoni. I Greci stessi sostennerò di aver imparato la geometria dagli Egizi: Erodoto specificamente dai «tenditori di corde». Per certi versi può essere vero; la geometria greca probabilmente ha molte radici, e non c'è dubbio che l'arte arcaica abbia imparato dal sistema canonico egizio. Tuttavia, gli aspetti della geometria che gli autori greci attribuiscono a Pitagora (il suo «teorema», l'applicazione delle aree con eccesso e difetto, cioè *Elementi* II, 5-6) non si ritrovano nella matematica faraonica ma in quella paleobabilonese. Infatti, quando l'«algebra» babilonese fu scoperta e interpretata in chiave numerica, la convinzione di Neugebauer era che la cosiddetta «algebra geometrica» degli *Elementi* II fosse una traduzione geometrica del sapere numerico dei Babilonesi. A un certo momento questo punto di vista fu contestato da parte di autori che sapevano poco sulla matematica babilonese, ma le loro obiezioni perdono ogni valore di fronte all'interpretazione geometrica; in ogni caso, non c'è comunque una linea diretta che porta dagli scribi paleobabilonesi alla geometria greca. Come abbiamo visto, la tradizione alta paleobabilonese si interruppe quando sparí la scuola; ciò che i Greci hanno incontrato è la tradizione laica (e non è escluso che l'abbiano incontrata in Egitto dopo l'arrivo degli amministratori assiri e persiani); infatti, tutto ciò che in Euclide (e Diofanto) ha un sapore mesopotamico apparteneva alla tradizione laica, e niente di quello che nella matematica scolastica va oltre gli agrimensori laici si ritrova nella matematica greca.

Come già menzionato, le innovazioni nella tradizione laica che vediamo nei testi seleucidici e demotici si rispecchiano in testi greco-latini neopitagorici e di geometria pratica, senza avere però grande rilevanza per la storia. Molto importante è invece l'influenza nell'algebra di al-Khwārizmī. Non ci sono ragioni di credere che l'algebra tradizionale che il califfo al-Ma'mūn chiese ad al-Khwārizmī di descrivere fosse ispirata all'algebra babilonese, né agli agrimensori laici; ma al-Khwārizmī, sapendo che nella matematica c'è bisogno di dimostrazioni, volle procurare prove che le regole numeriche enunciate fossero valide; per questo usò le tecniche della tradizione degli agrimensori, ancora viva al suo tempo. Una volta che l'algebra di al-Khwārizmī fu tradotta in latino sembrava che queste prove costituissero il nucleo stesso della disciplina. Anche le dimostrazioni di Cardano per le soluzioni dell'equazione di terzo grado ne furono ispirate; inoltre esse facevano uso diretto delle soluzioni dei problemi (3) e (4) sui rettangoli, che Cardano conosceva bene dalla tradizione abbacista.

ASCHER, M.

1991 *Ethnomathematics*, Brooks/Cole Publishing, Pacific Grove.

BRUINS, E. M. e RUTTEN, M.

1961 *Textes mathématiques de Suse*, Paul Geuthner, Paris.

CLAGETT, M.

1999 *Ancient Egyptian Science. A Source Book*, vol. III. *Ancient Egyptian Mathematics*, American Philosophical Society, Philadelphia.

DAMEROW, P. ed ENGLUND, R. K.

1987 *Die Zahlzeichensysteme der Archaischen Texte aus Uruk*, capitolo III di M. W. GREEN e H. J. NISSEN, *Zeichenliste der Archaischen Texte aus Uruk*, vol. II, Gebr. Mann, Berlin, pp. 117-66.

FOSTER, B. e ROBSON, E.

2004 *A new look at the Sargonic mathematical corpus*, in «Zeitschrift für Assyriologie und Vorderasiatische Archäologie», 94, pp. 1-15.

FRIBERG, J.

1986 *The early roots of Babylonian mathematics. III: Three remarkable texts from ancient Ebla*, in «Vicino Oriente», 6, pp. 3-25.

1997 *«Seed and reeds continued». Another metro-mathematical topic text from late Babylonian Uruk*, in «Baghdader Mitteilungen», 28, pp. 251-65, tavole 45-46.

FRIBERG, J., HUNGER, H. e AL-RAWI, F.

1990 *«Seeds and reeds». A metro-mathematical topic text from late Babylonian Uruk*, in «Baghdader Mitteilungen», 21, pp. 483-557, tavole 46-48.

HØYRUP, J.

1982 *Investigations of an early Sumerian division problem, c. 2500 B.C.*, in «Historia Mathematica», 9, pp. 19-36.

2002 *Lengths, Widths, Surfaces: A Portrait of Old Babylonian Algebra and Its Kin*, Springer, New York.

IVERSEN, E.

1975 *Canon and Proportion in Egyptian Art*, 2a ed. rivista e corretta, Aris & Phillips, Warminster.

LIVERANI, M.

1988 *Antico Oriente. Storia, società, economia*, Laterza, Roma-Bari.

NEUGEBAUER, O.

1935 *Mathematische Keilschrift-Texte*, 3 voll., Julius Springer, Berlin 1935-37, vol. I.

NEUGEBAUER, O. e SACHS, A.

1945 *Mathematical Cuneiform Texts*, American Oriental Society, New Haven.

NISSEN, H. J.

1988 *The Early History of the Ancient Near East*, University of Chicago Press, Chicago-London.

NISSEN, H. J., DAMEROW, P. ed ENGLUND, R. K.

1993 *Archaic Bookkeeping: Writing and Techniques of Economic Administration in the Ancient Near East*, University of Chicago Press, Chicago.

PROUST, CH.

2000 *La multiplication babylonienne: la part non écrite du calcul*, in «Revue d'Histoire des Mathématiques», 6, pp. 293-303.

ROBSON, E.

1999 *Mesopotamian Mathematics 2100-1600 BC. Technical Constants in Bureaucracy and Education*, Clarendon Press, Oxford.

SCHMANDT-BESSERAT, D.

1992 *Before Writing*, 2 voll., University of Texas Press, Austin.

SERAFINA CUOMO

L'età classica ed ellenistica

La storia della matematica antica ama le generalizzazioni. Ci viene detto, ad esempio, che lo stile matematico greco è essenzialmente diverso da quello babilonese, che la matematica romana era pragmatica, ma anche che ovunque si privilegiava la matematica pura. La matematica antica è spesso presentata come piú o meno uniforme, e quelle parti di essa che male si conformano a una certa immagine sono etichettate come minori o marginali – in ultima analisi, come non vera matematica e quindi di scarso interesse per il lettore moderno.

Per uno storico, le generalizzazioni sono forse facili da scrivere, e certamente facili da leggere, ma ci espongono al rischio di ignorare o travisare quella complessità e ricchezza che sono forse il motivo principale per cui ha ancora un senso, oggi, studiare la matematica del passato.

Anche se non è affatto un'idea nuova, è tuttora necessario ribadire che esistono non una matematica antica, sia essa greca, babilonese, o romana, ma molte e diverse matematiche, che, sebbene distinguibili in base a metodi dimostrativi, caratteristiche delle persone che le praticavano e soprattutto motivi per cui erano praticate, non sono nettamente separabili le une dalle altre, e non corrispondono necessariamente a stili «nazionali». Vi sono molte aree grigie, e confini contestati da gruppi che proponevano matematiche, o piú in generale, tipi di conoscenza, in competizione fra di loro[1]. Esistono cosí matematiche rivolte alla soluzione di problemi che potremmo chiamare astratti, matematiche i cui risultati hanno un immediato riscontro pratico, e soprattutto matematiche in cui il rapporto fra «teoria» e «pratica» è cosí contorto da rendere una vera separazione impossibile. Il concetto stesso di matematica era spesso allargato a includere forme di conoscenza quali l'astronomia o la meccanica, che oggi consideriamo separate.

Il problema di chi scrive è come riprodurre questa complessità in modo comprensibile, e nello spazio a disposizione. Sacrificando uno sguardo d'insieme, e i vantaggi delle generalizzazioni, ho deciso di invitare il lettore a concentrare l'attenzione su cinque punti focali, diversissimi fra di loro, ma ognuno un «pezzo» di matematica prodotto nelle civiltà di lingua greca tra

[1] Si veda ad es. Lloyd [1987; 1996; 2002].

il v secolo a.C. e il II d.C. (il periodo su cui verte questo capitolo). Due sono «pezzi» – blocchi di marmo – nel senso letterale del termine; abbiamo poi un brano dall'*Introduzione aritmetica* di Nicomaco di Gerasa, un estratto dal trattato di Filone di Bisanzio sulle catapulte, e la proposizione 47 del primo libro degli *Elementi* di Euclide, nota anche come teorema di Pitagora. La scelta di porre Euclide alla fine è leggermente provocatoria, in quanto ci costringerà a riflettere sul fatto che il testo degli *Elementi* su cui si basano le nostre moderne edizioni è, in larga misura, un prodotto della tarda antichità.

1. *L'abaco di Salamina.*

Il cosiddetto abaco di Salamina (figura 1) è una lastra di marmo, lunga circa un metro e mezzo e larga circa la metà, che prende il nome dall'isoletta vicina ad Atene dove fu ritrovata.

La lastra è incisa con tre serie di simboli numerici, in cifre attiche[2] (1000, 500, 100, 50, 10, 5, 1 dracma, 1 obolo, mezzo obolo, un quarto di obolo,

[2] La numerazione attica probabilmente deriva dall'iniziale della parola relativa ai vari numeri; ad esempio delta per *deka*, cioè dieci. Con il tempo fu sostituita dalla cosiddetta numerazione alfabetica, in cui si usavano le lettere dell'alfabeto greco per unità, decine, e cosí via, ad esempio beta, la seconda lettera in ordine alfabetico, era il 2. Talento, dracma e obolo sono tutte unità di misura di denaro dell'epoca.

Figura 1.

Abaco di Salamina.

Da Schärlig [2001], fig. 1, tra le pp. 76 e 77. © Presses polytechniques et universitaires romandes - Museo Epigrafico di Atene.

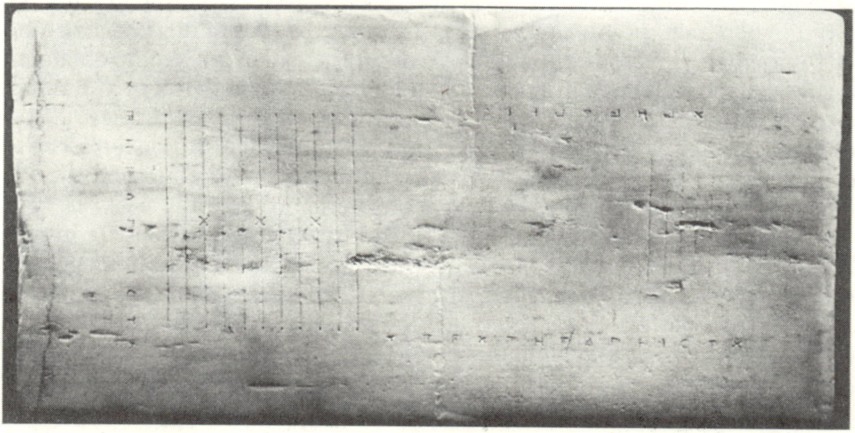

un ottavo di obolo, ripetute sul lato piú breve e su uno dei due lati lunghi, mentre sull'altro lato lungo la serie è preceduta da una T – un talento, oppure 10 000 – e dal segno per 5000), e due gruppi di linee parallele, uno tagliato da una perpendicolare con crocette a intervalli regolari[3].

Date le dimensioni e il materiale, l'abaco di Salamina è piuttosto pesante; inoltre le incisioni sono eseguite con una certa cura, ben distanziate fra di loro e regolari. Questo induce a pensare che si trattasse di un oggetto di uso pubblico, tale da permettere ad altre persone rispetto al calcolatore di osservare e controllare le operazioni, specie nell'ambito di attività commerciali o di carattere amministrativo, in cui la correttezza delle procedure avrebbe rivestito particolare importanza. Ma quali erano queste procedure – un abaco del genere, come funzionava?

Dobbiamo innanzitutto liberarci dall'idea che per compiere operazioni aritmetiche si abbia bisogno di scrivere, su carta o tanto meno su uno schermo elettronico. I numeri sull'abaco erano rappresentati da gettoni, quali sono stati rinvenuti in quantità, ad esempio, negli scavi dell'*agorà* di Atene[4]. I gruppi di linee formano colonne, e ogni colonna corrispondeva a unità, decine, centinaia, e cosí via. Nel caso dell'abaco di Salamina, la presenza delle cifre 5, 50, ecc. induce a pensare che anche le colonne includessero cinquine e cinquantine. Un gettone corrispondeva a un numero diverso a seconda della colonna in cui si trovava; forse gettoni di vario colore venivano usati per meglio distinguere le unità dalle decine, e cosí via. Quindi, quattro gettoni nella colonna delle unità, piú sei gettoni nella colonna delle decine avrebbero rappresentato il numero 64 – sull'abaco di Salamina, che contiene abbastanza colonne e ha i segni corrispondenti, 64 avrebbe anche potuto essere rappresentato da quattro gettoni nella colonna delle unità, uno in quella delle decine e uno in quella delle cinquantine. Se una colonna si riempiva (ad esempio, se quella delle unità veniva a contenere undici gettoni), si spostava un gettone (rappresentante in questo caso 10) nella colonna a fianco. L'ordine della numerazione andava probabilmente da destra a sinistra.

Le figure 2 e 3 mostrano la ricostruzione di un'addizione[5]. Il primo numero, 3749, è disposto nella parte superiore del gruppo di colonne. Si noti come 9 sia rappresentato da quattro gettoni nella colonna delle unità e uno nella colonna delle cinquine. Il secondo numero, 2463, è disposto nella parte inferiore, ma avrebbe potuto anche essere disposto a fianco, in corrispondenza della serie di cifre incise sul lato.

[3] Per tutte le informazioni sull'abaco di Salamina e altri abachi antichi, sul modo in cui venivano svolte le operazioni, e per bibliografia sull'argomento, si veda Schärlig [2001]. Alcuni studiosi hanno ipotizzato che l'oggetto non fosse un abaco, ma servisse per un gioco da tavolo; la prima interpretazione sembra aver prevalso, cfr. Pritchett [1965; 1968], Lang [1968].

[4] Lang e Crosby [1964].

[5] Schärlig [2001], pp. 289-97.

L'addizione consiste nel mettere insieme – sommare – i gettoni, amalgamando i gruppi e riordinandoli con i necessari spostamenti ogni qual volta una colonna si riempia.

Figura 2.
Addizione sull'abaco di Salamina, posizione iniziale.
Da Schärlig [2001], p. 290, fig. 11.1. © Presses polytechniques et universitaires romandes.

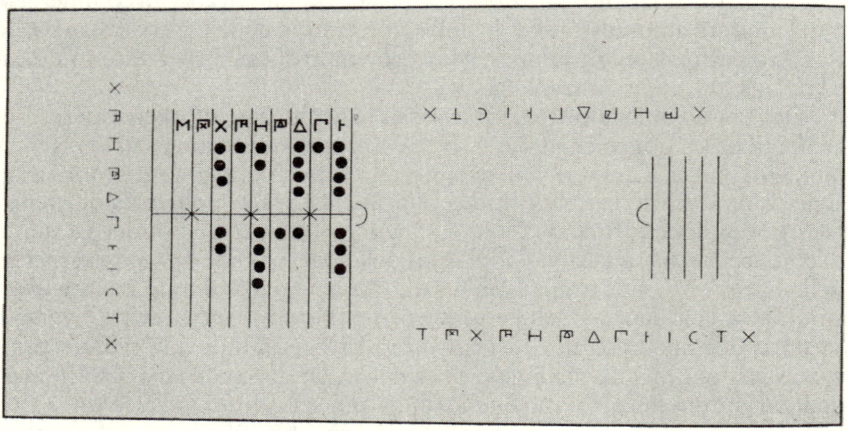

Figura 3.
Addizione sull'abaco di Salamina, posizione finale.
Da Schärlig [2001], p. 290, fig. 11.2. © Presses polytechniques et universitaires romandes.

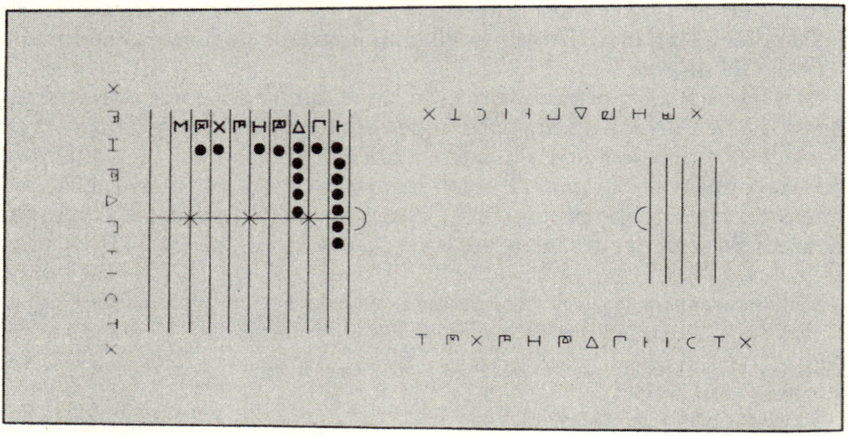

L'addizione è ovviamente l'operazione piú semplice. La sottrazione non è essenzialmente diversa, solo che questa volta si tratta di togliere dalle colonne i gettoni corrispondenti al numero minore, e riordinare i rimanenti, di nuovo spostando gettoni da una colonna all'altra. La moltiplicazione è piú complessa, ma in sostanza scomponibile in una serie di addizioni. Il numero piú grande veniva probabilmente moltiplicato per le varie cifre costituenti il numero piú piccolo (è probabile che l'equivalente della nostra tavola pitagorica fosse parte dell'educazione elementare), i diversi passi intermedi annotati, ancora una volta probabilmente in gettoni, su una delle serie numeriche laterali o sul gruppo di righe minori, e poi il tutto sommato insieme come una semplice addizione.

Delle quattro operazioni, quella piú difficile da ricostruire per gli storici moderni è la divisione. Anche se, in principio, la si può considerare l'inverso della moltiplicazione, in pratica la divisione spesso richiede un numero di tentativi, resti parziali, colonne supplementari per tenere conto dei risultati parziali, e cosí via. Non è da escludere che molti calcolatori si limitassero ad addizione, sottrazione e moltiplicazione, e che la divisione fosse compiuta con l'ausilio di tavole. O ancora, è probabile che i numeri da dividere venissero arrotondati in modo da facilitare la divisione, o che il risultato fosse approssimato in base alle specifiche esigenze per cui si eseguiva il calcolo.

In conclusione, l'abaco avrebbe consentito a una persona con un certo livello di abilità ed esperienza di eseguire calcoli relativamente complicati in un modo relativamente semplice e relativamente facile da controllare.

Il carattere aperto della matematica antica è insito già in alcuni dei suoi miti di fondazione, specie quello famoso secondo cui la geometria sarebbe nata in Egitto dall'esigenza di dividere la terra i cui confini erano stati cancellati dalle piene del Nilo[6]. La geometria originaria in Erodoto è un'attività sottoposta a intenso scrutinio da parte del pubblico – deve essere tale da consentire a tutti, anche al piú umile contadino, di verificare con i propri occhi che gli è stato assegnato né piú né meno di quanto aveva prima, e che l'imposta da pagare è di conseguenza giusta. Oppure, nel celebre brano di Platone, persino uno schiavo che si suppone ignorante, se gli vengono fatte le domande giuste e – punto fondamentale – gli viene posto davanti agli occhi il diagramma giusto, è in grado di arrivare a delle verità matematiche[7]. Le operazioni sull'abaco vengono inoltre usate dagli oratori attici come immagine di trasparenza: Demostene invita i suoi ascoltatori a essere i controllori dei suoi conti, oltre che testimoni di quanto andrà a dimostrare, ed Eschine esclama: «Se quanto vi ho detto, giungendovi improvvisamente agli orecchi, suona troppo incredibile per alcuni di voi, permettetemi di suggerirvi come dovreste ascoltare il resto del mio discorso. Quando ci sediamo per control-

[6] Erodoto, *Storie*, II, 109.
[7] Platone, *Menone*, 82b-85b.

lare i conti della spesa pubblica che risalgono a molto tempo prima, senza dubbio a volte accade che usciamo di casa con una falsa impressione. Ciò nondimeno, una volta terminati i calcoli, nessuno è cosí testardo da rifiutare, prima di andarsene, di dare il suo assenso alla conclusione, qualunque essa sia, che i numeri stessi hanno stabilito»[8]. Ricordiamo che l'esito di un voto pubblico nell'Atene democratica poteva essere determinato solo contando davanti a tutti i gettoni corrispondenti ai voti, e che i pubblici ufficiali dovevano presentare i conti pubblicamente alla fine del loro incarico annuale.

Insomma, allora come in qualche misura ancora oggi, una delle caratteristiche fondamentali della matematica è che le sue procedure possono essere giudicate corrette o erronee persino da un osservatore che non sia necessariamente un esperto, ma a cui si sia fornita una quantità adeguata di informazioni. In altre parole, è nella natura della matematica, come veniva e viene concepita da molti, di poter dimostrare le proprie verità o falsità.

Se l'abaco di Salamina e oggetti simili rivestivano tale ruolo, con connotazioni anche politiche, viene da chiedersi: chi usava questi abachi, chi erano i calcolatori antichi? Platone accenna a un'arte del calcolo, contrapposta ad altri tipi di matematica piú astratti, o divide il calcolo stesso in una forma piú astratta (forse la teoria sui rapporti e le proporzioni, affine ai contenuti del decimo libro degli *Elementi* di Euclide) e una piú concreta[9]. La filosofia platonica, del resto, spesso costruisce contrasti a fini retorici, e non dobbiamo dare per scontato che essi riflettano la realtà delle cose nell'Atene, o tanto meno nel mondo greco, dell'epoca.

La verità è che, a tutt'oggi, non esiste uno studio sistematico delle testimonianze letterarie, epigrafiche, papirologiche o archeologiche sulla matematica di questo tipo, spesso definito elementare, nel mondo greco o romano[10]. In altre parole, anche se l'abaco di Salamina generalmente non entra a pieno titolo nelle storie della matematica antica, ne è invece una parte importantissima, perché rappresenta un intero mondo di persone (i calcolatori) e attività (commerciali, fiscali, amministrative, religiose se contiamo il ruolo economico dei templi degli dèi piú potenti) – uno dei veri volti pubblici della matematica, praticata all'aperto, nelle piazze principali, di fronte a degli spettatori. In questo senso, abachi come quello di Salamina incarnano una particolare idea di cosa costituisca una dimostrazione: l'operazione stessa è la propria dimostrazione, se la si segue passo per passo, verificandone l'esattezza.

A livello piú sottile, l'abaco di Salamina presuppone anche una particolare visione di cosa siano i numeri, e del loro rapporto con la realtà: non entità astratte, ma un qualcosa di piú concreto, quantità come attributi indissolubili

[8] Demostene, *Sulla corona*, 229; Eschine, *Contro Ctesifone*, 59.

[9] Per es. *Gorgia*, 451b5; *Repubblica*, 525c1 (libro 7). Per un elenco completo dei passi platonici, cfr. Fowler [1999].

[10] La situazione è molto migliore per la matematica babilonese: si veda ad es. Hudson e Wunsch [2004].

di oggetti nel mondo reale. Gli antichi non utilizzavano simboli quali le x e y delle equazioni moderne; le parole stesse utilizzate per i numeri avevano come referente non tanto, o non solo, un'idea, ma una realtà concreta, consistente in un determinato raggruppamento di cose. Per fare un esempio, la differenza tra i nostri due, tre, ecc. e quelli greci è un po' come la differenza tra «due» e «un paio»: due può essere lasciato a se stesso, per cosí dire, e rappresentare semplicemente un concetto, definito ad esempio come il successore dell'unità. Ma un paio è sempre un paio di qualcosa, non è concepibile se non in relazione a un gruppo di due oggetti. Oppure, potremmo usare l'esempio di due e 2: due forse spinge a chiedere «due di cosa?», mentre 2 è a sé stante.

L'abaco di Salamina presuppone e rafforza una concezione dei numeri dove questi sono sí etichette spostabili da un tipo di cosa a un altro, ma anche, sempre, un *qualcosa*[11]. Per usare una frase efficacissima, «noi immaginiamo i numeri come un'entità che vediamo su una pagina; i Greci li immaginavano come un'entità che afferravano fra il pollice e l'indice»[12].

2. *La duplicazione del cubo di Filone di Bisanzio.*

Nel trattato sulle catapulte di Filone di Bisanzio (III secolo a.C.) troviamo il seguente brano:

> La definizione della costruzione di macchine da getto è lo scagliare il proiettile lontano con un colpo vigoroso; a questo fine si sono avute esperienze e ripetute ricerche. Ti racconteremo cosa noi stessi abbiamo appreso ad Alessandria, dopo essere inoltre stati in contatto con tecnici esperti di queste cose, e aver imparato a Rodi da non pochi architetti, e aver capito da questi che le macchine piú rinomate ricadono piú o meno nell'ambito del metodo di cui sto per dire.
>
> Ridurre in unità il peso della pietra per la quale si deve costruire la macchina, e far sí che il diametro del foro [che contiene la corda in torsione della catapulta] sia grande lo stesso numero di dita delle unità contenute nella radice <cubica>, piú la decima parte della radice trovata. Se il peso non ha una radice esprimibile, prendere la piú vicina; se è piú vicina per eccesso, cercare di diminuire la decima parte in proporzione, se invece è piú vicina per difetto, compensare aggiungendo il decimo. I diametri dei fori calcolati con questo metodo sono: del <peso> da dieci mine, 11 dita; di quello da quindici mine, 12 dita, un mezzo e un quarto; di quello da venti mine, 14 dita, un mezzo e un quarto; di quello da trenta mine, 15 3/4 dita; di quello da cinquanta mine, 19 dita, un mezzo e un quarto; di quello da un talento, 21 dita; di quello da due talenti e mezzo, 25 dita; di quello da tre talenti, 27 dita[13]. È accettato che il diametro del cerchio per la corda si prende con questo metodo. È <possibile>

[11] Su questi temi si vedano Klein [1968] e Netz [2004].

[12] Netz [2002], p. 329.

[13] Dieci mine corrispondono a circa quattro chili e mezzo, tre talenti a circa 78 chili e mezzo. Per i problemi connessi alla determinazione delle unità di peso nel mondo greco, cfr. ad es. Marsden [1971], p. XVIII.

anche sulla base di un solo numero, il piú piccolo di quelli citati, diciamo quello da dieci mine, ricavare i rimanenti diametri meccanicamente, secondo la duplicazione del cubo, come mostrammo nel primo libro. Non ci ricuseremo dallo scriverla adesso. A 10 il diametro del <peso> da dieci mine si adatta ai numeri della radice cubica (infatti dieci <per cento> fa mille, da cui risulta una radice di 10 dita, aggiungendo un decimo 11). Sia dunque data una retta del diametro, A, di cui ad esempio si deve trovare il doppio al cubo. Pongo una retta doppia di questa, la B, perpendicolarmente a questa, e dall'estremità di B traccio un'altra retta Γ perpendicolare illimitata. E si conduca dall'angolo Θ una retta K, la divido a metà e il punto di divisione sia K.

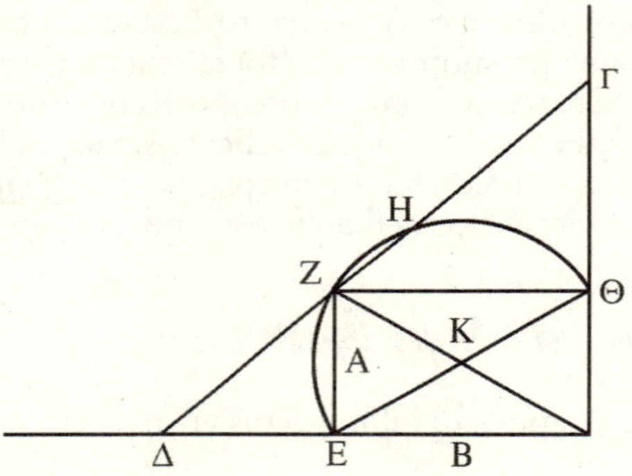

Utilizzando come centro K e diametro EΘ descrivo un semicerchio, che attraversa anche l'angolo Z, e preso un righello dritto, sforzandomi collego tagliando entrambe le linee e mantenendo una parte del righello sull'angolo Z. Sia il righello dove si trova Z. Facendo cambiare direzione al righello, mantenendo allo stesso tempo una sua parte che tocca l'angolo, faccio cambiare direzione, fino a che mi riesce di avere la parte del righello dal punto di congiunzione Γ fino a cadere sulla congiunzione con la circonferenza in H, uguale alla <parte del righello> dal punto di congiunzione Δ fino a cadere sull'angolo Z. Quindi ΔE sarà il doppio del cubo di EZ, ΘΓ di EΔ, ΘZ di ΘΓ. Quindi è accettato che il diametro del cerchio per la corda si prende con questo metodo[14].

Come Filone stesso ci ricorda, questa non è la sua unica versione della duplicazione del cubo. Non abbiamo piú il primo libro della *Collezione meccanica*, ma Eutocio di Ascalona, nella sua antologia di ben dodici diverse soluzioni, le piú antiche attribuite addirittura a Platone e Archita, riporta una versione piú completa attribuita a Filone[15]. La prima parte è sostanzial-

[14] Filone di Bisanzio, *Trattato sulle macchine da getto*, 51-52. Testo e traduzione inglese (la traduzione non è del tutto attendibile) in Marsden [1971].

[15] Eutocio (ca. VI secolo d.C.), *Commentario alla sfera e cilindro di Archimede*, 54.26-106.24 (la soluzione di Filone a 60.28-64.14, l'accenno a Ippocrate di Chio a 88.17-23), a cura di J. Heiberg, Teubner, Leipzig 1915; alla soluzione di Filone accenna anche Pappo (IV secolo d.C.), *Collezione matematica*, 56.1, a cura di F. Hultsch, Weidmann, Berlin 1876, vol. I.

mente uguale al brano che abbiamo riportato, mentre la seconda parte ne è come la continuazione, con una dimostrazione, basata sulla teoria delle proporzioni e su alcune proprietà delle tangenti di un cerchio, del fatto che il righello, posto nella posizione indicata, effettivamente produce due medie proporzionali ai due segmenti iniziali. Rimane il fatto che anche la versione piú strettamente geometrica verte su una costruzione e un diagramma ottenuti grazie a un oggetto semovente, e rimane quindi inevitabilmente «meccanica» (o anche «strumentale» – il termine è in essenza lo stesso usato per riferirsi alle catapulte), come la definisce l'autore. La comparsa del righello, un oggetto riducibile sí a una retta, ma essenzialmente concreto, nello spazio geometrico della proposizione la trasforma in un qualcosa di ibrido. Si noti che Filone non identifica mai le due linee iniziali, o il cerchio, o le altre linee del diagramma con oggetti reali. La soluzione non è «solo» materiale o «solo» geometrica, ma si muove con disinvoltura tra due mondi spesso considerati incompatibili, quello dell'astrazione matematica e quello dell'ingegneria concreta e, proprio perché concreta, approssimativa. Si ricordi l'accenno di Filone ai numeri che è piú conveniente scegliere per facilità di calcolo.

Il trattato stesso è un ibrido: Filone passa dal ricordo autobiografico alle istruzioni pratiche, alla formulazione di quella che potremmo chiamare una tavola di calcolo, alla dimostrazione matematica, e questo nella cornice di un testo che comprende considerazioni sui materiali piú adatti alla costruzione delle catapulte, consigli su come assemblare i vari pezzi, citazioni poetiche, e la storia di come nel corso degli anni ci si rese conto che l'elemento chiave della macchina, il modulo da usare per modificarne le proporzioni, era il diametro del foro che contiene la corda in torsione[16]. In altre parole, la matematica in Filone è completamente immersa in un contesto che potremmo chiamare di vita vissuta.

Molti si sono chiesti: la matematica veniva veramente applicata alla costruzione di catapulte, all'architettura, all'ingegneria? La risposta ovviamente non è semplice, ma la duplice natura della soluzione di Filone trasmessa da Eutocio offre qualche riflessione in proposito. Per chi voglia semplicemente costruire una catapulta, non è necessaria una dimostrazione: bastano delle istruzioni e delle misure che possono essere del tutto empiriche. Per un ingegnere quale Filone o gli esperti in Alessandria o Rodi cui fa riferimento, una dimostrazione matematica come quella da noi citata avrebbe apportato il vantaggio di maggior precisione, maggior controllo sul processo di costruzione (uno dei passi fondamentali – le dimensioni – può essere appreso direttamente, invece di essere delegato alla conoscenza di altri, distillata in tavole o manuali), e maggior cognizione di causa, a sua volta importante in

[16] La *Collezione meccanica* comprendeva anche architettura militare, architettura portuale, pneumatica e, probabilmente proprio nel primo libro, problemi di geometria generale; cfr. Ferrari [1984], che rimane il miglior studio di Filone di Bisanzio ed è alla base di questo paragrafo.

situazioni dove non esperti di un certo calibro (sovrani, notabili) avevano bisogno di essere convinti dell'abilità di un ingegnere. Infine, la dimostrazione matematica completa – la versione di Eutocio – avrebbe costituito il culmine di queste caratteristiche (precisione, controllo, cognizione di causa e prestigio), permettendo a qualche abile e astuto esperto di uscire dal mucchio, inserendosi a pieno credito in una tradizione matematica che appunto all'epoca andava formandosi, e che sembra aver dedicato molte delle proprie energie alla soluzione di problemi quali la duplicazione del cubo[17].

La questione non è tanto se la matematica veniva veramente applicata, ma quale funzione l'autore riteneva di dare alla matematica, e a quale tipo di matematica, in un trattato di questo genere. Non sappiamo chi fosse l'Aristone a cui è indirizzato il testo[18], ma il tono di Filone ci fa pensare che volesse pubblicizzare la propria forma di conoscenza (la meccanica «allargata», con forti componenti di matematica) a un pubblico di non specialisti del settore. Filone, come Vitruvio un paio di secoli piú tardi, opera in un'epoca di transizione, dove le esigenze belliche, ma non solo, dei vari sovrani ellenistici avevano creato un vero mercato per armi da getto sempre piú potenti e sofisticate, e per gli uomini che erano in grado di costruirle.

In un brano precedente, Filone spiegava come gli ingegneri del passato, non avendo un criterio sicuro per la costruzione e modifica delle dimensioni di una catapulta, fossero andati per tentativi, aumentando o diminuendo un po' a caso, per poi verificare il risultato empiricamente. Dopo l'accumulazione nel tempo, ma anche nello spazio dell'area mediterranea, di diverse approssimazioni, modifiche, esperimenti – dopo insomma aver imparato dai propri errori e da quelli degli altri, e aver messo insieme una quantità sufficiente di dati, cominciarono a emergere alcune regolarità, che consentirono alla generazione piú recente di esprimerle in forma matematica, e di identificare, fra tutti i pezzi della catapulta, quello che poteva servire da modulo[19]. Il progresso (cosí possiamo chiamarlo senza timore di anacronismi) della costruzione di armi da getto è quindi anche un evolversi epistemologico.

La matematizzazione dell'ingegneria è quindi presentata da Filone come il culminare di un processo storico, in cui intervengono fattori quali il patrocinio dei Tolomei d'Egitto. La matematica, quindi, non precede, quanto piuttosto ratifica e dà forma efficace alla manipolazione del reale. Proprio perché costituisce una sintesi, si può tradurre in «formula» o tavola per la costruzione di catapulte[20], e può da lí in poi essere trasmessa alle generazioni future, con la garanzia di quello che potremmo chiamare un certo *pedigree*.

[17] Si veda soprattutto Knorr [1985].
[18] Filone, *Trattato sulle macchine da getto* cit., 49.
[19] *Ibid.*, 49-50.
[20] Vitruvio, *Architettura*, X, 10-11, trad. it di A. Corso e E. Romano, Einaudi, Torino 1997.

Un altro aspetto importante del pezzo di matematica contenuto in Filone è il suo sapore collettivo, piuttosto che individuale. Filone non dice di essere stato il primo, né l'unico a scoprire una soluzione alla duplicazione del cubo, e il testo invita di continuo la partecipazione del lettore, invece di limitarsi a istruirlo: non solo dobbiamo verificare personalmente la validità del diagramma e del ragionamento – dobbiamo anche produrre una soluzione con le nostre mani, spostando il righello fino a trovare la posizione giusta. Questo sapore collettivo si intona perfettamente al contesto del nostro brano: sembra che gli ingegneri ellenistici, che pure erano in competizione gli uni con gli altri, si sentissero parte dello stesso gruppo e dello stesso sforzo conoscitivo. Filone, come altri di cui abbiamo notizia da iscrizioni[21], viaggiava, comunicava, si confrontava con altre realtà e altre persone. Il quadretto del matematico rinchiuso nella torre d'avorio non potrebbe essere piú lontano: qui abbiamo invece una matematica concreta sia nel modo in cui è scritta, sia nel modo in cui è concepita, sia nel modo in cui è usata – a volte per costruire effettivamente catapulte, piú spesso per dare ai costruttori di catapulte un'immagine affidabile e prestigiosa.

3. *La meridiana dedicata a Tolomeo II.*

Le gallerie di scultura greca del Louvre espongono, assieme a esempi piú tradizionali di arte antica, una meridiana (orologio solare), trovata a Eraclea in Asia Minore (figura 4). L'oggetto, in marmo, alto circa trenta centimetri, largo circa quaranta e spesso circa sessanta, ha un'iscrizione alla base, che dice: «Al re Tolomeo, Apollonio figlio di Apollodoto; Temistagora figlio di Menisco di Alessandria fece <quest'oggetto>»[22].

Il re dell'iscrizione è senza dubbio uno dei Tolomei d'Egitto; Eraclea sul Latmo entrò nella sfera d'influenza egiziana probabilmente tra il 277 e il 262 a.C., quindi il sovrano della dedica è da identificarsi con Tolomeo II Filadelfo, ben noto per il suo patrocinio di arti e scienze.

La meridiana del Louvre è interessante per una serie di motivi: innanzitutto ci dimostra che una meridiana veniva considerata un dono adatto a un sovrano; e che venne prodotta da un artigiano famoso o fiero del proprio lavoro al punto tale da porre il proprio nome alla pari con quello del cliente e del re (visto che la dedica è su due righe, e il nome e la provenienza geografica dell'artigiano occupano l'intera seconda riga). Inoltre ha due facce, quindi è di una certa complessità, ed era probabilmente posta in un luogo pubblico dove i concittadini di Apollonio avrebbero potuto usarla e contempora-

[21] Si veda Garlan [1974].

[22] Si veda Gibbs [1976], pp. 268-69. La letteratura sugli strumenti per misurare il tempo antichi e medievali è in continua crescita: cfr. King [2004], Schaldach [2004].

neamente rinfrescarsi la memoria sul rapporto privilegiato tra Apollonio, il potente re straniero e l'artigiano, anch'egli straniero.

Forse ancora piú che nel caso dell'ingegneria militare, l'astronomia (e ricordiamo che la distinzione tra astronomia e matematica ovviamente esisteva, ma era fluida e si muoveva lungo confini diversi dai nostri) era il volto rispettabile e prestigioso della matematica antica. Ad esempio, l'ascesa al potere di Augusto fu segnata, secondo Plinio il Vecchio e come confermato anche se in modo ambiguo dall'archeologia, dalla creazione di immagini dove l'astronomia si poneva al servizio del potere. In primo luogo, il nuovo *princeps* fece coniare e quindi diffondere per tutto l'impero monete con il suo segno zodiacale (Capricorno), a suggellare il proprio ruolo con la garanzia di un destino scritto nelle stelle. E, in modo piú letteralmente monumentale, un altro produttore di strumenti scientifici (ma potremmo anche chiamarlo astronomo o semplicemente matematico), Facondo Novio, costruí per Augusto un'enorme meridiana, estesa sulla superficie stessa della città, con lo gnomone costituito dall'obelisco egiziano, bottino di guerra dopo la sconfitta di Antonio e Cleopatra, che si trova adesso davanti a Mon-

Figura 4.

La meridiana di Eraclea.

Da Hamiaux [1998], n. 218, p. 202. © Musée du Louvre, M. Chuzeville (parte frontale), P. Lebaube (parte posteriore).

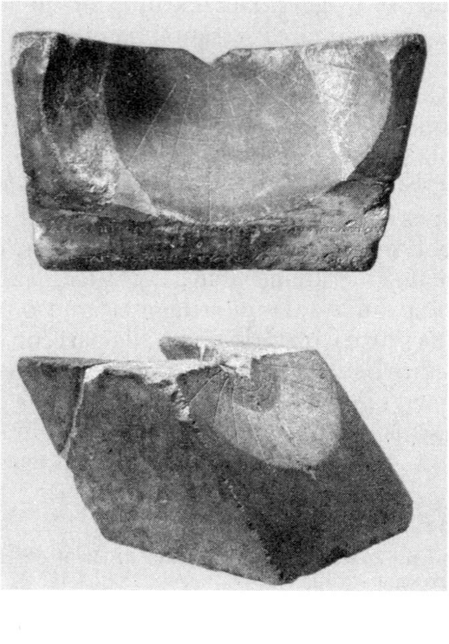

tecitorio e all'epoca probabilmente vicino al mausoleo di Augusto, orientato in modo tale da puntare l'ombra verso l'*Ara pacis* il giorno del compleanno dell'imperatore. Plinio il Vecchio, scrivendo parecchi anni dopo, osserva che la meridiana già non è piú precisa (non c'è da sorprendersi, per un oggetto di tali dimensioni), ma (ironicamente?) attribuisce l'errore a un mutamento nell'universo o al fatto che la Terra si è leggermente spostata dalla sua solita posizione[23]. O, per fare un esempio piú vicino nel tempo a Temistagora, Archimede (a cui sono attribuiti sia un trattato sulla costruzione di planetari, sia un planetario vero e proprio) indirizzò l'unico suo trattato di contenuto parzialmente astronomico, che comprende anche la descrizione di una dioptra, a Gelone, figlio del re di Siracusa Ierone.

La meridiana è calibrata per la latitudine di Eraclea, e avrebbe permesso di conoscere l'ora del giorno, il momento del solstizio d'estate e di quello d'inverno, e dei due equinozi (rappresentati da un'unica linea), con una certa precisione[24]. Qui come in molti altri esempi del genere, l'asticella o gnomone la cui ombra indicava l'ora del giorno o il giorno dell'anno è andata perduta. Il nostro oggetto rientra nella nutritissima categoria delle meridiane coniche – anzi, è probabilmente l'esemplare piú antico di meridiana conica che si conosca. Il modello è reso particolare dalla presenza di due superfici che indicano l'ora, una orientata a nord e l'altra a sud. Abbiamo cosí in realtà due meridiane invece di una: forse per consentire l'uso da entrambi i lati, ma anche per mettere in mostra l'abilità dell'artigiano.

In generale, una meridiana conica ha una superficie concava, scavata nel blocco di marmo, a forma di segmento di cono con l'asse parallelo a quello della Terra. I due piani che secano il segmento di cono, limitando la superficie della meridiana, sono paralleli, uno rispetto al piano dell'orizzonte (limite superiore) e l'altro rispetto al piano dell'equatore (limite laterale). In una meridiana a due facce, abbiamo due superfici coniche di cui quella orientata a sud ha il vertice del cono al di sopra della linea dell'orizzonte, mentre quella orientata a nord ha il vertice del cono al di sotto del bordo superiore della meridiana, e quindi al di sotto della linea dell'orizzonte. Per entrambe le facce l'asse del cono in questione coincide con l'asse dei raggi solari, considerati come coni di luce irradianti dal sole. La posizione delle linee dei solstizi è rovesciata nella faccia nord rispetto alla faccia sud.

Come gli ingegneri rappresentati da Filone, Temistagora avrà fatto ricorso talvolta ad approssimazioni. Ad esempio, anche se in teoria le linee equinoziali, diurne, ecc. dovrebbero essere delle curve complesse, in pratica le linee osservate in molte meridiane coniche antiche, compresa la nostra, sono archi di cerchio. Ciononostante, costruire un oggetto del genere non era un'impresa facile, e richiedeva conoscenze matematiche, in particolare

[23] Plinio il Vecchio, *Storia naturale*, XXXVI, 72 f. Cfr. Barton [1995].

[24] Secondo Hamiaux [1998], p. 203, la calibrazione ha un errore di 30´.

l'analemma, definito da Vitruvio come la «figura matematica che si cerca nel sole e si trova mediante l'osservazione dell'ombra che si va allungando fino al solstizio d'inverno; grazie ad esso, attraverso procedimenti propri dell'architettura e disegni tracciati col compasso, si è potuto determinare l'effetto del sole nell'universo»[25]. In altre parole, la meridiana, come piú tardi l'astrolabio, è un modo per proiettare su una superficie un sistema in movimento, permettendo agli esseri umani di seguire il corso delle ore, giorni e stagioni. Vitruvio formula anche il cosiddetto postulato della gnomonica, e cioè che l'ombra proiettata dallo gnomone del sole all'equinozio varia a seconda della latitudine.

La prima cosa da fare, per chi volesse costruire una meridiana, era quindi accertarsi della lunghezza dell'ombra dello gnomone all'equinozio per la località desiderata, e calibrare opportunamente lo strumento. Vitruvio sembra implicare che ci fossero tavole che fornivano questo tipo di informazioni, almeno per le latitudini piú comuni[26]. Una volta ottenuto questo dato, si poteva ricavare con l'aiuto di istruzioni (quelle di Vitruvio non sono tra le piú chiare) e di un semplice compasso un sistema di sfere tagliate da vari diametri che corrispondevano a orizzonte, asse terrestre, linee equinoziali e cosí via. La sfera cosí costruita inizialmente magari su un pezzo di papiro poteva quindi essere trasferita – proiettata – su una superficie piú duratura, quale la pietra. Vitruvio si esime dallo scendere in particolari a questo punto, ma ci dice che esistevano svariati tipi di meridiane (un fatto questo confermato dall'archeologia), e quindi variazioni nel procedimento di proiezione.

A un primo sguardo, si potrebbe dire che per costruire una meridiana erano necessari due tipi di nozioni: astronomiche e tecnologiche. Alla base delle nozioni astronomiche troviamo tavole già prodotte, quindi condensati di osservazioni condotte in diversi punti temporali e spaziali, accumulate forse nel corso di secoli. Subentra poi l'astronomo (o l'architetto) che sulla base di questi dati preesistenti determina la sfera da proiettare. A questo punto sarebbe subentrato l'artigiano. Si può ipotizzare che, come c'erano tavole relative alle latitudini, ci potessero essere manuali che «digerivano» l'analemma, producendo una serie di istruzioni relative alle linee da incidere sulla pietra. Insomma, dietro la meridiana del Louvre possiamo immaginare tutta una realtà sfaccettata, dall'astronomo che segue il corso degli astri ed è interessato alla loro rappresentazione visiva (Tolomeo – l'autore dell'*Almagesto* – scrisse anche un trattato sull'analemma), all'architetto con conoscenze di matematica avanzate, all'artigiano di una certa reputazione che è in gra-

[25] Vitruvio, *Architettura*, IX, 1.1, trad. it. cit.

[26] Senza tavole, si potrebbe osservare l'ombra di uno gnomone all'equinozio in un determinato posto, ma bisognerebbe sapere innanzitutto quando si verifica l'equinozio, ed inoltre compiere piú di un'osservazione, per essere sicuri dei dati raccolti. Su questo tipo di problemi, e su calendari e misurazione del tempo in genere nel mondo antico, si veda Lehoux [2007].

do di leggere trattati sull'analemma, o all'artigiano che produce oggetti piú semplici seguendo istruzioni non troppo sofisticate. Non tutte le meridiane hanno lo stesso livello di fattura e di precisione, ma almeno in alcuni casi, di cui questo è uno, dovremmo restituire alla storia della matematica antica la categoria dimenticata dei produttori di strumenti astronomici: non solo meridiane fisse, ma anche oggetti piú piccoli e piú facilmente trasportabili, primo fra tutti il famoso meccanismo di Antikythera.

Per alcuni versi, Temistagora rientra nella stessa categoria di Filone di Bisanzio, di cui è quasi un contemporaneo: entrambi appartengono a una realtà dove la matematica è un'attività con un forte riscontro reale, e praticata si può dire collettivamente, facendo leva su risorse e conoscenze accumulate nel tempo. Eppure il modo in cui i due autori (uno di un testo, l'altro di un oggetto) applicano la matematica alla realtà è diverso. La catapulta, sebbene costruita proporzionalmente, non è in sé uno strumento matematico: si tratta di un'arma, il cui scopo, come Filone stesso dice molto chiaramente, è di lanciare proiettili. La meridiana, d'altro canto, non modifica la realtà in modo radicale: piuttosto, traduce i movimenti degli astri in un linguaggio, quello delle ombre che si muovono su un reticolo di linee, che può essere letto e interpretato dal pubblico. La meridiana usa la matematica come intermediario, per creare una proiezione comprensibile (l'ombra sul reticolato) di una serie di fenomeni (i movimenti degli astri) che per la maggior parte ancora sfuggivano alla comprensione. Si va da matematica come mezzo di calibrazione e produzione, a matematica come nuovo linguaggio, che permette l'interpretazione e in qualche misura l'incanalazione del tempo entro i ritmi e gli ordini della società.

4. *Il metodo per classificare i numeri dispari di Nicomaco di Gerasa.*

Di Nicomaco di Gerasa (II secolo d.C.) sopravvivono, oltre all'*Introduzione aritmetica*, quella *armonica*, mentre un'*Introduzione geometrica* è andata perduta. Nell'*Introduzione aritmetica* troviamo questo brano:

> Come potremmo avere un metodo per la distinzione fra di loro dei numeri primi e non composti, o secondi e composti, perché l'unità è la misura comune dei primi, ma degli altri qualche altro numero oltre all'unità; e quale sia questo numero.
>
> Se ci sono specificati due numeri dispari, e qualcuno pone il problema e ci ordina di distinguere se siano primi fra di loro e non composti, o secondi e composti, e se secondi e composti, e quale numero è la loro misura comune, è necessario paragonare i numeri posti l'uno con l'altro e sottrarre ripetutamente il minore dal maggiore quante piú volte possibile; dopo aver sottratto, sottrarre a sua volta da quello che resta, di nuovo quante piú volte possibile. Questa alternanza e sottrazione reciproca necessariamente terminerà o con l'unità o con uno stesso identico numero, necessariamente dispari. Se le sottrazioni terminano con l'unità, mostrano che quei numeri sono primi tra di loro e non composti; se invece in un altro numero dispari prodotto

in quantità doppia, allora dici che sono secondi tra di loro e composti e che la loro misura comune è lo stesso numero che viene doppiamente prodotto.

Ad esempio, se ci vengono proposti il 23 e il 45, togli il 23 dal 45, rimarrà 22; sottraendo a sua volta questo dal 23, rimane l'unità; sottrai questa dal 22, quante piú volte possibile, fino a terminare con l'unità. Quindi sono primi tra di loro e non composti e la loro misura comune è l'unità che rimane. Se invece qualcuno propone altri numeri, il 21 e il 49, sottraggo il minore dal maggiore. Rimane 28; dopo di nuovo si sottragga da questo lo stesso 21 (infatti è possibile), rimane 7. Questi <7> si sottraggano a loro volta dal 21, rimane 14; da questi di nuovo si sottraggano i 7 (infatti è possibile), rimarrà 7. Non è possibile sottrarre sette da sette; di conseguenza si è raggiunto il termine di queste <sottrazioni> fino al 7 doppiamente prodotto, e tu mostra che il 21 e il 49 dell'inizio sono secondi fra di loro e non composti e che la loro misura comune oltre all'unità universale è il 7[27].

La proposizione è un esempio rappresentativo del tipo di matematica che troviamo in Nicomaco. Il brano qui riportato non è che una parte (l'ultima) della tredicesima proposizione del primo libro dell'*Introduzione aritmetica*. Nicomaco aveva già definito in precedenza numeri dispari che sono primi e non composti, secondi e composti, o appartengono a una terza categoria[28], e aveva descritto un metodo, il setaccio di Eratostene, per assegnare numeri a questi tre gruppi. Il metodo riportato nel nostro brano ha anch'esso a che fare con la classificazione di numeri in categorie in base alla loro divisibilità. Alla fine della proposizione tredici presa nella sua interezza, il lettore dovrebbe essere in grado di mettere i numeri che gli vengono presentati nella casella giusta, per cosí dire.

Nicomaco, quindi, presenta esplicitamente un metodo di classificazione, non un problema che richieda la costruzione di un oggetto matematico con determinate caratteristiche, né un teorema che ne dimostri le proprietà. Il metodo è un intervento su oggetti matematici, volto a ordinarli in base a uno schema; ma la classificazione sarebbe diversa se stessimo considerando delle caratteristiche diverse, e quindi un altro tipo di schema. In altre parole, i numeri non sono univocamente definiti dal loro posto nella tassonomia di Nicomaco, perché tale tassonomia è solo una delle molte possibili.

La proposizione si divide in due parti, a loro volta divise in due. La prima parte consiste in una spiegazione generale, per i numeri primi e poi per quelli cosiddetti secondi. Nicomaco formula delle previsioni sull'esito di sottrazioni ripetute e reciproche fra coppie di numeri; i risultati in questione sono presentati come necessari. La seconda parte fornisce esempi: il metodo viene applicato a due coppie di numeri, primi e secondi, e Nicomaco mostra che i risultati in entrambi i casi corrispondono a quello che aveva sostenuto nella prima parte.

[27] Nicomaco di Gerasa, *Introduzione aritmetica*, I, 13.10-13, a cura di R. Hoche, Teubner, Leipzig 1866.

[28] *Ibid.*, I, 11.1.

Lo stile si potrebbe dire colloquiale; in momenti cruciali Nicomaco usa la seconda persona singolare, invitando direttamente il lettore a compiere determinate operazioni. La validità stessa del metodo è testata, in modo implicito, dal fatto che il lettore può produrre altri esempi e verificare che il metodo funziona anche in quei casi. È la sequenza di regola generale e applicazione su un esempio particolare a costituire la struttura dimostrativa, perché estende in modo indeterminato la possibilità di replicare la proposizione, con il lettore come partecipante attivo.

Che tipo di matematica è questo? Potremmo rispondere, semplicemente, matematica pitagorica, dal momento che Pitagora viene invocato all'inizio dell' *Introduzione*, ma Nicomaco si vede anche come realizzatore del progetto platonico. Il testo inizia come un trattato di filosofia, volto a giustificare lo studio della matematica come la forma di conoscenza che meglio realizza il nostro desiderio di capire l'universo. La corretta classificazione dei numeri, quindi, si iscrive in una piú generale impresa filosofica di comprensione, attraverso le giuste classificazioni, definizioni, divisioni e suddivisioni del reale. I numeri, infatti (Nicomaco cita il *Timeo*, ma anche le *Leggi*) sono reali, nel senso che è grazie a essi che il mondo si presenta come, in ultima analisi, razionale e ordinato. Il tipo di dimostrazione fornito da Nicomaco nell'esempio dato ben si presta a questo tipo di approccio, perché fornisce, come abbiamo visto, un metodo, un flessibile strumento di classificazione, piuttosto che un insieme monolitico di nozioni già acquisite una volta per tutte, che bisogna solo memorizzare.

La matematica che troviamo in Nicomaco viene spesso etichettata come marginale o «strana» – un'idea che si riflette nel numero scarsissimo di studi su di lui. Eppure, questo modo di fare matematica – pitagorica o neoplatonica che dir si voglia –, ricco di esempi specifici piuttosto che di sole generalizzazioni, organizzato in modo francamente didattico, che richiama in modo esplicito l'intervento e partecipazione del lettore (o della lettrice – l'*Introduzione armonica* è dedicata a una donna di alto rango, forse addirittura l'imperatrice)[29], era nella società antica piú popolare e diffuso di molti altri, come attestato anche solo dall'ingente numero di commentari alle sue opere prodotti fino alla tarda antichità e oltre.

Per concludere, varrà la pena paragonare Nicomaco a Euclide, lo «strano» con il familiare, o almeno meno strano. La prima proposizione del settimo libro degli *Elementi* è come segue:

> Presi due numeri disuguali, e sottratto ripetutamente il minore dal maggiore, se il rimanente in nessun modo misura quello di fronte a sé, fino a che non rimanga l'unità, i due numeri dell'inizio saranno primi tra di loro.

[29] Levin [1994], p. 34.

Infatti di due numeri [disuguali] AB, ΓΔ, sottraendo ripetutamente il minore dal maggiore, il rimanente in nessun modo misura quello di fronte a sé, fino a che non rimanga l'unità. Dico che i <numeri> AB, ΓΔ sono primi tra di loro, cioè che solo l'unità misura AB, ΓΔ.

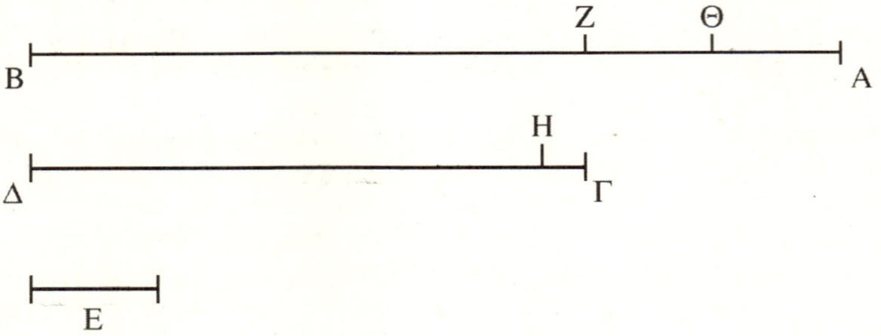

Se infatti AB, ΓΔ non sono primi tra di loro, li misurerà un qualche numero. Li misuri, e sia E. ΓΔ, misurando BZ, abbia un resto minore di esso, ZA; ZA misurando ΔH, abbia un resto minore di esso, HΓ. HΓ, misurando ZΘ, abbia come resto un'unità, ΘA.

Poiché E misura ΓΔ, ΓΔ misura BZ, anche E quindi misura BZ: ma misura anche tutto BA, e quindi misurerà anche il resto AZ. AZ misura ΔH, anche E quindi misura ΔH: ma misura anche tutto ΔΓ, e misurerà quindi anche il resto ΓH. ΓH misura ZΘ, anche E quindi misura ZΘ: ma misura anche tutto ZA, e il numero quindi misurerà anche il resto, l'unità AΘ – che è impossibile. Quindi, nessun numero misurerà i numeri AB, ΓΔ. Quindi AB, ΓΔ sono primi tra di loro[30], come dovevasi dimostrare[31].

Le principali differenze tra questi due pezzi di matematica greca? In Nicomaco non c'è diagramma; il linguaggio degli *Elementi* è impersonale e non sfora nel metalinguaggio o nel discorso filosofico; la dimostrazione in Euclide non fa ricorso a esempi con numeri specifici; Nicomaco propone un metodo, mentre Euclide dimostra un teorema. Euclide, nonostante sia stato fatto oggetto di molti piú studi, rimane opaco – non sappiamo come vedesse la matematica sullo sfondo di altri tipi di conoscenza; per Nicomaco, come abbiamo accennato, essa è parte di un intero progetto filosofico.

[30] Euclide, *Elementi* VII, definizione 12: sono primi tra di loro numeri che sono misurati solo dall'unità come misura comune.

[31] *Ibid.*, VII, 1, a cura di J. Heiberg, rev. di E. Stamatis, Teubner, Leipzig 1970.

5. *Il teorema sul triangolo rettangolo di Euclide.*

La conclusione del primo libro degli *Elementi* di Euclide consiste in due proposizioni: l'ultima è semplicemente l'inverso della penultima, che cito per intero.

Nei triangoli rettangoli il quadrato sul lato che sottende l'angolo retto è uguale ai quadrati sui lati che circondano l'angolo retto.

Sia il triangolo rettangolo ABΓ, avente l'angolo BAΓ retto. Dico che il quadrato su BΓ è uguale ai quadrati su BA, AΓ.

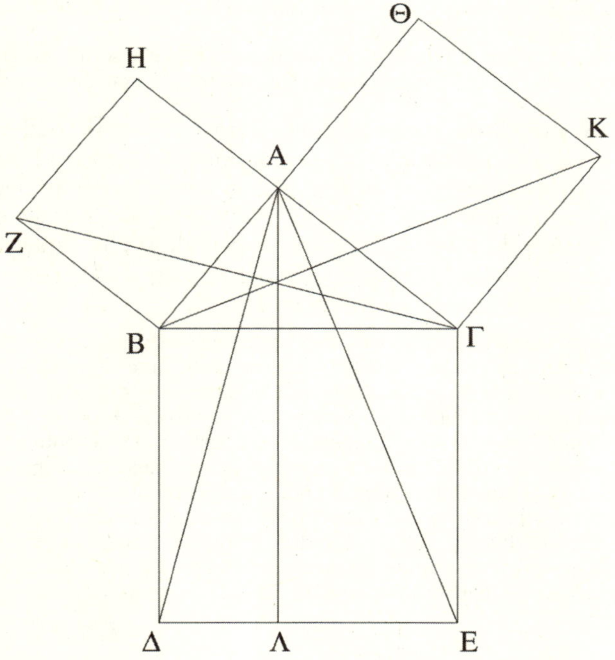

Si descriva infatti il quadrato BΔEΓ sul lato BΓ, i <quadrati> HZBA, ΘAΓK sui <lati> BA, AΓ[32], e attraverso il punto A si conduca la retta AΛ parallela a una delle <rette> BΔ, ΓE; e si congiungano le rette AΔ, ZΓ. E poiché gli angoli BAΓ, BAH sono entrambi retti, le due rette AΓ, AH che non giacciono dalla stessa parte rispetto a una retta, BA, e al punto A su di essa, producono gli angoli adiacenti uguali a due retti. Quindi la retta ΓA è sulla <stessa> retta di AH[33]. Grazie a questo, anche la retta BA

[32] *Ibid.*, I, 46: descrivere un quadrato su una retta data.

[33] *Ibid.*, I, 14: se con ogni retta, a un punto su di essa, due rette che non giacciono dallo stesso lato producono angoli adiacenti uguali a due angoli retti, le due rette saranno su una sola retta.

è sulla stessa retta di ΑΘ. E poiché l'angolo ΔΒΓ è uguale all'angolo ΖΒΑ – infatti sono entrambi retti – si aggiunga in comune l'angolo ΑΒΓ. Quindi tutto l'angolo ΔΒΑ è uguale a tutto l'angolo ΖΒΓ[34]. E poiché ΔΒ è uguale a ΒΓ, ΖΒ a ΒΑ, i due ΔΒ, ΒΑ sono uguali, rispettivamente, ai due ΖΒ, ΒΓ. E l'angolo ΔΒΑ è uguale all'angolo ΖΒΓ, quindi la base ΑΔ è uguale alla base ΖΓ, e il triangolo ΑΒΔ è uguale al triangolo ΖΒΓ[35]. E il parallelogrammo ΒΛ è il doppio del triangolo ΑΒΔ, infatti hanno la stessa base, ΒΔ, e le rette ΒΔ, ΑΛ sono nelle stesse parallele. D'altronde, il quadrato ΗΒ è il doppio del triangolo ΖΒΓ, infatti di nuovo hanno la stessa base, ΖΒ, e le rette ΖΒ, ΗΓ sono nelle stesse parallele[36]. [I doppi di uguali sono uguali tra di loro]. Quindi il parallelogrammo ΒΛ è uguale al quadrato ΗΒ. Similmente, avendo congiunto ΑΕ, ΒΚ, si dimostrerà che anche il parallelogrammo ΓΛ è uguale al quadrato ΘΓ, quindi tutto il quadrato ΒΔΕΓ è uguale ai due quadrati ΗΒ, ΘΓ. E il quadrato ΒΔΕΓ è descritto sulla retta ΒΓ, i <quadrati> ΗΒ, ΘΓ sulle <rette> ΒΑ, ΑΓ. Quindi il quadrato sul lato ΒΓ è uguale ai quadrati sui lati ΒΑ, ΑΓ.

Quindi nei triangoli rettangoli il quadrato sul lato che sottende l'angolo retto è uguale ai quadrati sui lati che circondano l'angolo retto. Come dovevasi dimostrare[37].

Questa proposizione, probabilmente nota ai lettori fin dalle scuole elementari, è in genere presentata come «teorema di Pitagora». L'attribuzione a Pitagora si trova ad esempio in alcuni scolii tardoantichi o medievali che accompagnavano il testo degli *Elementi*[38], o in Diogene Laerzio, che riporta (basandosi su Apollodoro, «il teorico del calcolo») che Pitagora avrebbe sacrificato un'ecatombe (cento animali) per festeggiare la scoperta del teorema[39]. Una storia piú insolita si trova in Vitruvio:

Allo stesso modo, Pitagora fece conoscere una squadra scoperta senza tecniche artigianali; cosí quel risultato che a prezzo di grande fatica i costruttori di squadre riescono a stento a fare approssimare all'esattezza viene raggiunto alla perfezione grazie ai procedimenti dimostrativi tratti dalla sua teoria. Cioè, se si prendono tre regoli, il primo lungo 3 piedi, il secondo 4 e il terzo 5, e si dispongono fra loro in modo che si tocchino l'un con l'altro con la punta formando una figura triangolare, disegneranno una squadra corretta. Se poi si traccia un quadrato sulla lunghezza di ciascuno di questi regoli, quello il cui lato misura tre piedi avrà 9 piedi di superficie, quello con il lato di 4, 16 piedi, quello di 5, 25 piedi. In questo modo, il numero di piedi della superficie che risulta dai due quadrati i cui lati misurano rispettivamente tre e quattro piedi è uguale a quello dato dal solo quadrato tracciato a partire dalla

[34] *Ibid.*, I, assioma 2: se si aggiungono uguali a uguali, i totali sono uguali.

[35] *Ibid.*, I, 4: se due triangoli hanno i due lati uguali ai rispettivi due lati, e hanno gli angoli contenuti dalla retta uguale uguali, avranno anche la base uguale alla base, il triangolo sarà uguale al triangolo, e i rimanenti angoli saranno uguali ai rispettivi rimanenti angoli, vale a dire quelli sottesi dai lati uguali.

[36] *Ibid.*, I, 41: se un parallelogrammo ha la stessa base di un triangolo ed è nelle stesse parallele, il parallelogrammo è doppio del triangolo.

[37] *Ibid.*, I, 47.

[38] Euclide, *Elementi. Scolii al libro I*, a cura di J. Heiberg, rev. di E. Stamatis, Teubner, Leipzig 1977, vol. V/1, pp. 155.20 ff. Uno scolio è una nota marginale a un manoscritto, che spesso nel corso delle varie copiature del testo viene incorporata nel testo stesso.

[39] Diogene Laerzio, *Vite dei filosofi*, VIII, 1.12.

base di cinque piedi. Dopo aver trovato questa soluzione Pitagora, non dubitando di essere stato ispirato dalle Muse in tale scoperta, si dice che abbia loro offerto in sacrificio delle vittime in segno di massima gratitudine. Questo procedimento non solo è utile nella misurazione di molte cose, ma è comodo anche nella costruzione delle scale per gli edifici, per fare in modo di regolare il livello dei gradini[40].

L'intera questione di Pitagora (che a detta di alcuni sarebbe una figura leggendaria) e della matematica dei primi pitagorici è a tutt'oggi oggetto di dibattito fra gli studiosi. Sull'attendibilità o meno dell'attribuzione a Pitagora del teorema I, 47 degli *Elementi* si possono prendere posizioni diverse. È possibile, pur se non necessariamente probabile, che Pitagora si sia accorto delle proprietà del triangolo rettangolo, ma questo non vuol dire né che sia stato il primo ad accorgersene, né che abbia fornito la dimostrazione che troviamo in Euclide.

La prima questione, altrimenti posta, è quella della matematica come invenzione greca. Si è osservato che probabilmente il teorema di Pitagora, o meglio la proprietà che il teorema dimostra, era già noto prima del VI secolo a.C.[41]. A questo alcuni studiosi ribattono che solo con Pitagora si può parlare di vera matematica, perché prima di lui non troviamo un'autentica dimostrazione, bensí solo esempi specifici, su triangoli particolari, piuttosto che sul triangolo rettangolo in generale. A mio avviso, i vari tentativi moderni, o anche antichi, di attribuire il primato di scoperte irrimediabilmente avvolte nelle brume del passato remoto a una figura o a un'altra, o, piú esattamente, a una civiltà o a un'altra, hanno a che fare piú con gli interessi degli storici e del loro pubblico che con i fatti realmente accaduti. Questioni di primato antiche, in altre parole, sono spesso modi per dirimere problemi di convivenze e reciproche identità moderne. Quel pochissimo che sappiamo su Pitagora non ci consente affermazioni categoriche; una delle poche cose certe è che idee di grecità o altro, razionalità o altro, dimostrazione logica o altro, sembrano aver avuto origine molto piú tardi.

E siamo passati alla seconda questione. Anche supponendo che Pitagora avesse scoperto la proprietà del triangolo rettangolo, questo non significa che ne abbia dato una dimostrazione, tanto meno una dimostrazione in stile euclideo invece di un qualcosa in stile babilonese o egiziano, o, perché no, nello stile che abbiamo visto esemplificato da Nicomaco di Gerasa. Forse la dimostrazione consisteva in un semplice enunciato sul triangolo rettangolo, seguito da uno specifico esempio numerico, dove i quadrati sui tre lati erano semplicemente calcolati, la loro uguaglianza verificata, e il resto lasciato al lettore, nel caso volesse continuare a giocare con altre triplette di numeri. In altre parole, lo stile euclideo è solo uno dei molti modi di conoscere

[40] Vitruvio, *Architettura*, IX, Pref. 6-7, trad. it. cit.

[41] Cfr. Heath [1956], pp. 352, 360-64; Vitrac [1990], pp. 310-21; Damerow [2001].

la proprietà nota come teorema di Pitagora – ve ne erano altri, anche nel mondo greco, e non erano necessariamente visti da tutti come subordinati o meno scientifici. L'attribuzione stessa di *Elementi* I, 47 a Pitagora riflette un tentativo, probabilmente tardoantico e riconoscibile ad esempio in Proclo, di unificare modi e tradizioni diversi in quella che piú tardi fu proclamata, senza sfumature, la matematica greca antica.

Lo stile euclideo, quindi, non era l'unica possibilità – ma rimane il fatto che la matematica del XXI secolo lo riconosce tuttora come diretto antenato. Inoltre, è anche lo stile di quei matematici antichi che ancora oggi sono additati come esempi da ammirare: Archimede e Apollonio. Come caratterizzare quindi questo filone della matematica greca? Abbiamo cominciato a dare una risposta nel paragrafo precedente, quando abbiamo paragonato Nicomaco a Euclide. Possiamo quindi già dire che cosa lo stile euclideo tipicamente non ha: esempi specifici, dove gli oggetti matematici in questione vengono particolarizzati ed espressi in termini di numeri o misure; linguaggio che si rivolga direttamente al lettore; riflessioni metamatematiche.

Prendiamo invece il teorema di cui sopra come esempio di che cosa lo stile euclideo tipicamente possiede: ad esempio, un enunciato iniziale, che è ripetuto a volte parola per parola nella conclusione, e in cui l'autore pone il problema in termini del tutto generali. Il teorema è vero di tutti i triangoli rettangoli, non solo di uno o dell'altro – alcuni enunciati addirittura contengono espressioni tipo «tutti i triangoli rettangoli», che rendono la generalità interamente esplicita. Avendo stabilito l'enunciato, è necessario dimostrarlo. Come Nicomaco, Euclide passa dal generale al particolare, e trasforma l'enunciato iniziale in un caso specifico. Ma, a differenza di Nicomaco, la specificità non è data dalla considerazione di un triangolo i cui lati sono stati misurati e possono essere calcolati, bensí dalla creazione di un diagramma con delle lettere. Il diagramma incarna un esempio dell'oggetto matematico in questione, che è allo stesso tempo specifico, perché delimita uno spazio su cui l'enunciato si può applicare, e generale, perché il diagramma rappresenta non solo se stesso, ma tutti gli altri triangoli rettangoli. Ogni persona che usa un diagramma è ben consapevole dell'esistenza di un doppio registro: verità nel modo in cui alcune relazioni spaziali sono rappresentate, cosicché a volte siamo in grado di vedere le proprietà geometriche sulla base del diagramma, ma anche illusione perché tutti sappiamo che le linee del diagramma non sono vere linee geometriche – hanno spessore, i punti hanno dimensione, anche gli strumenti piú sofisticati non sono in grado di tracciare un cerchio perfetto. Il diagramma rappresenta allo stesso tempo se stesso e tutti gli oggetti come se stesso, proprio perché, anche se le relazioni spaziali sono determinate, esse non sono misurate e rese cosí *completamente* specifiche[42].

[42] La mia discussione dei diagrammi in questo tipo di matematica, e molto di quello che segue, deriva in larga misura da Netz [1999].

La seconda parte della proposizione in Euclide quindi genera un diagramma, con riferimento al quale l'autore procede alla dimostrazione. Potremmo riassumere la procedura dimostrativa dicendo che Euclide 1) crea una configurazione geometrica supplementare (i quadrati sui lati, i parallelogrammi ΒΛ e ΓΛ, le varie linee create all'inizio) e 2) in questa nuova configurazione, il cui rapporto con il triangolo rettangolo (l'oggetto che veramente ci interessa) è totalmente determinato dalla costruzione e quindi sotto controllo, Euclide trova proprietà che sono già state dimostrate in precedenza e sulla base delle quali può dimostrarne di nuove.

In altre parole, l'approccio dimostrativo euclideo è in generale quello di manipolare l'oggetto geometrico tramite il diagramma onde mostrarne la relazione con oggetti o proprietà geometriche già note, e quindi provare il nuovo riportandolo a quanto è già conosciuto. Una volta raggiunta la conclusione nell'ambito del diagramma, e quindi dello specifico triangolo designato dalle lettere ΑΒΓ, l'autore può ritrasportare il discorso dal particolare al generale, rienunciando la frase iniziale e aggiungendo «come dovevasi dimostrare». La posizione di I, 47, praticamente al culmine del primo libro, ha bisogno di svariati risultati precedenti (segnalati nelle note), e quindi già acquisiti, per poter funzionare. Lo stile euclideo è spesso chiamato «assiomatico-deduttivo»: deduttivo per il suo caratteristico muoversi, grazie al diagramma, tra universale e particolare; assiomatico, perché in ultima analisi la sua impalcatura dimostrativa si appoggia su definizioni, nozioni comuni o assiomi, e postulati forniti all'inizio e non suscettibili di dimostrazione. In un certo senso, mentre gli altri tipi di matematica fanno maggior ricorso a modi di persuasione quotidiani, aventi a che vedere con la partecipazione diretta o l'osservazione, la matematica euclidea è come un gioco piuttosto complicato le cui regole, che ovviamente bisogna accettare per potervi partecipare, non hanno necessariamente una giustificazione esterna. L'unica giustificazione delle regole è, per cosí dire, il gioco stesso.

Il brano da me riportato contiene due tipi di parentesi: <>, per indicare punti dove la traduzione supplisce parole elise nel testo originale, che, anche grazie alle particolarità del greco antico, è molto stringato; e parentesi quadre, che sono la spia di un problema comune a praticamente tutta la matematica antica: il testo che noi accettiamo come Euclide, *Elementi*, è in realtà una creazione piú tarda.

Di Euclide come persona sappiamo poco o niente; l'opinione degli studiosi è unanime nel ritenere che molti dei risultati contenuti negli *Elementi* fossero già stati scoperti e spesso anche dimostrati prima di lui. Euclide quindi avrebbe preso geometria piana e solida, aritmetica dalla piú semplice alla piú complessa e le avrebbe unificate in una trattazione il cui titolo indica un'aspirazione a creare un testo basilare, una specie di *summa* del sapere matematico dell'epoca. La struttura logica degli *Elementi*, che secondo molti studiosi deriva anch'essa da esempi precedenti, primo fra tutti gli *Analitici posteriori* di Aristotele, dovrebbe a sua volta contribuire alla sistematicità e unità del testo, fondandolo su premesse non dimostrabili o non dimostrate. In generale, gli *Elementi* si possono considerare quindi come un'opera dinamica, dove la spinta alla sistematizzazione cozza con la diversità di risultati, argomenti e variazioni sulle procedure dimostrative.

Le tensioni interne agli *Elementi* rivelano non solo l'origine dell'opera, ma anche le sue vite successive. Torniamo alle parentesi quadre: come facciamo a sapere che la frase è un'interpolazione? A volte, l'editore (il filtro indispensabile ma troppo spesso invisibile attraverso il quale accediamo alla matematica antica) non ne trova riscontro che in un manoscritto, e non dei piú attendibili. Altre volte, una frase sembra stonare. Sappiamo ad esempio dal resto degli *Elementi* che Euclide tende a non fare riferimento ad assiomi generali quali questo, quindi la frase si può considerare un'aggiunta successiva, forse uno scolio chiarificatore assorbito all'interno del testo. Ma fino a che punto possiamo fidarci del nostro «orecchio», per cosí dire, o di quello dell'editore? Cosa ci fa pensare che i matematici antichi mantenessero uno stile uniforme e coerente all'interno delle proprie opere? Spesso, dobbiamo ammetterlo, il senso di stonatura è una questione di gusto, o buon senso, entrambi definiti da criteri personali, sociali e culturali dell'epoca o ambiente in cui operiamo.

Piú drammaticamente, sappiamo con certezza che nel IV secolo d.C. Teone di Alessandria, padre della celebre Ipazia, operò alcune modifiche al testo degli *Elementi*. Nel suo commento all'*Almagesto*, Teone a un certo punto scrive: «ma che in cerchi uguali i settori circolari hanno fra di loro lo stesso rapporto degli archi su cui insistono, lo abbiamo dimostrato nella nostra edizione degli elementi alla fine del sesto libro». Ora, molti dei manoscritti degli *Elementi* includono questa proposizione nel testo, come se fosse di Euclide. Quante altre modifiche furono apportate da Teone o, prima e dopo di lui, da altri di cui non abbiamo notizia? E con quanti altri autori e testi si verificano situazioni analoghe[43]?

In un certo senso, dunque, la mia decisione di concludere con Euclide, anche se cronologicamente gli *Elementi* vengono prima di Nicomaco, di Filone e della meridiana, è un modo di ricordare che la matematica antica è in larga misura un prodotto di epoche successive, dal tardo impero romano al medioevo all'umanesimo e Rinascimento, al XIX secolo con la sua grande ondata di filologia ed edizioni «scientifiche», fino ad arrivare ai giorni nostri.

In conclusione, dal mondo greco dell'età classica ed ellenistica abbiamo frammenti, spesso modificati da epoche posteriori, che non costituiscono necessariamente un quadro d'insieme organico. Se di caratteristiche comuni

[43] Su questi temi, si vedano Cuomo [2001], cap. IV, par. 1 e Bernard [2003], con relativa bibliografia.

dobbiamo parlare, esse sono, a mio avviso, il carattere aperto della matematica, il suo esporsi allo sguardo dell'osservatore onde guadagnarne l'assenso. Il processo persuasivo, però, non è solo quello diventato standard nella matematica successiva, vale a dire il cosiddetto stile assiomatico-deduttivo o euclideo, rappresentato dal nostro ultimo esempio. Ognuno dei cinque pezzi che abbiamo passato in rassegna presuppone una forma di dimostrazione matematica, e una funzione della matematica in questione, dal calcolo alla costruzione di catapulte, all'accrescimento del prestigio del matematico che ne è autore o fautore, alla gestione senza intoppi dell'amministrazione di una *polis*. Nonostante la matematica greca antica sia stata fonte di ispirazione e oggetto di ammirata attenzione ormai per millenni, la storia di molti di questi frammenti è ancora tutta da scrivere.

BARTON, T.

1995 *Augustus and Capricorn: astrological polyvalency and imperial rhetoric*, in «The Journal of Roman Studies», 85, pp. 33-51.

BERNARD, A.

2003 *Comment définir la nature des textes mathématiques de l'Antiquité grecque tardive? Proposition de réforme de la notion de «Textes deutéronomiques»*, in «Revue d'histoire des mathématiques», 9, pp. 131-73.

CUOMO, S.

2001 *Ancient Mathematics*, Routledge, London.

DAMEROW, P.

2001 *Kannten die Babylonier den Satz des Pythagoras?*, in J. HØYRUP e P. DAMEROW (a cura di), *Changing Views on Ancient Near Eastern Mathematics*, Berliner Beiträge zum vorderen Orient n. 19, pp. 219-310.

FERRARI, G. A.

1985 *Meccanica «allargata»*, in G. GIANNANTONI e M. VEGETTI (a cura di), *La scienza ellenistica. Atti delle tre giornate di studio tenutesi a Pavia dal 14 al 16 aprile 1982*, Bibliopolis, Napoli, pp. 225-96.

FOWLER, D. H.

1999 *The Mathematics of Plato's Academy. A New Reconstruction*, 2a ed., Clarendon Press, Oxford.

GARLAN, Y.

1974 *Recherches de poliorcétique grecque*, École française d'Athènes, Paris.

GIBBS, S. L.

1976 *Greek and Roman Sundials*, Yale University Press, New Haven - London.

HAMIAUX, M.

1998 *Musée du Louvre. Les sculptures grecques. II. La période hellénistique (IIIe-Ier siècles avant J.-C.)*, Réunion des Musées Nationaux, Paris.

HEATH, T. L. (a cura di)

1956 *Euclid. The Thirteen Books of the Elements*, vol. I, Dover, New York.

HUDSON, M. e WUNSCH, C. (a cura di)

2004 *Creating Economic Order. Record-Keeping, Standardization, and the Development of Accounting in the Ancient Near East*, CDL, Bethesda.

KING, D. A.

2004 *Towards a history from antiquity to the Renaissance of sundials and other instruments for reckoning time by the sun and stars*, in «Annals of Science», 61, pp. 375-88.

KLEIN, J.

1968 *Greek Mathematical Thought and the Origin of Algebra*, MIT Press, Cambridge Mass.

KNORR, W. R.

1985 *The Ancient Tradition of Geometric Problems*, Birkhäuser, Boston (rist. Dover, New York 1983).

LANG, M.

1968 *Abaci from the Athenian agora*, in «Hesperia», 37, pp. 241-43.

LANG, M. e CROSBY, M.

1964 *Weights, Measures, and Tokens*, American School of Classical Studies at Athens, Princeton.

LEHOUX, D.

2007 *Astronomy, Weather, and Calendars in the Ancient World*, Cambridge University Press, Cambridge.

LEVIN, F. (a cura di)

1994 *The Manual of Harmonics of Nicomachus the Pythagorean*, Phanes Press, Grand Rapids.

LLOYD, G. E. R.

1987 *The Revolutions of Wisdom*, University of California Press, Berkeley.

1996 *Adversaries and Authorities*, Cambridge University Press, Cambridge.

2002 *The Ambitions of Curiosity*, Cambridge University Press, Cambridge.

MARSDEN, E. W. (a cura di)

1971 *Greek and Roman Artillery: Technical Treatises*, Clarendon Press, Oxford.

NETZ, R.

1999 *The Shaping of Deduction in Greek Mathematics. A Study in Cognitive History*, Cambridge University Press, Cambridge.

2002 *Counter culture: towards a history of Greek numeracy*, in «History of Science», 40, pp. 321-52.

2004 *The Transformation of Mathematics in the Early Mediterranean World*, Cambridge University Press, Cambridge.

PRITCHETT, W. K.

1965 *Gaming tables and IG I^2 324*, in «Hesperia», 34, pp. 131-47.

1968 *Five lines and IG I^2 324*, in «California Studies in Classical Antiquity», University of California Press, Berkeley, vol. I, pp. 187-215.

SCHALDACH, K.

2004 *The origin of gnomonics in Greece*, in «Journal for the History of Astronomy», 35, pp. 435-45.

SCHÄRLIG, A.

2001 *Compter avec des cailloux*, Presses polytechniques et universitaires romandes, Lausanne.

VITRAC, B. (a cura di)

1990 *Euclide d'Alexandrie. Les éléments. Volume I*, Presses universitaires de France, Paris.

FABIO ACERBI

Una scuola matematica alessandrina?

In questo contributo ci chiederemo se e in che senso si possa parlare di una scuola matematica alessandrina; prenderemo in considerazione soltanto i matematici che hanno prodotto testi organizzati secondo un metodo dimostrativo[1]. Alcuni punti generali sono da tener presenti prima di procedere nella lettura. Primo, la «matematica greca» copre un periodo di almeno nove secoli. La ricerca evolveva in maniera incomparabilmente piú lenta di quanto non faccia adesso, ma è chiaro che generalizzazioni all'intero periodo vanno viste con estremo sospetto. Secondo, si osserva un notevole sfasamento tra settori di ricerca indipendenti. La geometria sferica, che prese le mosse dai trattati di Autolico (a cavallo tra IV e III secolo a.C.) e dai *Fenomeni* di Euclide, fu sviluppata con Teodosio (seconda metà del II secolo a.C.) e Menelao (fine I secolo), e vide la sua applicazione sistematica con Tolomeo[2]. La teoria dei numeri fu indagata a fondo negli *Elementi*, ma ricevette un nuovo impulso con Diofanto (forse III secolo). Il filone di ricerca connesso alla geometria di misura, sostanzialmente legato al solo nome di Archimede (287-212 a.C.), sembra essersi esaurito relativamente presto; lo studio delle curve speciali fu perseguito con una certa continuità fino alla tarda età imperiale, ma le notizie che abbiamo sono scarse[3]. Terzo, la tradizione testuale ha sicuramente selezionato le opere sistematiche a svantaggio di quelle di argomento piú circoscritto. La nostra percezione della matematica greca è quindi quasi certamente distorta. Quarto, non ci è per niente chiaro

[1] Saranno dunque escluse le opere aritmetico-numerologiche di neopitagorici come Nicomaco (inizio II secolo) o Giamblico (a cavallo tra III e IV secolo). Personalmente ritengo piú corretto considerarle fonti secondarie, cosí come non consideriamo Platone o Plutarco autori di trattati matematici.

[2] Tolomeo raccoglie nell'*Almagesto* un certo numero di proprie osservazioni astronomiche, racchiuse nel periodo 125-141; furono effettuate tutte ad Alessandria. Nel 147/148 fece erigere a Canopo, 20 km a nord-est di Alessandria, un'iscrizione contenente un riassunto delle proprie teorie, appunto la cosiddetta *Inscriptio Canobi* (il testo ci è pervenuto tra il materiale prefatorio all'*Almagesto*: migliore edizione Jones [2005]). Olimpiodoro (prima metà del VI secolo) afferma che Tolomeo visse e studiò astronomia per quarant'anni «nelle cosiddette ali di Canopo» (*In Phaedonem*, 10, 4, p. 143 Westerink). Tolomeo era un cittadino romano e indirizzò molte delle sue opere a un certo Siro, altrimenti sconosciuto. Non abbiamo notizia di suoi legami con istituzioni alessandrine.

[3] Un'idea della continuità dell'indagine ce la dà Pappo in *Collectio*, IV, 57-59.

in che misura esistesse la figura del matematico di professione. Possiamo forse supporlo di Euclide e Apollonio, l'estensione dei cui *corpora* non è facilmente compatibile con altre attività, o di Archimede, che era probabilmente legato alla corte siracusana, ma questo è sicuramente falso di quasi tutte le figure minori. Quinto, i dati biografici sui matematici antichi sono sempre scarsissimi, spesso controversi e a volte inesistenti. Ci sentiamo ad esempio autorizzati a considerare Menelao un alessandrino, sebbene nell'*Almagesto* siano riportate solo osservazioni astronomiche fatte a Roma dal «geometra Menelao»[4], semplicemente perché Pappo (prima metà del IV secolo) e Proclo (V secolo) lo denominano così[5]. Infine, la matematica greca è eminentemente non cooperativa, e in questo risiede la difficoltà principale per chi voglia pensarla in termini di «scuole». La tradizione mette infatti in evidenza i singoli autori, e tende a porre molto sullo sfondo le loro interrelazioni. Queste ultime si presentavano spesso come sfide o aperte contrapposizioni, in buon accordo con il carattere agonistico dell'approccio greco allo scambio intellettuale[6].

Le origini di un certo modo di scrivere la matematica sono tradizionalmente legate ad Atene e in particolare alla scuola platonica, al punto che anche figure indipendenti come Eudosso e Archita vennero in qualche modo fatte rientrare nell'orbita accademica[7]. La prima personalità di cui si possa affermare con sicurezza che produsse matematica secondo un modello dimostrativo è Ippocrate di Chio[8], databile alla seconda metà del V secolo a.C. La sua storia, come ci viene narrata brevemente da Giovanni Filopono, ci dà due indicazioni[9]: Ippocrate non era un matematico di professione; non era ateniese, ma la sua attività matematica è collocata ad Atene. Sin dai suoi inizi, la matematica è stata fatta in grandi centri da personalità che provenivano da tutta l'area greca. Lo stesso accadrà nel periodo ellenistico, dove alcune città,

[4] *Syntaxis mathematica*, VII, 3, in *Opera omnia*, vol. I, parte 2, pp. 30 e 33 Heiberg. Entrambe le osservazioni sono datate al gennaio 98. Un papiro contenente un frammento di teoria planetaria proviene molto probabilmente da un trattato di Menelao e contiene un'osservazione datata al 104/105, forse fatta a Roma; si veda Jones [1999], pp. 69-80. Menelao dedicò una delle sue opere (trasmessa solo in traduzione araba) a Domiziano; fu quindi composta prima del 96.

[5] Rispettivamente in *Collectio*, VI, 110, p. 602 Hultsch e *In primum Euclidis*, p. 345 Friedlein.

[6] Eutocio (nel commento a *Sfera e cilindro*, II, 1, in Archimede, *Opera omnia*, vol. III, pp. 56-106 Heiberg) riporta dodici soluzioni al problema della duplicazione del cubo: alcune differiscono solo per dettagli, ma ognuna è attribuita a un matematico ben preciso.

[7] Il caso dei cosiddetti «pitagorici» è di difficile valutazione: si trattò spesso di un nome di genere, sotto cui venne rubricato, di solito da fonti neopitagoriche (prevalentemente risalenti al II-III secolo), chiunque si occupasse di matematica, o di un approccio matematico alla filosofia naturale, prima delle sistematizzazioni ellenistiche. Un esempio tipico è Ippocrate di Chio (cfr. Giamblico, *De communi mathematica scientia*, 25, pp. 77-78 Festa).

[8] Ippocrate quadrò alcune lunule, forse tentando con questo di quadrare il cerchio (Alessandro ed Eudemo in Simplicio, *In Physicam* A 2, pp. 55-69 Diels). Proclo afferma che fu il primo a scrivere *Elementi* (*In primum Euclidis*, p. 66 Friedlein).

[9] *In Physicam* A 2, p. 31 Vitelli.

in particolare Alessandria, fungeranno da poli di attrazione. Alessandria non fu però la sola: l'attività culturale era policentrica e gli scambi la norma. Né considerare Alessandria il piú importante centro culturale e di insegnamento del periodo ellenistico è esente da problemi: siamo singolarmente poco informati sulla Biblioteca e sul Museo, quel poco risale a fonti tarde e non attesta interessi tecnici.

1. *Il Museo e l'insegnamento ad Alessandria.*

Il resoconto canonico delle attività del Museo lo descrive come centro di studi e di insegnamento collegato alla Biblioteca e patrocinato direttamente dai Tolomei sin dal primo (regnò 323-283 a.C.), che sarebbe stato il fondatore di entrambi[10]; nel Museo sarebbero necessariamente confluiti tutti gli scienziati che si potessero ricollegare alla prima Alessandria tolemaica, da Euclide a Erofilo, uno dei fondatori della medicina scientifica[11]. Leggendo le sintesi piú autorevoli ci si trova però di fronte a una disarmante assenza di fonti dirette per il primo periodo ellenistico, mentre in età imperiale, specialmente dopo gli ampliamenti messi in opera da Claudio (regnò 41-54)[12], le funzioni del Museo possono ritenersi sufficientemente ben stabilite. A tale spiacevole circostanza si è supplito con una ben strutturata rete di congetture. Queste sono costituite in genere da estensioni al periodo ellenistico di strutture sociali e istituzionali tipicamente moderne o, al massimo, documentabili per l'età imperiale. Allo stesso modo, è in virtú di un circolo vizioso argomentativo che si sostiene l'affiliazione al Museo di personalità intellettuali di cui si abbia anche solo il dubbio che avessero soggiornato ad

[10] Gli studiosi erano mantenuti e sollevati da gravami fiscali. La loro denominazione come «coloro che sono nutriti nel Museo, senza carichi <fiscali>» era divenuta un luogo comune, e forse aveva un certo grado di ufficialità (Filostrato, *Vitae sophistarum*, I, 22 e 25, denomina direttamente il Museo la «mensa egizia»). In età ellenistica, il Museo era organizzato amministrativamente come una fondazione, sostenuta molto probabilmente da fondi reali; i suoi appartenenti costituivano ufficialmente una comunità a scopi religiosi, la cui guida è definita da Strabone ἱερεύς, sacerdote. La nomina di quest'ultimo era prerogativa regia, cosí come quelle del responsabile amministrativo del Museo e del responsabile della Biblioteca. Quest'ultimo incarico ha coinciso in qualche caso (Zenodoto, Apollonio, Aristarco) con quello di precettore dell'erede al trono, ma non è chiaro se le due funzioni fossero non disgiunte.

[11] Il riferimento obbligato è a Fraser [1972], vol. I, cap. VII, ma lo stesso punto di vista è alla base ad esempio delle sintesi di T. L. Heath e di buona parte delle biografie di matematici antichi contenute nel *Dictionary of Scientific Biography*. Sull'organizzazione della Biblioteca si veda ancora Fraser, vol. I, cap. VI (con ampia citazione di fonti). Molti luoghi comuni sulla consistenza e la sopravvivenza della Biblioteca sono discussi in maniera critica in Bagnall [2002].

[12] Svetonio, *Vita Claudii*, 42. Con i Romani il Museo si secolarizzò, e alti funzionari statali venivano regolarmente nominati membri [Lewis 1963]. Le persecuzioni antigreche da parte di Tolomeo VIII in seguito alla sua presa del potere nel 145 a.C., in particolare l'azzeramento dell'élite intellettuale, devono comunque aver prodotto uno iato nella storia intellettuale del Museo.

Alessandria (è questo il caso di Euclide). Ma è proprio questa concentrazione di intellettuali che crea il mito del Museo[13], sulla base del pregiudizio del tutto moderno che l'attività scientifica di punta possa essere condotta soltanto col sostegno di qualche istituzione. Senza documenti indipendenti sul ruolo e sull'organizzazione del Museo nelle sue fasi iniziali, l'argomento non sta in piedi da solo. Tra gli scienziati, sappiamo con certezza del solo Eratostene che fosse legato alla Biblioteca, ma Eratostene era anche e principalmente un uomo di lettere[14]. Occorre inoltre ricordare che mancano del tutto informazioni sulla data di fondazione di Museo e Biblioteca[15], che la prima descrizione del Museo risale a Strabone (fine I secolo a.C.)[16], e che le poche e poco attendibili fonti fanno comunque risalire la fondazione della Biblioteca al secondo Tolomeo (che detenne il potere nel periodo 283-246 a.C.)[17]. Il ruolo cruciale del peripatetico Demetrio Falereo nella messa in opera di entrambi è ammesso sull'unica base dell'esistenza di analoghe strutture peripatetiche e dei suoi rapporti con il primo Tolomeo[18]. La mera esistenza e le caratteristiche delle due istituzioni durante i regni dei *primissimi* Tolomei sono insomma largamente frutto di un'interpolazione tra quelle di istituzioni peripatetiche approssimativamente corrispondenti e le informazioni

[13] Nessuna fonte attesta esplicitamente l'affiliazione al Museo di qualcuno dei maggiori intellettuali ellenistici: per alcuni di essi si tratta di un'inferenza, per quanto del tutto legittima, dal fatto che furono responsabili della Biblioteca.

[14] Capo della Biblioteca di Alessandria dal 245 a.C. circa fino alla sua morte, era stato invitato ad Alessandria da Tolomeo III. La sua ecletticità gli era valsa il soprannome di «pentatleta». Fu il primo a impiegare il termine φιλόλογος nel senso di «uomo di studio» – per designare se stesso.

[15] Plutarco, *Non posse suaviter vivi secundum Epicurum*, 13, 1095D ed Eusebio di Cesarea, *Historia ecclesiastica*, V, 8-11, attribuiscono rispettivamente la fondazione del Museo e della Biblioteca a Tolomeo I. Sono le uniche fonti antiche a farlo, e sussistono motivi specifici per considerare poco attendibili entrambe le testimonianze.

[16] *Geographica*, XVII, pp. 793-94 Casaubon. Strabone non fa alcuna menzione della Biblioteca. Eroda di Coo (seconda metà del III secolo a.C., probabilmente sotto Tolomeo III), menziona in *Mimiambi*, I, 26, il Museo come una delle attrazioni di Alessandria, ma non la Biblioteca. Queste omissioni possono però essere facilmente spiegate supponendo che la Biblioteca fosse una parte del Museo. L'ipotesi è corroborata dagli scavi del Serapeo (la «biblioteca figlia») e della Biblioteca di Pergamo, dalla struttura architettonica probabilmente analoga.

[17] Le fonti sulla Biblioteca sono ristrette a una descrizione dell'erudito bizantino Iohannes Tzetzes (XII secolo), alle informazioni che si ricavano da vite di vari eruditi contenute nella *Suida* (dizionario enciclopedico redatto verso la fine del X secolo) e a un frammento papiraceo da Ossirinco (*POxy*, 1241, II secolo) contenente un elenco di bibliotecari. Anche la famosa *Lettera a Policrate* dello pseudo-Aristea, che tramanda la storia della traduzione della Bibbia cosiddetta dei Settanta sotto Tolomeo Filadelfo e costituisce la prima testimonianza in ordine cronologico, è un falso di composizione relativamente tarda (seconda metà del II secolo a.C.) e contiene informazioni contraddittorie.

[18] Demetrio, governatore di Atene dal 317 al 307 a.C. per conto dei Macedoni, dopo alterne vicende si rifugiò ad Alessandria, probabilmente nel 297 a.C. Caldeggiò per la successione di Tolomeo I il candidato che poi risultò perdente, e per questo Tolomeo II Filadelfo, immediatamente dopo la presa del potere, lo pose a domicilio coatto e forse lo fece eliminare. La ricostruzione della *Lettera a Policrate* e, sulla sua falsariga, di autori cristiani posteriori, che ci mostra Demetrio aggiornare il Filadelfo sulla consistenza del patrimonio in rotoli della Biblioteca (§§ 9-10), è quindi sicuramente falsa.

desumibili da resoconti ben posteriori. Il problema di collocare matematici di rango come Euclide in questo ambito è quindi aggravato proprio dalla circostanza che appartengano alla prima età ellenistica.

Studi recenti in dominî di ricerca paralleli hanno cominciato a mettere in dubbio questa *communis opinio*, che in quanto tale possiede però un'inerzia notevole. Nel suo volume su Erofilo (a cavallo tra IV e III secolo a.C.), Heinrich von Staden[19] mostra come la convinzione diffusa che gli studi di medicina costituissero una parte importante del lavoro nel Museo[20] non abbia basi documentarie[21], e propone una ricostruzione «minimale» del *milieu* scientifico erofileo ad Alessandria. Le pretese sovvenzioni tolemaiche, ad esempio, si sarebbero rese necessarie solo nel caso di ricerche particolarmente costose – ma darne per scontata l'esistenza per quanto non corroborata da fonti è già un'indebita proiezione di uno stato di cose tipicamente moderno –, e non costituirono di certo condizioni sufficienti, visto il crollo nel livello della ricerca medica immediatamente successiva a Erofilo. Egli avrebbe insomma tranquillamente potuto portare avanti i suoi studi con i proventi delle attività di maestro di medicina e di medico, e un eventuale sussidio regio per quest'ultima attività non implicava che appartenesse a qualche istituzione. Von Staden preferisce parlare di *indirect patronage*, riferendosi in primo luogo al clima intellettuale effervescente che si venne a creare ad Alessandria e che attrasse intellettuali da tutto il mondo greco, in secondo luogo a una potente spinta sovvertitrice nei confronti di convenzioni e tabú sociali (Erofilo condusse dissezioni e forse vivisezioni su corpi umani). Le conclusioni di Von Staden sono perentorie, e costituiscono un invito alla prudenza in analoghe situazioni: non c'è alcuna prova che Erofilo e i suoi seguaci fossero organizzati istituzionalmente nei primi due secoli di esitenza del suo gruppo di medici, né che Erofilo, o qualche rappresentante della medicina scientifica, fosse associato al Museo di Alessandria[22].

Anche uno sguardo rapido a ciò che sappiamo dei sistemi educativi ellenistici suggerisce un atteggiamento prudente se non francamente scettico: non ci sono motivi per credere che fosse stato abbandonato il modello di formazione superiore *ad personam* consolidato nei secoli precedenti[23]. Il quadro che ne risulta è quello di un'educazione primaria e secondaria che passò da una sicura preponderanza della cultura fisica a un dominio assoluto degli studi letterari, il cui coronamento erano gli insegnamenti superiori

[19] Von Staden [1989], in particolare pp. 26-30 e 458-60.

[20] Cosí Fraser [1972], vol. I, p. 371.

[21] Riducendosi in effetti alla (presumibilmente) necessaria autorizzazione tolemaica a praticare dissezioni su cadaveri ed eventualmente vivisezioni su prigionieri (si veda l'ampia discussione in Von Staden [1989], pp. 139-53) e alla menzione, in un'iscrizione del II secolo a.C. proveniente da Delo, di un certo Crisermo come «sovrintendente dei medici, e supervisore del Museo».

[22] *Ibid.*, p. 458.

[23] Resta ancora insuperato Marrou [1982].

di retorica. Per converso, tutta la vita letteraria, punto di riferimento per l'uomo veramente colto, assunse una marcatissima impronta scolastica, e una qualche forma di originalità poteva venir espressa solo dopo aver preso possesso di complicati sistemi di regole e vincoli, appresi nel corso di un lungo periodo di apprendistato. È invece ai nostri occhi abbastanza sconcertante la pochezza dell'istruzione matematica primaria, che non va molto oltre l'imparare a scrivere numerali e frazioni[24]. Il bagaglio matematico di un adulto di cultura media comprendeva ben raramente le quattro operazioni, e i pochi frammenti papiracei di argomento matematico e contenenti calcoli sono redatti con una scrittura sicura, da persona matura: occorre dunque supporre che siano appunti di insegnanti[25]. Le notizie sull'insegnamento scientifico secondario nel periodo ellenistico sono veramente scarse. Sappiamo ad esempio di Arcesilao (morto nel 241/240 a.C.) che «prima di andare ad Atene, ascoltò inizialmente Autolico, che capitava fosse suo concittadino, e con lui viaggiò alla volta di Sardi», e che in seguito «fu auditore del geometra Ipponico» (che però si prendeva la libertà di sbeffeggiare)[26]. Nicola di Damasco (a cavallo dell'inizio dell'era volgare) studiò grammatica, retorica, musica e matematica prima di dedicarsi alla filosofia[27]. Galeno (seconda metà del II secolo) ci tiene a mettere in rilievo il proprio *curriculum* completo, in cui figura anche uno studio approfondito di geometria, aritmetica e logistica[28], e afferma che Posidonio (a cavallo tra II e I secolo a.C.) fu lo stoico piú versato per l'argomentare rigoroso in virtú della sua formazione matematica[29]. La vita dell'epicureo Filonide (prima metà del II secolo a.C.) conservata in un papiro ercolanese sembra accennare a un suo rapporto di discepolato con il matematico Dionisodoro[30], mentre vedremo

[24] Limitatamente a un periodo su cui abbiamo dati certi (dal III secolo in avanti), l'insegnamento di procedure per effettuare lunghe divisioni o per approssimare radici quadrate era riservato a *curricula* specialistici, come desumiamo dalle dettagliate descrizioni conservate nei commenti all'*Almagesto* di Tolomeo (si veda ad esempio Teone, *In Almagestum* III, 1, pp. 842-44 Rome). Occorre però ricordare che nell'*Almagesto* si utilizzava l'inconsueto sistema sessagesimale, parzialmente posizionale.

[25] Marrou [1982], vol. I, pp. 236-38 e nota 10 alle pp. 398-99. Destinati a fruitori con un certo livello di competenza i papiri contenenti tavole di moltiplicazione o di divisione; ad esempio i papiri *Michigan*, III, 145 e 146 e il papiro *Akhmīn* contengono tra l'altro tavole di divisione basate sulla tecnica di decomporre una frazione in una somma di frazioni con numeratore unitario. Per un'ampia discussione, con lista delle tavole pubblicate, si veda Fowler [1999], pp. 222-76.

[26] Diogene Laerzio, *Vitae philosophorum*, IV, 29 e 32. Si noti che entrambe le affermazioni sono compatibili con insegnamenti di tipo privato, anzi sembrano presupporli.

[27] La notizia è nella voce su Nicola in *Suida*, N 393, vol. III, p. 468 Adler.

[28] *De libris propriis*, 11, in *Opera omnia*, tomo XIX, pp. 164-65 Boudon-Millot.

[29] *De Placitis Hippocratis et Platonis*, IV, 390 e VIII, 652, pp. 258 e 482 De Lacy (= T83-84 Edelstein-Kidd). Le due testimonianze vanno modulate con la considerazione che la rilevanza data nella *Repubblica* di Platone al *curriculum* matematico rendeva rivendicazioni come quelle di Galeno un *topos* letterariamente attraente.

[30] Edizione piú recente: Gallo [1980].

Apollonio, che qualifica Filonide come «geometra», suggerire che questi sia stato allievo di Eudemo.

Scarsissime e di poco momento sono le informazioni sull'insegnamento di matematiche in strutture scolastiche o comunque in contesti istituzionali: un elenco di vincitori in un concorso scolastico, a Magnesia del Meandro nel II secolo a.C., in cui si attesta una competizione in aritmetica; una conferenza di un astronomo al ginnasio di Delfi nel I secolo a.C.[31]; Plutarco che afferma come, in un collegio ateniese, la geometria fosse presente tra le materie di studio dei futuri efebi[32]. Abbiamo abbondanza di documentazione riguardo al conferimento di cattedre di insegnamento superiore ad Alessandria, ovverosia di insegnamenti in strutture municipali – ma solo per l'età imperiale e solo per discipline letterarie. Sappiamo ad esempio che poco prima del 270 Anatolio, futuro vescovo di Laodicea, ricoprí un insegnamento di filosofia aristotelica fondandone la successione[33]. Un secolo piú tardi il matematico Teone è membro del Museo, l'ultimo di cui si sia a conoscenza di una tale affiliazione e l'unico tra gli uomini di scienza[34]. Egli, come subito prima di lui Pappo, si dedicò all'insegnamento, dato che i suoi commentari sono redazioni di corsi, ma non abbiamo idea del genere di strutture dove ciò avvenisse e niente ci assicura che lo facesse in quanto membro del Museo. Ancora un secolo dopo Ammonio, allievo di Proclo ad Atene e maestro di Eutocio, Filopono e Simplicio, occupava una cattedra di filosofia, probabilmente municipale, ad Alessandria[35]. Le testimonianze relative al segmento finale dell'istruzione mettono però sempre in rilievo il carattere personale delle relazioni docente/allievo: ammesso che le personalità riunite intorno al Museo nel periodo ellenistico abbiano avuto allievi, ciò non vuol dire che tale attività fosse da connettersi con il loro ruolo istituzionale, né che questa si svolgesse all'interno del Museo o in connessione con esso[36].

Il caso di Archimede ci offre un esempio di come si crei il mito della formazione scientifica ad Alessandria[37]. Di positivo sappiamo che inviò le

[31] Citati in Marrou [1982], vol. I, p. 263.

[32] *Quaestiones convivales*, IX, 1, 736D. L'episodio risale probabilmente alla metà del I secolo a.C.

[33] Eusebio di Cesarea, *Historia ecclesiastica*, VII, 32, 6. Già dal 176 Marco Aurelio aveva istituito quattro cattedre imperiali di filosofia ad Atene, una per ciascuna delle maggiori scuole filosofiche. Cattedre imperiali e municipali di retorica esistevano da tempo, e davano diritto a esenzione fiscale. Dato che dello stesso diritto godevano i membri del Museo, occorre supporre che le due cariche fossero scorrelate.

[34] La notizia è nella voce su Teone in *Suida*, Θ 205, vol. II, p. 702 Adler.

[35] Zaccaria, *Vita Severi*, pp. 16 e 22 Kugener.

[36] Su questo punto insiste anche Marrou [1982, vol. I, pp. 285-88]. Ricordiamo inoltre che il carattere statale del fondo in dotazione al Museo era una notevolissima eccezione: le istituzioni superiori, per quanto molto spesso gestite dalla municipalità, erano a volte sostenute da fondazioni stabilite da donazioni private messe a frutto nelle banche, ma la norma era che gli insegnanti fossero pagati dai loro allievi.

[37] Si vedano ad esempio Dijksterhuis [1987], pp. 11-13, Heath [1921], vol. II, p. 16, e Clagett [1970], p. 213. Ma si leggano le riserve già in Fraser [1972], vol. II, pp. 577-78, nota 174.

sue opere ad alcuni scienziati alessandrini: Eratostene, Conone[38], Dositeo[39]. Inoltre, siamo informati da Diodoro Siculo dell'uso delle «cosiddette coclee, che furono inventate da Archimede, quando capitò in Egitto»[40]. Ora, Eratostene era nato a Cirene, si era formato ad Atene e arrivò ad Alessandria non prima del 246 a.C.[41]. Archimede non poteva averlo quindi incontrato negli anni della sua presunta formazione alessandrina, ma si indirizzava a lui come figura di elevato profilo istituzionale e scientifico. Conone (probabilmente piú anziano di Archimede: della sua morte quest'ultimo si duole nella prefazione alla *Quadratura della parabola*) effettuò osservazioni astronomiche in Sicilia, come apprendiamo dalle *Phaseis* di Tolomeo[42], e il padre di Archimede era un astronomo[43]; occasioni di contatto tra i due possono quindi ben esserci state al di fuori del contesto alessandrino. Dositeo non ebbe altro ruolo se non sostituire Conone come destinatario, ed è molto probabile che Archimede non l'abbia mai conosciuto di persona. Che Archimede abbia «studiato» ad Alessandria è quindi pura illazione, e gli elementi a nostra disposizione rendono anzi probabile il contrario. Mettendo insieme molte congetture di questo tipo non è difficile figurarsi un'intensa attività educativa di alto livello che ebbe il primo impulso con Euclide e che si svolgeva in stretta connessione con il Museo. Una tale ricostruzione non ha alcun

[38] Nato a Samo, fu astronomo di corte di Tolomeo III, e dette il nome di *Coma Berenices* alla costellazione ancor oggi cosí conosciuta. Conone è citato diciassette volte nelle *Phaseis* di Tolomeo.

[39] Nella prefazione alla *Quadratura della parabola* Archimede afferma di inviare quell'opera a Dositeo in quanto «amico di Conone e versato in geometria» (*Opera omnia*, vol. II, p. 262 Heiberg). Dalle quattro menzioni fatte nell'almanacco con cui termina l'*Isagoge* di Gemino (pp. 98 sgg. Aujac) e dalla quarantina che si trovano nelle *Phaseis* di Tolomeo si inferisce che Dositeo si fosse occupato di previsione di fenomeni atmosferici su basi calendariali e astronomiche (raccolte in almanacchi chiamati *parapegmata*).

[40] *Bibliotheca historica*, V, 37, 3, e si confronti anche I, 34. Ateneo afferma che Archimede utilizzava una coclea, «da lui inventata», per drenare la grande nave fatta costruire sotto la sua supervisione per il tiranno di Siracusa Ierone (*Deipnosophistae*, 208f). Dijksterhuis [1987, pp. 21-22] argomenta, a ragione, in favore dell'infondatezza dell'attribuzione dell'invenzione della coclea ad Archimede; l'associazione con il suo nome di un oggetto dalle origini molto probabilmente remote risulta naturale stante il fatto che il siracusano fu il primo matematico a occuparsi estensivamente di spirali. Lo stesso giudizio andrebbe a mio parere esteso all'attendibilità della sua presenza in Egitto.

[41] Strabone, *Geographica*, I, 2, 2, pp. 26-28 Sbordone (= pp. 15-16 Casaubon).

[42] *Opera omnia*, vol. II, p. 67 Heiberg.

[43] Archimede, *Opera omnia*, vol. II, p. 220 Heiberg. Archimede riporta i valori del rapporto tra il diametro del sole e quello della luna stimati da alcuni astronomi, citando Eudosso, Fidia e Aristarco. Il passo presenta però problemi testuali: il copista che effettuò la traslitterazione in minuscola deve aver letto ΦΕΙΔΙΑΣΔΕΤΟΥΑΚΟΥΠΑΤΡΟΥ, cioè «di Fidia di Acupatro», astronomo assolutamente ignoto. A partire da Blass ΑΚΟΥ è stato emendato in ΑΜΟΥ, lezione accolta da Heiberg, risultandone «di Fidia mio padre». Si tratta di una correzione assolutamente sensata. Che Archimede citi un astronomo altrimenti del tutto sconosciuto insieme con Eudosso e Aristarco è altamente implausibile; mentre che menzioni il padre astronomo nella sua opera meno ingessata non è sorprendente. Il trattato è indirizzato al tiranno Gelone, e non è da escludersi che Fidia fosse stato astronomo di corte a Siracusa.

fondamento; nei fatti, però, il ruolo delle opere di Euclide nello sviluppo della matematica greca fu enorme.

2. *L'inizio della tradizione: Euclide.*

Il *corpus* euclideo è sicuramente il meno omogeneo tra quelli che ci sono pervenuti. Piú di metà degli *Elementi* non tratta di geometria ma di teoria generale delle proporzioni (libro V), di teoria dei numeri (libri VII-IX) o della classificazione di alcune specie di linee irrazionali (libro X, che contiene da solo un quarto delle proposizioni dell'intero trattato). Delle opere analitiche ci sono pervenuti i *Data*, mentre sono perduti trattati avanzati come i *Porismi* o i *Luoghi su superficie*[44]. Non ci sono pervenuti neanche gli *Pseudaria*, raccolta di proposizioni geometriche fallaci[45], mentre il trattatello *Sulle divisioni* può essere ricostruito sulla base di fonti arabe e latine[46]. Le *Coniche* euclidee cui accenna Pappo sono quasi sicuramente una sua invenzione[47]. Il resto appartiene alle scienze che Aristotele denominerebbe subordinate: *Ottica* e *Catottrica* (rispettivamente teoria della visione diretta e della riflessione), *Fenomeni* (un breve trattato di astronomia sferica) e *Sectio canonis* (teoria armonica).

Il carattere enciclopedico del *corpus* delle opere attribuite a Euclide sembrerebbe compatibile con i supposti intenti del Museo. Occorre però ricordare che trattati elementari di geometria erano già stati redatti a partire dalla seconda metà del v secolo con Ippocrate di Chio; questa non può dunque essere considerata una caratteristica peculiare della strategia culturale promossa dal Museo ad Alessandria. C'è inoltre da tener presente che, fino all'età moderna, opere di cui si fossero perse informazioni sull'autore tendevano a venir attribuite a personalità particolarmente spiccate e che avessero operato nello stesso campo, o almeno in campi contigui, a quello dell'opera rimasta anonima[48]. Per restare in ambito matematico[49], questo fatto è par-

[44] Il primo ricostruito magistralmente in R. Simson, *De Porismatibus Tractatus*..., in Id., *Opera quaedam reliqua*, Glasgow 1776 (postumo), pp. 315-594.

[45] F. Acerbi, *Euclid's «Pseudaria»*, in «Archive for History of Exact Sciences», in stampa.

[46] Archibald [1915].

[47] Si veda anche piú oltre.

[48] La falsa attribuzione era molto spesso volutamente perseguita per conferire autorevolezza all'opera, e ovviamente ciò avveniva sempre nel caso di falsi. Questa strategia è parallela al tentativo neopitagorico di far risalire tutta la sapienza matematica a Pitagora e alla sua cerchia originaria.

[49] Nel caso di Aristotele il fenomeno assunse proporzioni gigantesche: si vedano Rose [1971] e Moraux [1951]. La tradizione antica lega il moltiplicarsi di falsi aristotelici al processo inflattivo nella produzione libraria innescato dalle grandi campagne di accaparramento messe in atto dalle maggiori biblioteche ellenistiche (si veda ad esempio Olimpiodoro, *Prolegomena*, p. 13 Busse). Galeno aveva già fatto notare la correlazione tra i due fenomeni a proposito delle opere di Ippocrate (*In Hippocratis de natura hominis librum* I, 44 e II proem., in *Opera omnia*, tomo XV, pp. 105 e 109 Kühn).

ticolarmente eclatante nel caso del *corpus* eroniano, dove ad esempio sono confluite compilazioni tarde come le *Definitiones*. Alcune opere attribuite a Euclide, come *Catottrica* o *Sectio canonis*, sono tuttora oggetto di discussione quanto alla loro autenticità e la lista contenuta nell'articolo su Euclide del repertorio biobibliografico arabo *Fihrist* (completato nel 987-988) ne elenca svariate già all'epoca ritenute spurie[50]. Infine, trattati come i *Porismi* o *I luoghi su superficie* erano estremamente corposi e tutt'altro che elementari[51], e attestano una varietà di intenti piú ampia di quanto il tradizionale e limitativo appellativo di στοιχειωτής «quello degli *Elementi*» per Euclide suggerisca. Insomma, la spiccata caratteristica di sistematicità e l'ampio spettro dell'opera euclidea è un valore in sé e meritevole di essere perseguito in quanto tale, e non si vede perché doverlo subordinare a un presunto ruolo didattico-educativo. Gli *Elementi* assunsero sicuramente in seguito, in età imperiale e specialmente tardoimperiale, il ruolo di libro di testo, come attestano ritrovamenti papiracei[52] e la massa di citazioni che troviamo nei commentatori a partire dal III secolo[53]. Nella loro concezione originaria, gli *Elementi* vanno però probabilmente letti in primo luogo come un'opera che si inseriva con autorevolezza e completezza in un genere già ben definito (e sappiamo come considerazioni di questo tipo fossero cruciali nella produzione antica), in secondo luogo come un testo di riferimento per la ricerca avanzata, quale anche i *Data* oppure, piú tardi, le *Coniche* di Apollonio.

Riguardo alla collocazione temporale e istituzionale di Euclide, Proclo si esprime cosí nel suo *Commento*:

> Costui visse al tempo del primo Tolomeo, e infatti Archimede, che venne anch'esso dopo il primo <Tolomeo>[54], cita Euclide[55]; e a dire il vero si racconta anche che Tolomeo chiese una volta a quest'ultimo se non ci fosse una strada per apprendere la geometria piú breve degli *Elementi*; ed egli rispose che non ci sono vie regie alla

[50] Ibn an-Nadīm, *Kitāb al-Fihrist*, pp. 265-66 Flügel. Si ricordi anche che *Ottica*, *Fenomeni* e *Sectio canonis* ci sono giunte in una pluralità di redazioni alquanto differenti.

[51] Secondo la testimonianza di Pappo (*Collectio*, VII, 20) i *Porismi* contenevano 171 teoremi, da confrontarsi con le 465 proposizioni del testo trádito degli *Elementi*.

[52] I tre papiri *Michigan*, III, 143, *Fayum*, 9 e *Oxyrhynchus*, I, 29 sono chiaramente brogliacci di esercizi scolastici (riportati in Euclide, *Opera omnia*, vol. I, pp. 187-90 Heiberg-Stamatis, e risalenti rispettivamente al III, II e III-IV secolo; sul papiro Michigan si veda anche Turner *et al.* [1985]). In particolare, il primo di essi è scritto da una mano sicuramente non infantile. A queste testimonianze va aggiunto un *ostrakon* risalente alla seconda metà del III secolo a.C. (il piú antico testo geometrico greco conosciuto) e contenente un frammento di una costruzione dell'icosaedro [Mau e Müller 1982].

[53] La maggior parte dei manoscritti degli *Elementi* contiene l'edizione curata da Teone di Alessandria nel IV secolo, ma, come vedremo, non è detto che questa fosse stata concepita come testo di supporto per un insegnamento.

[54] Il testo è qui incerto.

[55] I riferimenti espliciti agli *Elementi* contenuti nelle opere di Archimede sono sicuramente interpolazioni posteriori.

geometria. Euclide è dunque piú giovane dei discepoli di Platone, ma piú anziano di Eratostene e di Archimede. Costoro infatti sono tra loro contemporanei, come dice da qualche parte Eratostene[56].

La testimonianza di Proclo non stabilisce solo una coincidenza temporale, ma pone Euclide in una posizione in qualche modo direttamente subordinata a Tolomeo. Ciò farebbe automaticamente annoverare il geometra tra gli scienziati raccolti nel Museo di Alessandria.

Ci sono però vari motivi per considerare con sospetto la testimonianza di Proclo. Per le notizie su Euclide egli, per sua stessa ammissione, non si basa sulle fonti storiche di cui si è avvalso fino a poco prima. Le informazioni che riferisce sono facilmente desumibili dal testo degli *Elementi* e da quanto appena riferito su certi matematici precedenti, oppure si limitano a dati di seconda mano[57]. L'impressione è quella di una notizia biografica improvvisata sulla base di materiali non controllati. Il legame tra Euclide e il *primo* dei Tolomei è poi stabilito da Proclo con un argomento dalla logica dubbia, indipendentemente dal fatto che sicuramente Archimede *non* citava Euclide: Archimede viene dopo Euclide perché lo cita, Archimede viene notoriamente dopo Tolomeo I, *ergo* Euclide e Tolomeo I sono contemporanei. L'aneddoto, addotto come conferma, si riferisce a un generico Tolomeo e non al primo in particolare, anche se la preterizione dell'ordinale potrebbe essere ampiamente giustificata dal contesto. Troviamo tuttavia lo stesso scambio di battute anche presso Stobeo e Giovanni Damasceno, ma riferito a Menecmo e Alessandro[58]. Si tratta quindi di un luogo comune, cui sarebbe imprudente accordare troppa rilevanza. Si può osservare che il contenuto fantasioso di tali storielle non esclude il sussistere di coincidenze cronologiche effettive. D'altro canto, personalità rilevanti approssimativamente contemporanee venivano sistematicamente sincronizzate, tramite la data di nascita o il *floruit*, dai biografi antichi. Inoltre, se l'aneddoto è un'elaborazione tardiva è ben difficile che fossero state disponibili fonti biografiche piú attendibili di quelle in possesso di Proclo, cioè pressoché niente. Il valore da attribuirsi a questa testimonianza è pertanto scarso, e sicuramente non permette di dedurre qualcosa sulla posizione istituzionale di Euclide.

[56] *In primum Euclidis*, p. 68 Friedlein.

[57] Si noti anche la vaghezza del riferimento ad Eratostene.

[58] Stobeo, *Anthologium*, II, 31, 114, p. 228 Wachsmuth e Giovanni Damasceno, *Parallela sacra*, II, 13, 115, p. 205 Meineke.

3. *La circolazione delle opere matematiche: la testimonianza delle lettere prefatorie.*

In realtà, nessuno dei documenti piú attendibili e diretti, cioè le prefazioni alle opere matematiche[59], fornisce dettagli sulle condizioni di apprendistato di un qualche matematico, né fa cenno a rapporti con istituzioni: tutt'al piú si possono inferire, come nel caso di Archimede, relazioni di patrocinio diretto da parte di un'alta personalità. Sono precedute da prefazioni, ad esempio, le *Coniche* di Apollonio, il compendio arabo del trattato *Sugli specchi ustori* di Diocle (entrambi a cavallo fra III e II secolo a.C.), tutte le opere geometriche di Archimede che ci siano giunte in forma passabilmente completa, e inoltre l'*Arenario* e il *Metodo*. Una rapida rassegna di alcuni elementi contenuti nelle prefazioni ci fornisce anche indicazioni utili sulla maniera di diffusione e sulla circolazione delle opere matematiche nel periodo ellenistico.

Apollonio spedisce i libri delle *Coniche* singolarmente e a singole persone: i primi tre a Eudemo di Pergamo, dal quarto al settimo ad Attalo: dunque i vari libri erano stati originariamente prodotti in copia unica (quella destinata al dedicatario), a parte eventualmente quella dell'autore. Leggiamo dalla breve prefazione al II libro:

> Ho inviato da te mio figlio Apollonio, che reca con sé il II libro delle coniche da noi composte. Lavoraci sopra con cura e danne diffusione tra quelli che sono degni di condividerle; e Filonide il geometra, che ti avevo presentato ad Efeso, qualora capiti mai dalle parti di Pergamo, rendilo partecipe [...][60].

Dunque Apollonio ritiene necessario indicare a Eudemo qualcuno cui trasmettere il proprio trattato, anche se ciò può avvenire solo nell'eventualità che si verifichi un incontro casuale. Nella prefazione al I libro raccogliamo un elemento ulteriore: Apollonio afferma di aver preparato due redazioni delle *Coniche*[61]. La prima l'aveva consegnata «in tutta fretta» e «mettendoci tutto quello che <gli> era venuto in mente, per ritornarci sopra alla fine», al geometra Naucrate, sotto il cui stimolo si era cimentato nell'impresa, alla partenza di quest'ultimo da Alessandria. Apollonio aveva anche fatto circolare i primi due libri tra «certi altri tra quelli che <lo> frequentavano». La seconda redazione, corretta, era appunto quella che iniziava a spedire a Eudemo. In entrambi i casi si trattava di consegnare personalmente o invia-

[59] Queste erano tipicamente indirizzate a qualche destinatario, e la prefazione costituiva una sorta di lettera di accompagnamento. Le opere di Euclide, purtroppo, non sono precedute da introduzioni non dottrinali, e su quelle attestate sussistono dubbi di autenticità (di certo spuria è l'introduzione a una delle redazioni dell'*Ottica*). Non possiamo quindi neanche avanzare congetture sul modo di diffusione delle sue opere in epoca ellenistica.

[60] *Opera*, vol. I, p. 192 Heiberg.

[61] *Ibid.*, p. 2 Heiberg. Non è da escludersi che quanto narra Apollonio sia inteso a giustificare *a posteriori* una prima edizione per lui insoddisfacente.

re copie ai diretti interessati. Che Apollonio risiedesse ad Alessandria nel periodo della prima edizione gli rendeva piú facile ottenere buone copie, ma questo non comportava necessariamente che ciò avvenisse all'interno di un'istituzione: lo stesso poteva fare chiunque fosse dotato di risorse economiche sufficienti e avesse facilità di accedere a uno *scriptorium*. Nella prefazione al IV libro la preistoria di alcune delle tematiche in esso affrontate si riduce a: 1) uno scritto di Conone sulla prima di queste tematiche, spedito a un certo Trasideo altrimenti sconosciuto; 2) la reazione violenta di Nicotele, che reputa la trattazione del tutto insoddisfacente dal punto di vista matematico; 3) l'osservazione dello stesso Apollonio su come, nello scritto polemico di Nicotele, venga solo annunciata la soluzione di problemi relativi a una seconda tematica. Apollonio conclude dicendo di non aver trovato questa soluzione «dimostrata né da lui né da qualcun altro»[62]; lo stesso vale per le restanti tematiche del IV libro. Apollonio era solito ritornare piú volte sullo stesso soggetto, che fosse per correggere radicalmente quanto già pubblicato o nel corso di trattazioni affini: in ogni caso la diffusione originaria avveniva sempre tramite singole persone, e le copie in circolazione erano di difficile reperimento, forse casuale. Ipsicle, che pure si trovava ad Alessandria e che visse verosimilmente poco dopo Apollonio, sembra darne implicita conferma nella prefazione al cosiddetto XIV libro degli *Elementi*:

> Basilide di Tiro, o Protarco, venuto ad Alessandria ed entrato in amicizia con nostro padre per l'affinità derivante dalla formazione, trascorse con lui la maggior parte del tempo della permanenza. E studiando una volta quanto scritto da Apollonio circa il confronto del dodecaedro e dell'icosaedro inscritti nella stessa sfera, quale rapporto abbiano tra loro, ritennero che Apollonio questo non lo avesse redatto in modo corretto, ed essi stessi, una volta emendatolo, ne trattarono per iscritto, come mi fu dato di sentire da <nostro> padre. E io *mi imbattei* in seguito in un altro libro pubblicato da Apollonio e che conteneva una certa dimostrazione riguardante il soggetto, e mi sentii molto attratto a studiare il problema. Quanto pubblicato da Apollonio *pare* possano dunque esaminarlo tutti – e infatti *sembra* essere stato messo in circolazione dopo essere stato riscritto con cura –; quanto invece io ritengo manchi, giudicai opportuno indirizzarlo a te, dopo averlo redatto in forma di memoria [...][63].

La traduzione araba cui dobbiamo la trasmissione dell'opera di Diocle non ha preservato il nome del destinatario, ma l'autore si rivolge a una seconda persona per spiegare le proprie motivazioni e ci offre uno spaccato dell'attività di ricerca a lui precedente del tutto in linea con quanto abbiamo trovato nella prefazione di Apollonio al suo IV libro:

> Pythion di Taso il geometra scrisse una lettera a Conone in cui gli chiede come trovare una superficie riflettente tale che, posta di fronte al sole, il raggio da essa

[62] *Ibid.*, vol. II, pp. 2-4 Heiberg.

[63] Euclide, *Opera omnia*, vol. V, 1, p. 1 Heiberg-Stamatis (corsivi miei). L'opera è attribuita a Ipsicle sull'unica base delle indicazioni d'autore nei manoscritti; nessun autore antico la menziona.

> riflesso incontri la circonferenza di un cerchio. E quando l'astronomo Ippodamo[64] venne in Arcadia e ci fu presentato, ci chiese come trovare una superficie riflettente tale che, posta di fronte al sole, i raggi da essa riflessi si incontrino in un punto e quindi diano fuoco[65].

Le lettere di accompagnamento alle opere di Archimede rivelano che egli inviava elenchi di problemi aperti e congetture, e in seguito eventualmente le loro dimostrazioni. Alcune delle congetture rivelatesi poi false, egli si curava di mostrare perché, ma non pare che qualcuno dei suoi corrispondenti si fosse impegnato a risolvere i problemi proposti[66]. Proprio come farà piú tardi Apollonio, le opere erano inviate a singoli matematici[67] o scritte per il tiranno Gelone, e tale «edizione» aveva luogo in copia unica, come conferma l'affidamento a Eraclide delle dimostrazioni da consegnare a Dositeo e attualmente facenti parte di *Sfera e cilindro*[68]. Non possediamo alcuna opera inviata a Conone, e non è improbabile che a lui fosse indirizzata soltanto la missiva contenente una serie di problemi aperti menzionata nella prefazione alle *Spirali*[69], cui fece seguito solo a distanza di anni l'invio a Dositeo delle opere contenenti le soluzioni. È chiaro che Conone era stimato da Archimede in quanto geometra, non perché faceva parte di una qualche istituzione. Anche se la menzione fatta da Apollonio non è molto lusinghiera, questa e le testimonianze di Archimede e Diocle permettono di vedere in Conone, sicuramente legato alla corte dei Tolomei, una figura di riferimento.

4. *La dipendenza di Apollonio da Euclide.*

È questo un esempio paradigmatico di rapporto di filiazione intellettuale stretta: ciò che potremmo chiamare «appartenere a una stessa scuola». Una testimonianza di prima mano ci viene dallo stesso Apollonio, che menziona Euclide nella lettera prefatoria al I libro delle *Coniche* (si tratta del piú antico riferimento a Euclide pervenutoci):

[64] Toomer emenda il testo arabo in modo che il nome corrispondente greco sia una buona approssimazione di «Zenodoro», cui dobbiamo la bella trattazione del problema isoperimetrico riportata con varianti da piú fonti (ad esempio Pappo, *Collectio*, V, 4-19).

[65] Diocle, *Gli specchi ustori*, p. 34 Toomer = p. 98 Rashed.

[66] Come risulta dal lamento dello stesso Archimede all'inizio delle *Spirali*: «pur essendo trascorsi molti anni dalla morte di Conone, nessuno dei problemi [*s'intende* da me propostigli] è stato smosso da nessuno» (*Opera omnia*, vol. II, p. 2 Heiberg).

[67] In alcuni casi con l'invito a darne diffusione tra «coloro che sono familiari con le matematiche» (*ibid.*, vol. I, p. 4 Heiberg).

[68] *Ibid.*, vol. II, pp. 2 e 4 Heiberg.

[69] Lo stesso vale molto probabilmente per Eratostene. Il testamento intellettuale di Archimede, il *Metodo*, inizia appunto con l'affermazione: «Ti avevo spedito in precedenza teoremi <da me> scoperti, scrivendo i loro enunciati <e> dicendoti di trovare le dimostrazioni, che non <ti> dissi al momento» (*ibid.*, p. 426 Heiberg).

Il terzo <libro delle *Coniche*> contiene molti e stupefacenti teoremi, la maggior parte e i piú belli dei quali sono nuovi, utili sia per le sintesi dei luoghi solidi che per le <loro> limitazioni di possibilità, elaborati i quali realizzammo che del luogo a tre e quattro linee non era stata fornita la sintesi da Euclide, se non di una sua parte in cui si era imbattuto, e anche di questa non felicemente; non era infatti possibile completarne la sintesi senza i teoremi da noi scoperti[70].

Cinque secoli dopo, Pappo corre in difesa di Euclide:

[Apollonio] fu in grado di aggiungere la parte mancante del luogo [*s'intende* quello a tre e quattro linee] in quanto aveva già ben presenti alla mente gli scritti di Euclide sul luogo, e aveva studiato per lungo tempo ad Alessandria con coloro che avevano imparato da Euclide [...][71].

Sebbene quanto dice Pappo sia chiaramente funzionale alla sua tesi che Apollonio non sarebbe potuto arrivare ai suoi vertici senza issarsi sulle spalle di Euclide, le due testimonianze mettono in rilievo una relazione di continuità tra questi ultimi: il primo dichiara di aver portato a compimento un programma di ricerca cui il secondo si era accostato in modo forse non pienamente consapevole e comunque parziale. Altri dati confermano come si trattasse di una scelta strategica da parte di Apollonio:

– egli si era occupato di questioni fondazionali in geometria[72], e aveva scritto un'opera dal titolo *Trattato generale* (καθόλου πραγματεῖα)[73];
– Apollonio avrebbe anche cercato di riformare la terminologia specifica dei *Data* di Euclide[74], e uno scolio afferma che le definizioni 13-15 di quest'opera gli vanno attribuite[75];
– Apollonio scrisse un trattato sugli *Irrazionali non ordinati*, che si poneva esplicitamente come estensione del X libro degli *Elementi*[76];

[70] *Opera*, vol. I, p. 4 Heiberg.

[71] *Collectio*, VII, 35, p. 121 Jones (= p. 678 Hultsch).

[72] Proclo ci informa dei seguenti interventi apolloniani su nozioni base degli *Elementi*: chiarimenti su come apprendiamo il concetto di retta (*In primum Euclidis*, p. 100 Friedlein), definizione alternativa di angolo (pp. 123-25), tentativi di dimostrazione di nozioni comuni, in particolare «gli uguali allo stesso sono anche uguali tra loro» (pp. 183, 194-95), costruzione alternativa del punto medio di un segmento (pp. 279-80), di come condurre una perpendicolare a una retta per un punto su di essa (p. 282), di come trasportare un angolo (p. 335). Apollonio non fu il solo a ripensare il I libro degli *Elementi*. I primi teoremi delle *Sferiche* di Menelao, per quanto riferiti a triangoli sferici, possono essere letti come una riscrittura, con diverso ordine deduttivo e senza usare dimostrazioni per assurdo, dei corrispondenti teoremi di *Elementi* I.

[73] Marino di Neapoli, *In Data Euclidis*, in Euclide, *Opera omnia*, vol. VI, p. 234 Menge.

[74] *Ibid.*

[75] Euclide, *Opera omnia*, vol. VI, p. 264 Menge.

[76] Pappo, *Commento al libro X degli «Elementi» di Euclide*, I, 1, pp. 63-64 e II, 1, p. 119 Junge-Thomson; Proclo, *In primum Euclidis*, p. 74 Friedlein, e lo Scolio liminare al X libro degli *Elementi* (Euclide, *Opera omnia*, vol. V, 2, p. 83 Heiberg-Stamatis).

- come abbiamo visto, nell'introduzione al libro XIV degli *Elementi* Ipsicle afferma di aver composto il testo sotto lo stimolo delle ricerche di Apollonio sul confronto tra dodecaedro e icosaedro, intese probabilmente a completare *Elementi* XIII;
- alcune particolarità strutturali di certi libri delle *Coniche* si comprendono solo alla luce di corrispondenti caratteristiche di libri degli *Elementi*: ad esempio l'uso quasi esclusivo delle dimostrazioni per assurdo nel IV libro porta all'estremo una pratica che spicca per frequenza in *Elementi* III;
- Pappo afferma che «Apollonio, completando i 4 libri delle *Coniche* di Euclide e aggiungendone altri 4, approntò 8 volumi di *Coniche*»[77];
- la struttura macroscopica di tipo sistematico evidente nelle principali opere geometriche apolloniane (*Coniche*, *Resecazione di un rapporto*, *Tangenze*, *Resecazione di una superficie*, *Direzioni*, *Sezione determinata*, *Luoghi piani*) si pone in linea con una tra le caratteristiche salienti del *corpus* euclideo;
- piú in generale, con Apollonio comincia a svilupparsi l'idea di *sistema* in cui inserire una trattazione matematica già di per sé completa: classificazione di luoghi (*Luoghi piani*) e di linee (*Sull'elica*); creazione di una nuova terminologia per i *Data*, discussione delle assunzioni di base, riscrittura di certi segmenti degli *Elementi* (*Trattato generale*); riduzione di costruzioni particolari ad altre (*Direzioni*).

Apollonio si pone quindi in maniera esplicita come interprete ottimale dell'approccio sistematico euclideo. Resta da vedere se questo implichi una dipendenza diretta, quale allievo di allievi, come affermato da Pappo. Ciò è possibile, ma certamente non necessario: a Pappo può semplicemente esser risultato naturale inferire un rapporto di discepolato piú o meno istituzionalizzato.

5. *Il cosiddetto stile matematico euclideo.*

Le opere matematiche greche, e *a fortiori* quelle di provenienza alessandrina, presentano delle caratteristiche strutturali e stilistiche comuni, le variazioni incidendo solo marginalmente. Anche un autore dai molti registri come Erone (forse I secolo) tende a conformarsi, sia nei suoi trattati meccanici che in quelli metrologici. Paradigma di questo stile sono considerati

[77] *Collectio*, VII, 30, p. 115 Jones = p. 672 Hultsch. Come detto, quest'informazione va presa con riserva: il dettaglio numerico è sospetto (Apollonio stesso qualifica i primi quattro libri delle sue *Coniche* di «elementari», cfr. *Opera*, vol. I, p. 4 Heiberg) e nessun'altra fonte menziona quest'opera euclidea.

gli *Elementi*. La collocazione cronologica di Euclide potrebbe far parlare di «stile euclideo», se non fosse per alcuni problemi:

- Archimede e Autolico adottano lo stesso modo di scrivere matematica ma vanno considerati indipendenti da Euclide[78];
- proprio gli *Elementi* sono stati rielaborati piú volte, non si sa se a scopo didattico o no. Di certo Teone ne curò un'edizione, e prima di lui il commentario di Erone aveva indotto modifiche notevoli nel testo. Non siamo insomma in grado di valutare se e quanto ci fosse di informale, in termini ad esempio di passaggi non resi espliciti oppure di minore aderenza a un linguaggio formulare, nella redazione originaria. Le opere applicative attribuite a Euclide lasciano molto spazio a considerazioni informali, ed esistono redazioni di parti degli *Elementi* molto piú compatte rispetto al testo greco canonico[79]. La stessa idea di canonicità di un testo non va da sé: ha senso parlarne solo in un'ottica tardoantica, quando testi come gli *Elementi* o le *Coniche* furono inscritti in un vero e proprio canone[80]; questo ha comportato anche una selezione e una riscrittura che hanno interferito pesantemente con la trasmissione;
- il carattere informale della trasmissione scientifica suggerisce che non ci fosse un testo modello: lo stile veniva assimilato formandosi con altri matematici.

Resta il fatto che i testi di cui ci occupiamo presentano con ottima approssimazione le seguenti caratteristiche:

- si tratta di opere generali oppure miranti a trattare esaustivamente un singolo tema di ricerca. La struttura è sempre la stessa: una serie di proposizioni corredate di dimostrazioni con o senza considerazioni preliminari; nel corpo del trattato nessun intermezzo o commento su perché lo svolgimento segua proprio quella linea. Lo scopo è spesso dichiarato nella lettera prefatoria, quando ve ne sia una, ma a volte no. La distinzione fra trattati di base e opere di ricerca avanzata è fuorviante per l'antichità: lo sforzo fondazionale degli *Elementi*, consistente principalmente nella presa d'atto per niente ovvia che

[78] La scrittura archimedea presenta, al livello di struttura fine, alcune peculiarità che la pongono al margine dello stile canonico. Ma Archimede è marginale anche al livello contenutistico e, come abbiamo visto, è la personalità che ha meno legami con Alessandria.

[79] Ad esempio la redazione di *Elementi* XII che troviamo in un manoscritto conservato alla Biblioteca Comunale di Bologna oppure certi libri degli stessi *Elementi* come ci sono preservati dalla tradizione araba.

[80] La formazione di raccolte canoniche omogenee come ad esempio il *Corpus astronomico minore* risale probabilmente a questo periodo; ebbe come conseguenza di incrementare le probabilità di sopravvivenza delle opere che le componevano, che infatti ci sono pervenute tutte insieme in singoli codici (nel nostro caso il *Vat. gr.* 204).

anche ciò che è evidente necessita di dimostrazione, produsse l'opera sicuramente piú raffinata dal punto di vista strutturale insieme con le *Coniche* di Apollonio;

- viene adottato un certo stile nel redigere le dimostrazioni. Queste seguono uno schema ben preciso, al punto che ne fu proposta una canonizzazione, come ricaviamo da Proclo[81]. Diagrammi e lettere rappresentano e denotano oggetti matematici, anche nel caso della teoria dei numeri[82]; per questo motivo, le dimostrazioni sono *sempre* condotte su di un caso paradigmatico, *apparentemente* non generale. Il linguaggio è formulare e generativo, con strutture sintattiche identiche adattate di volta in volta, per mera sostituzione delle lettere denotative, al contesto; si tratta di un vero e proprio formalismo in linguaggio naturale che è una delle caratteristiche piú salienti dello stile matematico greco. I verbi sono sempre al passivo o in forme impersonali, le costruzioni regolarmente rese con il perfetto: la temporalità e l'autore sono stati evacuati dai testi matematici greci, e colui che scrive non si permette mai di interferire con il proprio testo;
- l'intenzione è dimostrativa, e non si perde neanche quando, come ad esempio con Erone, siano esposte procedure numeriche: queste sono sempre dedotte o legate a dimostrazioni generali[83]. Che poi le dimostrazioni non siano a volte realmente concludenti, come accade in certi casi nelle opere euclidee di carattere applicativo, è un'altra questione, e anzi conferma l'assunto che fosse la struttura sintattico-argomentativa a essere percepita come di per sé concludente.

Questo formato fu grosso modo mantenuto anche nei trattati concernenti scienze subordinate. La matematica resta però la scienza dimostrativa per eccellenza, anzi il paradigma di riferimento: l'impresa del matematico è eminentemente conoscitiva, ed egli non ha bisogno di ricondurre i fenomeni, per poterli spiegare, a oggetti e loro relazioni piú elementari. In effetti una delle caratteristiche peculiari delle scienze non matematiche antiche è il loro carattere modellistico: la costruzione di modelli non avveniva per mezzo della matematica all'interno di un quadro esplicativo preesistente; il modello veniva invece messo in piedi all'interno della matematica stessa, mentre solo una parte della terminologia veniva presa a prestito dalla fenomenologia relativa al particolare stato di cose in esame, che costituiva a sua

[81] *In primum Euclidis*, pp. 203-7 Friedlein.

[82] Questa caratteristica fu da subito percepita come saliente: il termine διάγραμμα finí per diventare sinonimo di «proposizione»; con γραμμική o espressioni consimili veniva qualificata una dimostrazione che oggi chiameremmo «rigorosa», e questo anche in ambito aritmetico (cfr. ad esempio Pappo, *Collectio*, II, 4, p. 6 Hultsch).

[83] L'eccezione piú importante sono gli *Arithmetica* di Diofanto, il cui scopo è però già in partenza la ricerca di soluzioni particolari.

volta l'unico riferimento nel mondo «reale»: non si dà alcun esempio antico di modello inteso come riduzione del fenomeno a un quadro ritenuto piú fondamentale da un punto di vista ontologico (in questo senso, l'approccio antico alla modellistica si apparenta decisamente a quello che è venuto sviluppandosi nel corso del XX secolo). Tale peculiarità risultò evidente già nella sua fase di gestazione: Aristotele accenna piú volte al ruolo subordinato dell'ottica e della teoria musicale rispetto alla geometria e all'aritmetica rispettivamente[84]; inoltre menziona «le piú fisiche tra le matematiche, quali ottica, teoria musicale e astronomia; [...] l'ottica indaga una linea matematica, ma non in quanto matematica, bensí in quanto fisica»[85]. Che i modelli siano interni alla matematica è mostrato anche dal formato esteriore delle opere in cui vengono esposti, identico a quello dei trattati di geometria: identico snodarsi di assunzioni e teoremi, invariati il tipico uso delle lettere, il linguaggio formulare, la divisione della dimostrazione in sezioni piú o meno facilmente riconoscibili. Una proposizione delle *Pneumatiche* di Erone si legge esattamente come un teorema degli *Elementi* di Euclide. Tutta la trattatistica scientifica antica si conforma consapevolmente alle regole del genere letterario «trattato di geometria». In questo modo si intendeva ribadire la propria appartenenza a un genere la cui autorità non è mai stata in discussione, e il rapporto di subordinazione era chiaramente considerato nell'ordine delle cose. In età postellenistiche diventano però sempre piú rilevanti le introduzioni dottrinali, una trama discorsiva che amalgama le proposizioni matematiche e il riferimento a fatti e apparati sperimentali. Cosí, in ottica si passa da trattazioni di impostazione strettamente modellistica come *Ottica* e *Catottrica* attribuite a Euclide o alcune proposizioni degli *Specchi ustori* di Diocle a esposizioni piú composite quali il compendio noto come *De speculis*[86] o l'*Ottica* di Tolomeo[87]. Analoga evoluzione per le opere di teoria musicale di impronta matematica, dalla *Sectio canonis* alle *Armoniche* di Tolomeo[88].

Usciamo dall'ambito delle scienze subordinate: in teoria dei numeri, Ipsicle nell'*Anaforico* e Diofanto nei *Numeri poligonali* si mettono esplicitamente nella scia degli *Elementi*[89]. La teoria delle successioni geometriche di numeri interi sviluppata nei libri VIII e IX è coronata da due teoremi: IX, 35 può essere utilizzato per trovare la somma di una serie geometrica di

[84] Si veda *Analytica posteriora* A 7, 75b15-17; ancora piú interessanti la ripetizione dell'affermazione in A 13, 78b35-79a16, dove si afferma inoltre la subordinazione «delle cose di meccanica rispetto alla stereometria e dei fenomeni rispetto all'astronomia», e la discussione a *Metaphysica* M 3.

[85] *Physica* B 2, 194a7-12.

[86] Migliore edizione Jones [2001].

[87] Edizione Lejeune [1989].

[88] Edizione Düring [1982].

[89] Il primo operò sicuramente ad Alessandria, come abbiamo visto; il secondo è tradizionalmente denominato alessandrino, ma le nostre notizie si fermano qui.

ragione qualsiasi; su questa base, IX, 36 fornisce una condizione sufficiente perché un numero sia perfetto. Ipsicle e Diofanto sommano invece serie aritmetiche e ci danno come conseguenza una caratterizzazione delle varie specie di numeri poligonali. Apollonio, forse come risposta all'*Arenario* di Archimede, sviluppò un sistema efficiente per denominare grandi numeri[90]. Il valore fondativo delle opere riunite nel *corpus* euclideo apparirà evidente da un altro esempio.

6. *I poliedri regolari.*

La tradizione attribuisce a Teeteto l'invenzione della nozione di poliedro regolare[91], anche se alcuni di essi erano sicuramente noti prima. Fu probabilmente il primo a darne una definizione, stabilendo che ve ne sono solo cinque. Il punto cruciale è in effetti quello di isolare questa nozione come rilevante, per mezzo di una buona definizione: ciò permette di dare dignità all'ottaedro, solido altrimenti insidiosamente poco significativo.

Negli *Elementi* non troviamo una definizione dei poliedri regolari come classe: sono definiti singolarmente, eccettuato il tetraedro. Il libro XIII se ne occupa in modo esclusivo: dopo alcuni risultati preliminari, per ognuno viene fornita una costruzione con cui inscriverlo in una sfera di raggio dato, e stabilito il valore dello spigolo rispetto al diametro della sfera; gli spigoli sono infine confrontati tra loro[92]. Gli spigoli di icosaedro e dodecaedro sono identificati con due delle linee irrazionali introdotte nel X libro, rispettivamente la minore e l'apotome.

Il tema dette origine a sottili variazioni, che coinvolsero quasi tutti i principali matematici posteriori. È decisiva la testimonianza del cosiddetto XIV libro degli *Elementi*: Aristeo (forse contemporaneo di Euclide) scrisse un trattato intitolato *Confronto delle 5 figure*, dimostrando tra l'altro che la faccia triangolare dell'icosaedro e quella pentagonale del dodecaedro inscritti nella stessa sfera si trovano inscritte nello stesso cerchio[93]. Come abbiamo visto, Apollonio scrisse un *Confronto del dodecaedro e dell'icosaedro* e dette lo spunto a Ipsicle per riprendere la questione in una breve trattazione. Il contributo di quest'ultimo non è facile da valutare: è relativamente semplice individuare le aggiunte del recensore che trasformò lo scritto nel XIV libro

[90] È un'acquisizione recente la rivalutazione della combinatoria antica [Acerbi 2003].

[91] Scolio liminare al XIII libro degli *Elementi* (Euclide, *Opera omnia*, vol. V, 2, p. 291 Heiberg-Stamatis).

[92] Queste proposizioni non hanno una struttura canonica, consistendo in un problema e un teorema racchiusi dallo stesso enunciato.

[93] Euclide, *Opera omnia*, vol. V, 1, p. 4 Heiberg-Stamatis. Mentre la prefazione a *Elementi* XIV è sicuramente di Ipsicle, questo passaggio può essere un'aggiunta posteriore.

degli *Elementi*, ma è alquanto complicato capire se Ipsicle riporti oppure no interi frammenti delle opere dei suoi due predecessori. In un decrescendo dimensionale, il rapporto tra i due solidi è prima dimostrato essere lo stesso di quello delle loro superfici e poi di quello di due grandezze lineari, lo spigolo dell'icosaedro e quello del cubo inscritti nella stessa sfera. La riduzione finale esce dall'ambito stereometrico: il rapporto è lo stesso di opportune combinazioni delle parti di un segmento secato in rapporto aureo. Archimede classificò i tredici solidi semiregolari, come risulta da Pappo[94]: una piccola modifica alla definizione di solido regolare, con la caduta della condizione che le facce siano tutte simili, permise di identificare una nuova classe di oggetti. Ancora Pappo offre altre costruzioni dei cinque solidi, alternative a quelle degli *Elementi* e caratterizzate dall'uso di analisi e sintesi; e inoltre la comparazione dei volumi dei poliedri regolari di uguale superficie[95], all'interno di una trattazione piú ampia del problema isoperimetrico. Il cosiddetto libro XV degli *Elementi* è probabilmente una compilazione molto tarda (inizio VI secolo). In esso troviamo risolto, anche se solo in alcuni casi, il problema di inscrivere un poliedro regolare in un altro, procedure per calcolarne il numero di spigoli e vertici e costruzioni per determinarne il valore degli angoli diedri.

Abbiamo velocemente riassunto una vera impresa collettiva mirante a stabilire relazioni tra i solidi regolari, ma è il metodo delle accrezioni successive che ora ci interessa. La matematica greca è la prima che si costituisce espressamente come tradizione: una trama per quanto a maglia larghissima collega tutte le personalità, anche quelle minori, e non lascia completamente isolata neanche una figura come Archimede. La percezione fortissima di questa tradizione permise quel processo di crescita per accumulazione che non perde mai di vista il miglioramento e completamento dell'altrui, la collocazione in un genere letterario e scientifico molto ben definito. L'intero *corpus* matematico è a disposizione del matematico in ogni momento, e questo spiega l'assenza di «riferimenti» a teoremi considerati ben noti. L'originalità, reclamata in piú luoghi da Apollonio, è sicuramente intesa in accezione piú ampia della nostra: include la variazione, anche minima, sul tema-teorema fissato, il completamento, il miglioramento della struttura deduttiva e la piú ampia generalità nelle esposizioni elementari. Alcune di queste caratteristiche verranno portate all'estremo in età tardoimperiale.

[94] *Collectio*, V, 33-36.

[95] *Ibid.*, III, 86-95 e V, 72-105. L'esposizione di Pappo ha molti punti di contatto con quella di Ipsicle.

7. *La matematica dei commentatori.*

Quelle dei commentatori sono opere di scuola, a volte redazioni di corsi, intese a chiosare, variare, completare o interconnettere un *corpus* matematico ormai ritenuto compiuto ed eretto a canone. Le fonti usate erano altri luoghi del *corpus*, in particolare i trattati piú elementari, e lo stile è la sublimazione di quello «euclideo»: potremmo definirlo atticismo matematico[96]. La disponibilità di fonti è condizione necessaria per redigere commentari, realizzabile solo in centri che possiedano biblioteche ben fornite. La tradizione del commento scientifico, ben diverso da quello di impianto piú marcatamente filosofico che verrà proposto ad esempio da Proclo ad Atene, si sviluppò in età imperiale ad Alessandria, dove in epoca ellenistica si era formato il genere, con la nascita del commento letterario di stampo filologico[97]. Occorre supporre una buona continuità di accesso alle fonti se questa tradizione si perpetuò da Erone fino a Eutocio (inizio VI secolo). Anche se è probabile che esistessero «copie ufficiali» di opere matematiche ad Alessandria del periodo ellenistico, come nel periodo classico quelle dei tragici ad Atene[98], la deperibilità del papiro in ambienti umidi rende impossibile che tali opere siano sopravvissute fino al VI secolo senza essere state ricopiate piú volte. Per gli *Elementi*, ad esempio, questo può essere avvenuto in concomitanza sia con il commento di Erone che con l'edizione di Teone, quest'ultima forse già su codice di pergamena. Non ci si rivolgeva però solo ai discendenti degli esemplari preservati nelle grandi concentrazioni librarie ellenistiche: Eutocio, che interpretava il proprio ruolo di commentatore in termini forse piú filologicamente corretti di altri, non perde occasione di mettere in rilievo la propria abilità di cacciatore di manoscritti[99]. Va sottolineato che nessuna edizione tarda delle opere dei matematici ellenistici sembra essere legata a esigenze pedagogiche. Questa convinzione, espressa ad esempio da Heiberg nei *Prolegomena critica* alla sua edizione degli *Elementi*[100], non ha nessun fondamento documentario: a partire dalla constatazione che l'edizione di Teone non raggiunge il livello di quelle dei grandi grammatici alessandrini e dall'attestata appartenenza di Teone al Museo, Heiberg inferisce che l'edizione può essere stata preparata solo a fini

[96] Pappo atticizza anche in senso proprio, cioè da un punto di vista lessicale e sintattico.

[97] Per una prima orientazione si veda Pfeiffer [1968].

[98] Galeno racconta (*In Hippocratis Epidem. III*, in *Opera omnia*, tomo XVII pars I, p. 607 Kühn) che Tolomeo III chiese in prestito ad Atene gli esemplari ufficiali per farne fare una copia per la Biblioteca di Alessandria. Ricevutele, Tolomeo preferí tenersi l'originale, restituire la copia e perdere un'ingente cauzione.

[99] Segnatamente riguardo al ritrovamento di un'appendice perduta a *Sfera e cilindro* II di Archimede (cfr. *Opera omnia*, vol. III, pp. 130-32 Heiberg). L'edizione che ancora leggiamo del testo greco dei primi quattro libri delle *Coniche* di Apollonio fu preparata da Eutocio per collazione di versioni divergenti.

[100] Euclide, *Opera omnia*, vol. V, 1, p. LVIII.

didattici. In quest'ottica non si capisce però come l'edizione di Teone possa differire in modo cosí trascurabile dal punto di vista matematico da quella trasmessa nell'unico codice non teonino conosciuto, il *Vat. gr.* 190.

Erone dette forse inizio alla tradizione del commentario tecnico alessandrino, scrivendone uno agli *Elementi* di cui possiamo farci un'idea solo tramite fonti indirette[101]; la misura del suo contributo al testo tràdito del trattato euclideo è di difficile valutazione ma risulta continuamente accresciuta con gli studi piú recenti[102]. Erone stabilí probabilmente i canoni del genere: aggiunta di casi mancanti, di lemmi e corollari oppure di complementi matematici; dimostrazioni alternative atte a rinforzare la struttura deduttiva o a semplificarla; sostituzione di dimostrazioni per assurdo con prove dirette o, piú raramente, viceversa; aggiustamenti strutturali come cambiamenti dell'ordine di certe proposizioni; soppressione o aggiunta di definizioni o assiomi, fino alla riscrittura di interi segmenti di testo, come le proposizioni 2-10 del libro II. A Erone è anche attribuita una raccolta di *Definizioni*, nel loro assetto attuale sicuramente una compilazione bizantina ma contenenti un nucleo eroniano di cui ci sono poche ragioni di dubitare, sebbene la sua identificazione sia compito improbo. Pappo è il primo dei grandi commentatori di cui ci sia giunto qualcosa: gli è attribuito un commento al X libro degli *Elementi* (trasmesso solo in versione araba) e ci sono pervenuti due libri del suo commento all'*Almagesto*. Quest'ultima era un'opera di scuola: un commentario cursivo in cui Pappo chiosa in dettaglio, frase dopo frase e sempre su aspetti tecnici anche molto elementari. La *Collectio* fa storia a sé: si tratta di un'enorme congerie di trattazioni monotematiche del tutto disconnesse tra loro, e inoltre lemmi, rettifiche e complementi utili allo studio di molte opere del *corpus* antico. Teone si mise nella scia di Pappo come commentatore, attingendovi non poco, e causò l'eclisse delle corrispondenti opere di quest'ultimo. Le prefazioni dei commenti di Teone all'*Almagesto* e alle *Tavole facili* di Tolomeo ci danno informazioni preziose sul suo modo di insegnare. Un caso particolare è costituito da Eutocio: forse successore di Ammonio a capo della scuola neoplatonica di Alessandria[103], egli salda a quella matematica la tradizione del commentario filosofico di matrice neoplatonica, che aveva comunque prestato una certa attenzione all'approfondimento di carattere matematico: al suo condiscepolo Simplicio, redattore di commenti alle opere di Aristotele, dobbiamo quasi tutto quello che sappiamo sulla matematica preeuclidea. Eutocio ha commentato alcune opere del *corpus* archimedeo e le *Coniche* di Apollonio. Quest'ultima opera ci è pervenuta

[101] In particolare il commento di Proclo al I libro degli *Elementi* e quello di an-Nayrīzī all'intero trattato. Quest'ultimo è conservato in due versioni incomplete, araba e latina, apprezzabilmente differenti.

[102] Si veda in ultimo Vitrac [2004].

[103] Come deduciamo dall'unico frammento superstite del commento di Elias agli *Analitici primi*, pubblicato in Westerink [1963].

nella sua edizione, che ha sicuramente apportato modifiche cospicue al testo su cui fu basata[104].

8. *La scuola matematica alessandrina.*

Lo scambio scientifico nell'età ellenistica avveniva in maniera molto peculiare e offre, come abbiamo visto, testimonianze in contraddizione con la pretesa che esistessero strutture istituzionali di ricerca o insegnamento. Solo la matematica dei commentatori è sicuramente legata alla disponibilità di fonti scritte e, almeno in parte, a pratiche di scuola, e anzi il suo carattere ai nostri occhi scarsamente originale riceve una spiegazione storicamente adeguata solo in questa prospettiva. È però incontestabile che buona parte delle figure piú rappresentative è legata in qualche maniera ad Alessandria e che si può parlare in senso molto proprio di filoni di ricerca incarnati da queste figure: una scuola di pensiero può costituirsi come tradizione senza bisogno di strutture dedicate. La centralità di Alessandria per la matematica greca antica è dunque in larga misura accidentale sul piano istituzionale – ma resta un dato di fatto.

ACERBI, F.

2003 *On the shoulders of Hipparchus. A reappraisal of ancient Greek combinatorics*, in «Archive for History of Exact Sciences», 57, pp. 465-502.

ARCHIBALD, R. C.

1915 *Euclid's Book on Division of Figures. With a restoration based on Woepcke's text and on the Practica Geometriae of Leonardo Pisano*, Cambridge University Press, Cambridge.

BAGNALL, R. S.

2002 *Alexandria: library of dreams*, in «Proceedings of the American Philosophical Society», 146, pp. 348-62.

CLAGETT, M.

1970 «Archimedes», in *Dictionary of Scientific Biography*, diretto da Ch. C. Gillispie, 16 voll., Ch. Scribner's Sons, New York 1970-80, vol. I, pp. 213-31.

DIJKSTERHUIS, E. J.

1987 *Archimedes*, Princeton University Press, Princeton [trad. it. *Archimede*, Ponte alle Grazie, Firenze 1989].

[104] O per meglio dire ai testi: nel suo commento, Eutocio afferma che ancora ai suoi tempi «c'erano piú edizioni» delle *Coniche*, e che ritenne opportuno «riunirle, ponendo nel testo, per la comodità dell'esposizione, le dimostrazioni piú chiare tra quelle che si presentavano, segnalando le varianti all'esterno, nelle annotazioni raccolte ordinatamente» (Apollonio, *Opera*, vol. II, p. 176 Heiberg). Si tratta di una delle pochissime testimonianze esplicite sulla collocazione di commentari come *marginalia* a un testo, pratica resa piú agevole dall'avvento del codice.

DÜRING, I.

1982 *Die Harmonielehre des Klaudios Ptolemaios* (1930), Georg Olms Verlag, Hildesheim.

FOWLER, D. H.

1999 *The Mathematics of Plato's Academy. A New Reconstruction*, 2a ed., Clarendon Press, Oxford.

FRASER, P. M.

1972 *Ptolemaic Alexandria*, 3 voll., Oxford University Press, Oxford.

GALLO, I.

1980 *Vita di Filonide epicureo* (*PHerc.* 1044), in *Frammenti biografici da papiri II*, Edizioni dell'Ateneo e Bizzarri, Roma, pp. 23-166.

HEATH, T. L.

1921 *A History of Greek Mathematics*, Clarendon Press, Oxford.

JONES, A.

1999 *Astronomical Papyri from Oxyrhynchus*, Memoirs 233, American Philosophical Society, Philadelphia.

2001 *Pseudo-Ptolemy, «De Speculis»*, in «SCIAMVS», II, pp. 145-86.

2005 *Ptolemy's «Canobic Inscription» and Heliodorus' observation reports*, in «SCIAMVS», 6, pp. 53-97.

LEJEUNE, A.

1989 *L'Optique de Claude Ptolémée*, Brill, Leiden 1989².

LEWIS, N.

1963 *The non-scholar members of the Alexandrian museum*, in «Mnemosyne», 16, pp. 257-61.

MARROU, H.-I.

1982 *Histoire de l'éducation dans l'Antiquité* (1948), 6a ed., Seuil, Paris [trad. it. *Storia dell'educazione nell'antichità*, Studium, Roma 1984].

MAU, J. e MÜLLER, W.

1982 *Mathematische Ostraka aus der Berliner Sammlung*, in «Archiv für Papyrusforschung», 17, pp. 1-10.

MORAUX, P.

1951 *Les listes anciennes des ouvrages d'Aristote*, Éditions Universitaires de Louvain, Louvain.

PFEIFFER, R.

1968 *History of Classical Scholarship*, Clarendon Press, Oxford [trad. it. *Storia della filologia classica: dalle origini alla fine dell'età ellenistica*, Macchiaroli, Napoli 1973].

ROSE, V.

1971 *Aristoteles Pseudepigraphus* (1863), Georg Holms Verlag, Hildesheim.

STADEN, H. VON

1989 *Herophilus: The Art of Medicine in Early Alexandria*, Cambridge University Press, Cambridge.

TURNER, E., FOWLER, D. H., KOENEN, L. e YOUTIE, L. C.

1985 *Euclid, «Elements» I, Definitions 1-10 (P. Mich. III 143)*, in «Yale Classical Studies», 28, pp. 12-24.

VITRAC, B.

2004 *À propos des démonstrations alternatives et autres substitutions de preuves dans les «Éléments» d'Euclide*, in «Archive for History of Exact Sciences», 59, pp. 1-44.

WESTERINK, L. G.

1963 *Elias on the prior analytics*, in «Mnemosyne», 16, pp. 129-36.

KARINE CHEMLA

Matematica e cultura nella Cina antica

Che cosa si intende quando si parla di relazione fra matematica e cultura? Questo saggio suggerisce una possibile risposta fondata sulle testimonianze fornite da alcuni dei piú antichi documenti della matematica cinese che sono arrivati fino a noi. La mia ipotesi è che questi documenti testimonino un modo di fare matematica che si protrasse per alcuni secoli, un modo particolare, specifico – quanto meno – di una certa tradizione della Cina antica. In questo saggio descriverò le caratteristiche di questo «modo» di praticare la matematica, al quale mi riferirò usando il termine «cultura». Invece di dare una descrizione formale di questo termine, cercherò di illustrarne il significato tramite un esempio. Il mio interesse per queste «culture» non risiede solo nel fatto che consentono di definire i modi caratteristici con cui un certo gruppo di professionisti trattava la matematica, ma che la loro identificazione permette di stabilire correlazioni fra, da una parte, il contesto culturale in cui si collocano tali professionisti e dall'altra i concetti matematici che elaborano o i risultati che ottengono. Questo sarà l'approccio che adotterò in merito al tema «matematica e cultura». Sebbene io argomenti le mie tesi sulla base di antichi documenti cinesi, che, a mio avviso, illustrano esemplarmente la questione, il mio convincimento è che questi fenomeni siano del tutto generali e dovrebbero essere indagati piú approfonditamente.

1. *Fonti e caratteristiche di una cultura matematica.*

Consideriamo innanzitutto le fonti sulle quali si concentrerà la mia analisi.

1.1. Le fonti.

Le prime fonti che documentano una sorta di attività matematica nell'antica Cina risalgono alla dinastia Han (206 a.C. - 220 d.C.) o, addirittura, a qualche decennio prima. Questi libri contengono solo «testi discorsivi». Se tralasciamo il fatto che questi primi scritti fanno riferimento a una superficie sulla quale i calcoli venivano eseguiti con le bacchette, solo nei secoli successivi i testi matematici iniziarono a menzionare esplicitamente strumenti per la visualizzazione geometrica o a inserire altri elementi testuali come figure geometriche oppure schemi di calcolo.

Due di questi documenti ci sono stati trasmessi attraverso la tradizione scritta. Si pensa che il piú antico, *Lo gnomone degli Zhou* (*Zhoubi*), sia stato presumibilmente redatto nel I secolo a.C. o nel I secolo d.C. [Cullen 1996, pp. 148-56]. Alcuni studiosi sostengono che i *Nove capitoli sui procedimenti matematici* (*Jiunzhang suanshu*) siano stati scritti durante la dinastia Han occidentale (206 a.C. - 9 d.C.), mentre io concordo con quelli che datano la stesura del libro nel primo periodo della dinastia Han orientale (25-220 d.C.)[1].

È particolarmente significativo che (a differenza di altre testimonianze antiche riguardanti la matematica) il contenuto di questi due libri ci sia stato trasmesso attraverso la tradizione scritta. Questo tipo di trasmissione permise a questi testi di essere ben presto oggetto di commentari, ed è piuttosto significativo il fatto che non siano pervenute edizioni antiche dello *Gnomone degli Zhou* o dei *Nove capitoli* che non siano accompagnate da una scelta di commenti composti a partire dal III secolo in poi. I primi di questi commentari, un testo completato nel 263 da Liu Hui sui *Nove capitoli* e uno scritto redatto da Zhao Shuang nel III secolo sullo *Gnomone degli Zhou*, si riferiscono entrambi ai rispettivi testi come ai «classici» (*jing*)[2]. Piú in generale, durante la dinastia Han, i «classici» diventarono, in quanto tali, oggetto di particolari attenzioni.

Lo status di «classici» di questi testi fu tenuto in grande rilievo anche nei secoli successivi. Fu questo il caso della dinastia Tang (618-907), quando, sotto la supervisione di Li Chunfeng, un gruppo di studiosi raccolse dieci «classici matematici» e li commentò: essi collocarono lo *Gnomone degli Zhou* e i *Nove capitoli*, i piú antichi dei dieci libri selezionati, all'inizio della raccolta, che fu presentata al trono imperiale nel 656[3]. Non si può sovrastimare l'importanza di questa edizione che oscurò tutte le edizioni precedenti, al punto che non esiste un'edizione antica che non dipenda da questa e non presenti quindi sia i commentari redatti sotto la supervisione di Li Chunfeng – che indicherò qui come i «commentari di Chunfeng» – sia i commentari ritenuti indispensabili, come quelli già citati di Liu Hui e Zhao Shuang. Que-

[1] A meno che non sia specificato diversamente, per tutti i riferimenti relativi ai *Nove capitoli* si veda Chemla e Guo Shu-chun [2004], pp. 43-56. Per una bibliografia piú esauriente sui *Nove capitoli*, rimando il lettore a questo libro. Si vedano inoltre i contributi relativi alla matematica in Chemla et al. [2001].

[2] Ho composto un glossario delle espressioni tecniche usate nei *Nove capitoli* e nei suoi primi commentari, pubblicato in Chemla e Guo Shu-chun [2004], pp. 895-1042. Rimando a questo glossario per la descrizione di tutti i termini tecnici menzionati qui.

[3] Lo *Gnomone degli Zhou* tratta della matematica necessaria per la compilazione di calendari astronomici. Si veda al proposito Cullen [1996].

sti commenti sono una fonte fondamentale per la descrizione della cultura in cui vennero composti.

In breve, i primi libri trasmessi attraverso la tradizione scritta vennero *tutti*, regolarmente, considerati «classici» e le istituzioni imperiali ebbero per essi una cura particolare precisamente per questa ragione. In relazione a questo loro status speciale, vennero commentati e studiati con i commenti che li accompagnavano, tanto che non è sopravvissuta alcuna edizione antica che non sia corredata dei commenti scelti nel VII secolo. A meno che non venga espressamente specificato, ciò che indicherò qui con il titolo di *Nove capitoli* o *Gnomone degli Zhou* si riferisce al testo classico, *corredato* dei commenti inseriti nell'edizione del VII secolo, dal momento che questi scritti, in questa forma, sono i soli ad esserci stati tramandati, cosa che dunque riveste un preciso significato storico: non disponiamo infatti né di un'edizione antica che contenga solo il classico né di una che raccolga solo i commenti.

C'è una stretta correlazione fra la trasmissione per mezzo della tradizione scritta e lo statuto di «classico»; correlazione che è rafforzata da un ulteriore elemento di natura del tutto diversa. L'unico altro testo matematico antico della dinastia Han o di un periodo precedente che ci è pervenuto, il *Libro dei procedimenti matematici* (*Suanshushu*), ci è pervenuto attraverso un canale del tutto diverso: è stato recentemente rinvenuto in una tomba sigillata risalente circa al 186 a.C.[4]. Non esiste alcun indizio che sia mai stato considerato un classico né che sia mai stato oggetto di commenti. Era essenziale che un libro fosse considerato un classico in un certo momento storico, per essere trasmesso per tradizione scritta. Questi elementi lasciano intuire che i testi matematici che ci sono pervenuti attraverso canali diversi dalla tradizione scritta fossero considerati in qualche modo di genere differente rispetto ai classici. Questa è una prima discriminante rilevante per descrivere una cultura: essa differenzia diversi generi di scritti, che venivano letti e usati in maniere diverse.

Secondo il mio punto di vista, questi documenti testimoniano l'esistenza di (almeno) due culture matematiche distinte. Di conseguenza, dal momento che qui mi voglio concentrare solo su una di esse, restringerò la mia analisi principalmente ai *Nove capitoli* (intendendo il classico corredato dai suoi commenti), ma considererò anche il *Libro dei procedimenti matematici* che, a mio avviso, fa parte della stessa cultura.

Gli elementi che mi sembrano rilevanti per comprendere la specificità di questo ambiente culturale sono i seguenti: i *problemi*, vale a dire: situazioni e numeri; i *numeri* che sono utilizzati nei procedimenti; i *procedimenti* ovvero, per usare un termine tecnico moderno, gli «algoritmi»; i *tipi di testo*, fra cui i «classici», i «commenti» e i «libri»; gli *strumenti di calcolo*; le *figure*;

[4] Si veda la prima edizione critica del testo in Hao Peng [2001].

le *dimostrazioni*; i *valori epistemologici*; i *tipi di istituzioni*, gruppi sociali, individui e cosí via. Per ciò che riguarda l'ultima dimensione, la mancanza di prove documentarie che permetterebbero un'analisi dettagliata del contesto e dell'organizzazione sociale dell'attività matematica nella Cina antica ci impedisce di indagare questo aspetto. Inoltre, per ragioni di brevità, mi dedicherò solo ad alcuni degli elementi elencati per illustrare il metodo adottato e i suoi risultati potenziali.

Cominciamo col descrivere brevemente questi elementi cosí come le nostre fonti ce li rappresentano o come ci permettono di ricostruirli, in modo da poter disporre di una base di discussione.

1.2. Problemi.

L'ingrediente fondamentale dei testi del *corpus* che voglio analizzare e della cultura di cui esso è testimone è rappresentato dai problemi. Nelle nostre fonti, sono due i termini tecnici che indicano i problemi: *wen* «porre una domanda» (anche nella forma «cosa è stato chiesto») e *qiu* «cercare». Esaminando alcuni problemi tratti dai *Nove capitoli* potremo cogliere la diversità di significato[5]. Consideriamo dapprima il problema 6.18:

6.18

SUPPONIAMO CHE 5 PERSONE (nota del traduttore: di grado differente. I gradi sono espressi dai primi cinque interi 1, ... , 5) SI DIVIDANO 5 UNITÀ MONETARIE IN MODO CHE I DUE SUPERIORI OTTENGANO QUANTO I TRE INFERIORI. SI CHIEDE QUANTO OTTIENE CIASCUNO.

RISPOSTA:

IL PRIMO OTTIENE 1 UNITÀ E $\frac{2}{6}$ DI UNITÀ [...].

I termini di questo problema presentano la descrizione di una *situazione* apparentemente concreta in cui sono presenti dei *numeri*: una certa somma deve essere divisa fra un dato numero di persone che hanno gradi diversi – chiaramente, si tratta di funzionari della burocrazia statale – e la ripartizione dev'essere effettuata in modo tale da tenere nel debito conto la differenza di rango. Si osservi che, come avviene per ogni problema, la descrizione è immediatamente seguita dalla risposta al problema specifico. Si tratta di un punto che tratteremo a parte piú sotto.

[5] Distinguerò il testo classico da quello dei commenti riportando il primo in caratteri maiuscoletti, il secondo in minuscolo. Nella coppia di numeri associata a un dato problema nel testo classico il primo si riferisce al capitolo in cui si trova e il secondo all'ordine secondo cui i problemi sono disposti in quel capitolo. Un problema che si trova nei commenti è identificato dal numero del problema che lo precede nel testo classico. Alcuni problemi o procedimenti nei commenti sono tuttavia dati prima dell'enunciato del problema corrispondente del testo classico: li identificherò con uno «0» come secondo numero della coppia.

Vi sono altri problemi dello stesso tipo del precedente, come il 2.1 – uno di quelli in cui interviene la cosiddetta «regola del tre» – o l'1.19, per la risoluzione del quale viene dato un procedimento per la moltiplicazione delle frazioni. Il problema 2.1 recita:

2.1

SUPPONIAMO CHE, AVENDO 1 *DOU* DI MIGLIO CINESE, UNO VOGLIA OTTENERE DEL GRANO SPULATO GROSSOLANAMENTE. SI CHIEDE QUANTO GRANO SI OTTIENE.

L'analisi del contesto in cui questo problema viene formulato porta a concludere che questo scambio di cereali si riferisce al pagamento di tasse ed è quindi ancora in relazione con questioni burocratiche. La situazione che profila il problema 1.19 può essere interpretata nello stesso modo:

1.19

SUPPONIAMO CHE SI ABBIA UN CAMPO CHE È LARGO $\frac{4}{7}$ DI *BU* E LUNGO $\frac{3}{5}$ DI *BU*. SI CHIEDE QUANT'È AMPIO IL CAMPO.

L'indicazione delle dimensioni del campo con i termini «larghezza» e «lunghezza» indicano che la forma è rettangolare. Tuttavia, tenendo conto del valore dell'unità di misura durante la dinastia Han (1 *bu* oscillava fra i valori di 1,38 e 1,44 metri), ci si rende conto che il problema sembra descrivere una situazione reale poco plausibile. Inoltre, non è sicuro se nei testi matematici dell'epoca il termine *tian* indicasse ancora solo un «campo» oppure se era già diventato un termine generico che rimandava a una forma geometrica, come successe a partire almeno dal III secolo in poi. Non possiamo dunque essere sicuri che il problema precedente descriva una situazione davvero concreta.

Il ventaglio di situazioni che ricorrono nei problemi di questo *corpus* matematico non è cosí ampio come si può supporre a prima vista, dal momento che parecchi problemi fanno ricorso allo stesso tipo di situazione. È il caso, ad esempio, del problema 1.18, nel quale fra l'altro viene descritto il procedimento – in uso sia nei *Nove capitoli* sia nel *Libro dei procedimenti matematici* – per fare divisioni fra quantità del tipo «intero piú frazione»:

1.18

SUPPONIAMO ANCORA CHE UNO ABBIA TRE PERSONE E $\frac{1}{3}$ DI PERSONA CHE SI DIVIDONO UNA SOMMA COMPOSTA DA 6 UNITÀ MONETARIE, $\frac{1}{3}$ E $\frac{3}{4}$ DI UNITÀ MONETARIE. SI CHIEDE QUANTO OTTIENE OGNI PERSONA.

L'uso ricorrente degli stessi temi può indicare l'esistenza di una selezione di situazioni per impratichirsi nei calcoli. Un filone di ricerca promettente potrebbe essere quello di analizzare nei dettagli questa raccolta di problemi, capire i criteri con cui furono selezionati e studiare il modo in cui essa è collegata alla cultura matematica del periodo.

La nostra descrizione dei problemi non sarebbe completa, tuttavia, se non ricordassimo che alcuni di quelli presentati nei *Nove capitoli* sono riferiti a situazioni astratte. È il caso ad esempio del problema 1.9, che è seguito da un procedimento da usare per sommare le frazioni:

1.9

SUPPONIAMO ANCORA CHE UNO ABBIA $\frac{1}{2}$, $\frac{2}{3}$, $\frac{3}{4}$, $\frac{4}{5}$. SI CHIEDE QUANTO SI OTTIENE METTENDO TUTTO INSIEME.

Sebbene nell'enunciato del problema si faccia riferimento a valori numerici particolari, a differenza dei problemi 1.18 o 1.19 riportati sopra, le quantità sono astratte. I tre problemi dei *Nove capitoli* nei quali viene associato il procedimento che corrisponde al cosiddetto «teorema di Pitagora» forniscono un ulteriore esempio di enunciati astratti. Il problema 9.1 recita:

9.1

SUPPONIAMO CHE LA BASE (*GOU*) SIA 3 *CHI* E L'ALTEZZA (*GU*) 4 *CHI*. SI CHIEDE QUANT'È L'IPOTENUSA.

Gou e *gu* sono termini tecnici che indicano i lati che comprendono l'angolo retto in un triangolo rettangolo. Come abbiamo visto nel precedente caso del rettangolo, la forma geometrica viene definita dal nome specifico dei suoi lati.

I problemi che abbiamo citato sono rappresentativi degli altri e, in conclusione, appare chiaro che, indipendentemente dal fatto che il problema descriva situazioni astratte oppure concrete, alle grandezze vengono sempre assegnati valori numerici. A ogni problema corrisponde una soluzione in forma di procedimento. Dedichiamoci quindi a quest'altro aspetto dei nostri testi.

1.3. Algoritmi (procedimenti).

Il termine «procedimento» (*shu*) è spesso usato nel nostro *corpus* per presentare un elenco di operazioni che mettono in gioco i dati del problema – grandezze e loro valori numerici – per determinare le grandezze che si cercano e i loro valori. Il fatto che questo aspetto procedurale sia centrale nella pratica della matematica dell'antica Cina è indicato, fra l'altro, dall'uso del termine «procedimenti matematici» (*suanshu*) nel titolo del classico: *I nove capitoli sui procedimenti matematici*. I procedimenti sono caratterizzati da due aspetti. Gli scritti che ci sono pervenuti ne mostrano uno – l'oggetto testuale rappresentato dal procedimento come elenco di operazioni – mentre si riferiscono al secondo aspetto – l'algoritmo in quanto computo da eseguire sulla superficie su cui si calcola, che discuteremo in seguito. Descriviamo le caratteristiche principali dei procedimenti intesi come puro testo, senza cercare, per il momento, di capire la matematica che vi sta sotto. Questo è l'esempio standard del testo di un procedimento:

6.18

PROCEDIMENTO: SI DISPONGONO (SULLA SUPERFICIE SU CUI SI CALCOLA) LE UNITÀ MONETARIE E I **PESI IN FUNZIONE DEL GRADO** IN MODO TALE CHE SI OTTENGA UNA DISPOSIZIONE (A FORMA DI) CONO. AGGIUNGENDO (PESI IN FUNZIONE DEL GRADO CORRISPONDENTE AI) 2 SUPERIORI FA 9. AGGIUNGENDO (PESI IN FUNZIONE DEL GRADO CORRISPONDENTE AI) 3 INFERIORI FA 6. 6 È INFERIORE A 9 DI 3. **SI AGGIUNGE UNIFORMEMENTE** 3 (AI PESI IN FUNZIONE DEL GRADO). **IN AUSILIO, SI AGGIUNGONO TUTTI** (I PESI IN FUNZIONE DEL GRADO) INSIEME, PER FORMARE IL DIVISORE. SI MOLTIPLICA, PER LE UNITÀ MONETARIE CHE SONO DIVISE, (I PESI IN FUNZIONE DEL GRADO CHE UNO AVEVA) PRIMA CHE ESSI VENISSERO SOMMATI INSIEME, I QUALI FORMANO RISPETTIVAMENTE I DIVIDENDI. EFFETTUANDO LE DIVISIONI DEI DIVIDENDI PER IL DIVISORE SI OTTENGONO I RISULTATI ESPRESSI IN UNITÀ MONETARIE.

Ho evidenziato in grassetto i passi che voglio commentare. Nel testo sono presenti molti riferimenti a calcoli effettuati fuori dal testo: l'espressione «si dispongono» si riferisce alla disposizione dei valori sulla superficie di calcolo. Inoltre, viene anche ricordato che le bacchette da calcolo rappresentano i valori (gli interi da 1 a 5) disposti «a cono» sulla superficie. Torneremo su questo aspetto piú avanti.

La descrizione del procedimento ricorre a parecchi termini tecnici. Uno di questi si riferisce a come dovrebbe essere condotto il calcolo sulla superficie: l'espressione «aggiungere in ausilio» indica che i valori aggiunti sono copiati in un'altra posizione della superficie prima di essere sommati, in modo tale che i valori non siano cancellati dall'operazione e rimangano sulla superficie per essere usati in seguito.

Un'ulteriore espressione tecnica usata nella descrizione del procedimento è «aggiungere uniformemente», e indica che si deve fare un calcolo simile su ogni valore indicato. Questo aspetto rimane vero per l'intero procedimento, che considera una successione di dividendi e, alla fine, una successione di risultati attraverso un'unica sequenza di prescrizioni da applicare in parallelo ai diversi valori in gioco.

L'ultima espressione tecnica che vale la pena commentare è «pesi in funzione del grado». In realtà essa si riferisce al procedimento «parti pesate in funzione del grado» (*cuifen*) (3.0): il confronto fra i due mostra che il procedimento descritto dopo il problema 6.18 è in realtà un adattamento di quello generale, elaborato per la risoluzione di un nuovo tipo di problemi. Tutti i termini tecnici introdotti nella descrizione di quest'ultimo procedimento, infatti, vengono utilizzati anche nella formulazione del primo.

D'altra parte, il procedimento seguito nel problema 6.18 menziona esplicitamente il contesto descritto (superiori, inferiori, monete) cosí come i valori numerici particolari che vi figurano. Questo aspetto contrasta con il modo in cui sono descritti gli altri procedimenti. Il problema 1.21 era formulato in riferimento al calcolo dell'area di un campo, mentre l'1.9 era astratto. I procedimenti che seguono tali problemi, introdotti dal nome dell'operazione che essi consentono di effettuare, sono, l'uno e l'altro, astratti e generali. Li riportiamo:

1.19-1.21

PARTI DA MOLTIPLICARE

PROCEDIMENTO: I DENOMINATORI MOLTIPLICATI L'UNO PER L'ALTRO FANNO IL DIVISORE. I NUMERATORI MOLTIPLICATI L'UNO PER L'ALTRO FANNO IL DIVIDENDO. SI DIVIDE IL DIVIDENDO PER IL DIVISORE.

1.7-1.9

PARTI DA RACCOGLIERE

PROCEDIMENTO: I DENOMINATORI **MOLTIPLICANO I NUMERATORI CHE NON CORRISPONDONO LORO**; SI ADDIZIONANO E SI PRENDE QUESTO COME DIVIDENDO. I VARI DENOMINATORI MOLTIPLICATI FRA LORO COSTITUISCONO IL DIVISORE. SI DIVIDE POI IL DIVIDENDO PER IL DIVISORE [...].

Indipendentemente dal fatto che i problemi che li precedono abbiano natura diversa – concreta il primo, astratta il secondo – questi procedimenti non si riferiscono né alla situazione particolare né ai valori specifici inseriti nei problemi, limitandosi all'uso di termini tecnici quali «numeratore», «denominatore» e «moltiplicare ... che non corrispondono a». Vediamo anche il caso del problema 9.1, formulato in termini astratti. Il procedimento che segue tale problema e altri due problemi simili (9.1-9.3) equivale a quello che in altre tradizioni è conosciuto come «teorema di Pitagora» e viene descritto ancora in termini astratti:

9.1-9.3

LA BASE E L'ALTEZZA

PROCEDIMENTO: DOPO AVER MOLTIPLICATO LA BASE E L'ALTEZZA PER SE STESSE, SI SOMMANO (I RISULTATI) E SI ESTRAE LA RADICE QUADRATA DELLA SOMMA, QUINDI SI OTTIENE L'IPOTENUSA.

Nei *Nove capitoli* si possono evidenziare diversi livelli di astrazione. Il procedimento che è posto dopo il problema 2.1 è espresso con i termini e i valori che figurano nel problema:

2.1

PROCEDIMENTO: SE, (AVENDO) DEL MIGLIO, SI CERCA DEL GRANO SPULATO (GROSSOLANAMENTE), SI DEVE TRIPLICARE QUESTO (CIOÈ LA QUANTITÀ A PROPRIA DISPOSIZIONE) E DIVIDERE PER 5.

Tuttavia, prima degli enunciati e dei procedimenti del capitolo 2, viene descritto un procedimento che si può vedere come derivato per astrazione da tutti i procedimenti raccolti nel capitolo 2. Esso recita:

2.0

PRESUPPOSTO

PROCEDIMENTO: SI MOLTIPLICA LA QUANTITÀ DI CIÒ CHE POSSIEDE PER IL *LÜ* DI QUELLO CHE SI VUOLE, CHE COSTITUISCE IL DIVIDENDO; SI PRENDE IL *LÜ* DI QUELLO CHE UNO HA COME DIVISORE. SI DIVIDE IL DIVIDENDO PER IL DIVISORE.

Sebbene possiamo interpretare questo procedimento come un equivalente nella Cina antica della «regola del tre», era stato concepito e usato come un algoritmo molto piú generale. Come possiamo arguire dal modo in cui è formulato, questo procedimento è piú astratto del procedimento, ad esempio, del «mettere insieme le parti». Questo genere distinto di formulazione astratta si deve al fatto che il procedimento «Presupposto» copre una certa varietà di procedimenti distinti, alcuni dei quali sono raccolti nel capitolo 2. In esso viene introdotto il termine tecnico di *lü*[6]. Allo stesso modo, il rapporto fra il procedimento per «La base e l'altezza», collocato all'inizio del capitolo 9, con gli altri procedimenti del capitolo, è lo stesso che abbiamo appena descritto fra il procedimento «Presupposto» e gli altri del capitolo 2.

Nel modo in cui viene descritto il procedimento per dividere le quantità del tipo «intero piú frazione» si può ravvisare un superiore livello di astrazione. In esso si afferma quanto segue:

1.17-1.18

DIVIDENDO DIRETTAMENTE

PROCEDIMENTO: UNO PRENDE IL NUMERO DELLE PERSONE COME DIVISORE, LA QUANTITÀ DI UNITÀ MONETARIA COME DIVIDENDO E SI DIVIDE IL DIVIDENDO PER IL DIVISORE. SE C'È UN TIPO DI PARTE LE SI **FA COMUNICARE**. SE CI SONO PARECCHI TIPI DI PARTE, LE SI **EGUAGLIA** E QUINDI LE SI **FA COMUNICARE**.

[6] Per una spiegazione del concetto di *lü* – che in alcuni casi si riferisce agli interi che esprimono approssimativamente il rapporto tra circonferenza e diametro (e sono dunque determinati solo a meno di un fattore moltiplicativo) – si veda la voce corrispondente in Chemla e Guo Shu-chun [2004], pp. 956-59 [*N.d.C.*].

Nonostante il fatto che il procedimento sia in parte descritto in relazione alla situazione specifica usata per definire i problemi 1.17 e 1.18, esso fa ricorso a due operazioni che sono piú astratte e generali di quelle usate per descrivere, per esempio, il procedimento per «mettere insieme le parti»: esse sono indicate dalle espressioni «far comunicare» e «eguagliare», il cui significato non verrà discusso in questo contributo.

In conclusione, la descrizione di un procedimento può mettere in gioco sia elementi relativi a situazioni concrete con cui formulare poi i problemi, sia termini astratti (base/altezza di un triangolo rettangolo) o anche concetti (numeratore, denominatore, quantità che si ha, il *lü* di quello che si ha e cosí via). Inoltre, la descrizione di un procedimento ricorre all'uso di operazioni che possono anche essere operazioni ordinarie (moltiplicare, dividere, ecc.) o piú astratte («far comunicare», e cosí via). Con questi elementi vengono elaborati diversi tipi di algoritmi.

Questa descrizione di problemi e procedimenti rende fondamentalmente conto delle componenti testuali dei piú antichi testi matematici cinesi come il *Libro dei procedimenti matematici* o il classico *Nove capitoli*. Ci dedicheremo ora all'altro elemento a cui si riferiscono questi testi e, prima ancora, alla superficie sulla quale venivano eseguiti i calcoli, citata nelle piú antiche descrizioni di procedimenti matematici pervenuti fino a noi.

1.4. Superficie e bacchette per il calcolo.

Come abbiamo già osservato, nel caso di alcuni procedimenti matematici come quello che si trova di seguito al problema 6.18, i testi si riferiscono inequivocabilmente a disposizioni di numeri su tavolette di calcolo ove venivano eseguite le operazioni. Questi indizi rivelano il secondo aspetto degli algoritmi dell'antica Cina: oltre a essere degli elenchi di operazioni registrati per iscritto, come abbiamo visto sopra, essi erano dei flussi computazionali che agivano sui numeri indicati, come se fossero rappresentati su macchine calcolatrici, in una successione di trasformazioni in altri numeri fino al raggiungimento del risultato.

I primi documenti matematici che ci sono pervenuti citano questo strumento di calcolo solo indirettamente e secondo prospettive diverse[7]. Le loro caratteristiche principali e la loro utilizzazione devono essere ricostruite in maniera tale che tutte le informazioni di cui disponiamo risultino comprensibili e coerenti con la ricostruzione dello strumento. Esaminiamo le informazioni certe di cui disponiamo. Oltre a prescrivere di «collocare» i

[7] Il lettore può trovare una descrizione dei differenti sistemi di calcolo dell'antica Cina e un piú ampio insieme di documenti e artefatti sulla base dei quali si possono ricostruire le caratteristiche materiali e i loro utilizzi in Volkov [2001], pp. 125-33.

numeri, il *Libro dei procedimenti matematici* talvolta si riferisce al fatto che le componenti distinte delle quantità (ammontare espresso in differenti unità, frazioni diverse) sono disposte in posizioni «superiori» o «inferiori». D'altra parte, per alcuni procedimenti che richiedono uno schema complesso, il classico *Nove capitoli* specifica che i valori dovrebbero essere «collocati nella riga sotto», «nella riga di mezzo», «collocati» in «posizioni», «sulla destra», «sulla sinistra», e cosí via. Queste indicazioni sarebbero assai difficili da interpretare se non disponessimo di informazioni tratte da documenti posteriori che, peraltro, testimoniano di una forte continuità con questi primi richiami e utilizzi. Bisogna tener presente un fatto storico generale, essenziale in questo contesto: tanto piú i testi sono recenti, tanto piú sono prodighi di informazioni sull'uso e sulle caratteristiche dello strumento. È una tendenza che permane fino al momento in cui, a partire al piú tardi dal x secolo, le rappresentazioni dei numeri e, in seguito, le illustrazioni delle configurazioni assunte dai numeri durante il calcolo vennero introdotte nei testi stessi. Dando per scontato, dunque, che il sistema di calcolo che questi documenti piú recenti consentono di ricostruire sia, nelle sue linee principali, lo stesso descritto dai documenti piú antichi, sappiamo che le posizioni e le righe alludevano a posizioni ben definite sulla superficie su cui venivano eseguiti i calcoli. Non abbiamo alcuna testimonianza archeologica o testuale da poter mettere in gioco per descrivere le caratteristiche fisiche di questa superficie di calcolo. Sulla base di un'analisi esclusivamente interna del significato assunto dal carattere *wei* nei documenti matematici nel loro sviluppo storico, sono giunta alla conclusione che questa superficie non recava alcun segno che indicasse righe o posizioni.

I primi documenti matematici del nostro *corpus* contengono altre indicazioni su come fossero rappresentati i numeri sulla superficie di calcolo. Il titolo del *Libro dei procedimenti matematici*, cosí come il titolo del classico *I nove capitoli sui procedimenti matematici*, si riferiscono entrambi alla matematica usando il carattere *suan*. Questo carattere, infatti, indicava le bacchette per il calcolo e, di conseguenza, venne a designare i calcoli eseguiti con esse e quindi la matematica stessa – concepita nell'antica Cina essenzialmente come una disciplina che aveva a che fare con dei procedimenti. Le caratteristiche materiali di queste bacchette sono descritte nei documenti a partire dal I secolo. Inoltre, a differenza del caso precedente delle tavolette, le scoperte archeologiche hanno portato alla luce degli assortimenti di bacchette, sepolti con i loro proprietari, compatibili con la descrizione che si trova in questi documenti. Mentre si effettuavano i calcoli, tutti i numeri erano rappresentati con delle bacchette disposte sulla superficie e i loro valori erano posti nelle posizioni, dalle quali potevano essere spostati, entrare in gioco nei calcoli, essere modificati da questi.

Nei documenti posteriori, come il *Canone matematico del maestro Sun* (*Sunzi suanjing*, ca. 400), viene descritto un modo di rappresentare i numeri con le bacchette secondo un sistema posizionale decimale, che può essere interpretato grazie alle illustrazioni riportate da testi posteriori, risalenti a un periodo compreso fra il x (al piú tardi) e il xiv secolo (almeno) [Martzloff 1987, pp. 190-193]. In altre parole, le piú antiche citazioni in cui si delinea l'uso delle bacchette per rappresentare i numeri sono in accordo con le illustrazioni successive e ci sono ragioni per credere che lo stesso sistema fosse già in uso almeno dal iii secolo a.C. Nel *Sunzi suanjing* troviamo anche procedimenti che spiegano come moltiplicare e dividere questi numeri sulla superficie. Sebbene nessuno di questi procedimenti sia presente nel nostro *corpus*, ci sono ragioni persino piú forti per credere che gli stessi algoritmi fossero usati nel periodo in cui furono composte le fonti di cui disponiamo.

È chiaro che la ricostruzione dello strumento usato per i calcoli richiede una complessa analisi storica che si basa su documenti che risalgono a parecchi secoli dopo che il nostro *corpus* fosse costituito. Le stesse considerazioni valgono per le figure geometriche alle quali si riferisce il *corpus*. Lo studio delle figure ci riporta ai commentari, in cui gli elementi che compongono il testo si diversificano in vari generi.

1.5. Figure.

Gli scritti del *corpus* di cui stiamo discutendo ci forniscono informazioni sui modi di visualizzare situazioni geometriche nell'antica Cina la cui natura non è dello stesso tipo di quelle relative ai calcoli. Esaminiamole.

Né il *Libro dei procedimenti matematici* e nemmeno il testo principale dei *Nove capitoli* sembrano riferirsi a strumenti per la rappresentazione o, anche, a una qualsiasi modalità di visualizzazione geometrica. Si deve tuttavia osservare che, invece, l'altro classico della dinastia Han, *Lo gnomone degli Zhou*, fa riferimento a strumenti di questo genere. Per esempio, nella sezione iniziale, che tratta del procedimento equivalente al cosiddetto «teorema di Pitagora», indipendentemente dall'interpretazione del testo per cui si opta, questo testo fa chiaro riferimento al fatto che le forme sono tagliate in pezzi o ruotate attorno ad altri pezzi. Nel *corpus* su cui concentro l'attenzione in questo saggio, è solo nei commentari che troviamo inequivocabili riferimenti a manufatti per la visualizzazione di figure geometriche. Liu Hui cosí come Li Chunfeng fanno uso di due termini, che indicano generi diversi di strumenti: «Figura» (*tu*), usata solo in relazione alla geometria piana, e «Blocco» (*qi*), usato solo per la geometria solida. A differenza di quanto accade oggi, nell'antica Cina gli strumenti di visualizzazione di figure geometriche piane e solide erano dunque materialmente distinti. Quando Liu Hui passa dall'uno all'altro, nel capitolo 4, cita un passo filosofico delle *Sentenze aggiunte* (primo capitolo, sezione 12) del *Libro dei mutamenti* (*I Ching*): «le parole non esauriscono il significato (*yi*)» (4.22)[8]. Torneremo piú avanti su questo punto.

Per quanto riguarda i blocchi solidi, ne vengono citati solo pochi tipi: parallelepipedo, semiparallelepipedo (*qiandu*), *yangma* (una piramide), *bienao* (un tetraedro: sulla forma di quest'ultimo si veda oltre). Per quanto se ne sa, nessuno dei blocchi di cui si parla nei commenti ci è fisicamente pervenuto. Sembra che essi avessero dimensioni standardizzate (pari a 1 *chi*) e che le loro forme fossero chiaramente definite. Si tratta infatti dei solidi che sono argomento dei problemi dei *Nove capitoli*, sebbene non vengano indicati sempre con questi nomi. Nei commentari, il loro status cambia, dal momento che questi blocchi non sono piú l'argomento del problema, ma sono oggetti che permettono di risolvere altre questioni. Generalmente, essi sono usati per decomporre e ricomporre un solido dato. Vedremo brevemente come entrano in gioco in geometria. Si osservi che, se tralasciamo le citazioni relative ai blocchi nei commentari dei *Nove capitoli*, essi sembrano essere scomparsi dalla pratica della matematica posteriore.

Per quanto riguarda le *tu* o «figure», i commentari di Liu Hui e Li Chunfeng si riferiscono a figure che sono attualmente perdute. Come nel caso della superficie di calcolo, dobbiamo ricostruire tali figure sulla base di tutti gli indizi di cui disponiamo oggi. Tuttavia, questo caso è piú complesso di quello relativo ai solidi.

Alcuni di questi indizi si possono rintracciare negli stessi commentari. Per esempio, in parecchie occasioni, quando Liu Hui introduce una *tu*, si esprime in modo da distinguere in essa delle forme, designandole con colori differenti. Questo è il caso del commento che segue il problema 9.15: per riferirsi alla decomposizione di un rettangolo dato in pezzi piú piccoli, il commentatore prima introduce il riferimento ad «aree vermiglie, azzurre e gialle, ognuna in due copie». Il contesto chiarisce poi quale forma abbia ognuno di questi pezzi. In un passo successivo, questi pezzi sono tagliati in forme piú elementari, come triangoli o quadrati, che sono poi riordinate. La scomposizione delle superfici in forme piú semplici abbinate a specifici colori sembra essere il modo abituale di utilizzo delle figure del tipo di quelle che usa Liu Hui. Queste forme semplici sono abitualmente tagliate e ricomposte in modo da formare rettangoli. In tal caso, l'uso della *tu* sembra del tutto assimilabile a quanto abbiamo già visto per i blocchi solidi. Nel passo che segue il problema 9.15, Liu Hui suggerisce: «Si può disegnare la forma su un piccolo pezzo di carta e ritagliare le parti...» Peraltro, questa è la prima citazione dell'uso della carta in un testo matematico.

[8] Cfr. *I King*, traduzione di R. Wilhelm, Astrolabio, Roma 1950, *Il grande trattato o Commento alle sentenze aggiunte*, p. 529: «Le parole non possono rendere esattamente i pensieri (*yi*)». Come chiarito alla fine del § 2.3, nei commenti matematici il carattere *yi* assume il senso di «significato, intenzione» [*N.d.T.*].

Possiamo trovare altre informazioni sulle «figure» usate dai commentatori nel commento di Zhao Shuang allo *Gnomone degli Zhou*, che è presumibilmente quasi contemporaneo a quello di Liu Hui ai *Nove capitoli*; riguardo l'approccio al triangolo rettangolo, questi due commentari sembrano dipendere da una fonte comune. Quello che importa qui è che, da una parte, le figure usate da Zhao Shuang sono presenti nella prima edizione esistente dello *Gnomone degli Zhou*, pubblicata nel 1213; dall'altra, si può provare che, nella prima sezione del suo commento al capitolo 9, Liu Hui si riferisce a tre *tu* che sono esattamente le stesse prime tre figure di Zhao Shuang. La figura 1 mostra una di queste figure dell'edizione a stampa del 1213.

Figura 1.
La figura dell'ipotenusa dal commentario di Zhao Shuang (III sec.), tratta dall'edizione del 1213.

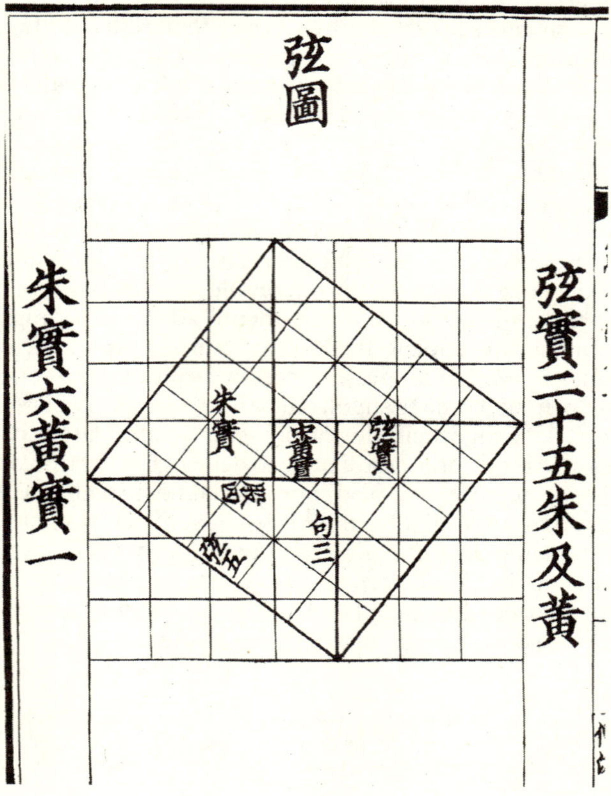

Che cosa voglio dire con l'espressione «esattamente le stesse figure»? Chiarisco questo punto in relazione alla figura 1. Sulla base delle indicazioni presenti nel commentario di Liu Hui, appare chiaro come egli si stia riferendo a una figura che contiene le stesse forme e la stessa struttura interna della figura 1. Inoltre, nel suo commentario, egli fa uso esattamente degli stessi colori per le stesse componenti elementari che vi compaiono, vale a dire giallo per il quadrato interno e vermiglio per il triangolo.

Nella figura di Zhao Shuang il triangolo rettangolo ha dimensioni particolari: 3 per la base, 4 per l'altezza e 5 per l'ipotenusa. Queste sono le dimensioni citate nel problema 9.1 riportato sopra. Anche questo induce a credere che la figura utilizzata da Liu Hui avesse le stesse dimensioni. In effetti, nella figura di Zhao Shuang, i particolari valori attribuiti ai lati del triangolo si ricavano immediatamente grazie all'uso di una griglia di passo unitario. È possibile che il foglio usato per disegnare le figure riportasse sistematicamente una quadrettatura di questo tipo. La figura 1 sembra indicare che la figura originale fosse composta di forme ritagliate da un foglio e collocate successivamente su altre forme, anch'esse ritagliate dallo stesso foglio. Anche altre figure di Zhao Shuang mostrano forme disposte in una griglia simile a quella illustrata sopra. Nella figura 1, le forme ritagliate da un certo sfondo mantengono il nome dei colori. In altri casi, Zhao Shuang contrassegna i quadrati che compongono una data forma con i caratteri dei «tronchi celesti» (*Jia*, *Yi*, *Bing* e cosí via). Nel testo, Zhao Shuang vi si riferisce con espressioni del tipo «*Jia* giallo» oppure «*Yi* giallo». È interessante osservare che quando, nel capitolo 4, Liu Hui vuole indicare in una figura forme gialle differenti, fa uso esattamente della stessa espressione. Emergono dunque due caratteristiche delle figure di Liu Hui: da una parte, è possibile che siano state disegnate su un foglio quadrettato con una griglia di passo simile a quella delle figure di Zhao Shuang (parecchi indizi inducono a credere che questo potrebbe essere stato tipico delle figure geometriche del tempo); dall'altra, le figure che Liu Hui stava usando potrebbero essere state contrassegnate con gli ideogrammi dei tronchi celesti, gli stessi adottati da Zhao Shuang. Questo spiegherebbe il fatto che nel suo commentario egli si esprime nello stesso modo per riferirsi a determinate forme piane collocate su una superficie.

In conclusione, gli elementi discussi fino a questo punto ci spingono a credere che Liu Hui e Zhao Shuang stessero usando lo stesso tipo di foglio quadrettato per disegnare le figure; che scegliessero dimensioni particolari per le forme disegnate sfruttando la quadrettatura del foglio; che contrassegnassero aree specifiche in queste figure usando colori e/o i segni per i tronchi celesti. Sappiamo inoltre che in alcuni casi essi usarono esattamente le stesse figure. In effetti, vedremo che l'ultimo tipo di figure (tra cui anche la figura 1) apparteneva probabilmente a un genere diverso dal primo ricordato sopra, piú affine per caratteristiche e usi al supporto visivo cui si accenna nella sezione iniziale dello *Gnomone degli Zhou*.

Infine, altri elementi relativi agli strumenti per la visualizzazione delle figure nell'antica Cina, possono essere dedotti dall'analisi di fonti posteriori: e ciò mi induce a supporre che, allo stesso modo delle bacchette e dei blocchi solidi, le prime figure fossero oggetti fisici cui il testo poteva fare riferimento, ma non erano effettivamente rappresentate nel testo. Secondo me, le immagini delle figure stampate nell'edizione del 1213 illustrano quello che un tempo doveva probabilmente essere un oggetto fisico concreto – forme geometriche ritagliate da un foglio quadrettato e ricombinate in modi diversi. Una tale ipotesi rende conto, peraltro, del motivo per cui non esiste alcuna testimonianza documentaria delle prime *tu* citate dai commentatori.

Questa rapida descrizione dei supporti usati per visualizzare situazioni geometriche al tempo in cui il *corpus* delle opere che stiamo esaminando venne messo insieme, è comunque sufficiente per poter approfondire in seguito come tali supporti vennero messi in gioco nella cultura che ci proponiamo di descrivere. Possiamo ora dedicarci a un altro aspetto dei nostri documenti: le dimostrazioni matematiche.

1.6. Dimostrazioni.

I commentatori dei *Nove capitoli* generalmente provavano la correttezza di un procedimento alla fine della sua descrizione, oppure inserivano delle dimostrazioni nei passaggi intermedi. Sembra tuttavia che gli autori del *Libro dei procedimenti matematici* o dei *Nove capitoli* non fossero animati da questa intenzione. In effetti, la questione è piú delicata di quanto possa apparire a prima vista, ma non la approfondiremo in questa sede.

Le espressioni con le quali i commentatori concludevano regolarmente le argomentazioni che avevano sviluppato mostrano che essi sapevano di cosa stavano parlando mentre cercavano di stabilire che il procedimento descritto nel classico era corretto. Fra queste espressioni, si trova «Quindi si ottiene il risultato», che esprime il senso di cosa significhi provare la correttezza di un algoritmo. In altre parole, significa dimostrare che la grandezza ottenuta è effettivamente quella che si andava cercando e che il valore calcolato è il valore corretto di tale grandezza. Altre espressioni del tipo «che è conforme a quanto richiesto» ricordano che la grandezza incognita si trova collocata nel contesto di un problema. Oltre a espressioni di questo genere, i commentatori fanno anche uso di termini tecnici per riferirsi a diversi tipi di ragionamento. Per esempio, il termine «controllo» (*yan*), usato solo nei documenti matematici per indicare una dimostrazione condotta sulla base di una rappresentazione geometrica.

In breve, dal momento che i commenti sono sistematicamente dedicati alla dimostrazione della correttezza degli algoritmi, possiamo dire che sono la concreta testimonianza di un tipo di dimostrazione del tutto diverso da quello che possiamo trovare, per esempio, negli *Elementi* di Euclide. Per quanto ne so, essi costituiscono la prima documentazione di un tentativo sistematico di dare forma a una pratica relativa a procedimenti matematici. Mi limiterò a illustrare due dimostrazioni per suffragare le mie tesi, senza approfondire ulteriormente la questione.

La prima dimostrazione riguarda la correttezza del procedimento che corrisponde, nella Cina antica, al cosiddetto «teorema di Pitagora». Il procedimento in questione è stato riportato sopra con il titolo con cui compare nei *Nove capitoli*, ovvero «La base e l'altezza». La dimostrazione data dal commentatore fa uso di un supporto materiale, illustrato dalla figura 1. Su questo supporto Liu Hui ha dapprima collocato due quadrati affiancati, uno azzurro e l'altro vermiglio: essi rappresentano rispettivamente il quadrato dell'altezza e il quadrato della base che devono essere addizionati, come prescrivono i primi passi del procedimento (figura 2*a*). Questo corrisponde a un passo in cui il «significato» (*yi*) della prima parte delle operazioni è reso esplicito. L'area ricoperta viene poi scomposta servendosi dei due pezzi elementari disponibili nel supporto: il quadrato centrale giallo e i triangoli vermigli (figura 2*b*). Infine, due dei triangoli vermigli vengono spostati (come mostra la figura 2*c*) in modo da formare il quadrato dell'ipotenusa. A questo punto appare chiaro il motivo per cui, estraendo la radice da questo quadrato, si ottiene proprio l'ipotenusa. La correttezza dell'algoritmo è dunque stabilita.

A questo punto, sorge spontanea una domanda: perché il supporto materiale su cui si basa la dimostrazione del procedimento per «la base e l'altezza» è cosí complesso? Sarebbe bastato qualcosa di molto piú semplice. Per esempio, sembra che il quadrato esterno non giochi alcun ruolo nella dimostrazione. Questo è il tipo di sfida che ci pongono i documenti di cui disponiamo e con la quale dobbiamo confrontarci (ma molte altre sfide ci aspettano piú avanti): l'introduzione del nostro concetto di «cultura» sarà uno strumento sistematico per dialogare con le nostre fonti.

La seconda dimostrazione di correttezza di un procedimento che esamineremo in questa sede è quella per il calcolo del volume della piramide. Nel problema 5.15 dei *Nove capitoli*, si chiede di determinare il volume di uno *yangma*. Il nome delle dimensioni del solido indica che la figura a cui si fa riferimento è del tipo illustrato nella figura 3: lo spigolo posteriore (tratteggiato in figura) è perpendicolare alla base.

Nel caso del problema di determinare l'area di un rettangolo (1.19), abbiamo già visto come i nomi delle dimensioni di un oggetto potessero fornire le indicazioni necessarie a stabilirne la forma geometrica: prassi, questa, molto comune nella Cina antica. Anche nel caso del solido detto *yangma* possiamo dedurne la forma geometrica basandoci sul fatto che le sue tre dimensioni, mutuamente perpendicolari, sono indicate con «larghezza», «lunghezza» e «altezza».

Figura 2.

a) Disposizione dei quadrati sul supporto; *b*) analisi della superficie ricoperta da pezzi gialli e vermigli; *c*) spostamento dei pezzi vermigli.

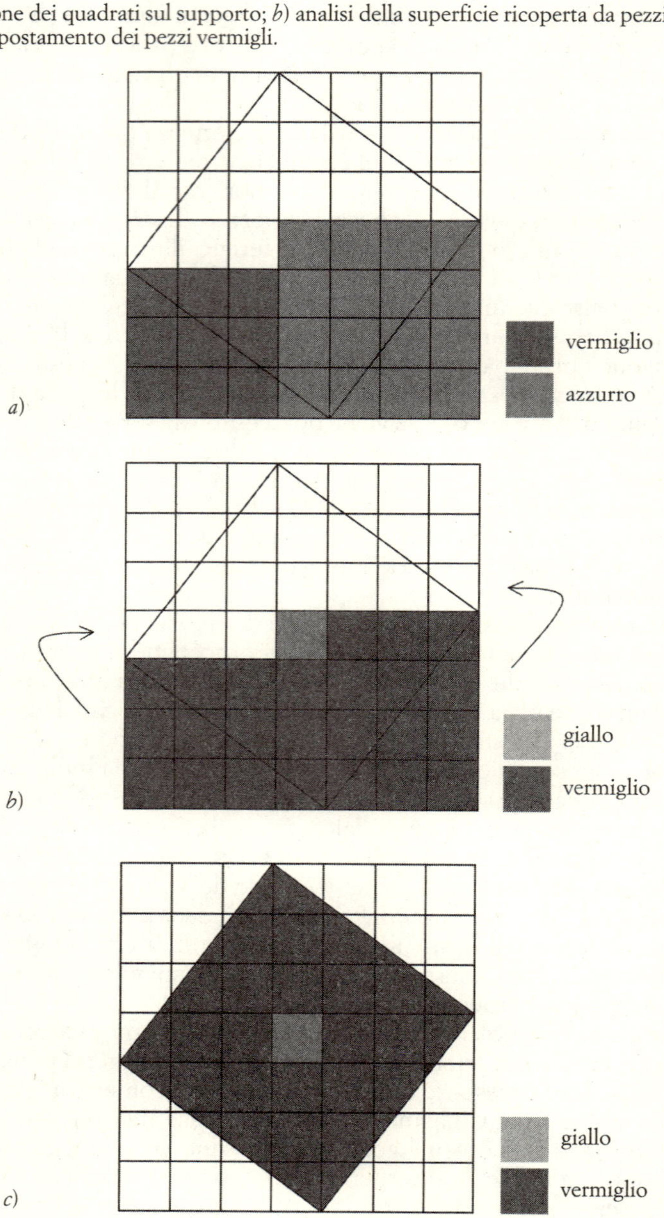

Il procedimento che spiega come determinare il volume della suddetta piramide prescrive di moltiplicare le tre dimensioni e di dividere per 3 il risultato. Liu Hui cerca di valutare la correttezza di questo procedimento[9]. Ci soffermeremo sulla parte iniziale di questa dimostrazione, dal momento che presenta aspetti importanti per il tema che stiamo trattando.

In prima battuta, Liu Hui considera il caso in cui tutte le dimensioni (larghezza, lunghezza, altezza) sono uguali. In tal caso, osserva il commentatore, tre *yangma* identici formano un cubo, come mostra la figura 4.

In questo caso, segue immediatamente che il volume della piramide *yangma* è pari a un terzo del volume dell'intero cubo, ottenuto moltiplicando mutuamente le tre dimensioni uguali lunghezza, larghezza e altezza. Tuttavia, osserva Liu Hui – e questo è un punto chiave per quanto qui ci riguarda –, questo ragionamento non può estendersi al caso generale, in cui le dimensioni non sono uguali fra loro. La ragione sta nel fatto che, quando le dimensioni sono diverse, le tre piramidi in cui si decompone il parallelepipedo rettangolo non sono identiche come nel caso precedente. Per questo motivo, non si può concludere che i loro volumi siano uguali prima di aver provato la correttezza del procedimento. Questa è la ragione per cui Liu Hui abbandona il ragionamento iniziale e ricomincia con un nuovo approccio, piú generale e assai piú complesso. Egli considera contemporaneamente uno *yangma* e un tetraedro chiamato *bienao*, i quali, opportunamente composti, formano un semiparallelepipedo chiamato *qiandu* (figura 5). Non si tratta di nuovi solidi, dal momento che nei problemi 5.14 e 5.16 dei *Nove capitoli* troviamo già rispettivamente il *bienao* e il *qiandu*. In entrambi i casi, i nomi

[9] Il commentario di Liu Hui è stato oggetto di numerosi studi, fra i quali citiamo Wagner [1979].

Figura 3.
La piramide chiamata *yangma*.

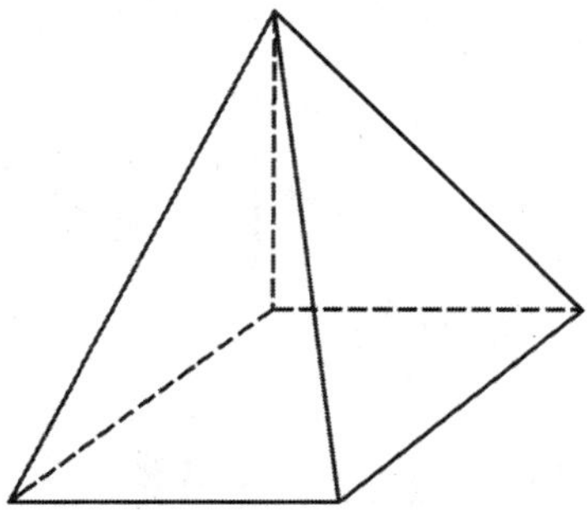

dei loro lati caratterizzano la loro forma geometrica. Su questa base, Liu Hui si propone di dimostrare un nuovo risultato: stabilire che, nel *qiandu*, lo *yangma* occupa un volume doppio del *bienao*. Da questa proprietà si deduce immediatamente la correttezza del procedimento ricordato sopra per il calcolo del volume della piramide. Tuttavia, non è qui il caso di esaminare questa parte del ragionamento. Ci limiteremo a seguirne solo la parte iniziale per provare il risultato che costituisce il nuovo obiettivo di Liu Hui.

Il primo passo consiste nel sezionare la piramide *yangma* con dei piani che passano per i punti medi degli spigoli. In questo modo, lo *yangma* viene a scomporsi in parecchi solidi le cui dimensioni sono dimezzate rispetto allo

Figura 4.
Tre *yangma* di dimensioni uguali formano un cubo.

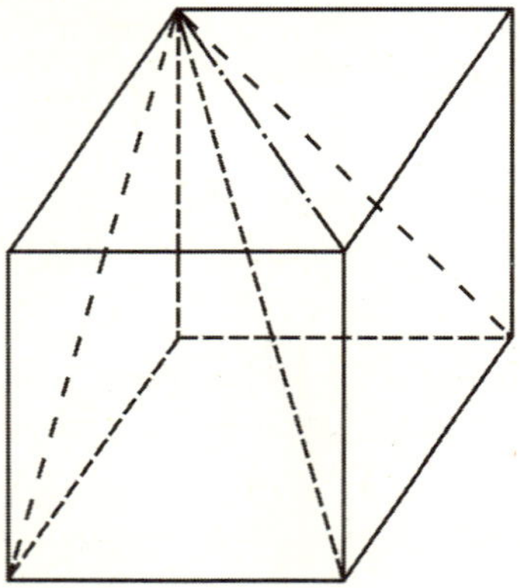

Figura 5.
Uno *yangma* e un *bienao* formano un *qiandu* (semiparallelepipedo).

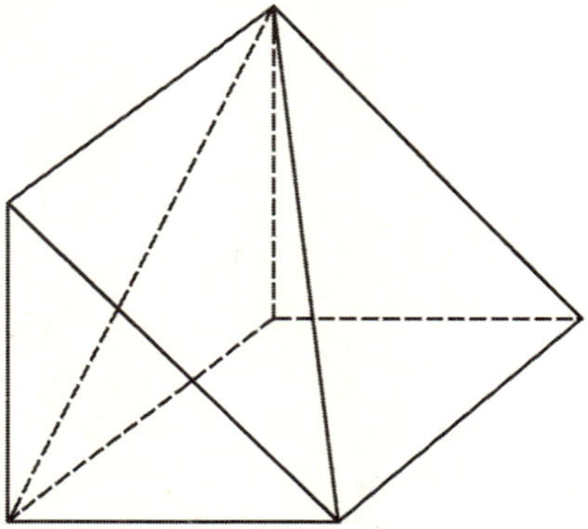

yangma originario (figura 6). Guardando il solido scomposto, si possono individuare due piccoli *yangma* – uno in cima e uno nella parte anteriore destra – simili a quello di partenza. Nella parte posteriore destra e nella parte anteriore sinistra si vedono invece due piccoli *qiandu*, mentre nella parte posteriore, proprio sotto lo *yangma* che sta in cima alla piramide, si riconosce un piccolo parallelepipedo. Queste componenti sono dei blocchi solidi e possiamo quindi vedere concretamente come venivano utilizzati per decomporre i solidi nella geometria dello spazio. Il ragionamento che ora illustriamo si ispira chiaramente alla manipolazione – scomposizione e ricomposizione – di blocchi solidi.

Nel secondo passo della dimostrazione, Liu Hui opera lo stesso tipo di scomposizione sul *bienao*. Sezionando il solido con piani che passano per i punti medi dei lati si viene a generare una scomposizione simile a quella descritta in precedenza. Il *bienao* di partenza viene scomposto in due specie di solidi che hanno i lati dimezzati rispetto al solido originario (figura 7). Nel retro della parte superiore e nella parte anteriore destra possiamo distinguere due piccoli *bienao* simili a quello di partenza, mentre nella parte anteriore sinistra, l'uno in cima all'altro, si riconoscono due piccoli *qiandu*.

Se si considerano tutti i solidi scomposti, otteniamo una scomposizione globale del *qiandu* originario, come possiamo vedere nella figura 8. Nella figura 9 ho disegnato separatamente gli stessi componenti per poterli enumerare piú facilmente. Bisogna sempre tenere in mente, tuttavia, che il solido di partenza, di cui esaminiamo la scomposizione, è il *qiandu*. Il terzo passo del

Figura 6.

Il sezionamento della piramide *yangma* originaria con piani passanti per i punti medi dei lati produce la sua scomposizione in solidi piú piccoli.

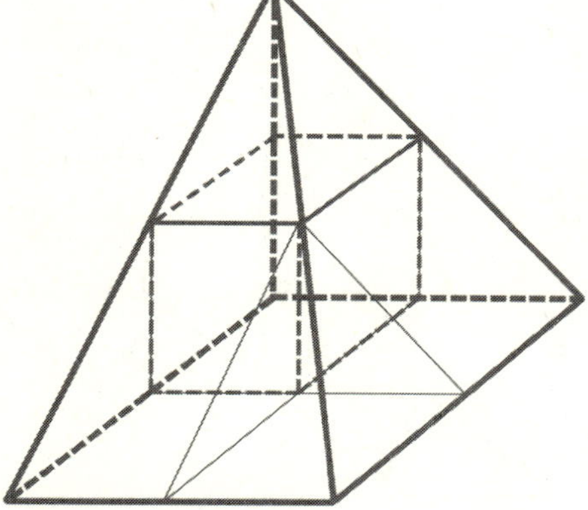

ragionamento consiste nel considerare separatamente due parti del *qiandu*. La prima regione corrisponde allo spazio interno del *qiandu* di partenza, occupato da solidi simili al *bienao* e *yangma* originari, ma con i lati dimezzati. Sappiamo che ci sono due coppie di solidi di questo tipo che vanno a formare due piccoli *qiandu*, uno collocato in basso nella parte anteriore destra della

Figura 7.

Il sezionamento del tetraedro *bienao* con piani passanti per i punti medi dei lati produce la sua scomposizione in solidi piú piccoli.

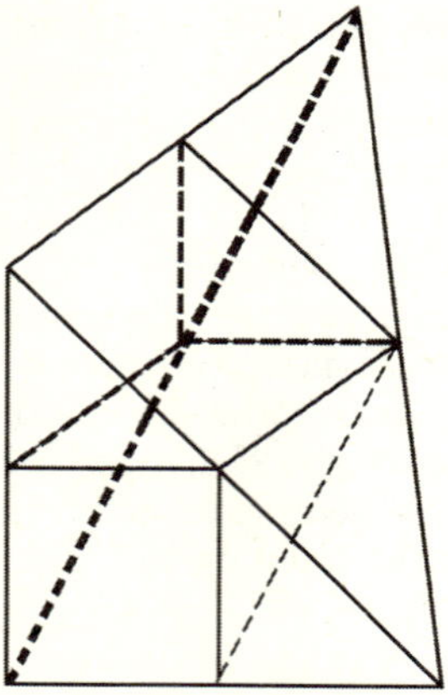

Figura 8.

La scomposizione del semiparallelepipedo.

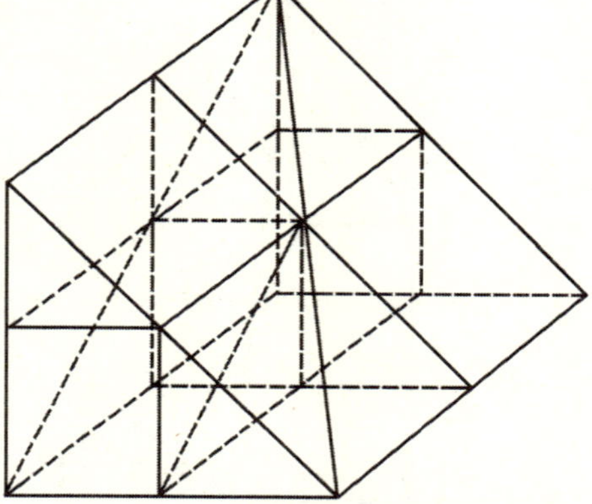

figura 8 (o, indifferentemente, della figura 9) e l'altro situato nel retro della parte superiore sinistra della figura 8 (oppure 9).

La seconda regione, sempre compresa nello spazio interno al *qiandu*, si compone di quattro piccoli *qiandu* e di un piccolo parallelepipedo: due *qiandu* e il parallelepipedo provengono dalla scomposizione dello *yangma*, mentre i restanti due *qiandu* provengono dalla scomposizione del *bienao*. Si osservi che, indipendentemente dalla loro orientazione, i piccoli semiparallelepipedi hanno sempre i lati dimezzati rispetto alle dimensioni del *qiandu* di partenza. È poi chiaro che tutti i piccoli *qiandu* sono uguali fra loro e sono pari alla metà del piccolo parallelepipedo, dal momento che un mezzo parallelepipedo avrà un volume uguale a metà del volume del parallelepipedo intero. Non è importante calcolare realmente questi volumi – e infatti Liu Hui non lo fa – ma è utile esaminare i loro rapporti relativi.

Altre due considerazioni sono molto piú rilevanti. La prima riguarda la valutazione dei rapporti fra i volumi che compongono la seconda regione, ovvero i due *qiandu* e il parallelepipedo che provengono dallo *yangma* di partenza e i due *qiandu* che provengono dal *bienao*. Per quanto abbiamo detto sopra, è evidente che i solidi provenienti dalla decomposizione dello *yangma* occupano uno spazio doppio rispetto a quelli provenienti dal *bienao*.

Figura 9.
Il semiparallelepipedo scomposto, con le componenti disegnate separatamente.

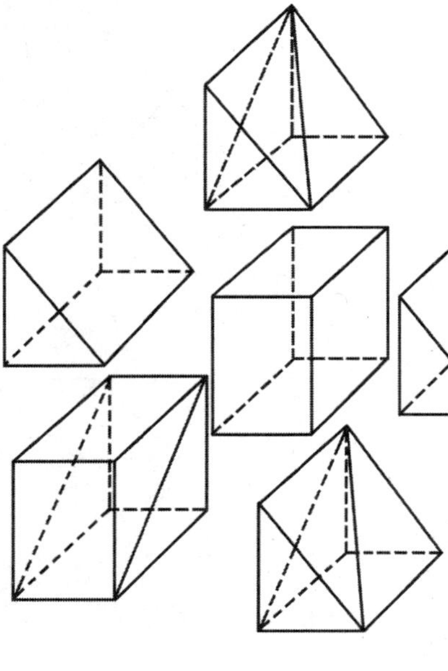

In questa regione, dunque, la proprietà intermedia che Liu Hui si proponeva di dimostrare è valida, ovvero il rapporto fra i solidi dello *yangma* e quelli del *bienao* è 2:1.

Per quanto riguarda la prima regione, formata da due piccoli *yangma* provenienti dalla decomposizione dello *yangma* originario e da due piccoli *bienao* simili a quello dato, non possiamo concludere nulla circa i rapporti fra questi solidi perché riproducono la situazione di partenza e quindi, per arrivare a una qualche conclusione, Liu Hui itera il procedimento su una scala inferiore.

Prima di iterare la decomposizione, Liu Hui ricompone gli elementi in una nuova configurazione solida che gli permette una nuova, fondamentale, considerazione. Sposta il semiparallelepipedo posto in cima alla parte anteriore e lo accosta al semiparallelepipedo posto nel retro della parte inferiore. Inoltre sposta il semiparallelepipedo posto nel retro della parte superiore, composto di un piccolo *bienao* e di un piccolo *yangma* e lo accosta a uno simile, posto in basso nella parte anteriore (figura 10).

Questo riordinamento, che prevede solo lo spostamento di due componenti – due piccoli *qiandu* – trasforma il *qiandu* di partenza in un parallelepipedo composto di quattro piccoli parallelepipedi dai lati dimezzati. Vista da questa

Figura 10.
Il *qiandu* di partenza scomposto in otto *qiandu* piú piccoli.

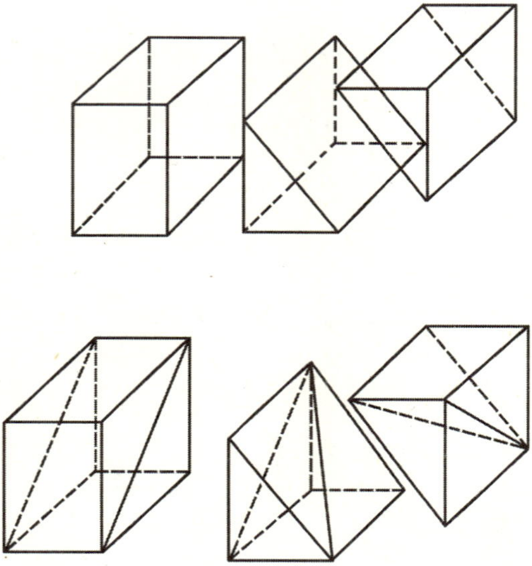

nuova prospettiva, la seconda regione considerata sopra – per cui è stata provata la proprietà richiesta – occupa chiaramente i tre quarti del solido originario e dunque la prima regione ne occupa solamente un quarto. Infatti i quattro piccoli *qiandu* e il parallelepipedo della seconda regione vanno a formare tre parallelepipedi, mentre l'unione dei due piccoli *yangma* e *bienao* dà origine a un parallelepipedo. Il rapporto 3:1 si mantiene anche quando si va a iterare la decomposizione nella prima regione, ovvero si dimostra che essa può essere scomposta in due solidi piú piccoli che stanno nel rapporto 3:1, e si potrà provare che per il solido piú grande dei due vale la proprietà richiesta, e cosí via.

Non mi soffermerò sulla parte finale del ragionamento. Mi interessa qui sottolineare la differenza delle dimostrazioni proposte per il caso particolare e per quello generale, che permetterà di suffragare un'utile osservazione quando torneremo ad affrontare la questione della prassi dimostrativa attestata dai commentari. Piú in generale, poiché l'obiettivo di questo saggio è di descrivere una delle culture epistemologiche in cui si sviluppò un'attività matematica nella Cina antica, i due esempi delineati sono sufficienti, anche se si potrebbe dire molto di piú in merito alle dimostrazioni sviluppate dai commentatori.

1.7. Valori epistemologici.

Tutti gli elementi fin qui descritti che caratterizzano gli scritti matematici del *corpus* considerato, sono costituiti o da componenti testuali chiaramente identificate o da strumenti materiali, in qualche modo ricostruibili grazie ai testi stessi. Ora passiamo a una dimensione culturale dai contorni molto piú incerti, quella dei «valori epistemologici»: è necessario rintracciarla nei testi, in cui però non è oggetto di discussione in quanto tale. Per illustrare i valori epistemologici di cui il *corpus* si fa interprete bisogna dunque raccogliere qualche indizio ulteriore.

Le informazioni piú significative si trovano nei commentari. Una volta che siano state individuate, si può imparare a coglierle anche nel *Libro dei procedimenti matematici* o nel classico *Nove capitoli*.

Il valore epistemologico fondante, documentato dai commentari, è quello della generalità, che ha lasciato un segno anche sui termini tecnici specifici. Per esempio, in due casi, il commento su un dato procedimento inizia affermando che «il procedimento è universale». Uno di questi casi l'abbiamo riportato piú sopra e corrisponde all'operazione che nel classico è stranamente denominata «Presupposto», dove l'anomalia sta nel fatto che il titolo segue e non precede i caratteri che indicano l'inizio dell'enunciato di un problema. Si può ipotizzare che il titolo voglia suggerire ed enfatizzare la generalità del procedimento e che questo aspetto sia stato immediatamente colto e amplificato dal commentatore.

L'attenzione riservata al concetto di generalità è messa in risalto anche dall'uso di un termine come «generale» o suoi sinonimi. I commentatori sottolineano sistematicamente questi aspetti quando discutono del modo in cui determinate situazioni sono trattate nel classico. Inoltre, in almeno un caso, essi suggeriscono di interpretare in questo senso un'occorrenza del carattere «generale» nel classico. L'occorrenza in questione riguarda il nome di un'operazione descritta in un procedimento dei *Nove capitoli*: «Campo con la piú grande generalità». Secondo l'interpretazione di Li Chunfeng, il nome sottolinea la generalità del procedimento, dal momento che, spiega, riunisce tre procedimenti che in precedenza venivano dati indipendentemente l'uno dall'altro. Di conseguenza, un unico procedimento può ora risolvere un insieme piú ampio di situazioni, per le quali erano prima formalmente necessari tre procedimenti distinti: l'efficacia di ognuno di questi procedimenti originari viene dunque potenziata dalla definizione di un procedimento piú ampio. Questa osservazione di Li Chunfeng fa capire in quanta e quale considerazione tenesse la generalità di un procedimento, generalità intesa come varietà del tipo di problemi che esso è in grado di risolvere. Inoltre si arguisce che Li Chunfeng tenesse in gran conto il fatto che alcuni procedimenti fossero piú generali di altri e riconoscesse anche questo aspetto in alcuni procedimenti presenti nel classico.

La generalità è un valore legato a concetti filosofici che sono piuttosto importanti al di fuori della matematica, ma che sono chiaramente molto significativi anche nel suo contesto. Vorrei ricordare il concetto di «categoria» (*lei*), che Liu Hui introduce nel suo commentario sulle frazioni esattamente nello stesso modo in cui viene usato nel *Libro dei procedimenti matematici*; oppure il concetto di «far comunicare» (*tong*) utilizzato nei *Nove capitoli* nella descrizione dei procedimenti (si veda sopra «Dividendo direttamente»). Il fatto che questi concetti siano presenti anche in testi matematici, testimonia di come nozioni culturali apparentemente estranee alla matematica finiscano col trovare un riscontro anche al suo interno. In quest'ultimo caso, la generalità si raggiunge per mezzo dell'astrazione, come si può vedere attraverso un confronto con il *Libro dei procedimenti matematici* [Chemla 2006]. Questo confronto ci porta al secondo valore epistemologico che emerge dai commentari.

Anche in questo caso, alcuni termini sono influenzati dall'enfasi data all'astrazione, come «astratto» (*kong*) o, piú specificatamente, «espressioni astratte». Questi termini indicano una riflessione sull'interesse di formulare procedimenti slegati dalla specificità dei problemi, come abbiamo già visto per il procedimento «Presupposto». Sebbene l'uso dell'«astrazione» sia generalmente connotato in maniera positiva, è interessante osservare che qualche volta non lo è. L'astrazione, inoltre, direttamente connessa con l'introduzione di operazioni del tipo «far comunicare» o con concetti come il *lü*, non sembra essere tenuta in pregio in quanto tale, ma piuttosto in funzione della generalità che garantisce. In altre parole, l'astrazione si configura come un'ancella della generalità. Dai commentari emergono altri valori epistemologici, che richiederebbero uno studio specifico, per poter caratterizzare profondamente la cultura in esame (semplicità, facilità, economia, ecc.). Per mancanza di spazio, tuttavia, mi sono concentrata soprattutto sul primo valore, la generalità, per evidenziare quanto abbia permeato le pratiche matematiche che creano la trama del tessuto culturale che stiamo studiando.

A questo punto, abbiamo delineato le componenti testuali, il tipo di iscrizioni, gli strumenti materiali, gli oggetti a cui si riferiscono, i valori che essi documentano: ma come fanno questi elementi a costituire una cultura?

2. *Interpretazioni e pratiche nella Cina antica.*

Problemi, algoritmi, strumenti di calcolo, figure, dimostrazioni, valori: tutti questi termini suonano familiari. Penso che questa apparente familiarità possa essere molto pericolosa, perché induce a proiettare su questi termini pratiche anacronistiche, mentre, come vedremo, essi sono solo superficialmente imparentati con le corrispondenti pratiche moderne. Ritorniamo allora agli elementi presentati nel primo paragrafo in modo da delineare, per ognuno di essi, la prassi specifica che avevano assunto nella cultura matematica in cui venne composto il nostro *corpus* di scritti.

2.1. Algoritmi (procedimenti).

Iniziamo con i procedimenti, ritenuti il simbolo *par excellence* della matematica della Cina antica. È importante sottolineare prima che, nel nostro *corpus*, i procedimenti non si limitavano a essere delle prescrizioni di calcoli. Come abbiamo suggerito sopra, infatti, i procedimenti descritti nel *Libro dei procedimenti matematici* o nei *Nove capitoli* possono essere considerati da due diversi punti di vista. Da una parte, gli elenchi di operazioni possono essere interpretati come una relazione di trasformazione e, in quanto tale, essi producono una grandezza. Dall'altra parte, considerati come una sequenza di operazioni da eseguire sulla superficie di calcolo, possono essere tradotti in calcoli effettivi che producono un valore.

Illustriamo la differenza fra questi due aspetti con un esempio. Nei *Nove capitoli* troviamo due problemi in cui, dati il diametro e la circonferenza di un cerchio – che stanno fra loro nel rapporto 1:3 –, si chiede di determinarne l'area. I problemi sono seguiti da questo procedimento:

DOPO AVER MOLTIPLICATO LA SEMICIRCONFERENZA PER IL SEMIDIAMETRO, SI OTTIENE IL *BU* DEL NUMERO-PRODOTTO/AREA.

Da una parte, il procedimento afferma che moltiplicando la semicirconferenza per il semidiametro si ottiene l'area del cerchio. In tal caso, il procedimento rappresenta una relazione di trasformazione: mette in gioco le grandezze note come dati del problema, e la grandezza risultante è l'area del cerchio. Dall'altra parte, il procedimento stabilisce che moltiplicando il valore della semicirconferenza per quello del semidiametro, si ottiene il valore dell'area. In questo secondo contesto, il procedimento agisce sui valori forniti dal problema e quello che si ottiene dopo i calcoli è ancora un numero, che rappresenta – a quanto viene detto – l'area del cerchio.

A ben vedere, il caso dell'area del cerchio è il miglior esempio possibile per capire per quale motivo i due significati di uno stesso algoritmo dovrebbero essere considerati separatamente, e in effetti nel commentario attribuito a Liu Hui vengono distinti e trattati separatamente. La ragione è la seguente. Se consideriamo il procedimento come una relazione di trasformazione, esso è senza dubbio corretto e, in quanto tale, Liu Hui ne dimostra la correttezza. Tuttavia, appena si vuole usare il procedimento per il calcolo, cioè quando si passa al secondo significato del procedimento, ci si scontra con un problema insolubile: è impossibile esprimere simultaneamente e con esattezza i valori di una circonferenza e del suo diametro. Dunque, in questo caso, a un procedimento corretto inteso come relazione di trasformazione, corrisponde un procedimento non esatto in termini di computazione. Questo tuttavia è l'unico caso che renda necessaria una distinzione e una trattazione separata dei due significati; ed è questa la ragione per cui essi possono essere meglio percepiti in questa situazione. Liu Hui sottolinea questa sfasatura affermando, in relazione al procedimento inteso come relazione di trasformazione e dunque, in quanto tale, corretto (1.33): «In questo caso con circonferenza e diametro designiamo i valori che raggiungono ciò che è in realtà, cosa che il *lü* di 3 per la circonferenza e il *lü* di 1 per il diametro invece non sono». In altre parole, i valori assegnati agli elementi dei problemi non sono valori che possano essere usati nel procedimento corretto per ottenere un valore esatto dell'area. Sebbene sia corretto, il procedimento illustrato nei *Nove capitoli* non può essere utilizzato per determinare il valore esatto dell'area del cerchio.

Nel caso che abbiamo appena visto, dunque, la differenza fra un algoritmo che produce una grandezza e uno che produce un valore emerge molto chiaramente. Dimostrare la correttezza di un algoritmo significa dunque provare che produce la grandezza corretta e il valore esatto. Si dovrebbe anche sottolineare che la grandezza prodotta dal procedimento o dai suoi sottoprocedimenti è designata facendo riferimento al contesto descritto dall'enunciato del problema: questo costituisce un nodo fondamentale nella dimostrazione della correttezza dell'algoritmo. Piú in generale, la distinzione fra i due aspetti dei procedimenti è importante, dal momento che, come vedremo, nella Cina antica entrambi gli aspetti furono oggetto di attività matematica con le procedure. D'altra parte, nel caso appena illustrato, la relazione fra un problema e il procedimento che lo segue si profila come qualcosa di piú complesso di quanto possa apparire a prima vista. Questo rimane vero in generale.

Poiché i procedimenti vengono sistematicamente collocati al seguito di piú problemi – come nel caso appena visto – è evidente che essi devono essere messi in relazione con piú di un contesto specifico. In effetti, si potrebbe dimostrare che ogni algoritmo veniva costruito non solo per risolvere i problemi che lo precedevano, ma anche l'intera «classe» di problemi che rappresentavano. Questa, almeno, è l'aspettativa che Liu Hui rivela di nutrire nell'unico caso in cui, nei *Nove capitoli*, l'algoritmo che segue il problema (il 6.18, riportato sopra) lo risolve correttamente, ma fallisce nel caso «generale». Verificando la correttezza del procedimento di risoluzione del problema 6.18, Liu Hui è in grado di individuare due criteri che mostrano come il procedimento faccia uso di caratteristiche specifiche della formulazione di 6.18 limitandone dunque il grado di generalità. Liu Hui allora formula un nuovo problema, simile al 6.18 dei *Nove capitoli*, ma che non soddisfa i due criteri necessari per l'applicazione del procedimento. In altre parole, il commentatore svela l'incapacità del procedimento illustrato dal classico di trattare l'intera classe di problemi rappresentata dal problema originario. Il passo successivo consiste quindi nel modificare il procedimento dei *Nove capitoli*, pur rimanendo nello stesso ordine di idee e nello stesso contesto, in modo da estendere la sua efficacia fino a risolvere tutti i problemi simili al 6.18. Anche queste considerazioni provano che la relazione fra un problema e il corrispondente procedimento non è semplice quanto potrebbe sembrare: il procedimento dev'essere generale e non limitarsi a risolvere il problema enunciato. Inoltre, la classe che il problema rappresenta risulta determinata dal procedimento che nel testo segue il problema stesso: ed è dall'esame dell'ampiezza di questo procedimento che si determina la categoria problematica di cui il problema particolare è rappresentante. Per un commentatore, dunque, il problema e il relativo procedimento costituiscono un enunciato generale, anche se non astratto.

La pratica che abbiamo appena descritto rivela uno spiccato interesse verso un primo significato del concetto di generalità. Tant'è vero che Liu Hui non si limita a commentare il problema 6.18 e il relativo procedimento, ma arriva a descrivere un procedimento nuovo, del tutto diverso dall'originario, che ha la caratteristica di essere molto piú generale. Liu Hui quindi trasforma la classe dei problemi rappresentati dal 6.18 in una classe assai piú ampia di quanto risultasse nel classico. Questo contributo può essere interpretato non tanto come un desiderio di formulare un procedimento generale, ma di definire il procedimento *piú generale possibile*, rivelando cosí interesse anche per un secondo significato del concetto di generalità. Questi due aspetti dell'interesse verso la generalità riemergeranno in altre pratiche.

La ricerca della maggiore generalità possibile si riflette in altre proprietà caratteristiche dei procedimenti tramandati dai *Nove capitoli*. In effetti, se lo scopo ideale di una procedura è quello di rappresentare il maggior numero di situazioni possibili, il suo testo deve aver la capacità di produrre, attraverso tecniche opportune, diverse sequenze di operazioni, una per ognuno dei casi diversi che si possono creare. Gli algoritmi per l'estrazione della radice quadrata illustrano l'uso di molte di queste tecniche.

Tale algoritmo dovrebbe funzionare per numeri interi, per frazioni, o anche per interi sommati a una frazione. Inoltre, nel caso di numero intero, l'algoritmo si dovrebbe applicare indifferentemente a un numero a una o piú cifre e dovrebbe funzionare correttamente sia nel caso in cui il processo si concluda con l'«esaurimento» del numero sia nel caso che questo non succeda. Il procedimento per l'estrazione della radice quadrata incluso nei *Nove capitoli*, collocato dopo il problema 4.16, soddisfa tutte queste richieste. Focalizzeremo la nostra attenzione su questo algoritmo, tenendo tuttavia presente che le stesse osservazioni rimangono valide anche per l'algoritmo di estrazione della radice cubica. Vedremo l'uso di differenti tecniche per integrare in un'unica descrizione le differenti sequenze di operazioni necessarie alla risoluzione di piú casi specifici.

In primo luogo, i casi di estrazione di radice quadrata di una frazione e di un intero addizionato a una frazione vengono entrambi ricondotti al caso del numero intero. Questa tecnica di incorporare procedure diverse una nell'altra si incontra frequentemente nei *Nove capitoli*. È il caso, ad esempio, del procedimento per «dividere direttamente». In secondo luogo, tornando all'estrazione di radice, il procedimento cerca in prima istanza di determinare la radice di un intero cifra per cifra. Il caso di un intero *N* a uno o due cifre viene dunque trattato dalla stessa sequenza di operazioni necessaria a determinare la prima cifra della radice quadrata di un intero qualsiasi. Nel primo caso, il risultato dell'estrazione della radice quadrata dell'intero *N*, che l'algoritmo sia concluso con l'esaurimento delle cifre o che non lo sia, si esprime come «lato di *N*». Nel secondo caso, si ottengono a un certo punto dei numeri disposti sulla superficie di calcolo, che costituiscono a loro volta i numeri di partenza a cui applicare nuovamente la successiva lista di operazioni e determinare la cifra successiva. E dunque anche qui, sulla superficie, rimarrà o il risultato, o un numero intermedio per il quale il risultato dev'essere dato in termini di «lato di *N*», o anche potranno rimanere dei numeri su cui si deve continuare a effettuare calcoli. A questo proposito è interessante fare un paio di considerazioni.

Da una parte, la stessa sequenza di operazioni descritta nella seconda parte del procedimento può essere identicamente ripetuta, se necessario, per determinare ciascuna delle cifre successive della radice quadrata. Questa caratteristica si definisce in termini tecnici «iterazione», che viene accuratamente trascritta; piú comunemente, possiamo dire che il procedimento è descritto in modo da poter essere ripetuto in modo efficace: invece di descrivere lo stesso procedimento tante volte quante sono le cifre dell'intero da cui estrarre la radice, si riuniscono le prescrizioni in un'unica sequenza di operazioni e poi si indica di ripeterle. La ripetizione funziona in questo modo: in un punto preciso della sequenza di calcoli, il testo rimanda il lettore a un altro preciso punto, piú a monte, della sequenza, che indica da dove si può ricominciare a utilizzare la sequenza di operazioni per proseguire con l'algoritmo. La stessa sequenza opera dunque su una nuova configurazione di numeri e produce la cifra successiva del numero richiesto. Si vede dunque chiaramente che questo modo di lavorare con gli algoritmi presuppone che essi si comportino come sequenze di operazioni.

Dall'altra parte, nel testo si fa uso di «condizionali»: dopo una sequenza di operazioni comuni a casi distinti, un'opzione guida l'esecutore verso questa o quella sequenza di operazioni, a seconda della situazione che viene a crearsi sulla superficie di calcolo. Anche questa è una tecnica per riunire procedimenti differenti di cui si trova testimonianza in altri esempi dei *Nove capitoli*.

Infine, un'ultima osservazione che ci fa cogliere un'altra condizione cruciale, che permette l'uso di entrambe le tecniche qui sopra descritte. Le operazioni, infatti, vengono eseguite su termini che non si possono definire *strictu senso* dei «numeri» e neppure «grandezze» determinati: tali termini rappresentano infatti i valori progressivamente assunti da determinate «posizioni» dislocate sulla superficie in precisi momenti del processo di calcolo. Poiché i contenuti di queste posizioni evolvono nel corso del processo di calcolo, questa proprietà garantisce l'efficacia di uguali sequenze di operazioni in momenti distinti del processo. In termini tecnici, una tale proprietà usata da una descrizione di algoritmi viene definita come un'«assegnazione di variabili».

Lo schema del procedimento di estrazione della radice quadrata dei *Nove capitoli* finora visto, illustra varie tecniche per riunire in un'unica descrizione procedimenti diversi. Questa stessa caratteristica si riscontrava anche nel procedimento «Campo con la maggior generalità possibile», come Li Chunfeng aveva sottolineato nel suo commento al nome dell'operazione. Di conseguenza, lo stesso algoritmo applicato a diversi punti di partenza si traduce in flussi computazionali concretamente diversi che concorrono a determinare la radice quadrata.

Per integrare procedimenti diversi in uno unico, talvolta viene usata una tecnica di natura completamente diversa: l'astrazione. Il procedimento 2.0, definito nei *Nove capitoli* per l'operazione «Presupposto» che abbiamo menzionato precedentemente, riesce infatti a integrare tutti i procedimenti particolari descritti nel capitolo 2, e ne comprende anche altri. Grazie al confronto fra il classico e il *Libro dei procedimenti matematici*, è possibile descrivere abbastanza accuratamente il modo in cui si ottiene un procedimento generale astraendo da procedimenti particolari. Il motivo per cui il procedimento «Presupposto» riesce a riunificare diversi algoritmi è che essi condividono la stessa forma [Chemla 2006] e questo fatto rivela la dimensione algebrica del lavoro matematico sulle sequenze di operazioni. Bisogna sottolineare – e lo stesso commentatore lo fa – che se l'astrazione è una condizione sufficiente, non è tuttavia una condizione necessaria. Il procedimento per risolvere sistemi di equazioni lineari, dato nel contesto di un problema concreto, viene successivamente esteso con un'altra tecnica nell'ottavo dei *Nove capitoli*, in modo da poter comprendere tutti i casi possibili. La strategia adottata si basa sull'introduzione di numeri di genere diverso – positivi e negativi – e sulla determinazione di un procedimento che specifica come applicare nei vari casi il procedimento di base a questi nuovi numeri. Invece di mantenere un solo genere di numero e elaborare diverse sequenze di operazioni, il fatto di ampliare il concetto di numero consente quindi di definire un algoritmo unico.

In conclusione, possiamo affermare che gli algoritmi chiaramente non rappresentavano semplici sequenze di operazioni atte a risolvere un problema o anche piú problemi esattamente dello stesso tipo. Non possiamo spingerci ad affermare, tuttavia, che le procedure riflettano una concezione moderna dell'algoritmo: la concezione antica, naturalmente, aveva delle proprie specificità che devono essere ricostruite. Nei *Nove capitoli*, si può rintracciare un certo numero di tecniche che permettono agli algoritmi di essere i piú generali ed efficaci possibili per la classe di problemi piú ampia possibile. La storia di queste tecniche, tuttavia, attende ancora di essere scritta.

2.2. Superficie e bacchette per il calcolo.

Fino a questo punto, ci siamo concentrati soprattutto sugli algoritmi intesi come sequenza di operazioni, cioè come oggetti testuali propri di alcune fonti che ci sono pervenute. In questo contesto, la riunificazione in un unico algoritmo di procedimenti che appaiono a prima vista diversi, si traduce in particolari proprietà della sequenza di operazioni. Abbiamo visto in precedenza, tuttavia, come oltre a essere un testo che produce una grandezza, un procedimento produce anche un valore: è il secondo aspetto che abbiamo tratteggiato qui sopra. Questo secondo aspetto è conseguenza del fatto che un procedimento si traduce in una serie di computi eseguiti sulla superficie per il calcolo.

La relazione fra questi due aspetti – testo e calcolo – è tutt'altro che semplice. Se, in quanto testo, una sequenza di operazioni può integrare procedimenti diversi, quando viene poi tradotta in calcolo concreto bisogna disporre sulla superficie di calcolo dei valori numerici effettivi; il flusso computazionale globale, equivalente all'algoritmo testuale, si condenserà nella procedura che l'algoritmo incarna nel caso rappresentato dai valori numerici disposti sulla superficie di calcolo. Da questo punto di vista, un algoritmo riesce a realizzare un'unificazione del tutto concreta di procedimenti distinti: il suo testo riesce a descrivere in un'unica sequenza di operazioni i flussi computazionali – corrispondenti ai vari casi contemplati dall'algoritmo – concretamente diversi sulla superficie di calcolo.

A questo punto potremmo essere tentati di considerare che da un punto di vista teorico, l'algoritmo-testo rappresenta l'aspetto piú importante dell'elaborazione matematica, mentre il calcolo effettivo occupa una posizione subordinata, rappresentando una forma piú semplice e degradata dell'algoritmo stesso. Nel nostro caso, tuttavia, le cose non sono cosí semplici. In parecchie circostanze, ho avuto modo di mettere in luce come l'aspetto materiale del calcolo sulla superficie si riflettesse nel modo in cui gli algoritmi potevano raggiungere una certa integrazione. Per esempio, abbiamo visto come i valori su cui opera un algoritmo in un dato momento non siano numeri veri e propri, quanto piuttosto i contenuti di determinate posizioni sulla superficie di calcolo. Ciò che rende generale l'algoritmo è il fatto che i computi eseguiti in un dato momento di un algoritmo fanno uso del contenuto di una posizione, la quale muta nel tempo o in relazione al caso trattato. Come ovvia conseguenza, alcune delle proprietà dei procedimenti dipendono dalla struttura materiale del calcolo sulla superficie.

Dobbiamo quindi rivolgere la nostra attenzione alla trascrizione materiale dei calcoli sulla superficie. Piú in generale, la ricostruzione della prassi matematica connessa ai procedimenti che si svilupparono in stretta dipendenza dalla superficie per il calcolo, mostra che essa giocò un ruolo di primo piano nella cultura che sto cercando di descrivere. Tuttavia, la completa definizione di questa prassi richiede una delicata e rigorosa valutazione di tutte le possibili evidenze documentarie disponibili. Molto deve essere ancora fatto in questo senso. Voglio semplicemente accennare qui ad alcuni dei risultati già accertati, che suggeriscono quale ruolo abbia giocato questa dimensione materiale dell'algoritmo nella cultura matematica della Cina antica.

L'osservazione delle disposizioni e l'esecuzione di calcoli complessi sulla superficie di calcolo – per come le testimonianze che abbiamo ci permettono di ricostruirle – rivela l'esistenza di regole rigide e sistematiche che stabilivano in quale modo dovessero essere disposti i valori all'inizio del calcolo e come dovessero cambiare nel corso del suo sviluppo. La superficie di calcolo è molto lontana dall'essere assimilabile a una brutta copia sulla quale scarabocchiare frettolosamente alcuni calcoli accessori, funzionali solo a raggiungere il risultato da trascrivere poi in bella copia. Lo sviluppo del calcolo sulla superficie era infatti regolato da vincoli e condizioni molto simili al formalismo che si segue oggi quando si scrivono le formule matematiche.

Tale formalismo doveva necessariamente essere dinamico, dal momento che non riguardava uno scritto permanente ma solo temporaneo: il calcolo veniva registrato come se fosse stato un processo e si potrebbe mostrare che gli stessi processi computazionali, rappresentati in questo modo, erano oggetto di interesse matematico nella Cina antica. Per un buon approccio alla cultura matematica che stiamo analizzando è essenziale sotto diversi punti di vista dare il dovuto rilievo a questo tipo di formalismo.

Il fatto che la disposizione degli elementi di calcolo ne condizionasse in qualche modo lo svolgimento, è uno degli elementi che rivela l'affinità con alcuni dei formalismi moderni a cui siamo abituati. Comunque, non è certo questo l'aspetto piú significativo che riguarda la nostra indagine. Altri due aspetti della pratica del calcolo sulla superficie sono assai piú rilevanti perché colgono alcune delle specificità del lavoro fatto sugli algoritmi trascritti in questo modo.

Da una parte, la trascrizione, cosí rigorosamente disciplinata degli algoritmi sulla superficie di calcolo, forniva una base sulla quale indagare le componenti computazionali fondamentali – componenti dinamiche, parti comuni a differenti algoritmi – e quindi analizzare l'effettiva relazione (dinamica) fra i vari algoritmi. L'algoritmo che nell'XI secolo riunifica i vari algoritmi preesistenti per l'estrazione di radice risponde a una richiesta di questo tipo. L'identificazione di queste componenti fondamentali e, conseguentemente, l'accorpamento che esse consentono, può essere inteso come un'altra manifestazione di interesse verso la generalità, ricercata questa volta attraverso lo strumento di calcolo.

D'altra parte, studiare gli algoritmi attraverso le loro trascrizioni dinamiche sulla superficie getta le basi per dar forma, in modo specifico, a nuovi oggetti matematici. L'equazione algebrica fornisce un esempio eccellente di tale processo di formazione. Per quanto ne sappiamo, in Cina l'equazione di secondo grado prese forma come un'operazione con due termini che derivavano dal processo di estrazione della radice quadrata. La relazione fra questi termini può essere descritta come segue: a un certo punto del processo di estrazione della radice, la parte di calcolo condotta fino a quel punto viene messa da parte; le posizioni che restano sulla superficie formano i termini dell'equazione e la parte di calcolo successiva diventa l'algoritmo per risolvere l'equazione. Vediamo quindi come l'equazione derivasse la sua identità e il modo di soluzione in base al modo in cui veniva scritto dinamicamente sulla superficie l'algoritmo per l'estrazione delle radici quadrate. È inoltre interessante osservare che questo modo di introdurre l'oggetto «equazione» modella il suo oggetto in relazione a un altro algoritmo: assistiamo quindi a un'altra forma di integrazione di algoritmi, subordinata questa volta allo strumento di calcolo. Il legame non venne reciso nei secoli successivi, dal momento che ogni modifica dell'algoritmo di estrazione di radice si rifletteva in una corrispondente trasformazione del concetto di «equazione», che continuò a evolvere in questo contesto almeno fino al XIII secolo.

In conclusione, la superficie per il calcolo era qualcosa di ben diverso da un semplice «strumento» computazionale. La superficie obbligava a registrare i dati in maniera dinamica e formulare e questo consentiva di disporre di una base per l'indagine delle relazioni dinamiche fra algoritmi o per la concettualizzazione delle operazioni. In entrambi i casi, essa giocò un ruolo importante per l'organizzazione del complesso degli algoritmi.

2.3. Problemi.

Abbiamo visto come la pratica legata alle sequenze di operazioni e ai calcoli sulla superficie debba essere ancora in parte ricostruita e collocata nel proprio contesto storico, in modo da evitare anacronismi nelle aspettative che si tendono a creare e nelle interpretazioni che si vengono a dare. Vedremo che lo stesso fenomeno avviene anche per i problemi, che costituiscono un elemento centrale nei documenti di tipo matematico della Cina antica, pervenuti fino a noi.

Nel caso del problema 6.18 e del procedimento che lo accompagna (si veda il § precedente), abbiamo visto come il commentatore abbia evidenziato l'incapacità dell'algoritmo presente nel classico di estendersi a un numero sufficientemente ampio di casi. Riprendiamo in considerazione lo stesso esempio, esaminando ora piú da vicino il problema che viene illustrato. L'atteggiamento di Liu Hui ci dà qualche indicazione su come i problemi venissero presi in considerazione. Un problema non era infatti considerato nella propria specificità, ma in quanto rappresentante di una classe di problemi. Ecco perché tali problemi particolari possono essere considerati dei «paradigmi», nel significato originario di «esempi». Allo stesso modo, infatti, per spiegare come si coniugano i verbi della prima coniugazione in italiano o in francese, gli insegnanti di grammatica non ricorrono a una regola astratta, ma a una regola generale basata su un esempio, un paradigma: «Io amo, tu ami, egli ama, noi amiamo...» Questo è, a mio avviso, il significato da attribuire a un qualsiasi problema del nostro *corpus*. Ci può essere tuttavia una differenza nel modo in cui veniva determinato il livello di generalità di un problema: sembrerebbe che la classe dei problemi che esso rappresenta dovesse venire esplorata analizzando il procedimento che gli veniva fatto seguire. Abbiamo quindi un modo per esprimere la generalità.

Finora, le osservazioni che abbiamo fatto sui problemi sembrano abbastanza ovvie: nessuno, immagino, ha mai pensato che i problemi della nostra infanzia su rubinetti e vasche da bagno fossero solo fine a se stessi. Esistono però altre caratteristiche dei problemi del nostro *corpus* che documentano aspetti meno ovvi di come fosse concepito un problema nella Cina antica; peculiarità queste che ci mettono in guardia dall'assumere come un fatto scontato la pratica dei problemi. Inoltre esse stabiliscono dei limiti alle ricostruzioni che possiamo fare di queste pratiche. Quando potremo interpretare correttamente tutti gli usi attestati dei problemi, solo allora potremo pensare di disporre di un'ipotesi sensata su come i problemi fossero concepiti nella cultura matematica del periodo in cui venne redatto il nostro *corpus*.

La prima difficoltà di cui dobbiamo dar conto è spiegare perché, nello sviluppare per esempio un'argomentazione relativa al procedimento per moltiplicare le frazioni, il commentatore avesse bisogno di modificare il contesto descritto, come nel problema seguente:

1.19

SUPPONIAMO CHE SI ABBIA UN CAMPO CHE È LARGO $\frac{4}{7}$ DI *BU* E LUNGO $\frac{3}{5}$ DI *BU*. SI CHIEDE QUANT'È AMPIO IL CAMPO.

che viene cosí trasformato:

1 (cavallo) vale $\frac{3}{5}$ di *jin* d'oro. Se una persona vende $\frac{4}{7}$ di cavallo, quanto riesce a ottenere?

In questo esempio, il contesto è cambiato, ma i valori numerici sono stati mantenuti. Ci scontriamo con una diversa, ma simmetrica, difficoltà quando, per sviluppare la propria tesi nel commento che segue il problema 5.10, Liu Hui cambia i valori senza tuttavia modificare il contesto. Il problema originale nel classico recita:

5.10

SUPPONIAMO CHE SI ABBIA UN TRONCO DI PIRAMIDE A BASE QUADRATA, TALE CHE IL LATO DEL QUADRATO INFERIORE SIA 5 *ZHANG*, IL LATO DEL QUADRATO SUPERIORE SIA 4 *ZHANG* E L'ALTEZZA SIA 5 *ZHANG*. SI CHIEDE QUANT'È IL VOLUME.

All'inizio del commento, Liu Hui cambia i valori in questo modo:

Supponiamo che si abbia un tronco di piramide a base quadrata, tale che il lato del quadrato superiore sia 1 *chi*, il lato del quadrato inferiore sia 3 *chi*, e l'altezza sia 1 *chi*.

Se consideriamo queste modifiche alla luce della nostra pratica dei problemi, ci sembrano del tutto paradossali. E lo sembrano ancora di piú, se si pensa che poco sopra abbiamo affermato che nella Cina antica un problema rappresentava il paradigma di un'intera classe di problemi. Riuscire a tenere insieme tutti questi fatti richiede che si recuperi una pratica dei problemi, chiaramente diversa da quella moderna. Vorrei delineare la prima caratteristica sorprendente di questa pratica antica che, secondo me, può aiutare a risolvere queste difficoltà.

L'aspetto fondamentale dei problemi inclusi nel *corpus* è che i termini in cui il problema viene espresso forniscono gli elementi che consentono di «interpretare» i passi successivi di un procedimento. E questa è l'operazione essenziale per provare la correttezza di un algoritmo. Dimostrare che un procedimento è corretto significa verificare che le grandezze geometriche e i valori numerici ottenuti alla fine corrispondano esattamente a ciò che ci si aspettava. Per fare questo deve essere possibile definire a ogni passo del procedimento il passo successivo, operazione dopo operazione, sottoprocedura dopo sottoprocedura. I commentatori avevano riservato un termine tecnico per designare questo tipo di «significato» per le operazioni delle sottoprocedure: *yi*, «significato, intenzione». Il rendere esplicita l'«intenzione» giustificava l'uso di un'operazione o di una sottoprocedura; in altri termini, la grandezza che si prefiggevano di determinare era, per i commentatori, un punto assolutamente centrale per stabilire la correttezza di un procedimento.

Ora, il punto chiave del procedimento che spiega come moltiplicare le frazioni è che la dimostrazione che il commentatore vuole sviluppare introduce un calcolo che non è richiesto dall'algoritmo. La dimostrazione di un algoritmo richiede infatti che l'operazione descritta venga «interpretata», ma questo – nel caso specifico – richiedeva una situazione piú ricca di possibilità di interpretazione di quanto il problema del calcolo della superficie di un campo rettangolare potesse offrire. Il problema col quale il commentatore sostituisce l'1.19 contiene ben tre grandezze che permettono di interpretare l'«intenzione» o meglio il «senso» delle operazioni: il numero di persone, il numero di cavalli e la quantità d'oro; ed è questo il motivo per cui esso è piú adatto per la dimostrazione. Qualsiasi problema che avesse la stessa ricchezza strutturale del problema dei cavalli, persone e oro poteva essere convenientemente usato per la dimostrazione. Questo aspetto definisce un principio di variazione in cui il problema rimane effettivamente un paradigma e dev'essere interpretato come un enunciato generale. Questa osservazione ha una conseguenza fondamentale: allo stesso modo in cui possiamo considerare generale un algoritmo, pure se espresso con termini particolari, cosí possiamo considerare generale una dimostrazione anche se essa viene formulata rispetto alla particolare situazione problematica cui viene riferito l'algoritmo o ogni altro problema.

In conclusione, i problemi matematici sembrano aver giocato un ruolo chiave nelle dimostrazioni della correttezza degli algoritmi condotte dai commentatori. Un argomento analogo a quello sviluppato sopra può essere invocato anche per le modifiche subite dal problema 5.10. Ma, in quel caso, si tratta di un esempio particolare di un fenomeno piú generale e il rapporto fra il commentatore antico e questi problemi è del tutto simile al rapporto con gli strumenti per la rappresentazione geometrica. E questa similitudine ci porta ancora alla citazione con la quale Liu Hui introduceva l'uso dei blocchi nella geometria dello spazio: «Le parole non esauriscono il significato» (4.22).

2.4. Figure e blocchi.

I supporti per la rappresentazione delle figure forniscono un campo interpretativo per i passi e le sottoprocedure degli algoritmi o per sviluppare le dimostrazioni della loro correttezza. Questo appare chiaro qualora si pensi a quanto abbiamo detto qui sopra sul fatto che la dimostrazione del procedimento per «La base e l'altezza», strettamente connesso al «teorema di Pitagora», è corretta.

Il procedimento richiede di calcolare i quadrati rispettivamente della base e dell'altezza di un triangolo rettangolo. L'interpretazione geometrica del risultato delle operazioni – il loro significato (*yi*) – si basa sulla rappresentazione illustrata nella figura 1. L'opportuno raggruppamento delle aree – corrispondente all'operazione di somma nell'algoritmo – poteva venire analizzato grazie alle manipolazioni possibili sul supporto esterno e poi trasformato. Per questo motivo la figura sulla quale si fondava la dimostrazione doveva poter offrire, proprio come il problema visto sopra, il maggior numero di interpretazioni possibili, potenzialità questa che la figura di un triangolo semplice non poteva mettere a disposizione.

La trasformazione, per scomposizione e ricomposizione, della superficie dei due quadrati, mette in luce che tale superficie equivale a quella del quadrato dell'ipotenusa. Questa equivalenza permette di interpretare l'ultimo passo del procedimento come il passo che consente di ottenere correttamente la lunghezza dell'ipotenusa. Dal momento che Liu Hui aveva già stabilito che l'algoritmo dell'estrazione di radice quadrata produce sempre un risultato corretto, si può concludere che il valore ottenuto corrisponde al valore richiesto. È in questo modo che il supporto visivo per la rappresentazione delle figure permette di determinare progressivamente l'«intenzione» delle operazioni che figurano nella sottoprocedura.

Possiamo addurre le stesse argomentazioni per la prova della correttezza del procedimento relativo al volume della piramide. I blocchi solidi e le loro successive scomposizioni, necessarie per la dimostrazione del risultato e la sua interpretazione, permettono anche di ben delineare la regione di spazio per la quale è valida la proprietà da dimostrare.

D'altra parte, c'è un'ulteriore caratteristica che si rivela essenziale per questa dimostrazione. Come abbiamo detto in precedenza, la dimostrazione relativa alla piramide rappresenta il secondo tentativo sviluppato da Liu Hui, dopo aver constatato che il primo valeva solo nel caso particolare in cui la piramide aveva le tre dimensioni uguali. Il fatto sconcertante è che la dimostrazione di Liu Hui (sviluppata esplicitamente per evitare il caso particolare delle tre dimensioni uguali) viene tuttavia condotta con blocchi solidi... aventi dimensioni uguali. Questo mostra che anche in questo caso, cosí come avevamo visto per i problemi, la rappresentazione geometrica deve intendersi in maniera paradigmatica. Inoltre, ancora piú importante, come avveniva per i problemi, l'estensione che l'uso di blocchi di dimensioni particolari arriva a dominare dev'essere misurata sulle operazioni che si eseguono su di essi; ora, poiché in tali operazioni è irrilevante il fatto che le tre dimensioni siano uguali, possiamo concludere che effettivamente la dimostrazione vale per una piramide *yangma* qualsiasi. Questa conclusione, peraltro, rende conto del fatto che le figure geometriche rappresentate nella figura 1 abbiano dimensioni particolari (i cateti misurano rispettivamente 3 e 4 unità, in modo che l'ipotenusa misuri esattamente 5 unità) senza che la dimostrazione del cosiddetto «teorema di Pitagora» perda in generalità. Come per i problemi, l'aspetto generale è espresso con strumenti visivi che, ovviamente, hanno dimensioni particolari. Piú specificamente, sia nel caso dei problemi sia in quello degli strumenti visivi, i paradigmi sono sistematicamente col maggior numero di dimensioni particolari possibile, nel modo meno «generico» se vogliamo. Come prima conclusione, possiamo dire che ci imbattiamo qui nella stessa modalità di esprimere il generale, nei problemi come negli strumenti visivi.

Inoltre, il supporto per la visualizzazione svolgeva sia la funzione di illustrare una forma, sia quella di supportare la dimostrazione. Per giunta, si può anche documentare la ricerca di figure piane o solide (blocchi) fondamentali. E qui ci spostiamo dall'espressione della generalità intesa secondo il primo dei significati specificati sopra, all'interesse per la generalità intesa nella seconda accezione. Per quanto posso dire, questa ricerca assunse connotati differenti per i due tipi (figure piane e blocchi) di strumenti di visualizzazione.

Cominciamo con le figure piane e torniamo alla figura 1. Abbiamo già osservato che i lati delle figure hanno lunghezze *ad hoc* e che la configurazione appare troppo complessa per doversi limitare alla sola dimostrazione della correttezza del procedimento corrispondente al «teorema di Pitagora». In effetti, si può giustificare questa particolare configurazione mostrando che essa consentiva la maggiore generalità possibile, nel senso che poteva essere posta a fondamento del maggior numero possibile di algoritmi [Chemla 2005]. Ecco perché il quadrato esterno diventava necessario: esso permetteva di verificare la correttezza di un piú gran numero di procedimenti, come, per esempio, quello che consentiva di determinare i lati di un triangolo rettangolo, conoscendo l'ipotenusa e la differenza dei due cateti. Una conclusione analoga vale anche per le altre due figure con le quali si trova associato nel commentario di Zhao Shuang e, apparentemente, anche in quello di Liu Hui. Si tratta quindi di un'ennesima incarnazione del valore della generalità.

Passando ora ai blocchi solidi, è interessante notare che quando Liu Hui introduce i blocchi standard nella prova della correttezza di un algoritmo che calcola un volume, afferma: «In questo capitolo, ci sono il *Qiandu* e lo *Yangma* che, quando vengono accoppiati l'uno con l'altro, formano un cubo [nota del traduttore: vale a dire, ciascuno con se stesso]. Questo è probabilmente il motivo per cui quelli che commentano/spiegano le procedure di computazione istituirono tre tipi di blocchi cosí da riprodurre/spiegare i numeri-prodotto con l'altezza o la profondità (i volumi)». Riferendosi ai suoi predecessori, il commentatore si sforza di interpretare le loro strategie per provare la correttezza degli algoritmi presentando due caratteristiche.

Da una parte, essi cercano il minor numero possibile di blocchi per «riprodurre» la forma di tutti i solidi da considerare. Come abbiamo visto nella prova per la correttezza del procedimento del volume della piramide, la stessa tradizione sembra continuare, con l'eccezione dell'inserimento di un nuovo blocco: il *bienao*. Questo è un programma con i blocchi che io interpreto in relazione con il valore della generalità: esso ricerca fino a qual punto, nel campo dei solidi, possa estendersi l'efficacia di procedere con la minima quantità di solidi possibile.

D'altra parte, a quanto dice il commentatore, i suoi predecessori raggruppavano insieme blocchi identici per interpretare gli algoritmi e provarne la correttezza. Tale prassi può spiegare per quale motivo occorresse modificare per il commento i dati del problema 5.10: in questo modo, la procedura poteva essere interpretata sia geometricamente, sia in termini di grandezze. Anche se non tutte le operazioni della dimostrazione sono allo stesso livello di generalità, ne rimane comunque abbastanza per garantire piena generalità alla dimostrazione dell'algoritmo. Chiaramente, la dimostrazione relativa alla piramide richiede l'uso di nuove combinazioni di pezzi per garantirne la completa generalità.

In conclusione, anche se la ricerca della maggior generalità possibile assume forme diverse nel piano e nello spazio, la direzione presa dalla ricerca in entrambi i casi sembra essere la stessa.

2.5. Dimostrazioni.

Molte delle pratiche che abbiamo menzionato richiedono, per poter essere comprese, che si parli della pratica della dimostrazione: i problemi e i supporti visivi geometrici sono entrambi strettamente legati al modo in cui venivano sviluppate le dimostrazioni. Sarà bene che esaminiamo piú da vicino il concetto di dimostrazione nella Cina antica.

Come abbiamo visto, i commentatori sviluppavano le dimostrazioni allo scopo di stabilire la correttezza dei procedimenti. Inoltre, come testimonia chiaramente il caso della piramide, essi si sforzavano di provare tale correttezza in maniera generale.

In effetti, nelle strategie dimostrative adottate dai commentatori possiamo identificare alcune modalità operative fondamentali. Ci siamo già imbattuti in una di queste, vale a dire nel ruolo di primo piano svolto dal «significato» delle operazioni o delle sottoprocedure durante una dimostrazione. In un'altra modalità fondamentale, sulla quale non posso soffermarmi, i commentatori consideravano gli algoritmi come sequenze di operazioni che potevano essere trasformate in altri algoritmi ugualmente validi. In ogni caso, i commentatori operavano sulle sequenze di istruzioni in quanto tali, cioè sul primo dei due aspetti algoritmici che abbiamo discusso.

Vorrei analizzare un po' piú in dettaglio uno degli obiettivi fondamentali, che a mio avviso motivava e animava la pratica dimostrativa cosí com'è documentata nei commentari: la determinazione delle operazioni piú generali possibili, in modo da ridurre la varietà degli algoritmi solo in apparenza diversi. Una volta di piú, questo aspetto ci riporta a valutare la generalità nella matematica della Cina.

Illustriamo questa ricerca tramite un'interpretazione della dimostrazione esposta sopra, in cui si stabiliva la correttezza del procedimento di calcolo del volume della piramide. Se consideriamo il *qiandu* com'è rappresentato nelle figure 8 e 9, per concludere l'argomentazione è necessaria una trasformazione geometrica di questo solido. Tale trasformazione muta il solido in ciò che viene mostrato dalla figura 10 – in cui i vari pezzi sono separati per chiarezza, ma dovrebbero in effetti costituire un unico parallelepipedo – secondo la seguente modalità: ognuno dei due pezzi collocati nella parte superiore del solido viene portato verso uno dei due pezzi, dello stesso tipo, posti a destra del solido. In un primo momento la combinazione dello *yangma* e del *bienao* posti nella parte superiore si sposta verso il semiparallelepipedo formato da due pezzi uguali e situato nella parte anteriore. In seguito, il *qiandu* posto nella parte frontale superiore si sposta verso il *qiandu* situato nel retro della parte inferiore. Questa è la trasformazione che permette di concludere il ragionamento.

È interessante osservare che questa efficace trasformazione del solido è un caso particolare di una trasformazione molto piú generale che, nell'ambito del capitolo 5 dedicato ai solidi, è illustrata nel commento posto di seguito al primo problema. Il primo solido trattato nel capitolo 5 è il prisma trapezoidale (figura 11).

Per provare che il procedimento di calcolo del volume del prisma è corretto, il commentatore descrive la sua trasformazione in un parallelepipedo come viene illustrato nella figura[10]. Tuttavia, invece di descrivere questa trasformazione in termini concreti, o comunque in termini che evochino

[10] Il solido viene tagliato da due piani cosí che i pezzi si dispongano in modo da riempire gli spazi vuoti che si formano fra il solido e i piani. Cosí facendo il solido iniziale si ricombina in modo da formare un parallelepipedo equivalente.

precisamente la situazione geometrica in questione, Liu Hui designa la trasformazione con un enunciato generale: «si sfrutta l'eccesso per riempire il vuoto». Questa espressione coglie la caratteristica essenziale della trasformazione, la quale, pur incarnandosi in applicazioni concrete differenti, può essere efficacemente replicata in parecchi contesti. Nella maggior parte dei casi in cui tale trasformazione è alla base di un algoritmo, il commento vi si riferisce usando la stessa formulazione.

Riguardo all'algoritmo di calcolo del volume del *qiandu*, il commento propone due modi per verificare la correttezza del procedimento. Il primo è semplice da comprendere e si fonda sul fatto che il *qiandu* è semplicemente un semiparallelepipedo, dal momento che due *qiandu* identici formano un parallelepipedo. Esiste tuttavia una seconda argomentazione, che non è altrettanto facile da comprendere. Mi sembra che il commentatore pensi al *qiandu* come a un caso particolare del prisma trapezoidale e quindi il procedimento relativo al *qiandu* è una semplice applicazione del caso generale del prisma trapezoidale. Possiamo rappresentare questa ipotesi da un punto di vista geometrico con l'ausilio della figura 12.

A sua volta, la dimostrazione della correttezza del procedimento per la piramide si adatta a questo contesto, con l'eccezione del fatto che il pezzo dev'essere sezionato nel mezzo e che occorre scambiare i pezzi ottenuti prima di muoverli. Anche in questo caso, comunque, l'operazione di «utilizzare l'eccesso per riempire il vuoto» sembra funzionare a dovere ed essere alla base di tutte le trasformazioni di cui si ha bisogno per operare sui solidi.

Figura 11.

Il prisma trapezoidale e la trasformazione che subisce nella dimostrazione del procedimento per la determinazione del suo volume.

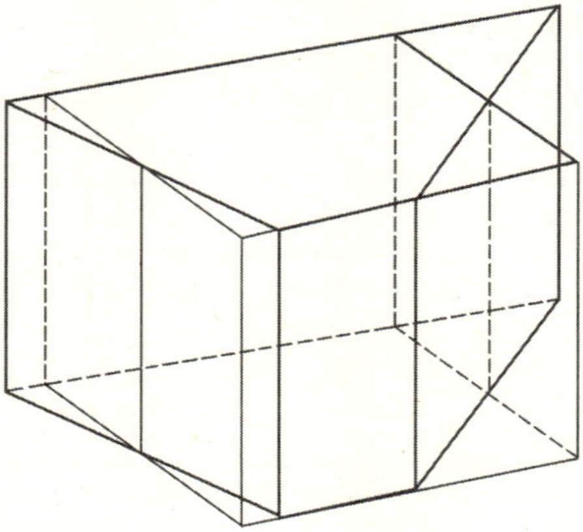

L'esempio illustrato mostra un modo in cui, attraverso il processo dimostrativo, i commentatori cercano di individuare le trasformazioni generali e fondamentali che sono in gioco nei vari algoritmi. Queste operazioni non sono solo generali ma sono anche espresse in termini astratti.

Dopo aver commentato il procedimento per la somma delle frazioni, Liu Hui afferma:«Moltiplicarli per disaggregarli, semplificarli per riunirli, renderli omogenei ed equivalenti per farli comunicare, come potrebbero questi non essere i cardini dei computi/della matematica?» Non possiamo qui analizzare nel dettaglio questa lista di operazioni. Basti però per osservare che la conclusione alla quale perviene il commentatore è proprio un elenco di operazioni fondamentali del tipo che secondo me viene cercato nel corso di un processo dimostrativo. Liu Hui arriva a definire questo elenco dopo aver provato la correttezza di parecchie procedure attraverso dimostrazioni che mostrano come esse fossero in effetti esemplificazioni di tali procedimenti generali. In effetti, ciò che era in gioco nella trasformazione del problema 1.19 nel problema di «cavalli, persone e oro», era precisamente il mettere in evidenza che la procedura di moltiplicazione delle frazioni altro non era se non un'ulteriore applicazione di queste operazioni generali. Assodato questo punto di vista, il commentatore osserva che esso permette di «comprendere in maniera piú generale» il procedimento.

A questo proposito, occorre sottolineare due fatti. Da una parte, i commentatori sembrano disporre di un termine tecnico specifico per indicare l'altro tipo di significato per il procedimento che le operazioni generali in gioco in esso rappresentano: adotterò la trascrizione *yi´* per questo secondo «significato», da distinguere dal precedente tipo di *yi*. D'altro canto, i commentari mettono in evidenza che la ricerca di queste operazioni gene-

Figura 12.
Il *qiandu* e la sua scomposizione per la dimostrazione.

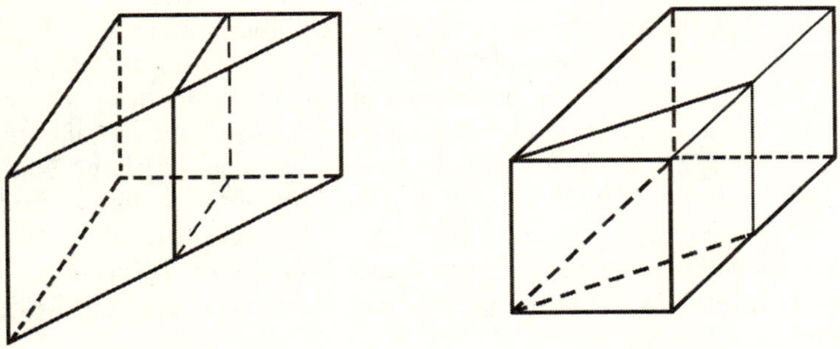

rali – ricerca indicata dai classici, a quanto sembrano credere i commentatori – proseguirà almeno fino al XIII secolo.

2.6. Valori epistemologici.

Fin qui, abbiamo esaminato alcune pratiche insieme o ai loro elementi testuali o a rappresentazioni su supporti distinti dalle pagine di scrittura. Tutte queste pratiche sembrano essere diverse da quelle abitualmente attestate nelle varie culture che condividiamo.

Nella descrizione delle varie tradizioni documentate dal *corpus* della matematica della Cina antica, ci siamo sistematicamente imbattuti in scelte epistemologiche, come la valorizzazione della generalità. Le considerazioni sparse che abbiamo fatto fin qui hanno già mostrato che anche i valori epistemologici sono manifestazioni di pratiche che dipendono dalla cultura in cui vengono messe in risalto. Queste pratiche richiedono anche di essere riconosciute e descritte, per permetterci di avvicinare le fonti di cui disponiamo nella maniera piú efficace ed essere in grado di dare un senso anche ad altre pratiche, quelle piú materiali e concrete.

Per motivi di brevità, ho focalizzato la mia analisi su uno solo di tali valori epistemologici, vale a dire la generalità, e ho cercato di mettere in luce tutto quanto è emerso a questo proposito, per permettere di apprezzare quanto il *corpus* matematico evidenzi una singolare attenzione a questo valore.

La generalità rappresentava un criterio guida nell'elaborazione degli algoritmi. Questo potrebbe derivare dall'interesse nell'identificazione o definizione di alcune procedure come «procedure universali» (*doushu*). Come è stato già sottolineato, il procedimento per l'operazione chiamata «Presupposto», che il commentatore qualifica come *doushu*, sembra essere stato generato per astrazione da un certo numero di procedure, che risultarono poi non essere altro che sue esemplificazioni. Questo almeno è il processo che può essere dedotto dal confronto delle procedure del *Libro dei procedimenti matematici* e quelle dei *Nove capitoli*. Un tale processo tradisce un sicuro interesse nella creazione di procedimenti piú generali.

Inoltre, l'enfasi attribuita alla generalità è evidente nelle specifiche proprietà degli algoritmi contenuti nel nostro *corpus*. A differenza degli algoritmi descritti in documenti che appartengono ad altre tradizioni, nei procedimenti dei *Nove capitoli* si evidenziano proprietà strutturali assai complesse (integrazione di procedure, ramificazioni, *loops*), cui abbiamo accennato nelle pagine precedenti. In virtú di queste proprietà, che assumono varia veste nei vari contesti, i procedimenti riescono a comprendere un ampio numero di casi diversi. Questo era un aspetto di grande interesse per i commentatori, interesse di cui rimane traccia nella forma o nei nomi che diedero ad alcuni di tali procedimenti.

Anche l'organizzazione dei *Nove capitoli* mostra un interesse spiccato per la generalità degli algoritmi, dal momento che i procedimenti piú generali, dai quali in vario modo vengono derivati gli altri, sono collocati all'inizio di ciascun capitolo. Da un diverso punto di vista, nel descrivere le pratiche con i supporti visivi, abbiamo osservato come l'ipotesi per cui la generalità fosse un valore guida del lavoro matematico ci aiutava a dar conto di varie peculiarità che tali pratiche presentano.

Da un lato, gli strumenti visivi, pur se dotati di dimensioni particolari, venivano interpretati come paradigmatici perché le operazioni che venivano eseguite con essi erano generali e non dipendevano dal caso specifico: questo è ciò che abbiamo indicato con generalità nella prima accezione. Abbiamo visto inoltre che i problemi contenuti in questo *corpus* mostravano questo aspetto e che il loro ampliamento era anche determinato dal procedimento che li accompagnava. In entrambi i casi, inoltre, gli esempi particolari venivano scelti per rappresentare la situazione generale.

D'altro lato, sia nel caso delle figure piane, sia in quello delle figure solide, si compiva chiaramente uno sforzo per identificare gli elementi piú fondamentali, ovvero quelli che, come abbiamo visto, offrivano le maggiori potenzialità. Questo è ciò che abbiamo definito generalità nella seconda accezione.

Ci siamo imbattuti in questi tipi di generalità sia discutendo di operazioni, sia di procedimenti. Come si è ipotizzato, le prove della loro correttezza non erano solo mezzi per apprezzarne l'estensione, ma erano anche strumenti attraverso cui si poteva tentare di individuare operazioni o procedimenti piú generali.

In tutti questi casi, le dimostrazioni sembrano essere state lo strumento principale per investigare la generalità. Inoltre, la formulazione di un procedimento, la rappresentazione di una figura piana o solida non esauriva la ricerca, che proseguiva verso la definizione di una maggiore generalità.

3. *Conclusioni: complessi di tradizioni e culture.*

Nel paragrafo precedente ho concentrato la mia attenzione sulle pratiche che possono essere ricostruite attraverso vari elementi da identificarsi nella cultura che cerchiamo di comprendere, elementi che appaiono spesso correlati fra loro, in modi anche sorprendenti. Consideriamone alcuni.

Per cominciare, è la combinazione di un problema e del procedimento che lo accompagna a costituire l'enunciato generale e a caratterizzare una classe di problemi. Questa conclusione, che si può dedurre dall'analisi del commento posto a seguito del problema 6.18, può significare che la «categoria» di un problema veniva definita dal procedimento che lo accompagnava. Tale determinazione viene inoltre ottenuta con un'analisi sviluppata tramite una dimostrazione simile a quella che si trova nei commenti.

In secondo luogo, abbiamo visto che i problemi giocavano un ruolo di primo piano nelle dimostrazioni. Questa considerazione ci ha aiutato a giustificare il fatto che talvolta i commentatori si sentivano autorizzati a cambiare il contesto di un problema per sviluppare una seconda dimostrazione del procedimento – come nel caso della moltiplicazione di frazioni. La seconda dimostrazione della procedura di moltiplicazione di frazioni consentiva infatti al commentatore di mettere in risalto il ruolo di alcune operazioni fondamentali attive anche in parecchie altre procedure, stabilendo quindi una sorta di denominatore comune fra procedimenti apparentemente diversi. Questo ci porta alla terza correlazione: le dimostrazioni, che costituivano l'argomento principale dei commentari, erano un mezzo per raggiungere un grado di generalità piú elevato e per individuare le operazioni piú fondamentali, comuni a quanti piú algoritmi possibili. Da un'altra angolazione, questa conclusione mostra come i commentatori stessero cercando criteri di generalità nei classici.

La connessione fra dimostrazione e algoritmi ci è apparsa multiforme: le dimostrazioni producono un'analisi dei procedimenti. Per un verso esplorano il campo di efficacia del procedimento; per un altro vengono portate avanti in modo da mettere in risalto le operazioni generali in gioco nel procedimento. L'individuazione di nuove operazioni conduce a nuove descrizioni di vecchie procedure o ad altre procedure.

Da un altro punto di vista, le figure fondamentali e i blocchi solidi sono determinati da un programma di natura algoritmica, che è basato sulle dimostrazioni. Infine, il modo in cui veniva usata la superficie di calcolo riporta al luogo in cui si lavorava concretamente sugli algoritmi e sulle loro relazioni, in modo da ottenere algoritmi piú generali ed efficienti.

In conclusione, tutte queste interconnessioni creano la trama di un tessuto culturale che deve essere considerato in quanto tale. Questo suggerisce di interpretare il termine «cultura», nel contesto della matematica, come qualcosa che identifica questo intreccio di rapporti, che chiama in gioco pratiche specifiche su elementi familiari ai matematici, ivi comprese sui valori epistemologici. Senza prendere in considerazione il valore epistemologico della generalità, non avremmo potuto dare il giusto risalto a un elemento che sembra caratterizzare e dare coerenza alle pratiche, cui sono soggetti gli elementi piú materiali. In questo modo acquisiamo importanti indizi per indagare le culture scientifiche nel cui contesto si sviluppa l'attività scientifica.

CHEMLA, K.

2005 *Geometrical figures and generality in Ancient China and beyond: Liu Hui and Zhao Shuang. Plato and Thabit ibn Qurra*, in «Science in Context», 18(1), pp. 123-66.

2006 *Documenting a process of abstraction in the mathematics of ancient China*, in CH. ANDERL e H. EIFRING (a cura di), *Studies in Chinese Language and Culture.*

Festschrift in Honor of Christoph Harbsmeier on the Occasion of his 60th Birthday, Hermes Academic Publishing and Bookshop, Oslo, pp. 169-94.

CHEMLA, K. e GUO SHU-CHUN

2004 *Les neuf chapitres. Le Classique mathématique de la Chine ancienne et ses commentaires*, Dunod, Paris.

CHEMLA, K., BRAY, F., DAIWIE FU, HUANG YI-LONG e MÉTAILIÉ, G. (a cura di)

2001 *La scienza in Cina*, prima sezione del vol. II della *Storia della scienza*, diretta da S. Petruccioli, Istituto della Enciclopedia Italiana, Roma, pp. 1-608.

CULLEN, CH.

1996 *Astronomy and Mathematics in Ancient China: the «Zhou Bi Suang Jing»*, Cambridge University Press, Cambridge - New York.

2004 *The Suan shu shu «Writings on reckoning»: A translation of a Chinese mathematical collection of the second century BC, with explanatory commentary*, Needham Research Institute, Cambridge.

HAO PENG

2001 *Zhangjiashan hanjian «Suanshushu» zhushi* [Commento al *Libro dei procedimenti matematici*, uno scritto su strisce di bambú del periodo Han scoperto a Zhangjiashan], Kexue chubanshe, Beijing.

MARTZLOFF, J.-C.

1987 *Histoire des mathématiques chinoises*, Masson, Paris.

VOLKOV, A.

2001 *Capitolo XII. La matematica. 1. Le bacchette*, in CHEMLA et al. (a cura di) [2001], pp. 125-33.

WAGNER, D. B.

1979 *An early Chinese derivation of the volume of a pyramid: Liu Hui, third century A.D.*, in «Historia Mathematica», 6(2), pp. 164-88.

KIM PLOFKER

L'India antica e medievale

1. *Le origini.*

Il contesto storico in cui è avvenuto il primo sviluppo della matematica nel subcontinente indiano è quasi completamente sconosciuto. Dai ritrovamenti archeologici sappiamo che durante il III millennio a.C. nei centri urbani della parte nordoccidentale del subcontinente (e precisamente nella valle dell'Indo e dintorni) si costruivano edifici che richiedevano un alto livello di progettazione; si eseguivano lavori pubblici, quali sistemi di drenaggio; si commerciava con altre civiltà, anche lontane quanto la Mesopotamia. I manufatti rinvenuti in questi siti includono bilance per la misurazione di pesi e strumenti per la misurazione di lunghezze, ma non sono state ritrovate testimonianze di come chi usava questi strumenti esprimesse i numeri o calcolasse con essi. Perfino la lingua, o le lingue usate da questa cultura restano un mistero; potrebbero essere appartenute a un ceppo linguistico imparentato con il munda o il dravidico, le cui tracce furono poi ampiamente cancellate dal successivo predominio delle lingue indo-ariane nel Nord dell'India.

La storia dei testi del subcontinente ha inizio con i primi inni del *Ṛgveda*, che risalgono probabilmente alla seconda metà del II millennio a.C. (ma sono ancora ipotesi). Il *Ṛgveda* è scritto nella lingua indo-ariana detta sanscrito vedico e rispecchia similitudini culturali con altre antiche società che parlavano lingue imparentate col ceppo indoeuropeo (per esempio la pastorizia, l'addomesticamento dei cavalli, l'accensione di fuochi sacrificali alle divinità). I popoli di lingua indo-ariana possono aver attraversato le catene montuose occidentali per confluire nella valle dell'Indo, attorno all'inizio del II millennio, e forse si mescolarono con le popolazioni che abitavano già la valle dell'Indo, oppure occuparono i territori da esse abbandonati, o entrambe le cose. Nei secoli successivi, la lingua e la cultura indo-ariana si diffusero sia nelle zone meridionali, sia in quelle orientali, e alla fine influenzarono o si fusero con le preesistenti culture in quasi tutto il subcontinente. Sembra che abbiano portato con loro un sistema piú o meno completo per esprimere a parole numeri in base dieci che comprendeva interi cardinali e ordinali e almeno qualche frazione. Dal momento che gli inni del *Ṛgveda* trattano per la maggior parte di argomenti non matematici, ne possiamo dedurre ben poco altro riguardo al pensiero matematico di questo primo periodo.

Alcuni testi piú tardi, appartenenti all'epoca vedica e risalenti probabilmente a un periodo compreso tra l'inizio e la metà del I millennio a.C., costituiscono una fonte piú adatta per rintracciare concetti che potremmo chiamare matematici. Per esempio, gli inni e le istruzioni per i rituali presenti nello *Yajurveda* includono invocazioni con varie serie di numeri: successioni di numeri dispari, successioni di numeri pari, successioni di multipli di dieci, e perfino potenze successive di 10 fino all'equivalente di 10^{12}, un numero incredibilmente grande dal punto di vista delle esigenze pratiche di un'antica civiltà. I testi rituali riguardanti la costruzione di altari in mattoni per i fuochi sacrificali, gli *Śulbasūtras* o «regole della corda», descrivono una geometria rituale molto dettagliata e raffinata, mirata a determinare la forma e la grandezza necessarie dell'altare. Queste opere di geometria rituale attestano l'esistenza di un *corpus* matematico che includeva la conoscenza del teorema di Pitagora per i triangoli rettangoli, varie trasformazioni che conservano l'area delle figure geometriche, e valori approssimati di costanti numeriche che esprimono la relazione tra le dimensioni del cerchio e quelle del quadrato con area uguale, e tra il lato del quadrato e la sua diagonale (quello che noi chiameremmo rispettivamente π e $\sqrt{2}$).

In questo periodo, le tecniche di calcolo venivano anche usate per gestire un calendario liturgico basato su eventi astronomici periodici come le fasi lunari, gli equinozi e i solstizi. Sia la geometria sia la calendaristica rituale, cosí come erano attestate intorno alla metà del I millennio, richiedevano la padronanza di un'aritmetica di base dotata di una certa complessità, che doveva comprendere anche frazioni complesse e sistemi ben articolati di unità metriche. Comunque non è chiaro se e come queste discipline si basassero su una notazione numerale o una qualche altra forma di notazione matematica. Invece di essere descritte esplicitamente con calcoli scritti, le procedure matematiche per la costruzione di altari o per i calcoli calendaristici presenti nei testi sopravvissuti sono illustrate verbalmente attraverso formule mnemoniche in prosa o epigrammi in versi. Di fatto non esistono prove concrete dirette che attestino l'uso di una qualsiasi forma di scrittura nelle civiltà indoariane, prima delle iscrizioni su pietra dell'imperatore Aśoka della dinastia Maurya nel III secolo a.C., e in quel periodo le antiche sacre scritture vediche venivano preservate e tramandate oralmente già da molti secoli.

Sono ancora misteriose le origini e i primi sviluppi della geometria e della calendaristica utilizzate come ausili matematici all'esecuzione dei rituali; sembrano essere già altamente sviluppate nei primi testi conosciuti che ne trattano. Si è ipotizzato che la geometria impiegata negli altari sacrificali del periodo vedico possa avere radici indoeuropee che potrebbero essere comuni anche alla geometria ellenica, e che tracce archeologiche di questi rituali possano essere rintracciate nei siti «battro-margiani» dell'Asia centrale, risalenti agli inizi del II millennio. Inoltre, basandosi sulle somiglianze tra gli strumenti e le procedure menzionate nei testi, è stato ipotizzato che l'astronomia calendaristica tardovedica abbia in gran parte origini babilonesi. Per entrambe le ipotesi, tuttavia, non esistono finora prove che supportino una ricostruzione dettagliata di un possibile processo di trasmissione. Qualunque siano state le loro radici storiche, queste discipline matematiche erano senz'altro dominio della classe sacerdotale dei bramini, il rango piú alto nella gerarchia dell'antica civiltà indo-ariana. Dai calcoli dei sacerdoti dipendeva l'adempimento appropriato dei riti sacrificali prescritti e, secondo il simbolismo rituale vedico, da questi riti dipendeva l'esistenza dell'universo stesso. Per questo motivo la cultura vedica aveva come fondamento sociale la conoscenza di queste particolari nozioni matematiche, che erano esclusivamente nelle mani dell'élite braminica. Forse esistevano altre particolari manifestazioni del pensiero matematico, ugualmente affidate ad altri gruppi sociali – per esempio a quelli legati al commercio o all'artigianato – ma i testi antichi pervenuti fino a noi, focalizzati esclusivamente sui rituali sacri, non le documentano.

2. *La nascita di una matematica «matura» e dell'astronomia matematica.*

Il periodo che va dalla fine dell'epoca vedica, attorno alla metà del I millennio a.C., e attraversa i primi secoli del I millennio d.C. ha trasformato in molti modi l'India. Questo cambiamento è iniziato con l'intensificazione dell'agricoltura e con la cosiddetta «seconda urbanizzazione» del paese, che vide il sorgere di città e la formazione di nuovi stati nella piana del Gange. Gli insegnamenti di Buddha e di Mahāvīra costituirono il nucleo dei movimenti religiosi del buddismo e del jainismo, entrambi in relazione e in competizione con l'antica tradizione vedica. Il grande grammatico Pāṇini codificò in maniera formale la struttura linguistica di ciò che noi conosciamo con il nome di «sanscrito classico» e che, almeno per i due millenni successivi, divenne la lingua ufficiale e corrente, quella che occorreva conoscere.

Alessandro Magno invase il Panjāb e gettò i semi dei futuri regni indo-ellenici che dominarono sulle zone dell'India occidentale nei secoli successivi. L'uso della scrittura lasciò le sue prime e ambigue tracce nelle iscrizioni di editti dell'impero maurya, sotto il regno di Aśoka e dei suoi successori. In un periodo piú tardo, l'incremento del commercio tramite i contatti con l'impero romano e le incursioni in Asia centrale da parte, per esempio, degli Sciti e degli Indo-Sciti (Yuezhi), introdussero nel subcontinente nuovi prodotti, nuovi insediamenti di popolazioni e idee straniere. Nel frattempo gli scrupoli dettati dalla religione per quanto riguardava l'uccisione degli animali portarono al progressivo declino di molti antichi riti sacrificali, favorendo la graduale transizione dalla religione vedica verso le complesse credenze e pratiche religiose complessivamente riunite oggi sotto il termine di «induismo».

Intorno al III secolo d.C., la nascita dell'impero gupta, che si estendeva lungo la quasi totalità della fascia settentrionale dell'India, diede inizio a un'epoca – considerata l'età d'oro dell'India – in cui si assiste all'imponente sviluppo di una cultura dominante (quella indú, di lingua sanscrita).

Sfortunatamente sono sopravvissuti pochissimi testi dedicati ad argomenti matematici, risalenti a questa fase di transizione. Vi troviamo versioni della geometria rituale e di testi calendariali, che per la maggior parte prendono spunto dai loro predecessori del periodo tardo vedico. Si possiedono inoltre pochi testi di astronomia matematica e di astrologia, risalenti al periodo a cavallo del millennio, conservati in maniera incompleta in recensioni piú tarde o in compendi. Ma i documenti testuali non ci forniscono un quadro ben delineato dello sviluppo delle discipline matematiche; per questo dobbiamo attendere fin verso la metà del periodo gupta, attorno al 500 d.C.

I testi che ci sono pervenuti, risalenti all'inizio della seconda metà del I millennio, testimoniano la grande espansione della matematica e dell'astronomia matematica a partire dalla fine del periodo vedico. In queste forme «mature» della scienza matematica[1] si possono notare, per esempio, un sistema di numerazione decimale pienamente sviluppato, che include l'uso dello zero; tecniche aritmetiche di calcolo con i numeri utilizzando le cifre tracciate sul terreno o su lavagne di sabbia; una notazione sincopata per le equazioni algebriche, con un'impostazione standardizzata e l'uso di termini convenzionali per rappresentare i valori delle quantità incognite; complessi metodi per risolvere le equazioni indeterminate di primo e secondo grado e per misurare le dimensioni di vari poligoni; tavole trigonometriche di seni, seni versi e talvolta coseni, cosí come i relativi e diversi metodi di interpolazione e approssimazione per rendere queste tavole piú accurate e semplici da usare; inoltre l'esistenza di un sofisticato modello di astronomia sferica geocentrica basata su unità sessagesimali e sulla trigonometria, per risolvere una grandissima varietà di problemi relativi alla previsione dei fenomeni celesti.

Alcuni di questi sviluppi possono essere collegati ad altre opere matematiche prodotte fuori dall'India. Per esempio, per quanto riguarda l'astronomia sferica indiana, si possono riscontrare molte caratteristiche comuni con la sua controparte nella scienza ellenistica, come per esempio il fatto che le orbite planetarie vengano ritenute eccentriche ed epicicliche, oppure che le sfere celesti abbiano un sistema di coordinate basato su longitudine, latitudine, e ascensione e declinazione retta. Inoltre i primi testi astrologici in sanscrito sono basati esplicitamente sul sistema astrologico dello *Yavanas*, termine sanscrito per «ionico» o «greco»: c'è quindi un riferimento

[1] Con il termine «maturo» non si intende suggerire che le forme piú antiche della geometria rituale e dell'astronomia calendaristica fossero in qualche modo primitive o inadeguate; semplicemente si vuole indicare il contenuto generale e la struttura della scienza matematica che divennero piú o meno standardizzate nel contesto della cultura sanscrita medievale.

agli indo-ellenici che commerciarono, si insediarono, e a volte governarono alcune zone dell'India settentrionale, all'incirca nel periodo a cavallo del I millennio. Questi testi contengono molti concetti astrologici e astronomici e termini tecnici traslitterati da fonti greche. Sembra però evidente che gli astronomi indiani non siano mai venuti a conoscenza di un sistema di geometria sferica coerente e completamente sviluppato come quello proposto da Tolomeo nell'*Almagesto* (circa 140 d.C.). Quanto meno, non lo adottarono. Idearono piuttosto una propria geometria celeste, molto avanzata, operando una sintesi tra i primi calcoli di calendari presenti nella tradizione sanscrita, e alcuni modelli greci pretolemaici, filtrati in India insieme alle conoscenze astrologiche ellenistiche attorno ai primi secoli dell'era cristiana. Allo stesso modo, si può supporre che la trigonometria piana e la matematica indiana siano basate sulla trigonometria ellenistica delle corde, sebbene non siano state semplicemente copiate da essa. Gli astronomi indiani semplificarono le soluzioni dei problemi trigonometrici utilizzando le semicorde, i seni e gli angoli al posto delle corde intere impiegate nelle tavole greche.

Ma risulterebbe molto difficile, e sarebbe mera speculazione, voler rintracciare altre possibili connessioni fra tradizioni matematiche indiane e non indiane prima della metà del I millennio. Per esempio, perché i matematici indiani respinsero esplicitamente la forma sferica della trigonometria greca? Perché ritenevano piú semplice risolvere i triangoli piani all'interno della sfera, piuttosto che i triangoli sferici sulla propria superficie, oppure perché non si imbatterono mai in fonti che utilizzavano la trigonometria sferica? La notazione decimale è debitrice dei bastoncini per il calcolo cinesi? O invece forní ispirazione alla struttura posizionale simile all'abaco di questo tipo di strumenti? I bastoncini per il calcolo erano infatti probabilmente noti ai pellegrini buddisti cinesi che visitavano i luoghi sacri in India. La forma circolare della cifra zero è stata forse modellata su quella dell'*omicron*, che gli astronomi greci usavano come segnaposto con valore zero nella loro notazione sessagesimale, adottata dalle fonti babilonesi? Probabilmente non sarà mai possibile determinare con certezza quanto e in che modo la tradizione matematica indiana «matura» fu inizialmente influenzata da fonti esterne. È certo, comunque, che i risultati, spesso brillanti, accumulati nel corso dei secoli dagli studiosi indiani furono parte integrante del sistema di conoscenze della cultura sanscrita, cosí come costituirono uno dei sistemi piú altamente sviluppati della scienza matematica nel mondo premoderno.

3. *Il contesto sociale e culturale della matematica medievale.*

Chi furono le persone che idearono e trasmisero la matematica dell'India medievale? E quando, e in che modo, assolsero al loro compito? Rispondere a queste domande è arduo, se non operando larghe generalizzazioni, perfino per il periodo che inizia attorno alla metà del I millennio. Di quest'epoca ci sono pervenuti molti testi matematici completi con il nome degli autori, che per la stragrande maggioranza furono membri della casta dei bramini indú, il piú vasto gruppo sociale professionale che si dedicasse alla cultura sanscrita nel periodo medioevale. Alcuni di questi autori si presentano come re, cioè come appartenenti alla casta degli *kṣatriya* (i guerrieri-governanti, un livello sotto i bramini nella gerarchia indú). Sebbene nella tradizione fossero i *pandit*, preti di casta braminica, gli esperti ufficiali nel campo della conoscenza e dell'erudizione, anche i membri della casta degli *kṣatriya* ricevevano insegnamenti di lingua e letteratura sanscrita e – se erano portati e avevano le risorse e l'interesse necessari – potevano comporre opere letterarie o scientifiche. Per esempio, i due autori associati con i primi testi in sanscrito sull'astrologia greca giunti fino a noi, risalenti rispettivamente al II e al III secolo d.C., sono entrambi descritti come governanti dello «Yavana» o Indo-greci.

Ci furono anche alcuni, pochi, scrittori membri dei gruppi sociali piú bassi della gerarchia induista che trattarono argomenti matematici in sanscrito. Si tratta di studiosi buddisti e jainisti e, dopo le incursioni musulmane del II millennio, anche di alcuni studiosi indo-musulmani. Quasi tutti seguirono le convenzioni, comuni alla maggior parte della letteratura sanscrita classica e al genere didattico, di evitare di scrivere dettagliate prefazioni autobiografiche o di citare aneddoti contemporanei. Un autore sanscrito solitamente citava il proprio nome, quello di suo padre e magari quello di altri membri della famiglia, quello della sua divinità preferita, e a volte il nome del suo maestro o mecenate. Non era consuetudine riportare l'anno di composizione, che poteva essere indicato oppure no (le date si trovano molto piú spesso in opere di carattere astronomico, dove sono necessarie come base per i calcoli del lettore). Raramente venivano forniti altri indizi contestuali; di fatto, qualche volta, l'autore non forniva alcuna informazione identificativa oltre al proprio nome.

Di conseguenza, sebbene in linea generale sia plausibile associare gli studi matematici del periodo medievale con le città e le corti, i dettagli riguardanti l'ambiente sociale e professionale in cui essi si svolgevano sono estremamente ridotti. Tendenzialmente, in relazione a un dato studioso o a una data opera matematica, esiste al piú il nome di una città, di una regione o di un protettore reale. Dal momento che fra l'uno e l'altro di questi riferimenti possono passare diversi decenni o secoli, è di solito difficile delineare, sulla base di questi indizi, il quadro di una tradizione continuativa di insegnamento e mecenatismo; anche se una tale continuità deve essere esistita, non foss'altro per trasmettere il sapere matematico da una generazione all'altra.

Tra le località che vengono menzionate (piú o meno direttamente, e in questo modo sparso e discontinuo) per aver dato origine ad alcuni testi matematici troviamo, per esempio, Pāṭaliputra (oggi conosciuta con il nome di Patna, uno dei maggiori centri politici ai tempi degli imperi maurya e gupta) all'inizio del VI secolo; Ujjain (o qualche altro luogo vicino a essa) nell'attuale Madhya Pradesh, attorno alla metà del VI secolo; la corte del re Vyāghramukha nel Rājasthān meridionale e Valabhī nella penisola del Gujarāt, entrambi all'inizio del VII secolo; la regione dell'antico Takṣaśila in quello che oggi è il Pakistan, probabilmente intorno al II millennio; e la corte di re Amoghavarṣa, nell'India centrale, attorno al IX secolo. Malgrado in questa sorta di campionamento gli eventi ci appaiano molto a distanza nel tempo e nello spazio, possiamo ipotizzare che la maggior parte di questi vuoti fossero riempiti da una trasmissione costante, dal momento che gli autori di testi piú tardi fanno esplicitamente riferimento ai precedenti. Ma, nella maggior parte dei casi, è impossibile ricostruire esattamente come o da chi furono trasmessi questi testi, o chi pagò per la loro composizione e la loro diffusione, o ancora che ruolo giocarono nell'acquisire un prestigio e un'autorevolezza professionali.

Come sempre accade in situazioni simili a queste, la scarsità delle notizie dà luogo alla nascita delle leggende. Per esempio, l'antica città di Ujjain (dove, secondo l'astronomia indiana, passa il meridiano zero) viene ritenuta tradizionalmente la sede di un centro di studi astronomici. Ne è conseguito che molti matematici medievali indiani in testi moderni di taglio divulgativo vengano messi in relazione in un modo o nell'altro con questa città, chi come «leader», chi come «direttore» dell'«osservatorio di Ujjain», perfino quando non esistono prove evidenti neppure del fatto che il matematico in questione si fosse mai recato in quella città, o che un tale osservatorio fosse realmente esistito durante la sua vita.

Se mancano specifiche notizie biografiche sui singoli autori, possiamo perlomeno trarre alcune conclusioni di carattere generale circa la collocazione delle scienze matematiche all'interno della cultura sanscrita. Da un lato sembra che queste scienze fossero largamente integrate nell'insieme di quelle scienze astrali – astronomia matematica, astrologia, divinazione – che andavano sotto il nome sanscrito di *jyotiṣa* oppure *jyotiḥśāstra*, «scienze delle luci (celesti)». La maggior parte delle opere matematiche conosciute del periodo medievale sono presentate sia sotto forma di capitoli di trattati astronomici, sia come testi separati, ma in ogni caso composti da autori che scrivevano anche di astronomia. Perfino gli argomenti matematici che non hanno nulla a che fare con l'astronomia (come per esempio il calcolo degli interessi sui prestiti o i volumi di pile di mattoni o di mucchi di legname) non hanno apparentemente bisogno di alcuna giustificazione per essere inseriti nel bel mezzo di testi astronomici. La vasta categoria del calcolo, o della quantificazione in generale, era chiamata *gaṇita*, «calcolo, numerazione, riconoscimento», un nome usato a volte in modo piú specifico per designare le parti computazionali della *jyotiṣa*, o scienza astrale.

L'uso della matematica *jyotiṣa* per regolare la misurazione del tempo e predire eventi astronomici era una componente fondamentale delle pratiche rituali indú. Sebbene i complessi rituali vedici (che comprendevano uccisioni di animali su altari appositamente costruiti per il sacrificio e l'accensione del fuoco sacrificale) fossero per la maggior parte caduti in disuso nel periodo medievale, in ambito domestico riti piú semplici, basati su un complicato calendario liturgico, venivano ancora ritenuti cruciali per il mantenimento del *dharma*, la struttura della buona condotta e della legge naturale in base alla quale funziona l'universo. Il calendario liturgico era anche intrecciato con un sistema astrologico assai ramificato, usato per predire la buona e la cattiva sorte, che richiedeva un grado ancora maggiore di calcoli matematici. Come notato precedentemente, la componente astrologica della *jyotiṣa* sembra essere stata incoraggiata fin dai suoi inizi, attraverso gli scritti di sovrani eruditi, che avevano qualcosa in comune sia con la cultura greca che con quella indiana. Ma, dalla metà fino alla fine del I millennio, era stata completamente trasferita all'interno delle funzioni sociali dei sacerdoti bramini, i quali agivano direttamente nel cuore della cultura sanscrita tradizionale[2]. I bramini edotti in matematica non solo officiavano le cerimonie religiose e provvedevano al calendario annuale, ma predicevano anche gli oroscopi, calcolavano i giorni propizi per i matrimoni, le battaglie e altre imprese, e si assumevano il compito di predire eventi e svelare segreti utilizzando tecniche astrologiche.

I bramini fornivano anche nozioni matematiche agli studenti, che generalmente appartenevano alla loro stessa famiglia e alla medesima casta, ma a volte anche alle famiglie dei loro patroni o nelle scuole sovvenzionate collegate ai templi. Presumibilmente alcuni di questi insegnanti davano lezioni non solo ai figli dei bramini, ma anche ai membri di altri gruppi considerati meritevoli di ricevere un'istruzione in sanscrito (non appartenevano a questi gruppi i servi o gli intoccabili, per esempio). Si conoscono veramente pochi dettagli riguardo a questo tipo di insegnamento. Sembra plausibile che a tutti gli studenti venissero spiegate le nozioni basilari di lettura, scrittura e aritmetica, con alcuni insegnamenti specializzati in matematica, impartiti a seconda delle necessità che la casta o il tipo di occupazione dell'allievo richiedevano. Può anche darsi che un altro tipo di insegnamento *gaṇita*, piú avanzato, costituisse talvolta una parte standard dell'«educazione liberale» sanscrita, perfino per i membri delle caste le cui occupazioni ereditarie non comprendevano la matematica.

Anche le minoranze buddiste e jainiste prendevano parte all'insegnamento delle discipline sanscrite tradizionali. Sebbene le loro credenze reli-

[2] Sembra che le connessioni delle discipline matematiche con culture straniere fossero ancora fonte di disagio nel VI secolo, quando l'astronomo-astrologo Varāhamihira scriveva: «Gli Yavanas sono dei barbari (*mleccha*) [ma] questa scienza [della *jyotiṣa*] è radicata fra loro; [quindi] perfino loro sono onorati come dei saggi. Quanto piú [dovrà essere onorato] un astronomo che è anche un bramino?» (*Bṛhatsaṃhitā*, cap. II, v. 32). Come viene fatto notare in questo passaggio, l'erudizione non indú (*mleccha*) era ritenuta in qualche modo sospetta, dal momento che proveniva da una fonte esterna alla fondamentale struttura del *dharma*.

giose e le loro idee sulla cosmologia fossero in qualche modo differenti da quelle della maggioranza induista, usavano calendari e metodi astrologici simili, e al contempo condividevano la necessità di disporre di conoscenze matematiche generali e legate al commercio. Questo tipo di insegnamento era fornito da singoli maestri e da scuole monastiche all'interno delle loro numerose sette. Sono necessarie maggiori informazioni storiche sui testi matematici nelle varie lingue dell'India, non solo per comprendere appieno il ruolo della matematica nelle tradizioni buddista e jainista, le cui radici si ritrovano rispettivamente nei canoni scritti nelle lingue pali e prakrit, ma anche per esplorare le pratiche matematiche in uso nei gruppi non elevati socialmente, che non avevano accesso alla cultura sanscrita. Probabilmente anche le donne, qualsiasi tipo di insegnamento matematico ricevessero, lo ricevevano per la maggior parte in dialetto – sebbene il fatto che qualche opera matematica in sanscrito presenti dei passaggi in cui ci si rivolge ad ascoltatrici femminili, fa supporre che le studentesse di matematica sanscrita non fossero una specie completamente sconosciuta.

Il riferimento precedente ad «ascoltatrici-ascoltatori» piuttosto che a «lettrici-lettori» riflette un altro importante aspetto della matematica sanscrita. Anche in questa disciplina, come nel resto della didattica sanscrita, vigeva il principio che l'apprendimento dovesse essere un processo attivo o partecipato di istruzione orale e di recitazione, piuttosto che una serie di letture di testi scritti. Questo principio aveva come modello di riferimento l'antica tradizione di recitare e memorizzare i sacri testi vedici. Gli studenti dovevano apprendere a memoria una serie di regole che riassumevano la sostanza degli insegnamenti studiati. Questi riassunti venivano poi spiegati e ampliati a voce da un maestro attraverso l'insegnamento individuale. I trattati contenenti queste regole erano generalmente composti in metrica per rendere piú facile la memorizzazione e venivano mantenuti il piú brevi possibile, anche quando questa concisione andava a discapito della chiarezza.

L'ideale dell'insegnamento sanscrito, appreso attraverso l'ascolto e la memoria piuttosto che attraverso la lettura e la scrittura, coesisteva comunque con una letteratura scritta fiorente in quasi tutte le discipline, inclusa la *jyotiṣa*. La difficoltà del comprendere versi brevi veniva bilanciata da estesi commentari in prosa, che erano un supplemento (e qualche volta sostituivano) la tradizionale istruzione orale. Inoltre, molti trattati matematici non erano per niente brevi, anzi contenevano centinaia di versi con esempi svolti e altro materiale espositivo insieme alle regole matematiche vere e proprie. Le pratiche educative sia orali che scritte quindi si rinforzavano a vicenda nel compito di trasmettere e ampliare le scienze matematiche sanscrite.

4. *La struttura del sapere matematico in sanscrito.*

La maggior parte delle ricerche sulla matematica indiana si focalizza su dettagli delle sue scoperte particolari: quale matematico conosceva la tale formula computazionale per calcolare la tale costante matematica, quando e in che modo queste cose erano state scoperte. Sorprendentemente fino a oggi si è prestata molta poca attenzione al modo in cui questi stessi matematici percepivano il sapere matematico come disciplina intellettuale e come un insieme unificato di argomenti[3]. Poco sopra si è fatto notare che la matematica computazionale o *gaṇita* si sovrapponeva largamente alle diverse scienze astrali o *jyotiṣa*, almeno dal punto di vista pedagogico e della categoria professionale. La parte restante di questa discussione esplora il modo in cui il sapere matematico era organizzato e classificato all'interno della categoria del *gaṇita*.

Due autori indiani molto conosciuti, vissuti all'inizio del VII secolo, citano quelli che sembrano essere diversi schemi con cui dividere le conoscenze matematiche in due distinte categorie. Uno di questi venne presentato nel 629 in un commento scritto dall'astronomo e matematico Bhāskara:

> La matematica comprende le figure, le ombre, le successioni di numeri, le equazioni, i polverizzatori [le equazioni lineari indeterminate], ecc. [...] A causa del significato [della frase citata] «la matematica nel suo complesso», l'autore parla di matematica dei pianeti [astronomia] cosí come di matematica delle figure [geometria]. [...] La matematica è di due tipi: quella delle figure e quella delle quantità. Le proporzioni, i polverizzatori, e cosí via, che sono [argomenti] specifici della matematica, sono menzionati tra la matematica delle quantità. Le successioni, le ombre e via dicendo, [sono incluse] nella matematica delle figure. Quindi, in questo modo, la matematica come insieme unico si basa sulla matematica delle quantità e sulla matematica delle figure[4].

Bhāskara sta evidentemente puntando a una definizione veramente globale della *gaṇita* o matematica «nel suo complesso» che comprenda tutti gli argomenti di matematica, dal calcolo astronomico alle equazioni e alle figure geometriche. Secondo la sua opinione, il principio base che informa questa definizione globale è la distinzione fra «quantità» e «figure»: cioè fra manipolazioni computazionali di valori (noti o incogniti) da una parte e l'uso delle proprietà delle figure piane dall'altra, ciò che potremmo anche definire aritmetica contro geometria.

Quasi esattamente nello stesso periodo, in un'opera composta nel 629, il contemporaneo di Bhāskara, Brahmagupta, operava una diversa distinzione

[3] Una ricerca pioneristica in questo settore, che ha ispirato gran parte della discussione di questo paragrafo, è un recente articolo di Keller [2001].

[4] *Āryabhaṭīyabhāaṣya*, in *Āryabhaṭīya*, cap. I, v. 1 e inizio del cap. II.

per classificare gli argomenti dei capitoli di matematica contenuti nella sua monumentale opera di astronomia. La linea di distinzione di Brahmagupta non è fra «quantità» e «figure» ma tra «calcolare» e «incognite»:

> Chiunque conosca separatamente le venti operazioni a cominciare dall'addizione, e le otto pratiche che terminano con le ombre, questi è un calcolatore. [...]
>
> [Si è] maestri dei conoscitori dei trattati grazie alla conoscenza del polverizzatore, dello zero, dei negativi, dei positivi, delle incognite, dell'eliminazione del [termine] in mezzo, [della riduzione] a una sola incognita, dei prodotti di incognite, e della natura del quadrato [equazioni indeterminate di secondo grado][5].

Quelle che Brahmagupta chiama «operazioni» e «pratiche» (delle quali parleremo fra poco) si riferiscono a manipolazioni computazionali di quantità note. I metodi discussi nel capitolo successivo mirano invece a permettere il calcolo con quantità incognite di vario tipo. Il principio base di Brahmagupta nella sistemazione della «matematica nel suo complesso» è dunque ciò che potremmo chiamare la distinzione fra aritmetica e algebra. Questo principio diventerà generalmente accettato come uno standard dalla maggior parte dei matematici indiani successivi (e forse lo era già ai tempi dello stesso Brahmagupta; la scarsità di opere antiche rende difficile dimostrarlo). Molti matematici indiani composero singoli capitoli e intere opere sulla «matematica delle quantità note» e sulla piú avanzata «matematica delle quantità incognite», sebbene raramente ci fosse un confine assolutamente rigido tra le due. D'altra parte nessuno divise le proprie opere secondo la distinzione numerica/geometrica di Bhāskara tra «matematica delle quantità» e «matematica delle figure».

Non dobbiamo però necessariamente supporre che questi due differenti principî organizzatori – aritmetica/geometria e aritmetica/algebra – fossero considerati mutuamente esclusivi o in competizione per acquisire lo status di matematica canonica. Sia Bhāskara sia Brahmagupta possono probabilmente aver considerato valide entrambe le classificazioni a seconda dei diversi modi di considerare la matematica; può essere solo frutto del caso che abbiano citato una suddivisione e non l'altra. Nessuno dei due autori, del resto, fornisce una discussione dettagliata della classificazione né accenna ad alcun dibattito sulla questione. Solo da brevi commenti come i precedenti possiamo dedurre che questo genere di dibattiti nei secoli precedenti abbia contribuito a formare le idee medievali sulla matematica.

Oltre a queste ampie categorie concettuali – quantità, figure, quantità note e incognite – che costituiscono la semplice struttura fondamentale della *gaṇita* o sapere matematico, queste stesse categorie contengono al loro interno classificazioni riconosciute degli argomenti che strutturavano ulteriormente i contenuti della *gaṇita* in una scala piú fine. Ad esempio, la categoria del «calcolo» ordinario – cioè dell'aritmetica come contrappo-

[5] *Brahmasphuṭasiddhānta*, cap. XII, v. 1, e cap. XVIII, v. 2.

sta all'algebra – veniva considerata, nella maggior parte dei testi medievali, principalmente come l'insieme standardizzato delle cosiddette «operazioni» (*parikarma*) e «pratiche» (*vyavahāra*). Le «operazioni» erano di solito otto: addizione, sottrazione, moltiplicazione, divisione, quadrato, radice quadrata, cubo e radice cubica[6]. Le tecniche indiane per effettuare queste operazioni su numeri scritti in notazione decimale vennero apprese dai matematici arabi come «calcoli indiani», e costituirono gli antenati delle cifre indo-arabe e dell'aritmetica decimale del mondo occidentale ancora oggi in uso.

Le «pratiche» dei testi di aritmetica sanscrita medievale sono in genere meno note al lettore moderno rispetto alle «operazioni», e molti aspetti rimangono ancora poco chiari. L'insieme usuale di pratiche, anch'esse in numero di otto, era identificato con i seguenti termini: 1) Miscela; 2) Successione; 3) Figura; 4) Escavazione; 5) Pila; 6) Segare; 7) Mucchio; 8) Ombra.

La prima di queste categorie, Miscela, comprendeva algoritmi per calcolare i termini di prestiti e interessi, dividere i profitti nelle società, calcolare la composizione di leghe o miscele di tipi differenti di liquidi ecc. (molti di questi argomenti sono sopravvissuti anche nei tempi moderni nell'aritmetica elementare occidentale con nomi come «miscele», «compagnie» e «alligazioni»). La seconda categoria riguardava calcoli con somme parziali di successioni in progressione aritmetica o geometrica, e la terza ciò che chiameremmo geometria piana. La pratica dell'Escavazione trattava dei volumi e delle dimensioni di canali rettilinei di varie forme, mentre la Pila trattava le stesse quantità nel caso di cataste rettilinee. Il sesto argomento si occupava in maniera specifica dei calcoli relativi alla legna tagliata per diversi tipi di legname; il settimo dei volumi e delle dimensioni dei cumuli di diversi tipi di cereali. L'ultima «pratica» faceva uso di triangoli rettangoli formati dagli gnomoni e dalla loro ombra per calcolare, ad esempio, altezza e distanza delle fonti di luce. Questo insieme standard di otto pratiche riappare in varie forme nella maggior parte dei principali trattati sanscriti di aritmetica di questo periodo.

5. *Tradizione, revisione e innovazione nella strutturazione della matematica.*

Non è chiaro perché lo standard delle «operazioni» e «pratiche» persistette cosí a lungo come divisione canonica delle materie. Potremmo obiettare che, da un punto di vista matematico, alcune di queste distinzioni in categorie non sembrano molto logiche. Le pratiche Escavazione, Pila, Segare, insieme con quella del Mucchio, potrebbero sembrare piú pertinenti a una singola categoria

[6] Le venti operazioni cui allude Brahmagupta nella precedente citazione erano ottenute combinando addizione, sottrazione, ecc. con varie regole per la riduzione delle frazioni e il calcolo dei rapporti.

della geometria solida, come controparte tridimensionale della matematica delle Figure o geometria piana. Le Ombre, d'altro canto, sembrano appartenere alla categoria delle Figure, insieme al resto della geometria degli angoli retti.

Naturalmente, le classificazioni in argomenti della moderna matematica non sembrano un appropriato metro di misura per valutare le classificazioni indiane medievali. Ciò che risulta veramente interessante a proposito delle «operazioni» e delle «pratiche» dell'aritmetica classica indiana non è se queste appaiano logiche ai nostri occhi, ma le prove del loro apprezzamento critico e delle occasionali revisioni da parte degli stessi matematici indiani. La maggior parte di queste prove è indiretta, dedotta dalle variazioni dei modi in cui i vari testi presentano i propri contenuti. Gli autori matematici, tipicamente, non ostentavano il fatto di basarsi sulla tradizione oppure di rigettare i principî degli autori precedenti: al contrario, come nella maggior parte dei generi del sanscrito medievale, gli stili tradizionali tendevano a essere venerati come parte di una saggezza antica, e le innovazioni erano generalmente presentate senza clamori. Alla maggior parte degli autori indiani non accadeva neppure di indulgere in dettagliate analisi epistemologiche sulla natura della conoscenza matematica e su come le sue parti fossero in relazione tra loro, come accadeva per esempio nell'esegesi neoplatonica di Euclide. Ma esistono indicazioni convincenti del fatto che i matematici indiani riflettessero su argomenti come i fondamenti e la classificazione dei concetti matematici, e che cercassero di aggiustare le presentazioni «standard» degli argomenti in modo che riflettessero in realtà le loro opinioni individuali.

È nel *Gaṇitasārasaṅgraha* o «Epitome dell'essenza della computazione» che si trovano alcune fra le piú marcate variazioni nel genere dei libri di aritmetica. Questo testo fu scritto da Mahāvīra, uno studioso jainista, che sembra essere stato un protetto del re Amoghavarṣa, vissuto nel IX secolo (cfr. § 3). Per esempio, Mahāvīra conservò il formato delle otto pratiche separate o *vyavahāra*, ma alterò il loro contenuto. La sua prima pratica consiste in effetti nelle otto operazioni stesse, e le tre pratiche successive includono altri argomenti aritmetici, come le frazioni e le proporzioni. Solo gli ultimi quattro capitoli vengono concessi alle pratiche tradizionali Miscela, Figure, Escavazioni e Ombre. Mahāvīra unifica le Pile e il Segare con le Escavazioni, creando in realtà un'unica categoria per i volumi o i solidi geometrici, ma omettendo del tutto il Mucchio.

In modo ancora piú insolito, Mahāvīra elimina le ordinarie operazioni di addizione e sottrazione dalla lista canonica delle otto operazioni, collocando nelle prime due posizioni rispettivamente la moltiplicazione e la divisione. Gli ultimi due posti liberi nella lista vengono occupati da due nuove operazioni, di fatto l'addizione e la sottrazione di somme parziali di serie[7]. Come

[7] Le tecniche aritmetiche per computare con le somme parziali non hanno origine con Mahāvīra, ma sembra che l'assegnare loro un posto tra le operazioni fondamentali non avesse precedenti.

la maggior parte degli autori matematici, Mahāvīra non giustifica né spiega in alcun modo, nei suoi scritti, questa organizzazione del testo. Possiamo comunque ritenere, con buone probabilità, che egli non intendesse suggerire che l'ordinaria addizione o sottrazione non appartengano alla matematica tranne forse in casi eccezionali, come quello del calcolo con somme parziali; basti pensare che Mahāvīra, nel proporre le regole aritmetiche piú avanzate e nel presentare dei problemi come esempi, dà per scontato che il lettore possa sommare o sottrarre numeri. Piuttosto, il fatto di aver eliminato l'addizione e la sottrazione dalla lista delle otto operazioni potrebbe essere stato un compromesso tra il desiderio di includere le successioni o le serie tra le operazioni aritmetiche fondamentali, e quello di rispettare lo schema della classificazione canonica, mantenendo il numero di otto. Dal punto di vista pedagogico, l'addizione e la sottrazione ordinarie avrebbero benissimo potuto essere viste in ogni caso come operazioni abbastanza semplici da poter essere relegate a un livello piú elementare di istruzione, insieme con altre conoscenze di base, come il modo in cui scrivere le cifre dei numeri, cosa che doveva essere un prerequisito per studiare il *gaṇita* sanscrito, ma che non era insegnata nei trattati.

Resta comunque un problema aperto, quello del perché Mahāvīra desiderasse aggiungere le serie aritmetiche alle otto operazioni fondamentali. Forse si può trovare un suggerimento per rispondere a questa domanda, nel resto della sua estesa trattazione delle somme parziali delle serie, dove considera non solo le progressioni con termini frazionari, ma perfino quelle contenenti termini negativi o un numero frazionario di termini[8]. Potrebbe essere che Mahāvīra intendesse sottolineare fino a che punto le sue regole per le somme parziali di serie fossero completamente «aritmetizzate», applicabili (per le caratteristiche che le definivano) non solo alla matematica ordinaria e alle progressioni geometriche, ma piú in generale alle progressioni con ogni tipo di numero – positivo, negativo, intero o frazionario.

Abbondano altri esempi dei modi in cui gli autori sanscriti medievali piegavano alle loro preferenze le categorie originali dei trattati matematici, per includere i risultati che ritenevano importanti, mentre mantenevano piú o meno inalterata la struttura tradizionale dell'argomentazione. Per esempio, non esiste un ambito ovvio all'interno delle «operazioni» o delle «pratiche» canoniche, o di altri argomenti dell'aritmetica, in cui trattare la geometria

[8] Una serie con numeri frazionari di termini non sembra avere concettualmente molto senso: cosa significa per una serie avere – diciamo – tre quarti di un termine? Un indizio per risolvere questa difficoltà è fornito da un altro matematico di nome Śrīdhara, verosimilmente un contemporaneo di Mahāvīra, che usò un numero frazionario di termini nelle somme parziali. Śrīdhara le spiegò attraverso figure piane, dove il numero dei termini è rappresentato dall'altezza delle figure, che ovviamente non hanno bisogno di essere un numero intero. Questa idea può benissimo sottintendere la precedente affermazione di Bhāskara (cfr. § 4) che le serie formano una parte della «matematica delle figure», e non della «matematica delle quantità».

sferica. La pratica delle Figure, all'interno della quale generalmente si trovano le formule per la misura del cerchio, è di solito intesa come ristretta alle figure piane o alle superfici. D'altro lato, la categoria della «geometria solida» delle Escavazioni, delle Pile e del Segare tratta solamente con volumi rettilinei. I Mucchi sono in parte curvilinei, ma non completamente: non esiste una regola, in questa categoria, per stimare la misura di una catasta sferica di grano. Forse, in parte come risultato di queste limitazioni, alcuni matematici (fra cui Mahāvīra) omisero semplicemente di fornire una qualche regola per il volume della sfera, sebbene tali regole (o almeno delle versioni approssimate di queste) fossero largamente conosciute almeno fin dal v secolo. Un approccio diverso era in uso nel xii secolo, da parte dell'autore del *Līlavatī*, un famoso testo aritmetico: questi aggirò la difficoltà inserendo la sua formula per il volume della sfera nella categoria delle Figure, insieme alle regole per la geometria del cerchio. Presumibilmente, la giustificazione era che la sfera poteva essere trattata come una Figura abbinata al cerchio, dal momento che anche se non entrambe figure piane, sono almeno tutte e due rotonde.

Alcune innovazioni di questo tipo, portate avanti da singoli individui, suggeriscono un interesse molto vivo, all'interno della cultura matematica indiana, nei confronti di argomenti che riguardano i suoi fondamenti e la sua struttura, cosí come l'organizzazione pedagogica degli argomenti matematici. Ma questo interesse, almeno per quello che possiamo dedurre dai testi conosciuti, non sembra aver animato alcun tipo di dibattito esplicito in merito, e ci lascia con molte domande senza risposta. In che modo un matematico indiano decideva di organizzare il sapere matematico quando componeva un trattato? Incontrava forse qualche resistenza se modificava la categorie tradizionali? Anche la consueta diplomazia dei commentatori sanscriti i quali, in genere, illustrando i trattati dei maestri, preferiscono passare sotto silenzio un punto errato o discutibile, piuttosto che dissentire apertamente su di esso, non aiuta a chiarire i dettagli di questo fenomeno. Ciò nonostante, ulteriori confronti tra i diversi trattati matematici, e ulteriori analisi dei molti commenti ancora inediti potranno gettare nuova luce; luce indispensabile, non solo per capire quali scoperte fecero gli studiosi indiani di *gaṇita* riguardo agli oggetti matematici, ma anche sul problema, fin qui piú trascurato, di che cosa essi ritenessero fosse la matematica.

ĀPAṬĘ, V. G. (a cura di)

1937 *Līlavatī*, Ānandāśrama Sanskrit Series 107, 2 voll., Ānandāśrama, Puņę.

BHAT, M. R. (a cura di)

1981 *Varāhamihira's Bṛhatsaṃhitā*, parti 1-2, Motilal Banarsidass, Delhi.

DVIVEDĪ, S. (a cura di)

1901-02 *Brāhmasphuṭasiddhānta*, in «The Pandit», nuova serie, 23-24.

KELLER, A.

2001 *Qu'est ce que les mathématiques? Les réponses taxinomiques de Bhāskara, un commentateur, mathématicien et astronome Indien du VIIème siècle*, Colloque «Des sciences, des frontières», Archives Poincaré, Nancy.

PINGREE, D. E.

1973 *The Mesopotamian origin of early Indian mathematical astronomy*, in «Journal for the History of Astronomy», 4, pp. 1-12.

PINGREE, D. E. (a cura di)

1978 *The Yavanajātaka of Sphujidhvaja*, 2 voll., Harvard University Press, Cambridge Mass.

RANGACARYA, M. (a cura di)

1912 *Gaṇita-Sāra-Saṇgraha*, Government Press, Madras.

SHUKLA, K. S. (a cura di)

1976 *Āryabhaṭīya of Āryabhaṭa with the Commentary of Bhāskara I and Someśvara*, Indian National Science Academy, Delhi.

MARCIA ASCHER

L'America precolombiana

Due diversi complessi culturali vissuti in America meridionale e centrale prima dell'arrivo di Colombo idearono importanti sistemi matematici, di cui è rimasta un'ampia documentazione. Dapprima discuteremo il caso degli Inca, che dominarono le Ande e la costa occidentale dell'America meridionale nel XVI secolo e nella prima metà del XVII; poi esamineremo le culture mesoamericane, che in generale indicano quelle del Messico e di gran parte dell'America centrale.

1. *Gli Inca.*

Intorno al 1400, uno dei numerosi gruppi etnici presenti nella regione che oggi corrisponde al Perú e a parte dell'Ecuador, della Bolivia, del Cile e dell'Argentina, riuniva efficacemente tutti gli altri gruppi sotto un'unica entità burocratica nota come impero inca. Ogni gruppo manteneva gran parte delle proprie tradizioni, ma a queste si sovrapponevano una lingua ufficiale, il quechua, una religione di Stato, un minuzioso sistema di tassazione, ampie reti stradali e di irrigazione e un sistema di conservazione e ridistribuzione dei prodotti agricoli. Come per altri aspetti dell'impero, il sistema di registrazione probabilmente costituiva una derivazione e uno sviluppo di idee elaborate dai diversi gruppi componenti. Tale sistema appartiene alla categoria delle *scritture concettuali*, in altre parole non codificava suoni della lingua parlata. Lo descriviamo come *sistema logico-numerico* poiché le informazioni numeriche sono rappresentate da nodi inseriti in insiemi formalmente strutturati di corde colorate legate tra loro. L'impero inca, che durò grosso modo fino al 1560, era composto da una popolazione di circa cinque milioni di persone.

Gran parte di ciò che si sa degli Inca, che non hanno lasciato descrizioni della loro storia e dei loro costumi, deriva dall'analisi e dall'interpretazione dei manufatti rimasti e dagli scritti degli Spagnoli, il cui insediamento nelle Ande provocò la fine dell'impero inca.

Vi è una netta differenza tra le parole che indicano i numeri e un sistema simbolico per scriverli: spesso sono collegati, tuttavia non è necessario che lo siano. In italiano, per esempio, si dice *ottantanove* leggendo sia LXXXIX sia 89 e i francesi scrivono 89 anche se dicono *quatre-vingt-neuf*. Nel caso degli Inca, come raccontano i cronisti del XVI secolo, nella lingua parlata si usava implicitamente un sistema a base 10, che si trova anche nel quechua contemporaneo: esistevano termini distinti per indicare i numeri da 1 a 10, 100, 1000 e 1 000 000 e gli altri numerali si formavano a partire da questi con moltiplicazioni e somme implicite. La parola che indica 689, per esempio, sottintende $(6 \times 100) + (8 \times 10) + 9$. In maniera analoga, la rappresentazione simbolica dei numeri nei quipu inca utilizzava il sistema posizionale in base 10. I suoi dettagli verranno discussi nel seguito.

Gli Inca seppellivano i defunti insieme agli oggetti fabbricati e usati in vita ed è proprio dalle tombe che proviene la maggioranza dei circa 500 quipu sopravvissuti alla conquista spagnola. I fabbricanti di quipu erano persone privilegiate, collocate al centro della scala sociale, che ricevevano una particolare istruzione da parte dello Stato per poter creare e interpretare i quipu. Non si trattava pertanto di congegni mnemonici personali, bensí di prodotti di un sistema avanzato collettivo, che trasmettevano informazioni importanti per lo Stato. Secondo i cronisti spagnoli, i quipu trasmettevano una gran varietà di informazioni, per esempio sui censimenti, sulla tassazione e sulle risorse, come pure ballate, dati calendaristici, leggi ed eventi storici. I cronisti, però, non capivano, o comunque non descrissero nei dettagli, come avveniva tale trasmissione. Le considerazioni che seguono si basano sull'accurata analisi di circa 250 quipu tuttora conservati[1].

La figura 1 mostra la rappresentazione schematica di un quipu. In generale, un quipu ha una *corda principale*, piú spessa delle altre, cui sono legate altre corde. Quando il quipu è poggiato su un tavolo con la corda principale in posizione orizzontale, la maggior parte delle corde legate alla corda principale cade verso il basso; queste si chiamano *corde pendenti*. Meno frequenti sono le corde che cadono nella direzione opposta, verso l'alto, dette *corde superiori*. Alle corde pendenti e superiori possono essere attaccate altre corde, dette *corde ausiliarie*; a queste possono essere legate altre corde, quindi vi possono essere corde ausiliarie di corde ausiliarie. Qualche quipu ha una singola corda (una *corda penzolante*) legata all'estremità della corda principale in un modo particolare. Tutte le corde sono legate strette, cosicché le posizioni relative delle corde sono fisse. A volte una distanza maggiore tra corde adiacenti mette in evidenza certi gruppi di corde. Si noti che nel quipu della figura 1 grazie alle distanze diverse si formano due gruppi di corde pendenti e che nel primo gruppo la prima corda ha due corde ausiliarie di uguale livello, mentre sulla quarta corda vi sono due livelli di ausiliarie. Nei quipu conservati, le corde pendenti, superiori e ausiliarie hanno una lunghezza che

[1] Per una descrizione dettagliata di piú di 200 quipu, si veda http://instruct1.cit.cornell.edu/research/quipu-ascher/

va dai 20 ai 50 cm, il numero delle corde va da 3 a 2000 e le corde sono di uno o piú fra i tipi illustrati.

Il colore delle corde è un altro elemento importante per definire una gamma di quipu. Una corda può essere composta da fili di un solo colore, oppure essere una combinazione di fili di colori diversi. Gli Inca usavano principalmente quattro tipi di combinazioni di colori. Il primo produce un effetto di righe colorate, il secondo di striature, il terzo consiste nell'unione di parti di colori diversi e il quarto nell'inserimento di fili di un colore in un tratto di un colore diverso. Esistono quipu con tutte le corde dello stesso colore e quipu con ben 50-60 colori o combinazioni di colori.

In generale, la struttura logica di una gamma era creata dalla scelta e dalla compresenza dei diversi tipi di collegamento delle corde, dalle distanze tra le corde e dai loro colori. Certi quipu, per esempio, presentano ben cinque livelli di ausiliarie e ben dieci ausiliarie per livello. Le corde pendenti, inoltre, possono essere raggruppate e distinguersi da altri gruppi di corde per le distanze lungo la corda principale e/o per l'uso del colore. Corde di colori simili possono essere suddivise in gruppi grazie a una corda di un colore diverso e un gruppo di corde di un certo colore può essere seguito da un gruppo di colore diverso. Una delle tecniche di raggruppamento piú importanti era l'uso di schemi cromatici, vale a dire la formazione, per esempio, di quattro gruppi di tre pendenti ciascuno usando uno schema a

Figura 1.

Rappresentazione schematica di un quipu. (Si noti che la prima pendente ha due corde ausiliarie di pari livello e la quarta ha due livelli di ausiliarie).

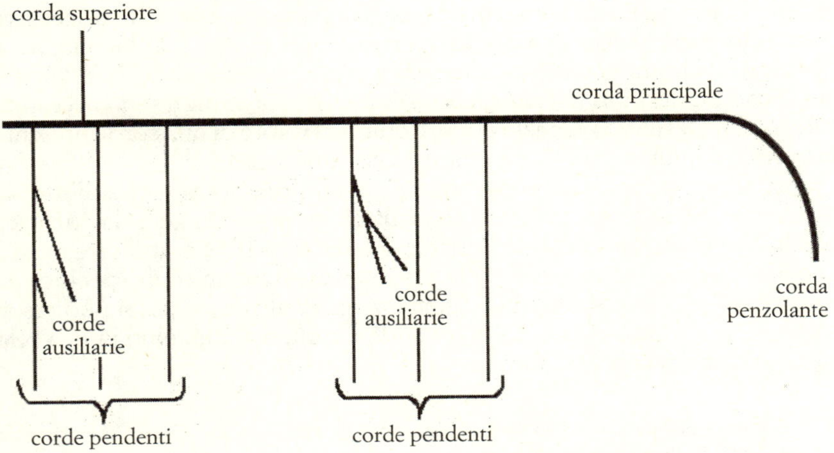

tre colori ($C_1C_2C_3$) ripetuto quattro volte. Una corda, quindi, oltre a essere collegata a tutte le altre corde del proprio gruppo, poteva essere collegata anche a una corda di un colore simile appartenente a un altro gruppo. Tale sistema consentiva anche di riconoscere l'omissione intenzionale di corde non pertinenti a una certa situazione, come in $C_1C_2C_3$ C_1C_3. Il colore delle corde, le distanze tra le corde e la disposizione delle corde definiscono la struttura logica di un quipu, mentre i dati sono rappresentati dai nodi sulle corde.

I nodi sulle corde di un quipu sono di tre tipi: semplici, lunghi (con due o piú giri) e a otto. I nodi di una corda sono distanziati in modo tale da formare raggruppamenti di nodi. Considerando i raggruppamenti come rappresentazioni di cifre, ogni corda si può interpretare come un dato composto di cifre. Un dato può essere un solo numero o piú numeri. Quando i nodi formano un solo numero, è un intero nel sistema posizionale a base dieci. Partendo dall'estremità libera della corda e proseguendo fino all'attacco alla corda ospite, ogni posizione consecutiva di raggruppamenti si considera come la potenza di dieci superiore. La posizione delle unità differisce dalle altre posizioni poiché ha un nodo lungo, mentre le altre hanno raggruppamenti di nodi singoli. (Per il modo in cui è fatto, un nodo lungo non può avere un solo giro e quindi per indicare 1 nella posizione delle unità si usa un nodo a otto). I numeri sono interi nel sistema posizionale a base dieci anche quando sono piú di uno, in questo caso però, leggendo dall'estremità libera della corda, ogni nodo lungo (o nodo a otto) è la posizione delle unità di un nuovo numero (figura 2)[2].

Anche se non esiste un simbolo particolare per indicare lo zero, il concetto di zero è comunque chiaro nel sistema di rappresentazione. Nel contesto di un numero, l'assenza di nodi nella posizione di un raggruppamento indica lo zero. Poiché su corde consecutive i raggruppamenti di nodi sono accuratamente allineati e poiché un tipo particolare di nodo individua chiaramente la posizione delle unità, una posizione priva di nodi è ben visibile. Nei quipu in cui la codifica a colori rafforza la posizione della corda, non sono necessarie categorie irrilevanti, o «spazi vuoti», e quindi il valore di una corda presente, ma priva di nodi, si può interpretare come pari a zero.

Un'altra osservazione importante sulla rappresentazione e sull'uso dei numeri è che essi, oltre a indicare quantità, possono fungere da etichette. Negli Stati Uniti, per esempio, scriviamo 607-257-5316 per indicare un particolare telefono, oppure 12/03/05 per rappresentare una data specifica del calendario e la nostra vita quotidiana è ricca di altri esempi. Si può essere certi che si tratta di quantità solo quando i numeri compaiono in una relazione aritmetica con altri numeri.

[2] Il numero piú grande trovato finora su una corda di quipu è 95 357 e il massimo numero di numeri diversi su una stessa corda è 3.

In molti quipu, alcuni numeri sono la somma di altri numeri rappresentati nel quipu. Il punto piú importante è la disposizione relativa costante delle somme e dei valori che vengono sommati. Per esempio, quando vi sono corde superiori di solito indicano la somma dei valori del gruppo di pendenti cui sono associate. In molti casi, inoltre, un gruppo di pendenti indica la somma, posizione per posizione, dei valori su corde di altri gruppi. In alcuni casi, questi gruppi di somme vengono essi stessi sommati.

Consideriamo, per esempio, un quipu suddiviso in base allo schema cromatico e alle distanze tra le corde in tre parti distinte. La prima parte si compone di due gruppi di cinque pendenti, la seconda parte di quattordici gruppi di cinque pendenti e l'ultima parte di nove gruppi di cinque pendenti. Indicando i valori sulle singole pendenti mediante il gruppo (i) e la posizione al suo interno (j), i dati della prima parte sono a_{ij}, dove i = 1, 2 e j = 1, …, 5; i dati della seconda parte sono b_{kj}, dove k = 1, …, 14 e j = 1, …, 5; quelli della terza parte sono c_{mj}, dove m = 1, …, 9 e j = 1, …, 5. Per ogni posizione j, il valore del primo gruppo della seconda parte è la somma dei valori nelle posizioni corrispondenti della terza parte e il primo e il secondo gruppo della prima parte indicano la somma delle posizioni corrispondenti rispettivamen-

Figura 2.
Rappresentazione dei numeri con i nodi (x = nodo semplice, — = un giro di un nodo lungo; O = nodo a otto).

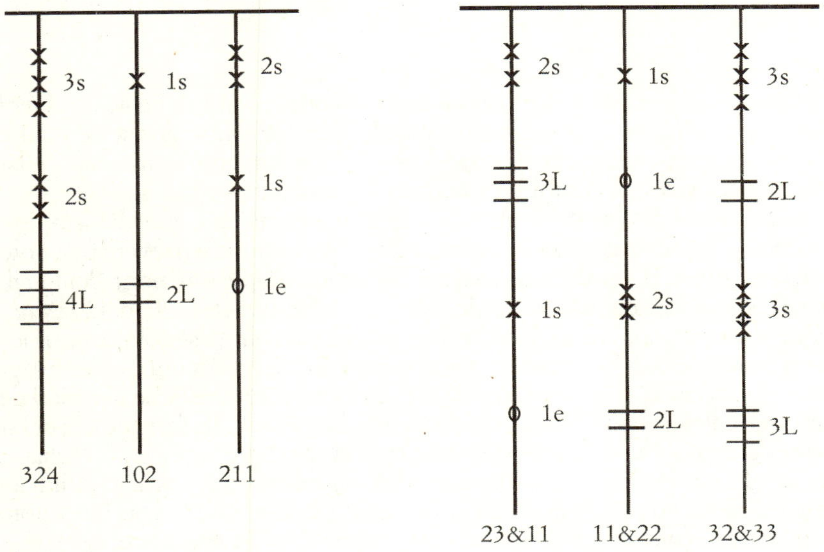

te nel primo e nel secondo gruppo di sette corde consecutive della seconda parte. Questo significa che, per ogni j,

$$b_{1j} = \sum_{m=1}^{9} c_{mj} \,;\, a_{1j} = \sum_{k=1}^{7} b_{kj} \,;\, a_{2j} = \sum_{k=8}^{14} b_{kj}\,.$$

Un'altra caratteristica interessante dei dati sul quipu è che molti valori, in particolare della seconda parte, sono multipli di 110, tra cui 110 moltiplicato per 1, 2, 5, 6, 12, 13 e 31.

Un altro quipu è formato da dodici gruppi, ognuno dei quali contiene sei corde pendenti e una superiore. In ciascun gruppo, la corda superiore indica la somma dei valori delle sei pendenti del gruppo. Inoltre, per ogni posizione, i valori del quinto gruppo, letti in ordine inverso, sono le somme dei valori del secondo e del sesto gruppo. Anche le corde ausiliarie possono far parte di queste relazioni aritmetiche associate in maniera regolare alle posizioni. Un esempio è offerto da un quipu con sei gruppi di diciotto pendenti. Ciascuna corda pendente degli ultimi cinque gruppi ha ben undici ausiliarie di primo livello. Indicando con a_{ij} i valori sulla j-esima pendente dell'i-esimo gruppo e con s_{ijk} i valori nella k-esima posizione ausiliaria della j-esima pendente dell'i-esimo gruppo, valgono le seguenti relazioni aritmetiche:

$$a_{1j} = a_{2j} + a_{3j} \quad \text{e} \quad a_{2j} = \sum_{i=4}^{6} a_{ij} \quad \text{per} \quad j = 1, \ldots, 18; \;\text{e}$$

$$s_{2jk} = \sum_{i=3}^{6} s_{ijk} \quad \text{per} \quad j = 1, \ldots, 18; k = 1, \ldots, 11.$$

Questi e altri esempi di relazioni aritmetiche regolari tra i dati sui singoli quipu o tra coppie di quipu sono esplorati nei dettagli in Ascher e Ascher [1997], che presenta anche esempi di insiemi logicamente strutturati di dati non quantitativi o di combinazioni di dati quantitativi e non quantitativi.

L'elaborato sistema di luoghi sacri che si dipartono da Cuzco, il Campidoglio inca, è un altro aspetto di questa civiltà che continua a ricevere una notevole attenzione. Il cosiddetto «sistema dei ceque», la disposizione dei luoghi sacri, è composto da 328 *huaca* (luoghi sacri) organizzati in 41 o 42 *ceque*. I ceque sono percorsi rituali, interpretati concettualmente da molti come linee, che si irradiano dal Tempio del Sole, al centro di Cuzco. Alcuni elementi sacri sono oggetti che si possono trasportare e altri sono caratteristiche peculiari del paesaggio; alcune delle linee si estendono per ben 45 km. La forma fisica del sistema dei ceque e la rete di responsabilità per la manutenzione e la sorveglianza dei luoghi sacri erano un'espressione dell'organizzazione sociale, politica e religiosa della cultura. Gli studiosi ritengono inoltre che la configurazione incorporasse concetti calendaristici e astronomici. In particolare, nel lavoro di Zuidema [1977] i luoghi sacri sono associati a giorni di un anno siderale e alcuni ceque sono interpretati come direzioni di osservazione del sorgere e del tramontare del sole sull'orizzonte. Anche se la descrizione del calendario inca non è ancora definitiva, dalla sua analisi Zuidema conclude che gli Inca avevano un sistema complesso che comprendeva l'anno solare di 365 giorni, l'anno di Venere di 584 giorni e l'anno siderale doppio di 657 giorni. Sono stati individuati alcuni quipu in cui le informazioni sembrano avvalorare certe interpretazioni calendaristiche di Zuidema.

2. *Le culture mesoamericane.*

Nell'area culturale denominata Mesoamerica vivevano molti gruppi diversi. Dal punto di vista geografico, oggi l'area corrisponde al Messico centrale e meridionale, al Guatemala, al Belize e alle regioni occidentali del Salvador e dell'Honduras. Via via che si scopre altro materiale e che si procede con le traduzioni si chiariscono i rapporti fra i vari gruppi e le loro influenze reciproche.

In quest'area emersero essenzialmente quattro sistemi di scrittura diversi, che presentano notevoli differenze per quanto riguarda la quantità e il tipo di documentazione, i contenuti, chi li scrisse e a chi erano rivolti [Marcus 1992]. Il piú antico è il sistema degli Zapotechi (Messico sudoccidentale) che risale, probabilmente, al 600 a.C. Si ritiene che gli Zapotechi fossero collegati ai discendenti degli Olmechi da cui derivarono i Maya. Il periodo maya classico è compreso all'incirca dal 200 al 900 d.C. L'area maya (il Messico orientale fino al Belize e le regioni occidentali dell'Honduras e del Salvador), tuttavia, in precedenza fu occupata, all'incirca per diecimila anni, da comunità agricole stanziali a partire da un periodo compreso tra il 2000 e il 1000 a.C. Oggi la regione continua a essere abitata da popoli che parlano le lingue maya. I Mixtechi (Messico meridionale) e gli Aztechi (Messico centrale) sono gruppi postclassici posteriori, emersi all'incirca dopo il 1000.

Una caratteristica comune alle molte lingue mesoamericane è che i numerali seguono uno schema ciclico basato su un ciclo di lunghezza 20 e sottintendono operazioni di moltiplicazione e di addizione. Le differenze stanno nell'impiego dei punti di riferimento (5, 10 o 15) all'interno dei cicli da 20 e nell'uso, in alcune lingue, di riferire un numero al multiplo di 20 superiore anziché a quello inferiore. Per esempio, in nahuatl, una lingua azteca, esistono radici per i numeri 20, 400 e 8000 e punti di riferimento a 5, 10 e 15. In questa lingua, pertanto, le parole che indicano i numeri da 6 a 9 sottintendono $5 + 1, 2, 3, 4$ e, allo stesso modo, per i numeri da 11 a 14 e da 16 a 19 si sottintende $10 + 1, 2, 3, 4$ e $15 + 1, 2, 3, 4$. Dopo il 20, per 21 si sottintende $(20 + 1)$, per 36 $(20 + 15 + 1)$, per 41 $(2 \times 20) + 1$, per 221 $[(10 + 1) \times 20] + 1$ e per 7463 $[(15 + 3) \times 400] + [(13 \times 20) + 3]$.

Di contro il chol, che fa parte della trentina di lingue maya tuttora esistenti, ha un punto di riferimento a 10, ma non a 5 o a 15, e i numerali dopo il 20 sono associati al ciclo immediatamente superiore. Cosí, la parola per indicare 18 sottintende (10 + 8), quella per 21 1 in relazione a 2 × 20, quella per 36 (10 + 6) in relazione a 2 × 20, quella per 564 400 + [4 in relazione a (9 × 20)] e quella per 8861 8000 + (2 × 400) + [1 in relazione a (4 × 20)].

Un'altra caratteristica linguistica legata al mondo dei numeri che si rileva nelle lingue mesoamericane è l'uso dei classificatori numerici, che sono termini o morfemi utilizzati nella lingua parlata quando un numerale è associato a un sostantivo. Questi classificatori sono necessari per costruire affermazioni di carattere quantitativo, anche se le informazioni che trasmettono sui sostantivi sono qualitative. Per esempio in chontal, un'altra lingua maya, si sono individuati piú di settanta classificatori numerici. Il classificatore usato è diverso a seconda che si debba esprimere, per citare qualche caso, un conteggio di persone o animali, un conteggio di oggetti simili a foglie, un conteggio di oggetti di forma lunga e sottile, un conteggio di oggetti paragonabili a granellini, il numero di manciate, il numero di file, oppure un conteggio di anni nel futuro o nel passato. Queste caratteristiche delle lingue maya si riflettono nella forma scritta.

I sistemi di scrittura mesoamericani, cui oggi si riconosce una traiettoria evolutiva del tutto diversa da quella del nostro sistema, combinano simboli (glifi) sillabici, pittografici e logografici. Inoltre, un concetto, una parola o un numerale possono avere parecchie rappresentazioni diverse, che si usano a seconda del contesto e della natura dello scritto.

Anche se i gruppi avevano calendari differenti, tutti possedevano una stessa struttura di base: un periodo di 260 giorni composto da cicli concomitanti di lunghezza 13 e 20, un periodo di 365 giorni composto da 18 cicli di 20 giorni ciascuno piú altri 5 giorni e un superciclo di 18 980 giorni che combina i primi due [18 980 = mcm (260, 365) = 52 × 365 = 73 × 260]. Il periodo di 260 giorni viene solitamente indicato come il «cerchio sacro», il periodo di 365 giorni come l'«anno vago» e il loro superciclo come il «cerchio del calendario». I vari calendari, tuttavia, erano diversi per i nomi e i significati associati ai giorni nei cicli, per i punti di partenza dei cicli e per la presenza di altri cicli, interni o sovrapposti a quelli principali.

Gli esempi di scrittura zapoteca vanno all'incirca dal 600 a.C. all'epoca coloniale. I testi esistenti sono relativamente pochi e non tutti sono stati interamente tradotti. In alcuni dei piú antichi monumenti in pietra è descritta la sconfitta dei nemici in battaglia; nei testi posteriori, nelle urne e nelle decorazioni delle tombe, i temi principali sono la nascita e il matrimonio di membri della famiglia reale.

In uno dei primi esempi di pilastri di pietra scolpita, su due colonne sono incisi otto geroglifici che combinano informazioni calendaristiche e di altro genere. Le date del cerchio sacro di 260 giorni sono indicate da un glifo inscritto in un cerchio associato a uno dei giorni del ciclo di 20 e al di sotto vi è un numero da 1 a 13. I numeri sono rappresentati da barre e punti; ogni barra significa 5 e ogni punto 1. Si è ipotizzato che un altro glifo del pilastro sia una data dell'anno vago di 365 giorni (18 cicli di 20 giorni ciascuno, piú altri 5 giorni) perché, anche se il numero associato è 4, in altre parti il glifo è associato a numeri superiori a 13. Sul pilastro è incisa anche una data che indica il cosiddetto «portatore d'anno», vale a dire il primo giorno dell'anno vago in forma di data del cerchio sacro. Poiché il ciclo di 365 giorni e quello di 260 sono concomitanti, il primo giorno di un ciclo di 365 giorni avanza di 5 nel ciclo dei glifi dei 20 nomi dei giorni del cerchio sacro e di 1 nel coefficiente numerico ($365 = 5 \bmod 20$ e $365 = 1 \bmod 13$). In tal modo, il primo giorno di ogni anno di 365 giorni, il giorno portatore d'anno, può corrispondere soltanto a uno dei 4 possibili glifi di nomi dei giorni nel ciclo di 20 glifi. Di conseguenza, i giorni «portatori d'anno» possono essere il primo, il sesto, l'undicesimo o il sedicesimo glifo dei giorni, combinato con uno dei 13 numeri dei giorni.

Qualche volta per rappresentare un 1 o un 2 invece dei punti si usavano un pollice oppure uno o due indici. Un'interpretazione alternativa è che il pollice e l'indice rappresentassero rispettivamente il primo e il secondo ordinale; tale interpretazione si basa sul fatto che nella lingua parlata si usava uno stesso termine per il pollice destro e per il maschio primogenito e un altro per l'indice destro e per il maschio secondogenito.

Fra gli Zapotechi era uso comune dare alle persone il nome del giorno del cerchio sacro in cui erano nate. Cosí anche i nomi, come gli identificatori dei giorni, contenevano i numeri da 1 a 13. Poiché alcune date erano considerate piú propizie di altre, a volte si attribuiva a una persona il nome di un giorno piú fortunato di quello in cui era nata. Tale pratica produceva molte ripetizioni e quindi era usuale aggiungere un soprannome alla data. In generale, comunque, i numeri che compaiono nei testi zapotechi si riferiscono al calendario, oppure sono nomi di persona derivati dal calendario.

La nostra conoscenza dei Maya, in particolare delle loro idee matematiche, deriva da molte fonti diverse. Del periodo classico (200-900 d.C.) esiste una notevole quantità di materiale archeologico, tra cui migliaia di stele. Del periodo che va dal 1000 al 1500 rimangono quattro codici, gli unici conservati delle migliaia di libri bruciati dagli Spagnoli. Poi vi sono resoconti e libri dell'epoca coloniale, oltre alle descrizioni delle tradizioni che sopravvissero, alcune tuttora vive. Molti testi sono stati decifrati, ma l'opera di decodificazione continua e produce progressi significativi.

Le stele facevano parte di complessi architettonici monumentali composti da palazzi, piramidi e templi. Di solito venivano innalzate di fronte a questi importanti edifici pubblici per glorificare l'ascesa al trono di un sovrano o per celebrare un evento significativo avvenuto sotto il suo dominio. In generale, le dimensioni di una stele sono all'incirca tre metri di altezza per un metro di larghezza e mezzo metro di spessore, ma esistono stele alte dieci metri e altre che pesano 65 tonnellate con glifi incisi su uno o piú lati. I geroglifici, spesso collegati a eventi accaduti sotto il dominio di piú di un sovrano, ricoprivano anche i pannelli murali esterni e le scalinate degli edifici. Su un'ampia scalinata di 10 metri composta di 62 gradini, per esempio, è inciso uno dei testi piú lunghi, con 2000 geroglifici. Altre superfici, come pannelli murali interni di abitazioni o tombe o architravi sono ricoperte di testi relativi ad argomenti piú limitati. Questi testi, scritti da specialisti e rivolti alla nobiltà, tramandavano la storia dei vari dominatori, cosí come essi desideravano che venisse narrata. Il tempo e le date, centrali nella religione e nella cosmologia dei Maya, erano componenti essenziali anche dei loro testi.

I Maya avevano una visione ciclica del tempo e ad esso imposero molti cicli arbitrari di loro creazione. Ogni giorno di ciascun ciclo è associato a un dio di cui subisce l'influenza o, in modo piú specifico, *è* un dio vivente. È l'interazione di queste divinità a garantire al giorno la sua particolare qualità. Gli eventi del passato, del presente e del futuro sono collegati attraverso la ripetizione di unità temporali con un certo nome. Per marcare un evento, quindi, era importante individuarne la posizione precisa nel tempo e a volte calcolare a quanti giorni di distanza da un altro evento era avvenuto.

Ogni giorno era associato innanzitutto a una data del cerchio del calendario, che doveva comprendere gli identificatori giornalieri del cerchio sacro e quelli dell'anno vago. Nel ciclo di 13 giorni del cerchio sacro, i giorni erano identificati dai numeri da 1 a 13, forse corrispondenti alle 13 divinità del cielo. Le divinità del 4, del 7, del 9 e del 13, per esempio, erano ben disposte nei confronti delle persone, mentre le divinità del 2, del 3, del 5 e del 10 erano ostili. In maniera simile, ogni giorno del ciclo di 20 giorni è associato a un dio con un certo nome. Usando i nomi yucatechi (tabella 1) , per esempio, uno degli dèi, Kan, è il dio del mais, oltre a essere il dio di un giorno particolare; un altro, Imix, è il dio della Terra e Ahau è il Sole. Per le date dell'anno vago, ognuno dei 18 cicli era associato a un dio con un dato nome e i numeri individuavano i 20 giorni *all'interno* di ciascun ciclo. Usando nuovamente i nomi yucatechi (tabella 2), un giorno del cerchio del calendario era, per esempio, 4 Ahau 19 Cumku.

Un altro identificatore di rilievo era la data in base al cosiddetto «computo lungo», cioè il numero di giorni dall'inizio del grande ciclo in corso. Un grande ciclo è un multiplo di un periodo di 360 giorni (un *tun*) composto da 18 *uinal* di 20 giorni (*kin*): 20 tun costituiscono un *katun*, 20 katun un *baktun* e 13 baktun compongono un grande ciclo. Il grande ciclo in corso all'epoca cui risale la documentazione maya iniziò alla data del cerchio del calendario del 4 Ahau 8 Cumku che, in base a una correlazione generalmente accettata con il calendario gregoriano, corrisponde al 3114 a.C. Cosí, per esempio, 9 baktun, 0 katun, 19 tun, 2 uinal e 4 kin, la data del computo lungo scolpita su una certa stele, viene interpretata come $9 \times 18 \times 20^3 + 0 \times 18 \times 20^2 + 19 \times 18 \times 20 + 2 \times 20 + 4 = 1\,302\,884$ giorni dall'inizio del grande ciclo iniziato il 4 Ahau 8 Cumku. Sulla stele è incisa anche la data del cerchio del calendario del 2 Kan 2 Yak, coincidente con la data del computo lungo. Nel nostro calendario, corrisponde al 454 d.C.

Le stele del periodo classico sono caratterizzate da glifi di datazione disposti in colonne appaiate, che si leggono da sinistra a destra e dall'alto in basso. La sequenza iniziava con un glifo introduttivo in cui spiccava il segno del tun e, di solito, il segno della particolare divinità associata alla data dell'anno vago, seguiti dai glifi rappresentanti la data del computo lungo, composti dai simboli delle unità temporali in successione (baktun, katun, tun, uinal e kin), ognuno con un coefficiente numerico. I numerali erano rappresentati in forma di barre e punti oppure da teste e figure. Gli elementi successivi nella sequenza erano la data del cerchio sacro e uno dei Signori della notte, appartenenti a un ciclo di nove. Ogni Signore della notte era associato a uno dei nove livelli degli inferi. L'elemento successivo, dopo la fase della luna, la sua posizione in un ciclo lunare di sei e l'indicazione della

Tabella 1.
Gli dèi nel ciclo di venti nomi del cerchio sacro.

1. Imix	6. Cimi	11. Chuen	16. Cib
2. Ik	7. Manik	12. Eb	17. Caban
3. Akbal	8. Lamat	13. Ben	18. Eznab
4. Kan	9. Muluc	14. Ix	19. Cauac
5. Chicchan	10. Oc	15. Men	20. Ahau

Tabella 2.
Gli dèi nel ciclo di diciotto nomi dell'anno vago.

1. Pop	7. Yaxkin	13. Mac
2. Uo	8. Mol	14. Kankin
3. Zip	9. Chen	15. Muan
4. Zotz	10. Yax	16. Pax
5. Tzec	11. Zac	17. Kayab
6. Xul	12. Ceh	18. Cumku

lunghezza del periodo lunare (29 o 30 giorni), era la data dell'anno vago. A volte anche il giorno veniva inserito all'interno di un ciclo di 819 giorni associato al dio della pioggia, che con l'uso dei colori associati alle quattro direzioni si poteva trasformare in un ciclo di $819 \times 4 = 3276$ giorni.

Le figure 3, 4 e 5 mostrano stele che seguono questo schema generale, utilizzando però forme di rappresentazione diverse. Nella figura 3, i numerali sono in forma di barre e punti e le divinità e le unità temporali sono in una forma detta a volte simbolica, o geometrica. Dopo il glifo introduttivo in A1, B1, A2, B2, A3 e B3 rappresentano, rispettivamente, 9 baktun, 0 katun,

Figura 3.
Architrave 21, Yaxchilán.
Fonte: Closs [1986], fig. 11.11, p. 320.

19 tun, 2 uinal e 4 kin; A4 è la data del cerchio sacro, 2 Kan, e A7 è la data dell'anno vago, 2 Yak; B4 mostra l'ottavo Signore della notte; B5, A6 e B6 indicano che la luna ha 7 notti, è nel periodo 3 e la lunazione è di 29 giorni (il glifo della luna indica 20 e la forma a barre e punti indica 9). Anche nella figura 4 i numerali sono in forma di barre e punti, ma le unità temporali del computo lungo sono rappresentate da teste. Qui la data del computo lungo (da A2 ad A4) è 9 baktun, 15 katun, 10 tun, 0 uinal e 0 kin. La data del cerchio sacro (in B4) è 3 Ahau e la data dell'anno vago (in A8) è 3 Mol. In entrambe le figure compare il simbolo a quadrifoglio per lo zero, a volte

---

Figura 4.

Stele 10, Piedras Negras.

Fonte: Coe [1992], fig. 22, p. 108.

interpretato come il completamento di un periodo (si vedano A2 nella figura 3 e B3 e A4 nella figura 4).

A differenza delle figure 3 e 4, nella stele della figura 5 tanto le unità temporali quanto i numerali sono rappresentati da teste. Qui la data del computo lungo è 9 baktun, 16 katun, 10 tun, 0 uinal e 0 kin (da A3 ad A5) e la data del cerchio del calendario (B5 e B8) è 1 Ahau 3 Zip. Le forme varianti dei numerali, rappresentati da teste, riflettono l'uso del 10 come punto di riferimento, come nella lingua parlata. Le rappresentazioni dei numerali da 13 a 19 mescolano le caratteristiche della testa che rappresenta

---

Figura 5.
Stele F, Quirigua.
Fonte: Closs [1986], fig. 11.18, p. 340.

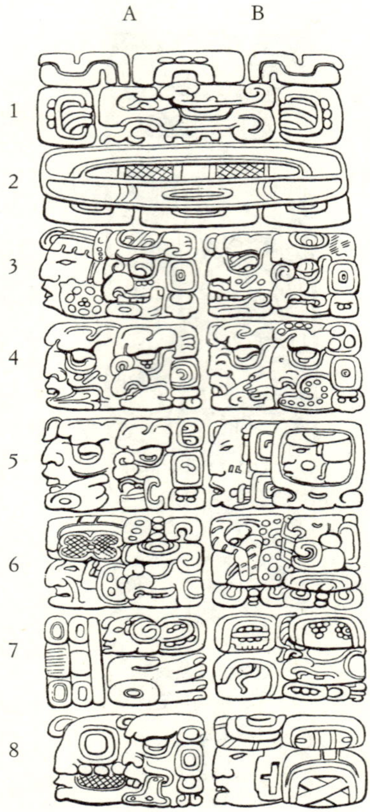

10 con quelle delle teste per i numerali da 3 a 9. Nei numerali rappresentati dalle teste, la mano sulla mascella inferiore (B4 e A5) rappresenta lo zero, o completamento.

Oltre a indicare la data di un particolare evento, spesso le iscrizioni sui muri, sulle scalinate e sulle stele mettono in relazione la data di un certo evento con la data di un altro. Nell'iscrizione illustrata nella figura 6, le coppie di glifi sono disposte in orizzontale e non in verticale, ma si leggono comunque da sinistra a destra. L'iscrizione indica un cambiamento nel tempo mediante l'addizione. 6 kin, 14 uinal e 11 tun (nella forma del computo lungo) viene calcolata a partire dalla data, anteriore, di 11 Ahau (una data del cerchio sacro) come 6 Cimi 4 Zec (una data del cerchio del calendario). In questo caso, il computo lungo non è una data, bensí il numero di giorni fra due date, il cosiddetto *numero-distanza*. Qui le unità temporali compaiono in ordine inverso rispetto all'uso descritto per le stele. Poiché le date del cerchio del calendario sono cicliche, è particolarmente importante che sia indicato l'ordine temporale e che il conteggio venga effettuato in avanti (esistono altri simboli la cui presenza indicherebbe che il conteggio è all'indietro).

Il numero-distanza sull'iscrizione della figura 6 è equivalente a 4246 giorni, ma alcune iscrizioni indicano intervalli molto piú grandi. Per questi lunghi periodi, a volte compaiono numeri per il computo lungo che comprendono non soltanto kin, uinal, tun, katun e baktun, ma anche unità temporali maggiori, che si chiamano pictun, calabtun, kinchiltun e alautun. Ogni unità successiva introduce un'ulteriore moltiplicazione per 20. Benché esistano rappresentazioni diverse per queste unità temporali, al di là dei katun in realtà non se ne conosce il nome. Gli studiosi moderni presumono che la parola yucateca *katun* sia una contrazione di *kal* (venti) e *tun* e, seguendo questo schema, hanno formato contrazioni simili anteponendo alla parola *tun* le diverse parole yucateche che indicano 400, 8000, 160 000, 3 200 000 e 64 000 000. Un esempio di un numero-distanza di notevole grandezza si trova in un'iscrizione che commemora l'ascesa al trono di un sovrano il 5 Lamat 1 Mol, avvenuta 8 kin, 9 uinal, 12 tun dopo la sua nascita, l'8 Ahau 13 Pop (secondo il nostro modo di contare, aveva soltanto 12 anni). L'evento

Figura 6.
Scalinata dei geroglifici, Copán.
Fonte: Thompson [1971], fig. 35, parte 16.

ebbe luogo 1 kin, 12 uinal, 2 tun, 9 katun, 2 baktun, 18 pictun e 7 calabtun dopo l'ascesa al trono di un sovrano mitologico, una divinità in qualche modo collegata, avvenuta il giorno 1 Manik 10 Tzec. In questo caso, la distanza tra le due date del cerchio del calendario era di piú di un milione di anni (455 393 761 giorni).

I numeri, sebbene relativamente pochi, compaiono anche in contesti diversi da quelli legati alle date e al tempo. Anche se i Maya non stabilivano il nome delle persone in base alla data di nascita, si conoscono alcuni casi di nomi di uomini e donne che contengono numerali, come il 12 e il 18, o identificatori simbolici. In altri casi, i numerali compaiono in glifi che indicano prigionieri, come «quello dei 20 prigionieri», o vicino a simboli che indicano che si tratta di ordinali e non di cardinali, come «l'ottavo nella successione».

A differenza dei monumenti, delle scalinate e dei muri del periodo classico che si trovavano in luoghi pubblici per essere osservati dalla nobiltà, i codici maya sono testi per lettori piú specializzati, probabilmente preti, astronomi e indovini. I codici consistono di un unico foglio di carta realizzato facendo macerare e triturando la corteccia interna di certi alberi e poi trattandola con la calce per creare superfici bianche e levigate. I fogli venivano dipinti con geroglifici su entrambe le facciate e ripiegati a ventaglio, per formare le pagine. Tre dei codici sopravvissuti, di varie dimensioni, vengono indicati con il nome della città dove sono custoditi: il Codice di Parigi è composto di un foglio alto 22 cm, lungo 1,45 m e ripiegato in 11, il Codice di Madrid di un foglio alto 22,6 cm, lungo 6,7 m e ripiegato in 56 e il Codice di Dresda di un foglio alto 8,5 cm, lungo 3,5 m e ripiegato in 39. (Di un quarto codice, il Grolier, esposto al Grolier Club di New York nel 1971, sono rimaste 11 pagine, che finora sono state meno analizzate e studiate).

Il Codice di Dresda, che secondo gli esperti fu realizzato nell'XI secolo nello Yucatán, è quanto mai interessante dal punto di vista matematico per le numerose tabelle concernenti le relazioni tra cicli di lunghezza diversa. Le tabelle, di interesse rituale e divinatorio, per lo piú mettono in relazione multipli importanti dei giorni con date del cerchio sacro. Alcuni dei numeri importanti su cui si basano le tabelle sono 78 e 780 giorni, 91 e 364 giorni, 65 e 1820 giorni e 54 e 702 giorni. I multipli di 91 e 364 arrivano fino a 145 600 giorni e quelli di 54 e 702 fino a 168 480, trattando quindi proiezioni temporali di circa 400 anni. La figura 7 mostra una parte della tabella dei multipli di 78 e 780 giorni, in cui sono visibili molte caratteristiche importanti dell'uso dei numeri nei codici.

Considerando la figura 7*a* a partire dall'angolo in alto a sinistra, vi è un glifo introduttivo seguito da una data del computo lungo. Una differenza importante tra il materiale classico e i codici è che nei codici le date del computo lungo sono in una forma posizionale che non comprende la descrizione delle unità temporali: leggendo dall'alto verso il basso, vi sono i valori 9, 19,

8, 15, 0, trascritti per convenzione come 9.19.8.15.0. Cosí come nel materiale classico, in virtú della loro posizione li si intende come numeri di baktun, katun, tun, uinal e kin e di solito li si interpreta come il numero di giorni dall'inizio del grande ciclo in corso, incominciato alla data del cerchio del calendario del 4 Ahau 8 Cumku. In questo caso specifico, tuttavia, la data del computo lungo è seguita da 17.12, un numero di giorni con un anello intorno alla posizione dei kin. Questo «numero-anello» indica che il computo lungo va riferito invece a una data che è 17.12 giorni *prima* dell'inizio del grande ciclo e che quindi inizia, come indica la tabella, il 3 Lamat. Anche se nella figura non compaiono tutti i numeri, questo trasformerebbe la data in 9.19.8.15.0 - 17.12, o 9.19.7.15.8. Le sei colonne da destra a sinistra nella metà inferiore della figura 7*b* riportano 3.18 3 Cimi, 7.16 3 Kan, 11.14 3 Ik, 15.12 3 Ahau, 1.1.10 3 Eznab e 2.3.0.3 3 Lamat. Nella nostra notazione equivalgono, rispettivamente, a 78, 2 × 78, 3 × 78, 4 × 78, 5 × 78 e 10 × 78 giorni dalla data iniziale del cerchio sacro di 3 Lamat e quindi corrispondono a 3 Cimi, 3 Kan, 3 Ik, 3 Ahau, 3 Eznab e 3 Lamat.

È importante notare l'uso regolare nelle tabelle del simbolo della conchiglia per indicare 0. Qui i segni delle unità temporali non seguono i numerali, pertanto lo zero come indicatore di posizione acquista maggiore importanza (in alcuni punti del Codice di Dresda i simboli delle unità temporali sono compattati: un esempio è dato da 1 pictun, 3 uinal e 1 kin in cui il numero-distanza ha solo tre posizioni al posto delle sei altrimenti necessarie). Nei testi del periodo classico, le date nella forma del computo lungo erano scritte

Figura 7.

Il Codice di Dresda: *a*) foglio 43*v*; *b*) foglio 44*v*.

Fonte: Thompson [1971], fig. 64, parti 2-3.

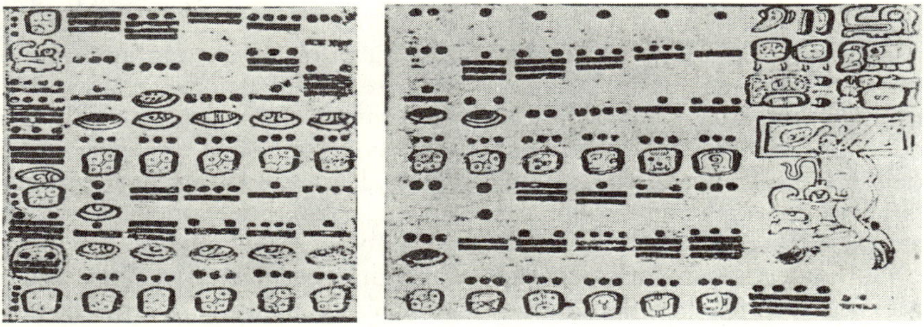

a) *b*)

in ordine decrescente, mentre i numeri-distanza erano in ordine crescente. Il Codice di Dresda non segue questa convenzione. È chiaro che differenze nell'ordine provocano confusione se la forma posizionale non comprende le unità temporali. Nel Codice di Dresda, anche se qualche volta sono rappresentati da teste, i numerali sono soprattutto in forma di barre e punti. L'eccezione è data dal fatto che 20 è rappresentato dal simbolo della luna nei numeri tra 20 e 39.

Oltre ad almanacchi divinatori, il codice contiene alcune tabelle che sono state interpretate come tabelle astronomiche riguardanti il ciclo di Venere, i cicli delle eclissi e un ciclo forse legato alla periodicità di Marte. Il calendario venusiano si estende per piú di cinque pagine del codice. Lo si è messo in relazione con Venere a motivo delle figure che lo accompagnano e anche perché è diviso in 5 periodi di 584 giorni ciascuno (584 è una buona approssimazione della media di un ciclo di cinque anni dei periodi sinodici di Venere). Nella tabella, i periodi di 584 giorni sono ulteriormente suddivisi in periodi di 236, 90, 250 e 8 giorni che riflettono i periodi di visibilità e invisibilità di Venere nel cielo. I giorni iniziali delle suddivisioni sono espressi in funzione di date del cerchio sacro, dell'anno vago e del computo lungo. La prima linea di ciascuna pagina avanza di 5 × 84 (2920) giorni, che coincide con 8 anni vaghi. Tali linee sono 13 per pagina e quindi, nelle 5 pagine, vi sono 65 anni di Venere che coincidono con 104 anni vaghi, con 146 cerchi sacri, o con 2 cerchi del calendario completi. Nel corso di questo periodo di 65 anni di Venere, l'uso dell'approssimazione di 584 anni per l'anno sinodico medio di Venere accumulerebbe un errore di 5,2 giorni. Ma la tabella contiene date di riferimento alternative che sono state interpretate come correzioni da applicare quando la tabella deve essere utilizzata per altri cicli di 65 anni di Venere. Queste correzioni consentirebbero una maggior precisione, con un errore di circa 2 ore in 400 anni all'incirca.

Cosí come il cerchio del calendario e l'anno vago non erano originari dei Maya, anche l'uso del computo lungo derivava da altri popoli mesoamericani. Gli esempi piú antichi, attribuiti ai discendenti degli Olmechi nelle regioni mesoamericane sudorientali, precedono di circa 300 anni il primo uso da parte dei Maya che si conosca. Le date del computo lungo sono in forma posizionale e usano la notazione a barre e punti. Anch'esse fanno riferimento a una data di base e indicano una data del cerchio del calendario con cui coincidono. Questi esempi antichi, tuttavia, sono assai rari e il primato dell'interesse matematico continua a essere detenuto dai Maya, che fecero larghissimo uso di registrazioni del tempo e datazioni che conciliavano cicli temporali diversi.

Gli Aztechi erano uno dei gruppi etnici di lingua nahuatl del bacino del Messico. Intorno al 1300 fondarono la capitale, Tenochtitlán, all'interno dell'area oggi occupata da Città del Messico. L'impero azteco era molto esteso e all'inizio del XVI secolo, all'arrivo degli Spagnoli, gli Aztechi dominavano la parte centrale del Messico meridionale, da un oceano all'altro. Molte città all'interno di quest'area di dominio registravano vari tipi di dati in volumi dipinti, fatti di carta o pelle di cervo, che venivano realizzati in maniera simile ai codici maya. Alcuni erano dedicati a informazioni genealogiche, altri alla terra e ai confini e altri ancora alla registrazione di tributi dovuti o pagati. Sfortunatamente, se ne sono conservati pochi.

La conoscenza dei testi aztechi è dovuta per lo piú alla collaborazione di scribi aztechi istruiti dagli Spagnoli. In particolare, gli scribi collaborarono all'interpretazione e alla scrittura di codici richiesti dagli Spagnoli. Un esempio è fornito dal Codice Mendoza, oggi conservato nella Biblioteca dell'Università di Oxford, che fu preparato per l'imperatore di Spagna negli anni Quaranta del 1500 su richiesta del primo viceré spagnolo del Messico. Gli Aztechi realizzarono il volume e interpretarono le figure in nahuatl e un prete spagnolo tradusse il testo nella sua lingua. Il Codice è composto di tre parti: 19 pagine narrano la storia degli Aztechi e le loro conquiste, 37 pagine descrivono il tributo ricevuto dalle 38 province dell'impero e 15 pagine descrivono vari aspetti della vita quotidiana. Le pagine che riguardano il tributo, in particolare, offrono molti esempi di uso e rappresentazione dei numeri.

Il calendario azteco, come quello di altri gruppi mesoamericani, si basa sul cerchio sacro di 260 giorni, sull'anno vago di 365 giorni e sul cerchio del calendario composto da 18 980 giorni (52 anni vaghi e 73 cerchi sacri). Ogni giorno del cerchio sacro è identificato da un numero da 1 a 13 e da un nome appartenente a un ciclo di 20 giorni. I nomi e le associazioni dei giorni differiscono da quelli usati dai Maya. Nell'ordine, sono Alligatore, Vento, Casa, Lucertola, Serpente, Morte, Cervo, Coniglio, Acqua, Cane, Scimmia, Erba ritorta, Canna, Giaguaro, Aquila, Avvoltoio, Movimento, Selce, Pioggia e Fiore. Anche nel caso azteco l'anno vago è un ciclo di 20 giorni numerati *all'interno* di un ciclo di 18 unità con un nome, piú 5 giorni. Noto come «fascio sacro», il cerchio del calendario era particolarmente importante. Per la maggior parte, le date azteche sono rappresentate dai nomi del numerale e del giorno nel cerchio sacro e dal portatore d'anno che ne precisa la posizione nel cerchio del calendario. Come descritto in precedenza, il portatore d'anno è un giorno dell'anno vago descritto dalla data del cerchio sacro con cui coincide. Nel caso degli Aztechi, si usava il 360esimo giorno dell'anno vago. I nomi del giorno potevano essere solo 4 dei 20 (Canna, Selce, Casa o Coniglio), combinati con un numerale da 1 a 13. Il ciclo di 52 anni dei portatori d'anno era 1 Canna, 2 Selce, 3 Casa, 4 Coniglio, 5 Canna, 6 Selce … 12 Canna, 1 Selce, 2 Casa … 13 Coniglio. I coefficienti numerici di queste date venivano rappresentati da un insieme di cerchietti – in altre parole, a seconda della data vi erano da 1 a 13 cerchietti.

Un altro esempio della rappresentazione azteca dei numeri con insiemi di cerchietti o punti compare in una descrizione del Codice Mendoza delle diverse età di fanciulli dai 3 ai 15 anni. Da 3 a 6, i punti compaiono in un'unica linea, 7 è •••••:, 8 è ::::, 9 è ::::•, 10 è composto da due linee complete di 5 punti, una sopra l'altra, e dall'11 al 15 al di sopra delle prime due vi è una terza linea, di 1,...,5 punti inseriti a partire da destra. In un altro esempio, che corrisponde a un computo di giorni, anche se il piú delle volte i gruppi sono da 5 punti, certe volte il 13 è scomposto in un gruppo da 5 e uno da 8 e altre volte in un gruppo da 6 e uno da 7.

I numeri piú grandi sono rappresentati con simboli speciali che indicano le diverse potenze di 20. Per indicare 20 si usava un simbolo simile a una bandierina, 400 era rappresentato da una punta frangiata e 8000 da una piccola sacca. La figura 8 mostra questi simboli nel contesto di registrazioni storiche e tributarie. Si può vedere che l'1 è rappresentato da un punto, ma anche da un dito. Nelle registrazioni dei tributi, i numeri sono associati agli elementi del tributo e indicano la quantità da pagare. La figura 8*a* mostra 10 maschere di pietra, *b*) 100 (5 × 20) accette, *c*) 402 coperte con un motivo

---

Figura 8.

Rappresentazione azteca dei numeri. *a*), *b*), *c*), *d*), *e*) provengono dal Codice Mendoza, *f*) dal Codice Telleriano Remensis e *g*) dal Codice Vaticano.

Fonte: Le figure *a*), *b*) e *c*) sono tratte da Marcus [1992], rispettivamente p. 97, fig. 4.4 in alto a sinistra; p. 358, figg. 11.3x e 11.3o. Le figure *d*), *e*), *f*) e *g*) da Thomas [1900], rispettivamente p. 946, figg. 34 e 32, p. 947, figg. 37 e 39.

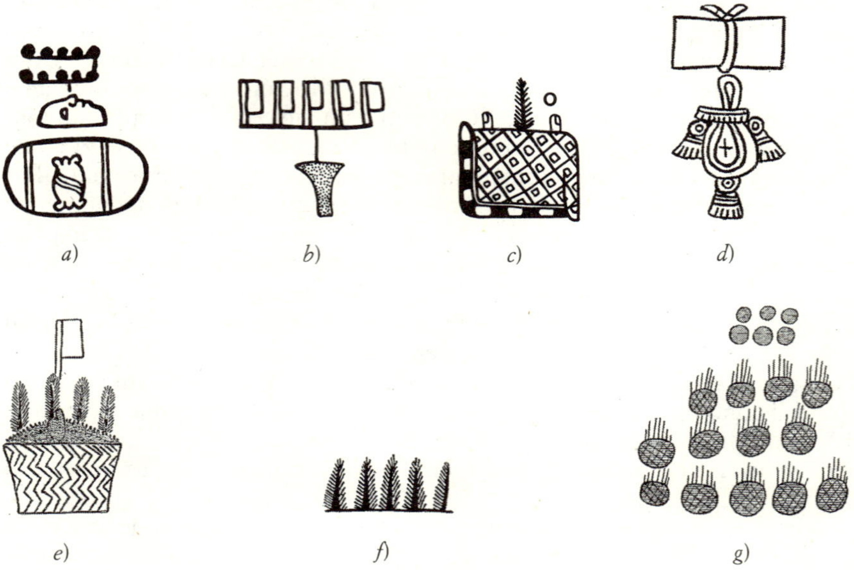

particolare, *d*) 8000 fogli di carta ed *e*) 20 cesti, ciascuno con 1600 (4 × 400) semi di cacao. La figura 8*f*, che si riferisce al numero di persone travolte da un'inondazione, viene interpretata come 1800, vale a dire 400 × 4 e ½. La figura 8*g*, una parte della rappresentazione del numero di anni della seconda era del mondo, indica 5206, o (13 × 400) + 6. Qui ogni cerchietto frangiato rappresenta 400.

In alcuni documenti della metà e della fine del XVI secolo compare un sistema alquanto diverso di rappresentazione dei numeri utilizzato in relazione alla superficie dei terreni. Associato al sistema texcocano-azteco, usava una linea per indicare l'1, cinque linee collegate per il 5 e un punto per il 20. In una coppia di rettangoli che simboleggia un appezzamento di terreno, le linee e i punti intorno ai lati di uno dei rettangoli ne descrivono la lunghezza, mentre i numerali in forma di linee e punti intorno ai lati e al centro dell'altro rettangolo sono associati all'area. In questa rappresentazione, le linee sul lato destro valgono 1, mentre il valore delle linee e dei punti in basso e al centro è moltiplicato per 20[3].

ASCHER, M. e ASCHER, R.

1997 *Mathematics of the Incas: Code of the Quipu*, Dover Publications, New York (ristampa di *Code of the Quipu: A Study in Media, Mathematics, and Culture*, University of Michigan Press, Ann Arbor 1981).

CLOSS, M. P.

1986 *The Mathematical Notation of the Ancient Maya*, in ID. (a cura di), *Native American Mathematics*, University of Texas Press, Austin, pp. 291-369.

COE, M. D.

1992 *Breaking the Maya Code*, Thames and Hudson, New York.

HARVEY, H. R. e WILLIAMS, B. J.

1980 *Aztec arithmetic: positional notation and area calculation*, in «Science», 210, pp. 499-505.

LOUNSBURY, F. G.

1978 *Maya Numeration, Computation, and Calendrical Astronomy*, in *Dictionary of Scientific Biography*, supplemento 1, 15, pp. 759-818.

MARCUS, J.

1992 *Mesoamerican Writing Systems: Propaganda, Myth, and History in Four Civilizations*, Princeton University Press, New Jersey.

PAYNE, S. E. e CLOSS, M. P.

1986 *A Survey of Aztec Numbers and Their Uses*, in M. P. CLOSS (a cura di), *Native American Mathematics*, University of Texas Press, Austin, pp. 213-36.

[3] Il sistema è descritto nei dettagli in Harvey e Williams [1980].

THOMAS, C.

1900 *Numeral Systems of Mexico and Central America*, in *Nineteenth Annual Report of the Bureau of American Ethnology 1897-1898*, parte II, U. S. Bureau of American Ethnology, Washington, pp. 853-955.

THOMPSON, J. E. S.

1971 *Maya Hieroglyphic Writing: An Introduction*, 3a ed., University of Oklahoma Press, Norman.

URCID SERRANO, J.

2001 *Zapotec Hieroglyphic Writing*, Dumbarton Oaks Research Library and Collection, Washington.

ZUIDEMA, R. T.

1977 *The Inca Calendar*, in A. F. AVENI (a cura di), *Native American Astronomy*, University of Texas Press, Austin, pp. 219-59.

AHMED DJEBBAR

Una panoramica della matematica araba

1. *Introduzione.*

Le pratiche matematiche di cui tratteremo in questo saggio sono in prima istanza quelle che furono ideate, insegnate, scritte e pubblicate in lingua araba in una delle numerose fucine scientifiche dei paesi dell'Islam tra la fine dell'VIII e il XV secolo (e che proseguirono fino all'inizio del XIX). È questo l'unico significato che diamo all'*arabicità* di tali pratiche. Per estensione tratteremo anche della produzione matematica che a partire dalla fine dell'XI secolo si è espressa in persiano, in ebraico e a volte anche in latino, ma che gli storici della scienza hanno valutato come dotata delle caratteristiche della tradizione araba a livello dei suoi elementi costitutivi e della terminologia, nonché dei metodi e degli orientamenti specifici. Nella medesima prospettiva, quando parleremo di scienziati «arabi» intenderemo tutti coloro che, indipendentemente dalle loro origini etniche o linguistiche, hanno fatto parte di questa tradizione scientifica di espressione araba. In questo stesso senso, infine, e per semplice comodità utilizzeremo i termini «studiosi dei paesi dell'Islam» o «studiosi arabo-musulmani» anche se alcuni di loro furono di confessione non musulmana.

Ripercorreremo in una rapida panoramica gli aspetti essenziali di tali pratiche, vale a dire i diversi contesti in cui sono nate, gli indirizzi che hanno conosciuto nel periodo della loro gestazione (IX-XV secolo) e i legami che hanno intessuto con le altre discipline, quali l'astronomia, la fisica, la linguistica e la filosofia. Sarebbe stato utile ricordare anche le cause interne ed esterne che hanno favorito o ostacolato lo sviluppo di queste attività – questioni importanti, che raramente sono state prese in considerazione negli studi di questi ultimi vent'anni – ma ci accontenteremo qui di descriverne alcuni aspetti, rinviando alle pubblicazioni che se ne sono occupate in maniera piú dettagliata [Gutas 1998; Djebbar 2001*b*, pp. 59-151].

È invece necessario, prima di ogni altra cosa, fare alcune precisazioni che consentiranno forse di collocare meglio il contenuto della tradizione matematica araba sullo sfondo delle tradizioni precedenti, nonché di contestualizzare le pratiche di questa tradizione nei loro ambienti culturali, ideologici, politici ed economici, che hanno conosciuto diverse trasformazioni nel corso del tempo.

La prima precisazione riguarda lo spazio nel quale si sono sviluppate le attività matematiche arabe. Tale spazio è caratterizzato dall'estensione e dalla diversità delle sue componenti umane. Di fatto, se la prima fase di questa tradizione ha interessato essenzialmente il centro dell'impero, vale a dire la Mezzaluna fertile e la parte occidentale della Persia, le fasi successive hanno avuto luogo nelle nuove fucine scientifiche sorte a partire dalla fine del IX secolo in regioni piú o meno lontane da Baghdad, la capitale dell'impero.

La seconda precisazione si riferisce alla natura della matematica praticata nei paesi dell'Islam. Come si vedrà, l'originalità di questa tradizione scientifica è stata di realizzare dapprima una giustapposizione e in seguito una sorta di sintesi di pratiche, concezioni e processi fondamentalmente differenti. Al di là delle loro diversità, tali pratiche possono essere raggruppate in due grandi tradizioni ben distinte. L'una, di origine greca, viene abitualmente definita ipotetico-deduttiva, nella misura in cui l'elemento centrale che la caratterizza è la giustificazione delle procedure per mezzo della dimostrazione, con tutto ciò che essa per sua natura presuppone in termini di regole, strumenti e discorsi sulle pratiche stesse. La seconda comprende tutte le tradizioni algoritmiche che la matematica araba ha scoperto direttamente nelle pratiche indiane o mesopotamiche e forse, indirettamente, in quanto circolava nell'VIII secolo delle procedure che avevano un legame con le pratiche cinesi ed egizie di molto antecedenti alla nascita dell'Islam [Djebbar 2001*a*].

La terza precisazione concerne l'eventuale ruolo rivestito dalle specificità regionali o locali (in termini economici, culturali o sociali) nel modo di praticare la matematica. Come apparirà chiaramente da quanto segue, non sono esistite una matematica araba «d'Occidente» e una «d'Oriente», come non vi sono stati due o tre modi di fare matematica in funzione del luogo in cui vivevano gli uomini di scienza dell'impero musulmano. Tutt'al piú sono state osservate alcune specificità a livello della terminologia, della grafia o dell'interesse piú o meno grande per questo o quel capitolo matematico, benché non sempre sia facile determinare i fattori che sono stati all'origine di tali specificità.

Una quarta e ultima precisazione riguarda il grado di sviluppo delle attività matematiche in funzione delle regioni e delle popolazioni dell'impero. È possibile chiedersi, in altre parole, se vi siano stati, da un lato, un «centro» motore e creatore e, dall'altro, una «periferia» consumatrice della produzione scientifica. Altrettanto legittimo è domandarsi se questo abbia comportato uno sviluppo disuguale delle attività matematiche a seconda delle diverse zone. Le informazioni di cui oggi disponiamo confermano il ruolo pionieristico sostenuto dall'area della Mezzaluna fertile nel processo di rinnovamento delle attività scientifiche e culturali a partire dalla fine dell'VIII secolo. Ma rivelano anche che a partire dal X secolo – come risultato dell'innalzamento del livello di istruzione in tutte le regioni dell'impero e al tempo stesso della circolazione del sapere scritto, grazie in particolare allo sviluppo dell'industria della carta – ha avuto luogo un'uniformizzazione sia del contenuto sia del livello della formazione. In conseguenza di questo fenomeno si è osservata l'esistenza di una partecipazione attiva, e talvolta di primo piano, di un buon numero di fucine intellettuali distanti dalla capitale dell'impero allo sviluppo delle scienze in generale e di quelle matematiche in particolare.

2. *La fase di transizione.*

Le biobibliografie arabe non forniscono alcun elemento preciso riguardo alle pratiche matematiche che si svilupparono nei paesi dell'Islam tra il 632, anno della morte del Profeta, e il 754, data dell'ascesa al potere del secondo califfo abbasside al-Manṣūr (754-75). È il contenuto di alcuni scritti successivi al IX secolo che ci permette oggi, grazie a uno studio comparato, di affermare l'esistenza, prima della nascita del fenomeno delle traduzioni, di un sapere e di un saper fare matematici completamente operativi, nonché di avanzare qualche congettura sulla loro natura e sui loro legami con il contenuto di alcune tradizioni precedenti alla nascita dell'Islam.

Tale insieme di conoscenze aveva a che fare essenzialmente con la geometria e con il calcolo. Sono presenti elementi di geometria nel materiale relativo alle pratiche di misurazione e ornamento che ci è pervenuto, cosí come in alcuni capitoli o manuali che hanno continuato a divulgare le basi di questo sapere. In essi compaiono le regole che permettono di determinare le aree delle figure e i volumi dei solidi classici cosí come alcuni elementi di ciascuna figura (lati, angoli, altezze, mediane, ecc.) a partire dalla conoscenza di altri elementi dati. Vi si trovano anche i procedimenti per costruire nuove figure a partire da altre figure date e per scomporle a loro volta, o per dividere le superfici secondo proporzioni determinate [Djebbar 1998*c*]. Il campo dell'aritmetica era costituito da diversi sistemi di numerazione: scritta (non posizionale), mentale o strumentale. Tali sistemi erano accompagnati da procedimenti aritmetici che permettevano di eseguire operazioni come l'addizione, la moltiplicazione, la divisione, la sottrazione e l'estrazione di radici, nonché di operare con le frazioni.

Tutti questi strumenti matematici erano probabilmente oggetto di insegnamento e venivano utilizzati nel quadro di attività economiche, sociali e artistiche come l'agrimensura, la ripartizione delle eredità, le transazioni commerciali e lo studio di compatibilità di amministrazioni diverse. Non è sempre facile identificare con precisione le fonti di tali conoscenze e pratiche, ma per alcune di esse si possono avanzare congetture caratterizzate da un certo grado di probabilità. La prima fonte è costituita da un sapere orale frutto di un'accumulazione di innovazioni e di esperienze che la storia non ha conservato e che, a partire dal X secolo, è noto come calcolo arabo (*ḥisāb 'arabī*), bizantino (*rūmī*) [Guergour 2000] o mentale (*hawā'ī*)[1], a seconda della tradizione da cui proveniva. Piú tardi questi elementi disparati sono stati raggruppati sotto la medesima definizione di «calcolo aperto» (*ḥisāb maftūḥ*), ed è questa la denominazione utilizzata dai biobibliografi posteriori al IX secolo nelle loro classificazioni delle scienze. Uno di essi, Ibn al-Akfānī (m. 1348), ne ha dato la seguente definizione: «Il calcolo aperto è quel calcolo che non è legato a cifre e che si accontenta di figure immaginarie [...]. È una scienza grazie alla quale si imparano a manipolare i numeri per la determinazione dei dati numerici noti grazie all'aggregazione, la separazione e la proporzionalità» [Ibn al-Akfānī 1998].

Uno degli elementi che autorizza a ricondurre tutte le pratiche appena menzionate al sapere vernacolare è il fatto che i matematici arabi che le descrivono non si riferiscono riguardo a esse ad alcuna fonte scritta, accontentandosi talvolta di dire che sono pratiche in uso alla loro epoca. In ogni caso, però, le distinguono chiaramente da un'altra categoria di procedimenti, che risalgono alla tradizione greca o a quella dell'India.

La seconda fonte di questo saper fare avrebbe un legame diretto o indiretto con le tradizioni scientifiche dell'antichità che si erano diffuse nel Mediterraneo orientale. Si tratta di un insieme di procedure e di problemi che si sarebbero distaccati dal *corpus* di scritti dell'Egitto, della Mesopotamia e della Grecia e che avrebbero continuato a circolare dopo il declino delle culture che li avevano prodotti [Djebbar 2001*a*, pp. 65-72]. Alcune di queste procedure sono aritmetiche, come i metodi di falsa posizione semplice e doppia, che permettono di trovare l'incognita di un problema di tipo lineare, o come il procedimento dell'inverso, che consiste nel partire dall'ultima operazione enunciata nel problema e risalire fino al dato iniziale attraverso una successione di operazioni aritmetiche elementari[2]. Altre sono geometriche, o per lo meno utilizzano le figure come supporto; è questo il caso di un metodo, detto «delle superfici», utilizzato dagli specialisti nella ripartizione delle eredità [Djebbar 1998*c*, p. 117][3]. Vi è infine l'algoritmo per la soluzione dei problemi di tipo quadratico, vale a dire tutti quelli che si esprimerebbero oggi sotto forma di equazioni di se-

[1] Il piú antico matematico conosciuto ad aver usato questa definizione è al-Uqlīdisī (X secolo). Si veda Saïdan [1985], pp. 47, 95, 118, 135, 246.

[2] Il metodo dell'inverso consiste nel partire dalla fine dell'enunciato e fare, seguendo l'ordine contrario, le operazioni inverse a quelle che sono date nell'enunciato. Il metodo della falsa posizione consiste nel prendere un numero a caso e verificare se permette la soluzione del problema. Se non lo fa, cosa che accade generalmente, si ripete l'operazione con un secondo numero preso a caso. Se ancora questo non dà la soluzione del problema, si introducono due numeri presi a caso in una formula conosciuta. Il risultato dei calcoli per questa formula dà la soluzione esatta del problema. Si trovano entrambi i metodi, e altri ugualmente antichi, nell'opera di al-Ḥubūbī, un giurista matematico del X secolo [Laabid 1990].

[3] Il metodo consiste nel rappresentare geometricamente sotto forma di quadrati e rettangoli i dati del problema e l'incognita cercata.

condo grado: veniva utilizzato nelle misurazioni e serviva a determinare gli elementi di una figura a partire dalla conoscenza di altri elementi. Nonostante il silenzio degli autori che hanno continuato a utilizzarle, è possibile reperire l'origine greca di queste conoscenze confrontandone la struttura e la terminologia con la struttura e la terminologia delle procedure in uso nelle tradizioni precedenti della Mesopotamia, dell'India o anche della Cina [Djebbar 2005, pp. 32-48].

A fianco di questo saper fare di origini diverse e spesso non identificate, che rispondeva ai bisogni delle diverse corporazioni, sembra che all'interno di una determinata élite fosse in uso un certo numero di pratiche scientifiche, basate questa volta su opere antiche ben note o su manuali didattici. Tali pratiche erano disperse tra ciò che restava dei centri intellettuali fioriti nella regione (come Alessandria in Egitto, Gundishapur in Persia, Nisibe e Harran nel Nord della Mezzaluna fertile), ciononostante sono state preservate dalle comunità religiose cristiane (come quelle dei monasteri di Kenesrin e di Rā's al-'Ayn) che avevano preso il posto di Atene nel campo della logica e piú in generale della filosofia.

Esempi di questi scritti matematici o astronomici precedenti alla nascita dell'Islam sono la versione siriaca degli *Elementi* di Euclide, di cui ci sono pervenuti alcuni frammenti [Baudoux 1935], cosí come due epistole sull'astrolabio, la prima, in greco, di Giovanni Filopono (prima metà del VI secolo) [Segonds 1981], la seconda, in siriaco, di Severo Sēbōkht (m. intorno al 667) [Nau 1899]. A queste sono forse da aggiungere i manuali in persiano e alcuni insegnamenti orali tramandati in questa lingua riguardanti elementi di astronomia o di calcolo (o di entrambi). È possibile che in un periodo non precisato, ma anteriore alla nascita dell'Islam, alcuni di tali elementi abbiano potuto essere messi in circolazione fin dall'India o dalla Cina. Ciò vale sicuramente per la nozione di base decimale posizionale propria della tradizione di calcolo indiana. Ma probabilmente è anche il caso di alcuni strumenti matematici utilizzati in astronomia, come il cerchio indiano, il seno e il seno verso. Quest'ultima ipotesi ci viene suggerita da una testimonianza precisa, quella di Severo Sēbōkht, che allude alla numerazione indiana: «Non parlo della scienza degli Indiani, che non sono Siriaci, né delle loro sottili invenzioni in questa scienza dell'astronomia che sono piú ingegnose di quelle dei Greci e dei Babilonesi, né del metodo di calcolo di computazione che utilizza nove segni» [Nau 1910*a* e *b*]. Queste nozioni e questi strumenti non hanno dovuto aspettare la fase della traduzione dal sanscrito o dal greco all'arabo per essere conosciuti e adottati insieme agli elementi matematici piú antichi che costituivano lo sfondo locale.

3. *La fase di appropriazione della matematica «scientifica».*

Occorre subito precisare che il fenomeno della traduzione dei testi matematici e astronomici attribuiti alle tradizioni greca, indiana, siriaca e persiana dei quali è stato possibile ritrovare alcune copie non ha interessato esclusivamente gli scritti scientifici, e che questi ultimi non sono stati i primi documenti ad aver beneficiato di tale operazione di trasposizione culturale. Sembra infatti che fossero state avviate iniziative in questo campo già nei primi anni del VII secolo, e che riguardassero inizialmente le opere dedicate all'arte della guerra e all'astrologia, per rivolgersi piú tardi a quelle di medicina e di chimica [Djebbar 1996]. È durante l'epoca del secondo califfo abbasside, al-Mansūr, che si segnalano le prime traduzioni di opere matematiche o comunque fondate sull'utilizzo degli strumenti di questa disciplina. Si tratta degli *Elementi* di Euclide (III secolo a. C.), dell'*Introduzione aritmetica* di Nicomaco di Gerasa e dell'*Almagesto* di Tolomeo (II secolo d. C.), e di un'opera non identificata che faceva parte della raccolta dei *Siddhānta* indiani e che potrebbe essere il *Khanadhādyaka* di Brahmagupta (m. 666 ca.). Gli scritti di quest'ultimo trattano essenzialmente di astronomia, ma contengono anche un insieme di strumenti aritmetici, algebrici e trigonometrici indispensabili alla soluzione dei problemi legati ai movimenti dei corpi celesti [al-Mas'ūdī 1967, p. 554; Ṣā'id al-Andalusī 1985, pp. 130-32].

È altrettanto necessario segnalare che, a partire da questo periodo e durante i regni di tre dei successori di al-Mansūr, sono state tradotte anche diverse opere di filosofia e di logica. È noto, per esempio, che Ibn al-Muqaffā' (m. 759) ha tradotto tre libri di logica di Aristotele insieme all'*Isagoge* di Porfirio, e che, sotto il regno di al-Mahdī (775-85), fu ancora il califfo a finanziare la traduzione dei *Topici* del celebre filosofo di Stagira. Ma è durante i regni di Hārūn ar-Rashīd (785-809) e di al-Ma'mūn (813-33) che è stato reso disponibile il maggior numero di testi filosofici di Aristotele, di Platone e dei loro commentatori. Relativamente presto, dunque, gli scienziati e piú in particolare i matematici hanno potuto contare su diversi strumenti di investigazione, giustificazione e riflessione per le loro attività teoriche. E, come si vedrà piú avanti, questo non è rimasto senza conseguenze per alcuni degli indirizzi intrapresi dalla pratica matematica araba dei secoli successivi, né per lo sguardo che eminenti matematici rivolsero al contenuto delle loro discipline nonché al modo di metterle in pratica.

Per quanto riguarda il resto del *corpus* matematico antico che è stato ritrovato, tradotto e studiato, le informazioni in nostro possesso sono ancora frammentarie. Gli studiosi della teoria dei numeri, oltre al libro di Nicomaco, di ispirazione neopitagorica (che beneficerà di due traduzioni), potevano contare sui libri VII, VIII e IX degli *Elementi* di Euclide. Piú tardi, vale a dire tra la fine del IX e l'inizio del X secolo, fu scoperta e tradotta da Qusṭā ibn Lūqā (m. 910) una parte dell'*Aritmetica* di Diofanto (III secolo) [Sesiano 1981]. Per la geometria, dunque, ai primi matematici dei paesi dell'Islam erano pervenuti, anche se solo parzialmente, tutti e tre i grandi ambiti disciplinari della tradizione greca: quello della geometria euclidea attraverso gli *Elementi* (che vennero tradotti almeno tre volte), quello della geometria di Archimede con la traduzione di due opere soltanto (*La misurazione del cerchio* e *La sfera e il cilindro*), e quello della geometria delle coniche attraverso *Le coniche* di Apollonio (III secolo a. C.). A questo *corpus* andrebbero aggiunti gli strumenti geometrici che gli astronomi trassero essenzialmente dalle *Sfere* di Menelao (II secolo). Per quanto riguarda il calcolo, gli scienziati arabi furono molto eclettici: ereditarono dai Greci la numerazione alfabetica a 27 cifre, che utilizzarono in astronomia e per i quadrati magici, e dagli Indiani la numerazione decimale posizionale a 10 cifre (tra cui lo zero) insieme agli algoritmi aritmetici classici (addizione, sottrazione, moltiplicazione, divisione ed estrazione di radici quadrate).

4. *I grandi indirizzi della matematica araba.*

A partire da questa molteplice eredità, recepita però in misura parziale, i primi matematici arabi si impegnarono in attività multiformi, i cui indirizzi si delinearono progressivamente in funzione dei problemi incontrati studiando il *corpus* greco e indiano, delle questioni ancora aperte o risolte in modo imperfetto nell'ambito delle tradizioni precedenti e delle sollecitazioni avanzate da altre discipline scientifiche come l'astronomia, la fisica e la linguistica.

Nel campo della teoria dei numeri, una delle direzioni verso le quali si orientò la ricerca riguarda lo studio dei numeri primi. Tale studio prese avvio con l'esame di Thābit ibn Qurra (m. 901) dei numeri amicabili[4], che portò alla pubblicazione di un'epistola nella quale l'autore esponeva un procedimento che permetteva di determinare un'intera famiglia di numeri di questo tipo [Woepcke 1852; Rashed 1984]. Ignoriamo ancora completamente le ricerche che furono portate avanti in Oriente in seguito, tra il IX e il XII secolo. Quanto ai matematici di questo periodo vissuti nell'Occidente musulmano, sappiamo che alcuni di essi si interessarono al problema e che lo trattarono nelle loro opere: nell'XI secolo, al-Mu'taman (m. 1085) riprodusse il contenuto dell'epistola di Ibn Qurra nel suo *Kitāb al-istikmāl* (Libro della perfezione) [Djebbar 1999], mentre, dopo di lui, nel *al-Kitāb al-kāmil fī 'ilm al-'ada* (Il libro completo sulla scienza

[4] Due numeri *m* e *n* sono detti «amicabili» quando la somma dei divisori propri di *m* è uguale a *n* e la somma dei divisori propri di *n* è uguale a *m*.

dei numeri) il matematico di Siviglia al-Ḥaṣṣār (XII secolo) trovò le prime due coppie di numeri amicabili e il modo di ottenerle [Aballagh e Djebbar 1987]. Sempre nel campo dei numeri primi, le ricerche sono state portate avanti nella città del Cairo da Ibn al-Haytham (m. 1041), che ha stabilito un risultato simile al teorema dei resti (maggiormente noto con il nome di «teorema di Wilson»). Piú tardi al-Fārisī (m. 1319) studiò la scomposizione di un numero intero in fattori primi[5].

Il secondo indirizzo di ricerca perseguito nell'ambito della teoria dei numeri si inserisce nel filone dell'*Aritmetica* di Diofanto, anche se gli autori arabi non sempre fanno riferimento a questa importante opera. Due sono i tipi di lavori nati in questo campo. I primi riguardavano la soluzione di sistemi di equazioni indeterminate sull'insieme degli interi e dei razionali; i contributi che ci sono pervenuti si trovano nel *Kitāb al-kāmil fī 'l-jabr* (Libro completo di algebra) di Abū Kāmil (m. 930) e nel *Kitāb al-Fakhrī* (Libro dedicato ad al-Fakhrī) di al-Karajī (m. 1029) [Sesiano 1977*a* e *b*; Djebbar 2005]. Il secondo si è dedicato allo studio delle terne pitagoriche[6] e di alcune categorie di equazioni di Diofanto. Tra gli scritti che hanno trattato di questo figurano anche quelli dei matematici del x secolo Abū 'l-Jūd, al-Khāzin e as-Sijzī e l'opera di Ibn al-Haytham [Yuškevič 1976].

È necessario infine ricordare un terzo capitolo, non tanto per le innovazioni che contiene, quanto per la sua presenza in numerosi manuali di calcolo. Si tratta dello studio delle successioni e delle serie numeriche finite con l'esposizione di alcuni risultati sulla somma di successioni aritmetiche e geometriche nonché sul loro impiego in diversi tipi di problemi: quelli della geometria «di Archimede», che si occupa del calcolo delle aree e dei volumi di determinate figure piane e solide[7], e quelli dell'algebra, in cui queste successioni sono il pretesto per la costruzione di problemi che portano a equazioni di vario grado[8].

In geometria, un primo contributo alla nascita di questo capitolo scaturisce dalla rilettura critica degli *Elementi* di Euclide. Tale rilettura ha permesso una sorta di aritmetizzazione del libro X del trattato, che a sua volta ha fatto emergere una nozione di numero piú estesa di quella ereditata dai Greci, dal momento che inglobava gli irrazionali quadratici oltre a tutti gli irrazionali ottenuti come radice n-esima di un intero o di una

[5] Il teorema dice: «se $n > 1$, n è un numero primo se e soltanto se il prodotto $2 \cdot 3 \cdot \cdots (n-1)$ è congruente a -1 mod n». Si veda Rashed [1984], pp. 227-43, 274-96.

[6] Le terne pitagoriche sono terne di interi per i quali la somma dei quadrati dei primi due è uguale al quadrato del terzo.

[7] Si tratta di serie che intervengono nell'inquadramento di una superficie (parabola) o di un volume (sfera, paraboloide) per mezzo di superfici rettangolari o di parallepipedi [Yuškevič 1976, pp. 124-29].

[8] Come il celebre «problema di Ceuta» posto da al-Ḥaṣṣār ai giuristi di quella città, che consiste nel determinare quale numero verifichi l'equazione $1^3 + 3^3 + 5^3 + \cdots + x^3 = 1225$ [Suter 1901].

frazione e infine, in un'ultima tappa, ogni rapporto tra due grandezze incommensurabili[9].

Fra i problemi ereditati dalla tradizione greca, i matematici arabi hanno affrontato con successo tutto ciò che non hanno potuto risolvere sulla scia dei loro predecessori con la geometria euclidea, e in particolare la divisione di una sfera in due parti che stiano in un rapporto dato – questione studiata nella proposizione 4 del libro II di *La sfera e il cilindro* di Archimede – la sezione di un angolo in parti uguali, la determinazione di *n* medie proporzionali tra due grandezze date e infine la costruzione di alcuni poligoni regolari, come l'ettagono e l'ennagono[10].

Ma oltre ai problemi geometrici ereditati dagli antichi, i matematici appartenenti alla tradizione di cui ci stiamo occupando hanno affrontato temi nuovi. Si possono segnalare a titolo di esempio lo studio di Thābit ibn Qurra sulle ellissi [Karpova e Rosenfeld 1974], quelli di as-Sijzī sulle tre coniche [Sezgin 1974, p. 331] e soprattutto quelli di Ibn al-Haytham e Ibn Sayyid (XI secolo) sulle curve di grado superiore al secondo. I due ultimi contributi non ci sono pervenuti, ma le testimonianze che abbiamo sul loro contenuto e sulle loro possibilità di utilizzo per risolvere nuovi problemi non lasciano alcun dubbio in merito al carattere innovatore di quegli scritti. Le ricerche del primo sono state infatti descritte da uno specialista nel campo della levatura di 'Umar al-Khayyām (m. 1131) e riguardano l'impiego di nuove curve le cui intersezioni forniscono soluzioni positive alle equazioni di quinto grado [Djebbar e Rashed 1981, p. 66]. Quelle del secondo ci sono state sintetizzate da uno dei suoi discepoli, l'eminente filosofo andaluso Ibn Bājja (m. 1138); anch'esse aspirano a risolvere problemi geometrici la cui espressione algebrica darebbe un'equazione di grado superiore o uguale a tre – la sezione di un angolo in parti uguali e la determinazione di *n* medie proporzionali tra due grandezze date [Djebbar 1998*a*].

Un altro indirizzo perseguito dalla pratica geometrica nei paesi dell'Islam si è focalizzato sulla soluzione dei problemi di misurazione attraverso il metodo infinitesimale. Grazie a una parziale conoscenza della produzione di Archimede in questo ambito, i matematici arabi si dedicarono al calcolo dell'area e del volume di un certo numero di figure piane e di solidi. Questi lavori furono avviati dall'opera dei fratelli Banū Mūsā (IX secolo) intitolata

[9] Il libro X studia i binomi e gli apotemi che hanno grandezze la cui misurazione oggi si esprimerebbe come $m + \sqrt{n}$, $m - \sqrt{n}$, $\sqrt{m} + \sqrt{n}$ o $\sqrt{m} - \sqrt{n}$. Intorno alla metà del IX secolo, studiosi di algebra come al-Māhānī hanno esteso questo studio a grandezze di forma $m^{1/2^p} + m^{1/2^q}$, $m^{1/2^p} - m\,m^{1/2^q}$, e ad altre, senza tener conto dei loro riferimenti geometrici. Le hanno anche introdotte, a fianco degli interi e dei razionali, nelle soluzioni delle equazioni. Si vedano ms Paris, Bibliothèque Nationale de France, n. 2457 e ms Tunis, Bibliothèque Nationale, n. 16 167.

[10] Algebrizzati, questi problemi porterebbero a equazioni di terzo grado [Anbouba 1978; Yuškevič 1976, pp. 93-94].

Kitāb fī ma'rifat misāḥat al-ashkāl al-basīṭa wa 'l-kuriyya (Libro sulla determinazione delle superfici delle figure piane e sferiche) [Suter 1902]. A ciò fecero seguito gli scritti di Thābit ibn Qurra sulle parabole, le ellissi e i paraboloidi, e successivamente quelli di Ibrāhīm ibn Sinān (m. 940) [Rosenfeld 1971]. Nella seconda metà del x secolo fu la volta di Ibn al-Haytham di pubblicare studi originali sui volumi della sfera e del paraboloide sferico [Yuškevič 1976, pp. 123-31]. E, qualche decennio piú tardi, il matematico di Saragozza al-Mu'taman espose nel *Kitāb al-istikmāl* un tentativo di calcolare l'area delimitata da un segmento di iperbole [Hogendijk 1988, pp. 62-63].

Nel campo della geometria applicata ricordiamo anche il trattato di Abū 'l-Wafā' (m. 997) sulla composizione e la scomposizione delle figure, opera che si rivolgeva agli artigiani decoratori [Abū 'l-Wafā' 1979]. Nel campo dell'ottica geometrica, gli scritti di al-Kindī (m. 873), di Ibn Sahl (x secolo), di Ibn al-Haytham e di al-Fārisī sono spesso andati piú lontano di quelli dei loro predecessori greci, in particolare per quanto riguarda lo studio dei diversi fenomeni della rifrazione [Naẓīf 1942-43; Rashed 1990]. In architettura, il *Miftāḥ al-ḥisāb* (La chiave del calcolo) di al-Kāshī (m. 1429), unica opera di questo autore a noi nota, espone i procedimenti di realizzazione impiegati per cupole, ogive e decori a tre dimensioni (*muqarnas*)[Damirdash e al-Hafni 1967]. Non va dimenticata infine la geometria degli strumenti astronomici, presente fin dalla fine dell'VIII secolo e sempre a fianco delle innovazioni tecnologiche prodotte in questo campo; le opere piú significative riguardo a questo tema sono quelle di al-Bīrūnī (m. 1048) e di al-Murrākushī (XIII secolo)[11].

5. *Le nuove discipline.*

Abbiamo cosí presentato, anche se in breve, qualche aspetto essenziale del contributo dei matematici dei paesi dell'Islam ai campi tradizionali della disciplina. Ma la vitalità di un'attività scientifica si giudica anche e soprattutto in relazione alla sua capacità di intravedere nuovi ambiti di ricerca, di esplorarli e a volte di stabilirvi vere e proprie tradizioni. È a tale aspetto della matematica che sarà dedicata questa seconda parte del saggio. Esamineremo le prime tappe della costituzione di nuove discipline e nuovi capitoli: l'algebra, la trigonometria, l'analisi combinatoria e i quadrati magici. Quattro ambiti della matematica che, senza aver raggiunto il medesimo livello di sviluppo, hanno acquisito tutti una propria autonomia nel quadro della matematica araba.

[11] Al-Bīrūnī, *Kitāb fī istī'āb al-wujūh al-mumkina fī ṣan'at al-asṭurlāb* (Libro esaustivo sulle forme possibili di realizzazione dell'astrolabio), ms Leiden, Or. 591/4e; Al-ḥasan al-Murrākushī, *Jāmi' al-mabādi' wa 'l-ghāyāt* (Raccolta dei principî e degli scopi della scienza del tempo), ms Paris n. 22507-8; Sédillot [1834-35].

5.1. L'algebra.

Nel campo dell'algebra, il *Mukhtaṣar fī ḥisāb al-jabr wa 'l-muqābala* (Compendio di calcolo attraverso il completamento e il bilanciamento) di al-Khwārizmī (m. 850) è stato considerato dalla maggioranza degli studiosi che appartennero successivamente ai paesi dell'Islam come la pietra miliare dell'algebra araba. Il libro è suddiviso in due grandi parti. Nella prima l'autore presenta la numerazione decimale e definisce gli oggetti dell'algebra: i numeri (strettamente positivi), l'incognita, il quadrato dell'incognita e le sei equazioni che è possibile comporre con questi tre elementi. Poi vengono esposte le procedure per la soluzione di ciascuna di queste equazioni, insieme, quando è necessario, alle dimostrazioni che convalidano l'esistenza delle soluzioni (positive). Questa prima parte si conclude con la definizione, o la semplice descrizione, degli strumenti (come le «identità notevoli») che permettono di esprimere un problema servendosi di una delle sei equazioni «canoniche». La seconda parte dell'opera, piú consistente della prima, è dedicata interamente alla soluzione dei problemi legati alla vita di tutti i giorni, suddivisi in tre grandi capitoli: l'agrimensura, le transazioni commerciali e la ripartizione delle eredità [Musharraf e Mursi Aḥmad 1968].

Secondo le indicazioni dei bibliografi, sembra che la nascita dell'algebra come nuova disciplina fosse in qualche modo nell'aria intorno alla fine dell'VIII secolo e che altre opere l'abbiano concretizzata piú o meno nello stesso periodo. Uno di questi scritti, quello di Ibn Turk (IX secolo), ci è parzialmente pervenuto, ma gli altri sono andati perduti, probabilmente soppiantati dal libro di al-Khwārizmī e poi, piú tardi, da trattati ancora piú complessi [Sayili 1962].

Non è facile seguire l'evoluzione di questa disciplina a partire dai suoi primi passi, vale a dire dal tempo in cui si limitava alla soluzione di equazioni di grado inferiore o uguale a due. Ma lo studio del contenuto di alcuni importanti manoscritti permette di declinare i progressi essenziali che ha conosciuto e che l'hanno portata a essere autonoma rispetto alla scienza del calcolo e alla geometria, a estendere il proprio dominio e a intervenire nelle altre discipline come strumento di risoluzione di problemi pratici o teorici.

I primi progressi sono già evidenti nei lavori di Abū Kāmil, dove si notano l'intervento sistematico dei numeri irrazionali nella soluzione delle equazioni (sia come coefficienti sia come radici) e l'estensione delle operazioni aritmetiche alle incognite e ai monomi di qualunque grado. A partire da qui, nuovi filoni di ricerca prendono forma e nuovi indirizzi vengono a delinearsi: l'elaborazione dell'algebra dei polinomi a opera dei successori di Abū Kāmil, come Sinān ibn al-Fatḥ (X secolo), al-Karajī e as-Samaw'al (m. 1175); l'analisi indeterminata da parte dello stesso al-Karajī; la teoria delle equazioni cubiche di Abū 'l-Jūd, al-Khayyām e Sharaf ad-Dīn aṭ-Ṭūsī (m. 1213); i metodi di approssimazione di Ibn Labbān (X secolo), aṭ-Ṭūsī e, piú avanti, al-Kāshī.

Per quanto riguarda l'Occidente musulmano, le ricerche non hanno ancora permesso di discernere il contributo delle fucine scientifiche di questa regione al campo dell'algebra. Ma è noto che i diversi argomenti che abbiamo appena ricordato, anche i piú elaborati, sono stati introdotti nei programmi di insegnamento andaluso e maghrebino ed erano ancora presenti in opere del XIV e del XV secolo quali *Rashfat ar-ruḍāb* (La suzione del nettare) di al-Qaṭrawānī (XIV secolo), *Kashf al-jilbāb* (La soppressione della tunica) di al-Qalaṣādī (m. 1486) e *Munyat al- ḥussāb* (Le aspirazioni degli studenti) di Ibn Ghāzī (m. 1513) [Djebbar 2005, pp. 74-103].

Parallelamente a queste ricerche si osserva, questa volta all'interno dell'algebra classica, la tendenza a liberarsi dai vincoli della geometria. I primi segni di questa emancipazione si trovano già in Abū Kāmil, che non tiene piú conto dell'omogeneità nella manipolazione delle diverse grandezze geometriche. A sua volta al-Karajī, pur conservando le dimostrazioni geometriche delle sue proposizioni, le affianca a prove di tipo algebrico. Questo sforzo è portato avanti da al-Khayyām e Sharaf ad-Dīn aṭ-Ṭūsī, che si soffermano sulle relazioni che definiscono le curve coniche (parabole, iperboli) e sulle espressioni polinomiali che intervengono nelle equazioni di terzo grado di cui si occupano [Djebbar e Rashed 1981; Rashed 1984, pp. 147-93].

Malgrado le vivaci resistenze di una tradizione fortemente geometrizzante mantenuta nell'insegnamento, questa tendenza all'algebrizzazione è riuscita a imporsi occasionalmente. Se ne trova una prova indiscutibile negli scritti maghrebini del XIV secolo, per esempio in due opere di Ibn al-Bannā (m. 1321) che trattano di questioni di algebra, il *Raf' al-ḥijāb 'an wujūh a'māl al-ḥisāb* (Svelamento delle operazioni del calcolo) e il *Kitāb al-uṣūl wa 'l-muqaddimāt fī 'l-jabr* (Libro dei fondamenti e delle premesse dell'algebra): qui le dimostrazioni che accompagnano la soluzioni delle equazioni classiche non hanno piú alcun supporto geometrico e sono espresse in un linguaggio asciutto e generale [Aballagh 1988; Djebbar 1998*b*].

È negli scritti maghrebini dei secoli XII-XV che si scopre l'impiego di un simbolismo matematico relativamente elaborato in due discipline. Innanzitutto nella scienza del calcolo, dove viene utilizzato per esprimere i diversi tipi di frazione e per operare su di esse, oltre che per manipolare le radici quadratiche e biquadratiche dei numeri. E poi nell'algebra, dove compare per scrivere succintamente i polinomi e le equazioni o per determinare le soluzioni di queste ultime. Nell'attesa di nuovi elementi che gettino luce sulla data e il luogo in cui si sviluppò questo simbolismo, la sola cosa di cui si è certi è che la sua utilizzazione piú antica e piú importante dal punto di vista quantitativo ebbe luogo nel Maghreb essenzialmente dopo il XIII secolo [Ibn al-Yasāmīn 1993]. Da allora, i matematici di questa regione sembrano aver afferrato assai rapidamente l'importanza dello strumento, visto che, come confermano le opere di Ibn Ghāzī, Ibn Qunfudh (m. 1407) e al-Qalaṣādī, l'introdussero a tutti i livelli dell'insegnamento [Djebbar 1980].

5.2. La trigonometria.

Pur essendo maturata entro i confini dell'astronomia, nella scienza araba la trigonometria ha rappresentato il crocevia di diverse attività matematiche. L'astronomia aveva conosciuto un importante sviluppo a partire fondamentalmente dal patrimonio indiano e greco. In principio tale sviluppo era stato favorito dalle necessità della pratica religiosa e da alcune commissioni statali, come il finanziamento delle traduzioni voluto dai califfi al-Mansūr, al-Mahdī e Hārūn ar-Rashīd e l'avvio di un esteso programma di osservazioni e misurazioni da parte di al-Ma'mūn.

Tra le varie espressioni dell'astronomia, a stimolare lo sviluppo degli strumenti della trigonometria sono stati in particolare lo studio del movimento dei pianeti, il calcolo del tempo, la concezione di strumento e soprattutto la realizzazione di centinaia di tabelle per usi di ogni tipo. Queste tavole (chiamate *zījs*) contenevano, in particolare, i calendari adattati ai bisogni di questa o quella comunità in funzione delle sue credenze, attività e modi di vivere. In base a determinati calcoli, le *zījs* stabilivano gli orari delle preghiere, le latitudini e longitudini delle città, la direzione della Mecca a partire da qualunque città dell'impero, previsioni sull'apparizione dei quarti di luna, ecc. A fianco di questa quantità di informazioni direttamente utilizzabili vi era una parte matematica, che comprendeva le tavole trigonometriche e i metodi di calcolo che permettevano di determinare il movimento degli astri e di prevedere fenomeni di vario genere, come per esempio le eclissi [Kennedy 1966; King 1973; Yuškevič 1976, pp. 141-50].

Prendendo le mosse dai primi problemi trigonometrici posti dall'*Almagesto* di Tolomeo, che poggiavano sul teorema di Menelao, alcuni astronomi arabi preferivano però utilizzare per i loro calcoli espliciti la piccola tavola di seni contenuta nei *Siddhānta* indiani, che si rivelava, ai fini dei calcoli, piú economica della tavola delle corde dell'angolo doppio elaborata dalla tradizione greca. In un secondo momento gli stessi astronomi hanno considerevolmente accresciuto il volume della tavola del seno (raffinando le approssimazioni) e creato tavole del seno verso e del coseno. Poi hanno introdotto nuove linee trigonometriche come la tangente, la cotangente, la secante e la cosecante, alcune delle quali sono state utilizzate per la prima volta da Ḥabash al-Ḥāsib nella seconda metà del IX secolo. Nel medesimo periodo è stata realizzata anche la loro tabulazione, come si può vedere nell'*Iṣlāḥ al-Mājisṭī* (La revisione dell'Almagesto) di al-Battānī (m. 929) [Debarnot 1997; Nallino 1899-1907; Djebbar 2004].

Teorema di Menelao. Se *CE*, *CF*, *DF*, *DB* sono archi di cerchi massimi su una sfera, si avrà:

(i)
$$\frac{\text{crd}\,(2CB)}{\text{crd}\,(2BF)} = \frac{\text{crd}\,(2CA)}{\text{crd}\,(2AE)} \times \frac{\text{crd}\,(2ED)}{\text{crd}\,(2DF)}$$

(formulazione basata sulle corde dell'angolo doppio);

(ii)
$$\frac{\text{sen}\,(CB)}{\text{sen}\,(BF)} = \frac{\text{sen}\,(CA)}{\text{sen}\,(AE)} \times \frac{\text{sen}\,(ED)}{\text{sen}\,(DF)}$$

(formulazione basata sui seni).

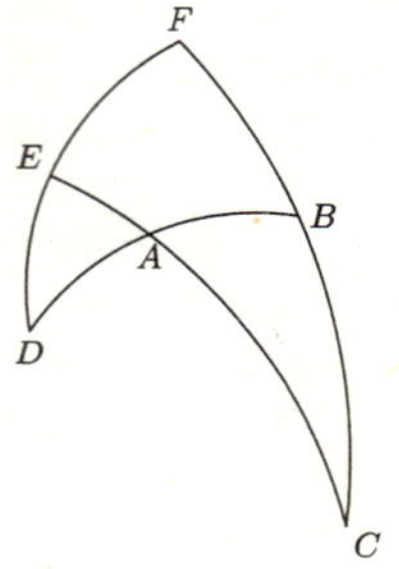

Una terza tappa è stata raggiunta nella prima metà del x secolo con la definizione delle relazioni fondamentali esistenti tra queste sei funzioni trigonometriche. Successivamente, in uno sforzo di ottimizzazione dei calcoli, sono state intraprese alcune ricerche per trovare nuove relazioni trigonometriche. Tali ricerche sono sfociate nella definizione di nuovi teoremi e di nuove formule piú facili da utilizzare. La piú celebre è quella a cui verrà dato il nome di «formula che rende superfluo». Di fatto si tratta della versione sferica del teorema del seno, ed è stata denominata in questo modo perché, facendo intervenire soltanto quattro grandezze (mentre quella di Menelao ne utilizza sei), riduceva considerevolmente i tempi di calcolo per la creazione delle tavole [Debarnot 1985].

Teorema del seno. Se a, b, g sono archi di cerchi massimi e A, B, G sono i rispettivi angoli opposti, si avrà:

$$\frac{\text{sen}\,(a)}{\text{sen}\,(A)} = \frac{\text{sen}\,(b)}{\text{sen}\,(B)} = \frac{\text{sen}\,(g)}{\text{sen}\,(G)}$$

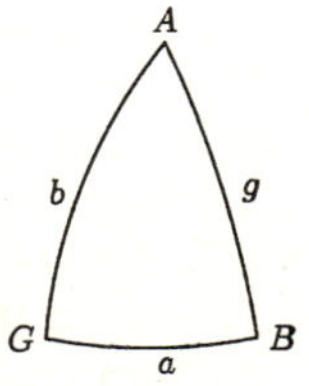

Tra i ricercatori che hanno contribuito a questo progresso, o che hanno rapidamente compreso l'importanza del teorema integrandolo nelle loro opere, figurano Abū 'l-Wafā', Ibn 'Irāq (XI secolo) e al-Bīrūnī in Oriente, Ibn Mu'ādh (XI secolo) e Jābir ibn Aflaḥ (m. 1145) in Andalusia [Villuendas 1979; Lorch 1975]. Questa ripartizione geografica rivela in particolare l'uniformazione del livello scientifico che aveva avuto luogo nei paesi dell'Islam quale risultato di una grande circolazione delle idee attraverso i libri, gli scambi epistolari e gli spostamenti degli stessi uomini di scienza, come Ibn Mu'ādh, trasferitosi al Cairo.

Il superamento della quarta e ultima tappa nella storia della trigonometria araba ha avuto inizio con la comparsa nei trattati di astronomia di capitoli specificamente dedicati agli oggetti e agli strumenti della nuova disciplina. È questo il caso, per esempio, del *Risāla fī qusiyy al-kura* (Epistola sugli archi della sfera) di Ibn 'Irāq o del *Kitāb al-Mājisṭī* (Libro dell'Almagesto) di Abū 'l-Wafā'. Il processo si è compiuto con la pubblicazione di opere interamente consacrate a questa materia, come il *Kitāb majhūlāt quisiyy al-kura* (Libro degli archi non noti della sfera) di Ibn Mu'ādh e, soprattutto, il *Kitāb ash-ṣakl al-qaṭṭā'* (Libro della figura secante) di Naṣīr ad-Dīn aṭ-Ṭūsī [Caratheodory 1891; Villuendas 1979].

5.3. L'analisi combinatoria.

È in un'opera maghrebina del XII secolo, il *Fiqh al-ḥisāb* (La scienza del calcolo) di Ibn Mun'im (m. 1228), che a quanto ci risulta compare per la prima volta nella storia della matematica un capitolo dedicato in modo specifico a un argomento puramente combinatorio [Djebbar 1985]. Ma questo evento è stato preceduto dall'esistenza di diverse pratiche di enumerazione e computazione nell'ambito di svariati campi, a volte molto lontani gli uni dagli altri, come l'astronomia, l'algebra e la linguistica.

In astronomia, processi combinatori elementari che utilizzano il computo ottenuto per mezzo di semplice enumerazione intervengono in un opuscolo di Thābit ibn Qurra e in un trattato di al-Bīrūnī [Djebbar 1980, pp. 56-60]. In algebra, procedimenti analoghi si trovano in Abū Kāmil e as-Samaw'al per il computo delle equazioni o delle soluzioni di un problema dato. Nel *Kitāb aṭ-ṭarā'if fī 'l-ḥisāb* (Libro delle rarità nel calcolo), il primo di questi studiosi tratta la soluzione di alcuni sistemi di equazioni indeterminate enunciati sotto forma di problemi pratici (ad esempio le cosiddette *avium quaestiones*); la ricerca delle soluzioni utilizza, oltre alle tecniche dell'algebra, il conteggio per enumerazione di un insieme di interi ma, dovendo sottostare ai vincoli imposti dal problema, queste computazioni non permettevano di trarne regole combinatorie semplici. Il secondo matematico numera alcune equazioni in occasione di una riflessione sull'algebra; ma poiché le sue enumerazioni non riguardano che un piccolo numero di elementi, egli non è indotto a cercare formule di risoluzione aventi validità generale [Djebbar 1980, pp. 60-66].

Il secondo ambito in cui hanno fatto la loro comparsa le pratiche combinatorie è quello della metrica e della lessicografia. È stato il linguista al-Khalīl ibn Aḥmad (m. intorno al 786) a inaugurare queste ricerche studiando le strutture interne della poesia e della prosa arabe. I risultati di tipo combinatorio esposti nei suoi scritti sono modesti e si limitano all'enumerazione delle parole di 2, 3, 4, e 5 lettere a partire dalle 28 lettere dell'alfabeto. Ma quasi quattro secoli piú tardi i suoi lavori ispirarono il matematico Ibn Mun'im, che nell'undicesimo capitolo del suo libro espose le procedure e le formule che permettono di enumerare le parole di una qualunque lingua. Per l'occasione quest'ultimo costruí anche il famoso triangolo aritmetico (per molto tempo attribuito a Pascal e poi a Cardano), identificando il valore di ciascuno dei casi di questo triangolo in C_n^p (numero di combinazioni di n oggetti p elevato alla p). È sempre a partire dall'algoritmo di costruzione del triangolo che derivò poi la seguente formula:

$$C_n^p = C_{n-1}^{p-1} + \cdots + C_{p-1}^{p-1}$$

A questo proposito vale la pena di ricordare che intorno all'inizio dell'XI secolo al-Karajī aveva costruito questo stesso triangolo per determinare i coefficienti del binomio $(a+b)^n$, ma non aveva posto alcun legame tra questi coefficienti e i C_n^p.

Lo studio di Ibn Mun'im prosegue stabilendo le formule relative alle permutazioni, con o senza ripetizioni, di un insieme di lettere cosí come della relazione di ricorrenza che dà il numero di letture possibili di una parola di n lettere tenendo conto di tutti i segni diacritici di una lingua. Questi risultati, come altri riguardanti le disposizioni e le combinazioni con ripetizioni, gli permisero di comporre tavole che per induzione forniscono tutte le computazioni cercate.

Tra la seconda metà del XIII secolo e l'inizio del XIV un altro matematico maghrebino, Ibn al-Bannā, ha ripreso una parte di questi risultati aggiungendo la seguente proposizione, della quale rivendicava la paternità:

$$C_n^p = \frac{n(n-1)\cdots(n-p+1)}{p(p-1)\cdots 2\cdot 1}$$

La formula permette di calcolare le combinazioni in maniera non ricorsiva e senza dover costruire prima il triangolo aritmetico. Negli scritti maghrebini posteriori al XIII secolo che ci sono pervenuti riguardo a questi temi si nota un'estensione sia del campo di applicazione delle formule già a disposizione, sia dei ragionamenti e dei procedimenti combinatori [Djebbar 1980, pp. 67-111].

In Oriente due sono i lavori che meritano di essere segnalati in questo campo. Il primo è quello di al-Fārisī relativo alla scomposizione di un numero intero in fattori primi. Nella sua epistola intitolata *Tadkirat al-aḥbāb fī bayān at-taḥāb* (Memoria per gli amici a dimostrazione delle proprietà dei numeri amicabili) egli costruisce il triangolo aritmetico seguendo un procedimento combinatorio e lo utilizza per determinare il numero di divisori di un intero dato [Rashed 1984, pp. 274-97]. Un secolo piú tardi, il matematico egiziano Ibn al-Majdī (m. 1437) espose un metodo induttivo per determinare il numero di equazioni di grado qualunque a partire da un numero dato di monomi che devono comporre l'equazione: poiché non si rifà ad alcun contributo combinatorio precedente, questo risultato può essere accreditato a lui [Djebbar 1980, pp. 107-12].

5.4. I quadrati magici.

La «disposizione armoniosa dei numeri» (*wafq al-a'dād*), secondo l'espressione consacrata dai matematici arabi, ha appassionato numerosi aritmetici dei paesi dell'Islam nel periodo compreso tra il IX e il XVII secolo, interessando anche alcuni studiosi non matematici che ne fecero uno strumento astrologico o terapeutico molto lucroso. Contrariamente a quanto si è verificato con le discipline matematiche classiche, esplicitamente ricollegate alla tradizione greca e a quella indiana, i bibliografi arabi dei secoli X-XIII hanno mantenuto il silenzio sulle fonti preislamiche del capitolo relativo ai quadrati magici. E su questo piano le recenti ricerche non hanno apportato elementi nuovi se non quello della creazione, da parte di alcuni autori arabi, di leggende tardive che attribuiscono la paternità dei primi quadrati agli antichi Greci.

Tali ricerche, tuttavia, nel rivelare l'importanza quantitativa e qualitativa dei contributi arabi in questo campo, hanno permesso di aprire una breccia nello scenario che è stato dipinto per molto tempo e che si può riassumere come segue: apparizione in Cina, probabilmente prima del I secolo dell'era cristiana, di un quadrato magico di ordine 3; circolazione in India della sua tecnica di costruzione e successiva importazione nell'impero musulmano, direttamente o attraverso un'intermediazione persiana; infine, passaggio a Bisanzio prima di una nuova circolazione in Europa a partire dal XIV secolo.

Il ritrovamento e l'analisi sistematica degli scritti arabi piú significativi riguardo a questo argomento hanno permesso a Jacques Sesiano di rivelare l'importanza dei contributi arabi in tale ambito e anche di riscrivere la storia di questo capitolo. Sembra che le prime costruzioni di quadrati magici nei paesi dell'Islam siano state realizzate nell'VIII secolo e che non siano state del tutto indipendenti dall'introduzione del gioco degli scacchi in Persia un secolo prima [Sesiano 1996]. Lo scritto piú antico sulla questione risale al grande matematico sabeo Thābit ibn Qurra, ma non è ancora stato ritrovato. I procedimenti di costruzione piú antichi che ci sono pervenuti sono quelli esposti da al-Anṭākī (m. 987) e quelli elaborati da Abū 'l-Wafā' [Sesiano 1998]. Questi scritti mostrano chiaramente che in quel periodo si sapevano costruire quadrati a magia semplice[12] per i primi ordini, quadrati magici con cornice[13] per le tre categorie d'ordine (pari, dispari e parimenti dispari), quadrati a scomparti[14] e anche il quadrato pandiagonale[15] d'ordine 4. Ma è a partire dall'XI secolo che apparvero metodi generali di costruzione di questi diversi tipi di quadrati magici, con, a volte, l'aggiunta di nuove condizioni. Piú tardi alcuni di questi metodi furono perfezionati e la magia semplice venne estesa ai quadrati parimpari di qualunque ordine [Sesiano 2004]. Nello stesso periodo comparvero anche contributi che miravano a semplificare procedimenti di costruzione già conosciuti.

Tra i matematici dell'epoca che hanno scritto sull'argomento apportando a volte innovazioni originali si può citare Ibn al-Haytham, del cui trattato ci è pervenuto solo un estratto, cosí come l'autore anonimo dell'*I'dād fī wafq al-a'dād* (L'ordine o la disposizione armoniosa dei numeri), che potrebbe essere del XII secolo. Dopo tale data, la pubblicazione di opere su questo argomento non è mai cessata, ma pochi sono i nuovi contributi da segnalare: di fatto un gran numero di questi scritti rispondeva alla domanda di quanti credevano nelle virtú divinatorie e terapeutiche dei quadrati magici.

Parallelamente a questi sviluppi puramente matematici si osserva infatti, per lo meno a partire dal X secolo, la diffusione di un crescente interesse per i quadrati magici nell'ambiente degli astrologi e dei venditori di amuleti. Si tratta dello stesso tipo di interesse che riecheggia nell'Enciclopedia dei «Fratelli della Purezza» (X secolo), dove vengono spiegate le virtú di alcuni quadrati magici contro i dolori del parto [Ikhwān aṣ-Ṣafā' 1957, pp. 109-13]. Tale aspetto «socioeconomico» dei quadrati magici si è sviluppato

[12] Un quadrato «a magia semplice» è quello in cui i primi n^2 interi sono ripartiti tra le caselle del quadrato in modo che la somma di ciascuna linea, di ciascuna colonna e di ciascuna delle due diagonali principali siano uguali a $\frac{n(n^2+1)}{2}$.

[13] Un quadrato magico con cornice è quello in cui la soppressione del bordo esterno dà un quadrato a magia semplice.

[14] Un quadrato magico a compartimento è quello composto da compartimenti quadrati che possiedono tutti la proprietà di magia semplice.

[15] In un quadrato pandiagonale, le coppie di diagonali laterali verificano la medesima proprietà aritmetica delle linee, delle colonne e delle diagonali principali.

relativamente presto nei paesi dell'Islam – come illustrano bene gli scritti e le attività di al-Būnī (m. 1205), uno dei migliori specialisti in questo genere di produzione [al-Būnī s.d.] – e in seguito non ha smesso di fruttificare malgrado i divieti religiosi e la riprovazione di una frangia importante dell'intellighenzia. Nel corso dei secoli si è cosí assistito a una produzione regolare di quadrati magici e alla proliferazione di «specialisti» accreditati per venderli, come testimoniano le opere tarde di Shabrāmallisī (XVI secolo) e di al-Kishnāwī (m. 1741). D'altra parte è stato questo aspetto puramente utilitaristico a favorire la circolazione verso l'Europa e l'Asia di alcuni dei procedimenti arabi elaborati per la costruzione di tali quadrati. Ed è nell'area culturale latina che sono stati qualificati come «magici».

6. *Matematica e filosofia nella tradizione scientifica araba.*

La lettura dei testi scientifici e filosofici arabi che ci sono pervenuti permette di fare una prima constatazione: la matematica è presente in diverse forme nelle attività dei filosofi. I loro strumenti e i loro discorsi, d'altra parte, cosí come quelli dei filosofi greci, sono stati presi in prestito dai matematici non appena hanno dovuto giustificare i propri procedimenti o dare un fondamento ai propri risultati.

L'aspetto piú evidente dei rapporti tra la filosofia e la matematica arabe emerge al livello della formazione dei filosofi stessi e di alcuni aspetti dei loro contributi. Come i loro predecessori greci, essi acquisivano una solida istruzione matematica di base (calcolo, teoria dei numeri, geometria), completata spesso da un'iniziazione al contenuto delle nuove discipline (algebra, trigonometria). Allo stesso tempo i filosofi si interessavano ai progressi realizzati dai loro colleghi matematici e a volte anche alle polemiche che ne scaturivano. Un esempio è rappresentato da Avicenna (Ibn Sīnā, m. 1037), che era al corrente dei tentativi di dimostrazione dei primi due casi di quella congettura che alcuni secoli piú tardi avrebbe preso il nome di «congettura di Fermat», consistente nel dimostrare che non esistono tre interi x, y, z per i quali sia vero che $x^n + y^n = z^n$, per n superiore o uguale a tre [Ibn Sīnā 1975, pp. 194-95].

Per quanto riguarda la produzione, si constata innanzitutto che alcuni filosofi hanno composto essi stessi opere di matematica. È questo il caso di Averroè (Ibn Rushd), che ha riassunto l'*Almagesto* di Tolomeo, di al-Kindī, che ha commentato gli *Elementi* di Euclide, e di Avicenna, che ne ha sintetizzato il contenuto. Gli ultimi due autori hanno scritto anche di matematica e di astronomia con una certa originalità. Il primo ha pubblicato una dozzina di trattati relativi a questioni di aritmetica e geometria; il secondo ha approntato due lavori che trattano rispettivamente di osservazione astronomica e della descrizione di uno strumento di sua invenzione che serviva a compiere misurazioni [Ibn Sīnā 1976; 1980].

Un secondo aspetto è quello relativo all'introduzione di interi capitoli matematici nel *corpus* filosofico. I primi ad aver inaugurato quest'abitudine furono gli Ikhwān aṣ-Ṣafā' nelle loro celebri *Epistole* [1957, vol. I]. Su questa strada li seguí Avicenna, che inserí nel suo *Kitāb ash-shifā'* (Libro della guarigione) una redazione abbreviata degli *Elementi* di Euclide, un riassunto dell'*Almagesto* di Tolomeo e un opuscolo originale sulla teoria dei numeri il cui contenuto si distingue sia da quello dei tre capitoli aritmetici degli *Elementi* di Euclide sia da quello dell'*Introduzione aritmetica* di Nicomaco.

Il terzo aspetto riguarda l'intervento della filosofia nella pratica matematica. Inaugurato dai filosofi e poi rilevato dai matematici, questo approccio consiste nel riflettere sui fondamenti della disciplina e nell'esprimersi sulla natura di alcuni oggetti matematici nonché sulla validità di eventuali innovazioni. In geometria queste riflessioni hanno interessato le definizioni dei libri I, V e X degli *Elementi* di Euclide e soprattutto lo statuto del quinto postulato del libro I[16]. Fu al-Fārābī (m. 950) che nel IX secolo diede avvio al riesame dei fondamenti della geometria euclidea e della teoria dei rapporti sottoponendoli a un'analisi filosofica rigorosa secondo le regole della logica aristotelica. Nel suo studio intitolato *Sharḥ ṣadr al-maqāla al-ūlā* (Commentario sull'inizio del primo libro) definí le nozioni di solido, piano, linea e angolo giustificando le formulazioni di Euclide ed esplicitandole secondo due procedimenti, uno logico e uno che si potrebbe definire intuizionista, legato alle necessità pedagogiche ricordate dal filosofo stesso. In un secondo testo, intitolato *Sharḥ ṣadr al-maqāla al-khāmisa* (Commentario sull'inizio del quinto libro), al-Fārābī si occupò della nozione di rapporto che costituisce l'argomento del libro V degli *Elementi* e che interviene con forza nella teoria delle grandezze irrazionali del libro X [Djebbar 2002].

Dal canto suo, Avicenna affrontò alcuni concetti e alcune nozioni matematiche nella *Metafisica* del *Kitāb ash-shifā'* e nella sua *Logica*. Inoltre esaminò le nozioni di angolo e di figura collegandole a quelle di quantità e di qualità, riflettendo anch'egli sugli oggetti fondamentali della geometria. Seguendo Aristotele, nei suoi scritti filosofici principali si espresse poi a piú riprese sui concetti di *uno*, di *multiplo* e di *infinito* [Lévy 1985, pp. 109-86]. Non stupisce dunque che i matematici posteriori vi abbiano trovato argomenti a sostegno delle loro stesse definizioni di questi concetti [Djebbar 1987].

La seconda tradizione filosofica in matematica fu rappresentata essenzialmente dagli studiosi di geometria. I loro progetti in questo ambito si svilupparono intorno alla lettura critica di alcune parti degli *Elementi* di Euclide prima di proporre sistemazioni diverse delle loro proposizioni.

[16] Il quinto postulato del libro I degli *Elementi* di Euclide recita: «Se una retta, intersecando altre due rette, forma con esse, da un medesimo lato, angoli interni che siano ciascuno minore di un angolo retto, le due rette, se prolungate all'infinito, finiscono per reincontrarsi dal lato in cui si trovano gli angoli suddetti» [Vitrac 1990, pp. 175-78].

Questi studiosi si sono interessati soprattutto agli assiomi, ai postulati e alle definizioni, che hanno commentato, spiegato e a volte sostituito con nuove formulazioni, piú soddisfacenti dal punto di vista dei criteri della logica o piú efficaci dal punto di vista delle necessità del progresso matematico.

Sul piano tecnico, gli sforzi di questi scienziati hanno portato all'elaborazione di nuove proposizioni, come quella di Ibn al-Haytham sulle rette concorrenti che non possono essere parallele a una terza, o all'enunciazione di assiomi che permettono di evitare il famoso postulato delle parallele. Il piú celebre di questi assiomi è quello che a partire dalla fine del XIX secolo sarà conosciuto con il nome di «assioma di Pasch», ma che fu formulato una prima volta da Ibn al-Haytham nell'XI secolo e poi nuovamente da aṭ-Ṭūsī nel XIII. Sono stati proposti anche diversi tentativi di dimostrazione del postulato delle parallele: la piú celebre in Europa divenne quella associata al «quadrilatero di Saccheri» ma che fu utilizzata di fatto per la prima volta da 'Umar al-Khayyām nella sua *Risāla fī sharḥ mā ashkala min muṣadarāt kitāb Uqlīdis* (Epistola sulla spiegazione delle premesse problematiche del Libro di Euclide) [Jaouiche 1986, pp. 75-98].

A livello metodologico, le ricerche dei geometri arabi hanno rappresentato un'innovazione proprio perché ricorrevano abbondantemente alla logica – prima come strumento di analisi dei lavori precedenti e poi come strumento di investigazione. Cosí fece soprattutto al-Khayyām, che introdusse in alcuni dei suoi scritti matematici nozioni filosofiche aristoteliche quali la dimostrazione attributiva e la dimostrazione causale.

Col tempo gli studiosi hanno finito per tradire alcune concezioni aristoteliche in materia di geometria. Questo processo, inaugurato da Thābit ibn Qurra e portato avanti da Ibn al-Haytham, ha rappresentato i primi passi di quell'approccio – che secoli piú tardi i matematici avrebbero chiamato «intuizionismo» – caratterizzato dall'introduzione del movimento in alcune definizioni geometriche. Nel suo contributo alla teoria delle parallele, Ibn Qurra aveva immaginato un cilindro rigido nel quale collocare un segmento al fine di generare delle parallele la cui esistenza sarebbe stata in questo modo assicurata. Un secolo piú tardi, Ibn al-Haytham fece ricorso ad alcuni procedimenti meccanici e al movimento per stabilire l'esistenza di un prolungamento illimitato della retta, evitando in questo modo di introdurre la nozione di infinito geometrico. Queste innovazioni non andarono a genio ad alcuni suoi colleghi come al-Khayyām e aṭ-Ṭūsī, e cosí, per non essersi conformato ai principî aristotelici, Ibn al-Haytham fu severamente criticato da aṭ-Ṭūsī nei seguenti termini: «[Le] spiegazioni che egli dà [...] portano alla luce l'incoerenza del suo discorso, la confusione che fa tra due arti diverse, la sua mancanza di competenza nella scienza in virtú della quale si correggono i principî della geometria, cosí come la sua assenza di esperienza riguardo al modo di correggere i fondamenti di una scienza» [Jaouiche 1986, p. 204].

È ugualmente in un'opera matematica caratterizzata da una certa familiarità con la logica che 'Umar al-Khayyām ha affrontato la teoria delle proporzioni del libro V che permette di confrontare le grandezze continue (volumi, superfici, linee) [Djebbar 2002]. Ed è ragionevole pensare che sia stato lo sviluppo quantitativo dei calcoli, favorito in particolare dalle esigenze dell'astronomia, ad aver facilitato l'estensione della nozione di numero innanzitutto alle frazioni e poi ai numeri irrazionali quadratici, biquadratici e cubici, prima di includere tutti i rapporti tra grandezze incommensurabili, vale a dire quanto oggi corrisponde ai numeri reali positivi. Occorre precisare tuttavia che il lavoro di al-Khayyām era stato preparato da numerosi contributi, in particolare da quelli di al-Māhānī nel IX secolo, di an-Nayrīzī nel X e di al-Bīrūnī nell'XI [Yuškevič 1976, pp. 80-90; Hogendijk 1986].

In primo luogo, al-Khayyām critica la definizione di proporzione presentata nel libro V degli *Elementi*, che giudica incapace di esprimere l'essenza di un rapporto, vale a dire, in termini moderni, la sua funzione di misura. In secondo luogo, alla definizione di Euclide viene sostituita quella che utilizza l'aferesi[17], ritenuta conforme alla significazione del rapporto tra due grandezze [Sabra 1961; Plooij 1997; Djebbar 2002]. Questo punto di vista viene nuovamente ribadito quando al-Khayyām affronta il problema, da egli stesso definito filosofico, della natura del rapporto tra grandezze continue.

Del resto è in questa occasione che egli espone una concezione del numero che di fatto è opposta a quella di Aristotele, anche se è ancora a quest'ultimo che ricorre quando prende dal libro VI della *Fisica* il famoso principio di continuità che proclama la divisibilità all'infinito delle grandezze. Al-Khayyām l'ha utilizzato esplicitamente per giustificare l'esistenza della quarta proporzionale a tre grandezze date; ciò gli ha permesso di fondare le proporzioni sui rapporti composti e di colmare cosí le lacune che aveva creduto di scoprire nell'impalcatura euclidea.

6.1. I ragionamenti matematici.

Quando si studiano le strutture dei processi dimostrativi che intervengono nella matematica araba si constata che essi rinviano tutti a due tipi di ragionamento: la deduzione e l'induzione. La prima, al di là delle forme in cui si esprime, utilizza di fatto due componenti ben note ai filosofi, l'analisi e la sintesi, che i matematici hanno adattato, arricchendole, alle proprie pratiche.

Sul piano strettamente filosofico, la storia del procedimento deduttivo avrebbe avuto inizio con l'analisi socratica dei concetti, che fu poi sviluppata

[17] L'aferesi matematica consiste nell'utilizzare l'algoritmo di Euclide cosí come viene dato nella proposizione 2 del libro X degli *Elementi* per «misurare» una delle due grandezze che costituiscono il rapporto per mezzo dell'altra o per confrontare due rapporti dati.

dalla divisione platonica e teorizzata da Aristotele, prima di essere arricchita da Avicenna nella sua teoria della definizione [Madkour 1969, pp. 107-12]. Grazie all'intermediazione degli scritti di quest'ultimo, alcuni matematici erano probabilmente a conoscenza dell'aspetto filosofico del procedimento. Ma esso non dovette essere determinante nella nascita della tecnica propriamente detta «di analisi e sintesi» alla quale i matematici dovettero accostarsi molto presto essenzialmente con lo studio della geometria, vale a dire del *corpus* matematico greco.

È infatti in tale ambito, come testimonia Pappo nella sua *Collezione matematica* [Pappo 1982, vol. II, pp. 477-90], e poi nei lavori dei geometri arabi, che tale metodo è stato particolarmente fecondo. In una seconda fase furono gli studiosi di algebra a impadronirsi di questo tipo di ragionamento per utilizzarlo nelle loro investigazioni relative all'esistenza di una soluzione alle equazioni che non riuscivano a risolvere attraverso i procedimenti algebrici classici. Questo d'altra parte ha portato all'elaborazione della teoria geometrica delle equazioni cubiche che abbiamo già ricordato.

Nell'Occidente musulmano, il tipo di ragionamento in questione venne appreso e utilizzato in particolare da al-Mu'taman (m. 1085) nel *Kitāb al-istikmāl* [Djebbar 1993]; questo matematico aveva anche previsto di trattare lo stesso soggetto in un capitolo indipendente del secondo volume della sua opera, ma parte del trattato che doveva contenerlo non ci è pervenuta. Nel medesimo periodo, un altro studioso di geometria, l'andaluso Ibn Sayyid, utilizzò piú volte questo tipo di ragionamento nelle sue ricerche sulle curve piane generate dalle curve sghembe [Djebbar 1998*a*]. Piú tardi analisi e sintesi ricompaiono nel *Fiqh al-ḥisāb* di Ibn Mun'im: in completa rottura con i suoi predecessori, per lo meno quelli noti, questo matematico tentò, senza tuttavia riuscirci pienamente, di sostituire l'analisi e la sintesi al ragionamento induttivo utilizzato abitualmente per le proposizioni della teoria dei numeri.

In base agli scritti che ci sono pervenuti e che sono stati analizzati, si può constatare che i matematici arabi fecero uso, oltre all'analisi e alla sintesi, di altre quattro forme di giustificazione: il ragionamento per assurdo (che di fatto è una forma di analisi mascherata), l'induzione, la prova algebrica, e un ultimo procedimento che si potrebbe definire «combinatorio», anche se, come il ragionamento algebrico, non ha mai portato un nome o una qualificazione che lo distinguessero dagli altri.

L'induzione interviene essenzialmente nella teoria dei numeri e si presenta sotto diversi aspetti. Si tratta sempre, nella tradizione araba, di quella che oggi viene chiamata «induzione incompleta» per distinguerla dal «ragionamento ricorsivo». Ma l'induzione si basa sul medesimo principio di quest'ultimo, vale a dire l'estensione di una proprietà verificata su un sottoinsieme finito a un insieme numerabile piú o meno finito. L'analisi degli scritti a noi noti, in particolare quelli di al-Karajī e as-Samaw'al per l'Oriente musulmano, e quelli di Ibn Mun'im e Ibn al-Bannā per l'Occidente, mostrano che in questo ambito i matematici dei paesi dell'Islam hanno praticato la definizione induttiva, la regressione, il ragionamento quasi generale e l'induzione ampliativa.

Il terzo tipo di ragionamento che ha finito per imporsi a fianco dei procedimenti classici appena descritti è il ragionamento algebrico. Negli scritti arabi dei secoli IX e X, era la dimostrazione geometrica a permettere di giustificare le operazioni e la validità delle procedure di soluzione delle equazioni. In seguito, con l'ampliarsi del campo di applicazione dell'algebra e l'avviamento degli studi sulle equazioni di grado superiore a due, i ricercatori hanno fatto un uso abbondante dell'analisi come strumento di investigazione (non sempre ricordandolo nei loro scritti) e della sintesi come procedimento dimostrativo dei risultati esposti nelle loro opere. Un terzo momento ha avuto inizio innanzitutto con i primi tentativi di aritmetizzazione dei ragionamenti, consistenti nel liberarsi progressivamente dell'omogeneità delle grandezze manipolate. I primi a incamminarsi su questa strada furono Abū Kāmil e al-Karajī. Poi, lungo un percorso che non siamo ancora in grado di ricostruire, alcuni matematici come Ibn al-Bannā nel *Raf' al-ḥijāb* sostituirono alle dimostrazioni geometriche nuovi procedimenti nel corso dei quali venivano manipolati soltanto le incognite e i dati dell'equazione. Questa tendenza tuttavia non è riuscita ad affermarsi del tutto, probabilmente perché ha fatto la sua comparsa relativamente tardi, durante la fase di rallentamento delle attività matematiche.

L'ultimo tipo di ragionamento è venuto alla luce nel quadro delle ricerche che miravano a determinare risultati combinatori. Si tratta di procedimenti che hanno associato diverse forme di induzione, metodi aritmetici e processi di computazione. È quanto si osserva analizzando le dimostrazioni proposte da Ibn Mun'im nel capitolo sull'enumerazione di tutte le parole di una data lingua e poi da Ibn al-Bannā nel *Raf' al-ḥijāb*, dove i risultati combinatori sono consapevolmente integrati nella teoria dei numeri [Aballagh 1988, pp. 50-77]. Nella misura in cui quest'ultima disciplina aveva uno statuto ben definito all'interno della comunità dei matematici, l'iniziativa di Ibn al-Bannā mirava probabilmente a far riconoscere le pratiche combinatorie tra le attività matematiche. Per questo egli si sforzò di trovare un legame con la tradizione neopitagorica dei numeri figurati e con il capitolo delle serie infinite, che a quel tempo era ancora oggetto di insegnamento.

7. *La circolazione della matematica araba in Europa.*

Si tratta in questo caso di un doppio fenomeno, la cui storia non è ancora stata scritta ma del quale ci sono pervenuti elementi sufficienti per descriverne i tratti principali. Vi è stata innanzitutto, e secondo modalità che ignoriamo, una prima circolazione che si potrebbe chiamare «diretta», vale a dire senza traduzione di testi dall'arabo. Essa è consistita nel trasferimento di alcune conoscenze matematiche attraverso l'impiego di strumenti astronomici come l'astrolabio, in occasione di transazioni commerciali regolari o attraverso i manuali scritti in ebraico o in latino da quegli autori che avevano acquisito la propria formazione matematica in arabo in una delle fucine scientifiche dell'Andalusia, della Sicilia o del Maghreb. È probabilmente per questa strada che a partire dal X secolo si è diffuso il sistema decimale posizionale indiano, utilizzato fin dall'inizio del IX secolo nei manuali di calcolo arabi.

Il piú celebre di questi «traghettatori» del sapere matematico è incontestabilmente Leonardo Fibonacci (m. dopo il 1240). Come ebbe modo di dire egli stesso, prima di intraprendere la carriera di matematico questo studioso si era avvicinato alla matematica dapprima a Bugia (Bejaïa), nel Maghreb centrale, per poi perfezionarsi in Siria. Di fatto, il contenuto della sua opera principale, il *Liber abaci*, è costituito in gran parte da elementi della tradizione araba integrati da suoi contributi [Sigler 2002], e le altre opere, come la *Pratica geometriae*, sono ugualmente segnate dall'impronta della tradizione araba dell'epoca [Boncompagni 1862]. Un secondo autore, meno conosciuto e del quale si ignora ancora l'identità, ha composto verosimilmente intorno al XII secolo un importante manuale sulla matematica delle transazioni il cui titolo, *Liber Mahameleth*, ne tradisce le origini. Si tratta di una rassegna di problemi e di procedimenti di risoluzione di grande ricchezza [Sesiano 1988; Vlasschaert 2003] ed è anche, per il momento, la testimonianza piú importante di una tradizione di matematica applicata della quale non conosciamo che il nome, *Ḥisāb al-muʿāmalāt* (Calcolo delle transazioni), e i titoli di opere pubblicate da eminenti studiosi andalusi del X-XI secolo come az-Zahrāwī (*Kitāb al-muʿāmalāt*, Libro delle transazioni) e Ibn as-Samḥ (*al-Mudkhal al-uʿāmali*, L'introduzione pratica).

Nella tradizione ebraica si osserva lo stesso meccanismo, consistito nella pubblicazione in ebraico di manuali i cui contenuti erano tratti essenzialmente dal *corpus* matematico arabo. È questo il caso del *Ḥibbur ha-Meshiḥa we ha-Tishboret* (Trattato della superficie e delle misure) di Abraham Bar Ḥiyya (m. intorno al 1145), in cui l'autore sfrutta a suo modo la materia classica della geometria dell'agrimensura, e del *Sefer ha-mispar* (Libro del numero) di Abraham ibn Ezra (m. 1167) [Lévy 1996].

Il fenomeno piú noto tuttavia è quello delle traduzioni, condotte nel corso dei secoli XII-XV a seconda dei manoscritti arabi che risultavano disponibili e dell'interesse dei lettori europei nei loro confronti. Vi erano naturalmente le grandi opere della geometria e dell'astronomia greche, come quelle di Euclide, di Apollonio e di Tolomeo [Steinschneider 1956]. Ma vi erano anche numerosi scritti arabi pubblicati tra il IX e il XII secolo nell'Oriente e Occidente musulmani.

Per quanto riguarda la geometria applicata all'astronomia, si possono citare il *Kitāb al-kura* (Libro della sfera) del traduttore e matematico Qusṭā ibn Lūqā, i diversi trattati sull'astrolabio degli andalusi al-Majrīṭī (x secolo), Ibn aṣ-Ṣaffār (m. 1035) e az-Zarqālī, l'*Iṣlāḥ al-Mājisṭī* (La revisione dell'Almagesto) di Jābir ibn Aflaḥ e un capitolo del *Kitāb ash-shifā'* di Avicenna. Quanto all'ottica geometrica, oltre all'epistola di al-Kindī, anche il lavoro piú importante di Ibn al-Haytham ha goduto dei favori dei traduttori del XIII secolo. In algebra, l'opera di al-Khwārizmī ha conosciuto tre traduzioni latine ad opera rispettivamente di Gherardo da Cremona (m. 1187), Roberto di Chester (1141 circa) e Guglielmo di Lunis (XIII secolo). Lo stesso trattato algebrico di Abū Kāmil ha avuto una buona circolazione in Europa grazie a una traduzione latina del XII secolo e a un'altra in ebraico relizzata nel XV secolo da Mordechaï Finzi [Djebbar 2005, pp. 105-16].

Rimangono da ricordare gli scritti sulla scienza del calcolo. Alcuni, come il *Kitāb fī 'l-ḥisāb al-hindī* (Libro sul calcolo indiano) di al-Khwārizmī, si limitavano alle operazioni aritmetiche condotte con il sistema decimale posizionale indiano [Allard 1992; Folkerts 1997]. Altri, di origine andalusa o maghrebina, contengono oltre a ciò i procedimenti di risoluzione dei problemi di primo e secondo grado (la regola del tre, il metodo della falsa posizione e l'algoritmo algebrico quale era stato divulgato da al-Khwārizmī a partire dal IX secolo). È il caso del *Kitāb al-bayān wa t-tadhkār* (Libro della dimostrazione e del richiamo) di al-Ḥaṣṣār (tradotto nel XIII secolo da Mosè ibn Tibbon) e del *Talkīṣ a'māl al-ḥisāb* (Compendio delle operazioni del calcolo) di Ibn al-Bannā, tradotto e commentato da Isaac al-Aḥdab [Lévy 2003].

ABALLAGH, M.

1988 *Raf' al-ḥijāb d'Ibn al-Bannā* [Svelamento delle operazioni del calcolo], tesi di dottorato, Université de Paris I-Panthéon-Sorbonne.

ABALLAGH, M. e DJEBBAR, A.

1987 *Découverte d'un écrit mathématique d'al-Ḥassār (XIIe s.): le Livre I du Kāmil*, in «Historia Mathematica», 14, pp. 147-58.

ABŪ 'L-WAFĀ'

1979 *Kitāb mā yaḥtāju ilayhī aṣ-ṣāni' min ā'māl al-handasa* [Libro sulle costruzioni geometriche necessarie all'artigiano], a cura di S. A. al-'Ali, Baghdad.

ALLARD, A.

1992 *Muḥammad ibn Mūsā al-Khwārizmī, Le calcul indien (Algorismus)*, Les Belles Lettres, Paris.

ANBOUBA, A.

1978 *Construction de l'heptagone régulier par les arabes au 4e siècle de l'Hégire*, in «Journal for the History of Arabic Science», 2, pp. 264-69.

BAUDOUX, C.

1935 *La version syriaque des «Éléments» d'Euclide*, in *Deuxième Congrès National des Sciences*, Bruxelles, vol. I, pp. 73-75.

BONCOMPAGNI, B.

1862 *Scritti di Leonardo Pisano*, Roma.

AL-BŪNĪ

s. d. *Shams al-ma'ārif al-kubrā* [Il sole delle grandi conoscenze], al-Maktaba ath-thaqāfiya, Beirut.

CARATHEODORY, A. P.

1891 *Traité du quadrilatère*, Istanbul.

DAMIRDASH, A. S. e AL-HAFNI, M. H.

1967 *Miftāḥ al-ḥisāb* [La chiave del calcolo], Il Cairo.

DEBARNOT, M.-TH.

1985 *Al-Bīrūnī, Kitāb maqālīd 'ilm al-hay'a. La trigonométrie sphérique chez les Arabes de l'Est à la fin du xᵉ siècle*, Institut Français de Damas, Damas.

1997 *Trigonométrie*, in R. RASHED (a cura di), *Histoire des sciences arabes*, vol. II, Seuil, Paris, pp. 163-98.

DIOFANTO

1984 *Les Arithmétiques*, testo e trad. di R. Rashed, Les Belles Lettres, Paris.

DJEBBAR, A.

1980 *Enseignement et recherche mathématiques dans le Maghreb des XIIIᵉ-XIVᵉ siècles*, Université Paris-Sud, Publications Mathématiques d'Orsay, Paris, n. 81-02.

1985 *L'analyse combinatoire au Maghreb: l'exemple d'Ibn Mun'im (XIIᵉ-XIIIᵉ siècles)*, Publications Mathématiques d'Orsay, Paris, n. 85-01.

1987 *Les mathématiques au Maghreb à l'époque d'Ibn al-Bannā*, in *Actes du colloque international de la Société de Philosophie au Maroc «Mathématiques et Philosophie» (Rabat, 1-4 Avril 1982)*, l'Harmattan-Okad., Paris-Rabat, pp. 31-46.

1993 *Deux mathématiciens peu connus de l'Espagne du XIᵉ siècle: al-Mu'taman et Ibn Sayyid, Colloque International «Les Mathématiques autour de la Méditerranée jusqu'au XVIIᵉ siècle», Marseille-Luminy, 16-21 Avril 1984*, in M. FOLKERTS e J. P. HOGENDIJK (a cura di), *Vestigia Mathematica. Studies in medieval and early modern mathematics in honour of H. L. L. Busard*, Rodopi, Amsterdam-Atlanta, pp. 79-91.

1996 *Le phénomène de traduction et son rôle dans le développement des activités scientifiques en pays d'Islam*, in S. ÖNEN e C. PROUST, *Les Écoles savantes en Turquie, sciences, philosophie et arts au fil des siècles*, in *Actes des journées d'Ankara (24-29 Avril 1995)*, Isis, Istanbul, pp. 93-112.

1998*a* *Abū Bakr ibn Bājja et les mathématiques de son temps*, in *Études philosophiques et sociologiques dédiées à Jamal ed-Dine Alaoui*, Publications de l'Université de Fès, Département de Philosophie, Sociologie et Psychologie, n. speciale 14, Infoprint, Fès, pp. 5-26.

1998*b* *Kitāb al-uṣūl wa 'l-muqaddimāt fī 'l-jabr* [Libro dei fondamenti e delle premesse dell'algebra], edizione critica, trad. franc. e analisi matematica, in *Contribution* *à l'étude des activités mathématiques dans l'Occident musulman* (*IX*^e^*-XVI*^e^ *siècles*), Mémoire d'Habilitation, École des Hautes Études en Sciences Sociales, Paris.

1998*c* *Le raisonnement géométrique dans la tradition mathématique arabe (IX*^e^*-XV*^e^ *s.)*, in *Actes du colloque international «Le raisonnement géométrique, enseignement et apprentissage» (Marrakech, 28-30 mai 1997)*, Walili, Marrakech, pp. 89-121.

1999 *Les livres arithmétiques des Éléments d'Euclide dans une rédaction du XI*^e^ *siècle: le Kitāb al-istikmāl d'al-Mu'taman (m. 1085)*, in «Revue Lull», vol. 22, n. 45, pp. 589-653.

2001*a* *Pratiques savantes et savoirs traditionnels en pays d'Islam: l'exemple des sciences exactes*, in *Actes du Colloque International «Science and Tradition: Roots and Wings for Development» (Académie Royale des Sciences d'Outre Mer & UNESCO, Bruxelles, 5-6 avril 2001)*, Bruxelles, pp. 62-86.

2001*b* *Une histoire de la science arabe*, Seuil, Paris [trad. it. *Storia della scienza araba. Il patrimonio intellettuale dell'Islam*, Raffaello Cortina, Milano 2002].

2002 *L'épître d'al-Khayyām sur «L'explication des prémisses problématiques du livre d'Euclide»*, in «Revue Farhang» (Téhéran), vol. 14, n. 39-40, pp. 79-136.

2004 *La phase arabe de l'histoire de la trigonométrie*, in *Actes du colloque «Les instruments scientifiques dans le patrimoine: quelles mathématiques?» (Rouen, 6-8 avril 2001)*, Ellipse, Paris, pp. 415-35.

2005 *L'algèbre arabe, genèse d'un art*, Vuibert-Adapt, Paris.

DJEBBAR, A. e RASHED, R.

1981 *L'œuvre algébrique d'al-Khayyām*, Université d'Alep, Alep.

FOLKERTS, M.

1997 *Die älteste lateinische Schrift über das indische Rechnen nach al-Khwarizmī*, Verlag der Bayerischen Akademie der Wissenschaften, München.

GUERGOUR, Y.

2000 *Les différents systèmes de numérotation au Maghreb à l'époque ottomane: l'exemple des chiffres rūmī*, in *Actes du XX*^e^ *Congrès International d'Histoire des Sciences (Liège, 20-26 juillet 1997)*, vol. VI. *Science, Technology and Industry in the Ottoman World*, a cura di A. Djebbar, F. Günergun ed E. Ihsanoğlu, Brepols, Bruxelles, pp. 67-74.

GUTAS, D.

1998 *Greek Thought, Arabic Culture*, Routledge, London - New York [trad. it. *Pensiero greco e cultura araba*, a cura di C. D'Ancona, Einaudi, Torino 2002].

HOGENDIJK, J. P.

1988 *Le roi géomètre al-Mu'taman ibn Hud et son livre de la perfection (Kitāb al-istikmāl)*, in *Actes du premier colloque maghrébin sur l'histoire des mathématiques arabes (Alger, 1-3 Décembre 1986)*, La Maison des Livres, Alger, pp. 62-63.

2002 *Anthyphairetic Ratio Theory in Medieval Islamic Mathematics*, in Y. DOLD-SAMPLONIUS et al. (a cura di), *From China to Paris: 2000 Years Transmission of Mathematical Ideas*, Franz Steiner Verlag, Stuttgart, pp. 187-202.

IBN AL-AKFĀNĪ

1998 *Irshād al-qāṣid ilā asnā al-maqāṣid* [Guida di colui che tende alle piú nobili mete], a cura di M. Fakhūrī, M. Kamāl e H. as-Saddīq, Maktabat Lubnān Nāshirūn, Beirut.

IBN SĪNĀ [AVICENNA]

1975 *Kitāb ash-shifā'* [Libro della guarigione]; *Al-Hisāb* [L'aritmetica], a cura di A. L. Muzhir, Il Cairo.

1976 *Usūl al-handasa* [I fondamenti della geometria], a cura di A. I. Sabra e A. L. Muzhir, Il Cairo.

1980 *'Ilm al-hay'a* [L'astronomia], a cura di M. R. Mudawar e I. I. Ahmad, Il Cairo.

IBN AL-YĀSAMĪN

1993 *Kitāb talqīḥ al-afkār* [Libro della fecondazione degli spiriti], in T. ZEMOULI, *Les écrits mathématiques d'Ibn al-Yāsamīn*, Magister en histoire des mathématiques, École Normale Supérieure, Alger.

IKHWĀN AṢ-ṢAFĀ'

1957 *Rasā'il Ikhwān aṣ-Ṣafā'* [Epistole dei Fratelli della purezza], Beirut.

JAOUICHE, K.

1986 *La théorie des parallèles en pays d'Islam*, Vrin, Paris.

KARPOVA, L. e ROSENFELD, B. A.

1974 *The treatise of Thābit ibn Qurra on section of cylinder and on its surface*, in «Archives Internationales d'Histoire des Sciences», 94, pp. 66-72.

KENNEDY, E. S.

1966 *Late medieval planetary theory*, in «Isis», 57, pp. 365-78.

KING, D. A.

1973 *Ibn Yūnus very useful tables for reckoning time by the sun*, in «Archives for the History of Exact Sciences», 10, pp. 342-94.

LAABID, E.

1990 *Arithmétique et Algèbre d'héritage selon l'Islam, deux exemples: Traité d'al-Ḥubūbī (xe-xie s.) et pratique actuelle au Maroc*, Mémoire de Maîtrise, Montréal.

LÉVY, T.

1985 *Mathématiques de l'infini Chez Hasdaï Crescas (1340-1410): un chapitre de l'histoire de l'infini d'Aristote à la Renaissance*, Tesi di dottorato, Université Paris Nord, pp. 109-86.

1996 *La littérature mathématique hébraïque en Europe (du xie au xvie siècle)*, in C. GOLDSTEIN, J. GRAY e J. RITTER (a cura di), *L'Europe mathématique*, Éditions de la Maison des sciences de l'homme, Paris, pp. 85-98.

2003 *L'algèbre arabe dans les textes hébraïques (I). Un ouvrage inédit d'Isaac Ben Salomon al-Aḥdab (xive siècle)*, in «Arabic Sciences and Philosophy», 13, pp. 269-301.

LORCH, R. P.

1975 *The astronomy of Jābir ibn Aflaḥ*, in «Centaurus», 19, n. 2, pp. 85-107.

MADKOUR, I.

1969 *L'organon d'Aristote dans le monde arabe*, Vrin, Paris.

AL-MAS'ŪDĪ

1967 *Murūj adh-dhahab* [Le praterie d'oro], a cura di M. Mihyi ad-Dīn 'Abdalḥamid, Dār al-kitāb al-lubnānī, Beirut.

MUSHARRAFA, A. M. e MURSI AḤMAD, M.
1968 *Kitāb al-jabr lī 'l-Khwārizmī* [Il libro di algebra di al-Khwārizmī], Il Cairo.

NALLINO, C. A.
1899-1907 *Al-Battānī sive Albatenii opus astronomicum*, Milano.

NAU, F.
1899 *Le traité sur l'astrolabe plan de Sévère Sabokt*, in «Journal asiatique», serie IX, 13, pp. 56-101 e 238-303.
1910*a* *La Cosmographie au* VIIe *siècle chez les Syriens*, in «Revue de l'Orient Chrétien», 15, pp. 249-50.
1910*b* *Note d'astronomie syrienne*, in «Journal asiatique», serie X, 16, pp. 209-28.

NAẒĪF, M.
1942-43 *Al-Ḥasan ibn al-Haytham buḥuthuhū wa kushūfuhū al-baṣariyya* [Al-Ḥasan ibn al-Haytham, ricerche e scoperte di ottica], Il Cairo.

PAPPO D'ALESSANDRIA
1982 *La collection mathématique* (1933), a cura di P. Ver Eecke, Blanchard, Paris.

PLOOIJ, E. B.
1997 *Euclid's conception of ratio and his definition of proportional magnitudes as criticized by Arabian Commentators*, Tesi di dottorato, Leiden 1950, ora in F. SEZGIN, *Euclid in the Arabic Tradition*, Texts and Studies, vol. 19, Frankfurt, pp. 167-243.

RASHED, R.
1984 *Entre arithmétique et algèbre*, Les Belles Lettres, Paris.
1990 *Pioneer in Anaclastics, Ibn Sahl on Burning Mirrors and Lenses*, in «Isis», 81, pp. 464-91.

ROSENFELD, B. A.
1971 *Geometrical transformations in the medieval East*, in *Actes du* XIIe *Congrès International d'Histoire des Sciences*, vol. III/A, Blanchard, Paris, pp. 123-31.

SABRA, A. I.
1961 *'Umar al-Khāyyam, Muṣādarāt Uqlīdis* [Le premesse di Euclide], Alessandria d'Egitto.

SAÏDAN, A. S.
1985 *Al-Fuṣūl fī 'l-ḥisāb al-hindī* [I capitoli sul calcolo indiano], Institute for the History of Arabic Science, Alep.

ṢĀ'ID AL-ANDALUSĪ
1985 *Kitāb ṭabaqāt al-umam* [Libro delle categorie delle nazioni], a cura di H. Bū 'Alwān, Dār ath-thaqāfa, Beirut.

SAYILI, A.
1962 *Logical necessities in mixed equations by 'Abd al-Ḥamīd ibn Turk and the algebra of his time*, Ankara.

SÉDILLOT, J.-J-.WE.
1834-35 *Traité des instruments astronomiques des Arabes*, Imprimerie Royale, Paris.

SEGONDS, A.-PH. (a cura di)

1981 *Jean Philopon, «Traité de l'astrolabe»*, Société internationale de l'astrolabe, Paris.

SESIANO, J.

1977*a* *Les méthodes d'analyse indéterminée chez Abū Kamil*, in «Centaurus», 21, n. 2, pp. 89-105.

1977*b* *Le traitement des équations indéterminées dans le Badīʿ fī 'l-ḥisāb d'Abū Bakr al-Karajī*, in «Archive of History of Exact Sciences», 17, pp. 297-379.

1981 *The Arabic Text of Books IV to VII of Dophantus' Arithmetica in the translation of Qusṭā ibn Lūqā*, Springer Verlag, New York.

1988 *Le Liber Mahamelet, un traité mathématique latin composé au* XIIe *siècle en Espagne*, in *Actes du premier colloque maghrébin d'histoire des mathématiques arabes (Alger, 1-3 Décembre 1986)*, Maison du Livre, Alger, pp. 69-98.

1996 *Un traité médiéval sur les carrés magiques*, Presses Polytechniques et Universitaires Romandes, Lausanne.

1998 *Le traité d'Abū 'l-Wafa' sur les carrés magiques*, in «Zeitschrift für Geschichte der Arabisch-Islamischen Wissenschaften», 12, pp. 121-244.

2004 *Les carrés magiques dans les pays islamiques*, Presses Polytechniques et Universitaires Romandes, Lausanne.

SEZGIN, F.

1974 *Geschichte des arabischen Schrifttums*, vol. V, Brill, Leiden.

SIGLER, L. E.

2002 *Fibonacci's Liber Abaci*, Springer, New York.

STEINSCHNEIDER, M.

1956 *Die Europäischen Überzetzungen aus dem Arabischen bis Mitte des 17 Jahrhunderts (1904-1905)*, Akademische Druck - u. Verlagsanstalt, Graz.

SUTER, H.

1901 *Das Rechenbuch des Abū Zakariyyā al-Ḥaṣṣār*, in «Bibliotheca Mathematica», 2, pp. 12-40.

1902 *Über die Geometrie der Sohne des Mūsa ben Shakir*, in «Bibliotheca Mathematica», 3, pp. 259-72.

VILLUENDAS, M. V.

1979 *La trigonometría europea en el siglo* XI. *Estudio de la obra de Ibn Mu'ādh, El-Kitāb Majhūlāt*, Instituto de Historia de la Ciencia de la Real Academia de Buenas Letras, Barcelona.

VITRAC, B. (a cura di)

1990 *Euclide d'Alexandrie. Les éléments. Volume I*, Presses Universitaires de France, Paris.

1998 *Euclide d'Alexandrie. Les éléments. Volume III*, Presses Universitaires de France, Paris.

VLASSCHAERT, A.-M.

2003 *Le «Liber Mahameleth»*, Tesi di dottorato, Université Catholique, Louvain.

WOEPCKE, F.

1852 *Notice sur une théorie ajoutée par Thābit ben Korrah à l'arithmétique spéculative des Grecs*, in «Journal Asiatique», serie IV, 20, pp. 420-29.

YUŠKEVIČ, A. P.

1976 *Les mathématiques arabes (VIIIe-XVe siècles)*, Vrin, Paris.

EDITH DUDLEY SYLLA

Oxford e Parigi nel Trecento

Nel *De continuo*, scritto a Oxford attorno al 1330, Thomas Bradwardine (1300?-1349) magnificò la potenza della matematica nella pratica delle discipline fisiche:

> la matematica [...] ha la vista piú acuta delle discipline sorelle, scocca la sua freccia in modo piú diretto e si protegge con uno scudo piú sicuro. Nessuno può sperare di strappare la vittoria in una competizione fisica senza il consiglio, l'aiuto e il conforto della matematica. La matematica rivela ogni verità genuina, conosce ogni segreto nascosto e fornisce la chiave di tutta la sottigliezza delle lettere. Chiunque, pertanto, presuma di praticare le scienze fisiche senza la matematica non varcherà mai la porta della saggezza[1].

Se di regola gli aristotelici non apprezzano l'importanza della matematica, Thomas Bradwardine e Nicola Oresme fecero eccezione. Bradwardine non solo esaltò il potere della matematica, ma ne diede anche una dimostrazione. Nel *De proportionibus velocitatum in motibus*, del 1328, usò la matematica dei rapporti[2] per proporre un modo originale di interpretare le relazioni tra forze e resistenze, da un lato, e le velocità prodotte da queste, dall'altro [Clagett 1959, pp. 421-503]. Il metodo di lavoro di Bradwardine con i rapporti costituiva un progresso cosí netto in confronto all'opera dei suoi rivali che si guadagnò quasi immediatamente l'approvazione generale ed entrò a far parte dei programmi di studio universitari per i duecento anni successivi [Crosby 1961].

[1] Murdoch [1987], pp. 133-34, nota 31 («mathematica [...] suis ceteris sororibus acutius contemplatur, inflexibilius telum iacit et se protegit clypeo tutoris. Nullus enim physico certamine se speret gravisurum triumpho nisi mathematice utatur consilio et auxilio confortetur. Ipsa est enim revelatrix omnis veritatis sincere et novit omne secretum absconditum at omnium litterarum subtilium clavem gerit. Quicunque igitur ipsa neglecta physicari presumpserit, sapientie ianuam se numquam ingressurum agnoscat»).

[2] Nel Medioevo, il *logos* greco, che indica una relazione relativa alla quantità tra due oggetti confrontabili, veniva tradotto come *proportio*. Nelle traduzioni rinascimentali dal greco, si scelse invece il termine *ratio*. Qui, in conformità all'uso moderno, si userà il termine «rapporto», ma occorre ricordare che Bradwardine e i suoi discepoli distinguevano i rapporti, intesi come relazioni fra due quantità, dalle frazioni, o numeri (che essi chiamavano «denominazione» del rapporto), che si possono considerare come misure delle dimensioni. Come richiamo all'uso medievale, si manterrà il termine «proporzione» nei titoli delle opere di Bradwardine e Oresme e nell'espressione «proporzione di proporzioni» nel suo particolare significato [cfr. Giusti 1993, pp. 10-13].

Bradwardine non era soprattutto né esclusivamente un matematico o un fisico matematico. Nel periodo trascorso alla facoltà di Arti liberali di Oxford scrisse anche opere di logica[3]. Fellow del Merton College, Bradwardine divenne teologo e scrisse un'opera imponente, *De causa Dei contra Pelagium*, in cui applicava una struttura assiomatica e deduttiva euclidea per sostenere l'onniscienza e l'onnipotenza di Dio[4]. Nel *Racconto del Cappellano della Monaca*, Geoffrey Chaucer fa citare Bradwardine al narratore in relazione alle discussioni dei problemi del libero arbitrio e della prescienza di Dio:

> Seppure sia notevole il contrasto
> tra i dotti che ne hanno disputato,
> un evento da Dio predestinato
> giammai potrà sottrarsi all'accadere.
> Ma v'è chi pensa in molte altre maniere,
> e centomila sono e non dozzina.
> Non voglio setacciar crusca e farina
> come potrebbe farlo un Agostino,
> un Boezio, oppur Bradivardino:
> se divina prescienza mi costringe
> a ciò che necessario mi si finge
> o anche se l'arbitrio mi consente
> di far qualcosa oppur non farne niente,
> con una scelta libera e pensata,
> per quanto l'abbia Dio predestinata,
> e in tale caso solo a condizione
> che manchi una diversa indicazione[5].

Dopo aver lasciato l'università, Bradwardine rivestí un certo numero di cariche ecclesiastiche: fu canonico di Lincoln, membro della cerchia intellettuale del vescovo Riccardo di Bury, cancelliere della Cattedrale di Saint Paul e infine cappellano di re Edoardo III. Morí di peste nel 1349, poco dopo essere stato nominato arcivescovo di Canterbury.

Come Bradwardine a Oxford, Nicola Oresme (1323?-1382) trascorse inizialmente qualche anno all'Università di Parigi studiando e insegnando nella facoltà di Arti liberali. Sulla scia della forte influenza del *Tractatus de proportionibus velocitatum in motibus* di Bradwardine, Oresme scrisse un libro, *De proportionibus proportionum et ad pauca respicientes*, in cui sviluppava la teoria delle proporzioni di Bradwardine e la utilizzava per confutare la possibilità della previsione astrologica[6]. Nel *Tractatus de configurationibus*

[3] Per esempio il *De insolubilibus* [Roure 1970] e il *De incipit et desinit* [Nielsen 1982, pp. 1-83].

[4] *De causa Dei contra Pelagium et de virtute causarum, ad suos Mertonenses*, Ex officina Nortoniana apud Ioannem Billium, London 1618.

[5] G. Chaucer, *Opere*, a cura di P. Boitani, Einaudi, Torino 2000, vol. II, pp. 1651-53, vv. 3234-3250.

[6] Si veda l'edizione a cura di E. Grant, University of Wisconsin Press, Madison-Milwaukee 1966.

qualitatum et motuum propose un metodo per rappresentare gli effetti del moto con figure geometriche [Clagett 1968]. Come Bradwardine, Oresme studiò teologia e occupò posizioni ecclesiastiche di rilievo; quando morí, era vescovo di Lisieux. Divenne consigliere del Delfino, il futuro re Carlo V. Su richiesta del re, Oresme tradusse in francese, per i non accademici della corte, un certo numero di opere di Aristotele.

Bradwardine e Oresme, piú in là nella carriera, furono entrambi personaggi pubblici. Come cappellano del re, Bradwardine accompagnò re Edoardo III nella campagna di Francia del 1346 e pronunciò un sermone sulla vittoria degli Inglesi sui Francesi nella battaglia di Crecy, attribuendo la vittoria inglese non alla sorte, alle stelle, o alla prodezza inglese, ma alla volontà di Dio, che preferisce i semplici e i virtuosi [Oberman e Weisheipl 1958].

L'idea che Bradwardine abbia condotto una disputa pubblica (*in aula*) all'Università di Parigi sulla prescienza di Dio e sul libero arbitrio umano, opponendosi a Thomas Buckingham, anch'egli in precedenza fellow del Merton College, piú o meno all'epoca in cui pronunciò il sermone, deriva in realtà da un errore di interpretazione dei manoscritti. Bradwardine e Buckingham non furono presenti alla disputa, nella quale tuttavia vennero citate le loro opinioni[7].

Di Oresme si sono conservati alcuni sermoni. Ad Avignone, la notte di Natale del 1363, Oresme tenne un discorso di fronte al papa Urbano V e ai cardinali[8]. In quel sermone, Oresme parlò delle tribolazioni della Chiesa, del loro recente aumento e dei segni di una condizione sbagliata, per poi offrire il suo consiglio pastorale. Uno degli indizi del fatto che correvano brutti tempi era la disuguaglianza tra ricchi e poveri. Come nella musica, disse Oresme, per l'armonia civile è necessario che le disuguaglianze siano ridotte e non sproporzionate.

All'incirca quando Oresme iniziò a lavorare a Parigi, anche Richard Swineshead (o Swyneshed), un altro fellow del Merton College di Oxford, applicò le idee di Bradwardine nel *Liber calculationum*. Swineshead finí per essere identificato cosí strettamente con la sua opera da ricevere il soprannome di *calculator*. Dopo qualche secolo, Gottfried Wilhelm Leibniz gli attribuí il merito di essere stato il primo ad applicare la matematica alla filosofia naturale [Thorndike 1934, p. 370]. La presenza di Swineshead al

[7] Kaluza [1976]. L'idea di una disputa pubblica fra Bradwardine e Buckingham era stata avanzata da Oberman e Weisheipl [1958], p. 299. Per un confronto fra queste diverse opinioni, si veda Genest [1979 e 1992].

[8] Cfr. Coopland [1952], p. 3, in riferimento a E. Brown (a cura di), *Fasciculus Rerum Expetendarum & Fugiendarum*, Richard Chiswell, London 1690, pp. 487-92. Per altri sermoni di Oresme, si veda Kaye [1998], pp. 149-51.

Merton College è testimoniata forse sin dal 1340 e fino al 1355, ma non è noto che cosa gli accadde in seguito, nell'ipotesi che non coincida con quel Roger Swineshead (o Swyneshed) che era dottore in Teologia e monaco di Glastonbury, il quale morí dopo il 1365 [Weisheipl 1964]. Insieme alle *Regulae solvendi sophismata* di William Heytesbury, il *Liber calculationum* di Swineshead illustra come gli studenti universitari oxoniensi fossero tenuti a usare la matematica del moto insieme alla logica nelle loro dispute [Sylla 1982].

Anche se non pare arrischiato presumere che Richard Swineshead, essendo fellow del Merton College, abbia seguito studi teologici, non si è conservato nessun suo scritto di questo tipo. Sono invece documentati alcuni interrogativi di carattere teologico formulati da Richard Kilvington, un contemporaneo di Bradwardine che, sebbene associato all'Oriel College piú che al Merton, presenta molte caratteristiche tipiche della cosiddetta «scuola di Merton» [Jung-Palczewska 2000]. Le date delle opere di Kilvington non sono ancora state stabilite con precisione, anche se è probabile che siano tutte anteriori al 1335, quando Kilvington si fregiava dei titoli di dottore in Arti liberali e baccelliere in Teologia [*ibid.*, p. 183]. Le opere di Kilvington, considerando le probabili date di composizione, rappresentano una testimonianza preziosa degli stadi di introduzione della legge di Bradwardine e della sua diffusione nelle facoltà di Arti liberali e di Teologia[9].

La prima parte della trattazione che segue considera la pratica della matematica nelle facoltà di Arti liberali del XIV secolo, la seconda esamina la matematica nell'ambito delle facoltà di Teologia di quel secolo e la parte finale analizza il modo in cui Nicola Oresme utilizzò la matematica in alcune opere destinate a Carlo V e alla sua corte. Concentrando questo saggio su Bradwardine e Oresme, si trascureranno due aree importanti della matematica latina medievale: innanzitutto, si dirà poco o nulla dell'astronomia medievale, la disciplina matematica preminente nel Medioevo[10]; in secondo luogo, si ignorerà, insieme all'algebra, gran parte della tradizione dell'aritmetica commerciale. È molto importante osservare che a quell'epoca l'algebra non era ancora entrata a far parte dei programmi di studio universitari. Lo attesta il fatto che molti cronisti faticavano a spiegare le discussioni di Aristotele sulla giustizia distributiva, la giustizia riparatrice e la reciprocità nel libro V dell'*Etica nicomachea* – un'impresa che sarebbe stata facilitata se avessero potuto disporre di metodi algebrici [Kaye 1998, pp. 56-78; Sylla 2006]. Se nell'aritmetica commerciale si calcolavano quantità assolute, come il prezzo di una data quantità di un certo prodotto, nelle discussioni

[9] La Jung-Palczewska suggerisce che Kilvington possa aver concepito la «legge di Bradwardine» prima dello stesso Bradwardine.

[10] Per un esempio di astronomia matematica nella cultura del Trecento si veda North [2005].

di carattere teorico alle quantità considerate di solito si attribuivano valori arbitrari come 1 o 2, senza alcuno sforzo di determinare unità costanti o di effettuare misurazioni.

Occorre però riconoscere che, al di là di ciò che compare in modo esplicito nei loro scritti, la matematica può ugualmente essere entrata nella vita degli scolastici del XIV secolo. Joel Kaye [1998, p. 2] sostiene che la crescente matematizzazione della filosofia naturale del XIV secolo va spiegata con «la rapida monetizzazione della società europea che si stava realizzando in quel periodo, al di là dell'università e al di fuori della cultura dei libri». I fellow del Merton College, cui cosí spesso si attribuisce il merito di aver sviluppato la fisica matematica seguendo la traccia di Thomas Bradwardine, allo stesso tempo amministravano le proprietà del college e viaggiavano per effettuare revisioni contabili delle entrate e delle spese. Abbiamo il resoconto delle spese sostenute da William Heytesbury nel corso di un viaggio intrapreso per ispezionare le proprietà del college e verificare i conti nel 1337 o 1338, poco dopo aver scritto le *Regulae solvendi sophismata* (1335) [*ibid.*, pp. 34-35][11]. Nel 1338-39, Heytesbury divenne economo del Merton College, responsabile della verifica dei conti e della riscossione delle entrate. A Parigi, sostiene Kaye, Nicola Oresme sarà certamente entrato in contatto con «cambiavalute che gridavano i tassi di scambio del giorno, attorniati da bilance e pile di monete» [*ibid.*, p. 19]. Oresme era sufficientemente interessato allo svilimento delle monete d'oro e d'argento del re da scrivere un libro sul denaro sia in latino sia in francese, in modo che potessero leggerlo i membri della corte[12]. Ci concentreremo quindi su opere matematiche in cui la geometria e la matematica dei rapporti e delle proporzioni hanno un ruolo dominante, pur riconoscendo la possibilità che quegli stessi autori abbiano usato la matematica applicata e i calcoli pratici in altri aspetti della loro vita.

1. *La matematica nelle facoltà di Arti liberali del* XIV *secolo.*

La matematica universitaria del Trecento era modellata dal suo contesto nelle facoltà di Arti liberali sotto diversi profili. Innanzitutto, è significativo notare che le discipline del *quadrivium* – l'aritmetica, la geometria, l'astronomia e la musica – figuravano tra i corsi obbligatori per ottenere il baccellierato e la laurea, seppur solo a livelli relativamente elementari[13]. I testi piú rilevanti per la matematica pura erano traduzioni latine

[11] Kaye fa riferimento ad Aston [1984], p. 338.

[12] Si tratta del *De moneta*, in Dupuy [1989].

[13] Gli astronomi medievali, che erano capaci di calcolare tabelle, prevedere eclissi, ecc., dovevano aver imparato l'astronomia in ambiti diversi dai corsi universitari regolari. Per un astronomo

degli *Elementi* di Euclide (dall'arabo o dal greco). Per l'aritmetica, era importante il *De elementis arithmetice artis* di Giordano Nemorario[14]. Gli europei medievali conoscevano relativamente meno l'opera matematica di Archimede [Clagett 1964-84]. Fatta eccezione per il picco isolato del lavoro di Gherardo da Bruxelles sul moto, il livello della maggior parte della matematica medievale era di gran lunga inferiore a quello di Archimede o di Apollonio [*ibid.*, vol. V].

La *Geometria speculativa* di Bradwardine e le *Quaestiones super geometriam Euclidis* di Oresme furono regolarmente collegate alla didattica universitaria. Il libro di Bradwardine fu descritto come un testo che «raccoglie tutte le conclusioni geometriche indispensabili agli studiosi di Arti liberali e della filosofia di Aristotele»[15]. Le *Quaestiones super geometriam Euclidis*[16] trattano anche argomenti apertamente di filosofia naturale, per esempio la questione se una qualità lineare si possa immaginare come una superficie, se vi sia qualche qualità difforme senza qualche uniformità e se una qualità uniforme e una qualità difforme siano uguali, interrogativi legati a un'opera successiva di Oresme, il *Tractatus de configurationibus qualitatum et motuum*. Benché le *Quaestiones super geometriam Euclidis* siano state una delle prime opere di Oresme, sembra che siano successive alle *Quaestiones super I-VIII libros Physicorum Aristotelis*.

A parte il *quadrivium*, i temi principali delle lezioni nelle facoltà medievali di Arti liberali erano la logica e i vari libri di Aristotele sulla filosofia naturale, sull'etica e sulla metafisica. Oltre alle lezioni, gli esercizi piú importanti all'università erano le dispute, in cui gli studenti e gli insegnanti argomentavano gli uni contro gli altri sia come strumento per apprendere la materia sia come modo per sviluppare la capacità di ragionare in modo chiaro. Nel complesso, nelle università medievali gli studiosi seguivano Aristotele piú che Platone per quanto riguardava il modo di concepire la matematica. Piú che postulare l'esistenza di «entità matematiche» in un qualche senso reale, ma immateriale, come potrebbe fare un platonico, i matematici medievali presumevano che la matematica si riferisse alle quantità di oggetti materiali esistenti nel mondo fisico. La matematica entrava nelle lezioni e nelle dispute sulla *Fisica* di Aristotele per chiarire il significato del testo aristotelico o, in

tecnicamente competente contemporaneo di Bradwardine, si veda la biografia di Riccardo di Wallingford scritta da John North [2005].

[14] Ed. a cura di H. L. L. Busard, *Jordanus de Nemore, «De Elementis Arithmetice Artis». A Medieval Treatise on Number Theory*, 2 voll., Franz Steiner Verlag, Stuttgart 1991. Gli studenti in effetti studiavano il piú semplice *Algorismus de integris*, di Sacrobosco, che spiegava le operazioni di addizione, sottrazione, moltiplicazione e divisione, e l'estrazione di radici dagli interi, ma il fatto era pressoché ininfluente nei contesti teorici [Catto 1984, p. 385].

[15] Cosí scrisse Pedro Sánchez Cirvelo nel 1495 [Molland 1995, vol. I, p. 120]. Si veda anche Molland [1989].

[16] Ed. a cura di H. L. L. Busard, Leiden 1961. Si veda anche l'analisi di John E. Murdoch dell'edizione di Busard in «Scripta Mathematica», 27, 1964, pp. 67-91.

alternativa, per opporsi ad Aristotele, come si faceva a proposito del suo argomento che il mondo è sempre esistito, argomento che, secondo alcuni, portava a paradossi dell'infinito.

Poiché nelle università trecentesche la logica era molto importante, spesso la matematica, quando veniva adottata affinché fosse utile alla filosofia naturale, svolgeva questo ruolo nel contesto della logica. Ciò significava che la via dagli oggetti fisici alla quantità astratta non era l'unica della matematizzazione. La scienza dimostrativa, secondo la visione comune nel Trecento, consisteva di proposizioni vere sul mondo organizzate in strutture deduttive, in cui conclusioni scientifiche sulla natura venivano dimostrate sulla base di principî. Qui gli *Elementi* di Euclide forniscono il modello per la scienza dimostrativa, a parte il fatto che nella geometria i principî (vale a dire gli assiomi e i postulati) sono piú conosciuti dei teoremi, mentre nelle scienze naturali come la fisica il filosofo inizia dall'esperienza (dagli effetti) per poi risalire ai principî della fisica (le cause) prima di invertire la direzione e dimostrare gli effetti partendo dalle cause.

Nelle proposizioni che costituiscono la scienza dimostrativa, in base a tale interpretazione, le parole di cui sono composte le proposizioni fanno riferimento a entità del mondo esterno in modi complessi (nella terminologia medievale, «stanno per», o «suppongono per», ovvero denotano tali entità). In una proposizione come «Socrate si sposta a velocità costante», per esempio, la parola «Socrate» denota senza alcun problema il singolo essere umano Socrate, ma il predicato, «si sposta a velocità costante», deve essere sviluppato e spiegato per svelare come lo si deve mettere in corrispondenza con il mondo al fine di investigare se è vero o falso. Per esempio, una proposizione siffatta si deve interpretare come riferita a Socrate nel corso del tempo, poiché solo nel corso di un certo intervallo si può dimostrare che la velocità è costante o variabile.

Questo metodo di analisi ebbe ulteriori implicazioni per gli ammiratori delle idee di Guglielmo di Ockham, autorevole francescano del Trecento. Secondo Ockham e i sostenitori del suo approccio, nel mondo esterno esistono solo sostanze (cose) e qualità, mentre molti altri termini si riferiscono a concetti o a modi di concepire il mondo, ma non direttamente a oggetti del mondo. A giudizio di Ockham, per esempio, «moto» e «tempo» non denominano entità distinte del mondo esterno, ma sono soltanto modi opportuni di organizzare le nostre descrizioni dell'esperienza.

Nelle *Quaestiones super I-VIII libros Physicorum Aristotelis*, Oresme tentò di rendere piú utile per la fisica l'ontologia minimalista di Ockham sostenendo che il «moto» non è, in realtà, una sostanza o una qualità, ma è una disposizione o modo delle cose (*modus rerum*) nel senso che affinché le proposizioni sul moto siano vere non è sufficiente che esistano cose (sostanze o qualità) nel mondo esterno, ma devono anche esistere disposizioni o modi di tali cose, intendendo con «modo» qualcosa di ontologicamente inferiore a una cosa, o anche a una qualità, che possa esistere separatamente[17]. A questo proposito, Ockham considerò se il moto fosse qualcosa di assoluto o di relativo – se, per esempio, si conviene che vi è una rotazione relativa tra la Terra e il resto del cosmo, esiste un modo per sapere o dimostrare se in realtà è la Terra a ruotare, o se sono i cieli a ruotare intorno ad essa[18]? Bradwardine e Oresme sostengono entrambi che, poiché affinché esista l'estensione deve esistere un corpo esteso, al di fuori dell'universo finito non esiste una reale estensione, ma solo spazio immaginario [Sylla 1998, pp. 214-15].

Il ruolo dei casi immaginari (o argomenti *secundum imaginationem*) nella filosofia naturale del Trecento è stato ampiamente messo in luce. I fattori che contribuirono a determinare questa situazione sono molti. Il semplice fatto che questi lavori avessero a che fare con lezioni e dispute che si tenevano nelle classi senza l'aiuto di alcun supporto visivo, per non parlare di apparecchiature di laboratorio, spiega in parte il rilievo dato all'immaginazione. Probabilmente ebbe un ruolo importante anche la cosiddetta condanna di Parigi del 1277 che, pur vietando l'insegnamento di 219 tesi particolari, aveva come implicazione anche il fatto che un dottore della facoltà di Arti liberali non dovesse negare che Dio possa fare qualsiasi cosa che non sia una contraddizione logica [Grant 1982, pp. 537-39]. Per esempio, se l'esistenza di un vuoto non è una contraddizione logica, allora un dottore di Arti liberali può discutere le conseguenze della creazione di un vuoto da parte di Dio – tale vuoto avrebbe, per esempio, un'estensione finita? Nelle *Quaestiones super geometriam Euclidis*, Oresme considerò se, in base all'immaginazione matematica, potesse esistere un cerchio infinito. La sua conclusione fu che non può esistere, poiché è una contraddizione logica: un cerchio infinito avrebbe e non avrebbe una forma ben determinata[19]. Se in generale la geometria, nella concezione del Trecento, viene sviluppata nell'immaginazione dei geometri, non sorprende che la parola «immaginazione» compaia spesso quando si discute di geometria.

[17] S. Kirschner, *Nicolaus Oresmes Kommentar zur Physik des Aristoteles*, Franz Steiner Verlag, Stuttgart 1997, pp. 230-34, libro III, q. 7 (utrum moveri sit aliter se habere continue quam prius): «Alia [opinio] que ponit quod est fluxus ... [i.e.] modus vel condicio ipsius mobilis, tunc est verissima et probabilior et facilior inter omnes et concordat dictis Aristotelis et philosophorum».

[18] *Ibid.*, p. 232: «Contra illud posset cavillari. [...] Non esset aliqua ratio quare terra non moveatur motu diurno et celum movetur quam e converso. Consequentia patet, quia omnis habitudo unius ad alterum et aspectus, qui fit ex motu celi, fieret ex motu terre; ideo, sicut dicebatur prius quod motus non est sensibilis, ideo non posset experiri utrum terra moveatur circulariter aut celum».

[19] Ed. Grant cit., pp. 12-13, nota 32: «Se in base all'immaginazione matematica si debba ammettere che esiste un cerchio infinito tale che da ciò non segua una contraddizione» («Ad questionem dico quod ex tali positione sequitur contradictio et ideo non est admittenda et est unum impossibile»).

1.1. Il *De proportionibus velocitatum in motibus*.

Fu nell'ambito delle facoltà di Arti liberali europee del tardo Medioevo che Bradwardine e Oresme esercitarono la massima influenza, grazie ai loro insegnamenti sulla misurazione dei movimenti, in relazione sia alle cause dei movimenti sia ai loro effetti, dove «movimento» era inteso in un senso molto generale, che comprendeva non solo il movimento locale, ma anche cambiamenti di qualità (modifica) e di grandezza (aumento e diminuzione). Il *De proportionibus velocitatum in motibus* fu forse l'opera matematica originale piú influente del tardo Medioevo. Secondo Anneliese Maier, autrice di una fondamentale opera pionieristica sulla filosofia naturale nella tarda scolastica, a Bradwardine sarebbe piaciuto scrivere i *Principia mathematica philosophiae naturalis* del suo secolo [Maier 1966, p. 86, nota 10]. Come i *Principia* di Newton, il *De proportionibus* di Bradwardine parte da una struttura assiomatica euclidea per arrivare a stabilire conclusioni legate alla filosofia naturale. Tuttavia, mentre gli assiomi e le definizioni di Newton riguardano già entità fisiche quali forza, massa e quantità di moto, Bradwardine parte da definizioni puramente matematiche applicandole a proporzioni e proporzionalità (che oggi chiamiamo, rispettivamente, rapporti e proporzioni) e solo in seguito, seguendo uno schema disputativo tipico della scolastica, applica i rapporti alle forze, alle resistenze e alle velocità del moto.

Anneliese Maier confronta Bradwardine e Newton in una nota del capitolo intitolato *Il concetto di funzione nella fisica del* XIV *secolo*[20]. La Maier giustifica con cura l'uso del termine «funzione» a proposito del *De proportionibus* poiché implica il riconoscimento che un cambiamento di una certa grandezza dipende da un cambiamento di un'altra grandezza, insieme al modo di esprimere tale relazione. Poiché la notazione per rappresentare le equazioni fu introdotta soltanto nel XVII secolo, come strumenti Bradwardine poteva utilizzare solo la rappresentazione di grandezze mediante lettere (*in terminis*), combinate in proporzioni espresse in parole. Le lettere di questo «calcolo letterale» rappresentano singole grandezze e non variabili, come tali, e tuttavia si intende una relazione generale[21]. Quel che fece Bradwardine allo scopo di esprimere il suo nuovo modo di concepire la relazione tra forze, resistenze e velocità, fu scegliere uno dei due concetti

[20] Alcune citazioni da questo capitolo compaiono in inglese in S. Sargent (a cura di), *On the Threshold of Exact Science. Selected Writings of Anneliese Maier on Late Medieval Natural Philosophy*, University of Pennsylvania Press, Philadelphia 1982, pp. 61-75.

[21] Si veda Juhel [1984-85, p. 106]: «Al punto in cui si trova Descartes, la geometria è una rappresentazione esatta e fedele della teoria delle proporzioni. [...] Vista dalla prospettiva dei giorni nostri, si può veder affiorare dal testo di Cartesio l'idea di funzione. Ma egli ne aveva una concezione molto limitata: una funzione non è altro che l'espressione di una proporzione».

di rapporti e di operazioni sui rapporti che si trovano negli *Elementi* di Euclide e di concentrare l'attenzione su tale concetto escludendo qualsiasi approccio alternativo.

Per apprezzare il risultato matematico creativo presentato da Bradwardine nel *De proportionibus*, lo si dovrebbe considerare alla luce della fisica e della matematica del moto terrestre sviluppate in precedenza. Aristotele, nel libro VII della *Fisica*, aveva sostenuto che la velocità, durante il moto, è proporzionale alla forza e inversamente proporzionale alla resistenza, quantomeno nel senso particolare che se una data forza muove una data resistenza a una data velocità, allora una forza doppia muoverà la stessa resistenza a una velocità doppia e la stessa forza muoverà una resistenza due volte piú piccola a una velocità doppia. Se si interpreta la teoria di Aristotele come l'affermazione di una proporzionalità universale tra forze, resistenze e velocità, sorgono immediatamente alcuni problemi. In primo luogo Aristotele, come chiunque altro, conveniva che vi è movimento solo se la forza è superiore alla resistenza. Se, d'altro canto, vi è un limite alla validità della proporzionalità quando la forza è pari alla resistenza, allora vi sarà una velocità finita quando la forza è solo lievemente superiore alla resistenza e poi, d'un tratto, una velocità nulla quando la forza è pari alla resistenza. Ciò significa che esisteranno piccole velocità che non corrispondono ad alcun rapporto tra forza e resistenza (vale a dire quelle che altrimenti corrisponderebbero a rapporti tra forza e resistenza compresi tra 0 e 1) e i corpi in quiete si metteranno d'un tratto in moto senza un'accelerazione graduale da 0.

Le risorse matematiche di cui disponeva Bradwardine per modellare le relazioni tra forze, resistenze e velocità erano essenzialmente quelle degli *Elementi* di Euclide e, piú in particolare, la matematica euclidea dei rapporti, che si trova nei libri V-VII. All'epoca di Bradwardine esistevano già parecchie traduzioni latine degli *Elementi* dal greco e dall'arabo, che si scostavano per molti piccoli particolari dal significato originale (per di piú, ne esistevano diverse versioni in greco). La versione usata da Bradwardine era la traduzione latina che accompagnava il commentario di Giovanni Campano da Novara, collegata alla traduzione attribuita ad Adelardo di Bath [Murdoch 1971, p. 446]. Nelle traduzioni medievali di Euclide, la famosa definizione di uguaglianza di rapporti che si ritiene derivare da Eudosso non mantiene inalterato il suo significato [Murdoch 1963]. Ciò nonostante, Bradwardine, Oresme e altri matematici scolastici erano consapevoli della necessità di avere una definizione dei rapporti che si applicasse non solo ai rapporti tra interi, ma anche ai cosiddetti «rapporti irrazionali», o rapporti tra quantità incommensurabili, come quello tra la diagonale e il lato del quadrato.

In alcune versioni degli *Elementi*, è inserita una definizione della «composizione di rapporti», indicata come definizione V del libro VI, che, stranamente, si applica solo a rapporti tra numeri, mentre il libro VI nel suo complesso dovrebbe trattare rapporti tra grandezze geometriche, che possono essere esprimibili come numeri, ma possono anche non esserlo[22]. In base a questa definizione, i rapporti sono composti quando le loro «denominazioni» vengono moltiplicate, dove la «denominazione» di un rapporto è il numero, o il numero e la frazione, che ne esprimono la quantità[23]. Nella versione di Giovanni Campano, la «denominazione» è definita solo nel libro VII, cui potrebbe ragionevolmente appartenere, poiché questo libro applica la teoria dei rapporti ai numeri[24]. Nel *De proportionibus* di Bradwardine, il termine «denominazione» compare nella congettura: «Tutte le proporzioni che hanno denominatori identici o uguali sono uguali». Tuttavia, l'interpretazione della «composizione» che sta dietro al *De proportionibus* non è quella che comporta la moltiplicazione delle denominazioni, ma è invece l'interpretazione che sta alla base della proposizione 23 del libro VI degli *Elementi*, in cui il termine «composto» viene usato senza essere stato precedentemente definito: «Il rapporto tra due parallelogrammi equiangoli è il rapporto composto dai rapporti tra i loro lati». Nella dimostrazione di questo teorema, Euclide considera innanzitutto il rapporto di uno dei due insiemi di lati corrispondenti e un rapporto simile tra *K* e *L*; poi prende il rapporto dell'altro insieme di lati corrispondenti e trova un rapporto tra *L* e *M* uguale a questo. Poi afferma: «Ma il rapporto tra *K* e *M* è composto dal rapporto tra *K* e *L* e tra *L* e *M*». Senza ulteriori spiegazioni, questa affermazione si può interpretare come analoga al seguente asserto, relativo a un segmento *KM* e a un punto *L* su di esso: «Il segmento *KM* è composto dal segmento *KL* e dal segmento *LM*», che viene giudicato evidente. È anche simile all'operazione che Euclide chiama *ex aequali*, nella definizione XVII del libro V.

Tenendo conto di tale contesto, si può ora esaminare il risultato di Bradwardine nel *De proportionibus*. Nelle opere di Euclide e di Bradwardine, un rapporto (*logos* in greco e *proportio* in latino) non è un numero, ma una relazione tra due oggetti concernente la grandezza. Il paradigma di un

[22] In Heath [1956, vol. II, pp. 189-90], la definizione è relegata nelle note, essendo scientificamente poco accreditata, ma tradotta: «un rapporto si dice composto di altri rapporti quando le quantità (*pelikoteles*) di tali rapporti moltiplicate tra loro ne danno un altro».

[23] In termini di logaritmi, che naturalmente all'epoca non erano ancora stati inventati, la «denominazione» di un rapporto si può interpretare come il suo antilogaritmo. Usando i logaritmi, i numeri si moltiplicano sommandone i logaritmi. Nella teoria delle proporzioni di Bradwardine, le proporzioni (*logoi*) si sommano moltiplicandone le denominazioni. Si potrebbe supporre che dietro alla scelta del nome «logaritmi» vi sia stato questo accoppiamento delle proporzioni (*logoi*) con i numeri (*arithmoi*). Cfr. Nicola Oresme, *De proportionibus proportionum et ad pauca respicientes*, ed. Grant cit., pp. 142-43: «se, tuttavia, si desidera sommare una proporzione di maggior diseguaglianza a un'altra per mezzo di algoritmi (*per artem*), è necessario moltiplicare la denominazione di una proporzione per la denominazione dell'altra».

[24] Si veda Euclide, *Elementa geometriae*, Ratdolt, Venezia 1482, libro VII, definizioni: «Denominatio dicitur proportionis minoris quidem numeri ad maiorem pars vel partes ipsius minoris que in maiorem sunt. Maioris autem ad minorem totum vel totum et pars vel partes, prout maior superfluit. Similes sive una alii eadem dicuntur proportiones que eandem denominationem recipiunt, maior vero que maiorem, minor autem que minorem».

rapporto sarebbe una consonanza musicale, come quella dell'ottava, corrispondente a un rapporto di 2 a 1 (pertanto i rapporti come relazioni saranno rappresentati con due punti, come in 2 : 1). Bradwardine capí che, se la composizione di rapporti è interpretata come somma di intervalli, si può affermare che le velocità variano come i rapporti tra forza e resistenza (che potremmo rappresentare come F : R), interpretando il significato di questa asserzione in modo diverso rispetto all'opinione solitamente attribuita ad Aristotele, un modo che risolve le anomalie che seguono dalla concezione aristotelica quando il rapporto F : R si avvicina a 1. Per capire il punto di vista di Bradwardine, basta pensare a un rapporto come a due quantità schierate come se fossero in fila e considerare che «sommare» un rapporto al rapporto originario consiste nel prendere una quantità piú grande lungo la linea dalla parte della quantità originaria piú grande, o nel prendere una quantità piú piccola, inferiore alla quantità originaria piú piccola. Di contro, «sottrarre» un rapporto da un altro rapporto vuol dire inserire una quantità media tra le due quantità originarie e poi pensare solo all'intervallo da uno degli estremi alla nuova quantità media. Dunque Bradwardine interpreta la composizione come addizione, come viene considerata nel libro VI di Euclide (proposizione 23), e non cita mai alcunché di simile alla definizione della composizione per moltiplicazione delle denominazioni che compare nello spurio libro V (definizione v).

Quindi Bradwardine, selezionando in modo creativo dalla matematica che aveva ereditato con la versione di Campano degli *Elementi* di Euclide, nel *De proportionibus velocitatum in motibus* risolse un problema di interpretazione della *Fisica* di Aristotele, poiché la sua funzione spiega come le velocità diminuiscano in maniera regolare fino ad annullarsi quando il rapporto tra forza e resistenza si avvicina a 1 [Sylla 1984; s.d.]. Bradwardine utilizzò una delle matematiche delle proporzionalità disponibili per esprimere una relazione funzionale piú complessa delle usuali proporzionalità aritmetiche o geometriche. Fu in grado, inoltre, di «chiosare» l'affermazione di Aristotele che quando la forza raddoppia, raddoppia anche la velocità e cosí via, essendo semplicemente un caso particolare della sua nuova relazione che, in verità, vale quando il rapporto originario F : R è 2 : 1, mentre non vale quando il rapporto originario F : R è maggiore o minore a 2 : 1.

Un aspetto significativo della matematica accademica nel contesto culturale del Trecento è rivelato dal fatto che in breve tempo la dinamica proposta da Bradwardine fu ampiamente accettata, forse proprio a causa della sua eleganza matematica nel risolvere un problema del testo di Aristotele, senza che ci si preoccupasse di controllarla eseguendo qualche misura. Con ciò non si intende affermare che non si cercò di fornirle un sostegno empirico. A suo favore, vi era l'esperienza che se una certa persona riesce a stento a spostare un oggetto, l'aggiunta di un'altra persona altrettanto forte può spostarlo a una velocità piú che doppia. Questo perché «sommare» un rapporto di 2 : 1 a un rapporto inferiore a 2 : 1 aggiungerà un incremento di velocità superiore rispetto alla velocità originaria. Allo stesso modo, se molti uomini spostano un oggetto molto rapidamente (con un rapporto F : R superiore a 2 : 1), raddoppiarne la forza può anche non riuscire a far sí che l'oggetto venga spostato due volte piú rapidamente, poiché il rapporto F : R non verrà «raddoppiato» nel senso di Bradwardine.

Se il risultato piú ovvio del *De proportionibus* fu lo sviluppo di una teoria matematica della dinamica (in linguaggio medievale, una «misura del moto in relazione alla causa») che correggeva quella che si percepiva come una debolezza della *Fisica* di Aristotele in una maniera interpretabile come un perfezionamento della teoria aristotelica piú che come una sua confutazione, l'altra sua virtú fu fornire la base per un'aggiunta al programma di studi universitari, insegnando agli studenti come applicare la matematica alle situazioni concrete. Nella Oxford medievale, il principale argomento di studio era la logica e l'attività richiesta agli studenti (oltre all'ascolto delle lezioni) era perlopiú la partecipazione alle dispute. I generi privilegiati di dispute studentesche per imparare la logica in quanto tale comprendevano le dispute *de obligationibus*, in cui lo studente interrogato doveva considerare valida una proposizione originale (spesso controfattuale, benché non impossibile) e poi accettare o scartare altre proposizioni formulate dai suoi avversari a seconda che fossero o meno coerenti con la proposizione originaria. Un altro genere comune di disputa riguardava i cosiddetti *sophismata*, proposizioni spesso apparentemente bizzarre, che per ipotesi si applicavano a un dato «caso» (in una sorta di esperimento mentale). Lo studente doveva «risolvere» il sofisma, indicando le condizioni in cui la proposizione si sarebbe potuta dire vera o falsa.

Nella Oxford del Trecento, grazie a conquiste nel campo della filosofia naturale come quelle di Bradwardine, spesso i sofismi implicavano casi fisici o fisico-matematici. Nel gruppo dei sofismi risolti da Richard Kilvington, contemporaneo di Bradwardine, il primo è: «Socrate è piú bianco di quanto Platone cominci a essere»[25]. Nel caso da considerare, quello cui si presume che questa proposizione si applichi, Socrate è bianco in un certo grado, poniamo il grado 2, e Platone al momento non è bianco, ma inizia a esserlo partendo gradualmente dal livello zero di bianchezza. Qui il problema posto allo studente è matematico e fisico oltre che logico. L'affermazione che Socrate è piú bianco di Platone si interpreta come indicante che vi è un rapporto di maggior disuguaglianza (cioè un rapporto superiore a 1 : 1) tra il grado di bianchezza di Socrate e quello di Platone. Ma l'incanutire di Platone è considerato continuo dallo zero, in modo tale che non vi è un grado

[25] *Socrates est albior quam Plato incipit esse albus*. Si veda Kretzmann e Ensign Kretzmann [1990*a* e *b*].

minimo di bianchezza che Platone ha dopo che inizia a incanutire né un primo istante in cui Platone ha un certo grado di bianchezza. Ne segue che il rapporto tra la bianchezza di Socrate e quella di Platone dev'essere piú grande di qualsiasi rapporto dato poco prima dell'incanutimento di Platone, poiché il grado di bianchezza di Platone all'inizio è inferiore a qualsiasi grado dato. Kilvington valuta quindi che se uno accetta come vero che «Socrate è piú bianco di quanto Platone cominci a essere», ne segue che «Socrate è infinitamente piú bianco di quanto Platone cominci a essere». Ma questa seconda proposizione è falsa se l'infinito attuale è impossibile. Quindi anche la prima proposizione da cui segue dev'essere falsa.

Questo esempio è caratteristico della combinazione della matematica con la logica e la fisica che si trova negli esercizi per gli studenti dell'Università di Oxford nel XIV secolo. Per risolvere i problemi che venivano posti nelle dispute, gli studenti potevano utilizzare una serie di tecniche, tra cui alcune imperniate sul primo e l'ultimo istante e sulla massima e minima quantità, oltre a molti strumenti piú propriamente logici o grammaticali. Nei manuali forniti agli universitari oxoniensi per aiutarli a prepararsi a partecipare alle dispute a un certo punto fu inserita una versione ridotta del *De proportionibus velocitatum in motibus* di Bradwardine, insieme a un gran numero di piccole opere di logica.

Anche per misurare gli effetti del moto piú che le sue cause la risorsa principale di cui si poteva disporre era la matematica dei rapporti e delle proporzioni. In questo caso, seguendo Euclide e Archimede, si presumeva che soltanto tra quantità dello stesso genere (e tra quelle capaci, quando le si moltiplica, di essere l'una superiore all'altra) potesse esistere un rapporto. Ciò significa che i matematici medievali non potevano affermare che le velocità sono proporzionali al rapporto tra distanza percorsa e tempo impiegato, poiché non può esistere un rapporto tra una distanza e un tempo. Il modo piú semplice di affrontare tali situazioni consisteva nel tenere costante la velocità, oppure il tempo, e dire, per esempio, che una certa velocità sta all'altra come la distanza percorsa dall'una sta alla distanza percorsa dall'altra nello stesso tempo, ovvero V1 : V2 :: D1 : D2. Misurando il moto uniforme locale su una retta, si poteva supporre che maggiore è il rapporto F : R, maggiore è la distanza che si percorre in un dato tempo. La situazione si complicava supponendo che il moto accelerasse o decelerasse, o che il corpo ruotasse invece di spostarsi in linea retta. Bradwardine aveva proposto di misurare la velocità di un corpo in rotazione mediante la distanza percorsa dal punto che si era mosso piú velocemente. Un famoso risultato dei discepoli di Bradwardine al Merton, tra cui William Heytesbury, John Dumbleton e Richard Swineshead, fu la dimostrazione che un corpo uniformemente accelerato percorre la stessa distanza che avrebbe percorso se si fosse mosso uniformemente per lo stesso intervallo di tempo con la velocità che aveva nell'istante medio del moto (il cosiddetto «teorema mertoniano della velocità media»). Nicola

Oresme forní in seguito una dimostrazione geometrica di questo risultato, rappresentando un moto uniformemente accelerato con un triangolo rettangolo e un moto uniforme con un rettangolo di base uguale a quella del triangolo e di altezza pari alla metà dell'altezza del triangolo [Clagett 1959, pp. 331-81, nota 20].

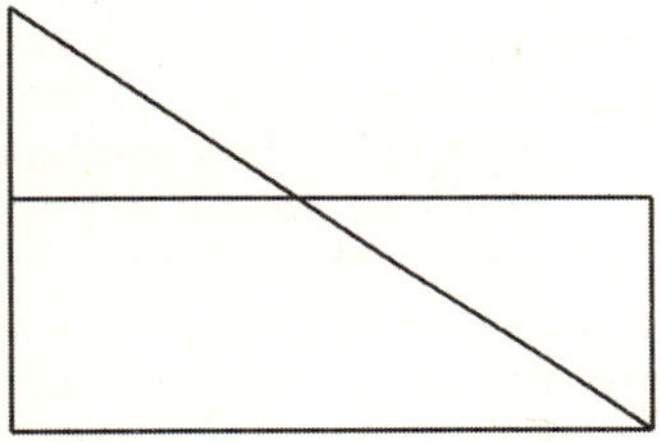

Nel caso di alterazioni e incrementi, questi pensatori del Trecento sceglievano tra misurare la velocità mediante la quantità assoluta guadagnata in qualità o in grandezza, oppure mediante il rapporto tra qualità o grandezza finali e qualità o grandezza originarie. In questo caso vi potevano essere molti generi diversi di ragioni per scegliere l'una o l'altra soluzione, ma alcuni degli argomenti erano matematici. Una caratteristica tipica di questo genere di ragionamento fisico-matematico è il rilievo dato alle proprietà del continuo, insieme all'opinione che le cose possano essere potenzialmente, ma non realmente infinite. Alcuni pensatori, per esempio, argomentavano che l'incremento non va misurato mediante il rapporto tra grandezza finale e grandezza originaria, poiché quando vi è incremento a partire da zero, il rapporto iniziale sarebbe infinito, il che è impossibile. Le differenze intensive venivano generalmente interpretate usando il concetto di latitudine di qualità, dove una latitudine è immaginata come una linea. Qual è allora la relazione tra i gradi di qualità e le latitudini di qualità? I gradi sono da immaginare analoghi a punti su una linea, oppure a segmenti di retta? Nel *Liber calculationum* di Swineshead, i problemi scelti sono soprattutto quelli che si accordano con la filosofia naturale aristotelica e con il *De proportionibus* di Bradwardine. Il *Liber calculationum* veniva usato per prepararsi alle dispute. Poiché gli studenti alle prese con questi argomenti perlopiú sarebbero diventati preti, se non teologi, si presumeva che l'applicazione di tali soggetti alla loro futura carriera non dovesse avere a che fare in alcun modo con la tecnologia o l'ingegneria – essi dovevano sviluppare capacità mentali piú che apprendere contenuti.

Oltre al gruppo di discepoli di Bradwardine nella Oxford del Trecento, citato nei libri di storia come «scuola di Merton», «scuola di Oxford», o i «calcolatori di Oxford», vi fu uno straordinario gruppo di studiosi all'Università di Parigi, che talvolta va sotto il nome di «scuola di Buridano»

– poiché Giovanni Buridano era certamente quello di età piú avanzata – ma che sarebbe opportuno chiamare semplicemente «scuola parigina». Dopo Buridano, Nicola Oresme è oggi il piú famoso di questa compagine, che comprendeva anche Alberto di Sassonia, Temone Ebreo e Marsilio d'Inghen. Ci concentreremo su Nicola Oresme poiché offrí alla matematica un contributo piú importante rispetto agli altri, anche se il *De proportionibus* di Alberto di Sassonia fu usato spesso nei manuali universitari del tardo Medioevo per insegnare la materia che era stata inaugurata da Bradwardine. È da notare che Buridano, le cui opinioni sulla filosofia naturale sono per il resto assai simili a quelle di Oresme, non utilizza in maniera significativa la matematica [Thijssen 1985]. La si potrebbe considerare una prova del fatto che fu la forte influenza della scuola di Oxford a partire da Bradwardine che portò Oresme e Alberto di Sassonia a introdurre la matematica nella filosofia naturale piú di quanto avrebbero fatto senza questo stimolo.

Nel *De proportionibus proportionum*, Oresme ampliò brillantemente e rese piú sistematica la nuova sottodisciplina matematica creata da Bradwardine. Nel tentativo di confrontare la scienza medievale del moto rappresentata dall'opera di Bradwardine e Oresme con la fisica matematica di Galileo o di Newton, alcuni storici hanno affermato che l'uso medievale delle proporzioni (o rapporti) era svantaggiato da una mancanza di conoscenza della potente teoria dell'uguaglianza dei rapporti associata a Eudosso, com'è riportata nel libro V degli *Elementi* di Euclide, o nell'opera di Archimede o Apollonio. Ma usando «proporzioni di proporzioni», Bradwardine e Oresme erano ben attrezzati a trattare rapporti tra grandezze geometriche che non si possono esprimere sotto forma di numeri, come il rapporto tra la diagonale e il lato di un quadrato, che essi chiamavano «metà di una proporzione doppia», dove «metà» corrisponderebbe nel linguaggio moderno a «radice quadrata». Usando la composizione di rapporti interpretata come somma, misero da parte la somma di rapporti mediante algoritmo (*per artem*), che consisteva nel moltiplicarne le denominazioni (operazione che aveva il difetto di essere definita soltanto per gli interi e per le frazioni e non per grandezze continue o incommensurabili).

Oresme sviluppò gli strumenti di base per lavorare con «proporzioni di proporzioni» nel senso di Bradwardine, considerando non solo casi in cui la proporzione di proporzioni è multipla (il rapporto 27 : 1 si considerava pari a «tre volte» il rapporto 3 : 1), ma anche casi in cui la proporzione di proporzioni è qualche altra proporzione tra interi. Cosí, per esempio, il rapporto 8 : 1 si considerava pari a tre metà del rapporto 4 : 1 ovvero, in notazione moderna, $\frac{8}{1} = \left(\frac{4}{1}\right)^{\frac{3}{2}}$. Nel *De proportionibus proportionum*, l'obiettivo di Oresme era mostrare che non vi è ragione di avere fiducia nell'astrologia poiché è quasi certo che i pianeti non torneranno mai nelle stesse configurazioni in cui sono stati in precedenza (il che però è una precondizione dell'astrologia).

Il ragionamento di Oresme parte dalla considerazione che, se si prendono due rapporti a caso $m : n$ e $r : s$, è probabile che essi siano incommensurabili. Ma, in base alla funzione di Bradwardine, la proporzione tra velocità segue la proporzione di proporzioni tra forza e resistenza. Pertanto è probabile che qualsiasi coppia di velocità dei pianeti che si proponga sia incommensurabile[26]. Oresme annuncia trionfalmente la sua conclusione:

> Presento infine un'altra proposizione, che si vede seguire dalla precedente, i cui non piccoli frutti, per grazia di Dio, si chiariranno nella parte che segue. In verità, la ammirerete ancor piú riflettendo in maniera piú approfondita su di essa e su ciò che ne segue[27].

Il *De proportionibus proportionum* di Oresme, scritto probabilmente mentre studiava teologia, è rivolto ad altri studiosi universitari, che presumibilmente avrebbero seguito la sua argomentazione matematica. Oresme conclude questo saggio affermando che la matematica è l'arma adatta da usare contro gli astrologi, poiché essi la usano, cosí come Davide uccise Golia con la sua stessa spada[28].

1.2. Il *De configurationibus qualitatum et motuum.*

Nel *De configurationibus qualitatum et motuum*, come Bradwardine nel *De proportionibus*, Oresme tentò consapevolmente di proporre una nuova sottodisciplina[29]. I *calculatores* di Oxford avevano tracciato strette analogie tra «latitudini» di qualità e linee geometriche. Come le linee, le latitudini di qualità erano interpretate come estensive e additive. Oresme propose creativamente di raffigurare le qualità non solo con linee che ne rappresentavano l'intensità, ma anche con linee ortogonali che rappresentavano l'estensione del corpo considerato (per semplicità, supposto monodimensionale), interpretando l'area della figura geometrica che riproduceva sia le intensità (uniformi o variabili) sia l'estensione come la rappresentazione della «quantità di

[26] Nicola Oresme, *De proportionibus proportionum* cit., p. 247: «Decima conclusio. Propositis duabus proportionibus ignotis verisimile est eas incommensurabiles esse; quod si multe proponantur ignote verisimilimum est aliquam alicui incommensurabilem fore» (Proposizione X. È probabile che due rapporti ignoti che vengono proposti siano incommensurabili perché se si propongono molti rapporti ignoti, è quanto mai probabile che ognuno di essi sia incommensurabile rispetto a ogni altro). Qui Oresme non si preoccupa del fatto che per la concezione comune i motori delle sfere celesti sono volontari e quindi potrebbero non essere soggetti alla dinamica terrestre.

[27] *Ibid.*, p. 247.

[28] *Ibid.*, pp. 306-9: «Bonum enim est ex philosophia philosophos et ex mathematica mathematicos impugnare ut Golias proprio gladio feriatur manifestetur quoque veritatis et falsitatis destruatur» («Ma è buona cosa attaccare i filosofi con la filosofia e i matematici con la matematica, cosí come Golia è ferito con la stessa spada. Cosí la verità viene resa manifesta e la falsità distrutta»).

[29] «Quando iniziai a mettere a punto la mia concezione dell'uniformità e difformità delle intensità, mi vennero in mente altre cose da aggiungere all'argomento in modo che il trattato potesse essere utile non solo come esercizio, ma anche come disciplina» [Clagett 1968, pp. 158-59, nota 8].

qualità»[30]. Applicando la stessa idea al moto locale uniformemente accelerato in cui l'intensità è ora la velocità e l'estensione il tempo, considerò l'area della figura triangolare risultante come la rappresentazione dell'effetto totale del moto, vale a dire della distanza percorsa. È questa l'idea alla base della sua dimostrazione geometrica del teorema mertoniano della velocità media. Oresme, come altri fisici matematici del Trecento, definí altri concetti accoppiati a una rappresentazione geometrica. Se poteva esistere una latitudine di grado di velocità analoga alla latitudine di grado di calore, poteva esistere una latitudine di latitudine di moto, rappresentante il guadagno e la perdita di velocità, vale a dire l'accelerazione e la decelerazione[31]. Nelle *Quaestiones super geometriam Euclidis*, dopo aver menzionato la dimostrazione geometrica del teorema della velocità media, Oresme riporta un'obiezione: «Maestro, non è necessario immaginarlo cosí». Al che egli replica:

> Dico che l'immagine è buona, e questo è chiaro da Aristotele che immagina il tempo come una linea. In maniera simile, in prospettiva, si immagina espressamente che una potenza attiva si possa immaginare come una superficie triangolare. Di nuovo, usando tale immagine potrei comprendere piú chiaramente che cosa si intende con qualità uniformemente difforme. Pertanto dico che è una buona immagine[32].

Come il *De proportionibus* di Bradwardine, l'opera di Oresme sulle latitudini o configurazioni fu inclusa nei manuali universitari per i secoli a venire. Le sue configurazioni di qualità furono usate per misurare e spiegare molti fenomeni naturali. Cosí come aveva utilizzato le proporzioni di Bradwardine per opporsi alla possibilità dell'astrologia, Oresme usò l'idea di configurazione per suggerire l'esistenza di una spiegazione naturale di molti fenomeni che si supponevano prodigiosi o magici, legata alle loro configurazioni di qualità e movimenti [Hansen 1985].

2. *L'influenza della teologia: infinito e continuità.*

Lasciando da parte l'astronomia, la disciplina che piú di qualsiasi altra stimolava il pensiero matematico speculativo nelle università del Trecento

[30] «Ogni cosa misurabile tranne i numeri è immaginata come una sorta di quantità continua. Quindi, per la misurazione di una tal cosa, è necessario immaginare punti, linee e superfici, o le loro proprietà. Infatti in esse (nelle entità geometriche), come afferma il Filosofo, si trova inizialmente la misura, o il rapporto, mentre in altre cose li si riconosce per similarità poiché è l'intelletto a riferirli ad esse (le entità geometriche). Anche se non esistono punti indivisibili o linee, è comunque necessario inventarli matematicamente per la misura delle cose e per la comprensione dei loro rapporti» («Etsi nihil sunt puncta indivisibilia aut lineae, tamen oportet ea mathematice fingere pro rerum mensuris et earum proportionibus cognoscendis») [*ibid.*, pp. 164-65].

[31] Si veda Sylla [1987], in particolare la citazione di Roger Swineshead: «Tertiam quippe latitudinem trium predictarum latitudinum latitudinem latitudinis motus appellabo...» (p. 94).

[32] Oresme, *Quaestiones super geometriam Euclidis* cit., p. 28.

era la teologia. In ambito universitario era usuale supporre l'esistenza di un ordine della natura stabilito da Dio, ma in parallelo che Dio, ipoteticamente, può produrre qualsiasi cosa che non sia una contraddizione logica – un vuoto, molti mondi e cosí via. Nell'ambito di questa stessa struttura concettuale, si sosteneva che se esiste una coppia di oggetti realmente distinti, Dio può far sí che uno esista senza l'altro. Cosí, per esempio, se i punti sono oggetti reali distinti dalle linee, Dio potrebbe distruggere il punto finale di una linea, lasciando una linea senza un punto finale.

Poiché in generale, nel Medioevo, nelle facoltà di Arti liberali si insegnava soltanto la matematica elementare, si potrebbe supporre che le opere piú complesse siano state prodotte, semmai, dagli studiosi di livello piú avanzato delle facoltà di Teologia. Esaminando gli scritti teologici prodotti a Oxford e Parigi nel Trecento, in particolare il commentario alle *Sententiae* di Pietro Lombardo (che, insieme alla Bibbia, era il testo usato piú comunemente nelle facoltà di Teologia), non è raro trovare wpagine e pagine che trattano di argomenti che sembrano piú filosofici che teologici. Una questione su cui gli storici non hanno un parere unanime è se, alla loro prima lezione sulle *Sententiae* (sempre nello stile disputativo della scolastica), i baccellieri utilizzassero gli insegnamenti filosofici che avevano appreso ritenendo che i metodi della facoltà di Arti liberali fossero gli strumenti piú potenti per risolvere le difficoltà teologiche, o se piuttosto introducessero tali temi nei loro commenti alle *Sententiae* essendo piú interessati alle questioni e ai metodi filosofici che ai problemi teologici simulati. In ogni caso, nei commentari alle *Sententiae* si trovano approfondite discussioni sull'infinito e sulla continuità, in relazione talvolta all'eternità del mondo, altre volte al movimento degli angeli e, molto frequentemente, a proposito dell'aumento e della diminuzione della grazia nel libro I, distinzione 17, il *locus classicus* delle discussioni sull'intensione e remissione delle forme[33].

In contrasto con i commentari alle *Sententiae*, il *De continuo* di Thomas Bradwardine, un trattato indipendente citato all'inizio di questo saggio per la sua esaltazione della matematica, rappresenta un punto di incontro fra teologia, filosofia naturale, logica e matematica[34]. Nel periodo precedente alla stesura del *De continuo*, un certo numero di studiosi aveva sostenuto che le grandezze continue sono composte di indivisibili, un'idea contraria non solo ad Aristotele, ma anche a Euclide e ad Archimede, per i quali le grandezze continue sono divisibili senza limiti in grandezze continue sempre piú piccole senza mai arrivare a indivisibili.

[33] Murdoch [1975] descrive l'unità del pensiero scolastico del XIV secolo generata dall'uso degli stessi strumenti di analisi nell'ambito di molte discipline diverse.

[34] Il testo è riprodotto in Murdoch [1957]. Per la struttura e le proposizioni di quest'opera, si veda Murdoch [1987]. Per il contesto teologico, si veda Sylla [1997].

Queste teorie «atomiste», dell'indivisibilità del continuo, erano in parte scaturite dal considerare Dio in relazione alle entità matematiche. Per esempio, considerando argomenti a favore e contro l'eternità del mondo, era emerso il problema di come si possa misurare il tempo prima della creazione del cosmo, se in realtà Dio è sempre esistito, ma il cosmo ha soltanto qualche migliaia di anni. Esisteva davvero una misura del tempo prima della creazione? Una delle risposte era stata che noi esseri umani non possiamo misurare il tempo senza un orologio, ma Dio sí. Dio potrebbe essere consapevole di tutti gli istanti di un giorno e di tutti gli istanti di due giorni e potrebbe riconoscere che in due giorni vi è il doppio di istanti che in un giorno solo, anche se vi sono infiniti istanti in tutt'e due i casi – in altre parole, un infinito potrebbe essere il doppio dell'altro. Roberto Grossatesta, che aveva avanzato una tale proposta nelle sue note marginali alla *Fisica* di Aristotele, era il piú vicino alla concezione di Euclide, nel senso che considerava gli istanti indivisibili in un certo periodo di tempo, o i punti di una linea, come infiniti e non vicini l'uno all'altro.

Ma appena venne proposta l'idea che in un continuo vi sono infiniti indivisibili, per esempio i punti in una linea, alcuni teologi sostennero che gli indivisibili devono essere vicini. Supponiamo che Dio veda il punto finale di una linea e tutti gli altri punti oltre a quello. Ora eliminiamo il punto finale. Dio non vedrà il punto successivo della linea? Enrico di Harclay seguí questo genere di ragionamento per concludere che in un continuo esistono infiniti indivisibili vicini. In seguito, Walter Chatton e altri sostennero che un continuo è composto da un numero finito di indivisibili vicini[35].

Nel *De continuo*, Bradwardine si propone di dimostrare che tutte le teorie che suggeriscono che il continuo è composto da indivisibili, finiti o infiniti, vicini o meno, sono false e impossibili. Prende in considerazione uno alla volta argomenti provenienti dalle diverse discipline accademiche per confutare ciascuna delle teorie che compongono il continuo a partire da indivisibili e sostiene che ogni disciplina è giunta alla medesima conclusione. Se esistono indivisibili che compongono le distanze, allora il moto e il tempo saranno composti da indivisibili e cosí via con le altre discipline.

Aristotele sostiene all'inizio della *Fisica* che come un geometra non deve contestare quanti negano i principî della geometria, cosí un fisico non ha bisogno di smentire Parmenide e i suoi simili, poiché Parmenide nega l'esistenza del moto, mentre il fatto che tutte le cose o alcune cose si muovono è un principio della fisica, che il fisico conosce meglio di chiunque altro. Nelle loro teorie della scienza, gli aristotelici medievali in generale ritenevano che

[35] Per un'analisi piú completa (e per certi versi differente) della situazione, si veda Murdoch [s.d.], il quale ritiene che l'interesse medievale per la matematica del continuo fosse legato agli argomenti di Aristotele nel libro VI della *Fisica* contro l'atomismo, o indivisibilismo. Si veda anche Murdoch [1982].

esistessero discipline scientifiche distinte e che ciascuna disciplina, come la geometria, avesse i propri principî e dimostrasse le conclusioni sulla base di essi. Molti sostenevano che i geometri avevano i loro principî, che i fisici non dovevano necessariamente accettare. Mentre i geometri presuppongono che i punti esistano, i filosofi naturali possono ben dire che un «punto» è un concetto nella mente di un geometra che non corrisponde a una singola sostanza o a un singolo oggetto del mondo fisico. Tutt'al piú i concetti geometrici sono astrazioni degli oggetti fisici, ma potrebbero essere meno di ciò, vale a dire prodotti dell'immaginazione dei geometri. Da questo punto di vista, «grado di qualità» e «velocità» potrebbero anche essere concetti nella mente umana piú che entità del mondo fisico esterno. Al ragionamento che, se si considerano tutti i punti di una linea, devono essere tutti vicini l'uno all'altro, Buridano poteva replicare che l'espressione «tutti i punti di una linea» non ha referenti, non denota un oggetto o un insieme di oggetti del mondo esterno. Al piú, esistono i punti che una data persona ha presupposto, a cui ha dato vita, dividendo la linea, ma è impossibile dividere la linea contemporaneamente in tutti i punti in cui è possibile dividerla.

Tuttavia, sostenevano alcuni, anche se per gli esseri umani i punti e altri oggetti indivisibili sono solo concetti usati dai geometri, ciò nondimeno Dio conosce al di fuori del tempo ogni punto in cui una linea potrebbe essere divisa. Quando i filosofi naturali avevano discusso l'eternità del mondo, quel che potrebbe esistere al di fuori del cosmo, o ciò che si potrebbe dire se Dio distruggesse ogni cosa al mondo eccetto un singolo corpo, a volte avevano detto che senza corpi da confrontare l'uno con l'altro, gli esseri umani non potrebbero sapere se un corpo si sta muovendo o se il tempo sta trascorrendo, ma Dio lo saprebbe. Dio conosce tutti i punti di una linea e sa che in una linea piú lunga vi sono piú punti che in una linea piú corta. Quindi alcuni pensatori medievali considerarono le possibilità di una matematica dell'infinito diversa da quella sviluppata da Georg Cantor secoli dopo.

Dal punto di vista piú ampio della storia della matematica, si può essere interessati alle discussioni medievali sull'infinito perché dimostrano che vanno al di là della negazione di Aristotele degli infiniti attuali per proporre teorie che li accettano. Lo stesso Cantor individuò nelle opere di autori medievali argomenti che in un certo senso anticipavano la sua teoria degli insiemi infiniti[36]. Se si prende come modello la matematica dell'infinito di Cantor, si può avere la tendenza a reagire negativamente ai matematici medievali che suggeriscono la possibilità di rapporti tra infiniti. Ciò nonostante, dal punto di vista della storia della matematica, è interessante ricostruire l'idea dei rapporti tra infiniti, dato che a volte fu usata come base per lo sviluppo del calcolo, che può sembrare implicare rapporti fra quantità in-

[36] Cantor citò anche Agostino a proposito dell'infinito. Si veda Dauben [1979].

finitamente piccole. Nel linguaggio trecentesco, si potrebbe sostenere che benché tra gli angoli di contingenza (angoli curvilinei tra una circonferenza e le sue tangenti) e gli angoli rettilinei non esista rapporto, ciò nondimeno si potrebbero trovare rapporti tra coppie di angoli di contingenza oltre che tra coppie di angoli rettilinei.

3. *La matematica per il pubblico profano.*

Nel Trecento, come in ogni epoca, molte persone ritenevano che la matematica fosse al di là della loro comprensione. Nicola Oresme riprese molte volte le argomentazioni contro l'astrologia, non sempre per un pubblico presumibilmente in grado di comprendere gli argomenti matematici [Coopland 1952; Caroti 1979]. Essendo consigliere di re Carlo V, che tendeva a dar fiducia agli astrologi di cui si circondava (tra i quali Tommaso da Pizzano, padre di Christine de Pizan), Oresme fu stimolato a spiegare al re perché chi governa non dovrebbe credere all'astrologia [Cadden 1997]. Anche se spesso si è rimarcato che Oresme non riuscí a persuadere Carlo V con i suoi argomenti contro l'astrologia, a quanto pare vi fu effettivamente un dialogo tra Oresme e altri membri della corte del re – che non per nulla era soprannominato «il saggio». In questo dialogo, tutte le fazioni avevano qualcosa da guadagnare. Nel *Livre du ciel et du monde*, Oresme scrive di aver tradotto per il re e per la sua corte per stimolare coloro «che hanno talenti sottili e nobili e il desiderio di conoscere a prepararsi a controbattermi e a correggermi a causa del loro amore e del loro affetto per la verità» [Grant 1997].

Uno degli argomenti di Oresme contro l'astrologia è che nessuna misura umana delle posizioni dei corpi celesti può essere esatta. Quindi nessuna teoria dei moti celesti può essere esatta e piú passa il tempo piú è probabile che la discrepanza fra teoria e realtà diventi evidente[37]. Tale impossibilità non dovrebbe portare allo scoraggiamento, ma invece stimolare ulteriori indagini. Quanti credono di «conoscere [già] aspetti dei moti delle stelle che non possono essere conosciuti dall'uomo, ingannano se stessi e gli altri con sconsiderata impudenza»[38].

Per il pubblico profano Oresme di solito scriveva in francese, ma già nel *Tractatus de commensurabilitate vel incommensurabilitate motuum coeli* descrive un sogno in cui le muse che parlano a nome dell'aritmetica e della geometria discutono per stabilire se i movimenti dei corpi celesti abbiano o meno rapporti esprimibili con interi. L'Aritmetica afferma che un universo

[37] Grant [1971, pp. 174-75]: «Il rapporto e la proporzione di queste cose [i movimenti celesti] giacciono nascosti in ogni periodo di tempo e nessuna diligenza o sottigliezza umana li può scoprire».

[38] *Ibid.*

con rapporti interi sarebbe piú bello, ma la Geometria sostiene che se esistessero rapporti sia razionali, sia irrazionali l'universo sarebbe ancora piú bello, come si conviene alla creazione di Dio. L'opera termina con Oresme che si risveglia prima di venire a sapere quale delle due muse abbia ragione.

Contrariamente alla leggenda popolare, i matematici filosofi del Medioevo non dibatterono mai su quanti angeli possano danzare sulla capocchia di uno spillo, anche se in realtà dibattevano su quanti angeli possano spostarsi da un posto all'altro o, per meglio dire, quanti angeli possano stare nello stesso posto[39]. In un libro di facezie del Cinquecento, si legge una storiella che esemplifica la difficoltà di comunicazione tra esperti e profani:

> Un prete sul pulpito, che predicava la parola di Dio, tra le altre cose parlò delle anime degli uomini e disse che sono cosí meravigliose e sottili che mille anime potrebbero danzare sull'unghia di un dito. Tra il pubblico vi era un soggetto allegro e presuntuoso, poco devoto, che volle rispondere e disse: «Signor dottore, se mille anime possono danzare sull'unghia di un uomo, vi prego, dite, dove starà il pifferaio?» Da questo racconto un uomo può capire che è pura follia mostrare o insegnare la virtú a quanti non ne traggono piacere e non vi si dedicano[40].

In queste pagine si è sostenuto che Nicola Oresme e Thomas Bradwardine, entrambi autorevoli matematici e teologi, furono, al di là della carriera universitaria, due figure di intellettuali pubblici, che cercarono di usare il proprio sapere per influenzare re, papi e cortigiani, adattando di volta in volta le loro presentazioni al pubblico, in modo da poter uccidere Golia con le sue stesse armi: gli astrologi con la matematica, i sovrani della Chiesa e dello Stato con una piú gradevole retorica, insieme alla dose di matematica adatta al pubblico. Ecco come Oresme inizia *Le livre de divinacions*:

> È mia intenzione, con l'aiuto di Dio, mostrare in questo libriccino, per esperienza, ragione umana e autorità, che è sciocco, perverso, e pericoloso anche in questa vita, mettersi in mente di conoscere o di scoprire questioni ignote o i rischi e i successi del futuro, che sia con l'astronomia, la geomanzia, la negromanzia o qualsiasi altra arte siffatta, se è corretto chiamarle arti; e, inoltre, che tali cose sono quanto mai pericolose per le persone di elevata condizione, come principi e signori cui spetta il governo del benessere pubblico.
>
> Pertanto ho scritto questo libriccino in francese affinché i profani possano comprenderlo poiché ho sentito che molti di loro si dedicano eccessivamente a queste stupidaggini. In precedenza, ho scritto su questo argomento in latino e se qualcuno desidera attaccare ciò che dirò, che lo possa fare apertamente e con un argomento preparato, non per semplice calunnia, e che possa scrivere le sue accuse e io repli-

[39] Si veda Sylla [2005]. Le parole chiave della frase «dibattere su quanti angeli possano danzare sulla capocchia di uno spillo» non sono ancora state attestate insieme prima del XVII secolo.

[40] *A C. mery talys* [ovvero «A 100 merry tales»], Rastell at Southward for P. Trevers, London 1526, f. 20*v*. Anche se *Early English Books online* interpreta la data in numeri romani M.v.C.XXVI come 1626, credo che dovrebbe essere 1526. Si presume che questo sia il libro cui William Shakespeare allude in *Molto rumore per nulla*, II, I.

cherò per quanto sono in grado di fare, poiché in tal modo potremmo arrivare alla verità. E chiedo umilmente di essere scusato per il mio rozzo modo di esprimermi, poiché non ho mai imparato né sono mai stato abituato a esporre o a scrivere qualsiasi cosa in francese[41].

Poco oltre, Oresme loda l'astronomia scientifica matematica e fisica, ma riconosce che la scienza del suo tempo non ha ancora raggiunto la certezza:

La prima parte dell'astrologia è speculativa e matematica, una scienza assai nobile ed eccellente, presentata nei libri con perspicacia, e questa parte può essere adeguatamente conosciuta, ma non la si può conoscere in modo preciso e con puntuale esattezza, come ho mostrato nel mio trattato sulla misurazione dei moti del cielo e ho provato con argomenti basati su dimostrazioni matematiche.

La seconda parte è una parte di scienze naturali ed è una grande scienza; anch'essa può essere conosciuta per quanto riguarda la sua natura, ma ne sappiamo troppo poco e in particolare molte regole scritte nei libri sono false, come dice Averroè, e hanno dimostrazioni di poco valore, quando ne hanno. Alcune tra loro che erano soddisfatte nel luogo o nel momento in cui furono stabilite, sono false in altri luoghi o al momento presente: infatti le stelle fisse che secondo gli antichi hanno grande influenza ora non sono nelle posizioni in cui si trovavano allora e queste stesse posizioni vengono usate per formulare previsioni[42].

Oresme rivela quindi che i problemi della consulenza scientifica ai governanti esistono da molto tempo. È affascinante osservare Bradwardine e Oresme che cercano di scrivere in modo efficace e adatto al loro pubblico, quando necessario gettando un ponte tra gli esperti e gli studiosi di matematica e i profani.

ASTON, T. H.

1984 *The External Administration and Resources of Merton College to circa 1348*, in CATTO (a cura di) 1984, pp. 311-68.

CADDEN, J.

1997 *Charles V, Nicole Oresme, and Christine de Pizan: Unities and Uses of Knowledge in Fourteenth-Century France*, in SYLLA e MCVAUGH [1997], pp. 208-44.

CAROTI, S.

1979 *La critica contro l'astrologia di Nicole Oresme e la sua influenza nel Medioevo e nel Rinascimento*, Accademia Nazionale dei Lincei, Roma.

CATTO, J. I. (a cura di)

1984 *The History of the University of Oxford*, vol. I. *The Early Oxford Schools*, Clarendon Press, Oxford.

[41] Coopland [1952], p. 51, nota 12.

[42] *Ibid.*, p. 55.

CLAGETT, M.

1959 *The Science of Mechanics in the Middle Ages. Part III: Medieval Dynamics*, University of Wisconsin Press, Madison [trad. it. *La scienza della meccanica nel medioevo,* Feltrinelli, Milano 1981].

1964-84 *Archimedes in the Middle Ages*, 5 voll.; vol. I, University of Wisconsin Press, Madison; voll. II-V, American Philosophical Society, Philadelphia.

CLAGETT, M. (a cura di)

1968 *Nicole Oresme and the Medieval Geometry of Qualities and Motions. A Treatise on the Uniformity and Difformity of Intensities known as «Tractatus de configurationibus qualitatum et motuum»*, University of Wisconsin Press, Madison.

COOPLAND, G. W.

1952 *Nicole Oresme and the Astrologers. A Study of his «Livre de divinacions»*, University Press, Liverpool.

CROSBY, H. LAMAR JR (a cura di)

1961 *Thomas Bradwardine, His «Tractatus de proportionibus», Its Significance for the Development of Mathematical Physics*, University of Wisconsin Press, Madison.

DAUBEN, J.

1979 *Georg Cantor: His Mathematics and Philosophy of the Infinite*, Princeton University Press.

DUPUY, C. (a cura di)

1989 *Traité des monnaies (Nicolas Oresme) et autres écrits monétaires du* XIVe *siècle (Jean Buridan, Bartole de Sassoferrato)*, La Manufacture, Lyon.

GENEST, J.-F.

1992 *Prédétermination et liberté crée à Oxford au* XIVe *siècle. Buckingham contra Bradwardine*, Vrin, Paris.

GENEST, J.-F. (a cura di)

1979 *De futuris contingentibus*, in «Recherches augustiniennes», 14, pp. 249-336.

GIUSTI, E.

1993 *Euclides reformatus. La teoria delle proporzioni nella scuola galileiana*, Bollati Boringhieri, Torino.

GRANT, E.

1971 *Nicole Oresme and the Kinematics of Circular Motion. «Tractatus de commensurabilitate vel incommensurabilitate motuum coeli»*, University of Wisconsin Press, Madison.

1982 *The Effect of the Condemnation of 1277*, in N. KRETZMANN, A. KENNY e J. PINBORG (a cura di), *The Cambridge History of Later Medieval Philosophy*, Cambridge University Press, Cambridge.

1997 *Nicole Oresme, Aristotle's «On the Heavens», and the Court of Charles V*, in SYLLA e MCVAUGH [1997], pp. 187-207.

GRANT, E. e MURDOCH, J. E. (a cura di)

1987 *Mathematics and its Applications to Science and Natural Philosophy in the Middle Ages. Essays in Honor of Marshall Clagett*, Cambridge University Press, Cambridge-London.

HANSEN, B.

1985 *Nicole Oresme and the Marvels of Nature. The «De causis mirabilium»*, Pontifical Institute of Medieval Studies, Toronto.

HEATH, TH. L. (a cura di)

1956 *Euclid. The Thirteen Books of the Elements*, Dover Publications, New York.

JUHEL, J.-CH.

1984-85 *Le rôle des proportions dans l'évolution de l'écriture algébrique au* XVIIème *siècle*, in «Sciences et Techniques en Perspective», 8.

JUNG-PALCZEWSKA, E.

2000 *Works by Richard Kilvington*, in «Archives d'histoire doctrinale et littérarie du Moyen âge», 47, pp. 181-223.

KALUZA, Z.

1976 *La prétendue discussion parisienne de Thomas Bradwardine avec Thomas de Buckingham. Témoignage de Thomas de Cracovie*, in «Recherches de théologie ancienne er médiévale», 42, pp. 219-36.

KAYE, J.

1998 *Economy and Nature in the Fourteenth Century: Money, Market Exchange, and the Emergence of Scientific Thought*, Cambridge University Press, Cambridge - New York - Melbourne.

KRETZMANN, N. e ENSIGN KRETZMANN, B. (a cura di)

1990*a* *The Sophismata of Richard Kilvington*, Oxford University Press for the British Academy, Oxford.

1990*b* *The Sophismata of Richard Kilvington*, introduzione, traduzione e commento di N. Kretzmann e B. Ensign Kretzmann, Cambridge University Press, Cambridge.

MAIER, A.

1966 *Die Vorläufer Galileis im 14. Jahrhundert*, Edizioni di Storia e Letteratura, Roma.

MOLLAND, A. G.

1989 *Thomas Bradwardine. Geometria Speculativa*, Franz Steiner Verlag, Wiesbaden-Stuttgart.

1995 *Mathematics and the Medieval Ancestry of Physics*, Variorum, Aldershot.

MURDOCH, J. E.

1957 *Geometry and the Continuum in the Fourteenth Century: A Philosophical Analysis of Thomas Bradwardine's «Tractatus de Continuo»*, tesi di dottorato, University of Wisconsin Press, Madison.

1963 *The Medieval Language of Proportions: Elements of the Interaction with Greek Foundations and the Development of New Mathematical Techniques*, in A. C. CROMBIE (a cura di), *Scientific Change*, Basic Books, New York, pp. 238-43.

1971 *Euclid: Transmission of the Elements*, in *Dictionary of Scientific Biography*, vol. IV, Charles Scribners' Sons, New York, p. 446.

1975 *From Social into Intellectual Factors: An Aspect of the Unitary Character of Late Medieval Learning*, in J. E. MURDOCH ed E. SYLLA (a cura di), *The Cultural Context of Medieval Learning*, Reidel, Dordrecht, pp. 271-339.

1982 *Infinity and Continuity*, in N. KRETZMANN, A. KENNY e J. PINBORG (a cura di), *The Cambridge History of Later Medieval Philosophy*, Cambridge University Press, Cambridge, pp. 564-91.

1987 *Thomas Bradwardine: Mathematics and Continuity in the Fourteenth Century*, in GRANT e MURDOCH [1987], pp. 103-37.

[s.d.] *Beyond Aristotle: Indivisibles and Infinite Divisibility in the Later Middle Ages*, in A. ROBERT e C. GRELLARD (a cura di), *Atomism and its Place in Medieval Philosophy*, Brill, Leiden, di prossima pubblicazione.

NIELSEN, L. O. (a cura di)

1982 *De incipit et desinit*, in «Cahiers de l'Institut du Moyen âge grec et latin», 42, pp. 1-83.

NORTH, J.

2005 *God's Clockmaker. Richard of Wallingford and the Invention of Time*, Hambledon and London, London - New York.

OBERMAN, H. e WEISHEIPL, J. A.

1958 *The «Sermo Epinicius» ascribed to Thomas Bradwardine (1346)*, in «Archives d'histoire doctrinale et litteraire du Moyen âge», 33, pp. 295-329.

ROURE, M. L. (a cura di)

1970 *La problématique des propositions insolubles du XIIIe siècle et du début du XIVe siècle, suivie de l'édition des traités de William Shyreswood, Walter Burleigh et Thomas Bradwardine*, in «Archives d'histoire doctrinale et littéraire du Moyen âge», 36, pp. 205-326.

SYLLA, E.

1982 *The Oxford Calculators*, in N. KRETZMANN, A. KENNY e J. PINBORG (a cura di), *The Cambridge History of Later Medieval Philosophy*, Cambridge University Press, Cambridge, pp. 540-63.

1984 *Compounding Ratios: Bradwardine, Oresme, and the First Edition of Newton's «Principia»*, in E. MENDELSOHN (a cura di), *Transformation and Tradition in the Sciences Essays in Honor of I. Bernard Cohen*, Cambridge University Press, Cambridge, pp. 11-43.

1987 *Mathematical physics and imagination in the work of the Oxford Calculators: Roger Swineshead's «On Natural Motions»*, in GRANT e MURDOCH [1987], pp. 69-101.

1997 *Thomas Bradwardine's «De continuo» and the Structure of Fourteenth-Century Learning*, in SYLLA e MCVAUGH [1997], pp. 148-86.

1998 *Imaginary Space: John Dumbleton and Isaac Newton*, in J. A. AERTSEN e A. SPEER (a cura di), *Raum und Raumvorstellungen im Mittelalter*, Miscellanea Medievalia, vol. XXV, Walter de Gruyter, Berlin - New York.

2005 *Swester Katrei and Gregory of Rimini. Angels, God, and Mathematics in the Fourteenth Century*, in T. KOETSIER e L. BERGMANS (a cura di), *Mathematics and the Divine*, Elsevier, Amsterdam, pp. 249-71.

2006 *Commercial Arithmetic, Theology and the Intellectual Foundations of Jacob Bernoulli's «Art of Conjecturing»*, in G. POITRAS (a cura di), *Pioneers of Financial Economics,* vol. I, *Contributions Prior to Irving Fisher*, Edward Elgar Publishing, Cheltenham, pp. 11-44.

[s.d.] *The Origin and Fate of Thomas Bradwardine's «De proportionibus velocitatum in motibus» in Relation to the History of Mathematics*, in W. R. LAIRD e S. ROUX (a cura di), *Mechanics and Natural Philosophy. Accomodation and Conflict*, Kluwer Academic Publishers, Dortrecht/Boston/London, di prossima pubblicazione.

SYLLA, E. e MCVAUGH, M. (a cura di)

1997 *Texts and Contexts in Ancient and Medieval Science. Studies on the Occasion of John E. Murdoch's Seventieth Birthday*, Brill, Leiden - New York - Köln.

THIJSSEN, H.

1985 *Buridan on Mathematics*, in «Vivarium», 23, pp. 55-78.

THORNDIKE, L.

1934 *A History of Magic and Experimental Science*, vol. III, Columbia University Press, New York - London.

WEISHEIPL, J. A.

1964 *Roger Swyneshed, O.S.B., Logician, Natural Philosopher, and Theologian*, in *Oxford Studies Presented to Daniel Callus*, Clarendon Press, Oxford.

PIER DANIELE NAPOLITANI

Il Rinascimento italiano

1. *Da Galileo a Fibonacci, da Cavalieri a Moerbeke.*

1.1. Da dove viene Galileo?

Per raccontare questa storia è forse bene cominciare dalla fine. A Galileo, infatti, nessuno nega il titolo di padre della scienza sperimentale e della fisica moderna, in cui – a differenza della fisica aristotelica o, meglio, della «filosofia naturale» – le leggi della natura si leggono in termini geometrici e matematici. Ma, detto questo, raramente ci si sofferma a riflettere sul fatto che la fisica che inizia con Galileo ha bisogno di una matematica che ancora non c'è (il calcolo infinitesimale) e che, al tempo stesso, la matematica che «c'è» è l'erede di tradizioni complesse, ancora ben lontane dall'essere unificate (come dirà Leibniz: sarà proprio il calcolo a unificarle). Insomma: il nuovo approccio di Galileo alla filosofia naturale se da un lato rappresenta una delle forze che daranno origine alla matematica moderna, dall'altro è assai difficilmente spiegabile in termini di una sorta di riduzionismo storico: è praticamente impossibile comprendere la rivoluzione galileiana riducendola all'evoluzione della fisica dei *calculatores* di Oxford e Parigi.

Ma anche quando si voglia seguire il Koyré delle *Études galiléennes*, è assai difficile ridurre Galileo all'«archimedeismo» del Cinquecento. A quale Archimede? Forse a quello del suo professore di filosofia di Pisa, Francesco Buonamici? A quello di Francesco Maurolico, che nell'isolamento della Messina del primo Cinquecento cerca di reinventarsi l'opera di Archimede e di collocarla in un paradigma che comprenda tutto lo scibile classico e medievale? Koyré non ha certo torto nell'affermare che «la fisica classica, nata dal pensiero di Bruno, di Galileo, di Descartes» avrebbe avuto come suo «precursore e maestro» il *divino* Archimede e «l'opera scientifica del XVI secolo si potrebbe riassumere nella ricezione e comprensione graduali dell'opera di Archimede»[1]. Ma approfondire questo giudizio impone di andare a studiare il rapporto fra le varie colorazioni della tradizione archimedea della seconda metà del XVI secolo. Se ne possono infatti enumerare diverse: quella degli ingegneri e dei tecnici come Tartaglia, Giuseppe Ceredi, Giambattista Aleotti; quella degli umanisti come Federico Commandino o il suo

[1] A. Koyré, *À l'aube de la science classique*, nota 23 [Koyré 1939]. Fra l'altro nemmeno Koyré ci sembra sfugga al «peccato» del riduzionismo storico, quando piuttosto sbrigativamente definisce Archimede come platonico.

discepolo Guidobaldo Dal Monte; quella dei matematici come Maurolico, Clavio, Valerio; quella dei filosofi come Buonamici e Mazzoni.

È chiaro che qui parliamo per sineddoche: Archimede è la parte, la matematica è il tutto. La matematica che il Cinquecento eredita dalle tradizioni precedenti è quella con cui Galileo tenta di leggere il suo libro della Natura; e Archimede gli è utile almeno quanto Piero della Francesca e Guidobaldo Dal Monte, senza i cui studi di prospettiva non avrebbe mai «letto» i monti della Luna nelle immagini che vedeva nel cannocchiale. E la situazione in cui si trova Galileo è anche quella di un Luca Valerio, che è forse il primo a rompere il paradigma greco, introducendo nel contesto delle problematiche classiche della geometria di misura (determinazione di «volumi» e di centri di gravità) lo studio di classi di figure generiche. È la situazione di partenza di François Viète nell'inventare l'algebra simbolica, producendo una rivoluzione ontologica nella considerazione degli oggetti matematici e un approccio nuovo alla geometria.

Insomma: dietro alle innovazioni radicali che avvengono al passaggio del secolo ci sono storie e tradizioni che si intrecciano in modi molto vari e complessi. È da questo intreccio che nasce la matematica del Seicento, quella della cosiddetta «rivoluzione scientifica», anche se, purtroppo, è un intreccio non ancora esaurientemente chiarito nei suoi vari aspetti.

1.2. I fili della tradizione.

Come in ogni treccia che si rispetti, si possono indicare almeno tre fili che vi contribuiscono. Il primo è quello della cultura matematica delle scuole d'abaco, una tradizione che risale al *Liber abaci* di Leonardo Fibonacci e che è alla base della formazione dei mercanti, degli artisti, degli architetti e degli ingegneri, degli uomini d'arme. Secondo una felice espressione di Carlo Maccagni, è alla base della formazione dello «strato culturale intermedio»: di tutti coloro che non frequentano l'università e non si avviano verso una delle professioni liberali. Una cultura matematica diffusa tanto da arrivare a toccare quella umanistica, con cui spesso si intreccia. Se Piero della Francesca è uno dei piú notevoli esponenti di questa «cultura dell'abaco», è però in compagnia di un umanista di primissimo piano, Leon Battista Alberti, i cui *Ludi matematici* si collocano in pieno nella tradizione abachista.

In questi ambienti di tecnici e artisti andrà crescendo nel corso del Quattrocento e del Cinquecento l'interesse per il recupero delle tradizioni matematiche antiche. Al tempo stesso giungono a maturazione spunti di ricerca nel campo dell'algebra, arte che si era sviluppata solo negli ambienti abachistici. Sarà proprio un figlio di questa cultura, Niccolò Tartaglia, a tentare entrambi questi passi. Negli anni Trenta del XVI secolo riscopre da solo la regola di Dal Ferro per ottenere le radici di un'equazione di terzo grado in funzione dei coefficienti; tenta di costruire un modello geometrico per la traiettoria dei proiettili (*Nova scientia*, 1537); traduce Euclide in volgare italiano e pubblica una silloge di scritti archimedei (1543); propone di applicare le teorie archimedee sul galleggiamento al recupero delle navi affondate (*La travagliata inventione*, 1551). Come già nel caso di Piero, anche Tartaglia si muove su uno sfondo umanista. I suoi interlocutori sono sí i «bombardieri» e i tecnici, ma anche personalità come Giovan Battista Memmo, che nel 1537 esegue una traduzione latina dei primi quattro libri delle *Coniche* di Apollonio o Diego Hurtado de Mendoza (1503-1575), ambasciatore di Carlo V, umanista, poeta e traduttore in spagnolo delle *Quaestiones mechanicae* aristoteliche.

Il secondo filo è appunto quello umanista. Il Quattrocento è il secolo in cui ci si accorge, non senza qualche sgomento, della complessità della filosofia antica. La nuova lettura che viene fatta di Cicerone, la riscoperta delle *Vite dei filosofi* di Diogene Laerzio e dei *Moralia* di Plutarco, fanno toccare con mano che l'enciclopedia che il Medioevo aveva costruito è profondamente da rivedere. Aristotele e Platone diventano filosofi tra i filosofi: si riscoprono stoici, epicurei, scettici. E questa riscoperta si accoppia, specie in Italia, a nuove esigenze sociali e politiche. Recuperare la cultura antica diventa un'imperativo per la costruzione di una nuova cultura civile. È in questo contesto che acquista senso la ricerca dei testi antichi e la costituzione delle grandi collezioni umanistiche di Roma, Venezia, Firenze, Urbino: fa parte di un'ansia di *restitutio* e di *instauratio*, di recupero e rinnovamento, che non poteva non toccare anche la scienza e la matematica. Umanisti come Francesco Filelfo (1398-1481) o Giovanni Aurispa (1376-1459) tornano dai loro viaggi a Bisanzio con codici di Apollonio, di Tolomeo, di Pappo, di Erone. Il processo di trasmissione dei testi scientifici prende nuova vita. È in questo clima che matura la nuova traduzione di Archimede voluta da papa Niccolò V – il fondatore della Biblioteca Vaticana – che sarà alla base del grande tentativo di Regiomontano di usare il nuovo strumento della stampa (siamo appena nel 1470!) per diffondere la «nuova» cultura scientifica antica. Oltre ad Archimede, Regiomontano pensava di pubblicare le *Coniche* di Apollonio, le *Quaestiones mechanicae*, opere di Erone, tutta una serie di trattati matematici e astronomici greci, suoi commenti ad Archimede, una discussione critica dell'*Euclide* di Campano.

Un tentativo destinato a fallire per la precoce morte dell'umanista e matematico tedesco; ma ciò che Regiomontano non poté portare a termine sarebbe divenuto il compito principale delle generazioni immediatamente successive. Per limitarci a una lista molto sommaria, nell'arco di pochi decenni escono il *De expetendis et fugiendis rebus* (1501) di Giorgio Valla, sorta di antologia enciclopedica ricchissima di testi matematici greci; la nuova traduzione di Euclide condotta da Bartolomeo Zamberti (Venezia, 1505), i primi testi archimedei pubblicati da Luca Gaurico (Venezia, 1503), l'*editio princeps* del testo greco di Euclide (Basilea, 1533), la traduzione di Memmo delle *Coniche* (Venezia, 1537), la traduzione italiana di Euclide e l'edizione di varie opere di Archimede fatte da Tartaglia (entrambe Venezia, 1543), l'*editio princeps* di Archimede con testo greco e latino (Basilea, 1544).

Il terzo filo è quello che potremmo chiamare della tradizione filosofica. Anche qui ci sono radici lontane: possiamo risalire all'ambiente della corte papale di Viterbo del XIII secolo e a Guglielmo di Moerbeke, il grande traduttore medievale di Aristotele e Proclo, che nel 1269 traduce a Viterbo quasi tutto il *corpus* delle opere di Archimede. Gli studi di Agostino Paravicini-Bagliani hanno fatto ben vedere come nel XIII secolo Viterbo diventi un centro di cultura e di scienza di prima grandezza, frequentato da personaggi come Campano da Novara, Ruggero Bacone, Witelo, John Pecham. In questo ambiente si sviluppa il tentativo di sorreggere le teorie filosofiche con descrizioni geometriche, tentativo accompagnato da un grande sforzo di recupero dei testi del sapere matematico antico e contemporaneo. Accanto a Guglielmo, a Viterbo opera Campano da Novara, editore di un *Euclide* che farà testo fino almeno a metà del XVI secolo e di varie opere astronomiche. Nell'*Ottica* di Witelo confluiscono le teorie filosofiche di Bacone, le ricerche arabe, la geometria di Euclide e altri testi greci, forse tradotti dal suo amico Guglielmo cui l'*Ottica* è dedicata. La *Perspectiva communis* di Pecham diffonderà nella cultura medievale e rinascimentale le ricerche di ottica nate e sviluppate in quella stagione.

In questa tradizione la descrizione matematica dei fenomeni naturali acquista un notevole peso, ma prevale su di essa la spiegazione metafisica, la ricerca delle cause. Una tendenza che permane in Biagio Pelacani, filosofo della seconda metà del XIV secolo, che acquisterà una notevole fama come matematico dell'università di Padova: studioso di ottica, questa disciplina permane per lui un campo di indagine filosofico. La riscoperta, nei primi anni del XVI secolo, delle *Quaestiones mechanicae* pseudoaristoteliche darà luogo per tutto il secolo a una discussione che punta a collocare la meccanica dei «vili meccanici» nel contesto della «scienza». Verso la fine del secolo, Francesco Buonamici (1533-1603) tenterà di integrare le novità matematiche apportate dalla riscoperta dei classici nella teoria aristotelica del moto degli elementi. Come ha dimostrato Mario Helbing [1989, cap. VI], Buonamici conosce bene i *Galleggianti* e ha assimilato le teorie archimedee del galleggiamento. Ma dopo averle esposte nel V libro del suo *De motu*, osserva che esse, per quanto utili, non costituiscono una soddisfacente spiegazione del fenomeno, che deve essere invece ricercata nella natura aerea o ignea del corpo immerso. Posizioni in consonanza, tutto sommato, con quelle di Iacopo Mazzoni (1548-1598). Questo amico di Galileo finirà coll'assumere posizioni sul moto di caduta dei corpi chiaramente basate sulla lettura di Archimede e sulla sua vasta cultura matematica. Ma la critica all'idea aristotelica che la velocità di caduta sia proporzionale al peso del corpo non impedisce che permangano posizioni di ben altro tipo. L'astronomo, per esempio, potrà sí sbizzarrirsi a determinare matematicamente modelli che diano conto delle anomalie del moto lunare, ma la vera ragione di tali anomalie potrà essere assegnata solo dal filosofo naturale: al novilunio la Luna cerca di allontanarsi dalla Terra quanto piú può per ricevere il massimo di illuminazione dal Sole, e al plenilunio farà lo stesso, perché essendo già completamente illuminata, vuole il piú possibile sfuggire al cono del'ombra terrestre.

1.3. Intreccio italiano.

1.3.1. *I nodi vengono al pettine.* Un primo punto che dovrebbe già emergere da quanto abbiamo detto fin qui, è che i tre filoni in cui si sviluppano le matematiche fra il XIII e il XVI secolo sono ricchi di intrecci e di collegamenti, intrecci che si fanno sempre piú stretti e complessi via via che ci si avvicina al Cinquecento. Pur mantenendo interessi e tendenze caratterizzanti, si vede bene come una tradizione ne rinforzi un'altra, come lo stesso personaggio sia spesso coinvolto in ricerche e discussioni tipiche di ambiti a priori assai diversi.

Esemplari da questo punto di vista sono le figure di Gerolamo Cardano (1501-1576) o di Giovan Battista Benedetti (1530-1590). L'*Ars magna*, com'è ben noto, divulgò in tutta Europa i risultati algebrici delle scuole d'abaco italiane. Sempre nella scia della tradizione abachistica, Cardano studia problemi del gioco dei dadi e degli scacchi, progetta meccanismi. Ma, medico di fama, possiede una formazione umanistica che gli permette di citare in greco Aristotele e Galeno; o di utilizzare la sua padronanza di Euclide nel campo della filosofia naturale.

Benedetti studia con Tartaglia a Venezia, esordisce ancora giovanissimo con uno scritto «contra Aristotelem et omnes philophos» in cui – utilizzando i *Galleggianti* di Archimede nell'edizione tartagliana del 1543, le *Coniche* tradotte da Memmo, oltre naturalmente Euclide e altri materiali della matematica greca – cerca di dimostrare l'infondatezza della proporzionalità aristotelica fra velocità e peso nella caduta dei gravi. Nella sua maturità, al servizio dei Farnese di Parma prima e dei Savoia poi, si occuperà della teoria degli orologi solari e proporrà, nel *Diversarum speculationum liber* una riforma della teoria euclidea delle proporzioni e riflessioni di meccanica.

In Benedetti i fili delle varie tradizioni appaiono cosí strettamente intrecciati da risultare quasi indistinguibili. In effetti, siamo arrivati alla fine del Cinquecento e due fattori hanno agito in modo potente. Il primo è il recupero quasi integrale della matematica greca classica. Dopo la stagione delle edizioni basileesi, dopo Maurolico, Commandino e Clavio, ormai i testi di Euclide, Archimede, Apollonio, Pappo, Teodosio, Menelao, Tolomeo, sono disponibili in piú di un'edizione a stampa; anzi, alcuni di essi sono perfino tradotti in volgare. Inoltre, questi testi cominciano a essere assimilati; la loro problematica lettura si trasforma in precisi programmi di ricerca. Un fenomeno particolarmente evidente nell'alveo della tradizione archimedea.

Nel 1565 Federico Commandino pubblica a Bologna il *Liber de centro gravitatis solidorum*, in cui cerca di fornire la determinazione del centro di gravità del paraboloide e di altri solidi. Le manchevolezze, ma anche le intuizioni, di Commandino, daranno il via a una trentina d'anni di studi in cui si impegneranno Simon Stevin, Michel Coignet, Cristoforo Clavio, il giovane Galileo. Francesco Maurolico, in precedenza, vi aveva già dedicato uno studio. Il successo arriderà pienamente solo a Luca Valerio, che porrà il problema in termini nuovi e piú generali e riuscirà a determinare il centro di gravità di tutti i solidi della matematica classica. Il *De centro gravitatis solidorum libri tres* (Roma, 1604) di Valerio è uno di quei testi che segnano la fine dell'impostazione classica e la nascita della matematica moderna. Parallelamente, le discussioni che hanno attraversato tutto il Cinquecento sulle *Quaestiones mechanicae* attribuite ad Aristotele sfociano nel *Mechanicorum liber* (1578) di un grande allievo di Commandino, Guidobaldo Dal Monte e – soprattutto – nelle *Mecaniche* (1594 circa) di Galileo in una nuova concezione della meccanica: non piú arte, ma scienza; non piú mezzo per ingannare la natura con l'empiria delle macchine, ma campo in cui si dispiega tutta la potenza della modellizzazione geometrica.

Il recupero integrale del *corpus* della matematica classica ha imposto un nuovo paradigma unificante, che assorbe quello della cultura dell'abaco; comincia ad affermarsi in filosofia naturale con i lavori di Benedetti, di Guidobaldo Dal Monte, del giovane Galileo; impone una scelta di campo di studio alla figura dell'umanista interessato ai testi scientifici: o filologo-bibliofilo, o matematico.

L'altro fattore decisivo che spinge a una profonda trasformazione delle discipline matematiche è l'invenzione della stampa. È infatti questo nuovo strumento che permette il diffondersi rapido delle nuove traduzioni di testi: nell'arco di meno di quarant'anni la stampa rende accessibile al pubblico (su una scala fino ad allora impensabile) gran parte delle opere della matematica greca e i piú importanti risultati della matematica latina e arabo-latina medievale. Il sapere matematico classico e non, che in varie forme e seguendo intricate tradizioni aveva circolato nel Medioevo e nel primo Rinascimento ma sempre in ambiti definiti da una rete di conoscenze personali o dalla possibilità di accesso a raccolte librarie di patroni o di regnanti, è ora a disposizione di chiunque voglia accostarvisi.

È grazie alla stampa che nel corso dei primi tre quarti del XVI secolo comincia a formarsi una comunità di matematici che condivide lo stesso paradigma, quello della «nuova matematica antica» che il Quattrocento e il primo Cinquecento sono riusciti a recuperare. Si tratta di una comunità ancora piccola, ma non trascurabile, e fortemente legata: Clavio conosce Maurolico, ne eredita scritti e ispirazione, il giovane Galileo si reca a Roma per studiare con Clavio, per poi rivolgersi piuttosto a Guidobaldo, allievo di Commandino – che a sua volta era in corrispondenza con Maurolico – e Guidobaldo, oltre a essere in stretti legami epistolari con Clavio legge e commenta le prime opere di un allievo di Clavio, Luca Valerio, il quale conosce Galileo a Pisa... E si tratta solo di alcuni esempi, che potrebbero essere allargati a praticamente tutti coloro che si dedicano a studi matematici nella seconda metà del Cinquecento. Si tratta di una comunità relativamente «aperta», in cui il sapere e le scoperte non vengono gelosamente custoditi come avveniva nel mondo dei maestri d'abaco (si pensi agli strani rapporti fra Tartaglia e Cardano sulle equazioni di terzo grado). Anzi, in questa comunità non ci si scambiano solo (come avveniva fra gli umanisti del Quattrocento) testi e informazioni su testi: ci si scambiano anche – e soprattutto – temi di lavoro, ipotesi da verificare, congetture da dimostrare.

1.3.2. *Una comunità italiana?* Ci si potrebbe porre un'interrogativo: in che senso tutto questo intrecciarsi di tradizioni e di testi appartiene all'Italia? Si può parlare in qualche modo di «scuola» o «scuole» italiane di matematica fra il Duecento e il Seicento? O si tratta di un riflesso di movimenti culturali piú vasti, europei? A nostro avviso, con la parziale eccezione del filone «filosofico», i fenomeni che abbiamo descritto sono profondamente legati alla realtà sociale e culturale della penisola.

La cultura dell'abaco è un prodotto profondamente legato alla rivoluzione mercantile dei secoli XII-XIII e al ruolo che svolsero le repubbliche marinare italiane: Fibonacci, capostipite di tutta questa tradizione è veramente figlio della sua Pisa. I circoli scientifici di Viterbo da cui nasce la prima traduzione latina del *corpus* archimedeo e in cui si codifica l'ottica medievale sono intimamente legati al papato e si collocano all'interno di un panorama culturale che non può far astrazione da quello che era stata la corte di Federico II, *Stupor mundi*, e dal contesto della lotta fra il papato e la casa di Svevia per il controllo dell'Italia.

Né meno italiano è l'umanesimo civile che si sviluppa a Firenze e a Venezia nel corso del Quattrocento. Una temperie culturale che permette lo scambio di esperienze e attività fra umanisti, tecnici, artisti. Non si può infatti intendere l'umanesimo come una ricerca adorante e sterile del passato: è piuttosto una lotta sia con la forma che con i contenuti della cultura classica, lotta che viene condotta in nome dei bisogni e delle sensibilità politiche e sociali del tempo, con un'energia e una visione nuove. Italiano è cosí il fenomeno che permette nel corso del Quattrocento di accumulare nelle biblioteche i tesori scientifici del mondo classico: prodromo necessario alla riappropriazione dell'eredità della matematica greca.

Per farla breve, l'Italia che per piú di due secoli fu quasi «sovrana del mondo» (Josef Macek), manifestò un ruolo guida anche nel campo delle matematiche che diventano espressione della cultura rinascimentale che si sviluppava nelle corti e nelle repubbliche fra il XIII e il XVI secolo. E come certi alberi da frutto danno il loro piú abbondante raccolto prima di morire, la cultura matematica del Rinascimento italiano produsse – paradossalmente – i suoi risultati piú alti e duraturi quando ormai la società che l'aveva prodotta era in via di scomparire, passando il testimone ai paesi di Oltralpe, in special modo la Francia e i Paesi Bassi.

1.3.3. *Questo contributo.* Va da sé che non potremo qui dipanare tutti i vari fili cui abbiamo accennato qui sopra e studiare da vicino i loro intrecci come meriterebbero. E non solo per ovvi problemi di spazio: chiarire fino in fondo questo intreccio è *il* problema storiografico principale tutt'oggi aperto, ove si voglia capire il fenomeno della nascita della matematica moderna e dei suoi legami con la società che la produsse.

Ci limiteremo a seguire due temi – quello della trasmissione dei testi classici (in particolare quelli di Archimede, § 3) e quello della cultura delle scuole d'abaco (§ 2) – e a indicare – anche se quasi di sfuggita – quale sia stato il loro contributo in due delle innovazioni cruciali di fine Cinquecento: l'invenzione dell'algebra da parte di Viète (§ 2.3.2) e la nascita della nuova meccanica galileiana (§ 4).

Al tempo stesso, la riflessione sui contributi di Viète e di Galileo ci farà vedere come le varie tradizioni dell'Italia del Medioevo e del Rinascimento abbiano contribuito a far nascere – nelle scienze matematiche come in cosí tanti altri campi – qualcosa di radicalmente nuovo. Ma, come discuteremo nell'ultimo paragrafo conclusivo, anche nel campo della matematica i contributi creati dall'Italia rinascimentale fruttificheranno fuori di essa. Saranno gli «oltramontani» del Seicento – Descartes, Huygens, Leibniz, Newton – a trasformare il rigoglio della tradizione italiana negli inizi della matematica che oggi conosciamo.

2. *La cultura dell'abaco.*

2.1. Matematica e società: il «Liber abaci» di Leonardo Fibonacci.

Il 1202 è, per l'Occidente latino, l'anno di una rivoluzione culturale di enorme portata. Leonardo Fibonacci pubblica un suo ponderoso trattato, il *Liber abaci*, destinato a influire profondamente sulla società del suo tempo. Come osserva Enrico Giusti:

> Quando il *Liber Abaci* vide la luce, ottocento anni or sono, la matematica nell'Occidente cristiano era praticamente inesistente: se si eccettuano le traduzioni dall'arabo che alla fine del XII secolo un gruppo di studiosi andava conducendo nella Spagna mussulmana, traduzioni che riguardavano soprattutto i grandi classici (Eu-

clide in primo luogo) dell'antichità greca, ben poco circolava in Europa all'inizio del Duecento. Soprattutto ben poco di comparabile per mole e per profondità a quanto Leonardo Fibonacci avrebbe reso pubblico nel 1202[2].

Il valore eccezionale dell'opera di questo figlio di un funzionario della Repubblica pisana non sta però in risultati particolarmente originali. Leonardo fu un matematico di genio, ma la sua originalità risplende in altre sue opere, quali il *Liber quadratorum* o il *Flos*; non nel *Liber abaci*, che si presenta piuttosto come una compilazione esauriente delle conoscenze elementari raggiunte dai matematici arabi un paio di secoli prima. È lo stesso Leonardo a narrare la genesi del suo lavoro in una pagina famosa del «Prologo» della sua opera. Mio padre – racconta – funzionario della dogana pisana nella città maghrebina di Bugia, mi volle portare con sé, e mi fece studiare l'*abbacus*. In poco tempo un bravissimo maestro mi introdusse all'arte delle nove «figure indiane» (le 9 cifre); scienza che tanto mi piacque che me ne andai in giro in vari scali commerciali in Egitto, in Siria, in Grecia, in Sicilia e in Provenza per impararne piú che potessi. E quello che ho imparato, e poi perfezionato con lo studio personale lo riporto nei quindici capitoli di questo libro.

Il trattato è molto vasto (nell'edizione di Baldassarre Boncompagni, quasi 500 pagine *in-quarto* grande) e può essere visto come diviso in quattro parti: la prima (i primi sette capitoli) insegna i fondamenti dell'aritmetica (le cifre «indiane», la notazione posizionale, gli algoritmi di calcolo con numeri interi e frazioni). A questa seguono i capitoli di «matematica per mercanti»: cambi di monete, pesi e misure, acquisto e vendita di merci, baratti, società (capp. VIII-XI). La terza parte contiene problemi «dilettevoli e curiosi»: fra questi il famoso problema dei conigli, che dà luogo alla famosa successione di Fibonacci (1, 2, 3, 5, 8, 13... : cap. XII). La quarta parte contiene tecniche e problemi piú complessi e astratti: dalla regola della «doppia falsa posizione» (cap. XIII) a estrazioni di radici quadrate e cubiche (cap. XIV); dalla teoria delle proporzioni geometriche all'algebra (cap. XV).

Nessuno di questi argomenti (pur trattati, va detto subito, con grande chiarezza e virtuosismo) va oltre le conoscenze della matematica araba di quel periodo: le resta anzi piuttosto indietro, attestandosi al livello delle conoscenze raggiunte dagli Arabi grosso modo al tempo di Abū Kāmil (850-930). In che senso, allora, il *Liber abaci* può essere pensato come una «rivoluzione culturale»? Dopo la lettura di questa sommaria descrizione, il lettore potrebbe domandarsi: tutto qui? Un'opera capitale nella storia del pensiero umano sarebbe un volumone in cui sostanzialmente si insegna solo a fare le quattro operazioni? Non è roba da elementari?

Sí, è roba da elementari. Delle *nostre* scuole elementari. E proprio il fatto che questa matematica si sia radicata a tal punto nella nostra cultura da pote-

[2] E. Giusti, *Matematica e commercio nel «Liber Abaci»* [Giusti 2002, p. 59].

re e dovere essere insegnata ai bambini insieme con l'alfabeto è la prova che attraverso il *Liber abaci* si veicolò una rivoluzione culturale. D'altra parte, tutti noi siamo ormai viziati dai calcolatori. Ormai qualunque calcolo è diventato una faccenda meccanica, che si sbriga senza fatica pigiando qualche tasto di una calcolatrice.

Ma, senza una calcolatrice, saremmo capaci di fare la divisione di settecentotrentadue milioni cinquecentoventunomila duecentocinquantasei per ottantacinquemila cinquecentosettantotto? Si noti: abbiamo scritto i numeri in lettere e non in cifre. Per complicare l'esperimento mentale, sarebbe il lettore capace di effettuare questa divisione *senza* usare la notazione posizionale? Usando, per esempio, la numerazione romana:

$$\overline{\overline{\mathrm{DCCXXXII}}}\,\overline{\mathrm{DXXI}}\mathrm{CCLVI} : \overline{\mathrm{LXXXV}}\mathrm{DLXXVIII}.$$

Occorrebbe un pallottoliere[3], molta pazienza, e (per riuscire a fare il calcolo in tempi ragionevoli) un grande allenamento e una notevole predisposizione. Un calcolo del genere non sarebbe certo un fatto intellettualmente banale...

Ma usando la notazione posizionale, e supponendo che alle elementari il soggetto del nostro esperimento abbia avuto una brava maestra, la divisione 732 521 256 : 85 578 ridiventa un semplice affare di applicare in maniera *meccanica* regole ben precise: un *algoritmo*. Invece di pigiare 16 tasti di una calcolatrice possiamo recitare il rilassante mantra che la maestra delle elementari chi ha insegnato: «l'8 nel 73 sta 9 volte e avanza 1... » Ci metteremo un po' di piú, ma arriveremo lo stesso a trovare il quoziente e il resto, indipendentemente da quali e quanto grandi possano essere dividendo e divisore.

Detto in altri termini: l'uso della notazione posizionale permette di sviluppare algoritmi efficienti che in linea di principio possono trattare le operazioni con numeri arbitrariamente grandi. E introdurre, e diffondere, questa possibilità e il *know-how* che essa richiede nella società dell'Occidente latino all'inizio del XIII secolo fu, senza esagerazione, un'innovazione

[3] O meglio un «abaco», il piú semplice e il piú antico strumento di calcolo. L'abaco dei Romani era fatto con una tavoletta di legno o terracotta con delle scanalature parallele. Su ciascuna erano rappresentate le lettere del sistema di numerazione romano. La prima a destra era quella delle unità semplici (I), la seconda quella delle decine (X), la terza quella delle centinaia (C) e cosí via. Nelle scanalature si inserivano i *calculi*, sassolini che servivano per contare le unità del relativo ordine. È da questi sassolini che deriva la parola «calcolo». Nel Medioevo (verso l'anno 1000, al tempo di papa Silvestro II, Gerberto di Aurillac) l'abaco fu semplificato e al posto dei sassolini furono introdotti gettoni contrassegnati con nove segni differenti, le «figure» per le unità da 1 a 9. In pratica si otteneva una notazione posizionale, che però, in assenza di adeguati algoritmi e in assenza di adeguati metodi per registrare i calcoli intermedi necessari, rendeva l'esecuzione delle operazioni e soprattutto della divisione un affare piuttosto complicato, specie se in presenza di numeri grandi. Spero che queste sintetiche osservazioni possano bastare a dare almeno un'idea delle complicazioni dell'aritmetica pre-*Liber abaci*.

paragonabile a quella dell'introduzione del calcolatore elettronico nella seconda metà del XX secolo.

Il XII secolo era stato il secolo del risveglio dell'Occidente. L'onda alta della civiltà araba e islamica cominciava appena a declinare, ma le Crociate e le imprese militari e commerciali delle repubbliche marinare, avevano dato al Mediterraneo una nuova centralità nelle complesse relazioni fra il mondo latino, quello del Maghreb, il Vicino Oriente turco e l'Impero bizantino. Il commercio e l'industria dell'Occidente ricevono in questo secolo un impulso decisivo. In tutto il Mediterraneo – islamico e cristiano – sorgono basi commerciali delle città marinare italiane, diventate essenziali per assicurare rifornimenti e collegamenti. Anche se proprio in questo secolo il mondo islamico reagirà all'offensiva delle crociate (il Saladino riconquista Gerusalemme nel 1187, la dinastia berbera degli Almohadi dà, nel 1160, unità politica al Maghreb – fatto unico nella sua storia), il ruolo cruciale dei mercanti pisani, genovesi e veneziani non verrà mai messo veramente in discussione.

Alla società dell'Italia di quel tempo si aprivano di anno in anno, se non di giorno in giorno, orizzonti nuovi, quasi sconfinati: pochi decenni dopo la pubblicazione del *Liber abaci*, Giovanni da Pian del Carpine prima, Marco Polo poi, avrebbero rivelato a un Occidente quasi incredulo le sterminate ricchezze e potenzialità della Cina e dell'Estremo Oriente. Era, per usare un anacronismo, una società che si andava rapidamente globalizzando. E per continuare in questo parallelo, cosí come la globalizzazione che stiamo oggi vivendo sarebbe impensabile senza i calcolatori e le reti informatiche, cosí lo sviluppo della società del Duecento reclamava dei mezzi matematici adeguati alla sua espansione. Il lettore pensi alle complicazioni che un mercante si trovava ad affrontare: una moltitudine di sistemi di unità di misura (quasi ogni città aveva il suo), il problema del cambio delle monete, il problema di fondare e amministrare società abbastanza grandi e ricche per reggere una concorrenza che ormai non era piú su scala regionale, ma spaziava dal commercio della lana inglese a quello delle pelli di capretto maghrebine, dal traffico delle spezie all'esportazione di canapa grezza, su scala «mondiale». Le cifre che bisognava saper maneggiare non erano piú quelle dei conti di piccole e modeste imprese familiari, agevolmente trattabili con un po' di pratica; erano ormai in gioco cifre (e interessi) enormi.

Leonardo, nelle sue peregrinazioni di studio nei vari fondachi commerciali di Egitto e di Provenza, di Barberia e di Siria, capí a fondo questa profonda necessità del suo tempo: e, genialmente, riuscí a trasferirla in un'opera che, per completezza, per mole, per chiarezza di esposizione, sfida le sue stesse fonti arabe e crea qualcosa di completamente nuovo. Per la prima volta, dopo la sua invenzione da parte dei Greci nel V secolo a.C., la matematica si compenetra nella società. Nel 1202 nasce una società che pone alla base delle sue transazioni un linguaggio, un metodo e un approccio matematici.

Da questo punto di vista persino le parti piú astratte del *Liber abaci* hanno un sapore profetico. Per esempio, le «questiones aliebre et almuchabale», apparentemente assai lontane dai possibili interessi di un mercante (in effetti legate invece a problemi di calcolo degli interessi), si svilupperanno nel corso dei secoli successivi fino a far diventare l'algebra il linguaggio-base di tutta la matematica.

2.2. Le scuole d'abaco.

Ma tutte le grandi innovazioni richiedono qualche tempo prima di essere pienamente e generalmente accettate. Anche la sola introduzione del «calcolo indiano» non poteva non suscitare diffidenza da parte di chi, privo della necessaria confidenza con le nuove tecniche, temeva di non riuscire a controllare quei giochi di prestigio a nove cifre[4]. A questo si aggiunga che il *Liber abaci* è tutt'altro che un libro facile, divulgativo, soprattutto se si pensa che si inseriva in un contesto di cultura matematica ancora estremamente arretrato e certo incapace di padroneggiare l'enorme quantità di metodi e problemi che Leonardo vi proponeva. Si pone cosí il problema della divulgazione: il testo di Fibonacci ne costituí la base e l'inizio, ma non ne poteva essere il veicolo principale.

Lo svilupparsi di reti commerciali sempre piú vaste, l'espandersi delle dimensioni delle imprese e le conseguenti esigenze di adeguare i sistemi di contabilità, fecero sí che le diffidenze iniziali si andassero rilassando nel corso del Duecento: Fibonacci stesso nel 1241 fu incaricato dal Comune di Pisa di tenere corsi per i suoi funzionari. Nasce cosí la figura del «maestro d'abaco»; prende piede un'istituzione fondamentale per la storia d'Europa: la «scuola d'abaco». La sua diffusione, ancora esitante nel XIII secolo, diventa impetuosa nel corso del Trecento e del Quattrocento. Nella sola Firenze, tra l'ultimo ventennio del Duecento e il primo quarantennio del Cinquecento operarono una settantina di abacisti, quasi tutti maestri d'abaco, e si ha notizia di venti scuole d'abaco. Verso la fine del Quattrocento, almeno il 25 per cento dei ragazzi in qualche modo «scolarizzati» frequentava questo tipo di scuole; nella Venezia del Cinquecento la percentuale sale addirittura al 40 per cento.

Alla scuola d'abaco si entrava circa verso i dieci anni, dopo aver imparato a leggere e a scrivere a quella di grammatica[5]; il corso durava circa due anni.

[4] A Firenze, all'inizio del XIV secolo viene vietato l'uso delle cifre arabe nei documenti legali se non accompagnato anche dall'espressione dei numeri in lettere: testimonianza al tempo stesso della diffusione del nuovo strumento e della diffidenza con cui viene ancora visto.

[5] Come osserva Elisabetta Ulivi (*Scuole e maestri d'abaco in Italia tra Medioevo e Rinascimento*, in [Giusti 2002, nota 1, p. 156]), «talvolta – e soprattutto piú avanti nel tempo – l'apprendimento dell'abaco, o perlomeno dei primi rudimenti di calcolo, poteva comunque avvenire parallelamente a quello della scrittura e della lettura, sotto la guida di uno stesso maestro». È famoso il caso di Tarta-

Le scuole d'abaco erano ovviamente frequentate da coloro che volevano dedicarsi alla mercatura ma anche da chi intendeva entrare nelle botteghe artigiane per diventare architetto, pittore o scultore. Erano per la maggior parte istituite e sovvenzionate dai Comuni, ma molte (a Firenze, per esempio) erano private. È in queste scuole che si formarono alcuni dei grandi nomi del nostro Rinascimento: Piero della Francesca, Michelangelo, Machiavelli, Leonardo da Vinci (per non citare che i piú famosi fra quelli per cui esiste una documentazione certa) provengono da questo ambiente culturale e alcuni di essi, come Piero e Leonardo, lo alimentarono attivamente.

Fra il XIII e il XVI secolo la scuola d'abaco sarà la scuola di quello strato culturale intermedio che è al tempo stesso il produttore e il fruitore principale della matematica abachistica. È lo strato culturale cui appartengono coloro che non sono illetterati, ma nemmeno ambiscono alle professioni liberali – medicina, diritto, teologia. Sostanzialmente estranei alla cultura universitaria legata inscindibilmente al latino, sviluppano una cultura parallela, che potrebbe chiamarsi cultura dell'abaco, dal nome delle scuole in cui si formano i mercanti, gli artisti, i tecnici, gli uomini d'arme, gli stessi nobili.

Che matematica vi si insegnava? Essenzialmente gli argomenti che abbiamo riassunto descrivendo il *Liber abaci*, ma attraverso lo strumento del «trattato» o del «libro d'abaco». Warren Van Egmond [1980] ne ha recensito un gran numero, e il Centro Studi della Matematica Medioevale dell'Università di Siena ne ha pubblicato diversi; se ne conoscono attualmente circa trecento. Il libro d'abaco diventa una sorta di prontuario di «esercizi» che serve al maestro per insegnare ai suoi scolari. La matematica della cultura dell'abaco prende infatti una strada molto diversa da quella della matematica classica e anche (sia pur in misura minore, date le sue origini) da quella araba. La struttura assiomatico-deduttiva scompare quasi completamente, l'insegnamento avviene per esposizione ripetuta a casi esemplari: il libro d'abaco ne costituisce appunto una riserva che il maestro potrà – avendone le capacità – ampliare. Lo scolaro, esercizio dopo esercizio, arriverà a poter trattare, oltre all'aritmetica e ai suoi algoritmi quei problemi che è destinato a incontrare quotidianamente nella sua vita professionale: interessi, società, compagnie, baratti, cambi di monete e di misure, problemi di geometria pratica (misure di campi, di capacità, di distanze).

2.3. La nascita di un nuovo sapere.

La cultura dell'abaco si dota cosí di una sua matematica: una matematica nuova per una società nuova, che sembra aver dimenticato il modello greco. Sembrerebbe, da quanto siamo venuti dicendo, una perdita secca:

glia, che frequentò una scuola d'abaco di Brescia appunto per imparare a leggere, ma per mancanza di soldi poté arrivare appena alla lettera «K».

non a caso, come discuteremo fra breve, il Medioevo non riuscirà a cogliere e ad apprezzare di Archimede che gli aspetti che piú si prestavano a essere trasformati in regole pratiche: la misura del cerchio e quella della sfera. Eppure è proprio negli ambienti delle scuole d'abaco che si sviluppano i primi passi in avanti rispetto alle conoscenze classiche. Ci limiteremo ad accennare a due esempi: la nascita della prospettiva teorica e la teoria delle equazioni.

2.3.1. *La prospettiva.* Abbiamo già accennato come la scuola d'abaco fosse molto spesso uno dei luoghi di formazione degli artisti. Il Quattrocento aveva visto lo sviluppo dell'arte della prospettiva, soprattutto con l'opera di Brunelleschi, che tuttavia non lasciò alcun scritto in materia. È Leon Battista Alberti il primo a cercare di fornire una trattazione teorica nel *De Pictura* (1435).

Alberti, ben noto come umanista, sembra dovere buona parte della sua formazione matematica alla cultura dell'abaco. Il *De Pictura* infatti ha una struttura geometrica molto debole, legata piú alle procedure pratiche degli artisti che allo sviluppo di un discorso teorico. Ma, soprattutto, Alberti è anche l'autore dell'*Ex Ludis rerum mathematicarum*, una raccolta di problemi di «matematica pratica» che sembrano da un lato fortemente risentire della sua formazione di architetto[6] e dall'altro echeggiano di temi e problematiche dovute alla sua formazione umanistica – Vitruvio, Columella, Euclide e Archimede – verso cui però si avverte l'imbarazzo e la difficoltà dell'autore. Le regole per misurare i corpi solidi sono difficili, dice, e teme di «non poterle dire se non come le dissono gli antichi, e loro le dissono in modo che con fatica e cognizione di matematica e appena si comprendano».

In effetti proprio in quegli anni stava avvenendo il recupero dei classici della matematica greca, in particolare di Archimede. Verso il 1450, Iacopo di San Cassiano compie una traduzione del *corpus* archimedeo che conoscerà una grande fortuna in tutti gli ambienti della seconda metà del Quattrocento, compresi quelli della cultura dell'abaco. È recentissima la scoperta di James Banker [2005] per cui uno dei manoscritti della traduzione di Iacopo (il codice 106 della Biblioteca Riccardiana di Firenze) sarebbe stato esemplato dalla mano di Piero della Francesca, probabilmente verso il 1457-58.

Laddove (almeno apparentemente) Alberti si era fermato, Piero prosegue. Assistiamo qui a un curioso rovesciamento di ruoli: l'interesse dell'umanista Alberti sembra limitarsi alle tradizioni archimedee medievali. Al

[6] I problemi affrontati riguardano la misurazione dell'altezza di una torre, della larghezza di un fiume, o di una profondità; la costruzione di orologi solari; la misurazione di campi (qui Alberti cita esplicitamente Leonardo Pisano); la costruzione di livelle e di bilance; il disegno di piante e la misurazione di distanze anche molto grandi; la costruzione di «contamiglia»; il problema di determinare il saggio dell'oro in un miscuglio. Qui Alberti si ferma, promettendo a Meliaduso d'Este, cui i *Ludi* sono dedicati, di spiegargli all'occorrenza le regole per misurare i volumi. Un'accurata analisi dei *Ludi* si può trovare nella *Prefazione* di Pierre Souffrin alla traduzione francese di questo testo [Souffrin 2002].

contrario, Piero, artista e maestro d'abaco – e che quindi conosce l'Archimede medievale e lo utilizza nel suo *Trattato d'abaco* (circa 1450) – non solo è attento alle novità quali la traduzione di Iacopo, ma il suo rinnovato studio di Archimede darà frutti interessanti. Nel *Libellus de quinque corporibus regularibus* Piero ottiene la non facile misura della volta a padiglione (o, se si vuole, del solido che si ottiene intersecando ortogonalmente due cilindri uguali) che coinvolge l'uso di ellissi e la conoscenza di una delle opere piú avanzate di Archimede, i *Conoidi e sferoidi*.

Una situazione simile si riscontra per lo studio della prospettiva. A differenza di Alberti, Piero è il primo a fare un tentativo, sia pur nel linguaggio e con i mezzi della matematica cui appartiene, di ottenere una sistemazione teorica della materia prospettica. Nel 1475 dedica a Federico di Montefeltro il *De prospectiva pingendi*, il primo trattato in cui siano esposti i fondamenti geometrici della prospettiva. Nell'affrontare questa problematica, Piero sembra essersi documentato a fondo e aver studiato quanto piú poteva delle tradizioni di ottica a lui disponibili, da Euclide a Peckham. Ma nell'utilizzare le tradizioni medievali taglia via tutta una serie di questioni e di problemi sulla natura della luce, sui raggi visuali, sulla fisiologia della visione. L'interesse si concentra sulla matematizzazione dello spazio pittorico, per di piú con una forte accentuazione in senso aritmetico. Nella trattazione del pavimento a mattonelle, per esempio, Piero cerca infatti di esporre in termini numerici le relazioni che legano le distanze fra gli oggetti e il punto di osservazione. È un tratto tipico della sua formazione abachistica, cosí come tipicamente abachistica è l'organizzazione del *De prospectiva*: assenza di una struttura deduttiva formale, presentazione della materia attraverso problemi, dai piú semplici ai piú complessi, in modo da introdurre gradualmente alle tecniche della prospettiva.

L'approccio di Piero aprirà la strada alle piú vaste e rigorose sistemazioni di Federico Commandino e – soprattutto – del suo allievo Guidobaldo Dal Monte. Ma siamo ormai alla fine del Cinquecento, quando la lezione della matematica antica è stata ampiamente assorbita e metabolizzata. Il testo di Guidobaldo rappresenta un livello sucessivo, quello in cui le varie tradizioni matematiche sono rifuse nel rinnovato paradigma della geometria antica pienamente ritrovata.

È forse opportuna qui una riflessione un po' piú generale. Secondo la tesi di Panofsky sulla prospettiva come forma simbolica, la pratica e le teorizzazioni prospettiche del Rinascimento riflettono una nuova concezione dello spazio. Si afferma uno spazio astratto, matematico, vuoto e infinito. È lo spazio di una fisica, quella di Galileo e Newton, che ancora deve nascere, non è piú lo spazio ordinato e pieno di qualità della filosofia naturale aristotelica. Accettando questa tesi, non può non colpire, allora, il fatto che questa nuova concezione, cruciale per l'affermarsi della visione moderna, nasca dall'intersecarsi della matematica dell'abaco, nata entro e per una società di mercanti, con le tradizioni filosofiche dell'ottica medievale e con la riappropriazione del paradigma classico.

2.3.2. *L'algebra.* L'algebra nasce fra gli arabi, col trattato composto da al-Khwārizmī fra l'812 e l'833 e si diffonde nel mondo latino grazie alle traduzioni di Roberto di Chester (1145) e di Gherardo da Cremona (XII secolo), ma soprattutto grazie alla divulgazione dei metodi che si trova nell'ultima parte del *Liber abaci*. Dopo un'introduzione teorica sulle equazioni di secondo grado segue, secondo lo stile di Leonardo, una lunga sezione applicativa. Per valutare l'impatto e lo sviluppo dell'algebra fra Tre e Cinquecento occorre tenere presente che l'algebra degli arabi, di Leonardo e delle scuole d'abaco è un'algebra ancora puramente verbale, priva di simbolismi; inoltre i coefficienti delle equazioni possono essere solo numeri positivi, mai nulli o negativi. Questo comporta una moltiplicazione notevole di forme. Nel caso dell'equazione di secondo grado, invece di un'unica equazione, avremo sei forme. Tre «semplici», in cui uno dei termini non compare:

$$ax^2 = bx, \quad ax^2 = c, \quad bx = c;$$

e tre «composte»:

$$ax^2 + bx = c, \quad ax^2 = bx + c, \quad ax^2 + c = bx.$$

Queste forme (dette anche «capitoli») hanno tutte il loro nome: il primo caso è quello di «censi uguali a radici» (o «cose»), l'ultimo, «censi e numero uguali a radici». Allo stesso modo, al posto della nostra formula risolutiva, avremo una specie di ricetta verbale; vediamo quella dell'ultimo caso. Si comincerà col dividere per i *censi* (nel nostro linguaggio, per il coefficiente di x^2) in modo da ridursi al caso «un censo e numero uguale a radici». Perché possa esserci soluzione, Fibonacci osserva che il *numero* dovrà essere «uguale o minore del quadrato della metà delle radici» ($c \leq (b/2)^2$: il che garantisce in effetti che il discriminante dell'equazione non sia negativo). Nel caso che sia uguale, la soluzione è data «dalla metà delle radici» ($b/2$, dato che il discriminante è nullo). Se è minore, si avranno due casi: «sottrai il numero dal quadrato della metà delle radici e sottrai la radice del risultato dalla metà delle radici» oppure «somma la radice del risultato con la metà delle radici». In altre parole sta esprimendo le due radici reali dell'equazione a coefficienti positivi $x^2 + c = bx$:

$$\frac{b}{2} \pm \sqrt{\left(\frac{b}{2}\right)^2 - c}\,.$$

La dimostrazione di questa regola (e delle altre) non può ovviamente essere condotta per via algebrica, data la mancanza di un simbolismo letterale. Fibonacci (cosí come al-Khwārizmī prima di lui) fa allora ricorso alla geometria del II libro degli *Elementi*, in cui si trovano una serie di teoremi sull'equivalenza di aree quadrate e rettangolari, che gli algebristi intepretano come prodotti delle quantità messe in gioco nell'equazione.

Non ci soffermiamo qui a illustrare la dimostrazione che Fibonacci fornisce delle sue «ricette» algebriche. Ci preme piuttosto sottolineare un altro aspetto. L'algebra comporta una rottura degli schemi rigidi della matematica greca che dividevano nettamente il continuo (dominio della geometria) dal discreto (dominio dell'aritmetica). Non solo si opera una commistione fra queste due discipline, ma l'oggetto dell'algebra assume una connotazione ontologica molto piú vaga e generica del «numero» euclideo («pluralità di unità», come recita la definizione del VII libro degli *Elementi*) e delle linee, superfici e solidi studiati dalla geometria, la cui generazione è di volta in volta precisata. Un simile ragionamento potrebbe essere esteso alla natura delle radici quadrate o cubiche, che ricorrono continuamente nella trattatistica dell'abaco.

Questa osservazione acquista una luce tanto piú interessante quando si tenga conto che nella cultura abachistica il modello dimostrativo formale si indebolisce notevolmente: se in Fibonacci le regole dell'algebra vengono dimostrate con la geometria, in moltissimi trattati successivi la «dimostrazione» del procedimento si limiterà alla semplice prova: il problema da risolvere viene tradotto in un'equazione numerica, cui viene applicata una regola opportuna per determinare la soluzione, la cui esattezza viene semplicemente verificata. In altri termini, se la cultura dell'abaco da un lato perde il rigore formale del modello greco, questa perdita è però compensata dalla perdita di rigidità degli oggetti della sua indagine: si acquista cosí in libertà di ricerca e di esplorazione. Libertà che le consentirà di raggiungere il primo risultato che va veramente oltre quelli ottenuti dai Greci e dagli Arabi: la scoperta delle regole di soluzione delle equazioni di terzo e quarto grado. I primi passi in questo senso sono legati a questioni relative al calcolo degli interessi composti, problema che conduce naturalmente a considerare equazioni di grado superiore al secondo di cui si conosce a priori la soluzione. Questa situazione spingerà vari maestri d'abaco a tentare di congetturare una regola per equazioni *generali* di grado superiore al secondo: un caso tipico è quello di Piero della Francesca che nel suo *Trattato d'abaco* fornisce regole per risolvere equazioni di terzo, quarto, quinto e sesto grado: regole che, se pur assegnate come generali, funzionano solo nel caso delle equazioni legate al calcolo degli interessi composti.

Ma il caso di Piero è testimonianza di uno sforzo di ricerca che attraversa i trattati d'abaco del Quattrocento e che riecheggia anche nella *Summa*, quando Pacioli dichiara che la regola per risolvere i casi non quadratici non sono ancora stati trovati. Questo sforzo avrebbe conosciuto un primo successo qualche anno dopo, quando Scipione Dal Ferro, lettore di aritmetica nell'Università di Bologna, avrebbe scoperto la regola generale per risolvere il «capitolo» di «cubi e cose uguali a numero», cioè l'equazione cubica $x^3 + px = q$. La storia successiva è ben nota: la scoperta di Dal Ferro si diffuse nell'ambiente degli abachisti bolognesi; Niccolò Tartaglia riscoprí indipendentemente il risultato in occasione di una «disfida» nel 1535 con un ex allievo di Dal Ferro, Antonio Maria Fior. Lo strepitoso successo di Tartaglia spinse Cardano a chiedergli di comunicargli il suo «segreto» giurandogli che non l'avrebbe divulgato; ma quando nel 1543 venne a sapere che era già stato ottenuto da Dal Ferro, non esitò a pubblicare la soluzione della cubica nell'*Ars magna*. A questo seguirono ovviamente nuove polemiche e disfide: nel 1548 Tartaglia e Ludovico Ferrari, un allievo di Cardano che aveva nel frattempo scoperto la soluzione dell'equazione di quarto grado, si scontrarono pubblicamente a Milano.

Le scoperte e le analisi di Dal Ferro, Tartaglia, Cardano e Ferrari aprivano all'algebra un ambito di problemi interamente nuovo – e destinato a rimanere un fertile campo di ricerca per i successivi tre secoli. Infatti se da un lato l'algebra abachistica poteva rimanere soddisfatta del risultato trovato per il capitolo di «cubo e cose uguali a numero», le cose andavano diversamente per il capitolo «cubo uguale a cose e numeri», ovvero per l'equazione $x^3 = px + q$. Le regole trovate da Tartaglia equivalgono infatti alla seguente formula per le radici dell'equazione:

$$x = \sqrt[3]{\frac{q}{2} + \sqrt{\Delta}} + \sqrt[3]{\frac{q}{2} - \sqrt{\Delta}}$$

dove

$$\Delta = \frac{q^2}{4} - \frac{p^3}{27}.$$

Nel caso in cui tale quantità sia minore di zero, non si può calcolarne la radice quadrata, come richiesto dalla regola. Si potrebbe pensare che ciò comporti semplicemente che l'equazione non possa avere soluzioni; e invece no, la difficoltà principale sorgeva proprio qui: il caso $\Delta < 0$ corrisponde proprio al caso in cui l'equazione ha tre radici reali! Ad esempio, si vede subito che l'equazione $x^3 = 15x + 4$ ha come radici 4 e $-2 \pm \sqrt{3}$ e il suo Δ vale -121. Si tratta del cosiddetto «caso irriducibile» dell'equazione di terzo grado: come verrà dimostrato solo nell'Ottocento, nel caso che un polinomio di terzo grado abbia tre radici reali, non esistono formule che forniscano le radici in funzione dei coefficienti dell'equazione che non facciano ricorso al campo dei numeri complessi. Cardano, che pare sia stato il primo a rendersi conto della situazione, propose, ancorché con molta reticenza, di attribuire un significato alle radici quadrate dei numeri negativi, senza però sviluppare questa idea, che riteneva «sottile, ma inutile». Né gli si può dare completamente torto: applicando la formula a $x^3 = 15x + 4$ si dovrebbe ottenere, formalmente:

$$4 = \sqrt[3]{2 + \sqrt{-121}} + \sqrt[3]{2 - \sqrt{-121}}.$$

Ma, allo stesso modo:

$$-2 \pm \sqrt{3} = \sqrt[3]{2 + \sqrt{-121}} + \sqrt[3]{2 - \sqrt{-121}}.$$

Se ne dovrebbe dunque assurdamente dedurre che $4 = -2 + \sqrt{3} = -2 - \sqrt{3}$? Sappiamo oggi che dietro a questi apparenti paradossi sta il fatto che un numero complesso ha sempre *tre* radici cubiche distinte[7] e che dalla loro opportuna combinazione è possibile ricavare le tre radici reali del caso irriducibile.

La soluzione della cubica schiudeva dunque le porte su un territorio ancora del tutto sconosciuto, in cui Cardano pensò bene di non inoltrarsi. Fu Raffaele Bombelli (1526-1572) il primo a tentare di dare un senso alla formula per il caso irriducibile, introducendo numeri il cui quadrato potesse essere negativo e tentando di determinare un metodo per l'estrazione delle radici cubiche di tali numeri. Un primo, geniale tentativo, che Bombelli raggiunse verso il 1560, ma che non poteva esaurire la questione. Come si fa infatti a scegliere fra le tre determinazioni delle due radici cubiche gli accoppiamenti giusti? Perché la formula fornisce solo tre radici dell'equazione e non nove? I metodi di Bombelli potevano funzionare solo quando le radici dell'equazione erano conosciute in precedenza e quindi, con qualche artificio di calcolo, riconducibili a opportuni accoppiamenti dei due radicali cubici. Limiti questi che lo stesso Bombelli riconosceva. Ma la sua opera in questo campo apriva la strada a interessanti sviluppi: in primo luogo rappresentava un ulteriore passo nel distaccare gli oggetti matematici da una realtà ontologica rigida e fissata. Da questo punto di vista, era un passo in avanti molto significativo nel cammino che si era aperto con al-Khwārizmī.

L'importanza dell'opera di Bombelli non si esaurisce nell'introduzione di questi «proto-numeri complessi». Bombelli si era fatto una fama lavorando alla bonifica della Val di Chiana e all'inizio degli anni Sessanta del Cinquecento lavorava a Roma, impegnato in un progetto di bonifica delle Paludi Pontine. Aveva già scritto gran parte della sua *Algebra*, quando a Roma co-

[7] Per esempio le tre radici cubiche di 1 sono:

$$1; \frac{1}{2}(i\sqrt{3} - 1); -\frac{1}{2}(i\sqrt{3} + 1).$$

In generale, un numero complesso non nullo ha sempre n radici n-esime complesse; un numero reale ha invece solo due radici reali n-esime se è positivo e n è pari; una sola se n è dispari.

nobbe Anton Maria Pazzi, lettore di matematica alla Sapienza, che gli mise tra le mani un manoscritto dell'*Aritmetica* di Diofanto.

Fu un incontro determinante. Bombelli, l'ingegnere idraulico, nato e cresciuto nella cultura dell'abaco, che aveva contribuito a far arrivare al punto piú alto del suo sviluppo, si mise insieme con Pazzi a tradurre il testo greco. E lo studio di Diofanto ebbe conseguenze decisive: Bombelli riscrisse parti importanti dell'*Algebra*, in particolare il libro III che da una raccolta di problemi pratici di tipico stile abachista diviene una silloge di questioni di analisi diofantea. Questo connubio fra Bombelli e Diofanto segna una vera e propria svolta culturale: l'algebra non è piú un'arte (magari un'*ars magna*), acquista i suoi quarti di nobiltà classici, diventa una disciplina matematica che può stare a fianco della geometria di Archimede e di Apollonio. Bombelli pubblicò i suoi risultati nel 1572: *L'Algebra, opera di Rafael Bombelli da Bologna, divisa in tre libri con la quale ciascuno da sé potrà venire in perfetta cognitione della teoria dell'Aritmetica.* Il quarto e il quinto, in cui Bombelli applicava le tecniche algebriche ai problemi di geometria, resteranno purtroppo inediti fino al XX secolo.

Come nel caso della prospettiva, siamo di fronte a un fondersi di tradizioni, a uno sfaldarsi di recinzioni intellettuali. Non a caso, uno dei campioni della restaurazione della matematica greca, Federico Commandino, quando legge nel 1572 il testo di Bombelli e viene a conoscenza del suo lavoro con Pazzi su Diofanto, cercò di procurarsene copia e di sostenerne una pubblicazione.

Diofanto sarebbe stato pubblicato nel 1575 da Xilander a Basilea; di lí a poco (1588) sarebbe uscita la traduzione di Pappo di Commandino. Su queste basi classiche, ma anche grazie a una meditazione sul lavoro di Bombelli e degli altri algebristi italiani, François Viète avrebbe trasformato definitivamente l'algebra della *cosa* in una logistica simbolica, strumento per una nuova geometria.

3. *La tradizione archimedea.*

3.1. Da Viterbo a Basilea.

3.1.1. *La traduzione di Moerbeke.* Fino alla metà del Quattrocento sono pochi i testi archimedei che conoscono una reale circolazione nell'Occidente latino. Essi si riducono essenzialmente a due traduzioni dall'arabo della *Misura del cerchio*, di alcune parti del *Della sfera e il cilindro* e dei *Verba filiorum*, un testo di geometria di misura opera di tre fratelli arabi, i Banū Mūsā. Conservato da un discreto numero di manoscritti, influenzò autori come Ruggero Bacone, Giordano Nemorario (prolifico autore di importanti testi di aritmetica e di statica) e Leonardo Fibonacci. Attraverso la *Practica geometriae* di Leonardo (insieme al *Liber abaci*, la fonte della cultura dei maestri d'abaco), i risultati archimedei contenuti nei *Verba filiorum* ebbero grande diffusione per tutto il Medioevo, fino almeno al XVI secolo.

La qualità e la quantità di questi testi illustra già da sola una delle caratteristiche della diffusione di Archimede durante il Medioevo. Attraverso di loro alcuni dei risultati della *Misura del cerchio* e della *Sfera e il cilindro* riuscirono a filtrare nella cultura del mondo latino. Ma il mezzo in cui si diffusero fu l'ambiente culturale delle scuole d'abaco, in cui circolarono ampiamente ricette pratiche per la misurazione di superfici e volumi, ma molto meno le conoscenze geometriche e le tecniche dimostrative che quelle regole presupponevano, tecniche che riuscirono a essere comprese solo da pochissimi.

Un'apparente eccezione a tutto questo sembra essere il lavoro compiuto da Guglielmo di Moerbeke. A questo domenicano (ca. 1215 - 1286) viene infatti attribuita la traduzione in latino di quasi tutto il *corpus* archimedeo. Grande traduttore di opere filosofiche, Moerbeke operò per vari anni presso la corte papale di Viterbo. Fu proprio lo stimolo di questo ambiente attento alle cose matematiche che, probabilmente, portò Moerbeke a rivolgere la sua attenzione ad Archimede[8]. Egli condusse la sua traduzione sulla base di due manoscritti greci (codice A e codice 𝔅), oggi entrambi perduti, e l'autografo di questa traduzione archimedea è oggi conservato presso la Biblioteca Vaticana, ms. *Ottob. Lat.* 1850. Seguendo Marshall Clagett, lo designeremo nel seguito come codice O. Esso contiene la traduzione latina di tutte le opere di Archimede presenti in A e 𝔅 (con l'eccezione dell'*Arenario*) e la traduzione del commento di Eutocio alla *Sfera e il cilindro* e all'*Equilibrio dei piani*.

La traduzione di Moerbeke assunse un'importanza inestimabile, per due motivi. In primo luogo il suo stile, estremamente letterale e fedele al testo greco, permette di supplire almeno in parte alla perdita del codice 𝔅. Il secondo motivo è che il testo greco dei *Galleggianti* non era contenuto nel codice A (che avrebbe circolato a lungo nel Rinascimento). Con la perdita di 𝔅 dopo il 1311, il lavoro di Moerbeke divenne l'unico testimone del testo dei *Galleggianti*, fino all'inizio del XX secolo[9]. Alla fine del 1269, dunque,

[8] Accogliamo qui, sia pur con beneficio di inventario, la tesi tradizionale, sostenuta da Valentin Rose, Johan L. Heiberg e Marshall Clagett, per cui Moerbeke sarebbe stato l'autore della traduzione di Archimede e che il testo contenuto nel codice *Ottob. Lat.* 1850 sarebbe l'autografo originale. Va però avvertito che non mancano voci e indizi che sembrerebbero mettere in discussione, almeno in parte, questa attribuzione. Cfr. Brams e Vanhamel [1989], in particolare il saggio di R. Wielockx, *Quelques remarques codicologiques et paléographiques au sujet du ms. Ottob. Lat. 1850* (pp. 113-34), che descrive con esattezza gli elementi certi e incerti relativi alla questione.

[9] Com'è noto, il testo greco dei *Galleggianti* è tràdito solo dal codice C, il palinsesto ritrovato da Heiberg nel 1906, poi di nuovo perduto e tornato disponibile solo recentemente. Questo manoscritto, che contiene anche altre opere di Archimede – in particolare è l'unico testimone del *Metodo*, in cui Archimede spiega i suoi procedimenti euristici – non sembra aver avuto alcuna influenza sulla tradizione del testo nel corso del Medioevo e del Rinascimento.

praticamente tutta l'opera di Archimede, con l'eccezione dell'*Arenario* e del *Metodo*, era disponibile in lingua latina. Ci si potrebbe quindi aspettare che Archimede sia stato ampiamente letto e studiato nel corso del Medioevo. Non fu cosí.

3.1.2. *La traduzione di Iacopo e l'edizione di Basilea.* Non si conoscono copie medievali dell'autografo moerbekiano, se si eccettua un manoscritto del XIV secolo che contiene il testo della traduzione delle *Spirali*: un forte indizio che la traduzione di Moerbeke rimase praticamente inutilizzata[10], o quasi, fino al Cinquecento. Vale la pena di soffermarsi un attimo su questo silenzio del Medioevo. Bisogna osservare in primo luogo che la matematica di Archimede – e soprattutto quella delle *Spirali*, dei *Conoidi e sferoidi*, della *Quadratura della parabola* – aveva scarse probabilità di interessare il mondo del Trecento. La fioritura della scienza alla corte di Viterbo durò infatti appena una breve stagione. Di lí a poco, la società del XIV secolo sarebbe stata stravolta da sconvolgimenti epocali quali il trasferimento del papato ad Avignone, la guerra dei Cent'anni in Francia, la peste nera che falciò buona parte della popolazione europea. Inoltre, gli interessi matematici di questo secolo si spostarono pesantemente sul versante filosofico e la matematica archimedea era assai lontana dagli interessi dei *calculatores* di Oxford e Parigi.

Infine, e soprattutto, la matematica archimedea è difficile e può essere intesa solo attraverso una meditazione sull'intero *corpus* della geometria greca: la teoria delle proporzioni euclidea, il XII libro degli *Elementi*, la conoscenza della teoria delle sezioni coniche. Tutto questo mancava al Medioevo: Campano aveva equivocato la stessa definizione di proporzionalità di Euclide e la sua edizione degli *Elementi* diede spazio a gravi e grossolani fraintendimenti. Il XII libro era assai poco studiato e nel *cursus* degli studi ci si fermava generalmente ai primi quattro libri, necessari per intendere i rudimenti dell'astronomia. La teoria delle coniche (essenziale per la comprensione di molte opere di Archimede) era poi praticamente sconosciuta e se ne conoscevano a mal fatica alcuni elementi derivati dalla tradizione arabo-latina.

Bisognerà attendere il Quattrocento perché l'interesse verso Archimede e la matematica antica cominci veramente a concretizzarsi come fenomeno culturale. Nella prima metà del XV secolo due processi vengono infatti a maturazione. Il primo è la creazione delle grandi biblioteche umanistiche in cui si accumulano i tesori della matematica greca: vi abbiamo accennato nel § 1.2. Il secondo è rappresentato dall'affermarsi di una cultura matematica socialmente diffusa, diffusione sostenuta dal grande sviluppo delle scuole

[10] Le uniche deboli tracce che si possono rintracciare di un suo impiego si trovano nell'opera del matematico francese Jean de Murs, che peraltro ne fa un uso piuttosto a sproposito.

d'abaco. Come abbiamo piú volte sottolineato si tratta certo di una cultura molto *sui generis*, rispetto al modello formale della geometria greca o anche araba. Ma non è questo il punto importante, come non lo è lo «pseudo-fatto», spesso citato, che fra il *Liber abaci* di Leonardo (1202) e la *Summa* di Luca Pacioli (1494), sembra non esser stata fatta alcuna scoperta di rilievo[11]. Ciò che invece conta è il fenomeno – nuovo per l'Occidente latino e che probabilmente non ha alcun riscontro nel mondo classico – del diffondersi, trasversalmente a tutti gli strati sociali cittadini, di una cultura matematica: è questo uno dei fattori fondamentali che crea condizioni favorevoli perché inizi un processo di riappropriazione della matematica classica[12]. Un processo che sarà indubbiamente lento e faticoso, almeno agli inizi, ma che riceverà un'accelerazione impressionante dopo l'invenzione e la diffusione della stampa. Lo stesso successo della *Summa* di Pacioli, vera enciclopedia della cultura dell'abaco e uno dei primi libri di matematica pubblicati a stampa, testimonia di questa domanda e curiosità nei confronti della matematica, domanda che ben presto si rivolgerà verso i classici che il Quattrocento umanista ha raccolto nelle sue biblioteche.

Da questo punto di vista il percorso seguito dalla tradizione archimedea è veramente esemplare. Inizia con Niccolò V, un papa umanista, il creatore della Biblioteca Vaticana – voleva farne la piú grande biblioteca di tutti i tempi. Verso il 1449, Niccolò (che a quanto pare era in possesso del codice A) affida a Iacopo di San Cassiano (o Iacobus Cremonensis, ca. 1415 - ca. 1452) l'incarico di tradurre Archimede. Iacopo era un umanista, allievo di Vittorino da Feltre e si può ritenere che concludesse la sua traduzione verso il 1450.

La traduzione di Iacopo attirò subito molta attenzione nei circoli umanistici, in particolare in quelli legati al cardinale Giovanni Bessarione, cui

[11] In effetti la tradizione dell'abaco generò matematici di rilievo: basti citare i nomi di Antonio Mazzinghi (1350-1385) o di Maestro Benedetto da Firenze (1429-1479). Se l'influenza di questi matematici fu minima o, in ogni caso, molto lenta a dipanarsi, ciò dipese in gran parte dalla mancanza di un mezzo di diffusione quale sarebbe stata la stampa. In questo senso, l'operazione di Pacioli con la *Summa* (che allegramente saccheggia i risultati e i procedimenti dei suoi predecessori) permise alla cultura dell'abaco del Quattrocento di diffondersi e consolidarsi ben al di là degli orizzonti delle singole «botteghe» e scuole d'abaco.

[12] Torna a proposito citare qui il parallelo che Eugenio Garin [1994] istituisce fra il destino della traduzione archimedea e quello di un'altra traduzione di Moerbeke, la *Poetica* di Aristotele. Quest'opera non fu ignota al Medioevo: ma era letta e studiata la traduzione latina della parafrasi che ne aveva fatto Averroè, in cui era presentata come un'opera che tratta della comunicazione umana: logica, retorica e poetica. Era un testo che serviva a riempire uno dei capitoli dell'enciclopedia del sapere medievale. Perché si tornasse al testo greco bisognò attendere il XVI secolo, ma alla base di questo ritorno stavano interessi culturali assai diversi da quelli medievali: per esempio la discussione del rapporto fra conoscenza storica e conoscenza artistica. Il caso della *Poetica* è da questo punto di vista illuminante: la ripresa degli autori antichi nel loro originale greco o in una traduzione latina fedele a tale originale non fu la causa, ma piuttosto l'effetto di una trasformazione culturale, sociale e tecnica.

si deve l'incontro fra Archimede e un giovane studioso tedesco, Regiomontano (Johann Müller, 1436-1476). Venuto in Italia nel 1461-67 al seguito di Bessarione, Regiomontano ebbe modo di apprendere il greco e di usufruire dei codici che il cardinale andava raccogliendo. In particolare, verso il 1462, poté usufruire di una copia della traduzione di Iacopo e di una copia del testo greco di A. A partire da questi testi (e utilizzando anche altri codici e forse anche la traduzione di Moerbeke) Regiomontano corresse a fondo la traduzione di Iacopo, migliorandola in piú punti in modo decisivo. Intuendo le enormi potenzialità della stampa, nel 1470 progettava di mettere mano a un'edizione archimedea. Anche se la morte lo colse prematuramente nel 1476, impedendogli di portare a termine il suo progetto, le sue fatiche archimedee non sarebbero risultate vane: nel 1544 usciva a Basilea l'*editio princeps* greco-latina delle opere di Archimede, basata sul lavoro che Regiomontano aveva compiuto.

3.1.3. *Archimede nella cultura dell'abaco*. Non si deve pensare però che l'opera di Archimede destasse interesse solo nei circoli umanistici, tutt'altro. Abbiamo già visto come Piero della Francesca fosse fra i primi fruitori della traduzione di Iacopo[13]. Inoltre Piero non solo utilizzò il suo studio di Archimede per ottenere vari risultati esposti nel *Libellus de quinque corporibus regularibus*, ma, se davvero il codice della Riccardiana di Firenze gli deve essere attribuito, si può dimostrare che tentò di compiere un lavoro accurato utilizzando e confrontando piú di un esemplare.

Un interesse acuto verso il testo archimedeo nel mondo della cultura dell'abaco non riguarda certo il solo Piero: anche Leonardo da Vinci cerca attivamente manoscritti di Archimede; li trova; li studia, cerca di svilupparne i temi. Certo, a leggere le argomentazioni che Piero fornisce nei suoi risultati «archimedei» del *Libellus* si rimane colpiti da quanto siano ancora lontane dallo stile della geometria greca. Cosí come le «dimostrazioni» che Leonardo fa del centro di gravità del triangolo *Codice Arundel* sembrano del tutto ingenue paragonate a quelle di Archimede. Ma vorremmo sottolineare che uno dei primi segni di comprensione e di riappropriazione dei risultati archimedei la si trova proprio in due dei rappresentanti piú significativi della cultura dell'abaco: un chiaro esempio di quell'intreccio di tradizioni culturali su cui abbiamo già insistito.

Fra i manoscritti archimedei menzionati da Leonardo, uno era nelle mani del vescovo di Padova Pietro Barozzi, e sembra che fosse proprio questo

[13] Se Banker (cfr. § 2.3.1) avesse ragione nell'attribuire il codice riccardiano 106 alla mano di Piero, è molto probabile che Piero lo abbia esemplato fra il 1557 e il 1558, mentre si trovava a Roma per lavorare alle Stanze Vaticane. In ogni caso, la stretta parentela di questo ms. con altri due codici (*Urb. Lat.* 261 della Vaticana – circa 1457-58 – e *Nouv. Acquis. Lat.* 7220 della Bibliothèque Nationale de France) di Iacopo, legati alla figura di un amico e parente di Piero, Francesco di Cereo del Borgo, lasciano pochi dubbi sulle frequentazioni archimedee di Piero.

(che viene oggi indicato col *siglum* M) a essere utilizzato da Luca Gaurico (1475-1558) – astrologo, astronomo, ed editore di testi matematici e astronomici – per la pubblicazione di un testo intitolato *Tetragonismus*, che uscí a Venezia nel 1503. In quest'opera era contenuto il testo della *Misura del cerchio* e della *Quadratura della Parabola*, copiati fedelmente da M con tutti i loro errori, oltre ad altri aggiuntivi da Gaurico e dallo stampatore. Con tutto ciò, il 1503 resta l'anno in cui appare a stampa per la prima volta un lavoro di Archimede.

E sempre lo stesso codice M è all'origine dell'edizione archimedea di Tartaglia del 1543. Un'avventura editoriale (in cui Tartaglia cercava di accreditarsi come traduttore, o in ogni caso cultore di lingue classiche) destinata ad avere un peso notevole, dato che questa edizione resterà a lungo (fino al 1565) l'unica a presentare il testo dei *Galleggianti*. E non era la prima volta che l'autodidatta bresciano si accostava ad Archimede: nel 1531 era riuscito a procurarsi da un «salsizaro di Verona» una copia latina del primo libro della *Sfera e il cilindro*. Nel 1551, nei *Ragionamenti intorno alla sua travagliata inventione* (cfr. § 1.2) avrebbe pubblicato una traduzione italiana del primo libro dei *Galleggianti*; nel 1557 sarebbe uscita, postuma, una sua parafrasi in volgare della *Sfera e il cilindro* nel terzo libro della quarta parte del *General trattato di numeri e misure*, una vera enciclopedia di geometria e aritmetica pratiche.

Il caso di Tartaglia mostra quanto le varie tradizioni matematiche stessero ormai convergendo. Archimede è ormai entrato nel mondo dei tecnici e degli ingegneri: la matematica greca si fa spazio nella vita quotidiana del Cinquecento. Le tradizioni classiche e quella archimedea in particolare vengono recepite e vantate nei confronti degli ambienti piú dotti; dall'altro vengono riproposte come nuove «inventioni diverse» a quello strato culturale da cui Tartaglia proveniva, accostandole alle tradizioni, ai temi, agli interessi propri di quel mondo di tecnici e di mercanti.

3.2. La riappropriazione della matematica classica.

Prima della metà del XVI secolo è ormai disponibile a stampa quasi tutto il *corpus* archimedeo; e anche altri autori come Apollonio o Teodosio sono stati pubblicati. Ma molto rimane ancora da tradurre e stampare (Pappo e Diofanto, in particolar modo); né si può dire che i testi già editi siano soddisfacenti. L'*editio princeps* di Basilea, nonostante i miglioramenti che Regiomontano aveva apportato alla traduzione di Iacopo, rimaneva un testo insoddisfacente, ancora da assimilare e recuperare; peggiore ancora era la situazione dei testi latini pubblicati da Gaurico e Tartaglia, infarciti di errori; per non dire della traduzione di Apollonio eseguita da Giovan Battista Memmo (Venezia, 1537) che in molti punti oltrepassa veramente i limiti dell'intelligibilità.

Di fronte al problema di testi spesso incomprensibili, manchevoli, mutili, si poneva il problema della loro integrazione in una nuova enciclopedia in cui risultassero chiare le connessioni reciproche fra i vari risultati che si andavano riscoprendo e che fosse in grado di assumere al suo interno anche i risultati nuovi come quelli ottenuti nel campo della prospettiva e dell'algebra. Paul Lawrence Rose ha documentato ampiamente questa ansia di rinnovamento che risuona nelle corrispondenze e nelle prefazioni, già a partire dal XV secolo: la necessità di una nuova *instauratio*, di una rinascita che possa essere la base di un rinnovamento dell'insegnamento dell'intero *corpus* delle discipline matematiche. Due personaggi, in particolare, si faranno interpreti di questa aspirazione: Francesco Maurolico e Federico Commandino.

3.2.1. *Commandino e la sua scuola.* La vita di Federico Commandino (Urbino, 1509-1575) si inquadra quasi completamente nelle corti umanistiche del Cinquecento. Fu in questi ambienti di raffinata cultura umanistica che Commandino conobbe Marcello Cervini, cardinale bibliotecario della Vaticana. Questi, particolarmente interessato alla matematica greca, si rivolse a Commandino chiedendogli se poteva riuscire a cavare un senso da due testi presenti nel codice O di Moerbeke, che si trovava allora in suo possesso: la traduzione dei *Galleggianti* e del *De analemmate* di Tolomeo.

Il testo moerbekiano dei *Galleggianti* pone gravissime difficoltà di interpretazione, al punto che Tartaglia nel 1543 aveva deciso di non pubblicarne il secondo libro. Commandino, messo di fronte a questa sfida, si rese conto che aveva bisogno di uno studio dettagliato non solo dell'intera opera di Archimede, ma anche di Apollonio. Si dedica cosí alla ricerca di codici, s'immerge nello studio; e nel 1558 pubblica a Venezia una nuova traduzione di molte opere archimedee, le *Archimedis Opera non nulla.*

Un altro frutto degli studi che aveva intrapreso per restaurare i *Galleggianti* sarà l'edizione dei primi quattro libri delle *Coniche*, pubblicata a Bologna nel 1566: oltre al testo di Apollonio da lui commentato, Commandino forniva i lemmi di Pappo e il testo del *De sectione coni* e del *De sectione cylindri* di Sereno. L'anno precedente aveva finalmente assolto il compito che Cervini gli aveva affidato circa quindici anni prima: a Bologna era uscita la sua restaurazione della traduzione di Moerbeke dei *Galleggianti*, fatica giustamente considerata da Clagett uno dei momenti piú alti dell'umanesimo matematico. Addirittura Commandino si spingeva a pubblicare, contestualmente all'edizione dei *Galleggianti*, un intero libro, il *Liber de centro gravitatis solidorum*, per fornire al lettore una possibile dimostrazione del centro di gravità del paraboloide, che Archimede usava senza alcuna spiegazione.

Una simile via Commandino aveva seguito per l'altro compito affidatogli da Cervini. Nel 1558, contestualmente alle *Archimedis Opera non nulla*, aveva pubblicato l'opera di Tolomeo sul planisfero[14] e, nel 1562, il *De analemmate*, due testi che coinvolgevano la discussione della proiezione della sfera celeste su un piano e nei suoi commenti metteva in evidenza il legame fra questo tipo di problemi e quelli della prospettiva pittorica[15]. Commandino rappresenta la tradizione umanistico-matematica al suo meglio, anche se il suo approccio tendeva a rimanere strettamente filologico. Lo si può vedere persino nel *Liber de centro gravitatis solidorum*, una delle sue pochissime opere originali: il modello che viene fedelmente e quasi pedissequamente seguito è quello dell'*Equilibrio dei piani*. Ma, anche con questo limite – che non mancò di influenzare tutta la scuola che si era formata intorno a lui a Urbino – la sua opera era destinata ad avere un'importanza enorme, imponendo il modello della matematica archimedea e piú in generale classica. In questo la sua scuola ebbe un ruolo importante. Ci limitiamo a citare Guidobaldo Dal Monte (1545-1607); diremo fra poco dei suoi contributi alla meccanica, che lo denotano come continuatore di Commandino nel campo dell'applicazione di un paradigma archimedeo a questa disciplina. Guidobaldo fece altrettanto con la prospettiva. Riprendendo l'opera che il suo maestro aveva abbozzato nei commenti al *Planisphaerium* e nei lavori collegati al *De analemmate*, Guidobaldo giunse a individuare e a definire in modo matematicamente preciso il concetto di punto di fuga, codificandolo nei *Perspectivae libri sex*, un'opera che contribuí anche a rendere rigorose le tecniche empiriche della scenografia teatrale.

3.2.2. *Francesco Maurolico.* L'approccio sviluppato dall'altro grande restauratore del Cinquecento, Francesco Maurolico, fu completamente diverso sia da quello «filologico» di Commandino che da quello «pratico» di Tartaglia.

Nato, come si è detto, a Messina nel 1494, Maurolico visse in Sicilia allontanandosene solo per brevi e rari viaggi: la sua attività si svolse dunque lontano dai grandi centri culturali dell'Umanesimo, dalle corti e dalle biblioteche. Altro dato significativo è che Maurolico si occupò in modo analogo di tutto il sapere matematico classico e medievale: lavorò su Euclide, Apollonio e Archimede; su Teodosio e Menelao; scrisse di aritmetica e di astronomia; di ottica e di meccanica; progettò strumenti tecnici e alberi del sapere scientifico. Aveva di fatto messo mano a un progetto enciclopedico ricco di elaborazioni originali (che, per di piú, andava oltre gli stessi confini delle discipline matematico-fisiche), teso a una restaurazione completa della cul-

[14] *Ptolemaei Planisphaerium, Iordani Planisphaerium, Federici Commandini ... commentarius. In quo universa scenographices ratio quam brevissime traditur, ac demonstrationibus confirmatur*, Paolo Manuzio, Venezia 1558.

[15] *Claudii Ptolomaei Liber de analemmate ... Federici Commandini Liber de horologiorum descriptione*, Paolo Manuzio, Roma 1562.

tura scientifica su basi essenzialmente matematiche. Non è qui il luogo per tentare una ricostruzione anche solo approssimativa del significato di questo suo tentativo, di come esso si articolò, di quali influssi ebbe sullo sviluppo delle matematiche fra XVI e XVII secolo. Ci limiteremo a dare alcuni accenni in questo senso, soprattutto per quanto riguarda la tradizione archimedea.

L'esempio piú impressionante è quello del *De momentis aequalibus*. Maurolico aveva cominciato molto presto (prima del 1529) a lavorare sull'*Equilibrio dei piani*, probabilmente sulla base di scarsissimi accenni fatti a questo testo da Valla e Regiomontano. Dopo il 1544, e dopo aver quindi potuto meditare sul testo di Archimede, l'opera arriva a un primo completamento. Nonostante che nella stampa postuma del 1685 rechi il titolo *Archimedis de momentis aequalibus ex traditione Francisci Maurolyci*, essa non ha nulla a che vedere con il testo archimedeo originale. È divisa in quattro libri. Nel primo si tratta dell'equilibrio, del concetto di momento, e si fornisce una dimostrazione della legge della leva. Nel secondo si studiano i centri di gravità dei poligoni. Nel terzo quello della parabola. Infine, nel quarto, il centro di gravità dei solidi. Nella versione completata nel 1548 il quarto libro si arrestava alla determinazione del centro di gravità della piramide e del cono. A partire dal 1565 Maurolico riprenderà questi studi aggiungendovi la determinazione del centro di gravità del paraboloide.

Questo esempio può forse bastare per sostenere che, se Maurolico aderisce al programma umanista di recupero della scienza greca, tuttavia nella sua produzione il primato spetta alla matematica, al contenuto e non alla filologia, allo spirito e non alla lettera del testo. Non meno importante è il metodo di riesposizione che egli adotta. Dato che il suo programma non è la semplice riproposizione dei testi classici, ma la loro rifusione in un tutto organico, Maurolico punta a individuare nel materiale classico con cui sta lavorando le linee portanti, quelle che sono suscettibili di essere utilizzate in una trattazione il piú possibile unitaria. Per continuare con l'esempio del *De momentis*, è evidente la sua individuazione di alcuni princípî dimostrativi e di concetti generali che pone a base della sua trattazione: per esempio il concetto di momento e l'uso delle simmetrie. Insomma, il *De momentis* è il risultato di una meditazione profonda sui frammenti della statica greca e del pensiero di Archimede che sfocia in una nuova interpretazione esplicita dell'equilibrio, del concetto di centro di gravità, del rapporto fra l'interpretazione «fisica» della bilancia e la sua modellizzazione matematica. E l'impianto dei libri successivi di quest'opera, le tecniche adottate nelle dimostrazioni hanno una fecondità che va ben oltre i casi effettivamente discussi.

Occorre almeno accennare al destino delle fatiche mauroliciane. Nessuno dei suoi lavori archimedei fu stampato nel corso della sua vita, come d'altronde accadde per molte altre delle sue *lucubrationes*. Non si deve però ritenere che tutto il patrimonio di idee, metodi, ispirazione complessiva e anche di opere materiali andasse disperso alla morte dello scienziato. Grazie ai suoi rapporti con i Gesuiti di Messina e all'amicizia con Cristoforo Clavio (1537-1612) e la sua eredità intellettuale rimase viva e operante. Clavio fu un grande organizzatore culturale e un grande divulgatore scientifico: è sostanzialmente a lui che si deve l'organizzazione dell'insegnamento delle discipline matematiche nei collegi della Compagnia di Gesú. La sua edizione di Euclide corredata da un ricchissimo commento avrebbe costituito la base dell'insegnamento matematico per molti decenni ancora. Nella sua battaglia culturale per dare spazio alla matematica all'interno della Compagnia, si serví largamente di materiali mauroliciani, che circolarono cosí negli ambienti legati a Clavio e all'Accademia matematica del Collegio Romano.

3.2.3. *Verso Cavalieri.* L'eredità di questa tradizione sarebbe stata raccolta da un ex allievo di Clavio, Luca Valerio (1553-1618). La questione della determinazione dei centri di gravità dei solidi era divenuta, sul finire del XVI secolo, un tema di ricerca – forse il primo tema di ricerca condiviso e diffuso nell'alveo della tradizione classica e archimedea.

Valerio approcciò il problema in modo radicalmente diverso dal modello classico, piú o meno fedelmente seguito dai suoi contemporanei. Il suo *De centro gravitatis solidorum libri tres* (Roma, 1604) è un libro di importanza epocale: nonostante che rimanga fedele al linguaggio della matematica archimedea, il *De centro* può essere considerato l'ultimo testo della geometria di misura antica. In esso, infatti, venivano proposti metodi e punti di vista talmente nuovi che, dopo Valerio, la geometria sarà costretta a prendere strade che la porteranno a staccarsi definitivamente dal modello greco.

Il problema che Valerio affrontava e risolveva era quello di determinare il centro di gravità di tutti i solidi allora conosciuti: sfera, cono, piramide, prisma, cilindro, poliedri, paraboloide, iperboloide, ellissoide, e loro parti. Diciamo «allora conosciuti» perché né l'approccio umanistico, né quello abachistico aveva esteso lo studio delle figure solide al di là di quelle considerate da Euclide o da Archimede. Valerio, invece di affrontare il problema della determinazione dei centri di gravità e delle quadrature caso per caso, costruí una vasta architettura di teoremi relativi a un'intera classe di figure (le figura digradanti *circa axim*: grosso modo figure dotate di un asse di simmetria e le cui sezioni vadano costantemente decrescendo), in cui inquadrò la ricerca della determinazione delle quadrature e dei centri di gravità delle varie figure particolari che via via affrontava. Valerio compiva cosí un passo fondamentale di distacco dal modello classico. Per esempio, la determinazione del centro di gravità dell'iperboloide (forse il caso piú complesso e difficile) viene ridotta all'applicazione di un teorema generale riguardante i centri di gravità delle figure *circa axim*.

Di tale rottura metodologica Valerio era pienamente consapevole ed essa ebbe una profonda influenza sulla matematica successiva. Ma, come tutti gli innovatori, Valerio si ritrovò a cavallo fra il vecchio e il nuovo. I suoi metodi generali si trovano mescolati ad argomenti tradizionali, senza che – almeno a prima vista – si riesca bene a capirne il motivo. Sembra quasi che, spaventato dalla sua stessa audacia innovativa cercasse rifugio nel porto sicuro dello stile archimedeo.

Cavalieri inizierà la sua opera là dove Valerio aveva smarrito il sentiero. Una caratteristica della sua *Geometria indivisibilibus continuorum* (Bologna, 1635) è infatti non tanto e non solo quella di offrire un metodo generale (gli indivisibili, appunto) per affrontare i problemi di quadratura e di determinazione di centri di gravità, quanto quello di proporre una teoria capace di inquadrare questo nuovo strumento nel contesto della geometria. Già in Valerio, infatti, e in altri autori del primo Seicento come Bartolomeo Sovero (1576-1629), viene utilizzato quello che sarà poi chiamato il «principio di Cavalieri». Ma con una differenza essenziale. In Valerio un principio del genere viene dimostrato in un caso particolare (e piú complicato), quello della determinazione dei centri di gravità di certe classi di figure. In Sovero, lo stesso principio viene dimostrato solo limitatamente alle sezioni coniche. Cavalieri, al contrario, vuole dimostrare i suoi principî, le basi del suo metodo, per classi di figure arbitrarie, una volta per tutte.

Questa duplice esigenza (rigorose dimostrazioni geometriche e generalità dell'oggetto cui esse si devono applicare) sono all'origine non solo della sua opera, ma anche del destino che sarebbe toccato al metodo e alla teoria degli indivisibili. A un metodo chiaro e efficace si contrappone una teoria oscura e involuta nelle dimostrazioni. Assistiamo cosí a un impressionante successo del metodo, che permette a Cavalieri di ottenere rapidamente non solo i risultati della matematica classica e quelli piú recenti ottenuti dalla ricerca del primo Seicento (per esempio quelli di Valerio e quelli ottenuti da Keplero con i «nuovi» solidi di rotazione da lui introdotti), ma anche altri risultati, decisamente nuovi, quali la determinazione delle quadrature delle parabole di ordine superiore (in linguaggio moderno il calcolo dell'integrale $x^n dx$). Il suo metodo verrà adottato, e in vario modo sviluppato, da matematici di primo piano: Torricelli, Pascal, Roberval, Wallis, per non citarne che alcuni. Un successo impressionante, destinato a durare per molti decenni. E a sopravvivere addirittura – almeno per qualche tempo – all'invenzione del calcolo infinitesimale.

A fronte di questo successo sta, come dicevamo, l'oscurità della teoria, che o non verrà presa sul serio o verrà ferocemente attaccata. Persino le meditazioni di Cavalieri stesso sul problema di fornire al suo metodo salde basi geometriche, esposte nelle *Exercitationes geometricae sex* (Bologna, 1647), lo porteranno a sviluppare una risposta in qualche modo di retroguardia: a tentare cioè di giustificarli alla luce dei metodi classici. Reinseriti nell'ambito dei metodi della geometria classica, gli indivisibili regrediscono a pure tecniche di dimostrazione, che sopravviveranno solo fin quando riusciranno a dare dei risultati. Alla fine del secolo, una volta esaurita la loro forza, essi svaniranno per lasciare il posto ai metodi piú potenti del calcolo infinitesimale. Anche il tentativo e il successo di Cavalieri sembrano dunque, alla fin fine, arenarsi nelle stesse secche in cui si era smarrita la via regia di Valerio.

4. *La meccanica.*

4.1. Le tradizioni medievali: Giordano.

Il Medioevo latino aveva conosciuto un vasto interesse per la meccanica e lo studio del movimento. Tanto vasto che Pierre Duhem (1861-1916), forse il primo a individuare il contributo medievale alla scienza, non esitò a trovarvi la prova documentale delle radici medievali della scienza moderna. «Le pretese rivoluzioni intellettuali – scriveva nella prefazione delle *Origines de la statique* (1905) – non sono state altro, nella maggior parte dei casi, che evoluzioni lente e lungamente preparate; i sedicenti rinascimenti reazioni spesso ingiuste e sterili».

Le posizioni di Duhem furono riprese, sviluppate e temperate da Anneliese Maier, Ernst Moody, Marshall Clagett e in una certa misura anche da Alexandre Koyré. Non è ovviamente questo il luogo per discutere un filone storiografico che ha attraversato tutto il Novecento; bisogna però per lo meno accennare al fatto che, nelle sue estreme conseguenze, la visione «medievalista» delle origini della scienza moderna porta a una svalutazione profonda del contributo del Rinascimento: una sorta di parentesi fra un «grande» Medioevo, che avrebbe individuato concetti quali il principio di inerzia o la quantità di moto, e il «grande» Seicento di Galileo e Newton.

Da quanto abbiamo detto sin qui, dovrebbe essere chiaro che una tale visione non può essere in nessun modo condivisa in una prospettiva di storia delle discipline matematiche, soprattutto se si accolga un'accezione burckhardtiana dell'estensione temporale del termine «Rinascimento». Dalle corti di Federico II e dei papi, fino a quelle dei duchi di Urbino e dei Medici, passando attraverso le scuole d'abaco e le botteghe degli artisti di Firenze o di Venezia, abbiamo seguito tutto un intrecciarsi di motivi e tradizioni che culminano nei risultati dell'Italia del Cinquecento. Lo stesso recupero dei Classici matematici antichi non può essere visto come un fenomeno passivo: ritrovare, leggere, interpretare, tradurre, commentare un classico significa *fare* matematica, e farla in modo da porre le basi per nuove ricerche: le vicende dell'ottica e della nascita della prospettiva geometrica, o degli sviluppi della geometria archimedea in Maurolico Valerio e Cavalieri costituiscono un esempio assai eloquente. Un simile approccio dovrebbe essere tentato anche per la storia della meccanica. Anzi, proprio in questo campo è piú evidente come sia stato lo sciogliersi e l'annodarsi di approcci diversi a creare le condizioni per le innovazioni che vi apporterà Galileo.

Uno di questi fili è senz'altro di origine medievale, ed è rappresentato dalla tradizione degli scritti di statica di Giordano Nemorario e di un trattatello pseudo-archimedeo, il *Liber Archimenedis de ponderibus*. Giordano, o Iordanus de Nemore, fu uno studioso dell'inizio del XIII secolo della cui vita sappiamo ben poco, per non dire nulla. Gli sono attribuite numerose opere – di statica, aritmetica, geometria e astronomia –, ma c'è una qualche incertezza su quanti e quali testi vadano ascritti alla sua penna o piuttosto a quella di suoi discepoli o commentatori. Di certo però conosciamo la sua influenza: per esempio Ruggero Bacone cita i suoi lavori nell'*Opus maius*; le sue opere ci sono giunte attraverso un discreto numero di copie manoscritte; e, cosa ancor piú significativa, saranno fra le prime opere scientifiche a venir stampate nel Cinquecento[16].

Le opere di statica che gli vengono attribuite sono gli *Elementa Jordani de ponderibus*, il *Liber de ponderibus* e il *De ratione ponderis*. Non possiamo entrare qui in una discussione dettagliata sul loro contenuto e sulle complesse discussioni storiografiche a proposito della loro attribuzione e dei rapporti fra di loro[17]; basterà osservare alcuni elementi di contenuto.

Nell'opera di Giordano viene introdotto un concetto, quello di *gravitas secundum situm* che dovrebbe servire a dar conto della diversa efficacia del peso a seconda della sua collocazione in un sistema statico: un peso è tanto piú grave *secundum situm* quanto piú la sua «linea di moto» è piú prossima alla verticale. L'autore si sforza di mettere in opera questo strumento concettuale nella dimostrazione della legge della leva o del piano inclinato. Applicando il concetto di *gravitas secundum situm* nella dimostrazione dell'equilibrio della leva (i gravi si fanno equilibrio da distanze inversamente proporzionali ai loro pesi) Giordano sembra avere presente un germe dell'idea del principio delle velocità o dei lavori virtuali, anche se non è esplicitamente postulato e nemmeno enunciato nel corso della dimostrazione. Nel caso del piano inclinato, pur nel contesto di un discorso dimostrativo non molto chiaro, Giordano arriva a enunciare correttamente la legge per cui dati due pesi in equilibrio P_1 e P_2 posti su due piani inclinati di stessa altezza, ma

[16] Suoi lavori di aritmetica e di musica vengono stampati a Parigi nel 1510 e nel 1514; a Norimberga nel 1533 esce una raccolta di scritti di statica a lui attribuiti. Come vedremo fra breve, la sua opera di statica verrà ripresa da Tartaglia. I suoi lavori sulla proiezione stereografica saranno un punto di riferimento anche per Commandino (cfr. nota 14).

[17] La riscoperta di Giordano va attribuita, come molte altre nel genere, a Pierre Duhem. Per una panoramica sulla problematica si veda Clagett [1959], che insieme con Ernst Moody ha contribuito molto all'affermazione di Giordano come «precursore» di concetti chiave della statica quali il principio dei lavori virtuali o il concetto di momento. Crediamo valga la pena, per sentire un punto di vista piuttosto diverso, rinviare anche a un articolo di Benjamin Ginzburg [1936] che, nonostante risalga agli anni Trenta, contiene un'analisi acuta e interessanti spunti metodologici.

di lunghezze L_1 e L_2 diverse (e quindi di diversa inclinazione), i pesi saranno proporzionali alle lunghezze: $P_1 : P_2 = L_1 : L_2$. È da sottolineare da un lato che il risultato di Giordano fa da contrasto con quelli ottenuti nell'antichità e riportati da Erone e Pappo, entrambi erronei; dall'altro che la dimostrazione si appoggia quasi interamente sulla definizione (o «postulato») relativa alla *gravitas secundum situm*, che variando con l'inclinazione del piano, fa variare l'efficacia del peso sui due piani inclinati. Piú che anticipazione della grandezza fisica che chiamiamo momento meccanico (forza × distanza) la *gravitas secundum situm* sembra essere un'idea essenzialmente qualitativa che permette di dare un nome a un'intuizione fisica: si fa piú fatica a tirar su un peso lungo la verticale che a spingerlo lungo un piano inclinato.

Analogamente, nel *Liber Archimenedis de ponderibus* – un testo anonimo, dedicato a confronti fra i corpi in peso e in volume che ebbe anch'esso una grande diffusione a partire dal XIII secolo[18] – troviamo il concetto di *gravitas secundum speciem*: se si vuole paragonare la *gravitas* dell'oro e dell'argento in questo modo, ciò si dovrà fare «supposita equalitate magnitudinis corporalis», prendendo cioè volumi uguali dei due corpi. Anche qui siamo lontani dall'avere un concetto matematizzato di peso specifico, e siamo di fronte a una nozione qualitativa che ha però il pregio di riuscire a trovare le «parole per dire» che il ferro è piú pesante della paglia.

I testi di Giordano e il *De ponderibus* pseudo-archimedeo conobbero come si è detto una grande fortuna nei secoli che vanno dal Duecento al Cinquecento. Circolano negli ambienti filosofico-scientifici della corte di Viterbo, vengono ripresi da Jean de Murs, un importante matematico e astronomo parigino. Agli albori della stampa vengono ben presto pubblicati. Anche se non sembra siano entrati a far parte dell'insegnamento canonico delle scuole d'abaco, per il loro contenuto e il loro approccio si collocano a cavallo fra quello che abbiamo chiamato il filone «filosofico» e la pratica degli ingegneri e dei tecnici. In ogni caso, rappresentano lo sforzo del mondo matematico latino di fondere in un *corpus* i brandelli di conoscenze nel campo fisico-matematico sopravvissuti al naufragio del mondo classico con le riflessioni arabe su queste materie e l'esperienza della pratica quotidiana. Nati insieme al *Liber abaci* durante la prima rinascenza delle scienze matematiche in Occidente, per dare frutto avrebbero dovuto però aspettare di ritrovare le loro radici classiche nel corso del Cinquecento.

[18] Il testo è trasmesso da una decina di manoscritti e la prima edizione a stampa è di Venezia, 1518. Anch'esso verrà ripreso da Tartaglia, nei *Ragionamenti* del 1551.

4.2. Il Cinquecento e l'affermarsi della meccanica come scienza.

Come abbiamo visto, il XVI secolo vede l'affermarsi della tradizione archimedea; grazie in particolare a Commandino e alla sua scuola, verso la fine del Cinquecento i *Galleggianti* e l'*Equilibrio dei piani* si impongono all'attenzione della comunità scientifica. Non solo di quella matematica: abbiamo già accennato (§ 1.2) a Francesco Buonamici, professore di filosofia a Pisa, che si misura nel suo *De motu* con i risultati archimedei sul galleggiamento, e ad analoghe posizioni di Iacopo Mazzoni.

Questo ampio successo culturale della matematica archimedea si spiega anche grazie al recupero, che inizia nei primi anni del secolo, di un testo (pseudo-)aristotelico: le *Quaestiones mechanicae*. Pressoché sconosciute durante il Medioevo, vennero riscoperte nel Cinquecento, diventando in breve tempo il riferimento obbligato per ogni discussione di meccanica. Generalmente attribuite ad Aristotele durante i secoli XVI e XVII, il loro testo greco viene pubblicato a Venezia nel 1497[19]. Vittore Fausto (un umanista che progettò e riuscí anche a far costruire una quinquireme classica) le pubblica in latino a Parigi nel 1517, ma nel corso del secolo verranno tradotte anche in varie lingue volgari, commentate, parafrasate.

Particolare importanza e successo ha la parafrasi[20] che pubblica a Roma nel 1547 Alessandro Piccolomini – filosofo aristotelico molto prolifico e interessato alle matematiche: scrisse, fra l'altro di astronomia e sui rapporti tra matematica e logica. «Meccanica», fino ad allora era stato sinonimo di «arte manuale», che comprendeva un po' di tutto ciò che non era soggetto di scienza. Ma Piccolomini, in apertura del suo commento, non esita a classificare la meccanica come una scienza, la scienza che permette di determinare «i principî e le cause» delle arti manuali. La scoperta che il Filosofo aveva scritto di meccanica, si accoppia dunque con l'elevazione a scienza da «numerare fra le matematiche» di questa disciplina, che ci permette di superare la Natura:

> Con questa dunque scientia [...] mecanica restiamo superiori in quelle cose, nelle quali dalla natura saremmo soprafatti, cioè nel superar le cose maggiori, col mezo delle minori, et in quelle, che essendo di poca forza, e gravezza, nondimeno muoveno cose piú gravi; [...] Perché chi non prenderebbe ammiratione vedendo spesso da poca forza muover un grave peso, e massime con l'aggiungerli nuovo peso? [...] A chi non parranno queste e molt'altre simil cose, meravigliose finché non sarà nota la

[19] L'attribuzione del testo ad Aristotele è essenzialmente dovuta al Cardinale Bessarione, proprietario del manoscritto su cui Aldo Manuzio esemplò la *princeps* greca, inclusa nel secondo volume della sua edizione del *corpus* aristotelico. La questione è stata lungamente dibattuta e ancora oggi non può dirsi del tutto chiusa [cfr. Micheli 1995].

[20] Ristampata a Venezia nel 1565, viene anche tradotta in italiano (Roma, 1582).

cagione, molto piú meravigliosa, onde tutte queste cose procedono? Non è dunque inconveniente, che tal questioni, che già habbiam chiamate mecaniche, essendo prodotte da mirabil cagione, sieno ancor esse mirande[21].

Il testo delle *Quaestiones* si propone dunque di dar conto delle cause di certi effetti «miracolosi» delle macchine ed è strutturato come un catechismo, in forma di domande e risposte. Il tentativo è quello di ricondurre gli effetti delle macchine semplici alla leva, e quest'ultima alle proprietà «meravigliose» del cerchio (o, se si vuole, dei moti circolari). Questa impostazione spiega bene perché Piccolomini non esiti a collocare questa «nuova» scienza fra le matematiche, ma al tempo stesso permette di cogliere nuovi significati nei testi medievali, e in particolare nella dimostrazione della legge della leva proposta da Giordano, che proprio in quegli anni viene stampato e ristampato. Tartaglia, come al solito attento alle novità, nei *Quesiti et inventioni diverse* (Venezia, 1546 e 1554) presenterà per l'appunto una sua parafrasi del testo aristotelico (VII libro) e una discussione della *scientia de pesi* ripresa da Giordano[22].

Per un attimo, dunque, tutti i fili delle varie tradizioni sembrano riunirsi nella figura del matematico bresciano: quella filosofica, erede delle tradizioni medievali e del rinnovato aristotelismo cinquecentesco; le tradizioni della cultura dell'abaco e le problematiche degli ingegneri e degli uomini d'arme; quella della matematica e della meccanica archimedea di cui Tartaglia è uno dei primi editori e promotori. Ma siamo ancora ben lontani da una sintesi. Le difficoltà di elaborare un quadro concettuale in cui riuscire a collocare i problemi alla nozione di centro di gravità e di equilibrio da cui si possano dedurre i principî delle macchine semplici sono appena sfiorate nei vari testi di Tartaglia, che si limita a giustapporre risultati provenienti da tradizioni diverse.

4.3. Galileo.

4.3.1. *Guidobaldo: la geometria dietro le macchine.* Un primo vero tentativo di sintesi – sotto il segno di Archimede – verrà da Guidobaldo Dal Monte, il piú famoso e influente fra gli allievi di Commandino, amico e protettore di Galileo. Il suo *Mechanicorum liber* (Pesaro, 1577; edizione italiana Venezia, 1581) è un importante trattato sulle macchine semplici, che vengono ricondotte tutte alla bilancia, le cui leggi vengono dedotte da

[21] *Parafrasi di Mons. Alessandro Piccolomini ... sopra le mecaniche di Aristotile*, F. Zanetti, Roma 1582, pp. 15-16.

[22] Il suo interlocutore in questa discussione è Diego Hurtado de Mendoza, diplomatico spagnolo che tradurrà nella sua lingua le *Quaestiones*. Il testo di Giordano ripreso senza citarlo nell'ottavo libro è il *De ratione ponderis*, che verrà poi pubblicato nel 1565, dopo la morte di Tartaglia, col titolo *Iordani Opusculum de ponderositate Nicolai Tartaleae studio correctum*.

considerazioni relative al centro di gravità. È un testo importante, perché il suo scopo dichiarato è quello di «svelare» la struttura geometrica che soggiace alle macchine che riescono a fare operazioni apparentemente meravigliose e che avrà una notevole influenza su Galileo. Ma, nonostante il buon livello di questo testo, quando Guidobaldo arriva a trattare del piano inclinato, preferisce la soluzione erronea di Pappo a quella corretta, ma non risalente a una tradizione classica, fornita da Giordano Nemorario e riesposta da Tartaglia. Purismo che nella *Paraphrasis in duos Archimedis aequiponderantium libros* (Pesaro, 1588: opera con cui Guidobaldo continuava idealmente l'attività di edizioni archimedee del suo maestro) tende a trasformarsi in concordismo. La prefazione infatti è dedicata a un'analisi sia delle differenze di opinione fra l'Aristotele delle *Quaestiones mechanicae* e l'Archimede dell'*Equilibrio dei piani*, sia a una rassegna dei concetti fondamentali che soggiacciono al testo archimedeo: equilibrio, centro di gravità, ecc. Guidobaldo esprime con estrema chiarezza la sua opinione: il rapporto fra Aristotele e Archimede è di *maximus consensus*; i principî della scienza meccanica sono stati fissati da Aristotele, Archimede li ha sviluppati, trasformandoli in postulati matematici. E, dato il loro totale accordo, seguire Aristotele o Archimede diventa quasi una questione di gusto: se si vuole fare filosofia è il primo che dovremo prendere come guida, ma «nessuno può accostarsi alla matematica, e soprattutto alle discipline meccaniche, senza Archimede».

Con Guidobaldo siamo ormai ben al di là dell'impostazione di Piccolomini o di Tartaglia. Le operazioni delle macchine avvengono ancora «contro natura e grazie all'arte» («praeter naturam et arte fiunt») ma se ne può dare compiuto conto senza ricorrere ad altro che al paradigma della geometria classica. Paradigma, che al tempo stesso dovrebbe permettere di unificare i principî della meccanica e collocarli in un quadro teorico adeguato. Al centro dell'attenzione vengono ormai poste la statica e l'idrostatica archimedee, che diventano un modello di riferimento per la costruzione di tale quadro deduttivo. Ma, pur con tutta la buona volontà di Guidobaldo, l'opera di Archimede in questo campo costituisce un modello alquanto problematico. *Equilibrio dei piani* e *Galleggianti* discordano spesso tra loro, e non su punti di dettaglio; la nozione di centro di gravità, quella di equilibrio, quella stessa di «aequeponderare» sono tutt'altro che chiare. Come tutt'altro che chiaro è lo *status* di quelle grandezze «derivate» (il momento, la velocità, il peso specifico, la pressione). In Archimede esse non sono mai definite, ma solo utilizzate: per esempio si parla di corpi che si fanno equilibrio da certe distanze, ma non di corpi aventi lo stesso momento; di corpi che pesano ugualmente a parità di volume, ma non di corpi aventi lo stesso peso specifico. Abbiamo visto come queste nozioni avessero cominciato a farsi strada nelle tradizioni medievali, e lo stesso Guidobaldo nel *Mechanicorum liber* è costretto a fare i conti con il concetto di *gravitas secundum situm*.

Una nuova sintesi, evidentemente, deve riuscire ad andare anche oltre Archimede.

4.3.2. *Dai «De motu antiquiora» alle «Mecaniche».* Guidobaldo fu il primo mentore, il primo amico e il primo collaboratore di Galileo. È un peccato che non sia disponibile uno studio approfondito ed esauriente dei rapporti fra queste due personalità: un giovane matematico ancora sconosciuto, e uno scienziato di fama, erede della tradizione di Commandino. È a Guidobaldo che Galileo deve il primo sostegno nelle sue ricerche sui centri di gravità dei solidi; è a lui che deve il posto di lettore di matematica a Pisa. Al tempo stesso, fra i due si sviluppa un intenso rapporto di collaborazione[23], un rapporto che forse fu alimentato dalla comune ammirazione verso il «suprahumanus» Archimede.

Ma al di là di questa ammirazione, in Galileo si deve essere fatta ben presto strada la convinzione che fosse necessario andare non solo oltre il concordismo di Guidobaldo e del loro comune amico Iacopo Mazzoni, ma anche oltre Archimede stesso. Ne sono una prova gli scritti giovanili detti *De motu antiquiora*: un testo ricchissimo, ed estremamente interessante per comprendere l'evoluzione successiva del pensiero galileiano. Composti quasi certamente a Pisa prima del 1590, sono da collocare nel contesto delle dispute sul moto degli elementi che erano all'ordine del giorno nell'ateneo pisano. Il giovane matematico si gettò nella disputa, cercando di elaborare una teoria del moto naturale dei gravi e dei leggeri che si fondasse completamente su ragioni archimedee.

L'idea centrale dei *De motu* è quella di negare l'esistenza di una leggerezza positiva (di un principio interno ai corpi, cioè, che li spingerebbe a salire verso l'alto). Unica e sola causa del moto naturale è la gravità. E il moto verso l'alto dei corpi cosiddetti «leggeri» si deve spiegare attraverso il principio di Archimede: è il mezzo che, essendo piú pesante di questi corpi, li fa salire. Dove Buonamici – e praticamente tutto il filone della tradizione che abbiamo definito «filosofico» (cfr. § 1.2), ivi compreso Guidobaldo stesso – si limitava a riconoscere la correttezza matematica della descrizione del fenomeno, lasciando però al Filosofo la spiegazione della causa, Galileo vuole ribaltare completamente il punto di vista.

Si scontrava però con una difficoltà. Archimede aveva dedotto i suoi teoremi sul galleggiamento – e quindi anche sulla spinta che ricevono i corpi immersi in un liquido – da un postulato che afferma sostanzialmente che le parti di un liquido piú premute scacciano quelle meno premute. Postulato che si avvicina pericolosamente a ciò che Galileo vuole appunto dimostrare:

[23] Sembra che le prime ricerche galileiane sulla traiettoria parabolica dei proiettili siano avvenute in collaborazione con il marchese del Monte [Renn, Damerow e Rieger 2000]. Importanti materiali, in gran parte inediti, si possono trovare in Tassora [2001].

che il moto dei corpi in un mezzo avviene perché il mezzo li estrude. L'idea, fra l'altro, non era particolarmente nuova: già altri, come Giovan Battista Benedetti (1530-1590), avevano tentato, «contra Aristotelem et omnes philosophos», di seguire questa strada, assumendo i teoremi di Archimede come punto di partenza. Ma Galileo, probabilmente per sfuggire a una facile accusa di petizione di principio, volle cercare di ridimostrare i teoremi archimedei sul galleggiamento partendo da principî diversi da quello dei *Galleggianti*. L'idea è quella di ricondurre il galleggiamento a una bilancia a bracci uguali. Prendiamo per esempio il caso di un corpo piú leggero dell'acqua e supponiamo che, per assurdo, si immerga e che poi il liquido resti in quiete. Il corpo, immergendosi, avrà però alzato un certo volume d'acqua a lui uguale (almeno cosí pensava il giovane Galileo). Siccome per ipotesi il corpo è piú leggero dell'acqua, non ci potrà essere equilibrio fra il peso dell'acqua spostata che preme per tornare in giú e il peso del corpo stesso: come avviene appunto in una bilancia a bracci uguali cui siano appesi un peso piú pesante e uno piú leggero. Dimostrazione semplice, e dall'apparenza molto convincente. Peccato che sia sbagliata, come lo stesso Galileo dovette accorgersi molti anni dopo, nel 1612.

Non possiamo entrare qui nell'analisi di questo errore, né tantomeno sviluppare fino in fondo una discussione delle problematiche presenti nei *De motu*. Ma vale la pena, almeno, di rilevare come i temi archimedei giocassero un ruolo di primo piano: se mette da parte il postulato dei *Galleggianti* è solo per sostituirlo con i principî dell'*Equilibrio dei piani*; e idee molto simili lo conducono non solo a stabilire contro Pappo (e contro il suo amico Guidobaldo) la legge corretta del moto dei corpi lungo piani inclinati, ma anche a concepire l'idea che un corpo posto su un piano perfettamente orizzontale e liscio, potrà essere mosso da una qualunque forza, per quanto piccola sia. I *De motu antiquiora* rappresentano insomma un tentativo di applicare la matematica per ottenere una descrizione completa ed esaustiva dei fenomeni naturali; tentativo ancora ingenuo, ma che già si distacca dai suoi stessi maestri: il «divino» Tolomeo, il «divinissimo» Archimede, ma anche il suo mentore Guidobaldo. Galileo ha ormai imboccato la strada per tentare la costruzione di un modello geometrico del moto.

Di lí a poco ci sarebbe stato il trasferimento a Padova e i corsi di meccanica. Lezioni che dovettero riscuotere un grande successo fra gli studenti padovani, visto che (nonostante Galileo non le pubblicasse) ci sono pervenute in un gran numero di copie manoscritte[24]. Il testo delle *Mecaniche* segue

[24] La prima edizione delle *Mecaniche* è del 1649 (a cura di L. Danesi, Ravenna), ma era stata preceduta dalla pubblicazione di una traduzione francese curata da Mersenne (*Les méchaniques de Galilée*, Guénon, Paris 1634). Il primo lavoro critico sul testo fu compiuto da Antonio Favaro per l'edizione nazionale delle Opere (vol. II, pp. 147 sgg.); nel 2002 R. Gatto ha pubblicato un'edizione critica (Olschki, Firenze) che tiene conto di tutti i manoscritti noti.

l'impianto del *Mechanicorum liber* di Guidobaldo: spiegare le macchine semplici riducendole alla leva. Se ne distacca, tuttavia, per vari motivi. Il primo è il tipo di interlocutore: il testo – scritto in volgare – sembra indirizzato agli architetti, ingegneri, tecnici idraulici, artigiani, piú che ai *philosophi*. È infatti a loro che si rivolge subito, con un radicale ribaltamento della prospettiva che aveva accompagnato gli studi meccanici per tutto il Cinquecento, almeno a partire dalla parafrasi di Piccolomini:

> ho visto ingannarsi l'universale dei mecanici, nel volere a molte operazioni, di sua natura impossibili, applicare machine, dalla riuscita delle quali, ed essi sono rimasti ingannati, ed altri parimenti sono rimasti defraudati [...] Dei quali inganni parmi di avere compreso essere principalmente cagione la credenza [...] di potere con poca forza muovere ed alzare grandissimi pesi, ingannando, in un certo modo, con le loro machine la natura.

No, dice Galileo: la natura non si inganna; gli effetti meravigliosi delle macchine si spiegano perché nell'azione meccanica ciò che si guadagna in forza si perde in velocità. Il gran peso che sembra venir alzato con una piccola forza, in effetti è alzato dall'azione ripetuta piú e piú volte – grazie appunto alla macchina – di quella forza[25]. Non basta, come credeva Guidobaldo, svelare la struttura geometrica della macchina: occorre un'analisi piú complessa delle grandezze in gioco. Ed è qui che Galileo introduce, accanto alla *gravità* dei corpi, il loro *momento*:

> Momento è la propensione di andare al basso, cagionata non tanto dalla gravità del mobile, quanto dalla disposizione che abbino tra loro diversi corpi gravi; mediante il qual momento si vedrà molte volte un corpo men grave contrapesare un altro di maggior gravità, come nella stadera si vede un picciolo contrapeso alzare un altro peso grandissimo, non per eccesso di gravità, ma sí bene per la lontananza dal punto donde viene sostenuta la stadera [...] è dunque il momento quell'impeto di andare al basso, composto di gravità, posizione e di altro, dal che possa essere tale propensione cagionata.

Non si tratta, si badi bene, di una semplice ripresa di una nozione qualitativa com'era la *gravitas secundum situm*. A differenza della nozione medievale, il momento galileiano diventa un ingrediente matematico fondamentale nella dimostrazione della legge della leva, del piano inclinato e (piú tardi, nel *Discorso intorno alle cose che stanno in sull'acqua* del 1612) del principio

[25] Camerota e Helbing [2000] hanno rintracciato questo «principio compensativo» cosí importante anche in un'opera (1584) del ginevrino Michel Varro, in cui si trovano anche altri spunti interessanti che la collegano alle *Mecaniche* galileiane. Piú che a possibili plagi, si deve pensare al convergere verso punti comuni di condensazione di una riflessione complessa, che attraversa molti strati sociali e culturali, e di cui qui abbiamo potuto dare conto solo in minima parte. Un esempio che non possiamo fare a meno di citare sono i lavori del predecessore di Galileo a Padova (e allievo di Maurolico) Giuseppe Moletti, di cui Laird [2000] ha pubblicato alcuni testi di meccanica. Moletti, a differenza di Galileo o di Varro, ambienta significativamente la sua discussione in un contesto di Corte, presentandola sotto forma di dialogo con il duca di Mantova.

di Archimede e nella spiegazione del paradosso idrostatico. Diventa cioè, sia pur con le difficoltà e le complicazioni che il linguaggio della teoria delle proporzioni impone a Galileo, una grandezza fisica geometrizzata, stretta parente di quella che oggi noi indichiamo come forza × braccio.

4.3.3. *Le difficoltà di un linguaggio.* Poco dopo gli anni delle *Mecaniche*, sarebbero venuti quelli della scoperta della proporzionalità fra lo spazio e il quadrato del tempo nel moto di caduta e della ricerca di un quadro teorico che ne permettesse la dimostrazione; gli anni dello studio dei pendoli e dei piani inclinati, della dimostrazione della traiettoria parabolica dei proiettili, dello studio della forza della percossa. Ricerche che accompagneranno Galileo per tutto il resto della sua vita, senza che mai riuscisse a essere completamente soddisfatto dei risultati ottenuti. Sarà solo nel 1638, ormai prigioniero ad Arcetri, che si deciderà a dar loro una forma e a pubblicarle nei *Discorsi*.

In tutte queste ricerche si può rintracciare il filo archimedeo dell'ispirazione che l'aveva originariamente guidato: costruire un modello geometrico dei fenomeni naturali e, in particolare, del movimento. Era un compito assai difficile, assai piú di quanto oggi ci possa sembrare. Da un lato, infatti, molti concetti fisici – velocità, velocità istantanea, momento, peso specifico, accelerazione, forza, tanto per fare qualche esempio – che oggi ci sono familiari, erano assenti o avevano una valenza molto diversa da quella che noi attribuiamo loro. Si trattava di dar loro lo *status* di concetti operativi, e al tempo stesso di costruire per ciascuno di loro un modello matematico capace di descriverli. E qui Galileo si scontrava con un altra difficoltà. Il filo archimedeo, che continua a caratterizzare la sua sintesi, gli impone lo stesso linguaggio di Archimede: quello della teoria delle proporzioni. E questo linguaggio è drammaticamente inadeguato a trattare i problemi che vuole affrontare. È una difficoltà con cui si scontrerà per tutto il corso della sua vita, in particolar modo nei suoi tentativi di costruire un modello matematico in cui potesse dedurre la legge oraria del moto di caduta[26].

Ci troviamo qui di fronte a una difficoltà simile a quella in cui si trovarono Valerio o Cavalieri. Meditando sull'opera geometrica di Archimede erano riusciti ad arrivare a una concezione che andava ben al di là della geometria greca di misura; e, tuttavia, non erano riusciti a spezzare quel paradigma. Allo stesso modo Galileo era riuscito a dilatare l'esempio dell'*Equilibrio dei piani*, dei *Galleggianti* o di certe parti delle *Spirali* fino a creare alla filosofia naturale un'orizzonte completamente nuovo. Ma la struttura del linguaggio matematico che adottava gli impedí di arrivare a sviluppare i suoi modelli in maniera pienamente soddisfacente.

[26] Una bella sintesi dei tentativi galileiani di costruire un modello matematico in cui dimostrare la legge di caduta si può leggere nell'introduzione di Enrico Giusti ai *Discorsi e dimostrazioni matematiche intorno a due nuove scienze* [Giusti 1990].

5. *Finis Italiae.*

Nei primi decenni del XVII secolo, dunque, in Italia viene a maturazione un processo che era iniziato quattro secoli prima, a partire dalla ricezione della cultura matematico-scientifica araba. In tutti i campi che abbiamo sfiorato in queste pagine – la prospettiva e la meccanica, l'algebra e la geometria di misura – abbiamo potuto vedere come i contributi provenienti da varie tradizioni testuali e variamente recepiti da un multiforme ceto culturale che va dall'artigiano al nobile, dall'ingegnere all'umanista, vengano a fondersi in qualcosa di essenzialmente nuovo: nuove sono le regole per le equazioni e le domande che impongono; nuovo l'approccio di Valerio e nuova la teoria di Cavalieri; nuovi gli strumenti con cui Galileo affronta la geometrizzazione del mondo. Si tratta di innovazioni cruciali per la nascita della matematica e della scienza moderne.

Eppure, paradossalmente, proprio queste innovazioni contengono il germe di un ripiegamento su loro stesse. Vi abbiamo già accennato: si tratta essenzialmente di un problema di linguaggio[27]. L'Italia dell'umanesimo matematico non poteva non eleggere e interiorizzare profondamente come suo modello il linguaggio della matematica antica. E questo linguaggio condannava quasi inesorabilmente le innovazioni che produceva in un vicolo cieco: nell'algebra come in meccanica la teoria delle proporzioni con le sue rigidità e le sue omogeneità chiude la porta a sviluppi di nuovi oggetti come i polinomi, rende quasi impossibile vedere in una somma di velocità uno spazio. E, in geometria di misura, l'approccio di Valerio e Cavalieri si rivelerà troppo ardito, per mancanza di oggetti cui applicarsi: una volta esauriti i materiali archimedei, una volta dominati i nuovi solidi di rotazione proposti da Keplero o le parabole di ordine superiore, sembrava che rimanesse ben poco da fare.

Questa *finis Italiae*, questo inaridirsi dell'orizzonte di ricerca si può cogliere al meglio in Torricelli, erede geniale della geometria di Cavalieri e al tempo stesso della meccanica galileiana. Non solo è estremamente chiuso ad ogni sollecitazione di novità metodologica che gli venga da Oltralpe, ma è chiaramente allettato dal virtuosismo, da una sorta di matematica barocca. Nel 1644 (sette anni dopo la pubblicazione della *Géométrie* cartesiana) pubblica, fra le altre cose, un *De dimensione parabolae* che contiene ben ventuno dimostrazioni diverse del celebre risultato archimedeo. Cosí come di un gusto genialmente barocco sembrano essere i suoi studi sul solido iper-

[27] Ovviamente, ci sarebbe molto da dire sul contesto sociale ed economico del primo Seicento, sulle conseguenze della condanna di Galileo, sui mutati rapporti di forza europei, ecc. Ci limitiamo volutamente ad accennare a un fattore di decadenza che sembra però essere stato anche uno dei fattori di crescita.

bolico acutissimo, di volume finito e superficie infinita. E stiamo parlando di Torricelli, un gigante. Leibniz, nel suo viaggio Italia del 1689-90, dovrà rimanere dolorosamente stupito della pochezza scientifica dei matematici italiani che incontra.

Insomma: perché il contributo dell'Italia del Rinascimento potesse svilupparsi con lo stesso ritmo di crescita che aveva avuto nel XVI secolo occorreva spezzare le rigidità del paradigma classico. Il «nuovo» italiano si svilupperà nella matematica moderna solo Oltralpe, con l'adozione del linguaggio algebrico di Viète. Nel giro di una trentina d'anni, l'innovazione vietiana permetterà la nascita della curva-equazione cartesiana e di una nuova algebra polinomiale. Piú in prospettiva, con la creazione del calcolo, il vero linguaggio della rivoluzione scientifica. Ma le radici dell'approccio di Viète e della stessa arditezza delle innovazioni cartesiane affondano nel terreno che abbiamo cercato di descrivere in queste pagine.

6. *Riferimenti bibliografici.*

Su un argomento cosí vasto come la storia delle matematiche e dei suoi intrecci con la cultura medievale e rinascimentale, non è ovviamente possibile dare qui una bibliografia esaustiva. Ci limiteremo ad alcuni riferimenti obbligati e all'indicazione di alcune letture di approfondimento. Un testo che offre uno sguardo di insieme e una massa ancora insuperata di informazioni sul tema qui trattato è Rose [1976]. Sulla matematica del Cinquecento e le tradizioni classiche e medievali si trovano spunti interessanti in Giusti [1999]. Sui rapporti fra tradizioni matematiche e scienza galileiana, si veda Napolitani e Souffrin [2001].

Sulla matematica e la cultura dell'abaco si vedano i due volumi degli atti del convegno su Leonardo Fibonacci [Aa.vv. 2003-04]. Per una piú agile, ma esauriente presentazione Giusti [2002]. Sulla prospettiva e il mondo culturale di Piero della Francesca, Field [1997], Dalai Emiliani e Curzi [1994] e Andersen [2007]. Sull'algebra ci limitiamo a citare due contributi di Enrico Giusti particolarmente attinenti alle tematiche qui discusse [Giusti 1991; 1992].

Nel terzo volume delle *Archimedis opera omnia cum commentariis Eutocii*, a cura di J. L. Heiberg, Teubner, Leipzig 1910-15 (reprint Stuttgart 1972), si trovano informazioni fondamentali riguardanti la tradizione e la critica del testo e di conseguenza il suo impatto sulla cultura umanistica. Il riferimento d'obbligo per la storia del testo archimedeo nel Medioevo e nel Rinascimento è l'*Archimedes* di Clagett [1964-84]. È un'opera immensa: si veda almeno l'introduzione al primo volume sulla tradizione arabo-latina e il sommario retrospettivo che si trova alla fine del terzo volume. Su Moerbeke e gli ambienti scientifici della corte di Viterbo non si può mancare l'affresco che ne ha fatto Paravicini-Bagliani [1991].

Su Commandino e la scuola di Urbino si può leggere (oltre ai capitoli IX, X e XI di Rose 1976) il libro di Gamba e Montebelli [1988]. Su Maurolico e la sua immensa produzione scientifica sono fondamentali gli studi di Rosario Moscheo [in particolare Moscheo 1998]. Per una bibliografia mauroliciana completa si potrà consultare il sito www.maurolico.unipi.it, dedicato all'edizione critica dell'opera matematica di Maurolico.

Su Luca Valerio il lavoro piú recente è Napolitani e Saito [2004]. Su Cavalieri restano ancora fondamentali Giusti [1981] e Andersen [1984]. Sulla storia della meccanica nel Medioevo sono da vedersi Moody e Clagett [1960] e Clagett [1959]. Per una prospettiva sugli studi piú recenti si vedano Laird e Roux [2007] e Bucciantini, Camerota e Roux [2007]. Sulla formazione e la carriera scientifica di Galileo è fondamentale il recentissimo libro di Michele Camerota [2004].

AA.VV.

2003-04 *Leonardo Fibonacci. Matematica e società nel Mediterraneo nel secolo XIII*, in «Bollettino di storia delle scienze matematiche», 23(2) e 24(1).

ANDERSEN, K.

1984 *Cavalieri's method of indivisibles*, in «Archive for History of Exact Sciences», 31, pp. 291-367.

2007 *The Geometry of an Art. The History of the Mathematical Theory of Perspective from Alberti to Monge*, Springer Verlag, Berlin - Heidelberg - New York.

BANKER, J. R.

2005 *A manuscript of the works of Archimedes in the hand of Piero della Francesca*, in «Burlington Magazine», 147, pp. 165-69.

BRAMS, J. e VANHAMEL, W. (a cura di)

1989 *Guillaume de Moerbeke. Recueil d'études à l'occasion du 700e anniversaire de sa mort*, Leuven University Press, Leuven.

BUCCIANTINI, M., CAMEROTA, M. e ROUX, S. (a cura di)

2007 *Mechanics and Cosmology in the Medieval and Early Modern Period*, Olschki, Firenze.

CAMEROTA, M.

2004 *Galileo Galilei e la cultura scientifica nell'età della Controriforma*, Salerno, Roma.

CAMEROTA, M. e HELBING, M. O.

2000 *All'alba della scienza galileiana: Michel Varro e il suo «De motu tractatus»*, Cuec, Cagliari.

CLAGETT, M.

1959 *The Science of Mechanics in the Middle Ages*, University of Wisconsin Press, Madison [trad. it. *La scienza della meccanica nel medioevo,* Feltrinelli, Milano 1981].

1964-84 *Archimedes in the Middle Ages*, 5 voll. (vol. I, University of Wisconsin Press, Madison 1964; voll. II-V, American Philosophical Society, Philadelphia 1978-84).

DALAI EMILIANI, M. e CURZI, V. (a cura di)

1994 *Piero della Francesca tra arte e scienza*, Marsilio, Venezia.

FIELD, J. V.

1997 *The Invention of Infinity. Mathematics and Art in the Renaissance*, Oxford University Press, Oxford.

GAMBA, E. e MONTEBELLI, V.

1988 *Le scienze a Urbino nel tardo Rinascimento*, Quattro Venti, Urbino.

GARIN, E.

1994 *Il ritorno dei filosofi antichi*, Bibliopolis, Napoli (ristampa accresciuta del saggio *Gli umanisti e la scienza*).

GINZBURG, B.

1936 *Duhem and Jordanus Nemorarius*, in «Isis», 25, pp. 341-62.

GIUSTI, E.

1981 *B. Cavalieri and the Theory of Indivisibles*, Cremonese, Roma.

1990 *Introduzione* a G. GALILEI, *Discorsi e dimostrazioni matematiche intorno a due nuove scienze*, Einaudi, Torino.

1991 *L'algebra nel «Trattato d'abaco» di Piero della Francesca; osservazioni e congetture*, in «Bollettino di storia delle scienze matematiche», 11(1), pp. 55-833.

1992 *Algebra and geometry in Bombelli and Viète*, in «Bollettino di storia delle scienze matematiche», 12(2), pp. 303-28.

GIUSTI, E. (a cura di)

1999 *Luca Pacioli e la matematica del Rinascimento*, Fondazione Piero della Francesca - Peruzzi Editore, Sansepolcro.

GIUSTI, E. (a cura di), con la collaborazione di R. PETTI

2002 *Un ponte sul Mediterraneo: Leonardo Pisano, la scienza araba e la rinascita della matematica in Occidente*, Il Giardino di Archimede - Edizioni Polistampa, Firenze.

HELBING, M. O.

1989 *La filosofia di Francesco Buonamici, professore di Galileo a Pisa*, Nistri-Lischi, Pisa.

KOYRÉ, A.

1939 *Études galiléennes*, 3 voll., Hermann, Paris [trad. it. *Studi galileiani*, Einaudi, Torino 1979].

LAIRD, W. R.

2000 *The Unfinished Mechanics of Giuseppe Moletti*, University of Toronto Press, Toronto.

LAIRD, W. R. e ROUX, S. (a cura di)

2007 *Mechanics and Natural Philosophy: Accommodation and Conflict*, Kluwer Academic Publishers, Dordrecht-Boston-London.

MICHELI, G.

1995 *Le origini del concetto di macchina*, Olschki, Firenze.

MOODY, E. A. e CLAGETT, M.

1960 *The Medieval Science of Weights*, University of Wisconsin Press, Madison.

MOSCHEO, R.

1998 *I Gesuiti e le matematiche nel secolo XVI. Maurolico, Clavio e l'esperienza siciliana*, Società Messinese di Storia Patria, Messina.

NAPOLITANI, P. D. e SAITO, K.

2004 *Royal road or labyrinth? Luca Valerio's «De centro gravitatis solidorum» and the beginnings of modern mathematics*, in «Bollettino di storia delle scienze matematiche», 24(2), pp. 67-124.

NAPOLITANI, P. D. e SOUFFRIN, P. (a cura di)

2001 *Medieval and Classical Traditions and the Renaissance of Physico-Mathematical Sciences in the 16th Century*, Brepols, Turnhout.

PARAVICINI-BAGLIANI, A.

1991 *Medicina e scienze della natura alla corte dei Papi nel Duecento*, Centro italiano di studi sull'Alto Medioevo, Spoleto.

RENN, J., DAMEROW, P. e RIEGER, S.

2000 *Hunting the White Elephant*, in «Science in context», 13, pp. 29-149.

ROSE, P. L.

1976 *The Italian Renaissance of Mathematics*, Droz, Genève.

SOUFFRIN, P. (a cura di)

2002 L. B. ALBERTI, *Divertissements mathématiques*, Seuil, Paris.

TASSORA, R.

2001 *Le «Meditatiunculae de rebus mathematicis» di Guidobaldo Dal Monte*, dottorato di ricerca in Storia della Scienza, XIII ciclo, Università di Bari.

VAN EGMOND, W.

1980 *Practical Mathematics in the Italian Renaissance. A Catalog of Italian Renaissance Manuscripts and Printed Books to 1600*, supplemento agli «Annali dell'Istituto e Museo di Storia della Scienza», 4(1).

JEAN DHOMBRES

Calcoli e forme d'invenzione nella matematica francese del Seicento

1. *Introduzione.*

Una conquista *à la française* sarà l'oggetto di questo saggio: cercheremo, cioè, di illustrare in che modo Descartes e Fermat riuscirono a far riconoscere l'utilità del calcolo e ad affermare l'autonomia della matematica. Naturalmente – è bene puntualizzarlo subito – nel XVII secolo come in ogni altra epoca, non esiste una matematica che si possa, senza malintesi, qualificare come francese, tedesca, italiana – o gesuita. Il processo di conquista che ci preme mettere in luce costituisce piuttosto una nuova forma di espressione della matematica nella società, che fa a meno di ogni insegnamento, si prende paradossalmente gioco della tradizione, evidenziando con chiarezza l'innovazione algebrica che poggia innanzitutto sul calcolo e tenendo sempre presente la questione dell'utilità, sia teorica che pratica. È un processo, insomma, in cui si manifesta quello che si sarebbe in breve imposto come nuovo paradigma: la ricerca matematica diventa inscindibile da una «riforma» del contenuto della matematica stessa.

Gli storici generalisti del passato vedevano il Seicento come un secolo di transizione dal barocco al classicismo, e ravvisavano a grandi linee un passaggio di testimone dall'Italia all'Inghilterra; la presenza, intermedia, della Francia avrebbe dunque un valore puramente transitorio. Non è sicuro che questo luogo comune ci possa aiutare a comprendere veramente il ruolo delle matematiche – e in special modo delle nuove matematiche – nella rivoluzione scientifica. E questa incertezza permane, nonostante che tutti i critici ci assicurino che le matematiche hanno svolto un ruolo utile. Il fatto è che, focalizzandosi ovviamente su Galileo, essi riconoscono solo una pratica di tipo euclideo, con pochi calcoli, e non riescono quindi a mettersi d'accordo sulla vera natura di questo ruolo, che non per questo diventa meno fondamentale e legato all'altro termine della rivoluzione, con i *Philosophiae naturalis principia mathematica* di Newton del 1687 e la nascita del «calcolo» *par excellence*, il calcolo differenziale e integrale. È in discussione, in particolare, il ruolo del pensiero analitico, di cui Descartes è spesso ritenuto il padre: quell'analisi che segna la rottura con gli antichi, accompagnata dall'imperativo di un intervento generale delle matematiche nel pensiero; mentre esse erano rimaste fino a quel momento confinate a pochi settori che comunicavano ben poco tra loro.

Secondo un'interpretazione questa volta troppo ampia, il rischio dello storico diventa quello di ridurre la matematica a un pretesto; essa sarebbe in qualche modo un punto di partenza verso la fisica matematica, la quale trova grande utilità nell'apprendere le lezioni impartite dalla matematica e dai suoi calcoli, ma senza doverci piú tornare[1]. Si dimentica cosí di mettere in evidenza i modi di Descartes quando si appoggia su codici e calcoli: etichettandoli come algebrici, si rischia di considerarli solo come il rinnovamento di una tecnica assai antica, mentre stava apparendo l'autonomia di questi calcoli, senza peraltro che si debba già parlare di teoria, ma ancora di metodi. Solo questa autonomia consente loro di avere efficacia universale, liberata dalle motivazioni che li avevano fatti nascere. Allo stesso modo si pone la questione del ruolo di Fermat, considerato da tutti un genio ma, il piú delle volte, genio di una matematica fine a se stessa, splendidamente autarchica, com'è stata spesso descritta la teoria dei numeri[2].

Tracciando una ben documentata storia della geometria analitica – nome coniato da un autore di manuali, Sylvestre-François Lacroix, alla fine del XVIII secolo –, lo storico americano Carl B. Boyer ha riassunto una particolarità di Fermat e di Descartes, riconosciuti come gli ideatori di questa geometria, singolarità che poteva spiegare il lungo periodo di tempo occorso perché essi potessero esercitare seriamente una certa influenza: «La geometria analitica nel senso di Descartes fu inventata da un filosofo; la geometria analitica nel senso di Fermat fu creata da un giurista; ma la geometria analitica nel senso di Monge e di Lacroix fu opera di due pedagogisti» [Boyer 1947][3]. Con il termine di pedagogia, al di là dell'appartenenza al mondo dell'insegnamento, Boyer sottintendeva l'idea del lustro che la geometria (quella classica, con le figure) poteva felicemente apportare all'esecuzione di calcoli. Ma l'autonomia di cui voglio parlare qui va in direzione opposta: nel processo *à la française* di una conquista matematica dell'utilità, è l'autonomia che si ottiene dal carattere previsionale dei calcoli intrapresi, che non possono essere dissociati dal pensiero che li esprime. Per esempio, non hanno bisogno di essere realizzati geometricamente per essere eseguiti correttamente[4]; e se

[1] Un elemento rivelatore del disinteresse per il contenuto piú strettamente matematico è il fatto che l'edizione di Descartes, nella celebre collezione francese della *Pléiade*, eliminò dalla sua selezione la *Géométrie*; quasi tutte le altre edizioni in lingua straniera si sono comportate allo stesso modo.

[2] Oggi ci si è liberati di questo *cliché* sull'inutilità della teoria dei numeri, la quale trova applicazioni, ad esempio, in crittografia.

[3] Da questo articolo nascerà un intero libro, *History of Analytic Geometry* [Boyer 1956], nel quale però non riprendeva la sua notevole e interessante semplificazione sulla matematica di Fermat e di Descartes come estranea al mondo universitario.

[4] È certamente una lodevolissima preoccupazione legata a un impegno di divulgazione quella che ha portato gli storici e molti epistemologi a non fornire i calcoli di Descartes o di Fermat. Non c'è matematico cui non sia stato espresso il consiglio, quando scrive per una rivista non specialistica, di lasciar perdere le equazioni. Si può comprendere Descartes matematico senza equazioni? Solamente se si suppone a priori che il «calcolo non pensa» e che non può che essere guidato dal

anche la tradizione dei calcoli aritmetici ne guida lo svolgimento, essa non è piú il loro solo titolo di gloria.

2. *Ciò che il problema di Pappo, per come lo trattò Descartes nel 1637, rivela quanto a storia ed epistemologia.*

Anche il pensiero antico aveva acquisito, con Euclide, un'autonomia intellettuale per la geometria e, separatamente, per i numeri; ma si trattava di un'autonomia simile a uno splendido isolamento in un *corpus* limitato di dimostrazioni, riorganizzate secondo un criterio di economia logica e riguardanti oggetti piú o meno immutabili. Il problema di Pappo, attorno al quale è organizzata la retorica della *Géométrie* cartesiana, ci chiama certo a una riflessione per il ruolo che vi giocano i calcoli, ma non solo. Dobbiamo riflettere anche sul modo in cui questo problema interviene nel pensiero di un uomo poco piú che trentenne che, sette anni prima, aveva avuto una rivelazione: si può pensare metodicamente partendo dal semplice per andare verso il piú complesso [Dhombres 2000]. Non si perde nulla in spessore storico ed epistemologico a enunciare il problema nel solo caso di $2n$ rette date in posizione, $D_1, D_2, \ldots, D_{2n}$. Il problema consiste nella ricerca del luogo dei punti C tali che il prodotto delle distanze $d_1, d_2, \ldots, d_n$ di C dalle prime n rette $D_1, D_2, \ldots, D_{2n}$ sia uguale, a meno di un fattore α, al prodotto delle distanze $d_{n+1}, d_{n+2}, \ldots, d_{2n}$, di C dalle ultime n rette $D_{n+1}, D_{n+2}, \ldots, D_{2n}$. L'equazione che risolve il problema sarà dunque:

(1) $$d_1 \cdot d_2 \cdots d_n = \alpha \cdot d_{n+1} \cdot d_{n+2} \cdots d_{2n}$$

Per distanza d fra un punto C e una retta D, Descartes intende la lunghezza di un segmento condotto da C a D, che faccia con D un angolo dato, dipendente eventualmente dalla retta D.

Descartes era venuto a sapere fin dal 1631 da Golius, un professore di matematica ma anche di lingue orientali dell'Università di Leida, che in Pappo si poteva leggere l'enunciato di questo problema per il caso $n = 2$, ma senza soluzione. A riprova di un sapere ben classificato, Descartes non mancherà di citare per esteso il testo di Pappo (un importante matematico del III secolo d.C.) nella traduzione latina che ne aveva fatto Commandino nel Cinquecento. E lo farà tanto piú volentieri, in quanto Pappo, nel testo citato, rimproverava ad Apollonio di vantarsi troppo («in quo Apollonius magnifice se iactat et ostentat») in relazione al suo predecessore, nientemeno che Euclide. Ma si guarderà dal parlare di possibili ricostruzioni della soluzione di Pappo e si

supporto geometrico; è per opporsi a un tale convincimento che insisto qui sul carattere previsionale del calcolo e ne faccio una modalità della conquista «alla francese» di quest'epoca – in fin dei conti assai corta, dato che riguarda una quarantina d'anni, fra il 1620 e il 1660 circa.

disinteresserà di quella che proporrà Fermat. Descartes, infatti, non cerca di scrivere un *Pappus gallus*; non gli interessa seguire le orme di François Viète, che nel 1600 aveva pubblicato l'*Apollonius gallus*, o di Willebrord Snell che otto anni piú tardi aveva scritto l'*Apollonius batavus*.

Esiste dunque un racconto propriamente matematico che circonda Descartes a proposito del problema di Pappo. È facile seguirne la traccia, a partire da Leibniz e dalla testimonianza di uno specialista di matematica antica, anch'egli arabista come Golius, di nome Claude Hardy[5]. Secondo questa storia sarebbe stato l'universitario Golius a sfidare Descartes su un problema che allora ignorava, perché il francese si vantava del suo «metodo» e lo «sbandierava», dice Golius; mentre Descartes non aveva alcun titolo universitario da far valere, non era un filosofo patentato e nemmeno un matematico riconosciuto con una qualche posizione. Noi, che abbiamo accesso al carteggio, possiamo in realtà cogliere il clima di rivendicazione della superiorità degli antichi. Golius aveva in effetti posto la stessa questione a Claude Mydorge, un «dilettante» ben preparato, buon conoscitore degli antichi, frequentatore come Hardy delle riunioni che, a cadenza regolare, si tenevano nel circolo parigino di Marin Mersenne – anticipazione della futura Académie des sciences, che sarebbe nata solo trentacinque anni dopo. Mydorge, a differenza di Descartes, non andava però in giro a propagandare l'esistenza di un nuovo metodo. L'intreccio del racconto prosegue con la storia che Descartes avrebbe avuto bisogno di sei settimane per dare una soluzione: il che sembra molto, per uno che assicurava di poter prevedere l'efficacia del proprio metodo, ma poco se si trattava di un'innovazione profonda.

Nella lettera indirizzata da Descartes a Golius il 2 febbraio 1632 si avverte l'eco di un altro tono, dal momento che era piuttosto Golius che aveva preso tempo per capire bene la risposta inviatagli da Descartes (della quale purtroppo non disponiamo). Ci aveva messo tanto proprio perché era stata scritta in termini di analisi previsionale e non nella forma di una completa risoluzione matematica, che rendesse debitamente conto di tutti i casi particolari? Per farla corta, era il lavoro di un dilettante, ma Golius vi avvertí comunque la presenza di un nuovo approccio, e rimaneva perplesso. Descartes ironizzava:

> Vi sono molto grato per l'opinione favorevole che avete della mia analisi. So bene, infatti, che la devo in gran parte alla Vostra cortesia; tuttavia ne ricavo un'opinione un po' migliore di me stesso, poiché vedo che, prima di dare un giudizio definitivo, ne avete preso piena cognizione[6].

[5] Si veda R. Descartes, *Œuvres*, a cura di Ch. Adam e P. Tannery, 12 voll., Vrin, Paris 1897-1913, nuova edizione rivista in formato piccolo in 11 volumi, Vrin, Paris 1996 [da qui in poi OD], vol. I, p. 235, nota.

[6] Lettera di Descartes a Golius, datata Amsterdam, 2 febbraio 1632, OD, vol. I, pp. 236-37; trad. it. *Tutte le lettere 1619-1650*, a cura di G. Belgioioso, Milano, Bompiani 2005, p. 221. Descartes confermerà nel 1638 che Golius non comprendeva la sua *Géométrie*.

L'analisi di Descartes, almeno quella che conosciamo attraverso il testo della *Géométrie* apparso cinque anni dopo, comincia con un calcolo di rapporti su alcuni triangoli per ottenere la forma generale della distanza di un punto da una retta, una volta definito un punto tramite le sue coordinate x e y e fissati dunque gli assi di riferimento[7]. Tale distanza diventa una forma lineare in x e in y e Descartes si prende cura di dirlo, anche se non dispone di una terminologia *ad hoc*, per esempio quella dei «coefficienti» o la nozione di «primo grado». Descartes può dunque concludere solo dopo aver studiato differenti casi di figure, o piuttosto dopo aver fatto vari calcoli per stabilire la generalità del risultato che viene formulato esplicitamente:

> E cosí vedete che qualunque sia il numero delle linee date per posizione, tutte quelle tracciate sopra, dal punto C secondo angoli dati, e conformemente al contenuto del problema, possono sempre venire espresse una per una da tre termini, di cui uno è la quantità incognita y, moltiplicata, o divisa da qualche altra nota, un altro la quantità incognita x pure moltiplicata o divisa da qualche altra nota, il terzo, infine, una quantità interamente nota[8].

Descartes dovrà anche spiegare quelli che noi chiamiamo «casi degeneri», che si verificano quando manca un coefficiente a causa della disposizione delle rette in relazione al riferimento scelto. Descartes ha l'audacia di introdurre in questi casi uno zero («auquel cas le terme composé de la quantité x sera nul»[9]): risulta dunque difficile poter parlare di un supporto geometrico. L'esperienza del calcolo è diventata forma algebrica, anche se non si può ancora vederla nella forma $ax + by + c$, dove a, b e c sono numeri reali qualsiasi.

Il passaggio all'equazione di una retta come forma lineare in due variabili diviene tuttavia un'evidenza, perché si tratta di una distanza. A questo punto, il problema di Pappo è «moralmente» risolto, o meglio: previsto. In effetti, per $n = 2$, il prodotto delle due forme lineari che si presentano in ogni membro dell'equazione (1) che rappresenta il problema, è una forma

[7] Di solito si fa notare che Descartes non fissa gli assi di riferimento, perché li sceglie fra i dati del problema. Però esplicita x o y per un punto C variabile, il che permette di vedere quando si ha $x = 0$ oppure $y = 0$, ecc., e, di conseguenza, se ne deducono le posizioni degli assi. Il fatto che vengano lasciati impliciti questi aspetti fa comprendere, quanto meglio non si potrebbe, che non era nelle intenzioni di Descartes scrivere un manuale.

[8] R. Descartes, *La Géométrie*, in *Discours de la méthode*…, Leyden 1637 [da qui in poi GD], p. 312; OD, vol. VI, pp. 384-85; trad. it. *La geometria*, in Id., *Discorso sul metodo, la diottrica, le meteore, la geometria*, a cura di E. Lojacono, Utet, Torino 1983, p. 556 [da qui in poi ci discosteremo da questa traduzione tutte le volte che lo riterremo necessario. *N.d.T.*]. Per un'introduzione a quest'opera di Descartes, che è evidentemente stata oggetto di numerosi commenti, si veda Jullien [1998]; si vedano inoltre diversi articoli in Aa.vv. [1990], e infine Méchoulan [1988].

[9] «E allora il termine contenente la x sarà zero» (trad. Lojacono cit., p. 556). È indispensabile sottolineare che lo zero non poteva essere assunto come quantità nella tradizione euclidea delle proporzioni.

quadratica[10] in x e y e dunque il luogo cercato è una conica, eventualmente degenere, a condizione di aver stabilito – cosa che Descartes non manca di fare nel libro successivo della sua *Géométrie* – che queste equazioni quadratiche rappresentano proprio le coniche. Descartes non usa il termine «grado»; utilizza invece la terminologia algebrica piú recente, come quella della *Invention nouvelle en l'algèbre* di Albert Girard (Amsterdam, 1629) e parla di «dimensione».

Ciò che verrà poi chiamato «metodo delle coordinate» è dunque ben piú che un sistema di riferimento, dal momento che prevede le tappe di un calcolo e la natura dei risultati. Piú in generale, siamo irresistibilmente condotti a pensare che un'equazione indeterminata, o piuttosto un polinomio[11] in due variabili, individui una curva: può allora svilupparsi una disciplina matematica che ha come oggetto tali polinomi e come programma di lavoro la relazione fra le proprietà di questi polinomi – o forme algebriche – e le curve – o forme geometriche. Si può certamente chiamarla «geometria analitica», ma a condizione di riconoscere un parziale anacronismo e, soprattutto, di ammettere che si tratta di un orientamento o, nella migliore delle ipotesi, di un programma[12].

Fermiamoci prosaicamente sui calcoli, nel momento in cui lo stesso Descartes fa notare delle eccezioni (i casi «degeneri»). Quando deve spiegarle, anche se introduce l'innovazione del coefficiente nullo, si accontenta di aggiungere che la cosa «è troppo evidente perché io mi debba soffermare a spiegarla». È di sicuro in questo punto che la «trappola previsionale» gli si richiude addosso, fin dalla riga seguente, in cui spiega la libertà dei segni davanti ai coefficienti delle forme lineari: «I segni + e −, che si congiungono a questi termini, possono poi essere mutati in tutti i modi immaginabili»[13]. È

[10] Descartes non usa il termine «quadratica», ma in modo piú generale dice che «ciascuna delle quantità x e y può avere solo tante dimensioni quante sono le linee che serve a spiegare» (trad. Lojacono cit., p. 556).

[11] Descartes non parla di polinomio, ma semplicemente di «somma» per indicare un polinomio in una variabile e di «equazione» per ciò che oggi consideriamo un polinomio in due variabili.

[12] Gli storici della geometria analitica, come Gino Loria o il già citato Carl Boyer, assicurano che l'equazione cartesiana di una retta apparve solo alla fine del XVIII secolo. Con ciò intendono sottolineare che nozioni «geometriche» come il coefficiente angolare (l'espressione si deve a Auguste Comte nel 1843) o la tangente sono assenti in Descartes, il quale aveva piuttosto di mira l'invenzione algebrica di una «forma» e la realizzazione di ciò che io qui chiamo «metodo delle coordinate». Questi storici hanno certamente ragione a sottolineare che l'espressione «geometria analitica» è apparsa solo alla fine del Settecento, quando si avvertí la necessità di mostrare che nozioni come l'ortogonalità di due rette si potevano scrivere analiticamente – cosa che non rientrava fra le preoccupazioni di Descartes. Inoltre in questa stessa epoca fecero la loro comparsa anche modalità antagoniste, per cosí dire, di fare geometria, per esempio la geometria descrittiva di Monge, basata sulle proiezioni. L'espressione di «geometria delle coordinate», che alcuni storici utilizzano riferendosi al XVII secolo, sembra dare l'impressione che, negli anni precedenti al 1640, ci fosse una vera consapevolezza dell'esistenza di geometrie rivali, per esempio quella di Desargues.

[13] GD, p. 312; OD, vol. VI, p. 385; trad. Lojacono cit., p. 556.

facile salvare questo testo alla luce dell'algebra dei polinomi che si sta mettendo in opera: Descartes vuole rendere evidente che tutte le forme lineari devono intervenire per tutti i problemi di Pappo che si possono immaginare. Ma siccome aveva lavorato su un esempio particolare, in cui vi era una precisa disposizione di rette, si può temere che Descartes non voglia invece intendere, a torto, la totale variabilità dei segni per questo solo problema. Ed è chiaro che non possono esserci solo dei segni $-$.

La difficoltà nasce proprio dall'origine geometrica del problema, perché la distanza da una retta è una quantità necessariamente non negativa, mentre viene poi sostituita da una forma lineare di segno variabile. Ma questo segno si può individuare, perché dipende solamente dalla posizione del punto rispetto alla retta che separa cosí il piano in due regioni. Per esprimere correttamente il problema, bisognerebbe mettere dei valori assoluti a queste forme e, di conseguenza, situarsi fuori dall'algebra dei polinomi che Descartes ha costruito. Si può evitare questa difficoltà elevando al quadrato, e si ritrova cosí l'ambiente algebrico, ma il rischio questa volta è quello di aggiungere inutilmente delle curve ovvero, come dirà piú avanti Descartes, di elevare il grado del problema, mentre questo grado è il vantaggio previsionale del metodo delle coordinate. Una soluzione consiste nel cambiare tutti i segni per la forma lineare corrispondente, almeno ogni volta che il punto C attraversa una delle rette D date in posizione: insomma, il problema con $2n$ rette è certo al piú di grado n, ma solo in ogni regione del piano strettamente delimitata dalle rette date. E inoltre, le curve coinvolte non sono forse che degli archi di curva. Descartes però parla di una sola equazione, scrivendo perfino il termine con l'iniziale maiuscola, *Équation*! In breve, rimangono meno calcoli da fare che spiegazioni da dare sulla forma algebrica che dovrebbe rappresentare il problema posto. È ciò che i contemporanei di Descartes chiamano ancora una «sintesi». Descartes non ne parla nella *Géométrie*, ma è proprio lui che aveva fatto sapere a Mersenne, nell'aprile 1632, che gli erano occorse sei settimane per venire a capo del problema con quattro rette:

> L'ultima volta mi avevate scritto di qualcuno che si vantava di risolvere ogni tipo di questione matematica. Sarei davvero lieto di sapere se gli avete proposto il problema di Pappo che vi avevo inviato: vi dirò, infatti, che ho impiegato cinque o sei settimane per trovare la soluzione e che, se qualcun altro la trova, non penserò che sia ignorante in algebra[14].

È comodo, e troppo semplice, affermare che Descartes ha spostato il problema di Pappo dalla geometria all'algebra. Egli è consapevole di aver spostato il problema, ma verso un'*algebra di forme* ancora in gestazione,

[14] Lettera di Descartes a Mersenne, Amsterdam, 5 aprile 1632, OD, vol. I, p. 244; *Tutte le lettere* cit., pp. 225-27.

differente dall'algebra che aveva ereditato[15], e non esita quindi ad affermare che, in questo campo, ha fornito contributi creativi. L'espressione di «metodo delle coordinate», piuttosto che produrre uno slittamento anacronistico, ha il vantaggio di far prendere coscienza della parte di calcolo che interviene nelle forme algebriche. In ogni caso, Descartes può reagire nei confronti di Fermat: almeno nel 1637, riteneva che questi non avesse aggiunto nulla piú degli antichi al problema di Pappo e riesce persino a convincerci di aver ragione, almeno per quanto riguarda la bella soluzione che ci è rimasta di Fermat del problema delle tre rette[16]. I moderni come Fermat, sottolinea, potranno pur essere ispirati dall'innegabile innovatore che fu Viète – un altro matematico che non fu mai professore universitario –, tuttavia non accedono al sapere raggiunto da Descartes:

> Ed è tanto inverosimile che le cose che ho scritto possano facilmente essere tratte da Viète che, al contrario, la sola ragione per cui il mio trattato risulta difficile da intendere è che ho cercato di non mettervi altro che ciò che ho creduto non essere affatto conosciuto né da lui, né da nessun altro[17].

Contrariamente a quello che fa nel *Discours de la méthode*, Descartes minimizza in questa lettera la rapidità dell'apprendistato necessario alla comprensione del suo metodo, peggio ancora, non si allinea ai punti di vista degli altri matematici, lavorando in solitudine[18]. Fatto sta che è consapevole di non aver portato a termine i suoi calcoli, di non aver fatto lo sforzo supplementare, come afferma in una lettera a Golius del gennaio 1632, riconoscendosi delle «colpe», «ad esempio nella descrizione che ho fatto delle linee curve, di cui era questione, e delle quali ho spiegato soltanto alcune specie, invece di definirne i generi per intero come avrei potuto fare nel modo seguente»[19]. Descartes spiega che «il appréhendait la peine d'en faire le calcul» («paventava la fatica di fare il calcolo»), cosa che non è tuttavia una colpa irreparabile: è solo la confessione che la semplicità sperata non è garantita dalla manipolazione completa dell'algebra, di cui sta piú o meno

[15] Descartes assicurava di non avere letto Viète prima di aver immaginato il metodo delle coördinate attorno al 1619, o ancora verso il 1629 quando aveva redatto le *Regulae ad directionem ingenii*, ma lo aveva certamente letto quando scrisse la *Géométrie* nel 1637. L'algebra precedente che egli conosce era certamente legata ai metodi cossisti di calcolo di Johann Faulhaber, responsabile di una scuola matematica, che Descartes incontra poco prima del 1620 a Ulma e forse anche alle spiegazioni del professore del Collegio Romano, il gesuita Cristoforo Clavio, nella sua *Algebra* del 1608, pubblicata a Roma in un volume di circa 400 pagine.

[16] P. Fermat, *Œuvres*, a cura di Ch. Henry e P. Tannery, 4 voll., Gauthier-Villars, Paris 1891-1912, con un supplemento di Cornelis de Waard del 1922 [da qui in poi OF], vol. I, pp. 87-89.

[17] Lettera di Descartes a Mersenne, senza dubbio risalente alla fine di dicembre 1637, OD, vol. I, p. 479; *Tutte le lettere* cit., p. 477.

[18] Di conseguenza non riesce a vedere come nei lavori di Fermat sia all'opera il metodo delle coordinate, anche se in testi diversi da quello relativo al problema di Pappo.

[19] Lettera di Descartes a Golius, datata Amsterdam, gennaio 1632, OD, vol. I, p. 233; *Tutte le lettere* cit., p. 219.

definendo dei nuovi oggetti, i polinomi in una o due variabili. A seguito di questa osservazione, prende una posa elegantemente disinvolta, che è stata spesso definita «francese»[20]: «E per parlarne francamente, mi è sembrato che dovessi lasciare ancora qualcosa su cui fare esercitare gli altri, affinché verificassero se la questione è difficile».

La questione non è difficile, ma non per questo è meno lunga. Qualche anno dopo, questa stessa debolezza nel portare a termine i calcoli, debolezza che si deve alla sua mancanza di rigore per gli assi di riferimento e i coefficienti delle forme algebriche, lo conduce all'errore. Descartes pretende che ogni curva algebrica, intesa nel senso di luogo dell'equazione $P(x, y) = 0$ dove P è un polinomio in due variabili, sia «pappizzabile», ovvero sia la soluzione di un problema di Pappo con un opportuno numero di rette. «In tal modo non esiste alcuna curva che ricada sotto il calcolo e che possa essere accettata in geometria che non sia utilizzabile per un qualche numero di rette»[21].

Non è facile dimostrare effettivamente la falsità di questa affermazione di Descartes, anche se il principio, come intuirà Newton, si fonda sulla possibilità di mostrare che, per n abbastanza grande, la libertà dei coefficienti di una curva «pappizzabile» è inferiore alla libertà dei coefficienti di una curva algebrica qualsiasi. Senza voler attribuire a Descartes piú di quanto gli spetti, non possiamo però fare a meno di notare che il problema si può risolvere proprio attraverso la nozione di equazione polinomiale di una curva, pensata come forma: uguagliare a zero serve appunto a definirla. In effetti, se la relazione (1), che conduce, in quanto forma, a una differenza di prodotti di n forme lineari, fornisse la forma generale di una curva di grado n, avremmo effettivamente un teorema di struttura sui polinomi in due variabili. È vero che Descartes, precisamente nel terzo libro della *Géométrie*, presuppone un tale teorema di struttura, ma solo per i polinomi in una variabile: è la scomposizione in fattori lineari di un polinomio. A tale scopo inventa gli «immaginari», per rendere conto dei risultati di Viète sulle relazioni fra i coefficienti dei polinomi e le radici (risultato espresso per gradi inferiori a 10). Non si riesce a immaginare nulla che ne possa essere l'analogo nel caso dei polinomi in due variabili ridotti a forma «pappizzabile» e che sarebbero caratterizzati dalla relazione (1). Tanto piú che la questione si complica per il fatto che le curve di grado n, espresse come differenza di prodotti di forme lineari, possono effettivamente provenire da problemi di Pappo con piú di $2n$ rette e che c'è anche da considerare il caso di un numero dispari di rette[22].

[20] Roberval, che si era assunto l'impegno di fare lo studio completo del problema di Pappo per quattro rette, esprime tutta la sua pena: «non erano necessari meno discorsi che per i primi sei libri d'Euclide» (lettera di Roberval a Fermat del 4 agosto 1640, OF, vol. II, pp. 201-2).

[21] OD, vol. I, p. 397.

[22] Si veda l'appendice *On the curves that occur as loci of problems of Pappus* in Bos [1981].

Descartes fa anche una precisazione sull'utilità in matematica: secondo lui, non vale la pena di «affaticarsi» sulla questione della curva «pappizzabile»; si può di conseguenza accettare che abbia voluto cambiare le carte in tavola. Ma se ci si attiene al problema iniziale, sarà solamente analizzando la forma dei polinomi generati dall'equazione (1) che si perverrà a un qualche risultato, adottando dunque il metodo stesso di Descartes. Ci viene svelata cosí tutta una faccia della psicologia del Descartes inventore, che combatte una battaglia persa fra la semplicità assoluta che dovrebbe apportare l'algebra e la natura stessa dei problemi che questa sua nuova scienza ha creato.

Allo stesso modo, non cerca di giustificare la classificazione delle curve algebriche (oppure accettabili in geometria) costruita a partire non dal grado, ma dal genere (gradi raggruppati due a due) e tuttavia enuncia quella che si può definire una deontologia del calcolo utile: «D'altra parte è pure un errore affaticarsi inutilmente a voler costruire qualche problema utilizzando un genere di linee piú semplice di quel che la natura stessa del problema non consenta»[23].

3. *Le lezioni della storiografia.*

Legare matematica e cultura, anche a partire da due autori maggiori che indirizzano la ricerca degli altri, evita di doversi soffermare su aspetti generali di filosofia della scienza o di epistemologia, nei cui magazzini si accumulano i soli progressi. Si mette in gioco solo l'essenziale della storia recente della matematica, studiando il rapporto pratico di uno studioso con il suo ambiente e in particolare con il passato matematico. Un passato che quello studioso non ha conosciuto se non a pezzi o a frammenti, mentre lo storico lo trasforma in un blocco unico. La via della cultura, o se si vuole la via delle varie mentalità, a condizione di supporle diverse in una stessa epoca, è tuttavia assai nuova per la storia delle matematiche, ed è questo che dobbiamo mostrare per prima cosa. Gli storici classici, non avendo adottato questa prospettiva, per creare una linea direttrice cercavano di individuare delle tappe concettuali, per rendere evidente ciò che sembrava loro veramente importante in matematica, misurandolo col metro delle matematiche praticate e insegnate oggi.

Cosí, quasi cinquant'anni fa, l'influente *Histoire générale des sciences* – scritta da un prestigioso gruppo internazionale di studiosi, riunito e diretto da René Taton – racchiudeva l'intero XVII secolo sotto un cappello generale: «rivoluzione scientifica». Era uno sviluppo dell'idea proposta da Alexandre Koyré, secondo la quale si era venuto a formare un nuovo sguardo sul mondo, che passava da un «cosmo chiuso» e finito all'«universo infinito»

[23] GD, p. 371; OD, vol. VI, p. 444; trad. Lojacono cit., p. 634.

e geometrizzato, e al tempo stesso passava dalla qualità alla quantità. In questa tradizione si sottintendeva dunque che la matematizzazione avvenisse a spese di una fisica, e la si percepiva la meccanizzazione del mondo, dove la meccanica appariva come la matematica del movimento. Una storia siffatta evocava un «miracolo degli anni Venti del Seicento» [Taton 1969, p. 196]: in questo periodo, Descartes e Fermat cominciavano appena ad apprendere e a fare matematica e non pubblicavano ancora[24]. Una tale storia presentava positivamente lo sviluppo delle matematiche come un progresso che andava – scrivevano – «dall'algebra simbolica all'analisi infinitesimale», e collocava Descartes e Fermat in una posizione di attori intermedi.

In questa concezione (che lasciava da parte la questione dell'algebra di cui stiamo qui discutendo e che abbiamo visto, malgrado i suoi punti deboli, essere di natura polinomiale) gli spiriti analitici erano considerati come dei precursori isolati: Viète (m. 1603), Descartes e Fermat, persino Wallis (m. 1703) non potevano che preparare gli animi per Leibniz e Newton. Erano anche valorizzate altre personalità scientifiche, come Keplero (m. 1629) e Galileo (m. 1643), anche se si riteneva che avessero contribuito meno allo sviluppo delle matematiche. A ben guardare, questa divisione rifletteva la separazione, ancora positivista nel senso della classificazione gerarchizzata di Comte, fra matematica e meccanica e fra matematica astratta e matematica concreta[25]. Nei due campi, Galileo e Descartes apparivano gli autori piú importanti, il primo concreto perché sperimentava, il secondo astratto perché calcolava. In ottica, non ci si scordava di Descartes e Fermat, ma venivano collocati nei ranghi dei teorici. Tuttavia, contrariamente a Comte, e sotto l'influenza di un pregiudizio sul ruolo del calcolo differenziale e integrale, non si attribuiva all'algebra delle forme un ruolo fondamentale. Io, invece, vorrei sostenere che proprio in essa risiede la relazione piú importante fra i due autori di cui stiamo discutendo.

Se si consulta la storiografia di una ventina d'anni dopo e la *Storia del pensiero matematico* di Morris Kline, si può constatare che Descartes e Fermat vengono ora associati sotto l'etichetta della «geometria delle coordinate» (*coordinate geometry*)[26]. Kline aveva trattato l'algebrizzazione riunendo i secoli XVI e XVII, mettendo in gioco contemporaneamente Fermat e la teoria dei numeri legata ai problemi diofantei. La sua storia proseguiva poi con lo sviluppo della matematizzazione della scienza, in cui il ruolo fondamentale è ormai riservato a Galileo e a Descartes. Fermat riappare come un «pre-

[24] Il che significa che bisognerebbe spostare in avanti di almeno dieci anni questo «miracolo».

[25] Questo aspetto è stato largamente sviluppato in occasione delle lezioni del *Cours de philosophie positive*.

[26] Kline [1972], trad. it. pp. 352-79. Abbiamo già criticato l'espressione «geometria delle coordinate» e spiegato il motivo per cui si preferisce sostituirla con «metodo delle coordinate», dato che il metodo comporta il calcolo.

cursore»[27] del calcolo differenziale nel capitolo successivo, *La creazione del calcolo infinitesimale*, e il suo metodo delle tangenti vi è descritto come se avesse la forma delle tecniche che adottiamo oggi, rimpiangendo però che «sorvoli completamente sulle difficoltà connesse con la teoria dei limiti». Il ruolo giustificativo del calcolo algebrico viene di conseguenza minimizzato, forse per sminuire la versione cartesiana del calcolo delle tangenti, versione che Kline riconosce libera da ogni nozione di limite, ma ristretta alle sole curve $y = f(x)$ dove f è un polinomio. Interpretazione che non è conforme al testo cartesiano e non coglie, per l'appunto, il ruolo cruciale delle forme polinomiali in due variabili.

Una simile, ma piú raffinata, ricostruzione orientata è presente in un'«enciclopedia di riferimento» per la storia e la filosofia della matematica, apparsa una dozzina di anni fa, che riabilita un Descartes essenzialmente algebrista sul problema delle tangenti, ma minimizza il ruolo delle forme algebriche, della scomposizione polinomiale in fattori lineari e degli immaginari, forse perché il testo si sviluppa in un gran numero di capitoli tematici [Grattan-Guinness 1994]. Peraltro, il legame fra matematica e cultura è trattato separatamente dalle tecniche matematiche in poco piú di 120 pagine – ivi compreso un capitolo sui francobolli in onore dei matematici – ed è strutturato in diverse voci, come «La matematica e la letteratura in prosa», ecc. I contesti istituzionali in cui viene praticata la matematica sono trattati in modo felice, rendendo cosí conto di un forte sviluppo degli studi storici sui luoghi d'insegnamento della matematica. Per quello che riguarda Fermat e Descartes le testimonianze storiche ci parlano di assenza di legami con l'insegnamento, mentre gli altri nomi che compaiono – Roberval, professore al Collège Royal, Wallis, titolare della Savilian Chair a Oxford – con la sola eccezione di Pascal, fanno sempre riferimento all'università.

Nel 1797 Lazare Carnot, mentre pubblica le sue *Réflexions sur la métaphysique du calcul infinitésimal*, cita in continuazione i lavori di Descartes, Pascal, Fermat, Huygens, Barrow, Roberval, Wallis e Newton ed esprime un diverso «matematico ideale», misurandolo con la gloria per la novità e l'utilità. In questo modo arriva a spiegare, in termini negativi, il fatto che i contributi di questi precursori non siano approdati alla scoperta di Leibniz: «Penso che non vi sia nessuno fra questi illustri geometri che non l'avrebbe fatto, se avesse sospettato che c'era una grande scoperta da fare». E visto che è proprio di gloria che si tratta, per individuare le ragioni che spingono a fare matematica di un nuovo genere, occorrerà che adottiamo un altro punto di vista.

[27] In un articolo basilare, Jean Itard [1948] aveva utilizzato il termine di «precursore», senza però trasformarlo come fa Kline in un'attualità del calcolo differenziale. Itard sottolineava infatti l'arretratezza delle notazioni algebriche di Fermat, ancora uguali a quelle di Viète, e mostrava l'elemento essenziale del metodo fermattiano, l'assimilazione di un arco di curva al segmento di tangente.

4. *La conquista dell'autonomia della matematica nella «République des Lettres»*.

Una dichiarazione di Descartes, che figura nella prefazione alla sua *Géométrie*, stabilisce subito la singolarità dell'atto matematico e la sua autonomia sotto molteplici aspetti:

> Fino a qui ho cercato d'esser comprensibile a tutti; temo invece che il seguente trattato potrà essere letto soltanto da coloro che hanno già qualche familiarità con i testi di Geometria: infatti, dato che questi contengono parecchie verità molto ben dimostrate, ho stimato superfluo ripeterle, ma non ho cessato per questo di servirmene[28].

Nel 1637 Descartes esprimeva cosí il proprio timore di non venir letto se non dai soli matematici, sebbene avesse cominciato una *Géométrie* proprio con l'intenzione di farle svolgere il ruolo di dimostrazione esemplare a sostegno del *Discours de la méthode pour bien conduire sa raison*. Il paradosso era che il *Discours* era stato concepito per favorire il generale progresso intellettuale! Questa era in effetti la missione che Descartes si era prefissato dopo la famosa visione (i «trois songes») del 10 novembre 1619 in una guarnigione che stava nei pressi della città di Ulma, dove «pieno di entusiasmo trovò i fondamenti della scienza meravigliosa»[29]. Perché dunque questo timore, che sembra riguardare qualcosa di piú che l'uso di un linguaggio tecnico privo di quelle bellezze retoriche alle quali, è ben noto, Descartes era tutt'altro che insensibile, col suo innegabile talento di scrittore [Fumaroli 1988]? È un timore che si oppone alla tradizione che, almeno negli *Elementi* di Euclide, vedeva un sapere comune, quasi scontato, dato che erano l'oggetto dei primi rudimenti formativi, facendo parte del *quadrivium* universitario. Descartes afferma esplicitamente che usa solo due risultati tratti da Euclide, il teorema di Pitagora e quello di Talete (sulle proporzioni fra i lati di un triangolo): è a questi due teoremi che riduce la parte geometrica del metodo delle coordinate. Ma omette consapevolmente di citare il bagaglio di conoscenze relativo alla teoria delle proporzioni del libro V degli *Elementi*, proprio perché nelle prime pagine della *Géométrie* ne dà un'interpretazione del tutto nuova. L'*incipit* del suo libro viene comunemente descritto come una numerizzazione, nel senso di un'introduzione dei numeri reali, e già in questo c'è una prima algebrizzazione ristretta, intesa come estensione delle operazioni aritmetiche alle grandezze: ma permette subito di accedere alla nozione del tutto nuova di polinomio. E solo i matematici potevano cogliere questo passaggio!

[28] GD, p. 296; OD, vol. VI, p. 368; trad. Lojacono cit., p. 525.

[29] Si veda A. Baillet, *La vie de M. Descartes*: «S'étant couché tout rempli de son enthousiasme et tout occupé de la pensée d'avoir trouvé ce jour là les fondements de la science admirable» [Maritain 1925].

Per di piú, era sostenitore della *tabula rasa*, e dunque di una giusta misura, valida universalmente, di ciò che è accettabile come vero e di ciò che è da collocare come incerto. La sollecitudine di Descartes, quando prende la penna per scrivere di matematica, non arrivava dunque fino al punto di ripetere ciò che i geometri del passato avevano già ottenuto e di cui usufruiva liberamente. Si trattava di verità che i matematici del suo tempo riconoscevano immediatamente e non avevano bisogno di mettere ancora alla prova. L'esperienza della verità delle matematiche, che è l'esperienza metafisica cruciale di Descartes, non rinnega il passato. Lo ordina secondo le evidenze e la nuova utilità ravvisata dalla mente e fa assegnamento su nuove procedure, quelle che avrebbero condotto nel lungo termine a nuovi problemi[30]. «Non cessavo tuttavia di stimare gli esercizi cui ci si dedica nelle scuole»[31], afferma un Descartes armato di impertinente ironia nel *Discours de la méthode*. Fermat aveva allora trentasei anni ed era diventato Consigliere al Parlamento di Tolosa, ma sedeva a Castres da cinque anni nella Commissione della Chambre de l'Édit. Questa *chambre* si doveva occupare proprio dell'Editto di Nantes, la cui promulgazione era piú vicina nel tempo a Fermat di quanto non lo sia per noi l'inizio della V Repubblica in Francia o, ben piú ancora, la fine della Seconda guerra mondiale. Non si può far finta di niente: in queste sue funzioni, Fermat doveva trattare le difficili questioni connesse all'applicazione di un editto di tolleranza in un paese in cui abitavano ancora molti ugonotti, che però appartenevano alle classi basse della società, dato che la nobiltà aveva in gran parte abbandonato la «sedicente religione riformata», come la chiameranno i funzionari di Luigi XIV. Fermat si occupava inoltre di matematica, per suo piacere dunque o per il suo *otium*, volendo usare il termine ciceroniano per indicare il «tempo libero». Se in Descartes è in gioco un'igiene di pensiero, negli equilibri di vita di un notabile del *Grand Siècle* potrebbe esserci in gioco l'*usus* delle matematiche?

Il calvinismo, che Fermat incontrava nei suoi giudizi, prescriveva ai suoi adepti di leggere da soli e di pensare da soli senza rimettersi ad altri, soprattutto di non farsi raccontare delle storie. «Sapevo [...] che la grazia delle favole risveglia l'ingegno», prosegue spietatamente Descartes con il suo ironico ricordo sulla scuola, «che le azioni memorabili narrate nelle storie lo innalzano e che, lette con discernimento, giovano alla formazione

[30] L'esempio piú chiaro è quello della scomposizione polinomiale in fattori di primo grado, che Descartes postula in nome dell'ordine di generazione dei polinomi di gradi progressivamente piú elevati, scomposizione che costringe a fare intervenire gli immaginari. Essa non può non portare a interrogarsi sulla natura o sulle nature di questi immaginari, che Descartes sembra raggruppare per gradi due a due. Questa proiezione verso un eventuale futuro dei problemi non significa affatto che Descartes avesse previsto la riduzione degli immaginari ai numeri complessi sotto il nome di «Teorema fondamentale dell'algebra», cosa che avverrà solo nella seconda metà del XVIII secolo. Ma, nondimeno, lanciava il problema di costruire una classificazione.

[31] OD, vol. VI, p. 5, ll. 19-20; trad. Lojacono cit., p. 126.

del giudizio»[32]. Con questo spirito (e si sarà colta la parola «discernimento» applicata alla letteratura), Descartes aggiungeva brutalmente: «le Matematiche contengono invenzioni sottilissime e che possono essere utilissime sia per appagare i curiosi che per agevolare tutte le arti e alleviare il lavoro degli uomini»[33]. L'*otium* dev'essere inteso in senso attivo come formazione dello spirito e della pratica nella e per la società; convinzione questa che è una giustificazione della matematica per un Descartes che aveva realizzato i beni che provenivano dalla madre, portava il nome di René du Perron e poteva vivere senza esercitare un mestiere. Con tutto ciò, riteneva tuttavia di aver appreso molto, persino dal punto di vista matematico, stando a osservare il lavoro dei tessitori. Contemporaneo di Descartes, Gérard Desargues avrebbe conosciuto il mestiere dei tagliatori di pietre, ma si comportava in maniera differente, poiché intendeva imporre le proprie teorie.

Descartes avrebbe anche dichiarato, stando a una lettera del 16 settembre 1658 di Franz van Schooten a Christiaan Huygens: «Fermat è Guascone, io no»[34]. Con questo, Descartes starebbe suggerendo che Fermat avesse una tendenza a vantarsi di invenzioni piú modeste di quanto non pretendesse. Descartes manifesta soprattutto l'ambizione che ha per le matematiche stesse. Étienne Montucla (il piú antico storico delle matematiche «di professione»), interrompendo il proprio racconto *ad maiorem Cartesii gloriam* per introdurre Fermat su un piede di parità, utilizza un tono che sarà poi adottato quasi universalmente:

> Sospenderemo qui per qualche tempo il racconto dei progressi del metodo di Descartes, per far conoscere uno dei suoi contemporanei, cui la geometria non deve certo meno riconoscenza. [...] Se l'umanità non avesse avuto il genio di Descartes, Fermat lo avrebbe rimpiazzato in geometria [Montucla 1798-99, vol. II, p. 137].

Questa perentoria dichiarazione di un illuminista – Montucla fu lo storico delle scienze «ufficiale» degli Enciclopedisti e sarà ripreso alla fine della Rivoluzione francese perché il suo testo preparava molto bene il nuovo spirito repubblicano, innestandolo sull'idea generale di progresso – non esime però dal porsi la domanda su quale interesse abbia un genio nel fare matematica. Dal momento che le scoperte sono nell'aria, e anche qualcun altro avrebbe potuto farle, Montucla chiede a Fermat stesso di dire quale sia l'opera che ritiene piú importante. Ed eccolo esibire una lettera di Fermat a Roberval, dell'agosto 1636, un anno prima della pubblicazione della *Géométrie* di Descartes:

> Quello che ho in maggior stima è un metodo per determinare ogni tipo di luogo piano e solido, per mezzo del quale trovo i *maximae et minimae in omnibus proble-*

[32] *Ibid.*, ll. 24-25.

[33] *Ibid.*, p. 6.

[34] OF, vol. IV, p. 122.

matibus, e ciò con un'equazione tanto semplice quanto quella dell'analisi ordinaria [*ibid.*].

Occorre tradurre per capire che si tratta proprio del metodo delle coordinate e per comprendere anche l'epiteto di guascone indirizzato da Descartes a Fermat: poiché l'«analisi ordinaria» è l'algebra di Viète, e non quella polinomiale che Descartes esporrà l'anno successivo; *omnia problemata* si riferisce a una generalità di curve e c'è ancora un riferimento alla celebre ambizione di François Viète, alla fine del XVI secolo: «risolvere il problema piú superbo di tutti i problemi, risolvere tutti i problemi» (*Nullum non problema solvere*)[35].

Si noti che Pierre Fermat non aveva ricevuto la ricca formazione gesuitica di Descartes, una formazione organizzata a livello internazionale secondo i canoni della *Ratio studiorum*, un paganesimo greco-latino cucito insieme con i colori della Controriforma. È al monastero di Grandselve, vicino a Beaumont-de-Lomagne, che il giovane Pierre compie gli studi elementari e secondari. Si può pensare che abbia padroneggiato soprattutto la lingua latina e quella greca. Anche nei collegi gesuiti, la matematica non era una materia troppo coltivata, ma giusto un'opzione per qualcuno piú dotato o privilegiato – come Descartes, probabilmente uno degli studenti favoriti del collegio di La Flèche, anche se esistono ancora dei dubbi sulla reale competenza matematica che vi avrebbe acquisito[36]. Fermat strappa dunque un diploma di *bachelier* in diritto civile, o piuttosto se lo compra all'Università d'Orléans; non pare ci abbia studiato per molto tempo, probabilmente meno ancora di Descartes, che studiava diritto a Poitiers, anche lui con lo scopo di farsi un diploma e non una formazione. Trentenne, ecco Fermat «aggregato» alla Facoltà di Diritto di Tolosa: ma si tratta ancora di una formalità perché ha debitamente (e a caro prezzo) comprato il posto di Consigliere al Parlamento di Tolosa e di Commissario *aux requêtes du Palais*. Da allora fu *noble de robe* e la *particule* venne attaccata al suo nome: Pierre de Fermat. In forma non latinizzata, il nome compare in una raccolta postuma di alcune sue opere (le *Varia Opera Mathematica*) curata dal figlio primogenito, battezzato col nome protestante di Samuel, ma solo come secondo nome: il primo era pur sempre Clément. Montucla scriveva dunque «M. de Fermat», ma assecondando l'uso francese, parla di Fermat, cosí come si diceva La Rochefoucauld o Montaigne, senza aggiungere la particella nobiliare.

Diventato *président à mortier*, una delle cariche piú alte del Parlamento di Tolosa, Fermat non poteva essere ufficialmente altro che cattolico. Si pose

[35] Montucla è piuttosto preciso nella descrizione di Fermat e, in ogni caso, delle sue opere, quando dice che la geometria vi è «trattata o seguendo il metodo antico, o quello dell'analisi moderna».

[36] Il resoconto che Isaac Beckman fa del suo incontro con Descartes suggerisce piuttosto che a quest'ultimo rimanesse ancora molta matematica da imparare.

il problema? Parrebbe che Descartes se lo sia posto, visto che annuncia con serietà la sua libera appartenenza al cattolicesimo. Fermat, in quanto membro della *noblesse de robe*, rischiava di degradarsi anche facendo matematica, cosa che può in parte spiegare la sua reticenza a pubblicare con il proprio nome[37]. Inoltre, per spiegare la sua vocazione, una certa tradizione di storici lo presenta come un pessimo giurista e aggiunge l'aggettivo *naïf* per sottolineare meglio la sua stravaganza culturale [Mahoney 1994, pp. 18-20][38].

Ci si può chiedere se questo giudizio rifletta, in forma storiografica, l'autonomia acquisita dalle pratiche matematiche. O forse corrisponde a una tradizione piú antica, quella del matematico distratto ed estraneo ad ogni mestiere? Descartes, che si trovava in una situazione finanziaria meno florida di quella di Fermat, ma non aveva una famiglia da mantenere, scelse di non intraprendere alcuna professione, rifiutando cosí sia posti di professore, sia quelli di matematico-ingegnere, posti questi di cui poteva vedere numerosi esempi nei Paesi Bassi (si pensi a Simon Stevin) – e a proposito dei quali non si è indagato abbastanza circa il rapporto fra teoria e pratica. Cosí scrisse nel *Discours*:

> Grazie a Dio la mia condizione non era tale da obbligarmi a fare della scienza un mestiere per consolidare la mia fortuna; e, pur non ostentando di disprezzare la gloria come i Cinici, tuttavia facevo molto poco conto di quella che potevo sperare di acquistare solo con falsi titoli[39].

Occorre riflettere su questi falsi titoli. In primo luogo, sono quelli dell'alchimia, dell'astrologia e della magia: i discorsi della menzogna. Keplero li sostiene ancora, almeno per l'astrologia, prima a Praga, alla corte di Rodolfo II, e poi a quella di Ferdinando II, a Vienna. Fermat e Descartes rappresentano bene l'immagine dei loro tempi, che vede in forte calo la moda astrologica, che aveva raggiunto il suo apice nel XVI secolo. Eppure, ancora nel 1638, a Parigi, si stenderà con molta ufficialità l'oroscopo di Luigi XIV[40]. E falsi

[37] In una lettera del 9 agosto 1654 a Pierre de Carcavy, un collega giurista che frequentava il circolo di Mersenne, Fermat propose esplicitamente a Blaise Pascal e a Carcavy stesso l'incarico di pubblicare i suoi lavori matematici e «di chiarire o integrare quello che sembri troppo conciso» (una frase che mai avrebbe potuto pronunciare uno scrittore cosí puntiglioso e preciso come Descartes). Fermat indica senza ambiguità: «Desidero che quest'opera appaia senza il mio nome e rimetto a voi la scelta di una designazione qualsiasi per indicare il nome dell'autore, che qualificherete come un vostro amico».

[38] Montucla, che scrive meno di un secolo dopo la morte di Fermat (avvenuta nel 1665), racconta, al contrario, dell'assiduità di questi al Parlamento di Tolosa e della sua reputazione «di giudice fra i piú preparati» [Montucla 1798-99, p. 143] e, cosa che prova che c'era già un gioco di rappresentazioni, cita un elogio di Fermat apparso nel «Journal des savans» nel febbraio del 1665.

[39] OD, vol. VI, p. 9; trad. Lojacono cit., p. 128.

[40] Campanella, che nel 1616 aveva scritto in prigione una magnifica *Apologia pro Galileo*, calcolò un oroscopo per il primogenito di Luigi XIII e di Anna d'Austria nel 1638, ben sapendo che questa nascita avrebbe cambiato le carte dinastiche in mano a Gastone d'Orléans, relegandolo in seconda posizione e respingendo cosí l'alleanza spagnola alla quale era contrario Richelieu, il suo patrono politico che l'aveva accolto in Francia.

titoli sono anche quelli dell'eloquenza e della retorica, sono «le vanterie di quelli che voglion far credere di sapere piú di ciò che realmente sanno»[41]. Descartes, con un simpatico gioco di simboli, scrive *venterie*, omofono di *vanterie*: per indicare che si tratta di vento, di *flatus vocis*, laddove l'etimologia latina evoca la vanità, il vuoto. Né Fermat, né Descartes appartengono allo spirito barocco.

E non appartengono nemmeno al mondo neoplatonico che era stato cosí influente nell'epoca rinascimentale, soprattutto nella Firenze di Marsilio Ficino. Ché, anzi, sarebbe difficile trovare in questi due autori una frase che alluda a oggetti matematici esistenti in un cielo di Idee eterne. Lo testimonia, per esempio, il modo in cui Descartes considera gli immaginari e il fatto che attribuisce alle quantità ordinarie la qualificazione di «reali»: una qualifica che sarà mantenuta fino ai giorni nostri. Sarebbe ancora piú difficile rintracciare in loro una sorta di adorazione nei confronti del numero, e un pitagorismo fine Quattrocento, alla maniera di un Pico della Mirandola. Fermat non appartiene a un simile «altro tempo» intellettuale, e malgrado la sua profonda conoscenza della lingua greca («conoscenza perfetta», afferma Montucla, che non era certo l'ultimo grecista del XVIII secolo) non viene tentato dalla mistica dei numeri.

Una nuova generazione di storici ha voluto allora vedere nell'appartenenza di Fermat alla magistratura, e dunque alla *noblesse de robe*, una possibile influenza sulla formazione del suo gusto matematico; l'algebra avrebbe potuto essere per lui una preoccupazione da giurista, per disporre di un modo ragionevole di trattare i vari casi, per valutare le prove durante i processi. E perché no? Ma per la bellezza di questa dimostrazione di *social history of science*, converrebbe non moltiplicare le metafore e liberare prima l'immagine di Fermat dalle accuse di scarsa inclinazione verso la magistratura, di incompetenza e di *naïveté* che sono state chiamate in causa. Converrebbe invece mostrare i cambiamenti subiti dalla pratica o dalla teoria giuridica a causa dell'influenza dell'algebra, e soprattutto sarebbe necessario definire l'algebra in questione: si tratta di quella simbolica dei cossisti o dell'algebra polinomiale di Descartes? Montucla sostiene che l'interesse per la «teoria della probabilità» (ai nostri occhi un titolo di gloria per Fermat) potrebbe anche essere stato un modo per uscire dalle secche delle sottigliezze casuistiche. Il suo incontro intellettuale con Pascal, il nemico dei casuisti – e che non era un giurista, e nemmeno un professore – non poteva essere un incontro qualsiasi, sebbene la probabilità di cui discutevano entrambi con acume li portasse in altre direzioni, verso il gioco d'azzardo. Ma anche in questo caso, per poter affermare qualche tesi, bisogna andare a consultare i lavori giuridici e la vita parlamentare, anche se gli storici del diritto non ci

[41] OD, vol. VI, pp. 9-10; trad. Lojacono cit., p. 128.

riferiscono di nessuna particolare novità. E nulla, nelle opere di Fermat che ci sono pervenute, permette di stabilire questo legame.

Non si è indagato abbastanza neanche sugli interlocutori di Fermat a Tolosa. Dal punto di vista della matematica, i padri del locale collegio gesuitico potevano senza dubbio comprenderlo: un Lalouvère, per esempio, che aveva lavorato sui centri di gravità di Grégoire de Saint-Vincent. Non cerco certo di far entrare Fermat nella sociologia gesuitica, o nella scienza, o nelle matematiche che portano lo stesso nome. Grégoire de Saint-Vincent fu lasciato ai margini dell'Ordine, soprattutto dopo la pubblicazione del suo *Opus geometricum* del 1647, dove pretendeva di aver realizzato la quadratura del cerchio. Descartes scoprí subito l'errore, lasciando però a Christiaan Huygens il compito di confutarla nel suo primo libro, del 1651[42]. Il rapporto che mi sembra utile stabilire fra Grégoire de Saint-Vincent e Fermat attiene all'oggetto stesso dell'invenzione matematica, che per questi due autori non può che crearsi sui problemi tramandati dai Greci, attraverso i metodi rigorosi che i Greci avevano lasciato come un canone non modificabile. A proposito di questa fedeltà che si mantiene in un momento di completo rinnovamento, è significativo che in quegli anni vengano ripubblicati i *Diophanti Alexandrini Arithmeticorum libri sex*, con i commenti di Bachet e dello stesso Fermat, arricchiti però con le nuove invenzioni analitiche.

Bisogna in effetti prendere coscienza che Fermat dovette imparare la matematica da solo, attraverso i libri e da autodidatta, senza la mediazione di un corpo insegnante che gli spiegasse quali cose erano ormai fuori moda. Nei suoi vent'anni – negli anni Venti del secolo – Fermat dispose di questo tempo libero. Scelse prima di leggere Viète, forse con Jean de Beaugrand, forse su suggerimento di qualche persona di Bordeaux, ma non certo di professori universitari. Poi passò a Diofanto, un passaggio naturale, potremmo dire, se si tiene conto del contenuto degli *Zététiques* di Viète. La mia impressione è che anche Descartes sia stato autodidatta in matematica, almeno per tutto ciò che non riguardava Euclide. Si tratta per noi di una situazione probabilmente fra le piú sconcertanti, dal momento che (in Francia a partire dal 1802) la matematica è diventata una conoscenza comune e obbligatoria dell'insegnamento secondario. Si è tornati al significato greco della parola «matematica»: «ciò che si può insegnare». Ma all'inizio del XVII secolo, la matematica era una scelta rara, quasi una scelta estetizzante, ove non si leghi immediatamente a una professione; diventerà solo in seguito un mezzo necessario per il pensiero meccanicista. Per contro, l'astronomia appassionava studiosi come Nicolas-Claude Fabri de Peiresc, un umanista

[42] *Christiani Hugenii ... Theoremata de quadratura hyperboles, ellipsis et circuli, ex dato portionum gravitatis centro, quibus est* ΕΧΕΤΑΣΙΣ *cyclometriae cl. Viri Gregori a s. Vincentio editae anno 1647*, Elsevier, Leyden 1651.

di una generazione piú vecchio di Fermat, e come Fermat giurista affermato, ma a Aix-en-Provence, dove ospitò Gassendi.

Peiresc muore nello stesso anno in cui Descartes pubblica la *Géométrie*, un testo concepito dal suo autore come rivoluzionario, nel senso che rende del tutto indifferente la conoscenza del sapere matematico *d'antan*, prossimo o remoto: «Hanno avuto paura che se la mia *Geometria* fosse diventata di moda, quel poco che sanno dell'analisi di Viète sarebbe oggetto di disprezzo»[43]. Eppure, era intervenuto un duplice cambiamento, che corrispondeva da un lato al manifestarsi delle condizioni che permisero la rivoluzione scientifica, dall'altro a ciò che Galileo aveva spiegato nel 1623 nel *Saggiatore*. In questo testo, peraltro non molto interessante, si assume la matematica come linguaggio del mondo. A partire dalla metà del XVI secolo, inizialmente con scarso successo, i gesuiti fanno della matematica l'indispensabile prologo intellettuale alla filosofia, che i loro novizi devono assolutamente padroneggiare. La matematica diventa una logica in concreto, e senza dubbio il modo migliore per liberarsi delle argomentazioni della scolastica. Ma la matematica in gioco è strettamente limitata a un *corpus* preciso, quello degli *Elementi* di Euclide, che si tratta di levigare e rifinire per farne il manuale *par excellence*, allo stesso modo in cui si collocherà il *De viribus illustribus* negli studi umanistici durante il XIX secolo. Si era cosí decisa culturalmente un'utilità della matematica. Non era l'utilità di cui parlava Descartes, come mezzo per risparmiare il lavoro umano. Adrien Baillet, primo biografo di Descartes, scriveva nel 1691 che Descartes «non amava molto gli *Elementi* di Euclide, perché non credeva fossero in grado di fornire un'apertura mentale sufficiente a consentire grandi progressi nella Geometria»[44].

Con tutto ciò, è almeno dai tempi della giovinezza di Fermat e di Descartes che si può far risalire in Francia una certa infatuazione per le scuole di matematica, destinate ai giovani nobili. Didier Henrion, traduttore di Euclide che si era stabilito a Parigi per curarne le edizioni, deve la sua fortuna a simili scuole. Vi si insegnava la *geometria practica*, probabilmente in francese, ma anche gli *Elementi*, i testi di Archimede e forse Apollonio; allo stesso modo vi si insegnavano degli elementi di calcolo e di sicuro i logaritmi. Per quale scopo? L'arte della fortificazione, questa volta venuta dal Nord, non aveva bisogno di un simile bagaglio di competenze; ma quando, negli anni Quaranta del Seicento, i gesuiti introdussero le fortificazioni e l'arte della guerra nel loro programma, allargarono in tal modo il campo della geometria teorica. A tal proposito è opportuno ricordare che i gesuiti di Lovanio non furono mai professori titolari all'università [Dhombres e Radelet de Grave 2007]. Se l'influenza sulla formazione matematica di Descartes venne da nord – seb-

[43] Lettera di Descartes a Mersenne del 29 giugno 1638, a proposito di Fermat e dei suoi «amici» parigini, OD, II, p. 193; *Tutte le lettere* cit., p. 721.

[44] OD, vol. X, p. 481.

bene avesse fatto un viaggio in Italia attorno al 1624 – è verso questo paese, verso la sua ricca cultura matematica che si rivolgeva lo sguardo di Fermat. Sapeva benissimo che Galileo, lasciando l'Università di Padova, era diventato matematico di corte di Firenze ed era anche ingegnere; ma non era stato chiamato per fare oroscopi, come Keplero: era anche il «filosofo primario» del granduca e, da matematico, lavorava sulla filosofia naturale.

Le invenzioni stesse di Fermat e il suo coltivare una tradizione solo per cercare di arricchirla, collocano immediatamente questo autore nei continui mutamenti del mondo intellettuale del XVII secolo. Si tratta, certo, di quella che è stata definita la *République des Lettres*, nozione però i cui contorni, e piú ancora le evoluzioni, restano difficili da precisare. Il titolo dato dal figlio di Fermat alla scelta di opere del padre lo inscrive immediatamente in questa repubblica letteraria, cui Marc Fumaroli – un esperto conoscitore della retorica e del suo sviluppo nel XVII secolo – ha saputo attribuire il carattere di una segreta connivenza al di là delle formidabili barriere delle guerre e degli scontri delle religioni. Leggiamo dunque il titolo esplicativo delle *Varia opera mathematica D. Petri de Fermat*, pubblicate dopo la sua morte, nel 1679: *Accesserunt selectae quaedam ejusdem Epistolae, vel ad ipsum a plerisque doctissimis viris Gallice, Latine, vel Italice, de rebus ad Mathematicas disciplinas aut Physicam pertinentibus scriptae*[45]. Il latino incornicia le due lingue francese e italiana; Fermat si occupa di discipline matematiche al plurale e non isola una sola matematica; la fisica è menzionata separatamente. Non è insignificante precisare che si attribuisce a Fermat anche la redazione di poesie, passaporto obbligatorio per la *République des Lettres*.

Contemporaneo di Fermat, il *princeps eruditorum* delle Fiandre, Erycius Puteanus (Hendrik Van der Putte) scriveva su qualsiasi tema; scriveva di comete e di teologia, di storia e di monete antiche, e anche di matematica: divenne noto in tutta l'Europa intellettuale quando, appena ventenne, venne laureato dai principi della poesia italiana nel corso del suo *grand voyage*. Contrariamente a costoro, Puteanus insegnava in un'università, per di piú cattolica; non avrebbe dunque potuto professarsi apertamente copernicano; il suo carteggio con i letterati europei – e i protestanti come Scaligero, cosí vicino a Lovanio – non poteva trattare né di religione né di politica. Nel 1622, era ripresa la guerra degli Spagnoli contro i Paesi Bassi calvinisti; nel 1627 Luigi XIII assediò per quasi un anno intero La Rochelle, non tanto in nome della religione, quanto della monarchia francese, che voleva essere padrona in casa propria. Il sostegno spagnolo fu solo verbale, la solidarietà protestante assunse le sembianze di Buckingham che si fece assassinare in Inghilterra, vittima, si può dire, di una precisa spinta all'isolazionismo. Ma esisteva ancora una repubblica intellettuale europea, mentre le lingue

[45] «Con l'aggiunta di alcune sue epistole scelte, o a lui indirizzate da molti dottissimi studiosi, in Francese, Latino, o Italiano, riguardanti le Discipline Matematiche o la Fisica».

volgari, checché facessero i gesuiti, diventavano di moda per l'esercizio dell'eloquenza e del pensiero.

> Chi ha piú pronta la capacità di ragionare e costruisce meglio i propri pensieri per renderli chiari e intelligibili, potrà sempre convincere su ciò che propone, anche se parla il basso Brettone e non ha mai studiato Retorica[46].

Comunque, Descartes farà tradurre in latino la sua *Géométrie* da Van Schooten; Fermat scrisse di matematica solo in latino, mentre tutte le sue ordinanze al Parlamento di Tolosa erano, conformemente alla legge, redatte in francese. I testi di Fermat non erano assolutamente destinati all'università, da dove il *quadrivium* li avrebbe, data la sua natura, esclusi. Il latino è una bella comodità: è ancora la lingua comune di quei pochi che si interessano di matematica. Il calvinista Simon Stevin ebbe un bel battersi in favore del fiammingo nel 1585: finí col doversi fare tradurre in francese. E Fermat dovette leggerlo. Infatti è soprattutto in francese che si esplica l'azione della *République des Lettres nouveau régime*, alla quale appartengono Fermat e Descartes. Il «nouveau régime» cui alludiamo è infatti scientifico e si organizza nell'ambito della rete costruita da Mersenne. La sua celletta, da cui il Minimo gestisce un'immensa corrispondenza, è vicina alla nuova Place Royale, dove si è installato *le nouveau Paris*, la gente alla moda, al corrente delle ultime tendenze; a duecento metri dal quel quartiere Saint Paul che i gesuiti hanno lottizzato fino alla Senna e che ospita oggi il Lycée Charlemagne.

Non che Mersenne dia l'impressione di aver capito un granché in matematica. Ma fece in modo di far passare sotto questa disciplina cose che sfuggivano al sapere universitario, e anche a quello dei gesuiti. Il Minimo non si informava veramente: informava mettendo in comunicazione. Appare una quadratura del cerchio fatta da un gesuita di Gand? Eccolo che si mette a far domande a Descartes e a Roberval perché spieghino le ragioni dell'errore. Mersenne non arrivava a capire la posta matematica che era in gioco con tale quadratura; ma i suoi corrispondenti, fra cui Fermat, gli avevano già fatto sapere che la ricerca della quadratura apparteneva a un passato morto e sepolto e rientrava nel campo della caccia alle *coquecigrues*, le illusorie chimere di cui si burlava Rabelais. Cogliamo in questo il senso del nuovo regime intellettuale, che non è quello di una curiosità a 360 gradi; non tutto ciò che riguarda il sapere ha la stessa utilità, e anche certe cose devono essere dimenticate. Soprattutto se, come per Mersenne, l'obiettivo principale è quello di lottare contro i due scetticismi: lo scetticismo alla Montaigne, che è un relativismo della conoscenza, e lo scetticismo alla Lutero, che è un relativismo del potere della Chiesa. La lista dei membri che partecipavano regolarmente alle riunioni indica la predominanza di coloro che erano interessati alla matematica.

[46] Descartes, *Discours de la méthode*, OD, vol. VI, p. 9; trad. it. Lojacono cit., p. 127.

L'esempio piú significativo dell'esistenza di questo *nouveau régime* intellettuale è costituito proprio dalla polemica del 1638 fra Descartes e Fermat sul problema delle tangenti; non che la polemica non sia stata violenta, ma è Girard Desargues – quel Desargues che si firma «Sieur Girard Desargues Lyonnais», per rivendicare la sua non appartenenza a nessuna università, a nessuna specifica professione – che riesce a far comprendere ai due protagonisti, usando solo argomenti scientifici, che stanno lavorando sulla stessa idea algebrica, quella della radice doppia[47]. Si potrebbe, volendo, parlare di convivialità, ma in tal caso bisogna considerarla intessuta di epistemologia; la migliore formulazione è quella della professionalizzazione dello studioso, del *savant*. Bisogna aggiungere che Mersenne era tenace: costringeva i suoi corrispondenti a dare spiegazioni, non approvava che l'uno o l'altro si tenesse qualche idea nel cassetto e che si limitasse all'effetto degli annunci a sorpresa. Anche se abitava a Tolosa e preferiva la forma degli enigmi matematici e delle sfide, Fermat beneficiava di questa professionalizzazione imposta da Mersenne e il suo ritiro da queste relazioni impegnative attorno al 1643 mostra che era pressato da altri interessi [Mahoney 1994]. Questo non significa che le *querelles* non conservassero tutta l'acidità polemica propria della *République des Lettres* – si pensi a come Descartes demolisce Jean de Beaugrand (che pure non era un professore) e il suo trattato *Geostatice* del 1636. Forse si può arrivare a dire che se le relazioni fra Descartes e Roberval non furono mai cordiali, ciò dipese anche dall'appartenza del secondo al mondo universitario, nonostante insegnasse al Collège Royal e fosse libero da molte delle costrizioni imposte da una tradizione matematica basata su Euclide. Non ci fu invece alcun problema fra Desargues e Descartes, dal momento che il primo puntava a costruire, con il famoso «Brouillon project» del 1639, una geometria di coniche ben diversa da quella cartesiana.

Serviva – pensavano tanto Mersenne quanto Descartes – un luogo dove si potesse giudicare la verità delle innovazioni di un secolo tanto ricco di idee. In altre parole, serviva un luogo dove i professionisti sarebbero stati chiamati a rendere conto in dettaglio di quelle loro idee. L'Académie des sciences, o la Royal Society di Londra, diventarono dei luoghi siffatti, ma questo avvenne solo nell'ultimo terzo del XVII secolo, dato che l'Académie parigina fu creata l'anno successivo alla morte di Fermat, sedici anni dopo la morte di Descartes, che pure l'aveva caldeggiata. Non penso che Fermat sarebbe stato interessato a entrare in una qualsiasi Accademia, anche se il suo amico e corrispondente Pierre de Carcavy sarà accolto nell'Académie des sciences. Il regime intellettuale sulla cui scena apparve per qualche anno Fermat – scena matematica, che era il suo campo di letterato e di erudito – è

[47] Lettera di Desargues a Mersenne del 4 aprile 1638, in C. de Waard, A. Beaulieu e P. Tannery (a cura di), *Correspondance du P. Marin Mersenne*, 17 voll., Presses universitaires de France, Paris 1932-46 (in seguito Cnrs 1969-88).

assimilabile a una rete che connette alcune menti d'Europa, una rete di cui Mersenne fu l'infaticabile tessitore. Concepita da Mersenne per essere messa al servizio della Controriforma, in essa si giudica con molta acutezza il progresso delle idee e si fa una critica acerba dei modi antichi: è l'Aristotele della scolastica a fare le spese di tale rinnovamento. In questa rete non c'è quasi nessuna responsabilità d'insegnamento, sebbene lo stesso Mersenne abbia pubblicato una *Universae geometriae, mixtaeque mathematicae synopsis* (1644), in cui comparivano gli autori antichi ma anche la critica moderna. Questa rete era ampiamente scollegata dall'altra rete intellettuale rappresentata dalla Società di Gesú. C'è da stupirsi se il regolamento dell'Académie des sciences impediva ai gesuiti – o, meglio, a tutti i membri di un ordine religioso regolare – di farne parte?

Quando Fermat dopo il 1654 riprende un'intensa corrispondenza sui suoi lavori matematici, ci appare piú legato a una *République des Lettres ancien régime* di quanto non lo fosse stato un tempo. Sia Mersenne, sia Descartes erano morti; e lui non fece piú conoscere le sue idee sulla teoria dei numeri se non sotto la forma di sfide[48], che lanciava soprattutto ai corrispondenti inglesi. E persiste in questo atteggiamento anche dopo aver sistematizzato (forse prima del 1640) quello che chiama «metodo della discesa infinita»[49], che avrebbe potuto essere oggetto di una presentazione sistematica.

Fermat era forse particolarmente deluso dal fatto che Blaise Pascal non volesse interessarsi ai suoi lavori sui numeri, nonostante che si fossero entrambi appassionati alla probabilità e a dispetto del fatto che Pascal avrebbe dovuto apprezzare i ragionamenti «par l'impossible». Fermat aveva stabilito per questa via il fatto – peraltro già noto – che non esiste «alcun triangolo (rettangolo) in numeri la cui area sia un numero quadrato». La tecnica consiste nel partire dal supporre possibile una soluzione in numeri interi che rappresentino i lati di un triangolo rettangolo, poi di mostrare, tramite il sistema di parametri di tale supposta soluzione, che da essa si può dedurre un'altra soluzione in numeri interi strettamente inferiori: «ma questo è impossibile, dal momento che dato un numero intero, non può esserci un'infinità di numeri interi che siano piú piccoli di lui».

Fermat riuscí in seguito a ottenere con questo metodo dei risultati, che chiama *affirmatifs* («affermativi»), sull'equazione oggi detta di Pell, dal nome di uno dei suoi numerosi corrispondenti inglesi ($ax^2 + 1 = y^2$). Forse è questa abitudine a non divulgare troppo i suoi ritrovati che ha suggerito a molti matematici l'idea che Fermat avrebbe scoperto una prova dell'impos-

[48] È in preparazione una riedizione riveduta delle opere di Fermat, di cui è uscito un primo volume a cura di R. Rashed, C. Houzel e G. Christol, *Œuvres de Pierre de Fermat*, I. *La théorie des nombres*, Blanchard, Paris 1998.

[49] Lo indica in una lettera a Carcavy dell'agosto 1659, dove riassume i suoi contributi all'analisi diofantea, e dalla quale sono tratte le citazioni che seguono [Itard 1984, pp. 222-23].

sibilità di risolvere l'equazione $x^n + y^n = z^n$, dove x, y e z sono interi e n è un intero maggiore di 2, creando cosí una leggenda matematica che diventò una sfida. Almeno fino alla dimostrazione data da Andrew Wiles nel 1993; in cui si utilizzano però strumenti eccezionali, ripresi da diverse branche della matematica totalmente sconosciute al tempo di Fermat. Nella sua corrispondenza, Fermat parlava solo dei casi particolari $n = 3$ e $n = 4$, anche se fu Eulero a risolverli, un secolo dopo, con il metodo della discesa infinita. Ma c'è quella famosa nota, nel margine di un esemplare dell'*Arithmetica* di Diofanto, pubblicata in latino nel 1621 da Bachet de Méziriac:

> Cubum autem in duos cubos, aut quadratoquadratum in duos quadratoquadratos et generaliter nullam in infinitum ultra quadratum potestatem in duas ejusdem nominis fas est dividere; cujus rei demonstrationem mirabilem sane detexi. Hanc marginis exiguitas non caperet[50].

Ora questa nota, personale, la conosciamo solo grazie all'indiscrezione del figlio che si permise di pubblicarla nel 1670, quando Fermat era già morto: un aneddoto che a mio avviso prova che Fermat aveva abbandonato l'idea di avere una dimostrazione corretta.

Una volta descritte le condizioni in cui operarono Fermat e Descartes, bisognerebbe prendersi il tempo di approfondire i loro contributi matematici – soprattutto quelli di Fermat sulle equazioni in numeri interi – ma anche piú genericamente scientifici, usandoli come testimoni attivi di un'epoca. Dal momento che il calcolo vi interviene pesantemente, metteremo a confronto due esempi soli; e questa sarà una maniera piú matematica per ridiscutere le spiegazioni date fino a questo punto. Il primo esempio viene da Descartes e riguarda il metodo delle indeterminate, che è ancor oggi attuale; l'altro è di Fermat, relativo alle quadrature, ma appartiene solamente alla storia.

5. *Un esempio di calcolo ordinato: Descartes e il metodo delle indeterminate.*

Con «metodo delle indeterminate» intenderemo qui il modo di risolvere un problema stabilendo a priori la forma che deve assumere. Nonostante quello che il suo nome potrebbe suggerire, questo metodo non nasce contemporaneamente all'algebra. Occorreva infatti, preliminarmente, che l'algebra stessa fosse stata fondata, e non solo come arte di calcolo – arte cioè di equazioni, manipolazioni e risoluzioni: il che avviene in effetti verso l'inizio del Seicento – ma anche come tecnica per descrivere e classificare

[50] «Non è, invece, possibile dividere un cubo in due cubi, o un biquadrato in due biquadrati, né, in generale, dividere alcun'altra potenza di grado superiore al secondo in due altre potenze dello stesso grado: della qual cosa ho scoperto una dimostrazione veramente mirabile, che non può essere contenuta nella ristrettezza del margine» (P. de Fermat, *Osservazioni su Diofanto*, a cura di A. Conte, Bollati Boringhieri, Torino 2006, p. 4).

le forme, in modo da poter giustificare il fatto che si potesse fare a meno di tutte quelle manipolazioni e giustificare la denominazione stessa dei metodi. Abbiamo visto che Descartes si era reso conto che la nuova natura «formale» dell'algebra permetteva di progredire a priori mirando verso un risultato: quasi che i calcoli guidati da questo obiettivo non avessero altro ruolo che di riempire caselle lasciate vuote in un questionario molto ben organizzato. Tale questionario è l'algebra delle forme, che offre all'analisi algebrica che si effettuava tradizionalmente uno dei vantaggi della sintesi, ovvero di sapere fin dall'inizio qual è la meta del cammino intrapreso. Tuttavia, enunciare la tesi in questo modo non fornisce la prova automatica che il metodo delle indeterminate sia uno degli esempi matematici che possa illustrare a buon diritto il metodo generale che è proposto dal *Discours*.

Dato che non si conoscono predecessori del metodo delle indeterminate (e fintanto che non se ne troveranno), lo storico della scienza può affermare che Descartes l'abbia inventato come matematico; non l'ha ripreso da altri per assegnargli un valore filosofico. Il problema epistemologico che voglio qui abbordare diventa dunque quello del calcolo algebrico in quanto strumento di prova e dimostrazione. Il che equivale al problema di stabilire il modo con cui l'algebra poté essere incorporata nel grembo universitario della matematica classica.

Tutti gli storici (e i matematici in vena di reminiscenze storiche) concordano nell'attribuire a Descartes il metodo delle indeterminate. Ma ne fanno veramente il marchio rivelatore, che designa innegabilmente l'algebra come scienza delle forme? In effetti l'algebra delle strutture, l'algebra postgaloisiana, oscura l'algebra cartesiana e impedisce di coglierne certi aspetti[51]. L'attribuzione retroattiva di un nome a un metodo avvenne nel corso della faticosa assimilazione del pensiero cartesiano[52], il cui stile, particolarmente disinvolto nella *Géométrie*, irritava i *savants* dell'epoca. Sembra che sia stato Jean D'Alembert il primo a dare un nome ben definito al metodo – il metodo «dei coefficienti indeterminati» – e ad attribuirlo a Descartes. D'Alembert non si limitava a un gesto «storicizzante» evocando il nome Descartes; il suo era il gesto caratteristico di colui che crea una *posterità*. Ciò che intendo dire con questo termine è che egli sceglieva di fissare in Descartes l'origine di un passato matematico che non si era ancora esaurito; ché, anzi, D'Alembert vedeva bene come si andasse ancora esprimendo: interveniva direttamente, tramite la teoria delle serie, nella teoria delle equazioni differenziali o in quella delle equazioni alle derivate parziali, entrambe al centro dell'atten-

[51] B. L. Van der Waerden [1985] dedica tre pagine e mezza a René Descartes e nemmeno una riga al metodo delle indeterminate.

[52] Si pensi, per un esempio relativo al solo pensiero matematico, alla necessità di commentare la *Géométrie*, che porterà nell'edizione di Van Schooten del 1649 alle aggiunte di Florimond de Beaune; a quelle di Claude Rabuel del 1730; addirittura a quelle di Auguste Comte nel 1843.

zione della matematica del suo tempo. D'Alembert costruiva con le serie una posterità di tipo algebrico al metodo che abbiamo chiamato «metodo delle indeterminate»: ho evitato apposta la denominazione settecentesca che coinvolge i coefficienti proprio per potervi inglobare altre posterità, o piú ampie generalizzazioni. Questo metodo interviene oggi in tutto ciò che ha a che fare con gli studi algebrici in analisi computazionale, il che allarga considerevolmente l'ambito in cui ne parlava D'Alembert, ben al di là delle serie; ampliamento che era già stato preconizzato dal collaboratore di Diderot all'*Encyclopédie*. Questo metodo interviene anche in tutto ciò che si riferisce alla costruzione di modelli matematici utilizzando curve e superficie, e questo ambito di intervento che coinvolge la teoria dell'approssimazione viene oggi piú o meno direttamente associato alla geometria. La «posterità» a noi contemporanea di questo metodo ha oggi dunque recuperato quel doppio aspetto di algebra e geometria che si tende ordinariamente a riconoscere come tipico della *Géométrie* di Descartes.

Descartes non scrive degli «elementi» secondo lo stile – che va divenendo sempre piú professorale – di Euclide, né giustifica i suoi calcoli sulle equazioni appoggiandosi su considerazioni geometriche come aveva fatto Cardano. Se dunque vogliamo utilizzarlo con il suo testo, ma senza presupporre di avere già assimilato tutto questo testo, dobbiamo coglierlo, per cosí dire, al volo, senza disporre di un «prima», e accettare il rischio di una cesura testuale. Ma per riuscire a inserirsi in un filo di pensieri il cui valore dimostrativo – ci assicura Descartes – sta nell'essere ordinato, nel passare da un prima a un dopo, quando noi ritagliamo una sequenza di ragionamenti nel testo matematico, occorre che rifondiamo al pensiero la sua continuità con delle note e, in qualche caso, col soffermarci e ritornare sui nostri passi per tentare un bilancio. Commentare Descartes è cosa assai difficile, perché la tela cartesiana resiste agli strappi; ma questa constatazione permette di vedere il calcolo «che pensa» – che è poi il nostro obiettivo principale.

Partiamo, come fa Descartes, da un'«equazione» di sesto grado in y di cui ha parlato precedentemente (la «seconda equazione», dice nel secondo libro della *Géométrie*, che serve per la costruzione della tangente a una curva molto speciale). Per il seguito del nostro discorso la sua natura ci interessa poco. Basti dire che il problema geometrico della tangente a questa curva viene ridotto a quello algebrico di determinare una radice doppia di tale equazione. Descartes la mise in questi termini, e noi ci accontenteremo di seguire la sua dimostrazione che riguarda le forme. Nel passo che segue, bisogna in primo luogo riuscire a vedere un polinomio in y, distinguere dei parametri come b, c o d e due variabili, s e v. Poi si deve veder entrare in gioco una nuova variabile e e quattro nuove lettere f, g, h e k. Non serve dire di piú. Ma Descartes sa benissimo come porre l'uguaglianza pari a zero, quando questo sia necessario per la sua esposizione. È dunque importante vedere fin dall'inizio la «forma» di un polinomio e il suo ruolo.

Ugualmente, la seconda equazione che qua sopra abbiamo trovata, cioè:

$$y^6-2by^5 \left.\begin{array}{l} -2cd \\ +bb \\ +dd \end{array}\right\} y^4 \quad \left.\begin{array}{l} +4bcd \\ -2ddv \end{array}\right\} y^3 \quad \left.\begin{array}{l} -2bbcd \\ +ccdd \\ -ddss \\ +ddvv \end{array}\right\} yy-2bccddy+bbccdd,$$

deve avere la stessa forma[53] della somma[54] che si ottiene quando si moltiplica $yy-2ey+ee$ per[55]

$$y^4+fy^3+ggyy+h^3y+k^4,$$

che è

$$y^6 \left.\begin{array}{l} +f \\ -2e \end{array}\right\} y^5 \quad \left.\begin{array}{l} +gg \\ -2ef \\ +ee \end{array}\right\} y^4 \quad \left.\begin{array}{l} +h^3 \\ -2egg \\ +eef \end{array}\right\} y^3 \quad \left.\begin{array}{l} +k^4 \\ -2eh^3 \\ +eegg \end{array}\right\} yy \quad \left.\begin{array}{l} -2ek^4 \\ +eeh^3 \end{array}\right\} y+eek^4;$$

cosí, da queste due equazioni ne traggo altre sei che mi servono per conoscere le sei quantità, f, g, h, k, v e s. Da ciò è assai facile comprendere che, qualunque sia il

[53] Descartes scrive un polinomio monico (col coefficiente del termine di grado massimo uguale a 1) ordinato secondo le potenze decrescenti di y. La «forma» è una disposizione spazializzata per rappresentarlo, mettendo in colonna i coefficienti del polinomio. Questo procedimento è oggi rimpiazzato dall'uso delle parentesi, il che ha restituito alla scrittura un andamento lineare. L'evidenza visiva è dalla parte di Descartes, l'automatismo algebrico dalla nostra. Per ciascuno degli elementi che costituiscono ciascun coefficiente, l'ordine lineare di scrittura è quello alfabetico, i segni sono posti davanti alle cifre e alle lettere. Cosí, leggiamo $-2cd$ in cima alla colonna davanti al termine y^4. L'ordine di questi elementi (monomi letterali la cui somma forma il coefficiente) dipende dal calcolo svolto precedentemente e che li ha generati. La traccia visiva del calcolo è una delle specificità della scrittura cartesiana che verranno considerate come un vantaggio essenziale per l'algebra. Poiché abbiamo omesso qui il calcolo che precede l'«equazione» di sesto grado, vedremo nella nota seguente il modo in cui tale traccia funziona nel caso della moltiplicazione di due polinomi.

[54] Il francese di Descartes ha «doit avoir mesme forme que la somme qui se produit». «Somme» verrebbe oggi reso con «polinomio». È una somma ordinata secondo le potenze decrescenti di y. Non si può non ammirare la lingua cartesiana quando parla di «une somme qui se produit». Infatti è la concezione, propria di Descartes, di un polinomio come prodotto di binomi che dà luogo all'invenzione degli immaginari. Descartes insegna l'ordine del calcolo letterale, l'ordine della moltiplicazione del polinomio $(y^2-2ey+e^2)=(y-e)^2$ e del polinomio $(y^4+fy^3+g^2y^2+h^3y+y^4)$ passa in rassegna le potenze decrescenti del primo prodotto nel secondo prodotto e questo è ciò che determina l'ordine di scrittura dei coefficienti nel risultato proposto. Tutti i testi d'algebra spiegheranno in seguito questo procedimento, guardandosi bene dal fare allusione al prodotto di due numeri interi, dato che nel caso letterale non c'è «riporto».

[55] La scrittura polinomiale generale in forma di somma richiede in Descartes che i monomi siano omogenei, contando le potenze della variabile; di modo che nel polinomio (terminologia moderna) di quarto grado (terminologia moderna) appaiono i coefficienti (terminologia moderna) f, g^2, h^3, k^4. Non ha preso f, g, h, k come coefficienti; e per difendere la generalità stessa della scrittura polinomiale è costretto (ma non è forse il suo modo di mostrarsi pedagogicamente sollecito?) a smentirsi dicendo che i segni davanti a questi coefficienti possono essere + o −, mentre poi scrive solo dei + (OD, vol. VI, p. 422, ll. 19-27; trad. Lojacono cit., p. 612). La lettera e gioca un ruolo completamente diverso dai quattro coefficienti f, g^2, h^3, k^4, quelli che la tradizione chiama «coefficienti indeterminati». In effetti la variabile e non è indeterminata, perché una volta che i calcoli siano stati eseguiti dovrà essere posta uguale a y, e quest'ultima variabile assumerà il valore di una coordinata nota (e variabile). D'altra parte, e non è nemmeno un'incognita, dato che l'equazione di secondo grado che appare nel testo nella forma $(y^2-2ey+e^2)$ viene eguagliata a zero, ovvero si pone $(y-e)^2=0$.

genere[56] della curva proposta, con tal modo di procedere, si otterranno sempre tante equazioni quante sono le incognite che siamo costretti a supporre[57].

L'ultima frase inizia con un «è assai facile comprendere» («il est fort aysé à entendre»), si sviluppa con «tal modo di procedere» («cete façon de proceder»): ma finisce con una precisazione che potrebbe essere quasi una dimostrazione. Viene detto che ci sono altrettante equazioni che incognite, in ogni caso tante «quante sono le incognite che siamo costretti a supporre» («autant d'equation qu'on est obligé de supposer de quantités qui sont inconnües»). Questa frase, di taglio euristico, è nondimeno inquietante, e verrà rimproverata a Descartes. Ciò che è «fort aysé à entendre» in genere non richiede dimostrazione esplicita, anche se la sottindende come possibile. Descartes, qui, ci invita a riflettere.

Quali sono queste equazioni in gioco? Se Descartes non le scrive esplicitamente, esse sono però lí, ben visibili sulla pagina, grazie alla scrittura spazializzata dei polinomi, grazie alla loro forma. Sono le equazioni, a priori le sei equazioni, che corrispondono all'identificazione dei due polinomi monici di sesto grado. Quali sono le incognite «qu'on est obligé de supposer»? Verrebbe subito da rispondere che queste incognite devono essere i quattro coefficienti f, g^2, h^3, k^4, che saranno detti indeterminati. Ma Descartes precorre la nostra intenzione e ci avvisa che il numero di incognite è 6, non 4. Il lettore deve ricordarsi delle quantità v e s, che stanno nella prima equazione che è stata scritta e che non seguono immediatamente nell'ordine alfabetico le b, c e d. Queste quantità v e s sono delle incognite, cui vengono ad aggiungersi i quattro coefficienti f, g^2, h^3, k^4. Aleggia un dubbio ancora, nonostante che il tutto dovrebbe essere «fort aysé à entendre»: che ruolo ha la variabile e? Si potrebbe supporre che Descartes si auguri questo atteggiamento dubbioso nel suo lettore, atteggiamento che lo obbliga a tenere sempre presenti gli obiettivi del calcolo in un dato momento del suo svolgimento, obiettivi determinati dalla strategia dell'ordine che governa il calcolo stesso. In questo caso, l'ordine sta nella visione di sei incognite perché ci sono sei equazioni.

Per prepararci alla comprensione del seguito del testo cartesiano, scriviamo queste sei equazioni e rendiamoci conto, tanto per cominciare, che l'aver scritto delle potenze come g^2, h^3, k^4 aiuta nella disposizione dei calcoli. In effetti si può verificare che uno dei termini non si trova al suo posto! L'aspetto visuale può dunque servire come strumento di identificazione dell'errore, la cui discriminazione è ritenuta essenziale da Descartes.

[56] Il termine «genere» nella *Géométrie* è relativo alla classificazione delle curve operata da Descartes. È analogo al «grado», termine algebrico che si affermerà successivamente ed è legato a un polinomio. Non occorre qui dire altro, se non forse che la nozione cartesiana di «genere» di una curva non verrà mantenuta dai suoi successori.

[57] OD, vol. VI, p. 420; GD, p. 348; trad. Lojacono cit., p. 609. La disposizione del polinomio è stata però ripresa dall'edizione originale del 1637.

$$\begin{array}{lllcl}
f & - 2e & & = & -2\,b \\
g^2 & - 2ef & + e^2 & = & -2\,cd + b^2 + d^2 \\
h^3 & - 2eg^2 & + e^2 f & = & 4\,bcd - 2d^2 v \\
k^4 & - 2eh^3 & + e^2 g^2 & = & -2\,b^2cd + c^2d^2 - d^2s^2 + d^2v^2 \\
 & - 2ek^4 & + e^2h^3 & = & -2\,bc^2d^2 \\
 & & e^2k^4 & = & b^2c^2d^2
\end{array}$$

Ribattezziamo le lettere in un altro modo: $F = f$, $G = g^2$, $H = h^3$ e $K = k^4$, per far apparire il risultato del prodotto polinomiale di $y^2 - 2ey + e^2$ per il polinomio monico generale di quarto grado. Trascuriamo i termini di destra per mettere meglio in evidenza i coefficienti indeterminati F, G, H, K per mezzo di allineamenti verticali.

$$\begin{array}{ccccccccc}
-2e & - & F & & & & & & \\
e^2 & - & 2eF & + & G & & & & \\
 & & e^2F & - & 2eG & + & H & & \\
 & & & & e^2G & - & 2eH & + & K \\
 & & & & & & e^2H & - & 2eK \\
 & & & & & & & & e^2K
\end{array}$$

Non ho cambiato nulla nella disposizione o nella forma presa dai calcoli, ma si può meglio capire ora il punto su cui bisogna concentrarsi[58] insieme a Descartes, che scrive:

Tuttavia, per risolvere ordinatamente[59] queste equazioni, e trovare infine la quan-

[58] Il lettore moderno avrà visualizzato immediatamente il metodo che interviene per questi quattro coefficienti, con due sistemi lineari triangolari. Espressione quali «sostituzione a ritroso», «sistema triangolare» sono anacronistiche, dal momento che non esiste «algebra lineare» in Descartes. Ma è grazie ai suoi mezzi che si può cogliere la situazione con un solo colpo d'occhio.

[59] L'espressione «risolvere ordinatamente» (*demesler par ordre*) è una delle prescrizioni essenziali del metodo cartesiano. Ma l'ordine non è assegnato una volta per tutte in ognuno dei problemi che si pongono: nel caso specifico, quello di tracciare una tangente. L'ordine, per il momento, concerne la soluzione delle sei equazioni ottenute per mezzo del metodo, a condizione che si comprenda qual è l'obiettivo. Che è quello che dice Descartes: bisogna trovare la sola incognita che conta per il problema in gioco, quello delle tangenti, ed è l'incognita v. Il percorso ordinato delle sei equazioni mostra che la terza equazione esprime v direttamente, nel senso che v si esprime come funzione affine dei coefficienti indeterminati, senza che intervenga s. In questa equazione entrano in gioco tre coefficienti soli, h^3, g^2 e f. Bisogna trovarli; ma c'è un ordine per farlo? Si tratta di un nuovo ordine. Questa volta, infatti, Descartes passa all'imperativo: «bisogna» (*il faut*), seguito da un ordine effettivo: «bisogna in primo luogo» (*il faut premièrement*). Questo ordinamento è giustificato con il vocabolario: quella da trovare per prima è f, la prima delle quantità incognite. Ma perché bisogna trovarla nella seconda fra le equazioni date? Perché si è appena instaurato un nuovo ordinamento, che riguarda la risolubilità stessa delle sei equazioni. Lo sguardo, in effetti, deve nuovamente percorrerle tutte per percepirne la forma. Si tratta di riuscire a vedere che alcune di esse sono risolubili direttamente. Inizia ora un gioco verbale di una retorica dell'ordine: *prima / in primo luogo*; *ultima/ultimo*. E, con uno strappo anche troppo visibile, *terzo termine / seconda quantità*, e poi, con un specie di riassestamento spettacolare, *penultima equazione / penultima quantità*. Il lettore avverte di essere di fronte

tità v – la sola di cui abbiamo bisogno e per la quale cerchiamo le altre – occorre innanzitutto, nel secondo termine, cercare la quantità f, la prima cioè delle incognite dell'ultima espressione; troviamo cosí:

$$f = 2e - 2b$$

Poi, nell'ultimo, dobbiamo cercare k, cioè l'ultima incognita della stessa espressione, e troviamo:

$$k^4 = \frac{bbccdd}{e}$$

Poi, nel terzo termine, bisogna cercare g, cioè la seconda quantità, e abbiamo:

$$gg = 3ee - 4be - 2cd + bb + dd$$

Infine, nel penultimo termine, dobbiamo cercare h, cioè la penultima quantità, che è:

$$h^3 = \frac{2bbccdd}{e^3} - \frac{2bccdd}{ee}$$

E cosí, se in quest'espressione vi fossero ancora altre quantità, bisognerebbe continuare seguendo questo stesso ordine fino all'ultima; è cosa infatti che si può eseguire sempre nello stesso modo.

Poi, attraverso il termine che segue secondo questo stesso ordine, cioè il quarto, dobbiamo cercare la quantità v e abbiamo:

$$v = \frac{2e^3}{dd} - \frac{3bee}{dd} + \frac{bbe}{dd} - \frac{2ce}{d} + e + \frac{2bc}{d} + \frac{bcc}{ee} - \frac{bbcc}{e^3}$$

dove, in luogo di e, ponendo y che le è uguale, abbiamo

$$v = \frac{2y^3}{dd} - \frac{3byy}{dd} + \frac{bby}{dd} - \frac{2cy}{d} + y + \frac{2bc}{d} + \frac{bcc}{yy} - \frac{bbcc}{y^3}$$

per la linea AP[60].

a una sorta di gioco di prestigio; per vederci piú chiaro c'è la soluzione di riscrivere le sei equazioni numerandole una per una. Cosa che abbiamo fatto, tenendo però conto che la numerazione corrisponde a un ordine di potenze decrescenti. Cosí, la prima equazione corrisponde all'identificazione dei coefficienti del termine di grado 5, la seconda al termine di grado 4, ecc. Le abbiamo notate con cifre inserite in un quadratino, e questo numero corrisponde all'ordine dei sette coefficienti del primo polinomio di grado 6 (il coefficiente di grado massimo è 1). Per noi, quest'ordine è inutile, ma Descartes lo utilizza. Rimpiazzando i coefficienti indeterminati con lettere maiuscole, come abbiamo fatto qui sopra, ci si può render conto del metodo di soluzione che Descartes si limita a indicare brevemente e solo alla fine del calcolo:

(1) $\boxed{2}\ F = 2e - 2b$

(6) $\boxed{7}\ K = \frac{b^2c^2d^2}{e^2}$

(2) $\boxed{3}\ G = 2eF - e^2 - 2cd + b^2 + d^2 = (3e^2 - 4be - 2cd + b^2 + d^2)$

(5) $\boxed{6}\ H = \frac{1}{e^2}(-2bc^2d^2 + 2eK) = \frac{2b^2c^2d^2}{e^3} - \frac{2bc^2d^2}{e^2}$

(3) $\boxed{4}\ H - 2eG + e^2F = 4bcd - 2d^2v$

(4) $\boxed{5}\ K - 2eH + e^2G = -2b^2cd + c^2d^2 - d^2s^2 + d^2v^2$.

[60] OD, vol. VI, pp. 420-21; GD, p. 348; trad. Lojacono cit., pp. 609-11.

Per intendere quest'ultimo termine, «linea», bisogna ritornare al significato della prima equazione e osservare una figura che Descartes ci fornisce. Ma noi stiamo cercando qualcosa di diverso, stiamo cercando l'ordine di questa particolare dimostrazione; ordine che coincide con l'ordine di risolubilità delle sei equazioni a sei incognite: la dimostrazione di un calcolo per sostituzione a ritroso. Perché farlo qui? Perché interrompere in questo modo il discorso di Descartes? Il fatto è che lui stesso invita a sviluppare una riflessione di questo genere quando dice, come ha appena fatto, che «è una cosa che si può fare sempre allo stesso modo» («c'est chose qu'on peut toujours faire en même façon»). La dimostrazione è quella di Descartes, con l'indicazione di una generalità che va oltre il sesto grado; è ciò che noi oggi identifichiamo con una risoluzione per sostituzione in avanti o all'indietro, con alternanza fra prime e ultime equazioni. Per farla breve, è la forma che domina; la forma in cui un problema algebrico si presenta per poter essere risolto. Peraltro, al momento non si tratta della dimostrazione di una risolubilità di sei equazioni in sei incognite, ma solo della risolubilità dei coefficienti indeterminati che abbiamo indicato con F, G, H, K.

Il problema ora è di sapere se questo nuovo ordinamento delle equazioni, questa forma basti o no alla soluzione particolare in questione, in vista della determinazione dei coefficienti indeterminati. Descartes ci assicura che «si può sempre fare allo stesso modo». Ha ragione. Omette di dire perché? Si può facilmente esprimere questa ragione con le sue parole, perché è la forma delle equazioni che interviene. Piú precisamente, interviene la forma del polinomio di grado 6 ottenuto per moltiplicazione del polinomio $y^2 - 2ey + e^2$ per il polinomio «finto»[61] o generale $y^4 + fy^3 + g^2y^2 + h^3y + k^4$. Questa moltiplicazione, per il modo in cui Descartes l'esegue (cominciando dal polinomio di secondo grado), impone che per ogni coefficiente intervengano linearmente al piú tre fra le lettere f, g^2, h^3, k^4 (visualizzate qui con F, G, H, K); mentre all'inizio (prima equazione, grado 5 o secondo termine) e alla fine (ultima equazione, grado 0, terzo termine) interverrà una sola delle lettere. Poi per la seconda equazione (grado 4, terzo termine) e per la penultima (grado 1, sesto termine) saranno legate due sole lettere. La forma delle equazioni esprime la loro risolubilità, a condizione di ordinarle bene.

Il successo del metodo polinomiale di Descartes non è garantito per tutte le curve algebriche, e non si tratta solo di un problema di complicazione. Descartes può ragionare solo su esempi – e sa bene quali siano i limiti logici di questo tipo di esercizio. Cercherà dunque di estrarre due fatti generali dal procedimento che ha elaborato per il problema delle tangenti. Il primo è relativo all'ordine: è quello della scrittura polinomiale generale per

[61] L'espressione «equazione finta» (*feinte*) è di Claude Rabuel, nel suo commento alla *Géométrie* del 1730.

potenze decrescenti, con coefficienti (e segni) generali. D'altronde li tratta con tutta calma, facendo cosí trasparire la sua padronanza dello strumento algebrico nel riconoscimento della generalità dei coefficienti – della forma polinomiale, dunque. Lo storico può riconoscere qui un'innovazione di Descartes. Il secondo fatto riguarda il metodo algebrico: l'identificazione dei coefficienti di due polinomi uguali. Quello che altrimenti dovrebbe considerarsi un miracolo – il fatto che da una sola equazione se ne possano ricavare tante – si spiega in virtú dell'aspetto «dimensionale» dei polinomi, del loro grado. L'idea che un polinomio non sia una semplice espressione numerica, ma che abbia una «dimensione» e quindi una sua spazialità e una sua geometria – che resta peraltro un'algebra. L'identità $P \equiv Q$ o $P(x) = Q(x)$, per ogni valore della variabile x, non è una semplice uguaglianza numerica. L'identità qui assume un valore ontologico, allo stesso modo in cui si può dire che il libro V degli *Elementi* di Euclide ha un valore ontologico per l'algebra delle proporzioni e il libro VII ha valore ontologico per i rapporti dei numeri interi. La prova di tale identità risiede nell'unicità della forma polinomiale.

Ma esiste anche un calcolo algebrico sui polinomi che non si riduce a un gioco formale. Descartes inaugura un lavoro sui polinomi di grado n, presentandoli come enti matematici $n + 1$ – dimensionali: aspetto che la sua scrittura spazializzata di un polinomio ci fa cogliere bene. Ha creato l'algebra polinomiale, e tutta la sua ragnatela di dimostrazioni, utilizzabili anche per scopi diversi da quello del gioco delle forme polinomiali. In questo modo, la divisione polinomiale, nota da lungo tempo, diventa essa stessa uno strumento. Per dire che un polinomio ha una radice doppia, basta indicare che la sua divisione per un binomio quadratico ha resto nullo. Questo resto, a priori, non può superare il primo grado e ci sono quindi due equazioni da soddisfare.

Prevedere quello che ci sarà da fare: è questo lo spirito del metodo cartesiano. Descartes non ha risolto il problema di classificare tutte le curve algebriche utilizzando il grado e nemmeno si è posto il problema di determinare il grado del problema della determinazione della tangente a una generica curva di grado n. E nemmeno ha previsto il calcolo differenziale. Ma ha fornito l'algebra di un'ontologia; ha organizzato delle dimostrazioni.

Concludiamo con un passo della *Géométrie*: testimonianza di un modo di esibire una conquista intellettuale nel solo campo delle matematiche, dunque testimonianza esemplare per i nostri scopi presenti. Qui, Descartes mostra la generalità della forma polinomiale con i coefficienti, e menziona *en passant* che siamo qui di fronte a un metodo che non nomina, ma è quello delle indeterminate:

> Bisogna ancora notare, a proposito dell'ultima espressione che si prende a piacere per completare – quando non sia completo – il numero delle dimensioni dell'altra espressione, come questa che abbiamo appena presa,

$$y^4 + fy^3 + ggyy + h^3y + k^4$$

che i segni + e − possono essere scelti a nostra discrezione senza che v o AP muti per questo, come potrete facilmente constatare sperimentalmente; infatti, se dovessi soffermarmi a dimostrare tutti i teoremi cui faccio cenno, sarei costretto a scrivere un libro molto piú voluminoso di quello che desidero. Comunque, di sfuggita voglio ricordarvi che questa scoperta di supporre due equazioni della stessa forma, per comparare separatamente tutti i termini dell'una con quelli dell'altra e cosí generarne parecchie da una sola (di ciò avete visto qua un esempio), può utilizzarsi in un'infinità di altri Problemi ed è scoperta che stimo fra le piú notevoli tra quelle che dobbiamo al metodo di cui mi servo[62].

6. *Un esempio di calcolo di Fermat: le quadrature delle parabole e delle iperboli generalizzate.*

Ecco il titolo (tradotto) di un testo sulle progressioni geometriche al quale Fermat lavorava prima del 1647[63]: «Sulla trasformazione e la semplificazione delle equazioni di luogo, per un confronto eseguibile in molti modi delle aree curvilinee o fra di loro o con quelle rettilinee; a cui si aggiunge l'uso della progressione geometrica per la quadratura delle infinite parabole e iperboli»[64].

La somma di una serie geometrica viene introdotta sotto forma di un enunciato:

> Data una progressione geometrica i cui termini descrescono all'infinito, la differenza fra i due termini che costituiscono la progressione sta al piú piccolo dei due come il termine massimo della progressione sta a tutti gli altri presi all'infinito[65].

In notazioni moderne, data una progressione geometrica

$$a = x_1, x_2, \ldots, x_n, \ldots,$$

di primo elemento a e di ragione $x = \frac{u}{v}$, ciò equivale a scrivere:

[62] OD, vol. VI, pp. 350-51; trad. Lojacono cit., p. 612.

[63] «De aequatione localium transmutatione et emendatione ad multimodam curvilineorum inter se vel cum rectis comparationem, cui annectitur proportionis geometricae in quadrandis infinitis parabolis et hyperbolis usus». Fermat disponeva delle tecniche di calcolo illustrate in questo testo prima del 1647, come è testimoniato da una lettera a Digby del 20 aprile 1657, in cui scrive che dieci anni prima aveva inviato a Torricelli questo calcolo di quadrature.

[64] OF, vol. I, pp. 255-85. Il testo latino è tradotto in OF, III, pp. 216-37; tuttavia le notazioni adottate in OF sono diverse da quelle originali della *Varia Opera Mathematica D. Petri de Fermat, senatoris Tolosani*, J. Pech, Toulouse 1679 (nuova edizione Berlin 1861 e Bruxelles 1969) [da qui in poi VOM], pp. 44-57.

[65] «Data quavis proportione geometrica cuius termini decrescant in infinitum, est ut differentia terminorum progressionem costituentium ad minorem terminum, ita maximus progressionis terminus ad reliquos omnes in infinitum sumptos» (OF, vol. I, p. 255; VOM, p. 44).

$$\frac{a}{S-a}=\frac{v-u}{u},$$

dove S rappresenta la somma della serie.

Questa formula è di certo algebricamente esatta, ma Fermat l'utilizza in una forma che si potrebbe scrivere come:

$$(2) \qquad \frac{a}{S-a}=\frac{x_n - x_{n+1}}{x_{n+1}}.$$

Questa forma era infatti sufficientemente flessibile per l'uso che intendeva farne: non gli conveniva fissare n nel membro di sinistra, perché gli serviva che fosse libero. Fermat non dimostra questa formula, la considera come nota. Dovremo ritornarci, tanto piú che le notazioni che abbiamo usato non sono le sue.

La somma infinita è per Fermat il punto di partenza per le quadrature, il solo, anzi: «Unico, quod notissimum est, proportionis geometricae attributo tota haec methodus innititur»[66]. Non si rivolge allo studio di una sola curva, ma attacca subito quello di un'intera famiglia: le parabole e le iperboli generalizzate. Si tratta di curve in cui il prodotto o il quoziente di una potenza dell'ascissa per una potenza dell'ordinata rimane costante: se α e β sono due numeri positivi dovrà essere[67]

$$AG^{\alpha} \cdot EG^{\beta} = \text{costante}$$

oppure

$$\frac{AG^{\alpha}}{EG^{\beta}} = \text{costante}.$$

Come altri matematici della sua epoca, Fermat aveva preso in considerazione queste curve piú generali solo per il fatto che conservano le progressioni geometriche, vale a dire che una progressione geometrica delle ascisse dà una progressione geometrica delle ordinate corrispondenti[68]. Fin dall'inizio c'è una rappresentazione delle curve, ancorché non si tratti di un'equazione cartesiana, perché Fermat (proprio come Grégoire de Saint-Vincent [Dhombres 1998]) fa uso di due punti mobili e non di uno solo:

[66] «Questo metodo, in tutte le sue parti, necessita di un'unica proprietà della progressione geometrica».

[67] Fermat tratta il caso in cui α e β sono interi, ma anche quello in cui sono l'inverso di un intero («sed etiam latera simplicia, quorum exponens est unitas», OF, vol. I, p. 256). Si può supporre che avesse presente il caso in cui α e β sono numeri razionali e forse anche casi piú generali.

[68] Torricelli, prima di lui, aveva esplicitamente esaminato curve di questo tipo. Lo studio di tutte le potenze razionali poteva finire col produrre una ricca messe di risultati per il calcolo delle aree legate alle curve algebriche. Cfr. Bortolotti [1925], pp. 44-58, 139-52.

> Definiamo «iperboli infinite» certe curve di varia specie [...] si faccia come una certa potenza della retta *AH* a una potenza simile della retta *AG*, cosí una potenza della retta *GE* (simile o diversa rispetto alla precedente) alla potenza a lei omogenea della retta *HI*[69].

Ovvero:

$$\frac{AH^\alpha}{AG^\alpha} = \frac{GE^\beta}{HI^\beta}.$$

Nell'edizione curata nel 1679 dal figlio di Fermat, la figura propone un ramo di curva posizionato fra assi rettangolari (gli asintoti della curva) e dei punti nominati (figura 1). Si può darle un senso spiegando come Fermat sistemava sulle ascisse di tale curva una progressione geometrica crescente di ragione q ($q > 1$), a partire da un primo termine AG, seguito da un secondo $AH = qAG$, un terzo $AO = q^2AG$, un quarto $AM = q^3AG$, ecc.

Si richiede che la ragione q finisca col coincidere con l'unità e Fermat sistema le cose perché «i termini siano abbastanza vicini l'un l'altro» di modo che, «seguendo il metodo di Archimede, si possa adeguagliare»[70]. Non

[69] «Hyperbolas autem definimus infinitas diversae speciei curvas [...] sit ut potestas quaedam rectae *AH* ad potestatem similem rectae *AG*, ita potestas rectae *GE* vel similis vel diversa a praecedente, ad potestatem ipsi homogeneam rectae *HI*», OF, vol. I, p. 256.

[70] *Ibid.*, p. 257.

Figura 1.

«Immaginiamo che i termini di una progressione geometrica estesa all'infinito...»

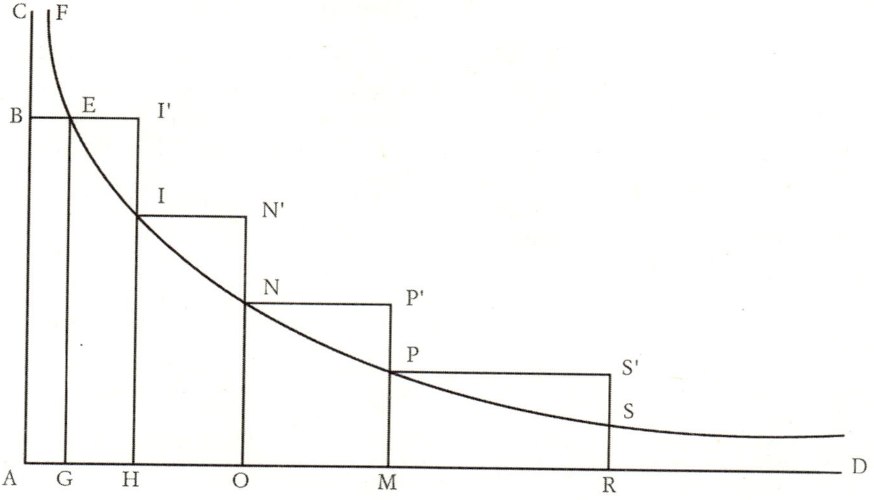

affrontiamo per ora una discussione su questo termine. Il nuovo calcolo che Fermat conduce con $\alpha = 2$ e $\beta = 1$ stabilisce che le aree dei rettangoli *GHI'E*, *HON'I*, *OMP'N*, *MRS'P*, ecc. formano a loro volta una progressione geometrica come le lunghezze successive *AG*, *AH*, *AO*, ecc. e, beninteso, le ordinate *ON*, *MP*, *RS*, ecc. Cosa che Fermat dimostrava esattamente alla maniera di Grégoire de Saint-Vincent, utilizzando solo strumenti di teoria delle proporzioni (in particolare la «composizione dei rapporti»: oggi diremmo il prodotto) e non un'algebra, alla maniera di Descartes.

C'era tutta una panoplia di proprietà della progressione geometrica che costituivano una sorta di algebra elementare cui, nel 1647, l'*Opus geometricum* di Grégoire aveva fornito una patente di nobiltà geometrica.

Per esempio, se si prende una progressione geometrica, le differenze fra due termini successivi ne costituiscono un'altra con la stessa ragione. Se x_1q^{n-1} è l'n-esimo termine della progressione, $x_1q^n - x_1q^{n-1} = x_1(q-1)\,q^{n-1}$ è evidentemente il termine generale di una nuova progressione geometrica, sempre di ragione q. Allo stesso modo, i prodotti termine a termine di due progressioni formano una nuova progressione la cui ragione è il prodotto delle ragioni, come Grégoire de Saint-Vincent aveva mostrato geometricamente nella proposizione 71 del libro II dell'*Opus geometricum*.

Ora le aree dei rettangoli successivi *GHI'E*, *HON'I*, *OMP'N*, *MRS'P*, ecc., corrispondono al prodotto termine a termine di due progressioni, la *GE*, *HI*, *ON*, ... e la progressione ottenuta per differenza *GH*, *HO*, *OM*, *MR*, ... Fermat non utilizza affatto questa «illustrazione geometrica» perché ragiona sulle proporzioni, scritte senza alcun simbolismo particolare.

Fermat si contentava di calcolare il rapporto delle due prime aree, che risulta uguale all'inverso della ragione della progressione geometrica delle ascisse nel caso dell'«iperbole» particolare qui scelta ($\alpha = 2$ e $\beta = 1$). In effetti, questo calcolo è generico, perché si vede di primo acchito che c'è una progressione. Quando il coefficiente α è strettamente maggiore di β, siccome la ragione q da cui siamo partiti è strettamente maggiore di uno, la progressione delle aree rettangolari è decrescente, di modo che risulta sensato eseguire la somma infinita (S) di tutte queste aree. Vale a dire che S deve essere sostituita con l'area

$$\mathcal{A} = \text{area}(GHI'E) + \text{area}(HON'I) + \text{area}(OMP'N) + \text{area}(MRS'P) + \cdots,$$

la cui rappresentazione è geometricamente evidente nella figura 1. L'area del primo rettangolo *GHI'E* può essere presa come una costante

$$a = GH \times GE.$$

Il rapporto di sinistra, nella relazione (2) che Fermat ha introdotto all'inizio, assume il valore

$$q^{\frac{\alpha-\beta}{\beta}}-1$$

ma, messa cosí, l'espressione è in termini troppo moderni. In effetti per $\alpha = 2$ e $\beta = 1$, cioè per il caso della prima iperbole generalizzata, il rapporto in questione diventa $q - 1$ e si legge direttamente sulla figura perché corrisponde al rapporto *GH/AG*, cioè al rapporto tra la differenza fra due termini successivi della progressione e il termine piú piccolo dei due.

Abbiamo seguito la progressione delle aree dei rettangoli e bisogna ora passare a proporzioni che riguardano le lunghezze. Il fatto è che Fermat ha «rappresentato» automaticamente le aree dei rettangoli successivi con una progressione geometrica di segmenti: *AR*, *AM*, *AO*, *AH*, *AG*, … . Si tratta di una progressione la cui ragione è l'inverso di quella della progressione fissata all'inizio. Tale interpretazione permette un risparmio di figure: «Sed tres rectae quae constituunt rationes parallelogrammorum, rectae nempe *AO*, *HA*, *GA* sunt proportionales ex constructione»[71]. Per il calcolo della somma completa di questa nuova progressione, basterà reinterpretare la formula generale (2). Per valutare il termine a sinistra, Fermat utilizza due termini successivi e non fa intervenire il primo termine. Di conseguenza è indifferente – quanto meno per il calcolo effettivo di $(x_n - x_{n+1})/x_{n+1}$ che si sia rimpiazzata la progressione delle aree con quella dei segmenti, anche se si tratta di progressioni i cui primi termini differiscono. Dalla (2) avremo allora:

$$\frac{GH}{AG}=\frac{a}{A-a}$$

e, tenendo conto che $a = GH \times GE$:

$$\frac{GH\times GE}{AG\times GE}=\frac{GH\times GE}{A-a}$$

e dunque s'impone la relazione di uguaglianza fra i denominatori:

(3) $$AH \times GE = A - a$$

ovvero l'area A risulta uguale al rettangolo *AHI'B*.

In termini moderni, il rapporto *GH/GO* vale $1/(1 + q)$, che si ottiene semplificando la frazione $(q - 1)/(q^2 - 1)$, dato che q ($q > 1$) è la ragione della progressione geometrica di punti che è stata inserita all'inizio sull'asse delle ascisse.

Il calcolo funziona altrettanto bene per le parabole generalizzate, quelle per cui risulta costante un quoziente (e non un prodotto) di potenze positive.

[71] «Ma le tre rette *AO*, *HA*, *GA* che costituiscono i rapporti dei parallelogrammi formano per costruzione una progressione [geometrica]», VOM, p. 258.

A cominciare, come dice Fermat, con la «prima parabola, quella di Apollonio», per cui si ha $\alpha = 1$ e $\beta = 2$, ovvero la relazione che Fermat esplicitava nella forma[72]:

$$\frac{AG}{AH} = \frac{EG^2}{IH^2}.$$

Il calcolo formale per le aree dei rettangoli fornisce una serie geometrica la cui ragione q viene elevata alla $\frac{3}{2}$. Questa volta occorreva disporre in ascissa una progressione geometrica di ragione q $(0 < q < 1)$ se si voleva poter sommare effettivamente la progressione delle aree e poter dunque disporre di una serie decrescente AG, AH, AO, AM, ecc. Il termine di sinistra nella relazione (2) fornisce questa volta:

$$\frac{1-q^{\frac{3}{2}}}{q^{\frac{3}{2}}}.$$

Ma non è questo ciò che pensava Fermat, il quale rappresenta la serie delle aree con una serie di segmenti, cosa che lo costringe a far intervenire delle medie geometriche. Se si pone AY come media geometrica fra AO e AH, vale a dire $AY = \sqrt{AO \cdot AH}$, si ottiene effettivamente nella figura $AY = q^{\frac{3}{2}}$. La serie delle aree dei rettangoli risulta allora rappresentata dalla serie geometrica dei segmenti AG, AY, AM, ecc. Per questa serie, tenendo conto del fatto che $q < 1$ e dunque che AY risulta piú piccolo di AG, il termine di sinistra della relazione (2) vale:

$$\frac{GY}{AY}$$

e dunque (2) in questo caso ci dà:

$$\frac{a}{\mathcal{A}-a} = \frac{GY}{AY}.$$

Dato che $a = GH \times GE$, un po' di calcoli di teoria delle proporzioni danno:

$$\frac{GH \times GE}{\mathcal{A}} = \frac{GY}{AY + GY} = \frac{GY}{AY}$$

Dunque, detta $\mathcal{B}$ l'area del rettangolo $AH \times GE$ si ottiene la nuova formula:

$$\mathcal{A} = \left(\frac{GH}{AY}\right)\mathcal{B}.$$

[72] Corrisponde al caso di equazione cartesiana $y^2 = ax$.

Si può anche illustrare il caso di un'altra «parabola» trattata da Fermat, la cosiddetta semicubica, quella determinata dalla relazione:

$$\frac{AG^2}{AH^2} = \frac{GE^3}{HI^3}.$$

Questo caso corrisponde a $\alpha = 2$ e $\beta = 3$ ovvero, per la serie delle aree dei rettangoli, a una ragione uguale a $q^{\frac{5}{3}}$. Per analogia con il caso della parabola ordinaria, Fermat costruisce un segmento $AT = q^{\frac{5}{3}}AG$; per farlo deve inserire due medie proporzionali fra i punti G e H per poter prolungare la progressione fino al quinto punto. Lo stesso tipo di calcoli eseguiti precedentemente fornisce una nuova formula:

$$\mathcal{A} = \left(\frac{GH}{GT}\right)\mathcal{B}.$$

Fin qui non si è trattato ancora di quadrature, ma semplicemente di relazioni (certo, in termini di proporzioni) fra la somma di aree di rettangoli collegati alla curva, disposte in serie geometrica, e l'area di un rettangolo fissato. Come si può arrivare all'area delimitata dalla curva, che è la posta in gioco della quadratura delle «infinite parabole e iperbo-

---

Figura 2.

Fermat traccia questa figura in verticale e la curva rappresentata è la parabola ordinaria, ma cambia completamente le lettere rispetto alla figura iperbolica discussa precedentemente. Ho preferito mantenere le stesse lettere in modo da far risaltare meglio il parallelismo dei calcoli.

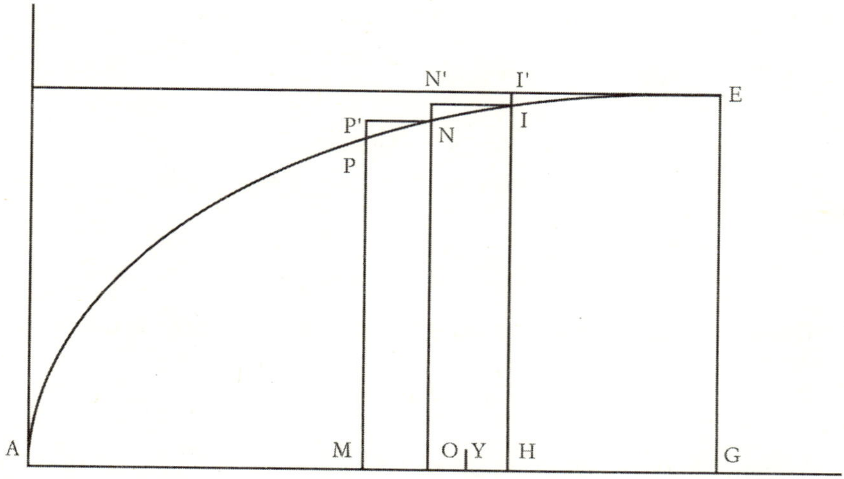

li»? Fra queste somme di aree rettangolari e l'area curvilinea corre tutta la differenza che separa la ragione q dall'unità, vuoi che ci si trovi nel caso $q < 1$, vuoi in quello $q > 1$. D'altro canto, porre direttamente $q = 1$ cancella tutta la costruzione: i punti G, H, O, M e R si troverebbero tutti confusi insieme.

Un'interpretazione moderna permette di chiarire cosa succede nel caso di una delle «iperboli». Se $x^\alpha y^\beta = a$, con $\alpha > \beta > 0$, si ottiene per l'area:

$$\alpha^{\frac{1}{\beta}} \int_x^\infty \frac{dt}{t^{\frac{\alpha}{\beta}}} = \frac{\alpha^{\frac{1}{\beta}}}{\frac{\alpha}{\beta} - 1} \cdot \frac{x}{x^{\frac{\alpha}{\beta}}},$$

area che si può anche esprimere come:

$$\frac{xy}{\frac{\alpha - \beta}{\beta}}. \tag{4}$$

Se si interpreta il prodotto xy come l'area di un rettangolo, in quest'ultima relazione si può leggere facilmente la proposizione universale di Fermat. Si tratta di una proposizione indipendente dalla natura dell'iperbole generalizzata, che indica il rapporto $\frac{\alpha - \beta}{\beta}$ per il quale bisogna dividere l'area di un rettangolo xy per ottenere l'area sotto la curva. Questa proposizione, cosí com'è enunciata, ha perduto per noi quasi ogni interesse. In che cosa risiede allora l'invenzione di Fermat?

Questo modo di vedere ha il grande vantaggio di non far entrare in gioco costruzioni geometriche proprie della curva particolare presa in considerazione, come avveniva invece nella quadratura della parabola eseguita da Archimede, in cui dovevano intervenire le proprietà dei «diametri» della parabola[73]. Il successo di Fermat dipende quindi da un gioco di rappresentazione di aree poligonali attraverso successioni numeriche (progressioni geometriche) rappresentate in ascissa o in ordinata. La curva si riduce a una semplice occasione di calcolo.

Ma ritorniamo a Fermat, che si riferisce alla figura e spiega il passaggio dalla ragione q all'unità:

> Immaginiamo i termini di una progressione geometrica estesa all'infinito: e siano AG il primo, AH il secondo, AO il terzo e cosí via. Supponiamo che questi termini siano tanto vicini tra loro che, secondo il metodo di Archimede, il parallelogramma rettilineo $GE \times GH$ possa essere adeguagliato, come dice Diofanto, ovvero essere praticamente uguagliato al quadrilatero mistilineo $GHIE$.
>
> Supponiamo inoltre che gli intervalli rettilinei GH, HO, OM, ecc. dei termini della progressione siano sufficientemente uguali tra loro perché sia possibile impiegare facilmente il metodo di Archimede di riduzione all'assurdo tramite circoscrizioni e

[73] La nozione di diametro non si estende alle parabole generalizzate.

iscrizioni. Basti aver osservato ciò solo questa volta, per non essere obbligati a ritornare a insistere e a ripeterci su un artificio noto a tutti i geometri[74].

Occorre far coincidere H con G, porre la ragione q uguale a 1, e dunque nella relazione (3) porre $a = 0$. $\mathcal{A}$ diventa cosí adeguagliato a S, l'area curvilinea sotto l'iperbole che si sta cercando. «Lo spazio indefinito che ha per base *GE* e che è limitato da una parte dalla curva *ES* e dall'altra dall'asintoto indefinito *GOR*» viene cosí reso uguale all'area di un rettangolo: «aequari spatio rectilineo dato». La quadratura è infine compendiata nella relazione (4).

Adeguagliare? Il senso era ben quello di «rendere uguale», in senso attivo, ed era facile comprenderne il significato per il passaggio da $\mathcal{A}$ a $\mathcal{S}$, passaggio gestito dal metodo di esaustione. Questo termine, «esaustione», era stato inventato da Grégoire de Saint-Vincent per indicare la tecnica di calcolo delle aree seguita da Euclide e Archimede. Un termine che non si era ancora affermato nel momento in cui Fermat scriveva; tanto che può benissimo proporre il verbo «adeguagliare», piú adatto per descrivere un metodo che si mette in pratica[75]. Certo, Fermat lavora su uno spazio che si estende all'infinito[76], ma il doppio ragionamento per assurdo caratteristico del metodo di esaustione era talmente praticato, per non dire automatizzato [Dhombres 1993], che serviva da garanzia, senza che fosse necessario aggiungere altro in un testo preparato per farlo leggere a dei professionisti («si arriva cosí a questa verità che si potrebbe facilmente confermare con una dimostrazione prolissa, condotta al modo di Archimede», OF, vol. I, p. 257).

[74] «Fingantur termini progressionis geometricae in infinitum extendendi, quorum primus sit *AG*, secundus *AH*, tertius *AO* etc. in infinitum. Et ad sese per approximationem tantum accedant quantum satis sit ut, iuxta Methodum Archimedeam, parallelogrammum rectilineum sub *GE* in *GH*, quadrilatero mixto *GHE* adaequetur, ut loquitur Diophantus, aut fere aequetur *GE* in *GH*. Item ut priora ex intervallis rectis proportionalium *GH*, *HO*, *OM*, et similia sint fere inter se aequalia, ut commode per ἀπαγωγὴν ἐις ἀδύνατον, per circumscriptiones et inscriptiones, Archimedea demonstrandi ratio institui possit, quod semel monuisse sufficiat, ne artificium quibuslibet geometris iam satis notum inculcare saepius et iterare cogamur», OF, vol. I, p. 257.

[75] Herbert Breger [1994] propone, insieme con una storia del termine, anche un'interpretazione del concetto di adeguaglianza in Fermat: lo intende come uguaglianza e rifiuta l'idea che esso contenga il concetto di uguaglianza approssimata. Il testo di Fermat sulle quadrature che stiamo qui discutendo non facilita certo questa tesi, e Breger è costretto a supporre che un copista abbia modificato il testo originale di Fermat al momento della pubblicazione curata dal figlio Samuel delle *Varia opera mathematica*, aggiungendovi l'idea di approssimazione «con circoscrizioni e inscrizioni». Non è un'idea completamente inverosimile.

[76] Le aree dei rettangoli tendono verso le aree dei rettangoli curvilinei o, meglio, l'intera somma

$$\text{area}(GHI'E) + \text{area}(HON'I) + \text{area}(OMP'N) + \text{area}(MRS'P) + \cdots$$

diventa uguale all'area delimitata dalla retta *EG* (l'asse delle ascisse) e la curva stessa; e questo sia che la curva si estenda all'infinito (caso delle «iperboli»: area *GED* di figura 1), sia che venga inscritta a una distanza finita (caso delle «parabole»: area *AGE* di figura 2).

C'è anche un altro uso dell'adeguagliare, quando nelle formule i quozienti $\frac{GH}{GO}$, $\frac{GH}{GY}$ e $\frac{GH}{GT}$ vengono rimpiazzati da frazioni numeriche semplici come in $\frac{1}{2}$, $\frac{2}{3}$ e $\frac{3}{5}$. Fermat non dice forse «per adeguaglianza», aggiungendo poi fatti gli intervalli vicini alla base sono, per costruzione, quasi uguali fra loro»[77]? O anche: «Ma GY sta a GH come 3 sta a 2 (a causa dell'adeguaglianza e della divisione in parti minutissime, per cui le rette ... che rappresentano gli intervalli proporzionali si suppongono quasi uguali)»[78]. Fermat continua spiegando che, pur ritrovando il risultato di Archimede per la parabola, è proprio qui che il suo metodo differisce da quello antico, e che ha ritenuto necessaria tale variazione metodologica: «Abbiamo ritenuto necessario modificare il metodo e seguire una strada diversa da quella di Archimede»[79].

C'è un'interpretazione di questa nuova *adeguaglianza*, basata sul calcolo con la ragione q della progressione geometrica collocata sulle ascisse: bastava liberarsi di un'indeterminazione del tipo 0/0 derivante da $\frac{q-1}{q^2-1}(q > 1)$; o da $\frac{1-q}{1-q^{\frac{3}{2}}}(q < 1)$; o ancora da $\frac{1-q}{1-q^3}(q < 1)$ o $\frac{1-q}{1-q^{\frac{5}{3}}}(q < 1)$. Ovvero da:

$$\frac{1-q}{1-q^g}, \text{ con } g = \frac{\alpha+\beta}{\beta}.$$

Il limite per $q = 1$ è evidentemente $\frac{1}{2}$. Bisogna affidarsi alla tecnica degli sviluppi limitati dell'esponenziale e del logaritmo. Termine, quest'ultimo, che non può mancare di trovarsi in Fermat, e precisamente quando si tratta di giustificare, «grazie al nostro metodo logaritmico», il rapporto 3 : 5 per la parabola semicubica e il parallelogramma a lei circoscritto[80]. Anche il metodo logaritmico fornisce un tipo di adeguaglianza. Per Fermat, il rapporto di due termini presi nella serie geometrica è rimpiazzato automaticamente dal rapporto dei numeri che identificano questi termini nell'ordinamento della serie geometrica, eventualmente completato dalle costruzioni intermedie. Per esempio (cfr. figura 2) $\frac{GH}{GO}$ diventa $\frac{1}{2}$ e $\frac{GH}{GT}$

[77] «... sive 2 ad 1, ex adequatione; intervalla enim basi proxima facta sunt ex constructione fere aequalia inter se», OF, vol. I, pp. 259-60.

[78] «Est autem *BY* [*GY*] ad *BE* [*GH*] (propter adaequalitatem et sectiones minutissimas, quod rectas ..., intervalla proportionalium repraesentantes, fere inter se supponit aequales) ut 3 ad 2», OF, vol. I, p. 263. Nella traduzione abbiamo cambiato i nomi delle lettere, per adeguarli a quelli introdotti in figura 2.

[79] «Methodum autem variare, et diversam ab Archimede viam sectari necessum habuimus», *ibid.*; VOM, p. 48.

[80] «Recta autem *BT* continet quinque intervalla: *TS*, *SE*, *ER*, *RV*, *VB*, quae inter se, propter nostram methodum logarithmicam, censentur aequalia; recta autem *BE* continet tria ex iis intervallis, nempe *ER*, *RV*, *VB*: ergo parallelogrammum *BD* est ad totam figuram in hoc casu ut 5 ad 3», OF, vol. I, p. 265. In questa citazione abbiamo conservato le lettere originali, che non corrispondono quindi a quelle di figura 2.

diventa $\frac{3}{5}$. Numeri questi che fanno un'apparizione piuttosto surrettizia. Nel caso parabolico un segmento come AG si può scrivere, quando $q < 1$, nella forma $\frac{1}{q^n}GX$, con GX sufficientemente piccolo e n sufficientemente grande. Vale a dire che GX funziona coma un'unità di base che gradua AG secondo una progressione geometrica. I segmenti successivi, differenza di due termini della progressione, sono quasi uguali: è il principio base per la costruzione di una tavola in cui i logaritmi sono numeri interi, tavola che tuttavia fornisce solo valori approssimati. Di conseguenza il rapporto di due termini qualunque della progressione stessa è proprio il rapporto dei loro ranghi rispettivi: ecco qui l'adeguaglianza che, nel caso specifico, è l'uguaglianza che procura il passaggio ai logaritmi, per approssimati che siano i calcoli effettivi che si operano su di loro. Cosí, la progressione aritmetica e la progressione geometrica hanno finito, necessariamente, per incontrarsi: questo incontro ha preso il nome di logaritmo secondo le aree iperboliche ed è stato reso possibile dal metodo di esaustione (come si esprime Grégoire de Saint-Vincent), altrimenti detto adeguaglianza (*ut loquitur Diophantus*).

7. *Conclusione.*

Le *Varia opera mathematica* furono pubblicate nel 1679 a cura del figlio di Fermat: tardi, molto tardi in un secolo che in matematica galoppa a briglia sciolta, specie negli ultimi trent'anni, in cui si assiste ai contributi di Newton, Leibniz, dei fratelli Bernoulli. Ma, in questo modo, viene almeno stabilito il professionismo matematico del loro autore. Descartes aveva pubblicato una sola opera matematica, la *Géométrie*, nel 1637, come appendice a un'opera fondamentale per il pensiero moderno, dato che si tratta al tempo stesso di un'autobiografia intellettuale e di un metodo per pensare. L'inserzione di un testo matematico nel *Discours de la méthode* è anch'essa una procedura inedita, che però non lede il professionismo che Descartes cercava forse di segnalare aprendo la *Géométrie* con una segnalazione forte dell'autonomia delle matematiche. Peraltro, si è piú volte avanzato il sospetto che, dato il loro modo di operare, Fermat e Descartes non fossero altro che degli outsider. Il che si potrebbe intendere nel senso che erano guidati da interessi diversi, intellettuali o professionali. Ma un tale giudizio vuol sottolineare in primo luogo che questi due autori non furono mai professori di università, e ne consegue un segno di autonomia per la matematica, che risuona particolarmente caro alle nostre orecchie contemporanee, dato che la «disciplina» non è piú da tempo ristretta alle necessità di una formazione elementare ed è divenuta una forma di pensiero.

Ci sono anche alcuni storici che hanno la tendenza a etichettare Fermat e Descartes come «dilettanti»: l'origine lontana della parola, che viene da «dilettare» (ovvero «provare un sentimento di intima gioia e soddisfazione»), rivelerebbe una passione per le matematiche; interpretazione che ha piú di una pagina di storia negli annali eruditi. Ma prima ancora di mettersi a cercare delle peculiarità che caratterizzino i modi e le creazioni di un periodo, non bisognerebbe mai dimenticare certe domande, le piú scettiche che si possono rivolgere alla storia. Per esempio: il periodo in questione non sarà una sequela casuale di avvenimenti fortuiti, la cui riunione sarebbe un semplice artefatto dello storico? L'associazione con la Francia non sarà un semplice aneddoto, che corrisponde forse all'isolamento relativo dovuto ai conflitti che devastano l'Europa del Nord, ivi compresa l'Inghilterra lacerata dalla guerra civile, mentre preservano (ma solo geograficamente) l'Italia e la Spagna? Dal XIX secolo, da Auguste Comte in poi, gli storici rifiutano questo punto di vista: mettono in mostra e fanno valere la creazione della geometria analitica che tutti i critici attribuiscono, unanimi, a Descartes e a Fermat insieme[81].

Ho cercato in queste pagine di precisare meglio la situazione, insistendo sugli aspetti di calcolo, ma questo corrisponde semplicemente a ciò che i matematici intendono con l'aggettivo «analitico» associato al sostantivo «geometria». Bisogna comunque riconoscere che, pur con una notevole varietà, le opinioni di epistemologi e storici non divergono sulla ripartizione di attribuzioni da aggiudicare rispettivamente a Descartes e a Fermat, in particolare sull'esempio per eccellenza, la ricerca delle tangenti a una curva. D'altra parte, la disputa che i nostri due autori ebbero su questo problema è notissima, come è ben noto che finirono col trovarsi d'accordo: tanto che non si parla di una geometria analitica «cartesiana» o di una «fermattiana». Ci si limita a parlare di «equazioni cartesiane» di una curva o di «metodo di Fermat della discesa infinita» associandolo a problemi relativi alle curve. Vale dunque la pena di prendere sul serio quanto scriveva Descartes a Mersenne, probabilmente alla fine del 1637, in ogni caso poco dopo la pubblicazione della *Géométrie*:

> Ma, dal momento che sono pochi coloro che possono intendere la mia *Geometria* e poiché desiderate che vi scriva qual è la mia opinione a riguardo, ritengo opportuno dirvi che è tale che non desidero nulla di piú. Con la *Diottrica* e le *Meteore* ho solo cercato di persuadere che il mio metodo è migliore di quello comune, mentre con la mia *Geometria* pretendo di averlo dimostrato[82].

[81] Comte interpreta la geometria analitica come un'eredità cartesiana ancora da stabilizzare in un suo testo – che viene letto troppo poco – del 1843: *Traité élémentaire de géométrie analytique à deux et à trois dimensions: contenant toutes les théories générales de géométrie accessibles à l'analyse ordinaire*. È in preparazione l'edizione critica di quest'opera.

[82] Lettera di Descartes a Mersenne di fine dicembre 1637 (?), OD, vol. I, 478; *Tutte le lettere* cit., p. 477.

Qui Descartes parla della sua *Géométrie* come di uno strumento di dimostrazione epistemologica; e un punto di vista culturale non può dimenticare che l'accesso alla storia delle scienze matematiche da un lato dipende dalle costruzioni degli storici che periodizzano volentieri nei loro riordinamenti, e dall'altro da una «leggenda matematica» che, piú che altro, è costituita da un tesoro di racconti – a volte anche contraddittori – trasmessi e tramandati nel mondo dei matematici. Leggenda che sembra dar l'impressione di produrre una storia molteplice e dispersa: ne abbiamo dato un esempio ricordando il periodo di sei settimane in cui Descartes lavorò al problema di Pappo – troppo lungo o troppo breve?

Insistendo sul calcolo, ma conservando la libertà di approcci matematici diversi, anche per ottenere un medesimo risultato, si rischia di arrivare a concludere con il rimprovero che viene in genere presentato a questi due autori: quello di non aver scoperto il calcolo differenziale e integrale. È vero che molti si scaricano la coscienza, affrettandosi ad assicurare che Fermat e Descartes ne prepararono l'avvento. Ma, oggi come oggi, ci possiamo porre domande piú interessanti, piuttosto che quelle di questa storia giudicante e sanzionatrice. Il problema principale che qui abbiamo discusso è quello delle forme d'invenzione che il calcolo permette in matematica; del come metterle a disposizione di un pubblico annoiato o spaventato dal calcolo; ma anche – e soprattutto – dei legami con la concezione del mondo e il modo di essere nel mondo che il calcolo sembrerebbe ridurre a quello di una macchina, se ci dimentichiamo di guardarlo nel contesto della sua forma di pensiero.

Descartes e Fermat furono – è quasi ovvio metterlo ulteriormente in evidenza – dei dominatori della matematica della loro epoca. Ma al di là di questa constatazione, essi ci offrono un volto sufficientemente diverso sul piano delle idee generali (il primo filosofo, il secondo giurista) da farci incontrare l'*ethos* del pensatore che sa riconoscersi come fondamentalmente innovatore: perché dispone di strumenti di calcolo da cui si aspetta molto, forse molto di piú di quanto non possano realmente fornire.

AA.VV.

1990 *Descartes, il metodo e i saggi. Atti del Convegno per il 350° anniversario della pubblicazione del «Discours de la méthode» e degli «Essais»*, Roma.

BORTOLOTTI, E.

1925 *La memoria «De infinitis hyperbolis» di Torricelli*, in «Archeion. Archivio di storia della scienza», VI.

BOS, H. J. M.

1981 *On the representation of curves in Descartes' «Géométrie»*, in «Archive for History of Exact Sciences», 24, pp. 295-338.

BOYER, C. B.

1947 *Cartesian geometry from Fermat to Lacroix*, in «Scripta mathematica», 13, pp. 133-53.

1956 *History of Analytic Geometry*, The Scholar's Bookshelf 1998 e Dover, 2004.

BREGER, H.

1994 *The mysteries of «adaequare»: A vindication of Fermat*, in «Archive for History of Exact Sciences», 46(3), pp. 193-219.

DHOMBRES, J.

1993 *Is one proof enough? Travels with a mathematician of the baroque period*, in «Educational Studies in Mathematics», 24(4), pp. 401-19.

1998 *L'innovation comme produit captif de la tradition: entre Apollonius et Descartes, une théorie des courbes chez Grégoire de Saint-Vincent*, in M. PANZA e S. ROERO (a cura di), *Geometria, flussioni e differenziali. Tradizione e innovazione nella matematica del Seicento*, La città del Sole, Napoli, pp. 13-83.

2000 *La question du repère chez Descartes et dans la postérité cartesienne. Essai sur le concept de banalisation en histoire des sciences*, in «Réminisciences», 4, pp. 27-77.

DHOMBRES, J. e RADELET DE GRAVE, P.

2007 *Une mécanique donnée à voir. Les thèses illustrées défendues à Louvain en juillet 1624 par Grégoire de Saint-Vincent S.J.*, Brepols, Turnhout.

FUMAROLI, M.

1988 *Ego scriptor. Rhétorique et philosophie dans le «Discours de la méthode»*, in MÉCHOULAN [1988], pp. 31-46.

GRATTAN-GUINNESS, I. (a cura di)

1994 *Companion Encyclopedia of the History and Philosophy of the Mathematical Sciences*, Routledge, London.

ITARD, J.

1948 *Fermat précurseur du calcul différentiel*, in «Archives Internationales d'Histoire des Sciences», 4, pp. 589-610, poi in ITARD [1984].

1984 *Essais d'histoire des mathématiques*, a cura di R. Rashed, Blanchard, Paris.

JULLIEN, V.

1998 *La Géométrie de Descartes*, Presses universitaires de France, Paris.

KLINE, M.

1972 *Mathematical Thought from Ancient to Modern Times*, Oxford University Press, Oxford [trad. it. *Storia del pensiero matematico*, a cura di A. Conte, 2 voll., Einaudi, Torino 1991].

MAHONEY, M. S.

1994 *The Mathematical Career of Pierre de Fermat, 1601-1665*, 2a ed., Princeton University Press, Princeton.

MARITAIN, J.

1925 *Le songe de Descartes*, Bucher/Chastel, Paris.

MÉCHOULAN, H. (a cura di)

1988 *Problématique du «Discours de la méthode» et des «Essais»*, Vrin, Paris.

MONTUCLA, J.-É.

1758 *Histoire des mathématiques*, Ch.- A. Jombert, Paris, 2a edizione ampliata, H. Agasse, Paris, an VII (1798-99).

TATON, R. (a cura di)

1969 *Histoire générale des sciences. La science moderne*, 2a ed., vol. II, Presses universitaires de France, Paris [trad. it. della 1a ed. *Storia generale delle scienze. La scienza moderna*, Casini, Firenze 1965].

VAN DER WAERDEN, B. L.

1985 *A History of Algebra. From al-Khwārīzmi to Emmy Noether*, Springer, Berlin.

ANTONI MALET

L'emergenza del calcolo infinitesimale in Gran Bretagna

1. *Introduzione.*

La matematica piú innovativa nel periodo attorno al 1600 proviene dalla penna di François Viète e dei suoi allievi, che introdussero innovazioni cruciali riguardanti il simbolismo e la connessione fra algebra e geometria. Nelle loro mani, l'algebra diventa «analisi» o meglio «arte analitica», un nuovo approccio a ciò che significava porre e risolvere problemi matematici. Il nuovo metodo ideato da Viète e la nuova filosofia dell'algebra giungono in Inghilterra attraverso due strade diverse e indipendenti: l'opera di Thomas Hariot (pubblicata parzialmente nel 1631 con il titolo di *Artis analyticae praxis*) e il libro di William Oughtred, *Clavis mathematicae*, anch'esso stampato nel 1631. Questi testi iniziarono alla matematica molti giovani studiosi promettenti, fra cui l'astronomo Seth Ward, il matematico Jonas Moore, l'architetto Christopher Wren. Tra loro spicca John Wallis, il primo matematico inglese che non si può fare a meno di ritrovare in qualunque storia della matematica nel Seicento, sia per l'originalità del suo lavoro, sia per l'influenza che ebbe su Isaac Newton.

A partire dal 1660 la vita intellettuale inglese fu fortemente condizionata dalla Royal Society, dalle sue pratiche e dalle sue relazioni. Come vedremo, questa Accademia ebbe un ruolo cruciale per mettere in relazione le persone che si interessavano di matematica pratica o di matematica applicata di base con studiosi del livello di Newton.

L'analisi, o calcolo infinitesimale andò prendendo forma nell'ultimo trentennio del XVII secolo, seguendo un processo complicato attraverso il quale i nuovi algoritmi per le quadrature venivano collegati con gli algoritmi per il calcolo delle tangenti. Entrambi i tipi di algoritmo vengono espressi attraverso un nuovo tipo di linguaggio formale che è tanto innovativo e potente rispetto a quello di Descartes quanto la notazione di Descartes lo era stata rispetto ai simboli cossici. Quando Newton alla fine degli anni Sessanta, e poi Leibniz agli inizi degli anni Settanta, cominciarono a lavorare indipendentemente su ciò che sarebbero poi risultate essere le fondamenta del calcolo infinitesimale, erano già disponibili una grande quantità di risultati riguardanti le quadrature, le cubature, le rettificazioni e il calcolo delle tangenti per moltissime curve – alcune classiche, altre del tutto nuove, come la cicloide, le curve logaritmiche ed esponenziali, la spirale logaritmica. Anche i collegamenti tra le quadrature e le tangenti erano già noti, come lo erano i metodi di sviluppo in serie di potenze per calcolare i valori logaritmici, esponenziali e trigonometrici.

In questo saggio si prenderanno in esame i lavori e i risultati di James Gregorie (Gregory) e di Isaac Barrow, che probabilmente (insieme a Huygens a Parigi) erano i matematici piú esperti nelle tecniche infinitesimali nel momento in cui Newton e Leibniz si affacciarono alle loro rispettive carriere da matematici. Per concludere presenteremo i contributi di Newton.

2. *I primi decenni: la nuova «analisi» arriva in Inghilterra.*

2.1. Thomas Hariot (ca. 1560 - 1621).

Thomas Hariot aveva compiuto gli studi a Oxford e agli inizi degli anni Ottanta del Cinquecento fu assunto come consulente matematico da Sir Walter Raleigh, per accompagnarlo nell'esplorazione della Virginia. Da questo viaggio nacque il solo libro mai dato alle stampe nel corso della sua vita, *A Briefe and True Report on the New Found Land of Virginia* (*Breve e verace relazione sulla terra della Virginia novellamente scoperta*, 1588). Alla fine degli anni Novanta del XVI secolo venne assunto con lo stesso incarico presso la famiglia di Henry Percy, conte di Northumberland. Percy, che nutriva un profondo interesse personale per la matematica e la filosofia naturale, sostenne economicamente e con generosità un piccolo circolo di persone esperte che si occupavano di ottica, astronomia, balistica e matematica. Uno di questi studiosi, Nathaniel Torporley, durante un suo viaggio a Parigi intorno al 1593 o 1594 aveva lavorato come «copista matematico» per Viète. Hariot venne a conoscenza dei risultati ottenuti da Viète proprio attraverso le lettere di Torporley, anche se non è chiaro quante informazioni ottenne per questa via. Comunque, fu sulla base di queste notizie che Hariot diede inizio alle proprie ricerche algebriche. Alla sua morte lasciò i suoi numerosi manoscritti matematici a Torporley che, per ragioni che non ci sono note, non volle o non poté rispettare la volontà di Hariot di vederne curata l'edizione critica e la stampa. Alla fine, nel 1631, un altro membro del circolo di Northumberland, Walter Warne, stampò le parti piú elementari delle ricerche algebriche di Hariot con il titolo di *Artis analyticae praxis*, un testo che non rende giustizia alla molteplicità dei contributi di Hariot.

Hariot aveva un gusto particolare per la simbolizzazione in generale. Prima del suo viaggio in Virginia aveva messo a punto un alfabeto fonetico che avrebbe dovuto servire per rappresentare i suoni in modo sistematico e quindi essere di aiuto per registrare esattamente i suoni stranieri. La spedizione in Virginia, durante la quale Hariot ebbe modo di incontrare i Nativi – che parlavano un linguaggio fino a quel momento sconosciuto – gli forní l'occasione per sviluppare i suoi simboli fonetici. Originariamente questi erano stati ispirati dai simboli algebrici che aveva trovato in Stifel e Clavio.

Non sorprende quindi scoprire che Hariot volesse rinnovare la notazione algebrica; ma nessuna delle sue innovazioni fu riprodotta fedelmente nella stampa del 1631. Alcune volte il segno stampato impoverisce il simbolo originale di Hariot, altre volte invece lo migliora. Per esempio, Hariot adottò la felice intuizione di Robert Recorde di rendere con due linee parallele il concetto di uguaglianza. È da rintracciare qui l'origine del nostro segno =, sebbene Recorde lo scrivesse molto piú lungo di quanto lo scriviamo noi. Hariot lo abbreviò ma aggiunse due trattini verticali tra le due linee, trattini che scomparvero dal segno stampato. Hariot estese la «logica» (per cosí dire) del segno = per derivarne anche i segni < e >, che scriveva molto piú lunghi di come si usa oggi, e inoltre spesso li piegava, disegnandoli a mo' di corna. Eppure i segni che troviamo stampati assomigliano moltissimo a quelli moderni, solo piú lunghi. Mantenne la convenzione usata da Viète di rappresentare le «specie» o «forme esterne» delle quantità ignote attraverso le vocali e le quantità note ma indeterminate attraverso le consonanti. Inoltre Hariot, che abbandonò l'uso delle maiuscole, reintrodusse l'idea (presa da Stifel) di scrivere le potenze di ogni «specie» con la semplice ripetizione, cioè come *aaa*, corrispondente a ciò che Viète indicava come «*A* cubus» (corrispondente al nostro A^3), sia nel caso che la lettera indicasse una quantità conosciuta che sconosciuta. Quindi eliminò anche il «*B* piano» di Viète (che divenne *bb*) o il «*D* solido» (che divenne *ddd*), e cosí via. Introdusse anche la giustapposizione delle lettere per simboleggiare il prodotto, cosí *ab* stava per l'«*A* in *B*» di Viète.

Nell'edizione stampata nel 1631 della teoria delle equazioni di Hariot vengono considerate solo le radici positive. Il rifiuto delle radici negative e immaginarie è abbastanza esplicito, come per esempio quando (ricordiamo che *a* indica il termine ignoto, mentre *b*, *c*, *d* indicano i numeri noti) si afferma che l'equazione $(a - b)(a - c)(a + d) = 0$ ha solo le radici *b* e *c*.

Ma se passiamo a esaminare il manoscritto di Hariot troviamo risultati molto piú interessanti. Egli sviluppò le sue ricerche algebriche in una sorta di dialogo con il lavoro di Viète, riscrivendolo con i propri simboli, completando i risultati ottenuti da Viète secondo il proprio metodo e aggiungendone di nuovi. I suoi scritti in materia costituiscono un trattato in larga misura autonomo, che Jaqueline Stedall nella sua recente edizione ha intitolato *Treatise on Equations* [Stedall 2003]. In questo testo Hariot studia in primo luogo la soluzione numerica dell'equazione, seguendo molto da vicino quanto fatto da Viète. Passa quindi a esplorare la composizione delle espressioni polinomiali generate dal prodotto di monomi. Questo lo conduce a individuare alcune relazioni tra radici e coefficienti. C'è anche un trattamento sistematico delle equazioni di terzo e quarto grado, viene risolta un'equazione di quarto grado con due radici immaginarie e due reali, una positiva e una negativa. Hariot fece esperimenti con i prodotti formali di radici negative, spingendosi fino a un livello piuttosto elevato di astrazione, progettando per esempio nuove regole di moltiplicazione in sostituzione di quella «classica» per cui $- \times - = +$.

2.2. William Oughtred (1573-1660).

La *Clavis mathematicae* di William Oughtred merita un posto speciale in ogni storia della matematica inglese nel Seicento, non tanto perché contiene risultati particolarmente innovativi, quanto perché, in primo luogo, ebbe un ruolo chiave nel diffondere la nuova «matematica analitica» in Inghilterra e, in secondo luogo, ebbe una forte influenza sulla formazione matematica di Wallis. Stampata inizialmente in latino nel 1631, la *Clavis* vide una seconda edizione ampliata in inglese nel 1647, seguita da altre edizioni in latino e in inglese fino al 1694[1].

Oughtred aveva studiato a Cambridge e nel 1604 iniziò una carriera come parroco di campagna nel Surrey. Si era già fatto una reputazione di conoscitore nel campo delle matematiche, cosa che fece sí che, verso la fine degli anni Dieci, Charles Cavendish lo introducesse alla nuova matematica analitica fornendogli libri e altre informazioni.

La *Clavis* di Oughtred è il primo testo inglese di algebra a spingersi decisamente al di là dell'algebra cossistica, giacché l'importanza ultima delle notazioni e delle tecniche algebriche non sta tanto nel fatto che esse offrono strumenti per la risoluzione di problemi numerici, quanto nel fatto che permettono la scoperta di nuovi risultati e, al tempo stesso, una migliore comprensione dei classici. È un breve trattato, tanto conciso nello stile quanto completo ed efficace nell'organizzazione. Oughtred si prefiggeva lo scopo di mostrare «il metodo analitico»; a questo fine, per prima cosa insegnava come operare con le lettere per poi applicare queste metodologie di calcolo alla ridimostrazione di molti risultati tratti dagli *Elementi* di Euclide. Oughtred accettava quello che sembra essere un luogo comune per il Seicento, che ritroviamo anche in Wallis: considerava la notazione algebrica utile per il fatto che permetteva di sottrarsi al linguaggio, eliminando le «espressioni verbose» ed evitando una «molteplicità delle parole», non «caricava la fantasia» e parlava in modo piú diretto e chiaro direttamente «agli occhi».

[1] La prima edizione aveva un titolo piú lungo che terminava con la frase «quae tum logisticae, tum analyticae, atque adeo totius mathematicae quasi clavis est» («che è come una chiave sia per il calcolo, sia per l'analisi, e quindi per l'intera matematica») ma la parola *clavis* venne subito e facilmente adoperata per indicare l'intero libro. La seconda edizione del 1647 era già intitolata *The Key of the Mathematics* e fu ristampata nel 1693 (in inglese) e nel 1648, 1652, 1667, 1694 (in latino).

Tutto preso dal suo programma, Oughtred non solo semplificò la notazione di Viète («*A* quadratus quadratus» divenne *Aqq*, «*Ac*» corrispondeva al nostro A^3; «*A* in *B*» divenne «*AB*»), ma sembra che sia stato preso da una specie di frenesia notazionale, dalla quale scaturí una lussuriosa foresta di proposte di simboli. Alcuni tra i 150 diversi segni che sono stati identificati nella *Clavis* sono ancora in uso, come il segno della moltiplicazione $\times$ per il prodotto, o i due punti doppi :: per le proporzioni, o ancora il segno $\pm$. Ma la maggior parte di essi è scomparsa, come le notazioni per la somma e la differenza di termini incogniti, *A* e *E*, dei loro quadrati e dei loro cubi, dalle quali Oughtred derivò parecchie identità algebriche. Dotato di questo arsenale, Oughtred si dedicò al secondo libro di Euclide per tradurre i suoi enunciati in formule algebriche, alle quali aggiunse altri risultati dai libri I, III, e IV, cosí come delle formule per le figure geometriche, somme di progressioni, ecc. A tutto questo insieme dette il nome di «magazzino analitico». Il suo testo culminava con un capitolo che mostrava come applicare l'algebra alla risoluzione di problemi geometrici, compresa la riduzione in equazioni del problema della trisezione dell'angolo fatta da Viète.

Uno studio attento della *Clavis* di Oughtred porta naturalmente a pensare che Wallis debba molto all'entusiasmo di Oughtred per la matematica «analitica» e alla sua inventiva e libertà riguardo alle notazioni. Ciò è vero soprattutto per l'uso libero e anticonvenzionale della notazione algebrica, e per l'introduzione di tavole simbolicamente ordinate e di algoritmi «induttivi», di cui tratteremo fra breve.

3. *L'aritmetica degli infinitesimi.*

Come Descartes, anche John Wallis (1616-1703) sostenne di non aver appreso niente dall'educazione formale ricevuta a Cambridge. Ma parlò sempre con profondo rispetto della matematica appresa da Oughtred, e oggi è pienamente riconosciuto il ruolo cruciale che la *Clavis* ebbe nello sviluppo della matematica di Wallis. L'analisi delle copie di quest'opera possedute da Wallis, da lui studiate nel 1647 e nel 1648 e annotate in margine, lascia pochi dubbi sul fatto che fu realmente una delle fonti principali delle sue conoscenze matematiche [Stedall 2002, p. 77].

Nei giorni densi di avvenimenti politici che segnarono la fine della guerra civile e l'ascesa al potere di Cromwell nel 1649, Wallis fu nominato Savilian Professor di geometria presso l'Università di Oxford grazie anche alle generalizzazioni che era stato in grado di elaborare partendo dal testo di Oughtred. Fece parte del ristretto circolo di scienziati che si riunirono a Oxford negli anni Cinquanta del Seicento per discutere argomenti matematici e sperimentali e che nel 1660 diede vita alla Royal Society, di cui lui stesso fu uno dei fondatori.

Il *Tractatus de sectionibus conicis* pubblicato da Wallis nel 1655 presenta vari aspetti innovativi. In primo luogo trattava le sezioni coniche come curve piane e non come sezioni di un cono tridimensionale (sebbene Wallis menzioni il fatto che questa è l'origine delle curve). Secondariamente, derivava tutte le proprietà delle coniche dalle equazioni riferite a coordinate con l'origine nel vertice della curva. Nel 1656 Wallis pubblicò un libro ancora piú innovativo e polemico, l'*Arithmetica infinitorum* (titolo che dovrebbe essere tradotto, anziché «L'aritmetica degli infiniti», in modo meno ovvio ma forse piú accurato «L'aritmetica degli infinitesimi»). Il lavoro di Wallis, come lui stesso afferma, era ispirato alla geometria degli indivisibili di Cavalieri, che paradossalmente ammetteva di non aver letto. La sua fonte era stata il lavoro di Torricelli pubblicato col titolo di *Opera geometrica* (1644), che aveva già modificato la nozione di Cavalieri di «indivisibile» o elemento infinitamente piccolo di un *continuum*.

Gli indivisibili di Cavalieri erano realmente indivisibili: erano punti, linee, e superfici euclidee, e Cavalieri non affermò mai che potessero essere «sommate» per ottenere la superficie o il solido cui appartenevano. Ma gli indivisibili di Torricelli, pur mantenendo lo stesso nome, erano esplicitamente confrontati tra loro secondo la propria misura (alcuni dei «punti» di Torricelli, per esempio, potevano essere piú grandi di altri punti): di conseguenza, avevano cessato di essere veramente indivisibili.

Wallis assunse la visione di Torricelli per cui le «linee indivisibili» non erano tali, ma erano rettangoli (o piú in generale porzioni geometriche) con basi (o lati) infinitamente piccole, omogenee con la grandezza di cui facevano parte; inoltre, la loro «addizione» produceva l'intera grandezza. Wallis riprese questa concezione degli infinitesimi in varie occasioni, per esempio durante le sue polemiche con Hobbes o le dissertazioni sulla natura degli angoli di contatto tra la tangente e la curva. Clavio aveva sostenuto che gli angoli di contatto fossero una grandezza di genere differente rispetto agli angoli retti per la loro «piccolezza», allo stesso modo che un segmento finito di una linea retta è di diverso genere rispetto all'intera retta. Wallis rifiutò questo punto di vista, perché per lui la «piccolezza» non implica mai l'essere di un genere differente:

> Possiamo notare una grande differenza tra il rapporto Infinito e Finito e quello Finito e Nulla. Nel caso di $1/\infty$, che è una parte infinitamente piccola, una Moltiplicazione infinita può essere uguale al tutto; ma per $1/0$, che è Nulla, non ci può essere Moltiplicazione che diventi uguale a Qualcosa.

Tuttavia, siccome gli angoli di contatto sono piú piccoli di qualunque angolo rettilineo, secondo Wallis, confrontati agli angoli retti, sono come il Nulla paragonato al Qualcosa. Ora, dal momento che Wallis non intendeva negare agli angoli di contatto lo *status* di grandezza, metteva in rilievo che gli angoli rettilinei non possono essere paragonati alle distanze, né le distanze alle velocità; dunque, allo stesso modo, gli angoli di contatto non possono essere paragonati agli angoli retti, ma sono comunque grandezze a pieno titolo, che possono essere sommate, divise e confrontate fra loro.

L'*Arithmetica infinitorum* è dedicata alla quadratura delle curve $y = x^t$ per $0 \leq x \leq a$. Wallis sostenne che fosse data da

$$\frac{1}{t+1}a^{t+1}$$

per t intero, positivo e negativo (ma diverso da -1), frazionario e perfino irrazionale. Naturalmente Wallis non poteva fornire una dimostrazione per la maggior parte di queste sue asserzioni. Forní invece ciò che potremmo definire ragioni persuasive in loro supporto. Nel libro è contenuto anche un approccio al calcolo di π, audace e altamente innovativo, anch'esso basato su congetture plausibili e ardite estrapolazioni invece che su dimostrazioni matematiche convenzionali. Non sorprenderà pertanto che il libro venisse pesantemente criticato (ritorneremo su questo aspetto piú avanti). La concezione di Wallis degli indivisibili come infinitesimi svolse un ruolo fondamentale nella sua metodologia dimostrativa. Consideriamo la parabola $y = x^2$ inscritta nel rettangolo R di lati a e a^2 e dividiamo la sua base a in n parti. Confrontiamo ora la somma di tutti i rettangoli uguali di base a/n e altezza a^2 (che è uguale all'area di tutto il rettangolo R) con la somma di tutti i rettangoli (tutti diversi fra loro) con altezze $(a/n)^2, (2a/n)^2, (3a/n)^2, \ldots, (na/n)^2$. Wallis poteva facilmente dimostrare per piccoli valori di n che il rapporto fra le due somme è

$$\frac{1}{3}+\frac{1}{2n}+\frac{1}{6n^2} \tag{1}$$

Concludeva senza indugi che quando le suddivisioni erano infinitamente piccole, cioè quando n era infinitamente grande, il rapporto si riduceva a $\frac{1}{3}$. La dimostrazione di Wallis venne criticata per la non adeguata dimostrazione della (1). E in effetti, Wallis aveva dimostrato la validità della (1) solo per $n = 1, 2, 3$ e 4.

Wallis passava poi a dimostrare che il rapporto tra l'area sotto la curva $y = x^m$ $(0 \leq x \leq 1)$ e il quadrato di lato 1 è $1/(m+1)$.

Provava questo risultato per valori piccoli di $m \geq 3$, e le sue «dimostrazioni» di questi casi sono dello stesso tenore di quelle del caso di $m = 2$. Con altri salti temerari (o piuttosto salti mortali, si dovrebbe dire) concludeva che *per ogni valore intero di m* la quadratura di $y = x^m$ $(0 \leq x \leq a)$ era data da $a^{m+1}/(m+1)$.

Il passo successivo era lo studio, all'interno del quadrato di lato 1, dell'area complementare a quella contenuta sotto il grafico di $y = x^2$. Poiché quest'ultima è $\frac{1}{3}$, la prima risulta essere $\frac{2}{3}$, che però è anche l'area sotto la curva $y = \sqrt{x}$, che Wallis sapeva che poteva essere scritta come $y = x^{\frac{1}{2}}$. Aveva dunque trovato che l'area sotto quella curva era $\frac{2}{3}$, ovvero

$$\frac{1}{\frac{3}{2}} = \frac{1}{\frac{1}{2}+1}.$$

Con questo risultato e la convinzione che le quadrature seguissero regole generali, Wallis concluse che il rapporto fra l'area sotto $y = x^m$ $(0 \leq x \leq 1)$ e il quadrato di lato 1 fosse $1/(m + 1)$ *per ogni valore intero o frazionario di m*. Lo studio di qualche altro caso particolare lo convinse che il risultato valesse anche *per ogni valore di m negativo* (ad eccezione di -1). Era allo stesso modo convinto che valesse anche *per ogni valore di m irrazionale*.

Ma la parte piú audace dell'euristica di Wallis doveva ancora venire. Come molti matematici del suo secolo, Wallis era profondamente interessato alla quadratura del cerchio. Affrontò questo problema dividendo il raggio R in infinitesimi di lunghezza a o, come diceva, $R/\infty = a$. Il quarto di cerchio doveva quindi essere uguale alla serie dei rettangoli infinitesimi con basi tutte uguali ad a e altezze $\sqrt{R^2 - (pa)^2}$, con $p \geq 1$. Non avendo a disposizione alcun metodo per valutare il rapporto fra $a \Sigma_p \sqrt{R^2 - (pa)^2}$ e il quadrato R^2 (la serie infinita di termini uguali ad aR), Wallis tentò (il termine ben si adatta in questo caso) un nuovo cammino (D. T. Whiteside l'ha appropriatamente descritto come una combinazione di «tabulazioni ottenute con la forza bruta» e «una forte propensione per la regolarità»). Non possiamo fornire qui una descrizione completa dei trucchi di Wallis, delle assunzioni *ad hoc*, delle sue profonde intuizioni; ci limiteremo a dare un rapido esempio della sua geniale inventiva, soprattutto perché influenzò profondamente i primi passi di Newton nella ricerca matematica.

Wallis lavorò con le serie:

$$W_0 = \sum_p (R^2 - (pa)^2)^0, \qquad W_1 = \sum_p (R^2 - (pa)^2)^1$$

$$W_2 = \sum_p (R^2 - (pa)^2)^2, \qquad W_3 = \sum_p (R^2 - (pa)^2)^3, \cdots$$

trovando per queste i corrispondenti rapporti con il quadrato di lato R. Dal momento che la serie per il cerchio, $\Sigma_p \sqrt{(R^2 - (pa)^2)}$, con esponente $\frac{1}{2}$, si trovava «tra» la serie W_0 e la W_1, Wallis cercò la maniera di interpolare la «sua» serie tra le due, con lo scopo di calcolare il quadrante del cerchio, cioè $\pi/4$. Poiché queste serie non fornivano abbastanza informazioni su quale valore intermedio fra 1 e $\frac{2}{3}$ (i valori del rapporto nel caso di W_0 e W_1) corrispondesse al quarto di cerchio, Wallis fece ricorso a un'impressionate lista di serie i cui termini erano

$$(R - pa)^0, \quad (R - pa)^1, \quad (R - pa)^2, \cdots$$
$$(\sqrt{R} - \sqrt{pa})^0, \quad (\sqrt{R} - \sqrt{pa})^1, \quad (\sqrt{R} - \sqrt{pa})^2, \cdots$$
$$(\sqrt[3]{R} - \sqrt[3]{pa})^0, \quad (\sqrt[3]{R} - \sqrt[3]{pa})^1, \quad (\sqrt[3]{R} - \sqrt[3]{pa})^2, \cdots$$
$$\cdots\ \cdots\ \cdots\ \cdots .$$

Wallis sapeva come ottenere i rapporti per le serie che compaiono in questa lista, il cui termine generale può essere scritto

$$(\sqrt[k]{R} - \sqrt[k]{pa})^n = ((R)^{\frac{1}{k}} - pa)^{\frac{1}{k}})^n.$$

Per la prima riga (cioè per $k = 1$) ottenne i rapporti $1, \frac{1}{2}, \frac{1}{3}, \frac{1}{4}, \ldots$, per la seconda ($k = 2$) i rapporti $1, \frac{1}{3}, \frac{1}{6}, \frac{1}{10}, \ldots$ Per $k = 3$, $1, \frac{1}{4}, \frac{1}{10}, \frac{1}{20}, \cdots$

Con questi numeri costruí una prima tabella (tabella 1) nella quale, per semplificare le cose, inserí non i rapporti ma i denominatori dei rapporti. Per ragioni di simmetria aggiunse una fila di 1 in cima alla tabella, per $k = 0$. La tabella cosí ottenuta è il «triangolo di Pascal», ovviamente.

Il passo successivo consiste nel rendersi conto che il numero che si sta cercando, che corrisponde a $\left(R^2 - (pa)^2\right)^{\frac{1}{2}}$, si trova «tra» la prima e la seconda colonna ($n = \frac{1}{2}$) e la prima e la seconda riga ($k = \frac{1}{2}$). Wallis indica questo numero (che è $4/\pi$) con un quadratino. L'inserimento di questo numero nella tabella crea molte lacune nella tabella stessa, come mostrato nella tabella 2. Di conseguenza Wallis passa a cercare di colmare alcuni degli spazi vuoti che si erano venuti a formare tramite l'uso delle stesse formule generali attraverso le quali aveva ricavato i numeri interi nella tabella. Nella quarta riga (quella che prima era la seconda, corrispondente al caso $k = 1$), Wallis inserí

Tabella 1.

Radici (valori di k)	Potenze (valori di n): 0.	1.	2.	3.	4.	5.	6.	7.	
0	1	1	1	1	1	1	1	1	
1	1	2	3	4	5	6	7	8	$(R-a)^n$.
2	1	3	6	10	15	21	28	36	$(\sqrt[2]{R}-\sqrt[2]{a})^n$.
3	1	4	10	20	35	56	84	120	$(\sqrt[3]{R}-\sqrt[3]{a})^n$.
4	1	5	15	35	70	126	210	330	$(\sqrt[4]{R}-\sqrt[4]{a})^n$.
5	1	6	21	56	126	252	462	792	$(\sqrt[5]{R}-\sqrt[5]{a})^n$.
6	1	7	28	84	210	462	924	1716	$(\sqrt[6]{R}-\sqrt[6]{a})^n$.
7	1	8	36	120	330	792	1716	3432	$(\sqrt[7]{R}-\sqrt[7]{a})^n$.

nei posti vuoti $\frac{1}{2}$, $\frac{3}{2}$, $\frac{5}{2}$, ecc. Ai tempi di Wallis era ampiamente noto che i numeri che comparivano nella sesta riga ($k = 2$) derivavano dalla formula $n(n + 1)/2$ e, analogamente, che quelli della settima, nona (e cosí via) riga potevano essere calcolati, rispettivamente, dalle formule $n(n + 1)(n + 2)/1 \cdot 2 \cdot 3$, $n(n + 1)(n + 2)(n + 3)/1 \cdot 2 \cdot 3 \cdot 4$, ecc. In un unico passo, a dire il vero piuttosto ardito, Wallis applicò queste formule anche ai valori frazionari di n, ricavando con questo metodo i numeri della tabella 3.

Dopo questi passaggi, Wallis cercò di trovare una regolarità nelle righe complete, assumendo che la stessa regolarità sarebbe stata vera anche per le righe della tabella 3, dove si trova $4/\pi$ (che Wallis indicava con □).

Wallis osservò che nella quarta riga i termini dispari sono:

$$\frac{1}{2}\,;\ \frac{1}{2} \times \frac{3}{1}\,;\ \frac{1}{2} \times \frac{3}{1} \times \frac{5}{3}\,;\ \frac{1}{2} \times \frac{3}{1} \times \frac{5}{3} \times \frac{7}{5}\,;\ \cdots$$

mentre i termini pari, 1, 2, 3, 4, possono essere scritti come:

$$1;\ 1 \times \frac{2}{1}\,;\ 1 \times \frac{2}{1} \times \frac{3}{2};\ 1 \times \frac{2}{1} \times \frac{3}{2} \times \frac{4}{3}\,;\ \cdots .$$

Tabella 2.

	Monadici.		Laterales.		Triangulares.		Pyramidales.		Triangular-Pyram.		Pyram-Pyramid.
Monadici....................	1		1		1		1		1		1
		□									
Laterales.....................	1		2		3		4		5		6
Triangulares	1		3		6		10		15		21
Pyramidales...............	1		4		10		20		35		56
Triangulipyram	1		5		15		35		70		126
Pyramidipyram	1		6		21		56		126		252

Wallis osservò inoltre una regolarità nella maniera in cui numeri pari e dispari sono formati nelle colonne complete (la seconda colonna, la quarta, la sesta ecc.), estrapolando da questo fatto che la terza colonna, quella dove si trova □, deve essere fatta nella maniera seguente:

$$\frac{1}{2}\square;\ 1;\ \square;\ \frac{3}{2};\ \frac{4}{3}\square;\ \frac{3\times 5}{2\times 4};\ \frac{4\times 6}{3\times 5}\square;\ \frac{3\times 5}{2\times 4\times 6};\ \frac{4\times 6}{3\times 5\times 7}\square;\ \ldots$$

Wallis aveva sperato che la tavola avrebbe alla fine fornito un valore numerico specifico per □, ma non era cosí; dopo aver forzato fino al limite la propria inventiva e la propria capacità di ricavare informazioni dalle regolarità formali, Wallis si trovava di fronte a una tabella che non conteneva alcun valore numerico ovvio da associare a □. Dovette quindi fare un ultimo salto mortale. Nella terza riga, che comprendeva i prodotti con □, Wallis osservò che confrontando termini successivi si trovavano rapporti decrescenti, concludendo cosí che per tre termini consecutivi r, s, t valeva che $t/s < s/r$ e quindi che $t/s < \sqrt{t/r}$. A questo punto, considerando per esempio i primi

Tabella 3.

		Monadici.		Laterales.		Triangulares.		Pyramidales.		Trianguli-Pyram.	
Riga 1	∞	1		$\frac{1}{2}$		$\frac{3}{8}$		$\frac{15}{48}$		$\frac{105}{384}$	
Riga 2. Monadici	1	1	1	1	1	1	1	1	1	1	1
Riga 3		1	□	$\frac{3}{2}$		$\frac{15}{8}$		$\frac{105}{48}$		$\frac{945}{384}$	
Riga 4. Laterales	$\frac{1}{2}$	1	$\frac{3}{2}$	2	$\frac{5}{2}$	3	$\frac{7}{2}$	4	$\frac{9}{2}$	5	n
Riga 5		1		$\frac{5}{2}$		$\frac{35}{8}$		$\frac{315}{48}$		$\frac{3465}{384}$	
Riga 6. Triangulares	$\frac{3}{8}$	1	$\frac{15}{8}$	3	$\frac{35}{8}$	6	$\frac{63}{8}$	10	$\frac{99}{8}$	15	$\frac{n(n+1)}{1\cdot 2}$
Riga 7		1		$\frac{7}{2}$		$\frac{63}{8}$		$\frac{693}{48}$		$\frac{9009}{384}$	
Riga 8. Pyramidales	$\frac{15}{48}$	1	$\frac{105}{48}$	4	$\frac{315}{48}$	10	$\frac{693}{48}$	20	$\frac{1287}{48}$	35	$\frac{n(n+1)(n+2)}{1\cdot 2\cdot 3}$
Riga 9		1		$\frac{9}{2}$		$\frac{99}{8}$		$\frac{1287}{48}$		$\frac{19305}{384}$	
Riga 10. Triangulipyram	$\frac{105}{384}$	1	$\frac{945}{384}$	5	$\frac{3465}{384}$	15	$\frac{9009}{384}$	35	$\frac{19305}{384}$	70	$\frac{n(n+1)(n+2)(n+3)}{1\cdot 2\cdot 3\cdot 4}$

tre termini, si ottiene $\square\ \sqrt{2}$. Applicando questo genere di diseguaglianze, Wallis poteva ora mostrare che

$$\square < \frac{3\cdot3\cdot5\cdot5\cdot7\cdot7\cdot9\cdot9\cdot11\cdot11\cdot13\cdot13}{2\cdot4\cdot4\cdot6\cdot6\cdot8\cdot8\cdot10\cdot10\cdot12\cdot12\cdot14}\times\sqrt{\frac{14}{13}}$$

e che

$$\square < \frac{3\cdot3\cdot5\cdot5\cdot7\cdot7\cdot9\cdot9\cdot11\cdot11\cdot13\cdot13}{2\cdot4\cdot4\cdot6\cdot6\cdot8\cdot8\cdot10\cdot10\cdot12\cdot12\cdot14}\times\sqrt{\frac{15}{14}}.$$

Il valore di Wallis per $4/\pi$ è di solito espresso come prodotto infinito:

$$\frac{4}{\pi}=\frac{3\cdot3\cdot5\cdot5\cdot7\cdot7\cdot9\cdot9\cdots}{2\cdot4\cdot4\cdot6\cdot6\cdot8\cdot8\cdots}$$

Il secondo libro di una certa importanza di Wallis è il suo *De algebra tractatus* (1685), un'opera dell'età matura, nazionalistica, pervasa da commenti storici, piú descrittiva che analitica, di carattere opposto alla sua giovanile, insolente e altamente innovativa *Arithmetica infinitorum*. Oltre a una valutazione viziata da molti pregiudizi sui contributi di Viète, Hariot, Oughtred e Descartes, nella quale il francese viene trattato con non molta generosità, per non dir di peggio, l'*Algebra* di Wallis offre un'idea sistematica di tutto ciò che si sapeva sulla teoria e le risoluzioni delle equazioni di qualsiasi grado fino agli anni Settanta del Seicento. Inoltre, contiene una breve digressione (non molto convincente ma comunque interessante) su ciò che potremmo definire «filosofia dell'algebra». Wallis sosteneva la superiorità dell'aritmetica sulla geometria, sebbene non risulti completamente chiaro cosa intendesse. Sottolineava il fatto che era piú chiaro intendere le potenze come semplici prodotti numerici che attraverso modelli geometrici, il che è ovviamente vero. Inoltre affermava che l'algebra aveva fondamenti aritmetici, e che poteva solo guadagnare dall'essere «liberata» dalla geometria. Nei fatti, in mancanza di una teoria aritmetica della quantità continua, queste idee programmatiche, o tesi che siano, hanno poca sostanza.

A supporto delle proprie idee, Wallis ebbe a fare un'asserzione diventata poi famosa: 2 mucche piú 3 mucche fa 5 mucche, o 2 «A» piú 3 «A» fa 5 «A», perché $2 + 3 = 5$ e non viceversa. A questa affermazione Barrow avrebbe poi risposto che 2 piú 3 non è uguale a niente finché non ci mettiamo d'accordo su una qualche unità. Le idee di Wallis sulla natura delle notazioni algebriche erano simili a quelle di Oughtred, ma articolate in maniera piú estesa. I segni sono preferibili alle parole, dal momento che parlano chiaramente e in maniera non ambigua «all'occhio» e permettono al matematico di non fissarsi su troppe parole. Le notazioni sono utili, in quanto rappresentano una sorta di abbreviazioni stenografiche.

Wallis inserí una discussione piuttosto completa sulla natura e sullo *status* dei numeri negativi e immaginari. È interessante notare che rifiutò il termine (allora piuttosto popolare) di «impossibile» per le radici quadrate dei numeri negativi e preferí il termine cartesiano «immaginario». Difese l'uso di questi numeri in quei contesti in cui, assumendoli come numeri accettabili, poteva guadagnare qualcosa in termini di chiarezza matematica. Di solito Wallis riteneva che i numeri negativi e immaginari ci permettessero «di misurare il grado di impossibilità di compiere certe operazioni». Forniva le interpretazioni standard per le quantità negative (debiti, guadagni e perdite, moti in direzioni opposte e cosí via), ma ne proponeva anche alcune geometriche per le quantità immaginarie. Ad esempio, se strappiamo al mare un campo quadrato di 1600 pertiche, possiamo dire di aver guadagnato un quadrato il cui lato misura 40 pertiche. Ma se invece è il mare che perde lo stesso campo, allora possiamo dire che il lato di un siffatto quadrato misura −40 pertiche. In ogni caso, Wallis non riuscí a garantire a questo genere di quantità uno *status* completo come numeri legittimi, ordinari: possono essere utili ausili, ma non godono di pieni diritti nel regno degli oggetti matematici.

È interessante che Wallis concluda il *De algebra tractatus* tornando sul vecchio dibattito che aveva avuto con alcuni matematici, in particolare con Fermat, riguardo alla legittimità di molte delle argomentazioni che supportavano i risultati di Wallis stesso. Ancora una volta Wallis difende la legittimità di metodi che aiutano a scoprire verità, anche se non sono conformi agli standard accettati della dimostrazione. Arriva persino ad attaccare Archimede, ritenendo che questi fosse piú da biasimare per aver nascosto il metodo con il quale otteneva le sue scoperte che da ammirare per le sue dimostrazioni eleganti. Wallis si riferiva al proprio metodo come «induttivo», sebbene, come sottolineato in precedenza, sarebbe piú esatto parlare di «una grande capacità di riconoscere schemi formali e regolarità». Wallis aveva ovviamente ragione nel mettere l'accento sull'importanza euristica di tali procedure, anche se le sue idee sulla dimostrazione sono talvolta sorprendenti. Per la verità, egli trattò alcuni risultati che sappiamo essere dimostrabili per induzione (nel senso che oggi diamo in matematica a questo termine), come la formula generale per $(a + e)^n$, limitandosi però a sottolineare che la «contemplazione» (*sic*) di un numero (necessariamente finito) di casi particolari era tutto ciò che poteva essere fornito come dimostrazione. Questo tipo di contemplazione permetteva di capire la legge generale di formazione, e non ci si poteva aspettare nient'altro riguardo alla dimostrazione formale della legge generale.

4. *La Royal Society per la promozione della conoscenza utile (dal 1660).*

John Collins (1625-1683), una figura per molti aspetti singolare, fu l'aiutante matematico non pagato e non ufficiale di Henry Oldenburg, segretario della Royal Society fino alla sua prematura scomparsa nel 1677. Collins intrattenne una corposa corrispondenza e fu direttamente coinvolto nella stampa di molti importanti testi matematici negli anni Sessanta e Settanta del Seicento. Dato che era il punto di riferimento piú importante di Oldenburg per quanto riguarda la matematica, fu lui a determinare sostanzialmente la corrispondenza matematica che passava per la Royal Society, in particolar modo con i matematici del continente. In anni recenti è stata ampiamente riconosciuta la sua scarsa levatura intellettuale, sebbene sia ancora controverso quanto questo fattore sia stato realmente di disturbo. Per esempio, J. E. Hofmann [1974] identifica in Collins la maggior causa di fraintendimento nella controversia Newton-Leibniz («Eppure doveva finire tutto in litigi e incomprensioni, perché il fato pose un nano tra due geni»). Collins non ricevette un'educazione formale, trascorse alcuni anni come soldato di ventura e durante gli anni della maturità si guadagnò da vivere come insegnante di «scrittura» e «contabilità commerciale» e come contabile; pubblicò inoltre alcuni libri di matematica commerciale e di matematica applicata alla navigazione. Negli anni Sessanta e Settanta, le sue amicizie nella Royal Society gli procurarono un posto nel clero.

Collins preparava resoconti sui lavori matematici che Oldenburg spediva ai suoi corrispondenti o che pubblicava nelle «Philosophical Transactions». A giudicare da questi resoconti, la conoscenza matematica di Collins sembrerebbe trascurabile dal momento che (né nei resoconti stampati né nella corrispondenza privata) mostra una qualche padronanza delle tecniche contenute nei libri che recensiva. Da un altro punto di vista, invece, Collins ebbe un ruolo per nulla insignificante come intermediario tra chi utilizzava in qualche modo la matematica e i creativi come Wallis, Newton, Barrow e Gregorie, facendo in modo che questi ultimi si rendessero conto dei problemi che stavano a cuore ai primi.

Le richieste di Collins a matematici famosi affinché si impegnassero a risolvere problemi pratici si ritrovano spesso nella sua corrispondenza. Chiedeva metodi numerici che facilitassero la compilazione delle tavole logaritmiche e delle rendite. Si interessò anche alle quadrature e alle cubature utilizzabili direttamente dai misuratori, e in particolare al problema di determinare il volume di porzioni di figure di rivoluzione. Per risolvere quest'ultimo problema, Collins ricevette delle serie ideate espressamente per questo scopo sia da Gregorie sia da Newton. Il 24 marzo 1670 Collins spedí a James Gregorie i primi quattro termini di una delle serie ideate da Newton per l'area di una porzione di cerchio; un certo John Smith, un matematico pratico, stava lavorando su una «Tavola di aree di segmenti di un cerchio, per facilitare la misurazione» e Collins pensava che forse Gregorie avrebbe avuto qualcosa di rilevante da dire sull'argomento. Alcuni anni piú tardi, nel 1674, quando Smith stava lavorando sulle tavole per $\sqrt{n}$, $\sqrt[3]{n}$ e $\sqrt[4]{n}$ (per interi $0 < n \leq 1000$), Newton, per soddisfare le richieste di Collins, forní dei metodi di interpolazione che semplificarono il lavoro di calcolo di Smith. Molti problemi che interessavano Collins riguardavano le risoluzioni delle equazioni – la compilazione di tavole che avrebbero facilitato la loro risoluzione, la scoperta di metodi numerici adeguati per generi specifici di equazioni, e cosí via. In una lettera a Wallis, Collins cita «due circoli matematici [...] formati da diversi meccanici ingegnosi, misuratori, carpentieri, maestri d'ascia, alcuni marinai, magazzinieri, ecc. che non facevano altro che parlare di equazioni».

In particolare, fra i problemi matematici che interessavano i matematici pratici ce n'erano due di estrema difficoltà, ed entrambi avevano a che fare con la navigazione. Uno era costituito dalla determinazione della tangente della cosiddetta spirale rettificatrice (*spiralis arcuum rectificatrix*), definita dalla condizione che dato un cerchio di centro *O* e un punto *C* sulla sua circonferenza, per ogni angolo *DOC* (essendo *D* un altro punto qualsiasi sulla circonferenza) la spirale passi attraverso il punto *F* esterno alla circonferenza e appartenente alla retta per *OED* tale che *CF* sia uguale all'arco di circonferenza *CD*. Collins pose il problema a Gregorie e a Sluse, aggiungendo che la sua soluzione sarebbe stata utile per disegnare archi di cerchi massimi sulle carte di Gerardo Mercatore (cioè quelle carte in cui le curve lossodromiche, che tagliano i meridiani con un angolo costante, sono linee rette). La soluzione di Gregorie fu inviata a Collins nel novembre del 1670. La dimostrazione, oggi perduta, doveva essere stata un *tour de force*, dal momento che Gregorie fece notare che era molto lunga e che comprendeva «praticamente tutti i miei metodi generali».

Il secondo problema era quello della rettificazione della spirale logaritmica, definita dalla condizione che agli incrementi angolari in progressione aritmetica corrispondano incrementi esponenziali del raggio, cioè della distanza dal polo della spirale. Questo tipo di spirale ha la proprietà che l'angolo che forma con il suo raggio è sempre lo stesso, e perciò è strettamente connesso con le lossodromie. Il problema, dal punto di vista teorico, è collegato alla determinazione della longitudine e al problema generale del definire le curve lossodromiche. Collins lo sottopose a Wallis, Gregorie, Newton, Barrow e Tschirnhaus. Solo Gregorie forní una soluzione, completa di dimostrazione, che è veramente un *tour de force* visto che include quadrature numeriche della curva logaritmica.

Non è affatto ovvio dire quale fosse il reale valore pratico (se mai ce ne fu uno) delle soluzioni di problemi di questo tipo, almeno per ciò che riguarda la scienza nautica. Le soluzioni che Gregorie riuscí a fornire grazie all'impiego di potenti metodi teorici erano probabilmente troppo precise per i mezzi tecnici a disposizione, a quei tempi, dei capitani o dei disegnatori di mappe. In ogni caso, non sappiamo se le soluzioni proposte da Gregorie furono mai messe in pratica. D'altro canto, l'interesse riguardo ad alcuni problemi che Collins sottopose ai matematici fu immenso, e riecheggia nella letteratura matematica fino ai primi decenni del Settecento.

Il lavoro di James Gregorie fornisce un eccellente esempio dello stato delle conoscenze matematiche in seno alla Royal Society, oltre che dei modi attraverso i quali la Society influí sull'agenda della ricerca matematica. Ci preme sottolineare che la Royal Society divenne una «zona di scambio» tra i matematici pratici – persone semplici come John Smith o Michael Dary, un misuratore e un protetto di Collins – che non sarebbero mai potuti diventare membri di quell'Accademia e del «mondo nobile» dei professori universitari di matematica. Comunque, quei problemi e le loro soluzioni non furono cosí importanti nella vita istituzionale della Royal Society quanto invece lo furono problemi di carattere piú filosofico e di natura meno «volgare»: quasi nessuno dei profondi risultati matematici che Collins ricevette in risposta ai suoi quesiti, infatti, trovò posto nelle «Philosophical Transactions». Ma il fatto rimane: Gregorie e Newton, tra gli altri, fornirono soluzioni originali a questioni nient'affatto banali, e a volte di notevole difficoltà matematica, provenienti dal mondo dei matematici pratici. Questi ultimi furono in grado di attirare l'interesse di scienziati di prima grandezza in virtú della retorica del «sapere utile», che sappiamo aver avuto una grande importanza durante il periodo della Restaurazione in Inghilterra. Ciò può forse fornire una spiegazione (anche se necessariamente parziale) del perché i metodi di sviluppo in serie elaborati nel XVII secolo (periodo in cui questi metodi destavano interesse essenzialmente per le loro applicazioni numeriche) costituiscono di fatto un contributo inglese.

Una delle prime opere in cui lo sviluppo in serie svolge un ruolo cruciale nella risoluzione di problemi pratici nasce dalla penna di Nicolaus Mercator (Niklaus Kaufmann, 1620-1687), uno dei primi membri della Royal Society. Di origine danese, si stabilí a Londra verso il 1660 e vi avrebbe passato molti anni. La *Logarithmotechnia* di Mercator (1668), come indica il titolo, è dedicata ai metodi per semplificare il calcolo dei logaritmi. Tra questi, Mercator ne propose uno brillante, anche se apparentemente semplice. Era noto, grazie al lavoro di Grégoire de Saint-Vincent, che le aree sottese dall'iperbole si comportano come logaritmi – in altre parole, per esprimerci in maniera anacronistica, era noto che la quadratura di $1/(1 + x)$ per $0 \leq x \leq a$ vale $\ln(1 + a)$.

Mercator sviluppò $1/(1 + x)$ in serie di potenze (col ben noto metodo della divisione), ottenendo

$$\frac{1}{1 + x} = 1 - x + x^2 - x^3 + \cdots$$

Quindi, integrando termine a termine, poté ottenere valori approssimati della quadratura di $1/(1 + x)$ per x tra 0 e a:

$$\ln(1 + a) = a - \frac{a^2}{2} + \frac{a^3}{3} - \frac{a^4}{4} + \cdots .$$

Problemi di convergenza o di legittimità nell'integrare una serie di potenze non afflissero i matematici fino al Settecento inoltrato. Comunque James Gregorie, sul quale la serie, come vedremo, ebbe un forte impatto, pubblicò un opuscolo la cui parte principale costituiva un'esauriente dimostrazione della serie di Mercator.

5. *La geometria degli infinitesimi.*

Nel 1668 James Gregorie pubblicò la *Geometriae pars universalis, inserviens quantitatum curvarum transmutationi et mensurae*, un testo molto simile alle ben piú famose *Lectiones geometricae* di Isaac Barrow, su cui esercitò probabilmente una notevole influenza. Queste due opere appartengono al genere matematico chiamato talvolta con il termine di «analisi geometrica infinitesimale» e costituiscono forse i testi matematici piú ricchi e approfonditi del XVII secolo prima della comparsa di una letteratura sul calcolo infinitesimale. Entrambi i testi, infatti, includono una qualche versione di quello che potremmo chiamare «teorema fondamentale» del calcolo – la relazione fra tangenti e quadrature. Ed entrambi usano in modo intelligente il cosiddetto triangolo differenziale o triangolo caratteristico, su cui fondano le quadrature e le rettificazioni di molte curve difficili.

Dal punto di vista metodologico, questi testi fornirono risultati geometrici su oggetti geometrici. O meglio: oggetti definiti in modo essenzialmente geometrico, sebbene fossero poi gestiti per mezzo di una complessa commistione di procedure algebriche e geometriche. I contenuti dei due libri differiscono nel fatto che quello di Gregorie si occupa solo in maniera marginale della determinazione delle tangenti, argomento che risulta invece prevalente nella trattazione di Barrow. D'altro canto, il testo di Gregorie è molto piú ricco sulle quadrature, sulle rettificazioni e sulle relazioni tra questi due argomenti e sulle relazioni fra quadrature e rettificazioni con le tangenti e le normali alle curve. Da un punto di vista metodologico, le dimostrazioni di Barrow usano spesso infinitesimi, o parti infinitesimali (rettangoli, linee, ecc.). Come vedremo, Barrow fornisce una discussione teorica che giustifica l'uso di tali oggetti matematici. Le dimostrazioni di Gregorie, invece, evitano di usare gli infinitesimi (l'unica eccezione è costituita dalla determinazione delle tangenti).

Sebbene molti risultati dimostrati in questi libri fossero già noti a Torricelli, Mengoli, Grégoire de Saint-Vincent, Tacquet e altri, la maggior parte di essi venivano ora, per la prima volta, esposti nella forma il piú generale possibile, dimostrati in modo convincente, inseriti all'interno di una struttura generale coerente. Data la vicinanza temporale con i primi contributi di Newton e Leibniz all'analisi infinitesimale, è probabile che la forma rigorosa ma rigidamente geometrica di questi lavori andasse a discapito del loro valore intrinseco.

La relazione fra tangenti e quadrature non venne particolarmente enfatizzata per quasi tutto il Seicento, neppure quando i matematici piú importanti del periodo s'imbatterono in risultati che rivelavano questa relazione in maniera inequivocabile. Alla fine degli anni Settanta di questo secolo, i matematici escogitarono metodi per le tangenti che fungevano da «ricette» o algoritmi per il numero piú ampio possibile di classi di curve. Comunque, prima dell'avvento della tecnica del calcolo di Newton e Leibniz, i matematici non riuscirono mai a definire un metodo realmente generale che potesse essere applicato a tutti i tipi di curve allora conosciute. La maggior parte dei metodi, compresi quelli di Fermat, di Sluse e perfino il metodo principale di Newton esposto nel trattato sulle flussioni dell'ottobre 1666 erano utili solo se applicati a curve «geometriche» nel senso cartesiano del termine, cioè che potessero essere associate a un polinomio o a un'equazione algebrica. L'unica vera eccezione era costituita dal secondo metodo delle tangenti di Gregorie (detto anche metodo analitico), che rimase inedito durante la sua vita, in seguito andò perduto e solo di recente è stato parzialmente recuperato dalle testimonianze frammentarie ritrovate tra le sue carte.

5.1. James Gregorie (1638-1675).

James Gregorie è piú noto come James Gregory; ma la forma «Gregorie» sembra piú appropriata: cosí egli scrisse il proprio nome per tutta la sua vita e «Gregory» è grafia inglese piuttosto che scozzese. Venne introdotto alla matematica e alla filosofia naturale dal fratello maggiore David; dopo aver studiato ad Aberdeen e aver pubblicato un libro di ottica (1663), fece il suo *tour* attraverso l'Europa fra il 1663 e il 1668. Trascorse alcuni anni a Padova, probabilmente studiando con Stefano degli Angeli (1623-1697), un valente discepolo di Torricelli che insegnava in quel periodo matematica a Padova e che pubblicò molti libri sulle quadrature di tipi diversi di spirali, parabole e iperboli[2]. I suoi metodi rappresentavano gli esempi piú sofisticati delle quadrature geometriche della scuola di Cavalieri-Torricelli.

A Padova Gregorie pubblicò la *Vera circuli et hyperbolae quadratura* (1667), che si occupava di estendere l'idea di «esaurire» le aree delle figure

[2] Stefano degli Angeli è autore tra l'altro del *De infinitis parabolis* (Venezia, 1659-93); *De infinitorum spiralium spatiorum mensura* (Venezia, 1660); *De infinitis spiralibus inversis infinitisque hyperbolis* (Venezia, 1667).

con lo scopo principale di fornire approssimazioni numeriche della quadratura dell'iperbole o del calcolo dei logaritmi. In seconda battuta puntava a dimostrare che l'area di un settore circolare generico non poteva essere trovata a partire dal raggio attraverso operazioni aritmetiche (addizione, moltiplicazione, divisione ed estrazione di radice). Costruí due serie convergenti, una di poligoni inscritti (a_n) e una di poligoni circoscritti (b_n), tali che

$$a_n = \sqrt{a_{n-1}b_{n-1}} \qquad b_n = \frac{2a_nb_{n-1}}{a_n + b_{n-1}}$$

ed entrambe convergenti verso l'area del cerchio o dell'iperbole. Attraverso un complicato ragionamento, Gregorie concludeva che il limite non poteva essere espresso come funzione razionale di a_0 e b_0. Oggi sappiamo che il risultato di Gregorie è giusto, ma la sua dimostrazione – sebbene mostri veri lampi di genio – è ben lontana dall'essere convincente. Il suo risultato innescò un'aspra polemica con Huygens, a quel tempo probabilmente il piú prestigioso e rispettato matematico d'Europa. Da un certo punto di vista Huygens non aveva ragione, dal momento che aveva il pregiudizio che il risultato di Gregorie non potesse essere vero, ma le sue critiche individuarono effettive lacune nelle argomentazioni di Gregorie.

$x = AB$
$y = CB$
$t = TB$
$s = CT$
$m = BM$
$n = CM$

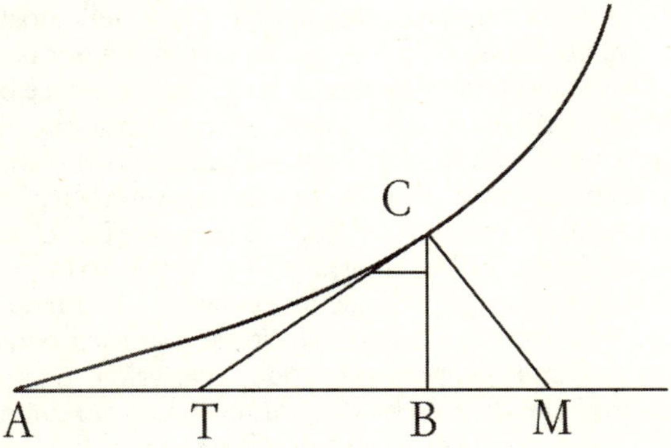

Nel 1668, sempre a Padova, appena prima di fare ritorno a Londra, Gregorie pubblicò la *Geometriae pars universalis*. Nella prefazione metteva in luce i vantaggi che si possono ottenere da teoremi generali applicabili a tutte, o alla maggior parte delle curve. In effetti il titolo dell'opera fa riferimento direttamente al gruppo di teoremi «universali» che apre il libro.

L'opera può essere divisa in due parti. La prima contiene undici teoremi generali sulle relazioni fra tangente, arco e area di una curva monotona (proposizioni I-XI). Nelle proposizioni dalla II alla V, Gregorie stabilisce la similitudine fra il triangolo determinato dall'ordinata (y), dalla normale (n) e dalla sottonormale (m) a un qualsiasi punto di una curva data e il cosiddetto triangolo «caratteristico», costituito da «piccoli» segmenti della tangente (Δs), dell'ordinata (Δy) e dell'ascissa (Δx) nello stesso punto (figura 1). Dalla similitudine di questi due triangoli discende la proporzione

$$\Delta s : \Delta x = n : y$$

dalla quale Gregorie deduce che la rettificazione della curva (che deriva dall'«addizione» di tutti i Δs) si ottiene dalla quadratura di una nuova curva definita dal quoziente n/y e disposta sull'asse x. Notiamo che y/t, il quoziente fra l'ordinata e la sottotangente, corrisponde a ciò che noi adesso chiamiamo la derivata di y: Gregorie sta quindi facendo uso, in forma geometrica, esattamente degli stessi termini che in seguito compariranno nella formula analitica per la lunghezza d'arco della funzione $y(x)$.

Uno dei piú importanti risultati generali della *Geometriae pars universalis* di Gregorie è contenuto nella proposizione VI. Sia data una curva le cui ordinate y sono disposte sopra l'asse x e la cui quadratura sia nota per ogni valore di y; Gregorie mostra come si può determinare sullo stesso asse una curva u, tale che la sua lunghezza in ogni punto sia data dall'area della curva y. Gregorie dimostra che la curva cercata, u, è la quadratura della curva definita dalle ordinate $\sqrt{y^2 - k^2}$ (con k costante) sull'asse x. Dimostra, inoltre, che in ogni punto la sottotangente di u è uguale a u/z; nelle nostre notazioni ciò significa che z (il cui integrale è u) è uguale a u divisa per la sottotangente di u. Se richiamiamo l'attenzione su queste somiglianze, non è per suggerire che Gregorie e Barrow (risultati simili, infatti, si trovano anche nell'opera di quest'ultimo) siano stati i «veri» scopritori del calcolo, o che abbiano anticipato le importanti tecniche di calcolo che di solito vengono attribuite a Newton e Leibniz. Al contrario: ciò che vogliamo sottolineare è che i risultati matematici non possono essere facilmente tradotti da un certo linguaggio e un certo quadro teorico in un altro; anche se li possiamo «tradurre» nelle notazioni del calcolo, questi risultati non hanno lo stesso significato in contesti diversi. Matematici di estrema competenza, quali Gregorie o Barrow, «conoscevano» delle relazioni che divennero «fondamentali» solo quando gli oggetti ai quali venivano applicate furono modificati, assieme al linguaggio con il quale venivano manipolati sia gli oggetti stessi, sia le relazioni fra di essi.

La *Geometriae pars universalis* contiene anche la teoria dell'«involuzione» e dell'«evoluzione» delle curve (proposizioni XII-XVIII). Si tratta di metodi generali per trasformare curve in altre curve: le prime (usando un'espressione un po' anacronistica) saranno espresse nel modo piú conveniente in coordinate polari (ad esempio le spirali o settori di sezioni coniche); le seconde, di solito, in coordinate rettangolari. L'«evoluzione» di una curva «polare» (detta la «involuta») richiede che il suo arco HK, determinato dai raggi r attorno a un polo P con un angolo Θ_0, non cambi la sua lunghezza, e la nuova curva BF (chiamata l'«evoluta») è determinata dalle ordinate y prese perpendicolarmente su un asse *MN* in maniera tale che il raggio r corrispondente al punto I (sull'arco *HK*) sia uguale all'ordinata y corrispondente al punto J (sull'arco *BF*) quando la lunghezza dell'arco *BJ* è uguale alla lunghezza dell'arco *HI*. Gregorie dimostra, per prima cosa, che l'asse dell'evoluta di ogni curva polare data ha lunghezza uguale alla quadratura di $rd\Theta$, $0 \leq \Theta \leq \Theta_0$, e viceversa, che l'involuta di una curva data in coordinate rettangolari y su un asse *MN* ha un angolo Θ_0 uguale alla quadratura di y sull'asse *MN*. Dimostra quindi che l'area dell'evoluta è il doppio dell'area dell'involuta, e infine che in punti corrispondenti I (sull'involuta) e J (sull'evoluta), cioè su punti tali che il raggio di I sia uguale all'ordinata di J, le tangenti alle curve formano lo stesso angolo con il raggio e con l'ordinata.

Nel prosieguo, la *Geometriae pars universalis* tratta di volumi, superfici e centri di gravità dei solidi, e qui Gregorie è interessato a determinare relazioni fra il solido di rivoluzione e la relativa figura generatrice (proposizioni XIX-XLV). La seconda parte del libro applica i teoremi generali ricavati nella prima parte per trovare risultati specifici come la superficie delle quadriche di rivoluzione, l'area della parabola $y^q = x^p$, l'area di $1/y = x^{p/q}$, la rettificazione della cicloide o lo studio delle spirali attraverso la loro «evoluzione».

Sappiamo che questo libro fu letto con attenzione da Newton, Leibniz e Barrow. La copia di Newton, ancora esistente, mostra le orecchie alle pagine fatte da Newton stesso, per segnare i luoghi che piú lo interessavano. Come ha dimostrato Whiteside, molti dei problemi risolti da Newton nel *Method of Fluxions* hanno origine nei teoremi della *Geometriae pars universalis*.

Al suo ritorno a Londra nel 1668, Gregorie fu molto impressionato dall'uso fatto da Mercator nella sua *Logarithmotechnia* della cosiddetta «divisione lunga» per esprimere l'ordinata $1/(x-1)$ di un'iperbole come una somma infinita di potenze di x, il che permetteva quindi di quadrare l'iperbole con un'integrazione termine a termine. Subito dopo aver letto quest'opera, Gregorie scrisse le *Exercitationes geometricae*, un breve trattato matematico in quattro sezioni. Vi è contenuta, prima di tutto, una risposta alle critiche sollevate da Huygens in relazione alla *Vera quadratura*, risposta in cui Gregorie aggiunse qualche commento davvero offensivo. Segue un'elegante dimostrazione geometrica dello sviluppo in serie di Mercator per l'area iperbolica (Mercator non ne aveva fornita una), e uno sviluppo in serie migliorato per la stessa area. In terzo luogo, nel libro era contenuta una dimostrazione del risultato che oggi scriveremmo come

$$\ln \sec(x) = \int \tan(x)dx;$$

si trattava di un risultato fondamentale per la compilazione delle tavole nautiche e per il quale non era stata ancora pubblicata una dimostrazione.

Attraverso l'esempio di Mercator, Gregorie capí la potenza del metodo dell'espansione in serie e si dedicò a esplorarlo piú a fondo. Per esempio, dal momento che sapeva per via geometrica che arctan a è uguale all'area sottesa dalla curva di equazione $1/(1 + x^2)$, $0 \leq x \leq a$, adoperò la divisione lunga trovando che $1/(1 + x^2) = 1 - x^2 + x^4 - x^6 + \cdots$ e, integrando termine a termine, che

$$\arctan a = a - a^3/3 + a^5/5 - a^7/7 + \cdots .$$

Negli anni immediatamente successivi, ma soprattutto nel 1670-71, lavorò sui metodi che avrebbero reso possibile lo sviluppo in serie per nuovi tipi di curve, e in questo modo si imbatté nella scoperta del teorema binomiale per potenze frazionarie e negli sviluppi detti poi di «Taylor». Per calcolarli, Gregorie non usò né le flussioni né i differenziali, ma a quel che possiamo giudicare (le testimonianze che ci sono rimaste del suo lavoro sono molto frammentarie) lavorò con il quoziente fra una variabile e la sua sottotangente (che corrisponde alla nostra derivata). Al fine di trovare agevolmente i quozienti successivi, trovò algoritmi per la sottotangente di una variabile u definita da una delle seguenti relazioni: $u = x + y$; $u = x - y$; $x : y = z : u$; $x : u = u : y$; $x : u = (y : u)^{m/n}$, dove le sottotangenti di x, y, z sono note. Scoprí anche alcune regole analitiche per trovare le nuove sottotangenti quando una curva data veniva modificata in maniera tale che le ordinate fossero una funzione di una nuova variabile. Con questo arsenale di nuovi algoritmi, Gregorie poteva risolvere i difficili problemi che Collins gli mandava (si veda § 4), e anche trovare lo sviluppo in serie di $\tan x$, $\sec x$, $\operatorname{arcsec} x$.

5.2. Isaac Barrow (1630-1677).

I lavori scientifici piú conosciuti di Barrow comprendono due serie di lezioni che preparò tra il 1664 e il 1669 in ottemperanza ai suoi doveri di Lucasian Professor di matematica: le *Lectiones geometricae* e le *Lectiones opticae*. Barrow scrisse anche le *Lectiones mathematicae*, che contengono una notevole analisi dell'oggetto e del metodo delle scienze matematiche. Barrow tenne queste lezioni pubbliche a Cambridge durante tre anni successivi, dal 1664 al 1666. Inoltre pubblicò edizioni aggiornate di Euclide, Apollonio e Archimede, in cui introdusse il linguaggio algebrico, modificandone le dimostrazioni in una certa misura.

Barrow si era laureato a Cambridge nel 1650. Sotto l'influenza del famoso platonista di Cambridge, Henry More, studiò filosofia naturale e scrisse una tesi sull'insufficienza dell'ipotesi cartesiana. Dopo la fine della guerra civile, fu nominato Lucasian Professor di matematica a Cambridge e i suoi interessi si rivolsero verso la matematica pura e l'ottica geometrica. Infine, nel 1669, divenne cappellano del re, e da quel momento si dedicò interamente alla teologia. Le cronache contemporanee sulla sua vita e sul suo carattere dànno la forte impressione che fosse divenuto scettico circa l'utilità e il valore della filosofia naturale, e quando il suo scetticismo crebbe si rifugiò nell'ottica geometrica e nella matematica, arrivando a sostenere la necessità di una forte matematizzazione della filosofia naturale. Durante gli ultimi anni della sua vita, Barrow abbandonò la matematica per l'attività di scrittore di sermoni e testi religiosi, occupazione nella quale fu molto prolifico – scrisse piú di duemila pagine, tenute in gran conto sia dagli studiosi che dalla gerarchia della Chiesa anglicana.

Lectiones mathematicae (1664-66). Questo testo – che a torto viene in genere trascurato – analizza la natura e lo *status* delle scienze matematiche; discute la natura dello spazio e della grandezza estesa, geometrica; dibatte sul perché questi due concetti non debbano essere identificati, del come le grandezze siano alla base della nozione di numero e di quale sia la relazione tra aritmetica e geometria. La serie finale di lezioni tratta del rapporto e della proporzionalità. Vi vengono affrontati anche altri importanti argomenti, ma in modo abbastanza rapido, come la natura degli infinitesimi o lo *status* dell'algebra.

La mentalità filosofica di Barrow era fortemente influenzata dal suo volontarismo teologico e dal suo atteggiamento antimetafisico, caratterizzato dall'importanza che attribuiva alla percezione sensoriale, al senso comune e alle verità matematiche. Non fornisce nessuna definizione formale di «grandezza» e neppure di «grandezza geometrica» perché nega l'esistenza di ogni nozione primaria o di una proprietà essenziale attribuibile alla grandezza che fornirebbe la sua «natura» o essenza, e da cui sarebbe possibile dedurre tutte le restanti proprietà. Dà però per scontato che la grandezza generale, o «grandezza considerata universalmente», sia una quantità continua, e che realmente non esiste nessun'altra quantità in Natura diversa da quella che è chiamata grandezza generale. Fra tutte le proprietà della grandezza, Barrow sottolinea quelle che, dal punto di vista matematico, sono le «piú osservabili» e piú direttamente rilevanti, cioè divisibilità, congruenza, proporzionalità, adattabilità a diverse situazioni e posizioni, e mobilità. Dal momento che la scienza che tratta la grandezza in generale è la geometria, Barrow conclude che la geometria sussume in sé tutte le matematiche. Misurare le grandezze significa scegliere come unità una grandezza omogenea specificamente nota e confrontare con essa tutte le altre grandezze per trovare il loro rapporto con l'unità precedentemente definita. Questo rapporto misura o rende nota la quantità di quella specifica grandezza. Di solito si considerano curve per rappresentare le misure della *res quanta*, ma, in effetti, queste sono solo «simboli» o «indici» delle cose misurate – rappresentano solo un modo conveniente per visualizzare la quantità di una certa grandezza, cioè il rapporto o la proporzione tra la grandezza (superficie, volume, tempo, velocità, ecc.) e l'unità scelta. Quel rapporto o proporzione di per sé non è riconducibile a niente. Non è un numero, o una *res quanta*, è una relazione astratta che non ha esistenza propria.

I numeri, di per sé, non hanno un significato distinto. Una data *res quanta* può essere chiamata 1 o 2, o qualsiasi altro numero si voglia, e viceversa ogni dato numero può essere applicato a qualsiasi linea o grandezza si voglia. Presi per se stessi, con i numeri non si può operare. Se lo si fa, è solo perché ciò viene fatto in base al tacito accordo che rappresentino grandezze omogenee misurate con la stessa unità. I numeri sono solo una «nota», un «segno», un «nome», o un «simbolo» per la rappresentazione di grandezze o *quanta*. Dal momento che nessun numero può essere pensato come astratto o separato da una grandezza di cui esprime la misura in un'unità prescelta, Barrow non consente un'«esistenza di per sé» dei numeri matematici. Questo fatto si applica particolarmente bene ai radicali, o «numeri irrazionali», visto che questi numeri, «neppure nel pensiero», possono essere astratti dalla grandezza. Con questo Barrow vuole intendere che un numero irrazionale, come $\sqrt{2}$, non ha significato in quanto numero, perché nessun numero (intero o frazionale) è la radice del «numero astratto 2». Un medio proporzionale tra i numeri astratti 1 e 2 non esiste in quanto numero. Solo concependo 1 e 2 in quanto grandezze possiamo concepire il medio proporzionale tra loro, che noi chiamiamo «radice quadrata di 2» e rappresentiamo con $\sqrt{2}$.

Si noti che la concezione geometrica delle grandezze che ha Barrow implica che i numeri aritmetici euclidei diventino parte dell'intera famiglia dei numeri, e in questo senso l'aritmetica diventa subordinata alla geometria, punto che Barrow sottolinea esplicitamente. Per questa ragione egli veniva di solito presentato come un matematico «conservatore» che difendeva la filosofia matematica degli antichi. Il che non è molto lontano dal vero, visto che la filosofia euclidea teneva rigidamente separati i numeri dalle grandezze, come, piú in generale, l'aritmetica e la geometria.

Le *Lectiones mathematicae* di Barrow chiariscono le differenze tra gli indivisibili (punti, linee, superfici, istanti di tempo, e cosí via) e gli infinitesimi, o parti infinitamente piccole ma omogenee. Egli richiama e sostiene gli argomenti classici contro l'idea che i continui siano composti dai loro indivisibili. D'altro canto, mantiene una visione delle grandezze come formate dall'addizione di un numero infinito di parti infinitamente piccole. Le argomentazioni che adduce sono di carattere sia pratico, sia teorico. La somma di una serie costituisce un esempio pratico di somma infinita che produce una quantità finita e ben determinata. Dal punto di vista teorico, Barrow rifiuta le dimostrazioni classiche degli atomisti che, stando a quanto veniva tramandato, avrebbero dimostrato l'impossibilità di poter dividere la grandezza continuamente, indefinitamente o «perpetuamente». Inoltre, avendo accettato l'esistenza dello spazio infinito (almeno come infinito in potenza), Barrow non teme i paradossi del tipo «se una linea della misura di un piede contiene un numero infinito di parti, due piedi conterranno due infiniti». Lo spazio infinito permette infatti di contemplare molte situazioni simili a questa. E ancora, Barrow adotta la visione per cui, anche se non si può raggiungere la completa chiarezza metafisica in questo genere di argomenti, l'utilità degli infinitesimi e le numerose argomentazioni che li supportano sono sufficienti per renderli accettabili all'interno delle argomentazioni matematiche.

Lectiones geometricae (1670). Le lezioni dalla I alla V di questo testo sono simili per stile e spirito alle *Lectiones mathematicae*, di cui forniscono un complemento fondamentale. In questi capitoli iniziali Barrow si occupa della concettualizzazione e della generazione delle curve e della nozione di tempo assoluto. Tra i vari modi per generare le curve, Barrow sottolinea il movimento, o lo «scorrere» dei punti. Questo approccio era già stato sostenuto nel Cinquecento da John Dee e da Clavio, tra gli altri, ma venne usato con maggior efficacia da Torricelli nel secolo successivo.

Barrow fondò questa sua concezione delle curve sulla nozione di tempo assoluto, definito dallo scorrere costante e regolare dei suoi momenti. Il tempo di Barrow è una grandezza continua che scorre con un flusso costante e continuo. Può essere misurato attraverso il movimento (ma non ne è dipendente), e i movimenti piú adatti a misurarlo sono quelli planetari o celesti, sebbene ovviamente non si possa essere sicuri a priori che si tratti in effetti di movimenti costanti. Può essere rappresentato da una linea o da una certa distanza percorsa a velocità costante. Barrow sottolinea che il tempo ha molte analogie con la linea, dal momento che queste due grandezze risultano dal fluire costante di un istante o di un punto: «Il tempo è concepito come la traccia di un istante continuamente sfuggente, che possiede una qualche indivisibilità in virtú dell'istante, [ma] in virtú del flusso successivo, può essere diviso in tale misura»[3]. La concezione di tempo assoluto di Barrow, con il suo continuo e uniforme fluire, è naturalmente alla base della concezione flussionale delle curve sviluppata da Newton.

Le lezioni rimanenti (VI-XII) contengono sottili e difficili risultati di geometria. Le lezioni dalla VI alla X sono dedicate alla determinazione delle tangenti «senza calcolo». Fondamentalmente Barrow tratta curve definite attraverso altre curve, o che mantengono un dato rapporto con un'altra curva. Assumendo poi che la tangente a una curva sia nota, mostra come disegnare l'altra tangente. Per esempio, dopo avere brevemente illustrato un risultato (lezione VIII, sezione 5), afferma che se due curve sono tali che le loro ordinate mantengono sempre un rapporto costante, allora esse hanno la stessa sottotangente, il che equivale a dire che, una volta note le tangenti a una delle due curve, le tangenti dell'altra sono date direttamente dalla prima. I metodi geometrici di Barrow generalizzavano metodi già conosciuti per determinare, ad esempio, la tangente alla cicloide assumendo che si sappia disegnare

[3] «[...] ita tempus velut instantis continuo labentis vestigium concipiatur, ab instante nonnullam indivisibilitatem habens, a successivo fluxu quod eatenus dispertiri queat» (*Lectiones geometricae*, London 1670, p. 6).

le tangenti al cerchio; oppure per stabilire una relazione tra le tangenti a due curve tali che le ordinate di una mantengano una proporzionalità geometrica rispetto alle ordinate dell'altra. Un'appendice alla lezione X contiene la versione di Barrow del metodo Fermat-Beaugrand per le tangenti, che applicò a curve difficili quali la quadratrice e $y = tgx$.

Nelle lezioni XI e XII Barrow tratta le quadrature assumendo la nozione di «trasmutazione di curve», che abbiamo già ritrovato nella *Geometriae pars universalis* di Gregorie. Barrow, ancora una volta, fa uso per studiare la curva di sottonormali, sottotangenti e tangenti e fornisce una sua dimostrazione della relazione che sussiste tra quadrature e tangenti.

6. *Isaac Newton (1642-1727).*

La formazione matematica di Newton si basò sulla *Clavis* di Oughtred, sulle opere di François Viète, sulla *Géométrie* di Descartes e sull'*Arithmetica infinitorum* di Wallis. I suoi primi risultati furono ispirati dallo stile di Wallis delle «tabulazioni a forza bruta». Nel 1664-65, tramite intelligenti manipolazioni ottenne uno sviluppo in serie per l'area delimitata dal grafico $y = \sqrt{1-x^2}$, che è metà del cerchio. Estrapolando il risultato per gli esponenti negativi ottenne, alla fine, ma senza dimostrazione, il teorema binomiale per potenze frazionarie e negative:

$$(a + x)^{m/n} = a^{m/n} + \frac{m}{n} a^{\frac{m}{n}-1} x + \frac{1}{1\cdot 2} \frac{m}{n} a^{\frac{m}{n}-2} x^2 + \cdots .$$

Newton adoperò questo sviluppo per calcolare i logaritmi tramite la quadratura di $y = (1 + x)^{-1}$. Poco tempo dopo scoprí la relazione fra le tangenti e le quadrature; piú precisamente, sapeva che la pendenza (o la tangente) della curva $z = x^3$ si poteva ricavare da $y = 3x^2$. A questo punto provò con una semplice dimostrazione geometrica che la quadratura di $3x^2$ (per x compreso fra 0 e a) è data dal valore di $z = x^3$ calcolato in a. La sua scoperta della relazione che intercorre fra pendenze (o «flussioni», si veda piú avanti) e quadrature gli permise di ricavare tavole per le tangenti di molte curve, equivalenti a ciò che noi chiameremmo tavole di funzioni primitive. Newton le indicò come «tavole delle fluenti». Rendendosi forse conto del fatto che solo una classe molto limitata di curve poteva essere quadrata con questo metodo, lo abbandonò completamente nel primo tentativo serio che fece per rendere note le sue scoperte. Si tratta del *De analysi per aequationes numero terminorum infinitas*, un opuscolo scritto nel 1669 e che circolò solo in forma manoscritta. Newton non pubblicò nessuna delle sue numerose e profonde ricerche matematiche sviluppate negli anni Sessanta e nei primi anni Settanta fino a dopo il 1700, quando il calcolo differenziale di Leibniz era ormai molto diffuso.

Il *De analysi* è dedicato al problema della quadratura in generale e tenta di fornire una risposta il piú generale possibile. È basato su pochi principî e risultati matematici. Tutte le quadrature che fornisce sono, in ultima analisi, basate sulla quadratura delle curve elementari del tipo $y = mx^{p/r}$. In secondo luogo assume l'integrazione termine a termine; fornisce poi metodi per lo sviluppo in serie; infine, indaga le analogie fra il triangolo caratteristico o differenziale e i triangoli finiti costituiti dall'ordinata, dalla sottotangente e dalla sottonormale. Queste relazioni vengono usate per ottenere rettificazioni, superfici di solidi di rivoluzione e cosí via. Per quanto concerne gli sviluppi in serie, è da sottolineare che Newton, comunque, non menzionò il suo metodo piú potente, l'espansione binomiale per potenze frazionarie, probabilmente perché non lo riteneva abbastanza fondato. Il *De analysi* utilizzava anche la divisione e l'estrazione di radici, oltre a un metodo generale, che Newton chiamava «risoluzione algebrica delle equazioni affette da esponente», che consisteva nell'espandere y come serie di potenze ogni volta che veniva data una relazione implicita fra x e y tramite un'equazione polinomiale $f(x, y) = 0$.

$v = HC$
$o = BC$
$x = AB$
$y = DB$

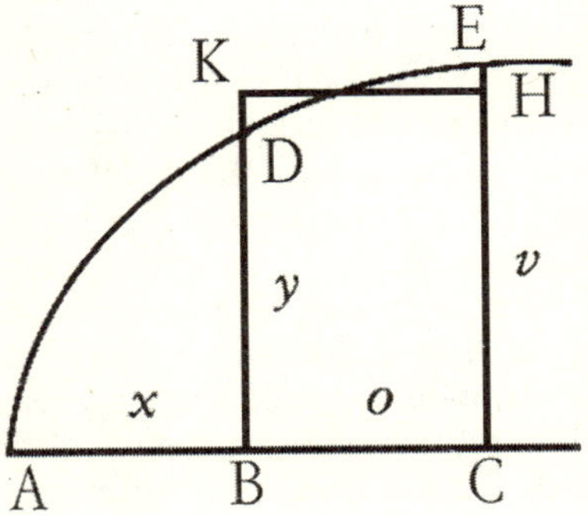

Per ottenere la quadratura di $y = mx^{p/r}$, Newton considera $z = \frac{2}{3} x^{\frac{3}{2}}$ e assume che z sia rappresentato dalla superficie ADB (figura 2), con $AB = x$. Per una x maggiore, ad esempio $AC = x + o$, z diventa la superficie AEC, che Newton scrive come $z + ov$, con v un qualche valore intermedio fra le ordinate BD e CE. Quindi, $\frac{4}{9}(x + o)^3 = (z + ov)^2$. Sviluppando i termini nelle parentesi, eliminando i termini uguali $9z^2$ e $4x^3$ in entrambi i membri, e dividendo i termini rimanenti per o, Newton ottiene $12x^2 + 3xo + o^2 = 18zv + 9ov^2$. A questo punto, aggiunge «se adesso supponiamo che [BC o *o*] sia infinitamente piccolo, cioè che *o* sia zero, *v* e [l'ordinata *DB*] saranno uguali e i termini moltiplicati per *o* spariranno». Quindi, se chiamiamo *y* l'ordinata *DB*, che diventa uguale a *v* quando *o* sparisce, abbiamo $12x^2 = 18zy$, da cui $y = x^{\frac{1}{2}}$. Newton conclude che, viceversa, se partiamo da una curva la cui ordinata è $y = x^{\frac{1}{2}}$, la sua area *z* sarà data da $\frac{2}{3}x^{\frac{3}{2}}$. L'ultimo passo di Newton è spiegare perché la sua dimostrazione valga in effetti per ogni esponente razionale positivo.

L'anno successivo, nel 1670, Newton preparò e fece circolare una versione piú ampia delle sue ricerche sulla geometria delle curve, il trattato manoscritto dal titolo *De methodis serierum et fluxionum* (noto solitamente con il titolo inglese di *The Method of Fluxions*). In questo testo Newton presentò la sua concezione delle curve come il risultato di movimenti, di solito movimenti lungo i due assi cartesiani (non necessariamente ortogonali). I punti (x, y) sulla curva sono determinati dall'intersezione delle due rette parallele agli assi cartesiani, e in questo modo la curva risulta dai movimenti simultanei combinati dell'ascissa *x* e dell'ordinata *y*. Le coordinate, e in generale le cose che si muovono, sono le «fluenti». Le proprietà delle curve si possono trovare confrontando i movimenti che le generano, o piú precisamente le velocità di variazione dei movimenti. Nelle sue prime ricerche Newton riteneva che durante un momento infinitesimo di tempo la velocità o il tasso di cambiamento delle fluenti *x*, *y* fossero costanti e indicò queste velocità con il termine «flussioni» di *x* e *y*. Molto piú tardi, negli anni Novanta, quando fu chiaro che i differenziali di Leibniz utilizzavano simboli che rendevano piú facile la loro applicazione, Newton introdusse la notazione con il punto ($\dot{x}$, $\ddot{x}$, ...) per rappresentare la flussione di *x*, la flussione della flussione, ecc. In questa notazione l'incremento della fluente *x* in un istante infinitesimo di tempo *o* è $\dot{x}o$. Newton immaginò che il triangolo caratteristico o differenziale di un punto qualsiasi di una qualsiasi curva fosse composto da un lato uguale a un segmento infinitesimo sull'asse *x*, $\dot{x}o$, di un altro lato uguale a un segmento infinitesimo sull'asse *y*, $\dot{y}o$, e dall'ipotenusa, uguale a un segmento infinitesimo della curva stessa. La pendenza della curva, uguale al rapporto fra l'ordinata e la sottotangente, risulta cosí uguale al rapporto fra $\dot{y}o$ e $\dot{x}o$, cioè a $\dot{y}/\dot{x}$.

In *The Method of Fluxions* Newton espose ciò che potremmo chiamare il programma di ricerca della nuova era del calcolo differenziale, sintetizzandolo in due problemi generali: per prima cosa, date le fluenti, trovare le loro flussioni; viceversa, date le flussioni trovare le fluenti di cui le flussioni date esprimono la velocità o il tasso di cambiamento. *The Method of Fluxions* dimostrava come ogni problema importante nello studio delle curve poteva essere ridotto a questi problemi e, in effetti, ne risolse molti nel caso di curve specifiche e famiglie di curve – e questo includeva la determinazione di tangenti e normali, massimi e minimi, raggi di curvatura, quadrature, cubature, rettificazioni e centri di gravità. Newton non poteva, ovviamente, risolvere questi due problemi generali per tutti i tipi di curve allora conosciute, ma incluse nella sua opera potenti algoritmi che potevano essere applicati ad ampie famiglie di curve.

In particolare, Newton conosceva un algoritmo generale per trovare le tangenti alle curve date tramite equazioni del tipo $f(x, y) = 0$ nel caso di polinomi o quozienti di polinomi in coordinate riferite agli assi cartesiani. L'algoritmo venne pubblicato per la prima volta da Sluse nel 1673 (non è noto come Sluse l'abbia trovato o dimostrato), ma Newton lo conosceva fin dal 1666. Per curve di altro genere, Newton doveva ricorrere a costruzioni *ad hoc* basate sulla definizione di ciascuna curva. Per risolvere il secondo problema, quello di trovare le fluenti note le flussioni, Newton incluse nell'opera le sue tavole delle fluenti, alle quali accompagnava i metodi per effettuare dei cambiamenti di variabile che potevano ridurre le curve a espressioni che comparivano nelle tavole. Assieme a questi risultati Newton inserí anche i suoi metodi per lo sviluppo in serie e le sue quadrature tramite integrazione termine a termine.

Newton modificò le proprie idee sui fondamenti del calcolo delle flussioni. Già nel 1671-72, quando stava rivedendo *The Method of Fluxions*, criticò l'idea che le curve fossero poligoni con un numero infinito di lati infinitesimi. In varie occasioni preparò una serie di assiomi per il metodo delle flussioni che comprendessero solo l'uso di movimenti e flussioni (o velocità) e bandissero ogni tipo di nozione di indivisibile o infinitesimo dal suo calcolo. La *Geometria curvilinea* (iniziata probabilmente attorno al 1680, ma non terminata) doveva essere un trattato generale sullo studio delle curve tramite le flussioni nel quale istanti di tempo e segmenti infinitesimi non fossero piú alla base dei suoi risultati cruciali, che invece avrebbero dovuto derivare da «Assiomi» (*sic*) quali «Grandezze generate simultaneamente da flussioni uguali sono uguali» oppure «Grandezze generate simultaneamente da flussioni in un rapporto dato sono nello stesso rapporto delle flussioni». Affermava che Euclide «ha portato a termine la fondazione della geometria delle rette», ma «poiché gli *Elementi* di Euclide non sono adeguati per lavorare con le curve, sono stato costretto a formularne degli altri».

Inoltre, Newton si scagliava contro ciò che a suo parere era come un'invasione dei metodi algebrici in quella che sarebbe dovuta essere la sfera propria della geometria, e arrivò perfino a sostituire con una dimostrazione geometrica la sua precedente dimostrazione algebrica per la flussione di un prodotto. Non pose mai la debita attenzione alla questione cruciale della traduzione in simboli, senza neanche preoccuparsi di fissare una maniera convenzionale di rappresentare le primitive (le rappresentò in maniere diverse in tempi diversi). I lemmi matematici con cui si aprono i *Principia mathematica* (1687) forniscono i fondamenti di questo nuovo approccio. All'inizio degli anni Novanta Newton preparò per la pubblicazione il *De quadratura curvarum* (pubblicato solo nel 1704), un notevole trattato che includeva tutti i suoi risultati sulle quadrature i cui fondamenti erano esplicitamente geometrici, e in cui si sottolineava che gli oggetti matematici presi in considerazione (curve, ecc.) erano considerati come generati dal movimento. Newton sottolineò il fatto che le quantità matematiche erano generate «nella natura fisica» e che pensarle in questi termini era piú chiaro, piú semplice e piú compatto. In questo senso, quindi, Newton prese le distanze dalla tendenza generale che proprio il suo calcolo aveva messo in moto, una tendenza che portò la matematica verso una maggiore algebrizzazione, simbolizzazione e aritmetizzazione.

BARON, M. E.

2003 *The Origins of the Infinitesimal Calculus* (1969), Dover, Mineola N.Y.

FEINGOLD, M. (a cura di)

1990 *Before Newton: The Life and Times of Isaac Barrow*, Cambridge University Press, Cambridge.

GUICCIARDINI, N.

2003 *Newton and Leibniz*, in H. N. JAHNKE (a cura di), *A History of Analysis*, American Mathematical Society, Providence.

HOFMANN, J. E.

1974 *Leibniz in Paris, 1672-1676*, Cambridge University Press, Cambridge.

MAIERÚ, L.

1994 *Fra Descartes e Newton. Isaac Barrow e John Wallis*, Rubbettino, Messina.

MALET, A.

1996 *From Indivisibles to Infinitesimals. Studies on Seventeenth-Century Mathematizations of Infinitely Small Quantities*, Universitat autònoma de Barcelona, Barcelona.

1997 *Isaac Barrow on the mathematization of nature: theological voluntarism and the rise of geometrical optics*, in «Journal of the History of Ideas», 58, pp. 265-87.

2002 *La longitude et les mathématiques dans les premières années de la Royal Society*, in V. JULLIEN (a cura di), *Le calcul des longitudes*, Presses Universitaires de Rennes, Rennes, pp. 133-57.

2002-03 *Algebra as language: Wallis and Condillac on the nature of algebra*, in «Cronos», 5-6, pp. 5-24.

2007 *God against Metaphysics: Isaac Barrow on the Nature of Space*, in J. MONTESINOS e J. RENN (a cura di), *Science and Religion from Descartes to the French Revolution*, Madrid, in corso di stampa.

PANZA, M.

2005 *Newton et les origines de l'analyse, 1664-1666*, Blanchard, Paris.

PYCIOR, H. M.

1997 *Symbols, Impossible Numbers, and Geometric Entanglements. British Algebra through the Commentaries on Newton's Universal Arithmetick*, Cambridge University Press, Cambridge.

SCOTT, J. F.

1981 *The Mathematical Work of John Wallis, D. D., F. R. S. (1616-1703)* (1938), Chelsea, New York.

STEDALL, J. A.

2002 *A Discourse Concerning Algebra. English Algebra to 1685*, Oxford University Press, New York.

2003 *The Greate Invention of Algebra: Thomas Harriot's Treatise on Equations,* Oxford University Press, Oxford.

WALLIS, J.

2004 *The Arithmetic of Infinitesimals. John Wallis 1656*, introduzione di J. A. Stedall, Springer, New York.

MICHEL BLAY

Infinito e matematizzazione del moto nel Seicento

Il volgere dei secoli XVII e XVIII è segnato da una vera e propria esplosione di pensiero nel campo della scienza del moto, un'esplosione che apre la strada ai successi della meccanica razionale del Settecento.

La novità dell'approccio e la facilità con cui in questo periodo vengono trattati i difficilissimi problemi che occuparono tanto Galileo quanto Christiaan Huygens o Isaac Newton è sottolineata con decisione da Pierre Varignon (1654-1722) in occasione della composizione di diverse Memorie scritte intorno al 1700 e pubblicate nei volumi dei «Mémoires de l'Académie Royale des Sciences». Leggiamo in particolare: «[...] ne risulta anche una formula molto semplice per descrivere le forze centrali tanto centrifughe quanto centripete, le quali sono alla base dell'eccellente opera di Newton *Philosophiae naturalis principia mathematica* [...] mi accontento di farvi vedere qui con quale facilità essa risolve i nostri esempi, che per la maggior parte sono di Newton e fanno parte delle proposizioni 7, 8, 9, 10 del suo primo libro»[1].

Anche da queste parole risulta chiaro che la specificità del procedimento newtoniano, cosí come la novità del suo approccio, sono caratterizzate dalla generalità dei risultati ottenuti e contemporaneamente dall'agevolezza e semplicità con cui gli esempi scaturiscono da tali risultati come altrettanti casi particolari.

Le questioni fondamentali da risolvere nel corso dei primi anni del XVIII secolo sono dunque la messa in atto e l'ordinamento di una nuova concettualizzazione della scienza del moto intorno alle nozioni del nuovo calcolo differenziale e integrale introdotte nel 1684 e nel 1686 da Leibniz in occasione della pubblicazione di due Memorie negli *Acta Eruditorum*[2].

Occorre chiedersi tuttavia come sia riuscita, questa nuova concettualizzazione della scienza del moto, a sormontare le precedenti difficoltà. Tale interrogativo impone di ritornare al tema della geometrizzazione

[1] *Histoire de l'Académie Royale des Sciences avec les Mémoires de Mathématique et de Physique pour la même année. Tirés des registres de cette Académie*, partie *Mémoires* (da qui in poi *AM*), anno 1700 (1703), p. 84.

[2] *Acta Eruditorum*, ottobre 1684, pp. 467-73 e giugno 1686, pp. 292-300.

della scienza del moto nel Seicento, dove per geometrizzazione si intende quel procedimento il cui oggetto consiste nel ricostruire i fenomeni del moto all'interno del dominio dell'intelligibilità geometrica, cioè in modo che si trovino sottoposti all'influenza della ragione geometrica e possano essere organizzati deduttivamente secondo il modello degli *Elementi* di Euclide.

Quest'impresa d'altra parte non è esente da difficoltà. Essa si scontra rapidamente con questioni che implicano la considerazione dell'infinito e di conseguenza il ritorno dei celebri paradossi di Zenone di Elea. Com'è possibile pensare la continuità di un moto, il suo inizio e la sua fine? Come spiegare la varietà dei moti accelerati? Si deve ricorrere, come suggeriscono alcuni atomisti, a una combinazione di moto e di riposo? Sono questi gli interrogativi che occuperanno gli scienziati del XVII secolo Galileo Galilei (1564-1642), Bonaventura Cavalieri (1598-1647) e Blaise Pascal (1623-1662), e che finiranno per trovare un risposta matematica esplicita soltanto all'inizio del Settecento con l'algoritmizzazione della cinematica.

1. *L'infinito nel moto.*

In una lettera indirizzata a Galileo in data 21 marzo 1626, Bonaventura Cavalieri sottolinea precisamente l'importanza e la difficoltà dei problemi posti, nel quadro della geometrizzazione, dalla comprensione dell'inizio e dell'evoluzione continua del movimento: «[...] sono entrato a comporre qualche cosetta sopra il moto [...]: arrivato poi a provar che il mobile, che da passar dalla quiete a qualche grado di velocità, debba passar per gli intermedii, non ritrovo ragione che m'acquieti, quantunque in universale mi para che sia cosí»[3].

La ricerca di una spiegazione soddisfacente è allo stesso tempo un programma di lavoro e un atteggiamento mentale: è la volontà di comprendere l'inizio e l'evoluzione continua del moto, ma soprattutto di pensarli matematicamente o, piuttosto, di costruirne le ragioni matematiche.

D'altra parte il trattamento di tali questioni si rivela di estrema difficoltà, perché affrontarle significa appunto trovarsi immediatamente a confronto con l'infinito. Pascal, per esempio, ne è un esplicito testimone nel suo trattatello intitolato *De l'esprit géométrique*:

> Per quanto veloce sia infatti un movimento, se ne può concepire uno che lo sia di piú, e accelerare ancora quest'ultimo; e cosí sempre all'infinito, senza mai giungere a uno che sia tale che non vi si possa aggiungere nulla. E, al contrario, per quanto lento sia un movimento, lo si può ritardare ancora, e ancora lo si può fare con quest'ultimo;

[3] G. Galilei, *Opere*, edizione nazionale a cura di A. Favaro, 20 voll., Barbera, Firenze 1890-1909, vol. XIII, p. 312.

e cosí all'infinito, senza mai giungere a un tale grado di lentezza che escluda di poter arrivare a una infinità di altri gradi, senza cadere nel riposo[4].

In una prospettiva assai vicina, per bocca del suo amico e portavoce Salviati nei *Discorsi e dimostrazioni matematiche intorno a due nuove scienze* (Leida 1638), Galileo scrive:

> Sentite, in grazia. Io non credo che voi fuste renitenti a concedermi che l'acquisto de i gradi di velocità del sasso cadente dallo stato di quiete possa farsi co 'l medesimo ordine che la diminuzione e perdita de i medesimi gradi, mentre da virtú impellente fusse ricacciato in su alla medesima altezza; ma quando ciò sia, non veggo che si possa dubitare che nel diminuirsi la velocità del sasso ascendente, consumandola tutta, possa pervenire allo stato di quiete prima che passar per tutti i gradi di tardità[5].

Come Pascal, ma in modo piú preciso, in questo testo Galileo sottolinea la continuità che caratterizza a suo parere l'aumento e la diminuzione di velocità di un moto naturalmente accelerato. In un moto di tal tipo, precisa sempre Galileo nei *Discorsi*, «tal grave ascendente non persist[e] per verun tempo quanto in alcun medesimo grado di velocita»[6]. Il che significa tornare a dire che, secondo Galileo, in un moto accelerato o ritardato un grave che lasci la quiete o che vi ritorni passa per un'infinità di gradi di velocità in un intervallo di tempo che, per quanto piccolo, contiene un'infinità di istanti. In questo senso la quiete può essere considerata non come opposta al moto, ma come un limite o un caso particolare del moto.

Benché rendano possibile la geometrizzazione del movimento, come testimonia il trattamento galileiano di tale questione nei *Discorsi* e nel *Dialogo* (Firenze 1632), i problemi sollevati da quest'analisi sono di estrema difficoltà. In effetti, se esiste un'infinità di gradi di lentezza attraverso i quali si deve passare per raggiungere la quiete, non dovrebbe esservi un tempo infinito perché questo movimento possa compiersi o, piú esattamente, perché il mobile mosso da un tal moto si fermi passando successivamente per tutti i gradi di lentezza? E all'inverso, perché un moto abbia inizio passando successivamente per tutti i gradi di velocità crescente, non dovrebbe darsi anche in questo caso un tempo infinito per raggiungere la piú piccola velocità? In un caso la quiete è impossibile da raggiungere, mentre nell'altro è il moto che, a rigore, non può avere inizio. Eppure è evidente che i movimenti iniziano e finiscono!

[4] B. Pascal, *Œuvres complètes*, Seuil, Paris 1963, pp. 527-28 [trad. it. *Lo spirito geometrico*, in *Pensieri, opuscoli, lettere*, Rusconi, Milano 1984, p. 343].

[5] G. Galilei, *Opere* cit., vol. VIII, p. 200.

[6] *Ibid.*, p. 201.

1.1. Inizio e fine del moto.

È sufficiente parlare di inizio del movimento ed ecco che si insinuano i paradossi dell'infinito, i quali riescono apparentemente a rovinare ogni possibilità di pensare la continuità dell'inizio e della fine del moto. Una possibile risposta consiste nel respingere l'idea di un inizio non finito del moto, o piuttosto nel pensare che il movimento di caduta dei gravi, per esempio, abbia inizio non a partire da una velocità nulla per continui e successivi accrescimenti, bensí a partire da una velocità piccola ma finita. È cosí per esempio che Edme Mariotte (1620?-1684) vede la questione. Nel suo *Traitté de la percussion ou chocq des corps*, pubblicato a Parigi nel 1673, egli rifiuta l'idea che un moto accelerato possa esserlo dal primo istante. La sua argomentazione poggia evidentemente sulla consapevolezza delle difficoltà generate dai paradossi di Zenone sull'infinito, ma anche, benché il contesto infinitesimale sembri poco adatto, su diversi esperimenti relativi soprattutto al flusso e alla forza dei fluidi:

> Galileo espone alcuni ragionamenti assai verosimili per provare che nel primo momento in cui un grave inizia a cadere la sua velocità è minore di quanto si possa in alcun modo definire: ma tali ragionamenti si fondano sulla divisione all'infinito tanto delle velocità quanto degli spazi attraversati e dei tempi di caduta, che sono ragionamenti assai sospetti, come quello che gli antichi avrebbero fatto per provare che Achille non potrebbe mai raggiungere una tartaruga; a questo ragionamento è difficile dare una risposta e trovare una soluzione, ma se ne dimostra la falsità con l'esperienza e con altri ragionamenti piú facili da concepire. Cosí si opporranno a Galileo i ragionamenti di cui sopra, che sono facili da concepire – in particolare quello della bilancia – e molto piú chiari dei suoi, fondati su inconcepibili divisioni all'infinito e su regole dell'accelerazione della velocità dei corpi che appaiono dubbie: infatti non si può sapere se un corpo in caduta non passi attraverso un piccolo spazio senza accelerare il suo primo movimento, perché ci vuole del tempo per produrre la maggior parte degli effetti naturali, come appare facendo passare molto velocemente della carta attraverso una fiamma vivace senza che si accenda; di conseguenza si devono preferire i ragionamenti di cui sopra a quelli di Galileo[7].

Diviene cosí possibile eliminare l'infinito all'inizio del moto supponendo che, in senso stretto, non esista alcun inizio del movimento, ma che fin dal primo momento il corpo si muova di una velocità molto piccola ma finita. Allo stesso modo si potrebbe pensare che la quiete possa essere raggiunta senza che il mobile passi per tutti i gradi di lentezza, come propone per esempio Nicolaas Hartsoeker (1656-1725) in una lettera indirizzata a Gottfried Wilhelm Leibniz (1646-1716) in data 6 gennaio 1712:

[7] E. Mariotte, *Traité de la percussion ou chocq des corps*, Paris 1673, Avvertenza alla fine della proposizione X, pp. 247-49.

> Esiste una legge di Natura, voi dite, Signore, che fa sí che non vi sia alcun passaggio *per saltum*. Ve lo concedo in un certo senso; ma quando voi dite che questa legge vieta che esista un punto che sta a metà fra il solido e il fluido, non vedo alcuna necessità. Se voi non sapeste per esperienza, Signore, che un corpo che si muove di una qualunque velocità può rimanere in quiete fin dall'istante in cui subisce un urto senza perdere a poco a poco e per gradi il suo movimento, non direste voi per via della vostra legge che questo è impossibile[8]?

A questi approcci si possono associare anche quelli di alcuni atomisti come Pierre Gassendi (1592-1655) o François Bernier (1620-1688), per i quali il moto vario è concepito come una combinazione di quiete e movimento e la continuità è solo apparente – cioè si deve a una qualche persistenza delle immagini retiniche, per parlare in termini moderni. Ma tutto questo non offre alcuna presa reale alla geometrizzazione. Il trattamento matematico del moto esige infatti che per mezzo della costruzione razionale si vada oltre ciò che, per Mariotte in particolare, dipende da una falsa evidenza sperimentale che non insegna nulla.

1.2. Un primo sforzo di Leibniz.

Leibniz elaborerà il suo calcolo differenziale e integrale soltanto nel 1676, ma già nel 1670 compone una *Theoria motus abstracti* che ha essenzialmente per oggetto la costruzione di una teoria a priori o puramente razionale del movimento[9]. Questo lavoro si ispira ad alcuni risultati matematici esposti da Cavalieri nel suo celebre scritto intitolato *Geometria indivisibilibus*, pubblicato a Bologna nel 1635.

Nella sua *Theoria motus abstracti*, Leibniz osserva che il moto è un continuo, vale a dire che non è «affatto inframmezzato da piccoli stati di quiete», come in qualche caso pensavano gli atomisti. In quanto continuo, il moto, come appunto ogni continuo secondo Leibniz, è dunque non soltanto divisibile all'infinito, ma anche effettivamente diviso, nel senso che «vi sono delle parti in atto nel continuo» che «sono infinite in atto». Tuttavia «non esiste alcun minimum nello spazio o nel tempo», perché tale minimum «implicherebbe una contraddizione». In questo caso, infatti, si avrebbero tanti minima nel tutto quanti ve ne sarebbero nella parte, perché ciascuna parte della medesima specie del tutto è ancora infinitamente divisibile. Leibniz sfugge a questa contraddizione grazie alla sua interpretazione del metodo di Cavalieri, un metodo che Leibniz, indubbiamente piú preoccupato rispetto al collega dell'analisi del movimento e delle traiettorie che delle pure questio-

[8] G. W. Leibniz, *Die philosophischen Schriften*, a cura di C. I. Gerhardt, 7 voll., Weidmann, Berlin 1875-90, nuova edizione Olms, Hildesheim 1960-61, vol. III, p. 531.

[9] Id., *Mathematische Schriften*, a cura di C. I. Gerhardt, 7 voll., Halle, Berlin 1849-63, nuova edizione Olms, Hildesheim 1960-61, vol. VI, pp. 61-80.

ni di geometria, è portato a considerare dal punto di vista della composizione del continuo. Egli introduce quindi il suo concetto di indivisibile: «Gli indivisibili, o inestesi, sono dati senza i quali né l'inizio né la fine del movimento e dei corpi sono concepibili». In base a quanto si è detto, in effetti, come si può parlare dell'«inizio» di un corpo, di uno spazio, di una durata o di un movimento senza ricadere nei paradossi di Zenone?

Per Leibniz tale inizio appartiene allo spazio, al tempo e al moto senza peraltro essere divisibile. Come si è visto, infatti, la nozione di inizio divisibile è contraddittoria. Esistono dunque indivisibili costitutivi dello spazio, del tempo e del moto che sono tuttavia eterogenei a ciò che costituiscono. In questo modo Leibniz introduce enti matematici per lo meno sorprendenti, che sono «l'inizio dei corpi, dello spazio, del movimento, del tempo (cioè il punto, lo sforzo, l'istante)». È a Thomas Hobbes (1588-1679) che Leibniz guarda mentre trasforma il concetto di sforzo per farne il suo indivisibile del moto: «Lo sforzo è per il moto ciò che il punto è per lo spazio, vale a dire ciò che l'unità è per l'infinito, è infatti l'inizio e la fine del moto». Esiste dunque un indivisibile del movimento, lo «sforzo», che da un certo punto di vista blocca la regressione all'infinito che impediva di pensare l'inizio e la fine del moto.

Ma da dove viene questo «sforzo»? Qual è la causa del moto? E come comprenderne la generazione? Come porre le basi di una vera e propria scienza matematizzata del moto?

2. *Newton: forza, azione e continuità del movimento.*

La soluzione di questi problemi è molto difficile. Scrive Christiaan Huygens nel suo *Discours de la cause de la pesanteur*, pubblicato a Leida nel 1690 in seguito al *Traité de la lumière* ma composto, nell'essenziale, un ventina d'anni prima in occasione delle discussioni tenutesi all'Académie Royale des Sciences di Parigi:

> Alla fine è possibile trovare qui la ragione del Principio al quale Galileo si è riferito per dimostrare la proporzionalità dell'accelerazione dei corpi in caduta, che consiste nel fatto che la loro velocità cresce in tempi sempre uguali. Perché i corpi sono spinti progressivamente dalle parti della materia che cercano di prendere il loro posto e che, come abbiamo appena visto, agiscono continuamente su di essi con la medesima forza, per lo meno nei casi di caduta che appartengono alla nostra esperienza; ne segue necessariamente che l'aumento delle velocità sia proporzionale a quello dei tempi[10].

[10] Ch. Huygens, *Discours de la cause de la pesanteur* (1690), Dunod, Paris 1992, pp. 175-76. Sui dibattiti relativi alla causa del peso presso l'Académie Royale des Sciences, si veda in particolare Blay [1992*b*], pp. 63 sgg.

Nelle prime pagine della seconda parte dell'*Horologium oscillatorium*, pubblicato a Parigi nel 1673, Huygens sottolinea d'altra parte che la matematizzazione del movimento di caduta dei corpi implica che l'azione della gravità, indipendentemente da ogni considerazione esplicita sulla sua causa, debba essere continua nel corso di ciascuno degli intervalli di tempo uguali presi in considerazione. Si legge, per esempio, nella prima proposizione, che «[...] quest'ultimo [movimento prodotto dal peso], essendo evidentemente lo stesso nel secondo tempo che nel primo, deve aver dato *nel corso del secondo tempo* [*ideo decursu temporis secundi*] al corpo pesante una velocità uguale a quella che aveva ricevuto alla fine del primo»; lo stesso nel paragrafo seguente: «la forza di gravità vi si aggiunge nuovamente *nel corso del terzo tempo*»[11]. Su tale base continuista dell'azione della gravità, e utilizzando l'idea che il rapporto tra gli spazi percorsi resti lo stesso qualunque sia il tempo uguale successivamente considerato[12], Huygens perviene alla legge galileiana classica dei numeri dispari caratteristica del moto accelerato di caduta dei gravi.

Vi sono dunque, da un lato, la successione degli impulsi o urti e, dall'altro, l'azione che si suppone senza interruzioni da parte, per esempio, della gravità.

Come passare da una concettualizzazione dell'azione in termini di impulso o urto alla matematizzazione di un'azione continua e senza interruzione come quella, per esempio, della gravità? O, piú precisamente, come dare rigore matematico al passaggio dal discontinuo al continuo nelle modalità dell'azione?

La possibilità di rispondere a tali interrogativi costituisce a nostro avviso una questione centrale nei *Principia* di Newton. In che modo dunque Newton rileva quella che chiamerò la sconfitta di Huygens riguardo alla costruzione di un'azione continua a partire da una concettualizzazione in termini di impulsi o urti? Per rispondere a questa domanda, in un primo tempo affronteremo brevemente lo studio della seconda legge dei *Principia*, poi passeremo al trattamento newtoniano dei problemi che implicano la considerazione di un'azione continua senza interruzioni. Infine, per precisare il senso della nostra analisi, considereremo la questione della continuità nel quadro dell'approccio algoritmico di Varignon in relazione all'impiego che quest'ultimo fa dei testi newtoniani.

[11] Id., *Horologium Oscillatorium* (1673), in *Œuvres complètes*, 22 voll., Société hollandaise des Sciences, La Haye 1888-1950, vol. XVIII, pp. 128-30.

[12] Nel suo ragionamento, Huygens suddivide gli intervalli di tempo in due gruppi e considera i rispettivi rapporti tra gli spazi percorsi. Questo risultato può essere generalizzato.

2.1. La seconda legge dei *Principia*.

Il cambiamento di moto è proporzionale alla forza motrice impressa, ed avviene lungo la linea retta secondo la quale la forza è stata impressa[13].

È evidente che non si deve confondere questa legge con quella espressa in termini differenziali conosciuta oggi con il nome di «legge di Newton», che si scrive $F = ma$ o $F = m\frac{d^2x}{dt^2}$. In particolare, Newton parla qui di «cambiamento di moto» senza alcuna precisazione riguardo al tempo – nemmeno un *dato tempore* – durante il quale si compie la variazione in questione. Volendo assolutamente scrivere questa legge in termini moderni, l'espressione piú vicina sarebbe senza dubbio $F = \Delta\,(m\boldsymbol{v})$, dove F è la forza motrice impressa, m la massa e $\boldsymbol{v}$ la velocità, sapendo che $\Delta\,(m\boldsymbol{v})$ rappresenta il «cambiamento di moto». In questa prospettiva si può dire che una forza motrice applicata non è una forza, nel senso moderno del termine, ma un impulso.

Analogamente, nella dimostrazione della legge di caduta dei gravi che Newton dà come esempio di deduzione a partire dalla seconda legge nello scolio che segue l'enunciato delle leggi e dei loro sei corollari, la «forza motrice impressa» appare decisamente, per via del processo di totalizzazione messo in atto, come un impulso:

Se un grave cade, la gravità uniforme agendo in maniera uguale, imprime su quel corpo, nei singoli intervalli uguali di tempo, forze uguali e genera velocità uguali; e durante il tempo totale, imprime la forza totale e genera una velocità totale proporzionale al tempo. Ma gli spazi descritti in tempi proporzionali stanno come il prodotto delle velocità per i tempi; ossia, sono proporzionali al quadrato del tempo (p. 130).

D'altra parte, due riferimenti alla seconda legge esposti da Newton nel quadro delle dimostrazioni sviluppate nel secondo libro chiariscono nel medesimo senso il contenuto di questa legge. Si legge nella proposizione 3: «[...] saranno proporzionali alle forze assolute per effetto delle quali il corpo è spinto all'inizio di ciascun tempo iniziale, e perciò (per la legge II del moto) proporzionali agli incrementi delle velocità» (p. 406). E poco piú avanti, nella proposizione 8: «infatti, l'incremento *PQ* della velocità (per la legge II del moto) è proporzionale alla forza generante *KC*» (p. 425).

In un caso come nell'altro, non viene data alcuna precisazione riguardo al tempo. La seconda legge appare dunque ben legata a un modello di azione di tipo impulsivo (per urto), modello che implica una concettualizzazione discontinua di tale azione.

[13] Per le citazioni dai *Principia* si fa riferimento alla terza edizione (Londra 1726). I numeri di pagina corrispondono all'edizione italiana curata da Alberto Pala, *Principi matematici della Filosofia naturale*, Utet, Torino 1989, di cui da qui in poi si daranno i numeri di pagina direttamente nel testo (qui p. 118). In alcuni luoghi la traduzione è stata modificata.

Come risolvere allora i problemi nei quali è coinvolta un'azione continua? È necessario innanzitutto distinguere due situazioni, dal momento che si ha a che fare, per superare le difficoltà della continuità, con infinitesimi di primo e di secondo ordine. Nel primo caso Newton finisce per ricorrere a passaggi al limite che poggiano sulla manipolazione di intervalli o particelle di tempo successive; nel secondo mette in opera i lemmi IX, X e XI della prima sezione del libro I.

2.2. Continuità e infinitesimi del primo ordine.

La proposizione 2 della prima sezione del libro II. Nelle prime tre sezioni del libro II, Newton esamina in particolare il moto dei proiettili lanciati attraverso un mezzo la cui legge di resistenza sia proporzionale alla velocità, poi al quadrato della velocità e infine a una combinazione dei due.

Limiteremo la nostra indagine, che non ha tanto lo scopo di presentare la teoria newtoniana in tutta la sua estensione quanto piuttosto di mettere in luce le questioni in gioco nella costruzione di una fisica matematica, alla sola proposizione 2, relativa al moto uniforme dei proiettili nell'ipotesi di una resistenza proporzionale alla velocità[14].

> Se ad un corpo viene opposta resistenza in ragione della velocità e il medesimo è mosso attraverso un mezzo omogeneo dalla sola forza insita[15], e i tempi sono assunti uguali, le velocità all'inizio dei singoli tempi sono in progressione geometrica e gli spazi descritti durante i singoli tempi sono proporzionali alla velocità (p. 404).

Nella prima frase che apre la dimostrazione, Newton si impegna principalmente a concettualizzare, poggiando sul modello della percussione, il modo di agire delle forze di resistenza:

> Si divida il tempo in particelle uguali [*particulas aequales*]; e se all'inizio di ciascuna di esse [*ipsis particularum initiis*] la forza di resistenza agisce con un unico impulso, che è proporzionale alla velocità, il decremento della velocità durante le singole particelle di tempo sarà proporzionale alla medesima velocità (*ibid.*).

Newton suppone dunque innanzitutto che il tempo sia diviso in particelle uguali[16] e che «all'inizio»[17] di ciascuna particella di tempo la forza di resistenza agisca «per mezzo di un unico impulso». Come vedremo, a questo modo di agire discontinuo della forza di resistenza Newton va a sostituire

[14] Per uno studio piú generale di queste questioni si veda Blay [1987; 1988].

[15] Il latino dà «[...] et idem sola vi insita per medium moveatur». Il corpo dunque si muove qui per la sua sola forza d'inerzia nel senso newtoniano.

[16] L'espressione «particella di tempo» designa, come verrà confermato piú avanti nel testo, non un intervallo di tempo di breve durata, ma parti di tempo destinate a tendere a zero.

[17] L'azione della forza ha dunque luogo in modo istantaneo all'inizio stesso della particella di tempo.

qualche linea piú avanti un'azione discontinua in virtú di un passaggio al limite sul numero e la grandezza delle parti di tempo di un intervallo di tempo dato.

D'altra parte, la forza di resistenza è da un lato, e conformemente all'ipotesi, «proporzionale alla velocità», mentre dall'altro, essendo la sola forza in gioco e in ragione delle leggi del movimento, è proporzionale al «decremento della velocità durante le singole particelle di tempo»[18]. Di conseguenza, poiché il movimento perduto durante ciascuna particella di tempo lo è fin dall'inizio di essa, la velocità durante ciascuna particella di tempo dovrà essere considerata costante e il moto uniforme; e dunque, all'inizio di ciascuna particella di tempo, il decrescere della velocità dovrà essere, conformemente all'ipotesi, proporzionale alla velocità del proiettile durante la particella di tempo precedente o, meglio ancora, la differenza di velocità (il loro decrescere) tra due particelle di tempo dovrà essere proporzionale alla velocità del proiettile[19]. Newton, che aveva preliminarmente dimostrato nel lemma I, situato tra le proposizioni 1 e 2 del libro II, che «Quantità proporzionali alle proprie differenze sono in proporzione continua» (p. 403)[20], arriva allora, nella proposizione 2, a stabilire facilmente una relazione capace di caratterizzare l'evoluzione della velocità, in base alla quale «le velocità all'inizio di ciascuno di questi tempi sono in progressione geometrica» (p. 404)[21]. Detto questo, egli precisa che le particelle di tempo, che costituiscono un certo intervallo di tempo, possono essere prese piccole quanto si vuole e il loro numero aumentato all'infinito in modo tale che da discontinua l'azione della forza di resistenza diventi continua, senza che d'altra parte ne risulti modificata la relazione caratteristica dell'evoluzione della velocità:

> Si diminuiscano ora quelle particelle uguali di tempo, e si aumenti all'infinito il loro numero, cosí che l'impulso della resistenza sia reso continuo [*eo ut resistentiae impulsus reddatur continuus*]: le velocità, sempre in proporzione continua all'inizio dei tempi uguali, saranno anche in questo caso in proporzione continua (*ibid.*).

[18] Rinviamo qui alle nostre analisi relative all'ambiguità newtoniana del concetto di forza [Blay 1995].

[19] Se chiamiamo $v_1, v_2, v_3, v_4, \ldots$ le velocità del proiettile «in ciascuna delle particelle di tempo» uguali, e $kv_1, kv_2, kv_3, kv_4, \ldots$ la resistenza esercitata dal mezzo all'inizio di ciascuna particella di tempo, ne segue che:

$$v_2 = v_1 - kv_1, v_3 = v_2 - kv_2, v_4 = v_3 - kv_3.$$

[20] Questo lemma ha lo scopo di stabilire che: se $\frac{A}{A-B} = \frac{B}{B-C} = \frac{C}{C-D} = \cdots$, allora $\frac{A}{B} = \frac{B}{C} = \frac{C}{D}$.

[21] Secondo il risultato stabilito nella nota precedente, avremo:

$$\frac{v_1}{v_1 - v_2} = \frac{v_2}{v_2 - v_3} = \frac{v_3}{v_3 - v_4} = \cdots$$

Per il lemma I $\frac{v_1}{v_2} = \frac{v_2}{v_3} = \frac{v_3}{v_4} = \cdots$ e $v_2 = (1-k)v_1, v_3 = (1-k)^2 v_1, \cdots v_{n+1} = (1-k)^n v_1, \cdots$.

Per via del passaggio dal discontinuo al continuo, l'uso del termine *impulsus* in questo testo è rivelatore delle difficoltà concettuali legate alla costruzione newtoniana del concetto di forza nella sua accezione di azione continua. Questa continuità dell'azione, ottenuta con un passaggio al limite, si ritrova ugualmente nel trattamento newtoniano della legge delle aree.

La legge delle aree. La proposizione 1, teorema 1, del libro I afferma:

> Le aree, che i corpi animati da moto continuo descrivono mediante i raggi condotti al centro immobile delle forze, sono contenute in piani immobili e sono proporzionali ai tempi (p. 159).

Non vi è alcuna precisazione da parte di Newton riguardo al tipo di curva piana descritta dal corpo; in particolare non viene specificato se questa curva debba essere chiusa (Newton affronterà nella proposizione 12 della sezione III il caso dell'iperbole).

Poiché il corpo descrive una curva, secondo la prima legge deve subire l'applicazione continua di una forza. Newton suppone dunque l'azione di una forza centripeta il cui centro sia un punto immobile matematico. Nel caso in cui si abbia a che fare con un punto non piú matematico ma materiale, Newton sarà obbligato a risolvere un altro problema, quello dei due corpi, problema che fa necessariamente intervenire la terza legge della dinamica.

In questa proposizione 1, dunque, si deve dimostrare innanzitutto che la traiettoria curvilinea è piana, e poi che i «raggi vettori» spazzano aree proporzionali ai tempi. La difficoltà della dimostrazione sta principalmente nel trattamento matematico dell'azione, che si suppone continua, della forza centripeta. Come spiegare un'azione continua quando la forza applicata è concettualizzata in base a un modello fondamentalmente discontinuo della percussione o dell'urto?

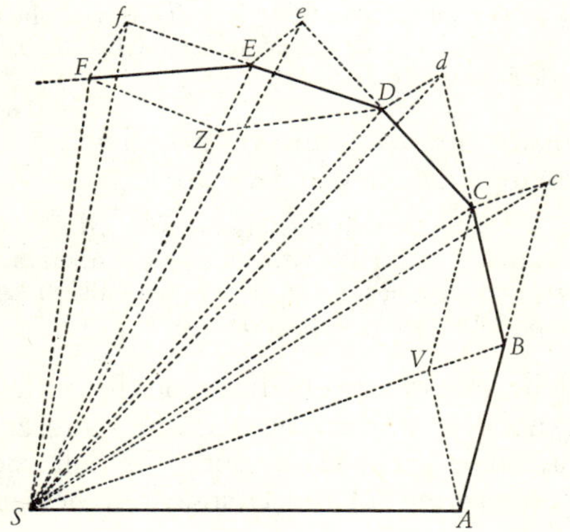

Il tempo sia diviso in parti uguali e durante la prima parte di tempo il corpo, per la forza d'inerzia, descriva la retta *AB*. Durante la seconda parte di tempo, se nulla lo impedisse, proseguirebbe rettilinearmente (per la prima legge) verso *c*, descrivendo la linea *Bc*, uguale alla *AB*; tanto che condotti i raggi *AS*, *BS*, *cS* verso il centro, le aree *ASB*, *BSc* risulteranno uguali (*ibid.*).

L'uguaglianza delle aree dei triangoli *ASB* e *BSc* discende dal fatto che questi triangoli hanno una base uguale (*AB* = *Bc*) e una medesima altezza (la perpendicolare tracciata da *S* che cade sul prolungamento di *ABc*). Tuttavia, invece di proseguire la sua traiettoria rettilinea da *B* a *c*, seguendo la prima legge, il corpo si dirige verso *C*:

Allorché il corpo giunge in *B*, la forza centripeta agirà con un impulso unico ma grande [*impulsu unico sed magno*], e farà sí che il corpo devii dalla retta *Bc* e prosegua lungo la retta *BC*.

Essendo il tempo diviso in parti uguali, è all'inizio di ciascuna di queste parti e in modo istantaneo che la forza agisce nel modo descritto nella proposizione 1 del libro II. Inoltre questo modo di azione istantanea, implicato dal modello di urto sottostante, rinvia precisamente alla seconda legge, nell'enunciazione della quale non viene fatta, come si è già detto, alcuna allusione esplicita al tempo:

Si conduca *cC*, parallela alla *BS*, in modo da incontrare *BC* in *C*; al termine della seconda parte di tempo, il corpo (per il corollario 1 delle leggi) si troverà in *C*, sullo stesso piano del triangolo *ASB*.

I successivi segmenti della traiettoria sono coplanari per il fatto che *cC* è parallelo a *BS* e che *c* si trova sul piano definito da *ASB*. Ogni moto centrale è un moto piano.

Si congiunga *SC*: il triangolo *SBC*, a causa delle parallele *SB*, *Cc*, sarà uguale al triangolo *SBc*, e perciò stesso, anche al triangolo *SAB*. Per lo stesso argomento, se la forza centripeta agisce successivamente su *C*, *D*, *E*, ecc., facendo sí che il corpo descriva nelle singole particelle di tempo le rette *CD*, *DE*, *EF*, ecc., tutte queste giaceranno sul medesimo piano [...].

Una volta acquisito questo primo punto, Newton viene al secondo, riguardante l'espressione della legge delle aree:

[...] e il triangolo *SCD* sarà uguale al triangolo *SBC*, *SDE* a *SCD*, ed *SEF* a *SDE*. Dunque, in tempi uguali saranno descritte aree uguali su un piano immobile: e, per composizione [*componendo*], le somme delle aree qualsiasi *SADS*, *SAFS* staranno fra loro come i tempi impiegati a descriverle (pp. 159-60).

L'uguaglianza delle aree dei diversi triangoli discende, come prima, dal fatto che hanno la medesima base e la medesima altezza. A questa tappa della costruzione razionale, tuttavia, la continuità dell'azione della forza e, di conseguenza, la generazione della curva sono lontane dall'essere acquisite.

In effetti, ciò che viene generato da questa successione di azioni che si esercitano all'inizio di ciascuna particella di tempo è un poligono con vertici *A*, *B*, *C*, *D*, ... Come passare da questa figura poligonale a una figura curvilinea generata da un'azione, che si suppone continua, della forza centripeta?

Si aumenti all'infinito [*in infinitum*], ora, il numero dei triangoli e se ne diminuisca all'infinito la larghezza: il loro perimetro ultimo *ADF* [*ultima perimeter*] (per il corollario 4 del lemma III) sarà una linea curva; perciò la forza centripeta per effetto della quale il corpo è deviato costantemente dalla tangente di questa curva agisce senza interruzione [*indefiniter*], e le qualsiasi aree descritte *SADS*, *SAFS*, sempre proporzionali ai tempi impiegati per descriverle, saranno anche in questo caso proporzionali agli stessi tempi (p. 160).

Verificandosi «sempre» la proporzionalità delle aree rispetto ai tempi, questa proporzionalità è conservata al limite e, di conseguenza, un movimento a forza centrale descrive necessariamente aree uguali, su un medesimo piano, in tempi uguali. È attraverso un rinvio al corollario 4 del lemma III della prima sezione, relativo alla convergenza delle serie di figure iscritte[22], che Newton introduce la curvatura continua della traiettoria e da lí conclude a un'azione «senza interruzione» della forza centripeta. Non si vede bene, tuttavia, come debba essere compresa rigorosamente la relazione tra gli «impulsi unici ma grandi» e la forza centripeta che agisce «senza interruzione». L'obiettivo della fisica matematica è lontano dall'essere raggiunto; manca, a essere precisi, un'analisi del continuo svincolata da intuizioni geometriche.

Questa proposizione 1 viene specificata da sei corollari. È importante riportare qui i contenuti dei corollari 2, 3 e 4, perché il loro ruolo è essenziale nella dimostrazione di cui ci occuperemo tra poco, quella della proposizione 6 di questa sezione, che dà l'espressione generale della forza nel caso dei moti a forza centrale:

Corol. 2. Se le corde *AB*, *BC* di due archi descritti successivamente dal medesimo corpo in tempi uguali e in spazi privi di resistenza, vengono completate nel parallelogramma *ABCV*, e la diagonale *BV* di questo, nella posizione che da ultimo ha, allorché quegli archi vengono diminuiti all'infinito, è prolungata da entrambe le parti, essa passerà per il centro delle forze (p. 161).

Questo corollario esprime semplicemente una conseguenza geometrica del modo di agire della forza, sottolineando che *BV* resta sempre, «da ultimo», diretto verso *S*.

Corol. 3. Se le corde *AB*, *BC* e *DE*, *EF*, di archi descritti in tempi uguali e in spazi privi di resistenza, vengono completate nei parallelogrammi *ABCV*, *DEFZ*, le forze in *B* ed *E*, ove questi archi diminuiscano all'infinito, stanno mutuamente nell'ultima delle diagonali *BV*, *EZ*. Infatti i moti *BC* ed *EF* del corpo vengono composti (per il corollario 1 delle leggi) dai moti *Bc*, *BV* e *Ef*, *EZ*; ma le diagonali *BV* ed

[22] «Per la qual cosa queste ultime figure (riguardo ai perimetri *acE*) non sono rettilinee, ma limiti curvilinei di figure rettilinee» (p. 147).

EZ, uguali a *Cc* e *Ff*, erano generate, nella dimostrazione di questa proposizione, dagli impulsi della forza centripeta in *B* ed *E*; esse, perciò, sono proporzionali a questi impulsi (*ibid.*).

Ricorrendo alle diagonali, il corollario 2 permetteva di studiare la direzione delle forze al momento del passaggio al limite («da ultimo»); questo nuovo corollario ha come scopo di determinare la loro grandezza, vale a dire, nel corso del medesimo passaggio al limite, la grandezza delle forze. Tale risultato, per lo meno se non si spinge troppo a fondo l'analisi del passaggio al limite, non presenta difficoltà. In effetti Newton, considerando che in tempi uguali i movimenti seguenti *BC* ed *EF* sono composti (corollario 1 delle leggi) dal movimento inerziale seguente da una parte a *Bc* e dall'altra a *Ef*, e dai movimenti seguenti *Cc* e *Ff*, ne conclude, poiché *BcCV* ed *EfFZ* sono parallelogrammi, che *BV* ed *EZ*, uguali a *cC* e *fF*, sono proporzionali agli impulsi in *B* ed *E*.

Corol. 4. Le forze per effetto delle quali corpi qualsiasi, in spazi non resistenti, vengono ritratti dai moti rettilinei e deviati in orbite curve, stanno fra di loro come le saette degli archi descritti in tempi uguali, le quali convergono verso il centro delle forze e, ove quegli archi diminuiscano all'infinito, bisecando le corde. Quelle saette, infatti, stanno come la metà delle diagonali, delle quali trattammo nel corollario terzo (*ibid.*).

Le diagonali introdotte nel corollario 3 sono sostituite qui dalle loro metà, chiamate «saette». In questo modo si suppone che la forza agisca in modo continuo e senza interruzioni; occorre ora determinare la sua espressione, per la quale entrano in scena gli infinitesimi del secondo ordine.

2.3. Continuità e infinitesimi del secondo ordine.

È dunque nella proposizione 6, teorema 5, della seconda sezione del libro I che Newton presenta l'espressione generale della forza centrale:

Se in uno spazio non resistente, un corpo ruota secondo un'orbita qualunque attorno a un centro immobile, in modo che in un tempo estremamente piccolo, descriva un qualsiasi arco nascente, e se si suppone di condurre la saetta dell'arco che bisechi la corda, saetta che, prolungata, passa per il centro delle forze, allora la forza centripeta, nel punto di mezzo dell'arco, sarà direttamente proporzionale alla saetta e inversamente proporzionale al quadrato del tempo (p. 169).

La dimostrazione che segue fa intervenire due risultati ottenuti precedentemente, da una parte il corollario 4 della proposizione 1 che abbiamo già menzionato, e dall'altra i corollari 2 e 3 del lemma XI della sezione I.

In ogni curva, di curvatura finita nel punto di contatto, la sottendente evanescente all'angolo di contatto è, da ultimo, proporzionale al quadrato della sottendente all'arco contiguo (p. 153).

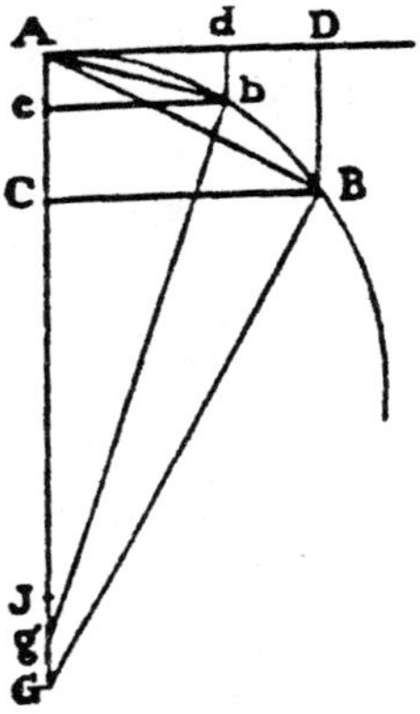

Dalla dimostrazione di questo lemma, che poggia principalmente sull'esistenza di un cerchio osculatore, segue che, da ultimo, il rapporto di AB^2 e Ab^2 (i sottendenti all'arco) e quello di *BD* e *bd* (i sottendenti all'angolo di contatto) «sono gli stessi». In termini moderni, questo risultato equivale a dire che se la corda è presa come infinitesimo principale, allora *BD* è un infinitesimo del secondo ordine. Ne consegue:

Corol. 1. Poiché le tangenti *AD*, *Ad*, gli archi *AB*, *Ab* e i loro seni *BC*, *bc*, diventano, da ultimo, uguali alle corde *AB*, *Ab*, anche i loro quadrati saranno da ultimo come le sottendenti *BD*, *bd* (p. 154).

Tale corollario segnala semplicemente, tra le altre cose, che nell'enunciato della proposizione 1 la corda che sottende l'arco *AB* può essere sostituita dall'arco medesimo o dalla tangente *AD* o meglio ancora dal seno *BC*. Nel corollario 5 del lemma XI Newton preciserà, come è già chiaro, che la curva a curvatura finita è da ultimo una parabola con vertice in *A*.

Corol. 2. I quadrati dei medesimi, da ultimo, sono proporzionali anche alle saette degli archi, le quali bisecano le corde e convergono in un dato punto. Le saette, infatti, sono proporzionali alle sottendenti *BD*, *bd* (pp. 154-55).

Non si fa riferimento qui alle saette degli archi *AB* e *Ab*, ma a quelle in *A* degli archi doppi, come confermerà il corollario 1 della proposizione 6 (si veda *infra*).

Il corollario 3 dà di questo risultato un'interpretazione cinematica:

Corol. 3. Perciò la saetta è proporzionale al quadrato del tempo che un corpo con una data velocità impiega a descrivere un arco (p. 155)[23].

[23] I corollari 2 e 3 del lemma XI non figuravano nell'edizione del 1687, il che evidentemente deve aver comportato qualche modificazione nella redazione della proposizione 6 nel 1713 e nel 1726 rispetto a quella del 1687. Tali emendamenti, rinforzando l'importanza dei lemmi, si accordano perfettamente con la nostra analisi relativa allo statuto newtoniano della «forza».

Infatti quando un arco viene descritto da un corpo che si muove a una velocità costante data, la lunghezza di questo arco è proporzionale alla durata della traiettoria; ora, la saetta è, da ultimo, proporzionale al quadrato dell'arco (corollari 1 e 2), quindi è, da ultimo, proporzionale al quadrato del tempo.

Questo lavoro preparatorio rende possibile, per lo meno nell'essenziale, la lettura della dimostrazione della proposizione 6[24]:

> Infatti la saetta è, in un dato tempo, proporzionale alla forza (per il corollario 4 della proposizione 1), e aumentando il tempo secondo una ragione qualsiasi, a causa dell'arco aumentato secondo la medesima ragione, la saetta viene aumentata secondo il quadrato di quella ragione (per i corollari 2 e 3 del lemma XI) e perciò è proporzionale alla forza e al quadrato del tempo. Si sottragga da entrambi i membri il quadrato del tempo, la forza sarà direttamente proporzionale alla saetta e inversamente proporzionale al quadrato del tempo (p. 169).

In ragione dell'analisi precedente, e senza voler entrare in uno studio minuzioso del rigore matematico di questa dimostrazione, ne segue che se t è il tempo di percorrenza di un arco, allora, da ultimo, la saetta $a(t)$ di questo arco è al contempo proporzionale alla forza centripeta nel punto di mezzo dell'arco (si veda sopra il corollario 4 della proposizione 1) e al quadrato del tempo di percorrenza dell'arco (corollari 2 e 3 del lemma XI), da cui la forza centripeta f nel punto di mezzo dell'arco è proporzionale alla saetta e inversamente proporzionale al quadrato del tempo: $f \propto \frac{a(t)}{t^2}$.

Poi, per il corollario 1 di questa proposizione, Newton arriva grazie alla legge delle aree all'espressione generale, manipolabile geometricamente, delle forze centrali:

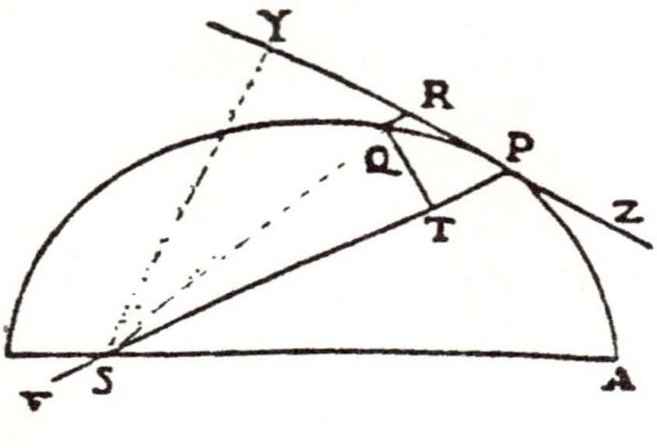

> Se il corpo P ruotando intorno al centro S descrive la linea curva APQ, e se la retta ZPR tocca quella curva in un punto qualsiasi P, e da un altro punto qualsiasi Q si conduce verso la tangente alla curva la QR parallela alla distanza SP, e si abbassa

[24] Per uno studio dettagliato di questa proposizione si veda la seconda parte di Barthélemy [1985].

la *QT* perpendicolare alla distanza *SP*, allora la forza centripeta sarà inversamente proporzionale al solido $\frac{SP^2 \times QT^2}{QR}$, se di quel solido viene sempre assunta la quantità che da ultimo presenta quando i punti *P* e *Q* si incontrano. Infatti *QR* è uguale alla saetta di un arco doppio dell'arco *QP*, nel cui mezzo è *P*, e il doppio del triangolo *QSP* o $SP \times QT$ è proporzionale al tempo col quale questo arco doppio è descritto; perciò può essere scritto in luogo del tempo (pp. 169-70).

In effetti, alla fine *QR* è uguale alla saetta dell'arco doppio di *QP* il cui punto di mezzo è *P*. D'altra parte, il doppio dell'area del triangolo *SQP* è uguale a $SP \times QT$; ora, per la proposizione 1 (legge delle aree), quest'area è proporzionale al tempo nel corso del quale viene descritto l'arco doppio di *QP*. Cosí il tempo può essere rappresentato geometricamente da quest'area e, operando le dovute sostituzioni, la forza centripeta in *P* può esprimersi, quando *P* e *Q* coincidono, mediante la formula: $f(\text{in } P) \propto \frac{QR}{SP^2 \times QT^2}$; vale a dire che questa forza è anche «inversamente proporzionale al solido che, da ultimo, $\frac{SP^2 \times QT^2}{QR}$ diventa quando i punti *P* e *Q* coincidono».

Newton dispone ora di un'espressione geometricamente manipolabile della forza centripeta in un punto, espressione che gli permette di risolvere numerosi problemi relativi alle forze centrali; vale a dire di ottenere finalmente l'espressione della variazione della forza in funzione della distanza tra il corpo in movimento e il centro di forza dato.

È importante considerare che in questa dimostrazione, volendo determinare l'espressione generale della sua legge di forza centrale, Newton non fa alcun riferimento alla seconda legge, ma al contrario al lemma XI, il cui ruolo è decisivo in rapporto all'azione continua, da un punto di vista locale, della forza.

D'altra parte, tra la dimostrazione della proposizione 6 e il corollario 1 Newton inserisce nel testo la seguente frase: «La medesima cosa viene dimostrata facilmente anche per mezzo del corollario 4 del lemma X» (p. 169). Ma il lemma X della sezione I è il solo a trattare esplicitamente della forza:

> Gli spazi descritti da un corpo spinto da una qualunque forza finita, tanto che quella forza sia determinata e immutabile, quanto che la medesima sia di continuo aumentata o diminuita, sono, al primo inizio del moto, proporzionali al quadrato dei tempi (p. 152).

Questa relazione degli spazi ai tempi, caratteristica di un moto uniformemente acccelerato, mostra la forza sotto un aspetto ben diverso da quello dato nella seconda legge. Già nel *De motu corporum* dell'autunno 1684, nel testo corrispondente alla futura proposizione 6 dei *Principia*, Newton fa riferimento all'ipotesi 4 secondo la quale «Lo spazio che descrive un corpo spinto da una forza centripeta qualunque si trova all'inizio del suo movimento in ragione doppia del tempo»[25]. Occorre quindi esaminare la dimostrazione che segue questo lemma x, il che esige innanzitutto lo studio del lemma precedente:

> Se la retta *AE* e la curva *ABC*, di data posizione, si tagliano scambievolmente in un dato angolo *A*, e verso quella retta, in un altro angolo dato, vengono condotte le ordinate *BD* e *CE*, che incontrano la curva in *B*, *C*, e se allora i punti *B*, *C*, si accostano insieme al punto *A*, dico che le aree dei triangoli *ABD*, *ACE*, da ultimo, saranno rispettivamente proporzionali al quadrato dei rispettivi lati (p. 151).

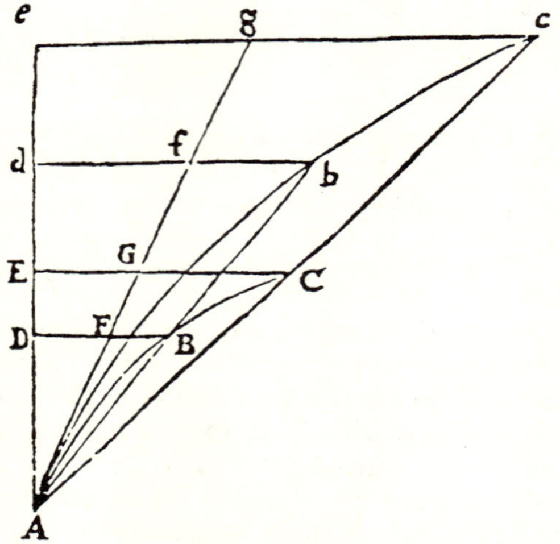

Nella dimostrazione di questo lemma, Newton considera la tangente *AFG* alla curva *ABC*, cosí come le ascisse *Ad* e *Ae* alle quali le ascisse variabili *AD* e *AE* sono sempre proporzionali, in modo tale che, nel loro diventare infinitesimi, *AD* e *AE* restano proporzionali ad *Ad* e *Ae*. D'altra parte le ordinate *db* ed *ec*, che sono tracciate «parallele alle ordinate *DB* ed *EC*, incontrano in *b* e *c* le rette *AB* e *AC* prolungate» (p. 151). Per *A*, *b* e *c* passa una curva simile ad *ABC* che fa con questa un angolo nullo in *A*.

Quando i punti *B* e *C* descrivono la curva *ABC* in modo da coincidere con il punto *A*, le aree curvilinee *Abd* e *Ace* coincidono al limite con le aree rettilinee *Afd* e *Age*. Per il lemma v queste aree curvilinee hanno limiti finiti proporzionali ai quadrati dei lati *Ad* e *Ae*. In conseguenza della similitudine, le aree evanescenti *ABD* e *ACE* sono, al limite, proporzionali

[25] *The Mathematical Papers of Isaac Newton*, 8 voll., a cura di D. T. Whiteside, Cambridge University Press, Cambridge 1967-81, vol. VI, p. 33.

ai quadrati dei lati *AD* e *AE*. In termini moderni si direbbe che l'area è un infinitesimo del secondo ordine, essendo l'ascissa l'infinitesimo principale.

La dimostrazione del lemma x poggia sulla stessa figura:

> I tempi siano rappresentati dalle linee *AD*, *AE*, e le velocità siano generate dalle ordinate *DB*, *EC*. Gli spazi descritti con queste velocità saranno proporzionali alle aree *ABD*, *ACE*, descritte da queste ordinate, ossia, proprio all'inizio del moto (per il lemma IX) saranno proporzionali al quadrato dei tempi *AD*, *AE* (p. 152).

Benché la forza non venga introdotta nella dimostrazione, ciò nondimeno nell'enunciato di questo lemma essa, che sia costante («determinata e immutabile») o vari («aumenti o diminuisca continuamente»), non è quella della seconda legge (alla quale non si fa peraltro alcun riferimento), ma, piuttosto, una forza considerata in un senso che rinvia a un concetto vicino al nostro o, piú esattamente in questo caso, al concetto di quasi-accelerazione (dal nostro punto di vista si tratta di una quasi-accelerazione perché l'algoritmo della cinematica non è ancora costruito).

È dunque assai naturale che Newton, per pervenire al suo risultato nella proposizione 6, mentre non fa appello al lemma XI, si richiami al lemma X. In un caso come nell'altro la forza della seconda legge viene sostituita: dalla forza (accelerazione) considerata in un senso quasi moderno (lemma X) o dall'equivalente messa in campo di un cerchio osculatore (lemma XI). Quando Pierre Varignon si dedicherà alla sua analisi continuista dell'azione della forza, sarà parimenti al lemma X di Newton che farà riferimento.

3. *Il trattamento algoritmico di Varignon.*

Nelle pagine che seguono descriveremo brevemente le tappe principali della costruzione del concetto di «forza acceleratrice», limitandoci al caso dei moti rettilinei. Questo studio di Varignon, che è una continuazione di quello del 5 luglio 1698[26], è presentato in un *Mémoire* datato 30 gennaio 1700 e inizia, nelle pagine dei *Recueils annuels* dell'Accademia, con queste parole:

> Nella figura seguente tutti gli angoli rettilinei siano retti e delle sei curve qualunque *TD*, *VB*, *FM*, *VK*, *FN* e *FO*, le prime tre esprimano per la loro ascissa comune *AH* lo spazio percorso da un corpo qualunque mosso come si vorrà lungo *AC*. Il tempo impiegato a percorrerlo sia espresso dall'ordinata corrispondente *HT* della curva *TD*, e la velocità di questo corpo in ciascun punto *H* dalle ordinate corrispondenti *VH* e *VG* delle curve *VB* e *VK*; la forza verso *C*, in ciascun punto *H*, indipendentemente dalla sua velocità (che chiamerò d'ora in poi *forza centrale* a causa della sua tendenza

[26] Per un'analisi dettagliata di tali questioni e dei manoscritti di Varignon, si veda Blay [1992*a*].

al punto *C* come centro), sarà espressa parimenti dalle ordinate corrispondenti *FH*, *FG* e *FE* delle curve *FM*, *FN* e *FO*[27].

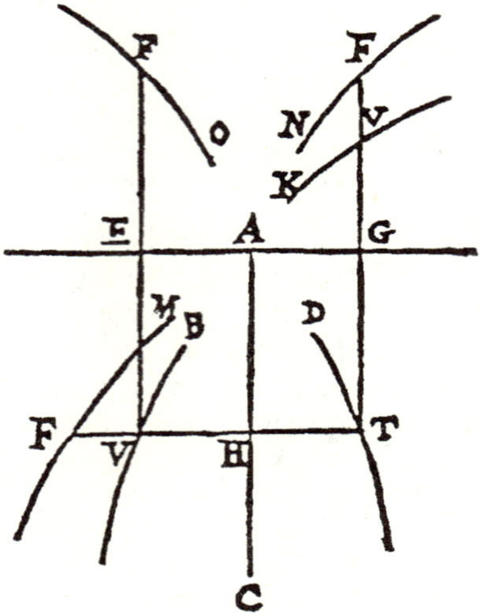

Di seguito nel testo, Varignon chiama queste sei curve fondamentali *TD*, *VB*, *FM*, *VK*, *FN* e *FO* rispettivamente (ricordiamo che il corpo descrive un movimento rettilineo qualunque *AC*): «[...] la curva *TD*, alla quale le ordinate *HT* si congiungono in *T*, si chiamerà *curva dei tempi*» (le ascisse sono *AH*); «Le due curve *VB* e *VK*, le cui ordinate corrispondenti e uguali *VH* e *VG* si congiungono in *V*, si chiameranno *curve delle velocità*» (le ascisse sono rispettivamente *AH* e *AG* o *HT*); «Infine le tre curve *FM*, *FN* e *FO*, alle quali le ordinate corrispondenti e uguali *FH*, *FG* e *FE* si congiungono in *F*, si chiameranno *curve delle forze*» (le ascisse sono rispettivamente *AH*, *HT* o *AG*, e *VH* o *EA*).

In sintesi si potrebbe dire, in termini leggermente modernizzati, che la curva *TD* esprime le variazioni dello spazio *AH* in funzione del tempo *HT*; la curva *VB* quelle dello spazio *AH* in funzione della velocità *VH*; la curva *VK* quelle del tempo *AG* in funzione della velocità *VG*; la curva *FM* quelle dello spazio *AH* in funzione della forza centrale *FH*; la curva *FN* quelle del tempo *AG* in funzione della forza centrale *FG*; la curva *FO*, infine, quelle della velocità *EA* in funzione della forza centrale *FE*.

Varignon associa quindi a ciascuna delle quattro variabili – spazio, tempo, velocità e forza – un determinato simbolo algebrico: «[...] siano gli spazi percorsi $AH = x$, i tempi impiegati a percorrerli $HT = AG = t$, le velocità in

[27] *AM*, anno 1700 (1703), p. 22.

H (che chiamerò *finali*) $HV = AE = GV = v$, le forze centrali corrispondenti $HF = EF = GF = y$»[28].

Con questa procedura di algebrizzazione Varignon è in grado di introdurre i concetti cinematici già esaminati nel *Mémoire* del 5 luglio 1698, necessari per estendere il suo esame delle forze centrali al caso dei moti rettilinei:

> Ciò fa sí che avremo dx per lo spazio percorso da una velocità uniforme v in ciascun istante; dv per l'aumento di velocità che si crea; ddx per lo spazio percorso in virtú di questo aumento di velocità; dt per questo istante. A questo punto, poiché la velocità consiste semplicemente in un rapporto tra spazio percorso con moto uniforme e tempo impiegato a percorrerlo, si avrà $v = \frac{dx}{dt}$ come prima regola, la quale darà $dv = \frac{ddx}{dt}$ con dt come costante.

Varignon si trova ora in possesso di due espressioni differenziali relative al concetto di velocità. Da una parte, quella della velocità in ciascun istante: $v = \frac{dx}{dt}$; dall'altra, quella dell'aumento di questa stessa velocità nello stesso istante $dv = \frac{ddx}{dt}$, tale aumento essendo stato acquisito all'inizio dell'intervallo di tempo dt.

L'introduzione di espressioni differenziali relative alla forza centrale poggia sul modello galileiano della caduta dei corpi:

> Inoltre, dato che gli spazi percorsi da un corpo mosso da una forza costante e applicata in modo continuo, cosí come si concepisce d'ordinario il peso, sono in ragione composta di questa forza e dei quadrati dei tempi impiegati a percorrerli, si avrà anche $ddx = ydt^2$, ovvero $y = \frac{ddx}{dt^2} = \frac{dv}{dt}$. Questo dà un'altra regola: $y = \frac{dv}{dt}$, che, con la precedente $v = \frac{dx}{dt}$, verifica quanto ci si proponeva di dimostrare.

Varignon adotta qui la concettualizzazione della forza acceleratrice proposta da Newton nel lemma x della sezione I del libro I dei *Principia*. In questa prospettiva, il confronto tra la prima frase del testo di Varignon e l'enunciato, che ripetiamo, del lemma x di Newton è assolutamente rivelatore:

> Gli spazi descritti da un corpo spinto da una qualunque forza finita, tanto che quella forza sia determinata e immutabile, quanto che la medesima sia di continuo aumentata o diminuita, sono, al primo inizio del moto, proporzionali al quadrato dei tempi.

Il corollario 3 di questo lemma stabilisce inoltre: «Identica cosa va supposta circa gli spazi qualunque che i corpi spinti da forze diverse descrivono. Questi, fin dall'inizio del moto, sono proporzionali al prodotto delle forze per i quadrati dei tempi» (p. 152).

[28] *Ibid.*, p. 23.

Di conseguenza, poiché durante l'intervallo di tempo dt la forza, che si suppone «costante e continuamente applicata», genera l'aumento di spazio uguale a ddx, possiamo scrivere, attenendoci a Varignon:

$$ddx = ydt^2 \text{ o } y = \frac{ddx}{dt^2}, \text{ ovvero } y = \frac{ddx}{dt.dt}, \text{ o } dv = \frac{ddx}{dt}, \text{ da cui } y = \frac{dv}{dt}.$$

Pur giungendo qui a un'espressione soddisfacente della forza centrale y, Varignon lascia tuttavia in sospeso diverse questioni newtoniane, in particolare in relazione al modo di agire della forza. Quest'ultimo deve essere compreso come continuo o come discontinuo in virtú di impulsi successivi (modello dell'urto). Nelle dimostrazioni di Varignon rimane una certa ambiguità, a causa per lo piú della mancanza di una definizione precisa dei concetti matematici di limite e di continuità[29].

Varignon enuncia infine quelle che chiama «Regole generali dei moti in linea retta»[30]:

$$1°: v = \frac{dx}{dt}; \quad 2°: y = \frac{dv}{dt}\left(\times\frac{ddx}{dt^2}\right).$$

Queste regole rivelano che le espressioni dei concetti di velocità in ciascun istante e di forza acceleratrice in ciascun istante possono essere dedotte l'una dall'altra per mezzo di un semplice calcolo basato sugli algoritmi di Leibniz, e di conseguenza che, «secondo queste formule, come scrive Auguste Comte nella diciassettesima lezione del suo *Philosophia prima. Cours de philosophie positive*, tutte le questioni relative a questa teoria preliminare del movimento vario si ridurranno immediatamente a semplici ricerche analitiche, consistenti in differenziazioni o, piú spesso, integrazioni».

Nel caso di traiettorie curvilinee, in seguito a una costruzione simile presentata nel *Mémoire* datato 31 marzo 1700, Varignon arriva a quelle che chiama «Regole generali dei moti in linea curva»[31].

Il lavoro newtoniano si rivela cosí in tutta la sua profondità. Se la seconda legge non è la «legge di Newton» nel senso moderno del termine (e, a priori, non c'era alcuna ragione che lo fosse, se non in virtú di una lettura ricorrente), Newton propone soluzioni importanti per le questioni che implicano la continuità dell'azione.

Inoltre, come tende a provare la nostra lettura dei testi di Varignon, è nei lemmi della sezione I che si trova il vero e proprio motore della dinamica

[29] L'introduzione da una parte di $dv = \frac{ddx}{dt}$, che implica un'azione discontinua, e dall'altra parte di quella del modello di azione continua che Varignon sviluppa basandosi sul lemma x di Newton genera un'ambiguità che va confrontata con l'ambiguità newtoniana nella concettualizzazione della forza.

[30] *AM*, anno 1700 (1703), p. 23.

[31] *Ibid.*, pp. 83-101.

newtoniana, la coerenza dei *Principia*[32], ma anche, alla fine, ciò che rende possibile la ricostruzione algoritmica di Varignon.

BARTHÉLEMY, G.

1985 *Concepts et méthodes de la mécanique rationnelle dans les Principia de Newton*, tesi sostenuta all'Università la Sorbona, dattiloscritto.

BLAY, M.

1987 *Le traitement newtonien du mouvement des projectiles dans les milieux résistants*, in «Revue d'histoire des sciences», 40, n. 3-4, pp. 325-55.

1988 *Varignon ou la théorie du mouvement des projectiles «comprise en une Proposition générale»*, in «Annals of Science», 45, n. 6, pp. 591-618.

1992*a* *La naissance de la mécanique analytique. La science du mouvement au tournant des* XVII*e et* XVIII*e siècles*, Presses Universitaires de France, Paris.

1992*b* *Les raisons de l'infini*, Gallimard, Paris.

1995 *Les «Principia» de Newton*, Presses Universitaires de France, Paris.

[32] Ho presentato un'analisi piú dettagliata di alcune delle questioni trattate qui in Blay [1995].

TSUKANE OGAWA e KENJI UENO

Il Giappone nel periodo Edo

1. *Introduzione.*

Il periodo Edo va dal 1603 al 1867, l'anno della Restaurazione Meiji. Nel 1600 Ieyasu Tokugawa dimostrò la propria supremazia militare nella battaglia di Sekigahara e per questo nel 1603 ricevette il titolo di *shōgun* dall'imperatore. Ieyasu creò il sistema politico conosciuto come *bakuhan*, una combinazione dei termini *bakufu* (o shōgunato: il governo militare) e *han*, dominio governato dal *daimyō*, una sorta di signore feudale. Il numero degli *han* era variabile: durante il periodo Edo se ne potevano contare circa 250-300.

Il periodo Edo garantí al Giappone piú di due secoli di pace e prosperità che consentirono un importante sviluppo culturale in generale e quello di alcune discipline in particolare, fra cui la matematica. Dalla metà del XVII secolo, la matematica giapponese (spesso indicata con il termine *wasan*) conobbe infatti uno sviluppo autonomo e una diffusione tale che, al termine del periodo Edo, anche nei piú piccoli villaggi si poteva trovare qualche contadino interessato alla matematica.

Lo sviluppo della matematica giapponese assunse tuttavia caratteristiche molto diverse da quelle della sua controparte occidentale. In Asia orientale, i testi tradizionali di matematica erano essenzialmente raccolte di problemi con le loro soluzioni, corredate dai metodi per trovarle. In generale, infatti, non veniva presentata la teoria matematica soggiacente, dal momento che si presumeva che lo studente imparasse implicitamente la teoria risolvendo gli esercizi, oppure che dovesse essere l'insegnante a illustrarla direttamente. Si trattava dunque di un modello completamente diverso da quello rappresentato dagli *Elementi* di Euclide.

Nel XVI secolo l'intensificarsi del traffico commerciale verso la Cina e i paesi dell'Asia orientale rese ben chiara a molti giapponesi l'importanza dell'aritmetica. In quell'epoca il *suan pan*, una specie di abaco, era molto diffuso in Cina, dove si potevano trovare molti manuali dedicati all'argomento. L'abaco cinese fu importato in Giappone, dove prese il nome di *soroban* e venne poi adattato allo stile nipponico. Il *soroban* si rivelò ben presto un potente strumento di calcolo e divenne indispensabile per chi si occupava di commercio. Anche i libri sul *soroban* furono inizialmente importati dalla Cina e fra essi figurava il famoso *Suanfa tongzong* (Manuale generale dei metodi di calcolo), scritto da Cheng Dawei nel 1592. Alla fine del XVI secolo, anche in Giappone si iniziò a pubblicare testi sul *soroban*: fra questi il *Jinkoki* (Trattato sulla forma del minimo numero e del massimo numero), pubblicato per la prima volta nel 1627, fu il libro di maggior successo (figura 1). Il *Jinkoki* contiene molti problemi che riscossero grande interesse presso i giapponesi interessati alla matematica. È in questo contesto che possiamo collocare la nascita della matematica giapponese.

2. *L'educazione nel periodo Edo.*

Durante lo shōgunato Tokugawa la società era basata su una rigida divisione in quattro classi: i militari (*samurai*), i contadini (*hyakushō*), gli artigiani (*shōkunin*) e i mercanti (*shōnin*). La maggior parte dei samurai viveva nelle città e si occupava prevalentemente dell'amministrazione e della burocrazia. Anche gli artigiani e i mercanti abitavano principalmente nelle città, mentre i contadini vivevano nei villaggi. I contadini potevano contare su una lun-

Figura 1.
Due pagine tratte dal *Jinkoki*.

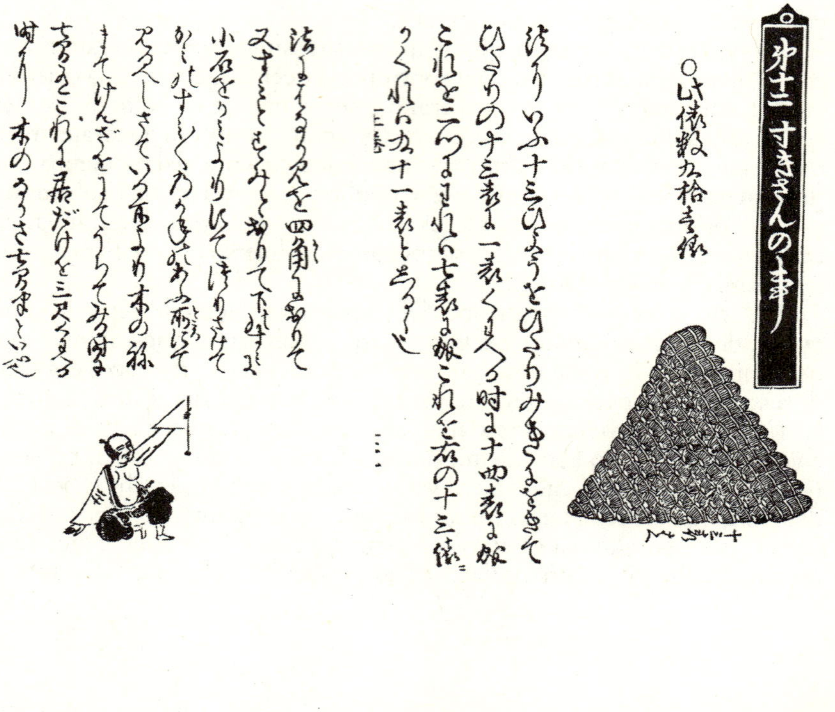

ga tradizione di autogoverno nella gestione dell'acqua per l'irrigazione dei campi di riso. I signori feudali avevano adottato questo sistema e – dato che l'amministrazione era gestita tramite documentazione cartacea – i contadini ricchi erano tenuti a saper leggere e scrivere bene se volevano partecipare all'autogoverno locale.

Inoltre, i contadini erano orgogliosi di produrre riso, uno dei principali beni su cui si fondava l'economia giapponese nell'epoca Tokugawa. Durante il periodo Edo scoppiarono diverse ribellioni nelle campagne; rivolte che si organizzavano segretamente intorno a richieste che miravano a ottenere dal feudatario la rimozione dei burocrati che maltrattavano i contadini e a poter godere di migliori condizioni [Hosaka 2002]. Alla base di queste sollevazioni c'era il consenso sociale di cui godeva il confucianesimo, secondo il quale un *daimyō* avrebbe dovuto seguire gli ideali confuciani del buon governo. Considerando questa loro base culturale e il fatto che le ribellioni furono piuttosto frequenti, si è indotti a ritenere che anche nei villaggi esistesse un sistema di educazione.

Nel periodo Edo l'istruzione era in genere impartita privatamente. Vennero costruite molte scuole private elementari, chiamate *terakoya* (figura 2), i

Figura 2.

C. Eishousa, *Onna Imagawa*, bambine e bambini che studiano in una *terakoya*. [Istituto Kumon 2000, p. 171].

cui insegnanti erano spesso i preti dei villaggi, mentri nelle città erano samurai privi di altre occupazioni. Fra gli insegnanti c'erano anche molte donne: d'altra parte, le *terakoya* accettavano in genere sia ragazzi sia ragazze, che però venivano fatti sedere su banchi spesso separati da paraventi. Nelle scuole *terakoya* si insegnava principalmente a scrivere (calligrafia) e qualche volta a usare l'abaco giapponese, il *soroban*. Anche il maestro di scrittura veniva scelto in base al tipo di studente a cui insegnava e impartiva nozioni diverse a seconda che si rivolgesse a un futuro cittadino o a un futuro contadino.

Nello *Yoshishige Ikun* (L'insegnamento di Yoshishige), scritto da Yoshishige Tamura (1790-1877) nel 1873, troviamo una vivida descrizione di come veniva impartita l'educazione in un villaggio. La testimonianza comincia come segue:

> Sono nato il 10 ottobre 1790. Quando divenni un ragazzo, i miei genitori mi consigliarono di frequentare una *terakoya* per imparare la calligrafia. A quel tempo detestavo l'idea di dedicarmi alla calligrafia, cosí non seguii il loro consiglio. I miei genitori allora cercarono di insegnarmi qualcosa a casa, ma io non li seguivo per niente. Un giorno mia madre mi disse che un ragazzo come me, che si rifiutava di imparare a scrivere, sarebbe diventato uno sbandato. Mia nonna, che era lí vicino, mi aiutò dicendo che mi piacevano i lavori manuali e avrei potuto diventare un bravo carpentiere. Ma mio padre, indignato, ribatté che anche un carpentiere doveva essere in grado di segnare i legni con i numeri e che io non ero in grado di farlo. Mi sentii molto imbarazzato da questa conversazione, ma non potevo farci nulla. Vissi la mia adolescenza in questo modo, scrivendo solamente etichette con i nomi delle varie semenze o tenendo diari agricoli in una pessima calligrafia, se proprio era necessario. Tuttavia lavoravo molto duramente nei campi, dall'alba fino a tarda sera. Quando fui diciottenne, un matematico venne in visita nel nostro villaggio per insegnare la matematica ai ragazzi che vi abitavano. Mio nonno e mio zio mi dissero di andare a lezione di matematica e si offrirono di sostenere tutte le spese. Ma io rifiutai la loro gentile offerta dicendo: «Vi sono molto grato per l'offerta ma fino a oggi io non ho imparato nulla. Temo che studiare la matematica per soli quaranta giorni non mi darà una buona conoscenza della materia. Sarebbe un disonore per me non capire la matematica pur avendo un buon insegnante e impegnandomi duramente. Mi è difficile non soddisfare la vostra richiesta, ma spero che mi capirete». Ed essi furono d'accordo con me. Allora io lavorai molto duramente nei campi senza mai imparare né la calligrafia né la matematica [Tamura 1981].

Sebbene Yoshishige non avesse imparato la calligrafia e la matematica durante la sua giovinezza, scrisse molti importanti libri sull'agricoltura. E di lui rimangono anche parecchie splendide calligrafie.

Il passo precedente mostra come veniva impartita l'istruzione di base durante il periodo Edo. Vi si dice, fra l'altro, che un contadino avrebbe dovuto avere un'infarinatura di matematica ed effettivamente nell'ultima parte del periodo Edo la matematica era diffusa anche nei villaggi e molti contadini dedicavano del tempo all'apprendimento di questa disciplina.

Ci sono rimaste delle testimonianze sull'educazione di Nobuyoshi Hagiwara (1828-1909), che appartenne all'ultima generazione dei matematici *wasan*. A otto anni entrò in una *terakoya* nella quale insegnava il prete del tempio del suo villaggio e studiò calligrafia fino a tredici anni. Dai quattordici ai diciassette anni prese lezioni private su come usare l'abaco giapponese da un matematico *wasan* che viveva nel villaggio. Dai diciotto ai vent'anni studiò i classici cinesi. Infine, dai ventitre ai trentatre anni studiò *wasan* con Yoshinori Satō, e conseguí tre diplomi sui cinque previsti dalla «scuola di Seki», fondata dal grande matematico *wasan* Takakazu Seki. Si osservi che Hagiwara era un contadino del ceto medio e rimase tale per quasi tutta la sua vita. Il tempo per studiare matematica lo trovava solo di notte e per frequentare le lezioni di Sato camminava per piú di quindici chilometri.

3. *Il Jinkoki.*

Nel periodo Edo molti giovani erano interessati alla matematica. Questo era dovuto al fatto che potevano disporre di un ottimo manuale, il *Jinkoki* di Mitsuyoshi Yoshida (1598-1672), che venne stampato per la prima volta nel 1627 e fu ampiamente conosciuto lungo tutto il periodo Edo. Esiste una traduzione inglese del *Jinkoki* [Yoshida 2000] in cui è possibile trovare una dettagliata descrizione dei contenuti: in questo saggio vogliamo mettere in evidenza solamente due punti. Il primo è che il *Jinkoki* è un manuale sul *soroban* e comprende non solo argomenti matematici utili per mercanti e artigiani ma anche molti problemi matematici di grande interesse. Il secondo punto è che Mitsuyoshi ebbe molti problemi a causa di un'edizione «pirata» del suo testo, sicché ne pubblicò varie edizioni «rivedute e corrette dall'autore». Un attento studio di queste edizioni rivedute permette di concludere che Mitsuyoshi cercò continuamente di migliorare e adattare i contenuti del libro in base alla sua esperienza di insegnamento.

Durante il periodo Edo (e persino nel periodo Meiji) vennero pubblicati molti altri testi con titoli che richiamavano quello del *Jinkoki*. Nella citata edizione inglese si può consultare una lista di piú di 300 titoli. La figura 3 rappresenta le prime due pagine del *Dinkoki* (un «*Jinkoki*» pubblicato nel tardo periodo Edo). Si tratta di un testo elementare che spiega la moltiplicazione e la divisione con il *soroban*. Nella prima pagina si vedono due interessanti problemi che comparivano già nel *Jinkoki* originario (si confronti con la figura 1). Questa moltiplicazione di testi diede modo di studiare problemi interessanti; e c'era davvero un reale e diffuso interesse a risolverli. Inoltre, nel tardo periodo Edo molti si costruivano da soli problemi matematici, come vedremo nel paragrafo 5.

L'ultima edizione dello *Shinpen Jinkoki* (Nuova edizione del *Jinkoki*), edita da Mitsuyoshi stesso e pubblicata nel 1641, presentava un'ulteriore caratteristica. Nell'ultimo capitolo, Mitsuyoshi proponeva dodici problemi senza però fornirne la soluzione. Nella prefazione a questo capitolo scriveva che, sebbene ci fossero in giro molti insegnanti di matematica, quelli veramente bravi erano pochi: cosí, per valutare il grado di competenza del proprio insegnante, gli si potevano sottoporre quei problemi da risolvere. Effettivamente non si trattava di problemi di semplice soluzione, cosicché parecchi matematici pubblicarono le loro soluzioni e aggiunsero nuovi problemi-sfida irrisolti.

In questo modo si generò rapidamente una vera e propria moda. Per esempio, il *Sanryoroku* (Documento sul confronto fra due metodi), scritto da Masumi Enami e pubblicato nel 1653, fu il primo libro in cui si potevano trovare le soluzioni ai problemi dello *Shinpen Jinkoki*. Nello stesso libro Enami presentava nuovi problemi aperti, che furono risolti (insieme a quelli dello *Shinpen Jinkoki*) nel *Kaisanki* (Trattato sul miglioramento della matematica) di Masashige Yamada, pubblicato nel 1659. Nel libro venivano proposte nuove sfide; e la moda continuò fino a che nel 1671 Kazuyuki Suwaguchi pubblicò il *Kokon Sanpoki* (Metodi matematici vecchi e nuovi), fornendo le soluzioni ai precedenti problemi aperti e proponendone quindici nuovi,

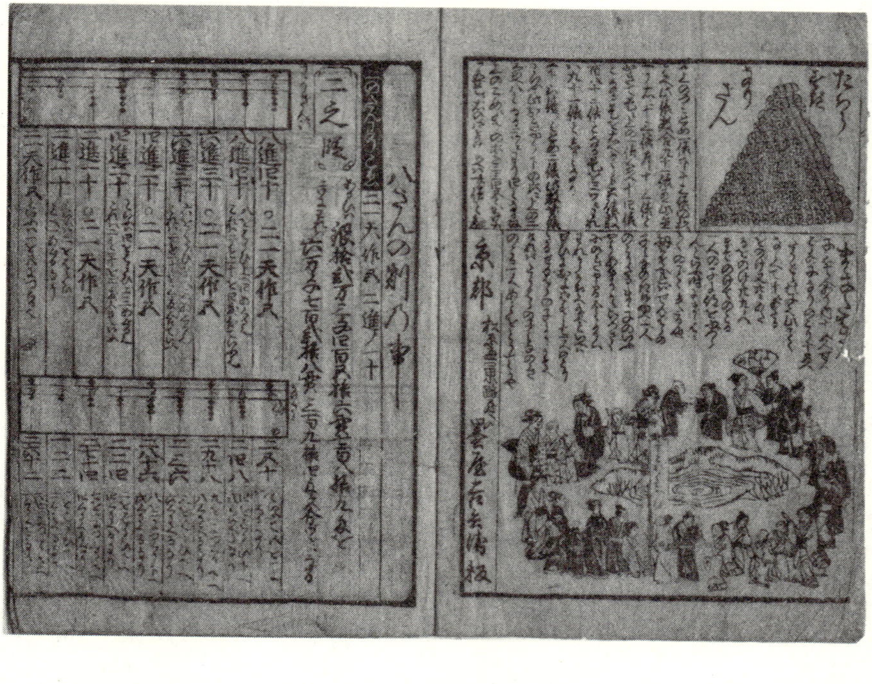

Figura 3.
Il *Dinkoki*.

che tuttavia i matematici dell'epoca non erano abbastanza preparati per risolvere. Fu Takakazu Seki[1] (ca. 1640 - 1708) a risolverli, servendosi di nuovi strumenti che egli stesso aveva inventato. Seki fu un vero genio, che diede origine a una nuova linea di sviluppo della matematica giapponese, portandola ben oltre la matematica classica della Cina.

4. *Lo sviluppo della matematica.*

Agli inizi del periodo Edo, la matematica giapponese si sviluppò sotto l'influenza di quella che era stata elaborata in Cina durante le dinastie cinesi Song e Yuan (X-XIV secolo). Infatti il testo che avrebbe avuto un'influenza decisiva – il *Suanxue qimeng* (Introduzione agli studi matematici), scritto dal matematico cinese Zhu Shijie nel 1299 – fu portato in Giappone quando il *kampaku* (cancelliere imperiale) Hideyoshi Toyotomi invase e occupò la Corea (1592-93 e 1597-98). Il *Suanxue qimeng* comprende quasi tutta la matematica sviluppata in Cina fino al XIII secolo ed è un testo di non immediata comprensione. L'ultimo capitolo è dedicato al *tian yuan shu* (metodo dell'incognita celeste), una tecnica pratica per risolvere equazioni di grado superiore al primo. Grazie al *Suanxue qimeng*, la matematica giapponese iniziò a familiarizzarsi con il *tian yuan shu*, quando ormai il metodo era caduto in oblio nella Cina della dinastia Ming (in cui la ricerca matematica stava ristagnando), ma se n'era conservata traccia nella cultura coreana.

Il primo libro giapponese in cui si trova una corretta descrizione del *tian yuan shu* è il già citato *Kokon Sanpoki* di Kazuyuki Sawaguchi, pubblicato nel 1671. Per risolvere i problemi aperti proposti dal *Kokon Sanpoki* è necessario ricorrere a un sistema di equazioni a piú incognite. Seki inventò allora un metodo – il cosiddetto *boshoho* (metodo di scrittura laterale) – per descrivere un'equazione di grado superiore in piú incognite e risolse la sfida di Sawaguchi nel 1674. Come già accadeva per il *tian yuan shu*, anche nel *boshoho* mancava un adeguato simbolo per rappresentare l'uguaglianza.

All'epoca di Seki, l'altro testo di Zhu Shijie, *Siyuan Yujian* (Lo specchio di giada delle quattro incognite, scritto nel 1303) non era ancora conosciuto in Giappone e si può ritenere che il metodo elaborato da Zhu Shijie per gestire problemi con quattro incognite non fosse noto. Rimane dunque aperto il problema di come Seki abbia inventato, o perfezionato, il suo *boshoho*. Anche Yoshizane Tanaka (1651-1719), un matematico di Kyoto, nel 1678

[1] Anche conosciuto come Seki Kowa. Kowa è l'*onyomi* di Takakazu, ovvero la lettura fonetica basata sul cinese antico del *kanji* (ideogramma di origine cinese) che indica il nome di Seki. Nell'antica tradizione giapponese un certo nome veniva letto con pronuncia *onyomi* se si trattava di una persona di rispetto, come Seki. Questa tradizione non sopravvisse per i matematici giapponesi successivi.

propose soluzioni valide ai problemi-sfida di Sawaguchi, usando un metodo simile a quello di Seki. Non è noto se Tanaka abbia inventato questo metodo indipendentemente dal *boshoho* di Seki, oppure se lo abbia imparato da lui, o infine se il *boshoho* sia stato frutto di una collaborazione di Seki (che era di Edo, l'attuale Tokyo) con i matematici di Kyoto e Osaka.

I missionari gesuiti – in particolare Carlo Spinola (1564-1622), che arrivò in Giappone nel 1602 e venne martirizzato a Nagasaki – insegnarono la matematica occidentale a Kyoto e sembra che abbiano avuto una qualche influenza sul primo sviluppo della matematica giapponese. Dal momento che il cristianesimo venne bandito dal Giappone dopo il 1613, rimangono labili tracce documentarie a supporto di questa ipotesi. Non esiste neppure alcuna prova che matematici come Masakazu Hashimoto o Sawaguchi abbiano avuto contatti con matematici coreani e abbiano imparato il *tuan yuan shu* da loro. Tuttavia, dal momento che durante il primo periodo Edo molti giapponesi si recavano nell'Asia continentale e che durante la fase di occupazione della Corea molti suoi abitanti vennero deportati in Giappone, si tratta di una possibilità di ricerca storica da non trascurare.

Per risolvere un sistema di equazioni di grado superiore, Seki inventò la teoria dell'eliminazione e dei determinanti prima del 1683, molto prima cioè che i matematici occidentali sviluppassero la stessa teoria. Nel 1674 Seki pubblicò lo *Hatsubi Sanpo* (Metodi matematici per esplorare questioni sottili), in cui descriveva le sue soluzioni ai problemi lasciati aperti da Sawaguchi. In questo libro, tuttavia, Seki non spiegava il suo *boshoho* e nemmeno la teoria dell'eliminazione, ma si limitava a fornire le equazioni finali le cui soluzioni davano le risposte richieste. Piú tardi il suo allievo Katahiro Takebe (1664-1739)[2] pubblicò lo *Hatsubi Sanpo Endan Genkai* (Commento sulle serie di operazioni dello *Hatsubi Sanpo*), testo in cui viene spiegato il *boshoho*. Nemmeno in questo libro però si trova una descrizione della teoria dell'eliminazione, presente solo in alcuni manoscritti. Finalmente, nel 1690 Tomotoki Iseki pubblicò il *Sanpo Hakki* (Rassegna di metodi matematici): il primo testo a stampa in cui viene presentata una teoria generale dei determinanti. La definizione di determinante secondo Iseki si fonda sullo sviluppo secondo una riga, mentre il metodo originale di Seki si basava sul metodo noto come metodo di Sarrus.

Con l'aiuto di Seki, Katahiro Takebe e il suo fratello maggiore Kataaki scrissero i *Taisei Sankei* (I libri completi della matematica) in venti volumi. In questa opera vengono raccolti e descritti in maniera organica tutti i risultati matematici di Seki e dei due fratelli Takebe. Seki non pubblicò mai nulla al di fuori dello *Hatsubi Sanpo*, ma i suoi manoscritti conobbero una certa circolazione fra i suoi discepoli e una parte di essi venne pubblicata postuma

[2] Nel testo di Smith e Mikami [2004], lo stesso matematico compare col nome di Kenko Takebe. Lo stesso Mikami osserva tuttavia che Kenko compare come Katahiro nello *Hakuseki Shinsho*. Infatti «Kenko», oggi usato raramente, è l'*onyomi* del nome di Takebe, «Katahiro».

nel 1717, sotto la supervisione dell'allievo Murahide Araki (1640-1718), con il titolo di *Katsuyo Sanpo* (Compendio di metodi matematici). In quest'opera possiamo trovare la definizione dei numeri di Bernoulli e il calcolo dei decimali di π con il metodo di accelerazione di Aitken, oltre che il calcolo della corda e dell'arco di cerchio con il metodo di interpolazione di Newton, soluzioni di equazioni diofantee di primo grado, sistemi di congruenze e infine le relazioni fra i diametri del cerchio inscritto e circoscritto e il lato di un poligono regolare di n lati.

Dopo l'invenzione del *boshoho* di Seki, la matematica giapponese si sviluppò molto rapidamente e già al tempo di Katahiro Takebe, che determinò lo sviluppo in serie della lunghezza di un arco [Horiuchi 1994; Morimoto e Ogawa s.d.], aveva raggiunto il suo apogeo. La scuola di Seki divenne la piú importante, ma se ne svilupparono diverse altre. Diamo di seguito una cronologia essenziale della matematica *wasan*[3].

1600 *Sanyoki*, trattato di matematica pratica, il piú antico testo esistente sul *soroban*;
1622 Shigeyoshi Mouri, *Warizan no Sho* (Libro sulla divisione);
1627 Mitsuyoshi Yoshida, *Jinkoki*, prima edizione;
1641 Mitsuyoshi Yoshida, *Shinpen Jinkoki* (l'ultima edizione curata da Mitsuyoshi);
1658 Gentetsu Hisada e Doun Haji, *Sangaku Keimo*, prima edizione giapponese del *Suanxue qimeng* di Zhu Shijie;
1659 Masashige Yamada, *Kaizanki*; Yoshinori Isomura, *Sanpo Ketsugisho*;
1663 Shigekiyo Matsumura, *Sanso* (Matematica per discutere);
1671 Kazuyuki Sawaguchi, *Kokon Sanpoki*;
1674 Takakazu Seki, *Hatsubi Sanpo*;
1679 Yoshizane Tanaka, *Sanpo Meikai* (Metodo matematico; spiegazione ben delineata);
1683 Takakazu Seki, *Kaifukudai no Ho* (Metodo di risoluzione di problemi nascosti), manoscritto sulla teoria dei determinanti;
1684 *Jokyo Reki*, nuovo calendario dopo quello di Senmyoreki dell'874;
1685 Katahiro Takebe, *Hatsubi Sanpo Endan Genkai*;
1690 Tomotoki Iseki, *Sanpo Hakki*, la prima pubblicazione al mondo sui determinanti;
1695 Kiyoyuki Miyagi, *Wakan Sanpo*, descrizione di metodi matematici in Giappone e Cina (il libro presenta anche soluzioni ai problemi aperti del *Kokon Sanpoki*);
1710 Kataaki Takebe, Katahiro Takebe e Takakazu Seki, *Taisei Sankei* (I libri completi della matematica);

[3] Per una storia della matematica giapponese, in cui sono trattati molti dei temi seguenti, si veda il lavoro di Ogura [1993].

1712 *Katsuyou Sanpo*, pubblicato dall'allievo di Seki, Murahide Araki, basato su manoscritti del maestro;
1722 Katahiro Takebe, *Tetsujutu Sankei* (Trattato matematico sull'arte del riunire), manoscritto presentato allo *shōgun* Yoshimune Tokugawa; *Fukyu tetsujutu* (L'arte del riunire del maestro Fukyu Takebe), manoscritto che circolava fra gli allievi di Takebe (i contenuti sono simili a quelli del *Tetsujutu Sankei*); Toshikiyō Kamata, *Takumaryu Enri* (Teoria dei cerchi della scuola Takuma), l'unico documento matematico del periodo Edo, in cui il calcolo di π viene fatto usando poligoni regolari inscritti e circoscritti;
1723 Katahiro Takebe, *Nippon Yochizu*, una mappa del Giappone;
1726 Yoshihirō Kurushima, *Heiho Reiyakujutsu* (Metodo sulle divisioni residue delle radici quadrate), sviluppo di numeri irrazionali in frazioni continue;
1739 Yoshisuke Matsunaga, *Houen Sankei* (Trattato matematico su quadrati e cerchi);
1769 Yoriyuki Arima, *Shuki Sanpo* (Raccolta di gemme matematiche); Arima era il signore di Kurume e pubblicò molti lavori nell'ambito della scuola di Seki;
1781 Sadasuke Fujita, *Seiyo Sanpo* (Metodi matematici esatti);
1789 Sadasuke Fujita, *Shinpeki Sanpo* (Miracoli dei metodi matematici, raccolta di problemi sul *sangaku*);
1799 Naonobu Ajima, *Fukyu Sanpo* (Metodi matematici immortali), basato su manoscritti di Ajima, membro della scuola di Seki, che introdusse la nozione di un tipo di integrale doppio;
1810 Yasuaki Aida, *Sanpo Tenshoho Shinan* (Metodi matematici), spiegazione dei metodi Tenshojki; Aida creò la nuova scuola «Saijoryu»;
1815 Kōhan Sakabe, *Sanpo Tenzan Shinanroku* (Metodi matematici), il documento di formazione dei metodi Tenzan;
1819 Ishikuro Nobuyoshi, *Sangaku Kochi* (Matematica sofisticata);
1820 Inō Tadataka, *Dainippon Enkaiyochizenzu*, la prima mappa del Giappone, fatta sui rilievi dell'autore;
1830 Tanehide Chiba, *Sanpo Sinsho* (Il nuovo libro sui metodi matematici), uno dei libri piú diffusi nell'ultimo periodo Edo e agli inizi del periodo Meiji;
1878 Teisuke Hagiwara, *Enri Sanpo* (Metodi matematici della teoria dei cerchi), una delle ultime pubblicazioni di *wasan*.

Nella matematica giapponese mancava il concetto di funzione: sebbene molti matematici usassero sviluppi in serie di potenze, non era presente l'idea che si definisse in questo modo una dipendenza funzionale. Nella *wasan*, uno sviluppo in serie di potenze rappresenta un algoritmo di calcolo per l'area di una regione o un integrale definito. Yashusi Wada (1787-1840) dedicò gran parte della propria vita per calcolare e tabulare i valori dell'integrale definito, tuttavia non si rese mai conto della possibilità di cambiare l'intervallo di integrazione. Per questo motivo, la matematica giapponese non poté mai arrivare a formulare il teorema fondamentale del calcolo integrale.

5. *I sangaku.*

La caratteristica che meglio definisce la matematica giapponese del periodo Edo è la mancanza di un ragionamento strettamente logico-deduttivo. Dal momento che il *soroban* era un potente mezzo di calcolo, i matematici potevano eseguire facilmente dei calcoli e controllare l'accuratezza dei risultati teorici attraverso il calcolo numerico.

Tuttavia la matematica giapponese aveva anche un secondo aspetto. Molti erano interessati alla soluzione e costruzione di problemi difficili e, qualora fossero riusciti a risolverli, spesso facevano una tavoletta votiva, il *sangaku*, che appendevano in un tempio affinché potesse essere letto da tutti

Figura 4.
Sangaku del tempietto Kawashima (Prefettura di Mie, offerto da Tomohirō Yanagawa nel 1844).

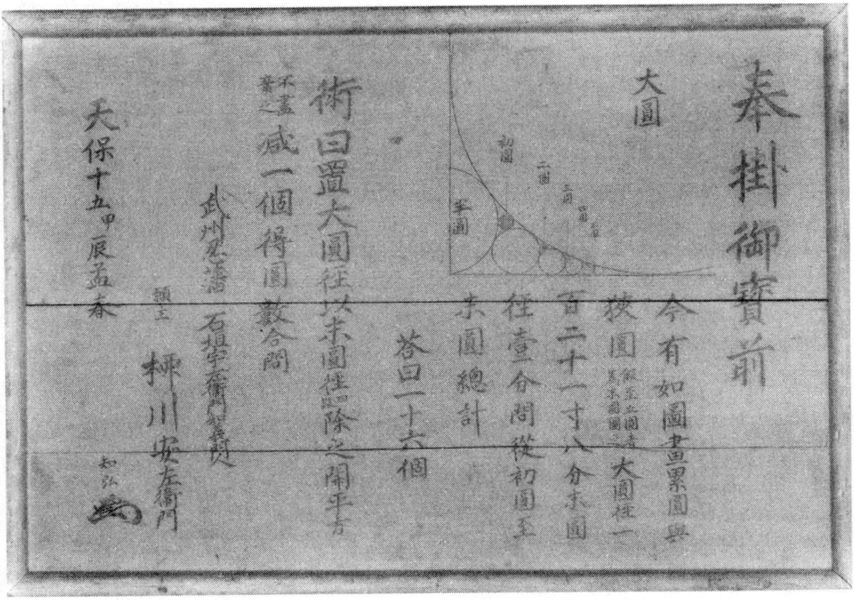

[Fukagawa e Pedoe 1989]. Questa abitudine si diffuse rapidamente e molti matematici e cultori di matematica vi si adeguarono, al punto che divenne un modo di scambiarsi le idee su come costruire e risolvere i problemi. Il *sangaku* assunse cosí il ruolo di «gazzetta» matematica.

Spesso si sostiene che la *wasan* era una specie di arte (*Gei*) e che ogni scuola *wasan* si poteva considerare una comunità chiusa. Quest'affermazione è vera solo in parte perché, anche nella prima fase, i matematici di Tokyo, Osaka e e Kyoto si scambiavano idee e punti di vista. Dopo che Yoriyuki Arima (1714-1783), un *daimyō* che si dilettava di matematica, pubblicò i risultati segreti della scuola Seki, cominciarono a essere stampati anche molti testi di matematica avanzata. Per esempio, Muneyoshi Nakasone (1824-1906) era riuscito a procurarsi copie di libri matematici di diverse scuole [Nakasone 2001]. Ogni scuola conservava i propri risultati e li teneva segreti anche se non erano cosí rilevanti dal punto di vista matematico. C'erano anche molti cultori di matematica in tutto il Giappone che si divertivano a risolvere e formulare problemi difficili. Quindi la situazione della matematica *wasan* non è assimilabile completamente a quanto accadeva nel campo delle arti marziali o del teatro Nō: le scuole *wasan* funzionavano come sistema educativo.

FUKAGAWA, H. e PEDOE, D.

1989 *Japanese Temple Geometry Problems San Gaku*, the Charles Babbage Research Center, Winnipeg.

HORIUCHI, A.

1994 *Les mathématiques japonaises à l'époque d'Edo*, Vrin, Paris.

HOSAKA, S.

2002 *Hyakushou-Ikki to sono Saho* [La rivolta agraria e le sue regole], Yoshikawa Kobunkan, Tokyo.

ISTITUTO KUMON (KUMON INSTITUTE OF CHILDREN)

2000 *Ukiyoe ni miru Edo no Kodomo-tachi* [Bambini del periodo Edo a Ukiyoe], Shougakukan, Tokyo.

MORIMOTO, M. e OGAWA, T.

[s.d.] *The Mathematics of Takebe Katahiro. His Three Formulas of an Inverse Trigonometric Function*, AMS, in corso di stampa.

NAKASONE, M.

2001 *Nakasone's Collection of Books and Notes on Wasan* (CD-Rom), a cura di H. Okumura, Iwanami, Tokyo.

OGAWA, T.

2001 *A Review of the History of Japanese Mathematics*, in «Revue d'histoire des mathématiques», 7, pp. 137-55.

OGURA, K.

1993 *WASAN, Japanese Mathematics* (1940), trad. ingl. di N. Ise, Kodansha, Tokyo.

SAITO, K.

1989 *Un esempio di antica algebra giapponese*, in «Periodico di matematiche», serie VI, 65(1), pp. 16-28.

SMITH, D. E. e MIKAMI, Y.

2004 *A History of Japanese Mathematics* (1914), Dover, Mineola N.Y.

TAMURA, Y.

1981 *Yoshishige Ikun* [L'insegnamento di Yoshishige], *Nihon Nogyo Zenshu* [La raccolta completa di scritti sull'agricoltura giapponese] 21, Nobunkyo, Tokyo.

YOSHIDA, M.

2000 *Jinkoki*, trad. ingl., Wasan-Kenkyujo, Tokyo.

JEANNE PEIFFER

Matematici a Corte e in Accademia

1. *In Accademia come a Corte?*

Nelle università del Seicento il ruolo delle matematiche era del tutto subalterno. Il termine «matematiche» indicava un ventaglio piuttosto ampio di discipline diverse, che andavano dall'astrologia alla balistica, passando per l'ottica e la meccanica. Le università furono in grado di fornire i mezzi di sussistenza solo a pochissimi matematici e, a questo riguardo, è particolarmente rappresentativo l'esempio della Svizzera di fine Seicento. Siccome c'era una sola università in tutto il paese, c'era anche una sola cattedra di matematica, quella di Basilea, che venne ricoperta dal 1687 al 1705 da Jacob Bernoulli e successivamente, dal 1705 al 1748, da suo fratello Johann, i cui studenti piú brillanti furono necessariamente costretti a trasferirsi altrove. Accanto all'antico mecenatismo dei nobili o dei sovrani, che permise a Gottfried Wilhelm Leibniz di provvedere alla propria sopravvivenza, nel corso della seconda metà del XVII secolo si svilupparono alcune alternative grazie alla creazione di nuovi luoghi di elaborazione e di trasmissione del sapere. Di questi luoghi, le Accademie furono forse quelli in piú rapido sviluppo.

La fondazione dell'Académie Royale des Sciences a Parigi per opera di Jean-Baptiste Colbert, il potente ministro di Luigi XIV, instaurò un nuovo modello, dal momento che – diversamente dalla Royal Society di Londra – l'Accademia francese veniva direttamente finanziata dallo Stato. Nel XVIII secolo, l'istituzione di Accademie ispirate al modello francese offriva a qualche matematico la prospettiva di un lavoro remunerato, ma i posti stipendiati erano ancora esclusiva di una piccola élite privilegiata. Leibniz, che aveva scelto di mettersi al servizio di un potente, si impegnò tutta la vita a promuovere la creazione di società scientifiche, elaborando *memoranda* e programmi da sottoporre ai principi europei e non. In questo saggio confronteremo l'esperienza di Leibniz, giurista consigliere di un principe e costretto quindi a relegare le ricerche matematiche al rango di occupazione privata e personale, con quella dei matematici delle Accademie, come Jacob Hermann, Daniel Bernoulli e soprattutto Leonhard Euler (Eulero), che stabilirono rapporti contrattuali con alcuni Stati e le loro istituzioni.

Terremo presente la questione dell'indipendenza della ricerca, che fu una delle rivendicazioni fondamentali di tutti coloro che nel corso del XVII secolo si riunivano – prima in Italia e poi un po' ovunque – nelle Accademie. In effetti, la trasformazione che si andava attuando del sistema di mecenatismo individuale in un sistema di ricerca collettiva, ben presto finanziato dagli Stati, esercitò una forte pressione sugli orientamenti della ricerca e sulla scelta dei problemi da studiare. Mordechai Feingold [1984, p. 216] ha mostrato che in Inghilterra, fra il 1560 e il 1640, l'attività scientifica tradizionalmente distribuita in vari settori «venne progressivamente indirizzata in ricerche influenzate in larga parte dalle esigenze e dalle richieste dei mecenati. Il risultato immediato di questo reindirizzamento fu la proliferazione di progetti di carattere pratico che da una parte assicurarono all'Inghilterra un posto fra le nazioni piú potenti e accrebbero in maniera considerevole le fortune dei loro committenti, dall'altra portarono alla creazione di meccanismi e artifici destinati a dilettare le classi superiori». Presteremo dunque una particolare attenzione alle possibili influenze – legate ai meccanismi propri del mecenatismo – esercitate sugli interessi matematici dei protagonisti.

Sullo sfondo della nostra analisi terremo presente anche l'ipotesi formulata da Mario Biagioli nell'epilogo del suo *Galileo, Courtier*, intitolato *From Patronage to Academies. A Hypothesis* [Biagioli 1993, pp. 353-62]. Biagioli sostiene che «la comprensione del processo di legittimazione sociale e cognitiva offerto dalla Corte offre importanti elementi per definire la genealogia del sistema sociale che venne successivamente a crearsi, del suo ethos e dello stile della filosofia naturale» [p. 354]. La questione delle nuove pratiche scientifiche generate dal passaggio dal mecenatismo alle istituzioni scientifiche sarà uno dei cardini della nostra riflessione, tenendo presente che tali pratiche includevano: i protocolli di legittimazione e dunque di reclutamento; i codici di comportamento, soprattutto nel caso di controversie; le ragioni soggiacenti alla scelta dei temi di ricerca; gli approcci adottati nell'affrontare i problemi e altre analoghe questioni.

2. *Leibniz, consigliere dei principi.*

2.1. Per la gloria e il diletto di un principe.

Quando Leibniz, giurista di formazione e futuro diplomatico di professione, alla fine dei suoi studi universitari, si trovò di fronte alla necessità di guadagnarsi da vivere, scelse di mettersi al servizio di un potente, sebbene gli fosse stata offerta una cattedra all'Università di Altdorf nel 1667. Ricordiamo che Leibniz (nato a Lipsia il 1° luglio 1646, due anni prima che la pace di Westfalia mettesse fine alle guerre di religione che avevano devastato la Germania da cima a fondo) aveva studiato filosofia e diritto a Lipsia e a Jena. Perché dunque rifiutare una tranquilla carriera universitaria come quella di suo padre, Friedrich Leibnütz? Certamente il giovane Leibniz nutriva l'ambizione di influenzare la politica del suo paese e pensava di realizzarla diventando consigliere di uno dei suoi principi. In effetti è questo il concetto che esprime nel dicembre 1675 in una lettera indirizzata a Johann Carl Kahm, valletto di camera del duca Giovanni Federico di Brunswick-Lüneburg:

> Per natura io non sono avido di denaro, ma, una volta che possa contare su un reddito soddisfacente, cerco soltanto di accrescere il mio prestigio, lavorando e svolgendo dei servizi per il bene comune [...]; è soprattutto per questo motivo che desideravo trovare un'alta personalità [...] la cui protezione, l'autorità, l'aiuto e i favori potessero dare corpo a idee utili; in cambio io non avrei altra preoccupazione che lavorare per la sua gloria e per il suo diletto [Heinekamp et al. 1994, pp. 43-44].

Leibniz trovò questo patrono nella persona di Johann Christian von Boineburg, ministro del principe elettore di Magonza, Giovanni Filippo di Schönborn. Il giovane Leibniz cominciò dunque la sua carriera di giurista e diplomatico a Magonza – dove sarà poi segretario, bibliotecario e consigliere di Corte d'appello – redigendo rapporti e *memoranda* per Boineburg. Nel marzo 1672, accompagnò il nipote del principe elettore in missione diplomatica a Parigi, ma la morte di Boineburg e successivamente quella di Schönborn misero fine alla sua promettente carriera. Leibniz cercò allora di stabilirsi a Parigi per potersi introdurre nei circoli eruditi della capitale e ottenere uno stipendio dall'Académie des Sciences, senza successo: «Parigi è un posto dove è difficile emergere: si trovano, in tutti i campi scientifici, gli uomini piú brillanti dell'epoca e serve molto tempo per costruirsi una solida reputazione» [*ibid.*, p. 46]. In ottobre, lasciò Parigi per mettersi al servizio di Giovanni Federico di Brunswick-Lüneburg, con il titolo di consigliere della Corte ducale.

2.2. Leibniz a Parigi: un periodo di libertà creativa.

Il soggiorno parigino fu, per il matematico Leibniz, uno dei periodi piú fruttuosi. Fu l'occasione per incontrare studiosi della statura di Christiaan Huygens, membro dell'Académie des Sciences, conoscenza che gli fece capire quanto fosse vasta la sua ignoranza in matematica; Edme Mariotte; l'ormai anziano Roberval o il giovane Ehrenfried Walter Tschirnaus. Grazie alla loro frequentazione, poté assimilare la matematica del suo tempo e fare ampie letture nelle ricche biblioteche parigine. In questo periodo di piena maturità intellettuale, Leibniz riuscí a impadronirsi da autodidatta – in soli quattro anni e con rara intensità – di quelle tecniche matematiche che seppe poi rapidamente impiegare in maniera del tutto originale. Fece la conoscenza di Étienne Périer, nipote di Pascal, che gli permise di consultare i manoscritti dello zio, da cui Leibniz trasse il famoso *Traité des coniques*.

Nell'ottobre del 1675, inventò il calcolo differenziale mentre era impegnato nella risoluzione di un problema inverso di tangenti (cioè un problema di quadratura) e stava cercando di presentare nella maniera piú semplice e chiara il suo risultato. In seguito, nel corso di queste ricerche, Leibniz introdusse i suoi famosi simboli, una «S» stilizzata per la somma (o l'integrale) e una «d» per la differenza. Come commenta Josef E. Hofmann [1974, p. 194]: «dal momento in cui furono compiuti questi primi passi cruciali verso l'algebrizzazione dei problemi infinitesimali, si aprí una nuova prospettiva, per quest'uomo abituato a identificare gli elementi generali e caratterizzanti in mezzo a un'accozzaglia di cose simili». Leibniz pubblicò il suo nuovo calcolo solo nel 1684 negli *Acta Eruditorum* di Lipsia. La storia di questa invenzione e dei suoi sviluppi è ben nota e rinviamo chi desiderasse approfondirla alla vasta letteratura esistente.

2.3. Leibniz al servizio degli Hannover.

Leibniz si stabilí a Hannover, dove rimase per il resto dei suoi giorni (morí il 14 novembre 1716, all'età di 70 anni), nonostante si lamentasse spesso del provincialismo della cittadina, della mancanza di «eruditi» con cui discutere e della totale assenza di circoli intellettuali in cui si sviluppasse una qualche ricerca. Del resto, scrive a Thomas Burnett in una famosa lettera del 17 marzo 1696, «la vita di Corte e le conversazioni dotte si escludono vicendevolmente» [Heinekamp et al. 1994, p. 51]. Leibniz lavorò successivamente per tre esponenti della casa di Hannover: dal 1676 al 1679 serví Giovanni Federico, duca di Brunswick-Lüneburg; dal 1679 al 1698 Ernesto Augusto (fratello di Giovanni Federico) e suo figlio Giorgio Ludovico, il futuro Giorgio I d'Inghilterra. Le relazioni che Leibniz stabilí con ognuno dei suoi tre protettori furono diverse: confidenziali con il primo, che apprezzava le conversazioni filosofiche e le opinioni del suo protetto; piú formali con Ernst August che, affidando a Leibniz l'incarico di redigere la storia dei Guelfi, lo coinvolse nel suo progetto di glorificazione della casa di Hannover, progetto poi trascurato da Giorgio Ludovico, il quale comunque rimproverò Leibniz di non aver portato a termine i suoi *Annali* e lo mortificò continuamente (rifiutandogli, per l'esempio, l'autorizzazione a viaggiare).

I suoi protettori non si accontentarono di trarre vantaggio dai consigli giuridici dispensati da Leibniz, dalle sue ricerche storiche o dalla sua attività di collezionista di libri e bibliotecario, ma gli chiesero anche, secondo la piú classica tradizione del mecenatismo rinascimentale, di intervenire nella risoluzione di problemi tecnologici e nella pianificazione del territorio. Johann Friedrich affidò infatti a Leibniz il compito di migliorare le difficili tecniche di estrazione dell'argento dalle miniere dello Harz. Fedele al proprio motto «Theoria cum praxi», Leibniz propose di utilizzare l'energia eolica per drenare l'acqua dai pozzi e dalle gallerie delle miniere. Il progetto venne portato avanti per diversi anni, nel corso dei quali egli sperimentò sul campo diverse tecniche, sviluppò i calcoli necessari e cercò di prendere accordi con gli amministratori delle miniere che erano ostili alle innovazioni tecnologiche, finché l'esperienza venne bruscamente interrotta da Ernesto Augusto, che nel frattempo era succeduto al fratello, nel 1685. Poiché il nuovo duca aveva deciso di stabilire la propria residenza estiva a Herrenhausen, dove voleva creare un giardino alla francese con fontane e giochi d'acqua, si rivolse a Leibniz, il quale nel 1696 preparò un progetto di cui vennero messi in opera solo alcuni importanti elementi – il progetto infatti non venne mai realizzato nel suo complesso – che si possono ammirare ancora oggi.

Gli studi leibniziani nel campo delle matematiche erano destinati a rimanere di dominio privato. I 7300 manoscritti matematici, per la maggior parte inediti, conservati a Hannover e i carteggi fra Leibniz e numerosi matematici dell'epoca, testimoniano l'ampiezza e la varietà di queste ricerche. Alcuni carteggi, come quello con Johann Bernoulli, documentano l'attività di un vero e proprio laboratorio di matematiche, nel quale si discute, oltre che di problemi scientifici, anche dell'organizzazione sociale e dell'istituzionalizzazione della disciplina: posti, strategie di conquista di cattedre, controversie e risposte da opporre, ecc. La matematica offriva solo raramente materia di discussioni dotte alla Corte degli Hannover, anche se in un'occasione Leibniz riuscí a destare l'interesse di Rodolfo Augusto, duca di Brunswick-Wolfenbüttel, per una delle sue invenzioni matematiche.

2.4. Il sistema binario presentato al duca di Brunswick-Wolfenbüttel.

Mentre era bibliotecario della Bibliotheca Augusta di Wolfenbüttel (a partire dal 1691), Leibniz inviò il 2 gennaio 1697 i suoi auguri per l'anno nuovo a Rodolfo Augusto, in ossequio all'uso comune, come afferma egli stesso, ma anche per l'affetto che nutriva verso il duca. In quella lettera[1] spiega al duca il calcolo binario inventato alcuni anni addietro e pubblicato nei «Mémoires de l'Académie Royale des Sciences» (1703) per giustificare la sua elezione come membro straniero[2]. In occasione di un incontro prece-

[1] Nella pagina web www.fh-augsburg.de/ harsch/germanica/Chronologie/17Jh/Leibniz/lei bina.html si trova la riproduzione e la trascrizione della lettera originale che abbiamo parafrasato nel testo. Si veda anche G. W. Leibniz, *Sämtliche Schriften und Briefe*, 8 Reihen, Akademie-Ausgabe, Berlin, I, 13 [d'ora in poi: *Akademie-Ausgabe*].

[2] Il diplomatico Christophe Brosseau, residente di Hannover a Parigi, aveva dovuto ricordare a Leibniz i suoi doveri di cittadino della *République des lettres*. Gli scriveva infatti il 16 agosto 1700 da Parigi: «Mi figuravo, Signore, e l'avevo anche fatto sperare al Signor Abate Bignon, che con la prima delle Vostre lettere avrei ricevuto le risposte che dovete non solo a lui ma anche a Monsieur de Fontenelle, che Vi hanno scritto con l'occasione di inviarVi il vostro appannaggio di accademico onorario. Purtroppo io queste risposte non le ho trovate affatto con la Vostra che mi è arrivata il giorno 3 di questo mese. Permettetemi di essere alquanto sorpreso, poiché sembrerebbe che Voi non stiate nemmeno pensando di scrivere loro. Tuttavia, Signore, l'onestà e la buona creanza Vi obbligano ad adempiere ai Vostri doveri, pertanto Vi supplico di non serbarmi rancore se Vi esorto e se oso dirVi che si tratta di un dovere dal quale non potete dispensarVi» [*Akademie-Ausgabe*, I, 18,

dente all'invio della lettera, Leibniz aveva già avuto modo di illustrare la sua invenzione al duca, che aveva suggerito un'analogia fra il sistema binario e la Creazione [Aiton 1985]. Leibniz fece sua questa analogia e offrí al duca il bozzetto di una medaglia in cui essa veniva rappresentata in forma emblematica. Uno dei principali misteri della fede cristiana, diceva Leibniz, è la creazione *ex nihilo* di tutte le cose da parte dell'onnipotenza divina:

> Dunque, nulla rappresenta meglio la Creazione, anzi nulla la dimostra meglio dell'origine dei numeri cosí come viene spiegata qui: tutti i numeri vengono generati in base alla loro sola espressione formata da successioni di Uno e Zero, cioè niente. Sarà difficile poter trovare in natura o in filosofia un simbolo migliore per questo mistero ed è per questo motivo che ho iscritto sulla medaglia le parole: IMAGO CREATIONIS.

L'emblema avrebbe dovuto rendere manifesto che tutto quello che è stato creato, è stato perfettamente creato. Nella usuale rappresentazione dei numeri, non c'è nessun ordine che si palesi nella successione dei caratteri, contrariamente a ciò che avviene nel sistema binario, fondato su una regola che permette di scrivere i numeri senza alcun calcolo e tanto grandi quanto si vuole: per ottenere la rappresentazione binaria dei numeri interi disposti in una colonna verticale[3], basta scrivere nella colonna di destra alternativamente: 0, 1, 0, 1, 0, 1, ecc.; nella colonna successiva, partendo da destra, si scriverà: 0, 0, 1, 1, 0, 0, 1, 1, ecc.; nella terza colonna: 0, 0, 0, 0, 1, 1, 1, 1, 0, 0, 0, 0, 1, 1, 1, 1, ecc.; nella quarta 0, 0, 0, 0, 0, 0, 0, 0, 1, 1, 1, 1, 1, 1, 1, 1, 0, 0, 0, 0, 0, 0, 0, 0, 1, 1, 1, 1, 1, 1, 1, 1, ecc. Lo spazio centrale della medaglia è occupato da una piccola tabella che presenta la scrittura binaria dei numeri interi da 1 a 17 e mette in evidenza questo bell'ordine univoco. Leibniz ne deduceva che

> il disordine che si immagina nelle opere di Dio è solo apparente; non appena si osservano le cose da un giusto punto di vista, come nella prospettiva, si coglie la loro simmetria. Questo ci spingerà sempre piú a lodare e ad amare la saggezza, la bontà e la bellezza del Bene Supremo, da cui deriva tutta la bontà e tutta la bellezza.

Nel prosieguo della lettera, Leibniz menzionava Claudio Filippo Grimaldi, missionario gesuita in Cina, che aveva conosciuto a Roma e che gli aveva scritto da Goa in occasione del suo viaggio di ritorno in Cina; Leibniz aveva ritenuto opportuno illustrargli la rappresentazione binaria dei numeri nella speranza che l'emblema raffigurante il mistero della Creazione potesse servire a rendere manifesta la superiorità della fede cristiana, dal momento

pp. 804-5]. Leibniz fece pervenire a Fontenelle il 26 febbraio 1701 il trattato dal titolo *Essay d'une nouvelle science des nombres* che non volle però veder pubblicato; al suo posto, inserí la memoria (G. W. Leibniz, *Mathematische Schriften*, a cura di C. I. Gerhardt, 7 voll., Halle, Berlin 1849-63, nuova edizione Olms, Hildesheim 1960-61, vol. VII, pp. 223-27 [d'ora in poi: *Math. Schriften*]).

[3] Ricordiamo che nel sistema binario un numero intero si scrive come somma di potenze di 2 moltiplicate per i coefficienti 0 o 1. Cosí, per esempio, $3 = 1 \times 2^1 + 1 \times 2^0$ si scrive 11; $8 = 1 \times 2^3 + 0 \times 2^2 + 0 \times 2^1 + 0 \times 2^0$ si scrive 1000.

che Grimaldi gli aveva raccontato che l'imperatore cinese era un grande estimatore dell'arte di calcolare, anche al modo europeo, che aveva appreso da padre Ferdinand Verbiest, predecessore di Grimaldi.

Leibniz continuava poi descrivendo gli altri elementi della medaglia e spiegando l'addizione e la moltiplicazione dei numeri binari, sebbene ritenesse che non fosse il caso di usare questi numeri nella vita quotidiana. Per fare in modo che la medaglia avesse un aspetto gradevole e la sua superficie non fosse completamente riempita di numeri, Leibniz pensava di rappresentarvi la luce e le tenebre, dal momento che le tenebre ricoprivano l'abisso e lo Spirito di Dio aleggiava sulla superficie delle acque. Allora Dio disse: «Sia la luce, e la luce fu». L'abisso e le tenebre sono assimilabili allo Zero e al nulla, lo spirito di Dio con la sua luce all'Uno onnipotente. Come motto dell'impresa Leibniz propone i versi seguenti, che mostrano bene per quale motivo l'emblema è IMAGO CREATIONIS:

2, 3, 4, 5 etc. 0
Omnibus ex nihilo ducendis, SUFFICIT UNUM

Ovvero: per dedurre il tutto dal nulla, basta l'Uno.

Al termine della lettera, Leibniz osservava che il sistema binario racchiude in sé una tale quantità di osservazioni meravigliose e utili al progresso delle scienze che la Società matematica di Amburgo avrebbe dovuto esercitare la sua intelligenza per sviluppare quello che lui, Leibniz, assicurava di poter trovare e che avrebbe contribuito alla loro gloria e a quella della nazione tedesca. Non è questa l'unica occasione in cui Leibniz si rivolge a un'istituzione per invitarla a impegnarsi in determinate ricerche. In effetti, aveva suggerito a Christophe Sturm, membro della Deutsche Akademie der Naturforscher, di effettuare in diversi luoghi dei rilievi della declinazione magnetica e di ripetere le misurazioni a intervalli di tempo regolari. A questo invito non ne erano seguiti altri fino al tentativo di coinvolgimento della Società matematica di Amburgo [Heinekamp et al. 1994, p. 85].

La straordinaria lettera che abbiamo appena parafrasato riassume da sola diverse ossessioni di Leibniz. Egli offre al suo protettore un'invenzione matematica celebrata da una medaglia che, allo stesso tempo, avrebbe glorificato il duca. Questa invenzione racchiude potenzialmente molti risultati nuovi che sarebbe opportuno mettere a disposizione di una comunità scientifica, in questo caso una delle piú antiche società matematiche d'Europa. Peraltro, raffigurando l'analogia, suggerita dal duca e ripresa da Leibniz, fra numerazione binaria e Creazione, la medaglia avrebbe potuto inoltre servire all'attività di proselitismo portata avanti dai Gesuiti in Cina, dal momento che incoraggiava i Cinesi ad accogliere la matematica europea assieme alla fede cristiana.

Forte di questa convinzione, il 15 febbraio 1701, Leibniz descrisse la sua invenzione – principî di aritmetica binaria e analogia con la Genesi – al missionario gesuita Joachim Bouvet, che riconobbe un legame (puramente formale) fra i numeri binari e i cosiddetti «esagrammi di Fohy», ovvero i diagrammi contenuti nel *Libro dei mutamenti* (*I Ching*). Si puo supporre che Leibniz abbia incluso questa citazione nella memoria che stava redigendo per l'Accademia parigina *Explication de l'arithmétique binaire [...]* per effetto dell'entusiasmo che la lettera di Bouvet gli aveva provocato [*Math. Schriften*, VII, pp. 223-27]. Non era piú questione di medaglia, né di analogia con la Creazione del mondo a partire dal nulla, ma di «perfezione della scienza dei Numeri» in termini spesso assimilabili a quelli impiegati nella lettera al duca Rodolfo Augusto. Anzi, nel titolo completo del trattato, *Explication de l'arithmétique binaire, qui se sert des seuls caractères 0 et 1 avec des remarques sur son utilité et sur ce qu'elle donne le sens des anciennes figures chinoises de Fohy*, si mettono generosamente in evidenza le «figure cinesi di Fohy» (*Fu Xi*), le quali secondo Leibniz (che in questo segue Bouvet) «sono forse il piú antico monumento scientifico che esista al mondo» [*ibid.*, pp. 226-27] e sarebbero identiche alla tavola binaria di Leibniz[4]. Conclude la sua breve memoria avanzando però il sospetto che ci fosse «nella scrittura cinese un vantaggio simile a quello che esiste necessariamente in una Caratteristica che sto progettando. Ogni ragionamento che si può dedurre dalle nozioni potrebbe essere dedotto dai loro Caratteri attraverso una specie di calcolo e questo sarebbe uno dei piú importanti mezzi per aiutare lo spirito umano» [*ibid.*, p. 227].

2.5. La storia dei Guelfi, un pretesto per viaggi scientifici.

Nel 1685 Leibniz aveva ricevuto l'incarico di redigere la storia della casa dei Guelfi e per questo gli era stato concesso un vitalizio. Nelle intenzioni di Ernesto Augusto, questa *Historia domus* era concepita come una genealogia

[4] Questa interpretazione si fonda tuttavia su un malinteso. Sulla questione si veda Aiton [1985, p. 248].

del suo casato, finalizzata a far valere i propri diritti per l'Elettorato, ottenuto poi nel 1692. Per Leibniz, invece, si trattava di scrivere la storia del Casato del Brunswick-Lüneburg basandosi su fonti storiche attendibili e per fare questo mise insieme un impressionante *corpus* di documenti (pubblicati poi nel XVIII secolo) ma non portò mai a termine la sua storia dei Guelfi, subendo cosí vivaci rimproveri da parte del duca Giorgio Ludovico. La strategia che mise in atto per reperire le fonti storiche necessarie si articolò in due fasi: dapprima provvide ad ampliare la sua rete epistolare e successivamente si mise a viaggiare per visitare archivi e biblioteche. Dal novembre 1687 al giugno 1690 intraprese dunque un viaggio che gli avrebbe dato l'occasione per stabilire nuovi contatti con vari studiosi. André Robinet [1988] ha ampiamente documentato queste nuove relazioni, e ha descritto il soggiorno romano di Leibniz – dalla metà dell'aprile fino al 21 novembre 1689 – come un «felice momento creativo». In effetti, Leibniz venne ammesso all'Accademia fisico-matematica, i cui membri si riunivano tutte le sere nel palazzo di Giovanni Ciampini situato dietro la chiesa di Sant'Agnese. Secondo Robinet, è proprio a Roma che Leibniz avrebbe iniziato a redigere la sua *Dynamica*, i cui appunti preparatori si erano mescolati a quelli di un altro testo, il *Phoranomus*, rimasto inedito fino alla pubblicazione curata da Robinet nel 1991. Quest'ultimo documento sarebbe, secondo l'interpretazione originale e affascinante di Robinet, il rendiconto, o meglio la messa in scena, di una seduta dell'Accademia romana, nel corso della quale Leibniz avrebbe presentato per la prima volta in pubblico la sua dinamica (sotto forma di *Phoranomus*) legando «non soltanto il ricordo di Parigi al presente di Roma, ma anche al futuro dell'Accademia di Pechino» [Robinet 1988, p. 95].

In effetti, Leibniz comincia l'opera come se fosse una lettera indirizzata a Melchisédech Thévenot, membro dell'Académie des Sciences di Parigi, e si riferisce a un libello che Pierre-Daniel Huet, vescovo di Soissons, aveva appena pubblicato contro la filosofia di Descartes. In seguito, dopo aver divagato (§ 2) sulle antichità romane, Leibniz fa intervenire nella *pièce* lo stesso padre Grimaldi, di cui parlerà al duca di Wolfenbüttel nel 1697. Il gesuita era appena arrivato a Roma di ritorno dalla Cina ed era stato interpellato a proposito della possibilità di succedere a padre Verbiest come presidente del Tribunale dei matematici di Pechino. Per questo motivo tutti gli occhi si volgono verso il nuovo venuto e alcuni gli fanno domande sulla Cina. Leibniz, in particolare, gli chiede informazioni sui caratteri cinesi, sui fuochi d'artificio, sull'astronomia, su una pianta capace di dare sollievo ai dolori della gotta e sulle officine tessili che si sarebbero sviluppate in Cina. Si passa poi a parlare delle macchine che i cinesi desidererebbero importare dall'Europa.

Leibniz ne approfitta per fare l'elogio della sua macchina aritmetica, che permette «anche a un bambino di fare molto rapidamente delle moltiplicazioni e delle divisioni molto complesse, senza nessuno sforzo e quasi distrattamente, come in un gioco»[5] [Robinet 1991, § 4, p. 451]. Interrogato da Grimaldi sulla differenza fra la sua macchina e quella di Pascal, Leibniz cita la testimonianza di Périer, nipote di Pascal, che, in occasione della presentazione dell'invenzione all'Académie di Parigi ne aveva riconosciuto l'originalità. Successivamente egli spiega, con un esempio, le operazioni e i movimenti necessari per ottenere il risultato. Nel seguito, la discussione si sposta sulle matematiche pratiche e si aggiunge un nuovo arrivato, Domenico Quartaroni, professore alla Sapienza e animatore di un'Accademia matematica. Grimaldi indirizza la conversazione sui principî meno certi sui quali si fondano queste matematiche e ciò spinge Antonio Baldigiani, che era entrato in scena con Grimaldi ma non aveva ancora parlato, a rivolgersi a Leibniz (§ 6) chiedendogli provocatoriamente che cosa si aspetti da tali principî. È dunque a questo professore di matematiche del Collegio Romano che tocca porre la questione chiave a cui è dedicato il *Phoranomus*: in che cosa consiste la vostra nuova fisica? Leibniz si fa pregare fino a che non vede entrare Adrien Auzout, considerato come una vera e propria autorità in matematica, in presenza del quale si decide a spiegare la nuova fisica, che si fonda sul principio di conservazione delle forze vive (mv^2). Leibniz passa quindi ad affrontare il nodo della questione.

Questa prima parte del *Phoranomus*, in cui Leibniz sceglie di far conversare un certo numero di matematici, ci fa rivivere una seduta (forse immaginaria) dell'Accademia romana. Grimaldi interviene per primo, dal momento che la sua presenza a Roma è rara e i suoi racconti sono in grado di fornire informazioni inedite sulla Cina. In virtú dei riferimenti alla Cina e di quelli all'Accademia parigina, Leibniz sembra voler conferire una dimensione internazionale all'attività matematica che descrive. È esattamente ciò che cercò di realizzare impegnandosi attivamente per sostenere l'idea delle Accademie.

2.6. I progetti accademici di Leibniz.

A partire dal 1670 e fino al termine della sua vita, Leibniz si interessò all'organizzazione internazionale delle scienze e tentò di promuovere, con tutta l'energia di cui disponeva, la creazione di «società» o accademie scientifiche. Il progetto di una *Societas eruditorum Germaniae* che presentò nel 1670, appena ventiduenne, al principe elettore di Magonza era legato alla fondazione di un periodico, il «Nucleus Librarius Semestralis» – che non ottenne il privilegio imperiale –, in cui si sarebbero dovuti recensire tutti

[5] «Tum ego, quid ipsi de Machina quadam Arithmetica videretur, qua ego effecissem, ut sine labore ac prope sine attentione animi maximae multiplicationes ac divisiones etiam a puello velut ludendo peragi promptissime possent». In un manoscritto del 1680, *Machina arithmeticae dyadicae*, Leibniz considera una macchina che trasforma i numeri decimali in numeri binari, ma non venne mai costruita, diversamente da quella che si fonda sul sistema decimale.

i libri pubblicati nell'impero, elogiandone il contenuto o, all'occorrenza, censurandolo. Regolare il mercato dei libri, scartando quelli ridondanti e superflui, costituire una biblioteca universale, inventariarne il sapere per mezzo di indici: questi dovevano essere i compiti principali della nuova Accademia che avrebbe dovuto aver sede a Francoforte sotto la presidenza del principe elettore in persona [Heinekamp et al. 1994, pp. 121-25].

Questo progetto, cosí come tutti gli altri che si sarebbero succeduti regolarmente negli anni successivi, non ottenne l'assenso delle autorità e quindi nemmeno finanziamenti. Ciò a cui mirava Leibniz, di fatto, era la creazione di istituzioni che si occupassero non solo di scienza, ma anche di economia e di cultura in genere, stabilendo poi dei rapporti con le attività pratiche. I risultati teorici ottenuti, in altre parole, avrebbero dovuto essere utilizzati al servizio del benessere dell'intera umanità. Quest'ottica universalista e filantropica andava ben oltre quella delle Accademie esistenti e le idee leibniziane si sarebbero concretizzate, anche se molto parzialmente, solo nel 1700 con l'istituzione dell'Accademia di Berlino, finanziata dai proventi del monopolio della produzione di calendari e almanacchi. Il 19 marzo 1700 l'elettore di Brandeburgo fece istituire un'Accademia delle scienze e un osservatorio a Berlino, nominando Leibniz presidente a vita. Lo statuto di questa Sozietät der Wissenschaften di Berlino fu ratificato l'11 luglio 1700 «in modo che l'anniversario di fondazione della società coincid[esse] con il genetliaco di Monsignore l'Elettore» [*Akademie-Ausgabe*, I, 18, p. 737]. La società venne ufficialmente inaugurata solo nel 1711, senza il suo presidente che aveva intanto trovato il tempo e le energie per pubblicare nel 1710 il primo volume dei *Miscellanea Berolinensia*, di cui aveva redatto un quinto delle memorie e dove i matematici rivestivano un ruolo non trascurabile: 8 memorie su 60, di cui tre di Leibniz, alcuni contributi di Johann Bernoulli, Jacob Hermann e Philippe Naudé (cui Leibniz aveva chiesto di collaborare allo sviluppo delle applicazioni della sua aritmetica binaria). Lo sviluppo della società venne ostacolato dai ricorrenti problemi di finanziamenti e non riuscí mai a raggiungere la forma «degna della grandezza e della gloria del suo fondatore» [*Akademie-Ausgabe*, I, 18, p. 448] che Leibniz avrebbe voluto offrirgli in dono. Dopo il 1713, con la presa di potere di Federico Guglielmo I, il *Soldatenkönig* (re-sergente), l'Accademia decadde miseramente, e solo le grandi ambizioni di Federico II, grande riformatore dello Stato prussiano e della sua vita culturale, poterono in seguito farla rivivere.

3. *I matematici e la nuova Accademia di San Pietroburgo.*

3.1. L'Accademia come elemento di modernizzazione dello Stato russo.

Negli ultimi anni del XVII secolo, Leibniz si era sempre piú interessato alla Russia e al suo zar, sostenitore dell'importanza del ruolo delle scienze nel processo di modernizzazione del suo immenso impero. Fin dal 1696, egli aveva offerto i propri servigi a Pietro il Grande, che incontrò in tre diverse riprese. I rapporti con lo zar rappresentavano per Leibniz un'occasione per riflettere sul modo di creare, sistematicamente e partendo da zero, istituzioni per l'insegnamento e la ricerca. Fra gli specifici programmi di ricerca che si augurava di vedere sviluppati in Russia, si ritrova l'osservazione della declinazione magnetica, che aveva già suggerito senza successo a Sturm e alla Deutsche Akademie der Naturforscher.

Dopo la morte di Leibniz, lo zar si rivolse a Christian Wolff, allora professore di filosofia a Halle, perché diventasse il suo intermediario presso gli intellettuali europei. Il 18 marzo 1723 Wolff gli mandò il suo manuale di fisica, *Vernünfftige Gedancken von den Würckungen der Natur* (Idee ragionevoli sugli effetti della natura), accompagnato da una dedica: «[...] non si puo aiutare un paese a svilupparsi, se non favorendo lo studio delle scienze fondamentali e soprattutto delle scienze matematiche e fisiche» [Nagel e Verdun 2005, p. 20], ma rifiutò il posto di consigliere che lo zar gli aveva offerto. Il bibliotecario dello zar viaggiò in Francia, in Germania, in Olanda e in Inghilterra, visitandone le rispettive istituzioni scientifiche, per riuscire a stabilire rapporti di collaborazione con San Pietroburgo. Alla fine, l'8 febbraio 1724, il Senato russo approvò il progetto di Accademia proposto dal medico di corte, Laurentius Blumentrost, che ne divenne il primo presidente. L'Accademia avrebbe dovuto contare su tre elementi costitutivi: l'istituto accademico di ricerca (ispirato al modello delle Accademie di Parigi e Berlino), l'università e il ginnasio per la formazione dei giovani – ma gli ultimi due conobbero un rapido declino. Un resoconto del progetto di questa Accademia venne ampiamente diffuso presso gli ambasciatori russi e gli studiosi europei i quali, in assenza di candidati russi, accorsero numerosi a Pietroburgo[6].

Al suo esordio, l'Accademia contava ventitre membri, sette dei quali erano matematici. Wolff aveva raccomandato Jacob Hermann, allievo di Jacob Bernoulli, pupillo di Leibniz e professore di matematica a Francoforte sull'Oder e anche Johann Bernoulli, il quale declinò l'invito, ma convinse

[6] Durante il periodo 1725-99, l'Accademia di San Pietroburgo contava 111 membri ordinari, dei quali 55 provenivano dall'impero germanico e solo 35 dai territori russi [Nagel e Verdun 2005, p. 29].

due dei suoi figli, Daniel e Nicolaus (II), a mettersi al servizio dello zar. Il 9 dicembre 1724, Wolff scriveva all'ambasciatore russo in Prussia, il conte Golovkin: «L'affiliazione [di Daniel Bernoulli] all'Accademia imperiale mi sembra importante perché abbiamo bisogno di un uomo che coltivi la *Mathesis sublimior* senza distrarsi con altre attività e che sappia applicarla, all'occorrenza, alla natura e alle arti» [Nagel e Verdun 2005, p. 22]. Sfortunatamente Pietro il Grande, morto il 18 gennaio 1725, non poté vedere compiuta la realizzazione del suo progetto, che fu portato a termine con successo dalla sua vedova, Caterina I. Al termine dell'estate un certo numero di accademici si erano già stabiliti a San Pietroburgo e le sedute di lavoro si tenevano il martedí e il venerdí[7]. Christian Goldbach, che era arrivato, inatteso, in compagnia di Hermann, fu incaricato di redigere i verbali in latino (lo storico Gerhard Müller lo definí, pensando al *secrétaire perpetuel* dell'Académie parigina, il «Fontenelle latinista») e di occuparsi delle pubblicazioni e della corrispondenza, anche se al tempo stesso era membro della classe di matematica. Jacob Hermann ricoprí la cattedra di matematica, Nicolaus Bernoulli quella di meccanica, Daniel Bernoulli fu professore di fisiologia e di anatomia fino a che nel 1731, dopo la partenza di Hermann, ottenne la cattedra di matematica. Ogni giorno insegnava le applicazioni della matematica alla medicina dalle 7 alle 8 del mattino, mentre il fratello Nicolaus insegnava dalle 8 alle 9 la meccanica. Gli studenti, tuttavia, erano poco numerosi, dato che mancava un sistema scolastico in grado di fornire le conoscenze di base necessarie alla comprensione di corsi avanzati. Joseph-Nicolas Delisle, che nel 1722 venne personalmente invitato da Pietro I, assunse la direzione del Dipartimento di Geografia e di Astronomia.

3.2. Un discorso matematico per l'inaugurazione dell'Accademia di Pietroburgo.

La cerimonia d'inaugurazione, che avrebbe dovuto essere presieduta da Caterina I, era stata programmata in coincidenza con il giorno di santa Caterina d'Alessandria (il 25 novembre), ma ebbe effettivamente luogo piú di un mese dopo, il 7 gennaio 1726, in assenza dell'imperatrice. Una seconda seduta pubblica dell'Accademia si tenne il 12 agosto in presenza di Caterina, dei membri della famiglia imperiale, dei rappresentanti del Senato, del Santo Sinodo e della Corte, nonché degli ambasciatori dei paesi stranieri. Dopo un solenne discorso di benvenuto pronunciato in tedesco dal professore di antichità romane, Jacob Hermann presentò una dissertazione in latino

[7] Gli stipendi concessi agli accademici potevano arrivare anche fino al triplo di una quota base. Sebbene in letteratura vengano citate cifre contraddittorie, Delisle e Hermann guadagnavano almeno il triplo di quello che veniva corrisposto a giovani esordienti come Daniel Bernoulli. Il giovanissimo Eulero venne assunto con un salario ancora inferiore.

sull'origine e lo sviluppo della geometria (pubblicata poi nel 1735 [Le Roy s.d.]). Hermann, convinto che i geometri potessero trovare nella storia nuovi stimoli per le loro ricerche, nella prima parte del suo discorso tracciò la storia della geometria dall'antichità al XVIII secolo. Egli distingue tre epoche principali: l'infanzia della geometria, che comincia con Talete e Pitagora per culminare con Euclide, Archimede e Apollonio; dopo uno *hiatus*, ovvero un periodo di ristagno della geometria, la seconda fase, indicata con *medium ævum*, si apre con Viète ed è dominata dalla figura di Descartes; la terza epoca, inaugurata dalla pubblicazione della *Nova methodus* (1684) di Leibniz e ancora in corso, è quella della *geometria sublimior*.

Hermann sottolinea il rigore dei metodi degli antichi, ma giudicandoli goffi in relazione ai potenti e sbrigativi metodi del calcolo differenziale e integrale, arrivando fino a considerare la *scrupolositas in demonstrando* della geometria greca come un ostacolo all'innovazione:

> Sembra poi che la raffinata scrupolosità dimostrativa degli Antichi abbia costituito un ostacolo che impediva loro di allargare il sacro recinto della Geometria: gli Antichi preferirono infatti una sicura navigazione sotto costa piuttosto che avventurarsi su una piccola zattera nel mare aperto della scienza, a rischio di naufragio [Nagel e Verdun 2005, p. 128][8].

Grazie a Descartes, Pascal, Beaune, Van Schooten, Sluse, Sturm e Barrow, la geometria dell'età di mezzo oltrepassa le coniche apolloniane e la geometria archimedea, ma non raggiunge imprese compiute nell'età matura, quella della *geometria sublimior*, rese possibili dai risultati di Fermat, Wallis e Barrow sul calcolo delle tangenti e il metodo *de maximis et minimis*. Hermann rende omaggio ai *Principia* (1687) di Newton, ma ricorda anche che in quest'opera non c'è molto sul calcolo delle flussioni, reso pubblico solo nel 1704. Viene messa in rilievo l'evoluzione dei metodi di calcolo leibniziano, sviluppati dai fratelli Jacob e Johann Bernoulli, dei quali espone dettagliatamente i risultati. Hermann definisce l'*Analyse des infiniment petits* del marchese de l'Hôpital un «elegantissimum opus» e minimizza la polemica sulla priorità della scoperta del calcolo differenziale. Conclude affermando: «Sicuramente Leibniz ha avuto molto merito nei confronti del pubblico, dal momento che per primo diede alle stampe la sua invenzione e ha cosí offerto, al momento giusto, l'occasione di estendere il recinto sacro della scienza» [*ibid.*, p. 131][9]. Hermann ci offre qui una concezione teleologica della storia, in cui le tappe precedenti sono interpretate unicamente in funzione del livello raggiunto dalla matematica a lui contemporanea.

[8] «Dein exquisita antiquorum scrupulositas in demonstrando obstaculum fuisse videtur, quod Geometriae pomœria non longius protenderint, maluerunt enim geometriæ ripas tuto peragrare, quam ratem alto scientiæ Oceano committere, parum securi a naufragio».

[9] «Et sane Leibnitius de Publico optime meritus est, quod inventum suum primus publicavit, atque pomœria Scientiarum extendi occasionem mature præbuit».

Fino alla sua partenza da San Pietroburgo nel 1731, Hermann presentò regolarmente delle memorie sulla risoluzione delle equazioni differenziali, sulla misura delle forze o la teoria dei moti. Insegnava analisi e algebra il lunedí, mercoledí, giovedí e sabato, dalle 11 alle 12; fu incaricato dal vicecancelliere dell'impero russo, Johann Heinrich Ostermann, di redigere un *Abrégé des mathématiques*, apparso nel 1728 in francese e in traduzione russa. Questo manuale, composto in forma di dialogo, doveva contribuire all'istruzione matematica dello zar Pietro II, all'epoca dodicenne, ed era articolato in tre volumi, ciascuno dedicato a un alto dignitario dell'impero. Il primo era consacrato all'aritmetica, alla geometria e alla trigonometria; il terzo alle fortificazioni. Il secondo volume, opera di Delisle, trattava l'astronomia e la geografia. Mi sembra che i meccanismi del mecenatismo che operano in questo contesto siano chiaramente identificabili: un accademico come Hermann, matematico già affermato, può dedicarsi alle proprie ricerche, ma in cambio deve prendere in carico anche l'insegnamento e redigere un manuale da offrire ai suoi protettori.

3.3. Un «paradiso degli eruditi».

Cosí Wolff definiva la situazione a Pietroburgo. E in effetti i giovani, in particolare Daniel Bernoulli (Nicolaus era morto prematuramente nel luglio 1726), Eulero e Johann Georg Krafft, seppero trarre ampio profitto dalle condizioni di lavoro che venivano loro offerte: la possibilità di dedicarsi interamente alla scienza nell'ambito di un circolo di intellettuali con cui potevano discutere e scambiare idee. Anche il giovane Eulero proveniva da Basilea come i due Bernoulli ed era allievo di Johann. Già nel 1725, appena diciottenne, provava «l'indescrivibile desiderio di intraprendere il viaggio per Pietroburgo con i Bernoulli» [Fellmann 1995, p. 12]. Di fatto, grazie alla raccomandazione dei Bernoulli e di Goldbach, dal giugno 1727 poté essere accolto nella nuova Accademia. Arrivò a Pietroburgo il 24 maggio, quando la città era in lutto per la morte recentissima (17 maggio) della zarina Caterina I. Sappiamo che il giovane Eulero andò a pranzo da Hermann e a cena da Daniel Bernoulli, presso cui avrebbe poi abitato fino a quando, nel 1731, poté occupare la cattedra di fisica.

Di che cosa avranno discusso questi due giovani la sera di quel 24 maggio 1727? Forse già di idraulica, il loro campo d'indagine preferito. Tanto Daniel quanto Eulero, buoni allievi di Johann Bernoulli, risolsero alcuni problemi di idraulica applicando il principio delle forze vive (equivalente alla conservazione dell'energia cinetica $\frac{1}{2}mv^2$). I *Commentarii Academiae Petropolitanae* degli anni 1727 e 1729 documentano gli studi di Bernoulli sul flusso d'acqua in uscita da diversi recipienti di forma irregolare, dotati di un foro d'apertura di dimensione finita (e questo rappresentava una novità, dal momento che ci si limitava a considerare fori d'apertura di dimensione infinitamente piccola). Dai verbali sappiamo che anche Eulero lavorava su problemi analoghi, tuttavia i suoi studi non vennero mai pubblicati. L'emulazione fra i due amici era tale che Eulero fu portato a testimoniare che Daniel, accusato di plagio da uno degli altri accademici[10], aveva ottenuto i suoi risultati in idraulica in maniera indipendente dalla sua. Nel giugno 1729, Bernoulli fece trasmettere al presidente dell'Accademia il seguente programma:

> ho iniziato già da 6 mesi un trattato molto completo sulle leggi del moto delle acque, che conterà circa 40 fogli; [...] quest'opera mi terrà impegnato quasi giorno e notte fino alla scadenza dei miei impegni, perché non ho avuto alcun aiuto dagli autori che, fino alla formulazione del nuovo principio di conservazione delle forze vive, non avevano potuto ridurre le suddette leggi alla pura Geometria. Un'altra ragione che ritarderà la conclusione di quest'opera è il gran numero di esperimenti che mi toccherà fare [Nagel e Verdun 2005, p. 139].

Quando partirà da Pietroburgo nel 1733, lascerà un manoscritto di 400 pagine, quello della famosa *Hydrodynamica*[11], che sarà pubblicata poi a Strasburgo. Nel corso di quattro anni, Daniel seppe approfittare della libertà di ricerca che gli venne accordata a Pietroburgo per redigere questo trattato, che divenne il fondamento di una disciplina, cui egli stesso diede il nome, come testimonia in una lettera a Goldbach del 17 luglio 1730:

> Per quanto mi riguarda, mi sono interamente immerso nelle acque che hanno costituito la mia unica occupazione e rinuncio da qualche tempo a occuparmi di tutto ciò che non sia idrostatica o idraulica [...] Ho l'onore di dirvi che, nei giorni scorsi, ho fatto qualche nuova scoperta che può essere proficuamente utilizzata nella struttura dei condotti idraulici, ma che soprattutto inaugurerà una nuova stagione per la fisiologia; fatto sta che ho studiato la statica delle acque correnti, scienza che (a quanto ne so) nessuno aveva mai considerato prima di me e che, se pur se ne fosse intrapreso lo studio, sarebbe risultato molto lacunoso, dal momento che non erano stati ancora formulati i princìpî di cui mi servo e che sono stati pienamente confermati da un gran numero di esperienze [*ibid.*, p. 140].

Nella *Hydrodynamica*, si trova in particolare l'equazione di Bernoulli che esprime la conservazione dell'energia (*vis viva*) lungo una linea di flusso.

[10] Si tratta del fisico Georg Bernhard Bülfinger (1693-1750), originario di Tubinga. Nei verbali dell'Accademia imperiale, sono conservate notizie di discussioni accese, sulla questione delle forze vive, fra Hermann e Bülfinger da una parte e Bernoulli ed Eulero dall'altra.

[11] *Hydrodynamica, sive de viribus et motibus fluidorum commentarii*, Dulsecker, Strasbourg 1738.

4. *Eulero accademico.*

4.1. Gli studi pietroburghesi di Eulero.

Dopo il suo arrivo a Pietroburgo, Eulero si dedicò allo studio della lingua russa – fatto, questo, che testimonia la sua volontà di integrarsi – e seppe crearsi molto presto un ambiente propizio per la ricerca nelle scienze esatte, a dispetto dell'affaticamento causatogli dai lavori cartografici (la «geografia fatale») che gli avrebbe provocato, nel 1738, la perdita di un occhio. Dopo la partenza del suo amico Daniel Bernoulli, ottenne la cattedra di matematica e si dedicò totalmente ai suoi studi preferiti. Il primo periodo che trascorse a Pietroburgo fu molto produttivo: si contano infatti una cinquantina di memorie e di opere apparse fra il 1727 e il 1741 [Fellmann 1995, p. 43]. In particolare Eulero pubblicò, nel 1736, la sua *Mechanica*[12] come supplemento ai *Commentarii Academiae Petropolitanae* e la dedicò al presidente dell'Accademia, Johannes Korff (anziché alla zarina Anna I). Attraverso la figura di Korff, Eulero voleva onorare l'istituzione accademica che rappresentava, alla quale voleva presentare i risultati delle ricerche rese possibili dai mezzi che gli erano stati offerti.

Nella prefazione al primo volume, Eulero illustra il suo programma, caratterizzato dal ricorso sistematico al metodo analitico. Fa una distinzione fra la statica (ovvero la scienza dell'equilibrio), molto antica, e la scienza del moto, i cui fondamenti sono stati posti da Galileo. Eulero cita Varignon, Wolff, ma soprattutto la *Phoronomia* di Hermann e i *Principia mathematica philosophiae* (*sic*) di Isaac Newton. Siccome queste due opere gli sembravano difficili da leggere, cercò di migliorarne la comprensione traducendo le loro proposizioni nel linguaggio analitico. Inoltre, adottò parecchi metodi particolari che gli permisero non solo di estendere i risultati della meccanica, ma anche quelli dell'analisi. È cosí che nacque il suo trattato sul moto, nel quale espose con metodo analitico e secondo un ordine opportuno sia ciò che aveva trovato negli scritti degli altri autori, sia i frutti delle proprie riflessioni. La meccanica di Eulero costituisce un momento fondamentale nella storia di questa disciplina, e valse molti riconoscimenti al suo giovane autore.

Fu sempre a Pietroburgo che Eulero redasse la sua *Scientia navalis*[13], uscita solo nel 1749 dai torchi di quest'Accademia. Oltre al lavoro di ricerca, Eulero si dedicò anche a formare la classe dirigente russa insegnando al ginnasio e all'università dell'Accademia e accettò di risolvere numerosi problemi di carattere tecnico posti dall'esplorazione dell'immenso territorio

[12] *Mechanica, sive motus scientia analytice exposita*, 2 tomi, Petropoli, ex typographia Academiae scientiarum, 1736 (ora in L. Eulero, *Opera omnia*, Birkhäuser Verlag, Basel, II, 1).

[13] *Opera omnia* cit., II, 18.

russo e delle sue ricchezze naturali. Nel 1741, l'incertezza sui destini dell'Accademia legato alla situazione politica – la russificazione voluta da Elisabetta Petrovna succeduta alla reggente Anna Leopoldovna sul trono imperiale – lo spinse ad accettare l'offerta di Federico II di Prussia, che lo invitò a dare il suo contributo alla riorganizzazione dell'Accademia di Berlino.

4.2. Un nuovo campo d'attività: l'Accademia di Berlino, 1741-66.

Quale situazione trovò Eulero al suo arrivo a Berlino? Che cosa era diventata l'antica Società delle Scienze fondata col decisivo concorso e sotto la presidenza di Leibniz? Durante il regno di Federico Guglielmo I, l'Accademia, esposta al disprezzo reale, aveva subito un rapido declino; ma dal 1740, quando era salito al trono Federico II, la situazione era cambiata. Federico aveva in cantiere vari progetti per restaurarne il prestigio, ispirati dalle Accademie di Parigi, Londra e Pietroburgo; tuttavia la realizzazione dei suoi ambiziosi piani avrebbe dovuto attendere la fine della guerra di Slesia, che Federico II aveva ingaggiato con l'Austria. Per questo, al suo arrivo a Berlino, Eulero dovette vivere a credito, ma ciò non gli impedí di mettersi al lavoro. Incaricato della pubblicazione del tomo VII dei *Miscellanea Berolinensia*, completò la sezione di matematica con cinque memorie, di cui la prima riguarda l'osservazione della cometa apparsa nel marzo 1742. In una lettera a Delisle, si lamenta di non essere stato capace di osservare questa cometa con precisione sufficiente da poterne calcolare l'orbita: «colpa degli strumenti», poiché «il Re non ha ancora messo mano al riassetto della Società; e tutto è ancora nello stesso pessimo stato» [Terrall 2002, p. 237].

A questo periodo risale un episodio, riportato successivamente dal suo segretario Nicolas Fuss, che ben rappresenta il temperamento di Eulero: Benjamin Robins, matematico inglese, aveva criticato la *Mechanica* rimproverando al suo autore di aver riformulato delle leggi semplici in termini di calcolo differenziale e di averle cosí rese oscure. Eulero non aveva reagito; allorché nel 1742 apparvero i *New Principles of Gunnery* dello stesso Robins, trovò l'opera di suo gradimento e la tradusse in tedesco con gran quantità di correzioni, aggiunte e commenti. La *Neue Grundsätze der Artillerie* di Eulero[14], uscita nel 1745 dai torchi della stamperia dell'Accademia, era quadruplicata di volume rispetto all'edizione inglese. Federico II non sembrò tuttavia apprezzare il tentativo di Eulero di migliorare la qualità dell'artiglieria prussiana, come testimonia uno scambio epistolare con il fratello, Augusto Guglielmo, che gli scriveva, il 28 ottobre 1746:

[14] *Ibid.*, II, 14. L'opera di Eulero conobbe molto successo, dal momento che venne tradotta in inglese (1777) e in francese (1783).

> Il Signor di Maupertuis mi ha presentato al matematico Eulero. Ho trovato conferma, nella sua persona, dell'imperfezione di tutte le cose. Applicandosi, ha potuto acquisire un pensiero logico e farsi cosí una reputazione: ma il suo modo di essere e la sua espressione impacciata oscurano tutte queste belle qualità e impediscono che se ne possa trarre vantaggio.

Nella sua risposta del 31 ottobre 1746 il sovrano rincarava la dose:

> Fratello carissimo! Mi aspettavo che la conversazione con il Signor Eulero non ti avrebbe edificato. I suoi epigrammi consistono nella determinazione di nuove curve, di qualche conica o di misure astronomiche. Fra gli intellettuali si possono trovare abilissimi calcolatori, commentatori, traduttori e compilatori che sono utili alla Repubblica delle scienze, ma sono tutto tranne che brillanti. Si utilizzano come le colonne doriche in architettura: appartengono al piano inferiore, ma sorreggono tutta la costruzione e le colonne corinzie che ne sono l'ornamento [Yuškevič e Winter 1959, p. 3].

Federico II amava circondarsi di gente di spirito, di brillanti filosofi e di poeti ispirati. Eulero, contrariamente al francese Pierre-Louis de Maupertuis, chiamato anche lui a Berlino, non fu certo fra coloro che si misero in mostra sui pavimenti tirati a lucido della Corte di Potsdam. Quando il re nel 1746 diede uno statuto alla sua «Accademia reale delle scienze e delle belle lettere», nominò Maupertuis presidente e lo dotò di ampi poteri. I membri dell'Accademia erano divisi in quattro classi: filosofia sperimentale, matematiche, filosofia speculativa e letteratura. La prima seduta ebbe luogo giovedí 2 giugno 1746. A quello stesso anno risale una breve memoria di Eulero, intitolata *De matheseos sublimioris utilitate*[15], che sembra fosse stata redatta su richiesta di un accademico per persuadere il poco convinto Federico dell'utilità delle matematiche superiori. L'operetta si apre con queste parole:

> Nessuno mette in dubbio l'utilità delle matematiche; dal momento che esse sono indispensabili a molte scienze e arti che utilizziamo ogni giorno. Tuttavia si crede generalmente che questo carattere utilitaristico sia una prerogativa delle parti inferiori e, per cosí dire, degli elementi della matematica. Quanto alla parte che si chiama, a giusto titolo, superiore, si nega che essa possa trovare applicazioni utili. Si pensa che sia come la tela del ragno: non è di alcuna utilità, a causa della sua eccessiva finezza[16].

Eulero manifesta la propria convinzione che, al contrario, le cosiddette matematiche superiori sono troppo poco «fini», e dunque non abbastanza raffinate da poter trovare applicazioni nelle cose piú banali. Passa poi in rassegna le scienze la cui utilità non viene contestata, cioè la meccanica, l'idrostatica, l'artiglieria, ecc., sperando di poter dimostrare che esse necessitano dell'analisi superiore. In meccanica, raramente le macchine rispondono

[15] *Ibid.*, III, 2, pp. 392-99 e 400-7.
[16] *Ibid.*, p. 400.

alle aspettative di chi le utilizza, a causa della teoria ancora poco sviluppata. Secondo Eulero:

> Se volete perfezionare la teoria delle macchine, studiate il movimento che si manifesta dopo che si è rotto l'equilibrio; determinate la forza che agisce sul mobile e soprattutto le cause esterne che si oppongono al movimento; cioè l'attrito e la resistenza dell'aria. Bisogna dunque ricorrere alla meccanica superiore; a quella che analizza i movimenti piú complicati. È proprio qui che c'è bisogno del calcolo infinitesimale e dell'analisi piú sofisticata[17].

È al principio delle velocità virtuali del suo maestro Johann Bernoulli che Eulero fa qui riferimento. Per convincere il lettore che anche l'idrostatica ha bisogno dell'analisi superiore, Eulero rinvia ancora a Johann Bernoulli, cosí come alla *Hydrodynamica* di Daniel che «ci ha fatto scoprire le leggi naturali che regolano i fluidi in movimento e facilitano le applicazioni». Nei loro trattati, «ci si imbatte nel calcolo infinitesimale ad ogni pié sospinto» [p. 403]. Eulero considera l'artiglieria una branca della matematica che, dice, «è proprio a questo titolo che è di massima utilità all'arte della guerra» [p. 404]. Se si tiene conto della resistenza dell'aria, la curva descritta da un proiettile non è piú una parabola, ma una curva piú complessa che nemmeno Newton, pur essendo assai versato nell'analisi superiore, aveva saputo calcolare. Lasciò l'onore di questa scoperta al celebre Johann Bernoulli. Lo stesso Eulero aveva studiato la curva balistica in un mezzo resistente nelle sue annotazioni al trattato di Robins, a cui rende merito nel seguito. Senza poter disporre dell'analisi superiore, Robins non avrebbe potuto immaginare le esperienze necessarie per determinare la forza sviluppata dall'esplosione della polvere da sparo. Elogio non privo di spirito, se si ricorda che proprio Robins rimproverava alla *Mechanica* di Eulero di ricorrere sistematicamente al calcolo infinitesimale.

Sebbene questa memoria sia stata redatta per Federico II, non gli fu esplicitamente indirizzata o dedicata. Eulero non frequentò la Corte e non vestí, come Maupertuis, i panni del favorito, ma cercò di creare, nell'istituzione che gli dava da vivere, le condizioni ottimali per il suo lavoro scientifico. A questo riguardo, la sua fase berlinese non fu certo meno produttiva di quella pietroburghese. In particolare, è in questo periodo che scrisse l'*Introductio in analysin infinitorum*, pubblicata a Losanna nel 1748. È il primo di tre volumi dedicati all'analisi, i cui ultimi due, stampati rispettivamente nel 1755 e nel 1768 a Pietroburgo, trattano del calcolo differenziale e del calcolo integrale. Secondo l'accezione euleriana, l'analisi è la scienza delle funzioni e nell'*Introductio* comincia col definire la nozione di funzione per poi sviluppare la teoria delle funzioni elementari. In una lettera a Goldbach del 4 luglio 1744, è lui stesso a descrivere la genesi di quest'opera:

[17] *Ibid.*, p. 402.

vi tratto la *pars sublimior* tanto dell'algebra quanto della geometria, nonché numerosi problemi che sarebbero difficili senza il *calculus infinitesimalis* e che non si trovano praticamente da nessuna parte. Avendo elaborato il piano di un trattato completo sull'*analysis infinitorum*, ho dovuto constatare che bisognava farlo precedere da un certo numero di cose che non vi attengono propriamente e che non sono trattate altrove. È cosí che è nata quest'opera che deve essere intesa come *Prodromus ad Analysin infinitorum*» [Fellmann 1995, p. 69].

4.3. Rapporti costanti con Pietroburgo e la sua Accademia.

Durante il suo soggiorno berlinese, Eulero continuò a rimanere in rapporti stretti con l'Accademia di Pietroburgo, dalla quale percepiva un appannaggio come socio straniero. Per tale motivo, egli si accollò il compito dell'acquisto dei libri per Pietroburgo, accolse giovani studenti russi venuti a completare la loro formazione a Berlino, diede il suo parere circa nuove affiliazioni. Testimonia questa intensa attività la corrispondenza estremamente ricca con Gerhard Friedrich Müller, segretario dell'Accademia dal 1754 al 1765. Il tono confidenziale che caratterizza il loro scambio epistolare si spiega col fatto che questi due studiosi erano stati fra i primi a essere reclutati nell'Accademia, dove divennero professori nello stesso anno, il 1731. Eulero rimase fedele a Pietroburgo, dove fece pubblicare le sue *Institutiones calculi differentialis* e decise di ritornarvi su invito della nuova zarina Caterina II, che lo coinvolse nella necessaria riorganizzazione dell'Accademia. Se a Berlino Eulero poteva contare su una certa autonomia di ricerca – sebbene avesse dovuto occuparsi dei calcoli per istituire una lotteria di Stato, per i giochi d'acqua di Potsdam, ecc. – non era tuttavia libero di andare e venire a suo piacimento. Si possono cosí rintracciare, nella corrispondenza con Müller, le umiliazioni che Federico II fece subire a Eulero prima di lasciarlo finalmente partire per Pietroburgo nel 1766.

Per meglio comprendere la decisione di Eulero di rientrare in Russia, ritorniamo per un momento alla situazione dell'Accademia di Berlino. Il francofilo Federico II aveva imposto il francese come lingua ufficiale nelle discussioni accademiche e come lingua di pubblicazione della nuova serie di memorie che esordí nel 1745 con il titolo di *Histoire de l'Académie Royale des Sciences et des belles-lettres*. Questo creò non poche difficoltà agli accademici tedeschi, che dovettero far tradurre i loro testi. Mary Terrall [2002, p. 243] riporta l'esempio di Johann Peter Süssmilch che lesse trentadue memorie all'Accademia, ma non ne pubblicò che due, a causa dei costi elevati che comportava la traduzione in francese. Maupertuis, famoso soprattutto per la sua spedizione in Lapponia allestita con lo scopo di misurare un grado di meridiano terrestre e verificare cosí le teorie newtoniane dello schiacciamento del globo, tentò di diffondere a Berlino la cultura accademica francese, in cui ravvisava l'eccellenza. Ma a Berlino gli accademici, gli stampatori e gli intermediari erano spesso mediocri, senza ambizione e senza alcuna consapevolezza di cosa volesse dire «eleganza francese». Maupertuis, presidente autocrate, impose i propri punti di vista, tenne sotto controllo ogni cosa e incluse, nelle memorie accademiche, scritti di studiosi stranieri, soprattutto parigini, come La Condamine o D'Alembert. La cosa provocò molto rapidamente un certo malcontento fra i Tedeschi, in particolare fra gli universitari, che complottavano contro l'élitarismo berlinese.

Sembra che i rapporti fra Maupertuis ed Eulero, che bastava da solo a rappresentare la classe di matematiche, fossero abbastanza cordiali. In effetti, Eulero prese pubblicamente le difese di Maupertuis, il «nostro illustre presidente», quando venne attaccato sul suo principio di minima azione: «in tutte le sue operazioni la natura segue la via piú facile»[18]. La posizione di Maupertuis venne considerevolmente rafforzata grazie ai calcoli fini e sottili di Eulero, che applicò questo principio a casi molto complessi, come quello delle forze centrali. Dopo la morte di Maupertuis, Eulero sembra aver temuto che D'Alembert, «l'uomo piú litigioso del mondo, motivo per cui è odiato da tutti a Parigi» [Yuškevič e Winter 1959, p. 71], potesse succedergli nella carica di presidente, che desiderava invece per sé.

C'erano due ragioni che lo spingevano alla partenza, come confidava a Müller: in seguito a una riforma monetaria, avrebbe perso un terzo del suo appannaggio russo; per di piú correva voce – la cosa l'inquietava molto – che l'Accademia sarebbe andata in mano ai Francesi, tutti «spiriti creativi», ironizzava. Nell'estate del 1766, poco dopo il suo ritorno a Pietroburgo, dove fu immediatamente presentato a Caterina II, Eulero perse il secondo occhio, ma questo non gli impedí di proseguire il suo lavoro fino alla morte, avvenuta in quella città nel 1783.

5. *Conclusione.*

Accettando la protezione degli Hannover, Leibniz si guadagnò di che vivere confortevolmente e poté costruirsi una vasta rete di interlocutori nelle Corti, fra gli editori e i librai e nei circoli intellettuali. Riuscí cosí a mantenere rapporti relativamente stretti con numerose Corti europee (Berlino, Vienna, Dresda, Modena, ecc.) ed esporre le sue idee a numerosi principi, che potevano dar loro piú vasta risonanza. La realizzazione dei suoi ambiziosi progetti accademici, che includevano anche il controllo del mercato librario, si scontrò tuttavia con il rifiuto dei finanziamenti da parte dei potenti. Le idee di Leibniz trovarono realizzazione solo dopo la sua morte – per quanto solo parzialmente – a Berlino e a San Pietroburgo.

[18] Su questo episodio, si vedano soprattutto Pulte [1989] e Terrall [2002], cap. IX.

Per ciò che riguarda la matematica, la vita di Corte non costituí un vero e proprio ostacolo per la creatività, ma i molti impegni di cui era gravato gli impedirono di sistemare al meglio, sviluppare e rendere pubbliche le sue invenzioni. Dopo gli anni parigini vissuti in libertà, di gran lunga i piú produttivi, «la matematica non venne effettivamente del tutto abbandonata da Leibniz, ma diventò sempre piú un diversivo e un divertimento e finí per acquisire la lucentezza dorata dell'esperienza piú intensa della sua giovane maturità» [Hofmann 1974, p. 294]. Per poter esercitare una qualche influenza, Leibniz doveva giocare d'astuzia con il suo protettore che gli imponeva un proprio programma di lavoro e gli faceva subire umiliazioni, nel caso di mancata esecuzione. In queste condizioni, Leibniz, che ribolliva di nuove idee, fu sempre alla ricerca di strutture collettive o di collaboratori che potessero aiutarlo a realizzare i suoi progetti, fossero o no di carattere matematico.

Al momento della sua creazione, l'Accademia di San Pietroburgo rappresentò proprio una siffatta struttura di ricerca collettiva, piena di entusiasmo. Essa fu vissuta come un vero e proprio paradiso dai matematici, che percepivano lauti stipendi e beneficiavano di una grande libertà di ricerca. Ben presto, tuttavia, le condizioni si deteriorarono: i veti incrociati, la burocrazia troppo invadente finirono col far partire Hermann e Bülfinger alla fine del loro primo contratto di sei anni. La generazione piú giovane, tuttavia, beneficiò largamente di un ambiente cosí favorevole. Fu cosí che Daniel Bernoulli poté consacrare tutto il suo tempo alla redazione della *Hydrodynamica*, prima di ritornare anch'egli nella sua Basilea. E comunque, per tutta la sua carriera, mantenne rapporti eccellenti con l'Accademia di cui era socio straniero e nei cui *Commentarii* pubblicò gran parte della propria opera.

Colui che seppe approfittare al meglio delle condizioni offerte da questo nuovo tipo di istituzione (le Accademie di Pietroburgo e di Berlino), fu di gran lunga Eulero. In seno a queste Accademie, Eulero redasse i suoi celebri trattati e sviluppò un'attività regolare e feconda, testimoniata dalla sua opera eccezionale (e dai ponderosi volumi dell'*Opera omnia*, oggi ormai completa). Portò avanti il suo lavoro di ricerca sia nell'ambito delle matematiche pure sia in settori piú tecnologici, ricevendone un compenso adeguato, senza dover dedicare i risultati del suo lavoro ai principi che proteggevano tali Accademie. Le relazioni che instaurò con le Accademie sembrano essere state di natura meramente contrattuale.

AITON, E. J.

1985 *Leibniz. A Biography*, Adam Hilger, Bristol - Boston [trad. it. *Leibniz*, Il Saggiatore, Milano 1991].

BIAGIOLI, M.

1993 *Galileo, Courtier. The Practice of Science in the Culture of Absolutism*, The University of Chicago Press, Chicago-London.

FEINGOLD, M.

1984 *The Mathematicians' Apprenticeship. Science, Universities and Society in England, 1560-1640*, Cambridge University Press, Cambridge.

FELLMANN, E. A.

1995 *Leonhard Euler*, Rowohlt, Reinbek bei Hamburg.

HEINEKAMP, A. e HEIN, I. (a cura di)

1994 *Leibniz und Europa*, Schlütersche Verlagsanstalt, Hannover.

HOFMANN, J. E.

1974 *Leibniz in Paris, 1672-1676. His Growth to Mathematical Maturity*, Cambridge University Press, Cambridge.

LE ROY, L. (a cura di)

[s.d.] *Sermones in secundo solenni Academiae scientiarum imperialis conventu die 1 Augusti anni 1726 publice recitati*, Typis Academiae scientiarum, Petropoli.

NAGEL, F. e VERDUN, A. (a cura di)

2005 *«Geschickte Leute, die was praestiren können...» Gelehrte aus Basel an der St. Petersburger Akademie der Wissenschaften des 18. Jahrhunderts*, Shaker Verlag, Aachen.

PULTE, H.

1989 *Das Prinzip der kleinsten Wirkung und die Kraftkonzeptionen der rationalen Mechanik*, Franz Steiner Verlag, Stuttgart.

ROBINET, A.

1988 *G. W. Leibniz, Iter italicum (mars 1689 - mars 1690). La dynamique de la République des Lettres*, Olschki, Firenze.

1991 *G. W. Leibniz, Phoranomus seu De Potentia et legibus naturae (Rome, juillet 1689)*, Olschki, Firenze (estratto da «Physis», 28, 1991, n.s., n. 2 e 3).

TERRALL, M.

2002 *The Man who Flattened the Earth. Maupertuis and the Sciences in the Enlightenment*, The University of Chicago Press, Chicago-London.

YUŠKEVIČ, A. P. e KOPELEVIC, J. KH.

1994 *Christian Goldbach 1690-1764*, Birkhäuser Verlag, Basel.

YUŠKEVIČ, A. P. e WINTER, É. (a cura di)

1959 *Die Berliner und die Petersburger Akademie der Wissenschaften im Briefwechsel Leonhard Eulers*, parte I. *Der Briefwechsel Leonhard Eulers mit G. F. Müller 1735-1767*, Akademie-Verlag, Berlin.

IVOR GRATTAN-GUINNESS

*L'École Polytechnique, 1794-1914**

1. *Una scuola nuova, con quali caratteristiche?*

Le rivoluzioni sono notoriamente seguite da periodi di grande confusione. Forse è chiaro chi ha perso, ma non chi ha vinto. I vincitori sono in lotta fra loro e, imprevedibilmente, si aprono grandi vuoti di potere. Negli anni successivi al 1789, la Rivoluzione francese presentò in modo evidente simili conseguenze, che si ripercossero anche sulla professione di ingegnere. Innanzitutto, specie dopo il caos sociale del 1790-93, vi fu una notevole fuoriuscita di ufficiali dall'Esercito e dalla Marina – alcuni si trasferirono all'estero, altri fecero ritorno in famiglia nelle regioni rurali; nacque quindi l'esigenza di reintegrare rapidamente le file degli ufficiali [Julia 1995]. In secondo luogo, nel 1793 vennero chiusi tutti gli istituti di educazione superiore; anche se le scuole di ingegneria furono riaperte poco dopo senza grossi cambiamenti, il loro ruolo doveva essere riconsiderato. Da ultimo, il sistema di trasporti del paese, dopo anni di abbandono, richiedeva opere di manutenzione e di miglioramento – non solo le strade, ma anche le nuove tecnologie dei canali, i porti di mare e la navigazione marittima.

Quindi «la repubblica aveva bisogno di accademici» [Langins 1987*a*]. Queste difficoltà – in particolare la prima, se si considera la fragilità dei confini francesi – portarono alla convocazione di un consiglio di emergenza a Parigi. La decisione principale che ne emerse fu la creazione di una nuova scuola, l'École Centrale des Travaux Publics, con sede a Parigi, che fu inaugurata nel dicembre 1794. Con la guida di sostenitori quali il chimico François Fourcroy (1755-1809), fu concepita, a quanto pare, come l'unica istituzione per la formazione degli ingegneri, sia civili sia militari. A tal fine, furono rapidamente immatricolati 400 studenti e si istituirono «corsi rivoluzionari» di matematica e chimica, con l'aiuto di decine di funzionari reclutati in tutta fretta (elencati in Fourcy [1828], pp. 389-90). Sembra un'assurdità, proprio come il caso di un altro istituto che chiuse nel giro di pochi mesi:

* Gran parte di questo studio è stata pubblicata come articolo sull'«American mathematical monthly», 112 (2005); sono grato all'American Mathematical Association per averlo potuto utilizzare. Le due tabelle provengono da Grattan-Guinness [1990*a*]; esprimo la mia gratitudine alla Birkhäuser Verlag di Basilea che mi ha permesso di riutilizzarle. La prima stesura ha beneficiato dell'attenzione di Margaret Bradley.

l'École Normale, ideata per fornire un altro flusso forzato di insegnanti e amministratori futuri [Dupuy 1895].

In breve tempo, tuttavia, divenne chiaro che si trattava di un progetto irrealizzabile; per citare uno dei problemi, la maggior parte delle scuole militari si trovava fuori Parigi e nessuna scuola navale avrebbe potuto funzionare in città. Il ruolo della scuola fu quindi trasformato in quello di istituzione *preparatoria* per le altre scuole, con un programma di studi triennale. Il cambiamento si rifletté nella modifica del nome, che nel settembre 1795 divenne École Polytechnique; l'aggettivo comparve per la prima volta in un opuscolo pubblicato quello stesso anno da un politico coinvolto nell'impresa, Claude Prieur de la Côte d'Or (1763-1832), su «l'enseignement polytechnique de l'École Centrale des Travaux Publics» [Prieur 1795]. Presumibilmente, l'aggettivo intendeva trasmettere l'idea di una pluralità di tecniche[1]; in ogni caso, in breve il nome diventò definitivo.

2. *L'organizzazione dell'École Polytechnique.*

L'École Polytechnique si salvò dalla chiusura grazie ai suoi «corsi regolari», che costituivano il programma triennale. Poiché la scuola doveva soddisfare le esigenze militari e civili, il controllo del suo governo era affidato al ministero della Guerra e al ministero degli Interni. Le immatricolazioni annuali furono abbassate al livello piú realistico di circa 120 studenti. Si chiarí la relazione con le altre scuole e, con una mossa in cui fu coinvolto il matematico e politico Lazare Carnot (1753-1823), queste altre scuole furono organizzate in un gruppo di *écoles d'application* [Carnot 1796]. Alcune erano civili, come l'École des Ponts et Chaussées e l'École des Mines a Parigi; le altre, piú numerose, erano militari e per lo piú avevano sede in provincia, in particolare la Scuola ufficiali per il Genio e l'Artiglieria fondata nel 1802 a Metz, nella Francia orientale, che rappresentava la fusione delle due scuole di Chalons-sur-Marne e di Mézières [Belhoste e Picon 1996]. Monge aveva insegnato per lungo tempo in quest'ultima scuola prima della Rivoluzione e questo fu un altro fattore che ebbe una grande influenza sull'organizzazione dell'École Polytechnique.

La direzione della scuola, una carica a rotazione, fu affidata inizialmente a Élie Lamblardie (1747-1797); direttore dell'École des Ponts et Chaussées di Parigi, Lamblardie la considerava come la madre della nuova istituzione [Langins 1991]. Joseph-Louis Lagrange (1736-1813) e Gaspard Riche de Prony (1755-1843), tra i fondatori della scuola, furono rispettivamente il primo professore di analisi e meccanica e il primo professore di meccani-

[1] In vari periodi, il nome dell'École Polytechnique e di tutte le altre scuole e istituzioni contenne gli aggettivi *Impériale*, *Royale* o *Nationale*, che qui vengono tralasciati.

ca – un netto contrasto tra il piú insigne matematico puro di quei tempi e un ingegnere tenace e risoluto che all'epoca gestí anche per alcuni anni una piccola scuola per geografi e dal 1798 diresse l'École des Ponts et Chaussées per quarant'anni [Bradley 1998]. La geometria descrittiva e differenziale fu affidata a Gaspard Monge (1746-1818), anch'egli molto coinvolto nell'organizzazione iniziale, che ricoprí la carica di direttore per due brevi periodi. Ciascun *professeur* era assistito da un *répétiteur*, che a tempo debito poteva diventare egli stesso *professeur*. Un personaggio insigne tra i primi *répétiteurs* fu Jean-Baptiste-Joseph Fourier (1768-1830), assunto dopo essersi distinto come uno dei pochi studenti brillanti dell'École Polytechnique.

Una delle caratteristiche principali della scuola era la distinzione tra l'insegnamento e gli esami; anche gli esaminatori venivano quindi nominati. Per la meccanica e l'analisi, la coppia iniziale fu costituita da Charles Bossut (1730-1814) e Pierre-Simon de Laplace (1749-1827), il matematico piú insigne dopo Lagrange, che ebbe una grande influenza sui primi sviluppi della scuola, anche se non vi insegnò mai [Langins 1987*b*]. L'importanza della meccanica e dell'analisi fu sottolineata dalla decisione di chiamare «permanenti» gli esaminatori di queste materie, mentre gli esaminatori di tutte le altre erano «provvisori», anche se accadeva che rimanessero in servizio a lungo. Fino agli anni Quaranta dell'Ottocento, gli esami furono condotti oralmente (ogni studente veniva interrogato per circa un'ora). La tabella 1 elenca i docenti di matematica, gli esaminatori e i *répétiteurs* fino al 1850 all'incirca; la tabella 2 elenca gli studenti che in seguito ebbero una carriera brillante nella scuola o altrove, ordinati per anno di immatricolazione.

Poco tempo dopo l'inaugurazione della scuola, fu fondato un «Journal Polytechnique» (questo il titolo originale), inizialmente per soddisfare l'esigenza di pubblicare le lezioni, che aveva una circolazione media di mille copie.

In breve tempo fu istituita anche una biblioteca [Bradley 1976*b*], che si giovò di alcuni furti compiuti nei periodi di guerra, in particolare ai danni del Belgio sul finire del secolo e di Roma una decina d'anni piú tardi [Pepe 1996]. A organizzare questo secondo furto fu Monge, che sottrasse anche un importante manoscritto antico delle opere di Euclide, che fu trascritto e tradotto da François Peyrard (1760-1822) [Peyrard 1814-18], bibliotecario della scuola dal 1798 al 1804 [Langins 1989]. Nel 1818 l'incarico di bibliotecario fu assunto da Ambroise-Louis Fourcy-Ganduin (1778-1842), che nel 1828 scrisse la prima storia della scuola, un testo arricchito da vari elenchi, compreso quello di tutti gli studenti fino al momento della pubblicazione [Fourcy 1828], che costituisce ancora oggi un'ottima fonte di informazioni.

Tabella 1.
Corpo accademico del settore matematico dell'*École Polytechnique,* 1800-1850.

Analisi e meccanica				(Amministrazione) *Directeurs des Études*	
Professeurs					
1794-1815	Prony	1794-1799	Lagrange	1804-1811	Gay de Vernon
1816-1828	Ampère	1799-1808	Lacroix	1811-1812	Malus
1828-1839	Mathieu	1808-1815	Poisson	1812-1816	Durivau
1839-1850	Liouville	1816-1830	Cauchy	1816-1830	Binet, J
1851-1868	Duhamel	1831-1836	Navier	1830-1838	Dulong
		1836-1839	Duhamel	1838-1843	Coriolis
		1840-1855	Sturm	1844-1851	Duhamel
Examinateurs					
1794-1808	Bossut	1794-1799	Laplace		
1808-1815	Lacroix	1799-1816	Legendre		
1815-1840	Poisson	1816-1838	Prony		
1840-1844	Duhamel	1838-1863	Mathieu		
1844-1863	Lamé				

Alcuni dei piú importanti *répétiteurs* (o equivalenti)

1794-1798	Ferry	1804-1816	Reynaud	1809-1820	Stainville
1795-1798	Fourier	1803-1808	Livet	1815-1816	Cauchy
1799-1804	Francœur	1806-1809	Bazaine	1816-1838	Coriolis
1798-1802	Garnier	1807-1815	Lefebure de Fourcy	1831-1838	Liouville
1798-1804	Dinet			1832-1851	Comte
1799-1807	Labey	1807-1810	Boucharlat	1832-1848	Wantzel
1800-1808	Poisson	1808-1831	Binet, P.		
1804-1814	Ampère	1809-1815	(*passim*) Poinsot		

Geometria descrittiva				Fisica	
Professeurs		Principali *répétiteurs*		*Professeurs*	
1794-1809	Monge	1794-1799	Hachette	1794-1814	Hassenfratz
1799-1815	Hachette	1808-1814	Binet, J.	1815-1819	Petit
1810-1816	Arago	1812-1816	Duhays	1820-1830	Dulong
1816	Duhays	1815-1826	Lefebure de Fourcy	1831	Pouillet
1817-1849	Leroy			1831-1832	Despretz
		1830-1844	Olivier	1832-1844	Lamé

Geodesia e macchine

Professeurs		*Répétiteurs*		*Examinateurs* in questi settori*	
1816-1831	Arago	1816-1828	Mathieu	1799-1804	Ferry
1832-1841	Savary	1828-1831	Savary	1805-1811	Malus
1841-1851	Chasles	1831-1836	Duhamel	1811-1814	Ferry
		1836-1842	Leverrier	1815	Binet, J.
		1838-1842	Catalan	1817-1820	Lefebure de Fourcy
		1838-1842	Delauney		
		1825-1841	Demonferrand	1821-1824	Fresnel
		1831-1864	Babinet		

* Di solito questi *examinateurs* si occupavano di geometria descrittiva e «arti grafiche», ma sembra che a volte si siano occupati anche di fisica.

3. *Le iscrizioni e gli studenti dell'École Polytechnique.*

Gli studenti venivano selezionati con un esame di ammissione. Durante l'estate, gli esaminatori visitavano le tre (e in seguito quattro) regioni in cui era suddiviso il paese, piú la città di Parigi, per sottoporre a un colloquio promettenti giovanotti che venivano proposti da famiglie o dignitari locali. Alla fine dell'estate, un comitato composto dagli esaminatori e da alcuni amministratori della scuola si riuniva per scegliere gli iscritti (tra 75 e 260 studenti fino al 1816, con una media di circa 120). Spesso gli esaminatori erano matematici, a volte di qualche rilievo, come mostra la tabella 1. Alcuni di loro divennero famosi come autori di libri di testo, spesso usati dai candidati proprio per prepararsi all'esame di ammissione.

Il sistema di ammissione è una caratteristica molto sottovalutata del successo della scuola. Infatti gli studenti venivano reclutati in maniera indipendente dalle ricchezze familiari e va osservato che gran parte di quanti in seguito diventarono figure importanti aveva origini modeste [Bradley 1976*a*]. Nei primi tempi, agli studenti veniva assegnato un piccolo stipendio, come contributo alle spese di mantenimento (va notato, però, che la repentina svalutazione del 1795 per qualche tempo lo rese insignificante). Nei decenni successivi, tuttavia, la scuola richiese il pagamento di una tassa di iscrizione e quindi il pool di potenziali candidati si ridusse.

La scuola fu inaugurata in un complesso di edifici attigui a Palais Bourbon, dove si riuniva il Parlamento. Il numero dei fabbricati ausiliari si ridusse dopo il primo, affollatissimo, anno. Non c'erano alloggi e gli studenti provenienti dalla provincia di solito vivevano presso famiglie parigine di provata fede repubblicana.

Gli studenti erano impegnati per 8 giorni e mezzo per ogni *décade* del calendario rivoluzionario e poi, quando fu reintrodotto il calendario nor-

Tabella 2.

Polytechniciens del periodo 1800-1850 che in seguito ebbero una carriera matematica degna di nota. Nel caso di chi non completò gli studi in due anni, è riportato tra parentesi l'anno del diploma.

1794	Biot (1795)
	Brisson (1795)
	Cagniard-Latour (1797)
	Francœur (1797)
	Lancret (1797)
	Malus
	Poinsot (1797)
1795	Duchayla (1796)
1796	Bourdon (1800)
	Reynaud
1797	Français, J. F. (1800)
	Gay-Lussac (1800)
	Poisson
	Binet, P. (1801)
1800	Guenyveau
	Plana (1803)
1801	Dulong (1802)
	Dupin
	Terquem (1804)
1802	Navier (1803)
1803	Arago
	Bazaine
	Brianchon (1806)
	Lefebure de Fourcy
	Mathieu
1804	Binet, J.
	Fresnel, A.-J.
1805	Cauchy
1807	Burdin (1810)
	Duleau
	Fresnel, L.-F.
	Petit
	Poncelet (1810)
1808	Belanger
	Coriolis
	Lesbros
1809	Raucourt
1811	Olivier (1815)
	Pontécoulant
1812	Babinet (1813)
	Carnot, N.
	Chasles (1815)
	Coste (1813)
	Demonferrand
1813	Enfantin (1814)
	Le Chevalier
	Morin (1817)
	Pambour
	Piobert
	Barré de Saint-Venant (1817)
1814	Comte
	Duhamel
	Lamé (1817)
	Woissard
1815	Bienaymé (1816)
	Savary
1816	Clapeyron
1817	Bobillier
	Didion
	Élie de Beaumont
1818	Combes
1821	Perdonnet (1822)
1822	Dupuit
	Emy
1823	Reech
	Transon
1825	Gratry
	Liouville
1829	Bravais
	Chrétien-Lalanne
1830	Laurent, P.
	Regnault
1831	Leverrier
1832	Wantzel
1833	Catalan
1834	Delauney
1838	Bonnet
	Marie
	Serret
1839	Bertrand
	Hermite (1843)
1846	Freycinet
1850	Haton de La Goupillière

male, nel 1806, per 6 giorni alla settimana. L'anno accademico copriva due quadrimestri, da ottobre-novembre al giugno successivo, seguiti da qualche settimana estiva dedicata alle operazioni militari e alle esercitazioni. Il ruolo dominante della matematica spinse in breve tempo gli studenti a soprannominare «X» la scuola. I diplomati acquisivano il titolo di *polytechnicien*.

4. *Le riforme (1799-1804).*

Nel 1799, per sei settimane piuttosto disastrose Laplace ricoprí l'incarico di ministro degli Interni. Una delle sue iniziative migliori fu proporre che la scuola si dotasse di un consiglio direttivo, il Conseil de Perfectionnement, per integrare il Conseil d'Instruction sui particolari dell'insegnamento, e di un Conseil d'Administration per la gestione. L'ex ministro ed ex esaminatore Laplace fu uno dei membri fondatori dell'École Polytechnique, su cui esercitò una grande influenza, in particolare riducendo il tempo assegnato alla geometria descrittiva di Monge [Paul 1980], per attribuirlo soprattutto alla meccanica. Sembra che l'opposizione di Laplace a Monge fosse dovuta anche a ragioni personali[2], ma a motivarla fu soprattutto il desiderio di concentrare i programmi dell'École Polytechnique sull'insegnamento delle teorie generali, che in seguito si sarebbero applicate negli insegnamenti piú specialistici delle altre scuole (come indicava chiaramente il nome collettivo di *écoles d'application*). Questo divario nella politica dei programmi di studio delle scuole continuò per lungo tempo.

Tra le altre responsabilità, il Conseil de Perfectionnement era tenuto a pubblicare ogni anno, oltre al programma dei corsi, un breve resoconto (queste relazioni, comunque, non avevano una grande diffusione). Un cambiamento importante effettuato nel 1799 ridusse il corso da tre anni a due; di conseguenza, si modificarono anche i programmi di studio delle altre scuole. Un aspetto che generava dissenso era il monopolio in base al quale i *polytechniciens* erano gli unici a entrare in quelle scuole: il Conseil difese la scuola dalle accuse di mancanza di democrazia mosse dal Parlamento sostenendo che l'istituzione avrebbe offerto «l'autentico Palladio dei diritti dei poveri contro l'abuso di potere e i privilegi dei ricchi, nella distribuzione dei benefici dell'educazione» [École Polytechnique 1799, p. 9].

Nel 1799 vi furono tre avvicendamenti importanti nel corpo docente. Lagrange, in là con gli anni, fu sostituito da Sylvestre-François Lacroix (1765-1843), il principale autore di libri di testo di matematica dell'epoca,

[2] Monge e Laplace erano entrambi massoni (come testimonia il ruolo importante del primo nella campagna d'Egitto del 1798-1801 e la sua applicazione della geometria descrittiva al taglio della pietra); forse i loro contrasti avevano questa origine, ma non ne ho prova. Anche il governatore Lacuée, che sarà citato tra poco, apparteneva alla massoneria.

Jean-Nicolas-Pierre Hachette (1769-1834), *répétiteur* di Monge, fu promosso *professeur* e Adrien-Marie Legendre (1752-1833) sostituí Laplace nell'incarico di esaminatore permanente.

Nel dicembre 1804, Bonaparte si incoronò imperatore, nel corso di una cerimonia cui presenziarono Laplace, Fourier (dal 1802 prefetto di un *département*, su insistenza di Bonaparte) e il caporale François Arago (1786-1853; iscritto all'École Polytechnique nel 1803). Non a caso, Bonaparte aveva militarizzato la scuola un mese prima; anche se i suoi obiettivi si realizzarono solo in parte [Bradley 1975], nella scuola l'atmosfera cambiò radicalmente e si passò da una certa disinvoltura a una meticolosa burocrazia. Il controllo della gestione restò al ministero della Guerra e a quello degli Interni, ma si può immaginare che si fosse raggiunto un equilibrio in qualche modo diverso. La carica a rotazione di direttore diventò una carica permanente di governatore, inizialmente ricoperta dal generale Jean-Gérard Lacuée (1752-1841). Gli studenti a quel punto avevano il grado di ufficiali ed effettuavano esercitazioni quotidiane. La relazione monopolistica con le *écoles d'application* fu ribadita dal Conseil de Perfectionnement [École Polytechnique 1806].

Nel 1805 la scuola si trasferí dagli edifici attigui al Palais Bourbon in due istituti superiori non lontani dal Panthéon. Gli studenti avevano la possibilità di alloggiare all'interno della scuola, che controllava rigidamente i permessi di assentarsi. Il trasferimento successivo, fuori città, avvenne nel 1976.

Fra le altre innovazioni, a partire dal 1806 si iniziò a prender nota succintamente del contenuto per argomento (di rado anche del metodo) di ogni lezione di un corso; l'incarico di solito era affidato a un amministratore. Questi *registres d'instruction* sono una fonte storica assai preziosa, poiché integrano le informazioni contenute nei programmi in merito all'estensione e al livello dell'insegnamento; i volumi manoscritti sono conservati negli archivi della scuola.

I programmi di studio furono piuttosto impegnativi sin dall'inizio. I corsi di analisi approfondivano vari aspetti della teoria delle equazioni differenziali (molto numerosi nell'ultimo corso di Lagrange) e del calcolo delle variazioni. I corsi di meccanica comprendevano la teoria basilare dei sistemi di punti materiali, della rotazione dei corpi rigidi e della meccanica dei fluidi, anche se la parte di astronomia matematica era limitata: alcune versioni autorevoli furono insegnate da Prony e poi da Siméon-Denis Poisson (1781-1840; iscritto nel 1798), che era stato assunto come docente subito dopo il diploma, come successore di Fourier. Di norma le versioni pubblicate di tutti i corsi contenevano piú materiale di quello effettivamente insegnato e quindi erano utilizzate per approfondimenti ed esercizi.

Il «Journal de l'École Polytechnique» (questo fu il titolo definitivo a partire dal 1796) diventava sempre piú una rivista di articoli di ricerca [Lamy

1995] e cosí nel 1804 Hachette diede inizio alla «Correspondance sur l'École Impériale Polytechnique», che conteneva articoli piú brevi e piú didattici, problemi matematici e notizie relative a vari aspetti della scuola. Tre preziosi volumi furono pubblicati fino al 1816 e ristampati fino al 1835 all'incirca.

5. *Un'altra rivoluzione, 1815-16: il ritorno dei Borbone.*

La «Correspondance» cessò le pubblicazioni perché Hachette fu licenziato dalla scuola, senza pensione, nel 1816. La sorte di Hachette, condivisa da Monge, suo maestro, faceva parte dei cambiamenti che seguirono le abdicazioni di Napoleone nel 1814 e 1815. In realtà, la sopravvivenza della scuola fu messa seriamente in dubbio, poiché una delle principali politiche della Restaurazione era riportare l'*ancien régime* quanto piú possibile nelle condizioni del 1789: la scuola era una creazione del periodo successivo e come tale sarebbe stata da abolire. D'altro canto, se fosse scomparsa, al suo posto si sarebbe dovuta creare un'altra istituzione simile, per sostenere le *écoles d'application* e continuare a garantire la formazione di ufficiali militari e di ingegneri civili.

Il Conseil de Perfectionnement, presieduto da Laplace, si riuní nel marzo 1816 per esaminare il dilemma e preparò una relazione a difesa della continuità della scuola [École Polytechnique 1816]. Poi, durante l'estate, Laplace coordinò una commissione interministeriale, di cui era l'unico membro accademico, che accettò gran parte delle proposte della scuola e cosí le modifiche furono assai poche. Le iscrizioni annuali furono ridotte a circa 75 studenti. Quanto ai programmi di studio, si stabilí che i corsi di analisi e di meccanica sarebbero stati svolti consecutivamente nell'ambito di ciascun anno accademico e tenuti dallo stesso docente. Il corso di «arti militari» fu abolito e si colse l'occasione per migliorare l'insegnamento della fisica con la nomina di un giovane discepolo di Laplace, Aléxis Petit (1791-1820; iscritto nel 1807); a Petit, morto in giovane età, fece seguito Pierre-Louis Dulong (1785-1838; iscritto nel 1801), suo collaboratore nelle ricerche. Un corso di teoria delle macchine, che Hachette aveva avviato nel 1806, fu trasformato in un nuovo corso in geodesia e macchine, affidato inizialmente ad Arago.

Il personale subí molte variazioni importanti, alcune per motivi politici. L'incarico di direttore degli Studi fu assegnato a Jacques Binet (1786-1856; iscritto nel 1804), rispettabile matematico e fervente cattolico. Gli esaminatori permanenti di analisi e meccanica Lacroix (che era subentrato a Bossut nel 1808) e Legendre furono sostituiti da Prony e Poisson, le cui cattedre passarono ad André-Marie Ampère (1775-1836) e a Augustin-Louis Cauchy (1789-1857; iscritto nel 1805).

Quest'ultima nomina avrebbe generato una delle situazioni piú difficili per la scuola durante il periodo della Restaurazione. Nonostante – ironia della sorte – fosse nato nell'anno della Rivoluzione, Cauchy fu un fervente monarchico e cattolico [Belhoste 1991]. La sua fedeltà estrema al re fu ripagata generosamente dal nuovo regime, in particolare con la nomina, *senza elezione*, a membro dell'Académie des Sciences, dopo essere stato proposto come uno dei due candidati alla sostituzione di Monge e Carnot. La cattedra di Cauchy all'École Polytechnique, dove aveva studiato soltanto una decina d'anni prima, fu un'importantissima ricompensa, anche se derivava naturalmente dall'incredibile talento per la matematica che aveva già avuto modo di dimostrare.

6. *1830, l'uscita di scena dei Borbone.*

Il valore di Cauchy come docente, tuttavia, è un'altra questione. Negli anni Venti, l'École gli domandò ripetutamente di modificare il suo insegnamento dell'analisi matematica, senza sortire alcun effetto[3]. Questo fallimento dell'amministrazione va interpretato tenendo conto della situazione politica, che all'epoca in Francia, e specialmente a Parigi, era molto tesa. L'erede al trono dei Borbone fu assassinato nel 1820 e in seguito il regime diventò particolarmente «meticoloso» in tutti gli aspetti del suo governo. Piú tardi in quello stesso decennio ritornò un po' di distensione; era troppo tardi, però, e tre giornate di combattimenti per le strade di Parigi, nel luglio 1830, tolsero il potere ai Borbone [Pinkney 1972]. Alcuni studenti della scuola che avevano avuto un ruolo di spicco nelle forze in rivolta furono esentati dagli esami e premiati con tre mesi di vacanza. Nel frattempo, Cauchy abbandonò tutti gli incarichi didattici, scappò con la famiglia reale e fino al 1838 fu il precettore di matematica del figlio dell'erede scomparso e pretendente al trono.

Nel 1816 fu istituita una commissione per esaminare il futuro della scuola, alla quale parteciparono Arago e Prony, che emanò vari decreti fino al 1832[4]; il cambiamento piú significativo fu il completo affidamento della gestione della scuola al ministero della Guerra. Il governatore fu ribattezzato *Commandant*. Il cattolico Binet, direttore degli Studi, fu licenziato e sostituito da Dulong, che restò in carica fino alla morte, nel 1838. Le iscrizioni annuali, che alla fine degli anni Venti pare fossero aumentate lievemente, furono ridotte al livello del 1816, vale a dire a circa 75 studenti. Iniziò un periodo di stabilità, caratterizzato da qualche sfumatura di autocompiacimento, come per esempio il fatto di mantenere pressoché invariata gran parte dei programmi di studio. Le cariche di professore e di esaminatore di

[3] Per i dettagli, si veda il § 8.

[4] Si vedano in particolare i testi dell'École Polytechnique [1830 e 1832]; il secondo contiene anche informazioni utili sulle iscrizioni degli anni precedenti e su altre questioni.

analisi e di meccanica furono ricoperte a rotazione dai tre *polytechniciens* Jean Duhamel (1797-1872; iscritto nel 1817), Gabriel Lamé (1795-1870; anch'egli iscritto nel 1817) e Joseph Liouville (1809-1882; iscritto nel 1825) e dal matematico di origine svizzera Charles Sturm (1808-1855). Lamé fu anche professore di fisica per qualche anno. Vanno citati altri due *polytechniciens* illustri: Gaspard-Gustave Coriolis (1792-1843; iscritto nel 1808), il quale, dopo piú di vent'anni come *répétiteur* di Cauchy e di altri, nel 1838 succedette allo scomparso Dulong come direttore degli Studi – ricoprendo l'incarico fino alla morte, quando gli subentrò Duhamel – e Michel Chasles (1793-1880; iscritto nel 1812), che nel 1841 ottenne la cattedra di geodesia e meccanica. Tra i nuovi *répétiteurs* sono da ricordare Liouville, che rimase in carica fino alla promozione, nel 1838, e Auguste Comte (1798-1857; iscritto nel 1814), che dal 1837 al 1844 ricoprí anche il ruolo di esaminatore nelle prove di ammissione.

7. *La controrivoluzione: la relazione di Leverrier, 1850.*

La concezione di Laplace del programma di studi della scuola dominò su quella di Monge, ma non senza generare inquietudini. Di tanto in tanto fra i *polytechniciens* emergeva qualche contestazione in merito. In particolare, alla metà degli anni Trenta il maresciallo Georges de Chambray (1783-1848; iscritto nel 1801) scrisse un libro polemico nei confronti della scuola; ecco, per esempio, un passaggio relativo alla «matematica trascendente»:

> Nella mia carriera di ufficiale di artiglieria, non ho mai trovato neanche una sola occasione in cui utilizzarla e so bene di non essermene mai occupato come svago; l'ho anche dimenticata in maniera cosí totale da essere obbligato a consultare uno dei miei vecchi compagni, che si occupa di insegnamento, affinché mi ricordasse i nomi di questi settori della matematica che ci erano stati insegnati [Chambray 1836, pp. 48-49].

A giudizio del maresciallo, la sua esperienza era condivisa anche dai compagni con una carriera simile. In risposta, il capitano Yves Bugnot (1797-1880; iscritto nel 1816), un *polytechnicien* piú giovane che aveva un incarico secondario nella scuola, scrisse rapidamente un'elaborata difesa; in particolare, riguardo a questo punto sottolineò i risultati ottenuti nell'ambito della ricerca dai *polytechniciens* che avevano avuto una carriera accademica di successo [Bugnot 1837, pp. 30-36].

Nel 1840, Coriolis scrisse un'approfondita relazione sulla politica della scuola[5]. Desiderava rendere piú difficile l'esame di ammissione ampliando

[5] Alcune parti della relazione di Coriolis sono trascritte in Grattan-Guinness [1990*a*], pp. 1346-1351; per una discussione, si vedano le pp. 1262-63.

i programmi di geometria e di meccanica e rivedere la relazione con i corsi delle *écoles d'application*. In modo specifico, sperava in un'espansione dell'insegnamento della teoria delle macchine, argomento di cui era uno specialista, e, con particolare preveggenza, auspicava la possibilità di introdurre un corso sulla teoria dell'elettricità.

Coriolis sperava altresí che nella scuola si tornasse a insegnare il calcolo differenziale e integrale di una volta, abolendo le innovazioni eccessivamente rigoristiche introdotte da Cauchy. Quando era stato *répétiteur* di Cauchy, aveva stretto amicizia con lo studente Auguste-Joseph-Alphonse Gratry (1805-1872; iscritto nel 1825), che poi seguí una carriera insolita per un *polytechnicien*, lavorando nel nuovo sistema universitario (descritto nel paragrafo 10) e prendendo gli ordini. Nel 1855, Gratry pubblicò un'opera di logica (cosí come la concepiva) e in un paragrafo sugli infinitesimi citò Coriolis come segue: «Quando gli uomini parlano, come accade spesso, di insegnamento routinario della teologia nei seminari, sono lungi dal sospettare che l'insegnamento della matematica è vittima di una prassi incomparabilmente piú noiosa e crudele» [Gratry 1855, vol. II, p. 373].

Sebbene non fosse stata pubblicata, la relazione di Coriolis fu letta dall'ingegnere minerario André Guenyveau (iscritto nel 1800), che subito dopo pubblicò un articolo in cui si mostrava solidale [Guenyveau 1840]. E nel 1850 queste critiche finirono per avere il sopravvento. Questa volta il protagonista fu Urbain-Jean-Joseph Leverrier (1811-1877; iscritto nel 1831), un insigne astronomo appena diventato famoso per la parte avuta nella scoperta di Nettuno. Nel 1850 Leverrier presiedette una commissione istituita per decidere il ruolo futuro della scuola. Della commissione facevano parte anche Duhamel, in qualità di direttore degli Studi, e il generale Jean-Victor Poncelet (1788-1867; iscritto nel 1807), da poco in pensione dopo aver ricoperto per due anni, mostrandosi piuttosto incapace, l'incarico di *Commandant* (fu il primo accademico ad assumere questa carica).

Leverrier impiegò sei mesi a scrivere un rapporto approfondito e sorprendente sulla scuola, in cui trattava anche molti aspetti della sua storia ricavati dagli archivi [Leverrier 1850*a*]. Pubblicò inoltre un importante rapporto supplementare sull'«Assemblée Nationale» [1850*b*]. Leverrier doveva avere sostenitori molto autorevoli, poiché il 15 gennaio 1851 il quotidiano nazionale «Moniteur universel», con una mossa che credo unica nella sua storia, pubblicò un supplemento di 34 pagine in cui erano riprodotte circa 250 pagine della relazione.

Irritato dal lungo predominio delle politiche di Laplace e di Cauchy, di fatto Leverrier si esprimeva a favore di un ritorno alle aspirazioni di Monge[6].

[6] Questo punto riguarda l'opinione di Leverrier sulla politica di insegnamento nella scuola; come astronomo ricercatore, fu notevolmente influenzato dai contributi di Laplace alla meccanica celeste.

Quando le sue raccomandazioni furono approvate, all'École reagirono duramente: Liouville, Sturm e Chasles si dimisero all'istante per protestare contro questa negazione dell'importanza dell'insegnamento della matematica pura, contro questa rottura della tradizione, ereditata da predecessori quali Cauchy, che essi avevano mantenuto in vita. È un altro esempio della difficoltà affrontata sin dagli inizi dalla scuola: la scelta fra orientare la didattica alle esigenze pratiche degli ingegneri e insegnare teorie piú generali. La medesima differenza è evidente in tutto il secolo nel profilo dei ricercatori della comunità matematica, dove lo scienziato e il matematico puro o applicato si contrapponevano all'*ingénieur savant* [Grattan-Guinness 1995].

8. *La (varia) didattica del calcolo.*

Dopo questa rassegna cronologica della storia della scuola, si rivisiteranno dissensi e differenze alla luce dell'insegnamento del calcolo differenziale e integrale e della meccanica. Questi argomenti furono sempre i settori dominanti della matematica insegnata all'École Polytechnique, insieme ad alcune parti della fisica matematica e a certi aspetti della geometria non descrittiva cui gradualmente si diede sempre piú spazio; non a caso, tendevano a essere gli interessi principali dei diplomati che si dedicavano alla ricerca. Ancora una volta, i primi anni forniranno la maggior parte dei casi, poiché nei periodi successivi si rivisitarono grossomodo le stesse questioni. Sono disponibili molte informazioni a questo proposito, come i programmi e i *registres d'instruction* citati nel paragrafo 4. Nei primi anni molti corsi comparvero dapprima nel «Journal» dell'École e poi furono pubblicati in gran parte come libri da editori parigini.

Iniziamo dal calcolo differenziale e integrale, come lo si concepiva usualmente in Francia quando fu inaugurata la scuola. Da molto tempo erano disponibili varie versioni distinte. All'École Polytechnique, Lagrange insegnò soltanto la sua, che era puramente algebrica e si basava sull'espansione in serie di Taylor della funzione $f(x+h)$ in potenze dell'incremento h: le «funzioni derivate» $f'(x)$, $f''(x)$, ... erano definite a partire dai coefficienti delle corrispondenti potenze di h, con gli integrali a loro volta concepiti come gli opposti delle funzioni derivate. I corsi tenuti da Lagrange tra il 1794 e il 1796 furono raccolti nel suo famoso libro *Théorie des fonctions analytiques,* che fu pubblicato in tal forma nel 1797, ma anche come *cahier* del «Journal», nel 1800. Il suo corso del 1799, alquanto piú avanzato, fu pubblicato in tre forme diverse tra il 1804 e il 1808: nel «Journal» e come libro, sempre con il titolo *Leçons sur le calcul des fonctions.*

L'algebrizzazione dell'analisi tentata da Lagrange mirava a rendere piú rigorosa la trattazione dell'argomento; nella realtà dei fatti, tuttavia, molti dei suoi presupposti, in specie l'assunto relativo alle serie di Taylor, erano indimostrati. La sua impostazione era inoltre eccessivamente purista per le esigenze dei futuri ingegneri, la cui comprensione della materia era, a quanto pare, ulteriormente ostacolata dallo scadente stile espositivo di Lagrange. Nel 1799 gli succedette Lacroix, che all'epoca dava rilievo alla versione di Lagrange in un ponderoso trattato in tre volumi, *Traité du calcul différentiel et du calcul intégral* (1797-1800); ma nel piú sintetico *Traité élémentaire* (la prima edizione è del 1802), che si basava sulle lezioni tenute all'École Polytechnique, Lacroix mostrava qualche preferenza per i limiti, che nella Francia del XVII secolo avevano ricevuto scarsa approvazione, piú che altro da parte di Jean-Baptiste le Rond d'Alembert (1717-1783): la versione di Isaac Newton che usava le flussioni e le fluenti era poco usata al di fuori della Gran Bretagna.

In generale la versione preferita, specie nelle applicazioni, era il calcolo differenziale e integrale di Leibniz, basato su differenziali considerati come incrementi infinitesimi dx della variabile x, insieme all'adattamento di Eulero che pure usava il «coefficiente differenziale» (per citare il nome da poco proposto da Lacroix nel voluminoso *Traité*), il rapporto solitamente finito $dy \div dx$ (da cui la notazione dy/dx) per dx costante, antenato della funzione derivata di Lagrange. L'integrale $\int y\, dx$ era interpretato come la somma dei prodotti di y e dx. Da bravo *encyclopédiste*, Lacroix aveva citato tutti i metodi nel suo libro e probabilmente anche nei corsi. Prony usava i differenziali nei corsi, che integrava con un corso speciale sulla matematica delle differenze finite e la matematica numerica, poiché spesso gli ingegneri lavorano su dati ricavati di volta in volta. Il contrasto tra questo insegnamento e quello del *professeur* Lagrange, altro fondatore dell'École Polytechnique, colpisce in maniera particolare; è interessante notare che anche il terzo volume (1800) del grande *Traité* di Lacroix era dedicato ad argomenti di matematica numerica, o a questa collegati.

In periodi successivi, sembra che le versioni piú comunemente insegnate fossero quella di Leibniz/Eulero e quella di Lagrange. Ma quando Cauchy diventò *professeur*, nel 1816, propose la propria versione, una dottrina dell'«analisi matematica» in cui il calcolo differenziale e integrale, la teoria delle funzioni e delle serie infinite erano riuniti in una nuova e raffinata *teoria* dei limiti[7] – la versione che finí per predominare e che ancor oggi ci è piú familiare. Cauchy la sviluppò all'inizio dell'incarico e realizzò numerosi libri di testo su tale argomento, tra cui i piú notevoli furono il *Cours d'analyse* (1821) e il successivo *Résumé* (1823). Un elemento importante fu la sua confutazione per mezzo di controesempi (1822) dell'idea di Lagrange che una funzione si potesse sempre espandere in una serie di Taylor.

[7] Sulla versione di Cauchy, si vedano Bottazzini [1986, capp. II-III], Grattan-Guinness [1990*a*, capp. X-XI] e Grabiner [1981].

Come furono accolte queste idee innovative di Cauchy all'interno dell'École? Sia gli studenti, sia il corpo docente le rifiutarono. I primi manifestarono il proprio fastidio cogliendo un'opportunità offerta dallo stesso Cauchy. Come avevano stabilito le riforme del 1804, le lezioni dovevano durare novanta minuti, che comprendevano mezz'ora di discussione e di ripasso, seguita da un'ora di lezione. Ma sembra che Cauchy considerasse tutti i novanta minuti come tempo per sé; nella lezione del 12 aprile 1821, la sessantacinquesima (*sic*) delle cinquanta lezioni prescritte per l'analisi, proseguí per altri venti minuti su un nuovo argomento. Gli studenti lasciarono l'aula per protesta. Furono puniti con la consegna, ma in una lettera successiva al ministro della Guerra il governatore, all'epoca il barone generale François-Louis Bouchu (1771-1839), si dilungò con singolare franchezza sull'insegnamento di Cauchy, scrivendo, tra l'altro: «a volte ha impedito lo svolgimento di altri corsi che devono essere coordinati con il suo», «in uno sfarzo di analisi senza dubbio appropriato per gli articoli da leggere all'Institut, ma eccessivo per l'insegnamento agli studenti di questa scuola» [Grattan-Guinness 1990*a*, p. 712].

Cauchy andò avanti per la sua strada subendo soltanto uno smacco, la cancellazione di un corso sui teoremi di esistenza per le equazioni differenziali nel 1824 [*ibid.,* pp. 758-62]. Ma tra il 1826 e il 1829 gli esaminatori scrissero relazioni molto critiche, in particolare Prony, che era stato suo insegnante alla scuola e anche direttore dell'École des Ponts et Chaussées dove aveva studiato in seguito. Alcune contestazioni avevano a che fare con particolari delle teorie insegnate, ma per lo piú Prony si concentrava sull'adeguatezza di questo genere di matematica per la scuola: per esempio, «l'insegnamento lascia alquanto a desiderare per quanto riguarda gli aspetti legati alle applicazioni di formule e teorie generali; alcuni studenti, con un'ottima preparazione, dopo aver dimostrato le formule in maniera corretta, si sono trovati a disagio nell'applicarle a casi particolari» [Grattan-Guinness 1990*a*, p. 1338]. Non stava necessariamente criticando la matematica di per sé, che in realtà prima o poi sarebbe potuta andar bene all'Institut.

Non sembra che i libri di Cauchy siano mai stati inseriti negli elenchi dei testi raccomandati dalla scuola. Allo stesso tempo, per la matematica applicata i differenziali rimasero sempre popolari, in ogni sede; per la verità, certe altre critiche di Prony avevano a che fare con le applicazioni, come vedremo nel paragrafo successivo.

Gli studenti iscritti negli anni pari tra il 1816 e il 1830 seguirono i corsi di Cauchy per due anni. Gli altri ebbero come docente fino al 1828 il *professeur* Ampère (a volte sostituito da qualche supplente). Questi nei primi anni del secolo aveva formulato la propria versione del calcolo differenziale, specie delle relazioni tra la derivata e il rapporto incrementale e tra limiti e infinitesimi – meno ardua della nuova ricetta di Cauchy, ma anche meno chiara dal punto di vista matematico. Ampère pubblicò soltanto una parte del suo corso: il testo principale è un incompleto *Précis de calcul différentiel et de calcul intégral* (1824)[8].

Dopo l'abbandono di Cauchy, il programma di studio dell'analisi matematica non subí grandi cambiamenti. A quanto pare, l'insegnamento di Cauchy lasciò un'impronta, anche se il livello di rigore dei suoi successori variò: agli inizi non troppo, con Claude-Louis Navier (1786-1836; iscritto nel 1802), ma poi di molto con Sturm, il cui *Cours d'analyse* diventò il piú usato dopo la pubblicazione postuma, nella prima di molte edizioni, nel 1857-59. In seguito, diventò gradualmente il testo usato abitualmente dai docenti successivi (si veda il paragrafo 8). Entrò in scena anche la topologia generale, promossa in maniera alquanto spettacolare nel *Cours d'analyse* di Camille Jordan, che si basava sulle lezioni tenute all'École; Jordan presentò la teoria, allora piuttosto nuova, come appendice dell'ultimo volume nella prima edizione (1887); soltanto sei anni piú tardi, tuttavia, compariva nei capitoli iniziali della seconda edizione.

9. *La (varia) didattica della meccanica.*

Navier si preoccupava soprattutto della meccanica che, come l'analisi, era insegnata in tre versioni diverse e contrastanti [Grattan-Guinness 1990*a*, capp. v-vi; 1990*b*]. Le differenze stavano in gran parte nella trattazione della dinamica.

La versione newtoniana, basata sulle tre leggi del moto e sull'uso frequente della legge dell'inverso del quadrato della distanza, era diventata dominante, specie nella meccanica terrestre e celeste. Ma gli ingegneri e altri gruppi erano attratti da una versione che chiamerò «meccanica energia/lavoro», che si basava sugli scambi di energia cinetica e lavoro (per usare i termini moderni), comprese le situazioni – anzi, in particolare proprio per le situazioni – di percussione e impatto; il principale fondatore della teoria, a partire dagli anni Ottanta del Settecento, fu Lazare Carnot. Infine arrivò anche una terza versione, fondata in qualche misura da d'Alembert e canonizzata da Lagrange: la «meccanica analitica», per citare il titolo del suo trattato, *Méchanique analitique* (1788). Si fondava su principî quali quello di d'Alembert, il principio di minima azione, e quello delle «velocità virtuali» (com'era noto all'epoca il principio dei lavori virtuali), con il costante ausilio del calcolo delle variazioni, specie per determinare lo stato di equilibrio di una situazione meccanica ponendo uguale a zero la sua variazione.

[8] Sui contributi di Ampère all'analisi matematica, si vedano Grabiner [1981, pp. 127-32] e Grattan-Guinness [1990*a*, pp. 700-5, 781-84].

Come nel caso dell'analisi, l'obiettivo di Lagrange era algebrizzare e quindi migliorare il rigore dell'argomento, ma l'operazione destò molti dubbi, anche piú di quanto accadde con il calcolo. In particolare, i sostenitori della versione energia/lavoro dubitavano legittimamente che la versione di Lagrange riuscisse a trattare fenomeni che coinvolgevano percussione e impatto. Infatti Lagrange, nella sua disamina della relazione tra energia cinetica e lavoro, aveva decretato senza alcuna discussione che il termine relativo al lavoro, $\sum_r P_r \, dp_r$ compiuto dalle forze P_r negli spostamenti infinitesimi dp_r, formasse sempre un differenziale esatto (dW, poniamo) e quindi ammettesse un potenziale (per usare un linguaggio piú moderno). Tale mossa aveva una conseguenza di grande portata dal punto di vista matematico: quando veniva integrato, il termine del lavoro diventava la funzione nota W, una possibilità negata ai praticanti della meccanica energia/lavoro, che dovevano lasciarlo nella forma $\int (\sum_r P_r \, dp_r)$. L'assunto faceva anche parte dell'obiettivo di Lagrange di ridurre la dinamica alla statica, mentre quanti seguivano Carnot consideravano la statica come un caso speciale della dinamica.

Questa concezione diversa era diffusa tra gli studenti di meccanica in generale, ma a quanto pare in particolare all'École Polytechnique. Infatti, nel corso degli anni tra i seguaci di Carnot si annoverano Hachette (che nel 1806 introdusse un corso di teoria delle macchine e nel 1811 pubblicò il *Traité élémentaire des machines*) e i *polytechniciens* Navier e, in particolare, Coriolis e Poncelet negli anni Venti dell'Ottocento [Grattan-Guinness 1990*a*, cap. XVI] e l'orientamento della scuola verso l'ingegneria l'avrebbe senz'altro resa una scelta attraente. Tuttavia, anche se Lagrange non vi insegnò mai la meccanica, i suoi colleghi e successori seguirono molto fedelmente alcune parti della *sua* versione: la versione energia/lavoro era limitata a casi speciali e la versione di Newton era per lo piú ignorata, benché la sua seconda legge comparisse, tra i risultati derivati, in varie analisi.

Pur conoscendo a fondo la materia, e nonostante il nome della sua cattedra (analisi e meccanica), Lagrange non tenne mai corsi di meccanica. Il primo docente fu il collega Prony, che nel corso di quindici anni realizzò numerosi libri di testo. Il piú interessante, seppur incompleto, è il primo: *Mécanique philosophique* (1800), pubblicato sia nel «Journal» sia come libro. Il suo assistente Louis-Benjamin Francœur (1773-1849; iscritto nel 1794) realizzò rapidamente un importante *Traité de mécanique élémentaire* (1801 ed edizioni successive) che fungeva da introduzione al testo di Prony.

L'aspetto del libro di Prony colpisce per il formato a doppia pagina della maggior parte delle 480 pagine in quarto; le pagine a sinistra, di testo normale, sono affiancate a destra da quattro colonne: Notazione, Definizioni, Teoremi e Problemi. Prony non si era attenuto a una richiesta della scuola, bensí alle sue personali simpatie per l'Illuminismo francese, che dava risalto alla classificazione e all'impaginazione; alla fine degli anni Ottanta, aveva iniziato, senza poi completare, un manuale su *La science de l'ingénieur* che sarebbe stato allegato all'*Encyclopédie* di d'Alembert e Diderot.

Come Lagrange, Prony non usava mai diagrammi, anche se la sua algebra era la versione comune che rappresenta distanze, movimenti e angoli molto piú frequentemente rispetto alla meccanica associata al calcolo delle variazioni. Iniziava la dinamica un po' alla maniera di Lagrange con il principio di d'Alembert; però non derivava le equazioni di Lagrange e quindi trattava i momenti di inerzia come parte della meccanica, associati a un corpo rigido, in contrasto con le procedure puramente matematiche di Lagrange, dove compaiono, senza una motivazione meccanica, come costanti di integrazione delle equazioni fondamentali [Prony 1800, pp. 140-56]. In maniera analoga, l'idrostatica si basava sul principio delle velocità virtuali; per l'idrodinamica, tuttavia, Prony usava la versione di Eulero ricorrendo alla seconda legge di Newton prima di usare metodi variazionali [*ibid.*, pp. 314-32] e non iniziava con il metodo chiamato «storia della particella», che era quello preferito da Lagrange.

Anche se Prony descriveva alcuni strumenti meccanici, la sua trattazione della meccanica energia/lavoro era particolarmente scarna. La quarta parte del suo manuale, mai pubblicata, avrebbe dovuto descrivere gli «oggetti pratici» di interesse per gli ingegneri; tuttavia l'esame dei principî generali pianificato per la quarta parte comprendeva soltanto la «conservazione delle forze vive» (accettava l'assunto di Lagrange dei differenziali esatti a p. 340), non la teoria piú generale dello scambio tra energia e lavoro dopo l'impatto (pp. V-VI). Anche le leggi di Newton non venivano citate. Ciò nonostante, la fama del libro è esemplificata dal fatto che la copia in mio possesso fu data originariamente in premio a uno studente al momento dell'iscrizione, nel 1822, a piú di vent'anni dalla pubblicazione, quando il suo autore faceva parte della commissione d'esame.

I manuali successivi di Prony sono completi, ma la sua trattazione delle macchine e dei flussi d'acqua fa riferimento alla meccanica energia lavoro assai meno di quanto si potrebbe immaginare. Nel corso che tenne nel 1809, anche se la seconda legge di Newton ha una posizione piú importante di prima [Prony 1809, spec. lezioni 5-6, 31-33], Prony continua a dare il primo posto al principio delle velocità virtuali e ai metodi variazionali (lezioni 16-18 e 46 sulle macchine) e il suo ultimo libro è persino intitolato *Leçons de mécanique analytique* (1810-15).

Attorno al 1800 tra gli studenti di Prony vi fu Poisson, che fu immediatamente assunto e insegnò meccanica a partire almeno dal 1806 fino a quando gli fu assegnato l'incarico (insieme a Prony) di esaminatore, nel 1816. Nelle sue ricerche di meccanica, Poisson rimase sempre strettamente fedele ai principî stabiliti da Lagrange e Laplace. Va ricordato che nel primo decennio del secolo Poisson e Lagrange svilupparono le soluzioni canoniche alle equazioni del moto di Newton, oggi note come la teoria delle parentesi di

Lagrange-Poisson [Grattan-Guinness 1990*a*, pp. 371-86]. Ma nell'insegnamento Poisson venne a patti con la propria posizione per venire incontro alle esigenze degli studenti. Attorno al 1810 realizzò per questi ultimi un *Cours de mécanique* di 500 pagine, in due volumi, di cui furono stampate 250 copie e, l'anno seguente, un ampio e difficilissimo *Traité* di 1050 pagine, in due volumi, stampato in 5000 copie. Una tabella di confronto delle due opere è fornita in Grattan-Guinness [1990*a*, pp. 364-67]; qui i commenti si limitano al *Traité*.

Quanto quest'opera si discosti dall'impostazione di Lagrange è dimostrato dalla massiccia presenza di diagrammi, non meno di 140. Per altri aspetti, tuttavia, l'influenza di Lagrange è marcata. Poisson conclude la sezione sulla statica con il principio delle velocità virtuali e, come Prony, propone il principio di d'Alembert come il «principio generale» della dinamica [Poisson 1811, vol. I, pp. 42-61]. In seguito si concentra sulla dinamica dei punti materiali e dei corpi rigidi, limitando la trattazione della meccanica energia/lavoro ad alcune macchine semplici [*ibid.*, pp. 477-507] e quella dell'impatto a semplici collisioni tra corpi elastici [vol. II, pp. 208-66]. Però inizia la descrizione (piuttosto breve) dell'idrodinamica con una discussione dell'«ipotesi delle sezioni parallele», una premessa funzionale, seppur falsa, che godeva il favore degli ingegneri, ma non dei seguaci di Lagrange, vale a dire l'ipotesi che un corpo fluido si muova in sezioni infinitesimali adiacenti, come un plotone di soldati che marcino in ranghi serrati [*ibid.*, pp. 444-55].

La versione newtoniana non viene affatto discussa. In modo ancor piú sorprendente, nella trattazione della statica Poisson non cita l'importante teoria della coppia di forze da poco introdotta da Louis Poinsot (1777-1859; iscritto nel 1794) nel mirabile *Éléments de statique* (1803, la prima di numerose edizioni). Si percepisce in modo chiaro la mancanza di buoni rapporti, evidente anche in altri contesti.

Cauchy non trasformò le sue lezioni di meccanica in libri di testo, anche se alcune comparvero in vari articoli tra il 1826 e il 1830 [Grattan-Guinness 1990*a*, pp. 1154-59]. Molte delle critiche di Prony erano rivolte al suo insegnamento, come l'abbandono dell'ipotesi delle sezioni parallele[9], l'uso dei limiti per derivare «le equazioni generali del moto» e la sua dimostrazione preferita del principio delle velocità virtuali [Grattan-Guinness 1990*a*, pp. 1337-39]. Il *répétiteur* di Cauchy, Coriolis, avrebbe potuto tenere un ottimo corso di meccanica, se gli fosse stato richiesto; probabilmente, si sarebbe basato sulla preferenza degli ingegneri per i principî della meccanica energia/lavoro, come erano formulati nel suo *Du calcul de l'effet des machines* (1829), un'importante monografia (ma non un libro di testo) in cui, per inciso, introdusse la parola «lavoro» come termine tecnico. Ma sembra che

[9] Si confronti la sua trattazione in Prony [1809], lezioni 44-45.

non abbia mai tenuto corsi di meccanica. Come piccola contropartita, nel 1833 l'esaminatore Poisson pubblicò una versione ampliata del suo manuale di meccanica, anche questa in 5000 copie e ora di 1550 pagine. Continuando ad attenersi in gran parte allo stesso stile e allo stesso bilanciamento degli argomenti, aggiunse anche una breve appendice sulla meccanica energia/lavoro applicata alle macchine [Poisson 1833, vol. II, pp. 747-82].

Il fatto mette in luce i conflitti fra la terna di versioni della meccanica descritte all'inizio di questo paragrafo. Le differenze sono in qualche misura piú forti che nel calcolo differenziale, poiché per ognuna delle tre versioni i principî delle altre due sarebbero (o dovrebbero essere) teoremi. Esistono diversi problemi di generalità riguardo a queste tesi; il ruolo dei differenziali esatti è soltanto un caso importante. Si tratta di problemi piuttosto complessi, forse non adatti all'insegnamento universitario; tuttavia gli autori avrebbero potuto renderli piú espliciti di quanto fecero. La preferenza per una versione (parzialmente) lagrangiana rispetto alla versione energia/lavoro forse rifletteva la visione di Lagrange dell'École Polytechnique come scuola preparatoria, ma i sostenitori della versione energia/lavoro avrebbero potuto senza dubbio sostenere che dal punto di vista dell'utilità erano confrontabili.

I molti altri manuali di meccanica e di analisi realizzati nell'ambito dell'École rivelano un quadro ancor piú variegato di quanto facciano gli esempi scelti. Anche i programmi di studio di altri corsi furono soggetti a modifiche di vario genere, in particolare, dopo il 1800 e a causa dell'influenza di Laplace, la riduzione del tempo concesso alla geometria descrittiva e, gradualmente, un grande progresso nell'insegnamento della fisica; Lamé realizzò un pregevole manuale (in due volumi nel 1836-37, in tre volumi nel 1840). Ma non sembra che i contenuti e i programmi siano cambiati in maniera cosí marcata insieme al docente. Di questo relativo equilibrio gli studenti furono senz'altro grati.

10. *Opportunità di carriera per i «polytechniciens».*

Per valutare le opportunità di carriera occorre considerare il duplice ruolo dell'École, che era al servizio di esigenze civili e militari[10]. L'argomento continuò a coinvolgere i ministeri degli Interni e della Guerra anche dopo il 1832 e a quanto pare di solito si raggiungeva un accordo. Talvolta, però, emergevano tensioni, specie ai tempi delle campagne militari di Napoleone.

Il percorso normale della carriera di un *polytechnicien* con ambizioni militari lo portava nell'Esercito o nella Marina, dove poteva sperare di raggiungere gradi elevati. Alcune agenzie specializzate procuravano incarichi

[10] La scuola mantenne il suo duplice ruolo anche dopo la militarizzazione. Questo punto a volte non viene riconosciuto; in particolare, è trascurato da Ken Alder nella sua eccellente descrizione dell'industria bellica francese a cavallo tra il XVIII e il XIX secolo [Alder 1997, cap. V, spec. p. 306].

a chi aveva inclinazioni accademiche, per esempio, il Dépôt Générale de la Guerre con un Comité de Fortifications a Parigi, dove nel 1834 si trasferí Poncelet, proveniente da Metz, restandovi fino al pensionamento, nel 1850. I diplomati civili di solito si inserivano nei corpi corrispondenti alla loro specializzazione, specie *Ponts et Chaussées* e *Mines*, aspettandosi di salire nei ranghi degli ingegneri in un *département* e magari nell'amministrazione nazionale. Nuove *écoles supérieures* furono create di pari passo con il progresso delle corrispondenti tecnologie; per esempio, *Télégraphie* nel 1878 e *Électricité* nel 1894.

Ma coloro che ci interessano maggiormente appartengono all'esigua minoranza che rientrò nella vita accademica, all'École Polytechnique e/o in una delle *écoles d'application*, e/o negli altri centri di scienza e di ingegneria del paese, come il civile Bureau des Longitudes per l'astronomia e la nautica o il militare Dépôt Générale appena citato. All'epoca era pratica comune detenere un «cumulo» di incarichi allo stesso tempo [Anonimo 1831]; alcuni *polytechniciens,* come Navier, unirono all'insegnamento un'attiva carriera di ingegnere.

Questo sistema fu istituito per l'insegnamento dell'ingegneria militare e civile. Ufficialmente per l'ingegneria commerciale non si organizzò nulla; cosí nel 1829 fu fondata a tal scopo, a Parigi, l'École Centrale des Arts et Manufactures, come impresa privata [Pothier 1887]. Tra i *polytechniciens* coinvolti, si possono citare Théodore Olivier, uno dei fondatori della scuola, e Coriolis, Liouville e Belanger, che furono tra i primi professori. La scuola ebbe molto successo e nell'arco di una decina d'anni fu trasformata in *école d'application*.

Per i *polytechniciens* erano disponibili incarichi di insegnamento anche in altre sedi. In particolare, in contrasto con la brevità della sospensione dei collegi militari (cfr. paragrafo 1), passarono quindici anni prima che Napoleone, nel 1808, su particolare insistenza di Fourcroy, rimpiazzasse il sistema universitario abolito con una nuova Université Impériale de France. Il nome è fuorviante, poiché l'organizzazione era alquanto diversa da quelle che l'avevano preceduta. L'Impero era diviso in *arrondissements*, ognuno dei quali (a parte Parigi) comprendeva alcuni dipartimenti contigui, dove le scuole primarie e secondarie erano gestite da un'accademia (ancora una volta, un uso assurdo della parola) che aveva sede nel capoluogo di uno dei dipartimenti. In piú, in alcune accademie l'istruzione superiore era organizzata in facoltà di Scienze, Medicina, Giurisprudenza, Lettere e Teologia. Nell'Académie de Paris erano attive tutt'e cinque le *facultés* e, in base alla regola del cumulo, le cattedre venivano assegnate a persone che già insegnavano in altre scuole; in particolare, Hachette, Poisson e Cauchy dell'École Polytechnique insegnarono anche alla Faculté des Sciences di Parigi.

Nell'ambito dell'Université, ma al di fuori di tutte le accademie, fu fondata a Parigi un'École Normale, con le proprie facoltà di Scienze e di Lettere. Non aveva collegamenti formali con l'istituzione che l'aveva preceduta per breve tempo (paragrafo 1), anche se la formazione di futuri insegnanti e burocrati continuava a essere un obiettivo particolare.

Nonostante l'esistenza dell'École Normale, l'Université aveva chiaramente una posizione secondaria rispetto alle *écoles d'application* [Grattan-Guinness 1988]; gli stipendi erano piú bassi e, per esempio, quando Hachette fu licenziato dall'École Polytechnique nel 1816 conservò la cattedra alla Faculté. Il corpo docente e i potenziali studenti dell'università, tuttavia, contribuivano alla vendita dei testi di base citati nel paragrafo 1.

Va ricordata infine un'istituzione meno importante: il vecchio Collège Royal di Parigi, che era stato rapidamente rilanciato nel 1795 come Collège de France, continuando a offrire corsi gratuiti senza condizioni per l'iscrizione né esami degli uditori. Diversamente dalla norma, i corsi di matematica erano elementari, benché il docente di fisica, Jacques Cousin (1739-1810), fosse un esperto di equazioni differenziali e di analisi. La situazione iniziò a migliorare soltanto quando Poisson tenne alcuni corsi supplementari, tra il 1809 e il 1812, e in particolare quando Lacroix ottenne la cattedra nel 1815, mantenendola fino alla morte, nel 1843. All'incirca a partire dal 1860, nel Collège de France furono istituiti corsi di matematica di alto livello [Sédillot 1870].

Queste istituzioni, insieme a tutte le scuole di ingegneria e alle organizzazioni collegate, fornivano agli accademici opportunità professionali in una misura mai vista prima in Francia, e piú di quanto accadesse all'epoca in qualsiasi altro paese. L'École Polytechnique assumeva nel corpo docente eminenti *savants* e ben presto, seppur non intenzionalmente, cominciò a sfornare futuri scienziati brillanti dalle file degli studenti reclutati in modo cosí accurato. Nelle assunzioni, però, emerse un curioso squilibrio. Le altre scuole ebbero docenti illustri per certi periodi, come Navier all'École des Ponts et Chaussées dal 1819 e Poncelet alla scuola di Metz dal 1824; tuttavia, per fare un esempio, Navier supplí luminari quali Joseph Eisenmann e Louis Bruyère, che erano responsabili dell'insegnamento della meccanica presumibilmente a un livello piú avanzato rispetto a quello che era stato offerto all'École Polytechnique da Ampère e Cauchy.

11. *Il periodo 1850-1914.*

Le ricerche storiche su tutti gli aspetti di questo periodo sono molto piú limitate in confronto alle epoche precedenti, sotto tutti i profili, il che ci consente di presentare soltanto osservazioni sparse[11].

[11] Qualche informazione può essere raccolta nei libri scritti o curati da Bruno Belhoste, in particolare Belhoste et al. [1994*a*, parte II], in Shinn [1980, capp. III-V], Fox e Weisz [1980, parti I e II *passim*], e in vari articoli del «Bulletin de la Société des Amis» (SABIX) della biblioteca della scuola, dove sono disponibili alcune copie.

Dopo le modifiche apportate da Leverrier, a quanto pare la scuola si stabilizzò in un altro regime, piuttosto uniforme, fino al 1870. I matematici piú importanti di quest'ultimo periodo sono Edmond Laguerre (1834-1866; iscritto nel 1853), Émile Mathieu (1835-1890; iscritto nel 1854), Camille Jordan (1835-1922; iscritto nel 1855), Charles-Ange Laisant (1841-1908; iscritto nel 1859) e Georges-Henri Halphen (1844-1889; iscritto nel 1862).

La discontinuità successiva fu dovuta a un motivo militare: la guerra franco-prussiana del 1870-71, in cui le forze francesi non riuscirono a tenere a bada l'esercito prussiano. Di conseguenza, le iscrizioni alla scuola raddoppiarono per una decina d'anni, passando da circa 120-140 a 250 e piú; il personale, tuttavia, non crebbe in maniera proporzionale, quanto meno sul piano professionale. Inoltre, il tempo dedicato allo studio accademico fu ridotto a favore di attività non accademiche obbligatorie, come l'equitazione. La qualità dell'istruzione molto probabilmente ne risentí, rendendo la scuola meno attraente agli occhi degli studenti dotati – anche se di lí a poco entrarono due matricole notevoli, Henri Becquerel (1852-1908; iscritto nel 1872) e Henri Poincaré (1854-1912; iscritto nel 1873); ma in seguito la riduzione del numero di figure eminenti, già evidente nella tabella 2 e nell'elenco dei nomi citati, continuò. Oltre a Poincaré, i matematici piú importanti tra il 1870 e il 1914 furono Marie-Georges Humbert (1859-1921; iscritto nel 1877), Maurice d'Ocagne (1862-1938; iscritto nel 1880) e Paul Lévy (1886-1977; iscritto nel 1904)[12]. Va ricordato, peraltro, che la formazione di ricercatori matematici non fece mai parte dell'obiettivo esplicito della scuola.

Il principale mutamento della professione matematica in Francia fu uno spostamento di equilibrio, graduale ma cospicuo, causato dall'ascesa dell'École Normale Supérieure (il nome risale al 1845) come centro per la scienza in generale e della matematica (di solito pura) in particolare [Zwerling 1976]. I segni del cambiamento iniziarono a manifestarsi quando candidati quali Gaston Darboux (1842-1917), nel 1861, e Jules Tannery (1848-1910), cinque anni piú tardi, scelsero di diventare *normaliens* e non *polytechniciens* dopo essersi piazzati ai primi posti nelle graduatorie di ammissione a entrambe le scuole. Tra i *normaliens* dell'epoca vi furono Paul Appell (1855-1930), Émile Picard (1856-1941), Édouard Goursat (1858-1936), Paul Painlevé (1863-1933), Jacques Hadamard (1865-1963), Jules Drach (1871-1941), Émile Borel (1871-1956), René Baire (1874-1932), Henri Lebesgue (1875-1941), Paul Montel (1876-1975), Maurice Fréchet (1878-1973) e Arnaud Denjoy (1878-1974). Alla fine del secolo, l'École Normale Supérieure era ormai il piú prestigioso centro francese per la matematica (soprattutto pura). A parte Duhem e Baire, tutti questi diplomati insegnarono nella loro vecchia scuola, la Faculté di Parigi

[12] Da notare anche A. Dreyfus (1859-1935; iscritto nel 1878). L'elenco completo delle iscrizioni alla scuola fino a oggi è disponibile sul sito *www.bibliotheque.polytechnique.fr*, con osservazioni sulla carriera di alcuni dei diplomati piú insigni.

e/o il Collège de France, cosí anche questi due istituti diventarono piú importanti per la matematica. Il loro ruolo finí per dominare nella costante rivalità matematica tra la Francia e una Germania sempre in ascesa – o quanto meno nel modo in cui esse stesse si consideravano reciprocamente.

Queste trasformazioni del mondo matematico francese influenzarono la stessa École Polytechnique. Alcuni tra i suoi diplomati illustri continuarono a occupare le cattedre di analisi: Jospeh Bertrand (1856-94), Charles Hermite (1869-76), Jordan (1877-911) e Humbert (1895-920). Tra gli esaminatori, vi furono Hermite (1863-69)[13], Pierre-Ossian Bonnet (1869-72, quando fu *directeur des Études* per sei anni) e Jordan (1873-77). Ma dal 1905 al 1933 il professore di meccanica della scuola fu il *normalien* Painlevé[14], affiancato nel 1912 da Hadamard (che succedeva a Jordan per l'analisi e rimase fino al 1937, quando gli subentrò Lévy). Le nomine dei professori e degli esaminatori di geometria e di matematica applicata sono forse meno degne di nota, a parte l'assegnazione della cattedra di astronomia a Poincaré tra il 1904 e il 1908: nello stesso periodo insegnò pure un po' di statistica, ma anche in questo caso i suoi incarichi piú importanti erano alla Faculté.

Oltre ai problemi del corpo docente, di tanto in tanto venivano a galla le vecchie questioni sui programmi di studio. Il numero annuale di lezioni di analisi era stato ridotto negli anni Settanta dell'Ottocento da 85 a 80, anche se la quantità di matematica insegnata continuava a essere notevole. Nel 1895 Bertrand si ritirò dalla cattedra e la contrapposizione tra matematica pura e applicata riaffiorò nuovamente; la scuola optò per la matematica pura [Gispert 1992], ma la cattedra fu offerta a Humbert (*polytechnicien*) e non al potente *normalien* Picard[15]. Nel corso di tutto questo periodo, il contenuto fu un po' ritoccato per adattarlo alle applicazioni – per esempio, dando maggior spazio alle soluzioni delle principali equazioni differenziali come quelle di Laplace e minor spazio alle funzioni ellittiche.

Com'era già accaduto, i programmi di studio delle altre materie a quanto pare rimasero ragionevolmente stabili, anche se flessibili nel contenuto. Per esempio, di tanto in tanto la fisica veniva promossa, come accadde nella relazione di Leverrier del 1850; dal 1895 al 1908 la cattedra di fisica fu occupata da Becquerel, che subentrava a una serie di specialisti di ottica. Victor Regnault (1810-1878; iscritto nel 1831) fu il titolare della cattedra di chimica dal 1841 al 1870.

[13] L'incarico di esaminatore assegnato a Hermite faceva parte di una nuova distinzione esplicita tra la funzione di esaminatore per l'analisi e per la meccanica. L'assurda distinzione tra esaminatori «permanenti» e «provvisori» era stata abbandonata nel 1845.

[14] Forse la nomina di Painlevé fu piú che altro simbolica, poiché egli ricoprí vari incarichi ministeriali all'incirca a partire dal 1905 (per breve tempo fu anche primo ministro).

[15] Per caso, al momento della nomina ricorreva il centenario dell'École e in tale occasione fu realizzata una voluminosa, seppur superficiale, storia celebrativa [Pinet 1894-97]. Nel 1896 le varie facoltà delle accademie furono trasformate in università distinte e in qualche misura autonome.

Il numero degli aspiranti iscritti continuò a essere alto, con una percentuale maggiore di giovani provenienti da famiglie dotate di mezzi economici e di figli di dipendenti pubblici e una percentuale minore di figli di professionisti. Tuttavia, sotto il controllo del ministero della Guerra l'influenza della scuola sui programmi di matematica delle scuole secondarie francesi gradualmente diminuí. Anzi, la scuola resistette alle richieste del ministero della Pubblica Istruzione, specie intorno al 1900, di uniformare maggiormente i corsi ai programmi nazionali.

Le possibilità di carriera descritte nel paragrafo 10 si fecero notevolmente piú complicate. Dopo il 1870, la grande maggioranza dei *polytechniciens* seguí la carriera militare, tuttavia la stagnazione delle promozioni e le condizioni economiche sempre piú attraenti offerte dall'industria e dal commercio furono spesso causa di dimissioni. Ma la preparazione dei *polytechniciens* per questi settori era meno adeguata di quella dei diplomati dell'École Centrale des Arts et Manufactures, o delle Facultés, che grazie a un'iniziativa del ministero della Pubblica Istruzione avevano goduto per qualche tempo del sostegno e della collaborazione dell'industria [Shinn 1979].

In un'atmosfera un po' vacillante e incerta, l'École Polytechnique continuò quindi a svolgere il ruolo che le era stato assegnato, senza offrire grandi contributi al mondo accademico. Nel 1913, quando incombeva la Grande guerra, le iscrizioni salirono ai livelli raggiunti dopo la guerra franco-prussiana. Poco tempo prima, lo storico della matematica Raymond Clare Archibald, che aveva soggiornato a lungo a Parigi, aveva manifestato un'estrema freddezza nei confronti della scuola: «Dall'essere forse la piú importante scuola del tempo per la produzione di brillanti matematici, è scesa poi fino a una posizione di importanza totalmente trascurabile sotto questo profilo» [Archibald 1911, p. 121]. Egli attribuiva la responsabilità della situazione al «dominio in espansione» degli ingegneri; per una volta, tuttavia, questo storico perspicace si è lasciato sfuggire il motivo della formazione e dell'esistenza della scuola e ha considerato tale obiettivo meno importante della straordinaria, ma non intenzionale, generazione di importanti ricercatori matematici.

12. *Rassegna della letteratura.*

In epoche diverse sono stati pubblicati molti libri storici e celebrativi dell'École Polytechnique, non sempre attendibili e spesso derivati dalle fonti tra poco citate. La ristampa di Fourcy [1828] del 1987 contiene qualche informazione aggiuntiva fornita da Jean Dhombres. All'epoca della pubblicazione del libro di Fourcy, la storia della scuola fino a quel momento era riassunta succintamente in Hachette [1828]. Numerosi documenti che riguardano la scuola si possono trovare in una raccolta di materiale sulle strategie educative in generale nel periodo 1792-95 [Guillaume 1891-1907, spec. vol. V, pp. 627-53]. La parziale ristampa di Leverrier [1850*a*] nel «Moniteur universel» ha ripreso la tradizione, nata insieme alla scuola, di pubblicare molte informazioni: non solo decreti, opinioni e reazioni, ma anche dati sul personale e sull'insegnamento. Marielle [1855] fornisce un elenco prezioso delle iscrizioni fino a quel momento.

Tra le fonti piú recenti, Grattan-Guinness [1990*a*] presenta molte informazioni in uno studio dettagliato di gran parte della comunità matematica francese; Dhombres e Dhombres [1989] la esamina da una prospettiva piú ampia. Il bicentenario della scuola nel 1994 ha generato diversi volumi, che sono preziosi soprattutto per la descrizione di aspetti dello sviluppo successivo al 1914, dell'insegnamento di materie diverse dalla matematica e delle relazioni della scuola con altri paesi [Belhoste et al. 1994*a*, 1994*b*, 1995]. Belhoste [2003] esamina vari aspetti del ruolo e della funzione della scuola fino al 1870, tra cui l'origine familiare degli studenti (analizzata piú in dettaglio da Shinn [1980]), il loro comportamento e le iscrizioni, oltre alle relazioni dell'École con le scuole di applicazione e con i corpi docenti associati.

Gli archivi dell'École contengono molti incartamenti interessanti, grazie soprattutto al fatto che verso il 1983 le archiviste Natalie Bayle e Claudine Billoux hanno creato un ordine notevole dal caos precedente [Grattan-Guinness 1985]. Il sito *www.bibliotheque.polytechnique.fr* contiene un gran numero di riferimenti a fonti ed elenchi. Molti dossier importanti sono conservati negli archivi dell'École des Ponts et Chaussées, a quanto pare perché Prony li ottenne in prestito.

ALDER, K.

1997 *Engineering the Revolution. Arms and Enlightenment in France*, Princeton University Press, Princeton, pp. 1763-815.

ANONIMO

1831 *Sur le cumul des emplois scientifiques*, in «Journal du génie civil», 11 (1831-46), pp. 170-86 [firmato 'Y'] .

ARCHIBALD, R. C.

1911 *Mathematical instruction in France*, in «Transactions of the Royal Society of Canada», pp. 89-152.

BELHOSTE, B.

1991 *Augustin-Louis Cauchy. A Biography*, Springer, New York.

2003 *La formation d'une technocratie. L'École Polytechnique et ses élèves de la Révolution au Second Empire*, Belin, Paris.

BELHOSTE, B. et al. (a cura di)

1994*a* *La formation polytechnicienne, 1794-1994*, Dunod, Paris.

1994*b* *Le Paris des polytechniciens. Des ingénieurs dans la ville*, Délégation à l'Action de la Ville de Paris, Paris.

1995 *La France des X. Deux siècles d'histoire*, Economica, Paris.

BELHOSTE, B. e PICON, A. (a cura di)

1996 *L'École d'application de l'artillerie et du génie de Metz (1802-1870). Enseignement et recherches*, Ministère de la Culture, Direction du Patrimonie, Musée des Plans-Reliefs, Paris.

BOTTAZZINI, U.

1986 *The Higher Calculus*, New York, Springer [versione ampliata di *Il calcolo sublime: storia dell'analisi matematica da Euler a Weierstrass*, Boringhieri, Torino 1981].

BRADLEY, M.

1975 *Scientific education versus military training: the influence of Napoleon Bonaparte on the École Polytechnique*, in «Annals of Science», 32, pp. 415-49.

1976*a* *Scientific education for a new society. The École Polytechnique 1795-1830*, in «History of education», 5, pp. 11-24.

1976*b* *An early science library and the provision of textbooks: the École Polytechnique, 1794-1815*, in «Libri», 26, pp. 165-80.

1998 *A career biography of Gaspard Clair François Marie Riche de Prony, bridge-builder, educator and scientist*, Edwin Mellen, Lewiston, Queenston e Lampeter.

BUGNOT, Y. D. E.

1837 *De l'École Polytechnique*, Gaultier-Laguionie, Paris.

CARNOT, L. N. M.

1796 *Loi concernant les écoles de services publics*, in «Journal de l'École Polytechnique», (1)1, cahier 4, pp. XIII-XXVIII.

CHAMBRAY, G. DE

1836 *De l'École Polytechnique*, Anselin, Paris.

DHOMBRES, J. G. e DHOMBRES, N.

1989 *Naissance d'un nouveau pouvoir. Sciences et savants en France (1793-1824)*, Payot, Paris.

DUPUY, P.

1895 *L'École Normale de l'an III*, in *Le centenaire de l'École Normale 1795-1895*, Hachette, Paris, pp. 1-209.

ÉCOLE POLYTECHNIQUE

1799 *Observations présentées à la Commission du Conseil des Cinq-cents, chargée du rapport sur l'École Polytechnique*, Baudouin, Paris.

1806 *Rapport sur l'École Polytechnique, et ses relations avec les écoles d'application des services publics*, in *Rapport sur la situation de l'École Impériale Polytechnique (1805-1806)*, pp. 13-30.

1816 *Rapport au Roi par le Conseil de Perfectionnement l'École royale Polytechnique. (Session de 1815-1816)*, in *Rapport sur la situation de l'École Royale Polytechnique (1815-1816)*, pp. 3-20.

1830 *Organisation de l'École Polytechnique. Ordonnance du 13 novembre 1830*, in «Moniteur universel», 15 novembre, pp. 1465-66; anche in «Le globe», 18 novembre, pp. 1085-86 (con commenti editoriali) e in «Journal du génie civil», 10 (1831), pp. 87-97.

1832 *Organisation de l'École Polytechnique. Ordonnance du 30 octobre 1832*, in «Moniteur universel», 7 novembre, pp. 1925-27; anche in «Journal officiel des institutions publiques», 2 (15 novembre), 6-7 (22 novembre), 21-22 e in «Journal des sciences militaires», 2 (1833), pp. 191-208.

FOURCY(-GANDUIN), A.-L.

1828 *Histoire de l'École Polytechnique*, École Polytechnique, Paris. [Ristampa Belin, Parigi 1987, con note di J. G. Dhombres.]

FOX, R. e WEISZ, G. (a cura di)

1980 *The Organization of Science and Technology in France 1808-1914*, Cambridge University Press, Cambridge.

GISPERT, H.

1992 *L'enseigement de l'analyse à l'École. Un moment du débat théorie/application*, in «Bulletin de la Société des amis de la Bibliothèque de l'École Polytechnique», 1, pp. 2-14.

GRABINER, J. V.

1981 *The Origins of Cauchy's Rigorous Calculus*, Mit Press, Cambridge Mass.

GRATRY, A.-J.-A.

1855 *Philosophie. Logique*, I ed., 2 voll., Douniol, Paris [ed. I-V (1868); trad. ingl. Open Court, La Salle, 1944].

GRATTAN-GUINNESS, I.

1985 *On the transformation of the École Polytechnique's archives*, in «The British Journal for the History of Science», 19, pp. 45-50.

1988 *Grandes écoles, petite Université: some puzzled remarks on higher education in mathematics in France, 1795-1840*, in «History of universities», 7, pp. 197-225.

1990*a* *Convolutions in French mathematics, 1800-1840. From the calculus and mechanics to mathematical analysis and mathematical physics*, 3 voll., Birkhäuser, Basel-Boston.

1990*b* *The varieties of mechanics by 1800*, in «Historia mathematica», 17, pp. 313-38.

1995 *The ingénieur savant, 1800-1830: a neglected figure in the history of French mathematics and science*, in «Science in context», 6, pp. 405-33.

GUENYVEAU, A.

1840 *De l'enseignement des sciences à l'École Polytechnique*, Bachelier, Paris.

GUILLAUME, J. (a cura di)

1891-1907 *Procès-verbaux du Comité d'Instruction Publique de la Convention Nationale*, 6 voll. e indice non datato in 2 parti, Hachette, Paris.

HACHETTE, J.-N.-P.

1828 *Notice sur la création de l'École Polytechnique*, in G. E. D. MONNAIS (a cura di), *Ephémérides universelles*, vol. III, Corby, Paris, pp. 251-61; anche in «Journal du génie civil», 2, pp. 251-63.

JULIA, D.

1995 *Le modèle méritocratique entre Ancien Régime et Révolution*, in BELHOSTE et al. [1995], pp. 33-50.

LAMY, L.

1995 *Le «Journal de l'École Polytechnique» de 1795 à 1831; journal savant, journal institutionnel*, in «Sciences et techniques en perspective», 32.

LANGINS, J.

1987*a* *La République avait besoin de savants*, Belin, Paris.

1987*a* *Sur l'enseignement et les examens à l'École Polytechnique sous le Directoire. À propos d'une lettre inédite de Laplace*, in «Revue d'histoire des sciences», 40, pp. 145-77.

1989 *Histoire de la vie et les fureurs de François Peyrard*, in «Bulletin de la Société des amis de la Bibliothèque de l'École Polytechnique», 3, pp. 2-12.

1991 *La préhistoire de l'École Polytechnique*, in « Revue d'histoire des sciences», 44, pp. 61-89.

LEVERRIER, U.-J.-J.

1850*a* *Rapport sur l'enseignement de l'École Polytechnique*, Paris [in parte in «Moniteur universel», 12 gennaio 1851, suppl., pp. I-XXXIV].

1850*b* *Rapport supplémentaire [...] relative aux écoles polytechnique et militaire*, in «Assemblée Nationale Législative», DCCCLXV, 44 pp.

MARIELLE, CH.-PH. (BACOUILLARD-)

1855 *Repertoire de l'École Polytechnique*, Mallet-Bachelier, Paris.

PAUL, M.

1980 *Gaspard Monges «Géométrie descriptive» und die École Polytechnique*, Institut für Didaktik der Mathematik, Bielefeld.

PEPE, L.

1996 *La formazione della biblioteca dell'École Polytechnique: il contributo involontario del Belgio e dell'Italia*, in «Bollettino di storia delle scienze matematiche», 16, pp. 155-97.

PEYRARD, F.

1814-18 *Les œuvres d'Euclide en grec, traduites en latin et en francais, d'après un manuscrit très ancien qui était resté inconnu jusqu'à nos jours*, 3 voll., Buisson, Paris.

PICON, A.

1992 *L'invention de l'ingénieur moderne. L'École des Ponts et Chaussées 1747-1851*, Presses de l'École Nationale des Ponts et Chaussées, Paris.

PINET, G. (a cura di)

1894-97 *École Polytechnique, Livre du centenaire*, 3 voll., Gauthiers-Villars, Paris.

PINKNEY, D.

1972 *The French Revolution of 1830*, Princeton University Press, Princeton.

POISSON, S. D.

1811 *Traité de mécanique*, 1a ed., 2 voll., Veuve Courcier, Paris.

1833 *Traité de mécanique*, 2a ed., 2 voll., Bachelier, Paris.

POTHIER, F.

1887 *Histoire de l'École Centrale des Arts et Manufactures*, Delamotte, Paris.

PRIEUR DE LA CÔTE D'OR, C.

1795 *Programmes de l'enseignement polytechnique de l'École Centrale des Travaux Publics*, Imprimerie Nationale, Paris; anche in LANGINS [1987*a*], pp. 126-98.

PRONY, G. C. F. M. DE

1800 *Mécanique philosophique*, Imprimerie de la République, Paris; anche in «Journal del l'École Polytechnique», (1)3, cahier 8bis.

1809 *Sommaire des leçons sur le mouvement des corps solides, l'équilibre et le mouvement des fluides, données à École Impériale Polytechnique en 1809*, Gueffier, Paris.

SÉDILLOT, L. P. E. A.

1870 *Les professeurs de mathématiques et de physique générale au Collège de France*, parte IV, in «Bollettino di bibliografia e di storia delle scienze matematiche e fisiche», 3, pp. 107-70.

SHINN, T.

1979 *The French science faculty system, 1808-1914: institutional change and research potential in mathematics and the physical sciences*, in «Historical studies in the physical sciences», 10, pp. 271-332.

1980 *Savoir scientifique et pouvoir social: l'École Polytechnique 1794-1914*, Presses de la Fondation Nationale des Sciences Politiques, Paris.

ZWERLING, C. S.

1976 *The Emergence of the École Normale Supérieure as a Center of Scientific Education in Nineteenth Century France*, tesi di dottorato, Harvard University.

ROSSANA TAZZIOLI

Gottinga e Berlino nell'Ottocento

1. *La Francia: una grande potenza di inizio Ottocento.*

All'inizio dell'Ottocento è Parigi il centro della matematica mondiale. Dopo la Rivoluzione francese del 1789, furono fondate l'École Normale e l'École Polytechnique, dove insegnavano i migliori matematici del periodo. L'École Polytechnique (1794) era la scuola di formazione dei quadri tecnici del paese, civili e militari, ed ebbe Gaspard Monge (1746-1818) e Joseph-Louis Lagrange (1736-1813) tra i suoi primi professori di matematica. Nel 1808 fu istituita l'École Normale Supérieure, con il preciso scopo di preparare gli insegnanti delle materie scientifiche e umanistiche.

Con la nascita delle *Grandes Écoles* cambiò anche il ruolo sociale del matematico. Dalla seconda metà del XVII fino a tutto il XVIII secolo, infatti, il matematico era solitamente patrocinato dalle Accademie, che nacquero e si svilupparono in tutta Europa. Ricordiamo tra queste la Royal Society di Londra, l'Accademia delle Scienze di Berlino, l'Académie des Sciences di Parigi, l'Accademia di San Pietroburgo e la nostrana Accademia dei Lincei. Nella Francia di inizio Ottocento prese il posto del *savant* del Settecento, affiliato a questa o a quella Accademia, la figura di un dinamico professore universitario, inserito in un preciso ambiente socioculturale che, oltre all'attività di ricerca, aveva l'esigenza di redigere trattati a uso degli studenti. Si stamparono cosí in migliaia di copie i manuali di algebra, di geometria e di calcolo infinitesimale, come quelli di Sylvestre-François Lacroix (1765-1843) e di Adrien-Marie Legendre (1752-1833), che hanno conosciuto molte edizioni e sono stati tradotti in diverse lingue. Naturalmente anche la diffusione dei giornali scientifici, e matematici in particolare, si intensificò enormemente nel corso dell'Ottocento. Le riviste già esistenti (generalmente associate alle Accademie) divennero sempre piú specialistiche e molte furono fondate *ex novo*, in Francia come in Italia e in Germania.

Intanto, con le annessioni di Spagna (1808) e parte dell'Italia (1808-11), l'impero francese aveva raggiunto la sua massima estensione con 130 dipartimenti e 44 milioni di abitanti. Ben presto, però, le insurrezioni antifrancesi si diffusero in tutta Europa mostrando la debolezza dell'impero napoleonico. La fine del Grande Impero era vicina. Una coalizione formata da Austria, Russia, Svezia, Prussia, Confederazione del Reno e Inghilterra poté sconfiggere con il suo esercito la *Grande Armée* ed entrò a Parigi costringendo Napoleone ad abdicare nella primavera del 1814.

2. *La situazione in Germania.*

Dai punti di vista politico e militare la Francia napoleonica si fece sempre piú aggressiva. Nel 1792, anno in cui esplose la guerra tra la Francia rivoluzionaria e le altre potenze d'Europa, era salito al trono Francesco II d'Austria. Negli anni successivi l'ampliarsi della Confederazione degli Stati tedeschi indipendenti, che riuniva un numero di Stati via via piú alto sotto la protezione delle armi prussiane, e l'annessione della Renania alla Francia destabilizzarono l'intera Europa.

Gli ideali della Rivoluzione francese furono ben presto esportati anche in Germania, dove si accese la speranza di poter ottenere una nuova Costituzione basata sulla sovranità popolare e sui diritti dell'uomo; speranza che ben presto si frantumò di fronte agli avvenimenti del Terrore degli anni 1793-94. Lo sterminio che venne portato avanti in Francia in nome dei valori dell'Illuminismo fu condannato dai Tedeschi e molti intellettuali del periodo ne presero immediatamente le distanze per abbracciare le idee del nuovo clima culturale che stava allora fiorendo, il Romanticismo.

Nel 1804 Napoleone, dopo un clamoroso viaggio in Renania dove destò l'entusiasmo della popolazione, fu incoronato a Parigi imperatore dei Francesi con lo scettro (poi rivelatosi un falso) di Carlo Magno. Ma vi erano allora due imperatori in Europa? Napoleone derise Francesco II definendolo uno «scheletro salito al trono solo per merito dei predecessori». Il colpo di grazia alla corona d'Austria fu di poco successivo. Nel 1805, presso Austerlitz, Napoleone sconfisse l'Austria e il 12 luglio 1806 fu istituita una nuova congregazione di sedici Stati tedeschi, la Confederazione del Reno, che sancivano il distacco dall'impero austriaco e il passaggio al protettorato francese. Il 6 agosto 1806 Francesco II non poté che deporre la corona imperiale e rinunciare all'altisonante titolo di imperatore del Sacro Romano Impero.

Alla Prussia non toccò sorte migliore; il 14 ottobre 1806, presso Jena e Auerstedt, Napoleone inflisse una gravissima sconfitta all'esercito prussiano e la sua entrata a Berlino fu salutata con favore dalla popolazione. L'anno successivo il re prussiano Federico Guglielmo III firmò le dure condizioni di pace imposte dai Francesi e la Prussia sarebbe definitivamente scomparsa se Napoleone, insieme allo zar Alessandro I, non avesse deciso di farne uno Stato cuscinetto, posto strategicamente tra i due blocchi francese e russo.

Dopo la caduta di Napoleone e la conseguente Restaurazione, i confini delle grandi potenze europee furono riportati a quelli immediatamente precedenti il 1792. L'Europa centrale restò frammentata in piccoli Stati, come già in precedenza; vi era un legame costituito dalla Confederazione germanica, una sorta di debole alleanza di 39 Stati sovrani e città con un congresso di rappresentanti, il Bundestag, quale organo costituzionale comune. Prussia e Austria facevano parte della congregazione soltanto per quei territori che un tempo erano appartenuti all'impero, mentre i re di Danimarca, Inghilterra e Olanda erano membri della Confederazione in qualità di sovrani territoriali tedeschi dello Schleswig, di Hannover e del Lussemburgo. In tal modo l'ordinamento della Germania veniva agganciato al resto dell'Europa, negando ancora una volta i principî di indipendenza e di nazionalità.

Dunque, all'inizio dell'Ottocento e anche dopo la Restaurazione, le città di Gottinga e Berlino appartenevano a Stati diversi. Mentre la prussiana Berlino aveva vissuto in maniera drammatica tutte le conseguenze delle guerre napoleoniche, Gottinga, quale capitale del Regno di Hannover, era caduta nel 1806 sotto la dominazione francese e poi, dopo la Restaurazione, era ritornata a essere un protettorato inglese.

3. *Carl Friedrich Gauss (1777-1855).*

La risposta tedesca all'egemonia francese nel campo della matematica è rappresentata da Gauss, il *princeps mathematicorum* della prima metà dell'Ottocento. Questa grande figura di scienziato (Gauss non fu solo un matematico, ma anche astronomo, geodeta e fisico) si erge tra il vecchio e il nuovo secolo e racchiude in sé il meglio dei due periodi: la capacità di affrontare ricerche in matematica applicata, in sintonia con il clima culturale del Settecento, e l'amore per la matematica pura, *in primis* per la teoria dei numeri, come suggerisce l'idealismo tedesco del nuovo secolo. Il sistema educativo tedesco si contrapponeva infatti alle idee che stavano alla base dell'insegnamento nelle *Grandes Écoles* francesi, dove matematica pura e matematica applicata venivano coniugate insieme. I principali riformatori del sistema educativo tedesco, Wilhelm von Humboldt, Johann Gottlieb Fichte, Friedrich Daniel Ernst Schleiermacher, Henrik Steffens e Friedrich August Wolf, miravano a una scienza pura, senza condizionamenti esterni. Nelle intenzioni di Fichte, uno dei fondatori dell'idealismo, si doveva formare un uomo con il piú alto grado possibile di cultura; le scienze applicate erano considerate di poco conto tra i giovani scienziati tedeschi, i quali le definivano con disprezzo *Brotstudium* (studio per il pane).

Gauss rappresenta una figura isolata nel panorama matematico della Germania ottocentesca. La sua vita scientifica trascorre principalmente a Gottinga, dove compie parte degli studi universitari (dal 1795 al 1798) e dal 1807 ne dirige l'Osservatorio astronomico. Fondata nel 1734 da re Giorgio II d'Inghilterra, l'Università di Gottinga poteva vantare, all'epoca in cui Gauss ne frequentava i corsi, alcuni professori di fama mondiale come il fisico Georg Christoph Lichtenberg, il filologo Christian Gottlob Heyne e l'astronomo Carl Felix Seyffer. Professore di matematica di Gauss a Gottinga fu Abraham Gotthelf Kästner (1719-1800), per il quale Gauss non nutriva grande stima. Kästner era comunque un insegnante di grande esperienza, cultore di storia della matematica e autore di numerosi trattati di matematica per gli studenti, nonché appassionato bibliofilo.

Gauss ricevette maggiori stimoli dai suoi insegnanti del liceo a Brunswick (il Collegium Carolinum), che lo introdussero a Eberhard August Wilhelm Zimmermann (1743-1815), il quale fu impressionato dalle sue doti e convinse il duca di Brunswick a patrocinare i suoi studi. Presso il Collegium Carolinum Gauss fece molte letture di classici della matematica e iniziò a redigere il *Mathematische Tagebuch* (Diario matematico) dove annotava giorno per giorno le sue riflessioni sui vari argomenti di ricerca. Si è cosí venuti a conoscenza che alla teoria dei numeri, da lui denominata la «regina della matematica», Gauss si dedicò in diversi periodi della sua carriera e che le celebri *Disquisitiones Arithmeticae*, pubblicate nel 1801, sono una *summa* dei risultati ottenuti da Gauss in teoria dei numeri risalenti, almeno parzialmente, ai suoi anni liceali e poi sviluppati nei suoi anni di studente a Gottinga. Nelle *Disquisitiones*, dopo aver definito gli elementi fondamentali della teoria dei numeri, Gauss elabora per la prima volta una teoria delle congruenze organica e sistematica.

Nel periodo trascorso all'Università di Gottinga, Gauss affronta e approfondisce un gran numero di questioni, e i frutti di queste riflessioni si vedranno per molti anni a venire. Del 1796, come si legge nel *Tagebuch*, è la risoluzione di un celebre problema di stampo greco: la divisione della circonferenza in 17 parti uguali facendo uso soltanto della riga e del compasso, un argomento che costituisce un intero capitolo delle *Disquisitiones*. La proposizione dimostrata da Gauss è in realtà molto piú generale; essa afferma infatti che la costruzione con riga e compasso di un poligono regolare di n lati (il che è equivalente a suddividere una circonferenza in n parti uguali) è possibile se e solo se $n = 2^{\alpha} p_1^{\beta} p_2^{\gamma} \dots p_r^{\sigma}$, dove i numeri $p_1, p_2, \dots, p_r$ sono primi di Fermat (cioè della forma $2^{2^k} + 1$) e gli esponenti $\alpha, \beta, \gamma, \dots, \sigma$ sono interi non negativi. Una proposizione che mette in evidenza una profonda connessione tra la geometria classica e la teoria dei numeri.

Nel 1798 Gauss lasciò Gottinga senza un diploma per ritornare nella nativa Brunswick e l'anno successivo sottomise la sua tesi di dottorato all'Università di Helmstedt, acconsentendo al volere del duca di Brunswick. Il suo relatore era Johann Friedrich Pfaff (1765-1825), matematico di buon livello che si occupò di teoria delle equazioni differenziali ed elaborò un metodo in grado di risolvere un particolare tipo di equazioni alle derivate parziali, oggi dette pfaffiane. Nella tesi di Gauss viene dimostrato in maniera rigorosa, almeno secondo i canoni di rigore del periodo, che un polinomio di grado n ammette n radici generalmente complesse (*teorema fondamentale dell'algebra*). Tale teorema è di estrema importanza in matematica e vantava numerose dimostrazioni già ai tempi di Gauss.

Ma l'anno *mirabilis* della carriera scientifica di Gauss è il 1801, quando furono pubblicate sia le *Disquisitiones Arithmeticae*, sia i suoi calcoli astronomici che predicevano le posizioni future dell'asteroide Cerere, osservato per la prima volta da Giuseppe Piazzi nei primi mesi di quell'anno e subito *scomparso*. Inutili furono i numerosi tentativi degli astronomi volti a ritrovare il pianeta. Il 7 dicembre, grazie alla predizione di Gauss, il telescopio poté essere puntato nuovamente su Cerere con grande soddisfazione del mondo scientifico. La vicenda diede a Gauss una celebrità europea.

Il metodo utilizzato per determinare l'orbita di Cerere sarà pubblicato, in una versione ampia e rivisitata, solo nel 1809 nel *Theoria motus*. In questo come in altri lavori di carattere applicativo, Gauss impiega per ottimizzare le sue misurazioni il metodo dei minimi quadrati, un procedimento tuttora in uso in teoria degli errori e su cui Gauss ha riflettuto a partire dal 1791; il suo metodo lo condurrà a fornire preziosi contributi alla teoria della probabilità con l'introduzione della legge di distribuzione normale.

Il riconoscimento dei suoi importanti lavori nel campo dell'astronomia si ha nel 1807, quando Gauss viene nominato direttore dell'Osservatorio astronomico di Gottinga, una carica che mantiene per tutta la vita. Ma i suoi interessi per la matematica applicata non si limitano a questioni astronomiche. Fin dal 1799 infatti Gauss accettò di occuparsi di geodesia, una scienza pratica con profonde connessioni teoriche, in particolare con la geometria e l'analisi complessa. Intorno al 1820 Gauss fu incaricato dal governo del Regno di Hannover di fare rilevamenti topografici con lo scopo di costruire una carta geografica quanto piú possibile dettagliata dell'intera regione.

Le sue celebri *Disquisitiones generales circa superficies curvas* (1827) – un contributo fondamentale alla geometria differenziale – trovano una motivazione, almeno parziale, nelle sue ricerche di tipo geodetico. Esse sono inoltre intimamente connesse con le idee di Gauss sulle geometrie non euclidee, idee che risalgono agli anni del Collegium Carolinum ma che non sono mai state pubblicate: esse costituiscono l'oggetto di appunti personali e di varie lettere inviate ad amici e colleghi, principalmente a Friedrich Wilhelm Bessel (1784-1846), direttore dell'Osservatorio di Königsberg, Heinrich Christian Schumacher (1780-1850), direttore dell'Osservatorio di Altona e suo ex allievo a Gottinga e Farkas Bólyai (1775-1856), suo antico compagno di studi a Gottinga e padre di János (1802-1860), il fondatore insieme a Nikolaj Ivanovič Lobačevskij (1793-1856) della geometria non euclidea.

Nell'ultimo periodo della sua attività scientifica Gauss si dedicò con particolare entusiasmo alla fisica: nel 1833 costruisce con Wilhelm Eduard Weber (1804-1891) un telegrafo elettromagnetico e nello stesso anno viene eretto a Gottinga un Osservatorio magnetico, mentre è di tre anni piú tardi la fondazione, ancora con Weber, della Società per il Magnetismo, con il preciso scopo di coordinare le osservazioni magnetiche terrestri provenienti da tutto il mondo. Il lavoro fatto nell'ambito della Società è davvero notevole: sei grossi volumi contenenti i risultati geomagnetici (dal 1836 al 1841), un monumentale *Atlante di geomagnetismo*, vari strumenti inventati appositamente per effettuare rilevamenti piú precisi. Gauss in particolare introdusse una nuova unità di misura per il magnetismo (il gauss) e pubblicò ponderosi e innovativi lavori sul magnetismo terrestre.

Si può dire che la matematica all'Università di Gottinga cominci proprio con Gauss; ricordiamo però che ufficialmente egli non era professore universitario, sebbene tenesse sporadicamente dei corsi che vertevano però soprattutto sull'astronomia e sugli argomenti ad essa connessi. Non stupisce dunque che i suoi allievi si trovino piú tra gli astronomi che tra i matematici. Dunque, mentre il ruolo di Gauss risulta decisivo per lo sviluppo dell'astronomia in Germania, non si può dire che egli abbia creato una vera e propria scuola matematica. Certamente elargí diffusamente consigli ai suoi studenti meritevoli, alcuni dei quali sarebbero poi divenuti matematici; tra questi, Bernhard Riemann (1826-1866), Julius Wilhelm Richard Dedekind (1831-1916), Karl Georg Christian von Staudt (1798-1867), Moritz Stern (1807-1894), Alfred Enneper (1830-1885) ed Ernst Christian Schering (1833-1897), che insegnò a Gottinga per tutta la sua carriera, dal 1860 al 1897. Del resto Gauss non amava dedicarsi all'insegnamento e neppure la diffusione delle sue idee gli stava particolarmente a cuore: rare sono infatti le sue pubblicazioni, secondo il motto «*pauca sed matura*».

Piuttosto chiuso nella sua attività scientifica – Niels Henrik Abel lo definí «inavvicinabile» – Gauss era impermeabile perfino agli sconvolgimenti politici di quegli anni. Quando si trasferí a Gottinga, nel 1807, la dominazione francese gli era certamente odiosa e appoggiò con entusiasmo la restaurazione del vecchio Stato di Hannover (1814), da molti definito come il piú conservatore di tutta la Germania. Gauss non partecipò neppure a una grave vicenda che si svolse proprio all'Università di Gottinga ed ebbe ripercussioni drammatiche anche sulla sua famiglia. In conseguenza ai moti liberali del 1830 in Francia, re Guglielmo di Hannover decise nel 1833 di varare una nuova Costituzione molto piú liberale della precedente, ponendo finalmente il Regno di Hannover in linea con gli altri Stati della Confederazione tedesca. Ma nel 1837 re Guglielmo morí e il suo successore, Ernesto Augusto I, reinstaurò la vecchia Costituzione del 1819. La reazione dei professori dell'Università di Gottinga fu immediata; sette di loro, tra i quali i fratelli Grimm, il collega di Gauss W. Weber e suo genero, il teologo e linguista Georg Heinrich August von Ewald, firmarono una protesta formale contro il re in cui dichiararono la loro lealtà alla Costituzione del 1833. Il re decise allora di sospendere i sette dall'insegnamento e inviò a Gottinga una forte unità militare al fine di evitare disordini. Tutta la Germania si schierò con i sette docenti, i quali non ebbero difficoltà a trovare nuove posizioni in altre università tedesche. Gauss non prese mai posizione in loro favore; il suo atteggiamento conservatore fu dunque coerente fino alla fine, non cedendo neppure quando si trattava della vita dei suoi familiari.

4. *L'eco di Berlino.*

La fondazione dell'Università di Berlino, istituita dall'allora ministro dell'Educazione Wilhelm von Humboldt (fratello del naturalista Alexander), risale al 1810, quando ancora la Prussia era sotto il dominio napoleonico. L'iniziativa rientrava all'interno di una riforma radicale del sistema educativo prussiano in cui la matematica assumeva un ruolo essenziale nell'insegnamento secondario e universitario. L'ideale era quello neoumanista, che mirava a una formazione universale dell'individuo basata su uno studio approfondito dei classici e affidava alla matematica pura (e non alle sue applicazioni) il maggiore ruolo formativo.

Humboldt gettò, con la sua riforma, un seme che avrebbe dato frutti per tutto l'Ottocento: gli studi matematici a Berlino si intensificarono e crebbero fino a ottenere, nella seconda metà del secolo, quei risultati clamorosi che avrebbero scalzato l'egemonia francese. Si osservi che anche prima della fondazione dell'Università, la matematica a Berlino era rappresentata da grandi uomini almeno fin dal 1700, anno della fondazione dell'Accademia delle Scienze berlinese. Il primo presidente dell'Accademia fu il genio universale Gottfried Wilhelm Leibniz (1646-1716), ma ne erano stati membri anche Leonhard Euler (Eulero, 1707-1783) dal 1741 al 1766, Johann III Bernoulli (1744-1807) dal 1764 al 1807, Johann Heinrich Lambert (1728-1777) dal 1764 al 1777 e Lagrange dal 1766 al 1787.

Fin dai primi anni della sua fondazione l'Università di Berlino mirò a una posizione di predominio nell'ambiente culturale germanico: ne sono testimonianza le reiterate richieste (sempre rifiutate) fatte a Gauss affinché si spostasse da Gottinga a Berlino, il fatto che personalità come Fichte e Hegel fossero nominati rettori dell'Ateneo berlinese e il trasferimento, avvenuto nel 1827, del grande naturalista e organizzatore scientifico Alexander von Humboldt (1769-1859) da Parigi (dove aveva vissuto per circa vent'anni) a Berlino.

I primi matematici di valore che troviamo all'Università di Berlino sono Johann Peter Gustav Lejeune-Dirichlet (1805-1859), Jakob Steiner (1796-1863) e Carl Gustav Jacob Jacobi (1804-1851): essi hanno formazioni culturali e storie personali totalmente differenti, cosí come sono diversi i loro campi di ricerca. Li accomuna invece il loro debito verso A. von Humboldt che, con August Leopold Crelle (1780-1855), può considerarsi un vero e proprio talent scout dell'epoca, sempre pronto a intervenire in aiuto di giovani di talento nell'interesse dell'Università di Berlino.

Il predominio francese nella matematica di inizio Ottocento trova una paradigmatica conferma nella carriera scientifica di Dirichlet, il quale dal 1822 al 1826 si formò a Parigi, dove poté lavorare a stretto contatto con Jean-Baptiste-Joseph Fourier (1768-1830) e Siméon-Denis Poisson (1781-1840). Grazie anche all'appoggio di A. von Humboldt, Dirichlet divenne *Privatdozent* prima a Breslavia (1827) e poi a Berlino (1829), nel 1831 fu nominato professore all'Università di Berlino e l'anno successivo membro dell'Accademia Prussiana delle Scienze. Le sue ricerche riguardano l'analisi, in particolare lo studio delle serie trigonometriche, la teoria dei numeri cui contribuí introducendo il metodo analitico nello studio della teoria (fondò la cosiddetta teoria «analitica» dei numeri) e la fisica matematica, con particolare interesse alla teoria del potenziale (ricordiamo il *problema* e il *principio di Dirichlet* formulati in quest'ambito di ricerca).

Nel 1834 a Dirichlet si uní lo svizzero Steiner, il quale, dopo essere stato per tanto tempo insegnante nelle scuole secondarie berlinesi, fu finalmente nominato professore all'Università di Berlino per interessamento di A. von Humboldt e di Crelle. Figlio di contadini e praticamente analfabeta fin verso i 19 anni, Steiner seguí a Iferten la scuola di Pestalozzi, di cui apprezzò moltissimo i metodi socratici. Fondatore della geometria sintetica, estremizzò i metodi di Pestalozzi nell'insegnamento della geometria escludendo perfino il ricorso alle figure, in quanto sosteneva che gli enti e le proprietà geometriche dovevano vedersi con la mente.

Il metodo sintetico di Steiner, nella didattica e nella ricerca, è opposto alle idee di Julius Plücker (1801-1868), fautore di una geometria di tipo analitico e professore di geometria all'Università di Berlino dal 1832, e dunque prima dell'arrivo di Steiner. Il contrasto tra le due scuole raggiunse toni e modalità inaccettabili per Plücker il quale, vista la crescente opposizione di Steiner, nel 1836 decise di accettare la chiamata all'Università di Bonn. Da quel momento si occupò solo di questioni fisico-matematiche tornando alla geometria solo nel 1863, dopo la morte di Steiner.

Steiner poté sempre contare sull'incondizionato appoggio di Jacobi, che studiò all'Università di Berlino (dal 1821), quando però gli studi matematici non erano ancora all'altezza di soddisfare i suoi interessi. Jacobi fu sostanzialmente un autodidatta, come Gauss del resto, e si formò sui testi classici di Eulero e dei matematici francesi. Divenne ben presto *Privatdozent* alla facoltà di Berlino, una posizione però che non gli garantiva uno stipendio regolare. Fu cosí che accettò la proposta del ministro prussiano di andare all'Università di Königsberg prima come lettore (1825), poi come professore (1827). Ritornò comunque a Berlino nel 1844 come membro dell'Accademia Prussiana delle Scienze e tenne anche alcune lezioni all'Università, contribuendo a rendere Berlino un importante centro di studi matematici.

L'attività piú originale di Jacobi, come matematico e come insegnante, fu comunque svolta all'Università di Königsberg, dove rimase per diciassette anni e dove organizzò, insieme al fisico Franz Ernst Neumann (1798-1895), il celebre «Seminario matematico e fisico» in cui venivano discussi i risultati piú recenti, presentati i temi delle proprie ricerche e stimolati gli studenti a uno studio autonomo e originale. Esso rappresentava un'esperienza nuova nelle università tedesche e continuò per una cinquantina d'anni con un'influenza enorme in tutta la Germania. Il fisico matematico Carl Gottfried Neumann (1832-1925) e i geometri Rudolf Friedrich Alfred Clebsch (1833-1872) e Heinrich Weber (1842-1913) si formarono partecipando attivamente a questo Seminario.

Jacobi ha pubblicato circa 170 lavori e due monografie in quasi ogni campo di ricerca: teoria dei numeri (somme di Jacobi, leggi di reciprocità cubica e biquadratica, teoria dei residui), teoria delle funzioni ellittiche, integrali abeliani, analisi pura (inversione delle serie di potenze, armoniche sferiche e teoria dei determinanti), meccanica ed equazioni differenziali, geometria algebrica (curve piane, superfici del second'ordine, poligoni di Poncelet), geometria differenziale (teoria delle geodetiche), astronomia (attrazione degli ellissoidi, configurazioni di masse liquide) e storia della matematica.

Dunque a partire dal 1844, grazie alla contemporanea presenza di Dirichlet, Steiner e Jacobi, a Berlino erano degnamente rappresentate le principali discipline matematiche. Inoltre, fin dal 1826 esisteva a Berlino una delle riviste di matematica piú prestigiose, il «Journal für die reine und angewandte Mathematik», detto anche «Journal de Crelle», dal nome del suo fondatore. Crelle era un ingegnere civile, praticamente autodidatta, con grande passione per la matematica, argomento su cui pubblicò vari lavori in differenti campi. Pur non essendo la prima rivista dedicata solo alla matematica, questo giornale ha la caratteristica di essere completamente svincolato dalle Accademie e di accogliere articoli in varie lingue (francese, italiano e inglese oltre, naturalmente, al tedesco) e autori di ogni paese. Uno degli obiettivi di Crelle, condiviso da A. von Humboldt, era quello di creare a Berlino il punto di riferimento per la cultura tedesca, ossia un centro culturale di *prima* grandezza con «il primo osservatorio, il primo laboratorio di chimica, il primo giardino botanico, la prima scuola di matematica trascendentale», come sosteneva lo stesso A. von Humboldt[1]; il «Journal de Crelle» era anche un mezzo per raggiungere questo obiettivo. Numerosi articoli di Steiner, Jacobi, Dirichlet sono pubblicati su questo giornale; ma vi troviamo anche la memoria di Lobačevskij sulla geometria non euclidea, il lavoro di Abel sull'impossibilità di risolvere per radicali l'equazione generale di quinto grado e altri articoli che rappresentano tappe fondamentali nella storia della matematica dell'Ottocento.

I nomi dei matematici illustri presenti all'Università di Berlino richiamarono ben presto giovani di valore. Ne sono esempi emblematici Ferdinand Gotthold Max Eisenstein (1823-1852), Riemann e Carl Wilhelm Borchardt (1817-1880), noto soprattutto per essere diventato (dal 1856 fino al 1880)

[1] In Friedelmeyer [1998], p. 27.

direttore del «Journal für die reine und angewandte Mathematik» dopo la morte di Crelle. Allievo di Dirichlet, Eisenstein si occupò principalmente di teoria dei numeri generalizzando alcuni risultati delle *Disquisitiones Arithmeticae* di Gauss, in particolare quelli relativi alla legge di reciprocità quadratica. Eisenstein era sopravvalutato moltissimo da Gauss il quale lo considerava un grande genio matematico, paragonandolo addirittura ad Archimede e Newton.

Quando Riemann, ancora studente, trascorse un periodo di formazione all'Università di Berlino (1847-49), Eisenstein era un giovanissimo *Privatdozent* di soli tre anni piú grande di lui. Certamente la teoria dei numeri, ma anche la teoria delle funzioni di variabile complessa, rappresentavano i principali temi di discussione tra i due giovani. Per Riemann l'esperienza berlinese fu fondamentale nella sua formazione; l'influenza di Jacobi, le discussioni con Eisenstein e le lezioni di Dirichlet sulla teoria delle serie trigonometriche dovevano segnare la sua futura carriera scientifica. Questo periodo di studio cosí proficuo fu interrotto dai gravi disordini avvenuti a Berlino in conseguenza ai moti parigini del 1848, poi propagatisi in ogni parte d'Europa.

I matematici berlinesi (Eisenstein, Jacobi, Dirichlet e Steiner) si impegnarono tutti a favore dei rivoluzionari; Eisenstein fu uno dei piú attivi e finí anche in carcere, scandalizzando il conservatore Gauss il quale riteneva impossibile che il suo pupillo avesse preso parte a una simile incresciosa vicenda. Le conseguenze piú drammatiche furono subite da Jacobi che, a causa della sua attività rivoluzionaria, fu costretto a dimettersi da professore universitario, un posto che aveva ottenuto solo l'anno precedente, e privato del diritto di risiedere a Berlino. Mentre la sua famiglia prese la residenza a Gotha, egli continuò a vivere a Berlino in albergo; solo grazie all'intervento presso il re di A. von Humboldt, nel 1850 Jacobi poté risollevare la propria situazione, ma morí all'inizio del 1851. Riemann prese parte alla rivolta di Berlino schierandosi però con gli studenti rimasti fedele al re. Cedendo poi alle insistenze del padre, anticipò il suo rientro a Gottinga (nella primavera del 1849) dove riprese gli studi frequentando il Seminario matematico di Gauss e Weber.

5. *I successori di Gauss e la scuola di Clebsch.*

All'Università di Gottinga Riemann segue il corso di Gauss sulla teoria dei minimi quadrati e assiste alle lezioni di Stern sulle soluzioni delle equazioni e sull'integrale definito. Qui, Riemann concepisce le sue idee e svolge le sue ricerche: nella *Inauguraldissertation* del 1851 pone le nozioni fondamentali della teoria delle funzioni di variabile complessa (*condizioni di Cauchy-Riemann*, *superficie di Riemann*) e della topologia algebrica; nello scritto di abilitazione (*Habilitationsschrift*) alla libera docenza, consegnato alla Facoltà di Filosofia di Gottinga nel dicembre 1853, introduce un nuovo concetto di integrale (*integrale di Riemann*); nella lezione di abilitazione (*Habilitationsvortrag*), tenuta di fronte a Gauss nel 1854, crea le basi della moderna geometria differenziale; nella memoria del 1859 sulla teoria dei numeri avanza la celebre congettura sugli zeri della *funzione zeta* (*di Riemann*) tuttora irrisolta.

Negli stessi anni in cui Riemann frequenta i corsi a Gottinga troviamo un altro studente modello, Dedekind, il quale, oltre ad aver dato contributi notevoli alla teoria dei numeri (creò la teoria dei numeri *algebrici*), può anche considerarsi il padre della moderna algebra delle strutture avendo introdotto alcuni dei concetti fondamentali dell'algebra moderna, come la nozione di *anello*. I suoi studi sono pubblicati nei supplementi da lui curati della *Zahlentheorie* (1871) di Dirichlet, di cui si considerava allievo.

Nel 1855 Dirichlet si trasferí infatti da Berlino a Gottinga come successore di Gauss unendosi a Stern, Dedekind e Riemann. La presenza di matematici di indubbio valore scientifico richiamò all'Università di Gottinga studenti da tutta la Germania. Le cose però sarebbero ben presto mutate. Nel 1857 Dedekind accettò un posto di professore al Politecnico di Zurigo, Dirichlet morí nel 1859 e alla morte di Riemann, avvenuta prematuramente nel 1866, l'Università di Gottinga si trovò nuovamente sguarnita di grandi matematici.

Intanto la politica di «ferro e sangue» di Otto von Bismarck, dal 1862 primo ministro prussiano, condusse nel 1866 alla guerra italo-prussiana contro l'Austria, che era la potenza a capo della Confederazione tedesca (di cui faceva parte anche la regione di Hannover). Grazie alla schiacciante vittoria di Bismarck, che segnò anche il tramonto della Confederazione, la Prussia poté annettersi il Regno di Hannover; l'Università di Gottinga si ridusse quindi a un'università di provincia, mentre Berlino divenne l'indiscussa capitale culturale della Prussia.

Un cambiamento radicale all'Università di Gottinga si ha nel 1868 con l'arrivo di Clebsch. Questi si era formato all'Università di Königsberg quando era ancora viva la tradizione di Jacobi ed ebbe tra i suoi maestri il geometra Otto Ludwig Hesse (1811-1874), che lo indirizzò allo studio della geometria algebrica nella tradizione degli inglesi Arthur Cayley (1821-1895), James Joseph Sylvester (1814-1897) e George Salmon (1819-1904). Le loro idee sono state rivisitate da Clebsch e inserite in una originale e feconda interpretazione della teoria delle funzioni secondo Riemann, suo predecessore a Gottinga. All'Università di Giessen, dove aveva insegnato negli anni Sessanta, Clebsch aveva fondato una vivace scuola di geometria algebrica, i cui principali protagonisti sono Paul Albert Gordan (1837-1912), Alexander Wilhelm von Brill (1842-1935) e Jacob Lüroth (1844-1910). Ammiratore di Plücker, Clebsch aveva l'idea di adattare la geometria analitica alla geometria proiettiva e di inserire al suo interno la teoria delle forme algebriche. Un tentativo di fornire un quadro unitario delle teorie geometriche del tempo che avrebbe influenzato il giovane Felix Klein (1849-1925), che di Clebsch era allievo.

Il dinamismo di Clebsch è subito evidente quando, lo stesso anno della sua chiamata a Gottinga (1868), in un periodo in cui il centralismo di Berlino appare piuttosto ingombrante, fonda con Carl Gottfried Neumann i «Mathematische Annalen» in aperta concorrenza con il «Journal de Crelle». «A Gottinga mi trovai in un ambiente scientifico nuovo», scrive Klein nell'autobiografia, ricordando i primi anni di studente quando, lasciata Bonn dove conseguí il dottorato nel 1868, si trasferí all'Università di Gottinga. «Alle lezioni specialistiche di Clebsch assistevano solo poche persone, ma gli stimoli che mi causarono sia le lezioni che i contatti personali con Clebsch furono notevoli. Presto mi trovai a far parte di un gruppo di colleghi (Noether, Riecke e altri) e cominciò per me un periodo di entusiasmante attività scientifica»[2].

L'influenza di Clebsch spinse Klein da un lato ad ampliare i propri interessi geometrici e dall'altro a cercare di comprendere meglio il conflitto teorico tra le due grandi scuole tedesche di Gottinga e Berlino. Fu cosí che, contro il volere dello stesso Clebsch, Klein si recò all'Università di Berlino nel tentativo di «allargare i [suoi] orizzonti culturali, superando i limiti delle varie "scuole scientifiche"»[3].

6. *L'età aurea della matematica a Berlino.*

Ernst Eduard Kummer (1810-1893), Leopold Kronecker (1823-1891) e Karl Theodor Wilhelm Weierstrass (1815-1897) sono i membri del «triumvirato» che dominò la matematica a Berlino per tutta la seconda metà dell'Ottocento [Edwards 1998]. Nessuno dei tre ebbe la tipica formazione accademica; Kummer e Weierstrass furono a lungo insegnanti di scuola secondaria, mentre la carriera di Kronecker si svolse in maniera completamente diversa. Ma andiamo per ordine.

Kummer studiò a Halle dove conseguí il dottorato nel 1831; le sue brillanti ricerche sulla teoria delle funzioni, in particolare sulle serie ipergeometriche, gli consentirono di diventare nel 1839 membro dell'Accademia di Berlino e nel 1842 professore a Breslavia. Nella nuova sede, cambiò indirizzo di ricerca dedicandosi alla teoria dei numeri, nella scia dei lavori di Gauss e di Jacobi: uno dei suoi piú importanti risultati riguarda l'estensione della legge di reciprocità quadratica per potenze maggiori di 2. Inoltre, è a partire dallo studio della classe dei numeri algebrici che Kummer ottiene il suo piú

[2] F. Klein, *La mia vita*, in Nastasi [2000*b*], p. 160.

[3] *Ibid.*

famoso risultato, ossia la creazione della teoria dei «numeri primi ideali» che il lettore di oggi può riconoscere (non senza fatica) come la «teoria degli ideali». Come conseguenza di queste ricerche, Kummer fu in grado di provare l'ultimo teorema di Fermat per tutti i numeri primi minori di 100. Nel 1855, quando Dirichlet lasciò Berlino per Gottinga, fu Kummer a prendere il suo posto.

Kronecker frequentò dapprima il ginnasio a Liegnitz dove ebbe come insegnante di matematica proprio Kummer, che riconobbe subito il suo talento e lo incoraggiò allo studio della matematica. Si iscrisse nel 1841 all'Università di Berlino dove fu allievo di Steiner e Dirichlet; ottenne il dottorato con Dirichlet nel 1845 sulla teoria analitica dei numeri (che restò sempre il suo argomento di ricerca preferito) ma non si dedicò da principio alla carriera accademica. Kronecker apparteneva infatti a una famiglia ricchissima e per tanti anni preferí dedicarsi agli affari di famiglia, mostrando un eccezionale fiuto per gli affari. In ogni modo, nel 1855 decise di abbandonare la propria tenuta presso Liegnitz per trasferirsi a Berlino, dove visse nel lusso con mezzi propri; nel 1861 fu eletto membro dell'Accademia Prussiana delle Scienze, acquisendo cosí il diritto di tenere corsi all'università (un diritto di cui Kronecker usufruí per 22 anni) e solo nel 1883, quando Kummer andò in pensione, fu nominato professore all'Università di Berlino.

Nello stesso periodo in cui troviamo Kummer e Kronecker, divenne professore a Berlino Weierstrass, che era stato fino ad allora (nel 1856 quando arrivò a Berlino aveva 41 anni) insegnante nel *Gymnasium* di una remota località prussiana. La promozione fu dovuta essenzialmente alla sua risoluzione di un problema classico, enunciato nel 1832 da Jacobi e concernente l'inversione di integrali iperellittici. Weierstrass si uní ai colleghi Borchardt, Kummer e Kronecker assicurando a Berlino la reputazione di grande centro matematico e fondando nel 1861, insieme a Kummer, il celebre Seminario matematico, frequentato da numerosi studenti che presentavano e discutevano le proprie ricerche.

È forse inutile dire su Weierstrass e sui suoi contributi all'analisi: ogni studente lo ha sentito nominare centinaia di volte nel suo primo semestre di studi matematici. Ma è la sua *concettualizzazione* dell'analisi, che costituisce la naturale evoluzione della richiesta di rigore in analisi avanzata negli anni Venti dalla scuola francese, a costituire la vera novità della scuola di Weierstrass (si devono a lui l'uso della notazione ormai comune degli ε e δ nelle definizioni e teoremi fondamentali dell'analisi e l'attenzione al rigore nelle dimostrazioni). Weierstrass non si occupa soltanto di analisi reale e dei suoi fondamenti, ma è uno dei fondatori della teoria delle funzioni di variabile complessa e ha fornito contributi importanti anche al calcolo delle variazioni e alla geometria differenziale.

Nei trent'anni di insegnamento all'Università di Berlino, Weierstrass tenne i seguenti corsi (in modo ciclico e piuttosto regolare): Introduzione alla teoria delle funzioni analitiche; Funzioni ellittiche; Funzioni abeliane; Applicazioni delle funzioni ellittiche; Calcolo delle variazioni. Il numero di studenti che seguiva le sue lezioni è impressionante: al corso sulla teoria delle funzioni abeliane si registrarono circa 200 persone provenienti da tutta Europa. Tra i suoi allievi è il caso di ricordare: Georg Cantor (1845-1918), Georg Ferdinand Frobenius (1849-1917), Immanuel Lazarus Fuchs (1833-1902), Wilhelm Killing (1847-1923), Sof'ija Vasil'evna Kovalevskaja (1850-1891), Hermann Minkowski (1864-1909), Gustaf Mittag-Leffler (1846-1927), Issai Schur (1875-1941), Karl Hermann Amandus Schwarz (1843-1921), oltre ai fisici Ludwig Boltzmann (1844-1906) e Max Planck (1858-1947).

Tra gli allievi di Weierstrass compare un'unica donna, la matematica russa Kovalevskaja, che arrivò a Berlino da Heidelberg nel 1870 proprio allo scopo di seguire i corsi di Weierstrass; tuttavia, in quanto donna, non ebbe il permesso di seguire ufficialmente i corsi, né di conseguire il dottorato. Weierstrass le impartí allora lezioni private e la Kovalevskaja lasciò Berlino solo nel 1874 per addottorarsi a Gottinga, dove era già permesso alle donne frequentare l'università (a Berlino questo fu possibile ufficialmente solo a partire dal 1908). La sua tesi di dottorato contiene il teorema che garantisce l'esistenza di una soluzione analitica per un certo tipo di equazioni differenziali alle derivate parziali con coefficienti analitici se i valori iniziali sono analitici; questo teorema è oggi noto come *teorema di Cauchy-Kovalevskaja*. Solo nel 1884 la Kovalevskaja fu nominata professore di analisi superiore all'Università di Stoccolma per interessamento di Mittag-Leffler, suo amico e personalità molto influente.

Certo, la personalità di Weierstrass doveva essere a volte dirompente e la sua leadership non poteva essere messa in discussione; Klein e Sophus Lie (1842-1899), che nel loro periodo di studio a Berlino (1869-70) avevano frequentato il Seminario matematico, serbarono sempre un certo rancore nei confronti di Weierstrass, il quale si era mostrato poco propenso ad accettare le loro idee geometriche. Pare che fu male accolto un intervento di Klein sulla possibilità di costruire una geometria non basata su concetti metrici ma proiettivi. Il fatto è che Weierstrass non nutriva alcun interesse per la geometria e, con la scomparsa di Steiner, erano praticamente terminati gli studi geometrici a Berlino.

Ecco come Klein, in una delle sue *Conferenze americane*, ci parla della «*seconda scuola* di Berlino» di cui furono a capo Kummer, Kronecker e Weierstrass:

> I primi due, allievi di Dirichlet, si occuparono soprattutto di sviluppare la teoria dei numeri mentre l'ultimo, appoggiandosi maggiormente alle idee di Jacobi e di Cauchy, divenne contemporaneamente a Riemann il creatore della moderna teoria delle funzioni. Possiamo citare soltanto di sfuggita i *corsi* di Kummer: per la loro organizzazione e l'esposizione chiara e lucida sono stati utili soprattutto agli studenti, pur non essendo particolarmente notevoli per originalità. Diverso è il caso di Kro-

> necker e Weierstrass, i cui *corsi* divennero con il tempo sempre piú espressione della loro personalità scientifica. Entrambi, almeno fino a un certo punto, lasciarono sullo sfondo i metodi intuitivi ma evitarono anche i lunghi sviluppi *formali* della nostra disciplina, dedicandosi con una critica rigorosa all'esposizione delle idee analitiche fondamentali. In questo senso Kronecker è andato ancora piú in là di Weierstrass, tentando di bandire del tutto l'idea di numero irrazionale e di ridurre tutti gli sviluppi unicamente a relazioni tra numeri interi. Queste tendenze hanno esercitato un'influenza universalmente riconosciuta e hanno dato un carattere particolare a gran parte delle ricerche matematiche odierne[4].

Per la cronaca, Klein non seguí i corsi di Weierstrass a Berlino ma pare che in seguito se ne fosse pentito.

In realtà il punto di vista di Kronecker in matematica non permetteva neppure di accettare le dimostrazioni di esistenza ma solo quelle costruttive e ciò creò qualche problema sia all'interno dello stesso «triumvirato» (vi furono incomprensioni con Weierstrass sul modo di intendere la matematica) sia all'esterno, con alcuni allievi e in particolare con Cantor. Cantor fu formalmente uno studente di Kummer, con cui si addottorò nel 1867, ma ebbe legami molto forti anche con Kronecker e Weierstrass. Il rifiuto da parte di Kronecker dell'infinito attuale, il concetto sul quale Cantor basava la sua teoria degli insiemi, poneva una barriera insormontabile tra le sue idee e quelle dei matematici piú giovani come Cantor, ma anche Schwarz, Dedekind e David Hilbert (1862-1943); la rigidità con cui Kronecker abbracciava le sue convinzioni veniva definita con una certa acredine «apostolica» da Weierstrass [Edwards 1998]. Cantor lasciò Berlino e nel 1869 si abilitò all'Università di Halle dove divenne in seguito professore e restò per tutta la sua carriera.

7. *Il sogno di Klein.*

Nel 1870 Klein e Lie lasciarono Berlino per trascorrere un periodo di studio a Parigi, dove strinsero relazioni con studiosi come Gaston Darboux (1842-1917) e Camille Jordan (1838-1922). Ricorda Klein: «Quel soggiorno, cui devo un grande e duraturo ampliamento dei miei orizzonti, ebbe una brusca fine dopo due mesi e mezzo a causa della dichiarazione di guerra a giugno»[5]. Il riferimento è alla terribile guerra franco-prussiana, presto diventata franco-tedesca per l'entrata in vigore dei trattati di alleanza tra la Prussia e gli Stati della Germania meridionale. L'esito della guerra fu deciso nelle grandi battaglie di accerchiamento di Metz e Sedan; a quest'ultima partecipò anche il giovane Klein, che si era arruolato nel corpo degli ausiliari di Bonn.

[4] F. Klein, *Lo sviluppo delle Matematiche nelle Università tedesche*, in Nastasi [2000*b*], p. 54.

[5] Id., *La mia vita* cit., p. 161.

«La mia esperienza della guerra fu una serie di amare delusioni», continua Klein, che per ristabilire la sua salute dopo tre settimane di permanenza nei dintorni di Sedan impiegò molti mesi. La guerra si concluse nel 1871 con la sconfitta della Francia e la riconquista delle antiche terre del popolo tedesco, cioè l'Alsazia e la Lorena. Parallelamente agli eventi bellici, Bismarck poté compiere l'unificazione degli Stati tedeschi coinvolti nella guerra.

In quello stesso anno, il 1871, Klein ottenne l'abilitazione a Gottinga e l'anno successivo, su raccomandazione di Clebsch, fu nominato professore a Erlangen dove espose il suo famoso *Programma*, che poneva i gruppi di trasformazioni e le loro leggi a fondamento della geometria. Questi risultati furono ulteriormente sviluppati da Klein e coinvolsero anche la geometria non euclidea vista come una parte della geometria proiettiva. Le idee che Klein affidava al suo *Programma di Erlangen* erano in realtà state a lungo discusse con Lie durante il loro soggiorno a Parigi.

Alla morte di Clebsch, avvenuta nel 1872, alcuni dei suoi allievi si trasferirono a Erlangen, dove potevano contare sull'appoggio di Klein; uno di questi era Carl Louis Ferdinand von Lindemann (1852-1939), divenuto celebre per aver dimostrato la trascendenza di π. Ben presto però Klein si spostò prima alla Technische Hochschule di Monaco (1875-80), poi all'Università di Lipsia (1880-86) e infine accettò la chiamata a Gottinga, dove rimase dal 1886 per tutto il resto della sua carriera. La decisione di farsi sostituire da Lie a Lipsia dimostra la volontà di Klein di fare di quella città, insieme a Gottinga, uno dei poli matematici alternativi a Berlino. Egli incoraggiò anche i giovani matematici, come Cantor e Hilbert, a sviluppare le loro ricerche al di fuori dalle influenze berlinesi. Quando Lindemann vinse la cattedra a Königsberg, Klein gli scrisse: «il suo riconoscimento [...] è un vantaggio per tutti noi, come una vittoria dei nostri principî. Ricordo che proprio dieci anni fa un personaggio autorevole sosteneva che non avrebbe mai gradito avere un "clebschiano" su una cattedra prussiana»[6]. In effetti, ancora molti anni dopo la morte di Clebsch gli articoli apparsi sui «Mathematische Annalen» erano firmati da un esiguo numero di «clebschiani» e da coloro che avevano difficoltà a pubblicare sul «Journal de Crelle»; ben presto però i ruoli si ribaltarono e alla fine Ottocento gli «Annalen» erano la rivista di matematica piú prestigiosa della Germania.

La chiamata a Gottinga segna per Klein la ripresa dell'attività scientifica dopo un lungo periodo di esaurimento psicofisico, che si protraeva dal 1882. A Gottinga trovò tra i suoi colleghi Schwarz, che si era formato a Berlino alla scuola di Weierstrass e che, dopo brevi periodi a Halle e a Zurigo, insegnò all'Università di Gottinga dal 1875 al 1892. Benché molto influenzato dalle idee di Weierstrass, Schwarz mostrava una predisposizione all'approccio geometrico in analisi che era sconosciuta al suo maestro.

[6] Nastasi [2000*a*], pp. 25-26.

I suoi contributi principali riguardano: la teoria delle superfici minime (nel 1865 provò l'esistenza di una superficie minima il cui contorno è formato dai quattro spigoli di un tetraedro); il metodo alternato (1870), che utilizzò per costruire la soluzione di un dato problema di Dirichlet (per domini particolari); il calcolo delle variazioni e la teoria del potenziale.

Schwarz aiutò molto Klein, sia dal punto di vista didattico sia organizzativo, a fare di Gottinga un centro matematico di altissimo livello. I risultati raggiunti sono eccezionali; alcuni nomi di matematici e fisici che via via arrivarono all'Università di Gottinga sono piú eloquenti di tante parole: tra i matematici troviamo Hilbert, Minkowski, Carl David Tolmé Runge (1856-1927), Edmund Landau (1877-1938) e Karl Schwarzschild (1873-1916); tra i fisici Ludwig Prandtl (1875-1953), Peter Debye (1884-1966) ed Emil Wiechert (1861-1928); per non parlare dei liberi docenti, tra cui figurano i nomi di Max Born (1882-1970), Constantin Carathéodory (1873-1950), Richard Courant (1888-1972), Arnold Sommerfeld (1868-1952), Hermann Weyl (1885-1955), Ernst Zermelo (1871-1953), per citarne solo alcuni.

L'influenza di Klein sui suoi contemporanei e sulle generazioni future non è dovuta soltanto ai suoi risultati scientifici, ma anche (e soprattutto) al suo impegno istituzionale e alla realizzazione di grandi opere di cultura matematica, come i volumi sulla matematica elementare dal punto di vista superiore e i due tomi sulla storia della matematica nel XIX secolo pubblicati postumi nel 1926-27, per non parlare della grandiosa *Encyklopädie der mathematischen Wissenschaften mit Einschluss ihrer Anwendungen*, un'opera che soddisfaceva un'esigenza comune a molti matematici; nelle parole di Klein: «Il desiderio di un vasto compendio, che potesse fornire un necessario sguardo d'insieme sulla nostra disciplina, sviluppata ormai in molteplici direzioni, era diffuso ovunque negli ambienti della giovane comunità matematica tedesca»[7]. Non mancarono gli oppositori (principalmente *berlinesi*), tra cui Frobenius, che definí l'*Encyklopädie* «una scienza senile» [Rowe 1998].

Negli anni trascorsi all'Università di Gottinga Klein ebbe molte soddisfazioni; *in primis* quella di veder crescere l'Istituto di Matematica in tutti i sensi: fu creata una sala di lettura matematica, ampliata la collezione di modelli matematici già costituita sotto la direzione di Schwarz, la qualità dei matematici che trascorrevano periodi di studio o di lavoro a Gottinga si era innalzata di molto; inoltre, furono realizzate alcune delle sue idee come organizzatore scientifico («ebbi la soddisfazione di vedere nel 1889 la fondazione, ad opera di Cantor, della Società matematica tedesca, un progetto che insieme ad altri avevo sostenuto vigorosamente negli anni '71-73»)[8]. Infine, ma non ultimo, le sue idee in campo scientifico e didattico,

[7] Id., *La mia vita* cit., p. 173.
[8] *Ibid.*, p. 167.

inizialmente invise ai colleghi, furono a poco a poco accettate: l'insegnamento della matematica era, secondo Klein, troppo legato alle specifiche competenze dei vari docenti, mentre si doveva contrastare l'eccessiva specializzazione trovando delle «idee guida»; in quest'ambito, auspicava che la matematica applicata fosse inclusa nell'insegnamento delle discipline per cui essa era rilevante, come l'astronomia, la geodesia, le assicurazioni. E questo grande progetto doveva partire dalle scuole elementari per arrivare fino alla ricerca universitaria. Il suo insigne predecessore a Gottinga, Gauss, costituiva per lui il «riferimento ideale»; «Gauss ha acquisito la potenza concettuale, che gli ha permesso di avventurarsi da maestro in tutti i campi della matematica applicata, attraverso un lavoro durissimo nel campo della matematica pura», scrive Klein[9].

La realizzazione dei suoi progetti non sarebbe stata possibile senza l'incondizionato aiuto di Friedrich Theodor Althoff (1839-1908), dal 1882 segretario a Berlino presso il ministero dell'Educazione, divenuto suo amico e prezioso consigliere. Inoltre, fu per Klein di grande stimolo il viaggio che fece nel 1893 negli Stati Uniti come commissario del ministero dell'Educazione in occasione dell'Esposizione universale di Chicago; qui poté osservare da vicino la politica accademica americana, parlare con i colleghi delle sue idee e lavorare sul suo progetto di potenziare le connessioni tra la ricerca pura e la tecnica che si sviluppa al di fuori del mondo universitario. Gli spunti che Klein colse negli Stati Uniti lo spinsero a rafforzare, una volta tornato, il legame fra la teoria e le applicazioni sia nell'insegnamento sia nell'organizzazione culturale, stimolando in questa direzione tanto l'Università di Gottinga quanto la realtà industriale della regione.

«Mi si accusò di *americanismo*», lamentava Klein[10]; si vedeva in questa sua iniziativa un tradimento verso la scienza ma, soprattutto, una pericolosa dipendenza dagli eventuali finanziatori esterni. Col tempo, però, Klein riuscí nei suoi intenti: nel 1897 il governo istituí a Gottinga una cattedra per la sezione tecnica dell'Istituto di Fisica; nel 1898 fu fondata la «Società per la promozione della fisica e della matematica applicate di Gottinga», e grazie a questa istituzione e all'appoggio del governo furono creati in seguito i nuovi Istituti di Matematica applicata, Meccanica applicata ed Elettricità applicata, l'Istituto di Geofisica e il Seminario per le Assicurazioni; dal 1898 la Matematica applicata fu ufficialmente inserita nei piani di studi.

[9] *Ibid.*, p. 168.
[10] *Ibid.*, p. 170.

8. *Conclusioni.*

Il culmine del periodo aureo della matematica a Berlino fu raggiunto dalla scuola di Weierstrass negli anni Settanta del XIX secolo; dopo la morte di Borchardt (1880) e il pensionamento di Kummer (1883) le relazioni tra Weierstrass e Kronecker iniziarono a deteriorarsi. Come si è visto, nel 1882 Kronecker divenne ordinario all'Università di Berlino e assunse contemporaneamente la direzione del «Journal de Crelle», trovandosi in una posizione di prestigio che gli permise di fondare una sua propria scuola, di carattere «costruttivista», con l'obiettivo di aritmetizzare l'algebra e l'analisi. Weierstrass vedeva nello zelo di Kronecker una volontà di scalzare la sua posizione predominante anche perché, nel programma di Kronecker, l'analisi era subordinata all'aritmetica.

Il 1892 viene visto come la fine del periodo classico della matematica a Berlino: l'improvvisa morte di Kronecker (verso la fine del 1891) e il pensionamento di Weierstrass (1892) segnavano l'inizio di una nuova era. A partire dal 1892 fino al 1917, tutti i professori di matematica dell'Ateneo berlinese si erano formati alla scuola di Berlino: come successore di Weierstrass fu chiamato da Gottinga il suo antico allievo Schwarz, Fuchs fu nominato successore di Kummer, con cui aveva ottenuto il dottorato nel 1858, e un altro esponente della scuola di Berlino, Frobenius, ebbe la cattedra di Kronecker. Il valore del nuovo triumvirato è fuori discussione. Di Schwarz abbiamo già parlato. Fuchs, che prima di andare a Berlino insegnò a Greifswald (1866-74), a Gottinga (1874-75) e a Heidelberg (1875-84), studiò un'importante classe di equazioni differenziali alle derivate parziali, oggi dette *equazioni fuchsiane*, di cui ottenne importanti caratterizzazioni; inoltre, le sue ricerche sugli integrali ellittici permisero importanti progressi nel campo delle funzioni modulari e costituirono il punto di partenza di Henri Poincaré (1854-1912) per creare la sua teoria delle funzioni automorfe. I campi di ricerca di Frobenius sono molteplici: spaziano dalla teoria delle funzioni ellittiche alle funzioni teta, dalla teoria algebrica dei numeri (sulla scia dei lavori di Dedekind) alla teoria dei gruppi abeliani finiti, dalle forme bilineari (sulle orme di Weierstrass e Kronecker) alla teoria di rappresentazione dei gruppi (argomento su cui Frobenius ha dimostrato notevoli risultati).

Il fatto però che non si trovino matematici provenienti da università esterne denota un certo immobilismo della scuola di Berlino, tipico del periodo successivo all'era di Weierstrass. Il fatto poi che tutti questi matematici si siano formati nello stesso ambiente culturale, se da una parte ne accomuna gli obiettivi, dall'altra li rende ciechi di fronte ai nuovi punti di vista. Cosí, la predilezione per la matematica pura rispetto alla matematica applicata (come ha insegnato l'ideale neoumanista del periodo classico berlinese) è pressoché condivisa da tutti; Frobenius è particolarmente avverso alla nuova tendenza del sistema educativo tedesco (e di Gottinga in special modo) verso le applicazioni, una tendenza che vede in Klein un entusiasta sostenitore.

Tutt'altra aria si respirava nella città-giardino di Gottinga, dove Klein stava lavorando da anni per una piú forte relazione tra industria (o tecnica) e ricerca pura. Il successo di Klein fu totale e coronato da una nuova vittoria: come successore di Heinrich Weber (1842-1913), professore a Gottinga dal 1892 al 1895, fu chiamato Hilbert, che restò a Gottinga per tutta la sua carriera (dal 1895 al 1930). Se H. Weber fu senza dubbio un buon matematico (forní notevoli contributi alla teoria delle funzioni, alla fisica matematica, alla teoria dei numeri e all'algebra astratta), la grandezza di Hilbert e la sua incredibile versatilità ne fanno uno dei massimi studiosi di tutti i tempi.

Il *sogno di Klein* sarebbe cosí proseguito con Hilbert e Gottinga sarebbe diventata, nelle parole di Richard Courant, «il centro matematico e fisico del mondo»[11]. Il vasto programma di ricerca enunciato da Hilbert nel 1900 al Congresso Internazionale dei Matematici a Parigi e poi intrapreso dallo stesso Hilbert e dalla sua scuola, fece dell'Università di Gottinga una meta ambita per tutti i matematici del mondo. Quando, nel 1902, Frobenius e Schwarz proposero a Hilbert di trasferirsi a Berlino sulla cattedra rimasta vacante dopo la morte di Fuchs, questi rifiutò; dopo Gauss, nessun altro matematico aveva rifiutato una simile offerta proveniente dall'Università di Berlino. Lo stesso anno a Gottinga si univa a Klein e Hilbert il grande Minkowski. Scriveva un collaboratore di Althoff a Klein: «Dopo la nomina di Minkowski, Hilbert ha detto "ora siamo invincibili"»[12]. Hilbert e Minkowski si mossero velocemente per consolidare questo vantaggio e due anni dopo anche Runge e Prandtl furono nominati a Gottinga, assicurando cosí l'egemonia sia in matematica pura sia in matematica applicata. Una vittoria, quella di Gottinga, che si arrestò tragicamente con l'ascesa dei nazisti in Germania e la loro politica razziale. Ma questa è un'altra storia.

BEGEHR, H. G. W., KOCH, H., KRAMER, J., SCHAPPACHER, N. e THIELE, E.-J. (a cura di)
1998 *Mathematics in Berlin*, Birkhäuser, Berlin-Basel-Boston.

BIERMANN, K. R.
1988 *Die Mathematik und ihre Dozenten an der Berliner Universität, 1810-1933*, Akademie Verlag, Berlin.

EDWARDS, H. M.
1998 *Kummer and Kronecker*, in BEGEHR et al. [1998], pp. 61-69.

FRIEDELMEYER, J.-P.
1998 *August Leopold Crelle, 1780-1855*, in BEGEHR et al. [1998], pp. 27-32.

[11] In Reid [1976], p. 84.
[12] In Rowe [1998], p. 21.

KLEIN, F.

1926-27 *Vorlesungen über die Entwicklung der Mathematik im 19. Jahrhundert*, 2 voll., Springer Verlag, Berlin.

NASTASI, P.

2000*a* *Da Klein a Klein*, in ID. [2000*b*], pp. 1-39.

2000*b* *Le «Conferenze americane» di Felix Klein*, Springer, Milano.

REID, C.

1976 *Courant in Göttingen and New York. The Story of an Improbable Mathematician*, Springer Verlag, New York - Heidelberg - Berlin.

ROWE, D. E.

1989 *Klein, Hilbert, and the Göttingen mathematical tradition*, in «Osiris», 5, pp. 189-213.

1998 *Mathematics in Berlin, 1810-1933*, in BEGEHR et al. [1998], pp. 9-26.

SCHARLAU, W.

1990 *Mathematische Institute in Deutschland 1800-1945*, Vieweg & Sohn, Braunschweig-Wiesbaden.

TAZZIOLI, R.

2000 *Riemann: alla ricerca della geometria della natura*, Le Scienze, Milano.

2002 *Gauss: principe dei matematici e scienziato poliedrico*, Le Scienze, Milano.

JOSEPH W. DAUBEN e KAREN HUNGER PARSHALL

Dal Liberal Arts College alla Research University: Harvard, Yale e Princeton

1. *Le origini coloniali della matematica a Harvard e Yale.*

Lo Harvard College nacque, quale istituto congregazionalista, nel 1636 per iniziativa dei puritani della colonia di Massachusetts Bay. Non è un caso che, nel tentativo di «professionalizzare» l'insegnamento della matematica in America, i primi college fossero di origine congregazionalista: tra questi vi erano Harvard e Yale, ma anche il Dartmouth, il Williams, il Bowdoin, il Middlebury e l'Amherst[1]. Eredi del «calvinismo razionale e gerarchico in America» [Baltzell 1979, p. 248], i congregazionalisti tenevano in gran conto le facoltà intellettive e avevano una visione abbastanza liberale della didattica, soprattutto a Harvard, dove la matematica fu insegnata a partire dal 1638 in conformità con quanto avveniva nelle università inglesi, soprattutto in quella di Cambridge che fungeva da modello.

A quel tempo Boston era una piccola città con una popolazione di circa 7000 abitanti, e all'inizio il numero di studenti a Harvard non superava la decina. Il college stesso era privo di mezzi e la donazione di 400 sterline da parte di John Harvard fu impiegata perlopiú per ristrutturare gli edifici [Morison 1956, p. 38]. Tuttavia, la popolazione era molto determinata a sostenere il college, tanto che nel 1644 la Confederazione del New England[2] stabilí che ogni famiglia della colonia dovesse dare un quarto di staio di grano, uno scellino in contanti o l'equivalente «per il mantenimento degli scolari poveri al College di Cambridge» [*ibid.*]. La colonia di New Haven fece lo stesso, inizialmente per Harvard, ma in seguito prese a raccogliere il «mais per il college» allo scopo di sostenere Yale o, com'era chiamato ai tempi della sua fondazione (1701), la Collegiate School of Connecticut.

Pur preparando gli studenti al ministero pastorale, Harvard non era un seminario: dopo il diploma piú della metà degli ex allievi intraprendeva una

[1] In Inghilterra il movimento congregazionalista, che rifiutava qualsiasi gerarchia amministrativa strutturata e conferiva la responsabilità sostanziale della Chiesa locale alla congregazione, fu notevolmente influenzato dalle opere del teologo Robert Browne. In America tra i congregazionalisti piú illustri del periodo coloniale spiccano John Cotton e Jonathan Edwards.

[2] La Confederazione fu fondata nel 1643 da numerose colonie del New England, in particolare da quelle di Massachusetts Bay, Plymouth, Connecticut e New Haven, per la difesa e la protezione reciproche soprattutto dagli indiani. Durò circa quarant'anni fino allo scioglimento, avvenuto nel 1648, provocato da disaccordi politici tra le colonie stesse.

carriera laica. Tutti frequentavano corsi obbligatori di sei delle sette arti tradizionali, tra cui aritmetica, geometria ed astronomia; studiavano inoltre filosofia, ebraico e greco, nonché storia antica. Si presumeva conoscessero già il latino, lingua d'insegnamento e di gran parte dei testi, molto simili a quelli adottati nel programma di studi della Vecchia Cambridge. Lo studio professionale della teologia iniziava solo dopo il conseguimento della laurea di primo grado. Obiettivo del college era quello di istruire «gentiluomini», di «promuovere l'*apprendimento* e di tramandarlo ai posteri» [*ibid.*, p. 43].

«Prevedendo che la degenerazione intellettuale avrebbe portato alla decadenza spirituale», i puritani inglesi si adoperarono strenuamente per trapiantare dall'Inghilterra «il sistema della vita civile e dell'apprendimento» [*ibid.*, pp. 272-73]. Predicatori quali Cotton Mather auspicavano per esempio che, studiando il cielo, si arrivasse a cogliere grazie alla conoscenza dell'astronomia la gloria ancor piú grande di Dio. Come dimostrato da Robert Merton, questa concezione fu una delle ragioni significative che indussero in particolare il protestantesimo radicale a sostenere la scienza. Eppure, c'era anche chi esprimeva dubbi al riguardo, tra cui l'anglicano John Wesley. Come dichiarato in uno dei suoi famosi sermoni, *On Dissipation* («Sulla dissolutezza»), egli sosteneva che oltre alle donne, al gioco, al bere e alla danza, «lo studio della matematica o dell'astronomia potesse condurre un uomo alla dissolutezza e allontanarlo da Dio tanto quanto la passione per le carte o i cani da caccia» [Wesley 1872, sermone 79]. Nonostante le riserve di Wesley, gran parte del clero del New England «conservò una mentalità aperta e un atteggiamento ricettivo nei confronti delle scoperte scientifiche del paese, e i giovani diplomati dei college cercarono in certo qual modo di combattere le superstizioni con i saggi popolari che scrivevano per gli almanacchi» [Morison 1956, p. 273].

A Harvard, Isaac Greenwood ricoprí la prima cattedra di matematica delle colonie, istituita dall'inglese Thomas Hollis nel 1727. Purtroppo, come osserva severo Julian Lowell Coolidge, la scelta di Greenwood quale primo titolare della cattedra Hollis «non fu affatto felice, perché se Isaac Greenwood (diplomatosi nel 1721), aveva il merito dell'ortodossia, presentava altresí il difetto di essere un incorreggibile ubriacone» [Coolidge 1930, p. 246]. Nato a Boston nel 1702, si narra che da bambino fosse «nemico di se stesso» anche se, a quanto pareva, possedeva una «memoria fuori dal comune»[3]. All'età di quindici anni entra allo Harvard College dove non solo dimostra «intelligenza e genialità», ma «si dedica alle muse e alla matematica». Quando, nel 1723, si recò in Inghilterra «per soddisfare la sua curiosità

[3] A meno che non sia altrimenti specificato, tutte le citazioni relative alla vita e alle opere di Isaac Greenwood, e piú avanti di John Winthrop, sono tratte da: J. L. Sibley, *Lives of the Harvard Graduates, College Classes, 1642-1773,* ristampato in Shipton [1963], rispettivamente alle pp. 170-182 e 349-73.

in ogni possibile ambito», conobbe Thomas Hollis, che in seguito avrebbe osservato: «Incline per talento soprattutto alla matematica e alla filosofia, si applicò perlopiú ad esse e, sotto la guida del Dr. Disaguliers [Desarguliers], fece progressi tanto insoliti e sorprendenti negli studi prediletti [...] che [Desarguliers] accondiscese a nominarlo assistente alle sue lezioni».

Greenwood fu formalmente introdotto nella Royal Society ed ebbe persino «l'onore di rispondere, con loro soddisfazione, a numerose domande postegli dal Presidente, il grande Sir Isaac Newton». Nel giugno 1715 Hollis scrisse alle autorità di Harvard che in autunno Greenwood intendeva tornare in Massachusetts con i vari strumenti che aveva acquisito per insegnare «la matematica». Egli palesò inoltre l'intenzione di istituire una cattedra di scienze a Harvard e chiese a Greenwood di elaborare un profilo della stessa, nonché un *corpus* di norme relative. Dopo aver sottoposto Greenwood alla valutazione di diversi esperti, Hollis dichiarò: «[mi hanno] esortato a sperare che possa raggiungervi il prossimo luglio o agosto, molto qualificato in quelle scienze».

Tornato a Boston, Greenwood annunciò che avrebbe tenuto una serie di lezioni, presentate come il primo corso di scienze del New England, in cui prometteva di conferire ai partecipanti «competenza nella conoscenza della natura». Prevedeva di effettuare piú di trecento «esperimenti singolari e utili» con vari strumenti e macchinari e di riferire ai presenti «le meravigliose scoperte dell'ineguagliabile Sir Isaac Newton». Poco dopo Greenwood fu nominato «professore di matematica e filosofia naturale e sperimentale» e gli fu quindi «assegnato finalmente l'unico incarico in America che permettesse a un uomo di vivere di scienza». Non si trattava ancora di un incarico esclusivo di matematica ma era quanto meno un primo passo, e anche un passo molto precoce.

Nel frattempo Greenwood lavorava al primo libro di aritmetica concepito da un autore americano e, quando la sua *Arithmetick* apparve nel 1729, rappresentò il primo testo del genere scritto da un locale e pubblicato nelle colonie [Wagner 1950, p. 55]. L'alcol, tuttavia, aveva cominciato a distruggerlo e Greenwood cedette, a quanto pare, a «diversi atti di grave intemperanza», a causa dei quali fu rimosso dall'incarico. Un'umile confessione e quattro mesi di astinenza dal bere indussero il college a riconsiderare la decisione e persino ad aumentargli lo stipendio, anche se due settimane piú tardi, quando Greenwood fu trovato in preda allo stupore alcolico, «troppo alterato e persino stordito per fare una delle sue abituali confessioni», lo licenziarono in modo alquanto sommario. Il tentativo che questi compí in seguito di fondare una «Scuola di filosofia sperimentale» a Boston, il progetto di tenere una serie di lezioni itineranti su «ogni aspetto della matematica pratica o teorica» e persino quello di tenerne alcune a Filadelfia si rivelarono tutti un fallimento. A quel punto Greenwood s'imbarcò in qualità di mentore del capitano di una nave da guerra e morí infine nella Carolina del Sud nel 1745.

Al di là della triste fine, Greenwood fu il primo a sostenere la neonata tradizione scientifica nel New England. Due dei suoi lavori furono pubblicati nelle «Philosophical Transactions of the Royal Society» e il suo insegnamento lasciò il segno, visto che tra i suoi allievi ci fu John Winthrop, che lo avrebbe sostituito alla cattedra Hollis di matematica a Harvard. Dopo Benjamin Franklin, Winthrop viene spesso ritenuto lo studioso che in America ha maggiormente contribuito allo sviluppo della scienza nel XVIII secolo. Nato nel 1714, entrò a Harvard da studente all'età di tredici anni. Come si legge nelle *Lives of the Harvard Graduates* di Sibley:

> Nel 1738, quando a causa dell'alcol Isaac Greenwood perse l'unica cattedra scientifica esistente in America, il college si trovò in grandi difficoltà per scegliere il suo successore. [...] L'assistente, e candidato naturale all'incarico, Nathan Prince (diplomatosi nel 1718) aveva lo stesso vizio, oltre ad altri, perciò dietro sollecito di Appleton il 30 agosto la Corporazione[4] nominò il ventitreenne Winthrop titolare della cattedra Hollis [Shipton 1963, pp. 350-52].

Winthrop assunse ufficialmente l'incarico di «titolare della cattedra Hollis di matematica e di filosofia naturale e sperimentale» il 2 gennaio 1739. Le osservazioni che fece sulle macchie solari al Boston Common nell'aprile del 1739, insieme a quelle sul transito di Mercurio e su un'eclisse lunare effettuate nel 1740, furono il primo di undici lavori pubblicati nelle «Philosophical Transactions of the Royal Society». Winthrop insegnava nel contempo matematica a Harvard e nel 1751 introdusse lo studio delle flussioni. Per lo studente medio parlava «turco», come testimonia un certo Timothy Pickering, ma per altri, come Samuel Langdon: «Aveva il piacevole talento di saper comunicare le sue idee nel modo piú semplice ed elegante e di rendere facili gli argomenti piú difficili ai giovani che istruiva».

Charles Chauncy, uno dei piú famosi progressisti religiosi del New England, elogiò le doti di Winthrop a Ezra Stiles, rettore di Yale: «È di gran lunga l'uomo piú grande che abbiano tra i docenti del College a Cambridge [...] Immagino nessuno ponga in dubbio che sia il piú grande matematico e filosofo di questo paese».

Le osservazioni di Winthrop sulla cometa di Halley del 1759 e «il tentativo del titolare della cattedra Hollis di dimostrare la teoria di Isaac Newton sulla formazione della coda delle comete» furono riferiti alla Royal Society da Benjamin Franklin e pubblicati non solo sulle «Philosophical Transactions», ma anche quale monografia a se stante. Grazie all'interessamento di Franklin e Stiles, fu proposto il nome di Winthrop, che nel 1766 venne eletto membro della Royal Society, il terzo con quel cognome a esservi ammesso. La Corporazione di Harvard fu tanto gratificata dall'onore conferitole che acconsentí

[4] La Corporazione di Harvard è il principale organo dirigente dell'università, altrimenti noto come «il Rettore e i professori dello Harvard College», e ne costituisce il consiglio di amministrazione.

a coprire le spese di Winthrop a condizione che cedesse le sue copie delle «Philosophical Transactions» alla biblioteca del college. Molti anni dopo, nel 1774, senza interpellarlo, lo elesse rettore, carica che egli accettò solo a livello temporaneo; prima della fine dell'anno questa passò a Samuel Langdon. Cinque anni dopo, nel maggio 1779, Winthrop morí a Cambridge.

Quando all'inizio del XVIII secolo fu rivisto il programma di studi di Harvard, la conoscenza della matematica, sotto forma di aritmetica, divenne per la prima volta un requisito essenziale per l'ammissione [Cajori 1890, p. 60] allo scopo di elevare il livello delle capacità matematiche degli studenti dell'università. Alla fine del secolo, per introdurre un nuovo programma di studi e standard piú elevati nell'insegnamento della matematica, Samuel Webber, nominato nel 1789 quarto titolare della cattedra Hollis di matematica e filosofia naturale, preparò un compendio in due volumi intitolato *Mathematics: Compiled from the best authors and intended to be a textbook of the course of private lectures on these sciences in the University at Cambridge* (1801). L'opera trattava materie quali algebra, geometria piana e solida, misurazione topografica, navigazione, sezioni coniche, geometria sferica e trigonometria. Webber scrisse anche *System of Mathematics*, pubblicato nel 1812, adottato a Harvard e in altre facoltà del New England quale testo base per l'insegnamento della matematica. Webber ricoprí la carica di rettore dello Harvard College dal 1806 fino alla sua morte, nel 1810.

2. *Yale.*

Come osserva Samuel Elliot Morison nel suo resoconto sull'istruzione superiore nelle colonie del New England:

> Yale fu fondata da un gruppo di ministri, che depredarono le loro preziose biblioteche a beneficio della biblioteca del College, e dagli scellini e dalle monete da sei pence spremuti dai magri bilanci delle famiglie di New Haven, Saybrook e Hartford [Morison 1956, pp. 39-40].

In realtà, l'idea di creare un nuovo college fu in parte una reazione al malcontento per l'istruzione impartita a Harvard. Il sesto rettore del college, Increase Mather, sempre piú ai ferri corti con gli altri ministri di Harvard, che giudicava eccessivamente liberali e per nulla rigorosi dal punto di vista ecclesiastico, rassegnò le dimissioni nel 1701. Dopo che per tale incarico la candidatura del figlio, Cotton Mather, fu piú volte ignorata, i Mather di Boston offrirono ad altri il loro sostegno, ossia alla Collegiate School del Connecticut, «nella speranza che conservi l'ortodossia religiosa puritana in un modo che Harvard non ha fatto».

La Collegiate School era stata fondata da un gruppo di dieci ministri congregazionalisti, tutti ex allievi di Harvard. Il 9 ottobre 1701 si riunirono a Branford, nel Connecticut, per donare i loro libri alla biblioteca della scuola. All'inizio – come avrebbe fatto tempo dopo Princeton – la scuola aveva sede nella casa del primo rettore, Abraham Pierson. Quindici anni dopo, quando venne trasferita a New Haven, Cotton Mather fu incaricato di gestire il contributo dato da un ricco gallese, Elihu Yale, per la costruzione del primo edificio. Yale donò nove balle di merci del valore di 560 sterline, nonché 417 libri e un ritratto di re Giorgio I (quasi quanto aveva lasciato John Harvard all'università omonima, fatta eccezione per il ritratto). Fu sempre Cotton Mather a suggerire di cambiare il nome in Yale College.

Secondo lo statuto, lo scopo di Yale era quello di costituire una scuola superiore «in cui istruire nelle arti e nelle scienze quei giovani che con la benedizione del Signore Onnipotente potessero essere idonei al pubblico impiego sia nella Chiesa sia nello Stato» [Kelley 1974, p. 7]. Per il clero che formò il primo corpo docente di Yale ciò si tradusse, a quanto pare, nell'insegnare perlopiú teologia, intesa quale «fondamento, garanzia e prova» delle arti e delle scienze, e concepita in un'ottica strettamente calvinista. Nel 1722 il rettore di Yale, Timothy Cutler, fu «licenziato» per le sue idee eccessivamente episcopali; da allora, per garantire la «purezza dottrinale del calvinismo» tra i docenti, furono istituite prove specifiche che vennero abolite solo nel 1778 [*ibid.*, p. 33]. Nel 1818 il rettore e gli assistenti dello Yale College dovevano ancora dimostrare una sostanziale adesione al credo del calvinismo ortodosso.

Il primo a lasciare un segno nell'ambito della matematica a Yale fu Thomas Clap, diplomato di Harvard (classe 1722) e ministro congregazionalista, che fu formalmente nominato rettore dello Yale College del 1740. Fu Clap a trasformare tale carica in una posizione accademica influente e ad adottare uno statuto nuovo, piú liberale. Il rigoroso congregazionalismo di cui era sostenitore sarebbe stato gradito a personaggi del calibro di Cotton Mather, ma finí per segnare la sua condanna: nel 1742 Clap espulse tutti gli studenti che, allontanatisi da esso, avevano aderito al «Grande risveglio» e chiuse il college, che riaprí l'anno seguente[5]. Alcuni decenni piú tardi, dopo una serie di rivolte studentesche iniziate per diverse questioni nel 1764, Clap rassegnò infine le dimissioni nel 1766.

Ciononostante, il contributo che questi diede a Yale in ambito scientifico fu ragguardevole. Costruí il primo planetario meccanico delle colonie, si fece paladino delle «nuove scienze» e in particolare del newtonianesimo. Definito «un altro "Padre fondatore" della scienza americana», pare sia

[5] Il «Grande risveglio» fu un movimento di rinascita religiosa che «cercò di rinvigorire con un fervido evangelismo quella che alcuni ritenevano una religione aridamente formale e in declino». Fu promosso in particolare da Jonathan Edwards negli Stati Uniti e dal ministro inglese George Whitefield. Per quanto concerne la sua influenza su Yale, si rimanda a Kelley [1974, pp. 50-55].

andato incontro a una «trasformazione della personalità» quando al posto della Bibbia che teneva in mano si ritrovò un quadrante [Tucker 1962, p. 57][6].

Clap studiò scienze a Harvard sotto la guida del tutor Thomas Robie, che si adoperava affinché gli studenti recepissero la scienza come uno strumento per giungere alla verità cristiana, non al materialismo e all'ateismo. Clap sviluppò in particolare una venerazione per Newton, tanto da dichiarare in un'occasione che «esistono molte verità importanti nella filosofia naturale e nella matematica che, quando giungono ad essere ben presentate, non sono mai poste in dubbio», quali «le leggi dell'attrazione e i principî delle flussioni». Prima di Clap, a causa del consiglio di amministrazione che controllava il programma di studi, «la scarsa istruzione matematica e scientifica erogata restava medievale sotto il profilo della teoria e dei contenuti». In termini piú concisi: «Dal punto di vista scientifico Yale era ancora allo stesso livello di Dante».

Non appena Clap assunse l'incarico a Yale, «le discipline matematiche balzarono in primo piano». A partire dal 1743 le matricole studiarono aritmetica e algebra, gli studenti del secondo anno geometria e quelli del terzo coniche e flussioni. Nel 1758 i problemi sulle flussioni iniziarono a essere inseriti negli esami finali e negli anni successivi divennero sempre piú difficili [Simons 1936, pp. 217-10; Tucker 1962, p. 64]. Purtroppo, Clap era l'unico membro del corpo docente di Yale in grado in insegnare il calcolo delle flussioni e quando se ne andò, nel 1766, la materia scomparve dal programma di studi.

Un aspetto importante dell'eredità di Clap è, tuttavia, rappresentato dalle schiere di allievi che avviò allo studio delle scienze, tra cui spicca Bezaleel Woodward, che ebbe una lunga e autorevole carriera quale professore di matematica e filosofia naturale a Dartmouth. Ciononostante, la sua fu un'eredità limitata perché «Clap era prima di tutto un puritano e come tutti i puritani si rifiutava di avventurarsi a lungo sull'ignoto mare del pensiero». Inoltre, si narra che l'ossessione di Yale per una «rettitudine settaria» impedí l'istituzione di una cattedra di scienze naturali fino al 1770, e solo nel secolo seguente fu fondata una vera e propria cattedra di matematica.

Tale impresa fu merito del successore di Clap, Ezra Stiles, meno interessato alla religione e convinto che Yale dovesse asservire a «scopi prevalentemente terreni piú che celesti». Istituita la prima cattedra di matematica a Yale, ebbe tuttavia difficoltà a coprirla: alla fine l'incarico di professore di matematica e di filosofia morale andò a Jeremiah Day (diplomatosi a Yale nel 1795) nel 1801. Nel corso della sua carriera a Yale questi scrisse tre manuali molto usati: *An Introduction to Algebra* (1814), *A Treatise on Plane Geometry*

[6] Tutte le citazioni successive relative a Clap sono tratte da Tucker [1962], pp. 55-77.

(1815) e *The Mathematical Principles of Navigation and Surveying* (1817). Quest'ultimo apparve nello stesso anno in cui Day divenne rettore di Yale, incarico che mantenne fino al 1846.

3. *L'eredità delle confessioni religiose a Harvard, Yale e Princeton.*

Il fatto che Harvard e Yale – e tempo dopo Princeton – fossero state fondate dai congregazionalisti comporta qualche differenza? A questo proposito è utile un breve confronto con l'Università della Pennsylvania. Come afferma Sydney George Fisher in *The Making of Pennsylvania*, «il puritano osteggiava la vita lussuosa e i piaceri della tavola, ma era dedito alla cultura e alla letteratura. Il quacchero, d'altronde, disprezzava la cultura, la poesia, la musica e le belle arti ritenendole svaghi immorali, ma non sembrava avere regole o usanze che bandissero uno stile di vita molto piacevole e un'ospitalità molto generosa» [Fisher 1896, p. 34]. La credenza quacchera nella salvezza attraverso l'introspezione della propria «luce interiore» faceva sí che tutti i consueti simboli della cultura, «il latino, il greco, la matematica e la filosofia naturale», venissero ritenuti inutili [*ibid.*, p. 60].

I quaccheri riconoscevano la necessità di ricevere un'istruzione di base, ma ritenevano di solito sufficiente saper leggere, scrivere e far di conto. «Un livello piú elevato d'istruzione, l'erudizione, la maggiore conoscenza non solo non rientravano nei loro desideri ma suscitavano la loro netta disapprovazione» [*ibid.*]. I quaccheri che giunsero nelle colonie provenivano in gran parte dalla zona settentrionale dell'Inghilterra, erano scarsamente istruiti [Barbour 1964, p. 83] e non esitarono a irridere gli studi biblici che i pastori puritani prendevano con tanta serietà: «Tanti anni a Oxford e Cambridge [...] per capire quello che uomini illetterati, pescatori, contadini e pastori, intendessero quando resero testimonianza nelle Scritture» (James Nayler, citato in Barbour [1964], p. 157). In poche parole, i quaccheri non avvertivano la necessità di possedere un'istruzione superiore e guardavano con sospetto allo studio della matematica al di là della semplice aritmetica, considerandolo un'inutile distrazione da ciò che doveva costituire lo scopo della vita, la salvezza e le opere buone. Pertanto, quando i quaccheri di Filadelfia si trovarono a dover decidere in merito alla creazione dell'Università della Pennsylvania, si opposero molto apertamente all'idea. Come rileva Edward Digby Baltzell effettuando un confronto tra la Boston puritana e la Filadelfia quacchera:

> Le classi piú elevate di Boston hanno sempre tenuto in grande considerazione l'intelletto e un'istruzione superiore, mentre gli abitanti di Filadelfia non hanno mai dato grande valore a nessuno dei due. I quaccheri di Filadelfia, come fin troppi americani, apprezzavano l'istruzione, soprattutto i suoi aspetti piú pratici, ma diffidavano della cultura. Nel corso degli anni la piccola nobiltà quacchera che aveva abbracciato

la Chiesa episcopale ha sostenuto con titubanza l'Università della Pennsylvania, che nella sua lunga storia ha dato un contributo incredibilmente scarso alla leadership intellettuale e politica della nazione [Baltzell 1979, p. 140].

In effetti, quando Benjamin Franklin sollecitò l'istituzione dell'Academy of Philadelphia, insistette perché fosse una struttura laica. Il consiglio di amministrazione era composto da tre quarti di anglicani, ma solo due quaccheri accettarono di farne parte. Come sottolinea Baltzell, la comunità quacchera «non contribuí né con opere né con fondi e si dimostrò in realtà ostile all'intera idea, soprattutto dopo che, nel 1755, l'accademia si trasformò nel College of Philadelphia e due anni dopo conferí il primo diploma» [*ibid.*, p. 163]. Il generale antintellettualismo dei quaccheri della Pennsylvania si riflette nelle credenze del fondatore della colonia, William Penn: «Leggere molto opprime la mente e spegne la candela naturale, il che è la ragione [dell'esistenza] di tanti studiosi privi di buon senso nel mondo» [citato *ibid.*, p. 246]. O, come afferma Richard Hofstadter quando descrive Filadelfia nel suo studio sull'antintellettualismo in America:

> Quando i riformatori religiosi inglesi si convinsero che la Riforma fosse arrivata a soddisfare le esigenze sociali e spirituali dei loro seguaci, ondate successive di millenariani, anabattisti, *seekers*, *ranters* [e] quaccheri attaccarono l'ordine prestabilito e il clero predicando una religione dei poveri, sostenendo l'intuito e l'ispirazione contro la cultura e la dottrina. Essi elevarono a leader predicatori laici e rifiutarono il clero ufficiale considerandolo «inutile, vuoto e privo di autorità» [Hofstadter 1963, p. 57].

Si può pertanto affermare che le sorti della matematica a Harvard e Yale siano state in parte determinate dall'origine puritana di tali centri, ma che principî religiosi piú stretti di orientamento quacchero potrebbero anche aver portato al bando di tale disciplina e persino osteggiato la creazione di istituti in cui insegnarla. Lo stesso si può dire della fondazione di Princeton, inizialmente nota come College of New Jersey, avvenuta piú di un secolo dopo quella di Harvard. Le origini di Princeton risalgono al 1746 e a un ecclesiastico congregazionalista formatosi a Yale, Jonathan Dickinson, che come primo incarico ebbe quello di amministrare una chiesa di Elizabeth, nel New Jersey [Schmidt 1964, pp. 68-69]. In seguito, dopo la conversione al presbiterianesimo, Dickinson intravide la necessità di istituire un college nella zona centrale delle colonie e si adoperò per fondare il College of New Jersey, che diresse per breve tempo poiché morí sei mesi dopo l'inaugurazione. Il suo successore, Aaron Burr, genero di Jonathan Edwards, anch'egli ex allievo di Yale, stabilí requisiti di ammissione, programma di studi e regole di gestione. Edwards gli successe brevemente alla carica di rettore, ma il piú influente tra i primi rettori di Princeton fu John Witherspoon, discendente di John Knox e dell'unico ecclesiastico che firmò la Dichiarazione d'indipendenza [Baltzell 1979, pp. 250-52].

Witherspoon giunse dalla Scozia per amministrare il College of New Jersey nel 1768 e, a sostegno delle discipline scientifiche, acquistò tra le altre cose il planetario di Rittenhouse nel 1771. Fino al 1787, tuttavia, anno in cui lo scozzese Walter Minto entrò a far parte del corpo docente, nessun professore di matematica del college aveva alle spalle una formazione essenzialmente matematica. Minto l'aveva studiata a Pisa e aveva insegnato a Edimburgo prima di arrivare negli Stati Uniti. Purtroppo, egli fu solo una breve eccezione a una regola che non sarebbe cambiata fino alla fine del secolo seguente, quando Princeton iniziò a considerare la matematica piú seriamente, come un'autentica disciplina.

4. *La matematica a Harvard nel* XIX *secolo.*

All'inizio del XIX secolo, quando sulle sponde del Cam, in Inghilterra, le sorti della matematica iniziarono a mutare, lungo il corso del Charles in America si verificò un cambiamento analogo. Gli storici della matematica britannica ben conoscono i fatti che, a partire dal 1812, indussero l'Analytical Society a compiere i primi passi per importare e diffondere le conoscenze acquisite nel continente europeo. Mentre Babbage, Peacock e Herschel capeggiavano, insieme ad altri, la riforma della matematica a Cambridge, a Harvard il quinto titolare della cattedra Hollis di matematica, John Farrar, traduceva numerosi testi europei in inglese per i suoi studenti. Iniziò nel 1818 con l'edizione di *An Elementary Treatise on Arithmetic, taken principally from the Arithmetic of Lacroix, and translated into English with such alterations and addictions as were found necessary in order to adapt it to the use of the American student.* Farrar tradusse anche l'opera di Lacroix, *Élémens d'algèbre, à l'usage de l'École centrale de Quatre-Nations* (1799 ed edizioni successive), sul cui frontespizio aggiunse «ad uso degli studenti dell'università a Cambridge, nel New England». Una copia del volume conservata alla Biblioteca Houghton di Harvard reca un ulteriore frontespizio ove si legge: «Trattato elementare di aritmetica e introduzione agli elementi di algebra, compresa la matematica richiesta per l'ammissione all'università a Cambridge».

Farrar dunque non traduceva solo libri per insegnare la nuova matematica europea agli studenti, ma si adoperava per rendere facilmente accessibili le conoscenze matematiche di base necessarie per entrare a Harvard. Ciò vale anche per un altro libro che egli tradusse e stampò nel 1818, una raccolta di lavori di Eulero: *An Introduction to the Elements of Algebra: designed for the use of those who are acquainted only with the first principles of arithmetic, selected from the algebra of Euler.* Anch'esso fu presentato come un testo che trattava le materie necessarie per essere ammessi a Harvard.

Dopo essersi occupato di aritmetica e algebra, nel 1819 Farrar tradusse gli *Éléments de géométrie* di Legendre e nel 1820 pubblicò *An Elementary*

Treatise on plane and spherical trigonometry and on the application of algebra to geometry, from the mathematics of Lacroix and Bézout. Nel 1822 uscí un altro lavoro, *An Elementary Treatise on the application of trigonometry to ortographic and stereographic projection*, concepito per scopi topografici e di navigazione. Il testo conteneva inoltre tavole logaritmiche e altre tavole matematiche. Nei decenni che seguirono Farrar continuò a rivedere e ampliare i suoi libri, di alcuni dei quali furono realizzate anche quattro edizioni. Oltre ai testi di matematica, egli tradusse opere sulla meccanica, l'ottica, l'elettricità, il magnetismo, l'astronomia, la storia naturale e la teoria delle comete. Curò infine due volumi molto conosciuti, che raggiunsero addirittura undici edizioni: l'*Ecclesiastical Dictionary* e il *Biblical and Theological Dictionary*.

Di tutte le sue pubblicazioni, quella che lasciò maggiormente il segno fu la traduzione che Farrar fece insieme a George Emerson dei *First Principles of the Differential and Integral Calculus [...] taken chiefly from the mathematics of Bézout* (1824). Questa trattazione del calcolo presentava un chiaro vantaggio rispetto a quella delle flussioni di Clap a Yale o al *Treatise on Fluxions* di Maclaurin, precedentemente usato all'Università della Pennsylvania. Come osservava nell'introduzione, Farrar raccomandava l'approccio di Bézout «per il modo semplice e chiaro grazie al quale l'autore è tanto conosciuto, e anche per la concisione e l'adattamento per altri versi alle esigenze di quanti hanno solo poco tempo da dedicare a tali studi» [Cajori 1890, p. 130].

Grazie al suo inflessibile impegno, John Farrar curò dunque numerose traduzioni di opere europee, che costituirono un ottimo fondamento per la didattica e l'elaborazione di un programma di studio di qualità straordinariamente elevata. Nel 1830 tutte le matricole di Harvard leggevano gli *Elementi di geometria* di Legendre, studiavano algebra e geometria dei solidi; gli studenti del secondo anno avevano nel loro programma trigonometria applicata, topografia e calcolo differenziale, quelli del terzo, filosofia naturale (che comprendeva, tra gli altri argomenti, meccanica, elettricità e magnetismo). All'ultimo anno si applicava invece la matematica a specifici settori della filosofia naturale, come l'ottica.

Chi beneficiò piú direttamente dell'attenzione posta da Harvard sulla matematica europea fu Benjamin Peirce, senza dubbio l'allievo piú brillante di Farrar. Dopo aver studiato matematica con questi e aver corretto le bozze della traduzione inglese della *Méchanique céleste* di Laplace, curata da Nathaniel Bowditch (al quale si doveva anche un ampio apparato di note), Peirce aveva compreso a fondo la portata e l'influenza della matematica europea. Egli insegnò matematica a Harvard in qualità di assistente sotto la guida di Farrar, ma non appena conseguí la laurea di secondo grado in tale disciplina, gli venne conferita la cattedra di matematica e filosofia naturale. Al che «iniziò a riformulare la matematica di Harvard secondo la sua visione personale» [Parshall e Rowe 1994, p. 17]. Come Farrar, Peirce cominciò subito a preparare testi per gli studenti, ma non si trattava di semplici riassunti o traduzioni di opere altrui, bensí di libri contenenti molti dati originali. Tale iniziativa non fu tuttavia una manna improvvisa come potrebbe sembrare, perché Benjamin Peirce non riusciva, a quanto pare, ad adottare uno stile chiaro e pulito: anzi, le sue lezioni erano oscure e incomprensibili, e le sue opere «una sciagura per lo studente di Harvard» [*ibid.*].

Nel 1838 Harvard adottò un sistema facoltativo di scelta dei corsi: ciò significava che tutti gli studenti, tranne le matricole, potevano non continuare gli studi di matematica. Con questo sistema esistevano sostanzialmente tre alternative per studiare tale disciplina: la prima era un corso pratico di un anno, la seconda un corso di carattere maggiormente teorico, concepito piú per i docenti, la terza un corso triennale volto a formare matematici di professione.

Il sistema facoltativo di Harvard non solo ridusse notevolmente il numero di studenti che Peirce avrebbe dovuto istruire, ma gli evitò l'obbligo di tenere un'ampia gamma di corsi nell'arco dei quattro anni. Quando, nel 1847, a Harvard fu fondata la Lawrence Scientific School per la scienza e l'ingegneria, fondamentalmente abilitata a rilasciare un diploma di dottorato, Peirce poté elevare ancora il livello didattico e offrire un insegnamento piú serio agli allievi migliori. Come osservano Parshall e Rowe: «Insegnando solo ai piú dotati e motivati, Peirce seguí gli allievi della Lawrence School nel corso piú rigoroso di studi matematici esistente a quel tempo negli Stati Uniti» [*ibid.*].

Peirce preparò un «Corso di studi di matematica e astronomia» che nel primo anno trattava di curve e funzioni, prevedendo lo studio dei trattati di Cauchy, *Les Applications du calcul infinitésimal à la géométrie* e il *Cours d'Analyse de l'École royale polytechnique*, unitamente ai quaternioni di Hamilton. Nel secondo anno venivano affrontate sia la *Méchanique céleste* di Laplace sia la *Méchanique analytique* di Poisson, insieme alla *Méchanique analytique* di Lagrange. Si studiavano la teoria di Gauss dei moti celesti, i lavori di Bessel, di Leverrier (i cui studi portarono alla scoperta di Nettuno) e di Adams (le irregolarità del moto di Urano e l'ipotesi di Adams che queste fossero dovute all'influenza di un pianeta piú lontano). Nel terzo anno si trattavano la teoria della luce, gli *Exercices d'analyse et de physique mathématique* di Cauchy e i lavori di Franz Ernst Neumann sulla riflessione e rifrazione della luce[7].

Se alcuni studenti consideravano Peirce e la sua didattica oscura, difficile da seguire, una «sciagura», i pochi dotati di sufficienti capacità restavano affascinati dall'acutezza dell'ingegno che vedevano all'opera:

> Eravamo trascinati dall'impeto del suo pensiero, dalla naturalezza e dalla forza del suo fervore intellettuale. L'ispirazione proveniva, credo, in parte dal fatto che ci

[7] Per l'elenco completo dei corsi si veda Cajori [1890], pp. 137-38 e Parshall e Rowe [1994], p. 50, tabella 1.

> trattasse come allievi molto competenti, capaci di seguire il filo dei suoi pensieri anche attraverso l'errore, i quali raggiungevano un risultato col minor numero possibile di passi, acquisendo pertanto una valenza artistica o letteraria, in parte dal carattere della sua mente che tendeva a considerare ogni teorema matematico come un caso specifico di un teorema piú ampio, il che ci conduceva a progredire verso verità sempre piú grandi (A. L. Lowell, citato in Archibald [1925], pp. 4-5).

Gli studenti della Lawrence Scientific School erano indubbiamente pochi: nel 1848, per esempio, se ne contavano soltanto due [Cajori 1890, p. 141]. Solo dopo la Guerra civile (1861-65) il numero di ammessi iniziò ad aumentare in maniera sostanziosa. Nel frattempo, già nel 1856 Peirce aveva elaborato il suo progetto ideale di università scientifica:

> Il progetto piú fattibile è quello che si rivela piú flessibile e che, pur essendo forse il piú piccolo a livello di abbozzo, risulta il piú vasto una volta pienamente sviluppato. I docenti devono essere gli uomini piú capaci nei loro rispettivi ambiti di attività; [l'università] deve essere collegata a un'eccellente biblioteca, a un osservatorio ben attrezzato e a collezioni e laboratori per spiegare, chiarire e investigare ogni genere di conoscenza [Peirce 1856, p. 1].

L'ideale di Peirce, tuttavia, restò ampiamente disatteso fino alla fine del secolo. Malgrado non fosse riuscito a istituire una facoltà di ricerca matematica fervente di attività, egli stabilí a Harvard una tradizione nel campo della matematica che, proseguita dal figlio, James Mills Peirce, da William Byerly e da Benjamin Osgood Peirce, durò fino al XX secolo (come rilevato da Parshall e Rowe [1994, pp. 19-20], i primi due erano piú portati per l'insegnamento che per la ricerca, mentre B. O. Peirce si dedicò alla pubblicazione di lavori perlopiú nell'ambito della fisica matematica). Il principale conseguimento di Peirce a Harvard fu l'introduzione, grazie alla Lawrence Scientific School, del concetto di ricerca in matematica. Tale obiettivo fu raggiunto anche altrove, mediante l'istituzione di facoltà scientifiche e d'ingegneria nei cosiddetti *land-grant colleges*, soprattutto per l'insegnamento dell'agraria e delle tecniche di estrazione mineraria, apparse in tutto il paese nei decenni successivi alla Guerra civile [Guralnick 1979; Bruce 1987].

5. *Yale nel XIX secolo.*

Mentre a Harvard si insegnavano Cauchy, Lacroix, Lagrange e Monge, a Yale si studiavano testi quali *Algebra* di Day, *Euclid* di Playfair e *Conic Sections* di Bridge. Geometria analitica e flussioni venivano proposte solo quali corsi facoltativi per studenti dell'ultimo anno. Non c'è quindi da stupirsi se verso il 1860, al termine dell'anno prescritto di geometria, gli allievi di Yale fossero ancora «immersi» nello studio di Euclide [Langer 1939, pp. 78-79].

Nel 1847, lo stesso anno in cui a Harvard fu fondata la Lawrence Scientific School, a Yale venne istituito il Dipartimento di Filosofia e delle Arti, dove i corsi postlaurea vertevano su filosofia, letteratura, storia, scienze morali (fatta eccezione per legge e teologia), nonché su scienze naturali con l'esclusione di medicina. Per quanto riguarda le scienze, tuttavia, l'attenzione fu posta all'inizio sulla chimica applicata e sulla chimica agraria; nel 1852 fu aggiunta la Facoltà di Ingegneria e quasi un decennio dopo, nel 1861, i dipartimenti scientifici furono unificati nella Sheffield Scientific School. A quell'epoca la Corporazione di Yale fu la prima a istituire un dottorato (Ph. D.) negli Stati Uniti, fatto che stimolò quasi subito la ricerca [Smith 1924]. A Yale il primo titolo di dottorato fu conferito a John Hunter Worrall nel 1862; un altro dei primi a riceverlo fu Josiah Willard Gibbs. Solo nel 1873, tuttavia, la Sheffield School propose corsi di dottorato in matematica, quando cioè John Emery Clark entrò nel corpo docenti quale primo professore di matematica [Chittenden 1928, vol. I, pp. 194-95]. Prima del suo arrivo, alla Sheffield School la matematica veniva considerata complementare alle altre scienze, non una materia di studio in sé. Dal punto di vista tecnico, a Yale veniva inclusa tra le «arti» e quindi non ritenuta di competenza della Sheffield School; ciò significò che a livello di studi di dottorato non fu insegnata sistematicamente se non alla fine del secolo, nonostante avesse un grande sostenitore nella figura di Hubert Anson Newton, professore di matematica a Yale dal 1855 fino alla sua morte, nel 1896. Questo, malgrado gran parte delle sue pubblicazioni fossero dedicate all'astronomia teorica. Cosí Gibbs spiega il precoce allontanamento di Newton dalla matematica:

> Quando il professor Newton salí in cattedra, lo studio della geometria superiore, negli Stati Uniti, era meno confacente allo spirito dell'epoca di quanto non lo fosse quello dell'astronomia, e ben presto tutte le sue energie furono assorbite da quest'ultima sfera di attività [Gibbs 1902, in Gibbs 1948, vol. II, p. 269].

Newton, in sostanza, stimolò lo studio della matematica a Yale attraverso l'insegnamento e i consigli che impartí a due dei suoi studenti migliori: Eliakim Hastings Moore e J. W. Gibbs. Egli li esortò infatti a proseguire gli studi all'estero per approfondire la conoscenza della ricerca matematica. Quando Gibbs tornò a Yale come docente, divenne una figura di spicco, particolarmente nel campo della fisica matematica. E. H. Moore avrebbe invece fondato il Dipartimento di Matematica dell'Università di Chicago, dove diede importanti contribuiti sia all'algebra sia ai fondamenti di geometria e di analisi[8].

Gibbs fu il primo a conseguire il dottorato in ingegneria alla Sheffield School nel 1863 e in seguito si recò in Europa per continuare gli studi: dapprima si fermò a Parigi dove seguí le lezioni di Duhamel, Liouville, Serret e

[8] Si veda, in questo stesso volume, il saggio *L'evoluzione della ricerca universitaria: Johns Hopkins, Chicago e Berkeley*.

Darboux, che a quanto risulta misero a cosí dura prova le sue facoltà mentali da indurlo a trascorrere quasi un anno in Italia per recuperare. Andò quindi in Germania per studiare a Berlino, dove frequentò corsi di matematica con Kronecker, Kummer e Weierstrass, e di fisica con August Kundt. L'anno seguente si recò a Heidelberg, dove Helmholtz, Kirchoff e Bunsen insegnavano fisica e Königsberger, Hesse e Du Bois-Reymond matematica.

Tornato a Yale, a Gibbs fu offerto un incarico senza stipendio nel campo della fisica matematica; non molto tempo dopo pubblicò due lavori innovativi: *Graphical methods in the thermodynamics of fluids* e *A method of geometrical representation of the thermodynamic properties of substances by means of surfaces*, entrambi nelle «Transactions of the Connecticut Academy of Arts and Sciences» (1873). Piú che considerare la termodinamica come una teoria meccanica del lavoro e del calore, egli si concentrò sulle proprietà della materia in equilibrio e sull'espressione dell'energia come funzione dell'entropia e del volume. A partire da queste idee maturò il suo capolavoro, *Elementary Principles of Statistical Mechanics*, pubblicato nel 1902.

Come il suo contemporaneo lievemente piú anziano di Harvard, Benjamin Peirce, Gibbs fu tra i primi negli Stati Uniti a tenere corsi di dottorato in matematica, ma né del primo né del secondo si può dire che siano riusciti a avviare scuole o a dare vita a vere e proprie comunità di ricerca. Ciò è in parte dovuto al fatto che nessuno dei due ebbe molti studenti. Inoltre, rispetto a Peirce che, tra errori, vicoli ciechi e momentanei sprazzi d'ispirazione accompagnati da un frenetico scrivere sulla lavagna, stimolava gli allievi perché si occupava di matematica davanti ai loro occhi, Gibbs era un docente molto diverso. Cosí lo ricorda uno studente:

> Teneva [gli studenti] all'oscuro degli argomenti di ricerca sui quali stava lavorando e persino quando faceva una lezione su un argomento prima che venisse pubblicato [...] il lavoro era completo tranne per alcuni tocchi finali. Pertanto, ai suoi studenti veniva impedito di vedere le grandi strutture coinvolte nel processo di costruzione teorica, di aiutarlo nei dettagli e di essere in tal modo incoraggiati a compiere essi stessi tentativi simili per genere, pur su piccola scala [Bumstead 1903, pp. 187-202].

Come osservato da Parshall e Rowe [1994, p. 33], malgrado insegnasse a studenti già laureati, «aveva difficoltà a guidarli fino alle soglie dell'attività di ricerca autonoma». Anche il suo disinteresse per la comunità accademica nel suo complesso potrebbe spiegare il minimo impatto che ebbe, al di là dei risultati e dei metodi, sulla formazione di un gruppo di matematici statunitensi, fatto che si rispecchia peraltro nella sua adesione tardiva all'American Mathematical Society, avvenuta solo nel febbraio 1903, un mese prima della morte[9].

[9] Kevles [1987, pp. 31-34] giunge a una conclusione simile quando sottolinea che Gibbs non ebbe piú successo quando si trattò di contribuire alla formazione di una comunità di fisici matematici negli Stati Uniti alla fine del secolo.

6. *Princeton.*

La matematica, intesa quale materia seria di insegnamento e di studio, fu introdotta tardi a Princeton. Anche se Walter Minto la insegnò per breve tempo, dal 1786 al 1796, fu Henry Burchard Fine a trasformare con determinazione Princeton da scuola di piccola città del New Jersey a centro internazionale di matematica all'inizio del xx secolo.

Fine era figlio di un ministro presbiteriano di origine olandese di Chambersburg, in Pennsylvania. Dopo essersi laureato a Princeton nel 1880, andò in Germania dove studiò con il famoso Felix Klein. Nel 1885 Fine tornò da Lipsia con un dottorato e a Princeton iniziò una carriera volta non solo a realizzare uno dei migliori dipartimenti di matematica degli Stati Uniti, ma a delineare un'efficace strategia con cui Princeton si sarebbe fatta un nome come università nel xx secolo. Il processo iniziò nel 1903, anno in cui il rettore, Woodrow Wilson, nominò Fine preside di facoltà.

Tutto ciò rientrava in quello spirito che già aveva ispirato Charles Eliot e J. M. Peirce a Harvard, oltre che nei piani di Wilson di ricostruire Princeton non solo a beneficio degli studenti ma anche per aumentare il prestigio della facoltà. Sull'esempio della Johns Hopkins e dell'Università di Chicago che istituivano standard sempre piú elevati per la ricerca e le pubblicazioni, gli istituti della Ivy League iniziarono a muoversi in tale direzione. Fine sovrintese alla riorganizzazione di Princeton in vari dipartimenti accademici e nel 1904 divenne il primo direttore del Dipartimento di Matematica [Rhinehart 1999]. Un anno dopo istituí un sistema basato sull'impiego di precettori, variante del sistema di tutoraggio adottato a Harvard, dove i giovani laureati piú promettenti venivano reclutati nel corpo docente e incaricati di seguire intensivamente gli studenti. Tra i primi precettori reclutati da Fine ci furono Luther Eisenhart e Oswald Veblen. Egli inoltre richiamò a Princeton europei illustri quali James Jeans, professore di matematica applicata, nonché Joseph Henry M. Wedderburn, dalla Scozia. Tra le altre nomine famose conferite da Fine a Princeton si ricordano quelle di George David Birkhoff, James Alexander e Solomon Lefschetz. Cosí Robert Gunning riassume l'importante opera svolta da Fine per promuovere lo sviluppo della ricerca matematica a Princeton:

> Le nomine [decise da Fine] portarono alla nascita di un Dipartimento di Matematica di primo livello negli anni Venti, e [crearono] un'atmosfera di fervore e di entusiasmo che indusse molti dei giovani matematici piú capaci a intraprendere studi postlaurea a Princeton in qualità di National Reseach Fellows [Gunning 1978, p. 317].

Le basi della trasformazione di Princeton in importante centro nazionale e internazionale di matematica erano state gettate un decennio prima, quando gli «Annals of Mathematics» furono trasferiti da Harvard a Princeton. Questa rivista era stata preceduta dall'«American Journal of Mathematics», fondato nel 1878 e diretto del matematico inglese James Joseph Sylvester nel periodo in cui era professore alla Johns Hopkins (1876-83). La rivista di Sylvester, volta a «stimolare "la diffusione e il progresso della conoscenza matematica" negli Stati Uniti» [Parshall 2006, p. 232], costituí un modello da seguire per altre università americane come Harvard e Princeton.

Sotto la direzione di Lefschetz e Wedderburn gli «Annals» divennero ben presto una delle riviste piú prestigiose del mondo per le pubblicazioni di ricerca matematica. Un altro fattore di rilievo nell'ascesa di Princeton in ambito matematico fu l'istituzione di un fondo speciale per la ricerca scientifica nel 1928, mirato ad attirare i matematici esteri di spicco. Tra i primi a tenere lezioni nell'ateneo grazie a questo sistema ci furono G. H. Hardy, P.-A.-M. Dirac e P. A. Alexandroff. Tale evento coincise con la creazione della prima cattedra di ricerca matematica a Princeton, intitolata a Henry B. Fine e sovvenzionata da un ex allievo dell'università, che finanziò anche la costruzione di un nuovo edificio per il Dipartimento di Matematica in onore di Fine, morto nel 1928.

Di straordinaria importanza per il futuro della matematica a Princeton fu la nascita, nel 1930, dell'Institute for Advanced Study. La School of Mathematics fu la prima a nominare i suoi membri, nel 1932, e fu ospitata a Fine Hall insieme al Dipartimento di Matematica di Princeton finché l'istituto non fu inaugurato, non lontano dall'università, nel 1939. Molti dei primi membri dell'istituto erano professori di Princeton, tra cui Alexander, Veblen, John von Neumann e Hermann Weyl. Il Dipartimento di Matematica di Princeton intrattenne rapporti particolarmente stretti con l'istituto, che ben presto si uní ad esso allo scopo di pubblicare congiuntamente gli «Annals of Mathematics» e lanciare la «Princeton Mathematics series» nel 1939, nonché gli «Annals of Mathematic Studies» nel 1940.

Dopo la morte di Henry Fine, il dipartimento di Princeton fu amministrato da Luther P. Eisenhart, che ricoprí la carica di direttore dal 1929 al 1945. Sotto la sua guida furono effettuate nomine importanti in diversi campi della matematica, tra cui quelle di Alonzo Church per la logica, Eugene Wigner per la fisica matematica, Salomòn Bochner per l'analisi e Samuel Wilks per la statistica. Indicativo del successo del dipartimento è il fatto che, nonostante il numero relativamente ridotto di studenti, tra il 1935 e il 1955 Princeton abbia conferito piú dottorati in matematica di qualsiasi altra università del paese [Gunning 1978, p. 318]. La sua capacità di sfornare tanti matematici di spicco è stata attribuita al particolare iter formativo e allo spirito di gruppo che, dai tempi di Henry Fine, univa tutti i docenti:

> Gli aspetti caratteristici del piano di studi di matematica per il conseguimento del dottorato sono l'autonomia rispetto ai requisiti di un corso formale, l'enfasi posta sulla ricerca originale in una fase precoce dell'istruzione dello studente e uno spirito

di studio e di ricerca cooperativi a cui studenti e docenti aderiscono congiuntamente [*ibid.*].

7. *La matematica a Harvard all'inizio del* XX *secolo.*

A Harvard la didattica della matematica assunse un orientamento nuovo e coerente all'inizio del XIX secolo, quando Frank Nelson Cole (laureatosi a Harvard nel 1882) tornò dopo due anni di studi a Lipsia con Klein. Egli fu d'ispirazione per i suoi studenti, tra i quali vi erano W. F. Osgood (laureatosi a Harvard nel 1886) e Maxime Bôcher (laureatosi a Harvard nel 1888). Quando questi furono pronti per continuare gli studi all'estero, Klein si era tuttavia trasferito a Gottinga. Osgood terminò il dottorato a Erlangen nel 1890 con una tesi sugli integrali abeliani, Bôcher lo concluse a Gottinga nel 1891; entrambi, dopo il conseguimento della laurea, furono assunti per insegnare a Harvard. Osgood produsse in particolare alcuni importanti lavori sulle equazioni differenziali e sul calcolo delle variazioni, e divenne famoso per aver dimostrato il teorema della rappresentazione di Riemann. Bôcher diede un contributo rilevante alla teoria del potenziale (argomento della sua tesi, sostenuta a Gottinga con Klein quale relatore) e scrisse anche lavori sulle equazioni differenziali, sulla funzione di Green, sulle funzioni armoniche, sull'integrale di Poisson e sulla teoria delle funzioni di una variabile complessa [Birkhoff 1919].

Poco tempo dopo Julian L. Coolidge (laureatosi a Harvard nel 1895) terminò gli studi con Osgood e Bôcher e si recò all'estero per studiare con Corrado Segre a Torino e Eduard Study a Berna. Quando tornò a Harvard, era già noto per i suoi studi di geometria, soprattutto di geometria non euclidea e complessa, e sulle curve algebriche [Struik 1955, pp. 669-82]. Nel decennio seguente anche George D. Birkhoff (laureatosi a Harvard nel 1905) e William C. Graustein (laureatosi a Harvard nel 1910) si unirono al personale docente. Il primo divenne famoso a livello internazionale per aver dimostrato l'ultimo teorema geometrico di Poincaré e diede un contributo significativo – per ricordare solo alcuni degli ambiti di cui si occupò – allo studio dei problemi al contorno, delle equazioni differenziali, dei sistemi dinamici, della meccanica celeste e della relatività [Birkhoff 1989]. Graustein continuò la tradizione iniziata da Coolidge in campo geometrico e, oltre a un libro di testo preparato con Osgood, *Plane and Solid Analytic Geometry* (1930), scrisse utili introduzioni alla «geometria superiore» (1930) e alla geometria differenziale (1935).

Nei primi decenni del XX secolo la «rivoluzione» avviata a Harvard con le nomine di Osgood e Bôcher si consolidò, accompagnata da un «improvviso aumento dell'attività di ricerca» [Birkhoff 1989, p. 15]. Questa nuova attenzione sulla ricerca fu inoltre incrementata dalla nascita della Harvard

Graduate School nel 1890, voluta dal rettore Charles Eliot, che si adoperò per istituire corsi a livello di ricerca specificamente rivolti agli studenti di dottorato. Ciò rientrava nel progetto di trasformazione generale dell'università promosso da Eliot, che nei quarant'anni in cui fu rettore (1869-1909) sovrintese all'evoluzione dello Harvard College in un'università importante sul piano intellettuale internazionale. Tale processo non fu tuttavia dovuto soltanto alla sua sagacia: egli stesso ammise che i tempi stavano cambiando e che nuove strutture come la Johns Hopkins avevano indicato il cammino da imboccare. Come osservò nel 1901 in occasione del venticinquesimo anniversario della fondazione di quest'ultima:

> Il vostro primo risultato qui è stato creare, con l'aiuto dei colleghi, degli studenti e dei consiglieri d'amministrazione, una scuola universitaria di dottorato che non solo si è dimostrata valida e influente, ma che ha innalzato il livello dei dipartimenti umanistici e scientifici di tutte le altre università del paese. Mi preme ribadire che la scuola di dottorato della Harvard University [...] non si è sviluppata finché l'esempio della Johns Hopkins non ci ha costretti a investire energie nello sviluppo dell'insegnamento agli studenti già laureati. E quello che vale per Harvard vale per qualsiasi altra università del paese che aspiri a creare una scuola avanzata tanto in ambito scientifico quanto umanistico (Charles Eliot, citato da Parshall e Rowe [1994], p. 263).

Un altro cambiamento che ebbe un notevole effetto sulla matematica a Harvard fu l'introduzione del sistema didattico basato sulla «distribuzione» dei corsi, promosso dal successore di Eliot, A. Lawrence Lowell (rettore dal 1909 al 1933). Ciò condusse infine all'obbligo per ogni allievo di studiare il calcolo differenziale; inoltre, con l'avviamento di piccoli contingenti di matricole allo studio della matematica, il numero di studenti di dottorato necessario a svolgere il ruolo di docenti o di tutor (secondo il sistema di Harvard) consentí al Dipartimento di Matematica di svilupparsi molto e di accogliere una schiera significativamente piú ampia di tali studenti [Coolidge 1930, p. 255]. Si trattava peraltro di una tendenza seguita da gran parte delle principali università americane. Un elemento importante che favorí lo studio della matematica negli Stati Uniti del XX secolo fu la qualità – e la quantità – dell'insegnamento di dottorato impartito da matematici attivi nella ricerca: questi sostenevano le sempre piú numerose riviste e associazioni specializzate, che a loro volta crebbero a livello d'importanza e di prestigio a mano a mano che la professione stessa si evolveva nei primi decenni del XX secolo.

8. *La matematica a Yale nel* XX *secolo.*

Come Harvard, all'inizio del Novecento Yale rivide completamente il programma di studi. Subito dopo la Prima guerra mondiale una profonda riorganizzazione del sistema pose l'accento sull'insegnamento rivolto agli studenti del primo livello di studio a partire dall'anno accademico 1918-19 [Dorwart 1989, p. 88]. Il corso di studi per il primo anno fu attentamente programmato sia per gli studenti dello Yale College sia per quelli della Sheffield School [Smith 1924]. Prima di tale cambiamento l'esperienza di Yale era stata molto simile a quella di Harvard per quanto concerneva la matematica, nel senso che il corpo docente reclutava spesso matematici che, dopo essersi laureati in quello stesso ateneo, avevano proseguito i propri studi in Europa o presso matematici europei.

Tra gli ex allievi di Yale la tradizione di continuare gli studi all'estero iniziò presto, con H. A. Newton (laureatosi nel 1850), che trascorse un anno a Parigi prima di tornare a New Haven. Verso la fine del secolo James Pierpont, conseguito il dottorato a Vienna, iniziò a insegnare analisi matematica a Yale (1894). Dopo aver studiato a Berlino, Gottinga e Parigi, nel 1896 Percey Franklyn Smith (Ph.D. a Yale, 1891) entrò a far parte del corpo docente. Oltre a tenere corsi di geometria superiore, fu un autore prolifico: scrisse libri di testo di analisi matematica a livello elementare (1903), geometria analitica (1904), meccanica teorica (1910), nonché un'introduzione generale al calcolo differenziale e integrale (1911). Nel 1907 Ernest W. Brown fu chiamato dall'Inghilterra, dopo gli studi a Cambridge, per insegnare astronomia matematica a Yale. Nei dieci anni che seguirono o poco piú la facoltà crebbe grazie alle nomine conferite a Wallace Alvin Wilson (Ph.D. a Yale, 1911), Joshua Tracey (Ph.D. alla Johns Hopkins, 1912), William Raymond Longley (Ph.D. a Chicago, 1906) e Egbert J. Miles (Ph.D. a Chicago, 1910)[10].

Solo quando Øystein Ore, titolare di un dottorato conseguito all'Università di Oslo, entrò a far parte del corpo docente, nel 1927, il Dipartimento di Matematica di Yale iniziò a imporsi come centro importante sia per la didattica sia per la ricerca. Pur in certo qual modo piú tardi rispetto a Princeton e Harvard, Yale stava reagendo alla stessa esigenza di dedicare maggiore attenzione alla ricerca e all'insegnamento postlaurea sull'esempio della Johns Hopkins e dell'Università di Chicago. L'arrivo di Ore a Yale fu particolarmente propizio perché coincise con la rivoluzione dell'algebra moderna, che prese avvio con *Algebra* di Bartel Leendert van der Waerden (1930), un testo molto usato che illustrava i principali progressi compiuti in tale campo da Dedekind, Hilbert, Artin, Emmy Noether e da altri ancora. Negli Stati Uniti questi divennero accessibili agli studenti grazie al *Survey of Modern Algebra*, pubblicato da Garrett Birkhoff (Harvard) e Saunders MacLane (Chicago) nel 1941. A Yale il nuovo approccio all'algebra moderna si evidenziò in primo luogo nei corsi di Ore (questi aveva studiato con Noether a Gottinga; nel 1932 i due, insieme con Robert Fricke, avevano pubblicato i tre volumi dei *Gesammelte mathematische Werke* di J. W.

[10] Per maggiori particolari sull'argomento, cfr. Dorwart [1989], pp. 92-94.

Richard Dedekind), nonché nelle sue numerose pubblicazioni dedicate ai campi di numeri algebrici, alla teoria degli anelli, alla teoria dei reticoli e alla teoria dei grafi. Ore fu direttore del dipartimento dal 1936 al 1945, periodo nel quale entrarono a far parte del corpo docente personaggi di rilievo quali Marshall Stone, Einar Hille, Gustav Arnold Hedlund e Nathan Jacobson.

9. *L'eredità europea.*

Se agli inizi gli Stati Uniti si avvalsero perlopiú di fonti britanniche e francesi, alla fine dell'Ottocento anche i matematici tedeschi e in misura minore italiani cominciarono a figurare tra i modelli a cui gli americani si ispiravano nell'ambito della matematica pura e applicata. L'esempio rappresentato dai seminari, dalle università e dagli istituti tedeschi, in cui molti matematici americani andavano a studiare, fu seguito e integrato nella didattica e nei lavori di quanti tornavano negli Stati Uniti. La riorganizzazione delle facoltà di Harvard, Yale e Princeton in dipartimenti, in cui l'attenzione veniva posta da un lato sull'insegnamento agli studenti, dall'altro sulla formazione dei laureati, aumentò considerevolmente il numero di matematici professionisti del paese. Infine, il presupposto che i dipartimenti dovessero anche svolgere un'attività di ricerca di rilievo internazionale contribuí di per sé a innalzare il livello della disciplina negli Stati Uniti.

Nel mondo occidentale nessun evento, tuttavia, ebbe sulla matematica un effetto tanto immediato – di carattere positivo per gli Stati Uniti e negativo per l'Europa – quanto la trasformazione della Germania nel periodo nazionalsocialista degli anni Trenta. In breve tempo molti dei migliori studiosi tedeschi che furono costretti a emigrare, o decisero di farlo, trovarono impiego presso i college e le università che offrivano loro incarichi didattici sia negli Stati Uniti sia in Canada. Come osservato da uno scienziato francese, quando Einstein lasciò la Germania e accettò un incarico all'Institute for Advanced Study nel 1933, fu come se il papa si fosse trasferito dal Vaticano nel Nuovo mondo; da quel momento in poi gli Stati Uniti sarebbero diventati la culla della scienza moderna. Nello stesso periodo Princeton divenne un centro di primissimo piano a livello internazionale per quanto concerne la matematica, grazie in parte a studiosi rifugiati del calibro di Kurt Gödel, Walther Mayer, John von Neumann, Carl Ludwig Siegel, André Weil e Hermann Weyl.

Oltre a questi eventi di primaria importanza che precedettero la Seconda guerra mondiale, nel periodo postbellico l'erogazione di cospicui fondi federali, dettata soprattutto dalla guerra fredda e dal lancio da parte della Russia del primo satellite orbitante nel 1957, stimolò notevolmente la ricerca matematica. Harvard, Yale e Princeton ne beneficiarono all'istante, insieme a molti istituti pubblici e privati degli Stati Uniti e del Canada, grazie in particolare al maggior sostegno della National Science Foundation, istituita nel 1950[11].

10. *Conclusioni.*

In questa sede è stato possibile delineare solo brevemente le origini dello studio della matematica a Harvard, Yale e Princeton e analizzare in termini molto generali l'evoluzione della stessa in autentica disciplina di ricerca nel Novecento. È necessario attendere la fine dell'Ottocento perché in tali centri avvenga una «professionalizzazione» della matematica, intesa quale creazione di cattedre, insegnamento della disciplina non solo per applicazioni pratiche ma, per la prima volta, a laureati che intendevano perseguire carriere in cui la ricerca fosse apprezzata tanto quanto la didattica, se non di piú. Tale processo fu determinato non solo dalla consapevolezza che l'ordine del nuovo mondo industriale richiedeva una maggiore preparazione tecnica e scientifica, ma anche dalla reazione alle sfide a cui le nuove strutture quali la Johns Hopkins University e l'Università di Chicago si trovavano di fronte nel perseguimento dei loro obiettivi, in particolare a causa dell'enfasi posta sulla formazione postlaurea e sull'importanza della ricerca nelle facoltà. Nel suo discorso per il venticinquesimo anniversario della fondazione della Johns Hopkins, nel 1901, Eliot fu perfettamente chiaro al riguardo.

Come sostenuto da Laurence Veysey, storico dell'istruzione superiore americana, i college coloniali riconobbero che stava nascendo un nuovo ordine mondiale e centri quali Harvard, Yale e Princeton si ritrovarono costretti a reagire per non restare indietro [Veysey 1965]. Quanti studiavano all'estero, soprattutto nelle università francesi e tedesche, restavano colpiti dall'importanza che tali atenei conferivano alla ricerca e, una volta tornati in America, si adoperavano per elevare gli standard locali, alla stregua dei docenti reclutati negli istituti europei. Anche se le università di origine coloniale li vedevano forse come rivali, i nuovi centri quali l'Università della California a Berkeley (1868), la Johns Hopkins University (1876) e l'Università di Chicago (1890) stavano in realtà perseguendo un obiettivo molto diverso, come si vedrà meglio nel saggio seguente. Berkeley, in quanto parte di quello che sarebbe diventato il sistema universitario californiano, era una delle strutture d'avanguardia per quanto riguardava la concezione prettamente «americana» che sosteneva l'importanza di un'istruzione superiore pubblica egualitaria [Douglass 2000]. Pur con vari obiettivi e compiti, questi atenei rappresentarono un nuovo modello che i centri piú antichi non

[11] Per uno studio piú dettagliato di tali argomenti si rimanda a Parshall [2003].

solo studiarono ma che, almeno in parte, tentarono di emulare. Il risultato fu la nascita della matematica intesa come disciplina professionalizzata, a sua volta accompagnata dalla creazione di dipartimenti importanti in cui si faceva ricerca, dalla comparsa della figura dello specializzando e da un numero sempre piú elevato di studenti che si accostavano alla matematica pura e applicata. Alla luce della loro storia e delle loro risorse, non stupisce che Harvard, Yale e Princeton, simboli dell'establishment, siano riuscite a mantenere negli Stati Uniti la loro posizione di baluardi dell'istruzione d'élite in campo matematico.

ARCHIBALD, R. C.

1925 *Benjamin Peirce*, in «American Mathematical Monthly», 32, pp. 1-30.

BAGG, L. H.

1871 *Four Years at Yale*, Chatfield, New Haven, nuova ed. 1891.

BAITSELL, G. A. (a cura di)

1950 *The Centennial of the Sheffield Scientific School*, Books for Libraries Press, Freeport, nuova ed. 1970.

BALTZELL, E. D.

1979 *Puritan Boston and Quaker Philadelphia. Two Protestant Ethics and the Spirit of Class Authority and Leadership*, The Free Press, New York.

BARBOUR, H.

1964 *The Quakers in Puritan England*, Yale University Press, New Haven.

BIRKHOFF, G.

1989 *Mathematics at Harvard, 1836-1944*, in DUREN et al. [1988-89], vol. II, pp. 3-58.

BIRKHOFF, G. D.

1919 *The scientific work of Maxime Bôcher*, in «Bulletin of the American Mathematical Society», 25, pp. 197-215, ora in DUREN et al. [1988-89], vol. II, pp. 59-78.

BRUCE, R. V.

1987 *The Launching of Modern American Science: 1846-1910*, Alfred Knopf, New York.

BUMSTEAD, H. A.

1903 *Josiah Willard Gibbs*, in «American Journal of Science», 16, pp. 187-202, ora in *The Collected Works of J. Willard Gibbs*, Yale University Press, New Haven 1948, vol. I, pp. XI-XXVI.

CAJORI, F.

1890 *The Teaching and History of Mathematics in the United States*, Government Printing Office, Washington.

CAMP, W. e WELCH, L. S.

1899 *Yale: Her Campus, Classrooms and Athletics*, Page, Boston.

CHITTENDEN, R. H.
1928 *History of the Sheffield Scientific School of Yale University, 1846-1922*, 2 voll., Yale University Press, New Haven.

COHEN, I. B.
1948 *Harvard and the Scientific Spirit*, in «Harvard Alumni Bulletin», 50, pp. 393-398.

COHEN, I. B. (a cura di)
1980 *Benjamin Peirce: Father of Pure Mathematics in America*, Arno Press, New York.

COOLIDGE, J. L.
1930 *Mathematics, 1870-1929*, in MORISON (a cura di) [1930], pp. 246-57.

DANA, A. G.
1942 *Yale Old and New. Personal Scrapbook*, 78 voll.

DAUBEN, J. W.
1999 *Julian Lowell Coolidge*, in *American National Biography*, vol. IV, Oxford University Press, Oxford, pp. 424-25.

DEMING, C.
1915 *Yale Yesterday*, Yale University Press, New Haven.

DEXTER, F. B.
1885-1912 *Biographical Sketches of Graduates of Yale: Yale College with Annals of the College History*, 6 voll., H. Holt, New York.

DORWART, H. L.
1989 *Mathematics and Yale in the Nineteen Twenties*, in DUREN et al. [1988-89], vol. II, pp. 87-97.

DOUGLASS, J. A.
2000 *The California Idea and American Higher Education, 1850 to the 1960 Master Plan*, Stanford University Press, Stanford.

DUREN, P. et al.
1988-89 *A Century of Mathematics in America*, 3 voll., American Mathematical Society, Providence.

ELLIOTT, C. A.
1992 *Bibliography on the History of the Sciences at Harvard (1636-1945)*, in C. A. ELLIOTT e M. W. ROSSITER, *Science at Harvard University: Historical Perspectives*, Lehigh University Press, Bethlehem Pa., pp. 324-30.

FISHER, S. G.
1896 *The Making of Pennsylvania. An Analysis of the Elements of the Population and the Formative Influences that Created one of the Greatest of the American States*, Lippincott, Philadelphia.

FRENCH, R. D.
1929 *The Memorial Quadrangle*, Yale University Press, New Haven.

FURNISS, E. S.

1965 *The Graduate School of Yale*, Carl Purington Rollins, New Haven.

GIBBS, J. W.

1902 *Hubert Anson Newton (1830-1896)*, in «Biographical Memoirs of the National Academy of Sciences», 4, pp. 99-124, ora in *The Collected Works of J. Willard Gibbs*, Yale University Press, New Haven 1948, vol. II, pp. 268-84.

GUNNING, R. C.

1978 *Mathematics*, in LEITCH (a cura di) [1978], pp. 316-19.

GURALNICK, S. M.

1979 *The American Scientist in Higher Education: 1820-1910*, in N. REINGOLD (a cura di), *The Sciences in the American Context: New Perspectives*, Smithsonian Institution Press, Washington, pp. 99-141.

HOFSTADTER, R.

1963 *Anti-intellectualism in American Life*, Vintage Books, New York.

HOLDEN, R. A.

1967 *Yale: A Pictorial History*, Yale University Press, New Haven.

KELLEY, B. M.

1974 *Yale: A History*, Yale University Press, New Haven.

KEVLES, D. J.

1987 *The Physicists: The History of a Scientific Community in Modern America*, Harvard University Press, Cambridge Mass.

KILGOUR, F. G.

1939 *The first century of scientific books in the Harvard College library*, in «Harvard Library Notes», 29, pp. 217-25.

KINGSLEY, W. L.

1879 *Yale College. A Sketch of its History*, 2 voll., Holt, New York.

LANE, WH. J.

1947 *Pictorial History of Princeton*, Princeton University Press, Princeton.

LANGER, R. E.

1939 *Josiah Willard Gibbs*, in «American Mathematical Monthly», 46, pp. 75-84.

LEFSCHETZ, S.

1988 *Luther Pfahler Eisenhart. January 13, 1876 - October 28, 1965*, in DUREN et al. [1988-89], vol. I, pp. 56-78.

LEITCH, A. (a cura di)

1978 *A Princeton Companion*, Princeton University Press, Princeton.

LEONARD, D. C.

1981 *Harvard's first science professor: A sketch of Isaac Greenwood's life and work*, in «Harvard Library Bulletin», 29(2), pp. 135-68.

LOVE, J. L.

1944 *The Lawrence Scientific School in Harvard University, 1847-1906*, s. e., Burlington.

MCCAUGHEY, R. A.

1984 *The transformation of American academic life: Harvard University 1821-1892*, in «Perspectives in American History», 8, pp. 237-332.

MCKEEHAN, L. W.

1947 *Yale Science. The First Hundred Years. 1701-1801*, Henry Schuman, New York.

MINTO, W.

1788 *An Inaugural Oration, on the Progress and Importance of the Mathematical Sciences. Delivered at Princeton on the Evening Preceding the Annual Commencement 1788*, Isaac Collins, Trenton.

MORISON, S. E.

1930 *The Development of Harvard University since the Inauguration of President Eliot 1869-1929*, Harvard University Press, Cambridge Mass.

1936*a* *Harvard College in the Seventeenth Century*, 2 voll., Harvard University Press, Cambridge Mass.

1936*b* *Three Centuries of Harvard 1636-1936*, Harvard University Press, Cambridge Mass.

1956 *The Intellectual Life of Colonial New England*, New York University Press, New York.

OVIATT, E.

1916 *The Beginnings of Yale (1701-1726)*, Yale University Press, New Haven, nuova ed. 1969.

PARSHALL, K. HUNGER

2003 *Historical Contours of the American Mathematical Research Community*, in G. M. A. STANIC e J. KILPATRICK (a cura di), *A History of School Mathematics*, National Council of Teachers of Mathematics, Reston, vol. I, pp. 113-57.

2006 *James Joseph Sylvester. Jewish Mathematician in a Victorian World*, The Johns Hopkins University Press, Baltimore.

PARSHALL, K. HUNGER e ROWE, D. E.

1994 *The Emergence of the American Mathematical Research Community 1876-1900: J. J. Sylvester, Felix Klein, and E. H. Moore*, American Mathematical Society, Providence - London Mathematical Society, London.

PEIRCE, B.

1856 *Working Plan for the Foundation of a University*, s. e., Cambridge Mass.

PIERSON, G. W.

1952 *Yale College, An Educational History (1871-1921)*, Yale University Press, New Haven.

1955 *Yale, The University College (1921-1937)*, Yale University Press, New Haven.

1988 *The Founding of Yale: The Legend of the Forty Folios*, Yale University Press, New Haven.

PINNELL, P. L.

1999 *The Campus Guide: Yale University*, Princeton Architectural Press, New York.

PYCIOR, H. M.

1989 *British Synthetic vs. French Analytic Styles of Algebra in the Early American Republic*, in D. E. ROWE e J. MCLEARY (a cura di), *The History of Modern Mathematics*, Academic Press, Boston, vol. I, pp. 125-54.

QUINCY, J.

1840 *The History of Harvard University*, 2 voll., John Owen, Cambridge Mass.

RHINEHART, R. P.

1999 *Princeton University. An Architectural Tour*, Princeton Architectural Press, New York.

ROSENSTEIN, G. M. JR

1989 *The Best Method. American Calculus Textbooks of the Nineteenth Century*, in DUREN et al. [1988-89], vol. III, pp. 77-109.

SCHMIDT, G. P.

1964 *Princeton and Rutgers. The Two Colonial Colleges of New Jersey*, D. van Nostrand, Princeton.

SHIPTON, C. K.

1963 *New England Life in the 18th Century. Representative Biographies from Sibley's Harvard Graduates*, Harvard University Press, Cambridge Mass.

SIMONS, L. G.

1925 *Algebra at Harvard College in 1730*, in «American Mathematical Monthly», 32, pp. 63-70.

1931 *The influence of French mathematicians at the end of the eighteenth century upon the teaching of mathematics in American colleges*, in «Isis», 15, pp. 104-23.

1936 *Short stories in colonial geometry*, in «Osiris», 1, pp. 584-605.

1939 *Fabre and Mathematics and Other Essays*, Scripta Mathematica, New York.

SMITH, P. F.

1924 *The Department of Mathematics*, in «Yale Alumni Magazine», ora in DUREN et al. [1988-89], vol. II, pp. 121-26.

STEARNS, R. PH.

1970 *Science in the British Colonies of America*, University of Illinois Press, Urbana.

STOKES, A. PH.

1914 *Memorials of Eminent Yale Men*, 2 voll., Yale University Press, New Haven.

STRUIK, D.

1955 *Julian Lowell Coolidge (1873-1954): In memoriam*, in «American Mathematical Monthly», 62, pp. 669-82.

THELIN, J. R.

2004 *A History of American Higher Education*, Johns Hopkins University Press, Baltimore.

TUCKER, L. L.

1962 *Puritan Protagonist: President Thomas Clap of Yale College*, University of North Carolina Press, Chapel Hill.

VEYSEY, L. R.

1965 *The Emergence of the American University*, University of Chicago Press, Chicago.

WAGNER, CH. A.

1950 *Harvard. Four Centuries and Freedoms*, Dutton, New York.

WALSH, J. L.

1988 *William Fogg Osgood*, in DUREN et al. [1988-89], vol. II, pp. 79-85.

WARCH, R.

1973 *School of the Prophets: Yale College, 1701-1740*, Yale University Press, New Haven.

WARREN, CH. H.

1950 *The Sheffield Scientific School from 1847 to 1947*, in BAITSELL (a cura di) [1950], pp. 156-67.

WESLEY, J.

1872 *The Works of John Wesley*, a cura di Th. Jackson, Wesleyan Conference Office, London, nuova ed. 1959.

WIDDER, D. V.

1988 *Some Mathematical Reminiscences*, in DUREN et al. [1988-89], vol. I, pp. 79-83.

JOSEPH W. DAUBEN e KAREN HUNGER PARSHALL

L'evoluzione della ricerca universitaria: Johns Hopkins, Chicago e Berkeley

1. *Nuove tendenze nell'istruzione superiore americana, 1865-1900.*

La Guerra civile americana, che vide contrapposto il Nord del Paese al Sud schiavista nei quattro sanguinosi anni dal 1861 al 1865, segnò non solo una svolta nella storia politica, ma anche l'inizio di una nuova era nella storia dell'istruzione superiore statunitense [Veysey 1965, pp. 1-18]. Prima della guerra, i college americani erano ampiamente controllati dalle gerarchie ecclesiastiche di varie confessioni protestanti, generalmente conservatrici. L'«offerta didattica» si limitava cosí a comprendere il tradizionale corso di studi classico – incentrato sullo studio del latino, del greco e della geometria euclidea –, che veniva concepito come lo strumento di formazione della mente.

Sebbene anche altre materie (lingue moderne, scienze, storia) avessero iniziato a far capolino nei corsi di studi negli anni precedenti alla guerra [Guralnick 1979], lo scopo dell'educazione impartita nei college rimaneva la formazione di *gentlemen* istruiti, e il compito del professore quello di trasmettere conoscenza, non di crearla. Questo tipo di impostazione era la caratteristica, il marchio di fabbrica, dei college le cui origini risalivano al periodo coloniale.

Dopo la guerra, una nuova generazione di studiosi cercò di trapiantare nuove concezioni sul modello educativo in terra d'America. Alcuni di loro si erano formati in Europa, altri avevano studiato a fondo il sistema scolastico europeo, altri infine erano ansiosi di dimostrare che il livello culturale in America era uguale se non superiore a quello europeo, in ogni caso tutti ritenevano il modello europeo uno standard da seguire.

I loro sforzi, in qualche modo, ebbero luogo in un momento propizio. La guerra aveva creato grandi fortune e alcuni dei nuovi ricchi – uomini come Ezra Cornell e Johns Hopkins – sentivano che l'istruzione superiore rappresentava un obiettivo meritevole della loro filantropia. Durante la guerra, inoltre, il Congresso aveva approvato una legge federale, il Morrill Land Grant College Act del 1862, che concedeva ai singoli Stati dei privilegi su terre demaniali se vi avessero fondato una scuola pubblica che insegnasse arti meccaniche (fra cui ingegneria e ingegneria mineraria), agrarie e tattica militare, con lo scopo di migliorare la competitività della nazione [Dupree 1986, pp.

149-51][1]. Dopo la guerra, il Morrill Act venne esteso anche agli Stati secessionisti che si erano distaccati dall'Unione.

Questi nuovi modelli, l'università privata e la cosiddetta *land-grant university*, offrirono entrambi molte opportunità agli studiosi orientati a una riforma del sistema educativo: molti di loro praticavano studi e ricerche scientifici di un qualche tipo e volevano mettere in pratica nuove idee sul ruolo e gli obiettivi dell'università americana. Secondo loro, i college non avrebbero dovuto limitarsi a fornire un'adeguata istruzione di tipo umanistico a livello universitario, per quanto questo avrebbe dovuto essere certamente uno degli obiettivi. L'università avrebbe anche dovuto diventare un luogo protetto per la ricerca e per il consolidamento del sapere, e allo stesso tempo un vivaio di futuri ricercatori. Questi riformatori finirono con l'attuare una *new education*, un nuovo sistema di istruzione che, con il suo doppio orientamento di insegnamento e ricerca, fu in grado di creare nelle nuove università un ambiente nel quale molte discipline – fra cui la matematica – assursero al livello di ricerca [Bruce 1987, pp. 326-38][2]. La prima università a creare e valorizzare un «moderno» dipartimento di matematica negli Stati Uniti fu la Johns Hopkins University [Parshall 1988]. Il suo primo rettore, Daniel Coit Gilman, fu, non a caso, uno degli esponenti della nuova generazione di riformatori del sistema educativo.

2. *Il programma di matematica della Johns Hopkins University, 1876-83.*

Nel 1867 Johns Hopkins, milionario di Baltimora scapolo e senza figli, dispose che alla sua morte i suoi beni sarebbero stati impiegati per fondare un'università e una clinica universitaria a Baltimora, nel Maryland. Oltre a questa disposizione, Hopkins non diede molte altre indicazioni, se non che l'istituzione avrebbe dovuto essere intitolata in suo onore. Si capí comunque che non avrebbe dovuto essere di tipo confessionale, sebbene lo stesso benefattore fosse un quacchero devoto. Quando morí alla fine del 1873, gli esecutori testamentari che Hopkins aveva personalmente scelto si trovarono fra le mani, per iniziare a progettare questa nuova istituzione, il piú generoso lascito mai erogato fino a quel momento – tre milioni e mezzo di dollari per

[1] Manterremo nel seguito l'espressione *land-grant university* per indicare un'università o un college che deve le sue origini a questa disposizione [*N.d.T.*].

[2] In effetti fu Charles Eliot, rettore di Harvard dal 1869 al 1909, a coniare l'espressione *new education* in un paio di articoli apparsi sull'«Atlantic Monthly» nel 1869 [Eliot 1869]. Per lui, che in quel momento era agli inizi di una carriera di rettore destinata a durare un quarantennio, *new education* significava principalmente dare importanza curricolare agli studi scientifici, alle lingue moderne e alla matematica – in opposizione ai tradizionali corsi di studi dominati da latino, greco e geometria euclidea – senza tuttavia riferirsi alla ricerca e alla formazione dei futuri ricercatori. Quest'ultimo aspetto avrebbe caratterizzato il nuovo sistema di istruzione solo verso l'inizio del Novecento.

fondare l'università e altrettanti per fondare l'ospedale. Il loro primo compito fu quello di cercare un uomo in grado di condurre in porto l'impresa: lo trovarono in Daniel Gilman.

Gilman aveva ricevuto un'educazione classica a Yale negli anni Quaranta, ma era poi stato fortemente influenzato dai metodi educativi che aveva potuto osservare personalmente in Europa. Secondo il suo punto di vista, comunque, era «importante acquisire una completa conoscenza di quello che si stava facendo in analoghe istituzioni straniere, non per copiare i loro metodi ma per adattarli alle esigenze locali e ai bisogni di questo paese, come riconoscono le persone pratiche e competenti» [Franklin 1910, p. 41]. Rettore nel 1872 della *land-grant university* della California (cfr. § 7), Gilman si era limitato a sottolineare l'opportunità di «adattare» i metodi che aveva visto personalmente all'estero «alle esigenze locali», dato che era condizionato da una legislazione invadente, per la quale l'università avrebbe dovuto essere orientata soprattutto verso le discipline pratiche [Hawkins 1960, pp. 18-20]. Quando accettò la carica di rettore della Johns Hopkins University nel 1875, però, si trovò finalmente in condizione di creare un'università *ex novo*, e aveva idee diverse. Come scrisse:

> ciò che serve a Baltimora non è una scuola scientifica, né un college umanistico, né una combinazione dei due; ma una facoltà di medicina e una facoltà di filosofia; si può fare a meno del tradizionale meccanismo di corsi, cerimonie ecc. [...]: ogni direttore di un grande dipartimento, con i suoi assistenti – di matematica o di linguistica o di chimica o di storia, ecc. – sarà, per quanto possibile, libero dalle interferenze degli altri direttori di dipartimento, e deciderà che tipo di studenti accogliere e come strutturare l'insegnamento [Veysey 1965, p. 160].

Inoltre, il corpo docente doveva essere composto da «uomini di riconosciuta fama ed esperienza, che si siano distinti nei dipartimenti degli studi, in grado di migliorarli e anche di spronare i giovani studenti allo studio e alla ricerca» [Hawkins 1960, p. 26]. Per il Dipartimento di Matematica, Gilman trovò un uomo con le qualità richieste in un matematico inglese di sessantun anni, James Joseph Sylvester.

Sylvester si era meritato una fama internazionale sviluppando, insieme ad Arthur Cayley, l'approccio inglese alla teoria degli invarianti. Secondo George Bruce Halsted, uno degli studenti del primo anno della nascente università nel 1876,

> i giovani americani potevano a stento credere che il grande Sylvester, che con Cayley era un fuoriclasse fra i matematici di lingua inglese, lavorasse davvero nel loro paese. Tutti i ragazzi che avvertivano in se stessi l'aspirazione divina al potere creativo si precipitavano a Baltimora, resa improvvisamente una nuova Alessandria da questo Euclide [Parshall 2006, p. 1].

Il dipartimento che essi trovarono era diretto, nei primi anni, da Sylvester, che teneva soltanto corsi di specializzazione, e da William E. Story, che si occupava degli studenti del primo livello ma dava anche il proprio contributo nei corsi specialistici.

Sylvester preparava corsi incentrati sulle ricerche che stava conducendo sulla teoria degli invarianti, sulla teoria dei numeri, sulla teoria delle partizioni e sulla teoria delle matrici, mentre la geometria era il settore di competenza di Story che, laureatosi a Harvard nel 1871, aveva conseguito il dottorato all'Università di Lipsia nel 1875 sotto la guida di Carl Gottfried Neumann e Felix Klein [Cooke e Rickey 1989]. A partire dai primi anni Ottanta, Thomas Craig e Fabian Franklin, che avevano conseguito il loro dottorato alla Hopkins, si erano aggiunti al corpo insegnante, estendendo ulteriormente l'offerta formativa per i dottorandi con corsi supplementari in geometria e con lezioni sulla teoria delle funzioni e su vari aspetti della fisica matematica [Parshall e Rowe 1994, pp. 95-96]. Nei sette anni e mezzo in cui Sylvester diresse il dipartimento, sedici studenti ottennero borse di studio postuniversitarie e nove conseguirono il titolo di dottore di ricerca svolgendo lavori originali, anche se non sempre entusiasmanti, nel contesto dei corsi e dei seminari matematici orientati alla ricerca organizzati da Sylvester[3].

A uno di questi studenti, tuttavia, venne concessa una borsa di studio ma non fu poi permesso di conseguire il dottorato. Christine Ladd (poi Franklin) aveva scritto con successo la sua tesi di dottorato nel 1882, tuttavia non poté conseguire il Ph.D. perché la Johns Hopkins University, pur non essendo un'istituzione confessionale, non era ufficialmente una scuola mista [Hawkins 1960, pp. 259-68]. Grazie alla raccomandazione di Sylvester, Christine era stata autorizzata a seguire le lezioni, in qualità di «studente invisibile» [Rossiter 1982, pp. 29-33] e, sebbene Sylvester avesse combattuto duramente per convincere il consiglio di amministrazione a cambiare la posizione sull'istruzione mista, non riuscí nell'intento [Parshall 2006, pp. 254-57]. La Ladd Franklin ottenne il suo Ph.D. solo nel 1926, in occasione del cinquantesimo anniversario della fondazione dell'università e circa diciannove anni dopo che l'università aveva ufficialmente aperto i suoi corsi alle donne.

Se Christine Ladd subí una discriminazione da parte delle autorità dell'Università, era invece trattata alla pari nel Dipartimento di Matematica. Come tutti gli studenti della Hopkins di Sylvester, venne incoraggiata a pubblicare i suoi risultati sull'«American Journal of Mathematics», una rivista fondata nel 1878 e dedicata alla ricerca, che Sylvester pubblicava con l'aiuto di Story e il sostegno finanziario dell'ateneo. L'idea di una rivista di ricerca avanzata finanziata dall'università fu una delle innovazioni portate da Gilman alla

[3] Per una discussione tecnica e una descrizione delle ricerche matematiche di Sylvester si veda Parshall [1988]. Per una discussione relativa al suo lavoro e agli studenti di Story e Sylvester negli anni 1876-83, si veda Parshall e Rowe [1994], pp. 99-138. Sulla formazione impartita da Sylvester agli studenti, si veda Parshall [1988; 2006, pp. 235-73].

Hopkins. Si era infatti reso conto che se l'università si aspettava la produzione di ricerche originali da parte dei docenti e degli studenti, e li sollecitava in tal senso, doveva anche fornire uno strumento di alto profilo per la pubblicazione e la diffusione dei loro risultati. In effetti, erano stati compiuti, già prima del 1878, alcuni tentativi di sostenere riviste matematiche specializzate negli Stati Uniti: ma queste pubblicazioni furono tutte destinate al fallimento (alcune dopo uno o due volumi) o a causa della mancanza di supporto finanziario, o di materiale sufficiente da pubblicare, o di entrambi [Parshall e Rowe 1994, p. 51]. L'«American Journal of Mathematics», grazie ai continui sforzi per la ricerca compiuti da Sylvester e ai contributi che egli sollecitava attivamente dall'Europa, dagli Stati Uniti, oltre che dagli studenti e colleghi della Johns Hopkins, fu il primo giornale specializzato di ricerca matematica a sopravvivere e ad avere successo negli Stati Uniti [Parshall 2006, pp. 239-48]. Dalla fine degli anni Settanta, nel paese stava infatti iniziando a formarsi la massa critica necessaria a sostenere una comunità di ricerca matematica.

Ma si stavano ancora muovendo solo i primi passi. Quando Sylvester lasciò la Hopkins, nel dicembre del 1883, per la cattedra di Savilian Professor di geometria all'Università di Oxford nella sua Inghilterra, i suoi studenti, per quanto abituati a un certo livello di ricerca e impregnati dall'ethos della ricerca, finirono coll'andare a lavorare nei college tradizionali orientati all'insegnamento, ritrovandosi senza risorse e con ben poco tempo libero per seguire le proprie ricerche. Franklin e Craig furono delle eccezioni, finché rimasero alla Hopkins, ma fu difficile anche per loro mantenere l'entusiasmo per la ricerca. Gilman aveva cercato di assicurarsi il famoso matematico tedesco Felix Klein come successore di Sylvester, ma senza successo. Si finí col chiamare l'astronomo matematico Simon Newcomb [Parshall e Rowe 1994, pp. 138-44]. Nel decennio successivo alla partenza di Sylvester, gli studenti americani che avrebbero potuto andare alla Hopkins per lavorare con Sylvester, andarono invece in Europa – attratti soprattutto dai corsi di Klein – per completare la loro formazione matematica [*ibid.*, pp. 189-259]. Newcomb diede un contributo importante allo sviluppo della scienza americana, ma la sua figura impallidiva in confronto alla leadership di Sylvester. Per il resto del XIX secolo e anche nel XX, la Hopkins rimase un centro notevole di ricerca matematica, ma venne eclissato da nuove università private che avevano sposato la filosofia dell'istruzione superiore – la *new education* – che Gilman aveva realizzato con cosí tanto successo a Baltimora.

3. *Un esperimento nella formazione post-laurea: la Clark University.*

Se il ritorno di Sylvester in Inghilterra rappresentò il primo brutto colpo per il programma di corsi matematici della Hopkins, il secondo si manifestò nel 1889, quando il secondo «fondatore» del dipartimento, William Story, lasciò la Hopkins per la Clark University di Worcester nel Massachusetts, che era stata appena istituita. Come la Hopkins, la Clark rappresentava un esperimento nell'ambito dell'istruzione superiore reso possibile dalla munificenza di un milionario; ma, diversamente da Johns Hopkins, in questo caso l'eponimo benefattore era vivo e vegeto quando l'università venne fondata e aveva idee molto chiare sul tipo di istituzione che i suoi soldi avrebbero dovuto promuovere.

Jonas Gilman Clark aveva fatto fortuna, alla fine degli anni Quaranta e negli anni Cinquanta, con i rifornimenti per le carovane che si dirigevano nel West nella corsa all'oro della California. Aveva poi astutamente investito in proprietà terriere nella città di San Francisco, allora in rapido sviluppo, prima di spostarsi sulla costa orientale per fare investimenti altrettanto accorti in proprietà a New York e a Worcester. Alla fine degli anni Ottanta, aveva deciso di dedicare una parte della sua già cospicua fortuna a uno degli interessi che aveva attivamente coltivato, l'istruzione superiore. Con questo obiettivo, puntò a fondare un'altra istituzione universitaria nel Massachusetts, a Worcester, che fosse migliore di Harvard [Koelsch 1987, p. 9]. Il modello cui avrebbe voluto ispirarsi era la Johns Hopkins University con la sua solida scuola di specializzazione, che traeva la propria linfa vitale da un ottimo college.

Ma il suo sceltissimo consiglio di amministrazione (la maggioranza dei membri si era formata proprio a Harvard) considerava questo modello troppo apertamente competitivo con Harvard e temeva potesse danneggiare quella venerabile istituzione. Non espressero questa motivazione a Clark, ma gli argomentarono che la sua nuova università avrebbe dovuto puntare a colmare un vuoto nell'istruzione superiore americana, piuttosto che fare quello che altri istituti facevano già – e fecero di tutto perché Clark fondasse una scuola con un limitato numero di dipartimenti di livello specialistico[4].

Quando l'università aprí i battenti nel 1889, si concentrò esclusivamente sulle scienze e vennero cosí inaugurati i dipartimenti per la specializzazione in biologia, chimica, matematica, fisica e psicologia. Il suo rettore era Granville Stanley Hall, uno psicologo che era stato affiliato alla Johns Hopkins University dal 1881 e che nel 1884 aveva alla fine ottenuto una cattedra e la direzione di un nuovo dipartimento di psicologia [Hawkins 1960, pp. 193-204]. Hall aveva ampiamente assorbito la filosofia della Hopkins; in special modo ne aveva abbracciato gli ideali relativi alla ricerca e alla specializzazione [Veysey 1965, pp. 150-51]. Cosí, sostenne pienamente il progetto del consiglio di amministrazione di una scuola puramente specialistica contro

[4] Sulla prima fase della storia della Clark University, si veda Koelsch [1987], specialmente le pp. 1-40. Su Clark e lo sviluppo della ricerca matematica negli Stati Uniti, si confronti Parshall e Rowe [1989], pp. 271-75.

l'originario desiderio di Clark di un'università strutturata in un primo e in un secondo livello. Si accinse a realizzare concretamente la sua idea non appena, nel 1888, venne nominato rettore della nuova università.

Per il Dipartimento di Matematica, Hall (come già aveva tentato di fare Gilman alla Hopkins dopo la partenza di Sylvester) cercò di convincere Felix Klein a lasciare la Germania per gli Stati Uniti. Quando questi sforzi si dimostrarono vani, cosí come era successo per Gilman, Hall si rivolse a Story, di cui era stato collega alla Hopkins. Fu cosí che il dipartimento iniziò la sua attività con Story in qualità di direttore; il corpo docente ruotava attorno a un ex dottorando di Story alla Hopkins, Henry Taber, e a un allievo di Felix Klein, Oskar Bolza. Due anni dopo, furono aggregati anche un altro studente di Klein, l'americano Henry Seely White, e Joseph de Perott, studioso di teoria dei numeri. Questi cinque uomini riuscirono a costruire con grande abilità un corso di studi centrato sugli aspetti piú avanzati della matematica della fine del XIX secolo. Story e White si occupavano della geometria, White trattava la teoria degli invarianti; Bolza si dedicava al calcolo delle variazioni e alla teoria delle funzioni ellittiche; Taber si concentrò su questioni algebriche; Perott illustrò alcuni degli ultimi sviluppi in teoria dei numeri e Story organizzava seminari per avvicinare e avviare i giovani alla ricerca e per far conoscere i loro risultati [Cooke e Rickey 1989, pp. 50-57]. Il Dipartimento di Matematica e il programma di studi matematici universitari della Clark erano i piú formidabili mai realizzati negli Stati Uniti. Sfortunatamente, dal 1892, l'università fu lacerata da una lotta politica interna che oppose Hall a Clark, Clark agli amministratori e il corpo insegnante a Hall. Ma quale posto poteva essere migliore di questo per trovare un corpo accademico di provato talento, in grado di mettere in piedi una nuova università, per di piú un'università centrata sulla *new education*, tesa verso la ricerca e la formazione dei futuri ricercatori?

4. *La matematica all'Università di Chicago negli anni 1892-1910.*

Nel 1889, proprio mentre la Clark University apriva i battenti nel Massachusetts, si stava sviluppando il progetto dell'American Baptist Education Society di estendere l'istruzione superiore oltre le sue tradizionali roccaforti degli Stati Uniti orientali fino alle regioni del Midwest e della costa occidentale di una nazione diventata tanto vasta. In particolare, la Società cercava di fondare una nuova università a Chicago e si assicurò a questo fine il sostegno economico del magnate petrolifero John D. Rockefeller. Devoto battista e pragmatico filantropo, Rockefeller fece la promessa vincolante di contribuire con seicentomila dollari, a patto che ulteriori quattrocentomila venissero raccolti altrove [Chernow 1998, pp. 307-29]. Quando la promessa venne mantenuta nel 1890, l'Università di Chicago venne istituita ufficialmente, e iniziarono le trattative per assicurarsi William Rainey Harper, professore di teologia a Yale, come primo rettore del neonato istituto. Harper accettò la proposta nel 1891, dopo aver delineato il suo progetto di una nuova università alla fine del 1890 [Goodspeed 1916, pp. 133-57]. Confidando nell'abilità e nelle lungimiranti concezioni di Harper, Rockefeller continuò a elargire fondi all'università fino alla morte (avvenuta nel 1937), per un totale di circa trentacinque milioni di dollari.

L'idea di Harper era finalizzata alla creazione di un'università di ricerca, che pur offrendo istruzione postsecondaria di primo livello, avrebbe anche alimentato la ricerca e la formazione dei futuri ricercatori. Come scrisse in una relazione per il consiglio di amministrazione nel 1892, l'anno in cui l'università aprí i suoi battenti, «[un] gran numero di professori sono stati selezionati con l'intendimento che il loro lavoro si sarebbe svolto esclusivamente nelle scuole di dottorato». Il loro lavoro, continuava, non sarebbe stato quello di «stipare nella mente degli studenti conoscenze già consolidate in un campo specifico, ma piuttosto quello di convincerli che loro stessi sono in grado di investigare in nuove direzioni [...] è solo chi ha fatto ricerca che può insegnare agli altri a fare ricerca» [*ibid.*, p. 145]. Harper riuscí a costituire un corpo docente con queste qualità, reclutando anche molti insegnanti della Clark University, che nel frattempo era stata sconvolta dalle polemiche [Ryan 1939, p. 63]. Come raccontava amaramente Stanley Hall nella sua autobiografia: «Il Dottor Harper, venuto a sapere dei malcontenti che c'erano qui, nel giro di una mattinata incontrò e ingaggiò la maggioranza del nostro staff, quando io non solo non conoscevo le sue intenzioni, ma non sapevo neppure che fosse qui [...] Penso che questo fu effettivamente il nucleo, il punto di svolta nella prima e critica fase dello sviluppo dell'Università di Chicago» [Parshall e Rowe 1994, p. 289][5].

Già prima del viaggio a Worcester, Harper si era assicurato Eliakim Hastings Moore, formatosi a Harvard, come *full professor* e direttore del suo Dipartimento di Matematica. Moore, che aveva completato il lavoro di dottorato a Yale con un anno di studio post-dottorato con Karl Weierstrass e Leopold Kronecker a Berlino, aveva solo trent'anni quando venne inaugurata l'università, ma aveva già compiuto alcune ricerche originali di geometria in *n*-dimensioni, basate sulla dissertazione discussa a Yale. A Worcester, Harper riuscí a catturare Oskar Bolza che assunse come *associate professor* e, grazie a lui, riuscí ad assicurarsi come *assistant professor* un altro allievo di Klein immigrato negli Stati Uniti, Heinrich Maschke. Quando il diparti-

[5] Sebbene Hall esageri a proposito della rapidità con la quale Harper cooptò i professori da Worcester, l'effetto di quella che venne chiamata l'«incursione di Harper» alla Clark University fu sconvolgente. In tutto, Harper riuscí ad attirare circa metà del corpo docente della Clark. Dopo questa incursione la Clark non fu piú in grado di offrire un'istruzione esclusivamente specialistica e dovette ripiegare sull'offerta di un'istruzione di primo livello, tagliando drasticamente il numero dei corsi di specializzazione.

mento iniziò la propria attività nell'autunno del 1892, questi tre personaggi concentrarono nelle loro mani i corsi specialistici, mentre altri due docenti vennero incaricati di occuparsi principalmente dell'istruzione di livello inferiore [*ibid.*, pp. 279-94].

Gli studenti – maschi e femmine[6], di primo livello universitario e di dottorato – erano attratti dagli studi matematici offerti dalla nuova università. A livello di dottorato, in particolare, veniva presentato un corso di studi che poteva rivaleggiare con quello dei migliori atenei tedeschi. Come Moore e i suoi colleghi scrissero nella prima descrizione dell'offerta formativa, il programma di studi si proponeva «di dare allo studente una visione completa della matematica moderna, di seguirlo fino al raggiungimento di una piena maturità scientifica e di porlo in grado di comprendere, senza ulteriore guida, i movimenti scientifici all'avanguardia in modo da poter prendere parte, se possibile, alla ricerca attiva» [*ibid.*, p. 367]. Nei suoi primi anni, per esempio, il corpo accademico di Chicago offriva corsi

> sui piú importanti settori della matematica come: teoria delle funzioni, funzioni ellittiche, teoria degli invarianti, geometria analitica moderna, curve piane di grado superiore, teoria delle sostituzioni, teoria dei numeri, geometria sintetica, quaternioni, teoria del potenziale [...] almeno una volta in due anni, mentre altri corsi di carattere piú specifico e i seminari erano orientati a introdurre il lavoro di ricerca [*ibid.*].

A Chicago, il seminario principale era il cosiddetto «Mathematical Club» che, come i seminari organizzati da Sylvester alla Hopkins e da Story alla Clark, aveva lo scopo di riunire docenti e dottorandi in una comune attività di ricerca e di far germogliare nuove idee matematiche. Inoltre due dei partecipanti, Bolza e Maschke, erano cresciuti ai seminari di Felix Klein a Gottinga e ne travasarono lo spirito a Chicago [*ibid.*, pp. 190-91].

Moore, Bolza e Maschke – assieme a Leonard Eugene Dickson, studente di Moore addottoratosi nel 1896 e aggregato al dipartimento nel 1900 – collaborarono per tenere in vita il Dipartimento di Matematica di Chicago fino alla morte di Maschke nel 1908 e il ritorno di Bolza in Germania due anni piú tardi, nel 1910. Moore, i cui primi interessi erano orientati verso la geometria, negli anni Novanta passò a occuparsi di teoria dei gruppi; nel primo decennio del XX secolo si dedicò all'assiomatica; infine, dagli anni Dieci fino al suo ritiro nel 1930, all'analisi funzionale. Dickson raccolse il testimone algebrico di Moore, concentrandosi sulla teoria dei gruppi lineari durante il primo dei quasi quattro decenni che trascorse a Chicago. Bolza trasmise ai suoi studenti di Chicago negli anni Novanta ciò che aveva imparato dalla sua frequentazione di Klein sulla teoria delle funzioni e degli integrali ellittici e iperellittici, per passare poi a fondare, dopo il 1900, una sorta di «dinastia di Chicago» nel campo del calcolo delle variazioni. Anche Maschke spostò i

[6] A Chicago, fin dagli inizi, il sistema di istruzione era misto.

suoi interessi matematici dopo l'inizio del secolo e prima della sua prematura morte, passando dalla teoria dei gruppi lineari finiti alla teoria degli invarianti di forme differenziali. Nel 1910 erano ormai trentuno gli studenti che Moore, Bolza, Maschke e Dickson avevano seguito nel dottorato e avviato alla ricerca [*ibid.*, pp. 423-26].

Lasciarono in eredità ai propri studenti qualcosa di piú della passione per la ricerca matematica: infusero in loro il senso dell'opportunità e dell'importanza di lavorare per lo sviluppo di una comunità matematica di ricerca formata da professionisti [Parshall 1984, pp. 321-29]. Già dal 1893, in coincidenza con la World's Columbian Exposition (tenutasi a Chicago per la celebrazione del quattrocentesimo anniversario della scoperta dell'America), Moore, Bolza, Maschke e Henry White[7] organizzarono un congresso matematico internazionale che riuscí a far venire Klein dalla Germania negli Stati Uniti, in qualità di rappresentante del governo tedesco. Sebbene solo tre altri matematici stranieri presenziarono realmente ai lavori, Klein portò con sé dei contributi per il congresso di alcuni fra i migliori matematici tedeschi – David Hilbert, Hermann Minkowski, Heinrich Weber, Robert Fricke, fra gli altri – e anche altri matematici stranieri come Charles Hermite, Adolf Hurwitz e Salvatore Pincherle accettarono di presentare un loro lavoro. Tutti questi contributi vennero letti al congresso [Parshall e Rowe 1994, pp. 295-330] e Moore e i suoi collaboratori si adoperarono per cercare un editore per la raccolta di saggi. Presero contatti con la New York Mathematical Society, che era stata fondata presso la Columbia University nel 1888 e che aveva iniziato a pubblicare il proprio «Bulletin» nel 1891. Le trattative ebbero come conseguenza non solo la pubblicazione del volume degli atti del congresso di Chicago [Moore et al. 1896], ma anche il cambiamento del nome della società in American Mathematical Society nel 1894.

Moore e i suoi colleghi del Midwest avevano messo in moto un processo che, verso l'inizio della Prima guerra mondiale, si sarebbe concluso con la creazione di un'autentica società nazionale (e non piú esclusivamente nordorientale) per la promozione della ricerca matematica. Nel 1896, misero a frutto la congiuntura favorevole creando con successo la sezione ufficiale di Chicago dell'American Mathematical Society. Si resero conto che le sezioni ufficiali della Società avrebbero permesso ai matematici che erano geograficamente distanti da New York di disporre di un luogo per gli incontri, di radunarsi sotto gli auspici della Società e di pubblicare resoconti dei loro incontri nonché sunti delle loro ricerche nel «Bulletin» della Società. Questo avrebbe fatto conoscere piú facilmente le nuove ricerche, sviluppate fuori dalle tradizionali roccaforti culturali orientali. Verso il 1900, inoltre, Moore

[7] White aveva lasciato la Clark nel 1892, alle prime avvisaglie delle lotte politiche che l'avrebbero lacerata e si era trasferito alla Northwestern University a Evanston, nell'Illinois, poco a nord di Chicago.

si era impegnato nella fondazione e pubblicazione di una nuova rivista specializzata, le «Transactions of the American Mathematical Society» e, un anno piú tardi, fu eletto presidente della Società, il primo a provenire dal Midwest.

Ciò che gli studenti di Chicago assorbirono tra il 1892 e il 1910 dai loro mentori non fu solo l'etica della ricerca ma anche il senso di appartenenza – già ben rappresentato da Moore – a una grande comunità impegnata a costruirsi un'identità professionale: tale ideale venne esemplarmente incarnato da quattro dei primi studenti che conseguirono il dottorato con Moore [Parshall 1984, pp. 330-32]. In aggiunta a Dickson, che si trasferí a Chicago durante il «periodo algebrico» di Moore e che continuò a far vivere la scuola di ricerca algebrica a Chicago (destinata a prosperare per tutto il XX secolo) [Parshall 2004], Moore guidò la ricerca di Oswald Veblen, Robert Lee Moore e George David Birkhoff. Veblen e R. L. Moore (che non era parente di Eliakim) lavorarono con Moore durante il suo «periodo assiomatico» e le loro tesi di Ph.D., rispettivamente del 1903 e del 1905, trattavano della definizione di un insieme di assiomi completo e indipendente per la geometria.

Veblen proseguí la sua lunga e produttiva carriera prima all'Università di Princeton e poi all'Institute for Advanced Study, partecipando alla sua fondazione a Princeton nel 1930. I suoi sforzi contribuirono a trasformare un college di tradizione coloniale, quale era Princeton all'epoca, in una moderna università orientata alla ricerca plasmata sul modello di Chicago; allo stesso tempo i suoi lavori in geometria differenziale fecero di Princeton un centro di riconosciuto valore internazionale in questo settore. R. L. Moore ebbe una carriera piú errabonda che produsse, fondamentalmente, attraverso il suo famoso «metodo Moore» di istruzione matematica, una scuola di topologia prima all'Università della Pennsylvania e poi all'Università del Texas a Austin [Zitarelli 2004].

Birkhoff arrivò a Chicago da Harvard quando Eliakim Moore era nel «periodo analitico» e scrisse, ispirato sia dal suo primo professore di Harvard sia da Moore, una tesi che trattava di problemi al contorno e di prolungamento di soluzioni delle equazioni differenziali lineari ordinarie. Dopo una breve collaborazione con Veblen a Princeton, Birkhoff tornò a Harvard, dove si occupò di promuovere la ricerca, sostenendone lo sviluppo, che fu notevole. Questi quattro matematici furono anche editori delle piú importanti riviste americane di ricerca matematica e presidenti dell'American Mathematical Society. Applicarono con successo la lezione che avevano ricevuto dai loro mentori di Chicago e lavorarono per rafforzare la comunità matematica americana nei decenni precedenti la Seconda guerra mondiale.

5. *Un ibrido pubblico-privato: il caso della matematica alla Cornell University.*

La Johns Hopkins, la Clark e l'Università di Chicago possono rappresentare tre esempi assai significativi del ruolo svolto, nell'ultimo quarto del XIX secolo, dalle donazioni private, sia in generale nell'istruzione superiore, sia in particolare nelle scuole di dottorato. C'è però un altro esempio, quello della Cornell University, che rappresenta la fusione di questo nuovo modello di istruzione con quello delle *land-grant universities*, che erano università pubbliche[8].

Ezra Cornell aveva fatto fortuna soprattutto durante la Guerra civile americana grazie ai suoi investimenti nella Western Union Telegraph Company, che aveva contribuito a fondare nel 1857. Al pari di Johns Hopkins, Cornell era un fervente quacchero e aveva un forte senso dell'impegno teso alla realizzazione del bene comune. Ciò lo spinse a concorrere con successo per un seggio al Senato dello Stato di New York e a proporre un progetto di legge per l'istituzione di una biblioteca pubblica nella sua città di Ithaca; l'avrebbe poi fondata lui stesso, con una donazione personale di centomila dollari. Uno degli altri senatori di nuova nomina nel 1864, Andrew Dickson White, fu molto colpito dall'impegno di Cornell verso la comunità.

White era stato professore di storia all'Università del Michigan e si era occupato in modo notevolmente acuto dei problemi dell'istruzione superiore. Mentre era alla Michigan, aveva articolato un progetto per un'università che avrebbe dovuto essere aperta a donne e a uomini, a bianchi e a neri; avrebbe dovuto promuovere la scienza in quanto tale senza considerarla ancella della religione rivelata; incoraggiare lo studio della letteratura, della filosofia morale, della storia e della economia politica; e doveva infine

> formare un nucleo attorno al quale gli uomini di cultura dalla mentalità aperta – uomini sparpagliati ai quattro angoli del paese, senza mezzi e senza potere – possano aggregarsi, facendo dell'istituto un centro dal quale usciranno le idee e gli uomini che benediranno la nazione nelle età a venire [Becker 1945, pp. 156-57].

Questi due uomini – Cornell e White – fecero presto causa comune, elaborando un disegno di legge che prevedeva la costruzione di una nuova università a Ithaca. Il loro progetto non aveva precedenti: creare un'università aperta, senza distinzione di sesso o di razza combinando i fondi federali elargiti dal Morrill Act del 1862 non con fondi dello Stato di New York, ma con il mezzo milione di dollari donati da Ezra Cornell per il progetto. Il disegno di legge, che venne definitivamente approvato nell'aprile del 1865, proprio

[8] Il Massachusetts Institute of Technology (MIT) è l'unico altro esempio negli Stati Uniti, di un ibrido fra istituzioni private e *land-grant universities*. Fondato nel 1861, iniziò a operare attivamente nel 1865.

mentre si intravedeva la fine della Guerra civile americana, portò all'istituzione della Cornell University, un ibrido fra una *land-grant university* dello Stato di New York e un istituto finanziato privatamente [Cochell 1998, pp. 134-37]. L'istituzione della Cornell, che precede quella della Johns Hopkins di circa un decennio, creò «la prima (se si eccettuano alcune incerte sperimentazioni) grande università in America a essere creata dalle fondamenta su basi riformiste. La sua fondazione inaugurava una nuova stagione nella filantropia dell'istruzione privata e, tuttavia, si trattava del primo straordinario frutto concreto del Morrill Act» [Veysey 1965, p. 82].

White ne fu il rettore, dall'inaugurazione nel 1868 fino a quando andò in pensione nel 1885; e sotto la sua guida la Cornell dedicò inizialmente le proprie energie al versante puramente curriculare della *new education*, enfatizzando cioè il cambio di orientamento del corso di studi di primo livello. Studi che fino ad allora erano stati dominati dal latino, dal greco e dalla matematica tradizionale e venivano ora indirizzati verso materie ritenute piú utili: scienze pure e applicate, lingue e matematiche moderne, storia e altre discipline.

Sebbene White non fosse affatto ostile alla ricerca e all'istruzione specialistica, pensava che la sua nuova università avrebbe dovuto iniziare consolidando il primo livello di studi secondo queste nuove tendenze riformistiche; solo quando le fondamenta fossero state stabilmente poste, si sarebbe dovuto procedere con lo sviluppo del livello di studio superiore e del settore della ricerca. La concezione utilitaristica espressa dalla *new education*, inoltre, si sposava benissimo con l'obiettivo del Morrill Act di istruire il popolino in discipline pratiche come l'agricoltura, l'ingegneria e l'ingegneria mineraria. La Cornell, ibrido privato-pubblico, era in un certo senso il luogo perfetto in cui riunire queste due istanze, cosa che White puntualmente realizzò. Come amava precisare, la Cornell doveva rappresentare «l'unione della scienza pura e dell'estetica con la pratica per produrre risultati degni di quest'impresa» [*ibid.*, p. 83].

Stante l'impegno predominante verso l'istruzione postsecondaria di primo livello e l'enfasi sugli aspetti pratici e utilitari, non sorprende che il primo dipartimento di matematica riflettesse questi orientamenti, privilegiando l'insegnamento della matematica applicata a un livello relativamente accessibile [Cochell 1998, pp. 137-39]. Dal 1873 al 1895, durante la direzione di James Edward Oliver, tuttavia, il dipartimento gradualmente si aprí alla ricerca e si attivarono corsi di specializzazione, seguendo il modello della Johns Hopkins.

Oliver aveva studiato con Benjamin Peirce, e aveva ottenuto il dottorato a Harvard nel 1849. A metà degli anni Cinquanta, era tornato a Harvard per seguire i corsi avanzati tenuti da Peirce – il cosiddetto Lawrence School Curriculum – ed era rimasto a Cambridge come membro del Nautical Almanac Office, un organismo finanziato dal governo federale e preposto alla compilazione e all'aggiornamento di un almanacco per i naviganti [Dupree 1986, pp. 107-8]. Oliver aveva cosí ricevuto la migliore formazione matematica allora disponibile negli Stati Uniti, nell'ambiente matematico piú prestigioso della nazione prima della fondazione della Johns Hopkins University. Con questo bagaglio culturale si trasferí nel 1871 a Ithaca per assumere una posizione accademica alla Cornell.

Grazie all'influenza di Oliver, verso la metà degli anni Settanta l'offerta di corsi matematici della Cornell iniziò a cambiare. Oliver e i suoi colleghi potenziarono i corsi del primo livello: uno comprendeva essenzialmente il calcolo integrale, con «un corso avanzato in matematica pura e applicata per dottorandi residenti» che comprendeva «ulteriori apprendimenti in algebra e analisi: specialmente in teoria degli immaginari, integrali ellittici, equazioni differenziali, equazioni alle differenze finite e calcolo delle variazioni. Anche in geometria analitica e anarmonica», cosí come «in meccanica analitica e celeste; nei quaternioni, forme algebriche, teoria della probabilità, minimi quadrati, assicurazioni e teoria dei numeri» [Cochell 1998, p. 141]. Sebbene pochi studenti approfittassero di questa offerta formativa, i docenti si impegnarono sia nell'attivazione dei corsi, sia nel promuovere la ricerca, nonostante il carico didattico che si erano assunti per i corsi del primo livello fosse molto pesante, da diciassette a venti ore di lezione frontale a settimana in media.

Dopo aver iniziato negli anni Ottanta, Oliver cercò ostinatamente di convincere l'amministrazione dell'università ad ampliare il Dipartimento di Matematica, principalmente allo scopo di trasformarlo in un luogo in cui si facesse attivamente ricerca grazie a un brillante programma postlaurea. Secondo il suo punto di vista, era questo il futuro del dipartimento. Nella relazione annuale presentata all'amministrazione nel 1883, per esempio, proponeva l'inserimento di un «professore di matematica di alto livello», dato che «la scienza matematica in questi ultimi anni si è ampiamente sviluppata e questo è una conseguenza del fatto che nelle piú importanti università nazionali ed estere c'è una costante tendenza ad aumentare il numero di professori di matematica» [*ibid.*, p. 142]. Quattro anni piú tardi, nel 1887, rimproverava l'amministrazione perché il suo dipartimento era «ben consapevole del fatto che pubblicando piú lavori si può rafforzare il prestigio dell'università, e che dovremmo farlo, se possibile. E, in effetti, ciascuno di noi cinque sta preparando lavori da pubblicare o conta di farlo nella prossima estate, ma questo tipo di attività procede molto lentamente per la necessità di assolvere agli obblighi quotidiani piú immediati che ci lasciano ben poco di quella lucidità e freschezza, senza cui non si può fare un buon lavoro teorico» [Cajori 1890, p. 180].

Il caso della matematica esemplifica bene il nuovo orientamento della Cornell verso la ricerca. In massima parte esso fu dovuto alle pressioni della «base» dei docenti, piuttosto che a indicazioni calate dall'alto; in ogni caso, verso l'inizio del XX secolo si trattava di un processo già ben avviato [Parshall 1990]. Nel campo delle matematiche, inoltre, il processo venne accelerato dal fatto che, negli anni Novanta, il dipartimento cominciò ad assumere matematici che avevano conseguito il dottorato non alla Hopkins o a Chicago, ma (come nel caso di Virgil Snyder) persino in Germania. Snyder, in particolare, aveva ottenuto il dottorato con Felix Klein a Gottinga e aveva profondamente assimilato dal suo mentore gli ideali dell'insegnamento e della ricerca. Nel corso della sua carriera alla Cornell, durata quarant'anni, Snyder pubblicò un'ottantina di articoli e libri, seguí trentanove studenti nei loro studi per il Ph.D., senza contare che offrí i suoi servigi alla crescente comunità matematica prima come vicepresidente e poi come presidente dell'American Mathematical Society [Archibald 1938, pp. 218-23]. Al pari di Snyder, le nuove leve degli anni Novanta crebbero con l'idea che il ruolo del matematico nell'università moderna fosse al contempo quello dell'insegnante e del ricercatore. Era l'unica filosofia che riconoscessero e, di conseguenza, fu la filosofia che li ispirò nello sviluppare i loro programmi di ricerca nel corso del XX secolo.

6. *La matematica negli istituti degli Stati e nelle «land-grant universities».*

Fra questi programmi, alcuni furono sostenuti da un altro tipo ancora di istituzioni dedicate all'istruzione superiore. Intendiamo parlare cioè delle scuole finanziate da uno Stato e delle *land-grant universities* che (a differenza della Cornell) erano state fondate secondo un modello di finanziamento in cui l'investimento di un singolo Stato veniva a sostenere e proseguire l'investimento iniziale di fondi erogato dal governo federale. Evidentemente, tutte queste varie forme rappresentano scuole gestite dai singoli Stati, ma si deve tener conto di una differenza importante. Le *land-grant universities* furono, per definizione, fondate solo dopo l'approvazione del Morrill Act del 1862 e nacquero quando l'istruzione superiore americana si stava trasformando in seguito i dettami della *new education*. Le altre scuole gestite da singoli Stati avevano invece una loro storia che precedeva significativamente i cambiamenti che si verificarono nell'istruzione dopo la Guerra civile e cosí seguirono un modello di sviluppo piú simile a quello di Harvard, Yale e Princeton. L'Università del Michigan appartiene a quest'ultima categoria.

Quando l'università venne fondata a Detroit nel 1817, il Michigan faceva ancora parte delle terre selvagge di frontiera. Nel 1849, un osservatore descriveva cosí il continuo spostarsi della «frontiera»: il *far West* «era stato qui, là e in ogni altro posto [...] Cinquant'anni fa sembrava fosse nel centro di New York; quarant'anni fa, nel New Connecticut; vent'anni fa, nell'Indiana e nell'Illinois; e quindici anni fa sembrava essere lungo il corso del Mississippi superiore» [Stadtman 1970, p. 4].

Fondare un'università nel Michigan del 1817, dunque, significava scegliere una sede in terre ancora semiselvagge e lontano, molto lontano, dai centri culturali della costa orientale. In ogni modo, il modello di riferimento fu quello dei college di origine coloniale. L'Università del Michigan inizialmente avrebbe dovuto essere un istituto di istruzione umanistica, secondo l'idea che bisognasse importare nell'Ovest il modello educativo dell'Est. Data la dislocazione geografica, non dovrebbe però troppo stupire se, mentre manteneva ufficialmente questo orientamento, allo stesso tempo vi innestava sopra anche gli ideali dell'istruzione pratica e utilitaristica, soprattutto dopo il suo trasferimento nel 1837 ad Ann Arbor, in una zona ancora piú sperduta. [Peckham 1994]. A partire dalla metà del secolo, e sotto la guida di un riformatore visionario, Henry Philip Tappan, si era comunque tentato, anche se con scarso successo, di incorporare la ricerca negli scopi istituzionali dell'ateneo, ispirandosi al modello tedesco. Ma l'Università del Michigan, come d'altra parte l'intera regione, non era pronta negli anni Cinquanta per accogliere le innovazioni che Tappan proponeva con tanto ardore [Veysey 1965, p. 10].

Quando James Burrill Angell assunse l'incarico di rettore dell'Università del Michigan (carica che avrebbe ricoperto dal 1871 al 1910), i venti della riforma dell'istruzione avevano cominciato a girare. Durante il rettorato di Angell, la Michigan, riluttante ad aprire agli studenti senza alcuna discriminazione razziale o sessuale, cercò di fondere l'ideale della ricerca con lo standard utilitaristico, supportata in questo da una nuova generazione di studiosi cresciuti nello spirito della ricerca. In matematica, questo si tradusse nell'importazione dello stato dell'arte della matematica tedesca; in particolare, grazie a Frank Nelson Cole (uno dei molti americani che avevano studiato con Felix Klein), fu seguito l'esempio dell'Università di Gottinga alla fine degli anni Ottanta [Parshall e Rowe 1994, p. 266]. Nel 1920, in conseguenza di questo orientamento, il Dipartimento di Matematica dell'Università del Michigan era compreso fra i migliori tredici dipartimenti – in quanto a numero di studenti addottorati – di tutti gli Stati Uniti [Richardson 1936][9].

Nell'elenco delle migliori tredici troviamo anche l'Università del Wisconsin, un'altra istituzione gestita da uno Stato. Come la Michigan si trovava nel Midwest; come la Michigan, inizialmente era stata fondata dal suo Stato.

[9] La classifica delle migliori tredici università, basata su un'indagine statistica di Richardson, comprendeva: Università di Chicago (95); Johns Hopkins (69); Yale (68); Harvard (48); Columbia (40); Cornell (37); Università della Pennsylvania (30); Clark (26); Princeton (17); Università della California e Università dell'Illinois (15); Università del Michigan e Università del Wisconsin (9). Fra queste, Yale, Harvard, Columbia, Pennsylvania e Princeton erano college di tradizione coloniale che avevano finito con l'adottare l'etica della ricerca; l'Università di Chicago, la Johns Hopkins e la Clark erano il risultato di donazioni private dell'Età dell'oro; la Cornell era un ibrido pubblico/privato; la Michigan era statale, la Wisconsin era stata fondata dallo Stato omonimo e poi sovvenzionata grazie ai *land grants*. California e Illinois erano *land-grant universities*.

Tuttavia, a differenza della Michigan, era riuscita a diventare destinataria dei fondi previsti dal Land Grant Act. La Wisconsin era stata fondata nel 1848 e offriva inizialmente un tradizionale corso di studi di arti liberali, imperniato su latino, greco e matematica elementare[10]. Questa formazione avrebbe dovuto produrre studenti in grado di proseguire gli studi nelle scienze, nella letteratura e nelle arti. Dopo che l'università si fu aggiudicata i *land grants* dello Stato del Wisconsin nel 1863, indirizzò il proprio corso di studi verso discipline pratiche quali l'agricoltura e l'ingegneria. Nonostante l'evidente orientamento pratico-scientifico condizionato dal Land Grant Act, il rettore della Wisconsin dal 1874 al 1887, John Bascom, non era né un simpatizzante né un sostenitore della scienza. Secondo la sua opinione «la scienza cammina faticosamente con pazienza lungo i nostri attuali sentieri [...] Essa ci tedia con la noia degli oggetti fisici. La filosofia [d'altra parte] contempla molte cose contemporaneamente, elevandosi improvvisamente lungo il suo cammino e cogliendo, ora qui, ora là, splendide vedute» [Veysey 1965, p. 219].

Il clima cambiò nel 1903, quando divenne rettore Charles Richard Van Hise. Questi, «nell'elaborare una politica universitaria, cercò di fondere la ricerca scientifica con i preesistenti obiettivi di addestramento pratico» [*ibid.*, p. 104]. Com'era avvenuto per Angell alla Michigan, fu aiutato dall'inserimento di un nuovo corpo insegnante decisamente orientato alla ricerca. Edward Burr Van Vleck (tanto per cambiare, un ex studente americano di Felix Klein a Gottinga), fu assunto stabilmente dalla Wisconsin nel 1906, durante il rettorato di Van Hise, e fu in grande misura il responsabile dello sviluppo e del successo del programma di corsi matematici offerti in quell'ateneo nei primi decenni del Novecento [Parshall e Rowe 1994, pp. 264-65].

Un ultimo modello di sviluppo nella categoria delle istituzioni finanziate dai singoli Stati è quello delle università fondate *ex nihilo* grazie al Land Grant Act. In relazione agli sviluppi della ricerca matematica negli Stati Uniti nella prima metà del Novecento, forse l'esempio piú importante di questo genere è rappresentato dall'Università della California a Berkeley.

7. *La matematica a Berkeley fino al 1940.*

Se, nel periodo in cui vennero fondate, le Università del Michigan e del Wisconsin erano sedi isolate, distanti dalle roccaforti culturali della costa orientale, l'Università della California – ubicata a Berkeley e affacciata sulla baia di San Francisco, sulla lontana costa del Pacifico – era, geograficamente parlando, quanto di piú remoto si potesse immaginare.

[10] L'Università del Wisconsin fu inizialmente piuttosto ambivalente rispetto al problema dell'ammissione di studentesse ai suoi corsi; tuttavia verso la fine dell'Ottocento era frequentata ormai anche da donne (cfr. Curti e Carstensen [1948] e Rossiter [1982]).

Dopo la corsa all'Ovest e la febbre dell'oro della fine degli anni Quaranta – quella con cui Jonas Clark e altri avevano fatto fortuna –, il territorio della California aveva progressivamente attratto molti nuovi immigrati. Dal 1850, cioè da quando la California era diventata ufficialmente uno Stato, la sua legislazione aveva previsto disposizioni costituzionali per la costruzione di quelle che sembravano infrastrutture indispensabili per far fronte all'aumento demografico. Una delle disposizioni chiave era la fondazione di un'università statale, che fu però decretata solo dopo lunghe discussioni e trattative, in cui fu deciso di utilizzare i fondi federali previsti dal Land Grant Act; finalmente, nel 1868, nasceva l'Università della California [Stadtman 1970, pp. 30-34].

Ci volle un anno per mettere insieme il primo corpo docente: nove professori e un istruttore. Tuttavia, quando, nell'autunno del 1869, l'università venne aperta agli studenti, senza discriminazione di sesso, due dei docenti erano matematici: il professor William Thomas Welcker e l'assistente Frank Soulé. Entrambi avevano studiato matematica all'Accademia militare di West Point, e nessuno dei due era un ricercatore [*ibid.*, pp. 50-52]. La ricerca, infatti, non faceva inizialmente parte degli obiettivi dell'ateneo. Guidata da un rettore *pro tempore* e da un consiglio di amministrazione i cui membri avevano una vaga esperienza in materia di istruzione superiore, la nuova università aveva scarso senso dei propri obiettivi e si limitava ad attenersi alle prescrizioni del Morrill Act, che richiedeva di fornire un'istruzione «in qualche modo utile agli studenti» [*ibid.*, p. 61]. Questo orientamento cambiò rapidamente nel 1872, quando quello stesso Daniel Coit Gilman, che nel 1875 avrebbe accettato di dirigere la Johns Hopkins University, divenne il primo vero rettore dell'Università della California.

Come abbiamo già detto, Gilman era un'autorità riconosciuta nell'ambito dell'istruzione superiore americana fin dai primi anni Settanta. Il suo studio profondo e la sua esperienza dei modelli istituzionali degli Stati Uniti e dell'Europa gli avevano permesso di formulare idee molto precise su quale direzione dovesse assumere l'istruzione superiore in America, idee che cercò di mettere in atto a Berkeley. Espose con decisione il suo modo di vedere in occasione del discorso inaugurale tenuto all'università nel novembre del 1872:

> quella che abbiamo il compito di costruire è una «Università» e non una scuola superiore, né un college, né un'accademia scientifica, né una scuola professionale. Alcune di queste caratteristiche possono, in effetti, essere incluse o sviluppate in un'università; ma «Università» significa molto di piú di ognuna di esse o di tutte insieme. Il termine università è il termine piú onnicomprensivo che può essere impiegato per indicare un'istituzione nata per la promozione e la diffusione del sapere – un insieme di attività e di agenti finalizzati a sviluppare le arti e le scienze di ogni tipo, e a formare i giovani a diventare studiosi pronti a rispondere agli appelli intellettuali della vita [*ibid.*, pp. 63-64].

Se nell'appello di Gilman emergeva l'idea di una ricerca capace di far «sviluppare le arti e le scienze di ogni tipo», egli era però consapevole che nel costruire l'Università dello Stato della California

> non dobbiamo metterci a copiare l'università di Berlino o di New Haven; e nemmeno siamo qui per fondare l'università di Oakland o di San Francisco, ma l'università di questo Stato. Deve adattarsi alle esigenze di questa popolazione, alle sue scuole pubbliche e private, alla particolare posizione geografica, alle esigenze di questa nuova società e alle sue risorse da sviluppare. Questa istituzione non è espressione di un corpo ecclesiastico o di individui privati. È un'istituzione «del popolo e per il popolo» – non in senso dispregiativo, ma nel senso piú alto di questa espressione: per favorire la prosperità morale e intellettuale di questo paese [*ibid.*, p. 64].

Gli obiettivi erano chiari, ma era altrettanto chiaro che raggiungerli sarebbe stato un processo graduale, condizionato dalle circostanze locali.

Circostanze che divennero presto evidenti anche a Gilman, comunque. In qualità di rettore, si rese quasi subito conto che il potere di realizzare i suoi obiettivi era severamente limitato dalle potenti e rumorose fazioni dell'amministrazione dello Stato della California. Queste lo considerarono (erroneamente) come uno che cercava di sabotare le finalità previste dal Land Grant Act, ovvero fornire istruzione in discipline pratiche e utili, promuovendo invece un piano di studi che incorporava un completo ventaglio di discipline, incluse le lingue moderne, la storia e la letteratura [*ibid.*, p. 67]. Quando Gilman lasciò l'incarico nel 1875 per assumere la presidenza della Hopkins, la disputa fra rettore e amministrazione dello Stato della California sulla giurisdizione dell'università erano ancora largamente irrisolti.

Sebbene l'ultimo quarto del XIX secolo vedesse l'Università di Berkeley nelle mani di rettori pieni di buone intenzioni, ma scialbi, miopi e con poco potere, il programma di studi matematici cercò di far tesoro delle innovazioni, nell'ambito della ricerca, che si erano prodotte nella comunità matematica americana. Nel 1882, prese servizio come nuovo professore di matematica Irving Stringham, che nel 1880 aveva ottenuto il dottorato con Sylvester alla Hopkins e aveva proseguito i suoi studi con Felix Klein a Lipsia. Otto anni dopo, nel 1890, Stringham portò a Berkeley un altro allievo di Klein, Mellen Haskell, in qualità di assistente. Sebbene questi due matematici si fossero dedicati entrambi alla ricerca (Stringham nel campo delle funzioni ellittiche, mentre Haskell era un geometra della scuola di Klein), trovarono difficile continuare la loro attività in un ambiente accademico che li scoraggiava. Come Stringham scrisse in una lettera a Klein nel 1888, «le piante della cultura non crescono se non lentamente; e in un terreno vergine come quello della California, difficilmente possono fiorire senza grandi sforzi» [Parshall e Rowe 1994, p. 266].

Ci furono almeno due fattori cruciali che favorirono quel tipo di cambiamento che Stringham desiderava tanto ardentemente. In primo luogo nel 1891 venne aperta a Palo Alto la Stanford University grazie alla generosa donazione di Leland Stanford, e questo innescò una prima vera competizione con l'Università di Berkeley. Nel 1899, poi, Benjamin Ide Wheeler – un uomo di polso e di larghe vedute – venne nominato rettore di Berkeley. Come uno storico dell'università ha scritto, verso il 1889 «i tempi erano ormai maturi perché qualcuno portasse a termine quello che Gilman aveva iniziato a fare nel 1875 – dire ai californiani quale genere di istituto essi avessero costruito, consolidarne il prestigio e lavorare per costruire una nuova grandezza» [Stadtman 1970, p. 87].

Nell'ambiente matematico, questi brillanti sforzi incoraggiarono la ricerca locale e permisero ai matematici della West Coast di collaborare con i loro colleghi, ovunque si trovassero. Nel maggio del 1902 Stringham, Haskell e altri diciotto matematici della West Coast seguirono le orme dei colleghi di Chicago e costituirono la sezione di San Francisco dell'American Mathematical Society. In questo modo essi poterono disporre di un luogo dove potersi scambiare produttivamente le idee e anche pubblicare sulle pagine del «Bulletin» della Società, riuscendo cosí a divulgare i risultati delle ricerche condotte nella West Coast a tutta la comunità matematica nazionale [Parshall e Rowe 1994, pp. 409-10].

Nonostante questi ammirevoli sforzi, i matematici di Berkeley stavano ancora lottando per orientare il dipartimento in direzione della ricerca, proprio mentre Wheeler lavorava attivamente per mettere in piedi settori scientifici come chimica e fisica. La matematica che, come un amministratore aveva affermato, «non si era mantenuta a livelli adeguati», necessitava dell'inserimento di nuovi e giovani insegnanti per poter raggiungere una sorta di massa critica e sostenere il rapido sviluppo degli altri dipartimenti di scienze [Rider 1989, p. 286]. Non poteva succedere tutto in una volta, comunque. Il turno dei matematici venne alla fine negli anni anni Trenta durante il rettorato di Robert Gordon Sproul, nonostante le ristrettezze finanziarie imposte all'università dalla Grande depressione. Su consiglio di un comitato selezionato e influente, Sproul riuscí a strappare Griffith Evans dalla Rice University del Texas e gli diede esplicito mandato di trasformare il Dipartimento di Matematica di Berkeley in un importante centro di ricerca [*ibid.*, pp. 287-92].

Evans era un ricercatore esperto e rispettato che aveva compiuto un lavoro di grande rilievo in teoria delle equazioni integrali, oltre che in matematica applicata e in economia matematica. E non aveva solo un'ampia visione della matematica: lavorò instancabilmente perché questa visione diventasse una realtà a Berkeley. Già prima di assumere la direzione del dipartimento nel 1934, favorí l'assunzione di Alfred Foster, esperto in fondamenti della matematica e in fisica matematica, e dell'analista Charles B. Morrey [*ibid.*, pp. 288-89].

Dopo il suo arrivo, Evans collaborò attivamente con l'intera comunità matematica americana per trovare una sistemazione agli studiosi che emigravano dall'Europa. I suoi sforzi furono coronati dall'arrivo a Berkeley di Hans Lewy, un grandissimo esperto di equazioni differenziali che proveniva dall'Istituto matematico di Gottinga [Fermi 1971, p. 286], e di Alfred Tarski, il miglior logico matematico vivente. Evans inoltre decise che a Berkeley si sarebbe dovuto mettere in piedi un importante programma di ricerca in statistica e, a questo scopo, fece chiamare lo statistico polacco Jerzy Neyman [Rider 1989, pp. 293-94]. Nei quindici anni che vanno dal 1933 al 1948, diciassette matematici, molti dei quali di fama mondiale, vennero aggregati al dipartimento di Berkeley. Fra tutti, portarono a conseguire il titolo di dottore ben cinquantacinque studenti, stabilendo un incremento dell'83 per cento rispetto ai quindici anni precedenti. Sfruttando un consiglio di amministrazione ben disposto nei suoi confronti, gli eventi mondiali e il suo fiuto per il talento matematico e gli orientamenti della matematica, Evans aveva «realizzato a Berkeley l'ambizioso progetto di costruire un importante centro di ricerca e di insegnamento» [*ibid.*, p. 296].

8. *Il panorama matematico americano nel 1940.*

Nei primi quattro decenni del XX secolo si assistette al consolidamento e alla crescita della comunità matematica americana nel quadro di un nuovo orientamento dell'istruzione superiore [Parshall e Rowe 1994, pp. 427-28]. Questi due fenomeni erano stati entrambi fortemente influenzati dalla costituzione di nuove università come la Johns Hopkins e l'Università di Chicago nell'ultimo quarto del XIX secolo. Queste università, dirette da uomini che avevano seguito con sagace attenzione l'evoluzione dei college umanistici e avevano studiato a fondo i modelli educativi europei, stabilirono un nuovo canone per l'istruzione superiore americana e al tempo stesso svolsero un ruolo determinante nella professionalizzazione delle varie discipline accademiche. Nell'ambito matematico, i loro dipartimenti stabilirono le linee guida dell'istruzione di secondo livello e, nel caso della Hopkins e di Chicago, anche dell'istruzione di primo livello. I loro leader – uomini come Sylvester, Story e E. H. Moore – riconobbero anche la necessità di dotare i matematici di opportuni strumenti per acquisire una vera professionalità (riviste, seminari, congressi, associazioni) e lavorarono per realizzare questi obiettivi in contesti istituzionali che si adeguavano alle loro richieste e sostenevano i loro sforzi.

Le istituzioni con una lunga tradizione alle spalle, come Harvard, Yale e Princeton reagirono prontamente agli stimoli forniti dalla presenza di queste nuove università. Abbiamo visto come questo si verificasse anche nei piú moderni modelli di scuola di uno Stato e *land-grant university* del XIX secolo, come la Cornell, la Michigan, la Wisconsin e la Berkeley. In matematica, questo si tradusse nella costituzione, dalla costa occidentale a quella orientale, di dipartimenti orientati verso la ricerca pura che formarono con successo nuove generazioni di ricercatori. Quando molti dei migliori matematici europei furono costretti dagli eventi politici degli anni Trenta e Quaranta del Novecento a fuggire dai loro paesi, il fatto che fossero in grado di stabilirsi quasi immediatamente in un ambiente che accoglieva con entusiasmo le loro ricerche testimonia del fatto che «il livello della ricerca matematica in America fosse confrontabile con quello portato in America dai nuovi arrivati» [Bers 1988, p. 238]. In larga misura, si deve al nascere e allo svilupparsi della ricerca universitaria se la matematica praticata negli Stati Uniti verso il 1940 si era innalzata a un livello tale da rendere il paese non solo competitivo, ma addirittura in una posizione di primissimo piano internazionale.

ARCHIBALD, R. C.

1938 *A Semicentennial History of the American Mathematical Society*, American Mathematical Society, New York, nuova ed. Arno Press, New York 1980.

BECKER, C. L.

1945 *Cornell University: Founders and the Founding*, Cornell University Press, Ithaca.

BERS, L.

1988 *The Migration of European Mathematicians to America*, in DUREN et al. [1988-1989], vol. I, pp. 231-43.

BRUCE, R. V.

1987 *The Launching of Modern American Science 1846-1876*, Alfred A. Knopf, New York.

CAJORI, F.

1890 *The Teaching and History of Mathematics in the United States*, Government Printing Office, Washington.

CHERNOW, R.

1998 *Titan: The Life of John D. Rockefeller, Sr*, Random House, New York.

COCHELL, G. G.

1998 *The early history of the Cornell Mathematics Department: A case study in the emergence of the American mathematical research community*, in «Historia Mathematica», 25(2), pp. 133-53.

COOKE, R. e RICKEY, V. F.

1989 *W. E. Story of Hopkins and Clark*, in DUREN et al. [1988-89], vol. III, pp. 29-76.

CORDASCO, F.

1960 *Daniel Coit Gilman and the Protean Ph.D.: The Shaping of American Graduate Education*, E. J. Brill, Leiden.

CURTI, M. e CARSTENSEN, V.

1948 *The University of Wisconsin: A History 1848-1925*, 2 voll., The University of Wisconsin Press, Madison.

DUPREE, A. H.

1986 *Science in the Federal Government: A History of Policies and Activities*, The Johns Hopkins University Press, Baltimore.

DUREN, P. et al.

1988-89 *A Century of Mathematics in America*, 3 voll., American Mathematical Society, Providence.

ELIOT, CH. W.

1869 *The new education: its organization*, in «Atlantic Monthly», 23, pp. 203-20 e 358-67.

FERMI, L.

1971 *Illustrious Immigrants: The Intellectual Migration from Europe 1930/41*, The University of Chicago Press, Chicago.

FRANKLIN, F.

1910 *The Life of Daniel Coit Gilman*, Dodd, Mead and Co., New York.

FRENCH, J. C.

1946 *The University Founded by Johns Hopkins*, The Johns Hopkins University Press, Baltimore.

GOODSPEED, TH. W.

1916 *A History of the University of Chicago Founded by John D. Rockefeller: The First Quarter-Century*, The University of Chicago Press, Chicago, nuova ed. 1972.

GURALNICK, S. M.

1979 *The American Scientist in Higher Education: 1820-1910*, in REINGOLD (a cura di) [1979], pp. 99-141.

HAWKINS, H.

1960 *Pioneer, A History of the Johns Hopkins University, 1874-1889*, Cornell University Press, Ithaca.

KOELSCH, W. A.

1987 *Clark University 1887-1987: A Narrative History*, Clark University Press, Worcester.

MOORE, E. H., BOLZA, O., MASCHKE, H. e WHITE, H. S. (a cura di)

1896 *Mathematical Papers Read at the International Mathematics Congress Held in Connection with the World's Columbian Exposition, Chicago 1893*, Macmillan, New York.

MURPHY, W. M. e BRUCKNER, D. J. R. (a cura di)

1976 *The Idea of the University of Chicago: Selections from the Papers of the First Eight Chief Executives of the University of Chicago from 1891 to 1975*, The University of Chicago Press, Chicago.

PARSHALL, K. HUNGER

1984 *Eliakim Hastings Moore and the founding of a mathematical community in America, 1892-1902*, in «Annals of Science», 41, pp. 313-33, ora in DUREN et al. [1988-89], vol. II, pp. 155-75.

1988 *America's first school of mathematical research: James Joseph Sylvester at The Johns Hopkins University 1876-1883*, in «Archive for History of Exact Sciences», 38(2), pp. 153-96.

1990 *A century-old snapshot of American mathematics*, in «The Mathematical Intelligencer», 21(3), pp. 7-11.

1998 *James Joseph Sylvester: Life and Work in Letters*, Clarendon Press, Oxford.

2003 *Historical Contours of the American Mathematical Research Community*, in G. M. A. STANIC e J. KILPATRICK (a cura di), *A History of School Mathematics*, National Council of Teachers of Mathematics, Reston, vol. I, pp. 113-57.

2004 *Defining a mathematical research school: the case of algebra at the University of Chicago, 1892-1945*, in «Historia Mathematica», 31, pp. 263-78.

2006 *James Joseph Sylvester: Jewish Mathematician in a Victorian World*, The Johns Hopkins University Press, Baltimore.

PARSHALL, K. HUNGER e ROWE, D. E.

1994 *The Emergence of the American Mathematical Research Community 1876-1900: J. J. Sylvester, Felix Klein, and E. H. Moore*, American Mathematical Society, Providence - London Mathematical Society, London.

PECKHAM, H. H.

1994 *The Making of the University of Michigan, 1817-1992*, University of Michigan, Ann Arbor.

REINGOLD, N. (a cura di)

1979 *The Sciences in the American Context: New Perspectives*, Smithsonian Institution Press, Washington.

RICHARDSON, R. G. D.

1936 *The Ph.D. degree and mathematical research*, in «American Mathematical Monthly», 43, pp. 199-215.

RIDER, R.

1989 *An Opportune Time: Griffith C. Evans and Mathematics at Berkeley*, in DUREN et al. [1988-89], vol. II, pp. 282-302.

ROSSITER, M. W.

1982 *Women Scientists in America: Struggles and Strategies to 1940*, The Johns Hopkins University Press, Baltimore.

RUDOLPH, F.

1962 *The American College and University: A History*, Alfred A. Knopf, New York.

RYAN, W. C.

1939 *Studies in Early Graduate Education: The Johns Hopkins, Clark University, the University of Chicago*, The Carnegie Foundation for the Advancement of Teaching, New York.

SANFORD, E. C.

1923 *A Sketch of the History of Clark University*, Clark University Press, Worcester.

STADTMAN, V. A.

1970 *The University of California 1868-1968*, McGraw-Hill, New York.

STONE, I. (a cura di)

1970 *There Was Light: Autobiography of a University, Berkeley: 1868-1968*, Doubleday, Garden City.

STORR, R. J.

1953 *The Beginnings of Graduate Education in America*, The University of Chicago Press, Chicago.

1966 *A History of the University of Chicago: Harper's University, The Beginnings*, The University of Chicago Press, Chicago.

VEYSEY, L. R.

1965 *The Emergence of the American University*, The University of Chicago Press, Chicago.

ZITARELLI, D. E.

2004 *The origin and impact of the Moore method*, in «American Mathematical Monthly», 111, pp. 465-86.

UMBERTO BOTTAZZINI

L'Italia dall'Unità alla Prima guerra mondiale

Il periodo di circa sessant'anni che va dall'Unità alla fine della Prima guerra mondiale rappresenta una stagione unica per la matematica italiana. Il Risorgimento che culmina nell'unità politica del paese si accompagna infatti a una rinascita scientifica che, nel giro di pochi decenni, porta l'Italia su posizioni di avanguardia a livello internazionale in molti campi della matematica. Il caso della geometria algebrica, dove la «scuola italiana» si afferma con proprie caratteristiche peculiari, è forse il piú noto. Ma anche nei campi dell'analisi, della fisica matematica, della logica, l'opera dei matematici italiani è internazionalmente riconosciuta e apprezzata.

Se verso la metà del secolo la matematica nel nostro paese risente ancora di condizioni di sostanziale arretratezza, negli anni a cavallo del nuovo secolo l'Italia si affianca alla Francia e alla Germania tra le nazioni alla guida dello sviluppo matematico, e nelle principali sedi universitarie fioriscono vere e proprie «scuole» di matematici, in grado di competere alla pari con i piú autorevoli centri stranieri.

Quali sono state le circostanze che hanno favorito quello sviluppo cosí imponente e impetuoso? Se si guarda alle condizioni del nostro paese, con limitate risorse naturali e cronicamente travagliato da difficoltà economiche, sembra naturale rispondere che, rispetto ad altre scienze, come la fisica o la chimica, la matematica presentava il vantaggio di non richiedere laboratori e attrezzature costose. Non c'è dubbio che questo aspetto abbia giocato un ruolo importante. Ma nelle precarie condizioni economiche dello Stato unitario si trova solo una parte della risposta.

Lo sviluppo scientifico del paese era considerato dalle classi dirigenti uscite dal Risorgimento una via per portare l'Italia al rango degli altri paesi europei, e lo sviluppo della matematica era a ragione considerato una condizione preliminare alla formazione di un «movimento scientifico nazionale», oltre che un ingrediente essenziale della formazione dei tecnici e ingegneri necessari per il decollo industriale. Di queste esigenze gli esponenti piú autorevoli della comunità matematica seppero farsi interpreti, con un forte impegno sul terreno politico e istituzionale. La loro partecipazione alle battaglie risorgimentali si tradusse in un'intensa attività politica nel nuovo Stato unitario. Membri del Parlamento, presenti in diverse commissioni, i matematici si rivelarono consiglieri preziosi e competenti nelle piú varie istanze della vita civile, capaci di dare un senso concreto alla loro attività di ricerca.

1. *Il «movimento scientifico» nazionale.*

Il 20 settembre 1858 tre giovani matematici italiani partivano da Novara alla volta della Germania. L'intento di Enrico Betti (1826-1892) e Francesco Brioschi (1824-1897), accompagnati nel viaggio dal giovane assistente di quest'ultimo, Felice Casorati (1835-1890), era di entrare in contatto con i matematici delle principali università tedesche, allora all'avanguardia in Europa. A Gottinga fecero la conoscenza di Bernhard Riemann. A Berlino, di Leopold Kronecker, Ernst E. Kummer e Karl Weierstrass, destinati a diventare nel giro di pochi anni il «triumvirato» alla guida della matematica tedesca. Sulla via del ritorno essi passarono per Parigi. In quella che, un tempo non lontano, era stata la capitale della matematica, e ora attraversava un periodo di momentaneo declino, strinsero rapporti di amicizia con Joseph Bertrand e Charles Hermite.

Quel viaggio segna, in maniera simbolica, la fine di un'epoca e l'affacciarsi della matematica italiana sulla scena europea. Qual era la situazione nel nostro paese verso la metà del secolo? Andando dal Regno del Piemonte a quello delle Due Sicilie, il panorama della matematica è largamente disomogeneo, e riflette la realtà politica variegata e frammentaria, disegnata per il nostro paese dal Congresso di Vienna.

Nella capitale sabauda la figura dominante è ancora Giovanni Plana (1781-1864), direttore dell'Osservatorio astronomico e presidente dell'Accademia delle Scienze. Antico allievo di Lagrange all'École Polytechnique, Plana aveva acquisito grande fama per le sue ricerche sulla teoria della Luna, premiate nel 1832 con la medaglia Copley della Royal Society. Ma negli anni Cinquanta si affaccia sulla scena torinese Angelo Genocchi (1817-1889), un giovane avvocato piacentino, un autodidatta appassionato di matematiche, che coltiva soprattutto la teoria dei numeri e dal 1857 insegna algebra e geometria complementare all'università.

Assai piú ricco è il quadro offerto dal principale centro matematico del Lombardo-Veneto, l'Università di Pavia. Alla scuola di Antonio Bordoni (1788-1860) sono cresciuti Gaspare Mainardi (1800-1879), che dal 1840 gli è succeduto nell'insegnamento del «calcolo sublime», e molti dei matematici della generazione risorgimentale, dagli stessi Brioschi e Casorati a Delfino Codazzi (1824-1875), Luigi Cremona (1830-1903) e Eugenio Beltrami (1835-1900).

Amico e compagno di studi di Bordoni a Pavia era stato Ottaviano Fabrizio Mossotti (1791-1863), astronomo e fisico-matematico che, dopo quasi un ventennio trascorso in esilio prima a Londra e poi in Argentina, nel 1843 viene chiamato dal granduca di Toscana per dare slancio alla Scuola Normale Superiore allora nuovamente istituita a Pisa, dopo l'iniziale, breve parentesi napoleonica. Nelle università dello Stato della Chiesa le figure di maggior rilievo sono Barnaba Tortolini (1808-1874), che dal 1850 «compila» a Roma gli «Annali di scienze matematiche e fisiche», e lo scolopio Domenico Chelini (1802-1878), che insegna a Roma per un ventennio, prima di passare nel 1851 all'Università di Bologna, e nei suoi lavori sulla teoria delle superfici dimostra di essere al corrente dei piú recenti risultati di Gauss e Liouville.

Nella capitale del Regno borbonico gli studi matematici sono indirizzati soprattutto verso la geometria classica. Nella «scuola» sintetica di Vincenzo Flauti (1782-1863) a Napoli si fanno i conti con i commentatori di Euclide, si coltiva la geometria pura e si guarda con indifferenza, se non con ostilità, ai piú recenti sviluppi analitici. Nella situazione di arretratezza culturale ancora piú drammatica della Sicilia la sola figura degna di nota è Placido Tardy (1816-1914), matematico di modesta levatura che aveva studiato a Parigi e insegna a Messina dal 1841 al 1847, prima di lasciare la propria città per motivi politici e stabilirsi a Genova.

Negli anni precedenti l'Unità non erano certo mancati i contatti con matematici stranieri. Cauchy, per esempio, nel periodo di autoesilio all'inizio degli anni Trenta aveva soggiornato nel nostro paese, e aveva insegnato la sua «nuova» analisi da una cattedra di «fisica sublime» che Carlo Alberto aveva creato per lui. Jacobi e Steiner avevano trascorso a Roma quasi un anno dal settembre 1843 all'estate 1844, e pubblicato articoli nel «Giornale arcadico». Anche Sylvester era stato spesso in visita in Italia. Tuttavia, nei matematici della generazione risorgimentale appare chiara la consapevolezza della necessità di confrontarsi in maniera sistematica con quanto avviene nei principali centri di ricerca al di là delle Alpi, uscendo dai confini angusti della propria università o del proprio Stato.

A questo scopo, Brioschi aveva pensato di dar vita a un giornale di matematica, coinvolgendo Betti e Genocchi nell'iniziativa che, come egli scriveva nel marzo 1857, «potrebbe avere, a mio credere, molta importanza sul progresso degli studi matematici del nostro paese». L'idea era quella di rilanciare gli «Annali» di Tortolini che, agli occhi di Brioschi, non corrispondevano allo scopo principale di un giornale di matematica, quello di «far conoscere fuori d'Italia il movimento scientifico italiano, e di tenere al fatto gli Italiani del movimento scientifico degli altri paesi civilizzati».

«L'idea di una redazione collettiva non è nuova», scriveva Brioschi, confessando che gli era venuta proprio guardando quanto facevano i matematici di Berlino col «Journal für die reine und angewandte Mathematik», fondato a suo tempo da Crelle. L'appartenenza dei membri della redazione a Stati diversi – cui Brioschi dichiarava di tenere particolarmente – non era soltanto una circostanza legata alla geografia politica dell'Italia prerisorgimentale.

Quegli uomini, infatti, erano accomunati da profondi sentimenti patriottici, che avevano trovato espressione nelle battaglie del 1848. Quando i milanesi insorgono nelle Cinque giornate il giovane Brioschi, mazziniano intransigente, partecipa all'insurrezione, viene fatto prigioniero dagli austriaci e liberato dagli insorti. Betti prende parte alla Prima guerra d'indipendenza combattendo a Curtatone nel battaglione degli studenti della Scuola Normale guidato da Mossotti, mentre Genocchi partecipa alla liberazione di Piacenza e, dopo il ritorno degli Austriaci, abbandona la città natale per andare in esilio volontario a Torino fino a quando «Piacenza dovrà soffrire il sozzo aspetto dei Croati».

L'impresa degli «Annali» si colloca cosí nel quadro della formazione di un'identità politica del paese e, sul piano scientifico, risponde alla necessità di creare una cultura matematica in grado di portare l'Italia al livello delle altre nazioni europee. Nel 1858 il primo numero del nuovo giornale si apre con un *Avviso dei compilatori*, che invita «i geometri italiani» a impegnarsi affinché «un giornale che si propone di rappresentare lo stato della scienza tra noi, possa richiamare l'attenzione continua dei dotti degli altri paesi; e far cessare il lamento che i nostri lavori non sono conosciuti fuori d'Italia»[1].

Da parte sua, Brioschi contribuisce al nuovo giornale con una grande memoria che raccoglie e presenta in maniera sistematica i risultati raggiunti in uno dei suoi campi di ricerca favoriti, la teoria degli invarianti. Nel 1854 egli aveva pubblicato *La teorica dei determinanti e le loro principali applicazioni*, un volume ben presto tradotto in francese e tedesco, che lo aveva fatto conoscere al pubblico matematico europeo. Se pur rimasta incompiuta, la *Teorica dei covarianti e degli invarianti delle forme binarie* (1858) di Brioschi, apparsa nei fascicoli degli «Annali», contribuí a diffondere nel nostro paese l'interesse per questi argomenti, allora oggetto di ricerca nei piú avanzati centri europei. Sulla scia dei lavori di Hermite e Kronecker, nello stesso anno Brioschi perviene alla risoluzione delle equazioni algebriche di 5° grado mediante trascendenti ellittiche, un tema al quale aveva contribuito anche Betti all'inizio della sua carriera. Allievo di Mossotti a Pisa, su consiglio del maestro Betti si era infatti dedicato alla teoria delle equazioni algebriche, seguendo le idee di Abel e le «tracce poche e interrotte» lasciate da Galois.

Per i risultati ottenuti nel 1857 Betti era stato chiamato a ricoprire la cattedra di algebra all'Università di Pisa, ma l'incontro con Riemann rappresentò una vera e propria svolta nella sua carriera scientifica. Di ritorno da Gottinga, egli pubblicò negli «Annali» la traduzione italiana della tesi di Riemann sui fondamenti della teoria delle funzioni di una variabile complessa (1851), un testo destinato ad avere un'enorme influenza sullo sviluppo della matematica moderna e, sotto l'influenza di Riemann, rivolse i propri interessi all'analisi complessa. Nel 1860 fece della teoria delle funzioni ellit-

[1] Per le citazioni delle lettere di Brioschi e l'*Avviso dei compilatori* si veda Bottazzini [1998].

tiche argomento delle sue lezioni all'università, che poi raccolse in un'ampia monografia anch'essa apparsa nei fascicoli degli «Annali» nel corso del 1860 e 1861. Ad essa fece seguito la memoria *Sopra le funzioni algebriche di una variabile complessa*, in cui Betti riotteneva alcuni risultati di Riemann seguendo una via puramente algebrica, senza far ricorso a integrali.

L'impegno scientifico si accompagna a una decisa azione dei matematici sul terreno politico e istituzionale. Nel 1859 Brioschi, divenuto nel frattempo rettore dell'Università di Pavia e segretario particolare di Carlo Matteucci (1811-1868), il fisico pisano allora ministro della Pubblica istruzione, pone le premesse per la creazione nel 1863 di un nuovo istituto d'istruzione superiore a Milano, l'Istituto Tecnico Superiore (l'odierno Politecnico) sul modello delle *Grandes Écoles* francesi e delle *Technische Hochschulen* tedesche, istituto che egli dirigerà per oltre trent'anni. Come si legge nel *Programma* per l'anno accademico 1863, compito dell'istituto era quello di «formare ingegneri civili e ingegneri meccanici, abilitare all'insegnamento negli istituti tecnici secondari» oltre che di «offrire agli studiosi un centro di cultura scientifica e tecnica». Un'istituzione destinata a esercitare «una grande influenza sulla cultura nazionale» e «sulla ricchezza pubblica», affermava Brioschi nel discorso di inaugurazione pubblicato nelle «Effemeridi della pubblica istruzione» e in traduzione tedesca l'anno successivo.

«Le istituzioni scolastiche non hanno probabilità di soddisfare alla loro missione – affermava allora Brioschi – se la creazione e l'ordinamento di esse non corrisponde ai nuovi bisogni della scienza e alle nuove condizioni sociali». La lezione che «la storia civile delle nazioni» rendeva evidente era che le «piú grandi rivoluzioni politiche» si accompagnavano o alla creazione di nuovi istituti o a «profonde modificazioni nell'ordinamento degli esistenti», come era avvenuto ad esempio in Francia dopo la rivoluzione dell'Ottantanove, con la creazione dell'École Polytechnique e dell'École Normale. Se si guardava alla situazione prodotta dalla guerra d'indipendenza, continuava Brioschi, chiunque «per quanto poco favorevole possa essere a noi, dovrà pur confessare che qui si è compiuta una grande rivoluzione politica, amministrativa, economica». Cosa si poteva dire dell'ordinamento scolastico, che «riflette la coltura della nazione»? Nel nostro paese erano «quasi completamente sconosciuti i luminosi esempi forniti dalle nazioni piú civili», e una «rivoluzione», analoga a quella politica, che rimediasse alla situazione ereditata dai «governi che tennero divisa l'Italia» era, secondo Brioschi, «uno dei piú urgenti bisogni» del nuovo Stato unitario.

La creazione dell'Istituto Tecnico faceva seguito all'istituzione di nuove cattedre universitarie. Nel 1860, prima a Bologna e poi a Napoli, erano state create due cattedre di geometria superiore. A ricoprire la prima venne nominato con un regio decreto Luigi Cremona, mentre a Napoli fu un decreto dittatoriale di Garibaldi a nominare Giuseppe Battaglini (1826-1892), un tenace oppositore dei purismi euclidei che avevano dominato la matematica napoletana nella prima metà del secolo e, per contro, un convinto fautore delle nuove geometrie non euclidee che contribuirà a diffondere nel nostro paese dalle pagine del suo «Giornale di matematiche», fondato nel 1863.

2. *La nascita di una scuola di geometria.*

Come Brioschi, anche Cremona fu uno dei protagonisti della generazione di matematici risorgimentali che, negli anni immediatamente successivi all'Unità, contribuirono alla rinascita della matematica italiana. A soli diciott'anni aveva lasciato la scuola per arruolarsi coi volontari del battaglione di studenti napoletani «Italia Libera» accorsi in difesa di Venezia. Dopo la resa della città veneta nell'agosto 1849, Cremona ritornò agli studi, conclusi nel 1853 con la laurea d'ingegnere civile e architetto. Dopo esser stato costretto a vivere dando ripetizioni di matematica per l'opposizione del governo austriaco ad inserire nei ruoli dell'insegnamento pubblico l'antico difensore di Venezia, finalmente nel 1855 fu ammesso come docente al ginnasio della città di Cremona e poi nel 1859, quando la Lombardia passò al Regno del Piemonte, fu nominato professore al liceo di Milano[2].

La passione politica e civile, che animava i matematici risorgimentali, trova espressione nelle parole della *Prolusione* che Cremona rivolse agli studenti del suo primo corso di lezioni a Bologna. La moderna geometria che da molti anni si insegnava in Francia, in Germania e in Inghilterra era «un ospite affatto nuovo» delle università italiane, affermava Cremona. Dopo aver tracciato il programma del corso, il primo corso della moderna geometria proiettiva tenuto nelle nostre università, egli invitava gli studenti a respingere le voci di coloro che obiettavano sull'utilità di tali studi, esortandoli al contrario a studiare con passione scientifica e impegno civile la scienza pura e le piú astratte teorie matematiche, consapevoli dei «servigi che la scienza rende presto o tardi alla causa della civiltà e della libertà».

Gli anni trascorsi a Bologna rappresentano il suo periodo piú creativo e fecondo. Nel 1861 Cremona diede alle stampe l'*Introduzione ad una teoria geometrica delle curve piane*, un lavoro che forniva una trattazione sistematica «con metodo geometrico semplice e uniforme» di argomenti già presenti ai geometri europei. Come ebbe a scrivere Max Noether [1904, p. 7], «con i suoi metodi e con le sue concezioni [Cremona] aveva ristabilito i rapporti tra la geometria pura e l'intero sviluppo analitico-geometrico che si era affermato con Plücker, Hesse e Clebsch, con Salmon e Cayley». Assai piú originale era il contenuto di due successivi articoli del 1863 e 1865 dedicati allo studio delle proprietà di quelle particolari trasformazioni di figure piane,

[2] Per la biografia di Cremona si vedano Berzolari [1906] e Loria [1904].

che ancora oggi si chiamano «cremoniane». Infine, nel 1867 egli pubblicava i *Preliminari di una teoria geometrica delle superficie*. Questa lunga memoria, ben presto tradotta in tedesco, insieme con una memoria sulle superfici del terz'ordine, con cui aveva vinto il premio Steiner, costituí per molto tempo un testo di riferimento per lo studio delle superfici algebriche.

Nello stesso anno, su proposta di Brioschi, ancora per decreto Cremona viene chiamato a insegnare geometria superiore all'Istituto Tecnico Superiore di Milano. Dai suoi corsi hanno origine due testi ben presto divenuti dei classici, gli *Elementi di geometria proiettiva* (1873), a lungo adottati nell'insegnamento superiore nelle nostre università e tradotti in francese, tedesco e inglese, e gli *Elementi di calcolo grafico* (1874), anch'essi tradotti in tedesco e inglese. La stretta collaborazione con Brioschi si traduce in iniziative di grande momento per la matematica italiana: la riforma dell'insegnamento della geometria nelle scuole classiche, con la (contrastata) introduzione degli *Elementi* di Euclide come libro di testo, e la condivisione, con Brioschi, della direzione degli «Annali», che rilancia la rivista a livello internazionale.

La riforma dell'insegnamento, auspicata dal Consiglio superiore della Pubblica istruzione, di cui fanno parte Betti e Brioschi, e tradotta in legge dal ministro Coppino, coincise con la pubblicazione di una nuova edizione degli *Elementi*, curata dagli stessi Betti e Brioschi, per la quale Cremona si assunse il lavoro materiale di preparazione per la stampa. La scelta di adottare il testo euclideo come manuale per l'insegnamento della geometria nelle scuole classiche provocò vivaci reazioni, come quelle che si leggono ad esempio nelle lettere allora scambiate tra Genocchi e Betti.

La polemica raggiunse il pubblico matematico attraverso le pagine del «Giornale di matematiche» di Battaglini, che ospitò interventi critici e la decisa risposta di Brioschi e Cremona alle critiche. Difendendo la riforma, Cremona scriveva a Betti che «l'Euclide è ancora il sistema piú logico, piú rigoroso che abbiamo: tutti i sistemi posteriori sono ibridi, impuri; volendo riparare a un difetto, cadono in dieci altri piú gravi, e soprattutto cessano di essere dei veri sistemi geometrici». E poi, aggiungeva Cremona, «se si pensa ai libri che correvano per le nostre scuole avanti il 1867, e che vi rifluirebbero di nuovo, se si mutassero i programmi», chi potrebbe negare che l'introduzione del testo di Euclide «sia stato un immenso beneficio per la nostra scuola?» Certo, l'intervento legislativo era stato deciso, forse fin troppo, ma senza dubbio ebbe il salutare effetto di far piazza pulita di una quantità di manuali, privi di rigore scientifico e prodotti a soli fini commerciali, ancora largamente adottati nell'insegnamento secondario.

Nel 1873 Cremona si trasferí definitivamente a Roma per dirigervi la Scuola di applicazione per gli ingegneri. Nominato senatore nel 1879, si dedicò in prima persona alla vita politica, fu nel 1898 ministro della Pubblica istruzione nella breve stagione (un mese!) del governo Di Rudiní e, infine, vicepresidente del Senato. Cremona fu maestro riconosciuto di una «scuola» di geometri che comprendeva Riccardo de Paolis (1854-1892), Ettore Caporali (1855-1886), Eugenio Bertini (1846-1933) e Giuseppe Veronese (1854-1917). «Anche se Cremona non ebbe alcun ruolo nella tendenza oggi sempre piú diffusa in Italia verso ricerche astratte – scriveva Noether nel 1904 –, tuttavia la sua spinta verso la generalizzazione, lo spirito delle sue concezioni generali sono penetrati rapidamente e in profondità, dai suoi libri e dalle sue ricerche sulle trasformazioni, nell'indirizzo geometrico del suo paese».

Sotto la guida di Cremona compí i suoi studi a Roma anche il giovane palermitano Giovan Battista Guccia (1855-1914). All'epoca, la vita matematica nel capoluogo siciliano era praticamente inesistente, e solo nei primi anni Ottanta si cominciarono a intravedere segni di rinascita. Guccia fu matematico di modesta originalità ma di grande capacità organizzativa, come mostra la vicenda del Circolo matematico, da lui fondato nel 1884. Nel giro di pochi anni i soci del Circolo, italiani e soprattutto stranieri, si moltiplicarono, mentre la rivista del Circolo, i «Rendiconti», si affermò a livello internazionale, pubblicando articoli che sono passati alla storia, opera dei piú autorevoli matematici del tempo.

3. *La «scuola» pisana.*

Per circa due anni, dall'autunno 1863 all'estate 1865, Riemann soggiornò nel nostro paese su consiglio del medico, per le sue compromesse condizioni di salute. In quel periodo si stabilí a Pisa, rinsaldando l'amicizia con Betti. Questi, dopo la morte di Mossotti, gli aveva offerto un posto di insegnamento alla Normale. Il grande matematico tedesco tuttavia soffriva di tubercolosi, e si vide costretto a rinunciare nell'impossibilità di «parlare ad alta voce» se non «con molta fatica». A succedere a Mossotti fu quindi chiamato Beltrami, che, su suggerimento di Cremona e iniziativa di Brioschi, nel 1862 era stato nominato con un regio decreto professore di algebra e geometria analitica all'Università di Bologna.

La presenza di Riemann a Pisa esercitò un'insostituibile funzione di stimolo per Betti che, soprattutto nei primi tempi, trovò nelle conversazioni col geniale matematico di Gottinga occasione di riflessione e spunti di ricerca. «Ho nuovamente parlato con Riemann della connessione degli spazi e me ne sono fatto un'idea esatta», scriveva a Tardy il 6 ottobre 1863, illustrando con esempi la nozione di spazio semplicemente e molteplicemente connesso. Una decina di giorni piú tardi, rispondendo all'amico che lo invitava a comunicargli qualche cosa delle sue conversazioni «coll'impareggiabile Riemann», Betti esponeva il contenuto essenziale della memoria *Sopra gli spazi di un numero qualunque di dimensioni*, che pubblicherà solo nel 1870. In quel pionieristico lavoro di topologia algebrica, Betti introduceva tra l'altro gli invarianti che Poincaré chiamerà «numeri di Betti».

Gli argomenti degli incontri con Riemann dovevano abbracciare uno spettro molto ampio di questioni, dalla teoria delle funzioni, a quella delle superfici minime a problemi di fisica matematica. È significativo che, proprio durante quel soggiorno, Betti cominciasse a dedicarsi a ricerche di fisica matematica, di teoria dell'elasticità e di teoria del potenziale in particolare, che fece oggetto dei suoi corsi per oltre vent'anni, oltre che di numerosi lavori.

Tra il 1872 e il 1873 egli pubblicò una lunga memoria sulla *Teoria dell'elasticità* che forní il punto di partenza di una fiorente scuola che si sviluppò in Italia tra gli ultimi decenni del secolo e l'inizio del nuovo, e vide tra i cultori studiosi formati alla Normale come Carlo Somigliana (1860-1955) e Orazio Tedone (1870-1922), uno degli ultimi allievi di Betti. In quel lavoro questi forniva la dimostrazione e numerose applicazioni del cosiddetto «teorema di reciprocità» che oggi porta il suo nome. Il teorema afferma che se si considerano due stati di equilibrio di uno stesso corpo sotto l'azione di due sistemi di forze, il lavoro fatto dalle forze del primo sistema quando intervengono le deformazioni dovute al secondo è uguale al lavoro delle forze del secondo sistema quando intervengono le deformazioni dovute al primo. Con le parole di Betti, quel teorema «nella teorica delle forze elastiche dei corpi solidi tiene il luogo che il teorema di Green ha nella teorica delle forze che agiscono secondo le leggi di Newton»[3]. Quest'ultima teoria fu argomento di numerosi lavori di Betti, culminati nel volume *Teorica delle forze Newtoniane e sue applicazioni all'elettrostatica e al magnetismo* apparso nel 1879 (e, in traduzione tedesca, nel 1886).

Sembra che nelle sue conversazioni Riemann avesse fatto cenno al contenuto della sua inedita tesi di abilitazione sulle funzioni rappresentabili in serie trigonometrica, mentre nella corrispondenza dei matematici che allora ebbero modo di incontrarlo non si trova alcuna allusione alla sua altrettanto inedita lezione di abilitazione sui fondamenti della geometria (entrambe pubblicate postume nel 1867). Fu proprio la lettura approfondita di quest'ultima a convincere Beltrami a metter da parte dubbi ed esitazioni, e dare alle stampe il suo *Saggio d'interpretazione della geometria non euclidea*, apparso nel «Giornale» di Battaglini nel 1868.

Fin dalle sue prime ricerche, pubblicate negli «Annali», Beltrami si era rivolto a problemi di geometria differenziale delle superfici, nel solco delle classiche memorie di Gauss. Dopo il suo trasferimento a Pisa, cominciò a pubblicare le *Ricerche di analisi applicata alla geometria* (1864) suggerite dallo studio del *Traité du calcul différentiel* di Bertrand, apparso quello stesso

[3] La *Teoria dell'elasticità* è stata ripubblicata a cura di D. Capecchi, G. Ruta e R. Tazzioli [2006]; la citazione è tratta dal saggio introduttivo (p. 111).

anno. Pur se presentate in forma frammentaria e mai concluse, le *Ricerche* contengono risultati di grande importanza, come l'introduzione dei cosiddetti parametri differenziali, funzioni invarianti (di flessione) delle superfici, dei quali Beltrami darà poi una trattazione sistematica nella memoria *Sulla teoria generale dei parametri differenziali* (1868).

Lo studio di alcuni lavori di Lagrange sulla costruzione delle carte geografiche, argomento connesso ai suoi compiti di insegnamento della geodesia, e la traduzione italiana di una memoria di Gauss sulla rappresentazione conforme delle superfici, portarono Beltrami ad affrontare il problema della rappresentazione di una superficie su un piano, in modo che a geodetiche della superficie corrispondano rette del piano. Il risultato essenziale, pubblicato nel 1866, era che «le sole superfici suscettibili di essere rappresentate sopra un piano in modo che a ogni punto corrisponda un punto e a ogni geodetica una retta sono quelle la cui curvatura è dovunque costante». Per questa via era entrato «senza volerlo, e quasi senza saperlo, nelle dottrine di Lobačevskij, Riemann», egli scriveva nel 1872 a Enrico D'Ovidio (1842-1933), un allievo di Battaglini a Napoli, che cominciava allora la sua carriera di insegnamento della geometria analitica all'Università di Torino, durata oltre quarant'anni[4].

Beltrami si rese conto infatti che la geometria su una superficie regolare a curvatura costante negativa è quella di Lobačevskij, nel senso che le geodetiche sulla superficie si comportano come le rette del piano non euclideo. Da qui l'idea di considerare una tale superficie – la pseudosfera generata dalla rotazione di una trattrice attorno al suo asse – e la sua rappresentazione sul piano euclideo, ottenendo cosí un modello euclideo della geometria non euclidea.

È questa la chiave di lettura del *Saggio*, che egli aveva mostrato all'amico Cremona. Questi aveva obiettato che, siccome Beltrami si serviva dell'ordinario calcolo infinitesimale «fondato sul concetto euclideo», non poteva essere sicuro che, per ciò stesso, non avesse «pregiudicato il finale risultamento, incappando in un circolo vizioso». Pur se non del tutto convinto, Beltrami «lasciò dormire lo scritto» in un cassetto, per decidersi a pubblicarlo quando si rese conto che il suo lavoro era «sostanzialmente concordante con alcune delle idee» riemanniane.

L'argomento era allora dei piú controversi. Il *Saggio* di Beltrami apparve a stampa in un clima di accesi contrasti tra sostenitori entusiasti delle nuove geometrie, come Battaglini, che nel suo «Giornale» aveva pubblicato traduzioni dei fondamentali scritti di Bolyai e Lobačevskij, e loro accaniti oppositori, come Giusto Bellavitis (1803-1880), il professore di geometria a Padova che per tutta la vita continuò a considerare la geometria non euclidea una «geometria da manicomio».

[4] Citato in Loria [1901], p. 421.

Nella convinzione che «la critica profonda dei principî non può mai nuocere alla solidità dell'edificio scientifico», dopo alcune prudenti premesse tese a mostrare che egli era ancorato «alle buone tradizioni della ricerca», nel *Saggio* Beltrami mostrava che si poteva ottenere un modello euclideo del «nucleo essenziale» della geometria piana di Lobačevskij associando punti e geodetiche della pseudosfera a punti e corde di un cerchio del piano euclideo (*cerchio limite*). Con un opportuno dizionario, le proposizioni della geometria di Lobačevskij si potevano tradurre in termini euclidei. Il «modello» di Beltrami mostrava che un'eventuale contraddizione nella prima si sarebbe tradotta in una contraddizione nella geometria euclidea e viceversa. Una conclusione davvero inaspettata e sconcertante per chi ancora rifiutava alla geometria non euclidea diritto di cittadinanza in matematica!

Nonostante le cautele di Beltrami, il suo *Saggio* non convinse gli oppositori. Dubbi vennero manifestati anche da Genocchi, che mise in discussione la stessa premessa del lavoro, ossia l'esistenza di superfici ovunque regolari (cioè senza singolarità, come è ad esempio il vertice in un cono) a curvatura costante negativa come la pseudosfera, su cui Beltrami appoggiava le sue considerazioni. (L'acuta osservazione di Genocchi troverà conferma nel teorema, dimostrato da Hilbert nel 1901, che non esiste una superficie a curvatura costante negativa, regolare in tutta la sua estensione).

Nonostante le critiche, il modello di Beltrami aveva inaugurato una nuova era. Ad esso fecero seguito il modello di Klein e quello di Poincaré, che rivelava come la geometria di Lobačevskij fosse la geometria «naturale» per studiare le proprietà di una classe importante di funzioni, definite sul semipiano complesso positivo.

L'anno seguente Beltrami dava alle stampe una seconda memoria, la *Teoria fondamentale degli spazi a curvatura costante* (1869), ispirata alle idee di Riemann, in cui egli estendeva allo spazio a *n* dimensioni le considerazioni presentate nel *Saggio.* Ancor prima che questo venisse pubblicato, Beltrami aveva lasciato Pisa per ritornare a Bologna su una cattedra di geometria. Ma anche il soggiorno bolognese non doveva durare a lungo, e Beltrami si trasferí prima a Pavia e infine a Roma. Anche i suoi interessi di ricerca nel frattempo erano mutati. Tuttavia, le geometrie non euclidee continuarono a restare sullo sfondo delle sue indagini anche quando, dalla metà degli anni Settanta, egli si dedicò soprattutto a questioni di fisica matematica e di «filosofia naturale»[5].

Come per Beltrami, anche per Ulisse Dini (1845-1918), uno dei primi e piú brillanti allievi di Betti, la geometria differenziale costituí l'iniziale campo d'indagine. Su suggerimento del maestro, nel 1865 egli trascorse un periodo di studio a Parigi, per seguire i corsi di Bertrand e Bonnet e, in pochi mesi,

[5] Si veda a questo proposito Tazzioli [2000].

riuscí a completare non meno di dieci lavori su particolari classi di superfici, come le superfici a curvatura costante, le superfici applicabili, le superfici rigate o le superfici «gobbe», questioni che all'epoca apparivano sostanziali nella geometria differenziale delle superfici [cfr. Bortolotti 1953].

Dal 1867 le ricerche di Dini in questo campo si intrecciano con lavori sulla teoria delle serie infinite. Chiamato infatti, su proposta di Betti, a insegnare algebra complementare, Dini iniziava la sua lunga carriera di professore a Pisa, durata ininterrottamente per oltre cinquant'anni. Il corso di algebra, nell'impianto disegnato dieci anni prima da Betti, prevedeva l'iniziale esposizione della teoria delle serie. In quei lavori Dini affinava e generalizzava i criteri di Kummer e Gauss per la convergenza delle serie, e completava i risultati di Weierstrass e Riemann sulla convergenza dei prodotti infiniti, rivelando le doti di rigore e acume critico che dovevano renderlo celebre. Dini doveva riprendere l'argomento nell'ultimo corso di analisi superiore che egli tenne all'università nel 1917-18, pubblicato postumo.

Dal 1870 Dini si era dedicato a questioni di analisi, che divenne l'oggetto esclusivo delle sue ricerche e del suo insegnamento. Ancora su suggerimento di Betti, egli cominciò ad affrontare il cosiddetto «problema di Dirichlet», ossia il problema di determinare una funzione armonica all'interno di un dominio, che sul contorno assume valori assegnati con continuità. Egli poi studiò il problema di Dirichlet generalizzato e il problema di Neumann di determinare una funzione armonica in un dominio, della quale è assegnata la derivata normale continua sul contorno.

Il problema, sorto nel contesto dello studio delle forze newtoniane per il ruolo fondamentale svoltovi dalla funzione potenziale, aveva trovato nuova attualità nella teoria riemanniana delle funzioni di variabile complessa, che a ragione è stata anche definita una teoria del potenziale bidimensionale. Per risolvere il problema Riemann aveva fatto ricorso al cosiddetto «principio di Dirichlet», che asseriva l'esistenza del minimo di un certo integrale doppio, «principio» che tuttavia nel 1870 era stato confutato da Weierstrass con un controesempio.

Nella ricerca di metodi alternativi per risolvere il problema, senza far ricorso al discusso «principio», si impegnarono i maggiori analisti del tempo a cominciare da Karl Hermann Armandus Schwarz – un fedele seguace dei metodi di Weierstrass –, che aveva trattato l'argomento in una serie di note sulla rappresentazione conforme di una figura piana, sottoposta a opportune limitazioni, e sull'integrazione dell'equazione di Laplace. Dini allora si rivolse a Schwarz per avere lumi sui metodi introdotti dal grande analista di Berlino, «ed egli con una gentilezza di cui gli rendo pubbliche grazie, volle comunicarmi alcune notizie intorno ai nuovi metodi che Weierstrass ed altri matematici tedeschi suoi scolari seguivano nelle loro dimostrazioni» [Dini 1878, p. III].

Dini dava pubblico riconoscimento del suo debito verso i matematici della «scuola» di Weierstrass nelle pagine introduttive dei *Fondamenti per la teorica delle funzioni di variabili reali* (1878), il trattato che lo segnalava tra i primi analisti d'Europa, e che venne tradotto in tedesco nel 1892. Ad esso fece seguito un secondo trattato, *Serie di Fourier ed altre rappresentazioni analitiche* (1880), oltre alle *Lezioni di analisi infinitesimale*, tenute nel 1877-78 e pubblicate in varie edizioni litografate, prima di essere stampate nel 1905. In quei volumi Dini pubblicava alcuni risultati classici ai quali oggi è associato il suo nome, come il teorema sulle funzioni implicite, i cosiddetti «numeri derivati», i criteri di convergenza puntuale delle serie trigonometriche e gli sviluppi in serie delle funzioni di Bessel.

In particolare, nei *Fondamenti* Dini interveniva su una celebre e controversa questione relativa a un «teorema» sulla somma di una serie convergente di funzioni continue, enunciato da Cauchy e messo in dubbio per la prima volta da Abel. Ancora negli anni Settanta Heine si chiedeva se la continuità della somma implicasse l'uniforme convergenza della serie. Darboux, Du Bois-Reymond e Cantor avevano dato una risposta negativa, illustrandola con opportuni controesempi, mentre Dini mostrava che quella che egli chiamava convergenza semplicemente uniforme della serie era sufficiente per la continuità della somma. Una condizione necessaria e sufficiente per la continuità sarà poi trovata da Cesare Arzelà (1847-1912), un allievo di Betti e Dini dal 1880 professore di analisi a Bologna, che allo scopo introdusse la nozione di convergenza uniforme a tratti o, come si dice oggi, convergenza quasi uniforme di una serie.

Dopo la pubblicazione delle *Serie di Fourier* per circa vent'anni Dini interruppe quasi del tutto le pubblicazioni scientifiche, completamente assorbito dalla vita politica e parlamentare, e l'annunciato secondo volume del trattato vide la luce solo nel 1911 in edizione litografata. Egli non mancò tuttavia di esercitare con la sua attività una grande influenza sulla vita matematica. Cosí, per esempio, come direttore degli «Annali», pubblicò la tesi di René Baire e quella di Henri Lebesgue che hanno segnato una svolta nella teoria degli insiemi e della misura. Le nuove idee analitiche trovarono un terreno fertile presso giovani matematici come Giuseppe Vitali (1875-1932), un allievo di Dini che pubblicò nel 1905 il primo esempio di insieme di punti non Lebesgue-misurabile. Nonostante questo e altri notevoli risultati, Vitali insegnò a lungo nella scuola secondaria e solo nel 1923 ottenne una cattedra universitaria.

Dini fu prima deputato e poi, dal 1892 senatore, membro del Consiglio superiore della Pubblica istruzione, per un periodo anche sindaco della sua città, e inoltre direttore della Scuola Normale dopo la morte di Betti. Sotto la direzione di Betti la Normale si era affermata come il principale centro di formazione di una nuova generazione di matematici, dai primi allievi come Giulio Ascoli (1867)[6], Eugenio Bertini (1868), Cesare Arzelà (1869) a Salvatore Pincherle (1874), Gregorio Ricci Curbastro (1875), Luigi Bianchi (1877), Mario Pieri (1884) e Federigo Enriques (1891), una schiera di uomini che hanno lasciato una traccia duratura sullo sviluppo della matematica.

4. *Nuovi metodi analitici.*

Delle critiche al principio di Dirichlet, col quale si era cimentato Dini, Casorati aveva avuto notizia fin dall'autunno 1864, quando si era recato a Berlino per incontrare Weierstrass e i suoi colleghi, e avere conoscenza diretta dei loro risultati. Da Kronecker aveva appreso con sorpresa dell'esistenza di funzioni che «non ammettono coefficiente differenziale, che non possono rappresentare linee». E poi, che esistono serie di funzioni che hanno la circonferenza del cerchio di convergenza come «frontiera naturale», cioè luogo di punti singolari, di modo che la funzione non è prolungabile fuori dal cerchio, contrariamente a quello che si era sempre creduto e che lo stesso Riemann pareva ritenere. A questo proposito Weierstrass faceva un criptico accenno al teorema oggi noto col nome di Casorati e Weierstrass, relativo al comportamento di una funzione analitica nell'intorno di una singolarità essenziale. Quanto a Riemann, Casorati annotava nei puoi appunti che a Berlino «le [sue] cose fecero difficoltà». Lo stesso Weierstrass gli disse di aver capito Riemann «perché possedeva già i risultati delle ricerche»[7].

Qualche anno piú tardi Casorati dava alle stampe il primo volume della *Teorica delle funzioni di variabili complesse* (1868), un'opera che, ancora all'inizio del Novecento, a parere di Klein era la migliore esposizione della teoria secondo il punto di vista riemanniano. Nello stesso anno Casorati, insieme a Brioschi e Cremona, tenne un corso di lezioni sulla teoria delle funzioni abeliane divenuto celebre. All'epoca Casorati stava lavorando al secondo volume della sua *Teorica*, che avrebbe dovuto trattare delle funzioni abeliane secondo i metodi di Riemann, in cui il «principio di Dirichlet» ha un ruolo essenziale. Tuttavia, le critiche di Kronecker e Weierstrass e l'incapacità di fugare i dubbi in proposito lo convinceranno alla fine a rinunciare all'impresa.

Nel 1875, quando ancora si interrogava sulla possibilità di completare la *Teorica*, Casorati coinvolse nelle proprie ricerche Salvatore Pincherle (1853-1936), un allievo di Betti e Dini che era stato nominato professore al liceo di Pavia. Nel 1877-78 Pincherle trascorse un periodo di studi a Berlino dove seguí i corsi di Kronecker e Weierstrass. Quest'ultimo doveva esercitare

[6] Tra parentesi sono indicati gli anni in cui i matematici citati completarono gli studi alla Normale.

[7] Per le citazioni dalle note di Casorati si veda Bottazzini [1994].

un'influenza duratura sul giovane matematico. Tornato in Italia, Pincherle pubblicò nel «Giornale» di Battaglini un *Saggio di una introduzione alla teoria delle funzioni analitiche secondo i principi del prof. Weierstrass* (1880), la teoria che il grande analista presentava nei suoi corsi ma rifiutava di dare alle stampe finché non avesse raggiunto il rigore desiderato. In assenza di pubblicazioni di Weierstrass, che anzi scoraggiava i suoi allievi a dare alle stampe i loro appunti, il *Saggio* di Pincherle restò a lungo un testo di riferimento per chi voleva familiarizzarsi coi nuovi metodi analitici.

Lo stesso Pincherle, chiamato nel 1881 all'Università di Bologna, fece della teoria delle funzioni analitiche secondo Weierstrass l'argomento privilegiato delle sue lezioni oltre che dei suoi lavori di ricerca. Infatti, come egli stesso scriveva nel 1925 guardando ai suoi esordi, mentre la teoria delle funzioni di variabile reale costituiva verso il 1880 «un capitolo considerevole» dell'analisi, «gli sviluppi di funzioni analitiche in serie ordinate, secondo i polinomi di Legendre, le funzioni di Bessel, i prodotti speciali [...] non erano stati studiati affatto se non in casi particolari»[8]. Quegli sviluppi erano oggetto di lavori di Pincherle, nei quali si trova tra l'altro stabilito un fondamentale teorema di ricoprimento che corrisponde, per le regioni piane, a una proposizione enunciata da Heine la cui importanza venne messa in luce da Borel, e che per questa ragione spesso viene indicata col nome di Heine e Borel.

A partire da quei lavori, e da studi sulla trasformazione di Laplace, Pincherle elaborò un'originale linea di ricerca. Nel 1886 pubblicò il primo di numerosi articoli sulle «operazioni funzionali», da lui intese come le operazioni che applicate alle funzioni analitiche danno origine a funzioni analitiche, e godono inoltre della proprietà distributiva. Quel pionieristico lavoro segnava la nascita di una nuova branca dell'analisi, l'analisi funzionale. Pincherle darà una presentazione sistematica dei risultati da lui ottenuti nel volume *Le operazioni distributive e le loro applicazioni all'analisi* (1901), scritto in collaborazione con l'allievo Ugo Amaldi.

I nuovi concetti di rigore propugnati dagli analisti tedeschi, di cui Pincherle si era fatto fautore nel campo dell'analisi complessa, trovarono un originale interprete in Giuseppe Peano (1858-1932), un giovane allievo di Genocchi a Torino. Dal 1865 Genocchi teneva corsi di calcolo differenziale e integrale, ispirandosi ai metodi e ai risultati di Cauchy e della scuola francese, da Serret a Bertrand e Hermite. Anche se ormai le novità in analisi venivano piuttosto da Berlino che da Parigi, in un ambiente matematico come quello torinese ancora largamente dominato dalla tradizione e dalle idee di Lagrange, quella di Genocchi era solo a prima vista una scelta «antiquata».

Il manoscritto dei suoi corsi, arricchito nel corso degli anni di note e aggiunte, non fu mai pubblicato e certo non rivela le raffinatezze di analisi

[8] Citato in Bottazzini [1994], p. 211.

dei *Fondamenti* di Dini o del trattato di *Calcolo differenziale e principii di calcolo integrale*, che nel 1884 Peano diede alle stampe col nome del maestro, corredandolo di «importanti aggiunte» e varie annotazioni. Genocchi si affrettò a disconoscere quell'opera e qualche anno piú tardi Peano ne rivendicherà la completa paternità, «come se sul frontespizio non comparisse altro nome che il mio». Di fatto, il Genocchi-Peano costituisce uno degli esempi paradigmatici del moderno rigore introdotto in analisi da Weierstrass, e a ragione figura tra i piú autorevoli trattati di analisi dell'Ottocento, se non tra i piú importanti trattati mai scritti, come ha autorevolmente sostenuto Alfred Pringsheim nell'*Encyklopädie der mathematischen Wissenschaften*.

Ciò che caratterizza quel trattato è la scrupolosa precisione con cui Peano fa notare le inesattezze, se non i veri e propri errori, in teoremi e dimostrazioni che ancora si trovavano nei manuali piú recenti e autorevoli. La critica rigorosa e puntuale di Peano mette in luce debolezze logiche in ragionamenti fino ad allora comunemente accettati, i suoi controesempi falsificano teoremi che riguardano concetti fondamentali, come quello di continuità di una funzione di una o piú variabili, di curva o di area di una figura piana. L'esempio piú sorprendente, a questo proposito, è quello di una curva continua che riempie un quadrato, che egli presenta nel 1890. Nello stesso anno pubblica la dimostrazione dell'esistenza degli integrali di sistemi di equazioni differenziali ordinarie del prim'ordine sotto la sola ipotesi della continuità della funzione, un risultato che estende ai sistemi di equazioni un suo precedente teorema sull'integrale di un'equazione differenziale ordinarie del primo ordine. «Tutta la dimostrazione è ridotta in formule di logica analoghe alle formule dell'algebra», scriveva allora Peano, giacché, «benché non sia difficile, il suo sviluppo completo col linguaggio ordinario sarebbe d'una complicazione eccessiva» [Peano 1959, vol. I, p. 120]. A quell'epoca, infatti, Peano aveva già elaborato i concetti essenziali della logica matematica che dovevano renderlo celebre.

5. *«Una nuova branca della matematica».*

«L'analisi generale non avrebbe potuto neppure essere concepita senza i lavori dei matematici italiani, e particolarmente di due di loro: i sigg. Pincherle e Volterra», affermava nel 1928 Maurice Fréchet, intervenendo al Congresso internazionale dei matematici che si tenne a Bologna sotto la presidenza di Pincherle. I due studiosi «avevano fondato una nuova branca della matematica», aggiungeva in quella circostanza Jacques Hadamard, osservando che «il sig. Pincherle si è soffermato particolarmente sulla nozione di trasformata», mentre «il sig. Volterra, al contrario, considera ciò che al giorno d'oggi chiamiamo un funzionale» [Hadamard 1968, p. 440].

Nelle parole di Fréchet e Hadamard c'era l'esplicito riconoscimento del ruolo pionieristico dei matematici italiani nella creazione di una nuova branca dell'analisi. Dopo i suoi primi lavori sulle operazioni funzionali, Pincherle aveva studiato la geometria degli spazi funzionali, come ad esempio lo spazio costituito dalla totalità delle funzioni analitiche nell'intorno di un punto. Come ha fatto notare Pincherle, ogni sviluppo in serie di potenze, che rappresenta un elemento di una funzione analitica, si può infatti considerare come un punto di uno spazio funzionale (lineare) a un'infinità (numerabile) di dimensioni, le cui coordinate sono date dai coefficienti della serie. Seppur introdotta in termini analitici piú che geometrici, l'idea di spazio a infinite dimensioni si affacciava per la prima volta in questi lavori di Pincherle. Nelle *Operazioni distributive* la teoria degli spazi lineari era invece presentata in maniera assiomatica, a partire da un insieme arbitrario di elementi.

L'autorità di Pincherle in questo campo era internazionalmente riconosciuta, tanto che gli fu chiesto di scrivere l'articolo sulle operazioni e le equazioni funzionali per la grande *Encyklopädie der mathematischen Wissenschaften*, promossa da Klein. L'articolo apparve nel 1907 e, in edizione francese, nel 1912.

A Bologna Pincherle aveva come collega all'università Arzelà, che aveva iniziato la sua carriera nel 1878 come professore di algebra a Palermo, ma nel 1880 si era trasferito a Bologna sulla cattedra di calcolo differenziale e integrale. I suoi interessi scientifici si erano rivolti prima all'algebra (e in particolare alla teoria di Galois, che espose in uno dei suoi corsi) e poi all'analisi reale. Tra i suoi contributi piú originali, oltre alla già ricordata introduzione del concetto di convergenza uniforme a tratti, figura la dimostrazione nel 1889 di un teorema che assicura l'esistenza della curva limite per una famiglia di curve piane date in forma parametrica, teorema che estende un risultato enunciato da Giulio Ascoli (1843-1896).

Il concetto di equicontinuità di una curva, insieme al teorema di Ascoli e Arzelà, ha acquisito grande importanza per il suo ruolo nei metodi diretti del calcolo delle variazioni, nei quali si affronta direttamente il problema dell'esistenza del minimo di un funzionale invece di determinarlo come soluzione dell'equazione di Eulero-Lagrange. Quei metodi furono introdotti da Hilbert per risolvere il problema di Dirichlet. Nel 1897 lo stesso Arzelà si cimentò senza successo con quel problema. Secondo Leonida Tonelli (1885-1946), quel lavoro di Arzelà sul problema di Dirichlet costituiva il primo tentativo di risolvere con un metodo diretto un problema di calcolo delle variazioni e rappresentava un momento essenziale del costituirsi di una «scuola italiana» di calcolo delle variazioni. Di quella «scuola» lo stesso Tonelli si dichiarava erede e originale interprete, come mostrava il suo trattato *Fondamenti di calcolo delle variazioni* (1922). In realtà, in quel lavoro Arzelà si richiamava piuttosto ai risultati sulle «funzioni dipendenti da linee» ottenuti da Vito Volterra (1860-1940), che era stato suo allievo all'Istituto Tecnico di Firenze prima di seguire i corsi di Betti e di Dini alla Normale di Pisa.

Ancora studente, Volterra aveva pubblicato importanti lavori di analisi sotto l'influenza di Dini. Pochi mesi dopo essersi laureato con Betti con una tesi di idrodinamica, a soli 23 anni Volterra fu nominato professore di meccanica razionale a Pisa. Dopo la morte di Betti, Volterra si trasferí a Torino e infine, nel 1900, a Roma come successore di Beltrami. Le sue prime note sulle funzioni dipendenti da linee risalgono al 1887. «Consideriamo per esempio tutte le linee continue che si possono tracciare su un dominio bidimensionale», scriveva allora Volterra. «Facendo corrispondere a ogni linea un valore di una variabile, definiremo una *funzione di una linea* nel dominio dato». Per queste funzioni di linea Volterra definiva i concetti fondamentali di continuità, differenziazione e variazione, gettando le basi di quello che Hadamard chiamò il calcolo funzionale.

Nello stesso ordine di idee si colloca lo studio di due tipi di equazioni integrali (oggi note col suo nome) che egli risolse considerandole come caso limite di (un numero infinito di) equazioni algebriche. A questi argomenti Volterra dedicò una quantità di articoli e volumi diventati classici, come le *Leçons sur les fonctions de lignes* (1913), le *Leçons sur les équations intégrales et les équations intégro-différentielles* (1913) e, infine, la *Théorie générale des fonctionnelles* (1936).

Quando apparve quest'ultimo volume, scritto in collaborazione con Joseph Pérès, Volterra era un'autorità internazionalmente riconosciuta. Ai suoi contributi alla nascita dell'analisi funzionale, si accompagnarono negli anni Venti pionieristici lavori nel campo della biomatematica – in particolare lo studio della dinamica del sistema prede-predatori per famiglie di pesci, descritta dall'equazione differenziale che porta il suo nome (congiuntamente a quello di Lotka). Erede della tradizione risorgimentale, sull'esempio dei maestri Volterra coniugò la sua attività di ricerca con un'intensa attività sul terreno politico e istituzionale. Nominato senatore nel 1905, si impegnò nella creazione di organismi per promuovere lo sviluppo della scienza in Italia, come la Società Italiana per il Progresso delle Scienze e, dopo la Prima guerra mondiale, il Consiglio Nazionale delle Ricerche, di cui fu il primo presidente. Inoltre, in qualità di presidente dell'Accademia dei XL, di vicepresidente (1920-23) e poi di presidente (1923-26) dell'Accademia dei Lincei, Volterra svolse un ruolo di primo piano nell'organizzazione della scienza italiana fino al 1931, quando fu allontanato dall'università e da ogni carica accademica per il suo rifiuto di giurare fedeltà al fascismo.

6. *Nuove teorie geometriche.*

L'eredità di Ulisse Dini nel campo della geometria differenziale fu raccolta da Luigi Bianchi (1856-1928). Compiuti gli studi alla Normale, Bianchi trascorse un periodo di perfezionamento a Monaco, dove seguí i corsi di Klein. Tornato in Italia, trascorse l'intera vita accademica a Pisa. Nel 1881 gli fu assegnato un incarico di insegnamento interno alla Normale e, nel 1886, ottenne la cattedra di geometria analitica all'Università. I contributi di Bianchi alla geometria differenziale «classica», e soprattutto alla teoria delle superfici, riempiono diversi volumi delle sue *Opere*. La sua produzione scientifica assomma ad oltre 200 lavori, tra memorie, brevi note e trattati. Oltre 140 di essi sono dedicati alla geometria differenziale, dai suoi primi studi sulle superfici applicabili in spazi a curvatura costante fino al suo ultimo lavoro (sulle metriche di Minkowski) rimasto manoscritto, compresi, in particolare, i numerosi lavori dedicati allo studio delle proprietà delle superfici *W* (come egli le chiamò in onore dell'amico Weingarten), ossia superfici evolventi i cui raggi principali di curvatura sono funzioni l'uno dell'altro. Con Weingarten Bianchi condivideva il giudizio sulla fecondità del metodo gaussiano per la geometria differenziale delle superfici, metodo basato su due forme differenziali quadratiche, la prima delle quali dà l'elemento lineare, e la seconda la variazione da una superficie a una superficie parallela infinitamente vicina.

Nel ricorso a tecniche di geometria non euclidea anche per risolvere problemi di geometria euclidea, e nel ruolo fondamentale attribuito alla nozione di trasformazione Guido Fubini (1879-1943), suo allievo a Pisa, vedeva le principali caratteristiche delle ricerche geometriche di Bianchi. Dei risultati via via ottenuti Bianchi arricchí le sue *Lezioni di geometria differenziale* (1894) in quattro volumi, apparse in piú edizioni e in traduzione tedesca, che costituirono a lungo il testo piú autorevole sull'argomento, insieme alle contemporanee *Leçons sur la théorie générale des surfaces* (1887-96) di Darboux, anch'esse in quattro volumi.

Oltre a quelle *Lezioni*, Bianchi pubblicò una quantità di trattati sui piú diversi argomenti, dalla teoria delle funzioni di una variabile complessa e delle funzioni ellittiche alla teoria dei gruppi, dalla teoria dei numeri algebrici alle forme binarie, alla teoria delle equazioni differenziali lineari. Come ebbe a dire Giovanni Sansone (1888-1979), anch'egli suo allievo alla Normale, «coi testi del Bianchi si formarono i matematici di due generazioni, non solo a Pisa ma in tutte le scuole matematiche italiane».

Come Bianchi, anche Gregorio Ricci Curbastro (1853-1925) era stato un allievo di Betti e Dini alla Normale, e anch'egli nel 1877-78 aveva trascorso un periodo di studi a Monaco seguendo i corsi di Klein. Al suo rientro in Italia, dopo esser stato per un breve periodo assistente di Dini, nel 1880

Ricci ottenne un incarico d'insegnamento di fisica matematica all'Università di Padova, dove trascorse tutta la vita accademica. Nel suo primo lavoro, ispirato ai risultati di Beltrami sui parametri differenziali, egli prendeva le mosse dall'osservazione che in geometria differenziale si usavano strumenti «troppo artificiosi», che introducevano elementi e concetti estranei ai problemi che si volevano studiare. In quell'articolo del 1884, che diede avvio alla costruzione di un nuovo calcolo (che Ricci chiamò calcolo differenziale assoluto), egli presentava una classificazione sistematica delle forme differenziali quadratiche e degli invarianti differenziali ad esse associate.

Due anni piú tardi, riprendendo lo stesso argomento, Ricci si serviva per la prima volta della tecnica della derivazione covariante – già introdotta da Elwin Christoffel – per ottenere i coefficienti di una forma differenziale quadratica covariante a una data forma differenziale. Egli si rese conto ben presto della grande importanza e applicabilità del concetto di derivata covariante, e nel 1888 pubblicò un fondamentale articolo, *Delle derivazioni covarianti e controvarianti e del loro uso nella analisi applicata*, che segna la nascita del calcolo tensoriale. In quel lavoro compare per la prima volta in maniera esplicita la nozione di tensore che, nella definizione di Ricci, è un insieme di funzioni (le componenti) che, per cambiamenti di coordinate, si trasformano secondo leggi ben precise. In questo modo, Ricci rendeva esplicite grandezze che erano già comparse nelle opere di Gauss e Riemann e, in seguito, di Beltrami e Christoffel.

Nei suoi lavori Ricci applicava il nuovo calcolo a questioni geometriche e fisico-matematiche, come la teoria delle superfici e la teoria dell'elasticità, che erano già state affrontate con successo coi metodi «classici». In problemi di quella natura i metodi di Ricci sembravano artificiosi e, anche se fornivano generalizzazioni di grande eleganza, nella sostanza si rivelavano «utili ma non indispensabili», come si legge nel giudizio della commissione che non gli attribuí il Premio reale del 1901. Il calcolo differenziale assoluto, già elaborato in forma compiuta nel 1895, doveva rivelare appieno la sua fecondità solo in seguito alla pubblicazione della memoria *Méthodes de calcul différentiel absolu et leurs applications* (1900) che Ricci scrisse insieme al suo allievo Tullio Levi-Civita (1873-1941).

Subito dopo la laurea nel 1894, Levi-Civita aveva trascorso un periodo a Bologna per perfezionarsi in analisi sotto la guida di Pincherle e nel 1897, a soli 24 anni, era risultato vincitore di una cattedra di meccanica razionale all'Università di Padova, dove insegnò per oltre vent'anni, i piú fecondi della sua vita. In quel periodo di grande creatività Levi-Civita pubblica oltre cento lavori passando dalla meccanica analitica e celeste, alla teoria dell'elasticità, all'elettromagnetismo e la teoria del calore. Per quanto importanti siano i suoi contributi in quei campi, come gli studi sulla stabilità delle soluzioni delle equazioni differenziali e sul problema dei tre corpi, non c'è dubbio tuttavia che sia stato l'articolo scritto con Ricci a fare veramente epoca.

Il calcolo differenziale assoluto, scrivevano Ricci e Levi-Civita, era in grado di «forzare un gran numero di fatti, senza alcun legame apparente a raggrupparsi insieme secondo le loro affinità naturali», come essi stessi provavano in quella memoria con un gran numero di applicazioni, geometriche, meccaniche e fisiche. Quel calcolo, insomma, era «lo strumento naturale» per quelle ricerche «dove si incontra come elemento caratteristico una forma quadratica positiva dei differenziali delle *n* variabili o delle loro derivate». Una conferma paradigmatica doveva venire quindici anni piú tardi, con la teoria della relatività generale.

Lo stesso Levi-Civita ebbe un ruolo di primo piano nella corretta formulazione tensoriale delle equazioni del campo gravitazionale. Su questo argomento nel 1915 egli intrattenne con Einstein un fitto carteggio, che il grande fisico non esitò a riconoscere come la corrispondenza piú importante mai capitatagli. Dopo aver cercato invano di rispondere alle critiche di Levi-Civita a una dimostrazione «ottenuta mediante fiumi di sudore», Einstein riconoscerà alla fine che la sua prova era «incompleta», prima di ottenere la forma corretta delle equazioni gravitazionali che, come egli stesso ebbe ad affermare, «rappresentano un vero trionfo dei metodi di calcolo creati dal Ricci».

Un altro contributo fondamentale di Levi-Civita al calcolo tensoriale, e alla teoria della relatività, è dato dalla nozione di trasporto parallelo, da lui introdotta nel 1917 per esprimere la nozione di parallelismo in una varietà riemanniana. Quella nozione, essenziale per formulare la legge d'inerzia nella teoria della relatività, si rivelerà di enorme importanza nelle mani di Hermann Weyl ed Élie Cartan.

Con i suoi lavori, da quelli piú tecnici a quelli di carattere divulgativo, compreso il volume *Fondamenti di meccanica relativistica* (1928), ben presto tradotto in inglese cosí come le sue lezioni di *Calcolo differenziale assoluto* (1925), Levi-Civita contribuí in maniera determinante a diffondere nel nostro paese la teoria di Einstein. Quando apparvero questi volumi Levi-Civita si era da tempo trasferito a Roma dove, insieme a Volterra e Guido Castelnuovo, svolse un ruolo di primo piano nel fare della capitale il centro della matematica italiana.

7. *La geometria degli iperspazi.*

Quando era studente all'Università di Padova, Levi-Civita aveva avuto Giuseppe Veronese come professore di geometria. Dopo aver studiato alla Scuola Politecnica di Zurigo, Veronese si era laureato a Roma ed era diventato assistente di Cremona. Nel 1880-81 aveva trascorso l'anno accademico a Lipsia per studiare con Klein, che esercitò su di lui «una speciale impressione» e gli «fu largo d'ogni maniera d'indirizzi e di consigli», come riconosceva lo stesso Veronese. Al termine di quel soggiorno, nel 1882 pubblicò nei «Mathematische Annalen» diretti da Klein una memoria che, come ebbe a dire Corrado Segre (1863-1924), fece epoca nella storia della geometria proiettiva degli spazi di dimensione superiore.

L'idea fondamentale di quella memoria, e dell'intera opera di Veronese nella geometria degli iperspazi, era che certe configurazioni di punti dello spazio ordinario si possono ottenere mediante opportune proiezioni e sezioni di configurazioni di punti di un iperspazio qualunque. Egli applicava questa idea allo studio dell'«esagramma mistico» di Pascal e di quadriche a *n* dimensioni e, due anni dopo, allo studio delle proprietà di una particolare superficie dello spazio a cinque dimensioni che oggi porta il suo nome.

Cosa si deve intendere per uno spazio a *n* dimensioni? Per rispondere Veronese faceva appello all'intuizione. Ragionando in analogia con le usuali costruzioni del piano e dello spazio proiettivo ordinario, egli sosteneva una concezione «genetica» degli iperspazi. Come lo spazio a tre dimensioni si può pensare generato da un piano e un punto fuori di esso, cosí lo spazio a quattro dimensioni si può pensare generato dallo spazio tridimensionale e da un punto fuori di esso, e cosí via per spazi di dimensione superiore, arbitrariamente grande.

«Con la memoria di Veronese», commentava Segre [1917, p. 478], «si può dire che la geometria proiettiva di questi spazi è per la prima volta organizzata e svolta sistematicamente, come scienza geometrica, e non come una specie di analisi travestita». Lo stesso Veronese nella memoria sulla superficie omonima affermava che non si trattava di rivestire i risultati dell'analisi con un linguaggio sintetico, ma al contrario di applicare semmai il metodo analitico alle costruzioni geometriche. A questo principio si ispirano anche i *Fondamenti di geometria a piú dimensioni* (1891), un volume ben presto tradotto in tedesco, che rese universalmente noto il suo nome. Nella lunga introduzione e nell'appendice al volume Veronese discuteva questioni di carattere generale e metodologico, compresa la possibilità di «stabilire una geometria assoluta, indipendente dall'assioma di Archimede» che, all'epoca, incontrò non poche opposizioni.

Facendo implicito riferimento a Veronese anche Segre, allievo di D'Ovidio a Torino, aveva adottato lo stesso punto di vista fin dalla sua tesi di laurea nel 1883. Tuttavia, mentre Veronese affermava nei suoi articoli, e nei *Fondamenti*, di considerare i punti di un iperspazio «tali e quali» i punti dello spazio ordinario, secondo Segre «la natura intima» dei punti di un iperspazio rimaneva «indeterminata». Del resto, aggiungeva Segre, «la mancanza di una rappresentazione pei nostri sensi degli enti che [la geometria degli iperspazi] studia non ha molta importanza pel matematico puro». Quello che importa sono gli isomorfismi che si possono stabilire tra spazi lineari a uno stesso numero di dimensioni che, come scrive Segre [1883, p. 46], «qualunque siano i loro elementi si possono riguardare come identici tra loro». Questo era l'atteggiamento piú fecondo per il geometra.

Piú esplicita e diretta era la critica di Peano, che in una recensione dei *Fondamenti* denunciava l'assurdità logica insita nel principio fondamentale sul quale Veronese basava la sua concezione genetica degli iperspazi. Nei suoi *Principii di geometria logicamente esposti* (1889), in cui presentava un sistema di assiomi per la geometria elementare, Peano aveva mostrato che per passare da due a tre dimensioni occorre un opportuno assioma (e analogamente accade per le dimensioni superiori). Altrettanto diretta era la (infelice) polemica di Peano sull'impossibilità di esistenza di segmenti infinitesimi, nella quale intervennero tra gli altri anche Levi-Civita e il creatore della teoria degli insiemi, Georg Cantor. Una polemica che aveva come obiettivo la geometria non archimedea di Veronese, che invece doveva trovare autorevole conferma meno di dieci anni dopo nei lavori di Hilbert.

Il contrasto di punti di vista tra Peano e Segre (e Veronese) veniva alla luce con la pubblicazione nel primo numero della «Rivista di matematica», fondata da Peano, di alcune considerazioni sulle ricerche geometriche recenti che Segre indirizzava ai suoi studenti. «Accade tuttora, anche in Italia, che non si sappia collocare la geometria ad *n* dimensioni al suo giusto posto», esordiva Segre. C'era chi privilegiava l'aspetto algebrico, riducendo la geometria degli iperspazi all'algebra delle trasformazioni lineari. Chi suggeriva di considerare come punti di uno spazio a piú dimensioni i punti dello spazio ordinario, pensati dipendenti da un numero qualsiasi di parametri. E infine, c'era il punto di vista proposto da Veronese. Tutte queste distinzioni non avevano per Segre grande importanza. Quando si tratta di «scoprire la verità», affermava Segre, la «purezza del metodo» passa in secondo piano, e talvolta anche il rigore.

La nota di Segre provocava l'immediata e pungente risposta di Peano, che rivendicava l'esigenza di un rigore assoluto per la matematica che, a suo dire, non è altro che «una logica perfezionata». Le diverse concezioni dei due sul ruolo del rigore sono evidenti, meno evidente è la sostanza matematica che è in discussione: come lavorare negli iperspazi? Pur senza condividere l'ontologia di Veronese, Segre ha in mente il metodo sintetico delle proiezioni (e delle sezioni), che egli applica con successo nei suoi lavori. E per l'*Encyklopädie der mathematischen Wissenschaften* scrive il lungo saggio di oltre 200 pagine *Mehrdimensionale Räume* sulla geometria a piú dimensioni, uno scritto di rara chiarezza ed eleganza che raccoglie quanto era noto all'epoca sull'argomento.

Per Peano, invece, gli iperspazi non sono altro che varietà ad *n* dimensioni, da studiare con le tecniche dell'algebra lineare. In fondo, si tratta dell'atteggiamento che sarà fatto proprio da Bertini nel volume *Introduzione alla geometria proiettiva degli iperspazi* (1907), che sarà a lungo il testo di riferimento. Allievo di Cremona a Bologna poi di Betti e Dini a Pisa, dopo la laurea nel 1867 Bertini trascorre diversi anni come insegnante nei licei di Milano e di Roma dove, su proposta di Cremona, è anche incaricato di un corso all'università. Nel 1875 vince il concorso per una cattedra di geometria a Pisa, dove insegna per il resto della sua vita tranne un periodo di 12 anni, dal 1880 al 1892, trascorsi a Pavia. Bertini continuò sulle orme di Cremona con ricerche sulla classificazione delle involuzioni piane che misero in luce l'importanza delle proprietà invarianti per trasformazioni cremoniane. Due suoi fondamentali teoremi, sui punti singolari variabili e sui sistemi lineari riducibili, pubblicati nel 1882, sono ancora oggi citati nella letteratura della geometria algebrica [Kleiman 1998].

Quando Bertini pubblica l'*Introduzione* la polemica sulla natura degli iperspazi sembra ormai appartenere a un passato remoto, ed egli si limita ad affermare che la geometria degli iperspazi «è semplice interpretazione di nozioni e teoremi algebrici», affidando a una breve nota l'osservazione che la nozione di spazio a piú dimensioni può essere presentata in maniera sintetica con un opportuno sistema di postulati, come appunto avevano fatto Veronese e altri dopo di lui.

8. *La «scuola italiana» di geometria algebrica.*

«Per Veronese, per Segre, per Bertini, per tutti i nostri maestri insomma di geometria iperspaziale, punti, rette, piani di un S_n lineare, sono vere entità geometriche. Lo spazio lineare ad *n* dimensioni per loro è *come se* realmente esistesse». Cosí scriveva Francesco Severi (1879-1961) ricordando la figura di Segre, di cui era stato allievo. In questo modo, continuava Severi, furono studiati enti geometrici (curve, superfici, configurazioni) dello spazio ordinario generati per proiezione da un iperspazio, e «nacque l'idea (che fu pure di Brill e Noether) di ridurre allo studio di modelli proiettivi lo studio delle proprietà delle figure invarianti per trasformazioni birazionali» [Severi 1957, p. VIII].

L'intrecciarsi di ricerche sulle trasformazioni birazionali e sulla geometria degli iperspazi diede origine al tumultuoso sviluppo di studi geometrici che portò i geometri italiani a primeggiare in Europa. Di quello sviluppo Segre fu uno dei protagonisti, un vero e proprio caposcuola di una generazione di geometri che comprendeva molti degli esponenti piú prestigiosi della geometria algebrica italiana, da Guido Castelnuovo a Federigo Enriques, da Gino Fano a Francesco Severi a Beppo Levi. Anche se coi suoi lavori diede contributi fondamentali alla geometria enumerativa e alla geometria proiettivo-differenziale, fu soprattutto in geometria algebrica che l'opera di Segre esercitò l'influenza piú profonda.

Egli si era laureato a vent'anni con D'Ovidio, e dal 1888 era professore di geometria superiore a Torino. Nei suoi primi lavori sulle curve e le superfici algebriche rigate in spazi di dimensione superiore aveva affrontato con procedimenti sintetici problemi relativi a proprietà invarianti per trasformazioni birazionali. In quelle ricerche, ricordava Segre nell'*Introduzione alla geometria sopra un ente algebrico semplicemente infinito* (1894), avendo bisogno delle proprietà delle serie lineari, studiate da Brill e Noether con metodi algebrici, «m'accorsi come [...] rappresentando quelle serie lineari mediante curve iperspaziali si potessero ritrovare (almeno in parte) quelle proprietà mediante semplici ragionamenti geometrici, evitando i calcoli algebrici e le considerazioni funzionali» [Segre 1894, p. 199].

Questa grande memoria di Segre, in cui la geometria delle serie lineari sopra una curva è esposta col metodo iperspaziale, rappresenta un esempio paradigmatico delle concezioni della «scuola italiana» di geometria, che privilegia il punto di vista puramente geometrico e sintetico rispetto ai calcoli algebrici della scuola di Brill e Noether o ai metodi trascendenti di Poincaré e Picard. Con gli stessi metodi di geometria proiettiva iperspaziale Segre aveva introdotto nel 1887 il concetto fondamentale di serie caratteristica di un sistema lineare di curve piane e, in seguito, la varietà (che oggi porta il suo nome) dei gruppi finiti di punti presi da altrettanti spazi lineari di dimensione arbitraria e l'invariante di Zeuthen-Segre per le superfici, cosí chiamato perché si trova, se pur in forma diversa, in un articolo di Zeuthen del 1871.

La memoria di Segre del 1894 raccoglieva anche risultati sulle curve ellittiche ed estesi poi alle curve algebriche in generale da Guido Castelnuovo (1865-1952). Laureatosi con Veronese a Padova nel 1886, l'anno seguente Castelnuovo aveva ottenuto un posto di assistente di D'Ovidio a Torino, dove aveva stretto un rapporto di profonda amicizia con Segre, che si mantenne inalterato anche dopo che Castelnuovo si trasferí a Roma nel 1891, dove aveva vinto un concorso a cattedra e svolse la sua lunga carriera scientifica e didattica.

Sotto l'influenza di Segre, a Torino Castelnuovo si dedicò allo studio della geometria algebrica su una curva e, nelle *Ricerche generali sopra i sistemi lineari di curve piane* (1891), presentò una trattazione geometrica, completa e sistematica, delle serie lineari sopra una curva algebrica. Con quella memoria egli apriva anche la via a un nuovo capitolo della geometria algebrica, quello dello studio delle superfici algebriche secondo l'indirizzo geometrico. Secondo lo stesso Castelnuovo, «il principale interesse della memoria sta nell'aver suggerito concetti, metodi e problemi che si sono dimostrati fecondi nella geometria sopra una superficie algebrica». Tra questi egli ricordava «la distinzione tra caratteri effettivi e virtuali, l'impiego sistematico della serie caratteristica di un sistema di curve, del sistema aggiunto». Tutto ciò si trova nella prima memoria organica sulle superfici, le *Ricerche di geometria sulle superfici algebriche* che Enriques scrisse nel 1893, a soli 22 anni.

La figura di Federigo Enriques (1871-1947) domina nel panorama della matematica e della cultura italiana tra la fine dell'Ottocento e i primi decenni del nuovo secolo. Completati gli studi alla Normale di Pisa, aveva ottenuto un posto di perfezionamento di un anno, per studiare a Roma con Cremona. Invece, nella capitale conobbe Castelnuovo, che ben presto divenne l'amico e l'interlocutore piú fidato e, in «interminabili passeggiate per le vie di Roma», gli fece conoscere i risultati della scuola italiana nel campo delle curve algebriche. Enriques cominciò allora ad affrontare la geometria sopra una superficie algebrica. «Egli mi teneva quotidianamente al corrente dei progressi delle sue ricerche, che io sottoponevo a una critica severa», ricordava molti anni dopo Castelnuovo [1947, p. 5]. «Non è esagerato affermare che in quelle conversazioni fu costruita la teoria delle superfici algebriche secondo l'indirizzo italiano».

La consuetudine quasi quotidiana di rapporti tra i due giovani matematici si mantenne attraverso un fittissimo carteggio scientifico anche dopo che Enriques cominciò, nel 1894, la sua attività di insegnamento all'Università di Bologna, dove trascorse il periodo piú fecondo della sua attività matematica prima di trasferirsi a Roma nel 1922. Di quella corrispondenza sono rimaste poco meno di 700 lettere di Enriques a Castelnuovo[9], un documento straordinario di una collaborazione forse senza uguali nella storia della matematica.

In due grandi memorie, le *Ricerche* del 1893 e l'*Introduzione alla geometria sopra le superficie* (1896), Enriques pone le basi della teoria delle superfici algebriche e della loro classificazione rispetto a caratteri invarianti per trasformazioni birazionali, i generi. Da parte sua, nello stesso anno Castelnuovo dimostra il teorema di Riemann-Roch per le superfici e determina il fondamentale criterio di razionalità di una superficie. Nel corso di queste ricerche Enriques suggerisce a Castelnuovo il controesempio di superficie che porta il suo nome, una sestica che passa doppiamente per gli spigoli di un tetraedro.

Nel 1906, quando la classificazione delle superfici algebriche è nella sostanza compiuta, Castelnuovo interrompe la sua attività di ricerca in geometria, e si dedica prima a problemi dell'insegnamento matematico e poi, nel dopoguerra, a un campo per lui completamente nuovo, la teoria della probabilità. I risultati delle loro ricerche geometriche saranno raccolti in maniera sistematica da Enriques e Castelnuovo in due grandi memorie apparse nel 1914 nell'*Encyklopädie der mathematischen Wissenschaften*. L'anno seguente esce il primo dei quattro volumi delle *Lezioni sulla teoria geometrica delle equazioni e delle funzioni algebriche* (1915-34) di Enriques, curate dall'allievo Oscar Chisini (1889-1967), che offrivano una trattazione sistematica della geometria algebrica secondo la «scuola» italiana.

[9] Cfr. Bottazzini, Conte e Gario [1996; 2004].

A quella scuola apparteneva anche Gino Fano (1871-1952), dal 1894 assistente di Castelnuovo a Roma. Fano era stato un allievo di Segre; nel 1890 aveva trascorso un periodo di studio con Klein a Gottinga e, su proposta di Segre, ne aveva curato la traduzione italiana del *Programma di Erlangen*, che segnò l'inizio della sua effettiva circolazione negli ambienti matematici europei. Raccogliendo l'invito di Segre contenuto nelle *Osservazioni ai suoi studenti* (1891), Fano pubblicò nel 1892 un articolo in cui presentava una trattazione assiomatica della geometria proiettiva degli iperspazi. Per dimostrare l'indipendenza dei postulati introdotti, in quel lavoro Fano si serviva di esempi divenuti celebri – come il piano di 7 punti e 7 rette che, proiettato da un punto esterno dà luogo a una configurazione di 15 punti, 15 piani e 35 rette – che segnavano l'inizio di un nuovo capitolo della geometria, quello delle geometrie finite. Lo stesso Fano, dal 1901 professore a Torino, si affermerà per i suoi lavori sulle varietà algebriche tridimensionali, oltre che per gli studi di geometria non euclidea e non archimedea.

Quando la collaborazione scientifica con Castelnuovo stava per concludersi, Enriques aveva trovato un altro interlocutore di genio in Severi, che si era laureato a Torino con Segre nel 1900, e poi nel 1902-03 era stato assistente di Enriques. La loro collaborazione culminò nel 1907 in una memoria sulle superficie iperellittiche che vinse il prestigioso Prix Bordin dell'Académie des sciences di Parigi. Due anni piú tardi, lo stesso premio per un argomento del tutto analogo fu riconosciuto ai due geometri siciliani Giuseppe Bagnera (1865-1927) e Michele De Franchis (1875-1946), autori di una memoria che completava i risultati di Enriques e Severi.

Dal 1905 Severi aveva vinto un concorso a cattedra e insegnava geometria a Padova, dove rimase fino al 1922, quando si trasferí a Roma. Con Castelnuovo ed Enriques, fu uno dei maestri della scuola geometrica italiana e, negli anni tra le due guerre, in sintonia con la politica del tempo, si affermò come il «duce» della matematica nel nostro paese.

9. *Logica e fondamenti della geometria.*

Com'era accaduto nel 1884 per il corso di calcolo differenziale e integrale, ancora in sostituzione di Genocchi dal 1885 al 1887 Peano insegnò applicazioni geometriche del calcolo infinitesimale. Nell'omonimo volume che raccoglie quelle lezioni, introducendo le operazioni sui segmenti orientati Peano faceva riferimento alla teoria delle equipollenze di Bellavitis, e ai lavori di Möbius, Hamilton e Grassmann. Nel linguaggio delle equipollenze e dei vettori le *Applicazioni geometriche* (1887) di Peano offrono una sistematica trattazione di concetti fondamentali della geometria infinitesimale come limiti e derivate di vettori, tangente e normale a una curva piana e nello spazio, piano osculatore di una curva, curvatura e inviluppi di superfici, oltre a elementi di sicura originalità, come una nuova definizione di area e di volume (la cosiddetta misura di Peano-Jordan).

L'anno seguente Peano pubblicò il *Calcolo geometrico secondo l'Ausdehnungslehre di H. Grassmann.* Il calcolo geometrico, spiegava Peano, consiste in un sistema di operazioni, analoghe a quelle algebriche, eseguite però su enti geometrici. Quel volume, che contribuiva a rendere familiari al pubblico matematico italiano le idee di Grassmann, rappresenta una svolta nell'attività scientifica di Peano. Le *Operazioni di logica deduttiva*, premesse al volume, davano infatti una presentazione assiomatica dell'algebra della logica, e stavano a indicare che gli interessi di Peano si andavano orientando verso la logica, una parte della matematica, a suo dire, «finora non molto progredita».

Continuando queste ricerche, come ricordava qualche anno piú tardi negli *Arithmetices principa nova methodo exposita* (1899), «fui fortunato ad arrivare ad un'analisi completa delle idee di logica, riducendole ad un numero assai limitato». In quel breve scritto Peano introduceva tra l'altro i celebri assiomi per i numeri naturali che portano il suo nome. A distanza di pochi mesi, agli *Arithmetices principia* facevano seguito i *Principii di geometria* (1899), entrambi saggi dell'efficacia del simbolismo logico che il matematico torinese andava elaborando. Il grande sogno di Leibniz di una lingua universale simbolica si stava realizzando, egli scriveva nel 1894 nell'opuscolo *Notation de logique mathématique* pubblicato come introduzione al *Formulaire de mathématiques*. Negli ultimi anni, affermava Peano, si era pervenuti al risultato decisivo di esprimere in simboli, «con combinazioni di segni di algebra e di logica», proposizioni sempre piú lunghe e complete.

Prendeva corpo cosí il *Formulario di matematica*, il progetto enciclopedico di raccogliere in maniera sistematica tutti gli enunciati e i teoremi di matematica (scritti nel simbolismo peaniano). All'impresa erano chiamati allievi e collaboratori, il gruppo di logici e matematici che costituí la «scuola» di Peano. Elementi di spicco ne erano Giovanni Vailati (1863-1909), Giulio Vivanti (1859-1949), Cesare Burali-Forti (1861-1931), Alessandro Padoa (1886-1937) e Mario Pieri (1866-1913). «Si vuole studiare un argomento qualunque? Si apra il formulario al posto opportuno e si troveranno in poche pagine tutte le verità conosciute su quell'argomento». Cosí affermava Peano. Di fatto, tuttavia, nel *Formulario* potevano essere raccolte teorie «mature», come l'aritmetica o la geometria elementare, la teoria dei vettori o l'analisi reale, nella forma rigorosa e «aritmetizzata» raggiunta alla fine del secolo. Non certo le piú recenti teorie algebriche o geometriche, ancora in fase di impetuoso e disordinato sviluppo o le delicate questioni che si incontrano nella teoria degli insiemi.

Del *Formulario* Peano curò cinque edizioni, frutto di successive revisioni e aggiunte. L'ultima apparve nel 1908, scritta in *latino sine flexione*, la lingua internazionale creata dallo stesso Peano che, dall'inizio del secolo, si era dedicato con crescente interesse al problema, allora di grande attualità, dei linguaggi della comunicazione scientifica. Adottato nell'Academia pro interlingua, fondata e presieduta dal logico torinese, il *latino sine flexione*, insieme al peculiare simbolismo peaniano, finí per caratterizzare una «scuola» destinata al progressivo isolamento all'interno della comunità scientifica, e alla definitiva scomparsa con la morte del suo fondatore.

Nell'ultima edizione del *Formulario* alla logica erano dedicate una quindicina di pagine. Del resto, scriverà Peano (in *latino sine flexione*) nella recensione ai *Principia mathematica* di Russell e Whitehead, la logica matematica non è altro che uno strumento per esprimere le proposizioni della matematica ordinaria. Basta un'ora di studio per conoscere quanto serve allo scopo. Cosí, il logico che aveva avuto un ruolo pionieristico nella nascita della logica moderna e aveva esercitato un'enorme influenza sullo stesso Russell, finiva per dichiararsi estraneo allo straordinario sviluppo, alimentato dalla «crisi dei fondamenti», che la logica stava conoscendo nei primi decenni del secolo.

Uno degli interpreti piú originali delle idee di Peano fu Mario Pieri. Dopo gli studi alla Normale di Pisa, Pieri ottenne un posto di insegnamento all'Accademia militare di Torino e, nel 1900, una cattedra di geometria all'Università di Catania da dove poi si trasferí a Parma. Quando Pieri, sotto l'influenza di Peano, comincia a orientarsi verso lo studio dei fondamenti della geometria, può già vantare una trentina di lavori di geometria algebrica. In tre successive note, pubblicate tra il 1894 e il 1895, Pieri presenta, nel linguaggio della «nuova Arte Logica» di Peano, un sistema di postulati per la geometria proiettiva, intesa come «una scienza deduttiva indipendente da ogni altro corpo di dottrine matematiche o fisiche».

Nel 1896, adottando lo stesso punto di vista «puramente deduttivo e astratto» Pieri affronta il problema della trattazione assiomatica della geometria proiettiva negli iperspazi, ancora «oggetto di controversia per molti», presentando un sistema di postulati che, insieme agli assiomi della logica, sono sufficienti «a sostenere l'intero edifizio della geometria proiettiva astratta». L'anno seguente raccoglie i risultati delle sue ricerche «in un tutto piú coerente ed organico» che, per rendere accessibile a un pubblico piú ampio, espone attenendosi «alle consuete forme del dire», cioè il linguaggio naturale in luogo del simbolismo peaniano. Infine, nell'aprile 1899 Pieri pubblica una monografia diventata celebre. Si tratta di una «monografia del punto e del moto», che non ha piú per oggetto la geometria proiettiva ma la geometria elementare, costruita appunto a partire dalle idee primitive di «punto» e «moto».

Le ricerche di Pieri sui fondamenti della geometria proiettiva si intrecciano con quelle di Enriques, che culminano nelle sue *Lezioni di geometria proiettiva* (1898) e nell'articolo sui *Prinzipien der Geometrie*, scritto per l'*Encyklopädie der mathematischen Wissenschaften*. La geometria, afferma

Enriques nelle *Lezioni*, studia il concetto di spazio «senza porsi il problema (psicologico ma non matematico) della sua genesi». Tale problema si presenta tuttavia nella scelta degli «elementi fondamentali» (punto, retta e piano), scelta che per Enriques è dettata dal criterio di semplicità rispetto all'intuizione psicologica. Mentre Peano e Pieri ritengono che i postulati debbano essere in minor numero possibile, tale criterio secondo Enriques «non ha valore imperativo e non soddisfa sempre il senso psicologico dell'intuizione». Quest'ultimo infatti, prima ancora che l'astrattezza o il rigore, è a suo parere il criterio che deve orientare la ricerca nelle questioni dei fondamenti, e la scelta degli elementi fondamentali deve cadere su quelli che hanno «maggior evidenza intuitiva». Anche l'articolo per l'*Encyklopädie* è ispirato a una «filosofia» diametralmente opposta alle vedute di Pieri (e di Hilbert), responsabili di aver messo l'intuizione geometrica in secondo piano, intendendo «l'arbitrarietà degli assiomi nel senso piú ampio» o limitandosi ad «approfondire alcune questioni logico-formali».

Nel 1907, quando quell'articolo appare finalmente a stampa, Enriques è ormai da tempo impegnato sul terreno filosofico, nella convinzione che «la filosofia debba essere fatta da spiriti scientifici, ed *in servigio della scienza*», come scrive a Vailati nel 1901. Nel primo decennio del secolo l'attività di Enriques in questo campo è frenetica. Nel 1906 pubblica *I problemi della scienza*. Viene eletto presidente della Società filosofica, dà vita alla «Rivista di scienza» (1907), pubblica articoli e volumi in cui presenta la propria filosofia scientifica, organizza congressi nazionali e internazionali, come quello di Bologna del 1911, occasione della celebre polemica con Croce che segna la sconfitta della prospettiva filosofica di Enriques di fronte all'idealismo di Croce e Gentile. È una sconfitta emblematica. Alla vigilia della Grande guerra anche per la matematica italiana si sta chiudendo un'epoca. Con la scomparsa dei matematici della generazione risorgimentale è venuto meno l'impegno sul terreno politico istituzionale, con la sola, significativa, eccezione di Volterra. Su sua proposta, si tiene a Roma (1908) il Congresso internazionale dei matematici che, dopo i Congressi di Parigi (1900) e di Heidelberg (1904), sancisce la preminenza dell'Italia in campo matematico, accanto alla Francia e alla Germania. E tuttavia le «scuole» matematiche – dall'analisi alla logica alla geometria – che avevano caratterizzato il grande sviluppo della matematica italiana sembrano progressivamente smarrire vigore e creatività. Con la morte di Guccia nel 1914 si conclude anche il periodo migliore della storia del Circolo matematico di Palermo, quello in cui i suoi «Rendiconti» erano diventati la piú importante rivista internazionale di matematica. Dopo la Grande guerra, il panorama politico europeo è profondamente cambiato, e anche per la matematica inizia una stagione nuova.

BERZOLARI, L.
1906 *Commemorazione di Luigi Cremona*, in «Rendiconti dell'Istituto Lombardo», 39, pp. 95-155.

BORTOLOTTI, E.
1953 *Introduzione ai lavori geometrici di Ulisse Dini*, in U. DINI, *Opere*, Cremonese, Roma, vol. I, pp. 195-209.

BOTTAZZINI, U.
1990 *Il flauto di Hilbert. Storia della matematica*, Utet, Torino, 2a ed. 2003.
1994 *Va' pensiero. Immagini della matematica nell'Italia dell'Ottocento*, il Mulino, Bologna.
1998 *Francesco Brioschi e la cultura scientifica nell'Italia post-unitaria*, in «Bollettino dell'Unione matematica italiana», (8)1-A, pp. 59-78.
2001 *I geometri italiani e il problema dei fondamenti (1889-1899)*, in «Bollettino dell'Unione matematica italiana», (8)4-A, pp. 281-329.

BOTTAZZINI, U., CONTE, A. e GARIO, P. (a cura di)
1996 *Riposte armonie. Lettere di Federigo Enriques a Guido Castelnuovo*, Bollati Boringhieri, Torino.
2004 *Lettere di Enriques a Castelnuovo, 1895-1905*, in «Rendiconti del Circolo Matematico di Palermo. Supplemento», 74, pp. 31-70.

BRIGAGLIA, A. e MASOTTO, G.
1982 *Il circolo matematico di Palermo*, Dedalo, Bari.

CAPECCHI, D., RUTA, G. e TAZZIOLI, R. (a cura di)
2006 E. BETTI, *Teoria dell'elasticità*, Hevelius, Benevento.

CASTELNUOVO, G.
1947 *Commemorazione del Socio Federigo Enriques*, in «Rendiconti dell'Accademia dei Lincei», (8)2, pp. 3-21.

DINI, U.
1878 *Fondamenti per la teorica delle funzioni di variabile reale*, Nistri, Pisa (ristampa Firenze 1990).

HADAMARD, J.
1968 *Le développement et le rôle scientifique du calcul fonctionnel*, in ID., *Œuvres complètes*, 4 voll., Centre National de la Recherche Scientifique, Paris, vol. I, pp. 435-53.

KLEIMAN, S. L.
1998 *Bertini and his two fundamental theorems*, in «Rendiconti del Circolo Matematico di Palermo», (2) suppl. n. 55, pp. 9-37.

LORIA, G.
1901 *Eugenio Beltrami e le sue opere matematiche*, in «Biblioteca matematica», 2(3), pp. 392-440.
1904 *Luigi Cremona et son œuvre mathématique*, in «Biblioteca matematica», 5(3), pp. 125-95.

NOETHER, M.

1904 *Luigi Cremona*, in «Mathematische Annalen», 59, pp. 1-19.

PEANO, G.

1959 *Opere scelte*, 3 voll., Cremonese, Roma.

SEGRE, C.

1883 *Studio sulle quadriche in uno spazio lineare ad un numero qualunque di dimensioni*, in ID., *Opere*, vol. III, Cremonese, Roma 1959, pp. 25-126.

1894 *Introduzione alla geometria sopra un ente algebrico semplicemente infinito*, in ID., *Opere*, vol. I, Cremonese, Roma 1957, pp. 198-304.

1917 *Commemorazione del socio nazionale Giuseppe Veronese*, in ID., *Opere*, vol. IV, Cremonese, Roma 1963, pp. 474-86.

SEVERI, F.

1957 *Prefazione*, in C. SEGRE, *Opere*, vol. I, Cremonese, Roma 1957, pp. V-XII.

TAZZIOLI, R.

2000 *Beltrami e i matematici relativisti. La meccanica in spazi curvi nella seconda metà dell'Ottocento*, «Quaderni dell'Unione matematica italiana» n. 47, Bologna.

di classificare tutte le superfici quartiche, andando oltre il suo precedente studio delle rigate. Questo genere di lavoro era piuttosto in voga all'epoca: Plücker aveva, per esempio, appena costruito 14 modelli in legno delle superfici quartiche. Cayley scoprí che le identità di Göpel e Rosenhain nella teoria delle funzioni theta di due variabili conducevano naturalmente alla dimostrazione che i 16 quadrati delle funzioni theta corrispondono ai nodi della superficie di Kummer, in maniera tale che funzioni connesse da una relazione lineare corrispondono a nodi che appartengono allo stesso piano tangente singolare. Sorprendentemente, a Kummer era completamente sfuggita questa connessione. Cayley pubblicò la sua ricerca sul «Journal für die reine und angewandte Mathematik» (1877); l'articolo destò ampio interesse nella comunità scientifica e i risultati di Cayley sono rimasti fino a oggi la maniera naturale di studiare le superfici di Kummer.

Queste pubblicazioni dimostrano molto chiaramente che Cayley stava dando contributi di livello internazionale alla geometria, ed era il primo matematico inglese a riuscire in questa impresa dai tempi di Newton; anche la qualità delle sue esposizioni era notevole. In molti casi compose ampie memorie su argomenti particolari: nel 1882 per esempio ne pubblicò una di oltre 100 pagine, dedicata al libro di Clebsch e Gordan sulla teoria delle funzioni abeliane. I suoi contributi furono di inestimabile valore; Cayley rappresentò un ponte vivente fra Gran Bretagna e il resto d'Europa. Comunque, per certi versi, Cayley fu, sfortunatamente, un rappresentante tipico della sua generazione europea: le profonde riflessioni di Riemann lo sconcertavano, come mostra il confuso confronto fra la sua filosofia della geometria e quella di Riemann, che Cayley propose nella prolusione tenuta in qualità di presidente della British Association for the Advancement of Science (BAAS) nel 1883. L'analisi riemanniana, e i suoi profondi collegamenti con la geometria, sarebbero sbarcati in Gran Bretagna solo con Baker, che riuscí a introdurli (non senza un certo aiuto da parte di Felix Klein) all'inizio degli anni Novanta dell'Ottocento.

Un'indicazione di come stavano le cose è data dal discorso tenuto da Olaus Henrici alla BAAS nello stesso anno, 1883, come presidente della sezione delle Scienze matematiche e fisiche. Henrici era tedesco, aveva conseguito un dottorato a Heidelberg sotto la supervisione di Otto Hesse e un altro a Berlino, con Weierstrass e Kronecker. Nel 1883 era professore di Matematica applicata allo University College di Londra. Il tono del suo discorso può essere giudicato fin dalle prime parole: «Credo che la geometria abbia una funzione fondamentale nell'insegnamento e che sia praticamente indispensabile in molte applicazioni; ma a Cambridge, il cuore della matematica e dell'insegnamento della matematica in Inghilterra, la geometria ha avuto ben poca influenza». Continuava con l'elenco di ciò che non c'era. Per lui Cayley e Sylvester erano principalmente degli algebristi, nonostante facessero uso costante della geometria. Thomas Hirst, che considerava un allievo di Jakob Steiner, era «l'unico matematico inglese a disporre di un pensiero matematico puramente geometrico» [Gardner e Wilson 1993]. A suo avviso, i grandi geometri tedeschi venivano letti raramente, e perfino i lavori di Monge erano poco noti. Henrici era anche disposto a concedere che la scarsa considerazione per la geometria pura non avesse avuto troppe conseguenze sullo sviluppo della scienza in Inghilterra, ma comunque aveva tagliato fuori Cambridge dalle necessità pratiche della nazione. La geometria utile per le applicazioni era stata – sosteneva – sviluppata in numerosi corsi di scienze coordinati dal Science and Art Department di South Kensington (un'istituzione londinese per lo sviluppo delle scienze ma anche delle «arti pratiche»), anche se il City and Guilds of London Institute (un'istituzione per lo sviluppo e il potenziamento dell'istruzione tecnica) cominciava a contendere questa supremazia. Scopo del presente contributo è proprio di discutere di Cambridge e di questo suo isolamento.

Il successo indiscutibile di Cayley come ricercatore matematico non aveva un corrispettivo nella sua influenza né come insegnante né come organizzatore. Vari testimoni, tra i quali Baker, Forsyth, Glaisher, Roberts e J. J. Thompson, affermano che non era un insegnante o un direttore di ricerca ispirato, sebbene ci mettesse buona volontà in abbondanza. Preferiva comunicare per iscritto, e da lui in persona non c'era molto piú da imparare di quanto non si potesse apprendere dai suoi articoli, scritti volutamente con uno stile molto dettagliato e chiaro. Non aveva allievi, qualunque sia il senso che si vuole dare al termine, anche se un certo numero di persone si raccoglievano attorno a lui. Fra costoro A. R. Forsyth (suo successore come Sadleirian Professor) è ritenuto soprattutto un analista, sebbene insegnasse geometria differenziale; e analista è considerato anche J. W. L. Glaisher. A. C. Dixon, dopo una breve carriera come geometra, passò allo studio della dinamica e scrisse alcuni lavori interessanti sulle funzioni automorfe. Anche se Charlotte Scott parlò sempre di Cayley in maniera positiva, sembra che anche lei sia maturata sotto la sua influenza, ma da lontano. Tutti questi aspetti fanno emergere l'assenza a Cambridge, perfino negli anni Novanta del XIX secolo, di una struttura istituzionale in grado di incanalare gli studenti migliori verso dei direttori di ricerca capaci di assisterli nella loro formazione.

Cayley, comunque, esercitò un'influenza positiva sulla delicata materia dell'avviamento alla ricerca. Fu tra i promotori della trasformazione del premio Smith da un insieme di prove d'esame concentrate in quattro giorni (uno per ogni professore), sostenute dai candidati migliori subito dopo i *tripos* (il sistema di esami di laurea di Cambridge), a una situazione in cui i premi Smith sarebbero stati attribuiti «ogni anno ai due candidati che presenteranno i saggi migliori su un qualsiasi argomento di matematica o filosofia naturale». I premi vennero assegnati con questo nuovo sistema per la prima volta nel 1885. La tempistica era tale da assicurare che i candidati sarebbero stati in grado di cominciare la propria ricerca indipendente e, in effetti, molti degli elaborati sottoposti risultarono poi strettamente legati a pubblicazioni successive. Lo scopo di questa nuova procedura era quello di spingere i matematici a fare ricerca di qualità, che potesse essere pubblicata, differenziandosi dalla spigliata superficialità dei *tripos* [Barrow-Green 1996-99]. Come c'era da aspettarsi, i giovani brillanti, che cominciavano la loro carriera di ricerca a Cambridge, erano fortemente attratti proprio dai settori che Cayley aveva dischiuso, e piú della metà dei primi vincitori dei premi Smith in matematica pura si occupavano di temi collegati al lavoro di Cayley.

La sua influenza (peraltro in generale piuttosto indiretta) non si riversò nei corsi di insegnamento di base. L'elenco dei corsi per gli anni 1885-1895 rivela che non vi fu neanche un corso di geometria, eccetto quelli di geometria proiettiva tenuti negli anni accademici 1888-89 e 1891-92 da Richard Pendlebury al St. John's. La geometria era leggermente piú attiva nei college piú grandi. Al St. John's, Charles Taylor teneva un corso ogni anno intitolato «Curve piane superiori» e a partire dall'anno 1890-91 H. F. Baker tenne corsi sui vari collegamenti fra analisi e teoria delle curve. Al Trinity, W. W. Rouse Ball insegnò nel 1884-85 «Geometria solida» e, nell'anno successivo, «Applicazioni del calcolo differenziale alla geometria». Nel 1891-92 Arthur Berry (che nel 1885 era stato *senior wrangler*, ovvero lo studente con il miglior risultato negli esami di matematica) cominciò a insegnare geometria pura al King's College. Berry aveva studiato a Gottinga nel 1887, era anche un grande sostenitore del movimento per la laurea alle donne e fu per un certo tempo uno *staff tutor* al college femminile di recente fondazione, il Girton. Sempre nel 1891-92 Robert Lachlan cominciò a tenere il corso «Geometria pura; geometria proiettiva e geometria analitica superiore» al Trinity College; a lui si unirono nel 1893 G. T. Bennett al St. John's e A. N. Whitehead al Trinity. Bennett insegnò «Geometria proiettiva» mentre Whitehead teneva un corso piú originale, «Geometria assoluta (non euclidea)».

Sul finire del «periodo Cayley» a Cambridge inizia a svilupparsi una certa attenzione nei confronti della geometria come materia di ricerca, ma meno come materia di insegnamento a livello base. Un'idea di ciò che sarebbe potuto essere è fornito dal caso di William Kingdon Clifford (1845-1879). Il suo interesse per le idee di Riemann era profondo e la sua morte prematura sottrasse alla Gran Bretagna la possibilità di uno sviluppo diverso. È ben noto che Clifford tradusse in inglese l'*Habilitationsvortrag* di Riemann sulle «ipotesi che stanno alla base della geometria» [Riemann 1873]. Le sue idee innovative sulla natura della geometria e le risposte dei matematici piú conservatori, come Cayley, sono state ampiamente discusse da J. L. Richards [1988]. Clifford è uno dei quattro matematici che ha dato il proprio nome all'importante corollario del teorema di Riemann-Roch sui divisori speciali. Forní un contributo notevole alla nozione di dissezione canonica di una superficie di Riemann e aiutò a rendere piú intuitiva questa difficile idea. Il suo esempio sembra illustrare la regola generale per cui l'accettazione delle idee di Riemann fu soprattutto un fatto generazionale, piú semplice per chi era agli esordi (come, ad esempio, Poincaré e Picard) rispetto a chi era ormai avanti nella carriera (come Cayley o Hermite).

Forse è ancor piú di interesse lo studio approfondito che Clifford fece della *Ausdehnungslehre* di Hermann Grassmann, in un'epoca in cui perfino la maggior parte dei matematici tedeschi ne sapevano poco. Nel 1878, due anni prima di Giuseppe Veronese, dimostrò che una curva algebrica di grado n in uno spazio proiettivo di dimensione sufficientemente alta giace sempre in un sottospazio di dimensione al piú n (cosí, ad esempio, le coniche si trovano sempre su superfici piane). Si occupò della geometria a curvatura zero sul toro; questo suo studio catturò l'attenzione di Klein e divenne noto come lo studio delle parallele di Clifford-Klein. La nuova miscela di geometria euclidea a livello locale e topologia non banale creava un notevole entusiasmo attorno a questo genere di ricerche.

3. *Dal 1895 al 1918.*

3.1. I primi anni di Baker a Cambridge.

Henry Frederick Baker (1866-1956) godette di una vita cosí lunga e produttiva a Cambridge che conviene interrompere la narrazione della sua carriera alla Prima guerra mondiale. Si iscrisse all'università all'età di 18 anni, nel 1884, e pubblicò il suo ultimo libro nel 1946[4], all'età di ottant'anni. *Senior wrangler* nel 1887 (*ex aequo* con altri tre), divenne *fellow* del St. John's College l'anno successivo. Cominciò le proprie ricerche in teoria degli invarianti, impadronendosi del simbolismo di Clebsch-Aronhold e trovando il tempo di recarsi due volte a Gottinga per studiare con Klein e per incontrare, tra gli altri, Burkhardt, Gordan e Hurwitz. A quell'epoca stava lavorando al suo libro *Abelian Functions*, pubblicato nel 1897, che lo tenne occupato per molti anni. In questo testo Baker prese in esame tutti i principali approcci alla teoria delle funzioni theta, notando – dal punto di vista geometrico – che, come Clebsch e Weber avevano dimostrato negli anni Sessanta, le idee di Riemann avevano portato a costruire una buona teoria per trattare le curve, e che Clebsch, Cayley e altri avevano trovato applicazioni alla teoria delle superfici. Detto questo, bisogna aggiungere che Baker aveva omesso di trattare della geometria delle superfici algebriche, anche se riparò a questa omissione con il suo libro successivo [1907].

[4] Il libro tratta del gruppo delle simmetrie delle 27 linee su una superficie cubica, o, piú precisamente, del sottogruppo semplice di indice 2 e ordine 25 920 [Baker 1946].

In questo testo sono trattate la superficie di Kummer e la superficie di Weddle (una quartica collegata a quella di Kummer), oltre ad altri argomenti. Baker non solo presentava qui nuovi risultati su superfici familiari ma importanti: proponeva anche un modo per studiarle, facendo uso di tutti i risultati di Riemann nella teoria delle funzioni abeliane. Nel periodo compreso tra il 1900 e il 1914 trovò un sempre maggior numero di esempi della fecondità dei metodi geometrici diretti e di quelli algebrici. Decise anche di familiarizzarsi con i metodi piú potenti dovuti ai geometri italiani e, nel 1912, il suo discorso da presidente della London Mathematical Society riguardò la teoria delle superfici algebriche [Baker 1913]. Il settore ampio e importante della teoria birazionale delle superfici deve ancora trovare il suo storico[5]. In effetti, la descrizione storica dello stesso Baker resta un buon punto di partenza e ai suoi tempi rappresentava una splendida introduzione. Ma, come discuteremo piú avanti, non si tratta di un settore cui Baker diede un qualche contributo originale e sicuramente i suoi architetti, Castelnuovo ed Enriques, avevano, da molti punti di vista, già concluso i loro contributi in questo campo. Questo edificio italiano e francese era ormai costruito, appena prima che iniziasse la catastrofe della Prima guerra mondiale.

3.2. Altri ricercatori di geometria a Cambridge nel periodo successivo a Cayley.

A differenza di Cayley, Baker non era isolato come geometra. Il geometra di Cambridge che ai suoi tempi veniva considerato piú dotato era Ronald W. H. T. Hudson, figlio di W. H. H. Hudson, professore di Matematica al King's College di Londra. Morí a soli ventotto anni, nel 1904, in un incidente in montagna. Il suo libro, uscito postumo, *Kummer's Quartic Surface*, mostra alcune delle caratteristiche tipiche dell'approccio cantabrigense alla geometria. Si apre con un'osservazione sulle coppie di tetraedri nello spazio proiettivo tridimensionale, che conduce a una configurazione con 12 vertici che giacciono in alberi su 16 linee. Hudson notò che Stephanos aveva iniziato lo studio dei tetraedri sistemati in questo tipo di configurazione, osservando che tali tetraedri appartengono a un fascio di quartiche e Humbert aveva dimostrato che il membro generico di tale fascio possiede 12 nodi [Stephanos 1879; Humbert 1891].

Successivamente Hudson descriveva il gruppo di simmetria dei tetraedri e passava a dimostrare come generare da esso una configurazione che coinvolgesse sedici punti differenti e sedici piani differenti; indicò tale configurazione con il simbolo 16_6. Esaminando poi le simmetrie di questa configurazione, osservava che era stato Weber (seguito poi da Reye) il primo

[5] Per brevi cenni si veda Gray [1994] e la bibliografia ivi citata.

a dimostrare l'esistenza di dodici configurazioni 16_6 che potevano essere generate in questo modo.

A questo punto Hudson poteva introdurre la superficie quartica di Kummer. Questa superficie possiede 16 nodi che corrispondono a una configurazione 16_6, e Hudson descrisse non solo come ottenere un'equazione per la superficie ma anche come disegnarla. Hudson faceva poi vedere che, nello studio della superficie quartica di Kummer, i tetraedri e la configurazione 16_6 risultavano collegati. Affrontava poi la teoria classica di questa superficie, prendendo in esame casi speciali, come la superficie d'onda di Fresnel e la superficie detta di Weddle, che è birazionalmente equivalente alla superficie di Kummer. Quindi, dopo un resoconto piuttosto lungo e noioso della geometria dello spazio a quattro dimensioni, Hudson dimostrava che la configurazione 16_6 nasce dalla proiezione di una configurazione di 6 punti in uno spazio a quattro dimensioni. Proiettando tale figura da un punto arbitrario in un iperpiano tridimensionale, si genera una configurazione 15_6 di 15 punti che giacciono su dieci coniche, e la 15_6 è la configurazione di una quartica con 15 punti nodali. Una ingegnosa argomentazione geometrica produceva quindi il sedicesimo nodo, quello «mancante». Effettivamente l'intera superficie quartica appariva come intersezione di una varietà quartica con uno dei suoi piani tangenti (il punto di tangenza era proprio il sedicesimo nodo). In questo modo, molte proprietà della quartica di Kummer potevano essere dedotte dalle semplici proprietà di una figura soggiacente, in modo da minimizzare il lavoro da fare con l'equazione della superficie stessa.

La sorella di Ronald, Hilda Hudson (1881-1965), era un altro membro di questa notevole famiglia di matematici. Sua madre e sua sorella avevano studiato matematica al Newnham College di Cambridge, lo stesso dove studiò Hilda fra il 1900 e il 1903, quando si laureò classificandosi a pari merito come settima *wrangler*. Rimase a Newnham un altro anno, dopodiché nel 1905 si recò all'Università di Berlino, prima di ritornare a Newnham come *lecturer*. Dal 1910 al 1913 fu *associate research fellow*, e fu l'unica donna a tenere una relazione al Congresso internazionale dei Matematici tenutosi a Cambridge nel 1912. Trascorse quindi un anno al Bryn Mawr College dove Charlotte Scott dirigeva il Dipartimento di Matematica; ma la maggior parte degli anni della Prima guerra mondiale li passò al West Ham Technical Institute di Londra. Nel 1916 ottenne una borsa di studio della Royal Society per lavorare con Sir Ronald Ross, il vincitore del premio Nobel del 1902, per i suoi studi sulla trasmissione della malaria da parte della zanzara anofele. Lo aiutò nell'applicazione delle equazioni differenziali negli studi epidemiologici; scrissero molti articoli a quattro mani, raccolti poi in un libro [Ross e Hudson 1931]. Durante la guerra lavorò anche sull'ingegneria aeronautica; fu insignita dell'Order of British Empire nel 1919.

Gli interessi di Hilda Hudson in geometria si concentrarono sulla teoria delle trasformazioni di Cremona, una classe di trasformazioni del piano o dello spazio proiettivo. Nel caso piano, si ottengono da famiglie di curve di un assegnato grado arbitrario e si usano per «districare» i punti singolari delle curve piane. Uno dei temi che attraversano la geometria algebrica di quell'epoca puntava proprio a dimostrare che ogni curva piana poteva essere ridotta a una curva nel piano con solo un numero finito di punti doppi ordinari (o a una curva non singolare nello spazio proiettivo)[6]. Max Noether aveva dimostrato che ogni trasformazione cremoniana del piano è il prodotto di trasformazioni quadratiche (in cui le curve usate sono date da equazioni quadratiche)[7].

Hilda Hudson pubblicò nove articoli su questo tema tra il 1910 e il 1913, e altri cinque tra il 1924 e il 1927, quando uscí il libro sulle trasformazioni cremoniane, *Cremona Transformations in Plane and Space*, che le diede la fama. Il libro, dedicato al fratello morto tragicamente nel 1904, fornisce la trattazione definitiva del caso piano, ed è notevole per il completo profilo storico della questione cui è dedicato il capitolo XVII. Come osservava l'autrice stessa, non c'era una teoria altrettanto chiara per il caso tridimensionale, nonostante che le trasformazioni cremoniane fossero allora il candidato ideale per risolvere le singolarità delle superfici algebriche. Lo stesso Cremona aveva fornito un esempio di una trasformazione definita da una famiglia di superfici quadratiche, le cui inverse coinvolgevano equazioni cubiche, di modo che, in tre dimensioni, non poteva esistere nessun teorema che potesse essere l'analogo di quello di Noether nel piano; in effetti la struttura del gruppo delle trasformazioni cremoniane in tre dimensioni è molto piú difficile da capire. Dal momento che non era a disposizione una teoria generale, Hudson diede alcune definizioni generali, dopodiché cominciò a fornire esempi significativi e casi particolari, esaminati nei dettagli. Fece anche notare che le cose potevano diventare molto piú complicate di quanto i suoi esempi potessero indicare[8].

L'unico altro matematico di Cambridge che diede un contributo duraturo alla geometria in questo periodo – e forse il contributo piú significativo di tutti – rimase per tutta la sua vita una figura marginale nei circoli matematici di Cambridge. Si tratta di Francis Sowerby Macaulay (1862-1937), il cui *The Algebraic Theory of Modular Systems*, pubblicato nel 1916 nella collana «Cambridge Tracts in Mathematics and Mathematical Physics», fu il primo lavoro significativo nello spirito di Hilbert e Kronecker a essere scritto in inglese. È giustamente ricordato dagli studiosi di geometria algebrica quan-

[6] Per una breve descrizione di questi tematiche si vedano Gray [1989] e Walker [1950].

[7] Questo teorema di Max Noether fu dapprima provato in Noether [1870], e poi corretto e migliorato da parte di vari autori, come descrive Hudson [1927, p. 390].

[8] Dobbiamo a Miles Reid l'informazione che ancora oggi, ottant'anni dopo, c'è molto lavoro da fare sulle trasformazioni cremoniane nello spazio.

do parlano dell'anello di Cohen-Macaulay (termine introdotto da Zariski e Samuel nel secondo volume del loro *Commutative Algebra*, 1958) e, insieme a Lasker, fu una delle poche personalità da cui Emmy Noether ammetteva di essere stata influenzata.

La carriera di Macaulay rende difficile collocarlo. Si laureò al St. John's College come ottavo *wrangler* nel 1882, conseguí il dottorato in scienze presso l'Università di Londra nel 1897, e dal 1885 al 1911 insegnò matematica in una delle scuole piú ambiziose d'Inghilterra, la St. Paul's School di Londra, dove ebbe fra i suoi allievi studenti quali J. E. Littlewood, G. N. Watson e Ronald Hudson. Si dimise in segno di protesta per non essere stato scelto come direttore del Dipartimento di Matematica, nonostante i suoi numerosi successi[9]. Durante il periodo dell'insegnamento pubblicò molto e fu quindi invitato a tenere una conferenza al III Congresso internazionale dei Matematici che si svolse a Heidelberg nel 1904; parlò del suo lavoro che generalizzava la teoria Brill-Noether sull'intersezione delle curve piane in varietà di dimensione superiore. Si tratta senza dubbio di una delle rare volte in cui un insegnante di scuola sia stato invitato a tenere una relazione a un Congresso Internazionale dei Matematici. Nel 1916 pubblicò *The Algebraic Theory of Modular Systems* (ristampato con un saggio di P. Roberts nel 1994). Dopo la guerra si stabilí definitivamente a Cambridge e fu un assiduo frequentatore dei «té del sabato» di Baker.

Baker scrisse un necrologio per Macaulay (a dire il vero un po' superficiale), da cui appare chiaramente che non era per niente convinto che i lavori di quest'ultimo fossero realmente di geometria:

> A parole aveva l'abitudine di considerare l'argomento come geometrico; ma [...] in effetti, appaiono [...] molte differenze importanti [...] è senza dubbio vero che l'approccio geometrico assume come provati molti risultati algebrici la cui dimostrazione formale è al momento incompleta [e] dobbiamo gratitudine a persone come Macaulay, che cercano di fornire la dimostrazione in forma completamente algebrica. Ma fino a ora un'intima conoscenza degli aspetti geometrici sembra una parte necessaria del bagaglio dell'algebrista [Baker 1938].

Questa sensazione di freddezza fra Baker e Macaulay può spiegare la rievocazione che ne fece Van der Waerden [1971, p. 172]:

> Il lavoro piú importante sulla teoria degli ideali polinomiali venne fatto da [...] Macauly [*sic*], un insegnante di scuola che viveva vicino a Cambridge in Inghilterra, ma che era quasi sconosciuto dai matematici di quell'università quando visitai Cambridge nel 1933. Credo che l'importanza dell'opera di Macaulay fosse nota solo a Gottinga.

Con l'eccezione di Baker nel V volume dei suoi *Principles of Geometry*, nessun altro geometra di Cambridge sembra aver menzionato l'importante

[9] Cfr. «The Pauline», 29 (1911), pp. 197-200 e «Governors' Minutes», 1911, pp. 21-23. Ricaviamo da altre fonti che il direttore uscente era Charles Pendlebury.

libro di Macaulay. Come vedremo, i suoi studi sono di carattere geometrico e hanno un'importanza sostanziale, assai piú di quanto Baker ritenesse nel 1938. L'opinione di Baker può essere in parte ascritta al fatto che i lavori di Macaulay risalivano a quasi quarant'anni prima; inoltre, quando gli fu chiesto di commentare l'opera del collega Baker si occupava ormai per lo piú di analisi.

I primi articoli di Macaulay non si adattano bene allo scarno giudizio di Baker. Sono infatti, come lo stesso Baker affermò, «per la maggior parte collegati all'intricato problema dei punti multipli e delle intersezioni di curve algebriche piane» e la scrittura è «estremamente acuta»; ma questo genere di commenti sembra suggerire da parte di Baker scarsa considerazione, di cui troviamo conferma nell'affermazione successiva: Macaulay «sembra aver disprezzato lo studio di tutta la letteratura straniera sul tema, in particolare quella degli italiani, ed era probabilmente all'oscuro del lavoro di Bertini»[10]. In effetti, quello dei punti multipli è un nodo di importanza cruciale e Macaulay lo studiò dedicandovi nove articoli tra il 1895 e il 1905.

Brill e Noether [1874] avevano trattato della questione diffusamente, ponendo al centro della loro teoria un teorema fondamentale, il teorema di Riemann-Roch, che furono i primi a battezzare in questo modo. Lo scopo centrale degli articoli di Macaulay era di estendere il teorema di Brill-Noether alla situazione piú generale possibile e di dimostrare il teorema di Riemann-Roch in questo caso; la sua analisi del problema raggiunse livelli di notevole profondità. Le sue critiche agli autori precedenti erano ben mirate e del tutto a proposito, le sue correzioni ben argomentate e – contrariamente a quanto affermato da Baker – la sua conoscenza della letteratura contemporanea era considerevole (sembra che Bertini e Castelnuovo abbiano avuto su di lui una significativa influenza). In particolare Macaulay riconobbe l'influenza di Charlotte Scott, e fra i due si stabilí una feconda cooperazione. La Scott [1902] scrisse un ampio resoconto dei lavori di Macaulay, includendo anche le proprie idee in merito, per il pubblico americano. Discutendo della *vexata quaestio* del teorema di Brill-Noether, Macaulay proponeva numerosi riferimenti e acuti commenti. Per esempio [Macaulay 1900, p. 382] sosteneva che gli stessi Brill e Noether avessero dato una dimostrazione incompleta e per di piú limitata al caso piú semplice; il risultato era stato assunto acriticamente da Clebsch e Lindemann ma – osservava Macaulay – era stato rielaborato in maniera corretta da Picard e Simart [1906] nel secondo volume del loro trattato. In tutti questi lavori, Macaulay si riferisce al problema come a un problema geometrico, che richiede una soluzione geometrica. In questo modo le sottigliezze dei punti multipli dovevano essere svelate, suggeriva, facendo ricorso alla formulazione del concetto di curva infinitesima (i cui rami dovevano, per cosí dire, esemplificare la natura della singolarità). Cercò

[10] L'articolo cui Baker si riferisce è Bertini [1894].

cosí di presentare in modo nuovo le condizioni imposte a una curva dalla richiesta che passi attraverso un punto multiplo assegnato, sotto forma di condizioni equivalenti imposte da un insieme di punti distinti.

Quello che potrebbe essere indicato come il «periodo geometrico» di Macaulay ebbe termine nel 1905 con la comunicazione che fece al Congresso di Heidelberg, nel quale discuteva della generalizzazione del teorema di Brill-Noether alle curve dello spazio a *n* dimensioni e proponeva una versione del teorema di Riemann-Roch in quelle condizioni piú generali, che però era difettosa. In una nota a piè di pagina dell'articolo pubblicato in quell'occasione, Macaulay ci dice che Brill e Noether lo informarono, durante il congresso stesso, della recente pubblicazione di un testo del matematico ungherese Jules König, che puntava a divulgare l'approccio di Kronecker, di carattere molto piú algebrico. Pare che questo lavoro lo impressionasse notevolmente, dal momento che, eccezion fatta per alcuni lavori minori, Macaulay smise di pubblicare nel 1905 e, quando riprese a scrivere nel 1913, lo fece adottando il linguaggio che egli stesso (seguendo Kronecker e König) chiamava dei sistemi modulari[11]. Usando la terminologia moderna, un sistema modulare è un ideale nell'anello dei polinomi in *n* variabili e, dal momento che i lavori successivi di Macaulay (compreso il libro del 1916) si addentrano ancora piú a fondo nella teoria algebrica degli anelli di polinomi, escono dall'ambito del presente contributo.

3.3. I docenti di geometria a Cambridge nel periodo successivo a Cayley.

Questa attività di ricerca alquanto marginalizzata non fu in grado, naturalmente, di creare qualcosa che assomigliasse a una scuola di geometria a Cambridge. Ciò nonostante, molti matematici vi pubblicarono articoli e libri, tennero corsi e avviarono studenti alla ricerca. Tra questi, i docenti piú importanti furono J. H. Grace e H. W. Richmond. W. L. Edge descriverà le lezioni tenute da Grace come «le piú brillanti e ispirate della sua epoca»; fra le pubblicazioni c'è il libro scritto con A. Young, *The Algebra of Invariants* [1903], che introdusse il metodo simbolico tedesco in Inghilterra, descrivendo i contributi di Hilbert e fornendo numerose applicazioni geometriche. Grace fu anche l'autore dell'articolo «Line geometry» per l'edizione del 1911 dell'*Encyclopaedia Britannica*.

Vale la pena di menzionare anche altri matematici di Cambridge di questo periodo per il contributo che diedero alla diffusione – in tutti i dipartimenti di matematica che andavano nascendo in Gran Bretagna – del punto di vista sulla matematica pura di Cambridge, caratterizzato

[11] Sul cammino che da Kronecker conduce, passando attraverso König, fino a Macaulay, si veda Gray [1997].

dalla grande importanza data all'analisi, complessa e reale, e da un interesse crescente per la geometria, di solito intesa come geometria proiettiva. Questo punto di vista, ampiamente diffuso, era destinato a rimanere la norma fino all'avvento della «nuova matematica» all'inizio degli anni Sessanta del Novecento, quando la geometria proiettiva e l'idrodinamica sarebbero state tagliate fuori per far spazio a Bourbaki. Cosí G. T. Bennet (*senior wrangler* nel 1890) divenne *fellow* dello University College di Londra nel 1929; Charles Jessop fu *lecturer* nell'Armstrong College di Newcastle (in seguito Università di Newcastle)[12] nel 1893, dove scrisse due utili libri, *A Treatise on the Line Complex* (1903) e *Quartic Surfaces with Singular Points* (1916). La pubblicazione del libro di Jessop sulla geometria delle rette assicurò a questo argomento un posto regolare nei programmi del corso; dal 1903 fino all'inizio della Prima guerra mondiale, Bennett tenne un corso su questo argomento, successivamente Grace e ancora dopo Richmond continuarono a trattarlo finché non venne piú inserito in programma a partire dal 1925. Robert Lachlan (vincitore di un premio Smith nel 1885) divenne insegnante di matematica al Royal Naval College di Greenwich prima di tornare a Cambridge come ripetitore privato nel 1889. Nel 1919 W. P. Milne (quarto *wrangler* nel 1906) divenne professore di matematica all'Università di Leeds, posto che mantenne fino al suo pensionamento, avvenuto nel 1949. Il suo interesse era la geometria proiettiva di curve e superfici. E. H. Neville (vincitore di un premio Smith nel 1912 con un saggio di geometria differenziale) si trasferí al college universitario di Reading, che sarebbe in seguito diventato università nel 1929, e vi costruí il Dipartimento di Matematica, divenendone direttore fino al suo pensionamento, avvenuto nel 1954. Infine George Ballard Mathews (1861-1921), *senior wrangler* nel 1883, divenne professore presso lo University College del Galles del Nord a Bangor, quindi tornò a Cambridge come *lecturer* nel 1896, dove, tra il 1903 e il 1912, tenne corsi sui complessi di rette, per rientrare dal 1906 al 1919 a Bangor. La sua carriera mostra un tentativo preciso di rispondere ai successi tedeschi. Nel 1892 scrisse due articoli sulla teoria degli ideali di Dedekind, il che lo

[12] Il primo decennio del Novecento vide la prima significativa espansione delle università inglesi, con la nascita di numerose nuove università formatesi a partire da college posti precedentemente sotto l'egida dell'Università di Londra, come il Royal College of Science trasformato poi in Imperial College nel 1907, e lo University College di Bristol che divenne Università di Bristol nel 1909. Nell'Inghilterra settentrionale i college che costituivano la Victoria University di Manchester furono separati nelle tre università indipendenti di Manchester (1903), Liverpool (1903) e Leeds (1904); mentre l'Armstrong College divenne il college universitario dell'Università di Durham nel 1909 (prima di trasformarsi in Università di Newcastle nel 1963). All'inizio i dipartimenti di matematica nella maggior parte di queste università di nuova fondazione erano costituiti da un solo professore e da uno o due *lecturers*, e, in ogni anno, il numero di studenti che si laureavano o conseguivano un titolo superiore in matematica era relativamente piccolo; talvolta vi erano appena uno o due studenti che terminavano il corso di laurea.

rese uno dei primi ad apprezzare questa teoria nel Regno Unito. Nel 1906 scrisse *Algebraic Equations* (pubblicato come sesto volume della collana «Cambridge Tracts in Mathematics»), in cui trattava la teoria di Galois seguendo le linee dell'*Algebra* di Weber.

3.4. La geometria proiettiva come argomento di ricerca a Cambridge.

Una descrizione dello stato in cui i matematici di Cambridge ridussero la geometria nel periodo precedente alla Prima guerra mondiale può essere fornita dal confronto fra i libri di Mathews e di Basset e i lavori di Whitehead, una figura di grande rilievo.

Projective Geometry di Mathews (1913) mirava a stabilire una comunicazione con gli studenti che muovevano i primi passi in questa materia (possiamo supporre che si trattasse degli studenti di Cambridge con cui aveva a che fare) e a questo fine sacrificava abbastanza sul piano del rigore. Non ricavava il numero minimo di termini primitivi, per esempio, e faceva ipotesi sulla continuità che limitavano la trattazione alla geometria proiettiva reale; inoltre non faceva uso del concetto di distanza ed esponeva la teoria dei punti complessi alla maniera di von Staudt, con le semplificazioni introdotte da Lüroth[13]. Faceva pesantemente affidamento alla nozione di dualità, ma conduceva il suo principiante molto lontano: fino ai complessi di rette e alle metriche proiettive.

Non si tratta certo di un approccio moderno all'argomento, e in effetti, come Mathews stesso ammetteva, il suo debito piú grande era verso Henrici; era con lui che aveva cominciato a studiare geometria proiettiva seguendone le lezioni presso lo University College nell'anno accademico 1878-79. Henrici, come scrisse lo stesso Mathews, prima di tutto gli fece capire che «la matematica è una scienza induttiva, e non un insieme di regole e formule».

Alfred Barnard Basset (1854-1930), tredicesimo *wrangler* nel 1877, era una persona facoltosa che si dedicò alla ricerca matematica. Tra i suoi libri ricordiamo *A Treatise on the Geometry of Surfaces* del 1910, nel quale forniva una descrizione abbastanza completa della teoria delle superfici cubiche e quartiche, delle singolarità puntuali delle superfici e della teoria delle curve gobbe. Se Cayley e Salmon erano ora sullo sfondo, dal momento che c'era bisogno di modernizzazione, il primo piano era occupato dalle ricerche di

[13] Questa teoria non si dedica a spiegare come i punti sulle curve algebriche possano avere coordinate complesse, ma cerca piuttosto di giustificare questo genere di punti in termini di simmetrie della curva. Una involuzione (un'applicazione del piano proiettivo in sé di periodo due, talvolta detta anche una riflessione proiettiva) che analiticamente ha due punti fissi complessi coniugati su una curva, definisce, secondo questa teoria, due punti complessi. La teoria dei punti complessi è una teoria delle involuzioni senza punti fissi reali.

Corrado Segre e dal secondo volume del *Repertorio di matematiche superiori* di Ernesto Pascal, un'enciclopedica opera di riferimento.

Nel suo complesso, il volume non riusciva a trattare problemi fondamentali, importanti per i teorici dell'epoca, e offriva, invece, tutta una profusione «botanica», molto nello spirito di Cayley. La sua corrispondenza con Bromwich, autore di una recensione per «Nature», rivela che Basset aveva pubblicato il libro senza aver nemmeno letto contributi fondamentali sull'argomento come quelli di Jordan [1909-15, vol. I, cap. xv] e di Zeuthen [1876].

Al contrario, i due testi di Whitehead ci riportano al lato sintetico della geometria proiettiva, e si collocano in una posizione – su cui a volte si sorvola troppo rapidamente – tra il piú sostanzioso e apertamente filosofico *Universal Algebra* del 1898 e i *Principia Mathematica*, scritti con Bertrand Russell. Alfred North Whitehead (1861-1947) si era laureato come terzo *wrangler* del 1883 (assieme a Mathews) e l'anno successivo aveva vinto un premio Smith, presentando un saggio sulla termodinamica. Per ventisei anni fu *fellow* del Trinity College, finché si trasferí a Londra. Fu il primo, nel 1893, a tenere lezioni a Cambridge sulla geometria non euclidea, cosa che ripeté varie volte dopo il 1898. Nel 1912 si trasferí in un primo tempo allo University College di Londra (dove prese il posto di Cunningham), successivamente all'Imperial College, e infine passò a Harvard. Il libro piú importante scritto da Whitehead durante il periodo di Cambridge è *A Treatise on Universal Algebra* (1898). Il libro si apre con una discussione di logica pura (Mill, Jevons, Lotze e Bradley) e logica simbolica (Boole, Schröder e Venn). Viene poi discusso uno spazio geometrico *n* dimensionale senza il concetto di distanza, che Whitehead chiamava «varietà posizionale»; dopodiché l'autore passa all'argomento principale: il calcolo grassmaniano dell'estensione. Potrebbe benissimo darsi che Whitehead abbia saputo delle idee di Grassmann da Homersham Cox, che le aveva usate nel 1883 per lo studio della geometria non euclidea. Whitehead le applicò alla geometria descrittiva, alla geometria delle coniche e delle cubiche, e alla teoria delle forze nello spazio tridimensionale (studiata da Lindemann e, a Cambridge, da Robert Ball). Il libro proseguiva con un capitolo sulla geometria non euclidea (che, con una buona dose di ingenuità, Whitehead definiva come «dopo Cayley, la teoria piú generale della distanza in una varietà posizionale»). Chiudeva il tutto un capitolo conclusivo sulla geometria euclidea e sulla teoria dei vettori applicata ad argomenti quali curvatura, forze e dinamica dei fluidi.

Dopo *Universal Algebra* Whitehead scrisse due libri che si occupavano esclusivamente di geometria: *The Axioms of Projective Geometry* [1906] e *The Axioms of Descriptive Geometry* [1907]. Colpisce subito la grande differenza fra un testo come *Universal Algebra*, in gran parte volto al passato, e questi due trattati piú brevi, ma piú moderni. I titoli sembrerebbero dare l'idea che questi testi rappresentino l'ingresso della geometria assiomatica hilbertiana a Cambridge (anche se la scelta della geometria descrittiva indica una direzione piú applicativa). In effetti, l'influenza dominante fu quella degli italiani, e si può ricordare al riguardo che fu l'esempio di Peano a ispirare Russell a occuparsi di logica matematica. Altre influenze importanti, almeno quanto quella di Hilbert, vennero da autori tedeschi e americani, influenzati a loro volta da Hilbert. Ci concentreremo sul volume dedicato alla geometria proiettiva, che, tenendo conto del crescente interesse di Whitehead per la filosofia, vale la pena valutare per quanto concerne anche le posizioni filosofiche in esso assunte. *The Axioms of Projective Geometry* fornisce un approccio assiomatico alla maniera di Pieri (il nome di Hilbert compare meno spesso di quello di quest'ultimo), raggruppando gli assiomi secondo le proprietà geometriche in essi formulate[14]. L'introduzione delle coordinate numeriche senza riferimento al concetto di distanza viene considerata un'idea fondamentale, infatti come afferma Whitehead «questo risultato è uno dei trionfi del pensiero matematico moderno» [1906, p. v]. Le idee di distanza, congruenza, ed esistenza di gruppi di trasformazioni di congruenza, erano lasciate al testo sulla geometria descrittiva. L'idea di Whitehead era che la geometria «è parte della matematica pura e al pari di essa è composta da Definizioni, Assiomi, Teoremi di esistenza e Deduzioni» [*ibid.*, p. 1]. Egli considerava le definizioni come esclusivamente nominalistiche, in quanto, come egli stesso affermava, assegnano un nome breve a un concetto ma non formano alcuna parte essenziale del soggetto stesso. Citando Russell [1903, §§ 13 e 353], Whitehead affermava che un assioma è una funzione proposizionale, sicché non può essere né vero, né falso. La definizione che Whitehead dava di un piano, a suo avviso valeva per ogni geometria: se *A*, *B* e *C* sono punti non allineati, allora il piano *ABC* è costituito di tutti i punti *X* tali che una qualche retta passante per *X* incontra almeno due delle rette *AB*, *BC*, *CA* ma non nei punti *A*, *B* o *C*. Passava quindi a dare gli assiomi per il piano proiettivo, seguendo la presentazione di Pieri [1898]. Vengono proposti dodici assiomi; l'ultimo è «ogni coppia di rette si incontra» («any two lines meet»). Questi assiomi permettono la definizione di coniugato armonico: *D* è il coniugato armonico di *B* rispetto ad *A* e *C* se i quattro punti sono allineati e si può trovare un quadrilatero completo tale che le due coppie di lati opposti passano per *A* e *C* e le due diagonali per *B* e *D*. Viene quindi usato il teorema di Desargues per dimostrare l'unicità del quarto armonico. Whitehead procede introducendo il tredicesimo assioma: esiste un punto fuori dal piano. Quindi, seguendo vari autori[15], dimostra che (come questi avevano fatto) senza l'assioma 13 si può avere un piano proiettivo che soddisfi i primi dodici

[14] Il trattato sulla geometria descrittiva, di cui non discuteremo, segue invece il sistema di assiomi di Veblen.

[15] Le trattazioni originali di Peano [1894] e Hilbert [1899], cosí come erano state semplificate da Vahlen [1905], e l'esposizione di Moulton [1902].

assiomi senza che valga il teorema di Desargues. Secondo questa presentazione, il teorema di Desargues è automaticamente vero nello spazio proiettivo di dimensione 3 o superiore, ma può essere falso nel piano. Altre proprietà dei piani proiettivi possono essere inaspettate: l'esistenza di un coniugato armonico non implica che *A* e *C* separino *B* e *D*. Questo era stato notato da Fano [1892], usando uno spazio proiettivo finito con 15 punti. Whitehead introdusse cosí l'assioma di Fano, giungendo in questo modo a un sistema di 15 assiomi, l'ultimo dei quali riguardava solo spazi tridimensionali.

Nel capitolo III, dopo gli spazi, si studiavano le trasformazioni. Secondo Whitehead, i teoremi fondamentali della geometria proiettiva sono: una corrispondenza proiettiva tra due rette è completamente determinata quando tre punti distinti su di una retta sono mappati sull'altra; ogni corrispondenza fra due rette che conserva i coniugati armonici è una corrispondenza proiettiva. Entrambi i risultati – a suo avviso – non potrebbero essere dimostrati senza ulteriori assiomi, e Whitehead ripercorreva brevemente la storia di questo argomento, giungendo fino a mostrare il suo apprezzamento per le recenti note ciclostilate delle lezioni tenute da Veblen a Princeton «On the Foundations of Geometry», pubblicate dall'Università di Chicago nel 1905. Nel capitolo IV Whitehead studiava le proprietà d'ordine, ancora seguendo Pieri oltre a Vailati [1895*a* e *b*] e Russell [1903, capp. XXIV-XXV]. Questo lo portò ad affrontare alcune questioni di tipo topologico, per esempio il teorema di Lüroth-Zeuthen, secondo il quale un sistema di punti armonici è denso (ogni segmento di retta contiene almeno un elemento dell'insieme); risultato che era stato discusso da Klein, del quale Whitehead citava l'articolo *Nachtrag zu dem «zweiten Aufsatz über Nicht-Euklidische Geometrie»* pubblicato nel 1874 nei «Mathematische Annalen». Si era trovato che la dimostrazione di questo risultato richiedeva ancora un altro assioma, il diciannovesimo, che Whitehead chiamò «assioma di Dedekind» per analogia con la *Stetigkeit* (continuità) di Dedekind. Gli altri capitoli trattavano le involuzioni e i sistemi di coordinate prima di arrivare finalmente alle tanto sospirate coordinate nel capitolo VII.

Macaulay, nella sua recensione a questi due volumi di Whitehead sulla «Mathematical Gazette» (1908), attribuí loro il merito di essere i primi a offrire agli inglesi «un profilo generale della geometria non euclidea astratta», prima di notare che il lettore «può trovarli difficili, e può certo domandarsi per quale ragione molte parti non sono state scritte in forma piú semplice e piú accattivante». Riteneva che i notevoli meriti dei due *Tracts* di Whitehead fossero sciupati da una struttura del testo non troppo felice che lo rendeva difficile da seguire, a causa di uno strano uso di una nomenclatura non standard e, si potrebbe dire, della stessa filosofia dell'autore[16], che lo

[16] Come è ben noto, gli interessi di Whitehead si fusero in maniera produttiva con quelli di Russell in questo periodo.

portava a definire la geometria come la scienza generale della classificazione. Macaulay la trovava una descrizione del tutto incompleta, osservando come la geometria abbia effettivamente a che fare con operazioni che portano alla classificazione, ma che le operazioni e la classificazione sono cose differenti[17]. In effetti, le critiche di Macaulay erano in parte giustificate, ma i contributi di Whitehead avevano solo un carattere piú astratto e filosofico di quelli di Mathews e Basset; e in compenso erano i soli che potessero servire da trampolino a ulteriori ricerche in geometria.

4. *La Prima guerra mondiale.*

La Prima guerra mondiale fece strage a Cambridge, come in ogni altra città dei paesi coinvolti nel conflitto. Molto lontano dal massacro, i giovani venivano arruolati e mandati a combattere in una lotta che nessuno poteva immaginarsi, e per una durata che, dopo i primissimi mesi, nessuno poteva stimare. Gli aperti disaccordi fra patrioti e pacifisti divennero sempre piú aspri, e man mano che il bilancio delle perdite aumentava e i feriti e i mutilati ritornavano a casa in numero sempre maggiore, l'enormità della tragedia si abbatté nel cuore di ciascuno.

Durante la guerra le iscrizioni all'università crollarono al 10 per cento del loro livello precedente. L'insegnamento si ridusse di conseguenza e i matematici troppo anziani per combattere al fronte vennero assegnati ad altri compiti di guerra, in particolare a ricerche di balistica e di artiglieria antiaerea. Dopo che il giovane e promettente fisico H. G. J. Moseley, che aveva compiuto notevoli studi sullo spettro dei raggi X, confermando la teoria quantistica della radiazione atomica di Bohr, fu ucciso a Gallipoli nel 1915 all'età di 27 anni, Ernest Rutherford cominciò a fare pressioni affinché ci fosse un'esenzione selettiva dalla leva. G. H. Hardy lo appoggiò, e, di fatto, furono uccisi meno matematici e scienziati britannici rispetto a quanto accadde a quelli francesi; i matematici tedeschi pare abbiano ricevuto lo stesso trattamento di favore di quelli inglesi. Nonostante questo, dopo la guerra E. W. Barnes (che aveva fatto da *tutor* a Rāmānujan) ebbe a dire: «Dei miei allievi a Cambridge almeno la metà, e praticamente tutti i migliori, erano stati uccisi o mutilati a vita». Fra quelli che non furono risparmiati nessuno ebbe maggior valore simbolico di Edward Kingsley Wakeford, ucciso sul fronte occidentale nel luglio 1916 a soli 22 anni.

Wakeford era entrato a Cambridge nel 1912, dopo essere stato studente di W. P. Milne presso il Clifton College di Bristol; possedeva «una quantità di

[17] Per ragioni di spazio, in questo saggio abbiamo omesso di parlare del lavoro di Russell sulla filosofia della geometria, per il quale il lettore si può riferire a Griffin [1991], utile anche per orientarsi nell'ampia bibliografia sull'opera di Russell.

conoscenze di geometria del tutto stupefacenti per uno studente di scuola» [Grace 1916]. Impressionò tutti coloro che lo conobbero con la sua abilità, pubblicò quattro dei sei articoli scritti ancor prima della laurea, e si laureò tra i migliori del suo anno nel gennaio 1914. Un ulteriore articolo lasciato incompiuto venne descritto qualche anno dopo da Baker [1922]. Wakeford venne arruolato all'inizio della guerra. Una ferita non grave all'inizio del 1916 gli permise di tornare a casa e riprendere i suoi interessi nella teoria delle forme canoniche degli invarianti. Baker gli fece conoscere i lavori di Hilbert sul tema, cosa che lo spinse a dedicarsi a trovare esplicitamente le trasformazioni che riducono una forma data a una canonica senza ricorrere alle parole «in generale». Il lavoro era ormai iniziato e i problemi impostati chiaramente, quando nel giugno del 1916 dovette tornare al fronte. Le poche parole che Grace scrisse alla fine del necrologio che compose per Wakeford risuonano ancora eloquenti del dolore e della perdita: «Aveva solo bisogno di una possibilità, e non l'ha avuta» [Grace 1916].

5. *I teorici della relatività.*

È ben noto, naturalmente, che Einstein pubblicò le sue idee rivoluzionarie sulla natura dello spazio e del tempo nel 1905. Piú difficile è scoprire in quali modi queste idee furono recepite e spiegare sotto quale prospettiva vennero giudicate dalle persone di quell'epoca. La storia europea in merito è raccontata da Miller [1981], quella inglese da Warwick [2003]. Qui concentriamo la nostra attenzione su come le implicazioni geometriche della teoria vennero trattate da A. A. Robb, dopo aver brevemente riassunto la situazione della fisica all'epoca.

Sir Joseph Larmor fu Lucasian Professor a Cambridge dal 1903 al 1932[18]. Con Thomson (secondo *wrangler* nel 1880, lo stesso anno in cui Larmor arrivò primo) gettò le basi della teoria elettromagnetica e nel 1900 pubblicò l'opera *Aether and Matter* (Etere e materia, 1900). Il fatto che il libro venisse ribattezzato «Aether no matter» (Etere a tutti i costi) da critici in vena di scherzi dimostra semplicemente quanto Larmor e, in effetti, tutti gli scienziati britannici fossero profondamente legati al concetto di etere; naturalmente questo li portò a rifiutare l'approccio di Einstein, che rendeva l'etere irrilevante. A Cambridge lavorava anche Edmund Whittaker (secondo *wrangler* nel 1895 e primo vincitore del premio Smith nel 1897). Nel 1905, l'anno in cui divenne membro della Royal Society, era *fellow* del Trinity e *lecturer*. Tra il 1951 e il 1953 avrebbe trasfuso tutta una vita dedita allo studio nell'opera in due volumi *A History of Theories of Aether and Electricity*, in cui proponeva la sua controversa teoria che mirava ad ascrivere la teoria della relatività a

[18] Accumulò costantemente numerosi titoli; nel 1909 fu insignito del titolo di *Knight*.

Poincaré e a Lorentz. Gli storici hanno portato argomenti contrari a questa singolare opinione (si veda ad esempio Miller [1981]), ma essa è dura a morire; può senza dubbio essere un giudizio di parte le cui origini possono essere rintracciate nelle opinioni diffuse a Cambridge almeno quarant'anni prima.

Il primo resoconto delle idee di Einstein in lingua inglese fu probabilmente quello di Lewis e Tolman [1909] del MIT. In quello stesso anno Hermann Minkowski pubblicò la sua lezione *Raum und Zeit*, tenuta a Colonia nel 1908, che viene considerata generalmente come quella che presentò la teoria della relatività ai matematici in una maniera irresistibile[19]. Il primo che trattò questo argomento a Cambridge fu Harry Bateman, che ne scrisse assieme a Ebenezer Cunningham e Alfred Robb. Cunningham si iscrisse nel 1899 al St. John's, divenne *senior wrangler* nel 1902 e vinse il premio Smith nel 1904. Nello stesso anno insegnò a Liverpool. Nel 1907 si trasferí allo University College di Londra e tornò al St. John's nel 1911, dove rimase fino al 1926. Il suo libro *The Principle of Relativity* (1914) è il primo trattato sull'argomento in inglese, ma, come notò W. H. McCrea [1978], Cunningham «eccelse nel campo della teoria della relatività, ma è stato cosí tanto tempo fa che a fatica qualcuno potrebbe oggi ricordarsene».

Alfred Arthur Robb (1873-1936) arrivò al St. John's da Belfast e fu uno dei pochi matematici di Cambridge che si rapportò al sistema con un raro grado di autonomia. Era dotato di mezzi economici propri, riteneva che per lui il programma dei corsi non fosse sufficientemente interessante e cosí si laureò 52esimo nel 1897 (senza nemmeno classificarsi fra i *wranglers*). Riuscí comunque a entrare all'Università di Gottinga, dove conseguí un dottorato sull'effetto Zeeman sotto la direzione di Waldemar Voigt. Fece ritorno a Cambridge per lavorare nel Cavendish Laboratory, dove le ricerche erano concentrate sull'elettromagnetismo, e si fece ricordare a lungo per il suo umorismo. Durante la guerra si dimise dal lavoro poiché sospettava che riguardasse la produzione di gas tossici e prestò servizio come conducente di ambulanze; per questa ragione fu insignito della Croce di Guerra. Ritornò a Cambridge dopo la guerra e nel 1921 divenne *fellow* della Royal Society.

La prima trattazione pubblicata da Robb sulla teoria della relatività speciale [Robb 1911] è l'opera di un matematico [cfr. Walter 1999], in cui si tenta di presentare gli assiomi della geometria, quando non si tratti di assiomi puramente logici, come «l'espressione formale di certi fatti ottici». Egli considera i segnali luminosi che partono dal punto *A* e vengono riflessi indietro nel punto *B*: il tempo trascorso per una particella, *A*, misurato da un punto iniziale arbitrario, viene chiamato indice (per distinguerlo dal «tempo»). Se

[19] Per una descrizione approfondita di questo aspetto si veda Walter [1997].

la luce viene emessa dal punto A in un istante con indice 0, riflessa da un'altra particella posta a una distanza da A pari a metà dell'unità di misura, e infine ritorna ad A, Robb dice che l'indice in A è adesso 1. Quindi ogni particella ha il suo orologio interno. Se N_p e N_r sono gli indici di partenza e ritorno, rispettivamente, di un segnale, considera $\frac{1}{2}(N_r - N_p)$ come una misura della distanza di quanto fosse lontano il punto di riflessione, e $\frac{1}{2}(N_r + N_p)$ come indice dell'arrivo del segnale a B. Queste considerazioni possono essere applicate a particelle a riposo o in moto relativo uniforme (Robb dimostra che questo stato esclude le rotazioni). Gli indici di eventi rispetto a due sistemi in moto relativo differiscono in un modo che dipende in maniera semplice ed esplicita dalla velocità relativa. La legge newtoniana dell'additività delle velocità (lungo una retta) non vale, ma Robb definisce la «rapidità» ω di una particella rispetto all'altra tramite la formula $v = \tanh \omega$, dove v è la velocità relativa delle particelle, dimostrando poi che la rapidità è additiva. Osserva quindi che se la geometria di un qualsiasi sistema di punti (cioè un sistema inerziale o «permanente», come lo chiama) è euclideo, allora anche la geometria di un qualsiasi sistema in moto relativo uniforme apparirà euclideo. A questo punto considera tre particelle in moto relativo uniforme che coincidono in un certo istante per poi definire un piano (variabile). Se le rapidità relative delle particelle sono prese come distanze in questo spazio delle rapidità, Robb dimostra che la trigonometria di questo triangolo prova che lo spazio delle rapidità obbedisce alle regole della geometria non euclidea. Osserva inoltre che, quando le velocità relative sono piccole, la rapidità e la velocità possono essere identificate e il triangolo non euclideo può essere considerato come un triangolo euclideo. Anche le formule che Robb fornisce coincidono con quelle di Einstein se si considera la velocità della luce come unità. Robb faceva inoltre notare che Sommerfeld aveva dedotto le stesse formule a partire dalla teoria di Minkowski.

Il contributo di Robb aveva come sottotitolo «Un nuovo punto di vista sulla teoria della relatività» ma questo non deve far pensare che fosse d'accordo con le idee di Einstein. La prefazione del suo libro *The Absolute Relations of Space and Time* (1921) chiarisce le differenze. Robb scriveva di essere stato direttamente ispirato dal fallimento dei tentativi di rilevare moti uniformi attraverso l'etere, e dalle discussioni su questo tema al congresso della British Association for the Advancement of Science del 1902. Sir Joseph Larmor lo spinse a cercare di formulare in maniera chiara che cosa implicasse l'uguaglianza delle lunghezze, e qualche anno piú tardi, mentre cercava di risolvere quel problema, sentí per la prima volta parlare del lavoro di Einstein, che gli fece un'impressione inaspettata. «All'inizio», scrisse Robb successivamente, «sentivo che il punto di vista e il metodo di Einstein erano insoddisfacenti». In particolare lo disturbava l'idea che due eventi potessero essere simultanei per un osservatore ma non per un altro. Il risultato fu questo libro che presentava una teoria che considerava come assoluta (poiché le relazioni di prima e dopo non sono dipendenti da nessun osservatore) e un metodo con «alcuni vantaggi, come uno studio dei fondamenti della geometria».

Robb presentò le sue idee sulla base di questo punto di partenza: un singolo osservatore direttamente conscio degli eventi li può collocare nell'ordine in cui accadono. Elaborò quindi una geometria basata sulla relazione di «prima» e «dopo» piuttosto che «tra». Come strumento euristico propose che il lettore considerasse un doppio cono verticale in ogni punto dello spazio quadridimensionale, e definisse che un istante *B* venisse dopo un altro *A*, se *B* giaceva nel cono con vertice in *A* rivolto verso l'alto (allo stesso modo *B* verrebbe prima di *A* se giacesse nel cono con vertice in A rivolto verso il basso). Tutte le proprietà familiari del «dopo» rimangono vere con questa definizione tranne che un istante *A* può non essere né prima né dopo un istante *B* senza che gli istanti *A* e *B* siano identici. Questo ordinamento di eventi costituisce ciò che lui chiamava «ordinamento conico» degli istanti o dei punti, che passava poi a definire in maniera astratta, come parte di una geometria con 21 postulati. Confrontò le proprie scoperte con altre trattazioni assiomatiche della geometria dovute a Giuseppe Peano (non sappiamo per quale ragione omettesse di menzionare Hilbert; Whitehead aveva preferito mettere in rilievo l'italiano rispetto al tedesco, ma dopo la guerra c'era un concertato antigermanismo nella scienza e nella matematica e forse Robb ne fu influenzato).

Il testo di Robb è stato generalmente giudicato di difficile lettura. La complicata relazione con la fisica e l'entusiasmo di quei tempi per la geometria assiomatica si combinano rendendo la discussione assai ardua per il lettore. I postulati, come osservò Goldblatt [1987, p. 170], «di solito mancano di significato fisico, e perfino di un'intuitività piú geometrica e come ha sottolineato Suppes [1973], "la complessità degli assiomi risulta in netto contrasto con la semplicità del suo singolo concetto primitivo"».

La storia successiva della teoria della relatività a Cambridge è dominata dalla figura di Sir Thomas Eddington e dalla sua verifica dell'effetto della gravità sulla luce del 1919[20]. Questo risultato notoriamente ebbe tre conseguenze: confermò le previsioni di Einstein; rese Einstein un nome conosciuto; aiutò a sanare le divisioni che si erano aperte a causa della guerra. La teoria generale della relatività da allora in poi presentò due facce (entrambe mostrate, ad esempio, da Whitehead [1922]); da una parte, la fisica con tutte le sue sottigliezze, dall'altra la geometria differenziale e il calcolo tensoriale

[20] Sul cammino di Eddington verso la realizzazione di questo famoso lavoro, e sulla scarna base delle prove per il suo raggiungimento si veda Warwick [2003, cap. IX] e la bibliografia ivi citata.

con la loro difficoltà tecnica. Per quanto riguarda i fisici, traslocarono in massa verso il nuovo settore della meccanica quantistica. I matematici di Cambridge, però, non passarono a cose piú difficili: né Robb né Cunningham scrissero niente di significativo su questo argomento, e nel 1922 Whitehead se n'era già andato a Manchester e comunque si era già incamminato nella sua nuova carriera in filosofia. Anche se L. A. Pars vinse un premio Smith nel marzo del 1921 per il saggio *On the General Theory of Relativity*, il futuro della geometria a Cambridge si sarebbe poggiato quasi interamente sulle spalle di Baker, che nel 1918 compiva 52 anni.

6. *Dal 1918 al 1940.*

6.1. Baker e la sua influenza.

Dopo la guerra, Baker si dedicò completamente alla geometria. Iniziò la stesura dei *Principles of Geometry* nel 1922 e la completò nel 1933, all'età di 69 anni. Il suo scopo nello scrivere quest'opera in sei volumi era, come egli stesso riporta nell'Introduzione al primo volume, «mettere il lettore in contatto con le principali idee dominanti nella geometria contemporanea». L'opera dava una buona idea dei punti di forza e delle debolezze del suo approccio. I primi quattro volumi avevano titoli piuttosto vaghi: *Fondamenti*, *Geometria piana*, *Geometria solida* e *Geometria superiore*, tutti pubblicati nel 1925. Gli ultimi due, *Principî analitici della teoria delle curve* e *Superfici algebriche*, furono pubblicati nel 1933. Hodge osservò a proposito del sesto volume che «adesso sembra un po' fuori moda». In effetti, gli ultimi due tomi non sono originali come i primi quattro, che non solo furono importanti per qualche studioso del suo periodo, ma aiutarono a formare gli interessi di ricerca dei matematici che Baker aveva attirato attorno a sé.

Il primo volume, *Foundations*, è di ispirazione moderatamente hilbertiana, anche se il nome di Hilbert è poco menzionato. Si apre con una discussione di geometria astratta, basata sulle proprietà di incidenza, e tratta della relazione fra il teorema di Pappo e quello di Desargues in due e tre dimensioni. Si dimostra, in particolare, che il teorema di Pappo è vero se e solo se le coordinate sono commutative. Per prima cosa Baker definisce quella che chiamò geometria proiettiva generale, cioè geometria proiettiva con un minimo di assiomi. Discute quindi di quella che chiama «geometria reale», ovvero geometria proiettiva con in piú il concetto di «stare nel mezzo» (*betweenness*). Il secondo volume, *Plane Geometry*, tratta soprattutto dei teoremi proiettivi sulle coniche, ma mostra anche come la geometria non euclidea derivi dalla specificazione di una conica «assoluta» non degenere, e si occupa dei teoremi piú avanzati che hanno a che fare con l'esagono di Pascal (le rette di Steiner-Plücker, i punti di Kirkman e cose simili). Il terzo volume, *Solid Geometry*, tratta della geometria proiettiva delle quadriche, considerate singolarmente o a coppie, e in famiglie, e delle curve cubiche che si ottengono intersecando due quadriche con un generatore comune. Termina con un lungo capitolo finale sulla superficie cubica. Il quarto volume, *Higher Geometry*, usa i teoremi sui cerchi nel piano come punto di partenza per una discussione sulla geometria negli spazi a quattro e cinque dimensioni. Tratta quindi in dettaglio le superfici di Kummer e Weddle e la teoria delle ciclidi, partendo dalla figura di 15 linee e punti in uno spazio a quattro dimensioni discusso da Hudson. Questo espediente di cominciare da una figura in geometria di incidenza e generare quindi ipersuperfici algebriche a partire da questa venne adottato anche da un certo numero di suoi allievi. Come Baker fece notare nell'Introduzione, si trattava del coronamento dei tre precedenti, anche perché era il volume «scritto per primo e piú rivisto dell'opera, in vista del quale, in effetti, nella maggior parte i volumi precedenti sono stati composti».

Al contrario, il quinto volume, *Analytical Principles of the Theory of Curves*, è, come dice il titolo, analitico e riemanniano nello spirito, mentre il sesto, *Algebraic Surfaces*, è piú «italiano», e tratta principalmente di trasformazioni e problemi collegati alla geometria birazionale. Contiene un capitolo sul calcolo di Schubert, e uno sugli invarianti birazionali di una superficie algebrica. Come vedremo piú avanti, fu questo il volume che ispirò in misura maggiore le ricerche tra i geometri di Cambridge, gran parte dei quali vengono ringraziati nel volume stesso, dal momento che è composto da lezioni tenute nel corso degli anni.

Baker non scrisse solo i *Principia*. Durante lo stesso periodo, come si è detto, organizzò una serie regolare di «tè del sabato pomeriggio». Burnside, un corrispondente di Baker, e Macaulay erano tra coloro che vi prendevano parte, e la partecipazione degli studenti era praticamente obbligatoria, anche se talvolta si facevano eccezioni per gli atleti; a parte questo, tuttavia, l'ambiente in cui si svolgevano era informale[21]. Il livello di questi incontri era inoltre molto alto: T. G. Room, ad esempio, ricordava che molti futuri vincitori del premio Smith erano stati ascoltati durante questi incontri, e in effetti gli studenti di Baker vinsero il premio Smith sei anni su nove, tra il 1927 e il 1935. Non si trattava di *tea parties* ma di un vero seminario di ricerca, il primo di questo genere a Cambridge. A partire dal 1931, quando Hardy fece ritorno a Cambridge, anche gli analisti ebbero qualcosa di simile, ma il mercoledí. Un'indicazione dell'impatto di questi incontri può essere dedotta dall'effetto che ebbero su Paul Dirac, che vi prese parte quando arrivò al St. John's nel 1923 come *research student*. O. Darrigol [1992, p. 288] ricorda che «le idee di Dirac sui *q-numbers* e i suoi assiomi al riguardo molto probabilmente ebbero origine ai tè di Baker» e sottolinea che nei *Principles*

[21] Sull'importanza dell'atletica a Cambridge, si veda Warwick [2003, cap. IV].

of Geometry c'è un'algebra astratta non commutativa legata a una geometria non pascaliana[22]. Darrigol ricorda inoltre che a un tè nel 1924 Baker affermò di ritenere che qualsiasi matematica di un qualche interesse dovesse avere un'applicazione nel mondo fisico, e che Dirac, uno dei cui Leitmotif era la bellezza matematica, citò la geometria proiettiva come la prima delle sue prime esperienze con questa bellezza [Darrigol 1992, p. 644].

Negli anni Venti e Trenta la vita accademica a Cambridge divenne piú strutturata e simile alla situazione di altre università di prestigio. Negli anni Venti si verificarono tre importanti sviluppi nella matematica cantabrigense: la decisa comparsa delle donne nelle pagine delle riviste scientifiche pubblicate dalla Cambridge Mathematical Society o dalla London Mathematical Society, anche se non era loro consentito ottenere nessun tipo di titolo accademico a Cambridge; la presenza di un certo numero di matematici indiani; l'istituzione del dottorato nel 1924. Tra le donne H. G. Telling, una diplomata del Newnham College che insegnò all'Università di Bristol, scrisse quattro articoli sulla geometria in dimensione superiore. Nel 1930 Hanumanta Rao scrisse a proposito della rappresentazione dei piani nello spazio a cinque dimensioni e nel 1931 I. Brahmachari (che aveva conseguito il dottorato presso l'Università di Londra) delineò un programma per sostituire le coordinate complesse con un sistema di punti della retta reale, nello spirito di von Staudt per i punti complessi.

Il primo dottorato in geometria fu conseguito da Frederick Bath nel 1927, con una tesi sulle curve algebriche sulla superficie quintica di Del Pezzo dal titolo, molto generale, di *Researches in the Geometry of Algebraic Curves and Surfaces*, scritta sotto la supervisione di Richmond. Il primo studente di dottorato di Baker fu T. G. Room, che compose la sua tesi su *Geometric Double Configurations*. È istruttivo scorrere un elenco degli allievi di Baker di questo periodo, dal momento che si trattò di un gruppo piuttosto valido, di cui fecero parte gran parte dei geometri di Cambridge dell'epoca (fra parentesi è indicata la data del conseguimento del dottorato, mentre l'asterisco contraddistingue i vincitori del premio Smith): T. G. Room* (1927); W. L. Edge (nessun dottorato); J. G. Semple (1930); P. Du Val (1931); H. S. M. Coxeter* (1932); J. A. Todd* (1932); D. W. Babbage* (1933); J. W. Archbold (Master of Science, 1934); J. Bronowski (1935); E. A. Maxwell* (1935); R. Frith (1937); D. Pedoe (1937); L. Roth (nessun dottorato); E. D. Tagg (1938). La serie di vincitori del premio Smith è impressionante, se si tiene conto che venivano assegnati solo due premi Smith all'anno, su argomenti che spaziavano dalla geometria all'analisi alla fisica. Inoltre, i saggi di Archbold, Bronowski, Frith, Pedoe e Roth vennero tutti considerati degni di giudizio «ottimo» (*of distinction*) e nel 1936 i saggi di Du Val, Todd e Room per il premio Adams vennero segnalati con menzione onorevole; e il 1936

[22] L'esempio si trova nei *Principles of Geometry* di Baker [1922-33, vol. I, cap. I, § 3].

era l'anno in cui vinse Hodge. William V. D. Hodge (1903-1975) si diplomò a Edinburgo prima di trasferirsi al St. John's nel 1923 e laurearsi nel 1925 fra i primi *wranglers*; vinse il suo premio Smith nel 1927. Come risulta da questo elenco, l'influenza e la reputazione di Baker crebbero stabilmente ma lentamente. Durante gli anni Venti i premi Smith vennero assegnati piú spesso ad argomenti di fisica o di analisi nello stile di Hardy e Littlewood, ma durante gli anni Trenta vi fu un certo riequilibrio.

Inoltre, alcune tra le persone ricordate poco sopra furono in grado di garantirsi un posto a Cambridge, perfino nei tempi difficili dei primi anni Trenta, prima di continuare altrove, e in questo periodo molti matematici si spostarono per diffondere il messaggio al di fuori di Cambridge. Per citare solo i casi principali: Room divenne professore all'Università di Sydney nel 1935; Edge si trasferí a Edinburgo nel 1932; e Patrick Du Val, dopo aver insegnato superfici razionali e topologia elementare al Trinity College dal 1930 al 1934, e aver trovato modo di studiare in Italia con Francesco Severi[23], si trasferí all'Università di Manchester. Du Val insegnò anche per un certo periodo a Istanbul, prima di trascorrere tre anni negli Stati Uniti, dopodiché tornò in Europa, a Bristol e poi Londra. Dopo il pensionamento fece ritorno a Istanbul dove insegnò per altri tre anni. Leonard Roth da Cambridge si spostò all'Imperial College di Londra dove rimase fino al 1967, avendo trascorso il 1930-31 studiando a Roma con Castelnuovo ed Enriques. Semple divenne professore di matematica pura alla Queen's University di Belfast nel 1930 prima di passare al King's College di Londra nel 1936, dove rimase fino al 1969. Il libro di Semple e Roth, *Algebraic Geometry* (1949), è indicativo dei loro interessi del tempo, ancora largamente tradizionali. La grande concentrazione di geometri algebrici a Londra dopo la guerra diede luogo allo storico seminario di geometria di Londra, che continua fino ai nostri giorni, anche se oggi viene chiamato «London Geometry and Topology Seminar». Venne fondato da Semple, Roth, Wren, Archbold e Scott, ai quali successivamente si uní Du Val.

6.2. Una scuola Baker di geometria?

Tutte queste attività con centro a Cambridge portano lo storico a domandarsi se, e fino a che punto, Baker possa essere considerato come il fondatore di una scuola di studiosi di geometria a Cambridge. Il tema delle «scuole» in matematica è stato recentemente discusso da K. H. Parshall [2004], la quale propone che affinché si possa parlare di una scuola ci debba essere un leader,

[23] Il necrologio di Du Val («Bul. London Mathematical Society», 21 (1989), p. 93) ricorda che ebbe una *fellowship* al Trinity e «trascorse un periodo a Roma, apprendendo dalla viva voce dei grandi geometri italiani dell'epoca; ammirava particolarmente Enriques, del quale avrebbe successivamente parlato come del proprio maestro».

che potrebbe anche essere carismatico o piú plausibilmente una persona il cui lavoro possa essere fonte di ispirazione. Questa figura deve sollecitare un particolare approccio a un insieme coerente di idee, formare degli allievi che seguano la loro strada convinti delle conoscenze, esplicite e non, che hanno acquisito, e vadano avanti a sviluppare ricerche che ottengano una validazione esterna per quel particolare approccio. La Parshall suggerisce inoltre che con la morte del leader si possa assistere alla nascita di una sottodisciplina di ricerca.

Assumendo questo punto di vista, chiaramente non ci fu a Cambridge una scuola di geometria prima dei tempi di Baker; ed è altrettanto vero che, frequentando i tè del sabato e scrivendo i loro articoli e i loro libri, i geometri di Cambridge gravitavano certamente attorno a Baker, che consideravano il loro capofila. Inoltre, questi geometri formarono un gruppo abbastanza coerente, che si identificava come tale e discuteva al proprio interno di matematica in maniera approfondita. Daremo piú avanti prove del fatto che condividevano domande, metodi e, di fatto, un approccio alla geometria che derivava da Baker. Si potrebbe pensare se è il caso di aggiungere alla definizione della Parshall l'idea che i membri di una scuola debbano essere coesi fra loro, debbano provare un senso di «appartenenza». Sia come sia, l'aspetto problematico, nel nostro caso, della definizione in questione è l'idea che una scuola debba avere dei successori. L'esempio sul quale la Parshall si sofferma a lungo è l'algebra a Chicago all'inizio del XIX secolo, senza dubbio la storia di un successo. Il gruppo di Baker soddisfa tutti i criteri sociologici per essere considerato una scuola, ma molto pochi dei criteri basati sugli argomenti trattati dalla scuola stessa. I membri scrissero articoli e perfino libri, lavorarono molto bene nel contesto di Cambridge, come dimostra l'elenco dei premi Smith, i loro successi furono riconosciuti in Italia, il piú importante centro di ricerca in geometria algebrica. Fino a questo punto ci sono prove di un riconoscimento dall'esterno della validità del loro lavoro. Ma sarebbe emerso che l'approccio che seguirono non era certo privo di difetti e che non avrebbero raggiunto un successo duraturo.

L'analisi della Parshall del concetto di scuola è convincente e la discussione che sviluppa su come questa nozione (che si applica principalmente alle «scienze da laboratorio») possa essere adattata al caso della matematica risulta piuttosto utile. C'è tuttavia molto da dire sulla precisione d'uso di questo termine. Il caso di Cambridge che stiamo prendendo in esame, diversamente da quello dell'analisi con Hardy e Littlewood, che rappresenta un successo di lunga durata, suggerisce che ci sarebbe qualcosa da aggiungere nell'elenco dei criteri sociologici necessari per asserire l'esistenza di una scuola e sufficienti a definirla. Una scuola deve dunque avere un leader che produca lavori che possano essere fonte di ispirazione, organizzati secondo uno specifico approccio, e che formi allievi che ne proseguano l'opera estendendo e adattando l'approccio stesso. L'impresa scientifica deve inoltre essere riconosciuta dall'esterno come di un tipo particolare, identificabile. Ma la definizione dovrebbe lasciare aperta la possibilità che esistano anche scuole che non hanno successo, o troppo ristrette o che vanno declinando, oltre alle potenti scuole che si sono ormai affermate e che continuano a produrre nuove direzioni in matematica.

6.3. I seguaci di Baker.

L'allocuzione presidenziale di Baker alla London Mathematical Society nel 1912 riguardava la teoria delle superfici algebriche. Hodge, nel suo discorso presidenziale alla Società nel 1949, lo definí «un compendio che è fra i classici dell'argomento», aggiungendo poi:

> [Quel] discorso è stato infatti una pietra miliare nello studio della geometria in questo paese [...] L'allocuzione di Baker segna l'inizio di un'attività da parte dei geometri britannici cosí intensa che ha messo in ombra la maggior parte degli altri contributi di questo paese alla geometria [Hodge 1950, p. 148].

Dobbiamo quindi rivolgere la nostra attenzione al lavoro di questi geometri.

Gli interessi dei geometri di Cambridge riflettono le preferenze di Baker: marcatamente italiani nelle loro simpatie, e spesso dediti a estendere a dimensioni superiori risultati noti per gli oggetti dello spazio tridimensionale, mostravano una spiccata predilezione per le proprietà inaspettate e i casi particolari, piuttosto che per le teorie generali[24]. Negli anni Trenta le loro ricerche si concentrarono sui risultati ottenuti dagli italiani nel campo delle superfici algebriche. Queste erano state classificate da Castelnuovo ed Enriques, i quali, insieme a Severi, Bagnera e De Franchis avevano prodotto ampie descrizioni di famiglie importanti all'interno di questa classificazione[25]. Le superfici algebriche erano decisamente piú difficili da comprendere e inquadrare rispetto alle curve algebriche, e la classificazione di Castelnuovo ed Enriques descriveva le superfici algebriche in termini di quattro numeri che erano invarianti birazionali, sistemando abilmente le superfici in tre famiglie distinte, in modo da presentare i loro notevoli risultati nel miglior modo possibile. Ma per quanto questi risultati potessero essere impressionanti, la storia non era per niente finita e, in particolare, la terza famiglia era un insieme eterogeneo di casi speciali, la maggior parte dei quali richiedevano ulteriori studi.

[24] La nostra discussione si concentra sugli articoli pubblicati sui «Proceedings of the Cambridge Philosophical Society». Sarebbe stata piú ampia, ma in nessun modo differente, se avessimo preso in conto anche i contributi comparsi sui «Proceedings of the London Mathematical Society» che, per ragioni di spazio, omettiamo.

[25] Della lunga lista di articoli i piú importanti sono Bagnera e De Franchis [1908]; Enriques e Severi [1909-10]; Enriques e Castelnuovo [1914].

A Cambridge ci si rese conto benissimo che ciò che appariva grandioso da lontano poteva rivelarsi impenetrabile o impraticabile da vicino. Nel 1935 Roth scrisse un articolo sulle cosiddette superfici irregolari, che era anche frutto della sua corrispondenza con Annibale Comessatti. Questo rapporto epistolare, come dimostrava una lettera pubblicata al termine dell'articolo, condusse l'italiano a scoprire il primo esempio di una superficie irregolare nello spazio proiettivo a quattro dimensioni non riferibile a una superficie rigata. Roth trattava anche gli esempi delle superfici iperellittiche discusse nei lavori di Enriques, Bagnera e De Franchis, superfici che avevano complicate singolarità nello spazio proiettivo tridimensionale, dimostrando che potevano avere modelli non singolari in spazi proiettivi di dimensioni superiori. Cosí i geometri cantabrigensi sminuzzarono il problema della teoria delle superfici, spesso felici di riconoscere l'influenza di Baker stesso, e discutendone fra loro ai tè del sabato, o altrove. Babbage apriva il suo articolo [1932-33] sui punti singolari isolati delle superfici algebriche con la nota seguente: «Desidero esprimere la mia gratitudine al professor H. F. Baker per il suo interesse e consiglio. Questo articolo è stato scritto nel tentativo di chiarire alcuni punti suggeriti dalle sue lezioni, e una buona parte degli argomenti affrontati nei §§ 2-4 sono tratti da esse».

Un ulteriore esempio del fervore di attività all'interno di questo gruppo, che senza dubbio contribuí alle ripetute affermazioni nei premi Smith e al successo nel trovare posti di professore e di *lecturer*, è fornito dalla serie di articoli che Room cominciò a scrivere sulle varietà determinantali nel 1934 seguendo l'influente trattazione che ne aveva fatto Segre nel 1912[26]. Scrisse in una nota di commento che tali varietà «erano state uno degli argomenti di discussione all'interno del gruppo dei geometri di Cambridge per un po' di tempo», e ringraziò, in particolare, Todd e Du Val per le loro osservazioni che temeva potessero altrimenti apparire non attribuite [Room 1934, p. 2]. Un ultimo esempio: il caso di Coxeter, che cominciò la propria carriera con una tesi sui politopi regolari (un interesse che, com'è noto, sarebbe durato una vita intera). La tesi diede origine a tre articoli pubblicati nei «Proceedings of the Cambridge Philosophical Society». Fu allora, come ebbe poi a ricordare lui stesso [Coxeter 1934, p. 466], che una richiesta casuale di Du Val lo spinse verso lo studio dei gruppi generati da riflessioni (i gruppi di Coxeter). Raccontava la storia in questi termini:

> In collegamento con il suo lavoro sulle singolarità delle superfici, Du Val mi chiese di elencare certi sottogruppi nei gruppi di simmetria dei politopi «puramente archimedei» n_{21} ($n < 5$), cioè quei sottogruppi che sono generati dalle riflessioni [...]. Il lavoro si dimostrò alquanto intricato, e mi sarebbero sfuggiti vari errori se non fosse

[26] Una varietà determinantale è una varietà definita dall'annullamento di tutti i minori $p \times p$ di un determinante $p \times q$, con $p \leq q$, i cui elementi sono funzioni lineari delle coordinate in $\mathbb{C}^n$. Si vedano Room [1934], con i riferimenti bibliografici ivi citati, e Segre [1912], pp. 825 sgg.

stato per le informazioni che Du Val fu in grado di fornire dalla teoria delle superfici, anche se apparentemente lontana.

Nel 1936 Coxeter si trasferí a Toronto, dopo aver trascorso due anni come ricercatore a contratto a Princeton. La sua fama di geometra è dovuta all'esperienza in Canada, piuttosto che a quella di Cambridge; ma la sua devozione alla bellezza della geometria, nata sui banchi di scuola, fu senza dubbio nutrita dalla sua frequentazione del circolo dei geometri di Baker.

Tutta questa attività è impressionante, e il merito deve essere ascritto in gran parte proprio a Baker. Ma è possibile anche leggerla in tono minore. Lo stesso Hodge [1950, p. 149] notava che i Britannici che contribuirono a questo settore della geometria erano stati tra i primi nel campo, ma raramente ne erano stati gli iniziatori. Nel corso degli anni Trenta ogni numero dei «Proceedings of the London Mathematical Society», la rivista inglese preferita dai matematici di Cambridge, conteneva piú articoli dedicati a singoli settori di analisi che alla geometria, o anche all'algebra, se è per questo. Baker aveva sessantaquattro anni nel 1930, un'età in cui difficilmente si ha voglia di accollarsi il peso di essere fonte d'ispirazione per un intero dipartimento: gli mancavano ormai quell'energia e quella freschezza di visione che lo avevano reso in grado di introdurre le idee di Riemann e tutta la geometria algebrica contemporanea a Cambridge trentacinque anni prima.

Una ragione che può spiegare i risultati relativamente minori raggiunti da matematici che erano nel pieno di un successo istituzionale può forse trovarsi nell'equilibrio che avevano raggiunto tra aspetto analitico e aspetto sintetico della geometria. Nell'Introduzione ai *Principles of Geometry* Baker aveva scritto:

> Se da una parte assumiamo che tutte le deduzioni geometriche dovrebbero essere alla fine sintetiche, riteniamo anche che escludere il simbolismo algebrico sarebbe come impedire a un fisico di verificare la sua teoria con l'esperimento; e diviene uno dei nostri compiti giustificare l'uso di questo simbolismo.

C'è sempre una tensione in geometria fra analisi e sintesi, ma il punto di vista di Baker potrebbe essere stato in qualche modo limitante: abbiamo già notato come i rigorosi metodi algebrici di Macaulay non avessero trovato supporto a Cambridge.

Baker riuscí nell'impresa di creare un dipartimento all'interno del quale le persone discutevano insieme, e dove qualcun altro avrebbe compiuto un salto di immaginazione simile a quello che lui stesso aveva fatto quando trasferí le idee di Riemann a Cambridge. L'uomo che avrebbe avuto questa nuova profondità di idee fu W. V. D. Hodge. Come abbiamo visto, Hodge aveva studiato a Cambridge, per trasferirsi poi a Bristol come insegnante. Nel 1930 tornò a Cambridge come *fellow* del St. John's e nel 1933 divenne *lecturer* all'Università. A Bristol, Peter Fraser (decimo *wrangler* nel 1905) era stato appena promosso all'insegnamento della geometria. Aveva introdotto Dirac alla geometria proiettiva nel 1921, e adesso stava incoraggiando Hodge a leggere i geometri italiani. Hodge era attirato da uno dei problemi di Severi sui periodi di un integrale doppio di prima specie. Si rese conto che, per trovare la risposta, avrebbe potuto utilizzare i risultati topologici di un lavoro di Lefschetz [1930] e il risultato fu il suo articolo *On multiple integrals attached to an algebraic variety* [Hodge 1930]. La controversia che ne derivò è divenuta famosa: Lefschetz, che era un tipo collerico e aggressivo, sostenne pubblicamente che Hodge era in errore e gli scrisse domandando di ritirare l'articolo. Nel maggio del 1931 Max Newman fece in modo che Hodge e Lefschetz si incontrassero nel suo studio a Cambridge; l'incontro ebbe come risultato l'invito a Hodge da parte di Lefschetz di recarsi a Princeton. Solo là Lefschetz cambiò opinione in merito alla questione, ritirò pubblicamente le sue critiche e diventò uno dei piú strenui sostenitori di Hodge [Atiyah 1977, pp. 104-5]. Lefschetz ebbe inoltre il merito di mettere in contatto Hodge con Oscar Zariski, con cui lavorò per vari mesi alla Johns Hopkins.

Questa profonda conoscenza dei lavori contemporanei, che andava ben oltre l'usuale standard di Cambridge, spinse Hodge molto avanti. L'articolo [1933] segna il punto di arrivo del suo programma di estendere la teoria delle forme armoniche alle varietà riemanniane generali – e di conseguenza portare la teoria delle varietà complesse oltre il livello in cui, da molti punti di vista, erano state lasciate da Riemann stesso. Questo programma culminò nel famoso libro *The Theory and Application of Harmonic Integrals* (1941), cui seguirono i tre volumi dei *Methods of Algebraic Geometry*, scritti in collaborazione con D. Pedoe (1950-54). Lo scopo era di sostituire il testo in sei tomi, un po' datato, di Baker; ma l'impresa andò per le lunghe, e quando alla fine, nel 1954, uscí l'ultimo volume con la descrizione dei metodi di Zariski, la geometria algebrica era ormai già passata attraverso un'altra delle sue rivoluzioni. Questo fatto, assieme alla mancanza di scorrevolezza, diminuí l'impatto del libro, che nonostante tutto è ricco di materiale affascinante. D'altra parte, la teoria di Hodge continua a ispirare una notevole quantità di ricerche, giustificando ampiamente l'opinione di Hermann Weyl, che la salutò come «uno dei grandi capisaldi nella storia della scienza di questo secolo» [Weyl 1954, p. 25].

Va al di là dello scopo di questo contributo discutere della storia della geometria a Cambridge dopo il 1940, ma possiamo almeno accennare al fatto che la situazione negli anni successivi alla guerra cambiò molto e argomenti che erano stati fino ad allora marginali acquistarono importanza, mentre la geometria proiettiva contò meno di quanto la situazione del 1939 avrebbe potuto suggerire. Sbocciarono e fiorirono la topologia (un tempo rappresentata da Max Newman e, in grado minore, da Du Val) e la teoria dei gruppi (in precedenza terreno solitario di Philip Hall): Cambridge si dimostrava capace di rinnovarsi. La geometria proiettiva, nonostante l'apparente successo, non era stata in grado di superare i propri difetti, insiti in essa assieme alle glorie che aveva mietuto negli anni Dieci – glorie peraltro soprattutto italiane. Nonostante l'esempio di Macaulay, l'impatto dell'algebra moderna e tutta l'opera di Emmy Noether, Van der Waerden, Krull, Zariski, Weyl e altri erano stati ignorati a Cambridge. La teoria delle superfici algebriche era un settore brillante, senza dubbio, ma non fu in grado di sfuggire ai confini del campo complesso in cui veniva studiata, anche se in uno spirito sintetico.

Dopo la guerra i geometri algebrici stranieri potevano rendersi conto che Cambridge aveva poco da offrire, e la generazione successiva dei matematici di Cambridge, in particolare Michael Atiyah – allievo di Hodge – seguirono l'esempio di Hodge e si tuffarono nella topologia[27]. Quando vi furono spinte per una revisione dei programmi, nei quali fossero inseriti aspetti fondamentali della concezione bourbakista – che in gran parte fu, in ogni caso, una risposta all'opera di Hilbert e di Emmy Noether – la geometria proiettiva era il candidato ideale per lasciare spazio alla nuova matematica. E questo fu quello che accadde: la geometria proiettiva, assieme alla dinamica dei fluidi, venne spostata nell'area delle opzioni specialistiche, fuori dal nucleo principale. Da allora cadde sempre piú in disgrazia: fu oggetto di critiche per le sue varie imprecisioni, e resa ancora meno attraente dalla sua predilezione per i casi particolari in un momento in cui la matematica pura stava conoscendo un periodo di grande generalizzazione. I tempi sarebbero poi nuovamente cambiati, e al giorno d'oggi molta matematica considerata importante viene fatta studiando casi particolari e nuovi esempi. Ma mentre Hodge e Coxeter arricchivano la geometria e la collegavano ad altri rami della matematica, gli studiosi di geometria proiettiva non lo fecero, e anche quei loro lavori che hanno continuato ad avere influenza hanno dovuto prima essere modernizzati.

7. *Conclusione.*

La storia della geometria a Cambridge può essere narrata sotto diversi punti di vista, a seconda di dove si focalizzi l'attenzione. Una tradizione che vanta i nomi di Cayley, Baker, Coxeter e Hodge può apparire illustre, ma si potrebbe argomentare che i contributi di Cayley furono minori di quanto l'attuale peso del suo nome potrebbe suggerire, mentre i risultati di Baker furono maggiori di quanto la sua reputazione attuale sembri implicare. Baker non solo importò la teoria delle funzioni abeliane in Gran Bretagna, ma nella seconda fase della sua lunga e attiva vita creò un gruppo di geometri a Cambridge che giunse quasi a rivaleggiare con i successi del gruppo di Hardy e Littlewood a Oxford e a Cambridge. Questi studiosi, dispersi in tutta la

[27] A proposito di Atiyah si veda N. Hitchin, *La geometria a Oxford, 1960-90*, in questo stesso volume.

Gran Bretagna e oltre, fecero molto affinché la geometria divenisse parte della matematica pura moderna che altrimenti sarebbe stata pesantemente analitica. Comunque, secondo il metro di giudizio piú elevato, Baker e il suo gruppo non ebbero successo: non esiste alcun ramo del settore che sia stato plasmato in maniera profonda dal loro lavoro. Di Coxeter e Hodge si può dire che seguirono il proprio corso di studi, ma che il loro cammino in geometria era diretto altrove, non verso il campo largamente tradizionale e sintetico identificabile nella persona di Baker.

Tutto ciò sembra suggerire allo storico che il significato della geometria a Cambridge negli anni 1863-1940 risiede non nei successi isolati dei migliori, ma nella creazione di un gruppo coeso di matematici: che comunicavano fra loro, e con i loro colleghi all'estero, in particolare italiani; che promuovevano in maniera attiva i loro temi a Cambridge e all'interno del piú ampio ambiente britannico; e che definirono un settore dalle fondamenta fino ai piú significativi problemi di ricerca, dalla matematica intuitiva da insegnare a scuola, fino ai temi vicini al cuore dell'impresa matematica stessa. Per piú di sessant'anni, nel XX secolo, la geometria proiettiva occupò un posto importante nella matematica in Gran Bretagna, a prescindere dal fatto che i matematici che la collocarono in quella posizione avessero o meno fatto scoperte spettacolari da battezzare coi loro nomi. Lo status di questo settore della matematica è cambiato da allora, come dimostra il programma degli studi, poiché può apparire meno rigoroso o, anche se rigoroso, barocco[28]. Queste furono le caratteristiche anche del gruppo di Cambridge e contribuirono alla sua scomparsa, quando la geometria proiettiva in dimensione superiore non venne piú considerata in grado di rispondere alle pressanti richieste della matematica strutturalista o delle sue applicazioni.

ATIYAH, M. F.

1977 *William Vallence Douglas Hodge*, in «Bulletin of the London Mathematical Society», 9, pp. 99-118.

ATZEMA, E. J.

1993 *The Structure of Systems of Lines in 19th Century Geometrical Optics: Malus' Theorem and the Description of the Infinitely Thin Pencil*, tesi di dottorato, Università di Utrecht.

BABBAGE, D. W.

1932-33 *Isolated singular points in the theory of algebraic surfaces*, in «Proceedings of the Cambridge Philosophical Society», 29, pp. 212-30, e *Addition*, ivi, pp. 405-6.

[28] In questo spirito Beniamino Segre fece notare nel suo necrologio di Roth che «nuovi risultati anche quando sono difficili e richiedono duro lavoro possono apparire spesso (ma erroneamente) meri esercizi o frivole generalizzazioni».

BAGNERA, G. e DE FRANCHIS, M.

1908 *Le superficie algebriche le quali ammettono una rappresentazione parametrica mediante funzioni iperellittiche di due argomenti*, in «Memorie della Società Italiana delle Scienze, detta Accademia dei XL», 15, pp. 251-343.

BAKER, H. F.

1907 *Multiply Periodic Functions*, Cambridge University Press, Cambridge.

1913 *On some recent advances in the theory of algebraic surfaces*, in «Proceedings of the London Mathematical Society», 12, pp, 1-40.

1922 *Remarks on Mr. Wakeford's paper «Chords of a twisted cubic»*, in «Proceedings of the London Mathematical Society», 21, pp. 114-33.

1922-33 *Principles of Geometry*, 6 voll., Cambridge University Press, Cambridge.

1938 *Francis Sowerby Macaulay*, in «Journal of the London Mathematical Society», 13, pp. 157-60.

1946 *A locus with 25 920 linear self-transformations*, Cambridge Tract n. 39, Cambridge University Press, Cambridge.

BARROW-GREEN, J. E.

1996-99 Britmath Online Database: *British Mathematics 1860-1940*, www.britmath.open.ac.uk.

BERTINI, E.

1894 *La geometria delle serie lineari sopra una curva piana secondo il metodo algebrico*, in «Annali di matematica», 22(2), pp. 1-40.

BRILL, A. W. VON e NOETHER, M.

1874 *Über die algebraischen Functionen und ihre Anwendungen in der Geometrie*, in «Mathematische Annalen», 7, pp. 269-310.

CAYLEY, A.

1863 *On Skew Surfaces, otherwise Scrolls*, in «Philosophical Transactions of the Royal Society», 153, pp. 453-83, ristampato in *Collected Papers*, vol. V, 1892, pp. 168-200.

1869 *A Third Memoir on Skew Surfaces, otherwise Scrolls*, in «Philosophical Transactions of the Royal Society», 159, pp. 111-26, ristampato in *Collected Papers*, vol. VI, 1893, pp. 312-28.

1871 *On the deficiency of certain surfaces*, in «Mathematische Annalen», 3, pp. 526-529, ristampato in *Collected Papers*, vol. VIII, 1895, pp. 394-97.

COXETER, H. S. M.

1934 *Finite groups generated by reflections, and their subgroups generated by reflections*, in «Proceedings of the Cambridge Philosophical Society», 30, pp. 466-482.

CRILLY, T.

2005 *Arthur Cayley: Mathematician Laureate of the Victorian Age*, Johns Hopkins University Press, Baltimore.

DARRIGOL, O.

1992 *From c-numbers to q-numbers, the classical analogy in the history of quantum mechanics*, University of California Press, Berkeley.

ENRIQUES, F. e CASTELNUOVO, G.

1914 *Die algebraischen Flächen vom Gesichtspunkte der birationalen Transformationen aus*, in *Encyklopädie der mathematischen Wissenschaften*, III, C6b, Teubner, Leipzig, pp. 674-768.

ENRIQUES, F. e SEVERI, F.

1909-10 *Mémoire sur les surfaces hyperelliptiques*, in «Acta Mathematica», 32, pp. 283-392 e 33, pp. 321-403.

FANO, G.

1892 *Sui postulati fondamentali della geometria proiettiva in uno spazio lineare a un numero qualunque di dimensioni*, in «Giornale di Matematiche», 30, pp. 106-31.

GANDON, S.

2004 *Russell et l'«Universal Algebra» de Whitehead: la géométrie projective entre ordre et incidence (1898-1903)*, in «Revue d'Histoire des Mathématiques», 10(2), pp. 187-256.

GARDNER, J. H. e WILSON, R. J.

1993 *Thomas Archer Hirst. Mathematician Xtravagant*, in «American Mathematical Monthly», 100, pp. 435-41, 531-38, 619-25, 723-31, 827-34, 907-15.

GOLDBLATT, R.

1987 *Orthogonality and Space-Time Geometry*, Springer Verlag, New York.

GRACE, J. H.

1916 *Edward Kingsley Wakeford*, in «Proceedings of the London Mathematical Society», 16(2), pp. LIV-LVII.

GRACE, J. H. e YOUNG, A.

1903 *The Algebra of Invariants*, Cambridge University Press, Cambridge.

GRAY, J. J.

1989 *Algebraic and projective geometry in the late 19th century*, in J. MCCLEARY e D. E. ROWE (a cura di), *Symposium on the History of Mathematics in the 19th Century*, Academic Press, New York, pp. 361-88.

1994 *German and Italian Algebraic Geometry*, in «Supplementi dei Rendiconti di circolo matematico di Palermo», serie 2, n. 36, pp. 151-83.

1997 *Algebraic geometry between Noether and Noether. A forgotten chapter in the history of algebraic geometry*, in «Revue d'Histoire des mathématiques», 3(1), pp. 1-48.

GRIFFIN, N.

1991 *Russell's Idealist Apprenticeship*, Clarendon Press, Oxford.

HILBERT, D.

1899 *Grundlagen der Geometrie (Festschrift zur Einweihung des Göttinger Gauss-Weber Denkmals)*, Leipzig (II ed. rivista 1903, numerose edizioni successive) [trad. it. *Fondamenti della geometria*, con i supplementi di P. Bernays, introduzione di C. F. Manara, Feltrinelli, Milano 1970].

HODGE, W. V. D.

1930 *On multiple integral attached to an algebraic variety*, in «Journal of the London Mathematical Society», 5, pp. 283-90.

1933 *The geometric genus of a surface as a topological invariant*, in «Journal of the London Mathematical Society», 8, pp. 312-19.

1950 *Some recent developments in the theory of algebraic varieties*, in «Journal of the London Mathematical Society», 25, pp. 143-57.

HUDSON, H. P.

1927 *Cremona Transformations in Plane and Space*, Cambridge University Press, Cambridge.

HUMBERT, G.

1891 *Sur la surface desmique du quatrième ordre*, in «Journal de mathématiques», 7(4), pp. 353-98.

JORDAN, C.

1909-15 *Cours d'analyse de l'École polytechnique*, 3 voll., III ed., Gauthier-Villars, Paris.

LEFSCHETZ, S.

1930 *On transformations of closed sets*, in «Annals of Mathematics», 31, pp. 271-280.

LEWIS, G. N. e TOLMAN, R. C.

1909 *The principle of relativity and non-Newtonian mechanics*, in «Philosophical Magazine», 18(6), pp. 501-23.

LORIA, G.

1896 *Il passato ed il presente delle principali teorie geometriche*, seconda edizione accresciuta e interamente rifatta, Clausen, Torino.

MACAULAY, F. S.

1900 *The theorem of residuation, being a general treatment of the intersections of plane curves at multiple points*, in «Proceedings of the London Mathematical Society», 31, pp. 381-423.

MCCREA, W. H.

1978 *Ebenezer Cunningham*, in «Bulletin of the London Mathematical Society», 10, pp. 116-26.

MILLER, A. I.

1981 *Albert Einstein's special theory of relativity: emergence (1905) and early interpretation (1905-1911)*, Addison-Wesley, Reading-London.

MOULTON, F. R.

1902 *A simple non-Desarguesian plane geometry*, in «Transactions of the American Mathematical Society», 3, pp. 192-95.

NOETHER, M.

1870 *Über die auf Ebenen eindeutig abbildbaren algebraischen Flächen*, in «Nachrichten von der Akademie der Wissenschaften in Göttingen», 1, pp. 1-6.

PARSHALL, K. H.

2004 *Defining a mathematical research school: the case of algebra at the University of Chicago, 1892-1945*, in «Historia Mathematica», 31, pp. 263-78.

PASCAL, E.

1898 *Repertorio di matematiche superiori*, Hoepli, Milano.

PEANO, G.

1894 *Sui fondamenti della Geometria*, in «Rivista di matematica», 4, pp. 51-90.

PICARD, E. e SIMART, G.

1906 *Théorie des fonctions algébriques de deux variables indépendantes*, vol. II, Gauthier-Villars, Paris.

PIERI, M.

1898 *I principii della geometria di posizione composti in sistema logico deduttivo*, in «Memorie della Reale Accademia delle Scienze di Torino», 48(2), pp. 1-62.

RICHARDS, J. L.

1988 *Mathematical Visions. The Pursuit of Geometry in Victorian England*, Academic Press, San Diego.

RIEMANN, G. B. F.

1873 *On the Hypotheses which Lie at the Bases of Geometry*, trad. dal tedesco (*Über die Hypothesen, welche der Geometrie zu Grunde liegen*) di W. K. Clifford, in «Nature», 8(183-84), ora in W. K. CLIFFORD, *Mathematical Papers*, a cura di R. Tucker, Macmillan, London 1882, pp. 55-72.

ROBB, A. A.

1911 *Optical Geometry of Motion: A New View of the Theory of Relativity*, W. Heffer and Sons, Cambridge.

ROOM, T. G.

1934 *The freedoms of determinantal manifolds*, in «Proceedings of the London Mathematical Society», 36(2), pp. 1-28.

ROSS, R. e HUDSON, H. P.

1931 *A Priori Pathometry*, Harrison and Sons, London.

ROTH, L.

1934 *On the regularity of surfaces*, in «Proceedings of the Cambridge Philosophical Society», 30, pp. 4-14.

1935 *Some types of irregular surfaces*, in «Proceedings of the Cambridge Philosophical Society», 31, pp. 159-73.

RUSSELL, B.

1903 *The Principles of Mathematics*, Cambridge University Press, Cambridge [trad. it. *I principi della matematica*, Longanesi, Milano 1963].

SCOTT, C. A.

1902 *A recent method for dealing with the intersections of plane curves*, in «Transactions of the American Mathematical Society», 3, pp. 216-63.

SEGRE, C.

1912 *Mehrdimensionale Räume*, in *Encyklopädie der mathematischen Wissenschaften*, III, C 7, Teubner, Leipzig, pp. 769-972.

STEPHANOS, C.

1879 *Sur les systèmes desmiques de trois tétraèdres*, in «Bulletin des sciences mathématiques et astronomiques», 3(2), pp. 424-56.

SUPPES, P. (a cura di)

1973 *Space, Time, and Geometry*, Reidel, Dordrecht.

VAHLEN, T.

1905 *Abstrakte Geometrie*, Teubner, Leipzig.

VAILATI, G.

1895*a* *Sulle relazioni di posizione fra punti d'una linea chiusa*, in «Rivista di matematica», 5, pp. 75-78.

1895*b* *Sulle proprietà caratteristiche delle varietà a una dimensione*, in «Rivista di matematica», 5, pp. 183-85.

WAERDEN, B. L. VAN DER

1971 *The Foundation of Algebraic Geometry from Severi to André Weil*, in «Archive for history of exact sciences», 7, pp. 171-80, ora in *Zur algebraischen Geometrie*, Springer Verlag, New York 1983, pp. 1-10.

WALKER, R. J.

1950 *Algebraic Curves*, Princeton University, Princeton.

WALTER, S. A.

1997 *Hermann Minkowski et la mathématisation de la théorie de la relativité restreinte, 1905-1915*, tesi di dottorato inedita, Université de Paris VII.

1999 *The Non-Euclidean Style of Minkowskian Relativity*, in J. J. GRAY (a cura di), *The Symbolic Universe: Geometry and Physics, 1890-1930*, Oxford University Press, Oxford, pp. 91-127.

WARWICK, A.

2003 *Masters of Theory: Cambridge and the Rise of Mathematical Physics*, University of Chicago Press, Chicago.

WEYL, H.

1954 *Address of the President of the Fields Medal Committee 1954*, in «Proceedings of the International Congress of Mathematicians», n. 164, pp. 609-22, ora in *Gesammelte Abhandlungen*, vol. IV, Springer Verlag, Berlin - Heidelberg - New York 1968.

WHITEHEAD, A. N.

1906 *The Axioms of Projective Geometry*, Cambridge Tract n. 4, Cambridge University Press, Cambridge.

1907 *The Axioms of Descriptive Geometry*, Cambridge Tract n. 5, Cambridge University Press, Cambridge.

1922 *The Principle of Relativity with Applications to Physical Science*, Cambridge University Press, Cambridge.

ZEUTHEN, H. G.

1876 *Note sur les singularités des courbes planes*, in «Mathematische Annalen», 10, pp. 210-20.

SERGEJ S. DEMIDOV

San Pietroburgo e Mosca, due capitali

Fondata nel 1703 da Pietro il Grande, la città di San Pietroburgo indicò alla Russia un moderno percorso di sviluppo culturale orientato verso l'Occidente europeo. La nuova capitale venne cosí a contrapporsi a Mosca, simbolo del passato regno di Moscovia, culla di antiche consuetudini e consolidate tradizioni culturali. Se la vecchia capitale rimaneva per il popolo *Moskva matuška*, la «madre Mosca», per Pietroburgo, posta a settentrione rispetto alla Russia centrale ma a occidente per i propri orientamenti, la tradizione popolare non coniò alcun epiteto affettuoso. Fin dall'inizio, le due capitali si trovarono in piena contrapposizione culturale (e di fatto fu Mosca a conservare il rango di vera capitale, essendo la città in cui venivano incoronati gli zar). Pietroburgo si considerò sempre una città europea, in cui si evidenziarono molto chiaramente tendenze religiose, politiche e filosofiche vicine all'Occidente, per non parlare dello stesso impianto architettonico della città e della sua particolare atmosfera artistica e letteraria. Lo spirito che regnava a Pietroburgo era ben diverso da quello che aleggiava su Mosca, la città «dalle mille cupole dorate» caratterizzata da un'ordinata vita quotidiana, da un piú forte senso di «russicità ortodossa» e da un'affezione al trono imperiale ben piú sentita che nella capitale del Nord. Stiamo parlando, naturalmente, di quelle tendenze dominanti che in entrambe le capitali si palesarono in tutto il loro ampio spettro. La contrapposizione tra Mosca e Pietroburgo segnò di fatto l'intera vita sociale e culturale della Russia tra il XVIII e il XX secolo (e continua tuttora), evidenziandosi talora in modo impetuoso, come nella famosa fuga di N. V. Gogol', che negli ultimi anni di vita abbandonò la capitale del Nord per trovare rifugio nella quiete moscovita. Lo spirito di tale perenne contrapposizione emerge chiaramente nei due romanzi dedicati alle città scritti dal famoso poeta Andrej Belyj, formatosi nel raffinato ambiente dell'Università di Mosca (figlio, tra l'altro, di N. V. Bugaev, uno tra i piú eminenti matematici russi a cavallo del XIX e XX secolo) e particolarmente attento alle correnti piú profonde della vita intellettuale e spirituale del paese. La tensione creata dalla contrapposizione tra le due città determinò in misura considerevole le vie dello sviluppo culturale della Russia e, in particolare, della scienza, ivi compresa la matematica.

Occorre notare che la matematica, intesa nell'accezione che il termine aveva acquisito in età moderna, comparve in Russia piuttosto tardi, vale a dire come risultato di alcune importanti riforme petrine[1]. Nel 1724 Pietro il Grande ratificò infatti il progetto di fondazione dell'Accademia delle Scienze, che vide nell'agosto dell'anno seguente la sua prima assemblea. L'evento in sé ebbe dello straordinario, se pensiamo che nella nuova capitale di un paese sterminato, e sotto molti aspetti ancora legato al Medioevo, si riunirono alcuni dei massimi scienziati europei, a cui lo zar aveva affidato con editto imperiale il compito di creare nella Palmira del Nord un terreno fertile al sapere scientifico contemporaneo. In un paese in cui la maggior parte del popolo non sapeva né leggere né scrivere e il sistema dell'istruzione stava muovendo appena allora i primi passi[2], iniziava a svolgere a pieno ritmo la propria attività un'Accademia delle Scienze che per composizione non aveva nulla da invidiare alle migliori accademie del tempo. Eppure, persino alcune delle menti piú intelligenti dello stato russo guardarono alla creazione dell'Accademia come a un ennesimo sollazzo dell'autocrate: l'iniziativa del sovrano, al contrario, era destinata a rivelarsi un passo decisivo per i destini del paese.

1. *Il germoglio attecchisce.*

Il germoglio della nuova scienza europea, trapiantato nel terreno paludoso di Pietroburgo, attecchí in tempi sorprendentemente rapidi e cominciò ben presto a mettere nuovi getti. I primi accademici occidentali invitati a Pietroburgo non esitarono a sviluppare i loro studi sulle rive della Neva (per quanto riguarda i matematici, possiamo dire che arrivarono nella giovane capitale esponenti di grande spicco, il fior fiore della matematica europea di quel tempo, come J. Hermann, Ch. Goldbach, N. e D. Bernoulli, F. Ch. Mayer, G. W. Krafft e il *princeps mathematicorum* Leonardo Eulero). I risultati ottenuti da questi uomini di scienza divennero presto il fiore all'occhiello della nuova pubblicazione scientifica «Commentarii Academiae Scientiarum Imperialis Petropolitanae», il cui primo numero apparve nel 1728 [Juškevič 1968, p. 75].

Tra i compiti affidati ai primi accademici giunti a Pietroburgo vi era la preparazione di giovani scienziati russi, e in tal senso fu soprattutto Eulero a distinguersi nell'attività pedagogico-didattica, tanto che proprio tra i suoi allievi si formarono i primi studiosi russi delle scienze esatte nonché futuri

[1] La matematica esistente in Russia prima di Pietro il Grande era di fatto vincolata a una cultura di tipo medievale (si veda a tale proposito Juškevič [1968]).

[2] Sullo sterminato territorio dell'impero esistevano soltanto due istituzioni in grado di sostenere il ruolo di istituti di istruzione superiore, benché anche esse – il collegio fondato nel 1632 dal metropolita di Kiev Petr Mogila (o Petro Mohyla), noto come Collegio mohyliano e divenuto Accademia nel 1701, e l'Accademia slavo-greco-latina di Mosca – fossero sostanzialmente dei seminari teologici medievali.

accademici quali S. K. Kotel´nikov, S. Ja. Rumovskij e M. E. Golovin. Anche se tra loro non c'erano scienziati di prim'ordine, è impossibile sottovalutare il ruolo che essi ebbero nella storia della cultura russa. Attivi sostenitori delle riforme avviate nei primi anni del regno di Alessandro I nel campo dell'istruzione popolare, gli allievi e i discepoli di Eulero organizzarono in Russia un eccellente sistema per l'insegnamento della matematica, che nel giro di pochi anni iniziò a dare risultati straordinari[3], primo fra tutti la comparsa di matematici russi di statura mondiale. Il primo di questi studiosi a ottenere riconoscimenti a livello europeo fu M. V. Ostrogradskij (1801-1862), che nel 1822, terminati gli studi all'Università di Char´kov[4], si recò a Parigi per completare la propria formazione. Al suo rientro in Russia nel 1828, egli era ormai considerato a buon diritto uno scienziato di fama e un brillante esponente della scuola del grande matematico francese A.-L. Cauchy, che conservò sempre nei confronti del discepolo russo un atteggiamento di estrema benevolenza [Gnedenko e Pogrebysskij 1963]. Un altro matematico la cui fama varcò ben presto i confini dell'impero russo fu N. I. Lobačevskij (1792-1856). La sua geometria non euclidea, che non ricevette altro che scherno e critiche ingiuste mentre lo studioso era in vita[5], ottenne invece postuma il pieno riconoscimento internazionale.

Verso la fine degli anni Venti del XIX secolo i due maggiori centri degli studi matematici in Russia erano le città di San Pietroburgo e Kazan´: la prima grazie all'operato dell'Imperiale Accademia delle Scienze, in cui dominavano le figure di Ostrogradskij e V. Ja. Bunjakovskij; la seconda per l'attività di Lobačevskij. Mosca invece, per quanto riguardava la matematica, rimaneva a quell'epoca una remota provincia dell'impero.

[3] Subito dopo l'introduzione di queste riforme, S. Ja. Rumovskij iniziò a lavorare presso la Direzione centrale degli istituti scolastici del ministero dell'Istruzione popolare. Nominato provveditore del distretto di Kazan´, egli invitò all'università del capoluogo, creata nel 1805, alcuni illustri docenti delle discipline fisico-matematiche, tra i quali F. X. Bronner, J. Ch. M. Bartels, K. F. Renner e J. J. Littrow. Grazie alla loro attività, l'insegnamento di tali discipline raggiunse all'Università di Kazan´ un livello eccellente, che contribuí tra l'altro allo sviluppo del talento matematico di N. I. Lobačevskij [Vasil´ev 1992]. Al matematico M. E. Golovin appartiene una serie di libri di testo in cui erano seguite le impostazioni metodologiche di Eulero. Nel manuale pubblicato nel 1789, *Ploskaja i sferičeskaja trigonometrija* [Trigonometria piana e sferica], la trigonometria veniva esposta – per la prima volta nella letteratura didattica – nella forma proposta da Eulero e accettata in seguito universalmente [Poljakova 2002].

[4] In seguito a macchinazioni di carattere ideologico, Ostrogradskij non vi conseguí mai la laurea [Yuškevič 1968, p. 274].

[5] Negli attacchi sferrati contro Lobačevskij, il ruolo avuto da Ostrogradskij non fu certo tra i piú nobili [*ibid.*, pp. 252 e 300].

2. *Il risveglio di Mosca.*

Pur essendo l'ateneo piú antico di tutta la Russia, fondato nel 1755, tra la fine del XVIII secolo e i primi decenni del XIX l'Università di Mosca non brillava particolarmente per l'insegnamento della matematica. Come abbiamo detto, per tutto ciò che concerneva le scienze esatte Mosca restava una provincia remota, ben lontana dai brillanti successi che venivano conseguiti da Pietroburgo e Kazan´. La situazione iniziò a mutare soltanto negli anni Trenta del XIX secolo, grazie soprattutto all'attività di due insigni docenti quali N. E. Zernov (1804-1862) e N. D. Brašman (1796-1866).

Completati nel 1822 gli studi all'Università di Mosca con il titolo di candidato in scienze matematiche, Zernov discusse cinque anni dopo una brillante tesi per il grado di *magister* dal titolo *Rassuždenie o sutočnom i godovom dviženijach Zemli* [Considerazioni sul moto di rotazione terrestre], divenendo nel 1834 docente aggiunto e nel 1835 docente straordinario dell'ateneo moscovita. Nel 1837 discusse la tesi di dottorato *Rassuždenie ob integracii uravnenij s častnymi differencialami* [Considerazioni sull'integrazione delle equazioni differenziali alle derivate parziali], che rappresentò altresí la prima tesi di dottorato in matematica di tutta la Russia con «un'esposizione accurata e non priva di originalità dei metodi classici di integrazione delle equazioni differenziali alle derivate parziali» [Yuškevič 1968, p. 220]. Zernov, a capo della cattedra di matematica pura, elevò considerevolmente il livello dell'insegnamento delle discipline matematiche. Formatosi interamente a Mosca, non si recò mai in Occidente, pur dimostrando un'eccezionale sensibilità verso le nuove tendenze europee. Il suo libro di testo *Differencial´noe isčislenie s priloženijami k geometrii* [Il calcolo differenziale e le sue applicazioni alla geometria], pubblicato a Mosca nel 1842 e insignito *ex aequo* del premio Demidov conferito dall'Accademia delle Scienze di Pietroburgo, seguiva in larga misura, seppur non completamente, le idee di Cauchy sulla revisione dell'analisi matematica.

N. D. Brašman completò gli studi presso l'Istituto politecnico e l'Università di Vienna. Figura determinante nella sua carriera fu il direttore dell'osservatorio astronomico della capitale asburgica J. J. Littrow, già insegnante di N. I. Lobačevskij e membro corrispondente dell'Accademia di Pietroburgo. Littrow consigliò al giovane scienziato di recarsi in Russia e gli forní a tale scopo un buon numero di lettere di raccomandazione. Dal 1825 al 1834 Brašman lavorò all'Università di Kazan´, per poi trasferirsi a Mosca dove occupò la cattedra di matematica applicata e organizzò in maniera magistrale alcuni corsi di laurea. Due suoi libri di testo (*Kurs analitičeskoj geometrii* [Trattato di geometria analitica, Mosca 1836] e *Teorija ravnovesija tel tverdych i židkich* [Teoria dell'equilibrio dei corpi solidi e liquidi,

Mosca 1837]) ricevettero il premio Demidov. I suoi articoli scientifici, apparsi sulle «Učenye zapiski Moskovskogo universiteta» [Note scientifiche dell'Università di Mosca], sul «Bjulleten´ Sankt-Peterburgskoj Akademii nauk» [Bollettino dell'Accademia delle Scienze di Pietroburgo], sulla rivista «Comptes Rendus» dell'Accademia delle Scienze di Parigi e su altre pubblicazioni di notevole prestigio, testimoniano il livello del suo talento matematico e delle sue capacità intuitive. Per i suoi molteplici meriti scientifici fu nominato nel 1855 membro corrispondente dell'Accademia delle Scienze di Pietroburgo.

Con l'opera di Zernov e Brašman l'insegnamento della matematica raggiunse nell'ateneo moscovita livelli straordinari e grazie agli sforzi dei due docenti si creò una pleiade di matematici che determinarono il successivo sviluppo scientifico della Russia tra la seconda metà del XIX secolo e gli inizi del XX. Come scrisse in seguito E. I. Zolotarev [1932, pp. 60-61]: «Chiunque nutra un serio interesse per l'evoluzione storica della matematica nel nostro paese non può non soffermarsi con gratitudine sulla figura di questi due rappresentanti del mondo accademico moscovita [...] Entrambi rispettati per il livello della loro opera scientifica, Zernov e Brašman rifulgono forse anche di piú per la loro attività didattica e pedagogica. I loro numerosi allievi, sparsi oggi in tutta la Russia, sono divenuti a loro volta maestri, conseguendo in qualche caso una fama del tutto meritata». Ecco alcuni dei «numerosi allievi» a cui accenna Zolotarev: O. I. Somov (1815-1876, laureatosi nel 1835); A. Ju. Davidov (1823-1885, laureatosi nel 1849); N. V. Bugaev (1837-1903, laureatosi nel 1859); infine, P. L. Čebyšev (1821-1894, laureatosi nel 1841), uno dei grandi matematici russi della seconda metà del XIX secolo.

Nel 1864 venne fondata a Mosca la Società moscovita di studi matematici, una delle prime al mondo. Il suo primo presidente fu N. D. Brašman, vicepresidente A. Ju. Davidov [Demidov, Tokareva e Tichomirov 2003-04]. Per l'importanza avuta nello sviluppo della matematica in Russia, scrisse il famoso storico della matematica A. P. Yuškevič [1968, p. 317]: «La Società moscovita di studi matematici fu seconda soltanto all'Accademia delle Scienze di Pietroburgo». Tra i padri fondatori della Società ricordiamo P. L. Čebyšev, che, già membro a quel tempo dell'Accademia delle Scienze, creò attorno a sé a Pietroburgo, dove viveva, una delle piú famose scuole di matematica della Russia a cavallo dei due secoli, nota appunto a tutto il mondo come «scuola di Čebyšev».

3. *La scuola di Čebyšev.*

P. L. Čebyšev deve la sua fama nella storia della matematica agli eccellenti risultati da lui conseguiti nella teoria delle probabilità, in quella della distribuzione dei numeri primi, nello studio delle approssimazioni diofantee e in quello dell'integrazione delle funzioni algebriche. Docente di straordinarie capacità, Čebyšev diede vita a una scuola divenuta ben presto famosa per i risultati ottenuti nel campo della teoria delle probabilità (A. A. Markov, A. M. Ljapunov) e teoria dei numeri (A. N. Korkin, E. I. Zolotarev, A. A. Markov, G. F. Voronoj), nella teoria costruttiva delle funzioni (E. I. Zolotarev, A. A. Markov, V. A. Markov), nel campo della fisica matematica e della meccanica analitica (A. M. Ljapunov, V. A. Steklov, N. M. Gjunter). Gli studi della scuola di Čebyšev furono caratterizzati da alcuni elementi particolari: una spiccata attenzione agli aspetti applicativi (unica eccezione è forse la teoria dei numeri, che fu un tradizionale campo di ricerca dei matematici pietroburghesi fin dai tempi di Eulero); una costante tendenza alla soluzione rigorosa e allo stesso tempo efficace dei problemi matematici, alla costruzione di un algoritmo in grado di portare la soluzione del problema vuoi a un preciso risultato numerico o a un'adeguata soluzione approssimata; la tendenza all'uso di mezzi semplici ed elementari. Tale impostazione della scuola di Čebyšev determinò la ben nota sfiducia nei confronti delle moderne correnti della matematica occidentale (in particolare verso le idee innovative di G. F. B. Riemann, considerate una sorta di decadenza matematica). Detto questo, occorre sottolineare che l'interpretazione generale della matematica e della sua collocazione nel mondo aveva per Čebyšev un carattere positivo: «Noi risolviamo problemi concreti con metodi rigorosi e altrettanto concreti» (il rigore era inteso nel senso di una determinazione il piú possibile esatta dei limiti imposti dai metodi usati), «e non tolleriamo alcuna bruma filosofica» (nello stile di Georg Cantor, per esempio).

Le posizioni assunte dalla scuola di Pietroburgo furono espresse nella loro forma piú estrema da A. A. Markov, che ne assunse di fatto la guida dopo la morte di Čebyšev e impose, almeno per un certo periodo, una visione nettamente antireligiosa[6] che si coniugava a tendenze liberali filoccidentali e a un dichiarato sentimento antimonarchico [Grodzenskij 1987].

4. *La scuola matematico-filosofica di Mosca.*

Ben diversa era l'atmosfera dominante nei circoli matematici dell'antica capitale. Innanzitutto, come abbiamo già detto, Mosca si distingueva per un clima intellettuale del tutto particolare. A differenza della capitale del Nord,

[6] È interessante notare che tra le cause di tali sentimenti antireligiosi vi erano l'atmosfera stessa che si respirava nelle scuole gestite dal clero ortodosso nonché la loro impostazione didattica. Negli allievi si generava spesso un atteggiamento di protesta che confluiva successivamente in un disgusto generalizzato verso la Chiesa e la religione stessa. I padri dei massimi esponenti della scuola di Čebyšev, vale a dire A. A. Markov e il suo successore V. A. Steklov, avevano studiato in seminario. L'acceso anticlericalismo dei figli dipese in larga misura dall'istruzione religiosa ricevuta dai genitori.

tutta tesa verso Occidente, Mosca appariva piú conservatrice, piú devota all'ortodossia e maggiormente legata all'autocrazia. La contrapposizione culturale e ideologica tra le due capitali trovò espressione anche negli studi matematici, in primo luogo nei rapporti reciproci tra la comunità scientifica di Mosca e quella di Pietroburgo.

Il portavoce forse piú incisivo dei sentimenti moscoviti fu N. V. Bugaev, uno dei piú influenti matematici a cavallo dei due secoli. Appassionato già in gioventú di studi filosofici – soprattutto del positivismo allora di moda –, negli anni Ottanta subí un'evoluzione in senso idealistico-leibniziano e propose un proprio sistema filosofico originale detto «monadologia evolutiva». Un ruolo particolare in tale visione filosofica veniva attribuito alla matematica, intesa sostanzialmente come studio delle funzioni. In tal senso, Bugaev poneva soprattutto l'accento sulla teoria delle funzioni discontinue, asserendo che proprio queste ultime avrebbero rivestito un'enorme importanza nella matematica e nelle scienze naturali matematiche del futuro. Mentre in precedenza l'oggetto centrale della matematica erano state le funzioni analitiche nel piano – su cui poggiava una «*Weltanschauung* analitica» di tipo deterministico –, la nuova matematica, vale a dire la matematica delle funzioni discontinue, avrebbe permesso secondo Bugaev di edificare una nuova visione del mondo, in grado di superare i limiti imposti dalle vecchie concezioni deterministiche [Bugaev 1898; Demidov 1985 *a*, *b*, *c*]. Le idee di Bugaev furono accolte con particolare interesse da alcuni grandi esponenti del pensiero russo [cfr. Losskij 1951] ed ebbero un ulteriore sviluppo soprattutto negli studi di P. A. Florenskij [cfr. Demidov e Ford 2005].

Lo stesso Bugaev e i suoi allievi tentarono di costruire una teoria delle funzioni discontinue assumendo come punto di partenza le funzioni numeriche. Questa corrente di studi, che, come oggi sappiamo, porta soltanto in un vicolo cieco, fu chiamata da Bugaev «aritmologia».

L'aritmologia, strettamente legata a Bugaev e ai suoi allievi, non esauriva di certo i temi affrontati dai matematici moscoviti raggruppati attorno all'università e alla Società di studi matematici. I risultati migliori si ebbero soprattutto nella geometria differenziale e nella matematica applicata. A iniziare gli studi nel primo di questi campi fu K. M. Peterson (1828-1881), un semplice insegnante del ginnasio tedesco di Mosca che si era dedicato alle ricerche sullo studio delle superfici fin dagli anni in cui era studente dell'Università di Dorpat sotto la guida di E. F. A. Minding. L'opera di Peterson, che costituí in qualche modo la continuazione degli studi di C. F. Gauss e dello stesso Minding, si esplicò in numerosi lavori scientifici pubblicati per lo piú in russo sul «Matematičeskij sbornik» [Raccolta matematica] e diffusi relativamente tardi in Occidente[7], anche se nei primi anni del XX secolo

[7] Peterson pubblicò in lingua tedesca un solo lavoro: *Über Kurven und Flächen*, Moskva-Leipzig 1868. I risultati ottenuti da Peterson divennero noti in Occidente già agli inizi del XX secolo, so-

l'Europa conosceva ormai sia i maggiori esponenti della scuola moscovita di geometria differenziale (B. K. Mlodzeevskij, D. F. Egorov e altri) sia le sue tematiche centrali (prima di tutto il problema della «curvatura su un piano principale»)[8]. Va sottolineato altresí che nelle loro ricerche nel campo della geometria i matematici moscoviti non si limitarono alla geometria differenziale ma lavorarono con successo anche in quella proiettiva. Agli studi sulla geometria differenziale si affiancarono inoltre i lavori di Egorov sulla teoria geometrica delle equazioni differenziali alle derivate parziali, la cui importanza è stata tuttavia riconosciuta soltanto in questi ultimi decenni[9].

Nella matematica applicata, il secondo campo di interesse della scuola moscovita, si distinsero in modo particolare i lavori di N. E. Žukovskij e dei suoi allievi, fra i quali S. A. Čaplygin [Yuškevič 1968]. Agli studiosi di Mosca vanno inoltre ricondotti brillanti risultati nella teoria delle funzioni di una variabile complessa e nella teoria delle probabilità (P. A. Nekrasov) [Petrova e L. D. Solov´ev 1997; Seneta 1984; Solov´ev 1997].

A caratterizzare dunque l'opera dei matematici moscoviti furono soprattutto l'evidente interesse per la matematica applicata (risalente ai tempi di Brašman), la predilezione per costruzioni geometriche chiare nonché una certa tendenza, come abbiamo visto, alla speculazione filosofica. Fu proprio in base a quest'ultima che la scuola formatasi a Mosca tra gli ultimi decenni del XIX secolo e l'inizio del XX fu definita «matematico-filosofica» [Nekrasov 1904].

5. *La contrapposizione tra le due capitali.*

I matematici di Pietroburgo osservavano con una certa disapprovazione sia la particolare atmosfera che regnava a Mosca sia i temi seguiti dai moscoviti nelle loro ricerche. Nei rapporti tra le due scuole venne pertanto a crearsi una tendenza al confronto che portò talora a veri e propri scontri. Una delle prime grandi controversie esplose tra il 1887 e il 1891 e trovò il *casus belli* nei risultati ottenuti da V. G. Imšeneckij nei metodi di integrazione frazionari-razionali delle equazioni differenziali lineari [Yuškevič 1968, p. 433]. In quell'occasione, i matematici di Mosca (K. A. Andreev, P. A. Nekrasov e altri) sostennero l'accademico pietroburghese difendendolo dalle aspre

prattutto grazie agli articoli che gli dedicarono B. K. Mlodzeevksij e D. F. Egorov, apparsi nel 1903 sulle «Annales de la Faculté des Sciences de Toulouse», e alla successiva traduzione francese dei principali lavori di Peterson nel 1905.

[8] I risultati presentati da Egorov nella sua dissertazione *Ob odnom klasse ortogonal´nych sistem* [Su una classe di sistemi ortogonali] furono inseriti da G. Darboux nella seconda edizione di *Leçons sur les systèmes orthogonaux et les coordonnées curvilignes* (Paris 1910). Le cosiddette superfici potenziali, scoperte da Egorov, furono chiamate in suo onore con il termine E-superfici.

[9] Si veda per esempio Tsarev [1990].

critiche che gli venivano rivolte dai suoi stessi colleghi (A. A. Markov, A. N. Korkin, K. A. Posse)[10]. Un altro motivo di conflitto tra le due scuole sorse con i risultati di S. V. Kovalevskaja (per i quali la studiosa ricevette nel 1888 il premio dell'Accademia delle Scienze di Francia), riguardanti l'integrazione delle equazioni del moto di un corpo rigido pesante attorno a un punto fisso. Duramente criticata da A. A. Markov, che aveva evidenziato alcune lacune nel suo lavoro, la Kovalevskaja fu invece appoggiata dai matematici moscoviti P. A. Nekrasov e G. G. Appel'rot, che tentarono altresí di porre rimedio alle aporie riscontrate dall'accademico di Pietroburgo[11]. Particolare risonanza ebbe infine lo scontro tra Markov e Nekrasov sul teorema del limite centrale nella teoria delle probabilità [Solov'ev 1997].

La vita matematica di Pietroburgo era determinata dalle attività dell'Imperiale Accademia delle Scienze, un'istituzione fortemente élitaria che tendeva ad elevarsi molto al di sopra dell'esistenza quotidiana della comunità dei matematici russi, la cui espansione era iniziata negli anni di Alessandro I e aveva conosciuto un notevole slancio all'epoca delle riforme di Alessandro II. Un ruolo determinante in tale processo lo ebbe senza dubbio Mosca, grazie al suo storico ateneo e alla Società di studi matematici ad esso affiliata. Altrettanto importante in tal senso fu la già citata rivista «Matematičeskij sbornik», pubblicata dalla Società e divenuta ben presto l'organo ufficiale dell'intera comunità dei matematici russi [Demidov 1993].

6. *La risposta di Mosca.*

Va da sé che i giovani e ambiziosi studiosi moscoviti non potevano sentirsi appagati da una condizione che, pur guadagnando loro il rispetto degli ambienti scientifici europei, non li poneva di certo come autorevoli rappresentanti delle tendenze piú influenti della matematica contemporanea. Iniziarono perciò a rivolgere la loro attenzione a temi di studio che permettessero loro di emergere come la punta piú avanzata del mondo scientifico di quel tempo. Tali nuove tematiche, al tempo stesso, non dovevano interferire con gli interessi precipui della scuola di Pietroburgo, al fine di non trovarsi in qualche modo nella posizione subordinata di discenti. Il nuovo campo delle ricerche moscovite fu pertanto la teoria delle funzioni di una variabile reale – un indirizzo di studio elaborato già nell'ultimo decennio del XIX secolo dai

[10] Le discussioni che avvenivano tra i membri della Società di studi matematici erano cosí accese e richiedevano a Imšeneckij tali sforzi per far sí che avvenissero in modo civile che un bel giorno, dopo una delle riunioni, egli fu stroncato in albergo da un attacco cardiaco.

[11] Cfr. Michajlov e Stepanov [1984]. Tali lacune in realtà sono state eliminate solo di recente, dato che per farlo si rendeva necessario un apparato matematico molto sviluppato (si veda a tale proposito Kozlov [2001]).

matematici francesi E. Borel, R. Baire e H. Lebesgue sulla base della teoria degli insiemi di Cantor.

La scelta dei moscoviti apparve piú che naturale per due buoni motivi: in primo luogo perché, grazie alle ricerche di Bugaev, nella vecchia capitale regnava un notevole interesse per lo studio delle funzioni discontinue e, in secondo luogo, perché i giovani matematici di Mosca avevano rapidamente individuato nelle nuove elaborazioni dei francesi proprio quegli elementi teorici che speravano di trovare. I paludamenti teologici di alcune riflessioni di Cantor, inoltre, non creavano nei matematici moscoviti lo stesso senso di repulsione provato per esempio da Borel, che non aveva esitato a eliminare tali passi dalle traduzioni francesi di Cantor, o dagli studiosi di Pietroburgo, riluttanti a considerare «matematica» la teoria degli insiemi di Cantor, preferendo ricondurla nell'ambito della teologia.

La nascita della scuola moscovita della teoria delle funzioni di una variabile reale viene fatta solitamente risalire al 1911, anno in cui fu pubblicato sulla rivista «Comptes Rendus» dell'Accademia delle Scienze di Francia lo scritto di D. F. Egorov *Sur les suites des fonctions mesurables*, contenente il famoso teorema sulle successioni di funzioni misurabili noto come «teorema di Severini-Egorov»: ogni successione convergente di funzioni misurabili e finite in un intervallo (a, b) è uniformemente convergente tranne che in un sottointervallo di (a, b) la cui misura è arbitrariamente vicina a quella di (a, b). L'anno seguente, sulla stessa rivista, apparvero le note di N. N. Luzin, allievo di Egorov, sulla cosiddetta «proprietà C» delle funzioni misurabili. Da quel momento gli eventi si susseguirono a velocità vertiginosa. Nel 1915 apparve la famosa dissertazione di Luzin intitolata *Integral i trigonometričeskij rjad* [L'integrale e la serie trigonometrica] e nel 1917 era ormai attiva la prima generazione di allievi di Luzin, tra cui ricordiamo D. E. Men´šov, M. Ja. Suslin, A. Ja. Chinčin e P. S. Aleksandrov, e i cui risultati riscossero subito un grande interesse in Europa. La scoperta degli A-insiemi, effettuata da Suslin nel 1916, rese la scuola moscovita la punta piú avanzata delle ricerche matematiche contemporanee.

Particolarmente interessante fu in quegli anni la reazione dei maggiori esponenti della scuola di Pietroburgo. Si narra che V. A. Steklov, presentando ai propri interlocutori la dissertazione di Luzin, esordisse con una domanda retorica: «È forse matematica questa? Guardate, non c'è neanche una formula!» In una lettera inviata all'accademico A. N. Krylov nel 1926 (sic!), il matematico J. V. Uspensky, pure membro dell'Accademia di Pietroburgo, offriva la seguente valutazione dell'opera scientifica di Luzin: «Per quanto riguarda Luzin, so che è un ottimo specialista nel suo campo (intendo la teoria degli insiemi e tutte le assurdità di Cantor-Lebesgue ad essa connesse), un brillante docente che ha creato a Mosca una sua scuola e che con la propria influenza ha gettato alle ortiche l'autentica matematica» [Ermolaeva 1989, p. 193].

7. *N. N. Luzin e la tradizione filosofica di Mosca.*

Come abbiamo già detto, i grandi matematici moscoviti che operarono tra gli ultimi decenni del XIX secolo e i primi del XX erano fortemente attratti dalla filosofia, al punto che alcuni di loro possono essere considerati filosofi originali a pieno titolo (come nel caso di Bugaev), mentre per altri (per esempio Egorov) la filosofia rimase un fondamentale oggetto di studio. Se per alcuni (come per Bugaev) lo studio della filosofia era parte inscindibile delle ricerche matematiche, per altri (come per Egorov)[12] questi due ambiti di studio rimanevano ben distinti e separati (questo, almeno, a livello di rapporto cosciente con le due discipline). Per quanto concerne Luzin, egli aderí principalmente alla prima di queste due categorie, vale a dire a quella a cui apparteneva Bugaev. Luzin nutrí sempre un profondo interesse per la filosofia, discutendo appassionatamente di problemi del pensiero filosofico[13]. Ad alcuni dei suoi grandi colleghi, per esempio L. Lebesgue[14], A. N. Krylov [Ermolaeva 1989] e V. I. Vernadskij[15], Luzin appariva come un autentico filosofo, né possiamo dimenticare che nel 1929 divenne membro dell'Accademia delle Scienze dell'Urss proprio nella sezione degli studi filosofici. Cosí come le lettere di Luzin sono pregne di speculazione filosofica, lo stesso spirito domina anche nei lavori che dedicò alla matematica. Purtroppo, a quanto mi è dato sapere, Luzin non espose mai in modo sistematico il proprio pensiero, e uno dei maggiori compiti delle attuali ricerche nel campo della storia della matematica è proprio la ricostruzione della sua concezione filosofica sulla base degli studi pubblicati e dei documenti del suo archivio – un compito reso ancora piú importante dal fatto che la visione filosofica di Luzin influí in modo sostanziale sulla sua creatività in campo matematico (e su quella dei suoi allievi), sulla sua peculiare interpretazione delle realtà matematiche come sulla scelta stessa dei problemi da affrontare. Sarebbe dunque fondamentale in tal senso chiarire nella concezione di Luzin quale possa essere la correlazione tra gli elementi che si possono far risalire alla scuola filosofico-matematica di Mosca e le idee derivanti dalla tradizione francese (per esempio dall'«effettivismo» di Borel).

[12] Si veda per esempio l'epistolario tra Egorov e Luzin, soprattutto la lettera VI [Egorov 1980].

[13] Si vedano *ibid.* le lettere a Luzin di Egorov e la corrispondenza tra Luzin e Florenskij [1989].

[14] Si veda a tale proposito la prefazione di Lebesgue [1930] al libro di Luzin sugli insiemi analitici.

[15] Si veda il loro epistolario contenuto nel libro di Vernadskij [1996].

8. *Mosca capitale dell'Unione Sovietica.*

Nel 1918 il governo sovietico trasferí definitivamente la capitale a Mosca, modificando in tal modo quasi automaticamente lo status della comunità matematica moscovita, anche se gli studiosi della città non se ne resero immediatamente conto, a causa dello scompiglio e delle distruzioni create dalla guerra civile. L'impossibilità di reperire nella Mosca postrivoluzionaria prodotti indispensabili come cibo e combustibile per l'inverno costrinse molti matematici a lasciare la capitale (Luzin e i suoi allievi si trasferirono a Ivanovo-Voznesensk, dove le autorità locali cercarono di garantire loro condizioni di vita accettabili). Nel 1921, con la fine della guerra civile, la situazione tornò ad avviarsi verso la normalità e l'anno seguente fu istituito presso l'Università di Mosca l'Istituto di ricerche scientifiche di matematica e meccanica, di cui fu direttore dal 1923 lo stesso D. F. Egorov. Questi impegnò tutte le sue forze per riportare nell'alveo della normalità la vita matematica moscovita: si definí il curriculum di studi per gli studenti, si ridiede impulso al lavoro di ricerca ai vari livelli della gerarchia accademica, si tennero nuovamente le regolari riunioni della Società moscovita di studi matematici e, infine, ripresero le pubblicazioni del «Matematičeskij sbornik», su cui cominciarono ad apparire articoli non soltanto in russo ma anche nelle principali lingue europee, soprattutto tedesco, francese, italiano e inglese. Tra la fine degli anni Venti e gli anni Trenta le pagine della rivista, divenuta ormai di respiro internazionale, ospitarono gli articoli dei piú grandi matematici dell'Occidente[16].

A Mosca ebbe parallelamente un vigoroso impulso il lavoro di ricerca. Luzin, rientrato nella capitale nel 1920, riprese subito l'attività del suo seminario, al quale, oltre ai professori V. V. Stepanov, P. S. Aleksandrov e P. S. Uryson, partecipavano in veste di studenti N. K. Bari, V. I. Glivenko, L. G. Šnirel´man. Ad essi si uní ben presto A. N. Kolmogorov; alla fine del 1921 aderí al seminario M. A. Lavrent´ev e nel 1922 giunsero L. V. Keldyš, E. A. Leontovič, P. S. Novikov e G. A. Seliverstov. Tornarono a Mosca e si inserirono subito nel lavoro del seminario anche alcuni «anziani» come I. I. Privalov, D. E. Men´šov e A. Ja. Chinčin.

Nella scuola di Egorov e Luzin emerse chiaramente già all'inizio degli anni Venti la tendenza ad ampliare i temi di studio. Punto di partenza furono le elaborazioni proposte dalla stessa scuola nell'ambito della teoria metrica delle funzioni, che influenzò notevolmente anche i metodi di ricerca utilizzati in altri campi.

[16] Tra gli autori spiccano matematici illustri come É. Cartan, M. Fréchet, B. Gambier, J. Hadamard, H. Hopf, S. Lefschetz, R. von Mises, E. Noether, W. Sierpiński, L. Tonelli [Demidov 1993].

Già negli anni della rivoluzione Luzin e alcuni suoi allievi (Privalov, Men'šov, Chinčin e V. V. Golubev) avevano iniziato a studiare la teoria delle funzioni di una variabile complessa; ad essi si uní nel 1925 M. A. Lavrent'ev, che ebbe a sua volta come discepolo una personalità del calibro di M. V. Keldyš.

P. S. Uryson e P. S. Aleksandrov si dedicarono presto a ricerche destinate a porre le basi della scuola sovietica di topologia. Nel 1925, sotto la guida di Aleksandrov, iniziò la propria attività il seminario topologico da cui sarebbero usciti in seguito eminenti matematici come A. N. Tichonov e L. S. Pontrjagin.

Nel 1923 Chinčin ottenne i primi importanti risultati nello studio del calcolo delle probabilità – un campo a cui tra la fine degli anni Venti e i primi anni Trenta iniziò a dedicarsi anche A. N. Kolmogorov, il piú grande matematico russo del XX secolo, che nel 1933 propose la sua famosa teoria assiomatica e diede inizio alla grande scuola moscovita del calcolo delle probabilità. Negli stessi anni Chinčin iniziò gli studi nell'ambito della teoria dei numeri, organizzando nell'anno accademico 1925-26 un seminario su questo tema a cui parteciparono i giovani A. O. Gel'fond e L. G. Šnirel'man.

Tra la fine degli anni Venti e i primi anni Trenta Šnirel'man, L. A. Ljusternik, A. E. Plesner (emigrato in Urss dalla Germania) e A. N. Kolmogorov posero le fondamenta della scuola sovietica di analisi funzionale, da cui uscirà I. M. Gel'fand, uno dei maggiori matematici contemporanei. V. V. Stepanov si dedicò allo studio delle equazioni differenziali e, alla fine degli anni Venti, si unirono a lui anche i giovani I. G. Petrovskij e V. V. Nemickij.

D. F. Egorov e V. A. Kosticyn rivolsero la loro attenzione allo studio delle equazioni integrali, coadiuvati in un secondo tempo anche da Petrovskij. I. I. Žegalkin, A. N. Kolmogorov e, piú tardi, P. S. Novikov si dedicarono invece ai problemi della logica matematica.

Se a tutto questo aggiungiamo gli ambiti di ricerca per cosí dire «tradizionali» della scuola moscovita – lo studio della geometria differenziale (D. F. Egorov, S. P. Finikov), arricchito tra l'altro dai lavori di V. F. Kagan, trasferitosi a Mosca da Odessa; la matematica applicata (S. A. Čaplygin); la nuova algebra, portata da Kiev da O. Ju. Šmidt (allievo di D. A. Grave), al quale si unirono successivamente A. G. Kuroš e A. I. Mal'cev; le ricerche condotte da E. E. Slutskij, famoso specialista di calcolo delle probabilità e di statistica matematica giunto a Mosca da Kiev –, possiamo senz'altro affermare che all'inizio degli anni Trenta Mosca si era ormai trasformata in uno dei maggiori centri di studi matematici a livello mondiale.

Ben presto, grazie soprattutto agli sforzi di Egorov, i maggiori esponenti della matematica moscovita si impegnarono per diffondere anche nel resto del paese i risultati della loro comunità scientifica, cosa a cui contribuí considerevolmente la rinascita nel 1924 del «Matematičeskij sbornik», divenuto ormai la rivista ufficiale degli studi matematici a livello pansovietico. Tra le molte iniziative, si preparò in quegli anni anche la pubblicazione delle opere complete di Lobačevskij. Nel 1927 si tenne inoltre con grande successo il Congresso matematico panrusso, che segnò in tutta l'Unione Sovietica il ritorno a una regolare attività scientifica in campo matematico. In quell'occasione si deliberò inoltre di tenere nel 1930 a Char'kov il Primo congresso matematico pansovietico e si creò a tale scopo un comitato organizzatore [Tokareva 2001].

9. *La matematica a Leningrado negli anni Venti.*

La comunità scientifica di Pietroburgo (poi Pietrogrado e infine Leningrado) attraversò con maggiori difficoltà il trapasso rivoluzionario e gli anni della guerra civile. Innanzitutto, fu un periodo di gravi perdite, con la morte di A. M. Ljapunov e A. A. Markov (anche i matematici moscoviti subirono dolorosi lutti, ma non cosí gravi per l'intera comunità). La città, non dimentichiamo, non era piú capitale e, di conseguenza, aveva perso lo status di polo d'attrazione della vita intellettuale del paese. La vita matematica appariva inoltre tradizionalmente organizzata attorno all'Accademia delle Scienze, la cui sorte rimase avvolta nell'incertezza soprattutto nei primi anni dopo la rivoluzione. Diversi grandi matematici di Pietroburgo (l'accademico J. V. Uspensky, alcuni giovani allievi di V. A. Steklov come Ja. D. Tamarkin, Ja. A. Šokat, A. S. Bezikovič e altri) avevano infine deciso di emigrare in Occidente[17].

Nonostante queste difficoltà, con la fine della guerra civile la vita iniziò a riprendere il suo corso normale anche a Pietrogrado. Nel 1921 venne fondato nell'ambito dell'Accademia delle Scienze l'Istituto di fisica e matematica, sotto la guida di V. A. Steklov[18]. In seguito, la comunità matematica di Leningrado prese a svilupparsi proprio attorno alle attività dell'istituto e alle cattedre di matematica dell'Università statale. Tra gli indirizzi maggiormente seguiti dalla comunità di Leningrado ricordiamo la fisica matematica (Steklov, Gjunter, V. I. Smirnov), la teoria delle equazioni differenziali ordinarie (Krylov, Smirnov, I. A. Lappo-Danilevskij) e delle equazioni differenziali alle derivate parziali (Steklov, Gjunter), la teoria dei numeri (I. I. Ivanov, B. N. Delone, I. M. Vinogradov, R. O. Kuz'min, B. A. Venkov), i metodi matematici della meccanica (Krylov, N. E. Kočin). Alla fine degli anni Venti iniziarono inoltre la loro attività di ricerca S. L. Sobolev e L. V. Kantorovič.

[17] È interessante notare che nei primi anni seguiti alla Rivoluzione nessuno dei grandi matematici di Mosca emigrò dalla Russia sovietica. Successivamente, si trasferí in Occidente soltanto V. A. Kosticyn (che all'interno della comunità di matematici, tra l'altro, era quello piú dichiaratamente di sinistra).

[18] Da questo istituto si staccò nel 1934 l'Istituto di matematica V. A. Steklov, una delle maggiori istituzioni scientifiche del XX secolo.

Con l'inizio degli anni Trenta Leningrado aveva riconquistato pienamente la propria posizione come uno dei maggiori centri di studi matematici a livello europeo. Le attività di ricerca si svolgevano essenzialmente in quelli che erano gli ambiti tradizionali della vecchia scuola di Pietroburgo: la teoria dei numeri e la fisica matematica. Un nuovo impulso allo studio del calcolo delle probabilità e della teoria costruttiva delle funzioni si ebbe con l'arrivo da Kiev di S. N. Bernštejn, uno studioso assai vicino alla scuola di Čebyšev. I matematici piú giovani e quelli appartenenti alla generazione di mezzo iniziarono ben presto a demolire molti degli stereotipi ormai radicati nella comunità scientifica della vecchia capitale: apparvero infatti studi particolarmente interessanti nel campo delle funzioni di una variabile reale (G. M. Fichtenholz e L. V. Kantorovič), delle funzioni di una variabile complessa (Smirnov) e dell'algebra (Delone). Ciò nonostante, le tematiche piú importanti erano ormai appannaggio della scuola di Mosca, verso la quale l'élite matematica di Leningrado continuò comunque a palesare ancora per molto tempo le sue idee preconcette[19].

10. *Un connubio forzato.*

Verso l'inizio degli anni Trenta la vita della comunità scientifica nazionale aveva ormai ripreso i suoi ritmi normali. Benché gli eventi di maggiore rilevanza si registrassero a Mosca e Leningrado, si osservò un chiaro sviluppo anche in altri centri di ricerca dell'Urss. Intensi studi nel campo della matematica venivano condotti per esempio in Ucraina, soprattutto a Kiev, Char´kov e Odessa, godendo sia della benefica influenza esercitata dall'Accademia delle Scienze panucraina fondata nel 1918 a Kiev sia dell'instancabile attività degli allievi di D. A. Grave (M. F. Kravčuk, N. I. Achiezer, M. G. Krejn). In quel periodo mosse altresí i primi passi nello studio delle oscillazioni non lineari la scuola di N. M. Krylov e N. N. Bogoljubov. A Char´kov, inoltre, S. N. Bernštejn proseguí fino al 1933 il suo eccellente lavoro nello studio delle equazioni differenziali, della teoria costruttiva delle funzioni e del calcolo delle probabilità. D. M. Sincov continuò invece le proprie ricerche nel campo della geometria. Tra gli altri grandi centri del

[19] Cito a tale proposito un passo di *Poslednee slovo*... [Discorso di commiato], pronunciato da V. V. Golubev il 3 dicembre 1954: «*Quod licet Jovi, non licet bovi*. Ciò che era permesso a uno scienziato quale Čebyšev ben difficilmente lo sarebbe stato ai suoi allievi. Tale opinione generò facilmente un certo provincialismo che si rese evidente negli anni Venti, quando grazie ai lavori di Žukovskij e Čaplygin giunsero da Mosca i frutti dello studio delle funzioni di una variabile complessa e, attraverso l'opera di N. N. Luzin e dei suoi allievi, le ampie generalizzazioni dell'analisi classica. La fisica, e in particolare la microfisica, ha dimostrato quali preziosi tesori si nascondevano dietro le idee geniali di Lobačevskij, dietro le allusioni di Riemann e dietro le geometrie in piú dimensioni, viste con scherno ancora oggi da alcuni scienziati pietroburghesi» [Golubev 1955, p. 178].

paese possiamo indicare Kazan′, dove proseguiva tradizionalmente lo studio della geometria e dove nel 1928 si trasferí da Odessa un eccellente studioso di algebra quale N. G. Čebotarev. La vita matematica dell'Unione Sovietica trovò spunti interessanti anche a Tbilisi (G. N. Nikoladze, A. M. Razmadze, N. I. Muschelišvili), sede di università dal 1918.

Il successivo percorso di sviluppo delle ricerche matematiche fu determinato dai piani di Stalin riguardanti in generale la scienza sovietica. Secondo le direttive del dittatore, a organizzare la vita scientifica dell'intero Paese doveva essere esclusivamente l'Accademia delle Scienze dell'Urss, secondo un compito ufficialmente assegnatole con il nuovo statuto redatto nel 1927 che la trasformava in una sorta di «quartier generale della scienza». Poiché lo scopo fondamentale dell'Accademia era l'edificazione della società socialista, furono inseriti nei suoi organismi direttivi vari membri del partito, uno dei quali – il «vecchio bolscevico» G. M. Kržižanovskij – fu eletto vicepresidente della prestigiosa istituzione nel 1929. A Kržižanovskij venne appunto affidato il compito di «tenere d'occhio» l'operato dell'Accademia, affinché Stalin fosse costantemente aggiornato sulle attività del «quartier generale della scienza sovietica». Per questo stesso motivo, a partire dal 1934, furono trasferite a Mosca la presidenza dell'Accademia e, successivamente, una serie di importanti istituti, tra cui l'Istituto di matematica e fisica V. A. Steklov. Si trasferirono nella capitale anche S. N. Bernštejn, B. N. Delone, I. M. Vinogradov, N. E. Kočin e S. L. Sobolev.

La prima conseguenza dell'impostazione stalinista fu che le due maggiori scuole del paese – quella di Mosca e quella di Pietroburgo-Leningrado – finirono per risiedere nella stessa città, costrette alla coabitazione forzata per volontà del dittatore. Tale «convivenza», tuttavia, risultò estremamente feconda, dato che tra le due scuole, dotate di radici comuni ma da sempre contrapposte ideologicamente, maturò una sorta di sintesi. Si amalgamarono infatti le impostazioni tradizionali della scuola pietroburghese di fisica matematica (Sobolev) e le ricerche iniziate a Mosca da K. M. Peterson nel campo delle equazioni differenziali alle derivate parziali (I. G. Petrovskij), come pure le diverse correnti nello studio dell'analisi funzionale; il connubio avvenne inoltre tra la linea di sviluppo indicata da Čebyšev nella teoria delle probabilità – proseguita poi da S. N. Bernštejn – e la tradizione moscovita formatasi in seno alla teoria metrica delle funzioni (A. Ja. Chinčin, A. N. Kolmogorov); si incontrarono poi sia le due linee di sviluppo nella teoria dei numeri, quella di Čebyšev (I. M. Vinogradov) e quella piú recente di Mosca (A. Ja. Chinčin, A. O. Gel′fond, L. G. Šnirel′man), sia i due percorsi evolutivi nel campo delle ricerche in algebra risalenti alla scuola di Kiev di D. A. Grave – rappresentata a Mosca da O. Ju. Šmidt e A. G. Kuroš – e a quella di Leningrado (B. N. Delone). La coabitazione forzata tra le due comunità di studiosi diede inoltre vita a un enorme potenziale di ricerca che si formò attorno all'Istituto di matematica e fisica V. A. Steklov (ora moscovita), alla

Facoltà di meccanica e matematica dell'Università statale di Mosca e alla Società di studi matematici.

Fu cosí che verso la metà degli anni Trenta[20] sorse la scuola sovietica di matematica, una delle piú prestigiose del XX secolo[21], destinata a una lunga ma difficile esistenza. Quando verso la fine del decennio iniziò a calare la cortina di ferro, i matematici dell'Urss vennero a trovarsi relativamente isolati[22], anche se il loro potenziale interno era tale che la scuola sovietica continuò a svilupparsi attivamente e con successo. Persino dai tragici anni della Seconda guerra mondiale, che causarono innumerevoli perdite al Paese e alla sua comunità scientifica, la scuola sovietica riuscí a riemergere ampliando persino i propri confini geografici: l'evacuazione verso est dei maggiori istituti di ricerca portò infatti alla nascita di nuovi centri di studio nelle regioni piú orientali dell'Unione Sovietica, nell'Oltrevolga, in Siberia, in Asia centrale e nella Transcaucasia[23].

Quando la cortina di ferro iniziò lentamente a sollevarsi dopo la morte di Stalin, la scuola sovietica di matematica poté presentarsi al mondo in tutta l'ampiezza delle sue ricerche e dei risultati ottenuti nei campi piú disparati. Nel 1958 A. N. Kolmogorov si recò a Parigi dove, nel corso di un semestre, tenne lezioni e conferenze sui successi riportati negli ultimi anni da lui per-

[20] Ecco come ricorda quegli eventi uno dei diretti testimoni, Delone [2005, p. 129]: «Tra la scuola pietroburghese di Eulero-Čebyšev e quella di Mosca di Luzin [...] ci furono sempre un forte antagonismo e la piú completa incomprensione reciproca, almeno fino a quando l'Accademia delle Scienze non fu trasferita a Mosca. Quando questo avvenne, nel '34 o nel '35, ebbe inizio un avvicinamento tra le due scuole, da cui sorse quella che oggi chiamiamo la matematica sovietica».

[21] Lo sviluppo della comunità matematica dell'Urss e la nascita della scuola sovietica di matematica avvennero in un periodo storico tra i piú difficili, i cui drammatici momenti segnarono l'intera vita della comunità scientifica, basti ricordare la repressione contro i sostenitori del passato regime, contro quanti provenivano per estrazione dalle cosiddette «classi sfruttatrici», contro gli uomini di Chiesa e coloro che furono accusati di sabotaggio o di essere al servizio della borghesia. Tutto questo si accompagnò a tumultuose campagne politiche, a purghe e ondate di arresti. I matematici sovietici subirono non poche perdite, e gli attacchi a D. F. Egorov, conclusi con il suo arresto e la morte [Demidov 1999; Ford 1991], l'arresto e la fine di M. F. Kravčuk in uno dei tanti Gulag [Urbanskij 2002] e la fucilazione di V. S. Ignatovskij [Monastyrskij 1999] non sono che pochi esempi – ancorché famosi – di quelle innumerevoli perdite. Il «processo all'accademico N. N. Luzin», che pure fu tra i pochi a non concludersi tragicamente, lasciò una profonda ferita nell'intera comunità dei matematici sovietici [Ermolaeva 1998; Demidov e Levšin 1999]. In questa sede non ci siamo soffermati su questa tragica pagina della matematica sovietica, rimandando il lettore all'abbondante letteratura sul tema.

[22] L'isolamento, naturalmente, non poteva essere totale e in Urss continuarono a pervenire alcune pubblicazioni scientifiche, tra cui molte periodiche. Di fatto, però, cessarono del tutto i viaggi all'estero e le visite in Urss di specialisti occidentali e si interruppe completamente ogni scambio epistolare.

[23] Il logico completamento di questa espansione fu la nascita alla fine degli anni Cinquanta della sezione siberiana dell'Accademia delle Scienze dell'Urss, con la creazione di Akademgorodok, la famosa cittadella accademica nei pressi di Novosibirsk. L'Istituto di matematica della sezione siberiana, che porta oggi il nome del suo primo direttore S. L. Sobolev, divenne presto uno dei maggiori centri di studio a livello mondiale.

sonalmente e dai suoi allievi. Si trattava soprattutto dei risultati ottenuti nello studio dei sistemi dinamici (destinati a porre le basi dell'ormai nota «teoria KAM», cioè la teoria di Kolmogorov-Arnol'd-Moser), nell'informatica, nella teoria della sovrapposizione di funzioni (con la soluzione del XIII problema di Hilbert), nella teoria dell'approssimazione di funzioni e nel calcolo delle probabilità[24]. Furono tali risultati a testimoniare al mondo l'energia creativa della scuola sovietica di matematica, che vide il proprio trionfo con il Congresso internazionale di matematica tenutosi a Mosca nel 1966.

Con la sua straordinaria vitalità, il fenomeno della scuola sovietica, nata come sintesi tra le scuole di Mosca e Leningrado, pose fine alla contrapposizione tra le comunità matematiche delle due città.

BUGAEV, N. V.

1898 *Les mathématiques et la conception du monde au point de vue de la philosophie scientifique*, in *Verhandlung des ersten inter. Mathematiker-Kongresses in Zürich (1897)*, Leipzig, pp. 206-23.

DELONE, B. N.

2005 *Vospominanija* [Memorie], in *Matematiki rasskazyvajut* [I matematici raccontano], Minuvšee, Moskva.

DEMIDOV, S. S.

1985*a* *N. V. Bougaev et la création de l'école de Moscou de la théorie des fonctions d'une variable réelle. (Sur un épisode dans l'histoire du développement des idées de Leibniz en Russie)*, in *Leibniz Werk und Wirkung. IV. Internationaler Leibniz-Kongress. Vorträge*, II parte, Hannover, pp. 63-74.

1985*b* *N. V. Bougaev et la création de l'école de Moscou de la théorie des fonctions d'une variable réelle*, in M. FOLKERTS e U. LINDGREN (a cura di), *Mathemata. Festschrift für Helmut Gericke*, Franz Steiner Verlag, Wiesbaden-Stuttgart, pp. 651-73.

1985*c* *N. V. Bugaev i vozniknovenie moskovskoj školy teorii funkcij deistvitel'nogo peremennogo* [N. V. Bugaev e la nascita della scuola di Mosca della teoria delle funzioni di una variabile reale], in «Istoriko-matematičeskie issledovanija», 29, pp. 123-24.

1993 *La revue «Matematicheskii Sbornik» dans les années 1866-1935*, in E. AUSEJO e M. HORMIGÓN (a cura di), *Messengers of Mathematics: European Mathematical Journals (1800-1946)*, Zaragoza, pp. 235-56.

1999 *Professor Moskovskogo universiteta Dmitrij Fedorovič Egorov i imeslavie v Rossii v pervoj treti XX stoletija* [Il professore dell'Università di Mosca Dmitrij Fedorovič Egorov e l'Adorazione del nome di Dio in Russia nei primi tre

[24] La reazione dei matematici francesi alle relazioni di Kolmogorov fu particolarmente interessante: alla prima conferenza si riuní di fatto tutto il mondo scientifico di Parigi, poi l'interesse prese gradualmente a scemare e gli uditori si fecero sempre meno numerosi. A seguire tutte le lezioni di Kolmogorov furono H. Cartan, J. Leray e P. Lévy, mentre i giovani matematici parigini (A. Grothendieck, J.-P. Serre, R. Thom e altri), sotto l'influsso del bourbakismo allora imperante, rivolsero presto altrove la loro attenzione.

decenni del XX secolo], in «Istoriko-matematičeskie issledovanija», II serie, 4 (39), pp. 123-55.

DEMIDOV, S. S. e FORD, CH. E.

2005 *On the Road to a Unified World View: Priest Pavel Florensky, Theologian, Philosopher and Scientist*, in T. KOETSIER e L. BERGMANS (a cura di), *Mathematics and the Divine: A Historical Study*, Elsevier, Amsterdam, pp. 595-612.

DEMIDOV, S. S. e LEVŠIN, B. V. (a cura di)

1999 *Delo akademika N. N. Luzina* [Il processo dell'accademico N. N. Luzin], Izd-vo RPU, SPb.

DEMIDOV, S. S., TOKAREVA, T. A. e TICHOMIROV, V. M.

2003-04 *The Moscow Mathematical Society*, in «European Mathematical Society. Newsletter», 50, pp. 17-19; 51, pp. 25-27.

EGOROV, D. V.

1980 *Pis'ma D. F. Egorova k N. N. Luzinu* [Lettere di D. F. Egorov a N. N. Luzin], prefazione di P. S. Aleksandrov, pubblicazione e note a cura di F. A. Medvedev e A. P. Yuškevič, in «Istoriko-matematičeskie issledovanija», 25, pp. 335-61.

ERMOLAEVA, N. S.

1989 *Novye materialy k biografii N. N. Luzina* [Nuovi materiali per una biografia di N. N. Luzin], in «Istoriko-matematičeskie issledovanija», 31, pp. 60-102.

1998 *O tak nazyvaemom «Leningradskom matematičeskom fronte»* [Sul cosiddetto «fronte matematico di Leningrado»], in «Trudy Sankt-Peterburgskogo matematičeskogo obščestva», vol. V, pp. 380-94.

FORD, CH.

1991 *Dmitrii Egorov and religion in Moscow*, in «The Mathematical Intelligencer», 13(2), pp. 24-30.

GNEDENKO, B. V. e POGREBYSSKIJ, I. B.

1963 *Michail Vasil'evič Ostrogradskij. 1801-1862*, Izd-vo AN SSSR, Moskva.

GOLUBEV, V. V.

1955 *Poslednee slovo professora Moskovskogo universiteta Vladimira Vasil'eviča Golubeva v den' semidesjatiletija 3 dekabrja 1954* [Commiato del professore dell'Università di Mosca Vladimir Vasil'evič Golubev nel giorno del suo 70° compleanno, 3 dicembre 1954], in «Vestnik Moskovskogo Universiteta», 2, pp. 173-82.

GRODZENSKIJ, S. JA.

1987 *Andrej Andreeevič Markov. 1856-1922*, Nauka, Moskva.

KOZLOV, V. V.

2001 *Sof'ja Kovalevskaja: matematik i čelovek* [Sof'ja Kovalevskaja: matematico e donna], in AA.VV., *Russkaja duša. 150-letie Sof'i Vasil'evny Kovalevskoj* [L'anima russa. 150 anni dalla nascita di Sof'ja Vasil'evna Kovalevskaja], Atlantida - XXI vek, Moskva, pp. 18-40.

LEBESGUE, H.

1930 *Préface*, in N. N. LUZIN, *Leçons sur les ensembles analytiques et leurs applications*, Gauthier-Villars, Paris.

LOSSKIJ, N. O.

1951 *History of Russian Philosophy*, International Universities Press, New York.

LUZIN, N. N. e FLORENSKIJ, P. A.

1989 *Perepiska N. N. Luzina s P. A. Florenskim* [Epistolario di N. N. Luzin e P. A. Florenskij], pubblicazione e note a cura di S. S. Demidov, A. N. Paršin, S. M. Polovinkin e P. V. Florenskij, in «Istoriko-matematičeskie issledovanija», 31, pp. 125-91.

MICHAJLOV, G. K. e STEPANOV, S. JA.

1984 *K istorii zadači o vraščenii tverdogo tela vokrug nepodvižnoj točki v slučajach Gessa i Kovalevskoj i ich metričeskogo modelirovanija* [Per una storia del problema della rotazione di un corpo solido attorno a un punto fisso negli studi di Hesse e Kovalevskaja], in «Istoriko-matematičeskie issledovanija», I serie, 28, pp. 223-46.

MONASTYRSKIJ, M. I.

1999 *V. S. Ignatovskij i predystorija otkrytija topologičeskich invariantov v kvantovoj mechaniki* [V. S. Ignatovskij e la preistoria della scoperta delle invarianti topologiche nella meccanica quantistica], in V. M. OREL (a cura di), *Institut istorii estestvoznanija i techniki im. S. I. Vavilova. Godičnaja naučnaja konferencija* [Istituto di storia delle scienze naturali e della tecnica «S. I. Vavilov». Conferenza scientifica annuale], IIET RAN, Moskva, pp. 424-26.

NEKRASOV, P. A.

1904 *Moskovskaja filosofsko-matematičeskaja škola i ee osnovateli* [La scuola filosofico-matematica di Mosca e i suoi fondatori], in «Matematičeskij sbornik», 25(1), pp. 1-249.

PETROVA, S. S. e SOLOV´EV, A. D.

1997 *The origin of the method of steepest descent*, in «Historia Mathematica», 24, pp. 361-75.

POLJAKOVA, T. S.

2002 *Istorija mathematičeskogo obrazovanija v Rossii* [Storia dell'istruzione matematica in Russia], Izd-vo Moskovskogo universiteta, Moskva.

SENETA, E.

1984 *The Central Limit Problem and Linear Least Squares in pre-Revolutionary Russia. The Background*, in «Mathematical Science», 9, pp. 37-77.

SOLOV´EV, A. D.

1997 *P. A. Nekrasov i central´naja predel´naja teorema* [P. A. Nekrasov e il teorema centrale dei limiti nella teoria del calcolo delle probabilità], in «Istoriko-matematičeskie issledovanija», II serie, 37(2), pp. 9-21.

TOKAREVA, T. A.

2001 *Pervye s´ezdy otečestvennych matematikov: predystorija i formirovanie Sovetskoj matematičeskoj školy* [I primi congressi dei matematici sovietici: preistoria e nascita della scuola matematica dell'Urss], in «Istoriko-matematičeskie issledovanija», II serie, 6(41), pp. 213-31.

TSAREV, S. P.

1990 *Geometrija gamil'tonovych sistem gidrodinamičeskogo tipa* [Geometria dei sistemi di Hamilton di tipo idrodinamico], in «Izvestija Akademii Nauk SSSR», serie «Matematika», 54(5), pp. 1048-68 [trad. ingl. *The geometry of Hamiltonian systems of hydrodynamic type. The generalized hodograph method*, in «Mathematics of the USSR. Izvestija», 37(2), 1991, pp. 397-419].

URBANSKIJ, V. M.

2002 *Michail Filippovič Kravčuk. 1892-1942(?)*, Nauka, Moskva.

VASIL'EV, A. V.

1992 *Nikolaj Ivanovič Lobačevskij. 1792-1856*, Nauka, Moskva.

VERNADSKIJ, V. I.

1996 *Perepiska s matematikami* [Lettere ai matematici], a cura di M. I. Kratko, Izd-vo mech.-mat. f-ta MGU, Moskva.

YUŠKEVIČ, A. P.

1968 *Istorija matematiki v Rossii* [Storia della matematica in Russia], Nauka, Moskva.

ZOLOTAREV, V. V.

1932 *Polnoe sobranie sočinenij* [Opere complete], vol. II, Izd-vo AN SSSR, Leningrad.

GIORGIO BOLONDI

La Francia del Novecento: il fenomeno Bourbaki

1. *Parigi, rue d'Ulm, École Normale Supérieure.*

Tra le rovine ancora fumanti e le devastazioni umane e materiali lasciate dalla Grande guerra, la matematica francese ricomincia, o per meglio dire rinasce, in un luogo ben preciso: a Parigi, in rue d'Ulm, all'École Normale Supérieure. Con la *promotion* del 1922 entra nella scuola un ragazzo giovanissimo (ha appena sedici anni) che segnerà la storia della matematica: André Weil.

Sono anni straordinari: nella stessa *promotion* troviamo anche Jean Delsarte, in quella successiva Henri Cartan, Paul Dubreil e René de Possel, in quella del 1924 Jean Dieudonné e Charles Ehresmann (e, tra gli altri, Raymond Aron, Jean-Paul Sartre e il Nobel per la fisica Louis Néel). Tra gli studenti piú anziani, Weil incontra futuri filosofi (Jean Guitton, *promotion* del 1920), futuri Nobel della fisica (Alfred Kastler, *promotion* del 1921), e anche un matematico, Marcel Légaut (*promotion* 1919), che, diventato *agrégé-préparateur*, terrà un «Cours Peccot» (incarico che spesso veniva affidato ai normalisti piú brillanti) al Collège de France nel 1924-25 sulla geometria algebrica. Ritroveremo Légaut, con un ruolo completamente diverso, alla fine di questo racconto.

L'École Normale è senza dubbio, in quel primo dopoguerra, la fucina in cui si forma una nuova generazione di matematici. Nelle sue aule cresceranno tre giganti della matematica del Novecento – André Weil, Jean-Pierre Serre e Alexander Grothendieck – e un numero incredibile di ricercatori di grande statura: oltre a quelli già nominati, Claude Chevalley e Jean Leray (1926), André Lichnerowicz (1933), Laurent Schwartz (1934), René Thom (1943), Jacques-Louis Lions (1947), Adrien Douady (1954), Alain Connes (1966), Pierre-Louis Lions e Jean-Christophe Yoccoz (1975), Laurent Lafforgue (1986), Wendelin Werner (1987). Contando anche Grothendieck, abbiamo nove medaglie Fields.

Nel panorama dei «santuari» della cultura francese, questo segna un passaggio di testimone. Anche nell'Ottocento alcuni grandi matematici erano usciti dalla Normale: il piú importante fra tutti fu sicuramente Évariste Galois (1829), ma vanno ricordati anche Charles Méray (1834), Jules Tannery (1866), Paul Appell (1872), Émile Picard (1873), Édouard Jean-Baptiste Goursat (1876), Paul Painlevé (1883), Jacques Hadamard (1884), Élie Cartan (1888), Émile Borel (1889), René-Louis Baire (1892), Henri Lebesgue (1894), Paul Montel (1895).

Fino alla Grande guerra, però, l'École Normale condivide con l'École Polytechnique di Parigi il suo ruolo di luogo privilegiato per la formazione dei matematici. Lí si era formato Henri Poincaré (1873), da lí erano usciti Paul Lévy (1904), Georges Halphen (1862), Camille Jordan (1855) e, in tempi piú lontani, Joseph Liouville (1825), Michel Chasles (1812), Jean Poncelet (1807), Augustin Cauchy (1805), Charles Brianchon (1803) e Siméon-Denis Poisson (1798).

La frattura generazionale all'inizio degli anni Venti è molto forte. Alcune *promotions* di *normaliens* sono state spazzate via dalla guerra; secondo quanto riporta Jean Dieudonné [1970], esagerando un dato comunque agghiacciante, due terzi degli studenti morí in trincea. Marcel Déat, appartenente alla *promotion* del 1914, viene chiamato alle armi nel settembre del 1914 e poté riprendere gli studi solo nel marzo del 1919; scriverà molti anni dopo di essere consapevole di appartenere a una generazione di «sopravvissuti del caso» e di «scampati all'inverosimile». Come dirà André Weil, fu una «malintesa nozione di uguglianza di fronte al sacrificio» che in Francia condusse a scelte politiche le cui conseguenze erano visibili sul monumento ai caduti dell'École Normale. Come ricorda Henri Cartan, «eravamo la prima generazione dopo la guerra. Prima di noi c'era un vuoto, ed era necessario fare tutto da zero» [Jackson 1999*b*, p. 784]. Sempre Dieudonné [1970] ricorda come pesasse su di loro la mancanza di professori giovani, il doversi formare solo con persone che si erano a loro volta formate trent'anni prima e che conoscevano solo vagamente la matematica che si stava facendo in quegli anni. D'altra parte, questa mancanza di riferimenti costituiva anche, per giovani brillanti e agguerriti, uno stimolo notevole e l'occasione per lo sviluppo di un lavoro completamente originale. Come scrive Paul Dubreil, «il grosso del lavoro è personale: la preparazione di una tesi. È considerato normale, a quell'epoca, che non si debba cercare un grande capo per chiedergli un argomento» [Dubreil 1981, p. 60]. Inoltre, questi giovani sentono il bisogno di cambiare aria e si interessano volentieri a quello che succede all'estero. Questo atteggiamento di autonomia diventerà un vero e proprio «stile di lavoro» che porterà alla rifondazione di interi settori della matematica e avrà il suo rappresentante piú straordinario in Alexander Grothendieck.

2. *Da Parigi in Europa, e ritorno in Francia.*

Questi giovani seguono percorsi paralleli: studio all'École Normale, viaggi all'estero, rientro in un'università francese di provincia (Nancy, Strasburgo, Clermont-Ferrand) dove si rincontrano e costituiscono una rete il cui centro di gravità resta sempre e comunque Parigi. Aiutati anche dalle borse di studio della Fondazione Rockefeller, i giovani *normaliens* viaggiano in Europa, per conoscere filoni di ricerca matematica nuovi e soprattutto per venire a contatto con nuove idee e nuove tecniche. I loro interessi di ricerca, in questa prima fase di attività, sono identificati dalle tesi di dottorato, quasi sempre lavori che sono stati pietre miliari nei rispettivi settori. Quasi tutti – Weil, Cartan, Ehresmann, Dubreil, Leray, Dieudonné, Chevalley, de Possel, Delsarte e Szolem Mandelbrojt (l'unico non *normalien*) – si ritroveranno per l'avventura di Bourbaki. I luoghi in cui si recano disegnano la geografia della matematica europea del XX secolo; nel loro ritrovarsi a collaborare li vediamo portare a Parigi i contributi e le idee di tutte le principali scuole matematiche del continente, per aprire strade completamente nuove.

André Weil (1906-1998) era nato a Parigi da una famiglia ebrea non praticante (la madre era nata in Russia da una famiglia di origine austriaca), di tre anni piú anziano della sorella Simone. Come lui stesso racconta nella propria autobiografia, fin dall'età di dieci anni era fortissimamente appassionato alla matematica. Uno dei numerosi insegnanti privati che la madre assumeva per integrare la formazione dei figli diceva di André che «qualunque cosa gli dica sull'aritmetica, sembra che la sappia già». Prosegue gli studi al Lycée Saint-Louis, e ottiene il *baccalauréat* a quattordici anni (l'età minima prevista dalla legge era 17), con la massima votazione in tutta la Francia; in quell'anno conosce Jacques Hadamard, uno dei grandi vecchi della matematica francese, che gli consiglia la lettura del *Traité d'Analyse* di Camille Jordan. A sedici anni, nel 1922, entra all'École Normale e lí conosce, tra gli insegnanti, Sylvain Lévi, che gli fa scoprire un altro libro che avrà una grande influenza su tutta la sua vita: la *Bhagavad Gītā*. In rue d'Ulm Weil segue anche i corsi di Jules Bloch sui *Veda* e di Lévi sul *Meghadūta*.

Nel 1925 è a Roma, dove incontra Mandelbrojt, Vito Volterra, Oscar Zariski, Francesco Severi e nel 1926-27 a Gottinga, dove ha modo di conoscere di prima mano i lavori di Emmy Noether, Van der Waerden e Courant. A Berlino e Francoforte incontra Hopf e Siegel, a Stoccolma Mittag-Leffler, che gli promette la pubblicazione della tesi sugli «Acta Mathematica». Da uno studente di Dickson incontrato a Roma, Mayme Logsdon, viene a conoscenza dell'articolo di Mordell del 1922, *On the rational solutions of the indeterminate equation of the third and fourth degrees*. Weil sviluppa idee completamente nuove sulle equazioni diofantee e le sottopone a Hadamard, che gli propone di aspettare a presentare la tesi, per cercare di dimostrare anche la «congettura di Mordell». Weil non ascolta il parere di Hadamard, perché ritiene che occorreranno almeno cinquant'anni per riuscire nell'impresa (in effetti, la congettura di Mordell sarà dimostrata da Gerd Faltings solo nel 1983, dopo che la geometria algebrica avrà subito una nuova grande rivoluzione – sempre nata all'École Normale lungo la via aperta da Weil – ad opera di Serre e Grothendieck). La sua tesi sull'aritmetica delle curve algebriche viene quindi discussa nel 1928. Dal 1930 al 1932 è in India, all'Università musulmana di Aligarh, e dal 1933 allo scoppio della guerra a Strasburgo, dopo un breve passaggio per Marsiglia.

Compagno di *promotion* di Weil era stato Jean Delsarte (1903-1968). Delsarte indirizza i propri interessi verso l'analisi funzionale (ambito nel quale discute la tesi nel 1928); come Weil va a Roma per conoscere Volterra. Dal 1928 si trasferisce a Nancy, che con Strasburgo diventerà, grazie a lui, una sorta di «braccio orientale» dell'École Normale. Parigi resta però sempre il centro del gruppo: nel 1931 è proprio Delsarte a tenere il «Cours Peccot».

Henri Cartan (1904-) entra all'École Normale con la *promotion* del 1923, ed è figlio d'arte. Suo padre, Élie Cartan, è un matematico importante, che dopo aver insegnato a Nancy è stato chiamato alla Sorbona ed è quindi tra i suoi professori. Nel 1928 Henri Cartan discute una tesi sulle funzioni analitiche di una variabile complessa sotto la direzione di Paul Montel e, su consiglio di Weil, inizia a studiare le funzioni di piú variabili complesse, primo matematico francese a occuparsi del problema. Si reca quindi in Germania, invitato da Heinrich Behnke, e lí conosce Peter Thullen. Scrive un articolo in collaborazione con il padre e, dopo un breve periodo passato a Lilla, nell'autunno 1931 approda a Strasburgo.

Paul Dubreil (1904-1994) appartiene alla *promotion* del 1924: si reca ad Amburgo e Gottinga (grazie alla Fondazione Rockefeller) per studiare la geometria algebrica della scuola tedesca (Artin, Emmy Noether, Van der Waerden) e a Roma per quella italiana (Castelnuovo, Severi, Enriques). Dal 1933 è a Nancy, chiamato da Delsarte. Anche René de Possel (1905-1974) studia in Germania, a Monaco, Gottinga e Berlino; discute la tesi nel 1933 e dal 1934 è all'Università di Clermont-Ferrand. Nella stessa città troviamo Szolem Mandelbrojt (1899-1983), che nel 1926, grazie a Hadamard, aveva ottenuto la cittadinanza francese, e che rientrava dopo essere stato al Rice Institute di Houston.

Jean Dieudonné (1906-1992), che sarà uno dei pilastri di Bourbaki, viene diretto nel suo lavoro di tesi in analisi classica da Paul Montel. Anche lui inizia la propria attività in provincia, prima a Rennes e poi, dal 1938, a Nancy, dove nel 1936 era anche Jean Leray (1906-1998). Claude Chevalley (1909-1984), che sarà il piú giovane tra i fondatori di Bourbaki, studia all'École Normale con Picard, dopodiché si reca a Marburg (da Hasse) e Amburgo (da Artin). È durante il suo lavoro per la tesi di dottorato (*Sur la théorie des corps de classes dans les corps finis et les corps locaux*, discussa nel 1933) che inizia a collaborare con Weil.

3. *Parigi, boulevard Saint-Michel, Café Capoulade.*

Questa straordinaria generazione di matematici, entrati all'École Normale tra il 1922 e il 1926, negli anni Trenta si ritrova tra Nancy, Strasburgo e Clermont-Ferrand. Come dirà Delsarte nel corso di un discorso ufficiale nel 1967, un anno prima di morire, Nancy e Strasburgo sono state «les berceaux parallèles», le culle parallele, di Bourbaki. Anche dopo la guerra Delsarte continuerà a chiamare a Nancy i giovani piú brillanti usciti dall'École Normale, negli stessi anni in cui iniziavano la collaborazione con Bourbaki: Schwartz, Serre, Roger Godement, Lions. Delsarte, che nel 1934 ha 31 anni, è il piú vecchio della compagnia; il piú giovane è Chevalley, che ne ha 25. Ogni quindici giorni, di lunedí, si incontrano a Parigi all'Institut Henri Poincaré per il seminario di matematica.

La cultura parigina, però, non si sviluppa solo nelle aule universitarie: luoghi di discussione ed elaborazione altrettanto importanti sono i *cafés* e le *brasseries*. A partire dagli anni Trenta, inoltre, Parigi diventa la principale meta degli ebrei che fuggono dall'antisemitismo in crescita in diversi paesi d'Europa, e in particolare dalla Germania. In un rapporto della polizia di quegli anni vengono citati i loro diversi luoghi di aggregazione: gli intellettuali e gli artisti si ritrovano a Le Dôme, i commercianti all'hotel *George V*, gli *Ostjuden* nei caffè di boulevard Montmartre e di place de la République. Gli studenti si incontrano soprattutto in due grandi *brasseries* del Quartiere latino, *La Source* e il *Café Capoulade*.

È proprio al *Café Capoulade*, non lontano dall'abitazione parigina della famiglia Weil, che abitualmente si ritrova per il pranzo il gruppo di matematici; ed è qui che Weil e Cartan coinvolgono i vecchi compagni d'École Normale per discutere insieme un progetto ambizioso: scrivere un trattato sul calcolo differenziale e integrale che sostituisca il manuale in uso nelle università francesi (il *Traité d'Analyse* di Goursat, di cui sono tutti insoddisfatti) e che costituisca per almeno venticinque anni il *syllabus*, il testo di riferimento. Il primo incontro in cui viene discusso il progetto è il 10 dicembre 1934, e vi partecipano (oltre a Weil e Cartan) Delsarte, Dieudonné, de Possel e Chevalley. Al gruppo, che si autodefinisce «Comitato per il Trattato di Analisi», si aggiungono subito Dubreil, Leray e Mandelbrojt. È questo il periodo di quelli che sono stati definiti i *proto-Bourbaki meetings*; il verbale di una di queste riunioni è stato riprodotto in Delsarte [1935]. Il progetto è ancora in una fase molto fluida, e non è facile collaborare con una personalità fortissima come quella di Weil. Alcuni membri del gruppo (Dubreil e Leray) escono quasi subito dall'impresa, sostituiti da Charles Ehresmann (1905-1979) e dal fisico Jean Coulomb (1904-1999), entrambi ex studenti di rue d'Ulm.

Weil, Cartan, Delsarte, Dieudonné, de Possel, Chevalley, Mandelbrojt, Ehresmann e Coulomb: questi nove risultano essere ufficialmente i fondatori dell'*Association des collaborateurs de Nicolas Bourbaki*. Già in questo avvicendamento si vede una delle caratteristiche di Bourbaki, la chiamata per cooptazione. Un'altra caratteristica è la divisione del lavoro tra diversi «sottocomitati», all'interno dei quali era sempre presente un non specialista della materia. Alla pomposa e formale denominazione di «Comitato per il Trattato di Analisi» si sostituisce presto un cognome di fantasia collettivo

(Bourbaki), che riceve poi col tempo anche un nome proprio (Nicolas) e una qualifica (accademico di Poldavia). Anche se i membri del gruppo si sono divertiti a compiere azioni di depistaggio, è certo che sia il nome «Bourbaki» che quello della Poldavia siano stati usati in scherzi e gag dagli studenti dell'École Normale. L'avventura di Bourbaki, anche in questi dettagli, è il frutto dell'incontro di un gruppo di giovani matematici di altissimo livello, guidati da una personalità eccezionale, con una istituzione, l'École Normale, nella quale si formano e attraverso la quale arriveranno a modellare la matematica del XX secolo, prima in Francia e poi in tutto il mondo.

4. *Besse-en-Chandesse.*

Nel luglio del 1935 si tiene, a Besse-en-Chandesse, nel dipartimento del Puy-de-Dôme in Alvernia, il primo «congresso» di Bourbaki, una riunione di lavoro per mettere finalmente mano alla scrittura del trattato. Ben presto i bourbakisti si rendono conto che i sei mesi inizialmente previsti non basteranno, e saranno necessari almeno tre anni. Un po' alla volta il progetto iniziale si trasforma in qualcosa di molto piú ambizioso: ripensare dalle fondamenta l'organizzazione della matematica. Laurent Schwartz, normalista e bourbakista della seconda generazione, paragonerà la classificazione matematica di Bourbaki alla rivoluzione introdotta da Linneo con il suo *Systema naturae*. Per molti aspetti Bourbaki è davvero il *Linneo della matematica*, e forse ancora di piú: vorrà arrivare a definire *l'architettura della Matematica*, come dirà nel titolo di un famoso articolo [Bourbaki 1948].

I presenti a questa prima riunione, che si tiene in alcuni locali dell'Università di Clermont-Ferrand, secondo quanto riferisce Chevalley sono oltre a lui Cartan, Delsarte, Dieudonné, de Possel, Mandelbrojt e Weil. Altre fonti riportano anche la partecipazione di Ehresmann. In questa e nelle successive riunioni – alcune tenutesi vicino a Vouvray, in Turenna, a casa di Chevalley – vengono definite le regole del gruppo, il metodo di lavoro e i contenuti dell'opera. Attraverso questa prassi si è sviluppato lo «stile» bourbakista e ha preso forma una «visione complessiva» della matematica, che si è via via consolidata ed è stata esplicitata in una vera e propria filosofia.

In sintesi, le regole erano queste: entrata nel gruppo per cooptazione, dopo una specie di esame sul campo; uscita al compimento dei cinquant'anni; discussione collettiva dell'impostazione del lavoro; scrittura da parte di un incaricato e successiva nuova discussione collettiva, «riga per riga», per l'accettazione; partecipazione di non specialisti alla fase di elaborazione e scrittura; unanimità su tutte le decisioni. In tutte queste fasi iniziali, il *primus inter pares* è sempre André Weil, e la sua presenza è cosí forte che anche René de Possel sceglie di abbandonare il progetto. Durante le riunioni un segretario (lo «scriba») prende nota di tutto quanto viene detto e discusso: all'inizio sono Delsarte e Dieudonné, cui succederanno in questo ruolo prima Samuel e poi Cartier. Come racconta Pierre Samuel, certe volte si arrivava a un accordo solo per stanchezza.

Per lo storico di oggi, la nascita di Bourbaki è un fenomeno straordinario. I suoi componenti erano matematici di altissimo livello, che hanno ottenuto risultati straordinari ciascuno nel proprio settore di interesse; ma l'esperienza collettiva – anche di amicizia personale – che li ha coinvolti ha fruttato qualcosa di molto diverso dalla semplice somma di tanti contributi individuali. Henri Cartan lo ricorderà nel 1973 dicendo: «per vent'anni, dal 1935 al 1954, ho partecipato al lavoro collettivo di elaborazione degli *Éléments de mathématique* di Nicolas Bourbaki. Questo deve essere ricordato in questa *Nota* non per evocare il mio contributo personale, che d'altra parte è molto difficile valutare, ma per dire tutto l'arricchimento che ne ho ricavato. Questo lavoro in comune con uomini dal carattere molto diverso, con una forte personalità, mossi da una comune esigenza di perfezione, m'ha insegnato molto e io devo a questi amici gran parte della mia cultura matematica» [Cartan 1979].

Bourbaki *è* qualcosa di piú di un'opera scritta a piú mani; ha una sua fisionomia specifica, un suo «stile», come si diceva prima, persino una sua personalità. Sicuramente le regole del gruppo, prima fra tutte quella dell'unanimità delle decisioni, sono state determinanti nel plasmare questa fisionomia. D'altra parte, queste stesse regole hanno fatto sí che l'elaborazione del «prodotto finale», inteso come testo scritto, sia stata estremamente laboriosa e talvolta accidentata. Dopo aver tagliato molti «rami secchi», i membri arrivano a delineare la struttura definitiva della prima parte dell'opera che prenderà il nome di *Éléments de mathématique*. Si noti che *mathématiques* in francese è parola usata per lo piú al plurale: l'utilizzo del termine al singolare è un esplicito riferimento all'*unità* della matematica, tema che sarà uno dei cardini della filosofia del gruppo. La prima parte si intitola *Les structures fondamentales de l'analyse* ed è articolata in sei libri: *Théorie des ensembles*, *Algèbre*, *Topologie générale*, *Fonctions d'une variable réelle*, *Espaces vectoriels topologiques*, *Intégration*. La redazione, come detto, è molto tortuosa: il primo libro esce nel 1939 come numero 846 della collana di «Actualités scientifiques et industrielles» dell'editore Hermann (che resterà l'editore di Bourbaki fino al 1980, quando gli subentrerà Masson) ed è un semplice fascicolo di risultati di teoria degli insiemi. Gli altri capitoli del volume sulla teoria degli insiemi usciranno nel 1954 (1 e 2. *Description de la mathématique formelle* e *Théorie des ensembles*), nel 1956 (3. *Ensembles ordonnés, cardinaux, nombres entiers*) e nel 1957 (4. *Structures*).

A tutt'oggi sono stati pubblicati 10 libri, i sei previsti come prima parte e altri quattro non organizzati in «seconda» o altre parti. Lo schema complessivo dell'opera (tabella 1), con le date di pubblicazione, è utile sia per vedere come essa sia il frutto di un lungo e tortuoso lavoro di elaborazione, sia per avere una veduta «panoramica» sulle fondamenta – che si volevano solide e condivise – di quell'*architettura della matematica* che Bourbaki voleva risistemare.

Tabella 1.
La struttura degli *Éléments de mathématique*.

Livre I: *Théorie des ensembles*

1. *Description de la mathématique formelle*, 1954
2. *Théorie des ensembles*, 1954
3. *Ensembles ordonnés, cardinaux, nombres entiers*, 1956
4. *Structures*, 1957

Fascicule de Résultats, 1939

Livre II: *Algèbre*

1. *Structures algébriques*, 1942
2. *Algèbre linéaire*, 1947
3. *Algèbre multilinéaire*, 1948
4. *Polynômes et fractions rationnelles*, 1950
5. *Corps commutatifs*, 1950
6. *Groupes et corps ordonnés*, 1952
7. *Modules sur les anneaux principaux*, 1952
8. *Modules et anneaux semi-simples*, 1958
9. *Formes sesquilinéaires et formes quadratiques*, 1959
10. *Algèbre homologique*, Masson, 1980

Livre III: *Topologie générale*

1. *Structures topologiques*, 1940
2. *Structures uniformes*, 1940
3. *Groupes topologiques*, 1942
4. *Nombres réels*, 1942
5. *Groupes à un paramètre*, 1947
6. *Espaces numériques et espaces projectifs*, 1947
7. *Les groupes additifs* $\mathbb{R}^n$, 1947
8. *Nombres complexes*, 1947
9. *Utilisation des nombres réels en topologie générale*, 1948
10. *Espaces fonctionnels*, 1949

Dictionnaire, 1949
Fascicule de Résultats, 1953

Livre IV: *Fonctions d'une variable réelle*

1. *Dérivées*, 1949
2. *Primitives et intégrales*, 1949
3. *Fonctions élémentaires*, 1949
4. *Équations différentielles*, 1951
5. *Étude locale des fonctions*, 1951
6. *Développement tayloriens généralisés; Formule sommatoire d'Euler-MacLaurin*, 1951
7. *La fonction gamma*, 1951

Dictionnaire, 1951

Livre V: *Espaces vectoriels topologiques*

1. *E.v.t. sur un corps valué*, 1953
2. *Ensembles convexes et espaces localement convexes*, 1953
3. *Espaces d'applications linéaires continues*, 1955
4. *La dualité dans les e.v.t.*, 1955
5. *Espaces hilbertiens (Théorie élémentaire)*, 1955

Dictionnaire, 1955
Fascicule de Résultats, 1955

Livre VI: *Intégration*

1. *Inégalités de convexité*, 1952
2. *Espaces de Riesz*, 1952
3. *Mesures sur les espaces localement compacts*, 1952
4. *Prolongement d'une mesure; Espaces L^p*, 1952
5. *Intégration des mesures*, 1956
6. *Intégration vectorielle*, 1959
7. *Mesure de Haar*, 1963
8. *Convolution et représentations*, 1963
9. *Intégration sur les espaces topologiques séparés*, 1969

Groupes et algèbres de Lie

1. *Algèbres de Lie*, 1960
2. *Algèbres de Lie libres*, 1972
3. *Groupes de Lie*, 1972
4. *Groupes de Coxeter et système de Tits*, 1968
5. *Groupes engendrés par des réflexions*, 1968
6. *Systèmes de racines*, 1968
7. *Sous-algèbres de Cartan, éléments réguliers*, 1969
8. *Algèbres de Lie semi-simples déployées*, 1969
9. *Groupes de Lie réels compacts*, Masson, 1982

Algèbre commutative

1. *Modules plats*, 1961
2. *Localisation*, 1961
3. *Graduations, filtrations et topologies*, 1961
4. *Idéaux premiers associés et décomposition primaire*, 1961
5. *Entiers*, 1964
6. *Valuations*, 1964
7. *Diviseurs*, 1965
8. *Dimensions*, Masson, 1983
9. *Anneaux locaux noethériens complets*, Masson, 1983
10. *Profondeur, régularité, dualité*, Masson, 1998

Théories spectrales

1. *Algèbres normées*, 1967
2. *Groupes localement compacts commutatifs*, 1967

Variétés différentielles et analytiques

Fascicule de Résultats Paragraphes 1 à 7, 1967
Fascicule de Résultats Paragraphes 8 à 15, 1971

Com'è facile vedere, al di là delle affermazioni di principio sull'universalità e generalità degli *Éléments*, la scelta degli argomenti risente fortemente dei gusti e degli interessi dei membri di Bourbaki. Il metodo di cooptazione, inoltre, ha finito comunque per privilegiare alcune aree della matematica rispetto ad altre.

Ritornando ai primi tempi, la cronologia della produzione di Bourbaki inizia quindi con il fascicolo di risultati sulla teoria degli insiemi nel 1939 e prosegue con i primi quattro capitoli del volume di topologia generale (1940-42), che sarà terminato solo nel 1949. La parte di calcolo differenziale vero e proprio vedrà la luce solo nel 1949, quando molti dei membri fondatori si avvicinano al limite d'età dei cinquant'anni. Il fatto che il primo testo pubblicato sia solo un fascicolo di risultati è particolarmente indicativo del loro modo di lavorare: la trattazione completa con le dimostrazioni era stata scritta da Cartan, ma rifiutata dal gruppo; Bourbaki si era quindi limitato a pubblicare la lista dei risultati necessari per il proseguimento del lavoro. Già dai primi fascicoli le regole di scrittura sono fissate: le notazioni sono uniformi, per tutta l'opera; le dimostrazioni sono complete; ogni capitolo comprende degli esercizi e una discussione storica (la visione della storia della matematica di Bourbaki è uno dei punti piú controversi della sua epistemologia). In ogni volume viene incluso un foglio di «Istruzioni per l'uso», comprendente i prerequisiti, l'organizzazione in capitoli e i rapporti di dipendenza reciproca.

5. *Princeton, Institute for Advanced Study e Parigi, rue d'Ulm.*

Negli anni precedenti la Seconda guerra mondiale si va affermando un nuovo polo della matematica mondiale: l'Institute for Advanced Study di Princeton. È soprattutto attraverso i legami con questo centro di ricerca che le idee di Bourbaki si diffondono in tutto il mondo.

Il primo bourbakista a recarsi all'Institute di Princeton è Weil, che lo visita nel 1936-37. Poco dopo lo segue Chevalley, nel 1938-39. A partire dal dopoguerra i bourbakisti della vecchia e della nuova generazione vi passano regolarmente: Delsarte nel 1946-47; Armand Borel, Serge Lang, Jean-Pierre Serre, Pierre Cartier, John Tate negli anni Cinquanta; Jean-Louis Koszul, ancora Serre, Roger Godement e Henri Cartan negli anni Sessanta.

La composizione del gruppo è fin dall'inizio in continuo rinnovamento; è però con la Seconda guerra mondiale che diventa necessario un radicale ricambio generazionale. La scelta dei padri fondatori viene compiuta, di nuovo, prevalentemente tra i ranghi degli studenti dell'École Normale. Tra i primi successori troviamo Schwartz (il creatore della teoria delle distribuzioni), Godement, Koszul, Samuel, Serre, Eilenberg e Grothendieck. Samuel Eilenberg è già un matematico maturo quando arriva a Bourbaki: lavora a

Chicago e all'École Normale tiene seminari e instaura una collaborazione importantissima con Henri Cartan, che porterà alla pubblicazione del fondamentale *Homological Algebra* (1956). Di Grothendieck avremo modo di parlare diffusamente piú avanti.

L'ambiente dell'École Normale, ormai fortemente impregnato dello spirito del gruppo iniziale di Bourbaki, e soprattutto la presenza di Cartan e di Weil formano in profondità questa seconda generazione, dandole uno spessore matematico straordinario. Per descrivere il clima umano e matematico che si respirava in rue d'Ulm non c'è niente di meglio che lasciare la parola a Grothendieck:

> Ho scoperto l'esistenza di un mondo matematico sbarcando a Parigi nel 1948, all'età di vent'anni [...] avevo in tasca una vaga raccomandazione di uno dei miei professori della facoltà di Montpellier [...] Henri Cartan è stato il primo essere della mia specie che ho incontrato. Non potevo immaginare, allora, quanto questo fosse di buon augurio! Fui accolto con quella cortesia impregnata di benevolenza che lo distingue, e che ben conoscono tutte le generazioni di *normaliens* che hanno avuto la fortuna di fare i primi passi con lui [...] la sua benevolenza, in ogni caso, era rivolta alla persona, non al suo bagaglio o ai suoi doni eventuali, e neppure alla sua fama o notorietà [...]. Al Seminario Cartan c'erano delle apparizioni periodiche di Chevalley e di Weil, e i giorni del Seminario Bourbaki (in cui si riunivano venti o trenta persone al massimo, tra relatori e uditori), si vedevano sbarcare, come una banda di amici un po' rumorosi, gli altri membri della famosa gang Bourbaki: Dieudonné, Schwartz, Delsarte, Godement. Si davano tutti del tu, usavano un linguaggio che mi sfuggiva quasi completamente, fumavano molto e ridevano volentieri, mancavano solo le casse di birra per completare l'ambiente – erano sostituite dal gesso e la cimosa [...] in quegli anni in cui ero sbarcato a Parigi con in tasca solo una lettera per Élie Cartan, non ho mai avuto l'impressione di trovarmi di fronte a un clan, un mondo chiuso o addirittura ostile [Grothendieck 1986*b*, p. 140].

Grothendieck aveva «respirato» anche una delle caratteristiche piú importanti del primo gruppo, che ne aveva permesso la coesione: una forte complicità intellettuale, tutta intessuta di humour e ironia, che è evidente nelle vicende legate alla scelta del nome, ma che è presente ovunque nel gergo «interno», nei poemetti, nelle allusioni...

André Weil, in quegli anni, ha ormai conquistato un ruolo di prim'attore sulla scena matematica mondiale ed è il leader riconosciuto di Bourbaki. Come scrive sempre Grothendieck,

> aveva un ascendente veramente strabiliante sul gruppo Bourbaki, e mi dava talvolta l'impressione di condurlo a suo piacimento, un po' come una maestra di scuola con un gruppo di bravi bambini [...] quando era presente, era lui che conduceva il gioco [...] ma non era un dittatore. Quando aveva la luna storta poteva bloccare la discussione su un argomento che non gli piaceva, con il gruppo che riprendeva poi quel soggetto tranquillamente in un'altra riunione, quando Weil non c'era, o semplicemente l'indomani quando non opponeva piú resistenza. Le decisioni erano prese all'unanimità dei presenti, considerando che non era per niente da escludere (e non era neppure un fatto raro) che uno da solo avesse ragione, contro l'unanimità degli

altri. Questo principio può sembrare aberrante per un lavoro in gruppo. La cosa straordinaria è che funzionava! [*ibid.*, p. 149].

Nel 1935 Weil pubblica *Artihmétique et géométrie sur les variétés algébriques* e nel 1937 *Sur les espaces à structure uniforme et sur la topologie générale*, lavoro questo in cui introduce l'idea di spazio uniforme. Dopo una serie di vicende avventurose in tempo di guerra – in cui rischia l'esecuzione in Finlandia, sospettato di collaborazionismo con i Russi – pubblica nel 1946 un'altra opera fondamentale, *Foundations of Algebraic Geometry*, che viene seguita nel 1948 da *Sur les courbes algébriques et le variétés qui s'en déduisent* e da *Variétés abéliennes et courbes algébriques*. Weil sta lavorando sul piú importante problema aperto della matematica: l'ipotesi di Riemann. Dimostra un analogo dell'ipotesi di Riemann per le curve algebriche su campi finiti, e per far questo crea la moderna teoria delle varietà abeliane; arriva a formulare degli enunciati analoghi all'ipotesi di Riemann per varietà di dimensione superiore. Queste congetture diventano famose come le «congetture di Weil», e saranno il filo conduttore della ricerca di Grothendieck prima e Deligne poi (che arriverà a dimostrarle nel 1973). Grothendieck descrive cosí la «filosofia» di Weil:

una delle idee guida nell'opera di André Weil, forse persino la principale idea-forza (rimasta piú o meno nascosta nella sua opera scritta, come è buona abitudine...) è che «la» geometria (algebrica), e in particolare le geometrie «discrete» associate ai diversi numeri primi, devono fornire la chiave per un rinnovamento di grandi dimensioni dell'artimetica. È con questo spirito che ha formulato, nel 1949, le famose «congetture di Weil». Congetture assolutamente mozzafiato, a dire il vero, che lasciavano intravedere, per queste nuove «varietà» (o «spazi») di natura discreta, la possibilità di certi tipi di costruzioni e d'argomenti che fino a quel momento sembravano pensabili solo nel quadro degli unici «spazi» degni di questo nome secondo gli analisti – cioè gli spazi «topologici» (dove si usava la nozione di variazione continua) [*ibid.*, p. 50].

Weil apre quindi scenari completamente nuovi, in cui il mondo dell'artimetica, mondo degli oggetti discreti, e il mondo delle grandezze continue formano un unico panorama che offre possibilità sterminate di ricerca ai matematici della generazione del secondo dopoguerra. Godement, Serre e Grothendieck per prima cosa svilupperanno gli strumenti tecnici necessari per portare avanti questo lavoro. Ad esempio, l'idea di «fascio» viene pensata in prigionia da Jean Leray, sulla base di motivazioni provenienti dall'analisi, ma è poi sviluppata e adattata ai bisogni della geometria algebrica e delle geometria analitica da Cartan e Serre, diventando in breve uno strumento essenziale per legare proprietà locali e proprietà globali degli oggetti geometrici.

Il primo grande matematico di questa seconda generazione di normalisti-bourbakisti è Laurent Schwartz (1915-2002). È una figura centrale della matematica mondiale e della cultura francese del XX secolo. Entrato alla Normale nel 1934, genero di Paul Lévy, nel 1950 è il primo francese a ricevere la medaglia Fields, per la creazione della teoria delle distribuzioni. Introduce molti concetti chiave della moderna analisi (ad esempio, gli spazi «S» delle funzioni reali di variabile reale infinitamente derivabili e tendenti a zero all'infinito con tutte le derivate devono il loro nome alla sua inziale), passando dalla teoria geometrica degli spazi di Banach alla teoria delle correnti e alla probabilità. Nel 1958 viene chiamato all'École Polytechnique, con l'esplicito incarico di rinnovarne completamente l'insegnamento e riportarla agli antichi splendori di ricerca scientifica. Vi si impegna totalmente, creando il Centre de Mathématiques; grazie a lui l'École Polytechnique ritorna a essere uno dei centri di propulsione della matematica francese e mondiale. Lí si formano Jacques-Louis Lions, Bernard Malgrange, François Trêves; lí Hironaka crea la scuola francese di singolarità. A questo impegno professionale Schwartz associa un impegno civile e politico che lo porta in prima linea in Francia e nel mondo; a causa di questo impegno deve vivere pesanti conseguenze professionali e drammatiche vicende personali. Con Cartan e Michel Broué anima per decenni il *Comité des Mathématiciens*, che interviene in difesa dei diritti dell'uomo in molti parti del mondo, riuscendo ad esempio a ottenere la liberazione di Leonid Plioutch dai manicomi sovietici e di José Luis Massera dalle carceri dell'Uruguay. Fa parte di Bourbaki fino alla data limite dei cinquant'anni, e tipicamente bourbakista è il suo modo di geometrizzare gli oggetti tradizionali dell'analisi, per lavorare al livello massimo di generalità possibile.

Jean-Pierre Serre (1926-) entra all'École Normale nel 1945 e inizia a lavorare sulle sequenze spettrali – altro strumento introdotto alcuni anni prima da Leray. Grothendieck ricorda le discussioni tra Serre e Cartan «a colpi di sequenze spettrali e diagrammi pieni di frecce» [Grothendieck 1986*b*, p. 149]; è proprio grazie a questi strumenti che Serre, giovanissimo, dimostra i risultati sull'omotopia delle sfere che gli valgono la medaglia Fields nel 1954. Dalla topologia algebrica passa poi alla geometria algebrica: i suoi due articoli piú noti sono universalmente conosciuti semplicemente come *FAC* [Serre 1955] e *GAGA* [Serre 1956]. Il primo sviluppa un'idea fondamentale, quella di fascio algebrico coerente; il secondo dimostra una serie di risultati che collegano le varietà algebriche alle varietà analitiche. A partire dagli anni Sessanta si orienta verso la teoria dei numeri, introducendo il concetto di K-teoria algebrica.

Un'altra idea che nasce e matura nell'ambiente dell'École Normale di quegli anni e che diventa rapidamente patrimonio comune e strumento di base indispensabile per tutti i geometri algebrici è la nozione di schema, dovuta a Grothendieck. Il racconto dello stesso autore illustra bene la continuità e la fecondità che l'ambiente della Normale riusciva a stimolare: «L'idea di descrivere una struttura di "varietà" in termini del dato di un fascio di anelli su uno spazio topologico è stata introdotta dapprima da H. Cartan, e poi ripresa da Serre nel suo classico lavoro *FAC* [...] è questo lavoro che ha costituito la spinta iniziale di una riflessione che mi ha condotto alla nozione di schema» [*ibid.*, pp. 269-70].

La vicenda di Alexander Grothendieck (1928-) è particolare, e per molti aspetti unica. La sua storia personale ha uno stretto intreccio con la sua storia di matematico, e quindi va riportata almeno a grandi linee. Nasce nel 1928 a Berlino, figlio di un fuoriuscito anarchico russo di origine ebraica; Grothendieck è il cognome della madre, personalità fortissima di cui parlerà a lungo in *Récoltes et semailles*. Nel 1933 i genitori partono per Parigi e lo lasciano in affido a una famiglia dei dintorni di Amburgo. Nel 1939 la madre adottiva decide di mandarlo in Francia, dove – pensa – sarà piú al sicuro. Passa gli anni della guerra (durante la quale il padre viene deportato e ucciso ad Auschwitz) tra un campo di concentramento e un villaggio di sfollati, per stabilirsi vicino a Montpellier nel 1945. Fino a questo momento ha fatto, giocoforza, studi frammentari e discontinui; anche all'università segue solo saltuariamente le lezioni, passando il tempo a costruire da solo una teoria dell'integrazione che, scoprirà poi, era già stata sviluppata da Lebesgue quarant'anni prima. Nel 1948, come ha raccontato lui stesso, si presenta a Henri Cartan e comincia la sua avventura nel mondo matematico. Prepara la tesi di dottorato a Nancy con Laurent Schwartz e sviluppa una teoria completa degli spazi vettoriali topologici che poi raccoglierà in un testo diventato classico sotto la sigla *EVT* [Grothendieck 1954], scritto durante un anno trascorso in Brasile. Nel 1958 ha un ruolo chiave nella creazione dell'Institut des Hautes Études Scientifiques, destinato a diventare un nuovo centro di eccellenza matematica.

6. *Bures-sur-Yvette, Institut des Hautes Études Scientifiques.*

L'Institut des Hautes Études Scientifiques (conosciuto dai matematici sotto la sigla IHES) viene «fondato» nel 1958 da Léon Motchane. All'inizio esiste praticamente solo sulla carta: l'unico locale di cui dispone è un'aula prestata dalla Fondazione Thiers di Parigi per i giorni del seminario diretto da Grothendieck, e cerca di volta in volta faticosamente i finanziamenti di cui ha bisogno per sopravvivere. Ne fanno parte solo Grothendieck e Dieudonné. L'Istituto assolve però una funzione importante: dare un posto di lavoro stabile in Francia a Grothendieck, che essendo apolide non poteva essere assunto da un'università francese. In questo nuovo istituto Grothendieck sviluppa il suo nuovo filone di lavoro: la geometria algebrica. Come racconta in *Récoltes et semailles*, «tra il 1955 e il 1970 il mio tema di predilezione è stata la coomologia, e piú in particolare la coomologia delle varietà di tutti i tipi (algebriche in particolare)» [Grothendieck 1986*b*, p. 75].

Grothendieck e Dieudonné riescono in breve tempo nel miracolo della creazione di una «Princeton europea»; il primo con l'organizzazione di un seminario (il *Séminaire de géometrie algébrique*, i cui testi vengono raccolti nella serie denominata SGA) e il secondo con la cura delle *Publications mathématiques de l'IHES*. Nel 1962 l'Institut trova la propria sede attuale, nel Bois Marie a Bures-sur-Yvette. Lí vengono ripresi alcuni tratti caratteristici del modo di lavorare del gruppo di rue d'Ulm: seminari affidati ai giovani, discussioni animate, libertà assoluta di ricerca. In questo modo École Normale, Collège de France e IHES diventano i tre poli di una rete su cui giganteggiano le figure di Cartan, Serre e Grothendieck. Un testimone, Jean Giraud, cosí ricorda quegli anni: «Gli studenti di matematica a Parigi avevano un martedí ben pieno. Serre teneva il suo corso al Collège de France al mattino, e il seminario di Grothendieck si svolgeva a Bures al pomeriggio. Lo spostamento e il pranzo erano l'occasione di discussioni tra due matematici con stili profondamente originali e diversi. Per noi era affascinante» [Dumas 1994, p. 65]. E Bernard Malgrange racconta: «Non c'era molto di interessante alla Sorbona [...] era nei corsi di Cartan e nei piccoli seminari che facevamo tra di noi, organizzati da Serre per gli allievi della Normale, che abbiamo imparato la matematica» [Garay 2005]. Nella serie delle *Publications mathématiques* Dieudonné e Grothendieck fanno uscire i diversi volumi degli EGA, *Éléments de géometrie algébrique*; nel giro di pochi anni arrivano all'IHES René Thom, Heisuke Hironaka e Pierre Deligne. I capitoli e i volumi degli EGA e degli SGA che via via vengono pubblicati costituiscono il riferimento fondamentale per la «nuova» geometria algebrica, fondata sulla nozione di schema; Cartan li definirà un'«opera immensa».

Nel 1966 è la volta di Grothendieck di ricevere la medaglia Fields, ma per motivi politici decide di non recarsi a Mosca a ritirarla. Nel 1970 matura una svolta decisiva nella sua vita, che Grothendieck stesso definisce *le grand tournant*: scopre che l'IHES riceve parte del suo finanziamento dal ministero della Difesa e ritiene questo incompatibile con le proprie convinzioni antimilitariste (le stesse che lo avevano portato a rifiutare l'ottenimento della cittandinanza francese attraverso il servizio militare). Lascia l'istituzione cui pensava di dedicare tutta la sua vita, e dopo aver tenuto per due anni una posizione temporanea al Collège de France finalmente nel 1972 ottiene un posto di *professeur à titre personnel*, che utilizza a Montpellier. Contemporaneamente, «lascia il gran mondo matematico» per dedicarsi «con una foga simile a quella messa in precedenza nella matematica» [Grothendieck 1986*a*, p. 273] al gruppo «Survivre et Vivre», in cui coinvolge anche Pierre Samuel e Claude Chevalley. Si lancia anche in gesti eclatanti, come quando nel 1972, ad Anversa, interrompe il discorso inaugurale di Serre a un simposio organizzato dalla Nato. L'IHES comunque è in grado di sopravvivere anche senza di lui, e diventa un centro matematico di prima grandezza, dove trovano via via posto matematici del calibro di Cartier, Gromov, Connes, Lafforgue.

Alcuni anni dopo la partenza dall'IHES, anche a seguito di complesse vicende familiari, Grothendieck inizia un periodo di riflessione che nel 1976, dopo un passeggero incontro col buddhismo e con i libri di Krishnamurti, prenderà la forma di una vera e propria «passione per la meditazione». Tra il 1984 e il 1986 scrive *Récoltes et semailles*, in cui l'esame del proprio passato di matematico, del rapporto con l'allievo-amico Pierre Deligne e delle vicende della propria opera e dei propri allievi lo porta a concludere che il mondo in cui si era formato, il mondo di Henri Cartan, di Claude Chevalley, di Bourbaki, il mondo di rue d'Ulm che aveva cercato di riprodurre a Buressur-Yvette, non esiste piú. L'anima e il nucleo del microcosmo che l'aveva accolto nel 1948 era Bourbaki. Ma «è stato senza dubbio negli anni Sessanta che il "tono" nel gruppo Bourbaki è scivolato verso un élitismo sempre piú pronunciato, di cui io ero sicuramente, all'epoca, parte integrante, e di cui per questo non mi accorgevo. Mi ricordo ancora dello stupore con cui, nel 1970, scoprii fino a che punto il nome stesso di Bourbaki era divenuto impopolare in ampi strati del mondo matematico (da me ignorati fino a quel momento), come sinonimo piú o meno di élitismo, di dogmatismo stretto, di culto della forma canonica a spese di una comprensione viva, di ermetismo, di antispontaneità castratrice e via cosí» [Grothendieck 1986*b*, p. 161]. Grothendieck conclude che «questo ambiente di qualità eccezionale non esiste piú. È morto, non saprei dire quando [...] suppongo che una degradazione impercettibile si sia via via realizzata nelle persone [...] siamo diventati persone importanti, ascoltate, potenti, temute, ricercate» [*ibid.*, p. 163]. *Récoltes et semailles* è un libro difficile, densissimo, che contiene anche attacchi molto duri a colleghi e «amici», e che per questo non è stato ancora pubblicato.

Torneremo piú avanti sugli ultimi tempi di Bourbaki, e soprattutto sulle reazioni che l'affermarsi del bourbakismo ha generato tra i matematici; prima però occorre concludere il racconto della vicenda di Grothendieck. Negli anni Ottanta, oltre alla scrittura di *Récoltes et semailles*, Grothendieck si dedica alla redazione di manoscritti matematici (*La longue marche à travers la théorie de Galois*, del 1981; *À la poursuite des champs*, del 1983; *Les dérivateurs*, del 1987) e non matematici, di cui il piú sorprendente è sicuramente *La clef des songes* [1986*a*]. In esso descrive un itinerario di riflessione che diventa itinerario spirituale, che a un certo punto si incontra con il percorso di un mistico del XX secolo che, negli anni Quaranta, con moglie e sei figli si ritira sulle montagne e attorno a cui si crea poco alla volta un centro di spiritualità: Marcel Légaut, lo stesso Légaut, matematico normalista, che teneva i corsi di geometria algebrica a Dubreil, Weil e Cartan...

Nel 1988 a Grothendieck viene assegnato con Deligne il premio Crafoord, che egli rifiuta; nel gennaio dello stesso anno va in pensione, nel 1990 affida a Jean Malgoire tutti i suoi scritti matematici e nell'agosto del 1991, senza preavviso, fa perdere le sue tracce, per vivere in eremitaggio nei Pirenei. In un blog su internet un suo vecchio compagno di battaglie ecologiste afferma di aver passato due ore con lui il 27 giugno 2006 e di averlo trovato impegnato, nel tempo che gli lasciava la cura delle piante, in calcoli di astrofisica, debole di vista e d'udito ma attivo fisicamente e intellettualmente.

7. *Da Bourbaki al bourbakismo. Gli antagonisti.*

Piú volte i padri fondatori di Bourbaki hanno affermato che gli *Éléments* devono essere presi non come un libro di testo ma piuttosto come una sorta di enciclopedia, un'opera di ri-sistemazione del sapere matematico. I membri di Bourbaki hanno individualmente portato contributi fondamentali alla matematica del Novecento, ma la loro opera collettiva ha fatto qualcosa di diverso e piú profondo, in molte direzioni: ha imposto uno *stile* di scrittura, ha diffuso un modo di vedere la *storia* della matematica, ha plasmato una *epistemologia* della matematica, ha avuto ripercussioni sull'*insegnamento* della matematica. Di fatto, Bourbaki è l'autore che piú di ogni altro ha influenzato la formazione, il modo di lavorare e di scrivere della maggior parte dei matematici, in Francia prima e in tutto il mondo poi. Dagli anni Cinquanta il prestigio dei suoi membri ha fatto sí che «Bourbaki» abbia occupato, partendo dall'École Normale, tutte le posizioni strategiche della vita universitaria. Cartan è il vero «re» del Dipartimento di Matematica dell'École Normale Supérieure, dove per lunghi periodi è il solo professore di matematica; la maggior parte dei matematici francesi si è dunque formata con lui (in particolare, tutte le medaglie Fields) e le loro scelte sono state in qualche modo «orientate» dall'ambiente bourbakista. «Siamo tutti allievi di Cartan», diceva Pierre Cartier in una conferenza in occasione del centenario della nascita, e aveva pienamente ragione. E, d'altra parte, con grande semplicità Cartan dirà che le domande che gli poneva Serre gli aprivano grandi orizzonti: «Ho imparato molto dai miei allievi alla Normale» [Jackson 1999*a*, p. 785]. Nel 1956 Serre diventa professore al Collège de France, Schwartz, Chevalley e altri sono alla Sorbona e all'École Polytechnique, l'IHES, dove si formano Demazure, Verdier, Deligne, Illusie e molti altri è creatura di Dieudonné e Grothendieck. La geometria algebrica diventa «l'argomento di referenza dei normalisti, vale a dire l'ambito che veniva raccomandato, implicitamente piú che esplicitamente, ai migliori normalisti come campo di ricerca» [Andler 1994].

L'idea centrale di Bourbaki è quella di *struttura*: «it is the notion of structure which is truly bourbakique», dice Claude Chevalley [Guedij 1985]. Questa idea ha anche evocato legami piú o meno giustificati con altre discipline: Jean Piaget, sia da solo che in collaborazione con l'epistemologo e matematico E. W. Beth [Beth e Piaget 1966], inquadra il lavoro di Bourbaki nel piú generale contesto dello strutturalismo e cerca di ritrovare paralleli tra le strutture matematiche, cosí come le organizzava Bourbaki, e l'evoluzione delle strutture intellettive dei bambini. Per Piaget, c'è una vera e propria corrispondenza fra le strutture individuate da Bourbaki e le strutture operatorie dell'intelligenza:

alle strutture algebriche corrispondono gli schemi d'azione, e in particolare alla reversibilità dell'azione l'invertibilità; alle strutture d'ordine corrispondono le strutture operatorie relative alle sequenze e agli ordinamenti e alle strutture topologiche le strutture che hanno a che fare con continuità, separazione, e cosí via. L'analogia è suggestiva, ma ovviamente foriera di grossi pericoli non appena si voglia passare acriticamente dalla teoria (l'epistemologia genetica di Piaget) alla pratica didattica, come in certi momenti si è cercato di fare. Ciò non toglie che «l'isomorfismo naturale [...] tra la descrizione piagetiana della psicogenesi e la descrizione bourbakista della matogenesi resterà come un risultato dei piú importanti» [Papert 1990, p. 11].

Nel progetto originale del gruppo, le strutture (algebriche, d'ordine e topologiche) dovevano fornire lo strumento per comprendere e organizzare l'«unità» della matematica; l'assiomatica associata al formalismo doveva essere lo strumento per realizzare un'economia di pensiero che Bourbaki stesso definisce il «taylorismo della matematica». Come disse Serre in risposta a quelli che esaltavano la libertà dei matematici di *creare* delle strutture, «il fine delle strutture matematiche non è nella creazione artificiale di strutture, ma semplicemente quello di penetrare i segreti dei numeri e delle forme». Grothendieck esprime le stesse idee in forma quasi poetica:

> Il mio approccio alla matematica, dall'età di diciassette anni quando ho cominciato a impegnarmici a fondo, è stato di propormi dei compiti vasti. Sono sempre stati, fin dall'inizio, compiti di «messa in ordine», di grandi pulizie. Vedevo un caos apparente, una confusione di cose eteroclite o nebbie talvolta impenetrabili che, visibilmente, dovevano avere un'essenza comune e contenere un ordine, un'armonia ancora nascosta che bisognava rivelare con un lavoro paziente, meticoloso, spesso di lunga durata [Grothendieck 1986*b*, p. 201].

D'altra parte, questa visione classificatrice (si ricordino le parole di Schwartz citate all'inizio del § 4), fuori dalle mani dei grandi, può facilmente irrigidirsi e diventare limitante, rispetto alla ricchezza e al continuo sviluppo della matematica. Come ha detto Jean-Pierre Kahane, la storia della matematica ha dimostrato che l'unità della disciplina va ricercata piuttosto nell'intreccio dei rami, che non nell'unicità della radice. E René Thom, uno dei principali antagonisti del bourbakismo, definisce l'opera di Bourbaki una «imbalsamazione», che vuole «ridurre la matematica a una mummia». Thom è molto critico anche sui benefici di per sé dell'assiomatizzazione, vista da Bourbaki come l'essenza stessa della matematica, qualcosa in grado di rivelarne la struttura piú profonda: «Negli ultimi anni l'importanza dell'assiomatizzazione come strumento di sistemazione e di scoperta è stata molto enfatizzata. Come metodo di sistemazione, è certamente funzionale; per quanto riguarda la scoperta, la questione è piú dubbia. È significativo che nessun teorema di una certa importanza sia uscito dall'immenso sforzo di sistemazione di Nicolas Bourbaki» [Thom 1971, p. 696].

Certo, dalla sistemazione di Bourbaki sono usciti molti dei simboli e dei nomi oggi di uso comune in matematica. È grazie a Bourbaki che oggi tutti usano i simboli di unione, intersezione, insieme vuoto (simbolo che fu introdotto da Weil), prodotto tensoriale, prodotto esterno, forma bilineare; è stato lui a introdurre termini come *suriettivo*, *iniettivo*, *biiettivo*, *spazio separato*, *rivestimento*, *ricoprimento*... Questa vera e propria «passione» per dare nomi è appartenuta anche a Grothendieck: «una delle mie passioni è stata costantemente quella di "dare un nome" alle cose che mi si rivelavano, come se fosse un primo modo per catturarle» [Grothendieck 1986*b*, p. 46].

Un'altra caratteristica molto discussa di Bourbaki, che si è rivelata particolarmente dirompente quando è stata trasferita nell'insegnamento, è quella di procedere sempre *dal generale al particolare* – quando la dinamica naturale dell'apprendimento è, ordinariamente, *dal particolare al generale*, e cosí anche spesso la dinamica della ricerca. Dei rischi di questo approccio, trasferito al di fuori del suo ambito originale, i bourbakisti erano perfettamente consapevoli, come scrive lo stesso Cartan:

> Il metodo di Bourbaki, che procede dal generale al particolare, è naturalmente un po' pericoloso per il principiante il cui repertorio di problemi concreti è limitato, perché potrebbe essere portato a credere che la generalità è un fine di per sé. Ma questa non è l'intenzione di Bourbaki. Per Bourbaki, un concetto generale è utile solo se è applicabile a un gran numero di problemi speciali e davvero permette risparmio di tempo e di fatica. Queste economie sono una necessità al giorno d'oggi. Se i membri di Bourbaki hanno considerato loro dovere costruire tutto dalle fondamenta, lo hanno fatto nella speranza di mettere nelle mani dei futuri matematici uno strumento che avrebbe reso il loro lavoro piú facile, e permesso di avanzare ulteriormente [Cartan 1979].

Le paure di Cartan erano ben fondate: la generalizzazione fine a se stessa, un metodo eccessivamente formalista nell'insegnamento della matematica, l'abitudine di omettere e nascondere, come cosa del tutto incidentale, i problemi che motivano una ricerca o la costruzione di una teoria, uno stile di scrittura in cui non rimane traccia del percorso fatto per arrivare alle nozioni chiave, agli enunciati cruciali o alle dimostrazioni, tutte queste cose sono diventate vezzi comuni, talvolta vizi, della comunità matematica, e hanno spesso la loro origine in un'esasperazione, e forse un fraintendimento, delle scelte operate da Bourbaki.

Il ruolo di Bourbaki nella riforma dell'insegnamento della matematica è molto dibattuto e rappresenta una questione complessa. Bisogna naturalmente distinguere tra Bourbaki come gruppo, i singoli bourbakisti e l'influsso generale del pensiero bourbakista. Nicolas Bourbaki in quanto tale non ha mai espresso alcuna opinione sull'insegnamento, né nelle scuole né nelle università; non si preoccupava di problemi pedagogici in quanto la sola cosa importante, per lui, erano i contenuti. Tra i bourbakisti troviamo chi, come Dieudonné (nonostante tutti i distinguo e le prese di distanza del dopo riforma, quando se ne sono toccate con mano le conseguenza) è stato un protagonista della vicenda, e chi come Schwartz ha sempre avuto un atteggiamento molto critico. La visione complessiva della matematica di Bourbaki, invece, si è imposta nelle università francesi e da lí nell'ambiente degli insegnanti, e ha costituito lo sfondo ideologico nel quadro del quale si è realizzata la riforma dell'insegnamento caratterizzata da quella che comunemente è chiamata «l'introduzione delle matematiche moderne». La Francia ha avuto, in questa riforma, un ruolo guida, da apripista, anche se il tema era di attualità internazionale e nel 1950 era stata costituita una «Commission internationale pour l'étude et l'amélioration de l'enseignement des mathématiques». Nel 1955 viene pubblicato un testo che diventa subito un punto di riferimento: *L'enseignement des mathématiques*. Il gruppo di autori è impressionante (Ewert W. Beth, Gustav Choquet, Jean Dieudonné, Caleb Gattegno, André Lichnerowicz e Jean Piaget) e di conseguenza il libro fissa d'autorità l'agenda della discussione. Nel 1958 l'OECE (quello che nel 1963 diventerà l'OCSE) inizia a spingere per una riforma radicale dell'insegnamento, organizzando nel 1959 un colloquio a Royaumont (diretto da Marshall Stone) nel corso del quale Dieudonné lancia il famoso grido «Abbasso Euclide!», slogan che lo stesso Dieudonné tradurrà in pratica col suo libro *Algèbre linéaire et géometrie élémentaire*, in cui semplicemente propone di sostituire l'algebra lineare alla geometria nell'insegnamento scolastico, con motivazioni tipicamente bourbakiste: «Uno dei vantaggi dell'algebra lineare è che permette di presentare tutti gli sviluppi della geometria elementare in modo del tutto rigoroso, e questo senza sforzo» [Dieudonné 1964]. Con la riforma arriverà, nelle scuole di tutto il mondo, l'*insiemistica* (neologismo che nel mondo scolastico designa quell'insieme confuso di notazioni, nozioni e procedure piú o meno riconducibili al linguaggio degli insiemi). Una delle idee chiave (tipicamente bourbakista anche questa) era che i fondamenti (logica, insiemi, algebra), avendo una priorità *logica*, dovessero venire insegnati per primi. Ovviamente, questo ebbe degli effetti catastrofici, perché ignorava completamente il fatto che esiste anche un ordine *cognitivo* che interviene nell'apprendimento (e che non sempre riproduce, come pensavano alcuni seguaci di Piaget, l'organizzazione strutturata della disciplina), e metteva da parte ogni considerazione pedagogica. Alla redazione dei programmi francesi, che furono il modello per analoghe riforme in giro per il mondo, parteciparono direttamente anche alcuni bourbakisti, tra cui Samuel e Pisot.

Contro questa riforma, ma soprattutto contro la filosofia che vi stava dietro (e quindi contro il bourbakismo) si levarono subito le voci di alcuni grandi matematici, tra cui René Thom, con il già citato articolo [Thom 1971] sugli errori pedagogici e filosofici delle «matematiche moderne», Jean Leray e Hans Freudenthal. Leray arriverà a dire, davanti all'Accademia delle Scienze, che «la riforma in corso mette gravemente in pericolo l'avvenire economico, tecnico e scientifico del paese». Thom sostenne con forza l'idea, opposta a quella di Dieudonné, che gli oggetti algebrici sono troppo «poveri di significato» per sostituire gli oggetti geometrici (anche se funzionali «sintatticamente»), introducendo una distinzione *sintassi/semantica* del tutto estranea al paradigma bourbakista.

Un altro matematico ferocemente contrario alla visione della matematica proposta da Bourbaki, e in particolare alle sue influenze sulla didattica, è stato Vladimir Arnol'd. Con una delle sue micidiali battute sintetizzò cosí in una conferenza tenuta al Palais de la Découverte di Parigi i risultati dell'influsso bourbakista sull'insegnamento: «Alla domanda: *quanto fa 2+3?* uno scolaro delle elementari francesi risponde: *3+2, perché l'addizione è commutativa.* Non sa quanto fa la somma e non capisce neppure cosa gli viene chiesto» [Arnol'd 1997]. La critica di Arnol'd a Bourbaki è radicale e talvolta sottilmente crudele. Nella citata conferenza di Parigi, sempre parlando di insegnamento dice che «gli zeloti della matematica astratta [...] hanno espulso dall'insegnamento tutta la geometria (attraverso la quale il piú delle volte trovano posto nella matematica la fisica e la realtà). I libri di analisi di Goursat, Hermite e Picard sono stati recentemente rimossi dalla biblioteca degli studenti delle Università di Parigi 6 e 7 come obsoleti» [*ibid.*].

Il riferimento al libro di Goursat, che era stato proprio quello che aveva messo in moto la storia di Bourbaki, non è sicuramente casuale e ritorna piú volte in Arnol'd, cosí come le sue critiche alla mentalità che il bourbakismo crea negli studenti:

> Insegnare in Francia è molto difficile a causa della formazione formalista di stampo Bourbaki che hanno gli studenti [...] è triste pensare a quale tipo di pressione i bourbakisti hanno esercitato su studenti chiaramente non stupidi, per ridurli a macchine formali! [...] questo tipo di insegnamento formalista è completamente inutile [...] questa piaga della deduzione formale si sta propagando in molti paesi, e il futuro della matematica infettata da questo virus è piuttosto squallido [Lui 1997, p. 436].

Un aneddoto che Arnol'd ama citare riguarda la traduzione in russo del fascicolo di note di storia della matematica, dagli *Éléments* di Bourbaki [1960]. In esso, una frase di Dirichlet che affermava che «i grandi matematici si riconoscono per la tendenza a sostituire i calcoli ciechi con le idee chiare» era stata tradotta con «i grandi matematici si riconoscono per la tendenza a sostituire le idee chiare con i calcoli ciechi». L'editor del volume era Kolmogorov, che parlava benissimo il francese, e quando Arnol'd gli fece notare l'errore di traduzione, si sentí spiegare che la traduzione sbagliata descriveva l'opera di Bourbaki meglio della frase di Dirichlet.

Al di là delle battute, l'atteggiamento di Arnol'd (e di Kolmogorov, Thom, Freudenthal, Leray, e molti altri) è significativo, e ci riporta allo «stupore» di Grothendieck del 1970. Quello che è messo in dubbio non è ovviamente la statura scientifica dei membri di Bourbaki, né tantomeno il valore dei loro contributi alla matematica: viene criticata la filosofia di fondo, che in certi momenti vuole presentarsi come *l'unica* visione possibile della matematica, e l'ideologia che ne è derivata, con tutta la prassi (di insegnamento, di scrittura dei testi e degli articoli di matematica, di formazione alla ricerca, di modo di considerare la storia) che si è conseguentemente imposta nel mondo matematico.

8. *Bourbaki oggi.*

L'opinione generale, oggi, è che la missione che Bourbaki si era assegnato si sia esaurita. Il gruppo esiste ancora, e Arnaud Beauville (membro fino al 1997) ha dichiarato che ha in cantiere dei testi veramente interessanti. Certo è che la sua illusione fondamentale (per usare parole di Demazure), quella di credere che esista un solo punto di vista per trattare una questione matematica, è stata ampiamente smentita dai fatti. Inoltre la matematica ha continuato a crescere impetuosamente, anche e soprattutto in settori che erano completamente estranei agli interessi e ai gusti dei fondatori, dimostrando che il progetto iniziale, per quanto grande e lungimirante, non avrebbe mai potuto dare una base a *tutta* la matematica. Secondo Pierre Cartier, che per trent'anni fu membro di Bourbaki e suo «scriba», il gruppo aveva raggiunto i propri limiti fisiologici senza aver raggiunto i propri obiettivi, generando una visione dogmatica della matematica, figlia del secolo delle ideologie. Una grandissima impresa matematica, ma non *l'Impresa*. La matematica è cresciuta e Bourbaki non ha potuto o non ha voluto integrare nel suo sistema questa crescita. Lo stesso Schwartz nella sua autobiografia dice che il lavoro di Bourbaki, oggi, non ha piú la stessa utilità di un tempo.

Nel 1968 Jacques Roubaud, matematico e scrittore membro dell'Oulipo, aveva annunciato la morte e l'inumazione di Bourbaki al «cimitero delle funzioni aleatorie, metro Markov e Gödel», con la messa funebre che sarebbe stata celebrata nella chiesa di «Notre-Dame-dei-problemi universali»... in questo *faire-part* compaiono non a caso parole e nomi chiave di probabilità, logica matematica, teoria delle categorie: proprio alcuni dei domini che non rientravano nel progetto di Bourbaki, e che quindi ne avevano segnato i limiti.

AA.VV.

2003 *Laurent Schwartz*, n. speciale della «Gazette des Mathematiciens», dedicato a Laurent Schwartz, Société Mathématique de France, Paris.

2004 *Henri Cartan*, n. speciale della «Gazette des Mathematiciens», dedicato a Henri Cartan in occasione del suo centenario, Société Mathématique de France, Paris.

ANDLER, M.

1994 *Les mathématiques à l'École normale supérieure au XXe siècle: une esquisse*, in J.-F. SIRINELLI (a cura di), *École normale supérieure, Le livre du bicentenaire*, Presses universitaires de France, Paris, pp. 351-404.

ARNOL´D, V.

1997 *On teaching mathematics*, conferenza tenuta al Palais de la Découverte di Parigi il 7 marzo 1997, disponibile in rete all'indirizzo http://pauli.uni-muenster.de/~munsteg/arnold.html.

AUBIN, D.

1998 *A Cultural History of Catastrophes and Chaos: Around the "Institut des Hautes Études Scientifiques", France*, tesi di dottorato, Princeton University, Princeton.

BEAULIEAU, L.

1993 *A Parisian Café and Ten Proto-Bourbaki Meetings (1934-1935)*, in «The Mathematical Intelligencer», 15(1), pp. 27-35.

BETH, E. W. et al.

1955 *L'enseignement des mathématiques*, Delachaux et Niestlé, Neuchâtel [trad. it. *L'insegnamento della matematica*, La Nuova Italia, Firenze 1960].

BETH, E. W. e PIAGET, J.

1966 *Mathematical Epistemology and Psychology*, D. Reidel, Dordrecht.

BOAS, R.

1986 *Bourbaki and me*, in «The Mathematical Intelligencer», 8(4), pp. 84-85.

BOURBAKI, N.

1948 *L'architecture des mathématiques*, in F. LE LIONNAIS (a cura di), *Les grands Courants de la pensée mathématique*, Cahiers du Sud, Marseille, pp. 35-47.

1960 *Éléments d'histoire des mathématiques*, Hermann, Paris [trad. it. *Elementi di storia della matematica*, Feltrinelli, Milano 1963].

CAJORI, F.

1928-29 *A History of Mathematical Notations*, 2 voll., MacMillan, New York.

CARTAN, É. e CARTAN, H.

1931 *Les transformations des domaines cerclés bornés*, in «Comptes Rendus de l'Académie des Sciences de Paris», 192, pp. 709-12.

CARTAN, H.

1979 *Brève Analyse des travaux, écrite par H. Cartan en 1973*, in ID., *Œuvres*, a cura di R. Remmert e J.-P. Serre, vol. I, Springer Verlag, Berlin - Heidelberg - New York.

1999 *André Weil: Memories of a Long Friendship*, in «Notices of the American Mathematical Society», 46(7), pp. 633-36.

CARTAN, H. e EILENBERG, S.

1956 *Homological Algebra*, Princeton University Press, Princeton.

CARTIER, P. e CHEMLA, K.

1998 *Notes sur l'histoire et la philosophie des mathématiques. II. La création des noms mathématiques: l'exemple de Bourbaki*, prépublications de l'I.H.E.S., mars 1998, ripubblicato in «Diagonales», 1 (1998).

COLMEZ, P. e SERRE, J.-P. (a cura di)

2001 *Correspondance Grothendieck-Serre*, Société Mathématique de France, Paris.

CORRY, L.

1966 *Modern Algebra and the Rise of Mathematical Structures*, Birkhäuser, Basel; ed. riveduta e corretta 2005.

DELSARTE, J.

1935 *Compte rendu de la réunion du 14 janvier 1935*, in «Gazette des mathématiciens», 84 (2000), pp. 16-18.

1967 *Discours de réception du prix «Cognac-Jay», 23 Février 1967*, Archives Élie Cartan, Faculté des Sciences, Nancy.

DIEUDONNÉ, J.

1964 *Algèbre linéaire et géometrie élémentaire*, Hermann, Paris [trad. it. *Algebra lineare e geometria elementare*, Feltrinelli, Milano 1970].

1970 *The Work of Nicholas Bourbaki*, in «American Mathematical Monthly», 77, pp. 134-45.

1986 *Lettre à la rédaction*, in «Cahiers du séminaire d'histoire des mathématiques», 7, pp. 221-23.

DUBREIL, P.

1981 *Apparition et premiers développements de la théorie des demi-groupes en France*, in «Cahiers du séminaire d'histoire des mathématiques», 2, pp. 59-65.

1982 *L'algèbre, en France, de 1900 à 1945*, in «Cahiers du séminaire d'histoire des mathématiques», 3, pp. 69-81.

DUMAS, É.

1994 *Une entrevue avec Jean Giraud, à propos d'Alexandre Grothendieck*, in «Le journal de maths», 1, pp. 63-66.

DU PLESSIX GRAY, F.

2001 *Simone Weil*, Weidenfeld & Nicolson, London.

FREUDENTHAL, H.

1967 *Recensione a: Algèbre linéaire et Géométrie élémentaire*, in «American Mathematical Monthly», 74, pp. 744-48.

GARAY, M. D.

2005 *Une entrevue avec Bernard Malgrange*, disponibile in rete all'indirizzo http://les-mathematiques.u-strasbg.fr/spip/IMG/pdf/malgrange.pdf.

GROTHENDIECK, A.

1954 *Espaces vectorieles topologiques*, Universidad de São Paulo.

1955 *Produits tensorielles topologiques et espaces nucléaires*, in «Memoirs of the American Mathematical Society», 16, pp. 1-329.

1972 *Allons-nous continuer la recherche scientifique?*, conferenza tenuta il 27 gennaio 1972 al CERN, disponibile in rete all'indirizzo www.math.jussieu.fr/~leila/grothendieckcircle/agcnrs.pdf

1986*a* *La clef des songes, ou Dialogue avec le bon Dieu*, disponibile in rete all'indirizzo www.grothendieckcircle.org.

1986*b* *Récoltes et semailles. Réflexions sur un passé de mathématiciens*, Université des Sciences et Techniques du Languedoc et CNRS, Montpellier; disponibile in rete all'indirizzo www.grothendieckcircle.org.

GUEDIJ, D.

1985 *Nicholas Bourbaki, Collective Mathematician. An Interview with Claude Chevalley*, in «The Mathematical Intelligencer», 7(2), pp. 18-22.

JACKSON, A.

1999*a* *The IHES at forty*, in «Notices of the American Mathematical Society», 46(3), pp. 329-37.

1999*b* *Interview with Henri Cartan*, in «Notices of the American Mathematical Society», 46(7), pp. 782-88.

2004 *Comme appellé du néant / As if summoned from the void. The life of Alexandre Grothendieck*, in «Notices of the American Mathematical Society», 51(9), pp. 1038-156 e (10), pp. 1196-212.

LERAY, J.

1971 *Les Mathématiques «modernes»*, seminario tenuto all'Institut Poincaré il 25 novembre 1971.

1974 *Rapport sur la sauvegarde des connaissances scientifiques*, suivi du *Vœu relatif à la réforme de l'enseignement secondaire*, in «Comptes Rendus de l'Académie des Sciences de Paris», 278.

LOMBARD, PH.

2005 *À propos de modélisation*, in «Bulletin de l'APMEP», 456, pp. 81-111.

LUI, S. H.

1997 *An Interview with Vladimir Arnol'd*, in «Notices of the American Mathematical Society», 44(4) pp. 432-38.

MAINARD, R.

2001 *Le Mouvement Bourbaki*, comunicazione tenuta a Nancy il 21 ottobre 2001, disponibile in rete all'indirizzo http://www.academie-stanislas.org/Mainard01.pdf.

MASHAAL, M.

2002 *Bourbaki, une société secrète de mathématiciens*, Belin/Pour la science, Paris [trad. it. *Bourbaki Nicolas: una società segreta di matematici*, Le Scienze, Milano 2003].

MEYER, Y.

2004 *Jean Leray et la recherche de la vérité*, in L. GUILLOPE e D. ROBERT (a cura di), *Actes des journées mathématiques à la memoire de Jean Leray (Nantes 2002)*, Société Mathématique de France, Paris, pp. 1-12.

MORDELL, L. J.

1922 *On the rational solutions of the indeterminate equation of the third and fourth degrees*, in «Proceedings of the Cambridge Philosophical Society», 21, pp. 179-92.

PAPERT, S.

1990 *Préface* a J. PIAGET, *Morphismes et catégories*, Delachaux et Niestlé, Neuchâtel.

PIAGET, J.

1968 *Le Structuralisme*, Presses universitaires de France, Paris [trad. it. *Lo strutturalismo*, Il Saggiatore, Milano 1973].

SAMUEL, P.

2004 *Souvenirs personels sur Henri Cartan*, in «Gazette des mathématiciens», 100.

SCHWARTZ, L.

1997 *Un mathématicien aux prises avec le siècle*, Odile Jacob, Paris.

SERRE, J.-P.

1955 *Faisceaux algébriques cohérents*, in «Annals of Mathematics», 61, pp. 197-278.

1956 *Géométrie algébrique et géométrie analytique*, in «Annales de l'Institut Fourier», 6, pp. 1-42.

SIRINELLI, J.-F.

1994 *La génération du feu*, in AA.VV., *14-18: Mourir pour la patrie*, Éditions du Seuil, Paris.

THALMANN, R.

1989 *Topographie de l'émigration du Troisième Reich à Paris*, in A. KASPI e A. MARÉS (a cura di), *Le Paris des étrangers*, Imprimerie Nationale, Paris.

THOM, R.

1971 *«Modern» mathematics: An educational and philosophical error?*, in «American Scientist», 159, pp. 695-99.

WEIL, A.

1991 *Souvenirs d'apprentissage*, Birkhäuser Verlag, Basel [trad. it. *Ricordi di apprendistato*, a cura di C. Bartocci, Einaudi, Torino 1994].

WEIL, A. e CHEVALLEY, C.

1934 *Über das Verhalten der Integrale 1. Gattung bei Automorphismen des Funktionenkorpers*, in «Abhandlungen aus dem Mathematischen Seminar der Universität Hamburg», 10(5), pp. 358-61.

KENJI UENO

Il Giappone moderno

1. *Il passaggio dalla «wasan» alla matematica occidentale.*

In questo saggio discuteremo dello sviluppo della matematica in Giappone dopo la Restaurazione Meiji del 1867. Dal momento che l'argomento è molto vasto prenderemo in esame solo alcuni temi piú importanti. Col termine *wasan* ci riferiremo alla matematica giapponese sviluppata nel periodo Edo[1].

Il periodo Meiji ebbe inizio quando lo shōgunato Tokugawa restituí il potere politico all'imperatore (Restaurazione Meiji) nel 1867. Già verso la fine del periodo Edo lo shōgunato Tokugawa si era reso conto dell'importanza della matematica occidentale per la navigazione e le scienze militari: non a caso, nel 1855 era stata fondata l'Accademia navale di Nagasaki, dove docenti olandesi insegnavano la matematica occidentale, compreso il calcolo differenziale e integrale. Un interprete traduceva ogni lezione dall'olandese al giapponese. Tradurre i termini matematici in giapponese presentava comunque non pochi ostacoli, e questo rendeva molto difficile per gli studenti giapponesi la comprensione delle lezioni, che potevano essere seguite con profitto solo da pochi studenti, che conoscevano già la *wasan*. Questi studenti si procuravano e leggevano anche traduzioni cinesi di testi matematici occidentali.

Già durante lo shōgunato Tokugawa era in uso mandare i giovani all'estero a studiare le scienze occidentali; inoltre la famiglia Tokugawa, che dopo la Restaurazione Meiji fu costretta a trasferirsi da Edo a Shizuoka, fondò l'Accademia militare di Numazu nel 1872. Noriyoshi Akamatsu è un personaggio rappresentativo di questo periodo: allievo dell'Accademia navale di Nagasaki, poté soggiornare in Olanda e diventare in seguito professore di matematica nell'Accademia militare di Numazu, scrivendo anche numerosi libri di testo. Molte persone che avevano studiato presso l'Accademia militare di Numazu ebbero un ruolo importante nel processo di importazione della matematica occidentale in Giappone all'inizio del periodo Meiji.

Verso la fine del periodo Edo e all'inizio di quello Meiji molti matematici *wasan* cominciarono a interessarsi alla matematica occidentale, che studiava-

[1] Cfr. T. Ogawa e K. Ueno, *Il Giappone nel periodo Edo*, in questo stesso volume.

no principalmente su traduzioni cinesi o, in qualche caso, su testi olandesi, alcuni dei quali sono conservati ancora oggi nella Biblioteca dell'Accademia giapponese [Fujiwara 1955]. Per i matematici *wasan*, grazie alle loro conoscenze, non era difficile imparare parti elementari della matematica occidentale. Nella figura 1 riportiamo l'immagine di una pagina tratta da un manoscritto del matematico *wasan* Noriyoshi Satō (1794-1844) della scuola Seki. Nella parte in alto della pagina il risultato è ottenuto scrivendo e risolvendo le equazioni usate nella *wasan*, nella parte inferiore sono riportate quasi le stesse equazioni ma scritte in notazione occidentale. Sebbene si presentino in maniera completamente diversa, il contenuto matematico è lo stesso.

Nel 1871 il governo Meiji istituí il ministero dell'Educazione, che già l'anno successivo annunciò l'istituzione del sistema pubblico di istruzione elementare. Si trattava di un cambiamento rilevante, rispetto al sistema delle *terakoya*, le piccole scuole private di istruzione popolare diffuse in

Figura 1.
Una pagina dal manoscritto *Sanpo-senmon-sho kai* di Noriyoshi Satō.

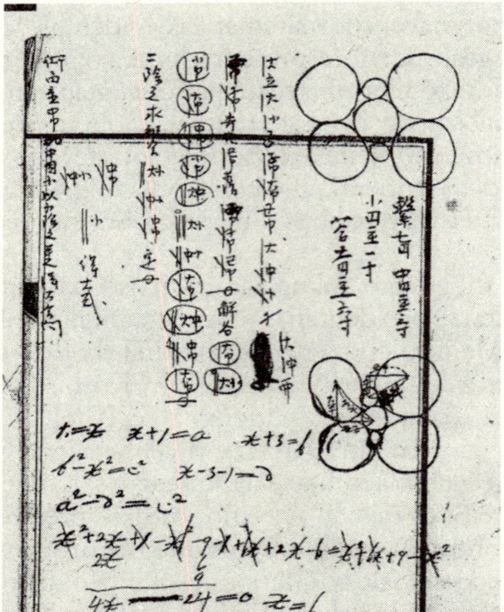

tutto il Giappone che durante il periodo Edo impartivano l'insegnamento ai bambini dei ceti medio-bassi. Per quanto concerne la matematica, il ministero decise che nel nuovo sistema di istruzione pubblica si sarebbe dovuto insegnare quella occidentale, arrivando perfino a proibire l'uso del *soroban*, l'abaco giapponese. All'inizio il ministero non poteva offrire i libri di testo per l'istruzione elementare, dal momento che per la *wasan* erano i maestri stessi che, in ogni regione, scrivevano i manuali. In quell'epoca molti studiosi *wasan* cominciavano ad apprendere le matematiche occidentali elementari e, al tempo stesso, iniziavano a venire pubblicati molti libri di introduzione alla matematica occidentale. Diversi di questi testi non erano altro che traduzioni di parti di manuali occidentali, oppure una sorta di «rivisitazione occidentale» dei manuali *wasan*. Gradualmente, il ministero dell'Educazione cominciò a controllare i testi scolastici per l'istruzione elementare, finché – nel 1902 – vennero introdotti per legge i libri di testo statali, il primo dei quali fu adottato nelle scuole a partire dal 1904. Molti autori persero cosí il loro lavoro e si videro costretti a scrivere libri per il grande pubblico. Dal momento che molte persone erano interessate alla matematica tradizionale del periodo Edo e inoltre la conoscenza della disciplina era richiesta per l'ammissione all'esame per insegnanti di scuola, vi era una notevole diffusione di questo tipo di letteratura. Un importante ruolo nella divulgazione della matematica occidentale fu quello di uno di questi autori, Kamenosuke Nagasawa (1860-1927). Tradusse molti libri dall'inglese, ad esempio diversi testi di Todhunter[2], ma scrisse anche manuali originali. Pubblicò piú di 150 titoli, tra i quali un *Dizionario matematico* che venne ripubblicato molte volte e fu ampiamente diffuso anche in Cina.

2. *Le università imperiali.*

La fondazione delle università imperiali svolse un ruolo importante nello sviluppo della moderna matematica giapponese. Nel 1886 venne fondata la prima Università Imperiale (ribattezzata successivamente Università Imperiale di Tokyo). Era costituita dalle facoltà di Legge, di Tecnologia, di Scienze, di Medicina e di Letteratura. Ma già prima di introdurre il sistema delle università imperiali il governo aveva invitato vari studiosi stranieri a insegnare le scienze occidentali in Giappone. Per esempio, John Perry (1850-1920), che si sarebbe poi segnalato per i suoi contributi alla riforma dell'insegnamento scientifico e matematico britannico, fu professore di matematica presso la

[2] Isaac Todhunter (1820-1884), matematico inglese, autore assai noto e apprezzato all'epoca per vari manuali di analisi, trigonometria, calcolo delle variazioni e trattati di storia della matematica. [*N.d.C.*].

Scuola di Tecnologia (successivamente Facoltà di Tecnologia dell'Università Imperiale) dal 1875 al 1879; Perry non ebbe però alcuna influenza sull'insegnamento della matematica in Giappone in quel periodo.

Nel 1887 venne fondato il secondo ateneo giapponese: l'Università Imperiale di Kyoto. Successivamente nacquero le università imperiali di Tōhoku (1907), Kyushu (1910), Hokkaido (1918), Osaka (1930) e, infine, Nagoya (1939). In tutti questi atenei erano stati costituiti degli istituti di matematica; nelle università di nuova fondazione furono incaricati dell'insegnamento giovani ed entusiasti matematici, il che contribuí non poco allo sviluppo della disciplina in Giappone. Nel seguito discuteremo piú in dettaglio i casi delle università imperiali di Tōhoku e Osaka.

3. *La Società matematica di Tokyo.*

Nel 1877 venne fondata la Società matematica di Tokyo, della quale facevano parte 55 membri ordinari. Tra questi troviamo Dairoku Kikuchi, che era appena tornato dall'Inghilterra (sulla sua figura si veda il prossimo paragrafo). La maggior parte dei membri della Società erano matematici *wasan*, ma la matematica occidentale cominciò a poco a poco a farsi largo fino ad assumere un ruolo dominante, facendo sí che gli studiosi *wasan* lasciassero la Società. La Società ebbe un ruolo fondamentale nello standardizzare la traduzione in giapponese dei termini matematici, attraverso la costituzione, nel 1880, di un comitato per la traduzione della terminologia matematica. I lavori del comitato si prolungarono fino al 1884 e quasi tutte le traduzioni adottate allora sono in uso ancora oggi.

Nel 1884 la Società cambiò nome in Società fisico-matematica di Tokyo, invitando i fisici a farne parte; nel 1919 divenne Società fisico-matematica giapponese. Nel 1945, infine, si divise nuovamente in Società matematica giapponese (MSJ, Mathematical Society of Japan) e Società fisica giapponese (JPS, Physical Society of Japan).

4. *Dairoku Kikuchi.*

Una delle figure piú importanti per lo sviluppo della matematica moderna in Giappone è Dairoku Kikuchi (1855-1917). Nel 1866, all'età di undici anni, venne mandato a studiare a Londra: era il piú giovane di un gruppo inviato a studiare materie scientifiche in Occidente dallo shōgunato Tokugawa. La Restaurazione Meiji lo costrinse a interrompere gli studi e a rientrare in Giappone. Nel 1870, però, venne nuovamente mandato in Inghilterra, stavolta dal governo Meiji.

Si iscrisse dapprima allo University College, ma nello stesso anno si trasferí al St. John's College di Cambridge, dove studiò matematica e fisica. Nel 1877 passò il *tripos*, l'esame per conseguire la laurea, collocandosi fra i primi classificati; nello stesso anno ritornò in Giappone, dove, l'anno successivo, divenne professore di matematica alla Scuola di Scienze (nel 1886 la Scuola venne incorporata nell'Università Imperiale, divenendone la Facoltà di Scienze). Nominato rettore dell'Università Imperiale, successivamente fu anche ministro dell'Educazione (1901-903). Scrisse molti libri di geometria elementare che ebbero una forte e durevole influenza sull'insegnamento della matematica in Giappone.

Kikuchi aveva studiato solo matematica occidentale e non aveva mai appreso la *wasan*. Sentí parlare della *wasan* agli incontri della Società matematica di Tokyo e si dice che rimanesse molto stupito degli alti livelli raggiunti dalla matematica nel periodo Edo; quando divenne membro dell'Accademia giapponese cominciò a raccogliere documenti storici sulla *wasan*. Oggi la biblioteca dell'Accademia giapponese conserva piú di novemila libri e manoscritti *wasan* [Società matematica giapponese 1984].

5. *Rikitaro Fujisawa.*

Rikitaro Fujisawa (1861-1933) si laureò in Scienze a Tokyo nel 1882. All'università si era occupato soprattutto di astronomia, ma nel 1883 venne mandato in Germania a studiare matematica, prima a Berlino, quindi nel 1884 all'Università di Strasburgo dove ottenne il dottorato con Elwin Bruno Christoffel, discutendo una tesi dal titolo *Über eine in der Wärmeleitungstheorie auftretende, nach den Wurzeln einer trascendenten Gleichung fortschreitende unendliche Reihe* (A proposito di una serie infinita associata alle radici di un'equazione trascendente che compare nella teoria della conduzione termica). Molto probabilmente si tratta del primo lavoro originale di matematica occidentale scritto da un giapponese. La tesi non fu pubblicata, ma Fujisawa successivamente generalizzò il suo risultato, pubblicandolo sotto forma di articolo: *Über die Darstellbarkeit willkürlicher Functionen durch Reihen, die nach den Wurzeln einer transcendenten Gleichung fortschreiten*[3] (Sulla rappresentabilità di funzioni arbitrarie mediante serie associate alle radici di un'equazione trascendente).

Nel 1887 fece ritorno in Giappone dove divenne professore all'Università Imperiale. Portò con sé lo stile tedesco dell'istruzione superiore in matematica: organizzò un «Seminario Fujisawa» in cui i suoi studenti erano tenuti a riferire su un determinato argomento. Alcuni di questi seminari vennero pubblicati sotto forma di rendiconti. Alla sua scuola si formarono alcune delle figure piú importanti per lo sviluppo della matematica moderna

[3] In «Journal of the College of Science», Imperial University, Tokyo, vol. 2, 1888.

in Giappone, in particolare Teiji Takagi, Tsuruichi Hayashi e Takuji Yoshiye. Fujisawa ebbe anche una grande influenza sull'insegnamento elementare della matematica in Giappone.

6. *Tsuruichi Hayashi e il «Tōhoku Mathematical Journal».*

Tsuruichi Hayashi (1873-1935) si iscrisse all'Università Imperiale nel 1893 e studiò con Dairoku Kikuchi e Rikitaro Fujisawa. Nel 1911 venne fondata la facoltà di Scienze dell'Università Imperiale di Tōhoku e Hayashi, che aveva insegnato in numerose scuole di Scienze, ne venne nominato professore. Scrisse anche molti libri di matematica in giapponese, alcuni dei quali erano di livello molto elevato per quei tempi.

Fu il fondatore del «Tōhoku Mathematical Journal», il cui primo numero venne pubblicato nell'agosto del 1911, appena un mese prima dell'inizio delle lezioni di matematica all'Università di Tōhoku. Strano a dirsi, la rivista era finanziata con fondi personali di Hayashi. Anche se Hayashi non studiò mai all'estero, pubblicò su varie riviste straniere: poté cosí entrare in contatto con molti matematici occidentali, cosa che lo aiutò molto nella gestione della sua rivista. Pubblicarono sul «Tōhoku Mathematical Journal» non pochi fra i matematici piú famosi di quell'epoca, fra cui Adolf Hurwitz, Edmund Landau, Carl Siegel e Godfrey Harold Hardy. Anche alcuni giovani matematici dell'Università Imperiale di Tōhoku pubblicarono risultati interessanti nella rivista: possiamo citare, fra gli altri, Matsusaburo Fujiwara, Sōichi Kakeya, Tadahiko Kubota.

In poco tempo il «Tōhoku Mathematical Journal» cominciò ad attirare interesse anche dall'estero, anche perché l'Università Imperiale di Tōhoku, per cercare di sostenere finanziariamente Hayashi, ne acquistava molte copie che inviava ad atenei e società scientifiche stranieri. Questa politica venne dichiarata illegale dal governo, che pretese che l'Università acquisisse la proprietà della rivista. Hayashi si oppose con forza a questa richiesta,

Tabella 1.

Articoli pubblicati sul «Tōhoku Mathematical Journal».

Fonte: Shimizu e Murata [1969].

Volumi	1-10	11-20	21-30	31-40	41-49
Anni	1911-16	1917-21	1922-29	1929-35	1935-43
Articoli di matematici della Università di Tōhoku	131	114	116	76	101
Articoli di altri matematici giapponesi	49	47	101	106	81
Articoli di matematici stranieri	45	72	136	249	154

affermando che se l'Università o il Dipartimento avessero pubblicato la rivista sarebbe stato difficile mantenere livelli elevati di qualità. Nonostante il suo parere contrario, il «Tōhoku Mathematical Journal» venne rilevato dall'Università nel 1916; Hayashi ne rimase però il direttore, sforzandosi di mantenere comunque uno standard elevato. La tabella 1 mostra come il «Tōhoku Mathematical Journal» divenne una rivista internazionale.

Hayashi nutriva anche un forte interesse per la *wasan* e la sua storia: è grazie a lui che oggi l'Università di Tōhoku conserva una bellissima collezione di testi *wasan*. La morte improvvisa gli impedí di completare il saggio che stava preparando sulla storia *wasan*. Il suo allevo Matsusaburo Fujiwara ne continuò le ricerche, pubblicando un'opera monumentale che rappresenta ancora oggi il testo di riferimento per la storia della *wasan* [Fujiwara 1955].

7. *Masazō Sono.*

Si dice spesso che il grande balzo in avanti della matematica giapponese si verificò quando Teiji Takagi (1875-1960) pubblicò i suoi risultati sulla teoria dei corpi di classi. Tuttavia, appena prima che Takagi pubblicasse i suoi teoremi, Masazō Sono (1886-1969) dell'Università Imperiale di Kyoto aveva cominciato a lavorare sulla teoria degli ideali. In una serie di articoli intitolati *On Congruences*[4], Sono dimostrava che i teoremi sulla fattorizzazione unica degli ideali (quali quelli che Dedekind aveva ottenuto per gli anelli di numeri algebrici) non sussistevano in anelli piú generali e studiava sotto quali condizioni gli ideali di un anello commutativo potessero essere espressi in maniera unica (a meno dell'ordinamento) come prodotto di ideali primi.

In altre parole, Sono era riuscito a caratterizzare gli anelli oggi noti come domini di Dedekind. In questi articoli introduceva la nozione di catena discendente di ideali: e questo prima che Emmy Noether (1882-1935) presentasse la nozione di anello noetheriano e sviluppasse la teoria degli anelli noetheriani. La Noether stessa avrebbe in seguito completato i risultati di Sono.

Sono insegnò algebra nell'Università Imperiale di Kyoto che, dopo la Seconda guerra mondiale, sarebbe divenuta uno dei centri di studio della geometria algebrica piú vivaci del Giappone.

8. *Teiji Takagi e Shōkichi Iyanaga.*

Teiji Takagi si iscrisse all'Università Imperiale di Tokyo nel 1894, dove si laureò nel 1897. Quando frequentava l'ultimo anno di corso tenne una con-

[4] Pubblicati nei «Memoirs of College of Science», Kyoto Imperial University, vol. 2 (1917), pp. 203-26; vol. 3 (1917), pp. 113-49 e vol. 3 (1918), pp. 189-97, 209-309.

ferenza sulle equazioni abeliane all'interno del «Seminario Fujisawa». Nel 1898 si trasferí in Germania dove studiò, in un primo tempo, presso l'Università di Berlino. Una volta fece una domanda a Georg Ferdinand Frobenius (il successore di Leopold Kronecker a Berlino), il quale gli rispose «Denken Sie nach» («Pensaci da solo...») e gli prestò vari articoli relativi al problema in questione. In seguito Takagi descrisse in varie occasioni la sua esperienza in Germania ed ebbe una notevole influenza sui giovani. Scrisse fra l'altro i *Kinsei Sugakushidan* (Saggi sulla storia della matematica moderna) in cui trattava di Gauss, Abel, Jacobi e della nascita della teoria delle funzioni ellittiche. Ancora oggi questo libro affascina generazioni di studenti di scuola superiore e universitari, indirizzandoli e invogliandoli a diventare matematici. Nel 1900 si trasferí a Gottinga, dal momento che il suo interesse, in quel periodo, si era concentrato sullo *Jugendtraum* di Kronecker: una congettura che il matematico tedesco descriveva appunto come «il suo piú caro sogno di gioventú» e che riguardava le estensioni abeliane di campi di numeri[5]. Takagi pensava che a Gottinga avrebbe potuto studiare con Hilbert, che aveva da poco (1897) pubblicato il famoso *Zahlbericht*, una vasta e originale relazione sullo stato della teoria algebrica dei numeri. Per sua sfortuna, Hilbert in quell'epoca aveva abbandonato la ricerca in teoria dei numeri; ma ciò nonostante, durante il suo soggiorno a Gottinga Takagi risolse la congettura di Kronecker nel caso del campo degli interi di Gauss. Nel 1901 fece ritorno in Giappone dove divenne assistente di algebra presso l'Università di Tokyo e professore ordinario nel 1904.

Nel 1914, con lo scoppio della Prima guerra mondiale, diventò difficile ricevere libri e riviste dalla Germania, e Takagi – secondo quanto egli stesso racconta – non poteva in quel periodo leggere né nuovi articoli, né libri. Era costretto a studiare in completo isolamento i problemi matematici e in particolare la teoria dei corpi di classi. In questo modo ottenne un risultato sorprendente: ogni estensione abeliana di un campo di numeri è un corpo di classi – assai piú di quanto lo stesso Hilbert avesse sperato. Pubblicò la

[5] Ricordiamo che un'equazione algebrica $p(x) = 0$, con p polinomio irriducibile a coefficienti razionali, è detta abeliana se il suo gruppo di Galois è abeliano. In un articolo del 1853 Kronecker enunciò il seguente risultato, che sarà dimostrato da Heinrich Weber soltanto nel 1886: tutte le radici di un'equazione abeliana sono funzioni razionali delle radici dell'unità e, viceversa, ogni funzione razionale di una radice dell'unità è radice di un'equazione abeliana. il «liebster Jugendtraum» di Kronecker – l'espressione appare in una lettera a Dedekind del 15 marzo 1880 – consisteva nel determinare un enunciato analogo a questo valido per equazioni abeliane a coefficienti in un campo quadratico immaginario. Nel 12° problema della famosa lista presentata nel 1900 al Congresso internazionale dei Matematici di Parigi, Hilbert congetturò una possibile generalizzazione del teorema di Kronecker e Weber che permettesse di generare tutte le estensioni abeliane di un qualsiasi campo di numero algebrico. Risposte parziali allo *Jugendtraum* di Kronecker furono ottenute da Weber nel 1908 e da Rudolf Feuter nel 1914; il teorema completo e corretto sarà dimostrato appunto da Takagi nel 1920. Il 12° problema di Hilbert, nella sua generalità, rimane a tutt'oggi (2007) aperto. [*N.d.C.*].

sua teoria dei campi di classi nel 1920. Il «sogno di gioventú» di Kronecker ne scaturisce come un corollario.

Tra gli allievi di Takagi, il piú importante per lo sviluppo della matematica giapponese fu Shōkichi Iyanaga (1906-2006). Dal 1931 al 1934 Iyanaga, impegnato in ricerche di teoria dei numeri, studiò in Germania e a Parigi. Ad Amburgo, dove divenne amico di Claude Chevalley (1909-1984), frequentò le lezioni di Emil Artin (1898-1962). Dopo il suo ritorno in Giappone venne nominato assistente all'Università Imperiale di Tokyo e nel 1942 divenne professore ordinario. Il suo campo di ricerca era principalmente la teoria algebrica dei numeri, ma tenne molti corsi su aree che, all'epoca, erano di recente sviluppo, come la topologia. Sotto la sua influenza, nel Dipartimento di Matematica dell'Università Imperiale di Tokyo si formarono molti giovani e attivi matematici: Kunihiko Kodaira[6], Kiyoshi Itō[7], Kenkichi Iwasawa, Ichiro Satake, Tsune Tamagawa e Mikio Satō[8] sono solo alcuni dei suoi allievi. Senza Iyanaga, la matematica giapponese non avrebbe mai raggiunto i livelli a cui è arrivata attualmente.

[6] Kunihiko Kodaira (1915-1997), già professore associato all'Università di Tokyo, fu invitato da Hermann Weyl, nel 1949, all'Institute for Advanced Study di Princeton, dove rimase fino al 1961. Dopo un anno trascorso a Harvard, divenne professore prima alla Johns Hopkins University e successivamente a Stanford; nel 1967 fece ritorno all'Università di Tokyo. Per i suoi lavori sulla teoria degli integrali armonici e per i fondamentali risultati ottenuti nella teoria delle varietà di Kähler (a lui si deve, ad esempio, il teorema secondo cui una varietà di Kähler compatta è algebrica se e solo se è di Hodge) fu insignito della medaglia Fields nel 1954. Alla fine degli anni Cinquanta, in collaborazione con il matematico americano Donald C. Spencer (1912-2001) creò, usando la teoria dei fasci, un'elegante e profonda teoria della deformazione per le varietà complesse. In una serie di importanti articoli pubblicati nella prima metà degli anni Sessanta Kodaira ampliò e completò il lavoro di Federigo Enriques e di Guido Castelnuovo ottenendo un teorema di classificazione per le superfici complesse compatte. Nel 1984-85 ricevette il premio Wolf. [*N.d.C.*].

[7] Kiyoshi Itō (nato nel 1915) fu insignito nel 1987 del premio Wolf per i suoi fondamentali contributi alla teoria della probabilità, in particolare per la creazione del calcolo differenziale e integrale stocastico. [*N.d.C.*].

[8] Mikio Satō, nato nel 1928, ottenne il dottorato in matematica sotto la direzione di Shōkichi Iyanaga nel 1952 e l'anno successivo il dottorato in fisica sotto la direzione di Shin'ichirō Tomonaga (futuro premio Nobel per la fisica nel 1965). Agli inizi degli anni Sessanta Satō divenne noto per la sua teoria delle iperfunzioni, che lo condusse a inventare un approccio estremamente innovativo alla teoria delle equazioni alle derivate parziali, la cosidetta analisi microlocale, basata sulla teoria dei fasci e sul formalismo delle categorie derivate. Queste idee sono state elaborate dai suoi studenti Takahiro Kawai e, soprattutto, Masaki Kashiwara, il quale – a partire dalle intuizioni del maestro – ha sviluppato la teoria dei D-moduli. Nel campo della fisica matematica, Satō, in collaborazione con i suoi studenti Michio Jimbo e Tetsuji Miwa, diede importanti contributi allo studio del modello di Ising in dimensione 2; nel 1981, insieme alla moglie Yasuko Satō, interpretò le soluzioni delle gerarchie KP (particolari equazioni solitoniche non lineari) come punti di una grassmanniana di dimensione infinita e introdusse la funzione τ. Satō ricevette il premio Rolf Shock nel 1997 e il premio Wolf nel 2002-03. [*N.d.C.*].

9. *Kiyoshi Oka.*

Kiyoshi Oka (1901-1978) si laureò presso l'Università Imperiale di Kyoto nel 1925, divenendovi lettore in quello stesso anno e assistente nel 1929. I suoi interessi vertevano sui contributi di Gaston Julia (1893-1978) allo studio delle iterazioni di funzioni razionali. Quando gli fu offerto di studiare matematica in Germania, sottolineò la necessità, per le sue ricerche, di recarsi invece in Francia, dove, dal 1929 al 1932, studiò teoria delle funzioni con Julia. Al suo ritorno in Giappone nel 1932 gli fu offerto un posto di assistente presso la Scuola di Scienze e Lettere di Hiroshima (che sarebbe poi divenuta l'Università di Hiroshima).

Nel 1934 usciva il libro di Heinrich Behnke e Peter Thullen *Theorie der Funktionen mehrerer komplexer Veränderlichen*, la prima esposizione sistematica dei risultati ottenuti fino ad allora nel campo della teoria delle funzioni di piú variabili complesse. Oka lo lesse con molta attenzione e rivolse le sue ricerche a cercare di trattare gli importanti problemi irrisolti presentati nel libro: il primo e il secondo problema di Cousin e il problema di Levi. Nell'estate del 1935, mentre era *visiting professor* all'Università Imperiale di Hokkaido, trovò la soluzione al primo problema di Cousin[9].

Oka, i cui vasti interessi culturali comprendevano la poesia giapponese e la filosofia zen, fu anche apprezzato e noto saggista. Nei *Dieci racconti di una notte di primavera* così descrive la sua scoperta:

> Nel frattempo ero stato invitato a Hokkaido dal fisico Ukichirō Nakaya. Quando iniziarono le vacanze estive accettai l'invito e mi recai sull'isola. Portavo avanti le mie ricerche in una stanza che era stata usata come aula di disegno della Facoltà di Scienze dell'Università Imperiale di Hokkaido. Nella stanza c'era un bel divano sul quale spesso schiacciavo un pisolino. Molti matematici dell'Università erano incuriositi da questo mio modo di fare e la signora Yoshida, moglie del matematico Yōichi Yoshida, mi diede il soprannome di «malattia del sonno».
>
> In settembre mi stavo preparando per tornare a Hiroshima quando, una mattina, Nakaya mi invitò a pranzo. Dopo pranzo, mentre ero seduto sul divano dell'aula di disegno, pensando al mio problema matematico in modo piuttosto vago, a poco a

[9] Assegnato uno spazio complesso X, si chiama fascio (dei germi) delle parti principali su X il fascio quoziente tra il fascio delle funzioni meromorfe su X e il fascio delle funzioni olomorfe su X; la «distribuzione di parti principali» di una funzione meromorfa f su X è la sezione del fascio delle parti principali che si ottiene proiettando f sul quoziente. Il classico problema di Mittag-Leffler si può cosí enunciare in linguaggio moderno: data una sezione s del fascio delle parti principali su un dominio del piano complesso, determinare una funzione meromorfa definita su quel dominio la cui distribuzione di parti principali sia proprio s. La generalizzazione di questo problema al caso di piú variabili complesse fu proposta nel 1895 dal matematico francese Pierre Cousin (1867-1933). Mentre il problema di Mittag-Leffler ammette sempre soluzione, in dimensione superiore esistono controesempi al problema di Cousin. Nel 1937 Oka dimostrò che il problema di Cousin ammette soluzione su ogni dominio di olomorfia in $\mathbb{C}^m$. I lavori di Oka sul problema di Cousin – insieme a quelli di Henri Cartan – sono fondamentali per lo sviluppo della teoria dei fasci. [*N.d.C.*].

poco i miei pensieri si andarono focalizzando in una direzione precisa e alla fine mi resi conto che avevo ottenuto una soluzione del problema.

Rimasi seduto sul divano per circa due ore e mezzo: quasi tutto il tempo mi serví per precisare i dettagli; per trovare l'idea era bastato, invece, pochissimo tempo. Ero molto soddisfatto della mia scoperta e non ho dubitato della sua validità neanche per un istante. Sul treno che mi riportava verso Hiroshima ero pieno di felicità. Passai tutto il tempo a godermi il panorama dal finestrino e non pensai mai alla matematica.

Dopo questa prima esperienza, ebbi il piacere della scoperta varie altre volte, ma mai provai ancora una soffisfazione cosí forte. L'anno successivo cominciai a pubblicare articoli dal titolo *Sur les fonctions analytiques de plusieurs variables* all'incirca ogni due anni. I primi cinque articoli erano tutti basati sulla scoperta che avevo fatto quando ero a Hokkaido[10].

Nel 1940 Oka lasciò il Collegio di Hiroshima e tornò alla sua città natale. Fu sovvenzionato da Toyosaburo Taniguchi, un imprenditore che era stato compagno di classe di Oka e Yasuo Akizuki alla Terza scuola superiore di Kyoto. Discuteremo piú avanti del grande contributo che Taniguchi ha dato alla matematica giapponese.

Nel 1948 Oka divenne professore all'Università femminile di Nara e andò in pensione nel 1964. Vinse il premio dell'Accademia del Giappone nel 1951 e fu insignito dell'Ordine al Merito culturale (Bunka Kunsho) nel 1960. Quest'ultimo riconoscimento lo rese famoso in tutto il Giappone; proprio in quel periodo cominciò a scrivere saggi, cosa che accrebbe ancora di piú la sua popolarità.

10. *La fondazione dell'Università Imperiale di Osaka e la «Zenkoku Shijo Danwakai».*

Il Dipartimento di Matematica dell'Università Imperiale di Osaka venne fondato nel 1931. Furono nominati professori dei matematici giovani come Tatsujiro Shimizu e Kenji Shōda e via via un numero sempre maggiore di giovani e attivi matematici cominciarono a lavorare nel dipartimento.

Mitio Nagumo (nato nel 1905) divenne membro del dipartimento nel 1934 dopo il suo ritorno dalla Germania; secondo lui era molto importante che lo scambio di idee matematiche potesse avvenire liberamente e propose quindi di pubblicare una rivista settimanale, lo «Zenkoku Shijo Danwakai» («Colloquio nazionale di matematica su carta»). Si trattava di una rivista non ufficiale scritta in giapponese; chiunque era invitato a contribuire con articoli originali, domande, commenti e relazioni su nuovi settori della matematica.

Molti giovani matematici presero parte alle sue attività. Il primo numero uscí nel 1934 e all'inizio i suoi redattori del Dipartimento di Matematica del-

[10] Kiyoshi Oka, *Dieci racconti di una notte di primavera* (*Shunsho Juwa*, Mainichi Shinbunsha, Tokyo 1963).

l'Università Imperiale di Osaka la producevano al ciclostile (solo in seguito la pubblicazione fu affidata a una tipografia). In un primo tempo gli articoli si limitavano per lo piú a riferire su settori nuovi della matematica, ma a poco a poco cominciarono ad apparire anche risultati originali. Per esempio, i risultati di Kodaira sugli integrali armonici e l'equazione differenziale stocastica di Itō furono pubblicati (in giapponese) per la prima volta su questo settimanale (cfr. figura 2).

A causa della guerra, nel 1944 lo «Zenkoku Shijo Danwakai» fu costretto a interrompere la pubblicazione. Nei suoi dieci anni di attività (1934-44) ne erano usciti 267 numeri.

11. *La scuola di geometria algebrica di Kyoto.*

Grazie all'influenza di Masazō Sono, l'Università Imperiale di Kyoto divenne un centro molto attivo nel campo dell'algebra. Nel 1947 Yasuo Akizuki (1902-1984), un amico di Oka, divenne professore all'Università di Kyoto. Era interessato alla geometria algebrica e incoraggiò i giovani mate-

Figura 2.

La prima pagina dell'articolo di Itō «Equazione differenziale determinata dal processo di Markoff».

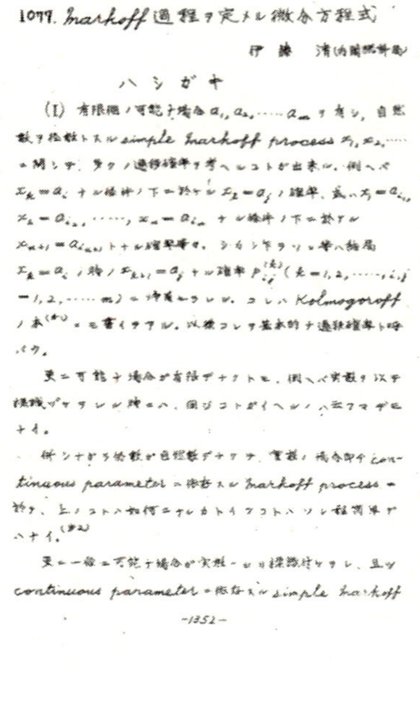
1077. Markoff過程ヲ定メル微分方程式

伊藤 清

ハシガキ

-1352-

matici a studiare il libro di André Weil *Foundations of Algebraic Geometry* (1946), che gli aveva mandato Shizuo Kakutani, allora negli Stati Uniti. Akizuki chiese a sua figlia di copiare il libro con la macchina per scrivere (all'epoca non esistevano le fotocopiatrici!) e spedí le copie ottenute a giovani matematici delle Università di Tokyo e di Nagoya.

Anche Jun'ichi Igusa si trasferí dall'Università di Tokyo a quella di Kyoto, che divenne rapidamente il centro della geometria algebrica in Giappone. Molti giovani matematici si recavano in visita a Kyoto per discutere di geometria algebrica. La dualità sulle varietà di Picard di Igusa, il lavoro di Shōji Koizumi sui differenziali del primo ordine, la costruzione algebrica delle varietà di Picard di Matsusaka e gli importanti contributi di Nagata all'algebra commutativa, sono solo alcuni dei risultati di queste attività. Queste attività furono in parte finanziate, anche in questo caso, da Toyosaburo Taniguchi, l'amico di Akizuki che, come abbiamo visto, aveva sostenuto la ricerca di Oka. Nel 1957 Oscar Zariski (1899-1986) fu *visiting professor* a Kyoto; su suo consiglio il giovane Heisuke Hironaka (nato nel 1931)[11] decise di proseguire gli studi di geometria algebrica a Harvard. Dopo il pensionamento di Akizuki, Masayoshi Nagata portò avanti queste attività e l'Università di Kyoto ha continuato a essere uno dei centri mondiali di ricerca in geometria algebrica. Anche Shigefumi Mori (nato nel 1951)[12] proviene dalla scuola di Kyoto.

12. *Il Simposio internazionale di teoria algebrica dei numeri (Tokyo e Nikko, 1955).*

Dopo la Seconda guerra mondiale, Claude Chevalley visitò il Giappone soggiornando principalmente a Nagoya, dal 1953 al 1954, con il supporto del Programma Fulbright. Nel 1955 si tenne a Tokyo e a Nikko il Simposio internazionale di teoria algebrica dei numeri, organizzato dal Consiglio giapponese per la Ricerca scientifica e dall'Unione matematica internazionale. Era il primo congresso internazionale che si fosse mai tenuto in Giappone. Dall'estero parteciparono ai lavori Emil Artin, Richard Brauer, André Weil, Claude Chevalley, Max Deuring, Jean-Pierre Serre, Kollagunta Gopalaiyer Ramanathan, André Néron e Daniel Zelinsky.

Durante il congresso molti giovani matematici giapponesi ebbero modo non solo di presentare i loro risultati, ma anche di discutere con gli ospiti

[11] Generalizzando i risultati di Zariski (validi in dimensione non superiore a 3), Hironaka dimostrò nel 1964 un teorema di risoluzione delle singolarità per varietà algebriche di dimensione arbitraria. Per questo risultato fu premiato con la medaglia Fields nel 1970. [*N.d.C.*].

[12] Allievo di Masayoshi Nagata, Mori ottenne la medaglia Fields nel 1990 per i suoi fondamentali risultati sulla classificazione delle varietà algebriche di dimensione 3. [*N.d.C.*].

stranieri in numerosi incontri informali. In una di queste occasioni vide la luce la famosa congettura di Shimura-Taniyama [Taniyama 1994]. Il simposio forní molte occasioni di stimolo ai matematici giapponesi.

Durante e immediatamente dopo la Seconda guerra mondiale, nonostante le pessime condizioni di lavoro, i matematici giapponesi avevano continuato a lavorare attivamente, ottenendo importanti risultati. Le loro scoperte cominciarono a essere conosciute anche all'estero e in molti furono invitati da università e istituti di ricerca stranieri, principalmente negli Stati Uniti. Dato che gran parte dei migliori matematici finirono per trovare lavoro all'estero, gli studenti giapponesi furono abbandonati a se stessi. Questa è stata una delle principali difficoltà della comunità matematica giapponese; tuttavia, nonostante questo il Giappone è riuscito a sviluppare nuove generazioni di matematici giovani e attivi. Inoltre, quando lo sviluppo dell'economia giapponese cominciò a crescere in maniera significativa, le condizioni delle università giapponesi migliorarono considerevolmente e molti matematici rientrarono in patria.

13. *Toyosaburo Taniguchi e i «Simposi Taniguchi».*

Toyosaburo Taniguchi (1901-1994), presidente della Toyobo, una grande impresa tessile di Osaka, fu uno dei pochi imprenditori giapponesi che contribuí in modo duraturo allo sviluppo della comunità matematica. Già nel 1929 Taniguchi aveva dato vita alla Fondazione Taniguchi per il progresso della tecnologia, seguendo le disposizioni testamentarie di suo padre. La fondazione sostenne lo sviluppo della Facoltà di Scienze dell'Università Imperiale di Osaka: fu grazie alle sue sovvenzioni che fu possibile, per esempio, costruire il ciclotrone dell'Università Imperiale di Osaka. Dopo la Seconda guerra mondiale la comunità matematica giapponese era molto attiva ma non riceveva adeguati finanziamenti dal governo. Akizuki (che come si è visto era l'animatore della scuola di Kyoto) chiese a Taniguchi, che era stato suo compagno di classe alla Terza scuola superiore, di sostenere finanziariamente la matematica giapponese. Richiesta accolta: con grande generosità Taniguchi costituí una sezione dedicata alla matematica nella sua Fondazione.

La Fondazione contribuí allo sviluppo della matematica in Giappone, finanziando 52 congressi nazionali di matematica dal 1956 al 1972. Nel 1976 Taniguchi destinò una parte enorme delle sue ricchezze personali alla nascita di una nuova Fondazione Taniguchi, che sostenne simposi internazionali in vari settori della ricerca di base, in particolare finanziando due simposi internazionali di matematica ogni anno. Il primo Simposio Taniguchi si tenne nel 1974 a Sapporo; l'ultimo (il quarantunesimo) nel 1997. La Taniguchi Conference on Mathematics (Nara '98) fu uno degli ultimi atti della Fondazione, che si è sciolta nel 2000.

In occasione di ogni simposio, Taniguchi richiedeva l'organizzazione di un raduno di giovani matematici, riservato a un numero ristretto di partecipanti, con l'intento di favorire la creazione di rapporti di amicizia fra i partecipanti. La Fondazione finanziava anche una grande conferenza plenaria dopo il simposio. Questo tipo di organizzazione era basato sull'esperienza personale di Taniguchi, che nei primi anni Settanta era stato a capo della delegazione giapponese nelle trattative per il commercio dei prodotti tessili fra Stati Uniti e Giappone, e si era reso conto che il fatto di non avere amici americani gli rendeva il compito piú difficile. Taniguchi riteneva che l'amicizia fosse alla base di ogni attività e pensava quindi che i simposi che finanziava dovessero offrire un'opportunità per creare rapporti amichevoli fra matematici di nazionalità differenti. La sua idea non venne subito compresa, ma pian piano molti matematici si convinsero della sua importanza.

Nel frattempo il ministero dell'Educazione aveva sí cominciato a finanziare in maniera piú consistente la matematica, ma con la clausola che i fondi erogati non potessero essere usati né per invitare studiosi stranieri né per missioni all'estero. Questa norma restrittiva è stata cancellata solo recentemente. I Simposi Taniguchi diedero quindi ai matematici giapponesi una opportunità quasi unica per invitare colleghi stranieri e confrontarsi con loro. Nella primavera del 1995 la Società matematica giapponese assegnò il premio Seki alla memoria di Taniguchi, che era morto l'anno prima, per il suo straordinario contributo alla comunità matematica del Paese. Senza il suo generoso e duraturo supporto sarebbe stato impossibile per la matematica giapponese svilupparsi in maniera cosí rapida nel dopoguerra.

FUJIWARA, M.

1955 *Storia della matematica giapponese prima dell'Era Meiji*, 5 voll., Iwanami Shoten, Tokyo (in giapponese).

SHIMIZU, T. e MURATA, Z. (a cura di)

1969 *Storia della scienza e della tecnologia giapponese*, vol. XII. *Matematica*, Daiichi Hōki Shuppan, Tokyo (in giapponese).

SOCIETÀ MATEMATICA GIAPPONESE

1984 *Storia centennale della matematica giapponese*, 2 voll., Iwanami Shoten, Tokyo (in giapponese).

TANIYAMA, Y.

1994 *Collected Works of Yukata Taniyama*, Nihon Hyoron Sha, Tokyo.

AMY DAHAN DALMEDICO

La nuova geografia della ricerca negli Stati Uniti durante e dopo la Seconda guerra

Nel periodo della Seconda guerra mondiale avvennero negli Stati Uniti alcuni mutamenti importanti nelle pratiche matematiche cosí come nelle reti scientifiche, intellettuali e sociali dei matematici, tali da avvicinare i matematici ai fisici, agli ingegneri, agli economisti e agli specialisti di scienze sociali, oltre che ai responsabili militari e politici. Essi infatti si dovettero confrontare con diversi problemi di natura pratica, per i quali si richiedevano con urgenza soluzioni o procedure di razionalizzazione e formalizzazione. Quel periodo capovolse la «geografia» della comunità matematica americana, spostando i matematici verso le attività dei grandi laboratori coinvolti nella guerra e favorendo la nascita di nuovi luoghi e raggruppamenti, al di fuori delle grandi università dalla tradizione prestigiosa.

Alla fine della guerra, una parte significativa di matematici ritornò all'universo accademico tradizionale, riprendendo le ricerche momentaneamente interrotte[1]. Lí, nell'ambito della comunità matematica universitaria e delle sue istituzioni internazionali, venne sviluppata un'ideologia della matematica pura che tese, verso la fine degli anni Cinquanta, a diventare egemonica. Durante la guerra, tuttavia, erano emerse altre figure di matematici e altri gruppi i cui interessi e le cui reti sociali e professionali continuarono a esistere, rimanendo a sé stanti[2]. Diversi centri sorti durante il conflitto mondiale, che non possedevano fino ad allora alcuna tradizione di eccellenza (l'Università di New York, per esempio), o altri luoghi nati dalle necessità della guerra fredda (come la RAND Corporation di Santa Monica), conobbero cosí un'ascesa significativa: questo saggio è dedicato a tali luoghi.

La storiografia si è occupata molto poco di questi matematici e di questi luoghi. Gli storici della matematica, infatti, hanno nutrito a lungo una concezione estremamente ristretta della «professione» del matematico, visto come colui che si dedica a produrre nuovi e importanti teoremi. Ma questa concezione non permette di comprendere pienamente quale fu il profondo

[1] Tra coloro che tornarono alla matematica pura citiamo, fra gli altri, S. MacLane, I. Kaplansky, S. Eilenberg, G. W. Mackey e H. Weyl.

[2] Questo fenomeno non è specificamente americano. Il gruppo Bourbaki e l'ideologia sottostante ebbero un ruolo determinante a questo proposito [Dahan Dalmedico 1996; 2001*b*].

impatto del sapere matematico sui modi di pensare e di agire dell'ultima metà del secolo scorso. E seppure la storiografia si è interessata a qualche personaggio emblematico come John von Neumann o Norbert Wiener, non ha rivolto particolare attenzione al gruppo in quanto tale. Questo è composto di matematici applicati, non solo statistici ma anche specialisti in campi nuovi (teoria dei giochi, ricerca operativa, analisi dei sistemi, cibernetica, ecc.), individui che scavalcano le tradizionali barriere epistemologiche e disciplinari tra scienze della natura e scienze sociali, scienze esatte e scienze dell'organizzazione, scienze dell'uomo e scienze ingegneristiche, si occupano di questioni poco esplorate e hanno presa diretta su problemi di complessità e natura sconosciute, avendo conservato dall'epoca precedente una certa prossimità con gli uomini di potere e i responsabili militari, che ne sollecitano e finanziano le ricerche.

Le loro pratiche rivelano caratteristiche specifiche, in particolare una concezione diversa della causalità, l'idea assai diffusa che esista una retroazione dalle scienze ingegneristiche verso le scienze sociali, la consapevolezza dell'importanza delle analogie e la creazione di nuovi oggetti che siano funzionali al passaggio dall'umano al non umano. Tutto ciò si dispiega tra due poli esplicitamente rivendicati: da una parte, la volontà di assiomatizzare nuovi domini (secondo una concezione ereditata dal positivismo logico, vicina anche all'ideale assiomatico e formalista dei matematici); dall'altra, la necessità di portare avanti, ampliare, formalizzare e teorizzare pratiche sviluppate in precedenza sulla spinta dell'urgenza.

La personalità piú incisiva e significativa di questo atteggiamento è John von Neumann, che ebbe un ruolo di primo piano in tutte le riconfigurazioni di interessi e di problemi che saranno menzionate. Ma anche Stanisław Ulam, Norbert Wiener, George Dantzig, Richard Bellman e altri hanno sviluppato i due tipi di approccio descritti. L'assiomatica e i modelli apparivano a tutti questi matematici due modi di utilizzare il proprio strumento privilegiato, modi che a volte coesistono separatamente, altre volte si articolano intimamente e permettono di estendere il campo di intervento della matematica in territori disciplinari e operativi nuovi. A tale proposito occorre precisare il ruolo del calcolatore e delle simulazioni: quando diventa determinante (come a Los Alamos o per il Meteorological Project), il computer sconvolge e trasforma la pratica e la concezione dei modelli; in altri campi, invece, la trasformazione non avviene in modo immediato.

1. *L'Applied Mathematics Panel, luogo simbolico di mobilitazione dei matematici durante la guerra.*

L'origine e fucina comune di tutti i gruppi e i temi che avremo occasione di menzionare si colloca tra il 1942 e il 1945 e va ricondotta all'Applied

Mathematics Panel (AMP). Questa organizzazione fu il luogo simbolico, pur non avendo un'unica localizzazione geografica, della mobilitazione dei matematici durante la guerra. Tutti i matematici che si ritroveranno in seguito in uno dei luoghi esemplari che ricorderemo – Los Alamos, MIT, Courant Institute, RAND Corporation – si sono formati in seno all'AMP.

In questa organizzazione, istituita dall'Office of Scientific Research and Development diretto da Vannevar Bush, Warren Weaver aveva riunito diversi gruppi di matematici allo scopo di portare avanti gli studi sollecitati dallo sforzo bellico e di difesa per fornire un aiuto matematico ai militari e agli altri scienziati mobilitati[3]. I matematici dell'AMP lavoravano a contratto, e tale abitudine contribuí a modificare le loro abitudini e il loro spirito. Dell'organizzazione facevano parte undici università (fra cui Columbia, Princeton, New York, Berkeley, Brown, Harvard, Northwestern), cosí come centri quali il Radiation Laboratory del MIT e il laboratorio piú importante del tempo di guerra, Los Alamos, luogo principale del progetto Manhattan per la messa a punto della bomba atomica, nonché l'Aberdeen Proving Ground. Le questioni che mobilitavano gli scienziati erano di tre ordini, e nell'immediato dopoguerra diedero vita a dinamiche di ricerca di vario tipo.

Il primo insieme di questioni nasceva dai problemi relativi alla meccanica dei fluidi, alle onde d'urto, alla teoria delle esplosioni nell'aria e nell'acqua, alla balistica sottomarina (entrata dei siluri), ecc., e dai problemi numerici associati. Tale categoria riguardava anche i problemi matematici emersi dalle ricerche condotte in merito alle reazioni nucleari, e nel dopoguerra riuní temi che si collocano al crocevia tra l'idrodinamica, l'informatica e l'analisi numerica. Questa ricomposizione di interessi è la piú vicina a quella che è stata poi definita come «matematica applicata», e le sue interazioni interessarono soprattutto matematici, fisici e ingegneri. Durante la guerra queste persone si spostavano tra la Brown University, l'Università di New York, Los Alamos, l'Aberdeen Proving Ground, Princeton[4], il California Technological Institute, e dopo la guerra si trattò ancora all'incirca degli stessi luoghi.

Il secondo insieme derivava dai problemi di ricerca operativa e di logistica, da diversi problemi statistici (legati alla difesa antiaerea o al materiale bel-

[3] Diamo qui di seguito la localizzazione dei contratti stabiliti dall'Applied Mathematics Panel e il nome dei loro *technical representatives*. *Applied Mathematics Group*: NYU, Courant; Columbia, Moulton, MacLane e Sard; Brown, Richardson; IAS, von Neumann; Princeton, Flood; Northwestern, Moulton, Leighton; Carnegie Institute, Pasadena, Adams; Harvard, Garrett Birkhoff; Università del New Mexico, Workman. *Statistical Research Groups*: Columbia, Hotelling; Berkeley, Neyman; Columbia, Schilt; Princeton, Wilks. *Computation*: Franklin Institute, Allen; National Bureau of Standards, Arnold Lowan.

[4] A Princeton erano in funzione due gruppi: uno all'Istituto, l'altro all'Università, dove il responsabile era Merrill Flood (che compie la prima analisi costi-benefici dei danni aerei che ritroveremo alla RAND). Oltre a von Neumann diversi matematici, come per esempio Solomon Lefschetz, parteciparono a contratti di ricerca che diedero un nuovo orientamento ai loro studi, ad esempio il progetto sulle equazioni differenziali non lineari [Dahan Dalmedico 1994].

lico, per esempio) ed economici (ripartizione delle risorse). Nel dopoguerra esso condusse a un complesso variegato di discipline e attività che riuniva la programmazione lineare (poi non lineare, poi matematica), la teoria dei giochi, la matematica delle decisioni, la statistica matematica, ecc.

Il terzo insieme può essere riassunto sotto il termine di «cibernetica». Si trattava del frutto dei lavori condotti sui sistemi di difesa che coinvolgevano sia gli uomini sia le macchine, ma anche di uno sforzo di modellizzazione logica del cervello.

Questi insiemi di questioni, che coinvolsero al tempo stesso uomini, problemi e temi di ricerca, non erano né stabili né indipendenti l'uno dall'altro, ma appaiono in continuo movimento e in ricomposizione costante nel corso di tutti gli anni Quaranta e Cinquanta. Von Neumann ha rappresentato una figura chiave per tutti e tre, colui che ha conferito unità a un mosaico di pratiche differenziate.

2. *L'Università di New York, roccaforte della matematica applicata.*

Nel 1943, su richiesta dei militari, Hermann Weyl presentò la prima di una lunga serie di ricerche sulla dinamica dei gas, la teoria delle esplosioni nell'aria e nell'acqua e le onde d'urto. Una richiesta dell'Ufficio dell'Aeronautica relativa alla creazione di aviomotori a reazione aveva dato il via ad alcuni studi sui flussi di gas, soprattutto supersonici. Dai primi risultati di von Neumann erano scaturite ricerche intensive sulle onde d'urto e la dinamica dei fluidi comprimibili.

Il gruppo di New York, particolarmente ben preparato sull'argomento delle equazioni differenziali alle derivate parziali e sulla propagazione delle onde, riuniva un insieme di competenze che spaziavano dalle questioni piú astratte alle piú applicate. Il nucleo era formato da Richard Courant, Kurt Friedrichs, Hans Lewy, Fritz John, James Stoker e pochi altri. I primi tre in particolare avevano messo in evidenza, fin dal 1928 a Gottinga, un celebre risultato di instabilità numerica concernente le equazioni differenziali alle derivate parziali, che durante la guerra si sarebbe rivelato decisivo per i metodi numerici. Il gruppo preparò un rapporto segretato che nel 1948 diverrà l'opera di riferimento dello studio di Courant e Friedrichs dal titolo *Supersonic Flow and Shock Waves.* Courant e Friedrichs cooperano anche con l'ingegnere ungherese Theodor von Kármán, che si è stabilito presso il California Institute of Technology e ha formato un'intera generazione di specialisti, chiamati in seguito a svolgere un ruolo cruciale per l'industria aeronautica americana.

Dopo la guerra l'AMP viene sciolto, ma la sopravvivenza dei legami tra scienziati e militari è assicurata dalla creazione dell'Office of Naval Research (ONR), subito seguito dalla nascita di altre agenzie governative. A occuparsi del programma viene invitata Mina Rees, ex assistente di Weaver all'AMP, e il Dipartimento di matematica dell'Università di New York si impadronisce in maniera esemplare dei nuovi mezzi disponibili. Sotto la direzione di Courant, organizzatore dinamico ed efficiente, il gruppo prospera e assolve ai contratti che la rete di relazioni stabilite durante il periodo bellico gli assicura regolarmente, e nel 1946 la Fondazione Rockefeller gli garantisce un'importante sovvenzione per cinque anni. Il vecchio gruppo resta incredibilmente fedele al luogo e viene alimentato dalle nuove forze di matematici piú giovani e particolarmente brillanti come Peter Lax, Louis Nirenberg, Joseph Keller, Jürgen Moser, Jerry Berkowitz (gli ultimi due entrambi generi di Courant), Cathleen Morawetz.

Tappa cruciale per lo sviluppo del gruppo è l'accesa battaglia condotta da Courant per ottenere un calcolatore Univac 4, acquistato finalmente grazie all'Atomic Energy Commission nel 1952. Inizia cosí a prendere forma un vero e proprio Istituto di Scienze matematiche applicate, la cui crescita da allora non si interrompe. Stoker utilizza il calcolatore per i problemi di controllo idrodinamico e di meteorologia e Harold Grad modellizza questioni di fusione termonucleare controllata. L'Istituto vede crescere progressivamente la propria capacità informatica e di calcolo scientifico, mentre il suo ambito di eccellenza rimangono le equazioni differenziali alle derivate parziali e l'implementazione di metodi numerici, lo studio delle vibrazioni e dei fenomeni di oscillazioni non lineari e di stabilizzazione, la turbolenza idrodinamica e la meccanica dei fluidi su calcolatore, nonché, qualche anno piú tardi, quella dei magnetofluidi, ecc. Nella seconda metà del XX secolo, il Courant Institute di New York diventa cosí la roccaforte mondiale della matematica applicata.

3. *Los Alamos, il nuovo ruolo delle simulazioni numeriche.*

A Los Alamos, la modellizzazione e la padronanza delle reazioni nucleari nell'ambito del Manhattan Project (e poi per la bomba H) costituiscono il principale problema affrontato insieme da matematici e fisici. Stanisław Ulam in particolare ha sottolineato la prossimità tra gran parte dei problemi posti a Los Alamos dalla fisica e i metodi della matematica applicata. Benché fondati sulla teoria quantistica, infatti, tali problemi – studio di grandi numeri di particelle che interagiscono le une con le altre, si urtano, si diffondono, si moltiplicano, ecc. – non mobilitano tanto l'apparato matematico di quest'ultima, quanto dinamiche piú classiche (meccanica statistica, descrizione di moti su grande scala, comportamento delle radiazioni, idrodinamica, ecc.) assai intricate. Matematici e fisici (John von Neumann, Enrico Fermi, Nicholas Metropolis e Robert Richtmyer) collaborano dunque molto strettamente.

Una delle questioni principali è: come produrre una reazione estremamente rapida in una piccola quantità di materia radioattiva (uranio U

235 o plutonio) *massimizzando* al tempo stesso la quantità di energia liberata attraverso un'esplosione? Von Neumann riesce a modellizzare tale problema e con Richtmyer mette a punto un ingegnoso schema numerico che consente di trattare automaticamente le discontinuità legate alle onde di urto. Da allora lo studioso diventa uno dei piú eminenti specialisti di queste questioni e l'approccio stocastico allo studio delle equazioni differenziali o integro-differenziali e alle altre equazioni analitiche si sviluppa nel quadro delle ricerche condotte sulle reazioni nucleari. Ulam si interessa allora ai problemi statistici relativi alla moltiplicazione delle particelle dando il via alla *branching processes theory*, che farà parte della teoria delle probabilità. Il calcolo di svolgimento di un'implosione si rivela estremamente delicato, non soltanto nei suoi dettagli ma anche nell'ordine di grandezza; Ulam vi lavora inizialmente con Cornelius Everett e poi, dal 1946, comincia a pubblicare con von Neumann i risultati dei metodi Monte Carlo e delle possibili applicazioni della teoria della probabilità ai calcoli di idrodinamica.

3.1. Le simulazioni Monte Carlo per la bomba termonucleare.

Il piú innovativo uso euristico dei calcolatori, comparso intorno alla fine degli anni Quaranta, sembra essere stato quello delle simulazioni Monte Carlo relative al calcolo dello *scattering* dei neutroni necessario per la messa a punto della bomba termonucleare. Tale uso è stato studiato e analizzato da Peter Galison: si tratta della «modellizzazione di un processo» di reazioni, che per Galison costituisce un prototipo di quelle «zone di scambio» (*trading zones*) nelle quali convergono e si coordinano, a livello locale ma non globale, le attività scientifiche che ruotano attorno al problema dell'esplosione (armi atomiche, interazioni pedine-nucleoni, statistica, teoria dei numeri, chimica industriale, meccanica quantistica, ecc.), che pure non condividono alcuna legge comune né soprattutto un'ontologia di oggetti.

Nel 1946 si riesce ormai a immaginare senza difficoltà quale possa essere la potenza della bomba H, ma per metterla a punto con precisione occorre una profonda conoscenza e padronanza della fisica nucleare, dei composti dell'idrogeno, della propagazione della radiazione intensa o debole, dell'idrodinamica dei materiali durante l'esplosione, ecc. Tutti questi elementi, inoltre, devono essere analizzati simultaneamente sotto l'effetto dell'urto e a temperature vicine a quelle del nucleo solare. Ma nello *scattering* dei neutroni milioni di particelle sono in fissione, dispersione, assorbimento, ecc., e questo in ogni istante, il che rende impossibile l'applicazione dei metodi teorici e sperimentali conosciuti dalla fisica per risolvere il problema pratico. Utilizzato inizialmente come uno strumento tra gli altri, in questo caso il calcolatore è intervenuto per affrontare problemi che apparivano troppo complessi dal punto di vista teorico e troppo lontani dalle condizioni sperimentali dei laboratori[5]. Tuttavia non si trattava di *rappresentare* le condizioni fisiche di un mezzo in modo analogico o su scale diverse dalla loro occorrenza naturale[6], bensí di *simulare* la natura in tutta la sua complessità utilizzando l'informazione analogica.

L'idea sottostante al metodo di simulazione Monte Carlo era modellizzare un problema stocastico estremamente complesso in modo che ammettesse una soluzione calcolabile. Due sono infatti i momenti della simulazione: il calcolatore simula innanzitutto una randomizzazione di numeri, poi il metodo Monte Carlo utilizza i numeri «pseudo-aleatori» ottenuti per effettuare la simulazione dei fatti fisici. Durante quest'ultima, i neutroni e i loro comportamenti fisici apparentemente aleatori vengono sostituiti da un campione ben scelto di numeri pseudo-aleatori che descrivono le «storie» dei neutroni (fissione, fusione, moltiplicazione, ecc.) nel tempo. Nel primo aspetto della simulazione, i numeri sono «ben scelti» nel senso che rispondono a regole predefinite di campionamento statistico delle realizzazioni particolari del processo all'interno di un numero enorme di possibilità. Si possono poi studiare le caratteristiche di questo *campionamento di esperienze* a partire dalle sue proprietà statistiche e calcolare una soluzione. Piú di ogni altro modello di quel tempo, il metodo Monte Carlo confonde le frontiere tra sperimentale e teorico e si configura come un terzo polo ibrido, epistemologicamente distinto dai due precedenti[7]. Secondo Galison, Ulam, Fermi, von Neumann e i loro colleghi si erano costruiti un «mondo artificiale» nel quale avevano luogo esperienze numeriche fittizie, e questa realtà artificiale trovava espressione nella nuova funzione del calcolatore, percepito non piú soltanto come uno strumento ma come la Natura stessa[8].

La tradizione fisico-matematica invitava a un'idealizzazione obbligata dei meccanismi fisici attraverso le equazioni differenziali. Ora, il metodo Monte Carlo appariva ai suoi inventori e ai sostenitori piú ferventi come un nuovo modo di elaborare conoscenze, in cui il calcolatore giocava il ruolo di un organismo capace di restituire la dimensione aleatoria della Natura. Il chimico Gilbert King [1951, p. 2475], l'ingegnere che attua le necessarie semplificazioni e realizzato l'implementazione nella macchina delle procedure di simulazione ha da insegnarci di piú sulla Natura che non il fisico

[5] Galison [1997, p. 693] cita per esempio una lettera del 1946 di von Neumann a Julian Huxley: «Vogliamo usare questa macchina nello stesso modo in cui un ciclotrone viene usato in un laboratorio di fisica».

[6] Era cosí con l'analizzatore differenziale di Bush o con il bacino di carenaggio utilizzato per studiare la turbolenza dei fluidi.

[7] «Se ci si concentrava sulle istanziazioni di un processo generale, il Monte Carlo sembrava sperimentale; scavando piú a fondo, appariva teorico» (Galison, in Dahan Dalmedico e Pestre [2004]).

[8] «Questa realtà artificiale non esisteva nel laboratorio, ma nei computer a valvole, [...] e nella descrizione fornita dalla macchina calcolatrice: dal computer in quanto strumento al computer in quanto Natura» [Galison 1996].

matematico: «il realismo sta nelle simulazioni». Senza entrare ulteriormente nei dettagli delle discussioni che ebbero luogo nell'ambiente scientifico del tempo – obiezioni riguardanti il carattere aleatorio stesso, inquietudini generate dal nuovo uso del calcolatore, crisi di identità dei diversi sottogruppi (fisici, analisti numerici, chimici...) – riteniamo che nell'universo delle armi nucleari, un universo disunito e strettamente connaturato alla tecnologia, le simulazioni Monte Carlo si siano imposte a tutti come un cambiamento considerevole nella maniera di procedere della scienza.

La riconfigurazione piú significativa che emerge da tutti questi lavori, tanto sulle onde supersoniche quanto sul nucleare, interessa l'idrodinamica, i calcolatori e l'analisi numerica. Essa annulla le polverizzazioni e le gerarchie stabilite tra «il puro» e «l'applicato», cancellando il confine tra quanto appartiene chiaramente alla matematica e quanto non le appartiene, essendo comunemente catalogato nel dominio delle scienze ingegneristiche o fisiche. Lo stesso von Neumann sembra aver operato molto presto questa ricomposizione di interessi. A partire dai primi anni Quaranta, infatti, si persuase dell'importanza dell'idrodinamica per tutte le scienze fisiche e matematiche, nonché del fatto che essa richiede uno sviluppo radicalmente nuovo dei metodi e dei mezzi di calcolo. Quando il progetto di un calcolatore elettronico prende il via, von Neumann, Herman Goldstine e i loro collaboratori spiegano cosí che l'economia delle macchine conduce ineluttabilmente a un profondo rinnovamento dell'analisi numerica e all'elaborazione di nuovi algoritmi. Il programma di meteorologia numerica scelto come applicazione privilegiata su grande scala del calcolatore di Princeton rivela precisamente questa nuova riconfigurazione di interessi e di pratiche. L'équipe posta sotto la direzione di Jules Charney è formata da meteorologi dotati di grande competenza matematica, e von Neumann segue i lavori molto da vicino almeno fino al 1953, momento in cui viene raggiunto l'obiettivo di previsione numerica quotidiana del tempo per tutto il territorio americano.

4. *Gli strumenti matematici per il sociale, l'organizzazione e l'economia.*

Durante la guerra, alcuni gruppi dell'AMP giocarono un ruolo piú importante di altri, e i tre gruppi della Columbia assorbivano da soli la metà di tutti i fondi che erogava. Lo Statistical Research Group (SRG) della Columbia in particolare sembra essere stato, stando a W. Allen Wallis, che ricopriva la funzione di direttore della ricerca, il gruppo di statistici piú straordinario di tutti i tempi, dal punto di vista del numero e della qualità. Esso veniva consultato a proposito dei piú svariati problemi di probabilità e statistica (controllo del fuoco, bombardamenti, analisi statistica dei dati), e vi si incrociavano matematici come George Dantzig e John Williams (che dirigerà il dipartimento di matematica della RAND), statistici come Abraham Wald o

Leonard Savage (che parteciperà ugugalmente alle Conferenze Macy sulla cibernetica), economisti come Harold Hotelling e Milton Friedman (futuro premio Nobel per l'economia), ingegneri e cosí via.

Norbert Wiener era affiliato a questo gruppo, cosí come Julian Bigelow, che aveva collaborato strettamente con lui al MIT e che inizierà il gruppo ai nuovi strumenti di calcolo. Lo stesso Friedman ha affermato che i concetti e le tecniche di analisi statistiche elaborate o precisate al SRG erano stati determinanti nella sua teoria economica. Effettivamente alcuni tentavano già di applicare la teoria dei giochi alle questioni tattiche, e l'economista Tjalling Koopmans cercò di modellizzare una situazione nella quale, data l'offerta di alcuni porti e la domanda di altri, occorresse approntare un piano di trasporto che minimizzasse i costi. Ma, oltre allo Statistical Research Group, si deve citare, per il periodo della guerra, la rete di Princeton, nella quale troviamo Albert Tucker, Philip Tuckey, Merrill Flood, Melvin Dresher e Lloyd Shapley (che in seguito frequenteranno la RAND e il gruppo di ricerca operativa del MIT diretto da Philip Morse).

I lavori di questi gruppi affiliati all'AMP favorirono la nascita di due campi disciplinari che si svilupperanno nell'immediato dopoguerra e daranno luogo a molteplici ramificazioni. Il primo è la programmazione lineare (*linear programming*), uno dei piú significativi domini della matematica generati dalla ricerca operativa nonché prolungamento naturale delle attività di pianificazione sviluppate dall'Aeronautica. Queste ultime richiedevano un grande coordinamento tra le capacità di istradamento degli uomini e del materiale, le capacità produttive e le capacità di stoccaggio, e Dantzig, che aveva partecipato per l'AMP agli studi di razionalizzazione logistica, viene invitato dopo la guerra a riflettere sulla meccanizzazione di questa pianificazione. Egli fa notare che lo scopo di procedure tanto complesse può essere raggiunto utilizzando le diseguaglianze piú che le equazioni. Il problema gode di una descrizione matematica fin dal 1947: si tratta di trovare la soluzione a un sistema di equazioni e disequazioni lineari – sono lineari nel caso del *linear programming*, ma questo non è che il primo capitolo di un campo piú generale, quello del *non-linear programming* – che massimizza una forma lineare data. Dantzig lo risolve con il «metodo del simplesso», che riunisce lo studio delle disequazioni alla ricerca del vertice di un poliedro convesso rappresentante l'insieme delle soluzioni possibili. Il primo calcolo viene condotto a mano, ma Dantzig pensa già a come meccanizzarlo su uno strumento elettronico non appena questo diventi disponibile. Inoltre esibisce immediatamente un esteso campo di applicazioni, dai problemi di trasporto a quelli di distribuzione, di riduzione del personale, di ricerca di un equilibrio tra produzione e stoccaggio, ecc. Nel 1949, l'Office of Naval Research, fortemente interessato alle possibili applicazioni nell'ambito delle proprie operazioni logistiche, fonda (e sovvenziona generosamente) una nuova divisione, la Logistics

Branch on the Mathematical Sciences Division diretta da Fred Rigby, e una rivista, il «Naval Research Logistic Quarterly», che avranno un ruolo determinante negli sviluppi successivi.

Il secondo tema importante emerso dallo Statistical Group, che si incrocia con il precedente, è quello dell'analisi sequenziale e, piú in generale, della teoria statistica delle decisioni. L'ispezione delle dotazioni militari, in cui ciascun pezzo testato andava perduto, aveva condotto ad avviare alcune ricerche su algoritmi di test a partire da campionamenti statistici. Allo stesso tempo emergeva il problema della decisione statistica: riprendendo l'esempio precedente, ci si confrontò nel corso del processo con un'alternativa di decisioni (o anche con un insieme di decisioni) possibili, come quella di sapere se si sarebbe continuato a testare un campionamento o si sarebbe arrestata la procedura. Friedman e Wallis sottopongono il problema a Wald e nel 1934 si ottiene la classificazione dei primi risultati. Nel 1945 Wald mette a punto un test, il Sequential Probability Radiotest, che risolve in particolare il problema di sapere entro un dato margine di rischio se un lotto possiede una distribuzione A o una distribuzione B, minimizzando il numero medio di pezzi testati. Questo risultato sarà seguito da alcune applicazioni immediate nel mondo dell'industria relativamente al controllo di qualità (alla fine degli anni Quaranta la Bell era molto interessata), e l'opera di Wald [1947] verrà letta da piú punti di vista: della probabilità teorica, statistico, applicativo. Essa si presenta di fatto fortemente assiomatizzata: tratta di una particella che avanza passo dopo passo in un «cammino aleatorio» attraverso un processo che ha fine quando la stessa particella, che parte dall'origine, attraversa un certo numero di barriere e percorre un intervallo assegnato. Tuttavia sono presenti anche preoccupazioni molto concrete, come quella di elaborare piani d'ispezione che assicurino una produzione continua in base a norme di qualità determinate entro limiti prefissati [Wald e Wolfowitz 1945].

Parallelamente, il tema specifico della decisione si amplia e diventa oggetto di lavori piú numerosi che possono essere ricondotti alla teoria delle probabilità e alla statistica: come può una decisione finale scaturire da un processo aleatorio che sceglie tra diverse possibilità casuali secondo probabilità specifiche? Anche in questo caso sottolineiamo i contributi di Wald (ma anche di Savage), che formula diversi problemi in termini di *rischi* – il rischio può essere di non restare nei margini di errore fissati. La questione diventa allora di trovare una funzione di decisione che minimizzi il rischio, e in *Statistical Decision Functions* [1950] Wald offre un'interpretazione della sua teoria delle decisioni e della stima statistica nei termini della teoria dei giochi di von Neumann. Egli collega cosí attraverso un dizionario comune due quadri concettuali distinti, riconducendo il problema della decisione a un «gioco» tra lo sperimentatore (lo statistico che sceglie una regola di decisione) e la «Natura» (che possiede le carte della distribuzione aleatoria del mondo, inaccessibile al giocatore). Wald e Dantzig lavorano insieme sui legami che esistono tra la randomizzazione in alcuni problemi di statistica e la teoria dei giochi.

Albert Tucker ha portato avanti la linea di ricerca di Dantzig per il caso non lineare. Tucker era un topologo, appassionato di topologia combinatoria e assai vicino a Solomon Lefschetz, al quale doveva succedere nella conduzione del Dipartimento di matematica di Princeton. Egli dirigeva a quel tempo un seminario sulla teoria dei giochi, della quale von Neumann aveva mostrato fin dal 1947, per il caso dei giochi a due a somma zero, l'equivalenza con la programmazione lineare. Dopo aver suggerito che le difficoltà poste dalla logistica dei problemi di trasporto non lineari erano affini a quelle relative alla distribuzione delle rete elettriche, Tucker si vede affidare dall'ONR un progetto di ricerca incentrato sulla programmazione matematica lineare, i suoi fondamenti e i suoi rapporti con la teoria dei giochi. Lo studioso cambia totalmente direzione di ricerca, e il progetto che inizialmente conduce a Princeton con due studenti, Harold Kuhn e David Gale[9], prosegue per piú di vent'anni. In breve tempo vengono raggiunti i primi risultati importanti: in particolare vengono stabiliti con precisione i legami concettuali e le equivalenze formali con la teoria dei giochi [Gale, Kuhn e Tucker 1951] presentati alla conferenza di Chicago del 1949 e pubblicati dalla Cowles Commission diretta da Koopmans. Nello stesso periodo vede la luce anche il teorema matematico di Kuhn-Tucker, che stabilisce le condizioni di esistenza di una soluzione ottimale per un problema di programmazione matematica non lineare. Diversi lavori vengono inoltre dedicati agli algoritmi di risoluzione di questi problemi, che sono spesso a un numero molto elevato di variabili.

Viene a crearsi cosí un nuovo crocevia di studi che si sviluppa nella direzione della teoria matematica dell'ottimizzazione, in quella delle scienze gestionali e parallelamente alla teoria dei giochi. Qui l'interazione con gli economisti diventa determinante. Alcuni di essi – Leonid Kantorovič fin dal 1938 [1939] e Tjalling Koopmans, nel 1942, a proposito di un problema di trasporto di merci per la Marina militare [1970] – avevano già incontrato alcuni aspetti matematici della programmazione lineare, e Koopmans (che nel 1948, dopo Jacob Marschak, diventa presidente della Cowles Commission) applica i risultati di Dantzig all'economia, allo scopo in particolare di elaborare una teoria per l'allocazione delle risorse. Durante un contratto con l'AMP, il matematico Merrill Flood aveva formalizzato invece una delle prime analisi costi-benefici all'interno di uno studio sui bombardamenti aerei, analisi che negli anni Cinquanta si moltiplicheranno e mobiliteranno le ricerche di Dantzig e di altri. Dal 1949 al 1962 iniziano cosí a tenersi regolarmente convegni su quello che ormai si chiama *mathe-*

[9] Gale aveva trascorso gli anni della guerra presso il Radiation Laboratory del MIT, poi era arrivato a Princeton per il suo Ph.D. Qui si interessa alla teoria dei giochi.

matical programming[10]: viene a costituirsi un nuovo dominio alla frontiera tra matematica, economia e teoria dei giochi, che mette insieme teorie matematiche e tecniche di calcolo sul calcolatore per le attività di pianificazione, gestione, distribuzione economica, ecc. Negli anni Sessanta, Dantzig, Tucker, Koopmans e altri sono all'origine della fondazione della Mathematical Programming Society, alla quale partecipa anche Kantorovič . La sua figura paradigmatica è però George Dantzig, definito dai suoi colleghi un «mathematics-economic-computer engineer».

Cosí, nel corso degli anni Cinquanta, si costituisce un vasto campo di pratiche e di discipline caratterizzate dall'esplicito obiettivo di matematizzare le questioni relative al sociale e di razionalizzare le procedure organizzative e gestionali nonché i comportamenti umani. La principale nozione comune a questo campo disparato è quella di «ottimizzazione». Ottimizzare la difesa attraverso il miglior utilizzo dei mezzi disponibili era stata la preoccupazione della ricerca operativa e della logistica del tempo di guerra; massimizzare le utilità e i benefici, minizzare i rischi e i costi, ottimizzare la distribuzione delle risorse sono invece gli obiettivi del dopoguerra. Il concetto di ottimizzazione è presente in tutti i risultati e le teorie che abbiamo ricordato; parallelamente, resta il grande problema di tutte le situazioni di incertezza (i processi aleatori) e si articola strettamente con le nuove teorie statistiche della decisione e del controllo. Infine, nella teoria dei giochi e in tutte le teorie che possono esservi associate il comportamento razionale è sempre identificato con un comportamento di ottimizzazione.

5. *La* RAND *e la creazione di una scienza generale della guerra.*

Nella nuova geografia della matematica nata nel contesto della guerra fredda, un luogo è paradigmatico dell'ascesa di questi nuovi saperi matematici – in particolare la teoria dei giochi – e della loro utilizzazione universale e polimorfa: la RAND. Questa struttura fu ideata inizialmente nel 1945 da Douglas Aircraft come una lobby dedita alla ricerca militare, ma nel 1948 diventa un'istituzione assai singolare legata all'Air Force, suo unico cliente. Dotata di un'importante linea di credito dalla Fondazione Ford, conta piú di 200 matematici diretti da John D. Williams e intende rivolgersi a un'élite[11]. La RAND si installa in un grande stabilimento a Santa Monica, la cui architettura viene supervisionata dallo stesso Williams.

[10] I diversi convegni ebbero luogo a Chicago nel 1949, a Washington nel 1951 e nel 1955, a Santa Monica nel 1959, a Chicago nuovamente nel 1962, con un numero di interventi compresi tra i 30 e i 50. Piú lenta la crescita negli anni Sessanta, mentre negli anni Settanta si assiste a una vera e propria esplosione.

[11] La divisione di matematica si chiamava «Evaluation of Military Worth» [Leonard 2004].

Altamente sorvegliata (poiché vi si parla di questioni strategiche e si ha accesso a informazioni confidenziali), la RAND incarna il modello collettivo di un gruppo di esperti scientifici di alto livello che sviluppano tecniche rivoluzionarie, spinti dall'ideale individuale dell'eccellenza concettuale, allo scopo di razionalizzare l'azione di chi detiene il potere. Essa si occupa della preparazione della guerra convenzionale (logistica, trasporti, disposizione delle forze), di pensare la guerra nucleare, della formazione degli uomini destinati ai posti di comando, di ricerca e sviluppo, previsione economica, gestione – e per far ciò approfondisce strumenti concettuali nuovi, spesso legati all'utilizzo dei primi calcolatori.

Tuttavia, prendendo attentamente in considerazione ciò che è stato fatto alla RAND dal 1946 alla fine degli anni Cinquanta, emerge un'attività alquanto diversificata. I primi studi estendevano i metodi della ricerca operativa all'elaborazione concettuale di sistemi assai vasti (come l'insieme della difesa aerea degli Stati Uniti): all'inizio degli anni Cinquanta, ben 37 gruppi lavoravano a tale questione in considerazione di temi diversi, come i futuri sviluppi radar, la natura e la disposizione geografica degli aerei d'intercettazione e dei missili, la vulnerabilità e le testate nucleari, la gestione dei centri di calcolo, la possibilità di urto multiplo, ecc. Lo scopo era, variando tutti i parametri, di offrire un contributo alla fondazione scientifica delle decisioni razionali, anche se queste «analisi dei sistemi», molto ampie e generali, non conducevano che a risultati disastrosi: pur permettendo di sviluppare strumenti formali interessanti, che sarebbero stati poi riutilizzati, la complessità dell'oggetto faceva sí che le raccomandazioni concrete venissero spesso scartate perché contrarie al semplice buon senso. Esisteva però una serie di studi, di ambizioni piú limitate, che permise alla RAND di imporsi agli occhi dei militari come un'organizzazione esperta: si tratta degli studi diretti tra il 1951 e il 1952 da Albert Wohlstetter, un logico e matematico che aveva lavorato sul controllo di qualità durante la guerra[12].

Abbiamo già citato la teoria dei giochi. Studi recenti sottolineano il profondo cambiamento di statuto subíto, soprattutto alla RAND, dalla teoria dei giochi durante il periodo della guerra fredda. Intorno al 1950 quest'ultima impiega, in maniera permanente o a contratto, quasi tutti i teorici dei giochi dell'epoca: K. J. Arrow, G. B. Dantzig, M. Dresher, M. M. Flood, R. D. Luce, J. F. Nash, A. Rapoport, L. S. Shapley, M. Shubik e R. E. Bellman; Tucker e von Neumann vi sono coinvolti in veste di consulenti.

Per von Neumann, un gioco è un modello che descrive l'interdipendenza tra le *strategie* dei giocatori (vale a dire le azioni nelle quali essi hanno la possibilità di impegnarsi liberamente) e le *utilità* degli stessi (vale a dire

[12] Il sito web della RAND cita due articoli importanti firmati da Wohlstetter: *Economic and Strategic Considerations in Air Base Location: A Preliminary Review*, e *Campaign Time Pattern, Sortie Rate, and Base Location*.

le loro preferenze, i loro gusti...), che essi devono massimizzare. La teoria dei giochi è dunque un'analisi delle interazioni strategiche tra autori che si suppongono *razionali* – nel senso che giocano veramente per *massimizzare* le loro utilità – e si trovano in situazione di incertezza e alea (bluff, mancanza di informazioni, ecc.). Nell'opera scritta nel 1944 con Oskar Morgenstern, il progetto è quello di utilizzare questa teoria per formalizzare il comportamento degli agenti economici; in un certo senso l'opera è una rimessa in causa del paradigma che prevaleva precedentemente nella teoria economica, nel quale si postulavano le iniziative individuali e il margine di comportamento individuale. Ma, all'inizio, gli economisti si mostrano assai riservati.

Piú di una direzione s'impone alla RAND per la teoria dei giochi. La prima è la teoria detta «dei giochi differenziali», interamente rivolta alle applicazioni militari: calcolare la strategia ottimale di un missile che deve colpire un bombardiere o, piú in generale, pilotare un velivolo del quale si controllano i parametri cinematici e che ha come obiettivo un altro velivolo con altre caratteristiche.

Il secondo utilizzo della teoria dei giochi è quello, sottolineato e incoraggiato dai militari e dai politici della direzione della RAND, di pensare e formalizzare il conflitto strategico con l'Unione Sovietica, la guerra nucleare intercontinentale. Matematici come Flood, Dresher, Tucker, Shapley, ovvero tutti i grandi nomi della teoria dei giochi dell'epoca, partecipano in qualche modo all'atmosfera da *think tank* che regna a questo proposito. È proprio nel corso di un seminario della RAND che viene inventato il celebre modello del «dilemma del prigioniero» (cosí battezzato da Tucker) per illustrare il conflitto tra beneficio individuale e scelta collettiva, utilizzato poi per esplorare la nozione di «scelta razionale», assioma fondamentale della teoria. La teoria dei giochi viene infine mobilitata per le ricerche di psicologia sociale, per migliorare e ottimizzare i comportamenti collettivi [Leonard 2004].

Nel 1951, Richard Bellman, che aveva soggiornato diverse volte presso la RAND durante le estati successive al 1948, lascia Princeton – dove aveva un posto di professore associato – dopo essersi trovato di fronte all'alternativa fra, da una parte, diventare professore a Stanford ed essere un «intellettuale classico» e, dall'altra, andare alla RAND e, per dirla con le sue parole, «essere un intellettuale moderno, che utilizza i risultati della propria ricerca per risolvere i problemi della società contemporanea». Bellman scelse la RAND e manifesterà sempre un immenso entusiasmo per questo luogo, che gli permise di approfondire contemporaneamente l'analisi dei sistemi e l'analisi numerica, la teoria dei giochi, modelli matematici molto diversi tra loro e relativi tanto ai processi fisici piú complessi (in particolare prosegue lo studio dei *branching processes* iniziato a Los Alamos da Ulam) quanto alle scienze sociali, ecc. Bellman svilupperà il suo campo di ricerca chiamandolo *dynamic programming*.

Fra le trattazioni assiomatiche in ambito economico e sociale prodotte dai membri di questo stesso gruppo sottolineiamo la monografia di Kenneth Arrow [1951], un'ambiziosa formalizzazione ipotetico-deduttiva delle scelte collettive. Arrow (anch'egli futuro premio Nobel per l'economia) partecipa anche a questa rete; la sua traiettoria tocca uno dopo l'altro lo Statistical Mathematical Group della Columbia, Princeton, la Logistics Branch dell'ONR e la RAND Corporation, dove soggiorna a piú riprese e dove continua a recarsi frequentemente anche quando diventa professore a Stanford. Nella sua opera Arrow getta le basi di un'analisi assiomatica delle procedure di voto e mostra che le caratteristiche di un sistema di scelta collettiva ideale non sono tutte compatibili.

6. *Dal* MIT *alle Conferenze Macy: gli spazi della cibernetica.*

L'ultimo crocevia delle reti intellettuali e scientifiche che vogliamo ricordare è quello rappresentato dal gruppo impegnato nella cibernetica. Questo crocevia si sviluppa intorno all'analogia esistente tra le competenze degli uomini (cioè del sistema nervoso) e quelle delle macchine artificiali, e nasce dall'incontro di due argomenti principali. Il primo può essere sintetizzato nella proposizione «il cervello funziona come un calcolatore», e ha origine in un articolo del 1943 dello psichiatra, neurofisiologo e logico Warren McCullogh e del giovane matematico Walter Pitts sulle reti neuronali, primo modello assiomatico del cervello, e nei successivi studi di von Neumann sulla teoria logica degli automi. Il secondo argomento è incentrato sui mezzi di comunicazione e di controllo, di fatto sulle nozioni di feedback e di messaggio, appartenenti a sistemi che comprendono sia gli uomini sia le macchine e che, dal punto di vista di tali nozioni, non è necessario distinguere; qui il lavoro fondatore è un articolo di Rosenblueth, Wiener e Bigelow [1943].

È a partire da questo nucleo di cinque o sei persone, in cui i matematici Norbert Wiener e John von Neumann svolgono un ruolo assolutamente essenziale, che cresce il progetto delle Conferenze Macy sulla cibernetica. Dal 1946 al 1953 il gruppo cibernetico riunisce anche antropologi (Gregory Bateson e Margaret Mead), biologi, psichiatri e altri specialisti di scienze umane e sociali [Heims 1993]. Ma, in uno straordinario ribollire di idee e di applicazioni tecnologiche, non è mai stato stabilito con chiarezza, nemmeno dai cibernetici, se la cibernetica fosse una scienza unificata, un linguaggio comune per problemi collegati l'un l'altro dal punto di vista funzionale, un insieme di analogie o ancora un programma di ricerca.

L'origine della cibernetica si colloca nel periodo della Seconda guerra mondiale e va ricondotto alle pratiche scientifiche rese necessarie dalla guerra; lo conferma il fatto che la previsione antiaerea destinata a migliorare il controllo del tiro di difesa, che Wiener e Bigelow tentarono di mettere a punto al MIT, è diventata l'oggetto simbolo e paradigmatico del settore [Galison 1994]. Che si trattasse di balistica, di decifrazione delle informazioni nemiche, di difesa antiaerea o di rilevamento, i militari erano in attesa di dispositivi che soddisfacessero una duplice esigenza: il massimo di rapidità nell'esecuzione dei loro compiti e il massimo di affidabilità nell'anticipazione delle risposte. Per la prima volta nella storia, infatti, questi due vincoli sfuggivano alle capacità sensomotorie e cognitive dei combattenti, troppo lenti per essere efficaci. Il conflitto mondiale provoca e accelera il trasferimento di funzioni umane a macchine-automi che diventano i mediatori di questi scontri, e in tale trasferimento l'analogia e la comunicazione uomo-macchina si rivelano centrali. Attorno ai saperi matematici vanno dunque a incrociarsi e ad aggregarsi diversi altri saperi, tanto astratti quanto legati alle scienze ingegneristiche (trattamento dei segnali, elettronica) e alle scienze del vivente (neurologia, neurofisiologia, psicologia...), tutti mobilitati dall'emergenza di questo nuovo campo.

Gran parte della strumentazione intellettuale di questo gruppo di persone è antecedente agli anni della guerra e risale alla logica e al calcolo logico delle proposizioni dei *Principia Mathematica* di Bertrand Russell e Alfred Whitehead, ai lavori di David Hilbert e Kurt Gödel sull'aritmetizzazione della logica e la logicizzazione dell'aritmetica, agli studi di Alan Turing e Alonzo Church sulla computabilità, ecc. Per tutti i membri della rete cibernetica, il lavoro dei matematici e dei logici degli anni Venti e Trenta è stato di fondamentale importanza.

Negli anni Trenta, Wiener aveva collaborato a lungo al MIT con Vannevar Bush al suo progetto di analizzatore differenziale. Questa macchina elettromeccanica di tipo analogico rendeva possibile il calcolo automatico delle equazioni differenziali, in quanto i suoi circuiti riproducevano analogicamente i passi del calcolo; ma l'architettura materiale di queste calcolatrici limitava molto la velocità di trattamento dei dati, ed enormi furono le difficoltà che comparvero nel rappresentare piú di una variabile e nel trattare le equazioni alle derivate parziali. Per Wiener il fattore decisivo fu l'entrata in guerra degli Stati Uniti, quando le forme del suo impegno furono a quel punto determinate dalla sua familiarità con il programma delle macchine calcolatrici e dalla precedente collaborazione con Yuk-Wing Lee sulle reti elettriche. Egli propose a Weaver e a Bush lo schema per un dispositivo di previsione della futura posizione di un aereo in base alla conoscenza della traiettoria percorsa, convinto che si potesse soltanto sperare in una «previsione statistica» della traiettoria curvilinea non uniforme di un bersaglio[13].

[13] Wiener lavora all'elaborazione di una «teoria statistica della previsione» che presenterà all'XI Congresso internazionale di matematica del 1950. Tale teoria riprende i risultati precedentemente ottenuti dallo studioso nei campi della teoria ergodica, delle equazioni integrali e dell'analisi generalizzata di Fourier, e andrà piú tardi a rivoluzionare il campo delle scienze della comunicazione.

Insieme all'ingegnere Julian Bigelow, egli tentò febbrilmente di costruire un dispositivo di questo tipo capace di fornire, in tempo reale e in caso di assenza di calcolatori elettronici, una traduzione concreta e fisica dei risultati ottenuti matematicamente.

L'importanza dell'Anti-Aircraft Predictor di Wiener e Bigelow risiede piú in quanto avrebbe liberato dal punto di vista delle metafora concettuale e della questione della comunicazione che nell'efficacia pratica immediata. Questo progetto infatti ha portato in primo piano il tema della frontiera uomo-macchina, anche perché Wiener pensava che il suo dispositivo fosse uno degli approcci meccanici piú vicini al comportamento fisiologico mai realizzati. Concepire il pilota nemico in termini di servo-meccanismi e l'aereo (o alcune delle sue parti, come le ali) in termini antropologici non fu un atto neutrale, ma un importante atteggiamento che ha contribuito a forgiare una visione «comportamentista» comune [Galison 1996] per descrivere gli esseri umani e le macchine, ponendo l'accento sui problemi della comunicazione indipendentemente dalle forme della loro ingegneria. Nell'introduzione a *Cybernetics* [1948] Wiener si spiega cosí:

> Sul piano dell'ingegneria della comunicazione, è apparso chiaramente, a Bigelow e a me, che i problemi di ingegneria del controllo e di ingegneria della comunicazione erano inseparabili, e che erano incentrati non sulla tecnica dell'ingegneria elettrica, ma sulla nozione piú fondamentale di *messaggio*, sia esso trasmesso da mezzi elettrici, meccanici o nervosi.

Il meccanismo piú sofisticato di feedback[14] dell'Anti-Aircraft Predictor ha anche aperto un universo di scatole nere all'ingegnere e al filosofo. Von Neumann mette i neuroni in una scatola nera per occuparsi delle sole proprietà computazionali, e anche Wiener e i suoi colleghi utilizzano la nozione di scatola nera. Il termine «comportamento» (*behavior*) insiste infatti sull'intenzione di dedicarsi a descrivere le cose dall'esterno mettendo tra parentesi la loro natura e rinunciando a spiegarle. L'idea di abbandonare i concetti quando non hanno operatività tecnica – considerare cioè gli uomini e le macchine allo stesso modo – è comune tanto a Wiener quanto a von Neumann.

7. *Osservazioni conclusive.*

Diverse «culture» concorrono a caratterizzare i matematici che abbiamo incontrato.

La prima, la piú immediata ed evidente, è la cultura acquisita negli anni di guerra e di mobilitazione. Galison ha sottolineato l'importanza del contesto

[14] Feedback significa informazione relativa al risultato (*output* o *outcome*) di qualunque processo o attività. Heims nota che in inglese non esisteva nessun altro termine prima dell'introduzione di questa parola da parte della cibernetica.

della guerra, del conflitto e delle armi per la nascita del pensiero cibernetico di un sistema «uomo-aereo-radar-predittore-artiglieria» come sistema unico, nel quale l'uomo è sostituito dalla macchina e la macchina dall'uomo. La matematica dei sistemi cibernetici basati sul feedback, il formalismo della teoria dei giochi e gli organigrammi dell'analisi operativa hanno condotto a un'apoteosi del comportamentismo, e ci si può chiedere come sia stata possibile questa globalizzazione di ciò che avrebbe potuto rappresentare soltanto una semplice intuizione tecnologica in una nuova era per l'umanità e una filosofia generale dell'azione umana[15]. Fu questo contesto a permetterlo. È poco probabile che, al di fuori di esso, la cibernetica, la teoria dell'informazione o il pensiero per sistemi si sarebbero sviluppati intorno alle medesime metafore e con l'apparato concettuale che di fatto ne è scaturito. Tutti questi domini portano impresso il segno di tale cultura.

A ciò si aggiunge una cultura ingegneristica molto presente in persone come Wiener (negli anni Trenta), come gli ideatori delle reti elettriche o della teoria dell'informazione (Shannon), gli specialisti di *dynamic programming* (Bellman) e coloro che hanno aperto concretamente la strada alla costruzione dei primi calcolatori elettronici. La cultura ingegneristica ha trovato nel contesto della guerra e dell'immediato dopoguerra, in particolare nei problemi di hardware per il calcolo, ciò di cui alimentarsi abbondantemente.

La cultura e la tradizione propriamente logica sono state altrettanto importanti per von Neumann e i matematici di Princeton, per gli statistici teorici e per gli economisti – anche tramite il positivismo logico – e soprattutto per il gruppo cibernetico (i matematici e McCullogh). L'immenso lavoro matematico e logico degli anni Venti e Trenta ha avuto un'estrema importanza per tutti i matematici di questo gruppo e anche al di là di esso.

Infine è superfluo ricordare come l'ideale assiomatico e formalista di Hilbert sia stato il solco comune a tutti questi percorsi, anche quando i suoi eccessi nei matematici puri hanno suscitato critiche e rifiuti. Occorre notare tuttavia che in piú di un campo (*mathematical programming*, teoria dei giochi, teoria degli automi, teoria dei codici) i matematici hanno seguito un approccio piú combinatorio che analitico, mobilitando l'analisi convessa, le tecniche di computazione e le strutture algebriche piuttosto che le strutture continue.

Il gruppo è troppo numeroso, troppo eterogeneo e si è occupato di argomenti troppo disparati perché si possa sperare di coglierne l'unità per mezzo di un'identica filosofia di uso pratico della matematica. Tuttavia sono evidenti alcuni tratti comuni. Abbiamo sottolineato infatti le caratteristiche costanti dei lavori descritti: il ricorso al metodo assiomatico, la costruzione generalizzata di modelli, i «modelli di principî» che si articolano con il metodo assioma-

[15] Otto Mayr [1986] ha notato che la coproduzione dei discorsi di feedback interviene sia nella tecnologia sia nella politica, al MIT come a Los Alamos.

tico, la modellizzazione pragmatica dei vari campi empirici, la messa in una «scatola nera» di oggetti (o meccanismi) piú o meno noti e la promozione di realtà fittizie maggiormente operative. A questo si aggiungano l'insistenza sulla computabilità, la nuova svolta delle simulazioni, l'importanza degli approcci probabilistici e statistici, ecc. L'audacia, in breve, non ha avuto limiti nel tentativo di impadronirsi di ogni realtà, per quanto complessa o opaca, sottoporla a trattamento matematico e lasciarla trasparire dimenticando i dettagli. E questo per agire, trasformare, operare, simulare, ottimizzare.

I luoghi di questa nuova geografia matematica, che si trovano talvolta al margine dell'universo strettamente accademico, hanno svolto infine un ruolo determinante nello sviluppo degli strumenti e dei saperi matematici che sono stati di cruciale importanza per i giochi economici e politici della seconda metà del XX secolo.

ARROW, K.

1951 *Social Choice and Individual Values*, Wiley, New York [trad. it. *Scelte sociali e valori individuali*, Etas libri, Milano 1977].

ASPRAY, W.

1990 *John von Neumann and the Origins of Modern Computing*, MIT Press, Cambridge Mass.

BELLMAN, R.

1984 *The Eye of the Hurricane. An Autobiography*, World Scientific, Singapore.

DAHAN DALMEDICO, A.

1994 *La renaissance des systèmes dynamiques aux États-Unis après la deuxième guerre mondiale: l'action de Solomon Lefschetz*, in «Supplemento ai Rendiconti del Circolo matematico di Palermo», II (34), pp. 133-66.

1996 *L'essor des mathématiques appliquées aux États-Unis: l'impact de la seconde guerre mondiale*, in «Revue d'Histoire des Mathématiques», 2, pp. 149-213.

1997*a* *Le Courant Institute, bastion des mathématiques appliquées*, in «La Recherche, 300 ans de Science».

1997*b* *Mathematics in the 20th century*, in J. KRIGE e D. PESTRE (a cura di), *Science in the 20th century*, Harwood Academic Publishers, London.

2001*a* *History and Epistemology of Models: Meteorology as a case-study (1946-63)*, in «Archive for History of Exact Sciences», 55, pp. 395-422.

2001*b* *An Image Conflict in Mathematics after 1945*, in U. BOTTAZZINI e A. DAHAN DALMEDICO (a cura di), *Changing Images in Mathematics. From the French Revolution to the New Millenium*, Routledge, London - New York, pp. 223-53.

2004 *Chaos, Disorder and Mixing: A New Fin de siècle Image of Science?*, in M. N. WISE (a cura di), *Growing Explanations*, Duke University Press, Durham, pp. 67-94.

DAHAN DALMEDICO, A. e ARMATTE, M.

2004 *Modèles et Modélisations (1950-2000): nouvelles pratiques, nouveaux enjeux*, in «Revue d'Histoire des Sciences», 57(2), pp. 243-303.

DAHAN DALMEDICO, A. e AUBIN, D.

2002 *Writing the history of dynamical systems and chaos: longue durée and revolution, disciplines and culture*, in «Historia Mathematica», 29, pp. 273-339.

DAHAN DALMEDICO, A. e PESTRE, D.

2004 *Les Sciences pour la Guerre (1940-1960)*, Presses de l'Ehess, Paris.

DANTZIG, G. B.

1963 *Linear Programming and Extensions*, Princeton University Press, Princeton.

1984 *Reminiscences about the origins of linear programming*, in «Memoirs of the American Mathematical Society», 48(4), pp. 1-11.

DUPUY, J.-P.

1993 *L'essor de la première cybernétique 1943-1953*, in *Histoires de Cybernétique*, Cahiers du Crea, n. 7, Paris.

1997 *Genèse des Sciences Cognitives*, Éd. La Découverte, Paris.

DUREN, P. L., ASKEY, R. A. e MERZBACH, U. C. (a cura di)

1988-89 *A Century of Mathematics in America*, American Mathematical Society, Providence, vol. I (1988), vol. II (1989), vol. III (1989).

GALE, D., KUHN, H. W. e TUCKER, A. W.

1951 *Linear Programming and the Theory of Games*, in T. C. KOOPMANS (a cura di), *Activity Analysis of Production and Allocation*, Wiley, New York.

GALISON, P.

1994 *The ontology of the enemy: Norbert Wiener and the cybernetic vision*, in «Critical Inquiry», 21, pp. 228-66.

1996 *Computer Simulations and the Trading Zone*, in P. GALISON e D. J. STUMP (a cura di), *The Disunity of Science: Boundaries, Contexts, and Power*, Stanford University Press, Stanford, pp. 118-57.

1997 *Image and Logic: a Material Culture of Microphysics*, The University of Chicago Press, Chicago.

HEIMS, S. J.

1980 *John von Neumann and Norbert Wiener. From Mathematics to the Technologies of Life and Death*, MIT Press, Cambridge Mass.

1993 *The Cybernetics Group*, MIT Press, Cambridge Mass. [trad. it. *I cibernetici: un gruppo e un'idea*, Editori riuniti, Roma 1994].

ISRAEL, G. e MILLÁN GASCA, A. M.

1995 *Il mondo come gioco matematico. John von Neumann scienziato del Novecento*, La Nuova Italia Scientifica, Roma.

KANTOROVIČ, L. V.

1939 *Matematičeskie metodj organižaži i planirovanija proizvodstva*, S. U. Press, Leningrad [trad. ingl. *Mathematical methods of organizing and planning*, in «Management Science», 6, 1960, pp. 366-422].

KING, G.

1951 *Monte Carlo method for solving diffusion problem*, in «Industrial and Engineering Chemistry», 43, pp. 2475-78.

KOOPMANS, T. J.

1970 *Exchange ratios between cargoes on various routes* (1942), in ID., *Scientific Papers*, Springer, New York, pp. 77-86.

KUHN, H. W.

1976 *Non linear Programming: a historical view*, in *SIAM-AMS Proceedings*, vol. IX, Ams, Providence.

LAX, P. D.

1977 *The Bomb, Sputnik, Computers, and European Mathematics*, in D. TARWATER (a cura di), *The Bicentennial Tribute to American Mathematics 1776-1976*, Mathematical Association of America, pp. 129-35.

1988 *The Flowering of Applied Mathematics in America*, in DUREN et al. [1988-89], vol. II, pp. 455-66.

LEONARD, R. J.

1995 *From parlor games to social science: von Neumann, Morgenstern, and the creation of game theory 1928-1944*, in «Journal of Economic Literature», 33, pp. 730-61.

2004 *Structures sous tension: théorie des jeux et psychologie sociale à la RAND*, in DAHAN e PESTRE [2004], pp. 83-127.

LÉVY, P.

1993 *L'œuvre de Warren Mc Cullogh*, in *Histoires de Cybernétique*, Cahiers du CREA, n. 7, Paris.

MACLANE, S.

1989 *The Applied Mathematics Group at Columbia in World War II*, in DUREN et al. [1988-89], vol. III, pp. 495-515.

MAYR, O.

1986 *Authority, Liberty and Automatic Machinery in Early Modern Europe*, Johns Hopkins University Press, Baltimore.

METROPOLIS, N. C., HOWLETT, J. e ROTA, G. C. (a cura di)

1980 *A History of Computing in the Twentieth Century*, Academic Press, New York, pp. 291-310.

NASAR, S.

1998 *A Beautiful Mind. A Biography of John Forbes Nash*, Simon & Schuster, New York [trad. it. *Il genio dei numeri: storia di John Nash, matematico e folle*, Rizzoli, Milano 1999].

NEUMANN, J. VON

1951 *The General and Logical Theory of Automata*, in L. A. JEFFRESS (a cura di), *Cerebral Mechanisms in Behavior: The Hixon Symposium, Pasadena, 1948*, Wiley, New York, pp. 1-41, rist. in ID., *Collected Works*, a cura di A. H. Taub, vol. V, Pergamon Press, New York 1963, pp. 288-326 [trad. it. parz. in *La filosofia degli automi*, a cura di V. Somenzi e R. Cordeschi, Bollati Boringhieri, Torino 1994, pp. 151-66].

1961 *First report on the numerical calculation of flow problems*, rapporto inedito redatto per la Standard Oil, in ID., *Collected Works*, vol. V, Pergamon Press, New York 1963, pp. 664-750.

1966 *Theory of Self Reproducing Automata*, a cura di A. W. Burks, University of Illinois Press, Urbana.

NEUMANN, J. VON e MORGENSTERN, O.

1944 *Theory of Games and Economic Behavior*, Wiley, New York, 2a ed. rivista 1947.

NEUMANN, J. VON e RICHTMYER, R. D.

1950 *A method for the numerical calculation of hydrodynamic shocks*, in «Journal of Applied Physics», 21, pp. 232-37, rist. in J. VON NEUMANN, *Collected Works*, vol. VI, Pergamon Press, New York 1961, pp. 380-85.

OWENS, L.

1989 *Mathematicians at War: Warren Weaver and the Applied Mathematics Panel*, in D. E. ROWE e J. MCCLEARY (a cura di), *The History of Modern Mathematics*, Academic Press, Boston, vol. II, pp. 287-305.

POUNDSTONE, W.

1992 *Prisoner's Dilemma. John von Neumann, Game Theory and the Puzzle of the Bomb*, Anchor Books, New York.

ROSENBLUETH, A., WIENER, N. e BIGELOW, J. H.

1943 *Behaviour, purpose and teleology*, in «Philosophy of Science», 10, pp. 18-24.

SAPOLSKY, H. M.

1990 *Science and the Navy: the History of the Office of Naval Research*, Princeton University Press, Princeton.

SCHWEBER, S. S. e FORTUN, M.

1993 *Scientists and the legacy of World War II: the case of operations research*, in «Social Studies of Science», 23, pp. 595-642.

ULAM, S. M.

1958 *John von Neumann, 1903-1957*, in «Bulletin of the American Mathematical Society, 64-3, parte 2, pp. 1-49.

1960 *Computing Machines as a Heuristic Aid-synergesis. A Collection of Mathematical Problems*, Wiley-Interscience, New York.

1976 *The Adventures of a Mathematician*, Scribners, New York [trad. it. *Avventure di un matematico*, Sellerio, Palermo 1995].

WALD, A.

1947 *Sequential Analysis*, Wiley, New York.

1950 *Statistical Decision Functions*, Wiley, New York.

WALD, A. e WOLFOWITZ, J.

1945 *Sampling Inspection Plans for continuous production which insure a prescribed limit on the outgoing quality*, in «Annals of Mathematical Statistics», 16, pp. 30-49.

WALLIS, W. A.

1980 *The Statistical Research Group*, in «Journal of the American Statistical Association», 75, pp. 320-35.

WEINTRAUB, E. R. e MIROWSKI, PH. E.

1994 *The pure and the applied: Bourbakism comes to mathematical economics*, in «Science in Context», 7, pp. 245-72.

WIENER, N.

1948 *Cybernetics, or Control and Communication in the Animal and the Machine*, Wiley, New York; 2a ed. 1961, MIT Press, Cambridge Mass. [trad. it. *La cibernetica: controllo e comunicazione nell'animale e nella macchina*, Il Saggiatore, Milano 1982].

1956*a* *I am Mathematician: The Later Life of Prodigy*, MIT Press, Cambridge Mass.

1956*b* *Nonlinear Prediction and Dynamics*, in *Proceedings of the Third Berkeley Sympos. Math. Stat. and Prob.*, pp. 247-52.

WOLFOWITZ, J.

1971 «Abraham Wald», in *Dictionary of Scientific Biography*, vol. XIV, a cura di Ch. C. Gillispie, Scribner, New York 1970-80.

MARIO MIRANDA

La Scuola Normale di Pisa, 1955-74: una testimonianza

1. *La peculiarità della Scuola Normale.*

La Scuola Normale, dalla sua fondazione fino ai giorni nostri, è sempre stata diversa da ogni altra istituzione scolastica superiore italiana. In essa, infatti, gli studi umanistici e scientifici interagiscono tra loro, con grande vantaggio per la formazione dei suoi studenti.

Com'è noto, fu istituita da Napoleone Bonaparte quando la Toscana era parte integrante dell'impero francese. Le sue attività iniziarono nel 1813 e furono interrotte l'anno successivo per la caduta dell'imperatore. Il Granducato di Toscana decise di riattivarla nel 1846 e la nuova apertura si ebbe con il 1847. Quindici anni dopo fu il Regno d'Italia ad assumersi la responsabilità della Scuola. Lo statuto fu aggiornato, ma la struttura rimase quella iniziale del Palazzo dei Cavalieri. I sessantasei anni che vanno dal 1862 al 1928 videro gli studi matematici e storici alla Normale acquistare prestigio in Italia e all'estero. In questo periodo vi furono cinque direttori: gli storici Pasquale Villari e Alessandro D'Ancona e i matematici Enrico Betti, Ulisse Dini e Luigi Bianchi. Ma gli studenti ai quali si poteva offrire l'alloggio erano all'epoca molto pochi. Nel 1918 la Classe di Scienze poté accogliere soltanto il fisico Enrico Fermi e il matematico Luigi Fantappiè. Al terzo posto nel concorso di ammissione si classificò Franco Rasetti, che poté studiare a Pisa a spese della famiglia e sarebbe in seguito diventato collaboratore di Fermi nelle attività di ricerca sulla radioattività artificiale.

Alla morte di Luigi Bianchi, nel 1928, il governo nominò Giovanni Gentile commissario straordinario della Scuola, con il compito di rivedere lo statuto e di ampliare la sede storica con un'ala a nord del Palazzo dei Cavalieri. Il 10 dicembre 1932 la nuova Normale fu pronta per essere inaugurata. Con l'anno accademico 1932-33 la Scuola poté ospitare 79 studenti, 42 dei quali al primo anno. Gentile smise la veste di commissario per divenire direttore. Mantenne questo incarico, con un'interruzione nell'anno 1936-37, fino al 25 luglio 1943, quando fu chiamato alla direzione il critico letterario Luigi Russo, antifascista molto noto. La difficile situazione politica, con la Toscana parte della Repubblica di Salò e di fatto sotto il dominio dell'esercito nazista, non gli permise tuttavia di mantenere l'incarico. Leonida Tonelli, matematico e antifascista, si impegnò a proteggere i beni della Scuola fino alla Liberazione.

Il quadriennio 1944-48 vide la direzione di Russo, che non fu confermato nel 1948 per motivi politici. Dal 1948 al 1960 la Scuola fu diretta da Ettore Remotti, biologo. Il quadriennio 1960-64 vide la direzione dello storico Giulio Giannelli. Dal 1964 al 1977 toccò al fisico Gilberto Bernardini. Nel 1977-78 la direzione passò allo storico Giovanni Pugliese Carratelli. Dal 1978 al 1987 ebbe l'incarico di direttore il matematico Edoardo Vesentini. Dopo di lui furono direttori, ciascuno per un solo mandato, i fisici Luigi A. Radicati, Emilio Picasso e Franco G. Bassani. Dal 1999 a tutt'oggi è direttore Salvatore Settis, storico dell'arte, normalista della leva 1959, il quale aveva vissuto nella Scuola in anni in cui grande fu l'amicizia, la stima e il rispetto reciproco fra letterati e scienziati. Memore dell'atmosfera pisana di quegli anni, Settis ha provveduto a fondere in un unico comitato scientifico per le due classi i due comitati creati da Vesentini, per una gestione collegiale della Normale[1].

2. *Il teorema di De Giorgi-Nash.*

Nel novembre del 1955 entrai nella Scuola Normale Superiore intenzionato a studiare Fisica all'Università di Pisa, ma al terzo anno modificai il mio piano di studi, affascinato dall'analisi matematica insegnata da Alessandro Faedo[2].

Con l'anno accademico 1959-60 Faedo iniziò a servire l'Università come rettore, un compito che svolse con grande successo per dodici anni. Io lo assistevo nella didattica. Allo stesso tempo Ennio De Giorgi, che aveva studiato a Roma e aveva risolto nel 1955 il diciannovesimo problema di Hilbert, si trasferí alla Normale, grazie all'interessamento di Faedo, per coprire la cattedra che era stata di Leonida Tonelli, maestro dello stesso Faedo.

Tra l'estate del 1955 e la primavera del 1958 – un breve lasso di tempo a confronto con i cinquantacinque anni trascorsi dalla formulazione del problema da parte di Hilbert – si svolse l'intricata vicenda matematica e umana del teorema di De Giorgi-Nash, vicenda che tenteremo qui di ricostruire. Piú che di gara dovrebbe parlarsi piuttosto di «gioco non competitivo», dal momento che i due protagonisti non avevano alcuna conoscenza dell'esistenza l'uno dell'altro.

Questa storia, non solo per la sua grande importanza scientifica, ma anche per i colpi di scena che l'hanno caratterizzata, è entrata negli annali della matematica. Lo stesso Nash, parlandone dopo aver vinto il premio Nobel per il suo lavoro di teoria dei giochi, non nascose la delusione che provò:

[1] La recente intervista rilasciata da Settis a Silvia Dell'Orso [2004] offre molti spunti per la riflessione sulle difficoltà attuali in cui versano in Italia le scuole di ogni ordine e grado, e piú in generale la cultura nel suo complesso. Sulla convivenza tra scienziati e letterati alla Normale, e per un partecipato ricordo della figura di De Giorgi, si veda Sofri [2002, p. 39].

[2] Faedo mi portò all'esame di laurea in Matematica nel luglio del 1959.

Ebbi un po' di sfortuna perché, senza che fossi informato a sufficienza su quanto altri stavano compiendo in quel campo, accadde che lavorassi in parallelo a Ennio De Giorgi, il quale operava a Pisa. Lui fu il primo a raggiungere la vetta (del problema descritto in termini figurativi), almeno per il caso, particolarmente interessante, delle equazioni ellittiche [Nasar 1998, trad. it. p. 202].

2.1. Dolomiti, agosto 1955.

Per puro caso, la scalata vittoriosa di Ennio De Giorgi ha inizio sulle Dolomiti, dove egli aveva l'abitudine di trascorrere le vacanze di agosto, riservando il settembre per il Salento, dov'era nato.

Prendo da uno scritto di Enrico Magenes il seguente ricordo:

In una bella giornata dell'agosto 1955, De Giorgi, Guido Stampacchia, Carlo Pucci ed io percorrevamo il sentiero cosiddetto del *Vial del Pan*, che collega, nello stupendo scenario della Marmolada, il Passo Pordoi al rifugio *Fedaia*. Pucci ed io desideravamo procedere speditamente, ma eravamo costretti a fermarci ogni momento per aspettare i nostri due amici che discutevano fra di loro: Stampacchia spiegava a De Giorgi a che punto era la questione del XIX problema di Hilbert [Aa. vv. 1998, p. IX].

Da Ennio, di cui sono stato collaboratore per nove anni a Pisa e poi amico per tutto il resto della sua vita, seppi che Stampacchia gli illustrava la bellezza del XIX problema e l'importanza che aveva per la sua risoluzione una disuguaglianza che in Italia era conosciuta come disuguaglianza di Caccioppoli. Questa vale per le soluzioni deboli delle equazioni ellittiche, cioè di funzioni misurabili con derivate prime misurabili, e stabilisce il controllo dell'integrale del quadrato delle derivate prime su una sfera mediante l'integrale del quadrato della funzione su una sfera concentrica piú grande.

Stampacchia aveva colto nel segno, perché De Giorgi, per suo conto, stava dimostrando la proprietà isoperimetrica delle sfere in un numero qualunque di dimensioni, e aveva stabilito, per ogni suddivisione della sfera in due parti, il controllo della misura della piú piccola delle due mediante la misura della frattura. La disuguaglianza di De Giorgi riguarda le sfere come quella di Caccioppoli, ma agisce nel verso opposto. Ed Ennio capí al volo di avere in mano uno strumento con il quale avrebbe potuto, grazie alla sua, oggi a tutti nota, abilità tecnica di trattamento delle disuguaglianze, risolvere il problema.

2.2. Pavia, ottobre 1955.

Nella prima settimana di ottobre, non piú di due mesi dopo la gita in montagna, a Pavia si tenne il V Congresso dell'Unione matematica italiana.

Prima dell'estate De Giorgi aveva fatto pervenire al comitato organizzatore del Congresso la sua domanda di partecipazione e l'intenzione di leggere una comunicazione di ricerca dal titolo *Alcune applicazioni al calcolo delle variazioni di una teoria della misura K-dimensionale*. Cosí De Giorgi sintetizzava i propri risultati negli atti del Congresso:

> La teoria cui ci riferiamo è stata esposta per la prima volta da R. Caccioppoli [1952] e da me trattata in vari lavori già pubblicati [De Giorgi 1954] o in via di pubblicazione. Tale teoria consente da una parte di estendere a insiemi orientati molto generali le nozioni di misura K-dimensionale, spazio K-dimensionale tangente, sezione, proiezione, bordo, dall'altra di dare una definizione di convergenza debole di successioni di insiemi orientati assai utile nel calcolo delle variazioni. Infatti molti funzionali del calcolo delle variazioni sono semicontinui rispetto a tale convergenza, mentre da ogni successione di insiemi orientati aventi coi loro bordi misure equilimitate può estrarsi una successione subordinata debolmente convergente. Ne segue la possibilità di applicare a larghe classi di problemi (fra cui rientrano come casi particolari il problema di Plateau, lo studio della proprietà isoperimetrica della sfera) i metodi diretti del calcolo delle variazioni, per stabilire l'esistenza del massimo o del minimo.
>
> La teoria considerata è utile anche nello studio delle proprietà differenziali delle soluzioni dei problemi variazionali; citerò in proposito un risultato relativo a un problema propostomi dal prof. G. Stampacchia [Aa.vv. 1956, pp. 291-92].

Si deve dunque concludere che De Giorgi, in meno di due mesi, in tempo e luoghi di vacanza, riuscí a vedere con certezza il modo di risolvere un problema che aveva impegnato matematici di grande esperienza per piú di mezzo secolo. Il 1955 era l'anno ventottesimo della vita di Ennio, che fino ad allora non aveva prodotto risultati clamorosi.

2.3. Courant Institute, autunno 1956.

Ma vediamo che cosa accadeva al Courant Institute of Mathematical Sciences di New York nell'autunno del 1956. Oltre al fondatore e direttore, Richard Courant, vi erano in piena attività i membri permanenti, Kurt Friedrichs, Peter Lax, Jürgen Moser, Louis Nirenberg e l'ospite Lars Hörmander. John Nash, che aveva deciso di trascorrere l'anno accademico 1956-57 all'Institute for Advanced Study di Princeton, stabilí la sua residenza a Manhattan, a due passi dal Courant Institute. E Nash finí col trascorrere piú tempo al Courant, che non all'Institute di Princeton. Era infatti convinto che la matematica del Courant, in particolare le equazioni differenziali non lineari, fosse la piú ricca di applicazioni ai problemi delle altre scienze e, al tempo stesso, avesse bisogno di idee nuove. Per questo cercò l'indicazione di un importante problema storico e Nirenberg gli parlò del XIX problema di Hilbert. Assicuratosi che tale problema fosse importante e non ancora risolto, Nash vi si applicò subito con molta energia.

Come fu possibile che al Courant non sapessero della soluzione annunciata da De Giorgi un anno prima è comprensibile se si guarda quello che avvenne in Italia dopo il Congresso di Pavia.

Mauro Picone, nato a Palermo nel 1885, studente alla Normale di Pisa negli anni 1903-07, era stato il relatore della tesi di laurea di Ennio De Giorgi nel 1950. Picone era anche il direttore dell'Istituto nazionale per le applicazioni del calcolo (INAC), da lui stesso fondato a Napoli nel 1927 e trasferito con lui a Roma nel 1932. Picone, per il gusto matematico, per la convinzione che la matematica pura e il calcolo siano due facce della stessa medaglia, per le capacità manageriali e politiche ebbe un ruolo importante per l'affermarsi della matematica nella società italiana. Grazie alla direzione dell' INAC fu in grado per molti anni di aiutare i giovani di talento a iniziare la carriera universitaria assumendoli come consulenti. De Giorgi fu fra questi. Ed Ennio ebbe molto rispetto per il suo maestro. Ma Picone era, nel 1955, il suo padre-padrone. Ed Ennio mi raccontò che dopo l'exploit estivo, Stampacchia e lui ebbero il problema di confessare a Picone le due scorrettezze da loro commesse: Stampacchia non avrebbe dovuto assegnare un compito a un pupillo del grande barone, Ennio non avrebbe dovuto impegnare le sue energie senza aver chiesto il permesso al suo capo ufficio. De Giorgi ritenne di dover sistemare le cose prima del Congresso. E perciò decise di anticipare l'incontro.

Picone risolse in un momento ogni problema: l'importanza del risultato non poteva che far bene al suo Istituto, quanto al suo ruolo nella vicenda egli avrebbe dimostrato che il suo allievo non era stato disubbidiente, decidendo lui le modalità della diffusione delle comunicazioni ufficiali della notizia. Quindi De Giorgi ebbe il permesso di farne cenno nella Comunicazione al Congresso, Picone avrebbe presentato all'Accademia dei Lincei, per la pubblicazione nei Rendiconti, una nota contenente i passaggi piú significativi del lavoro, e infine, ciò che avvenne nella primavera 1957, avrebbe regalato all'Accademia delle Scienze di Torino il testo completo della risoluzione del XIX problema di Hilbert. Questo testo apparve perciò in un numero della rivista dell'Accademia di Torino, una rivista non molto diffusa.

Le esigenze di Picone contribuirono a nascondere il grande risultato, ma non si trattò di punizione dell'allievo indisciplinato, fu piuttosto il bisogno d'un maestro d'altri tempi. De Giorgi, da parte sua, ogni volta che se ne presentava l'occasione, sottolineava l'importanza avuta da Mauro Picone nella sua formazione scientifica. E questa gratitudine non gli era stata imposta.

Ma c'è un'altra peculiarità italiana di quel tempo, che contribuí al ritardo della diffusione all'estero del risultato di De Giorgi: la scarsa conoscenza della lingua inglese fra i matematici nostrani. Carlo Miranda, che era di casa a Parigi, mi disse che non aveva mai accettato un invito a visitare gli Stati Uniti, perché non conosceva la lingua inglese. De Giorgi stesso, parigino d'adozione, visitò una sola volta gli Usa nel primo semestre del 1964. Ma mi fu raccontato di dopo cena imbarazzanti per la difficoltà di comunicazione, e immagino penosi per lui conversatore instancabile.

2.4. Paul R. Garabedian.

Un curioso episodio narrato nella biografia di John Nash scritta da Sylvia Nasar riguarda il matematico Paul Garabedian. Garabedian era attaché navale presso l'ambasciata statunitense di Londra, quando, nel gennaio 1957, fece un tour europeo alla scoperta di talenti matematici. Si era in piena guerra fredda, e gli Usa davano molta importanza ai loro *think tanks*, stipati di intelligenze superiori, per vincerla. Lo stesso Nash aveva lavorato in uno di questi, gestito dalla RAND Corporation. Tra Roma e Napoli, Garabedian ebbe notizia di un giovane genio matematico italiano, che aveva risolto uno storico problema. Dalla descrizione che Garabedian ha fatto di De Giorgi alla Nasar [1998, trad. it. p. 201] si deve pensare che nel suo rapporto ai superiori egli non raccomandò De Giorgi come persona adatta a collaborare in una squadra americana di geni.

Tutto ciò avveniva quando Nash era appena agli inizi del suo impegno sul XIX problema. Se la missione di Garabedian non fosse stata di natura militare, egli avrebbe potuto far conoscere la sua scoperta del teorema di De Giorgi agli amici del Courant, risparmiando a Nash una grande delusione. Ma dal punto di vista della matematica, il lavoro parallelo di due giovani coetanei di grande talento, e il loro successo, ottenuto con la stessa idea fondamentale, aiuta a capire come le soluzioni di problemi storici possano maturare grazie ai progressi in campi di ricerca vicini. Questo è evidente nel caso di Nash, che poté avvalersi delle conoscenze dei matematici del Courant, ma anche nel caso di De Giorgi, dove una proprietà geometrica delle sfere euclidee avvicinata per caso alla famosa disuguaglianza di Caccioppoli diede all'abilità tecnica di Ennio quanto bastava per ottenere la limitatezza locale delle soluzioni e da questa la regolarità sperata.

La creatività di De Giorgi fu poi sottolineata da Jürgen Moser [1960], il quale inserí il procedimento di Ennio nel linguaggio dell'analisi funzionale, per ritrovare la soluzione del problema di Hilbert. In un secondo articolo, Moser [1961], ripartendo dal procedimento di De Giorgi, fu capace di estendere un famoso teorema di Harnack alle soluzioni deboli delle equazioni ellittiche.

Potremmo dire, parafrasando una storica affermazione di Isaac Newton, che Nash si arrampicò sulle spalle dei giganti del Courant, e Moser si arrampicò sulle spalle di De Giorgi per vedere piú lontano, in un terreno molto arduo e nuovo.

3. *La situazione in Italia.*

La vicenda De Giorgi-Nash aveva fatto toccare con mano l'isolamento della matematica italiana, negli anni Cinquanta del Novecento. L'esilio forzato degli ebrei dall'Europa, i danni della guerra e le difficoltà del dopoguerra avevano spostato il baricentro delle attività matematiche al di là dell'Atlantico. Lo sforzo bellico americano era stato sostenuto dalla collaborazione degli scienziati con innegabile successo. La nuova guerra, che si preferí mantenere fredda, per la strapotenza degli ordigni nucleari in mano ai due rivali, aveva ancora piú bisogno dell'aiuto della scienza. I governi americani decisero di investire molto denaro nella ricerca scientifica, cosa che, unita alle difficoltà del dopoguerra in Europa e nei paesi asiatici, accelerò il travaso di cervelli dai continenti vecchi al nuovo.

In Italia, fra i matematici, i primi ad accorgersi del cambiamento furono i geometri. La scuola romana di geometria algebrica, negli anni Venti e Trenta, aveva da ogni parte attratto a Roma matematici giovani e meno giovani di grande talento. Gli analisti, e intendo soprattutto gli studiosi del calcolo delle variazioni e delle equazioni differenziali, furono piú lenti a reagire. Questa lentezza era evidente a Pisa, dove erano ormai lontani i tempi di Enrico Betti, Ulisse Dini e Luigi Bianchi, e dove il decennio precedente la Seconda guerra mondiale aveva visto un rifiorire grazie a Leonida Tonelli. Ma Tonelli era morto nel marzo 1946.

3.1. Alessandro Faedo.

Tuttavia, fu proprio Pisa, con la Scuola Normale e l'Università, a guidare la riscossa della matematica italiana, come ben illustra Faedo nel suo intervento del 1960, *La rinascita della Scuola matematica pisana dopo la Seconda guerra mondiale* [Faedo 1990].

Faedo, normalista, laureato a Pisa con Tonelli nel 1936, fu assistente alla cattedra di geometria superiore coperta da Federigo Enriques a Roma per quattro anni prima dell'inizio della guerra. Riprese l'attività accademica nel 1946, ma nel giugno morí anche il suo secondo maestro, Enriques. A Roma continuò la sua attività didattica e fu consulente dell'INAC di Mauro Picone. Allo stesso tempo ebbe incarichi di insegnamento a Pisa, dove cercò di tenere vive le idee e i corsi di Tonelli. Nel 1950, vinto un concorso a cattedra, ritornò definitivamente a Pisa con un preciso progetto di rilancio delle discipline matematiche nella sua città d'adozione.

L'esperienza romana fu a Faedo di grande aiuto. I contatti con Enriques, Guido Castelnuovo e Tullio Levi-Civita lo convinsero della necessità, per i nuovi maestri italiani, di visitare gli Stati Uniti per poter riprendere la competizione scientifica ai piú alti livelli. Uno dei cardini del suo piano era quindi di aiutare i piú dotati a perfezionare la propria formazione all'estero, con l'impegno d'onore di rientrare a Pisa quando si fossero sentiti in grado di dare un qualche contributo.

Aldo Andreotti, Edoardo Vesentini, Jacopo Barsotti, Guido Stampacchia furono tra i beneficiari di questa generosa offerta. Andreotti, Barsotti e Stampacchia erano stati studenti alla Normale, e Stampacchia allievo di Tonelli. Vesentini aveva incontrato Andreotti alla corte romana di Francesco Severi. E fra loro si era stabilito un patto di collaborazione scientifica che avrebbe dato a Pisa i suoi frutti. Ma i gioielli che avrebbero completato la prima squadra furono Ennio De Giorgi, leccese e allievo di Mauro Picone a Roma, ed Enrico Bombieri, milanese e allievo di Giovanni Ricci a Milano. Anche Giovanni Ricci, toscano e normalista, aveva con Faedo un antico rapporto di stima e amicizia.

3.2. La ripresa dei Congressi mondiali dell'IMU.

È del 1950 la ripresa dei Congressi dell'International Mathematical Union (IMU), con l'appuntamento a Cambridge, Massachusetts. I successivi cinque congressi si svolsero in sedi europee, e ciò permise ai matematici separati dalle vicende belliche e postbelliche di riavvicinarsi per collaborare.

Nel 1954 il Congresso IMU si tenne ad Amsterdam: Gaetano Fichera, siciliano, formatosi a Roma alla scuola di Picone e all'epoca professore a Trieste, approfittò dell'occasione per organizzare nel suo ateneo, ad agosto, un convegno al quale presero parte Richard Courant, Lipman Bers e Louis Nirenberg. Fra gli italiani era presente Alessandro Faedo.

Nel 1958 il Congresso fu convocato ad Edinburgo. Faedo, imitando quel che Fichera aveva fatto quattro anni prima, organizzò un convegno a Pisa nel mese di agosto, dedicandolo a Leonida Tonelli e al calcolo delle variazioni. Vi parteciparono Charles B. Morrey, uno dei fondatori, insieme con Tonelli, del moderno calcolo delle variazioni, e Lipman Bers, Peter Lax e Louis Nirenberg. La sede principale per le attività del convegno era la Scuola Normale, nella quale io ero studente di matematica del terzo anno e, per quanto mi riguarda, se l'intenzione di Faedo era stata quella di scuotere gli italiani, il convegno mi fece molto riflettere attorno ai modi della nostra formazione. Parlando con Lax seppi che lui si interessava di equazioni differenziali alle derivate parziali da diciassette anni. Mi parve incredibile, dal momento che al tempo del nostro incontro egli aveva 32 anni. In seguito seppi che Lax, ungherese emigrato negli Stati Uniti nel 1941, chiamato alle armi diciottenne nel 1944, aveva evitato il fronte grazie all'interessamento di Courant, e servito quella che sarebbe diventata la sua nuova patria collaborando a Los Alamos con i grandi scienziati del progetto Manhattan.

Fra i partecipanti al convegno vi era anche De Giorgi, che incontrai per la prima volta proprio in quell'occasione. Ennio arrivò a Pisa interrompendo le vacanze in montagna, con uno zaino in spalla pieno degli estratti dei suoi lavori che distribuí ai convenuti. L'anno successivo De Giorgi si trasferí a Pisa per coprire la cattedra di Tonelli alla Scuola Normale.

3.3. Il disegno di Faedo prende corpo.

Con l'inizio dell'anno accademico 1959-60 Pisa poté contare sulla coppia Andreotti-Vesentini all'Università e su De Giorgi alla Scuola Normale. Dopo la laurea che ottenni nel luglio del 1959, il mio massimo impegno nel biennio successivo fu nel lavoro didattico, sia all'Università che alla Normale. Inoltre frequentai con grande curiosità gli incontri del Seminario matematico della Normale, diretto da De Giorgi.

Nel Seminario si rese evidente il cambiamento epocale, da Tonelli, classe 1885, a De Giorgi, nato quarantatre anni dopo. Entrambi erano cultori del calcolo delle variazioni e perciò degli spazi di funzioni. La teoria dell'integrazione di Lebesgue era il loro pane quotidiano. Tonelli la insegnava agli studenti del secondo anno, fisici e matematici, e il suo corso fu mantenuto fino all'arrivo di De Giorgi e letto da uno dei suoi ultimi allievi, Landolino Giuliano. Il corso era molto pesante, per la decisione di Tonelli di non usare il postulato di Zermelo.

Aldo Andreotti, ex normalista, chiese a De Giorgi di esporre nel seminario il postulato di Zermelo, il teorema del buon ordinamento, il lemma di Zorn e la deduzione, da ciascuno dei tre enunciati, degli altri due. De Giorgi lo fece con grande semplicità, e da quel giorno la matematica a Pisa divenne zermeliana.

4. *La fatica della ricerca matematica.*

La chiarezza espositiva, la semplicità del linguaggio di De Giorgi sono state la caratteristica sempre presente nei suoi interventi, qualunque fosse l'argomento, matematico o no. La serenità di Ennio è stata, per molti suoi amici, un mistero. A questo proposito è molto interessante rileggere alcune parole pronunciate da Vesentini nel chiostro della Scuola Normale in occasione del funerale di De Giorgi, il 27 ottobre 1996. Il necrologio è stato integralmente pubblicato nella rivista «Lettera Matematica»:

> Nel 1953 Renato Caccioppoli tenne un seminario a Roma. Ennio si occupava allora del *problema della nave*: una questione di calcolo delle variazioni molto astratta, che non ha certo procurato nuovi contratti alla Fincantieri, ma che ha portato contributi assai piú duraturi per la scienza e per la fama di De Giorgi alla teoria delle cosiddette misure dimensionali.
>
> Alla fine del seminario di Caccioppoli, chiese la parola il giovanissimo Ennio De Giorgi, che intervenne con il suo eloquio abituale, le frasi ripetute piú volte, i suoi tic. Caccioppoli poteva e sapeva essere molto tagliente, in un modo che, talora, sembrava addirittura sfuggire al suo controllo. Ciò non accadde quella volta. Prima di toccare l'aspetto matematico dell'osservazione di De Giorgi, Caccioppoli citò una frase di André Gide: «Non c'è nulla di piú barbaro di uno spirito puro». Poi, rivolto ad Ennio, aggiunse: «Mi sembra che lei sia un'eccezione».

La Scuola Normale, diretta da Gilberto Bernardini, richiamava numeri significativi di studenti dotati e ambiziosi. Uno dei maggiori poli di attrazione era rappresentato da De Giorgi che raccoglieva attorno a sé, in un cenacolo aperto alla discussione e a un confronto continuo, giovani matematici affascinati da quella mescolanza inseparabile fra didattica e ricerca che era il modo che Ennio aveva di fare matematica. La matematica di De Giorgi.

Guido Stampacchia diceva, a proposito del nostro gruppo: «Noi siamo matematici per volontà della nazione; Ennio è un matematico per grazia di Dio». Grazia di Dio che gli faceva inventare nuove teorie e nuovi problemi, produrre nuove idee senza sforzo apparente, mentre a tutti gli altri lavorare costava fatica.

Secondo Jean Dieudonné non esiste alcun vero matematico che non abbia trascorso, suo malgrado, notti insonni soffrendo e rivoltandosi fra le lenzuola, cercando di dipanare la matassa intricata di qualche dimostrazione. Io credo che anche in questo, parafrasando Caccioppoli, Ennio facesse eccezione. Non so immaginarlo insonne, soprattutto in quegli anni.

I risultati matematici sembravano sgorgare dalla sua mente in modo spontaneo, come folate di genialità. Teoremi, esempi e controesempi si componevano in un sistema che, non solo era coerente, ma assumeva talora un carattere di necessità e di ineluttabilità [Aa.vv. 1998, pp. II-V].

4.1. Il modello Dieudonné.

Ma le cose non erano cosí semplici come apparivano. Credo che ad Ennio si applicasse meglio il modello Dieudonné, sia pure in maniera meno drammatica rispetto al modo di John Nash.

Nash e De Giorgi si sono incontrati due sole volte, per poche ore. La prima fu al Courant Institute, nel 1964, in un confronto preparato e atteso come un evento storico. Peter Lax, che vi assistette, dirà qualche tempo dopo: «Fu come l'incontro tra Stanley e Livingstone». L'impaccio dei due eroi che si vedevano per la prima volta credo dovesse attribuirsi al fatto che Ennio non conosceva una parola d'inglese, e John era ormai da cinque anni ridotto a pezzi dalla schizofrenia. Nel 1974 Nash fu dichiarato clinicamente guarito, ma il suo vero ritorno al piacere di vivere si ebbe nel 1994, dopo la conquista del Nobel, il successo che aveva da sempre rincorso.

Poco piú di un anno piú tardi, il 6 marzo 1996, John ed Ennio si incontrarono per la seconda e ultima volta a Trento e accettarono di esporsi nel Dipartimento di Matematica dell'Università alla curiosità di una folla di persone di ogni tipo. A me, che avevo il compito di dirigere il traffico delle domande e delle risposte, Nash, frastornato, chiese se si trattasse di una sorta di conferenza stampa, e avuta la mia risposta positiva, stette anche lui al gioco. Pochi mesi piú tardi, durante l'estate, Nash accettò l'invito a parlare della sua malattia a Madrid, in una riunione plenaria del Congresso mondiale di Psichiatria. Il «Corriere della Sera» del 29 agosto pubblicò un articolo sull'evento, contenente un estratto delle sue parole:

Credevo di essere il Messia. Potevo entrare in contatto con Dio e decidere il destino dell'Umanità. Altre volte, mi sentivo debole e senza importanza. Nella mia testa squillava con insistenza un telefono. Rispondevo e mi trovavo a parlare con qualcuno che mi assaliva con idee opposte alle mie. Udivo voci. In strada vedevo figure ostili che mi circondavano, e spesso riconoscevo nei miei nemici gli emissari del comunismo internazionale. In effetti quando cominciai a star male mi ero tuffato in un progetto troppo ambizioso. Chiedevo troppo alla mia mente ed ero esaurito fisicamente.

Al contrario, il comportamento di De Giorgi, nei primi due anni di vita alla Normale, sembrò a tutti molto rilassato e disimpegnato. Al mattino usciva tardi dalla sua stanza e vi ritornava subito dopo pranzo per restarvi fino al tardo pomeriggio. A cena amava essere in buona compagnia e trattenersi a parlare fino a tarda notte. I matematici pisani lo invitavano volentieri a casa, ma dopo un po' decisero di invitare me insieme a lui, chiedendomi di portarlo via non troppo tardi. Accettavo di buon grado, anche se mi costava non poca fatica, una volta soli, interrompere lunghe passeggiate notturne per la città.

Dava l'impressione di non volersi stancare durante il giorno per essere brillante di notte. Mi ci vollero molti anni per capire come stessero davvero le cose, e per averne conferma, dopo la sua morte, dalla sorella Rosa. Ennio lavorava sdraiato sul letto o seduto in poltrona, nella sua stanza in penombra, senza usare alcuno strumento. «Io penso», rispose un giorno a Lecce alla domanda di Rosa, incuriosita. Il suo pensare, nei primi due anni alla Normale, doveva essere molto faticoso. La concentrazione talmente forte da toccare la sofferenza, quando la stanchezza cominciava a farsi sentire. E cosí la sera, per distrarsi, accettava di parlare con chiunque di qualunque cosa.

Nell'autunno 2004 ho rivisto Gianmario Cazzaniga, normalista, in visita a Trento e abbiamo ricordato il tempo passato insieme a Pisa e De Giorgi. Sono cosí venuto a sapere di quello che poteva succedere a un normalista ammalato che cenasse in camera. Ennio, girando per i corridoi, alla vista di un vassoio con i piatti sporchi vicino a una porta, bussava ed entrava. Una sera fu la porta di Gianmario influenzato, a letto, sul comodino due libri, un Marx e un Buddha. Dopo essersi accomodato accanto a lui, visti i libri, Ennio parlò per molte ore dei due personaggi senza saperne niente.

5. *I risultati di De Giorgi.*

Dopo aver vinto il concorso a cattedra, De Giorgi prese servizio presso l'Università di Messina il 15 dicembre 1958. Tre anni dopo, una commissione nazionale aveva il compito di decidere il suo passaggio dallo straordinariato all'ordinariato, la cosiddetta conferma dopo il triennio di prova. La commissione decide sulla base di una relazione del candidato, corredata dai titoli didattici e scientifici maturati nel triennio di prova. De Giorgi non aveva pubblicato alcun nuovo articolo, quando si era già giunti alla prima metà del mese di novembre del 1961. Aveva lavorato sodo, come scoprimmo piú tardi, attorno al problema che sarebbe rimasto la sfida piú impegnativa della sua vita.

5.1. Il problema di Plateau.

Facendo seguito alle intenzioni dichiarate al Congresso di Pavia del 1955, De Giorgi riteneva di poter dimostrare la regolarità delle membrane elastiche, come le bolle di sapone nel caso fisico, in uno spazio euclideo di una qualunque dimensione finita. Era la sua formulazione del cosiddetto «problema di Plateau», cioè l'analiticità delle frontiere minime degli insiemi misurabili. Nel novembre 1961 De Giorgi era arrivato a dimostrare la regolarità nei punti in cui esisteva il piano tangente asintotico, ma non era in grado di dimostrare tale ipotesi in tutti i punti della frontiera minima considerata. La certezza di poter completare il risultato lo aveva trattenuto dallo scrivere l'articolo da presentare alla commissione per l'ordinariato. Ma non aveva senso rinviare la verifica, e si decise a organizzare una squadra che lo avrebbe aiutato a pubblicare, in meno di tre settimane, i risultati ottenuti. La pubblicazione dovette essere affidata a un editore artigianale di Pisa. Io feci parte della squadra, con il compito di dettare ai due dattilografi, Salvatore Ciampa e Antonio Chiffi, le pagine del taccuino su cui scriveva Ennio, man mano che venivano riempite. I tre membri della squadra eravamo tutti allievi di Faedo e da quel dicembre diventammo collaboratori scientifici di De Giorgi. I due fascicoli fatti in casa, rispettivamente di una trentina e una cinquantina di pagine [ora in De Giorgi et al. 1972, capp. I e II], arrivarono alla commissione e sapemmo che uno dei tre commissari non si dichiarò soddisfatto per non aver ricevuto neanche un articolo pubblicato su una rivista ufficiale. Ma De Giorgi ebbe la conferma.

Nell'estate del 1962, l'americano W. H. Fleming e l'inglese E. R. Reifenberg, in viaggio per Stoccolma dove si sarebbe tenuto il Congresso mondiale dell'IMU, si fermarono a Genova, ospiti dell'Istituto matematico dell'Università, per incontrare De Giorgi e sentire da lui l'illustrazione dei risultati contenuti nei due già famosi fascicoletti. Io presi parte all'incontro e feci quello che potevo per aiutare a superare le barriere linguistiche.

5.2. Il Congresso di Mosca, estate 1966.

Nel 1966 il Congresso dell'IMU si tenne a Mosca. Era un segno di disgelo politico. Fra i conferenzieri invitati due erano gli italiani, De Giorgi e Vesentini. Ennio aveva ben preparato il suo intervento. Arrivati a Mosca non lo trovammo, e Vesentini ci rassicurò, Ennio era rimasto in Italia e lo aveva pregato di leggere per lui il testo scritto. Molti anni dopo, sempre dalla sorella Rosa, sapemmo che era stata la loro mamma a vietare a Ennio il viaggio in Unione Sovietica. Lei temeva il KGB, e il sequestro dei cervelli.

A Mosca ascoltai la comunicazione di Fred J. Almgren, allievo di Herbert Federer, che avevamo conosciuto a Pisa l'anno precedente. Almgren aveva introdotto, nello studio dei problemi del tipo Plateau, i *varifold*, strutture di tipo piú rozzo rispetto alle varietà differenziali, che potevano avere tutte le dimensioni comprese fra l'unità e la dimensione dello spazio ambiente. E aveva provato, per i *varifold* minimi, un risultato di regolarità quasi ovunque del tipo di quello ottenuto da De Giorgi per le frontiere minime. Alla comunicazione di Almgren era presente Charles B. Morrey il quale, nella discussione seguita all'esposizione, dichiarò di aver colto l'importanza delle tecniche di regolarità quasi ovunque e di essere sicuro di poterle applicare alla dimostrazione della regolarità delle soluzioni dei sistemi ellittici. Era questo il grande problema che studiosi come Morrey avevano sperato di risolvere con le idee di De Giorgi e Nash. Ma De Giorgi mi aveva detto tempo prima che il suo metodo, basato su disuguaglianze, non era applicabile alle soluzioni dei sistemi, che sono funzioni vettoriali. E aveva aggiunto che vedeva possibile la costruzione di controesempi di soluzioni singolari in punti isolati, già a partire dalla dimensione tre, delle variabili e delle funzioni vettoriali.

Tornato a Pisa nell'autunno, raccontai a Ennio le novità emerse nel Congresso di Mosca. Egli si mise subito all'opera per dimostrare che, nel caso dei sistemi ellittici, la regolarità quasi ovunque era il massimo dei risultati e lo provò scrivendo un semplice esempio. Su questo esempio lavorammo poi Enrico Giusti e io, e dimostrammo anche un teorema di regolarità quasi ovunque per le soluzioni di una classe di sistemi ellittici. Un risultato del tipo di quello annunciato a Mosca e poi pubblicato per la prima volta da Charles B. Morrey per una sua classe di sistemi. Le nostre tecniche, diverse da quelle di Morrey, erano quelle suggerite dal teorema di regolarità delle frontiere minime di Ennio.

A posteriori, cioè quando la certezza di Ennio di provare la regolarità delle frontiere minime in ogni punto era caduta, apparve stupefacente che lui non si fosse accorto che la regolarità delle frontiere e quella delle soluzioni dei sistemi erano cammini ardui e paralleli. L'oggetto di studio nel caso delle frontiere era infatti un vettore da regolarizzare, il versore normale al piano tangente asintotico. Un'attenuante per il fallimento del suo grande acume sta nel fatto, come vedremo, dell'esistenza di frontiere singolari in un sol punto a partire dagli spazi di dimensione otto. E la visione geometrica di De Giorgi era esatta fino alla dimensione sette.

Fu necessario l'arrivo di un collaboratore nuovo alla corte di Ennio, rispettoso dell'autorità del maestro ma con l'audacia di spingerlo a considerare errata la valutazione che metteva in stallo il completamento della teoria delle frontiere minime.

6. *Bombieri incontra De Giorgi.*

Enrico Bombieri, nato a Milano nel 1940, aveva vinto il concorso a cattedra all'età di 25 anni, quando era già famoso sul piano internazionale per i suoi lavori di teoria dei numeri. Dopo un anno all'Università di Cagliari, venne a Pisa chiamato da Faedo a coprire una cattedra dell'Università. Nell'anno accademico 1966-67 lo si poteva vedere di quando in quando in divisa militare. Per gli obblighi di leva prestava servizio come soldato semplice a San Piero a Grado, alle porte di Pisa, in un'unità speciale dell'esercito.

6.1. Una bocciatura benefica.

Nell'autunno del 1967 De Giorgi e io fummo sconfitti in un concorso a cattedra, De Giorgi commissario e io concorrente. Nei sei anni di attività di ricerca sotto la sua guida, avevo prodotto una buona messe di risultati riguardanti la sistemazione dei fondamenti della teoria delle frontiere minime e la loro applicazione allo studio del problema di Dirichlet per l'equazione delle superfici minime in ogni dimensione. Per la completezza dei miei studi avevo bisogno di una stima a priori del gradiente, una proprietà che sarebbe stata un facile corollario della regolarità in ogni punto delle frontiere. Risultato che tardava ad arrivare, ma del quale Ennio continuava ad avere certezza.

Grande fu l'amarezza di De Giorgi per la mia bocciatura, essendo io il suo primo allievo e avendo lui considerato la mia produzione scientifica degna della cattedra. In quegli anni i concorsi a cattedre di Analisi matematica avevano cadenza annuale, ed Ennio non voleva fallire l'occasione del concorso del 1968. Nel marzo di quell'anno, invitato a parlare in un Convegno romano dell'Istituto nazionale di Alta Matematica, De Giorgi tracciò il percorso per una dimostrazione della stima del gradiente, di cui avevo bisogno, indipendente dalla regolarità ovunque delle frontiere minime. Stampacchia era presente e capiva le ragioni che spingevano De Giorgi a tentare una via alternativa, e si rendeva anche conto che la via alternativa non era facile. La cultura matematica di Stampacchia era ricca non solo di definizioni, teoremi, tecniche di dimostrazione ma anche di problemi belli, che portava con sé, contento di illustrarli ai giovani talenti che avrebbero potuto risolverli. Stampacchia aveva conosciuto Bombieri e cercava l'occasione per spingerlo a impegnarsi in un grande cimento del calcolo delle variazioni e delle equazioni differenziali alle derivate parziali. Tornato a Pisa disse a Bombieri: «De Giorgi e Miranda stanno lavorando alla stima del gradiente, va a vedere cosa stanno facendo e se puoi dare una mano» [Bombieri 1997, pp. 109-10].

6.2. Arriva Bombieri.

Io avevo uno studio, che dividevo con Giusti, nell'Istituto di Matematica dell'Università. A fianco del nostro c'era quello di Bombieri. Poco prima della Pasqua, Bombieri entrò nel mio studio per chiedermi cosa stessi facendo con De Giorgi. Provai per un po' ma non era facile, le conoscenze di Bombieri erano troppo scarse. Si ripresentò dopo le vacanze di Pasqua, riprendemmo il discorso e m'accorsi con stupore dei passi da gigante fatti da Bombieri in due settimane. Era ormai in grado di assistere a una seduta di lavoro mio e di De Giorgi e capace di intervenire. In poco piú di un mese la stima del gradiente era cosa fatta, in un modo molto piú diretto, grazie a un'osservazione di Bombieri, rispetto a quello previsto da De Giorgi a Roma.

Scritto il lavoro a tre, venne l'estate che io spesi preparandomi a trascorrere un anno negli Stati Uniti. Alla fine di agosto andai a salutare Ennio in vacanza a Lecce, e nel settembre ricevetti a Minneapolis la notizia della mia vittoria nel concorso a cattedra. La mia lunga stagione pisana era finita: dopo l'anno americano sarei andato con piacere a fare il maestro in qualche luogo nuovo.

6.3. Minneapolis, autunno 1968.

Ancora nell'autunno del 1968, sempre a Minneapolis, ricevetti la notizia che De Giorgi e Bombieri avevano dimostrato l'esistenza di un cono singolare nel vertice, con frontiera minima nello spazio a otto dimensioni.

Tornato in Italia per le vacanze di fine anno, passai da Pisa per avere dettagli sull'eccezionale impresa: l'allievo aveva convinto il maestro a considerare la falsità di una sua congettura. Il maestro, una volta preso dal dubbio, aveva ripreso in mano la guida delle operazioni per la falsificazione della sua congettura. Ed era andato oltre, guidando l'assemblaggio di una soluzione intera, non banale, dell'equazione delle superfici minime in otto variabili. In altre parole, un famoso teorema di Bernstein per funzioni di due variabili, che era stato esteso al caso di sette variabili, cessava di valere per le funzioni di otto variabili. I calcoli per questo exploit, suggeriti dalla tecnica costruttiva di De Giorgi di funzioni reali dotate di non facili proprietà, furono fatti in parallelo da Bombieri e Giusti. Si trattava di calcoli faticosissimi, che piú tardi sono stati semplificati dalla disponibilità di un software come «Mathematica».

Tornato a Minneapolis nel gennaio, fui invitato da Shiing-Shen Chern a Berkeley per parlare del «cono di Simons», indicato da James Simons, un allievo di Chern, come il possibile primo esempio di cono minimo singolare. Tale cono tagliava sulla sfera a sette dimensioni, una varietà analitica compatta prodotto cartesiano di due cerchi massimi tridimensionali, con le proprietà differenziali delle geodetiche.

6.4. Il Congresso di Nizza, 1970.

Nel 1970 il Congresso Mondiale dell'IMU fu convocato a Nizza. Io fui invitato a parlare in una seduta plenaria. Ebbi cosí il modo di aggiornare la relazione di De Giorgi del 1966, includendovi gli ultimi clamorosi sviluppi.

Dopo Nizza, Bombieri e Giusti ripresero l'idea di dimostrare la validità di una disuguaglianza del tipo Harnack, per le frontiere minime anche nei punti singolari, con i quali ormai si doveva fare i conti. Era la disuguaglianza alla quale De Giorgi aveva fatto cenno nella conferenza dell'Istituto nazionale di Alta Matematica del marzo 1968. Questa disuguaglianza permise a me e ai miei allievi di perfezionare la teoria delle frontiere minime, di dare la piú ampia validità alla risoluzione del problema di Dirichlet, e allo studio delle singolarità rimovibili delle soluzioni dell'equazione delle superfici minime. Tutto ciò grazie all'introduzione di un concetto di soluzione generalizzata che stabiliva il collegamento ottimo fra le superfici minime grafico di una funzione e quelle frontiera di un insieme misurabile qualunque[3].

7. *Bombieri vince la medaglia Fields e resta a Pisa.*

Il piú prestigioso riconoscimento internazionale nel campo della matematica è la medaglia Fields, assegnata dall'IMU. Dalle prime due medaglie del Congresso internazionale dei Matematici di Oslo nel 1936, fino alle tre di quello di Madrid nel 2006, sono 47 i matematici premiati.

Nel 1974, al Congresso svoltosi a Vancouver, i due matematici che ricevettero la medaglia Fields furono David Mumford ed Enrico Bombieri, il quale rimane tuttora l'unico italiano a essere stato insignito di tale riconoscimento. Nell'allocuzione alla cerimonia ufficiale, Bombieri – premiato per i suoi risultati sui numeri primi, sulle funzioni univalenti e la congettura di Bieberbach, nella teoria delle funzioni di piú variabili complesse e nella teoria delle equazioni differenziali alle derivate parziali e delle superfici minime – scelse di parlare del proprio contributo alla teoria delle frontiere minime.

Dopo il trionfo di Vancouver, Enrico Bombieri accettò l'offerta di una cattedra alla Scuola Normale. Questa decisione, insieme con quella di inve-

[3] Un altro importante sviluppo della teoria fu l'estensione del teorema di regolarità di De Giorgi al caso di frontiere aventi curvatura media limitata. Questa estensione fu fatta da Umberto Massari e permise a Michele Emmer di dimostrare il primo teorema di esistenza per le superfici libere dei tubi capillari di sezione qualunque. I lavori di Massari ed Emmer furono poi sviluppati da Eduardo Gonzalez e Italo Tamanini.

stire i propri risparmi per la costruzione di una casa a Pisa, confermavano la sua definitiva scelta della Scuola Normale come il luogo migliore per il proprio lavoro di matematico. Purtroppo, piú tardi per ragioni familiari Bombieri dovette trasferirsi negli Stati Uniti. Ma la Scuola Normale aveva dimostrato di essere il luogo di elezione per i migliori studiosi italiani. La scommessa di Faedo aveva vinto.

8. *Epilogo: De Giorgi vince il premio Wolf.*

La Fondazione Wolf ha iniziato le sue attività nel 1976, grazie a una donazione di 10 milioni di dollari, proveniente dalla famiglia Wolf. Dal 1978, cinque o sei premi annuali sono assegnati a scienziati e artisti di eccezionale valore, senza riguardo per nazionalità, razza, colore, religione, sesso o idee politiche, per imprese a beneficio dell'umanità e delle relazioni amichevoli fra i popoli. Per quel che riguarda le scienze, i campi considerati sono: agricoltura, chimica, fisica, matematica, medicina, mentre per quanto riguarda le arti il premio ruota, di anno in anno, dalla musica, alla pittura, alla scultura e all'architettura.

Dal 1978 al 2007 i vincitori matematici sono stati 46. Uno dei due premi per la matematica dell'anno 1985 fu assegnato a Hans Lewy. Incontrai Lewy nell'autunno del 1986 a Bonn, nel suo viaggio dalla California a Israele, dove si stava recando per ricevere il suo premio Wolf. Hans aveva motivo di pensare che durante la sua permanenza a Gerusalemme la Fondazione Wolf gli avrebbe chiesto di indicare il nome di un matematico degno di essere preso in considerazione per un'assegnazione futura. Lewy avrebbe fatto volentieri il nome di Ennio De Giorgi ma temeva di metterlo in imbarazzo, sapendolo attivo sostenitore di Amnesty International ed essendo al corrente che questa organizzazione aveva piú volte pubblicamente criticato lo Stato israeliano per violazione dei diritti umani. Conoscendo De Giorgi non esitai a rassicurarlo, Ennio aveva sempre difeso volentieri le sue idee e rispettato le idee altrui in civili confronti. Ma, a parte ciò, ero certo che avrebbe accettato con gioia il premio come segno di rispetto e amicizia. Ad Ennio fu assegnato uno dei due premi Wolf per la matematica del 1990, e con molto piacere vidi nelle foto conservate a Lecce dai suoi familiari la sua sorridente stretta di mano con il presidente israeliano. A tutt'oggi De Giorgi è l'unico matematico italiano vincitore del premio Wolf.

AA.VV.

1956 *Atti del quinto Congresso dell'Unione matematica italiana. Pavia, 6-9 ottobre 1955*, Cremonese, Roma.

AA.VV.

1998 *Dossier Ennio De Giorgi,* a cura di A. Guerraggio, «Lettera Matematica», 27-28.

ALBERS, D. J., ALEXANDERSON, G. L. e REID, C.

1990 *More Mathematical People*, Harcourt Brace Jovanovich, New York.

BOMBIERI, E.

1997 *Ennio De Giorgi,* in «Rendiconti dell'Accademia dei Lincei. Supplemento», serie IX, 8, pp. 107-14.

BROWDER, F. E. (a cura di)

1976 *Mathematical developments arising from Hilbert problems. Proceedings of the Symposium in Pure Mathematics of the American Mathematical Society held at Northern Illinois University, De Kalb, Ill., May, 1974*, «Proceedings of Symposia in Pure Mathematics», 28.

CACCIOPPOLI, R.

1952 *Misura e integrazione sugli insiemi dimensionalmente orientati,* in «Rendiconti dell'Accademia Nazionale dei Lincei», serie VIII, 12(1-2), pp. 3-11 e 137-46.

DE GIORGI, E.

1954 *Su una teoria generale della misura* (r-1)*-dimensionale in uno spazio euclideo ad* r *dimensioni*, in «Annali di Matematica Pura e Applicata», 36, pp. 191-213.

1956 *Sull'analiticità delle estremali degli integrali multipli,* in «Atti dell'Accademia Nazionale dei Lincei. Rend. Cl. Sci. Fis. Mat. Natur.» serie VIII, 20, pp. 438-41.

1957 *Sulla differenzialità e l'analiticità delle estremali degli integrali multipli regolari,* in «Memorie dell'Accademia delle Scienze di Torino. Classe di Scienze Fisiche Matematiche Naturali», 3, pp. 25-43.

DE GIORGI, E., COLOMBINI, F. e PICCININI, L. C.

1972 *Frontiere orientate di misura minima e questioni collegate,* Pubblicazioni della Classe di Scienze, Scuola Normale Superiore, Pisa.

DELL'ORSO, S. (a cura di)

2004 *Quale eccellenza? Intervista sulla Normale di Pisa*, Laterza, Bari.

FAEDO, A.

1990 *La rinascita della Scuola matematica pisana dopo la seconda Guerra mondiale. Primo incontro annuale dei matematici pisani*, Dipartimento di Matematica dell'Università di Pisa, Pisa.

GENTILE, G. (a cura di)

1932 *Il Palazzo dei Cavalieri e la Scuola Normale Superiore di Pisa*, Zanichelli, Bologna.

MOSER, J.

1960 *A new proof of De Giorgi's theorem concerning the regularity problem for elliptic differential equations*, in «Communications on Pure and Applied Mathematics», 13, pp. 457-68.

1961 *On Harnack's theorem for elliptic differential equations*, in «Communications on Pure and Applied Mathematics», 14, pp. 577-91.

NASAR, S.

1998 *A Beautiful Mind. A Biography of John Forbes Nash*, Simon & Schuster, New York [trad. it. *Il genio dei numeri: storia di John Nash, matematico e folle*, Rizzoli, Milano 1999].

NASH, J. F. JR

1958 *Continuity of the solutions of parabolic and elliptic equations*, in «American Journal of Mathematics», 80, pp. 931-54 [rist. in J. NASH, *Giochi cooperativi e altri scritti*, a cura di H. W. Kuhn e S. Nasar, Zanichelli, Bologna 2004, pp. 241-70].

SOFRI, A.

2002 *Altri hotel. Il mondo visto da dentro: 1997-2002*, Mondadori, Milano.

NIGEL HITCHIN

La geometria a Oxford, 1960-90

1. *I precedenti.*

Nel 1897 la ricerca geometrica all'Università di Oxford fu di fatto arrestata dalla morte di James J. Sylvester, che ricopriva l'incarico di Savilian Professor di geometria; il suo successore William Esson, infatti, fu interessato piú che altro a questioni accademiche e alla riforma dei metodi d'insegnamento. Cosí, quando Godfrey H. Hardy arrivò a Oxford nel 1920, tutto era analisi; questa situazione restò immutata anche quando a tenere l'insegnamento, dal 1932 al 1963, fu Edward C. Titchmarsh, il quale aveva scritto all'università che avrebbe accettato l'incarico a condizione di non dover insegnare geometria. Il fatto che Hardy assolvesse ai suoi doveri universitari anche per quanto riguardava la geometria, era in realtà coerente con il suo punto di vista: «Non pretendo di conoscere tutta la geometria, ma di riuscire a capire con assoluta chiarezza che cosa sia la geometria» [Atiyah 2000].

Nel 1947 il testimone passò a John H. C. Whitehead, che ebbe la cattedra di Waynflete Professor: da quel momento sarebbe stata la topologia a cambiare il volto della ricerca geometrica a Oxford. Whitehead, nato a Madras l'11 novembre 1904, aveva studiato dal 1929 al 1932 con Oswald Veblen a Princeton, dove aveva ottenuto il Ph.D. nel 1930. Insieme avevano scritto un libro sui fondamenti della geometria differenziale [Veblen e Whitehead 1932], nel quale in particolare si dava una definizione appropriata di varietà che includeva la proprietà di separazione di Hausdorff. Vale la pena ricordare che ancora nel 1946 Cartan riteneva che fosse «molto difficile definire con precisione la nozione generale di varietà», e che in quel periodo diversi autori, tra cui Hodge e Weyl, erano al lavoro su questo problema. A Princeton, sotto l'influenza di Marston Morse, Whitehead aveva affrontato i problemi generali della geometria differenziale delle varietà, inclusa la dimostrazione, ora standard, dell'esistenza di intorni convessi. Nel 1932 aveva vinto una borsa di studio al Balliol College di Oxford, ma i suoi interessi si erano ormai indirizzati verso la topologia algebrica; in quegli anni a Oxford la ricerca in geometria differenziale era stimolata dagli studi condotti da E. A. Milne e A. G. Walker sui modelli cosmologici, ma si trattava di una ricerca fondamentalmente locale.

L'interesse di Whitehead per la topologia era nato già a Princeton, grazie all'influenza che aveva avuto su di lui Solomon Lefschetz: insieme avevano scritto, infatti, un articolo che avrebbe orientato i suoi interessi matematici in una direzione che mantenne poi fino alla morte, avvenuta nel 1960. La ricerca su questi argomenti era nata nel 1934 da un tentativo fallito di dimostrazione della congettura di Poincaré, e cosí nel corso degli anni Whitehead aveva sviluppato tecniche combinatorie e algebriche rigorose per affrontare il problema dell'equivalenza omotopica, tanto da aver legato il suo nome a molti concetti e strutture ora fondamentali. Per lavorare a questi progetti Whitehead, probabilmente aiutato dall'esuberanza del suo carattere, aveva radunato attorno a sé molti studenti. Peter Hilton una volta gli chiese: «Cos'è la topologia algebrica, Henry?», ed egli rispose: «Niente paura, Peter. Ti piacerà!» [Hilton 2000]. Ulteriore simpatia era certamente suscitata dalla ben nota equa ripartizione dei suoi interessi tra birra, cricket e matematica [Atiyah 2000].

Durante la Seconda guerra mondiale Whitehead lavorò, come molti altri matematici suoi contemporanei, come decrittatore di codici a Bletchley Park; ma dopo la guerra, e soprattutto dopo aver ottenuto la cattedra, riuscí a far convergere a Oxford un gruppo di topologi algebrici che resero quell'università un importante centro per la ricerca topologica. Hilton e Ioan M. James furono due dei suoi primi allievi; nel 1957 James fu nominato lettore e pochi anni dopo M. Barratt e C. T. C. Wall ottennero un incarico temporaneo. Per avere un'idea dell'attrattiva che aveva in quel periodo la topologia, basti pensare alla proposta che Whitehead fece alla fine degli anni Cinquanta a Robert Maxwell, direttore della Pergamon Press, di dare vita a Oxford a una nuova rivista, che si sarebbe dovuta chiamare «Topology» [James 1989], e che divenne la piú importante in questo campo.

2. *Michael Atiyah.*

Alla morte di Whitehead, avvenuta improvvisamente nel 1960 a soli 55 anni, a Oxford c'erano complessivamente dodici studenti di dottorato in topologia algebrica, tra i suoi allievi e quelli di James. La cattedra di Waynflete Professor, rimasta vacante, venne subito occupata da Graham Higman, che era stato un allievo di Whitehead ma i cui interessi si erano nel frattempo spostati dalla topologia alla teoria dei gruppi. Uno dei candidati sconfitti era il matematico trentaduenne di Cambridge Michael F. Atiyah, a cui fu però offerto come «consolazione» un posto da lettore (che egli accettò anche per essere alleggerito dall'incarico di insegnante a Cambridge). Di lí a due anni Titchmarsh morí e Atiyah diventò Savilian Professor di geometria, restituendo alla cattedra la sua vocazione originaria.

Atiyah aveva avuto fino a quel momento una formazione di geometria algebrica: aveva studiato a Cambridge con William V. D. Hodge, che lo aveva spinto a lavorare sui fibrati vettoriali e sulle classi caratteristiche, ma anche ad apprendere tutte le nuove prospettive teoriche e tecniche che stavano emergendo negli anni del dopoguerra: si trattava dei lavori di Serre, Kodaira e Spencer sulla coomologia dei fasci, di quelli di Chern, Allendoerfer e Weyl sulle classi caratteristiche e sulla curvatura, e dei precedenti studi dello stesso Hodge sugli integrali armonici, resi nel frattempo piú rigorosi dai metodi analitici di Weyl e Kodaira. Atiyah aveva trascorso un periodo anche all'Institute for Advanced Study di Princeton, dove aveva conosciuto Raoul Bott, Fritz Hirzebruch e Isadore M. Singer, Jean-Pierre Serre e Armand Borel. Fino al 1959 la maggior parte dei suoi lavori erano stati di geometria algebrica, ma negli anni successivi si fecero piú prossimi alla topologia. La topologia in quel periodo era dappertutto, attraversava un momento di grande sviluppo e, sebbene lui stesso non si considerasse un topologo, «semplicemente la utilizzò» [Atiyah 2005].

L'attenzione di Atiyah si spostò dalla geometria algebrica alla topologia in seguito al lavoro di Hirzebruch, che aveva legato il teorema di Riemann-Roch agli invarianti topologici di Chern, e stava producendo, attraverso la teoria del cobordismo di René Thom, combinazioni di numeri caratteristici per varietà differenziabili, e non soltanto varietà proiettive, che risultavano essere interi. Il teorema della periodicità di Bott, i problemi di topologia posti da James e il lavoro di Alexander Grothendieck sul teorema generale di Riemann-Roch concorsero alla nascita della «K-teoria»:

> Mi accorsi che mescolando assieme tutte queste cose si arrivava a conseguenze topologiche interessanti e proprio per questo, in seguito, pensammo che sarebbe stato utile introdurre il concetto di K-gruppo topologico come strumento formale con cui esprimerle [Atiyah 2005].

Si trattava di un'impostazione innovativa, che traeva ispirazione dalle tematiche generali di Grothendieck, ma che introduceva molti aspetti nuovi, in particolare i gruppi dispari, che non compaiono nella geometria algebrica.

Già prima di arrivare a Oxford Atiyah, con la sua formazione topologica, aveva tenuto alcuni seminari che avevano suscitato grande interesse in Whitehead e James, e quindi si presentò in quell'università essenzialmente come topologo. Fino al 1963 Atiyah dirigeva il lavoro di nove studenti di dottorato, la maggior parte dei quali erano considerati topologi algebrici, sebbene uno di loro – il matematico australiano Graeme B. Segal, che Hodge aveva mandato lí da Cambridge – venisse definito un geometra differenziale. Proprio quest'ultimo ha descritto cosí l'atmosfera che si respirava in quel periodo attorno ad Atiyah:

> Atiyah infondeva la sua esuberante energia in ognuno di noi. Ricordo come mi sentissi ispirato dopo ogni incontro, anche se tutti noi studenti eravamo soliti nasconderci da lui perché, se ci avesse sorpreso nel corridoio e avesse scoperto che non avevamo fatto sufficienti progressi con i suoi suggerimenti del giorno prima, ci avrebbe inondato con un profluvio di nuove proposte da mettere alla prova. Allo

stesso tempo ci lasciava sempre la sensazione che avremmo potuto fare qualcosa di utile e, per quanto sbagliate fossero le idee che tiravamo fuori, non ci umiliava mai, ma faceva in modo che le nostre difficoltà ci sembrassero dei passi nella direzione giusta [Segal 2003].

3. *Il teorema dell'indice.*

Il lavoro piú importante svolto da Atiyah dopo il suo arrivo a Oxford fu la formulazione e la dimostrazione insieme a Singer, che allora si trovava al MIT, del teorema dell'indice. Risultato che gli valse la medaglia Fields nel 1966, e per cui è stato riconosciuto ad entrambi il premio Abel 2004. In un certo senso questo teorema discende naturalmente dal suo lavoro sulla K-teoria:

> C'è stato una sorta di percorso a zig-zag avanti e indietro, durante il quale versioni differenti della dimostrazione del teorema dell'indice e pezzi della K-teoria risultavano vicendevolmente utili, fino a quando alla fine del percorso le due teorie non sono state fuse al punto che non riuscivo a capire se mi stessi muovendo dall'una all'altra o viceversa [Atiyah 2005].

Non erano soltanto la topologia e l'analisi a venire legate dal teorema, ma alla fine anche la geometria algebrica, la teoria dei numeri, la geometria differenziale e la fisica teorica!

Un operatore lineare su uno spazio di Hilbert è chiamato di Fredholm se ha il nucleo e il conucleo di dimensione finita. La differenza tra queste dimensioni è chiamata «indice dell'operatore», e nonostante le singole dimensioni possano variare all'interno di una famiglia continua, la differenza non cambia e quindi è un invariante topologico. Il problema di calcolarlo fu posto dalla scuola matematica di I. M. Gel′fand, anche se Atiyah all'inizio non ne era a conoscenza. I russi effettuarono i calcoli in alcuni esempi semplici in funzione del grado topologico di una certa mappa.

Per Atiyah, al contrario, il problema si pose dopo il suo soggiorno a Bonn, dove si era recato a incontrare Hirzebruch, il quale aveva dimostrato come alcune combinazioni di numeri caratteristici fossero necessariamente numeri interi; questi provenivano in origine dalla geometria algebrica dove, con l'aiuto del suo talento per il calcolo, Hirzebruch li aveva interpretati come somme alternate delle dimensioni di certi gruppi di coomologia dei fasci. Tali numeri, tuttavia, risultavano interi anche per varietà quasi complesse – la versione puramente topologica della geometria algebrica in cui la coomologia dei fasci non aveva senso. Non solo: risultati simili si avevano anche nell'ambito delle varietà differenziabili. In particolare Hirzebruch aveva dimostrato che per una varietà la cui seconda classe di Stiefel-Whitney $w_2(X)$ si annulli, la particolare combinazione di classi caratteristiche chiamata «genere $\hat{A}$» è un intero. A quell'epoca, sebbene la K-teoria fornisse il linguaggio naturale per esprimere sottili teoremi di questo tipo, non esisteva nessuna autentica spiegazione del perché fossero veri. Come commentò Atiyah: «Avevamo la risposta, ma non sapevamo quale fosse il problema» [Atiyah 2005].

Quando arrivò a Oxford, nonostante la cattedra prestigiosa, Atiyah non aveva a disposizione molti fondi per invitare altri ricercatori: le poche sterline necessarie per far venire Serre dall'altra parte della Manica gli furono concesse a malincuore. Ma nel gennaio del 1962, durante il primo anno accademico di Atiyah a Oxford, Singer programmò un suo soggiorno lí. Motivi familiari lo costrinsero a cambiare il programma del suo anno sabbatico ma, ricordando la loro amicizia dai tempi di Princeton nel 1955, chiamò Atiyah chiedendogli se sarebbe potuto andare a proprie spese. Naturalmente fu il benvenuto:

> [...] quando ero da due giorni all'Istituto di Matematica salisti all'ufficio al quarto piano dove mi stavo scaldando con la stufa elettrica. Dopo le consuete formalità, mi chiedesti: «Perché il genere $\hat{A}$ è un intero per le varietà di spin?»
> «Cosa succede, Michael? Tu conosci la risposta molto meglio di me».
> «Esiste una ragione piú profonda», replicasti [Singer 2003].

Entro il mese di marzo trovarono un candidato per quella che doveva essere la risposta: l'indice dell'operatore di Dirac. Si trattava di un operatore ellittico definito soltanto per varietà che soddisfacevano la condizione di spin $w_2(X) = 0$ e perciò rientravano nel teorema di Hirzebruch. In qualche modo essi avevano riscoperto l'operatore, dato che i fisici ne erano già a conoscenza, e infatti Atiyah, quando era studente a Cambridge, aveva seguito, anche se non molto assiduamente, le lezioni di Paul Dirac. In ogni caso c'era una grande differenza tra la segnatura euclidea della geometria riemanniana e la segnatura lorentziana della relatività. Oggi i fisici hanno preso l'abitudine di lavorare anche nell'ambito riemanniano, ma non era cosí negli anni Cinquanta.

L'esempio piú semplice del teorema dell'indice è il teorema di Gauss-Bonnet, che esprime la caratteristica di Eulero di una varietà compatta come l'integrale in termini della curvatura che realizza la classe di Eulero del fibrato tangente (cioè, una classe caratteristica topologica). In questo caso l'operatore di Fredholm è $d + d^*$, dove d è l'usuale differenziale esterno e d^* il suo aggiunto, e lo si considera come un'applicazione che manda le forme di grado pari in quelle di grado dispari. Il nucleo è costituito dalle forme armoniche di grado pari e il conucleo, che è il nucleo del suo aggiunto, è costituito dalle forme armoniche di grado dispari. Usando il teorema di Hodge, l'indice è la somma dei numeri di Betti pari meno la somma di quelli dispari, che è la caratteristica di Eulero. Dato che $d + d^*$ è un operatore non limitato, è necessario ricorrere a un bel po' di analisi anche soltanto per riformulare rigorosamente il teorema come problema di indice.

Un altro esempio è il teorema della segnatura. Invece di scomporre le forme differenziali in forme di grado pari e di grado dispari, quando la dimensione delle varietà è $4k$ c'è un modo diverso di farlo usando l'operatore star di Hodge associato a una metrica riemanniana. Lo stesso operatore $d + d^*$ ora manda le forme di grado da 0 a $2k$ in quelle di grado da $2k + 1$ a $4k$ e il suo indice è la segnatura della varietà: in dimensione $4k$ la forma di intersezione definita sul gruppo di coomologia intermedio è simmetrica e l'indice è proprio la segnatura di questa forma. Hirzebruch [1953] aveva espresso questo invariante come una particolare combinazione dei numeri di Pontrjagin.

Singer mise in campo la sua esperienza di analista insieme alle sue conoscenze di geometria differenziale, ma un aiuto prezioso venne anche da Stephen Smale, che passò da Oxford durante il suo viaggio di ritorno da Mosca. Egli parlò ai due del lavoro di Gel′fand sugli indici degli operatori, e in seguito a ciò Atiyah e Singer furono in grado di consultare i lavori di analisi di M. S. Agranovič, A. S. Dynin e R. Seeley e di fare affidamento su amici come L. Nirenberg e L. Hörmander. Come in seguito ammise Atiyah:

> Feci qualche tentativo per [...] leggere un po' di libri seri. Erano i primi libri che cercavo di leggere da quando ero studente. Quando non sei piú studente, di solito smetti di leggere manuali: quel che ti serve, lo impari lí per lí [Atiyah 2005].

Il vantaggio che Atiyah e Singer avevano sui russi era costituito dal fatto che si erano concentrati su un particolare operatore, l'operatore di Dirac, e che sapevano quale dovesse essere il risultato; inoltre conoscevano la risposta nel caso di operatori analoghi, come l'operatore di segnatura o gli operatori di Dolbeault sulle varietà complesse. Il teorema dell'indice in questi due casi avrebbe dato nuove dimostrazioni rispettivamente del teorema della segnatura di Hirzebruch e del teorema di Riemann-Roch. Fatto forse ancora piú importante fu che essi avevano inquadrato il problema nel contesto della K-teoria, proprio dove risiedeva in realtà il collegamento: l'indice di un operatore ellittico, infatti, dipende soltanto dal suo termine di ordine piú elevato, il simbolo principale, e questo definisce immediatamente una classe di K-teoria.

Atiyah e Singer discussero intensamente questo problema a Oxford, passeggiando insieme negli University Parks o lungo il Tamigi fino al Trout Inn. Una dimostrazione fu alla fine completata nell'autunno dello stesso anno, mentre Atiyah soggiornava a Harvard, e i risultati furono presentati in un ciclo di conferenze da Bott e Singer; successivamente venne spiegata nei dettagli in un seminario a Princeton [Palais 1965]. La dimostrazione si basava su quella del teorema della segnatura di Hirzebruch del 1953: sia la segnatura sia il numero caratteristico cui si suppone sia uguale sono gli stessi per due varietà orientate che costituiscono il bordo di una terza varietà – due varietà di questo tipo si dicono cobordanti. In questo modo la dimostrazione del teorema può essere ricondotta alla valutazione di casi particolari che generano le classi di cobordismo. Per quanto riguarda il problema dell'indice, poi, bisognava descrivere la sua dipendenza dal cobordismo, cosa che richiedeva un'estensione di tecniche per problemi ellittici con dati al contorno al caso di operatori integrali singolari.

La dimostrazione comunque non era ideale: «La prima dimostrazione non andava bene, perché, oltre a essere [...] concettualmente poco elegante, dato che si limitava a una verifica, non comprendeva alcune generalizzazioni che avevamo in mente» [Atiyah 2005]. Queste includevano il caso equivariante, in cui un gruppo agisce sulla varietà, e il caso di operatori reali invece che complessi. In queste situazioni l'operatore non è semplicemente un intero: assume valori nell'anello delle rappresentazioni del gruppo nel primo caso ed è una classe di interi modulo 2 nel secondo caso. Nella prima dimostrazione non era stato considerato il caso di famiglie di operatori ellittici, in cui l'indice è un elemento nella K-teoria dello spazio che parametrizza la famiglia.

Cosí nei cinque anni successivi, Atiyah e Singer elaborarono nuove dimostrazioni, questa volta basate sulla dimostrazione di Grothendieck del teorema di Riemann-Roch, usando sia immersioni che proiezioni. In una serie di articoli sugli «Annals of Mathematics» si occuparono di tutte le altre ramificazioni, inclusi i teoremi di punto fisso, studiando numerose applicazioni. Il loro lavoro non mancò di avere riscontri in ambito puramente topologico: era infatti evidente che la K-teoria di uno spazio X coincideva con l'insieme delle classi di omotopia delle applicazioni da X allo spazio degli operatori di Fredholm. In un passaggio successivo i due autori arrivarono al teorema di periodicità di Bott per i gruppi di omotopia dei gruppi classici, senza rendersi conto di averlo usato, trovando cosí una dimostrazione elementare di questo risultato. La formula di punto fisso forní allora una dimostrazione della formula dei caratteri di Weyl per le rappresentazioni di un gruppo di Lie compatto. Focalizzando la loro attenzione inizialmente su quel singolo problema legato all'operatore di Dirac, Atiyah e Singer avevano aperto di fatto la strada a una teoria posta all'incrocio di un gran numero di discipline diverse. L'operatore di Dirac, infatti, non solo è fondamentale per il teorema dell'indice, ma opportunamente accoppiato a fibrati vettoriali di vario tipo produce tutti i possibili indici.

La motivazione del premio Abel è chiara a questo proposito:

> Atiyah e Singer ricevono il premio per aver scoperto e dimostrato il teorema dell'indice, che unisce insieme topologia, geometria e analisi, e per aver svolto un ruolo di primo piano nel realizzare nuovi collegamenti tra la matematica e la fisica teorica. [...] Il teorema dell'indice, dimostrato nei primi anni Sessanta, è uno dei piú importanti risultati matematici del XX secolo. Ha avuto un enorme impatto sui successivi sviluppi della topologia, della geometria differenziale e della fisica teorica. Questo teorema ci permette inoltre di intravedere l'intrinseca bellezza della matematica in quanto stabilisce un nesso profondo tra discipline che appaiono fra loro completamente separate. Sir Michael Atiyah e Isadore Singer hanno saputo mostrarci la matematica al livello piú alto e sono quindi degni vincitori del premio Abel.

Nel 1968 cominciarono ad essere pubblicati i cinque articoli sugli «Annals», anche se nel 1969 Atiyah lasciò Oxford per Princeton, dove diventò membro effettivo dell'Institute for Advanced Study. Ma vi ritornò nel 1973, quando ottenne una Royal Society Research Professorship che lo affrancava da qualsiasi obbligo amministrativo. Quello stesso anno a Oxford venne occupata un'altra cattedra: Roger Penrose divenne Rouse Ball Professor di matematica.

4. *Roger Penrose.*

Roger Penrose, nato l'8 agosto 1931, aveva studiato allo University College di Londra, e fu studente di dottorato a Cambridge negli stessi anni di Atiyah. Per un anno ebbero lo stesso *supervisor*, William Hodge, ma in seguito Penrose cominciò a lavorare con John A. Todd, direttore di Atiyah per gli studi di primo livello. Quindi, mentre Atiyah studiava le forme armoniche e la geometria differenziale, il lavoro di Penrose era orientato verso la teoria classica degli invarianti. Inventò un metodo diagrammatico per controllare gli indici nei calcoli tensoriali, una notazione non troppo dissimile dai diagrammi di Feynman. In effetti, questa tendenza ad analizzare la matematica mediante immagini è rimasta una caratteristica costante del suo lavoro: alcune illustrazioni per il suo ultimo libro sono state addirittura esposte alla Royal Academy Summer Exhibition nel 2004.

Nonostante la geometria fosse formalmente il suo argomento di studio (e continuò a esserlo, tanto che nel 1960 scrisse con Whitehead ed E. C. Zeeman un articolo sull'immersione di varietà nello spazio euclideo), sotto la guida di Dennis Sciama a Cambridge si dedicò con sempre maggiore interesse alla fisica. Quando arrivò a Oxford, Penrose aveva già legato il suo nome, insieme a quello di Stephen W. Hawking, ai teoremi di singolarità nella teoria della relatività: nel 1965, usando metodi topologici, trovò le condizioni – che chiamò esistenza di una superficie intrappolata – che dimostravano come in un collasso gravitazionale debba presentarsi una singolarità. Ma egli stava anche sviluppando un approccio alle equazioni della fisica matematica che pochi compresero e che chiamò «teoria dei *twistors*».

Invitato a tenere una conferenza all'Università di Princeton, appena prima che lui e Atiyah andassero a Oxford, parlò con il suo vecchio compagno di corso, minimizzando gli aspetti topologici dei teoremi di singolarità: sembrava che i due avrebbero avuto poco in comune a Oxford. Ma Freeman Dyson aveva sentito parlare dei *twistors* e a Princeton disse a Atiyah: «i *twistors* sono un mistero [...] ma forse tu riuscirai a capirli» [Atiyah 1998].

A Oxford sia Atiyah che Penrose rapidamente si crearono attorno una cerchia di studenti di dottorato – cosa che Atiyah non aveva fatto a Princeton – e continuarono le loro ricerche su temi apparentemente diversi; abbastanza presto, comunque, cominciarono a discutere di *twistors*. Entrambi erano a conoscenza dai loro studi a Cambridge della corrispondenza di Klein tra rette in uno spazio proiettivo tridimensionale e punti di una quadrica di dimensione 4, ma l'uso di Penrose di complicati integrali di contorno nel piano complesso per ottenere soluzioni per equazioni di campo con massa a riposo nulla era un'assoluta novità per Atiyah. Penrose gli spiegò pazientemente le regole attraverso cui è possibile cambiare l'integrando o la curva:

> Abbastanza presto mi fu chiaro che Roger stava essenzialmente lottando con la coomologia dei fasci, ma senza accorgersene. Appena ciò gli venne fatto notare, Roger e i suoi studenti si resero protagonisti di una fervida conversione. Dopo alcuni seminari privati nel mio studio spiccarono il volo: in breve tempo il gruppo di Roger divenne esperto di coomologia dei fasci piú di quanto io non lo fossi mai stato [Atiyah 1998].

Il nuovo punto di vista di Penrose era alimentato dal desiderio di includere fin dall'inizio i numeri complessi nella teoria. Le ragioni erano molte: una era che la teoria quantistica richiede l'uso dei numeri complessi; una seconda era l'osservazione che la «sfera celeste» è in effetti un oggetto complesso. Questa affermazione dipende non soltanto dal fatto ovvio che questa coincide con la sfera di Riemann – il piano dei numeri complessi con l'aggiunta di un punto all'infinito – ma dal fatto ben piú importante che le descrizioni che due diversi osservatori relativistici danno della sfera celeste sono legate tra loro da una trasformazione olomorfa, ovvero da una trasformazione di Möbius complessa. Penrose sperava inoltre che attraverso la sostituzione dei punti dello spaziotempo con qualcosa di piú fondamentale sarebbe stato possibile accedere alla non-località.

Per descrivere la teoria dei *twistors* si considera uno spazio vettoriale complesso T di dimensione 4 con una forma hermitiana di segnatura (2,2). I vettori di T sono i *twistors*; i sottospazi bidimensionali di T, o equivalentemente le rette dello spazio proiettivo tridimensionale $\mathbb{P}(T)$, sono parametrizzate, secondo la teoria classica, dai punti di una quadrica di dimensione 4. Il gruppo unitario $SU(2,2)$ della forma hermitiana agisce sulla quadrica come il gruppo $SO(4,2)$, che è il gruppo conforme dello spazio di Minkowski. In effetti l'equazione della quadrica ha coefficienti reali, e l'insieme dei punti reali può essere identificato con una compattificazione conforme dello spazio di Minkowski.

Quello che si ottiene è che i punti dello spaziotempo sono descritti come rette proiettive complesse di uno spazio proiettivo complesso tridimensionale, e il miracolo della teoria dei *twistors* è che gli oggetti e le costruzioni che normalmente si studiano in geometria algebrica si trasformano in alcune ben note equazioni della fisica matematica. È qui che entrano in gioco i gruppi di coomologia dei fasci: la forma hermitiana divide $\mathbb{P}(T)$ in due parti,

$\mathbb{P}(T)^{\pm}$, e un elemento del gruppo di coomologia $H^1(\mathbb{P}(T)^+, O(-n))$ definisce una soluzione per un'equazione di campo di spin $(n-2)/2$. I casi $n = 3$ ed $n = 1$ danno le equazioni di Dirac con le due chiralità possibili – la cui versione riemanniana fu cosí fondamentale nel lavoro di Atiyah sul teorema dell'indice; il caso $n = 2$ fornisce l'equazione delle onde.

Il caso piú semplice è la soluzione statica dell'equazione delle onde: una funzione armonica in tre dimensioni. In questo caso l'integrale di contorno di Penrose coinvolge una funzione olomorfa $f(w, z)$ di due variabili con $z \neq 0$. Questa può essere modificata sommando una funzione olomorfa di w e z, o z^{-2} moltiplicata per una funzione olomorfa di w e z^{-1}. Questo processo è in sostanza la definizione di Čech di un gruppo di coomologia dei fasci. Per ottenere il valore della corrispondente funzione armonica ϕ, l'integrale curvilineo è:

$$\phi(x_1, x_2, x_3) = \int_C f\big((x_1 + ix_2)z^2 + 2x_3 z - (x_1 - ix_2), z\big)\, dz.$$

Questa formula era già stata trovata da E. T. Whittaker nel 1903 e l'equivalente equazione delle onde un anno dopo da H. Bateman, ma la nuova prospettiva generale permetteva di ottenere strumenti per risolvere equazioni molto piú difficili di queste.

Quest'uso dell'analisi complessa era molto affascinante per Penrose:

> Sono fermamente convinto che i numeri complessi e le strutture analitiche complesse siano fondamentali per comprendere il modo in cui si comporta il mondo fisico. Penso che questa convinzione sia dovuta in parte alla mia formazione matematica. Quando per la prima volta studiai l'analisi complessa all'università, a Londra, rimasi completamente sconvolto – mi sembrava un argomento davvero incredibile [García Prada 2000].

Il fatto che gli studenti di Penrose fossero in grado di assorbire le tecniche dell'algebra omologica – successioni esatte di coomologia, successioni spettrali, ecc. – aperte dall'interpretazione in termini di coomologia dei fasci degli integrali della teoria dei *twistors*, era dovuto alla forte coesione del gruppo che si occupava della teoria dei *twistors*. In molti erano studenti di dottorato, ma condividevano un'etica comune: ogni venerdí venivano organizzati incontri che duravano tutta la giornata; all'interno del gruppo circolava in forma manoscritta la «Twistor Newsletter», e c'era una «biblioteca dei problemi» da cui gli studenti potevano prendere un problema da risolvere in due settimane per poi restituirlo se non erano riusciti a trovare la soluzione nel tempo assegnato. In questo modo le nuove idee si diffondevano molto rapidamente all'interno del gruppo.

Nonostante il successo con gli integrali curvilinei, le speranze di Penrose per la teoria dei *twistors* riguardavano piú che altro la teoria della relatività generale e le equazioni di Einstein: intorno al 1975 aveva parzialmente realizzato, con l'aiuto di Atiyah, il suo scopo. La sua idea era quella di prendere un insieme aperto nello spazio proiettivo tridimensionale standard $\mathbb{P}(T)$ e deformarlo come una varietà complessa, conservando le rette proiettive. Dato che le proprietà di intersezione delle rette nello spazio proiettivo determinavano la struttura conforme dello spazio di Minkowski, si sarebbe dovuta ottenere una struttura conforme deformata. L'ingrediente matematico chiave era la tesi che la deformazione conservasse le rette proiettive, e per questo Atiyah gli indicò gli articoli di Kodaira dei primi anni Sessanta che davano le condizioni in termini di teoria dei fasci perché ciò si verificasse. In un articolo Penrose [1976] ottiene in questo modo una costruzione delle soluzioni complessificate delle equazioni di Einstein nel vuoto.

In merito all'obiettivo finale c'era un inghippo. Le metriche hanno un tensore di Weyl autoduale, ma nello spaziotempo di Lorentz le due metà del tensore di Weyl sono complesse coniugate, quindi l'autodualità implica la piattezza: soltanto lo spazio di Minkowski ha queste caratteristiche, e le applicazioni relativistiche andavano perse. Anche se, attraverso il punto di vista dell'H-spazio di E. T. Newmann sugli spazitempo asintotici, si poteva recuperare un possibile uso di tutto ciò nella relatività generale, il «gravitone non lineare» di Penrose sembrava per molti versi una costruzione puramente matematica senza nessuna applicazione. Era in ogni caso una soluzione di equazioni differenziali altamente non lineari ottenuta con metodi geometrici, molti dei quali forniti dalla teoria dei *twistors*.

5. *Gli istantoni.*

Intorno al 1976 non c'era soltanto il lavoro di Penrose a indurre Atiyah a considerare con sempre maggiore attenzione il lavoro dei fisici. Da Singer aveva appreso che il loro lavoro sul teorema dell'indice per l'operatore di Dirac era intimamente legato a problemi sulle anomalie nelle teorie quantistiche dei campi. C'era stato infatti uno sviluppo parallelo: alcuni fisici teorici che si trovavano dall'altra parte del corridoio rispetto all'ufficio di Singer al MIT avevano in sostanza riottenuto il teorema dell'indice, ma procedendo nella direzione opposta rispetto ai matematici. Atiyah e Singer avevano cominciato con un indice intero e lavorato usando differenti approcci analitici, la dimostrazione col cobordismo, la dimostrazione col teorema di Riemann-Roch e quindi agli inizi degli anni Settanta la dimostrazione con l'equazione del calore (per trattare problemi con condizioni al contorno non locali): i fisici fecero il percorso all'inverso. Alla fine del 1976, Singer era consapevole dell'interesse dei fisici per le equazioni di Yang-Mills e in particolare per le soluzioni di azione finita su $\mathbb{R}^4$, chiamate «istantoni» di Yang-Mills. Si trattava di equazioni per connessioni su fibrati vettoriali, oggetti che gli studiosi di geometria differenziale conoscevano da anni, ma non queste equazioni né la nozione di equivalenza di gauge. All'inizio del 1977, Singer soggiornò nuovamente a Oxford per diversi mesi, e cominciò a tenere seminari settimanali sulla teoria di Yang-Mills: il problema di base, gli esempi di Gerardus 't Hooft e Roman Jackiw, il gruppo delle trasformazioni di gauge, l'invarianza conforme e il problema riformulato sulla sfera quadridimensionale.

Nello stesso periodo Richard Ward, uno studente di Penrose originario del Sud Africa, si occupava delle stesse equazioni dal punto di vista della teoria dei *twistors*. Doveva tenere un seminario sul suo lavoro, e Penrose suggerí ad Atiyah che avrebbe potuto trovare l'argomento interessante; cosí,

> all'ultimo momento decisi di andare. Si sa, si frequentano tanti seminari: credo che il novanta per cento delle volte si porti a casa qualcosa e che qualche volta siano un po' noiosi, ma ogni tanto succede qualcosa di veramente interessante... Ero davvero elettrizzato da quanto avevo ascoltato e volevo capirlo nel mio linguaggio, per questo andai via e trascorsi un intero fine settimana cercando di seguire il filo di tutte le possibili implicazioni [...] alla fine vidi come si sarebbe potuto usarlo per trovare le soluzioni globali nella sfera quadridimensionale [Atiyah 2000].

L'interpretazione di Ward delle equazioni autoduali di Yang-Mills era che le soluzioni complesse corrispondessero a fibrati vettoriali olomorfi su uno spazio proiettivo twistoriale. L'entusiasmo di Atiyah aveva diverse ragioni: una era che il suo primo articolo riguardava proprio i fibrati olomorfi e che il suo studente Rolph Schwarzenberger aveva scritto la tesi su questi fibrati su uno spazio proiettivo. Era anche consapevole, però, che Geoffrey Horrocks a Newcastle e Wolf Barth a Erlangen stavano lavorando proprio in questo campo, ottenendo notevoli risultati. Un altro legame riguardava la discussione che Atiyah aveva avuto qualche tempo prima con alcuni studenti di Penrose su cosa sarebbe potuta diventare la teoria dei *twistors* sostituendo lo spazio di Minkowski con quello euclideo, la cui compattificazione conforme è appunto la sfera quadridimensionale. L'idea di Atiyah era molto semplice: si trattava di considerare lo spazio vettoriale complesso quadridimensionale T come uno spazio vettoriale bidimensionale sui quaternioni. Un sottospazio complesso unidimensionale ne genera quindi uno quaternionico unidimensionale, e dunque esiste una proiezione da $\mathbb{P}(T)$ sulla retta proiettiva quaternionica, che è la sfera quadridimensionale.

Questi fatti si adattavano molto bene al problema degli istantoni, dato che la connessione di Yang-Mills si estende alla sfera a causa dell'invarianza conforme delle equazioni, e definisce direttamente una struttura olomorfa sul suo pull-back allo spazio proiettivo; viceversa, attraverso il teorema di Ward questa restituisce la connessione. La condizione che la connessione abbia azione finita si traduce molto limpidamente nell'esistenza di un fibrato olomorfo globale sullo spazio proiettivo. Insieme a Ward, Atiyah usò una certa costruzione di Serre per i fibrati per ottenere soluzioni delle equazioni, ma non era ancora chiaro quanto fossero generali questi esempi.

I seminari settimanali di Singer accoglievano questi nuovi punti di vista – tra i quali anche uno elaborato da me a proposito delle deformazioni infinitesimali delle equazioni degli istantoni. Quest'ultimo era una semplice applicazione del teorema dell'indice abbinato a un teorema di geometria differenziale relativo a condizioni di annullamento dipendenti dalla curvatura scalare positiva della sfera. Se ne deduceva che la «dimensione attesa» dello spazio dei moduli per gli istantoni con carica topologica k era $8k - 3$. Singer fece allora osservare che un adattamento degli argomenti di Kuranishi per moduli di strutture complesse mostrava l'esistenza di un autentico spazio dei moduli, liscio e avente proprio questa dimensione; dimensione che era stata calcolata indipendentemente anche dal fisico russo A. S. Schwartz. Dato che questa dimensione era piú grande di quella delle costruzioni di geometria algebrica al momento disponibili, ci doveva evidentemente essere un altro modo per ottenere tutti gli istantoni.

I geometri algebrici avevano già trovato questo modo, usando un linguaggio differente, dato che l'estate precedente Horrocks aveva mostrato come costruire certi fasci olomorfi su spazi proiettivi usando l'algebra lineare, e Barth aveva usato queste tecniche per provare che se E era un qualunque fascio olomorfo di rango 2 con prima classe di Chern nulla sullo spazio proiettivo tridimensionale, che soddisfaceva una certa condizione coomologica, allora lo si poteva costruire usando le tecniche di Horrocks. La condizione era l'annullarsi del gruppo di coomologia $H^1(\mathbb{P}^3, E(2))$. Per il fibrato olomorfo proveniente da un istantone questo spazio può essere considerato, attraverso una reinterpretazione degli integrali di contorno di Penrose, come lo spazio delle soluzioni di una certa equazione ellittica sulla sfera, e di nuovo la positività della curvatura della sfera permette di concludere che si annulla. Quindi, usando il risultato di Barth, ogni soluzione delle equazioni di Yang-Mills autoduali su una sfera può essere espressa da dati algebrici lineari.

Questi pezzi del puzzle vennero alla fine messi insieme da Atiyah e da me prima di andare a pranzo al St. Catherine's College il 22 novembre 1977. Tornati all'istituto di matematica trovammo una lettera di Yuri I. Manin che forniva in sostanza la stessa costruzione, elaborata insieme a Vladimir G. Drinfel'd. Fu pubblicato cosí un articolo congiunto [Atiyah et al. 1978], e il metodo divenne noto come la costruzione ADHM degli istantoni.

Questa interazione tra matematica e fisica era un evento molto significativo, in particolar modo per Atiyah:

> In quel periodo tenevo conferenze in tutto il mondo sulla geometria delle teorie di gauge. Credo si possa affermare che quegli articoli avevano acceso un forte interesse per le ricerche alla frontiera tra matematica e fisica. È noto che Polyakov descrisse la costruzione ADHM come il primo caso in cui la matematica moderna astratta è risultata di qualche utilità! [Atiyah 1988].

Con il passare del tempo molti concetti in matematica diventano ovvi. Oggi la costruzione ADHM può essere vista, nel formalismo delle applicazioni momento hyperkähleriane, come una sorta di trasformata di Fourier delle originarie equazioni di Yang-Mills, e si inquadra in molte di queste costruzioni. Ecco il punto di vista di un fisico: «L'arcana costruzione ADHM degli istantoni di Yang-Mills può essere compresa molto naturalmente nell'ambito della dinamica delle D-brane nella teoria delle stringhe» [Dorey et al. 2000]. Oppure, come ha scritto Edward Witten [2003]: «Aver imparato la costruzione ADHM mi è servito molte volte – specialmente nel 1995, quando mi aiutò a capire il problema dei piccoli istantoni, e il comportamento delle brane di dimensione 5 di tipo I».

Atiyah incontrò Witten, allora giovane studente a Harvard, nella primavera del 1977 e da allora le sue interazioni con la fisica sono state quasi sempre alimentate dalle conversazioni con lui.

6. *Simon Donaldson.*

Nell'ottobre del 1980, dopo essere stato presentato come «il miglior studente degli ultimi dieci anni», Simon Donaldson cominciò la sua vita di matematico a Oxford: sei anni piú tardi avrebbe vinto la medaglia Fields.

Era nato il 20 agosto del 1957 e aveva conseguito la sua prima laurea al Pembroke College di Cambrige. Della sua esperienza a Oxford in quel periodo dirà:

> I primi anni Ottanta furono un'età dell'oro per la geometria a Oxford, o almeno cosí sembrava a me e a tutti coloro che in quel periodo ebbero la fortuna di far parte del gruppo guidato da Atiyah. Era un gruppo abbastanza grande, tra i docenti c'erano Graeme Segal, Nigel Hitchin, Brian Steer, Glenys Luke, George Wilson e (un po' piú tardi) Simon Salamon e Dan Quillen. Tra gli studenti di dottorato c'erano Frances Kirwan, Michael Murray, Michael Pennington, Jacques Hurtubise, John Roe (nel mio stesso periodo) e, un po' piú tardi, Yat-Sun Poon, Henrik Pedersen, Peter Kronheimer e Peter Braam, che avevano tutti interessi di ricerca collegati tra loro. C'erano anche molte interazioni con un gruppo ugualmente grande e attivo di fisici matematici che lavoravano con Roger Penrose. Per noi ricercatori le settimane (almeno durante il periodo di Oxford) ruotavano attorno al seminario di Atiyah «Geometria e Analisi», che si teneva ogni lunedí pomeriggio alle 15 [...] I piú memorabili di questi seminari sono stati quelli tenuti dallo stesso Atiyah, che erano sistematicamente la performance di un virtuoso [Donaldson 2003].

Dopo l' interesse suscitato dagli istantoni, la ricerca geometrica stava seguendo numerose direzioni differenti. L'anno 1977 vide anche un soggiorno a Oxford di Raoul Bott, nel suo viaggio di ritorno al Tata Institute di Bombay. Egli disse di stare lavorando sugli spazi dei moduli dei fibrati stabili su superfici di Riemann, un argomento che era stato sostanzialmente inventato al

Tata alcuni anni prima. Parlando con Atiyah, si chiedeva se la magica teoria di Yang-Mills avrebbe potuto contribuire in qualche modo alla soluzione di questo problema. Le soluzioni delle equazioni di Yang-Mills erano banali in dimensione 2 – connessioni piatte oppure connessioni a curvatura costante – ma ciò che volevano fare era ricavare le formule già note per la coomologia dello spazio dei moduli dei fibrati stabili in termini della teoria di Morse usando il funzionale di Yang-Mills. Un'osservazione chiave fu l'interpretazione dell'applicazione momento in dimensione infinita. Lo spazio di tutte le connessioni di un fibrato su una superficie chiusa ha una struttura formale di varietà simplettica, e l'azione del gruppo delle trasformazioni di gauge ne conserva la forma simplettica. L'associata applicazione momento è data dalla curvatura della connessione, e quindi lo spazio dei moduli delle connessioni piatte è formalmente il quoziente dell'insieme degli zeri dell'applicazione momento rispetto all'azione del gruppo – un quoziente simplettico, o spazio delle fasi ridotto, che eredita una forma simplettica.

Con la scelta di una struttura complessa sulla superficie, questo punto di vista diviene l'analogo in dimensione infinita dell'azione di un gruppo su una varietà proiettiva, e in quell'ambito era noto che la stabilità dei punti rispetto all'azione di un gruppo complesso era legata all'applicazione momento associata al suo sottogruppo compatto massimale. Il famoso teorema di Narasimhan e Seshadri del 1964, secondo il quale un fibrato olomorfo stabile su una superficie di Riemann ha una naturale connessione piatta, poteva dunque essere interpretato in modo molto naturale attraverso l'uso di applicazioni momento. Quindi Bott, Atiyah e alcuni suoi studenti, in particolare Frances Kirwan, si applicarono attivamente a vari problemi relativi ad applicazioni momento in dimensione finita e in dimensione infinita.

Per quanto mi riguardava, ero interessato piuttosto ad approfondire ulteriormente gli sviluppi della teoria dei *twistors* in segnatura riemanniana. Hawking e Gary W. Gibbons nel 1976 avevano fornito semplici costruzioni di soluzioni complete delle equazioni di Einstein in segnatura definita positiva, e queste risultarono essere autoduali, il che significava che potevano esservi applicati i metodi dei *twistors* di Penrose: la teoria della relatività generale non poteva beneficiare pienamente della teoria dei *twistors*, gli studiosi di geometria riemanniana invece sí. Gli spazi dei *twistors* delle metriche di Hawking erano semplici da costruire, e quel che sembrava delinearsi era una classe coerente di oggetti, con molti esempi a disposizione: bisognava studiare le varietà quadridimensionali con una struttura conforme autoduale e le connessioni autoduali. Si trattava di una sorta di analoghi quaternionici delle superfici di Riemann e dei fibrati olomorfi di rango 1. La possibilità di applicare la teoria dei *twistors* di Penrose a questa situazione significava che alla fine si stava facendo geometria analitica complessa, il che forniva un solido fondamento all'argomento, e rendeva disponibile un ampio arsenale di tecniche.

C'erano comunque indicazioni che puntavano in altre direzioni. Una era il risultato di Clifford Taubes [1982] sull'esistenza di connessioni autoduali su varietà non autoduali. L'impatto di ciò fu per certi versi confrontabile con quello dei teoremi di Hirzebruch che costituirono la motivazione del teorema generale dell'indice. Il teorema analitico di esistenza di Taubes fu pubblicato nel 1982, anche se versioni preliminari circolavano ben prima di quella data: egli mostrò che in una qualsiasi varietà quadridimensionale con forma di intersezione definita positiva si possono trovare $SU(2)$-connessioni autoduali. La sua costruzione dava soluzioni di carica topologica k la cui curvatura era concentrata attorno a k punti.

Un altro aspetto che indicava che gli spazi autoduali non fossero gli oggetti principali da prendere in considerazione era il ruolo di speciali connessioni su fibrati olomorfi su una varietà di Kähler. La scelta di una metrica hermitiana su un fibrato olomorfo definisce naturalmente una connessione, e si è interessati a quelle metriche per le quali la curvatura della connessione, che è una matrice di due forme, è ortogonale alla forma di Kähler; in dimensione complessa 2 questa condizione è equivalente alle equazioni di Yang-Mills anti-autoduali. Io congetturai, durante un Simposio Taniguchi nel 1979, che queste connessioni esistessero sui fibrati olomorfi stabili, congettura avanzata anche da altri, in particolare da Shoshichi Kobayashi. La congettura era suffragata dal teorema Narasimhan-Seshadri e da alcuni esempi concreti: il pull-back sullo spazio proiettivo delle connessioni istantoniche sulla sfera di dimensione 4. Sembrava quindi che gli spazi autoduali non dovessero essere l'unico ambito in cui studiare le equazioni di Yang-Mills.

Simon Donaldson divenne mio studente di dottorato nel 1980, e gli affidai il compito di provare a dimostrare la congettura sulla stabilità. Durante il primo anno esplorò vari approcci analitici, studiando i lavori di Eells e di Sampson sulle funzioni armoniche e quello di Yau sulla congettura di Calabi. Dopo aver osservato che esisteva una descrizione di queste equazioni in termini di applicazione momento si trasferí nel gruppo di Atiyah, e si inserí tra coloro che lavoravano sull'applicazione momento. Il suo primo successo fu una nuova dimostrazione, piú analitica ma piú elementare, del teorema di Narasimhan-Seshadri, che utilizzava il formalismo dell'applicazione momento; ma nell'autunno del 1981 ebbe un'idea radicalmente nuova, che riportò la sua attenzione al tema degli istantoni.

Come ricorda lo stesso Donaldson [1997]:

> Studiai nei dettagli l'articolo di Taubes tra il 1980 e il 1981: si adattava perfettamente a ciò che pensavo in merito al problema di Hitchin. Nello studio dell'equazione del calore non lineare la cosa essenziale era ottenere teoremi di compattezza analitica che permettevano di avere qualche tipo di limite. Questo fatto era strettamente legato alla comprensione della compattezza degli spazi di moduli di istantoni: la letteratura algebrico-geometrica aveva molti esempi di spazi di moduli di fibrati stabili, e si poteva osservare in questi esempi che gli spazi di moduli avevano compattificazioni

naturali in cui si aggiungono punti «all'infinito» determinati da configurazioni di punti nella superficie complessa soggiacente. Era quindi naturale supporre, assumendo l'ipotizzata relazione tra istantoni e fibrati olomorfi, che gli spazi di moduli di istantoni su una generica varietà quadridimensionale potessero essere compattificati aggiungendo configurazioni di punti.

Questa ipotesi traeva conferme nella costruzione di Taubes – i suoi istantoni erano vicini al bordo dello spazio dei moduli. L'esempio standard di spazio di moduli di istantoni era quello degli istantoni di carica 1 sulla sfera quadridimensionale. In questo caso, lo spazio di moduli di dimensione $8k - 3 = 5$ è un'orbita del gruppo conforme della sfera, $SO(5,1)$: è uno spazio iperbolico di dimensione 5 e il suo bordo è la sfera stessa. Inoltre si può vedere facilmente che la densità di energia degli istantoni converge a una funzione delta di Dirac in un punto quando ci si avvicina al bordo. Questo modello, dunque, si inquadrava perfettamente nelle idee di Donaldson: la varietà quadridimensionale è il bordo dello spazio di moduli. Nel caso in cui la forma intersezione di una varietà X sia definita positiva, il teorema dell'indice prevede che la dimensione dello spazio di moduli di carica 1 sia di nuovo 5, quindi sembrava che in questo caso il bordo dello spazio di moduli fosse la varietà quadridimensionale stessa. Ma Donaldson sapeva abbastanza di teoria del cobordismo per rendersi conto, per esempio, che il piano proiettivo complesso non era bordo di una varietà differenziabile e si accorse che erano le connessioni riducibili – aventi olonomia $U(1)$ e non l'intero $SU(2)$ – a fornire punti singolari all'interno dello spazio di moduli. Anche se la varietà stessa non costituiva il bordo dello spazio dei moduli, questo definiva un cobordismo tra la varietà e un'unione disgiunta di spazi proiettivi complessi.

La sua conclusione fu che quando la matrice di intersezione di X è definita positiva, allora essa si deve poter ridurre sugli interi alla forma diagonale standard. Come affermò lo stesso Donaldson [1997]:

> Il punto che mi piacerebbe mettere in evidenza è che la sequenza del ragionamento era in gran parte frutto di ingenuità, perché lo slancio iniziale era dato dal desiderio di testare l'ipotesi della compattificazione per spazi di moduli di istantoni. Inoltre non mi fu immediatamente chiaro che uso avrei dovuto farne: non sapevo neanche che esistessero forme quadratiche non standard!

In quel periodo Atiyah, suo *supervisor*, trascorse un periodo all'Institut des Hautes Études Scientifiques di Parigi, dove incontrò Michael Freedman, che aveva lavorato sulla teoria topologica delle varietà dimensionali. Cominciò a esporgli il lavoro di Donaldson:

> Gli chiesi: «Questo genere di risultato potrebbe essere di qualche interesse? Come potrebbe inquadrarsi in...»
>
> «Oh – disse – sarebbe spettacolare, assolutamente incredibile». Siccome Freedman aveva appena risolto la parte topologica del problema e si aspettava che con un

po' di lavoro ancora avrebbe risolto il caso differenziabile, sentirsi dire che era vero esattamente il contrario fu veramente per lui una specie di trauma [Atiyah 2000].

Freedman aveva mostrato che ogni forma quadratica unimodulare poteva essere la matrice di intersezione di una varietà topologica di dimensione 4. Fu insignito della medaglia Fields contemporaneamente a Donaldson nel 1986. In quel momento i loro risultati avevano dimostrato che $\mathbb{R}^4$ ammette un'infinità di strutture differenziabili diverse.

Dopo il notevole traguardo raggiunto con la sua tesi, Donaldson tornò alla congettura di stabilità e presto riuscí a dimostrarla per superfici di Kähler (risultato poi ottenuto in maggiore generalità da S.-T. Yau e K. Uhlenbeck). Aveva bisogno di questo risultato per le superfici algebriche, per cominciare a occuparsi di ulteriori applicazioni della sua teoria delle varietà quadridimensionali, dato che esistono modi concreti di costruire fibrati olomorfi stabili su alcune di esse, in particolare fibrazioni ellittiche. Queste fibrazioni erano anche la fonte di interessanti congetture: Kodaira aveva fornito nel 1970 esempi di superfici complesse che erano omotopicamente equivalenti, ma non banalmente diffeomorfe, a una superficie K3.

È a questo punto importante ricordare che in una famiglia continua di operatori ellittici le dimensioni dei nuclei non si mantengono in generale costanti. Per produrre uno spazio di moduli liscio, Donaldson aveva avuto bisogno di dimostrare che il nucleo di un particolare operatore è zero. Per la sfera questo si verifica per la positività della curvatura, e all'inizio del lavoro non era chiaro se la dimostrazione di Donaldson fosse valida per varietà generica oppure per una varietà con una metrica che soddisfaceva qualche condizione di curvatura. La stessa cosa era successa per le prime versioni del teorema di esistenza di Taubes. Per il suo teorema, Donaldson aggirò l'ostacolo deformando le equazioni di autodualità, sebbene in seguito si sia dimostrato che è possibile deformare la metrica. Il fenomeno del salto di dimensione dei nuclei fu sfruttato con successo per un ulteriore passo avanti. Assegnando una superficie nella varietà quadridimensionale, si può studiare l'operatore di Dirac della superficie accoppiato a una connessione autoduale. L'insieme delle connessioni per le quali la dimensione del nucleo «salta» determina un ciclo nello spazio di moduli e, nonostante quest'ultimo non sia compatto, si possono definire opportuni numeri di intersezione. Usando questi numeri furono definiti, nel 1988, i polinomi di Donaldson, che fornirono un inquadramento algebrico alla teoria e permisero in seguito di dimostrare importanti teoremi sulle varietà di dimensione 4.

Nel 1985, all'età di 28 anni, Donaldson prese la Wallis Chair di matematica a Oxford, e rapidamente formò un gran numero di studenti di dottorato, comportandosi con loro in modo non molto diverso da Penrose.

7. *Geometria e fisica.*

La storia degli istantoni contribuí a consolidare il legame tra la ricerca matematica che si faceva a Oxford e i nuovi sviluppi della fisica teorica in diverse parti del mondo. Il problema che piú naturalmente si pose subito dopo fu quello di studiare i monopoli magnetici nello spazio euclideo tridimensionale: si trattava di soluzioni statiche delle equazioni di Yang-Mills-Higgs, parenti degli istantoni. Ward, che in quel periodo si trovava al Trinity College di Dublino, aveva prodotto nel 1981 esempi interessanti usando funzioni ellittiche, ma chi scrive cominciò a sviluppare la teoria usando i *twistors*, il che portò allo studio di fibrati olomorfi di rango 1 su una curva algebrica. Il fisico Werner Nahm aveva ottenuto, per il caso in questione, una costruzione analoga a quella ADHM per gli istantoni, che produceva un sistema di equazioni differenziali ordinarie integrabili algebricamente allo stesso modo in cui sono integrabili le equazioni di Eulero per il corpo rigido, e portava di nuovo alla stessa curva. L'approccio di Nahm permise a Donaldson di dimostrare che lo spazio dei moduli degli $SU(2)$-monopoli di carica k aveva una descrizione molto piú concreta di quello degli istantoni: era lo spazio delle funzioni razionali $f(z) = p(z) / q(z)$ di grado k che mandano infinito in zero.

Allo stesso tempo la versione riemanniana della teoria dei *twistors* veniva estesa a dimensioni superiori e in particolare alla teoria delle varietà hyperkähleriane, strutture riemanniane basate sui quaternioni. La stessa geometria hyperkähleriana veniva usata dai fisici nel modello sigma supersimmetrico e per un certo periodo la teoria dei *twistors* e la supersimmetria procedettero parallelamente. Il risultato matematico della collaborazione tra i fisici M. Roček, U. Lindström, A. Karlhede e il sottoscritto fu la costruzione del quoziente hyperkähleriano. Ciò si inseriva bene nella filosofia dell'applicazione momento di Atiyah, e divenne chiaro che le equazioni di autodualità in $\mathbb{R}^4$ e le equazioni di monopolo in $\mathbb{R}^3$ potevano essere entrambe espresse come zeri di una mappa momento hyperkähleriana. Ciò significava che gli spazi di moduli (nel caso degli istantoni un fibrato di gruppo strutturale $SU(2)$ su uno spazio di dimensione $8k - 3$) avevano una struttura hyperkähleriana. Usando questo fatto e il calcolo della metrica nel caso di carica 2, Atiyah e io approfondimmo le proprietà di *scattering* di due monopoli.

Queste erano tutte interazioni tra geometria e fisica, ma si trattava veramente di fisica? Witten [2003] racconta di aver sentito Atiyah tenere una conferenza durante la sua prima visita a Oxford nel 1978:

> Ricordo che cominciò spiegando che la difficoltà nel lavorare su problemi posti dai fisici è che, una volta trovata la soluzione, ci si può sentir dire che il problema forse non era proprio quello giusto. Questa doveva essere almeno in parte una risposta alla mia insofferenza, in quel momento, per tutto ciò che non faceva luce sul comportamento quantistico delle teorie di gauge.

Un geometra di Oxford che si è dedicato a lungo alla teoria quantistica è Graeme Segal. Segal fu uno dei primi studenti di Atiyah, e in quel periodo lavorò sulla K-teoria equivariante, e poi su altre teorie coomologiche equivarianti generalizzate. Collaborò al secondo degli articoli degli «Annals» sul teorema dell'indice. Molto conosciuto come studioso di topologia algebrica, arrivò a Mosca all'inizio del 1970 per tenere alcune conferenze, e lí incontrò Sergej Novikov, che gli disse: «Quindi tu sei un topologo? Noi qui pensiamo che la topologia algebrica sia morta». Novikov aveva vinto la medaglia Fields nel 1970 soprattutto per i suoi lavori di topologia, ma in quel periodo era impegnato nello studio dei solitoni e dei sistemi integrabili.

Dopo quest'incontro ci fu un cambiamento di rotta nel lavoro di Segal, che in particolare scrisse, insieme al suo studente Andrew Pressley, un libro molto importante sui *loop groups* – gruppi i cui elementi sono le applicazioni da una circonferenza a un gruppo di Lie – e sulle loro rappresentazioni. Con George Wilson usò le proprietà dei *loop groups* per dare una versione rigorosa all'approccio di Miwa e Sato all'equazione di Korteweg - de Vries (KdV).

Intorno alla metà degli anni Ottanta Segal scrisse un articolo, *The definition of conformal field theory*, che circolò solo in forma manoscritta ma fu ugualmente molto usato e apprezzato. Il suo obiettivo era quello di collegare ciò che i fisici stavano facendo con molti argomenti di matematica pura come il «gruppo mostro» di Griess-Fischer, le rappresentazioni del gruppo dei diffeomorfismi della circonferenza, le rappresentazioni dei *loop groups* e i moduli delle superfici di Riemann. L'impostazione che scelse di adottare consisteva nel definire una teoria di campo conforme in modo assiomatico, come funtore da una certa categoria alla categoria degli spazi di Hilbert che soddisfacesse una serie di proprietà. Il lavoro venne pubblicato diversi anni dopo, ancora in una versione relativamente informale [Segal 2004].

Per molti matematici una categoria era un qualcosa di enorme: la categoria nella quale gli oggetti sono gli insiemi e i morfismi sono le applicazioni tra questi; oppure quella in cui gli oggetti sono gli spazi vettoriali di dimensione finita e i morfismi sono le applicazioni lineari. Segal si era già interessato di categorie piú piccole, come ad esempio un gruppo, che è una categoria con un solo oggetto, i cui morfismi sono gli elementi del gruppo; aveva studiato la teoria omotopica degli spazi classificanti di queste categorie piccole.

Gli oggetti della categoria di Segal sono unioni disgiunte orientate di circonferenze, e i morfismi superfici di Riemann con bordo. Il bordo si spezza in due componenti – «in entrata» e «in uscita» – e la superficie di Riemann rappresenta un morfismo dall'una all'altra. I morfismi si compongono attaccando insieme le superfici di Riemann, ed estendendo la struttura conforme. Il punto di vista di Segal era che una teoria di campo conforme è un funtore da questa categoria alla categoria degli spazi proiettivi di Hilbert di dimensione infinita.

Nel frattempo, Witten [1982] aveva applicato alcune idee tratte dalla teoria quantistica dei campi a un semplice problema geometrico per generare un punto di vista radicalmente nuovo. Il problema geometrico era la teoria di Morse: lo studio di una varietà compatta con una funzione differenziabile f su di essa avente punti critici non degeneri. Witten vedeva l'insieme delle forme pari sulla varietà come uno spazio di Hilbert bosonico e quello delle forme dispari come uno fermionico, con gli operatori $d + d^*$ e $i(d - d^*)$ come operatori supersimmetrici dallo spazio bosonico a quello fermionico. Coniugando con e^{tf}, argomentò che le autofunzioni dell'Hamiltoniana $dd^* + d^*d$ avrebbero dovuto essere, per t grande, concentrate intorno ai punti critici, ma che esisteva un «passaggio» (*tunneling*) da uno stato all'altro dato da «istantoni». Questo linguaggio rifletteva il ruolo originario degli istantoni di Yang-Mills nella teoria quantistica. Gli istantoni in questo caso sono le linee di flusso del gradiente della funzione f che vanno da un punto critico a un altro. Witten considerava questo esempio come un sistema meccanico quantistico in dimensione spaziale 1 e dimensione temporale 1.

L'articolo di Witten introduceva una categoria diversa: gli oggetti sono i punti critici della funzione f e le linee di flusso del gradiente tra questi sono i morfismi. Qui gli oggetti sono varietà zerodimensionali e i morfismi varietà unidimensionali, ma senza nessuna struttura aggiuntiva come la struttura conforme della superficie di Riemann nel caso di Segal. Doveva chiaramente esistere una nozione generale di teoria quantistica di campo *topologica* (TQFT): gli oggetti varietà d-dimensionali, i morfismi cobordismi $(d + 1)$-dimensionali, la teoria un funtore a valori nella categoria degli spazi di Hilbert di dimensione finita.

Atiyah e Segal formalizzarono tutto ciò in maniera assiomatica:

> Dato che i matematici sono intimoriti dall'integrale di Feynman e hanno poca familiarità con il gergo dei fisici ritenni che ci fosse la necessità di spiegare loro cosa fosse realmente una teoria quantistica di campo topologica in termini comprensibili. Diedi una semplice trattazione assiomatica (di quelle che i matematici amano) ed elencai gli esempi che provenivano dalla fisica. Il compito del matematico era allora quello di costruire, usando ogni metodo possibile, una teoria che soddisfacesse gli assiomi. Ciò è analogo, mi piace pensare, a quel che accade con gli assiomi di coomologia di Eilenberg-Steenrod, in cui si possono usare metodi di tipo simpliciale o di Čech o di de Rham per costruire la teoria [Atiyah 2003].

Gli assiomi richiedevano per ogni varietà orientata d-dimensionale Σ uno spazio vettoriale complesso $Z(\Sigma)$, e per ogni varietà $(d + 1)$-dimensionale avente bordo Σ che esista un determinato vettore in $Z(\Sigma)$. La notazione rimandava alla funzione di partizione della teoria quantistica dei campi. Con l'orientazione opposta si otteneva lo spazio duale, e per l'insieme vuoto si aveva $Z(\varnothing) = \mathbb{C}$. Lo spazio vettoriale corrispondente all'unione disgiunta di Σ_1 e Σ_2 era il prodotto tensoriale $Z(\Sigma_1) \otimes Z(\Sigma_2)$. C'erano ancora due assiomi:

uno era l'associatività della composizione di cobordismi, e l'altro una condizione di omotopia per cui il morfismo definito da $\Sigma \times I$ fosse l'identità.

Cosí Atiyah rispose alla sfida di Witten di raggiungere il livello quantistico attraverso la geometria. Congetturò che i nuovi gruppi di omologia di Floer fossero gli spazi di Hilbert di una TQFT, che la teoria di Donaldson fosse una TQFT con $d = 3$, e i nuovi polinomi dei nodi di Vaughan Jones rientrassero nel caso $d = 2$.

Nell'estate del 1988 il Congresso internazionale di Fisica matematica si tenne a Swansea, e nel corso di una cena al ristorante *Annie's* (evento ora immortalato da una targa), Witten parlò con Atiyah e Segal delle idee di quest'ultimo sulla teoria conforme dei campi e sui «funtori modulari». Durante la conversazione Witten si rese conto che la teoria giusta per ottenere i polinomi di Jones era una TQFT il cui spazio di Hilbert è lo spazio di dimensione finita dei blocchi conformi di una teoria WZW (Wess - Zumino - Witten) bidimensionale e la lagrangiana di questa teoria era il funzionale di Chern-Simons.

I blocchi conformi costituiscono essenzialmente lo spazio delle sezioni di un certo fibrato olomorfo di rango 1 sullo spazio dei moduli di fibrati stabili su una superficie di Riemann. Poco piú tardi, Witten avrebbe dato anche un'interpretazione della teoria di Donaldson come TQFT.

Il parallelo stabilito da Atiyah tra i suoi assiomi per una TQFT e gli assiomi per le teorie coomologiche suggerisce che ci dovrebbero essere molti modi differenti per stabilire questa TQFT, ma al momento in cui scriviamo ne esiste solo uno – di tipo combinatorio – in grado di funzionare realmente. Altri approcci, che usano piú geometria algebrica, sembrano non lontani dal realizzare questo obiettivo, e a ciò io stesso ho contribuito [Hitchin 1990] definendo una connessione proiettivamente piatta concepita per identificare lo spazio di Hilbert di due differenti strutture conformi.

Ma nel 1990 accaddero anche altre cose: Witten vinse la medaglia Fields per il suo lavoro sui polinomi di Jones, e Atiyah e Segal lasciarono entrambi Oxford per Cambridge. Atiyah divenne Master del Trinity College, direttore dell'appena costituito Isaac Newton Institute for Mathematical Sciences e presidente della Royal Society. Dopo la morte del topologo John Frank Adams, Segal fu designato Lowndean Professor di astronomia e geometria. Anch'io lasciai Oxford quell'anno per una cattedra all'Università di Warwick. Le ricerche sulla quantizzazione della geometria sarebbero proseguite altrove.

ATIYAH, M. F.

1988 Introduzione ai *Collected Works*, vol. V, Oxford University Press, Oxford.

1998 *Roger Penrose. A Personal Appreciation*, in S. A. HUGGETT et al. (a cura di), *The Geometric Universe*, Oxford University Press, Oxford, pp. 3-7.

2000 *Some Personal Reminiscences*, in J. FAUVEL, R. FLOOD e R. WILSON (a cura di), *Oxford Figures. 800 Years of the Mathematical Sciences*, Oxford University Press, Oxford, pp. 257-67.

2003 *A Personal History*, in S.-T. YAU (a cura di), *The Founders of Index Theory: Reminiscences of Atiyah, Bott, Hirzebruch, and Singer*, International Press, Somerville, pp. 5-13.

2005 *Michael Atiyah: Mathematician*, Peoples Archive, London, disponibile online all'indirizzo www.peoplesearchive.com.

ATIYAH, M. F., DRINFEL'D, V. G., HITCHIN, N. J. e MANIN, YU. I.

1978 *Construction of instantons*, in «Physics Letters A», 65(3), pp. 185-87.

DONALDSON, S. K.

1997 *Remarks on gauge theory, complex geometry and 4-manifold topology*, in M. F. ATIYAH e D. IAGOLNITZER (a cura di), *Fields Medallists' Lectures*, World Sci. Publishing, River Edge, pp. 384-403.

2003 *Geometry in Oxford c. 1980-85*, in S.-T. YAU (a cura di), *The Founders of Index Theory: Reminiscences of Atiyah, Bott, Hirzebruch, and Singer*, International Press, Somerville, pp. 31-36.

DOREY, N., HOLLOWOOD, J. T. e KHOZE, V. V.

2000 *A brief history of the stringy instanton*, e-print, «Journal of High Energy Physics», hep-th/0010015.

GARCÍA PRADA, O.

2000 *Interview with Sir Roger Penrose*, in «European Mathematical Society Newsletter», 38, pp. 17-21.

HILTON, P. J.

2000 *Reminiscences and Reflections of a Codebreaker*, in D. JOYNER (a cura di), *Coding Theory and Cryptography. From Enigma and Geheimschreiber to Quantum Theory*, Springer-Verlag, Berlin, pp. 1-8.

HIRZEBRUCH, F.

1953 *On Steenrod's reduced powers, the index of inertia, and the Todd genus*, in «Proceedings of the National Academy of Sciences U.S.A.», 39, pp. 951-56.

HITCHIN, N. J.

1990 *Flat connections and geometric quantization*, in «Communications in Mathematical Physics», 131(2), pp. 347-80.

JAMES, I. M.

1989 *Topology: past, present and future*, in «Algebraic topology. Lecture Notes in Mathematics», 1370, Springer, Berlin, pp. 1-9.

PALAIS, R. S.

1965 *Seminar on the Atiyah-Singer Index Theorem*, Princeton University Press, Princeton.

PENROSE, R.

1976 *Nonlinear gravitons and curved twistor theory*, in «General Relativity and Gravitation», 7, 31-52.

SEGAL, G. B.

2003 *Being a Graduate Student of Michael Atiyah*, in S.-T. YAU (a cura di), *The Founders of Index Theory: Reminiscences of Atiyah, Bott, Hirzebruch, and Singer*, International Press, Somerville, pp. 41-42.

2004 *The Definition of Conformal Field Theory*, in U. TILLMANN (a cura di), *Topology, Geometry and Quantum Field Theory*, Cambridge University Press, Cambridge, pp. 421-575.

SINGER, I. M.

2003 *Letter to Michael*, in S.-T. YAU (a cura di), *The Founders of Index Theory: Reminiscences of Atiyah, Bott, Hirzebruch, and Singer*, International Press, Somerville, pp. 296-97.

TAUBES, C. H.

1982 *Self-dual Yang-Mills connections on non-self-dual 4-manifolds*, in «Journal of Differential Geometry», 17, pp. 139-70.

VEBLEN, O. e WHITEHEAD, J. H. C.

1932 *The Foundations of Differential Geometry*, Cambridge University Press, London.

WITTEN, E.

1982 *Supersymmetry and Morse theory*, in «Journal of Differential Geometry», 17, pp. 661-92.

2003 *Michael Atiyah and the Physics/Geometry Interface*, in S.-T. YAU (a cura di), *The Founders of Index Theory: Reminiscences of Atiyah, Bott, Hirzebruch, and Singer*, International Press, Somerville, pp. 43-46.

Indice dei nomi

L'Indice dei nomi è stato redatto da Stefania Pico.

Gli autori

Claudio Bartocci
Università di Genova

Piergiorgio Odifreddi
Università di Torino

Fabio Acerbi
CNRS, Lille, Francia

Marcia Ascher
Ithaca College, Ithaca, NY.

Michael Atiyah
University of Edinburgh, Regno Unito

June Barrow-Green
Open University, London, Regno Unito

Michel Blay
École Normale Supérieure, Paris, Francia

Giorgio Bolondi
Università di Bologna

Umberto Bottazzini
Università di Milano

Karine Chemla
REHSEIS-CNRS-Université Paris 7, Francia
e Dibner Institute for the History of Science and Technology - MIT, Boston, MA.

Serafina Cuomo
Imperial College, London, Regno Unito

Amy Dahan Dalmedico
Centre Alexandre Koyré, CNRS, Paris, Francia

Joseph Dauben
The Graduate Center, CUNY, New York, NY.

Sergej S. Demidov
Russian Academy of Science, Mosca, Russia

Jean Dhombres
Centre Alexandre Koyré, CNRS, Paris, Francia
e EHESS, Paris, Francia

Ahmed Djebbar
Université de Lille 1, Francia

Ivor Grattan-Guinness
Middlesex University, London, Regno Unito

Jeremy J. Gray
Open University, London, Regno Unito

Nigel Hitchin
Oxford University, Oxford, Regno Unito

Jens Høyrup
Roskilde University, Danimarca

Antoni Malet
Universitat Pompeu Fabra, Barcelona, Spagna

Mario Miranda
CIRM, Centro internazionale per la ricerca matematica, Università di Trento

Pier Daniele Napolitani
Università di Pisa

Tsukane Ogawa
Yokkaichi University, Giappone

Karen Parshall
University of Virginia, Charlottesville, VA.

Jeanne Peiffer
Centre Alexandre Koyré, CNRS, Paris, Francia

Kim Plofker
Brown University, Providence, RI.

Edith Sylla
North Carolina State University, Raleigh, NC.

Rossana Tazzioli
Università di Catania

Kenji Ueno
Kyoto University, Sakyo-ku, Kyoto, Giappone

Stampato per conto della Casa editrice Einaudi
presso Mondadori Printing S.p.A., Stabilimento N.S.M., Cles (Trento)
nel mese di ottobre 2007

C.L. 16424

Ristampa							Anno			
0	1	2	3	4	5	6	2007	2008	2009	2010